Savia

matemáticas
aplicadas a las ciencias sociales I

sm

1 bachillerato

Entrar en Saviadigital es fácil:

1. Escribe en internet la siguiente dirección: **smsaviadigital.com**
2. Regístrate e introduce el número de licencia que encontrarás en la página anterior.
3. Como solo debes registrarte una vez, anota tu **identificador** y **contraseña**.

CONOCE TU LIBRO

Entrada

Breve texto introductorio que presenta los contenidos de la unidad a partir de una situación real, así como algunas de sus aplicadones, con el fin de que entiendas para qué sirven las matemáticas. Te encontrarás preguntas que te anticiparán contenidos y cuya solución irás descubriendo a lo largo de la unidad.

Enlace a sm**Savia**digital.com para que repases lo que estudiaste en cursos previos acerca del contenido de la unidad.

Epígrafes

Desarrollo de la **teoría**, destacando las ideas más importantes.

Ejemplos que te muestran de manera inmediata y directa lo expuesto en la teoría.

Enlaces a **actividades interactivas** en sm**Savia**digital.com para que continúes practicando y compruebes lo que ya sabes.

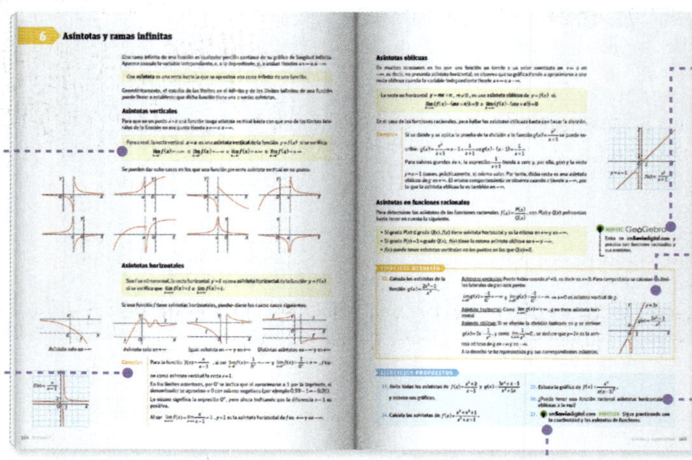

Enlace en sm**Savia**digital.com a **actividades realizadas con GeoGebra** para que practiques y comprendas mejor los conceptos.

Ejercicios resueltos que exigen relacionar contenidos y que te muestran como aplicar la teoría.

Ejercicios propuestos para afianzar los contenidos y adquirir las destrezas necesarias para el cálculo.

Resumen

Esquema con los contenidos más importantes de la unidad, para que los repases rápidamente. Lo tienes disponible para descarga en sm**Savia**digital.com.

Ejercicios resueltos al final de la unidad

Ejercicios resueltos clasificados por los contenidos que se trabajan en cada uno. Son de aplicación directa o problemas contextualizados que te permiten comprender y repasar los contenidos de la unidad.

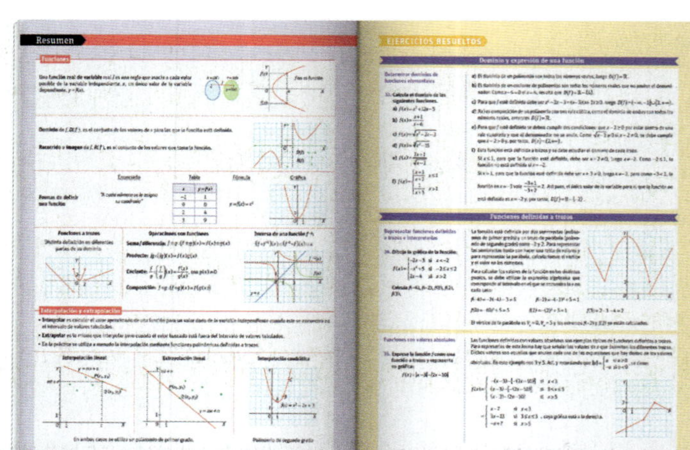

Ejercicios propuestos al final de la unidad

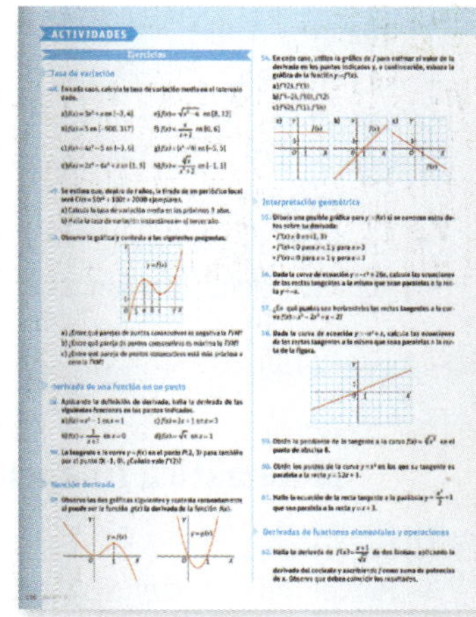

Cuatro o seis páginas con ejercicios y problemas propuestos con el fin de que trabajes lo aprendido en la unidad. Divididos en secciones:

- **Ejercicios:** Ejercicios de aplicación de la teoría. Organizados por contenidos.
- **Cuestiones:** Ejercicios más teóricos que te permitirán comprobar si has entendido bien los conceptos.
- **Problemas:** Situaciones con contexto para ilustrar las aplicaciones de la teoría estudiada.

Algunas actividades aparecen señaladas con el símbolo • para marcar aquellos ejercicios que exigen una mayor atención sobre los contenidos trabajados.

Cierre de la unidad

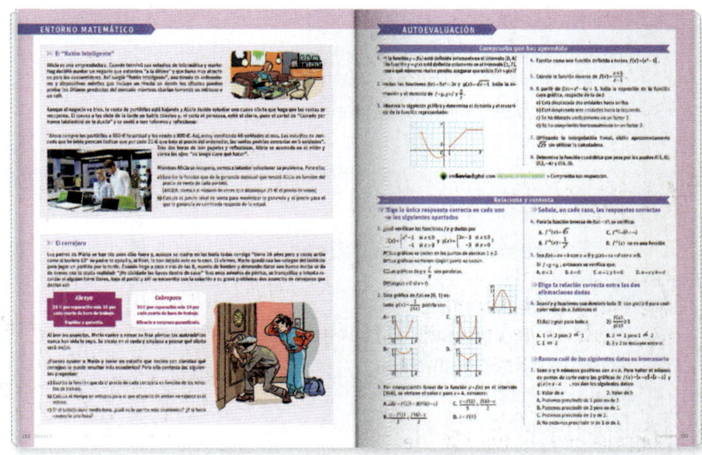

Entorno matemático

Problemas en un entorno realista y presentados de forma más desenfadada, para aplicar los conceptos de la unidad a situaciones cotidianas.

Autoevaluación

Preguntas para que evalúes los conocimientos que has adquirido al finalizar la unidad. Las soluciones están disponibles en sm**Savia**digital.com.

Relaciona y contesta

Actividades de respuesta múltiple destinadas a que reflexiones más en profundidad sobre los contenidos tratados.

Matemáticos en la historia

Antes de la primera unidad de cada bloque, una doble página con los matemáticos más relevantes en ese campo. Podrás entrar en sm**Savia**digital.com para aprender más sobre la historia de las matemáticas.

Soluciones

Al final del libro se incluyen las respuestas de todos los ejercicios propuestos en los epígrafes de las unidades.

CONOCE Saviadigital www.smSaviadigital.com

Saviadigital te ofrece más recursos y actividades para aprender y profundizar en los contenidos.

PONTE A PUNTO	Actividades para que repases los contenidos de otros cursos relacionados con la unidad y enlaces para que conozcas la historia de las matemáticas.
PRACTICA	Actividades interactivas para que practiques los contenidos.
MAT-TIC CON GEOGEBRA	Actividades interactivas para realizar con el programa GeoGebra y que visualices de otra forma los contenidos.
VALORA LO APRENDIDO	Autoevaluación de la unidad para que compruebes lo que has aprendido.

Para acceder a **Savia**digital sigue los pasos que encontrarás nada más abrir este libro.

En tu libro aparecen llamadas para que sepas qué recursos hay en **Savia**digital.

sm**Savia**digital.com
PONTE A PUNTO
Recuerda lo que sabes sobre números reales.

MAT-TIC GeoGebra
Entra en sm**Savia**digital.com y trabaja con valores absolutos.

Índice

Bloque I > Números y álgebra

La creación de los números y los diferentes sistemas de numeración constituyen uno de los grandes hitos de la humanidad, comparables a la creación del lenguaje. El actual sistema decimal nace en la India y es transmitido a Europa por los árabes. En siglos posteriores asistimos al estudio de las ecuaciones algebraicas, a la creación de instrumentos de cálculo como los logaritmos, a la construcción de los sistemas de números naturales, reales y complejos de una manera formal, a la crisis de fundamentos de las matemáticas y, finalmente, cómo el teorema de Fermat se prueba casi 4 siglos después de su enunciamiento, gracias a la introducción de una maquinaria matemática completamente nueva y muy poderosa.

Pitágoras de Samos
Estudió los números naturales. Los pitagóricos introdujeron los números irracionales.

(569 a.C.-475 a.C.)

(276 a.C.-194 a.C.)

Eratóstenes
Inventó el algoritmo llamado criba de Eratóstenes para calcular números primos.

Al-Khwarizmi
Resolvió ecuaciones de segundo grado.

(790-850)

(1170 - 1250)

Leonardo Pisano Fibonacci
Introdujo el sistema decimal en Europa.

John Neper
Definió los logaritmos e introdujo el número *e*.

(1550-1617)

(1601-1665)

Pierre de Fermat
Enunció el famoso teorema que lleva su nombre y que afirmó haber probado.

Johann Carl Friedrich Gauss
Probó el teorema fundamental del álgebra . Autor del método de eliminación llamado de Gauss.

(1777-1855)

Georg Ferdinand Ludwig Philipp Cantor
Contribuyó a crear los fundamentos de las matemáticas, su lógica y la manera de construir formalmente la aritmética y los números reales.

(1845-1918)

ENIAC
Aparece la primera computadora. La ENIAC. En 1949 se calculan 2037 decimales de π.

1946

(1811-1832)

Evariste Galois
Introdujo el concepto de grupo al estudiar las soluciones de una ecuación algebraica.

(1845-1918)

Ramanujan
Contribuyó al desarrollo de la teoría de números.

(1906-1978)

Kurt Gödel
Probó que en todo sistema axiomático que contuviera la aritmética de los números naturales hay proposiciones cuya veracidad no podría probarse.

1 Números reales

Medidas y errores

Estudio de proporciones

Grandes magnitudes

Estudios demográficos

Cambio de divisas

El lenguaje del progreso

Seguro que alguna vez has tratado de entender cómo podía vivir la gente en el pasado y has descubierto que, a pesar de no contar con los medios que tienes a tu alcance, contribuyeron al desarrollo de la sociedad actual.

Los romanos, por ejemplo, desarrollaron una de las culturas que más ha influido en el mundo moderno; de hecho en muchos aspectos su vida no difería tanto de la nuestra. Los griegos, a los que Rafael dedicó el cuadro "La escuela de Atenas" que tienes en la imagen, fueron pioneros en el desarrollo de la filosofía y algunos aspectos fundamentales de la ciencia moderna, en particular de las matemáticas y la astronomía. Así, la escuela pitagórica ya trabajaba con los llamados números inconmensurables. No fueron los únicos en hacerlo: otras culturas del pasado, Mesopotamia, el Lejano Oriente o la América precolombina, produjeron también avances notables en geometría y matemáticas.

Pero... entonces ¿por qué fueron necesarios casi dos milenios para que se desarrollaran la ciencia y la técnica modernas? Hay múltiples razones, pero déjame que te hable sobre una que quizá no se te haya ocurrido: la ausencia de un sistema simple y eficaz para expresar cantidades y manipularlas con facilidad. ¿Conoces los números romanos?¿Has intentado alguna vez hacer una suma con ellos? Prueba...

- Los números reales sirven para describir magnitudes de todo tipo, compararlas con facilidad y cuantificar los errores cuando hacemos mediciones.
- La representación decimal de los números reales, que es originaria de la India, permite trabajar con magnitudes enormes o inimaginablemente pequeñas y operar fácilmente con ellas.
- Las funciones y fórmulas que utilizan números reales son herramientas indispensables para la estadística, que nos permite estudiar aspectos fundamentales para las sociedades modernas: desde la demografía hasta la economía.

Si has pensado un poco en lo anterior puede que tengas respuesta para las siguientes cuestiones:

- Piensa ejemplos de cantidades que no podamos expresar con los números naturales y de cantidades que no podemos expresar con los números enteros.
- ¿Hay magnitudes que no sea posible expresar con fracciones?
- ¿Sabrías hacer una suma o una multiplicación con números romanos?
- ¿Nos basta con los números enteros para realizar un cambio de divisas? ¿y con las fracciones?
- ¿Sabrías decidir si eres capaz de hacer frente a los pagos de un automóvil?

En esta unidad podrás averiguar la respuesta a estas preguntas y aprender más sobre los números reales.

smSaviadigital.com PONTE A PUNTO

Recuerda lo que sabes sobre números reales.

1 Números reales

Números racionales

Los **números naturales**, $\mathbb{N}=\{0, 1, 2, 3...\}$, se pueden sumar y multiplicar, pero no siempre se pueden restar o dividir.

Los **números enteros**, $\mathbb{Z}=\{... -2, -1, 0, 1, 2...\}$, se pueden sumar, multiplicar y restar, pero no siempre dividir.

Los **números racionales**, $\mathbb{Q}$, son aquellos que se pueden expresar mediante una fracción con la única condición de que el denominador sea distinto de cero.

Ten en cuenta

El símbolo $\in$ significa perteneciente a un conjunto. $x \in \mathbb{Q}$ se lee "x pertenece al conjunto de los números racionales".

$$x \in \mathbb{Q} \Leftrightarrow \text{existen } m \text{ y } n \in \mathbb{Z} \text{ tales que } x = \frac{m}{n} \quad (n \neq 0)$$

Expresiones asociadas a un número racional

Los números racionales pueden expresarse mediante números decimales, basta con efectuar la división del numerador entre el denominador de la fracción asociada a él. El resultado puede ser:

- Un **número decimal exacto**, con un número finito de cifras decimales.
- Un **número decimal periódico**, con un número infinito de cifras decimales, en el que a partir de un cierto lugar se repite una secuencia fija de cifras. Las cifras decimales que no se repiten forman el **anteperíodo** y la secuencia que repite se denomina **período**.

Ejemplos

$\frac{43}{20} = 2{,}15$ Decimal exacto con parte entera 2 y parte decimal 15

$\frac{56}{11} = 5{,}\widehat{09}$ Decimal periódico puro con parte entera 5 y período 09

$\frac{1031}{330} = 3{,}1\widehat{24}$ Decimal periódico mixto con parte entera 3, anteperíodo 1 y período 24

Cualquier número decimal exacto o periódico es un número racional y se puede expresar en forma de fracción, denominada **fracción generatriz**:

- Si es decimal exacto, en el numerador de la fracción aparecen las cifras del número decimal sin coma, y en el denominador, la unidad seguida de tantos ceros como cifras decimales haya.
- Si es decimal periódico, se hacen transformaciones como las que se indican en la siguiente tabla, para obtener números decimales con el mismo período y después restarlos.

	$x = 5{,}\widehat{09}$	$x = 3{,}1\widehat{24}$
1.º Si es mixto se multiplica x por $\mathbf{10}^n$ donde n es el número de cifras del anteperíodo. Si es puro se pasa al siguiente paso.	$x = 5{,}\widehat{09}$	$10x = 31{,}\widehat{24}$
2.º Se multiplica por $\mathbf{10}^m$, donde m es el número de cifras del período. El primer período pasa a ser parte entera.	$10^2 x = 509{,}\widehat{09}$	$10^2 \cdot 10x = 3124{,}\widehat{24}$
3.º Se restan las expresiones obtenidas en 2 y 1.	$99x = 504$	$990x = 3093$
4.º Se despeja.	$x = \frac{504}{99} = \frac{56}{11}$	$x = \frac{3093}{990} = \frac{1031}{330}$

La fracción generatriz de un número decimal periódico se puede hallar con la siguiente regla:

$$12{,}2\widehat{54} = \frac{\text{cifras del número sin coma ni período} - \text{cifras situadas antes del período}}{\text{tantos nueves como cifras tenga el período y tantos ceros como cifras haya entre la coma y el período}} = \frac{12\,254 - 122}{990} = \frac{12\,132}{990} = \frac{674}{55}$$

Todo **número racional** puede escribirse en forma decimal, exacta o periódica, o en forma de fracción.

Números irracionales. Números reales

Además de los números racionales, existen números cuya expresión decimal tiene infinitas cifras no periódicas y no pueden expresarse mediante una fracción de números enteros. Estos números se llaman **irracionales,** $\mathbb{I}$.

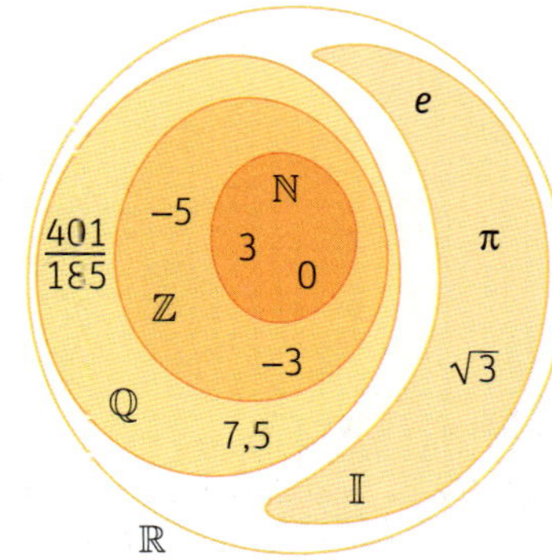

Ejemplo › Son números irracionales:

- Raíces de números enteros que no son exactas: $\sqrt{2}$, $-\sqrt{17}$, $\sqrt[3]{5}$
- Números importantes en matemáticas: $\pi = 3,141\,592...$, $e = 2,718\,281...$, $\Phi = \dfrac{1+\sqrt{5}}{2}$
- Números con infinitas cifras decimales que no son periódicos, aunque sus cifras puedan presentar algún tipo de regularidad: 0,122 333 444 4... o 9,101 001 000 1....

El conjunto formado por todos los números racionales y por todos los números irracionales se denomina conjunto de los **números reales**. Se representa con la letra $\mathbb{R}$.

Valor absoluto de un número real

El **valor absoluto** de un número real a, que se denota por $|a|$ coincide con él si es positivo y con su opuesto si es negativo.

$$|a| = \begin{cases} a & \text{si } a \geq 0 \\ -a & \text{si } a < 0 \end{cases}$$

Ten en cuenta

En este caso $-a$ no es un número negativo. El signo sirve para indicar que se considera el opuesto de a.

El valor absoluto cumple las siguientes **propiedades**:

- $|a| \geq 0$ para cualquier número real a.
- $|ab| = |a||b|$ para cualesquiera números reales a y b.
- Desigualdad triangular: $|a+b| \leq |a| + |b|$ para cualesquiera números reales a y b.

Ejemplo › $|-8+5| < |-8| + |5|$, ya que $|-8+5| = |-3| = 3$ y $|-8| + |5| = 8+5 = 13$

MAT-TIC GeoGebra

Entra en smSaviadigital.com y trabaja con valores absolutos.

EJERCICIOS RESUELTOS

1. Halla una fracción irreducible que represente el racional 12,123 333 3...

$N = 2,12\widehat{3}$ $\left.\begin{array}{l} 100N = 212,3333... \\ 1000N = 2123,3333... \end{array}\right\} \Rightarrow 900N = 1911 \Rightarrow N = \dfrac{1911}{900} = \dfrac{637}{300}$

2. Desarrolla la expresión $|x-2| - 2x$ y calcúlala para los casos $x = -15$, y $x = 12$.

Se aplica la definición de valor absoluto, diferenciando entre $x-2<0$ y $x-2\geq 0$:

$$|x-2| - 2x = \begin{cases} -(x-2)-2x & \text{si } x-2<0 \\ x-2-2x & \text{si } x-2\geq 0 \end{cases} = \begin{cases} -3x+2 & \text{si } x<2 \\ -x-2 & \text{si } x\geq 2 \end{cases}$$

Para $x=-15$: $(-3)(-15)+2 = 47$ Para $x=12$: $-12-2=-14$

EJERCICIOS PROPUESTOS

3. Calcula la expresión decimal o fraccionaria según corresponda.

a) $\dfrac{23}{25}$ b) $\dfrac{22}{12}$ c) $1+\dfrac{1}{1+\dfrac{1}{2}}$ d) $45,\widehat{55}$ e) $45,1\widehat{5}$

4. Indica, para cada número, si es racional o irracional.

a) 1,234 44... c) −3,010 010 001... e) $2-\sqrt{49}$

b) 1,232 323... d) $1+\sqrt{2}$ f) $-\sqrt{2+\sqrt{4}}$

5. Calcula los dos valores de x que cumplen la condición:

$$3x - \frac{1}{2} - 4|x-3| = 5$$

6. Un informe sobre el uso de bicicletas en la población juvenil de una localidad dice que exactamente el $45,\widehat{45}$ % de los jóvenes utilizan la bicicleta por lo menos un día a la semana. Sabiendo que la población juvenil de esa localidad es menor que 10 000 y mayor que 9990, ¿cuántos exactamente utilizan la bicicleta?

2 La recta real

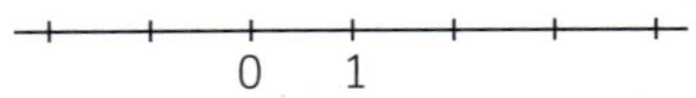

Se considera una recta en la que se han marcado dos puntos: uno que representa el número 0, y otro, a su derecha, que representa el número 1. Se verifica que:

- Cada punto de la recta se corresponde con un número real.
- A cada número real le corresponde uno y solo uno de los puntos de la recta.

Por tanto, existe una correspondencia perfecta entre los puntos de la recta y los números reales. Esta recta recibe el nombre de **recta real**.

La **distancia entre dos puntos** de la recta real es: $d(a,b)=|b-a|$

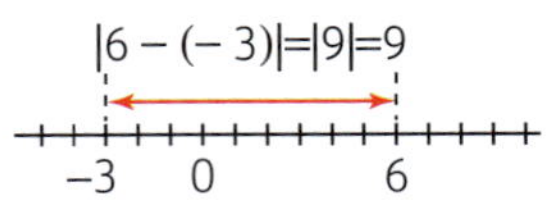

Ejemplo ▸ La distancia entre los números −3 y 6 es $|6-(-3)| = |9| = 9$ unidades.

Representación de números enteros

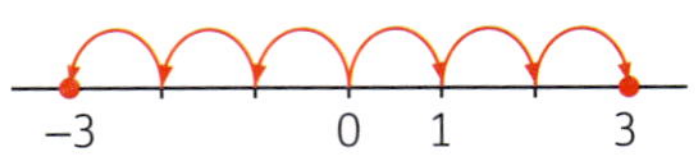

La representación de números enteros se hace de forma sencilla llevando con el compás la distancia entre 0 y 1 (distancia unidad) tantas veces como indique su valor absoluto a la derecha o a la izquierda según sea el número entero positivo o negativo.

Representación de números racionales

Los números racionales se representan con la ayuda del teorema de Tales.

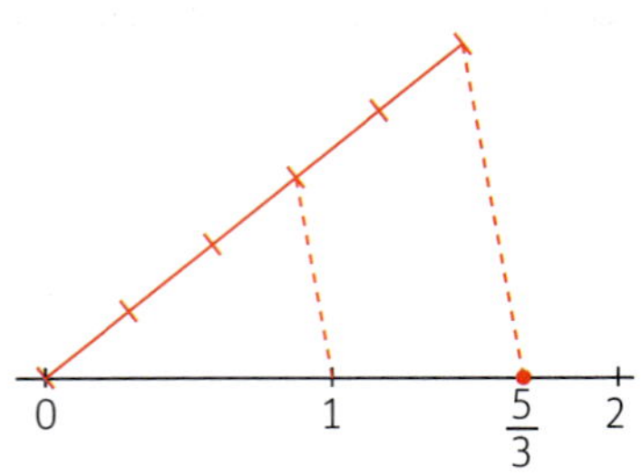

Ejemplo ▸ Representa $1{,}6666... = \frac{5}{3}$ en la recta real.

Se traza un segmento auxiliar en el que se toman cinco partes iguales y se une la tercera división (denominador) con la unidad de la recta real. Luego se traza una paralela al segmento anterior por la quinta división (numerador). La intersección con la recta real es $\frac{5}{3}$ (figura de la izquierda).

Representación de raíces cuadradas

Los números irracionales que son raíces cuadradas de naturales pueden representarse utilizando, el teorema de la altura o bien utilizando, una o varias veces, el teorema de Pitágoras.

MAT-TIC GeoGebra

Entra en smSaviadigital.com y representa más números reales.

Ejemplo ▸ $\sqrt{5}=\sqrt{4+1}=\sqrt{2^2+1^2}$, entonces $\sqrt{5}$ es la hipotenusa de un triángulo rectángulo de catetos 2 y 1.

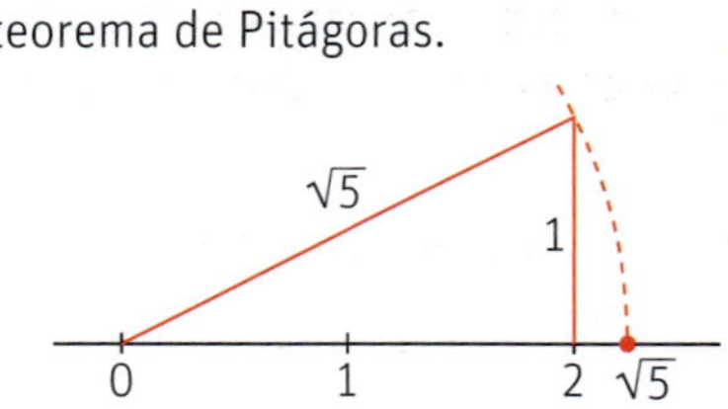

EJERCICIO RESUELTO

7. Representa $\sqrt{3}+2$ en la recta real.

Se aplica el teorema de Pitágoras dos veces:

$$\sqrt{2}=\sqrt{1^2+1^2} \qquad \sqrt{3}=\sqrt{(\sqrt{2})^2+1^2}$$

Se traslada el número obtenido 2 unidades en la recta real y se obtiene $\sqrt{3}+2$.

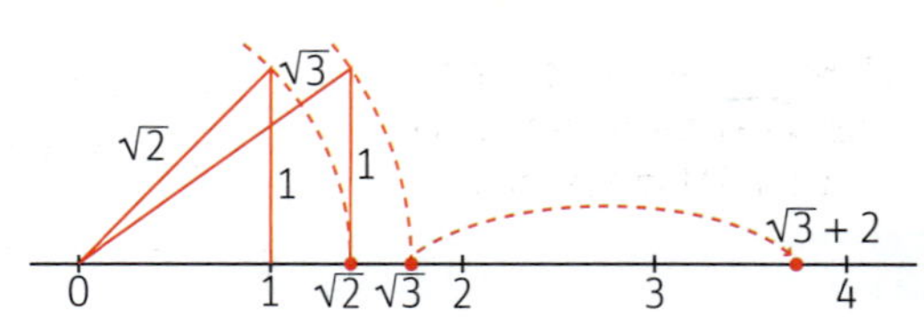

EJERCICIOS PROPUESTOS

8. Representa $\frac{7}{11}$ y $\frac{8}{11}$. Halla tres números fraccionarios comprendidos entre ellos.

9 Escribe los números 13 y 18 como suma de dos cuadrados y representa $\sqrt{13}$ y $\sqrt{18}$.

10. ¿Qué números reales son los representados en la figura?

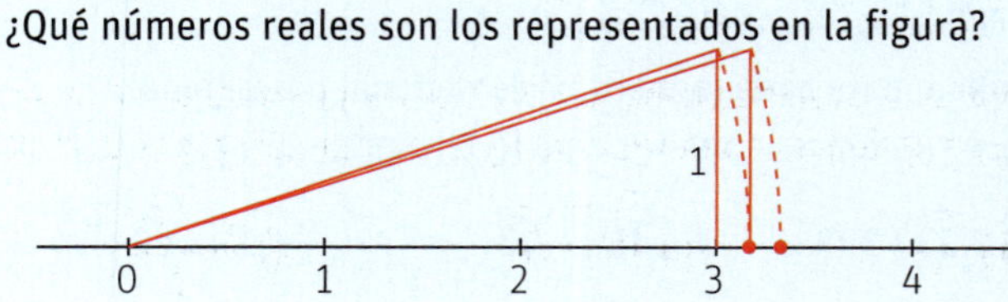

3 Aproximaciones de un número real. Errores

La mayoría de los números racionales y todos los irracionales tienen infinitas cifras decimales. En la práctica, para operar con números reales se utilizan **aproximaciones** por **defecto** o por **exceso** con un determinado número de cifras decimales.

Redondear un número real es elegir, de entre las aproximaciones por defecto y por exceso, la más cercana al número. Para ello la última cifra decimal que se quiere considerar se mantiene si la siguiente es inferior a 5, o se le añade una unidad si la siguiente es igual o superior a 5.

Ejemplo ▸ La aproximación a la centésima de $0,\widehat{6}$ por defecto es 0,66 y por exceso 0,67. Para redondearlo a la centésima se toma la aproximación por exceso: 0,67

MAT-TIC GeoGebra

Entra en smSaviadigital.com para analizar y estudiar aproximaciones de más números.

Errores

Al utilizar una aproximación de un número real se comete cierto error.

El **error absoluto, E_a**, que se comete al utilizar una aproximación de un número real es:

$$E_a = |\,\textbf{Valor verdadero} - \textbf{Aproximación}\,|$$

Para valorar la importancia de este error, es más útil dividirlo entre el número:

El **error relativo, E_r**, es el cociente entre el error absoluto y el valor verdadero del número.

$$E_r = \frac{E_a}{\textbf{Valor verdadero}}$$

Ten en cuenta

Al dividir el error absoluto entre el número, lo que se calcula es el error por unidad.

Ejemplo ▸ Los errores absoluto y relativo que se cometen al aproximar $\sqrt{2}$ por 1,41 son:

$$E_a = |\sqrt{2} - 1{,}41| = |0{,}004\,213...| = 0{,}004\,213... \qquad E_r = \frac{E_a}{\sqrt{2}} = 0{,}002\,979...$$

Cuando no se puede calcular exactamente el error absoluto se utiliza una acotación.

Para **acotar el error relativo**, habitualmente se utiliza el cociente entre el error absoluto y la aproximación por defecto. La cota del error relativo suele expresarse en forma de porcentaje.

Ejemplo ▸ Al aproximar $\sqrt{2}$ por 1,41, la cota del error absoluto es menor que 5 milésimas y la del error relativo es $E_r < \frac{0{,}004\,213...}{1{,}41} = 0{,}002\,988...$, siendo del orden del 0,2 %

EJERCICIO RESUELTO

11. Acota el error relativo que se comete al redondear π hasta las milésimas.

El valor redondeado sería $\pi \simeq 3{,}142$, que coincide con la aproximación por exceso.

El error absoluto es: $E_a = |\pi - 3{,}142| = |3{,}141592... - 3{,}142| = 0{,}000\,407...$

Por tanto la cota del error relativo es: $E_r = \frac{0{,}000\,407...}{\pi} < \frac{0{,}000\,407...}{3{,}141} = 0{,}000\,129\,6...$

La cota del error relativo es del orden del 0,01 %.

EJERCICIOS PROPUESTOS

12. Da las aproximaciones por defecto y por exceso, y redondea los siguientes números con dos, tres y cuatro cifras decimales.

a) $\frac{12}{7}$ b) $\sqrt{1+\sqrt{2}}$ c) $\frac{1+\sqrt{5}}{2}$

13. Acota el error relativo cometido al aproximar $\sqrt{3}$ por 1,73.

14. Calcula el error absoluto y la cota del error relativo al redondear e^{π} a las milésimas.

4 Operaciones con números reales

Como los números reales poseen, en general, infinitas cifras decimales, al operar se emplean aproximaciones.

Suma y producto de números reales

Las operaciones de **suma** y **producto** de números racionales se extienden de forma natural a los números reales

Ejemplo Para calcular aproximaciones por defecto y por exceso de $\sqrt{2}+\sqrt[4]{2}$ sumamos las correspondientes aproximaciones de $\sqrt{2}$ y $\sqrt[4]{2}$.

	Aproximaciones por defecto				Aproximaciones por exceso			
$\sqrt{2}$	1,4	1,41	1,414	1,4142	1,5	1,42	1,415	1,4143
$\sqrt[4]{2}$	1,1	1,18	1,189	1,1892	1,2	1,19	1,190	1,1893
$\sqrt{2}+\sqrt[4]{2}$	2,5	2,59	2,603	2,6034	2,7	2,61	2,605	2,6036

La **resta** de dos números es en realidad una suma. Calcular la resta $\boldsymbol{a-b}$ es lo mismo que sumar al número a el opuesto del número b: $\boldsymbol{a-b=a+(-b)}$.

El **cociente** de dos números reales es en realidad un producto, ya que calcular $\boldsymbol{\frac{a}{b}}$ es lo mismo que multiplicar el número a por el inverso del número b: $\boldsymbol{\frac{a}{b}=a\cdot\frac{1}{b}}$.

Las propiedades de la suma y el producto de números reales coinciden con las de los racionales.

Propiedades de la suma		Propiedades del producto	
Conmutativa	$a+b=b+a$	Conmutativa	$ab=ba$
Asociativa	$a+(b+c)=(a+b)+c$	Asociativa	$a(bc)=(ab)c$
Elemento neutro	$a+0=a$	Elemento neutro	$a\cdot 1=a$
Elemento opuesto	$a+(-a)=0$	Elemento inverso	$a\cdot\frac{1}{a}=1$ con $a\neq 0$

Propiedad distributiva del producto respecto de la suma	$a(b+c)=ab+ac$

Potencias de números reales

- **Potencias de exponente natural**

La potencia a^n, donde la base a es un número real y el exponente n es un número natural, expresa, de forma abreviada, el producto de n factores iguales a a.

$$a^n=\overbrace{aa...a}^{n\text{ veces}} \qquad a^1=a$$

- **Potencias de exponente entero**

Para determinar las potencias de exponente 0 o negativo, se aplican las propiedades de las potencias.

$$a^0=a^{n-n}=\frac{a^n}{a^n}=1 \qquad a^{-n}=a^{0-n}=\frac{a^0}{a^n}=\frac{1}{a^n}$$

Ejemplos $(0{,}122\,333...)^0=1$ $\quad \left(\frac{6}{7}\right)^0=1$ $\quad \left(\frac{6}{7}\right)^{-2}=\frac{1}{\left(\frac{6}{7}\right)^2}=\frac{1}{\frac{6^2}{7^2}}=\left(\frac{7}{6}\right)^2=\frac{49}{36}$

Ten en cuenta

Producto de potencias de la misma base:

$$a^n\cdot a^m=a^{n+m}$$

Cociente de potencias de la misma base:

$$a^n:a^m=a^{n-m}$$

Potencia de una potencia:

$$(a^n)^m=a^{n\cdot m}$$

Potencia de un producto:

$$(a\cdot b)^n=a^n\cdot b^n$$

Potencia de un cociente:

$$(a:b)^n=a^n:b^n$$

- **Potencias de exponente racional**

> Cuando el exponente es un número racional, se define: $a^{\frac{n}{m}} = \sqrt[m]{a^n}$

Ejemplos ▸ $2^{\frac{1}{2}} = \sqrt{2}$ $3^{\frac{2}{3}} = \sqrt[3]{3^2} = \sqrt[3]{9}$ $0{,}25^{0,5} = \left(\frac{1}{4}\right)^{\frac{1}{2}} = \sqrt{\frac{1}{4}} = \frac{1}{2}$ $e^{\frac{2}{5}} = \sqrt[5]{e^2}$

Para calcular potencias de cualquier exponente se utiliza la función x^y, ^ o similar.

- **Potencia de exponente real**

Cuando una potencia de exponente irracional es también un número irracional, se determina mediante aproximaciones sucesivas.

Ejemplo ▸ Para calcular 2^π, se calculan sucesivamente las potencias de 2 cuyo exponente son las aproximaciones por defecto y exceso de π.

Aproximaciones de π	Aproximaciones de 2^π
$3<\pi<4$	$2^3<2^\pi<2^4 \rightarrow 8<2^\pi<16$
$3{,}1<\pi<3{,}2$	$2^{3,1}<2^\pi<2^{3,2} \rightarrow 8{,}6<2^\pi<9{,}2$
$3{,}14<\pi<3{,}15$	$2^{3,14}<2^\pi<2^{3,15} \rightarrow 8{,}82<2^\pi<8{,}88$
$3{,}141<\pi<3{,}142$	$2^{3,141}<2^\pi<2^{3,142} \rightarrow 8{,}821<2^\pi<8{,}827$

En el cuarto paso se saben con seguridad las dos primeras cifras decimales de 2^π

EJERCICIOS RESUELTOS

15. Simplifica la expresión: $\dfrac{10^2 \cdot 8^{-12} \cdot 5}{\left(\frac{4}{5}\right)^{-3} 50^7 \cdot 16^{-6}}$

$$\frac{10^2 \cdot 8^{-12} \cdot 5}{\left(\frac{4}{5}\right)^{-3} 50^7 \cdot 16^{-6}} = \frac{(2\cdot 5)^2 (2^3)^{-12} 5}{\left(\frac{5}{2^2}\right)^3 (2\cdot 5^2)^7 (2^4)^{-6}} = \frac{2^2 \cdot 5^2 \cdot 2^{-36} \cdot 5}{\frac{5^3}{2^6} \cdot 2^7 \cdot 5^{14} \cdot 2^{-24}} =$$

$$= \frac{2^2 \cdot 5^2 \cdot 2^{-36} \cdot 5 \cdot 2^6}{5^3 \cdot 2^7 \cdot 5^{14} \cdot 2^{-24}} = 2^{2-36+6-7-(-24)} \cdot 5^{2+1-3-14} = 2^{-11} \cdot 5^{-14} = \left(\frac{1}{2}\right)^{11} \left(\frac{1}{5}\right)^{14}$$

16. Expresa en forma de potencia, efectúa las operaciones y simplifica.

a) $\dfrac{a^{-1} \cdot \sqrt[4]{a^3}}{a\sqrt{a}}$ b) $16^{\frac{1}{4}} \cdot \sqrt[3]{\dfrac{1}{4}} \cdot \dfrac{1}{\sqrt[6]{4}}$

a) $$\frac{a^{-1}\sqrt[4]{a^3}}{a\sqrt{a}} = \frac{a^{-1} a^{\frac{3}{4}}}{a \cdot a^{\frac{1}{2}}} = \frac{a^{-\frac{1}{4}}}{a^{\frac{3}{2}}} = a^{-\frac{7}{4}} = \frac{1}{\sqrt[4]{a^7}}$$

b) $$16^{\frac{1}{4}} \cdot \sqrt[3]{\frac{1}{4}} \cdot \frac{1}{\sqrt[6]{4}} = (2^4)^{\frac{1}{4}} \left(\frac{1}{2^2}\right)^{\frac{1}{3}} \frac{1}{(2^2)^{\frac{1}{6}}} = (2^4)^{\frac{1}{4}} (2^{-2})^{\frac{1}{3}} (2^2)^{-\frac{1}{6}} = 2 \cdot 2^{-\frac{2}{3}} \cdot 2^{-\frac{1}{3}} = 2^0 = 1$$

EJERCICIOS PROPUESTOS

17. Calcula las aproximaciones de tres cifras por exceso y por defecto de $2a + 3b - 5$ sabiendo que:

$$2{,}023<a<2{,}024 \quad \text{y} \quad -0{,}251<b<-0{,}250$$

18. Con la calculadora, halla aproximaciones, por defecto y por exceso, con tres y cuatro cifras decimales, para los números $\sqrt{3\sqrt{2}}$ y $1+2\sqrt{3}$, así como para su suma, diferencia, producto y cociente.

19. Se quiere vallar un campo rectangular siendo $\sqrt{2}$ el cociente de sus dimensiones.

a) ¿Cuánto vale el cociente entre la diagonal y el lado menor?

b) La diagonal mide 48 m. Calcula el precio que se deberá pagar si cada metro de valla cuesta 25 €.

20. Simplifica el valor de las siguientes expresiones.

a) $\dfrac{(-2)^{40}(-6)^{-15}}{(-18)^{35}}$ b) $\left(-\dfrac{1}{2}\right)^4 \left(\dfrac{2}{9}\right)^{-1} \dfrac{1}{8}$

21. Determina si las igualdades son verdaderas o falsas.

a) $\dfrac{3^{-3}-5^{-1}}{7^{-2}-5^{-3}} = -\dfrac{13475}{1026}$ b) $\dfrac{x^2y^{-1}}{x^3y^2} = \dfrac{1}{xy^3}$

22. Realiza las siguientes operaciones.

a) $2^2+(-2)^3-2^{-2}+(-2)^{-3}-2^0$ c) $16^{\frac{1}{4}}+27^{\frac{1}{3}}-25^{\frac{1}{2}}$

b) $\left(\dfrac{2}{5}\right)^3 - \left(\dfrac{1}{5}\right)^2 5^{-1}$ d) $\dfrac{\sqrt[5]{a^{-3}} \cdot a^{-2}}{a\sqrt[3]{a}}$

5 Radicales

Para calcular raíces de cualquier índice se puede utilizar la función $x^{1/y}$, ^, $\sqrt[x]{\ }$ o similar:

La **raíz enésima** de un número real a es un número real b tal que $b^n = a$.

Un número real puede tener dos, una o ninguna raíces reales. Para indicar las raíces enésimas del número A se emplean los radicales de índice n y radicando A. Según los valores de n y de A se utilizan distintas expresiones radicales para dichas raíces basadas en el símbolo $\sqrt[n]{A}$

Radicando	Índice	Número de raíces reales	Expresiones radicales	Ejemplo
$A>0$	Par	Dos opuestas	$\sqrt[n]{A}$ o $+\sqrt[n]{A}$	$\sqrt[4]{81}=3$ ya que $3^4=81$
			$-\sqrt[n]{A}$	$-\sqrt[4]{81}=-3$ ya que $(-3)^4=81$
	Impar	Una positiva	$\sqrt[n]{A}$	$\sqrt[3]{27}=3$ ya que $3^3=27$
$A<0$	Par	Sin raíz real	$\sqrt[n]{A}$ no es real	$\sqrt{-9}$ no es real porque ningún número al cuadrado es negativo.
	Impar	Una negativa	$\sqrt[n]{A}=-\sqrt[n]{\lvert A\rvert}$	$\sqrt[5]{-32}=-\sqrt[5]{32}=-2$ ya que $(-2)^5=-32$
$A=0$		Una igual a 0	$\sqrt[n]{0}=0$	$\sqrt[4]{0}=0$ ya que $0^4=0$

Las raíces de índice par de un número positivo, $\sqrt[n]{A}$ y $-\sqrt[n]{A}$ se expresan con la notación $\pm\sqrt[n]{A}$

Propiedades y operaciones con radicales

Siempre que existan los radicales de ambos miembros, se cumple que:

Propiedad	Prueba	Ejemplo
1. Si $A\geq 0$, $\sqrt[an]{A^{ap}}=\sqrt[n]{A^p}$	$\sqrt[an]{A^{ap}}=A^{\frac{ap}{an}}=A^{\frac{p}{n}}=\sqrt[n]{A^p}$	$\sqrt[4]{3^6}=\sqrt[2\cdot 2]{3^{2\cdot 3}}=\sqrt{3^3}=\sqrt{27}$
2. $\sqrt[n]{A}\sqrt[n]{B}=\sqrt[n]{AB}$	$\sqrt[n]{A}\sqrt[n]{B}=A^{\frac{1}{n}}B^{\frac{1}{n}}=(AB)^{\frac{1}{n}}=\sqrt[n]{AB}$	$\sqrt{2}\sqrt{32}=\sqrt{64}=8$
3. $\dfrac{\sqrt[n]{A}}{\sqrt[n]{B}}=\sqrt[n]{\dfrac{A}{B}}$	$\dfrac{\sqrt[n]{A}}{\sqrt[n]{B}}=\dfrac{A^{\frac{1}{n}}}{B^{\frac{1}{n}}}=\left(\dfrac{A}{B}\right)^{\frac{1}{n}}=\sqrt[n]{\dfrac{A}{B}}$	$\dfrac{\sqrt[3]{81}}{\sqrt[3]{9}}=\sqrt[3]{\dfrac{81}{9}}=\sqrt[3]{9}$
4. $\sqrt[n]{\sqrt[m]{A}}=\sqrt[nm]{A}$	$\sqrt[n]{\sqrt[m]{A}}=\left(A^{\frac{1}{m}}\right)^{\frac{1}{n}}=A^{\frac{1}{mn}}=\sqrt[nm]{A}$	$\sqrt[3]{\sqrt[4]{2}}=\sqrt[12]{2}$
5. $\left(\sqrt[n]{A^p}\right)^m=\sqrt[n]{A^{mp}}$	$\left(\sqrt[n]{A^p}\right)^m=\left[(A^p)^{\frac{1}{n}}\right]^m=A^{\frac{pm}{n}}=\sqrt[n]{A^{mp}}$	$\left(\sqrt[6]{8}\right)^4=\left(\sqrt[6]{2^3}\right)^4=\sqrt[6]{2^{12}}=2^2=4$

Ten en cuenta

Para calcular el producto o el cociente de radicales tienen que tener el mismo índice. Si tienen distinto índice se reducen a índice común y después se realiza la operación correspondiente.

Dos radicales son **equivalentes** si se pueden escribir con el mismo índice y el mismo radicando.

La propiedad 1 permite hallar radicales equivalentes a uno dado y se utiliza para poder aplicar las propiedades 2 y 3, reduciendo primero los radicales a común índice cuando no tienen el mismo índice.

Ejemplo ▸

$$\frac{\sqrt[3]{4}\sqrt[4]{8}}{\sqrt{2}}=\frac{\sqrt[3]{2^2}\sqrt[4]{2^3}}{\sqrt{2}}\underset{\text{m.c.m}(3,4,2)=12}{=}\frac{\sqrt[12]{2^8}\sqrt[12]{2^9}}{\sqrt[12]{2^6}}=\frac{\sqrt[12]{2^{17}}}{\sqrt[12]{2^6}}=\sqrt[12]{2^{11}}$$

Otras aplicaciones de las propiedades de los radicales son las mencionadas a continuación.

Ten en cuenta

Al calcular la potencia de un radical no debe olvidarse que solo se puede hacer si se aplica a un radical que tenga sentido en $\mathbb{R}$. Por ejemplo, calcular:

$$\left(\sqrt{-4}\right)^2=\sqrt{16}=\pm\sqrt{16}$$

no es válido porque se parte de un radical sin solución en $\mathbb{R}$ como es $\sqrt{-4}$.

Extracción e introducción de factores en un radical

$$\boldsymbol{A\sqrt[n]{B}=\sqrt[n]{A^nB}} \qquad A\sqrt[n]{B}=\sqrt[n]{A^n}\sqrt[n]{B}=\sqrt[n]{A^nB}$$

Ejemplos ▸ $\sqrt[3]{448}=\sqrt[3]{2^6\cdot 7}=\sqrt[3]{2^6}\cdot\sqrt[3]{7}=2^2\sqrt[3]{7}=4\sqrt[3]{7}$ $\qquad 5\sqrt[4]{2}=\sqrt[4]{5^4}\sqrt[4]{2}=\sqrt[4]{5^4\cdot 2}=\sqrt[4]{1250}$

Suma y diferencia de radicales

Para sumar o restar radicales, éstos deben ser equivalentes. Si no es así, se deben sumar usando sus aproximaciones.

Ejemplo ▸ $\sqrt{27}+\sqrt{3}-\sqrt{2}=\sqrt{3^3}+\sqrt{3}-\sqrt{2}=3\sqrt{3}+\sqrt{3}-\sqrt{2}=4\sqrt{3}-\sqrt{2}$

Racionalización de denominadores

Racionalizar una expresión que tenga radicales en el denominador es encontrar otra equivalente que solo tenga, a lo sumo, radicales en el numerador. Algunos casos particulares son:

- Cuando el denominador contiene un radical en un único sumando. En este caso, se multiplica y divide por un radical adecuado para que desaparezca el radical del denominador.

Ejemplo ▸ $$\frac{4}{3\sqrt[7]{8}}=\frac{4}{3\sqrt[7]{2^3}}=\frac{4\sqrt[7]{2^4}}{3\sqrt[7]{2^3}\sqrt[7]{2^4}}=\frac{4\sqrt[7]{2^4}}{3\sqrt[7]{2^7}}=\frac{4\sqrt[7]{2^4}}{3\cdot 2}=\frac{2\sqrt[7]{2^4}}{3}$$

- Cuando el denominador es un binomio con radicales de orden 2. En este caso, se multiplica y divide por el conjugado del denominador.

Ejemplo ▸ $$\frac{2\sqrt{2}}{2+\sqrt{2}}=\frac{2\sqrt{2}(2-\sqrt{2})}{(2+\sqrt{2})(2-\sqrt{2})}=\frac{2\sqrt{2}(2-\sqrt{2})}{4-2}=\frac{2\sqrt{2}(2-\sqrt{2})}{2}=\sqrt{2}(2-\sqrt{2})=2\sqrt{2}-2$$

EJERCICIOS RESUELTOS

23. Opera y simplifica.

a) $2\sqrt{2}\cdot\frac{3}{2}\sqrt{3}$

b) $\frac{\sqrt{3}}{6\sqrt[3]{3}}$

c) $\sqrt{2\sqrt{3\sqrt[3]{30}}}$

a) $2\sqrt{2}\cdot\frac{3}{2}\sqrt{3}=3\sqrt{2}\sqrt{3}=3\sqrt{2\cdot 3}=3\sqrt{6}$

b) $\frac{\sqrt{3}}{6\sqrt[3]{3}}=\frac{1}{6}\cdot\frac{\sqrt[6]{3^3}}{\sqrt[6]{3^2}}=\frac{1}{6}\cdot\sqrt[6]{\frac{3^3}{3^2}}=\frac{\sqrt[6]{3}}{6}$

c) $\sqrt{2\sqrt{3\sqrt[3]{30}}}=\sqrt{2\sqrt{3\sqrt[3]{2\cdot 3\cdot 5}}}=\sqrt{2\sqrt{\sqrt[3]{3^3\cdot 2\cdot 3\cdot 5}}}=\sqrt{2\sqrt[6]{2\cdot 3^4\cdot 5}}=\sqrt{\sqrt[6]{2^6\cdot 2\cdot 3^4\cdot 5}}=\sqrt[12]{2^7\cdot 3^4\cdot 5}$

24. Simplifica: $\frac{\sqrt{6}}{2\sqrt{3}-3\sqrt{2}}$

$$\frac{\sqrt{6}}{2\sqrt{3}-3\sqrt{2}}=\frac{\sqrt{6}(2\sqrt{3}+3\sqrt{2})}{(2\sqrt{3}-3\sqrt{2})(2\sqrt{3}+3\sqrt{2})}=\frac{2\sqrt{18}+3\sqrt{12}}{12-18}=\frac{2\sqrt{2\cdot 3^2}+3\sqrt{3\cdot 2^2}}{-6}=\frac{6\sqrt{2}+6\sqrt{3}}{-6}=-(\sqrt{2}+\sqrt{3})$$

EJERCICIOS PROPUESTOS

25. Efectúa las siguientes operaciones.

a) $\sqrt{8}\sqrt{27}$

b) $\frac{\sqrt[3]{512}}{\sqrt[3]{200}}$

c) $\sqrt[3]{4}\sqrt[5]{392}$

d) $\frac{\sqrt[4]{2187}}{\sqrt{108}}$

e) $\left(\frac{\sqrt{12}}{\sqrt[3]{32}}\right)\sqrt[6]{2}$

f) $\frac{\left(\sqrt{\frac{1}{2}}\sqrt[4]{8}\right)}{\sqrt[3]{4}}$

26. Opera y simplifica las siguientes expresiones.

a) $\frac{\sqrt{2}\sqrt[3]{4}}{\sqrt[6]{8}}$

b) $\left[\left(\sqrt{2^4\sqrt[3]{2^8}}\right)^2\right]^3$

c) $\frac{\sqrt{2\sqrt{2\sqrt{2\sqrt{2}}}}}{\sqrt{2\sqrt{2}}}$

27. Extrae de la raíz todos los factores que sea posible.

a) $\sqrt{2^8\cdot 3^5\cdot 5^7}$

b) $\sqrt[3]{a^5\cdot b^{12}\cdot c^7}$

c) $\sqrt[5]{\frac{2^6\cdot 3^{12}}{5^{20}}}$

28 Realiza las siguientes sumas y restas de radicales.

a) $\sqrt[3]{24}-\sqrt{2}-6\sqrt[3]{3}+\sqrt{32}$

b) $\sqrt{50}-\sqrt{\frac{18}{4}}+\sqrt{\frac{72}{25}}$

c) $6\sqrt{200}+2\sqrt{50}-3\sqrt{18}$

d) $\sqrt{5a^2}-\sqrt{80a^2}+\sqrt{20a^4}$

29. Realiza las siguientes operaciones.

a) $2\sqrt{180}+\frac{3}{5}\sqrt{125}+\sqrt{5}$

b) $\frac{2^{\frac{1}{2}}\cdot 4^{\frac{2}{3}}}{8^3}$

c) $2187^{\frac{1}{2}}+3^{\frac{3}{2}}$

30. Racionaliza las siguientes expresiones.

a) $\frac{6}{2\sqrt{3}}$

b) $\frac{3}{5\sqrt[5]{81}}$

c) $\frac{2}{1+2\sqrt{3}}$

d) $\frac{10}{2\sqrt{3}-\sqrt{8}}$

31. sm**Savia**digital.com PRACTICA Continua operando con números reales y radicales.

6 Intervalos y entornos

MAT-TIC GeoGebra

Entra en smSaviadigital.com y trabaja con intervalos y entornos.

Dentro de la recta real se pueden definir intervalos y entornos que permiten escribir de forma sencilla conjuntos de puntos.

Intervalos

- **Intervalo abierto:** $(a, b)=\{x \,/\, a<x<b\}$, números comprendidos entre a y b.

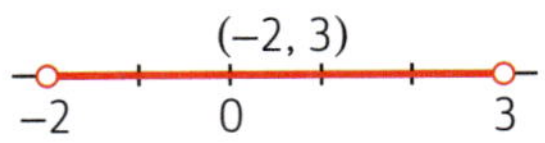

- **Intervalo cerrado:** $[a, b]=\{x \,/\, a\leq x\leq b\}$, números comprendidos entre a y b, estos incluidos.

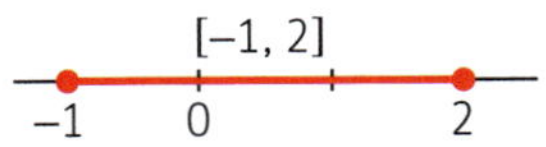

Además se pueden considerar otros intervalos:

- **Semiabiertos o semicerrados:** incluyen sólo uno de los extremos:

$[a, b)=\{x \,/\, a\leq x<b\}$ 

$(a,b]=\{x \,/\, a<x\leq b\}$ 

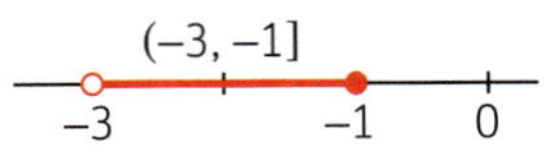

- **Semirrectas:** Determinadas por un número real y todos los números mayores o menores que él.

$(-\infty, a)=\{x \,/\, x<a\}$ $\quad(-\infty,a]=\{x \,/\, x\leq a\}$ $\quad(a,+\infty)=\{x \,/\, a<x\}$ $\quad[a,+\infty)=\{x \,/\, a\leq x\}$

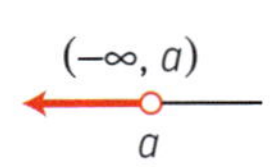

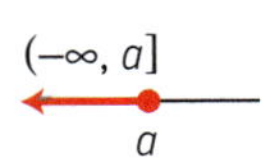

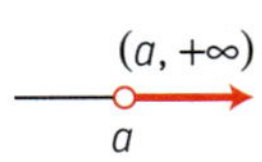

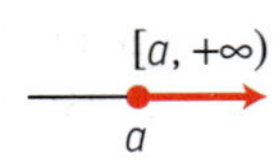

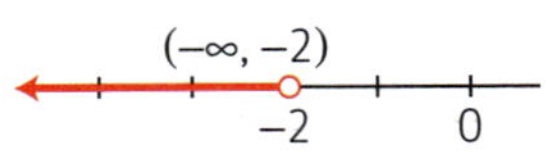

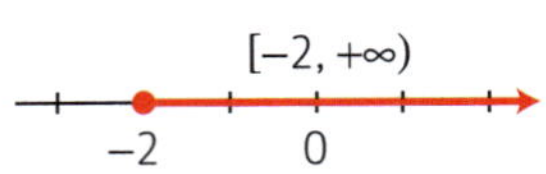

Entornos abierto y cerrado

Se llama **entorno abierto** de centro el número real a y radio $r>0$, y se denota por $\boldsymbol{E(a, r)}$, al conjunto de todos los números reales x que distan de a menos que r. Equivale al entorno abierto $(a-r, a+r)$.

$$E(a,r)=(a-r,a+r)=\{x\in\mathbb{R}, |x-a|<r\}$$

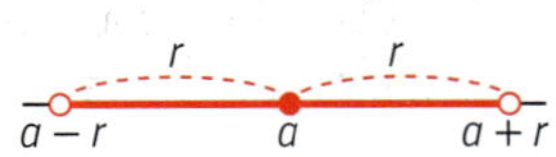

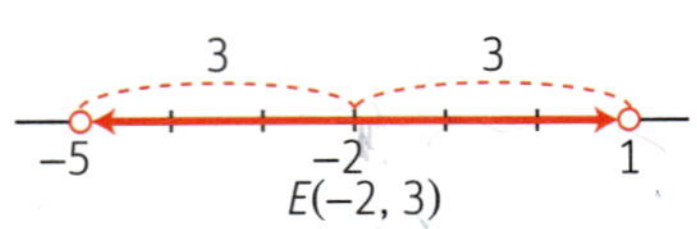

Se llama **entorno cerrado** de centro el número real a y radio $r>0$, y se denota por $\boldsymbol{E[a, r]}$, al conjunto de todos los números reales x que distan de a menos o igual que r. Equivale al entorno cerrado $[a-r, a+r]$.

$$E[a,r]=[a-r,a+r]=\{x\in\mathbb{R}, |x-a|\leq r\}$$

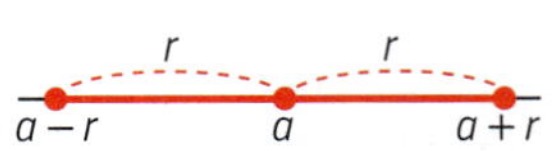

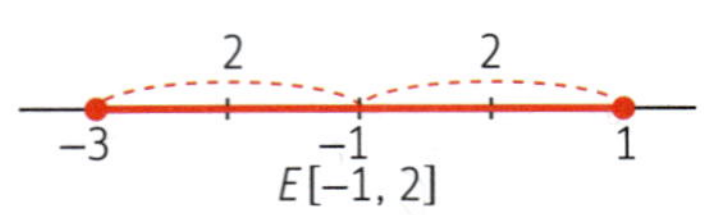

EJERCICIO RESUELTO

32. Dados los conjuntos $A=(-4,3)$ y $B=(-2,4]$, expresa en forma de intervalo los conjuntos $A\cup B$ y $A\cap B$.

La unión $\cup$ de dos conjuntos está formada por todos los elementos que pertenecen por lo menos a uno de los dos conjuntos. Así: $A\cup B=(-4,3)\cup(-2,4]=(-4,4]$

La intersección $\cap$ de dos conjuntos está formada por los elementos que pertenecen a ambos conjuntos a la vez. Entonces: $A\cap B=(-4,3)\cap(-2,4]=(-2,3)$

EJERCICIOS PROPUESTOS

33. Calcula $A\cup B$ y $A\cap B$ siendo:

a) $A=(-1,4)$ y $B=[0,5]$ b) $A=(2,+\infty)$ y $B=(-\infty,3]$

34. Expresa, si es posible, mediante un único entorno abierto cada uno de los siguientes conjuntos.

a) $(-2,10)$ b) $-3\leq x\leq 7$ c) $\left[\frac{1}{2},3\right]$ d) $(-a,a)$

35. Expresa mediante entornos los siguientes conjuntos.

a) $\{x\in\mathbb{R}$ tales que $|x|<5\}$

b) $\{x\in\mathbb{R}$ tales que $|x+2|<4\}$

36. Representa y expresa como intervalos los siguientes conjuntos de números reales.

a) $|x-2|<2$ b) $|x+3|\geq 1$ c) $|x+1|\leq 2$

7 Notación científica. Expresión de medidas con números reales

En situaciones relacionadas con las ciencias sociales y experimentales, a veces, es necesario utilizar números muy grandes o muy pequeños. Para expresarlos se usa la **notación científica**.

Las calculadoras tienen una tecla especial que permite introducir números en notación científica.

Un número escrito en **notación científica** se compone de dos factores:

- Una **parte decimal** con un número finito de cifras decimales y con una única cifra entera no nula.
- Una **potencia de 10** cuyo exponente se denomina **orden de magnitud** y que es positivo (números grandes) o negativo (números pequeños).

Ejemplos ▸ Número de habitantes de Europa: 700 000 000 habitantes $= 7 \cdot 10^8$ habitantes

Radio de un protón: 0,000 000 000 000 000 841 m $= 8{,}41 \cdot 10^{-16}$ m

La medición en los números reales

En ocasiones, es necesario operar con números reales que no son exactos, bien por haber sido obtenidos al realizar mediciones, bien por ser el resultado de operaciones efectuadas con aproximaciones.

El número de **cifras significativas** de un número aproximado es el número de cifras que tiene dicho número sin contar con los ceros que pueda tener a la izquierda y que son necesarios para expresar su forma decimal.

Ejemplo ▸ 23,45 tiene cuatro cifras significativas, 0,0023 tiene dos y 0,204 tiene tres.

Al operar con números redondeados se deben tener en cuenta las siguientes reglas:

- El resultado de sumas y restas debe expresarse con el mismo número de cifras decimales que el dato que menos tenga.
- El resultado de productos y cocientes se debe expresar con tantas cifras significativas como tenga el factor con menos cifras significativas.

Ejemplos ▸ $\underset{5}{12{,}263} - \underset{4}{9{,}025} + \underset{6}{23{,}2327} = 26{,}4707 \simeq \underset{4}{26{,}47}$ $\quad$ $\underset{3}{24{,}6} \cdot \underset{2}{0{,}021} = 0{,}5166 \simeq \underset{2}{0{,}52}$

EJERCICIO RESUELTO

37. Realiza las siguientes operaciones utilizando notación científica.

a) $260\,000 \cdot 0{,}000\,004$

b) $120\,000\,000 : 0{,}000\,24$

c) $0{,}000\,001\,73^3$

d) $1{,}23 \cdot 10^{14} - 2{,}6 \cdot 10^{12}$

a) $260\,000 \cdot 0{,}000\,004 = 2{,}6 \cdot 10^5 \cdot 4 \cdot 10^{-6} = 10{,}4 \cdot 10^{-1} = 1{,}04$

b) $120\,000\,000 : 0{,}000\,24 = (1{,}2 \cdot 10^8) : (2{,}4 \cdot 10^{-4}) = 0{,}5 \cdot 10^8 \cdot 10^4 = 0{,}5 \cdot 10^{12} = 5 \cdot 10^{11}$

c) $0{,}000\,001\,73^3 = (1{,}73 \cdot 10^{-6})^3 = 5{,}177\,717 \cdot 10^{-18}$

d) Primero se expresan todos los sumandos en el orden de la menor magnitud que aparezca y después se extrae factor común y se realiza la operación con los números decimales

$1{,}23 \cdot 10^{14} - 2{,}6 \cdot 10^{12} = 123 \cdot 10^{12} - 2{,}6 \cdot 10^{12} = (123 - 2{,}6) \cdot 10^{12} = 120{,}4 \cdot 10^{12} = 1{,}204 \cdot 10^{14}$

EJERCICIOS PROPUESTOS

38. Realiza las siguientes operaciones dando el resultado en notación científica.

a) $0{,}000\,025 \cdot 0{,}0032$

b) $0{,}0025 : 12\,500\,000$

c) $0{,}000\,000\,000\,012^{20}$

d) $2{,}4 \cdot 10^{21} + 33{,}2 \cdot 10^{22}$

39. Realiza las siguientes operaciones dando el resultado con la precisión adecuada.

a) $25{,}35 + 7723{,}1 + 2{,}035 - 222{,}256$

b) $2{,}25 \cdot 1{,}237 - 230{,}40 \cdot 0{,}024 + 15{,}01 \cdot 23{,}11$

40. Indica en cada caso el número de cifras significativas.

a) 2,035 b) 0,000 607 c) 505,000 75

41. Se quiere medir el total del área de dos parcelas, una rectangular de dimensiones 123,2 m y 98 m, y otra circular con un radio de 44,6 m. Estima el área con la precisión adecuada.

42. smSaviadigital.com PRACTICA Trabaja con subconjuntos de la recta real y con notación científica.

Resumen

Números reales

Racionales. Se pueden expresar en forma de fracción.

$$x \in \mathbb{Q} \Leftrightarrow \text{existen } m \text{ y } n \in \mathbb{Z} \text{ tales que } x = \frac{m}{n} \; (n \neq 0)$$

Su expresión decimal puede tener:

- Un número finito de cifras decimales (decimal exacto)
- Infinitas cifras decimales siguiendo un período (decimal periódico)

Irracionales. No pueden expresarse mediante una fracción. Su expresión decimal tiene infinitas cifras decimales no periódicas.

Representación

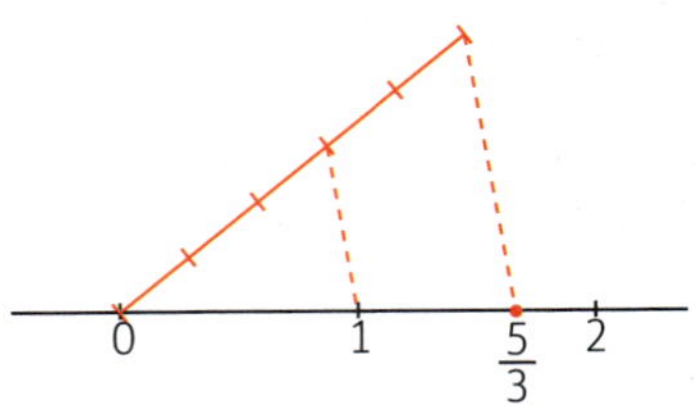

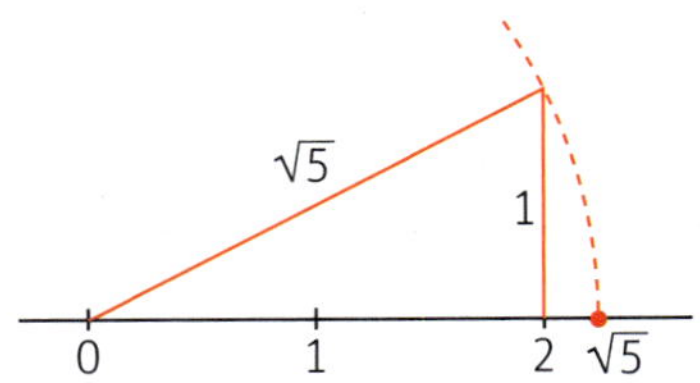

Valor absoluto

$$|a| = \begin{cases} a & \text{si } a \geq 0 \\ -a & \text{si } a < 0 \end{cases}$$

$$|a| \geq 0 \qquad |ab| = |a||b| \qquad |a+b| \leq |a| + |b|$$

Aproximaciones

Aproximaciones de $\pi = 3{,}14159265...$				
Por defecto	3	3,1	3,14	3,141
Por exceso	4	3,2	3,15	3,142
Redondeo	4	3,2	3,14	3,142

Error absoluto

$$E_a = |\text{Valor verdadero} - \text{Aproximación}|$$

Error relativo

$$E_r = \frac{E_a}{\text{Valor verdadero}} < \frac{E_a}{\text{Aproximación por defecto}}$$

Potencias

Exponente natural: $a^n = \overbrace{aa...a}^{n \text{ veces}}$

Exponente entero: $a^0 = 1 \qquad a^{-n} = \frac{1}{a^n}$

Exponente racional: $a^{\frac{n}{m}} = \sqrt[m]{a^n}$

Exponente real: $d < x < e \Rightarrow a^d < a^x < a^e$ si $a > 1$

Radicales

$$\sqrt[n]{A} = x \Leftrightarrow x^n = A$$

Operaciones con radicales

Radicales equivalentes: $\sqrt[np]{A^{ap}} = \sqrt[n]{A^p}$

Producto de radicales: $\sqrt[n]{A}\sqrt[n]{B} = \sqrt[n]{AB}$

Cociente de radicales: $\frac{\sqrt[n]{A}}{\sqrt[n]{B}} = \sqrt[n]{\frac{A}{B}}$

Extracción e introducción de factores: $A^n \sqrt[n]{B} = \sqrt[n]{AB}$

Potencia de un radical: $\left(\sqrt[n]{A^p}\right)^m = \sqrt[n]{A^{p \cdot m}}$

Radical de un radical: $\sqrt[n]{\sqrt[m]{A}} = \sqrt[nm]{A}$

Racionalización

Racionalizar una expresión que tenga radicales en el denominador es encontrar otra equivalente que solo tenga, a lo sumo, radicales en el numerador.

- Cuando el denominador contiene un radical en un único sumando,se multiplica y divide por un radical adecuado para que desaparezca el radical del denominador.
- Cuando el denominador es un binomio con radicales de orden 2, multiplica y divide por el conjugado del denominador.

Intervalos y entornos

Intervalo abierto

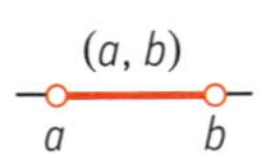

Intervalo semiabierto o semicerrado

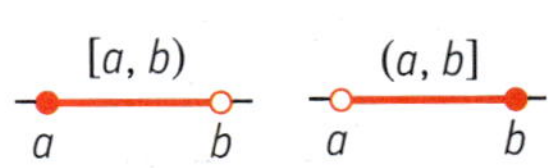

Entorno abierto

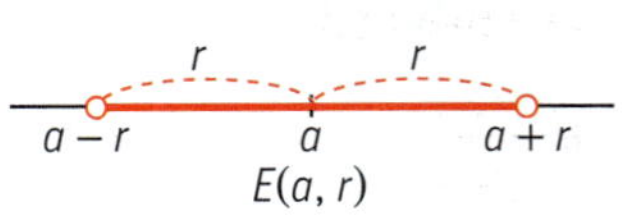

Intervalo cerrado

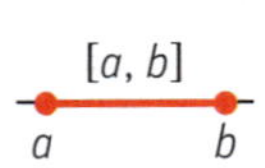

Semirrecta

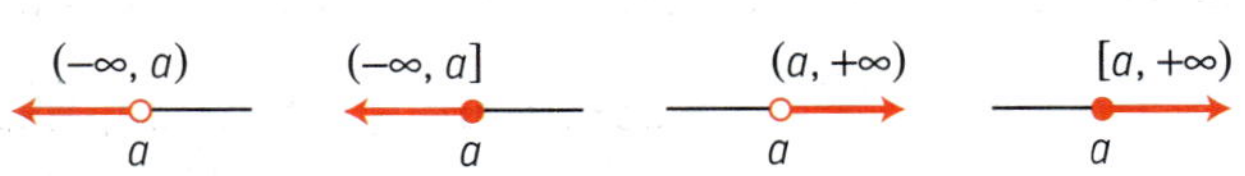

Entorno cerrado

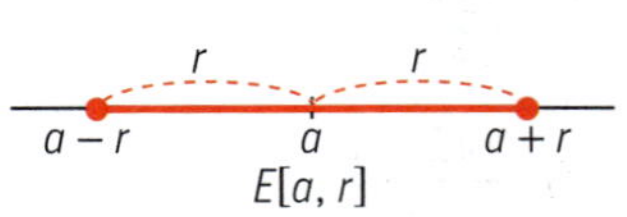

EJERCICIOS RESUELTOS

Operaciones con números periódicos

Cálculo exacto de una suma con números periódicos

43. Halla, de forma exacta, el resultado de la suma:

$$15{,}2\widehat{5}+15{,}\widehat{25}$$

Para obtener el resultado de forma exacta se calculan las expresiones fraccionarias de los números racionales que intervienen.

$$N=15{,}2\widehat{5}=15{,}2555\ldots$$

$$N=\frac{1525-152}{90}=\frac{1373}{90}$$

$$M=15{,}\widehat{25}=15{,}252525\ldots$$

$$M=\frac{1525-15}{99}=\frac{1510}{99}$$

$$15{,}2\widehat{5}+15{,}\widehat{25}=\frac{1373}{90}+\frac{1510}{99}=\frac{1373\cdot 11+1510\cdot 10}{990}=\frac{30\,203}{990}=30{,}5\widehat{08}$$

Operaciones con radicales y racionalización

Simplificación de expresiones con radicales de base entera

44. Simplifica las siguientes expresiones.

a) $\left(2+3\sqrt{2}\right)^2$

b) $\left(5\sqrt{2}-2\sqrt{5}\right)^2$

c) $\left(6\sqrt{3}-4\sqrt{5}\right)\left(6\sqrt{3}+4\sqrt{5}\right)$

d) $\left(1+\sqrt{2}\right)^3$

e) $\left(2-\sqrt{2}\right)^3$

a) $\left(2+3\sqrt{2}\right)^2=2^2+\left(3\sqrt{2}\right)^2+2\cdot 2\cdot 3\sqrt{2}=4+9\cdot 2+12\sqrt{2}=22+12\sqrt{2}$

b) $\left(5\sqrt{2}-2\sqrt{5}\right)^2=\left(5\sqrt{2}\right)^2+\left(2\sqrt{5}\right)^2-2\cdot 5\sqrt{2}\cdot 2\sqrt{5}=25\cdot 2+4\cdot 5-20\sqrt{10}=70-20\sqrt{10}$

c) $\left(6\sqrt{3}-4\sqrt{5}\right)\left(6\sqrt{3}+4\sqrt{5}\right)=\left(6\sqrt{3}\right)^2-\left(4\sqrt{5}\right)^2=36\cdot 3-16\cdot 5=108-80=28$

d) $\left(1+\sqrt{2}\right)^3=\left(1+\sqrt{2}\right)^2\left(1+\sqrt{2}\right)=\left(3+2\sqrt{2}\right)\left(1+\sqrt{2}\right)=3+3\sqrt{2}+2\sqrt{2}+4=7+5\sqrt{2}$

e) $\left(2-\sqrt{2}\right)^3=\left(2-\sqrt{2}\right)^2\left(2-\sqrt{2}\right)=\left(6-4\sqrt{2}\right)\left(2-\sqrt{2}\right)=12-6\sqrt{2}-8\sqrt{2}+8=20-14\sqrt{2}$

Ordenación de radicales

45. Ordena de mayor a menor los siguientes números reales.

$$\sqrt{5}\quad \sqrt[3]{12}\quad \sqrt[6]{140}\quad \sqrt[12]{16\,000}$$

Para ordenar el valor de los cuatro radicales, se pueden reducir a índice común, obteniendo radicales equivalentes que tengan el mismo índice, y comparar los radicandos:

El mínimo común múltiplo de los índices es m.c.m. (2, 3, 6, 12) = 12

$$\left.\begin{array}{l}\sqrt{5}=\sqrt[12]{5^6}=\sqrt[12]{15\,625}\\ \sqrt[3]{12}=\sqrt[12]{12^4}=\sqrt[12]{20736}\\ \sqrt[6]{140}=\sqrt[12]{140^2}=\sqrt[12]{19\,600}\\ \sqrt[12]{16\,000}\end{array}\right\}\rightarrow 20\,736>19\,600>16\,000>15\,625\Rightarrow \sqrt[3]{12}>\sqrt[6]{140}>\sqrt[12]{16\,000}>\sqrt{5}$$

Racionalización de denominadores

46. Racionaliza las siguientes expresiones, es decir, calcula expresiones equivalentes que no contengan radicales en el denominador.

a) $\dfrac{2}{3\sqrt{2}}$

b) $\dfrac{2\sqrt{3}}{\sqrt[5]{9}}$

c) $\dfrac{\sqrt{2}}{1+\sqrt{2}}$

a) Como en el denominador aparece un único radical de índice 2, se multiplica y divide por dicho radical.

$$\frac{2}{3\sqrt{2}}=\frac{2}{3\sqrt{2}}\cdot\frac{\sqrt{2}}{\sqrt{2}}=\frac{2\sqrt{2}}{3\cdot 2}=\frac{\sqrt{2}}{3}$$

b) Como en el denominador aparece un único radical de índice mayor que 2, se multiplica y divide por un radical del mismo índice cuyo radicando sea una potencia tal que el exponente de la potencia resultante coincida con el índice.

$$\frac{2\sqrt{3}}{\sqrt[5]{9}}=\frac{2\sqrt{3}}{\sqrt[5]{3^2}}\cdot\frac{\sqrt[5]{3^3}}{\sqrt[5]{3^3}}=\frac{2\sqrt[10]{3^5\cdot 3^6}}{\sqrt[5]{3^2\cdot 3^3}}=\frac{2\sqrt[10]{3^{11}}}{\sqrt[5]{3^5}}=\frac{2\cdot 3\cdot\sqrt[10]{3}}{3}=2\sqrt[10]{3}$$

c) Como en el denominador aparece un binomio, se multiplica y divide por el conjugado.

$$\frac{\sqrt{2}}{1+\sqrt{2}}=\frac{\sqrt{2}\left(1-\sqrt{2}\right)}{\left(1+\sqrt{2}\right)\left(1-\sqrt{2}\right)}=\frac{\sqrt{2}-2}{1^2-\left(\sqrt{2}\right)^2}=\frac{\sqrt{2}-2}{1-2}=2-\sqrt{2}$$

Simplificación de expresiones con radicales de base fraccionaria

47. Simplifica todo lo que puedas las siguientes expresiones con radicales.

a) $\sqrt{\frac{6}{5}}-\sqrt{\frac{5}{6}}$

b) $\frac{3}{5}\sqrt{\frac{5}{3}}-\frac{5}{3}\sqrt{\frac{3}{5}}+\sqrt{15}$

a) $\sqrt{\frac{6}{5}}-\sqrt{\frac{5}{6}}=\frac{\sqrt{6}\sqrt{5}}{\sqrt{5}\sqrt{5}}-\frac{\sqrt{5}\sqrt{6}}{\sqrt{6}\sqrt{6}}=\sqrt{30}\left(\frac{1}{5}-\frac{1}{6}\right)=\sqrt{30}\frac{1}{30}=\frac{\sqrt{30}}{30}$

b) $\frac{3}{5}\sqrt{\frac{5}{3}}-\frac{5}{3}\sqrt{\frac{3}{5}}+\sqrt{15}=\frac{3\sqrt{5}}{5\sqrt{3}}-\frac{5\sqrt{3}}{3\sqrt{5}}+\sqrt{15}=\frac{3\sqrt{5}\sqrt{3}}{5\sqrt{3}\sqrt{3}}-\frac{5\sqrt{3}\sqrt{5}}{3\sqrt{5}\sqrt{5}}+\sqrt{15}=$

$=\frac{3\sqrt{15}}{15}-\frac{5\sqrt{15}}{15}+\sqrt{15}=\sqrt{15}\left(\frac{3}{15}-\frac{5}{15}+1\right)=\frac{13\sqrt{15}}{15}$

Valor absoluto, intervalos y entornos

Determinación de intervalos

48. Halla el conjunto de valores de x que satisfacen estas relaciones.

a) $|x-4|\le 2$

b) $|x+2|<3$

c) $|x|>1$

d) $|x+5|\ge 3$

a) $|x-4|\le 2\Rightarrow -2\le x-4\le 2\Rightarrow 4-2\le x\le 4+2\Rightarrow 2\le x\le 6$

x pertenece al intervalo cerrado [2, 6].

b) $|x+2|<3\Rightarrow -3<x+2<3\Rightarrow -2-3<x<-2+3\Rightarrow -5<x<1$

x pertenece al intervalo abierto (–5, 1).

c) Hallamos el conjunto de números reales que cumple:

$$|x|\le 1\Rightarrow -1\le x\le 1$$

Entonces x no puede pertenecer al intervalo [–1, 1], por tanto x pertenece a $(-\infty,-1)\cup(1,+\infty)$.

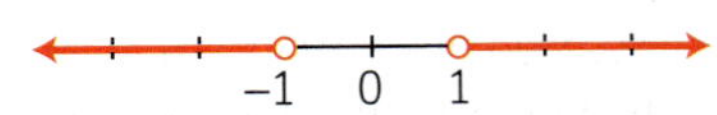

d) Hallamos el conjunto de números reales que cumple:

$$|x+5|<3\Rightarrow -3<x+5<3\Rightarrow -5-3<x<-5+3\Rightarrow$$
$$\Rightarrow -8<x<-2$$

Entonces x no puede pertenecer al intervalo (–8, –2) y por tanto x pertenece a $(-\infty,-8]\cup[-2,+\infty)$.

Aplicaciones de los números reales

Suma y resta de números en notación científica

49. Opera y expresa resultado en notación científica.

a) $4,23\cdot 10^{12}+8,93\cdot 10^{12}$

b) $3,5\cdot 10^{24}-4,2\cdot 10^{23}$

c) $1,2\cdot 10^{-12}+2,32\cdot 10^{-11}$

a) Como los dos sumandos tienen el mismo orden de magnitud, se extrae factor común a la potencia de 10.

$$4,23\cdot 10^{12}+8,93\cdot 10^{12}=(4,23+8,93)\cdot 10^{12}=13,16\cdot 10^{12}=1,316\cdot 10^{13}$$

b) Como es este caso los números no tienen el mismo orden de magnitud, primero se expresan ambos utilizando una potencia de 10 con el menor de los exponentes.

$$3,5\cdot 10^{24}-4,2\cdot 10^{23}=35\cdot 10^{23}-4,2\cdot 10^{23}=(35-4,2)\cdot 10^{23}=30,8\cdot 10^{23}=3,08\cdot 10^{24}$$

c) Igual que en el apartado anterior, primero se expresan los dos sumandos en el mismo orden de magnitud:

$$1,2\cdot 10^{-12}+2,32\cdot 10^{-11}=1,2\cdot 10^{-12}+23,2\cdot 10^{-12}=(1,2+23,2)\cdot 10^{-12}=24,4\cdot 10^{-12}=2,44\cdot 10^{-11}$$

Utilización de cifras significativas en las operaciones

50. Realiza con la calculadora y expresa con seis cifras significativas:

a) $4,9^{16}\cdot 6,2^{10}$

b) $(1,3\cdot 10^{-12}):(4,26^{-9})$

a) $4,9^{16}\cdot 6,2^{10}=9,269\,454\,466\cdot 10^{18}$

Se aproxima mediante el número $9,269\,45\cdot 10^{18}$.

b) $(1,3\cdot 10^{-12}):(4,26^{-9})=6,00661428\cdot 10^{-7}$

Se aproxima mediante el número $6,00614\cdot 10^{-7}$.

Resolución de problemas con números reales

Resolución de problemas con fracciones

51. La unidad central de un ordenador (CPU) cuesta $\frac{3}{5}$ del precio total, el monitor cuesta $\frac{2}{3}$ del resto, y los demás componentes cuestan 90 €. ¿Cuánto cuesta el ordenador? ¿Y cada uno de sus componentes?

En la resolución de problemas con fracciones suelen resultar útiles las representaciones gráficas como la de la derecha.

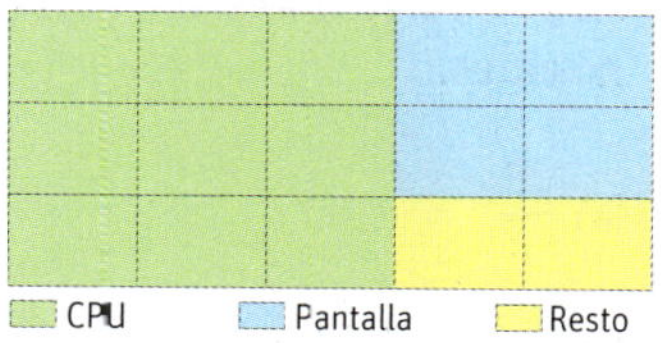

En la figura se aprecia que $\frac{3}{5}=\frac{9}{15}$ partes corresponden a la CPU, mientras que $\frac{2}{3}\cdot\frac{2}{5}=\frac{4}{15}$ partes corresponden a la pantalla. Las demás componentes son $\frac{2}{15}$ del total.

Cada una de las 15 partes del total vale $\frac{90}{2}=45$ €. Por tanto, el ordenador cuesta $15\cdot 45=675$ €; la unidad central, $\frac{3}{5}\cdot 675=405$ €, y el monitor, $\frac{4}{15}\cdot 675=180$ €.

Aplicación de los números racionales

52. Se realizó una encuesta sobre el interés de los habitantes de una localidad en relación con los equipos informáticos y se observó que exactamente el número de encuestados que contestaron que en su casa había más de un ordenador era el 40,454 545...% del total. ¿Cuántas personas formaban parte de la muestra si se sabe que eran menos de 300?

Se obtiene la fracción generatriz del número racional $N=0{,}40454545...=0{,}40\widehat{45}$

$$\left.\begin{array}{r} 100N=40{,}\widehat{45} \\ 10\,000N=4045{,}\widehat{45} \\ \hline 9900N=4005 \end{array}\right\}\Rightarrow N=\frac{4005}{9900}=\frac{89}{220}$$

Para calcular el número de encuestados que contestó que tenía más de un ordenador, se debe multiplicar el total de la muestra por la fracción irreducible $\frac{89}{220}$.

El número total de encuestados debe ser múltiplo de 220 y, como debe ser menor que 300, es exactamente 220.

Aplicación de los números irracionales

53. Una empresa fabrica hojas de papel de manera que el cociente entre las dos dimensiones es el número áureo, $\phi=\frac{1+\sqrt{5}}{2}$. Calcula las dimensiones de las hojas que se fabricarán si se quiere que su superficie mida 625 cm².

Las dimensiones deben ser: a y $b=\frac{1+\sqrt{5}}{2}a$

Como el área debe ser 625 cm²:

$$a\cdot b=a\cdot\frac{1+\sqrt{5}}{2}a=\frac{1+\sqrt{5}}{2}a^2=625\Rightarrow a^2=\frac{1250}{1+\sqrt{5}}\Rightarrow a=\sqrt{\frac{1250}{1+\sqrt{5}}}=\sqrt{\frac{2\cdot 5^4}{1+\sqrt{5}}}=25\sqrt{\frac{2}{1+\sqrt{5}}}\simeq 19{,}65\text{ cm}$$

$$b=\frac{1+\sqrt{5}}{2}a\simeq 31{,}79\text{ cm}$$

Aplicación de los números en notación científica

54. La unidad astronómica (ua) es la distancia media que separa la Tierra del Sol y equivale a $1{,}49598\cdot 10^8$ km.

Se sabe que el 1 de enero la distancia entre la Tierra y el Sol es de $1{,}471\cdot 10^8$ km. Exprésala en unidades astronómicas.

Distancia entre la Tierra y el Sol el 1 de enero y en unidades astronómicas:

$$\frac{1{,}471\cdot 10^8}{1{,}49598\cdot 10^8}=0{,}9833=9{,}833\cdot 10^{-1}\text{ ua}$$

ACTIVIDADES

Ejercicios

Números racionales e irracionales

55. Di si los siguientes números son naturales, enteros, racionales o reales.

a) $\frac{28}{7}$

b) -12

c) $-\frac{1}{25}$

d) $\frac{1+\sqrt{9}}{\sqrt{25}}$

e) 19

f) $-\frac{1}{\sqrt{24}}$

56. Calcula las expresiones decimales de los siguientes números racionales.

$$\frac{13}{25} \quad \frac{125}{9} \quad \frac{5}{18} \quad \frac{4}{7}$$

57. Ordena de menor a mayor los siguientes números racionales.

$$\frac{4}{5} \quad \frac{19}{24} \quad \frac{10}{11} \quad \frac{7}{8}$$

Realiza el ejercicio de dos formas diferentes:

a) Calculando las expresiones decimales de los números racionales y comparándolas.

b) Calculando expresiones fraccionarias equivalentes a las dadas con igual denominador y comparándolas.

58. Halla dos números racionales comprendidos entre $\frac{21}{31}$ y $\frac{22}{31}$.

59. Calcula las expresiones fraccionarias de los siguientes números racionales.

a) 21,333...

b) 10,101 010...

c) 21,125

d) 5,812 512 512 5...

60. Clasifica los siguientes números en racionales e irracionales. Para los racionales, indica su expresión mediante una fracción irreducible.

a) 12,121 314 15...

b) 12,121 212...

c) 12,012 1212...

d) 1,010 010 001...

e) 1,123 123 123...

f) 0,001 002 003 004...

61. Calcula de forma exacta el resultado de:

$$0,\widehat{12}-2\left(0,\widehat{1}-0,0\widehat{20}\right)+0,0\widehat{3}$$

Valor absoluto

62. Calcula el valor de las siguientes expresiones en los puntos que se indican.

a) $2+|2x-3|-|x-1|$ en $x=2$

b) $2x-2-|2x-5|$ en $x=-3$

c) $\frac{2x-3|3x-1|+|2x-3|}{2|x|-3|x-4|}$ en $x=-1$

63. Desarrolla las siguientes expresiones eliminando los valores absolutos.

a) $|2x-4|+x$

b) $x+|2x|$

c) $|x-1|+x$

d) $(x-2)^2-|x-2|$

64. ¿Qué valores de x cumplen las siguientes igualdades?

a) $|2x-1|-x=2$

b) $|3x-1|-2x=11$

c) $\left|x-\frac{1}{2}\right|+2x=\frac{1}{2}$

d) $|x-2|+|x-3|=9$

Representación de números reales

65. Representa los siguientes números reales.

a) $\frac{12}{5}$

b) $\sqrt{6}$

c) $-\frac{3}{7}$

d) $\sqrt{7}$

e) $\sqrt{10}$

f) $\sqrt{8}$

66. Representa el número áureo $\phi=\frac{1+\sqrt{5}}{2}$.

Aproximaciones y errores

67. Da la expresión aproximada que se indica en cada uno de los siguientes casos.

a) $\frac{13}{11}$ aproximando por exceso con dos cifras decimales.

b) $\sqrt{123}$ aproximando por defecto con tres cifras decimales.

c) $\pi+\pi^2$ redondeando con tres cifras decimales.

68. Escribe aproximaciones por exceso y por defecto con tres cifras decimales de los siguientes números.

a) $\sqrt{2}$

b) $\sqrt{2\sqrt{2}}$

c) $\sqrt{2\sqrt{2\sqrt{2}}}$

d) $\sqrt{2\sqrt{2\sqrt{2\sqrt{2}}}}$

69. Indica el número de cifras significativas en cada caso.

a) 22,3

b) 0,045

c) 1,002

d) 230,025

70. Halla los siguientes redondeos.

a) $\frac{3}{46}$ con tres cifras significativas

b) $\sqrt{17}$ con cuatro cifras significativas

c) $\sqrt{2}+2\sqrt{3}$ con cuatro cifras significativas

71. Calcula y da el resultado de acuerdo con las cifras significativas de las cantidades que intervienen.

a) $12,3+0,34-14,25$

b) $0,453 \cdot 32,42$

c) $0,0034 \cdot 0,000\,045$

d) $10,5 \cdot 23,33-5,003 \cdot 10,15$

e) $2,34-5,007 \cdot 2,75$

f) $15,03 : 2,6$

72. Calcula los errores absoluto y relativo que se cometen al tomar 3,29 como valor de $\frac{23}{7}$.

73. Calcula los errores absoluto y relativo cometidos al tomar como valor de $\frac{120}{11}$ la aproximación de 10,91.

74. Acota el error relativo que se comete al tomar como valor de $\sqrt{5}$ la aproximación 2,236.

75. Acota el error relativo que se comete al tomar $\sqrt{15}$ con tres cifras significativas.

Potencias y radicales

76. Calcula el valor de las siguientes expresiones.

a) $4(2\cdot 3^{-2})^{-2}$

b) $\left(\frac{1}{2}\right)^{-2}-2\left(\frac{2}{3}\right)^{-2}$

c) $\frac{2\cdot 3^2+3\cdot 2^2}{3^{-2}+6^{-1}}$

d) $(2^6)^{\frac{1}{2}}$

e) $\frac{\left(\frac{3}{2}\right)^{-2}\left(\frac{4}{3}\right)^{-3}}{2^{-4}\cdot 3^{-3}}$

f) $(-2)^0+(-2)^1+\ldots+(-2)^8$

77. Halla las siguientes multiplicaciones y divisiones con radicales.

a) $\sqrt{2}\sqrt[3]{4}\sqrt[6]{8}$

b) $\sqrt{x}\sqrt[3]{x}\sqrt[4]{x^3}$

c) $\frac{\sqrt{3}\sqrt[4]{27}}{\sqrt[3]{81}}$

d) $\frac{\sqrt{x\sqrt{x}}}{\sqrt[3]{x}}$

78. Realiza las siguientes sumas y restas de radicales.

a) $\sqrt{2}+\sqrt{8}+\sqrt{32}$

b) $\sqrt[3]{81a^3}+2a\sqrt[3]{24}$

c) $\sqrt{3}+2\sqrt{27}-\sqrt{12}$

d) $\frac{2}{3}\sqrt[3]{24}-\frac{1}{2}\sqrt[3]{81}+\sqrt[3]{375}$

79. Simplifica el valor de las siguientes expresiones.

a) $\sqrt{3\sqrt{3\sqrt{3}}}$

b) $\sqrt[3]{\sqrt{2}\sqrt[3]{4}}$

c) $\left(a(a)^{\frac{1}{3}}\right)^{\frac{1}{2}}$

d) $\sqrt{\frac{2}{3}}+\sqrt{\frac{3}{2}}$

e) $\sqrt[4]{390\,625a^5b^{16}}$

f) $16^{\frac{1}{2}}+9^{\frac{3}{2}}$

g) $2(3-2\sqrt{2})^2$

h) $\left(\frac{1}{2}-\sqrt{2-\frac{1}{2}}\right)^2$

80. Opera y simplifica las siguientes expresiones.

a) $(\sqrt{3}-2)(2-\sqrt{3})$

b) $(1+\sqrt{2})^3-(1-\sqrt{2})^3$

c) $\frac{3}{4}\sqrt{18}-(2\sqrt{3}+\sqrt{6})^2$

d) $2(2-3\sqrt{2})^2+(2-3\sqrt{2})(2+3\sqrt{2})$

e) $\frac{1}{3}\sqrt[4]{80}-\frac{1}{2}\sqrt[4]{405}-\sqrt[4]{5}$

81. Racionaliza los denominadores de las siguientes expresiones.

a) $\frac{5}{2\sqrt{5}}$

b) $\frac{3y}{2\sqrt[5]{y^2}}$

c) $\frac{2\sqrt{6}}{\sqrt{3}-\sqrt{2}}$

d) $\frac{x+1}{2\sqrt{x+1}}$

e) $\frac{\sqrt{2}}{1+\sqrt{2}}$

f) $\frac{6\sqrt{6}}{2\sqrt{3}+3\sqrt{2}}$

Intervalos y entornos

82. Dados los intervalos $A=(-2,4)$ y $B=[-1,6)$, calcula y representa:

a) $A\cup B$

b) $A\cap B$

83. Dados los conjuntos $A=[-1,+\infty)$, $B=(-\infty,0)$ y $C=[-1,1]$, calcula:

a) $A\cup B$

b) $A\cup B\cup C$

c) $A\cap B\cap C$

d) $A\cup(B\cap \bar{C})$

e) $(A\cup B)\cap\bar{C}$

f) $(\bar{A}\cap\bar{B})\cap C$

84. Expresa en forma de intervalo y de entorno los siguientes conjuntos de números reales.

a) $|x-3|<5$

b) $|x+3|\le 0{,}25$

c) $\left|x+\frac{1}{2}\right|\le\frac{3}{4}$

d) $|x+2|<\frac{2}{3}$

e) $|x-3|\ge 7$

f) $\left|x+\frac{2}{5}\right|>10$

Notación científica

85. Escribe en notación científica los siguientes números.

a) 12 345 678

b) Sesenta billones

c) 0,000 000 000 331

d) $967\cdot 10^{-25}$

e) $0{,}0097\cdot 10^{23}$

f) –0,000 000 001 23

86. Realiza las siguientes operaciones dando el resultado en notación científica.

a) $250\,000\cdot 5{,}5\cdot 10^5$

b) $\frac{0{,}00016(25\cdot 10^3+2000)}{0{,}0025}$

c) 0,000 001 5 : 0,000 03

d) $\frac{10^{23}\cdot 5{,}6\cdot 10^{-12}}{3{,}5\cdot 10^{22}+4{,}3\cdot 10^{21}}$

87. Halla las siguientes sumas y restas dando el resultado en notación científica.

a) $0{,}32\cdot 10^{14}+7{,}128\cdot 10^{12}$

b) $4{,}88\cdot 10^{-14}+7{,}921\cdot 10^{-12}$

c) $3{,}1109\cdot 10^{45}-2244\cdot 10^{40}$

d) $36{,}79\cdot 10^{-25}-2244\cdot 10^{-28}$

Cuestiones

88. Da un ejemplo de número irracional que esté comprendido entre $\sqrt{2}$ y $\sqrt{3}$.

89. Explica un método para representar el número real $\sqrt{n+1}$ en la recta real si se conoce la representación de $\sqrt{n}$.

90. **Indica, razonadamente, si las siguientes afirmaciones son verdaderas o falsas.**

a) La suma de dos números irracionales es siempre un número irracional.

b) La suma de dos números racionales puede ser irracional.

c) El conjunto numérico más amplio al que pertenece el número −2 es el conjunto de los números enteros $\mathbb{Z}$.

d) Existe un índice n tal que la raíz enésima del número −122 es un número real positivo.

e) Todos los números enteros son reales pero no todos los números reales son enteros.

f) Algunos números decimales son irracionales.

91. **Divide gráficamente el intervalo [3, 7] en tres partes de forma que la segunda sea el doble de la primera, y la tercera, el doble de la segunda. Indica los números fraccionarios que determinan de forma exacta las divisiones realizadas.**

92. **Calcula los valores de a, b y c en la siguiente figura.**

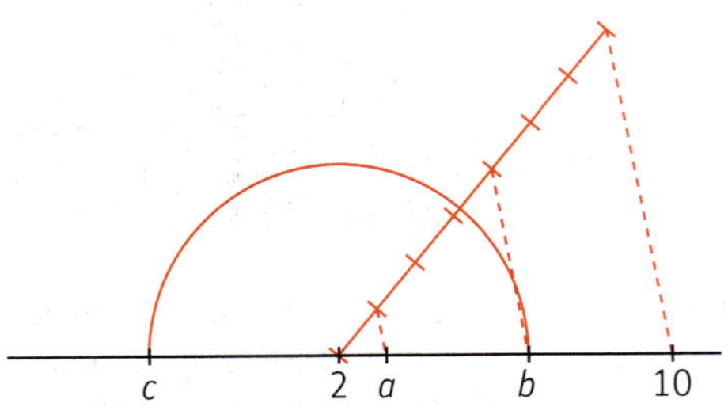

Problemas

93. **Se quiere vallar el perímetro de un campo rectangular del que se sabe que uno de sus lados mide el triple que el otro y que su diagonal es de 50 m.**

a) Determina la superficie que ocupa dicha parcela.

b) Calcula el precio que hay que pagar si cada metro de valla cuesta 15 €. Expresa el resultado en forma de radical y después aproxima a los céntimos de euro.

94. **Una habitación con forma de ortoedro de base cuadrada y con una altura de la mitad del lado de la base se pintó en tres días. Se pintaron las cuatro paredes y el techo. En el primer día se pintó la tercera parte de la superficie, en el segundo, la mitad de lo que quedaba, y en el tercero, los 15 m^2 que faltaban para acabar el trabajo.**

a) Calcula la superficie total de la habitación y la superficie que se hizo cada día.

b) Calcula las medidas de cada una de las paredes y el volumen con la precisión que consideres adecuada.

95. **Con el propósito de mejorar las ayudas sociales y el gasto en cultura de los presupuestos de un ayuntamiento, se llevó a cabo una encuesta sobre las actividades culturales que interesan a los adolescentes entre 16 y 20 años. Sabiendo que el 81,8181...% contestó que le interesaba el cine y que el 14,58333...% contestó que no le interesaban las conferencias de divulgación científica, ¿qué puedes decir acerca del número de personas que contestaron la encuesta?**

96. **El área del cuadrado de la figura mide 10,25 m^2. Calcula, aproximando a los decímetros:**

a) La diagonal del cuadrado

b) El área del círculo inscrito

c) El área del círculo circunscrito

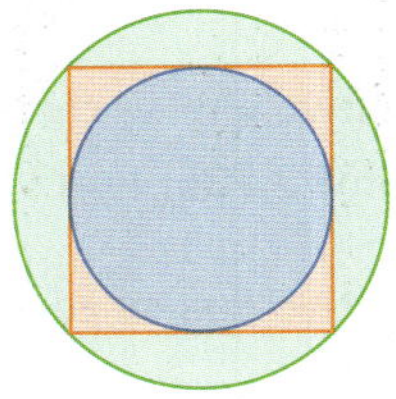

97. **Una entidad bancaria cambia euros por dólares cobrando, además del valor correspondiente a dichos dólares, una comisión que depende de la cantidad que se quiera cambiar, según la tabla siguiente.**

Cantidad de dólares que se compran	Comisión en euros
Menos o igual que 200	10
Entre 200 y 500	12
Entre 500 y 1000	14
Más o igual que 1000	15

Se sabe que al realizar la compra de 300 $ se han debido pagar 251,16 €.

a) Calcula, con cuatro cifras decimales significativas, el precio del dólar en euros y el precio del euro en dólares sin tener en cuenta la comisión.

b) Calcula los dólares que se han conseguido si se han pagado 750 €.

c) Calcula los euros que se deberían pagar para recibir al cambio 150 $.

d) Calcula los euros que se deberían pagar por 1400 $. ¿Y si se compraran en siete paquetes de 200 $?

98. **Una empresa elabora latas de conserva con forma cilíndrica y cuyas dimensiones son: 5 cm de radio de la base y 10 cm de altura. Tras un estudio de mercado, decide cambiar la forma de las latas: serán ortoedros de base cuadrada y con una altura del doble que el lado de la base.**

¿Cuáles serán las dimensiones de la nueva forma si la capacidad debe ser la misma? Establece la solución con la aproximación que consideres más adecuada.

99. **En una población de 145 340 habitantes hay 42 310 menores de 18 años. ¿Qué errores absoluto y relativo se cometen si se toma como porcentaje de menores de edad el 29 %?**

100. **El radio de una circunferencia se ha medido con un error menor de 0,1 cm, obteniéndose 10,2 cm.**

Utiliza la aproximación de π que consideres adecuada de acuerdo con los datos del problema.

a) Calcula los valores máximo y mínimo de la longitud de dicha circunferencia, así como del área del círculo limitado por la misma.

b) Calcula los valores máximo y mínimo de la longitud que se recorrerá al dar exactamente 5000 vueltas.

101. La escala cromática está formada por las doce notas (doce semitonos) que aparecen en la figura.

El número de vibraciones por segundo de cada nota es igual al producto del número de vibraciones de la nota anterior por el número irracional $\sqrt[12]{2}$.

Suponiendo que el número de vibraciones por segundo correspondientes a la nota La es 440, calcula, con la aproximación de números enteros:

a) Las vibraciones por segundo que corresponden a la nota La sostenido.

b) Las vibraciones por segundo que corresponden a la nota La bemol.

c) Escribe las vibraciones por segundo correspondientes a cada uno de los doce semitonos.

102. Una empresa cobra por el alquiler de una furgoneta 80 € diarios. Otra empresa cobra por el mismo alquiler 60 € al día, pero a esta cantidad se le deben añadir 200 € independientemente del tiempo que se contrate.

¿A partir de cuántos días es más económica la segunda empresa? Escribe la solución en forma de desigualdad y de intervalo.

103. Al medir la altura de una persona de 180 cm se han obtenido 178 cm. Al medir la altura de un edificio de 39 m se han obtenido 40 m. Calcula los errores absoluto y relativo de cada medida e indica razonadamente cuál de las dos es más precisa.

104. La diagonal de un cubo mide exactamente 1,252 cm. Halla la superficie del cubo aproximando su diagonal por 1,25 cm. Calcula la cota del error relativo.

105. Calcula la medida de la diagonal de un paralelepípedo cuyos lados miden $\sqrt{10}$, $\sqrt{8}$ y $\sqrt{5}$ cm, respectivamente. ¿Qué tipo de número es el resultado?

Aproxima el resultado redondeando a dos decimales y calcula los errores absoluto y relativo cometidos. Acota el error relativo.

106. Un jardín cuadrado tiene 50 m de lado. Dos personas pasean a la misma velocidad, una por el perímetro del cuadrado y la otra recorriendo una diagonal. Si parten simultáneamente de la misma esquina del parque, ¿volverán a encontrarse?

107. Un determinado tipo de protozoo tiene un diámetro de $2 \cdot 10^{-5}$ m.

Calcula cuántos protozoos habría que situar, uno a continuación de otro, para alcanzar una longitud de 1 cm.

108. Sabiendo que la velocidad de la luz es de 300 000 km/s, calcula el tiempo que tardaría en llegar a la Tierra la luz emitida por una hipotética estrella que se encontrara a 12 000 000 000 km de distancia.

Expresa el resultado con la precisión que consideres adecuada.

109. El diámetro de una molécula de agua mide aproximadamente $3 \cdot 10^{-10}$ m.

a) Calcula el volumen de una molécula de agua suponiendo que su forma es aproximadamente esférica. Expresa el resultado en notación científica.

b) Calcula el número de moléculas de agua que hay en una gota de 3 mm de diámetro, expresando el resultado en notación científica.

110. Las bases de un trapecio rectángulo miden 85,2 y 112,3 m, respectivamente. La longitud del lado perpendicular a las bases se conoce previamente y con una precisión mayor: es de 48,76 m. Calcula, con la precisión adecuada, el área y el perímetro.

111. ● Desarrolla el valor de la expresión $|x+1|+|x-3|$ eliminando los valores absolutos. Para ello, realiza los siguientes pasos:

1.º Calcula los valores reales x que anulan los valores absolutos que intervienen en la expresión; es decir, $|x+1|$ y $|x-3|$.

2.º Representa en la recta real las soluciones obtenidas en el apartado anterior. La recta queda dividida en tres intervalos o zonas.

3.º Para cada uno de los intervalos anteriores y con la ayuda de valores representantes, estudia el signo del interior de los dos valores absolutos y obtén la expresión solicitada en cada caso.

112. ● Siguiendo el procedimiento explicado en el ejercicio anterior, desarrolla el valor de las siguientes expresiones omitiendo los valores absolutos.

a) $|x-1|+|x+1|$

b) $x+|x|+|x-2|$

113. ● ¿Es $\sqrt{6+4\sqrt{2}}+\sqrt{6-4\sqrt{2}}$ un número entero? Calcula su cuadrado y observa el resultado.

114. ● Simplifica la expresión $\sqrt{59+30\sqrt{2}}$ escribiéndola como la suma de un número entero y la raíz cuadrada de un número natural. Para ello, intenta expresar el radicando como el cuadrado perfecto de un binomio.

115. ● a) Demuestra que $0,\widehat{9}=1$.

b) Calcula el valor de $0,\widehat{9}+0,0\widehat{9}+0,00\widehat{9}$.

Compras a plazos

Ignacio trabaja en una multinacional y le han trasladado a una sede situada en un parque industrial a 50 km de su domicilio habitual, en una localidad de su misma comunidad. Además, para hacer su vida aún más cómoda, al menos dos tardes por semana tiene que ir a reuniones a la oficina anterior.

En la red de transportes de su comunidad, Ignacio ha investigado como poder ir en transporte público a su trabajo, y ahorrarse los temidos atascos, pero le ha surgido un problema. Si quiere llegar a tiempo a las reuniones, ¡Ignacio se tiene que comprar un coche!, pero no puede permitirse comprarlo al contado.

Afortunadamente para Ignacio, en la mayoría de los concesionarios que ha consultado, le han ofrecido un plan de plazos para adquirir el coche.

El precio total se realizará en varios pagos.

- El primer pago será igual a las dos quintas partes del precio total.
- Un pago mensual, durante 40 meses, que cubra cinco sextas partes de lo que queda.
- Un último pago de 1200 € al cabo de los 40 meses.

A la administración del concesionario se le ha olvidado, inexplicablemente, indicar el precio total del vehículo.

a) ¿Tiene Ignacio suficientes datos para calcular el precio total del vehículo? Si es así, ¿cómo debe hallarlo?

b) Calcula el dinero que ha de pagar Ignacio como entrada, en el primer pago.

c) ¿Cuánto ha de pagar en total durante los 40 meses? ¿Y cada mes?

d) Ignacio tiene ahorrados 5000 €. ¿Tendrá suficiente para pagar el primer plazo?

Formatos de papel DIN

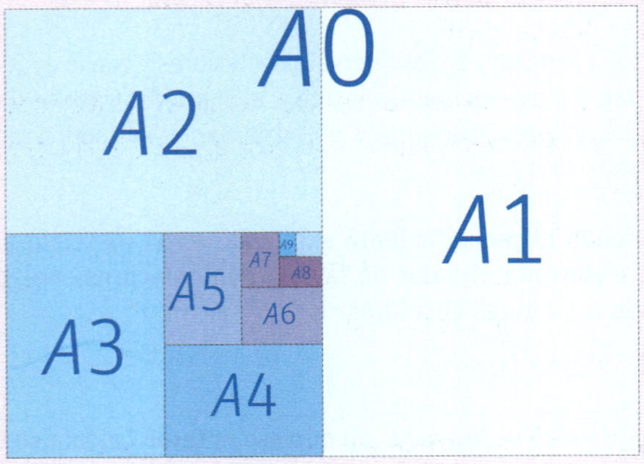

Casi todos los estándares de fabricación se rigen por normas y convenios internacionales. Uno de ellos es el formato DIN, para la elaboración de papel y que es seguido por una gran parte de los fabricantes mundiales. Como curiosidad, este formato sigue la norma ISO 216 que se basa en la DIN 476 que data nada más y nada menos que de ... ¡1922! y que sigue las siguientes reglas:

- El formato A0 es un rectángulo con 1 m^2 de área.
- El formato A0 es tal que si se dobla por la mitad se obtiene el siguiente formato, el A1. De la misma forma, al doblar el formato A1 por la mitad, se obtiene el siguiente formato, el A2. Esta regla se sigue de forma sucesiva para obtener todos los formatos: A3, A4, A5, etc.
- Todos los formatos son rectángulos cuyas dimensiones guardan la misma proporción. Es decir, en cualquier formato el cociente de sus dimensiones es siempre el mismo.

a) Comprueba que la razón entre la dimensión mayor y la menor en cualquier formato es $\sqrt{2}$.

b) Comprueba que las dimensiones del formato A0 son $a=\sqrt[4]{2}$ y $b=\dfrac{1}{\sqrt[4]{2}}$ m.

c) Elabora una tabla con una hoja de cálculo en la que aparezcan las dimensiones, redondeadas a los milímetros, de los diferentes formatos A0, A1, A2, A3, A4, etc.

AUTOEVALUACIÓN

Comprueba qué has aprendido

1. Indica el conjunto numérico más pequeño al que pertenecen:

a) $-\frac{15}{7}$ c) 1,151 515... e) 10,151 617 18...

b) $1+\sqrt{2}$ d) $\sqrt{2}+\frac{2}{\sqrt{2}}$ f) $\sqrt[3]{8}-\sqrt[4]{81}$

2. Representa en la recta real el número irracional $\frac{1}{2}+\sqrt{5}$.

3. Aproxima hasta las centésimas por exceso y por defecto de los números $\sqrt{2}$ y 2π. ¿Cuáles son las aproximaciones por defecto y por exceso del producto $2\pi\sqrt{2}$?

4. Dibuja en la recta real la zona de valores reales x tales que $\left|2x-\frac{1}{3}\right|<1$ y determínala mediante un intervalo.

5. Calcula los errores absolutos y relativo que se cometen al tomar 1,86 como valor de $\frac{13}{7}$.

6. Calcula el valor de:

a) $2\sqrt{x^3y}-\frac{1}{5}\sqrt{25xy}$ b) $b\sqrt[3]{a^4}+2a\sqrt[3]{ab^3}-b\sqrt[3]{192}$

7. Simplifica todo lo que puedas las siguientes expresiones:

a) $\frac{2^{-3}\cdot 6^{-2}}{18^{-3}}$ c) $(3-\sqrt{2})^2-(3+\sqrt{2})^2$

b) $\sqrt{\sqrt{2}\cdot\sqrt[3]{3}}$ d) $\sqrt[3]{\frac{3}{\sqrt[3]{2}+\sqrt[3]{16}}}$

8. La máxima distancia de la Tierra a la Luna es de $4{,}07\cdot 10^8$ m y el radio de la Luna mide 1737 km. Calcula la distancia de la Tierra a la Luna tomando como unidad el diámetro de la Luna.

9. Racionaliza los denominadores y simplifica todo lo que puedas las expresiones resultantes:

a) $\frac{2\sqrt{3}-1}{\sqrt{54}}$ b) $\frac{1}{\sqrt[4]{54}}$ c) $\frac{\sqrt{54}}{2\sqrt{3}-1}$

10. Dados $A=2{,}3\cdot 10^{-12}$ y $B=1{,}15\cdot 10^{-11}$. Calcula:

a) $A+B$ b) $A-B$ c) AB d) $\frac{A}{B}$

11. Averigua las vueltas que debe dar la rueda de una bicicleta para recorrer 1500 m sabiendo que el radio de la rueda es de 0,25 m. Expresa el resultado con la mejor aproximación al número de vueltas exactas.

smSaviadigital.com VALORA LO APRENDIDO > Comprueba tus respuestas.

Relaciona y contesta

Elige la única respuesta correcta en cada caso

1. El inverso del número irracional $\frac{1}{1+\sqrt{2}}$ es:

A. $\frac{1}{\sqrt{2}-1}$ B. $\sqrt{2}-1$ C. $\sqrt{2}+1$

D. Los números irracionales no tienen inverso.

2. La diferencia entre los números racionales $A=1{,}1\widehat{21}$ y $B=1{,}\widehat{12}$ es:

A. 0 B. 0,1 C. 0,9 D. 0,09

3. Dados los valores 12,25 y 0,025 y considerando que la última cifra escrita puede no ser cierta. El valor que se ha de tomar como suma de los dos números es:

A. 12,275 B. 12,27 C. 12,28 D. 12,3

Señala, en cada caso, las respuestas correctas

4. Indica cuales de los siguientes números son racionales.

A. 0,12122122212222...

B. 0,123412341234...

C. 0,112233445566...

D. $\sqrt{2}-\frac{2}{\sqrt{2}}$

5. Indica si las siguientes igualdades son ciertas para cualesquiera valores reales estrictamente positivos.

A. $a^{(b^c)}=(a^b)^c$ B. $a^{bc}=(a^b)^c$ C. $(a^b)^c=(a^c)^b$ D. $a^{(b^c)}=a^b$

Elige la relación correcta entre las dos afirmaciones dadas

6. Dados P y Q números reales. Se consideran las afirmaciones:

1. Al menos uno de los dos números reales P y Q es irracional.
2. $P+Q$ es irracional.

A. $1\Rightarrow 2$ pero $2\not\Rightarrow 1$

B. $2\Rightarrow 1$ pero $1\not\Rightarrow 2$

C. 1 y 2 son excluyentes entre sí.

D. Nada de lo anterior

Señala el dato innecesario para contestar

7. Con los siguientes datos:

1. $B=[0,6)$ 2. $A\cup B=(-2,6)$ 3. $A\cap B=[0,5)$

¿Cuál es exactamente el subconjunto de números reales A?

A. Puede eliminarse el dato 1.

B. Puede eliminarse el dato 3.

C. Se puede eliminar cualquiera de los tres datos.

D. No puede eliminarse ningún dato.

2 Matemática financiera

Cuentas corrientes y capitalizaciones

Crecimiento del dinero

Indicadores económicos (IPC)

Las matemáticas del comercio

¿Te has parado a pensar alguna vez sobre el crecimiento de la población del mundo? Quizá no sepas que se estima que antes de los inicios de la agricultura –hace unos diez mil años– la humanidad estaba formada por unos escasos millones de personas.

A principios del siglo XVII Nueva York no se parecía al de la imagen. Era un asentamiento holandés que contaba con apenas 300 habitantes. Actualmente, cuenta con casi 8 millones y medio de habitantes. Aunque te extrañe, este tipo de crecimiento acelerado se produce porque la tasa de nacimientos por habitante es aproximadamente constante.

Quizá te preguntes qué tiene esto que ver con la matemática financiera, pero si piensas un poco podrás entenderlo fácilmente. Los intereses que produce una cuenta en un banco o los que hay que pagar cuando se pide un préstamo se comportan de forma similar a la evolución de las poblaciones y se aproximan a lo que se conoce como crecimiento exponencial.

Las matemáticas necesarias para entender el mundo del comercio, de las finanzas y de la economía son sencillas pero muy importantes. Para estudiarlas es necesario introducir una serie de conceptos básicos (porcentajes, interés simple o compuesto) y ciertas funciones –exponenciales y logarítmicas– que juegan un papel fundamental.

- Dependiendo de cómo se capitalicen los beneficios de una cuenta bancaria podemos hablar de interés simple o de interés compuesto. Para entender estos conceptos hay que empezar por saber qué son los porcentajes y cómo se calcula con ellos.
- El tipo de crecimiento del dinero en una cuenta corriente o del que podremos ahorrar en un plan de pensiones está descrito por las llamadas progresiones geométricas formadas por términos sucesivos con razón constante.
- Para poder hacer los cálculos necesarios para la economía familiar, de un negocio o de una empresa, pagar nuestras compras a plazos o pedir un préstamo para comprar una casa es necesario conocer y combinar los conceptos ya citados, interés, progresiones, logaritmos, ...
- Para poder estudiar la evolución y el desarrollo de la de un país es necesario conocer ciertos índices, como el IPC, el índice de alfabetización, . .

Cuando pienses sobre lo anterior y aprendas los conceptos necesarios seguro que tendrás respuesta para las siguientes cuestiones:

- Si el primer día del año metes un céntimo en tu hucha y cada día metes en ella el doble de lo que metiste el día anterior ¿cuánto dinero tienes a final de enero?
- ¿Cuánto tardarás en acumular un millón de euros?
- ¿En cuánto se transforman 5000 € depositados a 2 años con una tasa anual equivalente del 1,85 %?

Al terminar la unidad muchos de los conceptos como TAE, IPC... te resultarán comprensibles, así como algunos de los cálculos que rigen el mundo de la economía.

Índice de alfabetización

1 Logaritmos

John Neper (1550-1617)
Matemático escocés inventor del cálculo logarítmico. Mediante este método, las operaciones aritméticas se simplifican en un grado: las multiplicaciones se convierten en sumas y las divisiones en restas.

Se denomina **logaritmo en base *a* del número *N*** al exponente x al que se debe elevar a para obtener N.

$$\log_a N = x \Leftrightarrow a^x = N$$

La base a y el número N deben ser números estrictamente positivos. Además, la base no puede tomar el valor 1.

El resultado de un logaritmo puede ser cualquier número real.

Ejemplos $\log_3 81 = 4$, ya que $3^4 = 81$ $\quad \log_{\frac{1}{2}} \frac{1}{4} = 2$, ya que $\left(\frac{1}{2}\right)^2 = \frac{1}{4}$

$\log_5 \frac{1}{25} = -2$, ya que $5^{-2} = \frac{1}{5^2} = \frac{1}{25}$ $\quad \log_7 \sqrt{7} = \frac{1}{2}$, ya que $7^{\frac{1}{2}} = \sqrt{7}$

Logaritmos decimales

Los logaritmos en base 10 se denominan **logaritmos decimales**. Su escritura se abrevia omitiendo la base: $\log_{10} N = \log N$

Ejemplos $\log 100 = 2$, ya que $10^2 = 100$ $\quad \log 0{,}001 = -3$, ya que $10^{-3} = \frac{1}{10^3} = 0{,}001$

Logaritmos neperianos

El número e, 2,71828182..., es un número irracional que aparece en numerosos modelos que describen la realidad económica, científica y social.

Los logaritmos que tiene por base el número e se denominan **logaritmos neperianos** y se denotan con el símbolo ln: $\log_e N = \ln N$

Ejemplos $\ln e = 1$ $\quad \ln e^2 = 2$ $\quad \ln \frac{1}{e^2} = -2$ $\quad \ln \sqrt[3]{e^2} = \frac{2}{3}$

Propiedades de los logaritmos

1.º En cualquier base, el logaritmo de 1 vale 0, ya que $a^0 = 1$: $\log_a 1 = 0$

2.º El logaritmo en base a del número a vale 1, ya que $a^1 = a$: $\log_a a = 1$

3.º En cualquier base, el logaritmo del producto de dos números es igual a la suma de los logaritmos de dichos números:

$$\log_a (AB) = \log_a A + \log_a B$$

4.º En cualquier base, el logaritmo del cociente de dos números es igual a la diferencia de los logaritmos de dichos números.

$$\log_a \left(\frac{A}{B}\right) = \log_a A - \log_a B$$

5.º En cualquier base, el logaritmo de una potencia es igual al producto del exponente por el logaritmo de la base.

$$\log_a A^n = n \log_a A$$

Ejemplos $\log_3(3 \cdot 8) = \log_3 3 + \log_3 8$ $\quad \log_3\left(\frac{9}{2}\right) = \log_3 9 - \log_3 2$ $\quad \log_2 5^3 = 3\log_2 5$

Ten en cuenta

Además de la simplificación de las operaciones aritméticas, otra importante utilidad de los logaritmos es la de **despejar**, en una ecuación, las **incógnitas** que aparecen en el exponente.

$$2^x = 3$$

Tomando logaritmos

$$\log 2^x = \log 3$$

Aplicando propiedades

$$x \log 2 = \log 3$$

Despejando

$$x = \frac{\log 3}{\log 2}$$

Cambio de base

La siguiente fórmula permite el cálculo de un logaritmo en cualquier base mediante logaritmos en otra base diferente.

$$\log_a N = \frac{\log_b N}{\log_b a}$$

Muchas calculadoras solo proporcionar los logaritmos decimales (log) y los logaritmos neperianos (ln).

Ejemplo ▸ $\log_3 12 = \frac{\log 12}{\log 3} \simeq \frac{1{,}079}{0{,}477} \simeq 2{,}262$

EJERCICIOS RESUELTOS

1. Calcula, aplicando directamente la definición:

a) $\log_{\frac{1}{3}} 81$

b) $\log_{\sqrt{2}} 16$

c) $\log_{\frac{1}{5}} \sqrt{5}$

a) $\log_{\frac{1}{3}} 81 = x \Rightarrow \left(\frac{1}{3}\right)^x = \frac{1}{3^x} = 3^{-x} = 81 = 3^4 \Rightarrow -x = 4 \Rightarrow x = -4$

b) $\log_{\sqrt{2}} 16 = x \Rightarrow (\sqrt{2})^x = \sqrt{2^x} = 2^{\frac{x}{2}} = 16 = 2^4 \Rightarrow \frac{x}{2} = 4 \Rightarrow x = 8$

c) $\log_{\frac{1}{5}} \sqrt{5} = x \Rightarrow \left(\frac{1}{5}\right)^x = 5^{-x} = \sqrt{5} = 5^{\frac{1}{2}} \Rightarrow -x = \frac{1}{2} \Rightarrow x = -\frac{1}{2}$

2. Halla el valor de x en las expresiones logarítmicas:

a) $\log_x \frac{\sqrt{2}}{2} = 8$

b) $\log_{0,1} x = -6$

c) $\log_x 25 = -2$

a) $\log_x \frac{\sqrt{2}}{2} = 8 \Rightarrow x^8 = \frac{\sqrt{2}}{2} \Rightarrow x = \sqrt[8]{\frac{\sqrt{2}}{2}} = \left(2^{\frac{1}{2}-1}\right)^{\frac{1}{8}} = 2^{-\frac{1}{16}} = \frac{1}{\sqrt[16]{2}}$

b) $\log_{0,1} x = -6 \Rightarrow x = 0{,}1^{-6} = \left(\frac{1}{10}\right)^{-6} = 10^6 = 1\,000\,000$

c) $\log_x 25 = -2 \Rightarrow x^{-2} = 25 = 5^2 \Rightarrow x^{-1} = 5 \Rightarrow x = \frac{1}{5}$

3. Toma logaritmos decimales en la siguiente expresión.

$$P = \left(\frac{2x^2}{y}\right)^3$$

Se toman logaritmos decimales en los dos lados de la igualdad y se aplican las propiedades.

$$\log P = \log\left(\frac{2x^2}{y}\right)^3 = 3\log\left(\frac{2x^2}{y}\right) = 3[\log 2x^2 - \log y] = 3[\log 2 + 2\log x - \log y] = 3\ \text{og}2 + 6\log x - 3\log y$$

4. Quita los logaritmos de: $\log A = 3\log 2 - 2\log 3 + \log x$

$$\log A = 3\log 2 - 2\log 3 + \log x = \log 2^3 - \log 3^2 + \log x = \log\frac{2^3 x}{3^2} \Rightarrow A = \frac{8x}{9}$$

5. Calcula $\log\sqrt[3]{4}$ sabiendo que el logaritmo decimal de 2 es aproximadamente 0,301.

$$\log\sqrt[3]{4} = \log 4^{\frac{1}{3}} = \frac{1}{3}\log 4 = \frac{1}{3}\log 2^2 = \frac{1}{3}\cdot 2\log 2 = \frac{2}{3}\log 2 \simeq \frac{2}{3}\cdot 0{,}301 \simeq 0{,}201$$

EJERCICIOS PROPUESTOS

6. Halla el valor de los siguientes logaritmos.

a) $\log_2 \sqrt[3]{2}$

b) $\log\sqrt{10}$

c) $\log_{0,001} 10^6$

d) $\ln\sqrt[3]{e}$

e) $\log_{\frac{1}{4}} \sqrt[4]{8}$

f) $\log_5 25^3$

g) $\log_{\sqrt{e}} e$

h) $\log_5 0{,}2$

i) $\log_7 49^{-1}$

7. Halla el valor de x en las siguientes expresiones.

a) $\log_7 x = 3$ b) $\log_x \frac{1}{7} = -3$ c) $\log_{\frac{1}{7}} x = 3$ d) $\log_x 7 = 3$

8. Toma logaritmos en la expresión: $T = \frac{2x^2y^3}{z^2}$

9. Considerando $\log 2 = 0{,}301$ y $\log 3 = 0{,}477$, calcula:

a) $\log 12$ b) $\log 15$ c) $\log\frac{1}{144}$

10. Halla, con la calculadora los siguientes logaritmos y exprésalos redondeando a las milésimas.

a) $\log_3 21$ b) $\log_{0,01} 12$ c) $\log_{\sqrt{3}} 19$

2 Porcentajes. Aumentos y disminuciones

Si de los 100 alumnos matriculados en 1.º de Bachillerato en un centro 32 estudian francés, la proporción de alumnos que estudian francés es $\frac{32}{100}$. Esta proporción equivale a decir que el 32 % de los alumnos de 1.º de bachillerato estudia francés.

Para calcular el **x %** de una cantidad C se realiza la operación: $C \cdot \frac{x}{100}$

Si se expresa un porcentaje en su forma decimal, se obtiene el **tanto por uno**.

Ejemplo El 4 % de 12 600 es $12600 \cdot \frac{4}{100} = 504$.

Aumentos y disminuciones porcentuales

Para aumentar o disminuir una cantidad C en un porcentaje x % se opera como sigue:

$C + C \cdot \frac{x}{100} = C\left(1 + \frac{x}{100}\right)$ para aumentarla $\qquad C - C\frac{x}{100} = C\left(1 - \frac{x}{100}\right)$ para disminuirla

MAT-TIC GeoGebra

Entra en smSaviadigital.com y trabaja con aumentos y disminuciones porcentuales.

Ejemplos Si a Juan le aplican en su sueldo de 1200 € una subida del 3 %, su nuevo sueldo se obtiene multiplicando por 1,03 el antiguo: 1200 · 1,03 = 1236 €

Para hallar el precio final de un producto que costaba 240 € y al que se le ha aplicado un descuento del 3 %, se multiplica por 0,97 el precio inicial: 240 · 0,97 = 232,8 €

EJERCICIOS RESUELTOS

11. Determina en cada caso el porcentaje aplicado.

a) Al aplicar un aumento a 12 125 se ha convertido en 12 852,5.

b) Un ordenador que costaba 2100 € ha quedado rebajado a 1218 €.

a) Si se llama x a la variación porcentual:

$$12125x = 12852{,}5 \Rightarrow x = \frac{12852{,}5}{12125} = 1{,}06$$. El aumento es del (1,06 – 1) · 100 % = 6 %.

b) Si se llama x a la variación porcentual

$$2100x = 1218 \Rightarrow x = \frac{1218}{2100} = 0{,}58$$. La disminución es del (1 – 0,58) · 100 % = 42 %.

12. a) El 5,6 % de una cantidad es 70. ¿De qué cantidad se trata?

b) Al aumentar una cantidad en un 12,5 % resulta 101,25. ¿Cuál era la cantidad inicial?

Tomando en ambos casos x como cantidad inicial:

a) $\frac{5{,}6}{100}x = 0{,}056x = 70 \Rightarrow x = \frac{70}{0{,}056} = 1250$. La cantidad inicial es 1250.

b) $\left(1 + \frac{12{,}5}{100}\right)x = 1{,}125x = 101{,}25 \Rightarrow x = \frac{101{,}25}{1{,}125} = 90$. La cantidad inicial era 90.

13. Una cantidad se aumenta en un 3 %, después se disminuye en un 4 %, y se obtiene 4474,32. ¿Cuál era la cantidad inicial?

Aplicando los porcentajes sucesivos resulta:

$$x\left(1 + \frac{3}{100}\right)\left(1 - \frac{4}{100}\right) = x1{,}03 \cdot 0{,}96 = 4474{,}32 \Rightarrow x = \frac{4474{,}32}{1{,}03 \cdot 0{,}96} = 4525$$

La cantidad inicial es 4525.

EJERCICIOS PROPUESTOS

14. El precio de la vivienda subió durante el año pasado un 7 %, y durante este ha bajado un 2,5 %. ¿Cuánto cuesta hoy una casa que hace dos años costaba 210 000 €?¿Cuánto costaba hace dos años una casa que hoy cuesta 208 650 €?

15. ¿Qué porcentaje representan las 42 mujeres asistentes a un congreso si el total de asistentes es de 96? ¿Cuántas mujeres más tendrían que asistir para igualar los porcentajes de ambos sexos? ¿Y para qué el porcentaje de mujeres sea del 60 %?

3 Progresiones geométricas

Una **progresión geométrica** es una sucesión de números reales $a_1, a_2, a_3, ..., a_n, ...$en la que cada término se obtiene multiplicando el anterior por una cantidad fija r llamada **razón** de la progresión.

Ejemplo La sucesión 8, 4, 2, 1, es una progresión geométrica con $a_1 = 8$ y razón $r = \frac{1}{2}$.

Los aumentos de los depósitos colocados en los bancos siguen patrones de crecimiento determinados por progresiones geométricas.

Término general de una progresión geométrica

El término general de una progresión geométrica puede obtenerse a partir del primer término, a_1, y la razón, r:

$a_2 = a_1 r \quad a_3 = a_2 r = (a_1 r)r = a_1 r^2 \quad ... \quad a_{15} = a_{14} r = ... = a_1 r^{14} \rightarrow$ En general $a_n = a_1 r^{n-1}$

El **término general** de una progresión geométrica de primer término a_1 y razón r es: $\boldsymbol{a_n = a_1 r^{n-1}}$

Suma de los *n* primeros términos de una progresión geométrica

La suma de los n primeros términos de una progresión geométrica es: $S_n = a_1 + a_2 + ... + a_n$

Multiplicando la expresión por la razón r: $S_n r = a_1 r + a_2 r + ... + a_n r = a_2 + a_3 + ... + a_{n+1}$

Restando miembro a miembro las anteriores igualdades:

$$S_n r - S_n = a_2 + a_3 + ... + a_{n+1} - a_1 - a_2 - ... - a_n \Rightarrow S_n(r-1) = a_{n+1} - a_1 \Rightarrow S_n = \frac{a_{n+1} - a_1}{r-1}$$

Sustituyendo a_{n+1}: $S_n = \dfrac{a_{n+1} - a_1}{r-1} = \dfrac{a_1 r^n - a_1}{r-1} = \dfrac{a_1(r^n - 1)}{r-1}$

La **suma de los *n* primeros términos** de una progresión geométrica de primer término a_1 y razón r es:

$$\boldsymbol{S_n = \frac{a_1(r^n - 1)}{r-1}}$$

MAT-TIC GeoGebra

Practica con las progresiones geométricas en sm**Savia**digital.com.

EJERCICIO RESUELTO

16. ¿Cuántos términos se han sumado en la sucesión 100; 105; 110,25; 115,7625 para obtener un resultado de 7529,88?

Se trata de una progresión geométrica en la que $a_1 = 100$ y $r = \frac{105}{100} = 1{,}05$.

$$\frac{100(1{,}05^n - 1)}{1{,}05 - 1} = 7529{,}88 \Rightarrow 1{,}05^n = 4{,}764\,94 \Rightarrow \log 1{,}05^n = \log 4{,}764\,94 \Rightarrow n = \frac{\log 4{,}764\,94}{\log 1{,}05} \simeq 32$$

EJERCICIOS PROPUESTOS

17. a) Escribe, redondeando a las centésimas, los cuatro primeros términos de una progresión geométrica en la que el quinto término es 15 953,52 y la razón, 1,04.

b) Escribe el término general de la progresión.

c) Calcula la suma de los diez primeros términos.

18. Halla la razón, el séptimo término y la suma de los 10 primeros términos de las progresiones geométricas:

a) $2, -1, \frac{1}{2}, -\frac{1}{4}, \frac{1}{8}...$ b) $20, 20(1+r); 20, 20(1+r)^2...$

19. Dada la progresión geométrica de primer término 120 y de tercer término 126,075:

a) Calcula la razón y determina su término general.

b) Halla la suma de los diez primeros términos.

c) ¿Cuántos términos se han sumado si el resultado de dicha suma es 1982,27?

20. sm**Savia**digital.com PRACTICA Practica con logaritmos, porcentajes y progresiones geométricas.

4 Interés simple

Cuando se deposita dinero en una entidad bancaria durante un determinado período, al terminar este se recibe dicha cantidad aumentada con sus intereses en concepto de intereses por el depósito realizado en el banco.

- El dinero que inicialmente se deposita en el banco se denomina **capital inicial**, C_i.
- El beneficio obtenido al finalizar el plazo se denomina **interés**, I.
- El interés producido por 100 € en un año es el **rédito o tipo de interés en %**. El interés se considera al tanto por uno tomando su expresión decimal y se representa por r.
- El dinero que finalmente se obtiene al acabar el contrato se denomina **capital final**, C_f, y es la suma del capital inicial más los intereses obtenidos.

Si una cantidad está colocada a **interés simple**, los intereses producidos en cada período no se suman al capital y, por tanto, no generan intereses en el siguiente período, es decir, los intereses no son productivos.

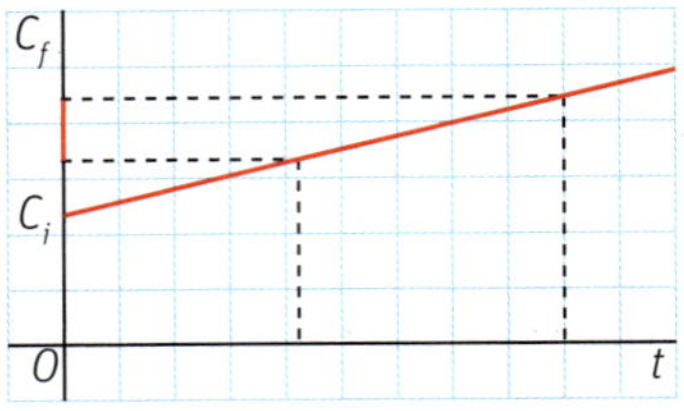

Los capitales depositados a interés simple crecen de forma lineal o aritmética.

En este caso, los intereses obtenidos son directamente proporcionales al capital inicial, al número de años que dura el depósito y al rédito pactado con el banco. Por tanto:

- 1 € colocado a un 1 % anual durante 1 año generará unos interés de 0,01 €.
- 1 € colocado a un 1 % anual durante t años generará un interés de $0{,}01t$ €.
- 1 € colocado a un rédito anual, r, durante t años generará un interés de rt €.
- C_i € colocados a un rédito anual, r, durante t años generará un interés de C_irt €.

Un capital inicial C_i colocado a un r % de **interés simple** anual durante t años se convierte en:

$$C_f = C_i + I = C_i + C_irt = C_i(1 + rt)$$

Si se quiere calcular el interés generado en períodos inferiores a un año, es preciso dividir el tipo de interés: entre 2 para períodos semestrales, entre 4 para los trimestrales ...

En los cálculos con el interés simple, el plazo y el rédito deben estar en la misma unidad de tiempo.

EJERCICIOS RESUELTOS

21. Se coloca un capital de 3000 € a un interés simple anual del 5 % por un período de 1 año y 5 meses. ¿Cuál será el capital final?

Se introducen en la fórmula los datos: $C_i = 3000$ € $r = 5$ % $t = 1$ año y 5 meses $= 1{,}42$ años

Interés: $I = C_irt = 3000 \cdot \frac{5}{100} \cdot 1{,}42 = 213$ €

Capital final: $C_f = C_i + I = 3000 + 213 = 3213$ €

22. Un capital de 3500 € colocado a interés simple durante 6 años produce un interés de 78,75 € semestrales ¿A qué rédito ha estado generando dicho interés?

Los datos del problema son: $C_i = 3500$ € $I = 78{,}75$ € al semestre $= 157{,}5$ € al año $t = 6$ años

Se sustituyen los datos en la expresión del interés:

$$I = C_irt \Rightarrow r = \frac{I}{C_it} = \frac{157{,}5 \cdot 6}{3500 \cdot 6} = 0{,}045$$

El rédito es del 0,045 = 4,5 % anual.

EJERCICIOS PROPUESTOS

23. Calcula el interés que generarán 4500 € depositados a un interés simple del 6 % durante:

a) Dos años b) Dos años y medio c) Tres años

24. Halla el capital inicial que colocado a un interés simple del 5 % durante 3 años genera un capital final de 3162,5 €.

25. Un capital de 6500 € se quiere aumentar en un 20 %. Para ello se coloca a interés simple del 4 % anual. ¿Cuánto tiempo debe permanecer depositado este capital?

26. ¿A qué tipo de interés se han colocado 8000 € que durante 3 años han generado 90 € de interés trimestral?

5 Interés compuesto

Al contrario que en el interés simple, en **el interés compuesto** los intereses producidos por un capital se incorporan al mismo, y generan, junto a él, nuevos intereses en el siguiente período.

Cuando una cantidad se deposita a **interés compuesto**, cada cierto período, llamado **período de capitalización**, los intereses se incorporan automáticamente al capital y generan nuevos intereses.

MAT-TIC GeoGebra

Entra en smSaviadigital.com y compara el interés simple y el interés compuesto.

Período de capitalización de un año

Si el período de capitalización es de un año, y suponiendo que el rédito es del r por uno:

- Al acabar el primer año, el capital C_i se habrá convertido en: $C_i(1+r)$
- Al fin del segundo año, el capital C_i se habrá convertido en: $C_i(1+r)(1+r) = C_i(1+r)^2$
- Al acabar el año t, el capital C_i se habrá convertido en: $C_i(1+r)^t$

El capital final generado por un capital inicial C_i colocado a un r por uno de **interés compuesto** con **capitalización anual** durante t años viene dado por:

$$C_f = C_i(1+r)^t$$

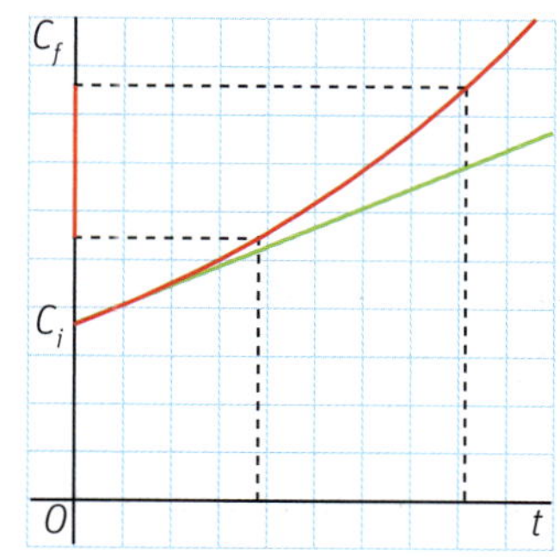

Los capitales depositados a interés compuesto crecen de forma exponencial.

Período de capitalización inferior al año

Si los periodos de capitalización son inferiores a un año, recibiéndose k veces al año:

- El rédito r se debe dividir por el número de períodos de capitalización, es decir por k.
- El número de veces que se retira el capital generado, pasa a ser kt, por lo que se debe multiplicar el tiempo por el número de períodos de capitalización en un año.

El capital final generado por un capital inicial C_i colocado a un r por uno de **interés compuesto** con **capitalización k veces al año** durante t años viene dado por:

$$C_f = C_i\left(1+\frac{r}{k}\right)^{kt}$$

Ten en cuenta

El modelo matemático del interés compuesto es aplicable a otras situaciones como el crecimiento de poblaciones y la devaluación de los bienes adquiridos.

EJERCICIOS RESUELTOS

27. Se depositan 7500 € a un interés compuesto del 4 % anual durante 3 años. Halla el capital final si el período de capitalización es de:

a) Un año

b) Un trimestre

c) Un mes

Los datos fijos del problema son: $C_i = 7500$ € $r = 4\,\% = 0{,}04$ $t = 3$ años

a) $C_f = C_i(1+r)^t = 7500\,(1+0{,}04)^3 = 7500 \cdot 1{,}04^3 = 8436{,}48$ €

b) Período de capitalización de un trimestre, $k = 4$ ya que hay 4 trimestres en un año.

$$C_f = C_i\left(1+\frac{r}{4}\right)^{4t} = 7500\left(1+\frac{0{,}04}{4}\right)^{12} = 7500 \cdot 1{,}01^{12} = 8451{,}19 \text{ €}$$

c) Ahora, $k = 12$: $C_f = C_i\left(1+\frac{r}{12}\right)^{12t} = 7500\left(1+\frac{0{,}04}{12}\right)^{36} = 7500 \cdot 1{,}00333^{36} = 8453{,}53$ €

28. ¿Cuántos años debe colocarse un capital a un interés compuesto del 7,2 % para duplicarlo?

En este caso, se sabe que $C_f = 2C_i$ y $r = 0{,}072$. Por tanto:

$2C_i = C_i(1+0{,}072)^t \Rightarrow 2 = 1{,}072^t \Rightarrow \log 2 = \log 1{,}072^t \Rightarrow t = \frac{\log 2}{\log 1{,}072} \approx 10$. Debe colocarse a 10 años.

EJERCICIOS PROPUESTOS

29. Un capital colocado al 4,25 % anual de interés compuesto se ha convertido en 6 años en 6418,39 € ¿De qué capital inicial se trata?

30. Se depositan 2500 € a un interés compuesto del 3,75 % anual durante 2 años. Calcula el capital final si el período de capitalización es cada 6 meses.

6 Anualidades de capitalización

El plan de pensiones es la operación de capitalización más común. El interesado ingresa una cantidad determinada cada año de forma que, al llegar el momento de su jubilación, retira el total formado por las cantidades ingresadas y los intereses generados.

Las **anualidades de capitalización** son cantidades fijas que se depositan cada año durante un cierto número de años, a un interés compuesto, de forma que se consigue un capital final igual a la suma de las cantidades entregadas más los intereses producidos en ellas.

Si se considera que se entrega una cantidad a al comienzo de cada año, durante t años y a un tipo de interés compuesto del r por uno anual:

- Al finalizar el primer año se contará con: $a(1+r)$.
- Al finalizar el segundo año se contará con: $a(1+r)+a(1+r)^2$.
- Al finalizar el año t se contará con un capital final C:

$$C=a(1+r)+a(1+r)^2+a(1+r)^3+...+a(1+r)^t$$

Como se trata de la suma de los t primeros términos de una progresión geométrica de primer término $a(1+r)$ y razón $(1+r)$, se llega al siguiente resultado:

El **capital C** que se consigue reunir al ingresar una anualidad de capitalización a durante t años a un interés compuesto del r por uno es:

$$C=\frac{a(1+r)(1+r)^t-a(1+r)}{(1+r)-1}\Rightarrow \boldsymbol{C=\frac{a(1+r)[(1+r)^t-1]}{r}}$$

Si las aportaciones se hacen con una periodicidad inferior a un año, realizando k veces al año la fórmula del capital final cambia.

$$\boldsymbol{C=\frac{a\left(1+\frac{r}{k}\right)\left[\left(1+\frac{r}{k}\right)^{kt}-1\right]}{\frac{r}{k}}}$$

EJERCICIOS RESUELTOS

31. Luis contrata un depósito en un banco a un interés del 2,5 % durante 5 años. ¿Qué cantidades trimestrales deberá depositar para obtener un capital final de 30 000 €?

Los datos son: $C=30\,000$ € $r=0{,}025$ $t=5$ años periodo capitalización trimestral $(k=4)$

$$30\,000=\frac{a\left(1+\frac{0{,}025}{4}\right)\left[\left(1+\frac{0{,}025}{4}\right)^{20}-1\right]}{\frac{0{,}025}{4}}\Rightarrow a=\frac{30\,000\cdot 0{,}00625}{1{,}00625(1{,}00625^{20}-1)}=1404{,}10\text{ €}$$

Por tanto, la cantidad a ingresar es de 1404,10 € trimestrales.

32. ¿Durante cuántos años se deberán ingresar anualidades de 450 € para conseguir reunir 15 000 € a un interés del 5 %?

En esta ocasión se tiene: $C=15\,000$ € $r=0{,}05$ $a=450$ €

Por tanto:

$$15\,000=\frac{450\cdot 1{,}05[1{,}05^t-1]}{0{,}05}\Rightarrow 1{,}05^t=\frac{15\,000\cdot 0{,}05}{450\cdot 1{,}05}+1=2{,}5873$$

Tomando logaritmos decimales en los dos miembros de la última expresión:

$$\log 1{,}05^t=\log 2{,}5873\Rightarrow t\log 1{,}05=\log 2{,}5873\Rightarrow t=\frac{\log 2{,}5873}{\log 1{,}05}=19{,}48$$

Hay que considerar como periodo de capitalización el entero más próximo y mayor que 19,48, por tanto, el capital inicial habrá que depositarlo durante 20 años.

EJERCICIOS PROPUESTOS

33. Calcula el capital con el que se contará al final de una operación financiera que consiste en ingresar 300 € al trimestre, durante 16 años y a un tipo de interés del 6,25 %.

34. ¿Durante cuántos años se deberán ingresar anualidades de 3500 € para que, a un interés del 8 %, se consiga juntar el 12 % del precio de una vivienda que se estima será de 265 000 €?

7 Anualidades de amortización

Otra operación financiera es la solicitud de un préstamo que se devuelve en varios años mediante el pago de una cantidad fija cada año denominada **anualidad de amortización**. Al final de la operación se habrá devuelto la cantidad prestada más los intereses pactados.

Si se pide un préstamo de C € a un interés del r por uno y se pretende pagar al cabo de t años la deuda contraída será de $C(1+r)^t$. Si se pretende pagar la deuda mediante el ingreso anual de la cantidad a:

- La cantidad a devuelta al final del primer año se convertirá al final del período en: $a(1+r)^{t-1}$
- La cantidad a devuelta al final del segundo año se habrá convertido al final del período en: $a(1+r)^{t-2}$
- La cantidad a devuelta al final del penúltimo año se convertirá al final del período en: $a(1+r)$
- La operación se acabará mediante un último pago de a.

Por tanto: $a(1+r)^{t-1}+a(1+r)^{t-2}+a(1+r)^{t-3}+...+a(1+r)+a=C(1+r)^t$

El primer miembro es la suma de los t términos de una progresión geométrica de primer término a y de razón $(1+r)$.

Los préstamos hipotecarios son la operación financiera de amortización más habitual. En estas operaciones, el impago de los recibos de amortización supone que el banco pasa a ser titular de la vivienda.

La **anualidad de amortización** que se deberá devolver al final de cada uno de los t años que se tarda en cubrir una deuda de un préstamo de C € a un interés del r por uno es:

$$\frac{a(1+r)^t-a}{r}=C(1+r)^t \Rightarrow \boldsymbol{a}=\frac{\boldsymbol{Cr(1+r)^t}}{\boldsymbol{(1+r)^t-1}}$$

Si se hacen k devoluciones más al año, la fórmula de la anualidad varía, dividiendo el rédito y multiplicando el tiempo respectivamente por el número de veces que se paga al año:

$$\boldsymbol{a}=\frac{\boldsymbol{C\frac{r}{k}\left(1+\frac{r}{k}\right)^{kt}}}{\boldsymbol{\left(1+\frac{r}{k}\right)^{kt}-1}}$$

MAT-TIC GeoGebra

Entra en sm**Savia**digital.com y realiza simulaciones de préstamos.

EJERCICIO RESUELTO

35. **Se solicita un préstamo hipotecario de 125 000 € a devolver en 16 años a un interés anual del 5 %.**

a) ¿Qué anualidad deberá pagarse?

b) Si en vez de hacer un pago anual se divide en 12 pagos, ¿qué mensualidad deberá pagarse?

Los datos son: $C=125\,000$ € $r=0{,}05$ $t=16$ años

a) La cuantía de la anualidad que ha de pagarse es:

$$a=\frac{Cr(1+r)^t}{(1+r)^t-1}=\frac{125\,000\cdot 0{,}05\cdot 1{,}05^{16}}{1{,}05^{16}-1}=11\,533{,}74\ €$$

b) Como el pago es mensual, se realizan 12 pagos al año, $k=12$. La mensualidad será:

$$a=\frac{C\frac{r}{12}\left(1+\frac{r}{12}\right)^{12t}}{\left(1+\frac{r}{12}\right)^{12t}-1}=\frac{125\,000\cdot\frac{0{,}05}{12}\left(1+\frac{0{,}05}{12}\right)^{192}}{\left(1+\frac{0{,}05}{12}\right)^{192}-1}=947{,}10\ €$$

EJERCICIOS PROPUESTOS

36. Una entidad bancaria ofrece dos posibilidades para un préstamo de 6000 €. La modalidad *A* consiste en un préstamo a 5 años con cuotas semestrales y a un interés del 8 %. La modalidad *B* consiste en pagar una cuota fija de 1300 € durante los 5 años. ¿Cuál de las dos es mejor?

37. Un banco nos presta el dinero al 7 % para un crédito a 10 años pagadero trimestralmente. ¿Cuál es la cantidad máxima que podemos pedir si no queremos pagar más de 600 € trimestrales? ¿Y si se hacen los pagos cuatrimestrales sin superar los 500 € en cada pago?

8 Parámetros económicos y sociales

Los parámetros económicos y sociales son instrumentos construidos a partir de un conjunto de valores que permiten conocer y analizar una situación económica o social.

La tasa anual equivalente (TAE)

Al depositar una cantidad en un banco a un r % de interés compuesto anual, los intereses generados se van acumulando cada periodo, que puede ser de un año, un semestre, un trimestre, un mes, etc. Para un mismo **tipo de interés nominal r %** se obtendrá un capital final mayor cuanto más corto sea el período de capitalización.

Para facilitar la comparación en distintas ofertas, las entidades financieras deben indicar la **tasa anual equivalente (TAE)**, que es el rédito que produciría el mismo capital final si el **período de capitalización fuera de un año**.

$$C_i\left(1+\frac{r}{k}\right)^{tk}=C_i(1+\text{TAE})^t \Rightarrow \left(1+\frac{r}{k}\right)^k=1+\text{TAE}$$

Habitualmente se considera la TAE en %. Por tanto:

Ten en cuenta

Para los casos de préstamos, la TAE es superior al rédito declarado, y al calcularla se tienen en cuenta las comisiones bancarias (de apertura y de adelanto de capital) y otros gastos fijos.

La **tasa anual equivalente (TAE)** indica el porcentaje de crecimiento total del capital durante un año y se calcula mediante la fórmula:

$$\mathbf{TAE}=\left[\left(1+\frac{r}{k}\right)^k-1\right]\cdot 100$$

Ejemplo ▸ Un 5 % de interés anual con períodos de capitalización mensuales produce un incremento real del capital de 5,12 % al año:

$$\text{TAE}=\left[\left(1+\frac{0{,}05}{12}\right)^{12}-1\right]\cdot 100=5{,}12\ \%$$

Números índices

Para estudiar la variación en el tiempo de una determinada magnitud económica o social se utilizan los **números índices**, que expresan esta variación de forma relativa a un momento concreto en el tiempo que se denomina **referencia** o **base**.

Para obtener el **número índice** correspondiente al momento t_1, tomando como base el momento t_0, se calcula dividiendo el valor de la magnitud x correspondiente a t_1 por el correspondiente a t_0 y se multiplica por 100.

$$I_{t_0}^{t_1}=\frac{x_{t_1}}{x_{t_0}}\cdot 100$$

Ejemplo ▸ Las tablas muestran la evolución de la población de una ciudad, en términos absolutos, y mediante números índices, usando como bases los años 2013 y 2014.

Año	Población	Índices (base 2013)	Índices (base 2014)
2013	797 291	$\frac{797\,291}{797\,291}\cdot 100=100$	$\frac{797\,291}{805\,304}\cdot 100=99$
2014	805 304	$\frac{805\,304}{797\,291}\cdot 100=101$	$\frac{805\,304}{805\,304}\cdot 100=100$

Los números índices permiten comparar los diferentes valores y extraer conclusiones. Para que estas no estén distorsionadas, es importante que el momento base sea representativo, es decir, que no se haya visto afectado por ningún factor especial y poco habitual (malas cosechas, catástrofes, importante subida de los precios).

El índice de precios al consumo (IPC)

Se entiende como **inflación** el aumento generalizado de los precios de todos los productos en general (no de uno en particular).

La variación del **índice de precios al consumo (IPC)** es un número índice que se utiliza para medir la inflación.

La fórmula para calcular el IPC en el año t_1 tomando como base el año t_0 es:

$$\text{IPC} = \frac{p_1^{t_1}q_1^{t_1} + p_2^{t_1}q_2^{t_1} + \ldots + p_n^{t_1}q_n^{t_1}}{p_1^{t_0}q_1^{t_0} + p_2^{t_0}q_2^{t_0} + \ldots + p_n^{t_0}q_n^{t_0}}$$

donde:

$p_i^{t_1}$ y $p_i^{t_0}$ son los precios del producto i en los años t_1 y t_0.

$q_i^{t_1}$ y $q_i^{t_0}$ son las ponderaciones asignadas al producto i en los años t_1 y t_0.

Ten en cuenta

El IPC se obtiene a partir de los precios de una serie de productos que se consideran representativos del consumo habitual (cesta de la compra). Cada uno de estos productos tiene su propio peso o ponderación de acuerdo con la importancia que tiene en el consumo de las familias.

El Euribor

Para establecer una referencia sobre el tipo de interés al que se presta el dinero en la zona euro, la Federación Bancaria Europea establece el Euribor.

El **Euribor** es una media aritmética simple de los tipos de interés que aplican los principales bancos de la zona euro cuando se prestan dinero unos a otros.

Cuando un banco presta dinero a otro, aplica diferentes tipos según el plazo al que se realiza la operación. Así, se puede hablar de Euribor a una semana, a un mes o a un año. El más utilizado para operaciones con particulares es el Euribor a un año, que es la principal referencia que después se aplica a los préstamos hipotecarios.

La palabra Euribor es un acrónimo de *EURopean InterBank Offered Rate*, que significa: tipo europeo de oferta interbancaria.

El índice de desarrollo humano (IDH)

El IDH es un indicador socioeconómico elaborado anualmente por la ONU para medir el grado de desarrollo de los diferentes países.

El **IDH** es la media geométrica de los tres indicadores básicos:

- La **esperanza de vida al nacer** o longevidad, ***IEV***, que señala cuánto se espera vivir.
- El **nivel de estudios académicos**, ***IE***, que determina el nivel cultural.
- La **renta per cápita**, ***II***, que fija el nivel económico de los habitantes.

$$\text{IDH} = \sqrt[3]{IEV \cdot IE \cdot II}$$

A cada uno de los indicadores *IEV*, *IE* e *II* se le asigna un número comprendido entre 0 y 1, más cercano al 1 cuanto mayor es el desarrollo en ese aspecto.

Ten en cuenta

La media geométrica de n números positivos es la raíz n-ésima del producto de todos ellos.

EJERCICIOS PROPUESTOS

38. Calcula la TAE correspondiente a un 4 % anual con capitalización:

a) Mensual   b) Trimestral   c) Semestral

39. Calcula el IDH de Grecia en el año 2012 si los valores asignados para los indicadores son:

$IEV = 0{,}947$ $IE = 0{,}856$ $II = 0{,}786$

40. Calcula los números índices correspondientes al PIB per cápita en un país, tomando como base 1980 y 2000.

Año	1980	1990	2000	2010
Renta per cápita ($)	9203	12 055	14 413	21 735

41. smSaviadigital.com PRACTICA Resuelve más problemas relacionados con la economía.

Resumen

Logaritmos

Se denomina **logaritmo en base a del número N** al exponente x al que se debe elevar a para obtener N

$$\log_a N = x \Leftrightarrow a^x = N$$

Propiedades

$\log_a 1 = 0$ $\quad$ $\log_a a = 1$

$\log_a (AB) = \log_a A + \log_a B$ $\quad$ $\log_a \frac{A}{B} = \log_a A - \log_a B$ $\quad$ $\log_a A^n = n\log_a A$

Cambio de base

$$\log_a N = \frac{\log_b N}{\log_b a}$$

Porcentajes

Porcentajes

$$x\% \text{ de } C = C \cdot \frac{x}{100}$$

Aumentos porcentuales

$$C \text{ aumentada en un } x\% \text{ de } C = C\left(1+\frac{x}{100}\right)$$

Disminuciones porcentuales

$$C \text{ disminuida en un } x\% \text{ de } C = C\left(1-\frac{x}{100}\right)$$

Progresiones geométricas

Una **progresión geométrica** es una sucesión de números reales $a_1, a_2, a_3, ..., a_n, ...$en la que cada término se obtiene multiplicando el anterior por una cantidad fija r llamada **razón** de la progresión.

Término general

$$a_n = a_1\, r^{n-1}$$

a_1: primer término $\quad$ r: razón

Suma de los n primeros términos

$$S_n = \frac{a_1 r^n - a_1}{r-1} = \frac{a_1(r^n-1)}{r-1}$$

Interés bancario

Interés simple (r en tanto por uno)

$$C_f = C_i + I = C_i(1+rt)$$

Interés compuesto (r en tanto por uno)

k períodos de capitalización en un año

$$C_f = C_i\left(1+\frac{r}{k}\right)^{kt}$$

C_f: capital final $\quad$ C_i: capital inicial $\quad$ r: rédito o tipo de interés anual $\quad$ t: tiempo en años

Anualidades

Capitalización

$$C = \frac{a(1+r)\left[(1+r)^t-1\right]}{r}$$

C: capital que se forma $\quad$ a: anualidad que se ingresa

r: en tanto por uno $\quad$ t: tiempo en años

Amortización

$$a = \frac{Cr(1+r)^t}{(1+r)^t-1}$$

C: deuda $\quad$ a: anualidad que se ingresa

r: en tanto por uno $\quad$ t: tiempo en años

Parámetros económicos y sociales

TAE

$$\text{TAE} = \left[\left(1+\frac{r}{k}\right)^k - 1\right]\cdot 100$$

Número índice

$$I_{t_0}^{t_1} = \frac{x_{t_1}}{x_{t_0}}\cdot 100$$

IPC

$$\text{IPC} = \frac{p_1^{t_1}q_1^{t_1} + p_2^{t_1}q_2^{t_1} + ... + p_n^{t_1}q_n^{t_1}}{p_1^{t_0}q_1^{t_0} + p_2^{t_0}q_2^{t_0} + ... + p_n^{t_0}q_n^{t_0}}$$

$p_i^{t_1}$, $p_i^{t_0}$: precios del producto i.

$q_i^{t_1}$, $q_i^{t_0}$: ponderaciones del producto i.

t_1: año de interés

t_0: año base

IDH

$$IDH = \sqrt[3]{IEV \cdot IE \cdot II}$$

IEV: Esperanza de vida al nacer

IE: Nivel de estudios académicos

II: Renta per cápita

EJERCICIOS RESUELTOS

Logaritmos

Cálculos despejando exponentes

42. Calcula el valor de x en las siguientes expresiones:

a) $2^x - 2048 = 0$

b) $(\sqrt{3})^x = 729$

c) $1{,}025^x = 3$

d) $250 \cdot 1{,}04^x = 416{,}268$

a) $2^x - 2048 = 0 \Rightarrow 2^x = 2^{11} \Rightarrow x = 11$

b) $(\sqrt{3})^x = 729 \Rightarrow 3^{\frac{x}{2}} = 3^6 \Rightarrow \frac{x}{2} = 6 \Rightarrow x = 12$

c) En este caso, 3 no se puede poner como potencia de 1,025 y exponente entero. Para poder calcular x se utilizan los logaritmos.

$$1{,}025^x = 3 \Rightarrow \log 1{,}025^x = \log 3 \Rightarrow x \log 1{,}025 = \log 3 \Rightarrow x = \frac{\log 3}{\log 1{,}025} = 44{,}49$$

d) Se despeja la potencia y como en el apartado anterior se toman logaritmos.

$$1{,}04^x = \frac{416{,}268}{250} = 1{,}6651 \Rightarrow \log 1{,}04^x = \log 1{,}6651 \Rightarrow x \log 1{,}04 = \log 1{,}6651 \Rightarrow x = \frac{\log 1{,}6651}{\log 1{,}04} = 13$$

Interés compuesto

Cálculo de la inversión inicial

43. ¿Qué suma se debe depositar al 5,25 % de interés compuesto anual y capitalización mensual para que al cabo de 5 años se convierta en 12 000 €?

Los datos del ejercicio son: $C_f = 12\,000$ $r = 0{,}0525$ $t = 5$ años $k = 12$

$$C_f = C_i\left(1+\frac{r}{k}\right)^{kt} \Rightarrow C_i = \frac{C_f}{\left(1+\frac{r}{k}\right)^{kt}} = \frac{12\,000}{\left(1+\frac{0{,}0525}{12}\right)^{5\cdot 12}} = 9234{,}80$$

Es necesario depositar 9234,80 €.

Obtención del período de inversión

44. ¿Cuántos años debe depositarse un capital, al 4 % de interés compuesto, para que se incremente en un 50 %?

Se introducen los datos $C_f = 1{,}5C_i$ y $r = 0{,}04$ en la fórmula del capital final:

$$C_f = C_i(1+r)^t \Rightarrow 1{,}5C_i = C_i 1{,}04^t \Rightarrow 1{,}04^t = 1{,}5$$

Tomando logaritmos en los dos miembros de la ecuación:

$$\log 1{,}04^t = \log 1{,}5 \Rightarrow t \log 1{,}04 = \log 1{,}5 \Rightarrow t = \frac{\log 1{,}5}{\log 1{,}04} = 10{,}34$$

Deben transcurrir 10 años y 4 meses.

Capital final generado en diferentes periodos de capitalización

45. Se colocan 100 € a un 5 % de interés compuesto durante 3 años. Estudia el valor del capital final si el período de capitalización es cada vez más pequeño: un año, un mes, un día, una hora ¿Qué observas?

Si el período de capitalización es el año: $C_f = C_i(1+r)^t = 100 \cdot 1{,}05^3 = 115{,}76$ €

Si el período de capitalización es mensual: $C_f = C_i\left(1+\frac{r}{k}\right)^{tk} = 100\left(1+\frac{0{,}05}{12}\right)^{12\cdot 3} = 116{,}15$ €

Si el período de capitalización es el día: $C_f = C_i\left(1+\frac{r}{k}\right)^{tk} = 100\left(1+\frac{0{,}05}{365}\right)^{365\cdot 3} = 116{,}18$ €

Si el período de capitalización es la hora: $C_f = C_i\left(1+\frac{r}{k}\right)^{tk} = 100\left(1+\frac{0{,}05}{8760}\right)^{8760\cdot 3} = 116{,}18$ €

Se observa que la diferencia entre la capitalización mensual y diaria es muy pequeña y que, para períodos más pequeños que el día, la diferencia es inapreciable.

Crecimiento de poblaciones

46. El número de habitantes de una ciudad crece de acuerdo a una ley igual a la del interés compuesto. Si inicialmente la ciudad tenía 80 000 habitantes y el ritmo de crecimiento fue del 2,88 % anual, ¿cuál será la población al cabo de 30 meses?

Los datos del ejercicio son:

$P_i = 80\,000$ tasa de crecimiento $r = 0{,}0288$ anual $t = 30$ meses

Como el tiempo está en meses, debemos considerar la tasa de crecimiento mensual, dividiendo entre 12.

Aplicando la fórmula del interés compuesto, la población final será:

$$P_f = P_i\left(1+\frac{r}{12}\right)^{30} = 80\,000\left(1+\frac{0{,}0288}{12}\right)^{30} = 85\,965{,}01$$

Al cabo de 30 meses, habrá 85 965 habitantes.

Depreciación del valor de los automóviles

47. Un automóvil pierde el 18 % de su valor en el momento de salir del concesionario y sufre una depreciación del 10 % anual durante los 6 primeros años. Si Esther compró un coche hace 4 años por 30 000 € y decide venderlo, ¿qué precio de venta tendrá el coche?

La depreciación, al igual que el crecimiento de poblaciones, sigue un modelo matemático como el del interés compuesto. La única diferencia es que el valor del automóvil decrece progresivamente en vez de aumentar, sufre un crecimiento negativo.

Al salir del concesionario, el valor del coche es de 30 000 · 0,82 = 24 600 €

Los datos son $V_i = 24\,600$ € $r = -0{,}1$ $t = 4$ años

Se quiere conocer el valor del coche al cabo de 4 años:

$$V_f = V_i(1+r)^t = 24\,600(1-0{,}1)^4 = 24\,600 \cdot 0{,}9^4 = 16\,140{,}06$$

El precio de venta del coche debe ser de 16 140,06 €

Anualidades

Amortización del préstamo de una vivienda

48. El precio de un piso situado en un barrio céntrico de una gran ciudad es de 250 000 €. Las condiciones de pago son:

- A la firma de las escrituras el 35 % del total.
- La deuda restante mediante 12 mensualidades anuales durante 20 años y a un interés del 3,5 %.

a) Calcula las mensualidades.

b) ¿Qué parte de la primera cuota corresponde al pago de intereses y qué parte a la amortización del capital?

c) Halla el montante de la deuda después de haber realizado este primer pago.

d) Calcula la cantidad final que se ha pagado.

Como la entrada es del 35 % del total, la deuda a pagar es del 65 % restante:

$$250\,000 \cdot 0{,}65 = 162\,500 \text{ €}$$

a) La mensualidad será:

$$a = \frac{C\frac{r}{12}\left(1+\frac{r}{12}\right)^{12t}}{\left(1+\frac{r}{12}\right)^{12t} - 1} = \frac{162500 \cdot \frac{0{,}035}{12}\left(1+\frac{0{,}035}{12}\right)^{12\cdot 20}}{\left(1+\frac{0{,}035}{12}\right)^{12\cdot 20} - 1} = 942{,}43 \text{ €}$$

b) En el primer mes, la mensualidad de 942,43 € se divide en dos cantidades: una para satisfacer los intereses generados por la deuda en ese momento (162 500 €) durante ese mes, y el resto, para amortizar el capital de la deuda existente.

La cantidad correspondiente al pago de intereses es:

$$\text{Deuda en ese momento} \cdot \left(\frac{0{,}035}{12}\right) = 162500 \cdot \frac{0{,}035}{12} = 473{,}96 \text{ €}$$

Por tanto la parte correspondiente a la amortización del capital es:

$$942{,}43 - 473{,}96 = 468{,}47 \text{ €}$$

c) Después de pagada esta primera cuota mensual, la deuda es:

$$162\,500 - 468{,}47 = 162\,031{,}53 \text{ €}$$

d) En total se abonan al banco 240 mensualidades de 942,43 €, que suponen 226 183,20 €, que junto con la entrada suma un total de:

$$226\,183{,}20 + 0{,}35 \cdot 250\,000 = 313\,683{,}2 \text{ €}$$

Evolución de un préstamo

49. Se solicita un préstamo de 1000 € que se devolverá en cinco anualidades a un tipo de interés del 6,5 %. Ordena en una tabla de evolución del préstamo los datos siguientes para cada anualidad.

- Anualidad
- Deuda antes del pago.
- Intereses generados por la deuda en ese año.
- Capital amortizado.
- Deuda después del pago

La anualidad será: $a = \frac{Cr(1+r)^t}{(1+r)^t - 1} = \frac{1000 \cdot 0{,}065 \cdot 1{,}065^5}{(1{,}065)^5 - 1} = 240{,}63$ €

- Para el primer pago:
  Intereses: 1000 · 0,065 = 65 €
  Capital amortizado: 240,63 − 65 = 175,63 €
  Nueva deuda: 1000 − 175,63 = 824,37 €
- Para el segundo pago:
  Intereses: 824,37 · 0,065 = 53,58 €
  Capital amortizado: 240,63 − 53,58 = 187,05 €
  Nueva deuda: 824,37 − 187,05 = 637,32 €.

De la misma forma, se calculan los restantes pagos para completar la tabla:

Período	Anualidad	Deuda antes del pago	Intereses	Capital amortizado	Deuda después del pago
1	240,63	1000	65,00	175,63	824,37
2	240,63	824,37	53,58	187,05	637,32
3	240,63	637,32	41,43	199,20	438,12
4	240,63	438,12	28,48	212,15	225,97
5	240,63	225,97	14,69	225,94	0,03

En la práctica real los céntimos pendientes, fruto del redondeo se añadirían al último pago.

Evolución de un préstamo cambiando las condiciones

50. Elabora la tabla de evolución del préstamo del ejercicio anterior si, al pagar la tercera cuota, el interesado abona 200 € más de lo debido, es decir, 440,63 € y las condiciones del préstamo se modifican como sigue:

- No se aplica ninguna comisión por adelanto de capital parcial.
- Se reduce la cuota anual a pagar sin variar el número de períodos.

Después de pagar la tercera cuota más los 200 € de adelanto de capital, la deuda será de 238,12 €, que deberán pagarse en las dos cuotas que faltan. La nueva anualidad será:

$$a=\frac{Cr(1+r)^t}{(1+r)^t-1}=\frac{238{,}12\cdot 0{,}065\cdot 1{,}065^2}{(1{,}065)^2-1}=130{,}79\ €$$

Período	Anualidad	Deuda antes del pago	Intereses	Capital amortizado	Deuda después del pago
1	240,63	1000	65,00	175,63	824,37
2	240,63	824,37	53,58	187,05	637,32
3	440,63	637,32	41,43	399,20	238,12
4	130,79	238,12	15,48	115,31	122,81
5	130,79	122,81	7,98	122,81	0

Parámetros económicos y sociales

Obtención de números índices

51. La tabla muestra los precios, en euros, de una cesta de la compra en un país europeo.

2010	2011	2012	2013
2950	3050	3125	3150

a) Calcula los números índices de 2011, 2012 y 2013 suponiendo como base el año anterior. ¿En qué año se ha producido un mayor aumento de los precios?

b) Si se estima que el número índice correspondiente al año 2014 con referencia al 2010 será 108, ¿Cuál será el precio de esta cesta de la compra para ese año?

Se utiliza la expresión para el cálculo de los números índices: $I_{t_i}^{t_0}=\frac{x_{t_i}}{x_{t_0}}\cdot 100$

a)

2011	103,39
2012	102,46
2013	100,8

En 2011 se produjo el mayor aumento de los precios, que fue de un 3,39 %.

b) Teniendo en cuenta el valor de 2010, será:

$$\frac{x}{2950}\cdot 100=108\Rightarrow\frac{x}{2950}=1{,}08\Rightarrow x=3186\ €$$

Cálculo del IPC

52. En la tabla aparecen los productos, clasificados en grupos, *A*, *B*, *C* y *D*, que forman una cesta de la compra tipo en un país, su precio en 2012 y 2013 y su ponderación. Calcula el IPC del año 2013 tomando como base el año 2012.

	2012	2013	Pond.
A	105	106	40 %
B	106	105	15 %
C	108	110	25 %
D	120	125	20 %

Utilizando la expresión que permite calcular el IPC:

$$\text{IPC}=\frac{p_1^{t_1}q_1^{t_1}+p_2^{t_1}q_2^{t_1}+\ldots+p_n^{t_1}q_n^{t_1}}{p_1^{t_0}q_1^{t_0}+p_2^{t_0}q_2^{t_0}+\ldots+p_n^{t_0}q_n^{t_0}}$$

$$\text{IPC}=\frac{106\cdot 40+105\cdot 15+110\cdot 25+125\cdot 20}{105\cdot 40+106\cdot 15+108\cdot 25+120\cdot 20}=\frac{11\,065}{10\,890}=1{,}016$$

ACTIVIDADES

Ejercicios

Logaritmos

53. Aplicando directamente la definición, calcula el valor de los siguientes logaritmos.

a) $\log_3 \frac{1}{27}$

b) $\log_{\frac{1}{27}} \frac{1}{9}$

c) $\log 10000$

d) $\log \frac{1}{1000}$

e) $\log 0{,}001$

f) $\log_{\frac{1}{9}} \sqrt{27}$

g) $\log_{\sqrt{8}} \left(2\sqrt{2}\right)$

h) $\log_{\sqrt{3}} \left(\frac{1}{81}\right)$

i) $\log_{\sqrt{3}} \left(3\sqrt{3}\right)^2$

j) $\ln\left(e\sqrt[3]{e}\right)$

54. Calcula el valor de x en cada una de las siguientes expresiones logarítmicas.

a) $\log_x 8 = -3$

b) $\log_3 x = -1$

c) $\log_{\frac{1}{\sqrt{3}}} x = -3$

d) $\log_{\frac{1}{a}} a^2 = x$

55. Toma logaritmos decimales en las siguientes igualdades.

a) $P = 10x^3yz^3$

b) $Q = \frac{100x^2}{x+y}$

c) $R = \sqrt[3]{\frac{2x^2y^5}{3z^3}}$

d) $S^2 = \frac{1+x^3}{xy^2z^{-3}}$

56. Escribe el valor de E en cada uno de los siguientes casos. En las expresiones obtenidas no deben aparecer logaritmos.

a) $\log E = 3\log 2 - 4\log x + 3\log y - 2\log z$

b) $\log E = 3\log(x-2y) + \log(x+2y)$

c) $\log E = 3\log(x+10) - \log\frac{(2x+20)}{3} + \log\frac{3}{2}$

57. Sabiendo que el logaritmo decimal de 2 es 0,301 y que el logaritmo decimal de 3 es 0,477, calcula, sin utilizar las teclas de funciones logarítmicas de la calculadora, los siguientes logaritmos.

a) $\log 250$

b) $\log 5{,}4$

c) $\log\sqrt{18}$

d) $\log 270$

e) $\log 45$

f) $\log\sqrt[3]{\sqrt{\frac{1}{6}}}$

58. Sabiendo que $\log_3 2 = 0{,}631$ y que $\log_3 5 = 1{,}465$, halla, sin utilizar la calculadora, el valor de $\log_3 150$.

59. Con la ayuda de la calculadora, obtén aproximaciones decimales hasta las milésimas de los siguientes logaritmos.

a) $\log_3 20$

b) $\log_{\sqrt{2}} 3$

c) $\log_{\frac{1}{4}} \frac{7}{5}$

d) $\log_{\sqrt{2}} \sqrt{3}$

60. Con la ayuda de los logaritmos, calcula el valor de t en los siguientes casos.

a) $1{,}025^t = 2{,}45$

b) $1{,}025^t = 2$

c) $2500 = 2000 \cdot 1{,}03^t$

d) $120 = 100\left(1+\frac{0{,}03}{12}\right)^{12t}$

Porcentajes

61. De una cantidad se sabe que el 22 % es 275. ¿Cuál es esa cantidad?

62. ¿Qué porcentaje representan 26 unidades de un total de 48? ¿Y 90 unidades de un total de 48?

63. Aumenta las siguientes cantidades en los porcentajes que se indican.

a) 1350 en un 13 %

b) 1250 en un 2,25 %

c) 3500 en un 122 %

d) 450 en un 200 %

64. Disminuye las siguientes cantidades en los porcentajes que se indican.

a) 2650 en un 13 %

b) 3100 en un 2 %

c) 475 en un 20 %

d) 1025 en un 2,25 %

65. Una cantidad aumentada en un 21 % vale 1694. ¿Cuál es dicha cantidad?

66. Una cantidad disminuida en un 12 % vale 22. ¿Cuál es dicha cantidad?

Progresiones geométricas

67. Indica cuáles de las siguientes sucesiones son progresiones geométricas y, en caso afirmativo, di el valor de la razón.

a) 5, 10, 20, 30, 40, ...

b) 3, 15, 75, 375, 1875, ...

c) 2, −2, 2, −2, 2, ...

d) $\frac{1}{2}, \frac{1}{4}, \frac{1}{6}, \frac{1}{8}, \frac{1}{10}, \ldots$

e) $30, 10, \frac{10}{3}, \frac{10}{9}, \frac{10}{27}, \ldots$

f) 1, 5, 26, 127, 626, ...

68. Calcula el término undécimo de una progresión geométrica cuyo primer término es igual a 1 y cuya razón es 2.

69. Halla la suma de los 10 primeros términos de la progresión cuyo término general es $\frac{1}{2^n}$.

70. Para cada una de las siguientes progresiones geométricas, calcula su término general, su décimo término y la suma de los 10 primeros términos.

a) 5, 15, 45, 135, 405, ...

b) 3, −3, 3, −3, 3, ...

c) $1{,}04;\ 1{,}04^2;\ 1{,}04^3,\ 1{,}04^4;\ \ldots$

d) $\left(1+\frac{0{,}8}{4}\right), \left(1+\frac{0{,}8}{4}\right)^2, \left(1+\frac{0{,}8}{4}\right)^3, \left(1+\frac{0{,}8}{4}\right)^4, \ldots$

71. ¿Cuántos términos se han de sumar en la progresión cuyos tres primeros términos son 2; 2,5 y 3,125 para obtener un total de 276,217?

Interés simple y compuesto

72. Calcula el capital final obtenido al depositar las siguientes cantidades a interés simple anual y durante el tiempo indicado en cada apartado.

a) 100 € al 5 % durante 2 años

b) 100 000 € al 4 % durante 7 años

c) 1 € al 6 % durante 5 años

73. Averigua a qué interés simple anual se ha depositado un capital de 5000 € sabiendo que en 10 años se ha convertido en 7000 €.

74. Se coloca un capital de 100 000 € a un interés compuesto anual del 6 % durante 10 años. Calcula el capital final que se obtendrá en el caso de que el período de capitalización sea de:

a) Un año

b) Un semestre

c) Un trimestre

d) Un mes

75. Completa la siguiente tabla con los datos que faltan. En todos los casos se trata de interés compuesto.

C_i (€)	C_f (€)	r (%)	t (años)	Capitalización
	2000	5	8	anual
6000		3,5	5	mensual
3000	5000		10	trimestral
500	800	6		semestral

76. a) ¿Qué capital inicial será necesario ingresar en una cuenta para que después de estar colocado durante 3 años a un interés compuesto del 3,5 % se convierta en 2400 €?

b) ¿Y si el período de capitalización es el mes y no el año?

Anualidades

77. Calcula el capital final del que se dispondrá dentro de 5 años si se depositan 300 € al comienzo de cada año a un interés compuesto anual del 6 %.

78. ¿Qué anualidad debe ingresarse al principio de cada año al 6,25 % para reunir un capital de 70 000 € en 10 años?

79. ¿Durante cuántos años se deben entregar 450 € mensuales para que colocados al 5,75 % de interés compuesto se obtenga un capital final de 12 500 €?

80. ¿Qué capital final se obtiene si se depositan semestralmente 2 500 € a un interés compuesto anual del 4,25 % durante cuatro años?

81. ¿Qué interés anual tiene un depósito bancario que con aportaciones periódicas de 500 € cada año se ha transformado al cabo de 2 años en un capital de 1076,25 €?

82. Un préstamo de 120 000 € al 5 % se devuelve en 20 años en pagos mensuales. Halla la mensualidad de amortización.

83. ¿Qué deuda se habrá amortizado mediante el pago de 6 anualidades de 5000 € al 7 % anual?

84. ¿Cuánto tiempo se tardará en devolver una hipoteca de 300 000 € al 4 % si la cuota mensual es fija e igual a 2200 €?

85. Calcula a cuántos años se debe solicitar un préstamo de 4500 € al 7,15 % anual para que la anualidad que resulte sea de 915 €. Ten en cuenta que los cálculos debes realizarlos considerando interés compuesto.

86. ¿Cuánto tiempo debe estar depositado un capital a un interés compuesto del 8 % para triplicarse si la capitalización es mensual?

Parámetros económicos y sociales

87. Calcula la TAE correspondiente al 6 % anual con período de capitalización:

a) Semestral b) Trimestral c) Mensual

88. En la tabla aparecen los precios en 2012 y 2013 de los cuatro grupos de productos de la cesta de la compra tipo en un país y sus ponderaciones.

Grupo	2012	2013	Pond.
1	100	101	30 %
2	106	105	25 %
3	106	108	20 %
4	120	130	25 %

Halla el IPC del año 2013 tomando como base el año 2012.

89. Determina el IDH de cada uno de los siguientes países y ordénalos según el grado de desarrollo.

País	*IEV*	*IE*	*II*
A	0,954	0,946	0,959
B	0,792	0,837	0,703
C	0,890	0,993	0,994

Cuestiones

90. Si una cantidad se aumenta en un 5 % y el resultado se disminuye también en un 5 %, ¿cuál es el porcentaje de variación total?

91. Indica en cada caso la razón por la que las siguientes expresiones no tienen sentido.

a) $\log_1 2 = x$

b) $\log_3 -81 = x$

c) $\log_{-3} x = 9$

d) $\log_x \sqrt{2} = 0$

92. Justifica cuál de los dos procedimientos siguientes es correcto para calcular el precio inicial de unos pantalones que han sido rebajados en un 15 % y por lo que se ha pagado finalmente 23,45 €:

A. $\frac{23,45}{0,85} = 27,59$ €

B. $23,45 \cdot 1,15 = 26,98$ €

93. Dada la progresión geométrica de primer término 50 y razón 0,75, calcula la suma de:

a) Sus 10 primeros términos
b) Sus 20 primeros términos
c) Sus 100 primeros términos
d) Sus 1000 primeros términos

¿Puedes indicar alguna conclusión interesante?

94. Calcula el capital en que se convierte 1 € al cabo de un año colocado al 1 % anual de interés compuesto si la capitalización es de:

a) Un año
b) Un trimestre
c) Un mes
d) Un día
e) Una hora
f) Un minuto

95. La TAE correspondiente a un interés nominal anual con periodo de capitalización semestral es del 8,16 %. Halla la TAE para ese mismo interés nominal anual pero para un periodo de capitalización mensual.

Problemas

96. Eva ha pagado 18,75 € por una falda, 22,25 € por un pantalón, 19,50 € por una camisa y, por último, 29,15 € por una chaqueta. El dueño del comercio consiente en rebajarle el precio de forma que le perdona los céntimos que marca cada una de las prendas. ¿Qué porcentaje de rebaja ha supuesto?

97. Una cooperativa recibe un depósito de 2000 € de cada uno de sus socios y se compromete a devolverlo transcurridos 3 años y 4 meses, junto con un interés simple del 5 % anual. ¿Qué cantidad devolverá a cada socio?

98. El precio de la gasolina ha variado en las últimas 3 quincenas. En la primera subió un 3 %, en la segunda bajó un 2 % y en la tercera volvió a subir un 4 %. Después de las 3 quincenas, el precio del litro es de 145 CENT.

a) ¿Cuál era el precio antes de las tres variaciones?
b) ¿Cuál es el porcentaje de variación global del precio en las tres quincenas?

99. Se colocan 6000 € al 4 % anual de interés compuesto durante cinco años. La entidad carga 1 céntimo de euro cada vez que tiene que calcular los intereses generados y acumularlos al capital.

a) Calcula el capital final si el período de capitalización es de un año, un trimestre, un mes y un día.
b) ¿Cuál de los períodos de capitalización indicados favorece más al cliente?

100. Se ingresan 1050 € en una cuenta remunerada al 3,25 % de interés compuesto durante 2 años. ¿Cuáles son los intereses producidos si se considera que el periodo de capitalización es el año? ¿Y si es el mes?

101. El crecimiento de una población de bacterias sigue el mismo modelo que el crecimiento de un capital colocado a interés compuesto.

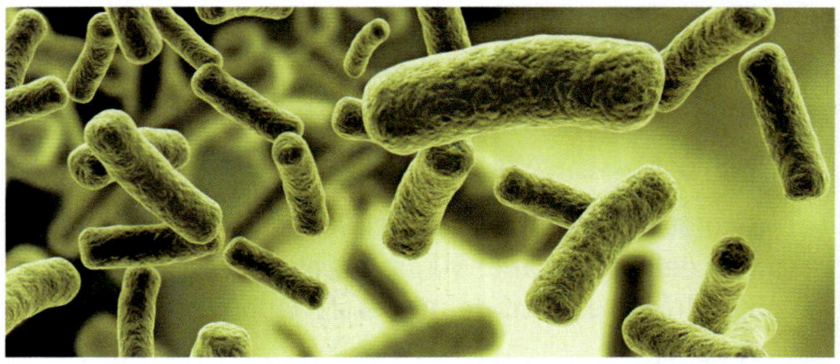

Calcula el número de bacterias de un determinado cultivo después de 84 días si se sabe que el número inicial era de 24 000 bacterias y que cada semana aumenta la población en un 5 %.

102. El número de habitantes de una ciudad crece en un período de 3 años de acuerdo a una ley igual a la del interés compuesto. Si inicialmente la ciudad tenía 75 000 habitantes y el ritmo de crecimiento fue del 0,5 % mensual, ¿cuál será la población al final de los 3 años?

103. Ana contrató un plan de pensiones a los 30 años en el que ha ido depositando 400 € cada año, a un tipo del 6,5 % anual.

a) Si ahora tiene 45 años, ¿qué cantidad recibiría si decidiera cancelar el plan?
b) ¿Con qué cantidad se encontrará si se jubila a los 67 años?

104. El precio de un ordenador se devalúa en un 25 % nada más comprarlo y después, cada año su valor baja un 4 % con respecto al valor del año anterior.

El ordenador que compró Miguel hace dos años está tasado en 897,87 €, ¿qué precio pagó Miguel por el ordenador cuando lo compró?

105. ¿Qué cantidad deberá entregar Pedro como anualidad a su plan de jubilación para que al cabo de 15 años haya conseguido un capital de 20 000 €? El tipo de interés es del 5,25 %.

106. Calcula la anualidad que se debe pagar para saldar una deuda de 12 000 € al 5,5 % anual si:

a) El plazo es de 5 años.
b) El plazo es de 10 años.

¿Por qué no se paga justo la mitad cuando el plazo para devolver la deuda es el doble?

107. Los pisos de una inmobiliaria cuestan 100 000 €. La forma de pago es la siguiente: 20 000 € a la entrega de llaves, y el resto, a pagar en 20 años con un interés del 3,25 %. Si los pagos se realizan al final de cada año:

a) ¿Cuánto se deberá pagar anualmente?
b) ¿Cuánto se habrá pagado en total por el piso cuando hayan transcurrido los 20 años?

108. Para adquirir un coche que cuesta 16 000 €, una persona entrega su coche anterior, valorado en 2000 €, y para el resto pide un préstamo a pagar en 3 años y a un interés compuesto del 8,5 %. ¿Cuánto debe pagar anualmente?

109. En un folleto de propaganda de un banco se anuncia que 1 € se convierte en 10 años en 1,5162 €.

a) Calcula el rédito que ofrece el banco.

b) Calcula la anualidad que se deberá pagar si se solicita un préstamo de 10 000 € a pagar en 10 años y al mismo tipo de interés que ofrece el banco en la propaganda.

110. En las siguientes operaciones el interés nominal es del 5 %. Calcula la TAE correspondiente.

a) Depósito de 1000 € con capitalización mensual a 10 años.

b) Depósito de 2000 € con capitalización mensual a 15 años.

c) Depósito de 3000 € con capitalización mensual a 20 años.

111. Un posible cliente solicita información en un banco sobre el tipo de interés que ofrecen en los depósitos. Le indican que la TAE de un depósito a 1 año es del 1,75 % y que la de un depósito a 5 años es de 2,15 % Si el período de capitalización es el mes, ¿cuál es el tipo de interés nominal anual en cada caso?

112. En la tabla aparece el PIB (producto interior bruto) de un país en millones de euros y para los años que se indican. Calcula las tablas de números índices tomando como bases los años 2007 y 2010.

Año	PIB
2007	14 080
2008	14 220
2009	14 500
2010	14 850
2011	15 120
2012	14 990
2013	14 850
2014	15 200

113. En la tabla aparecen los productos, que componen una cesta de la compra tipo en un país, clasificados en grupos, su precio en los años 2013 y 2014, y su ponderación. Calcula el IPC de ese país en 2014 tomando como base el año 2013.

Grupo	2013	2014	Ponderación
Alimentos	118,2	119,0	28
Vestido	115,4	116,0	12
Vivienda	132,5	130,5	13
Sanidad	123,0	122,3	4
Educación	122,0	123,1	8
Otros	130,1	131,2	35

114. Mediante dos anualidades de capitalización anual de 2000 € se forma un capital de 4212,40 €. Calcula el tipo de interés de la operación.

115. La siguiente tabla muestra el importe, el plazo, en años, y el interés medios de las hipotecas concedidas en España desde julio de 2007 a julio 2014.

	Capital	Plazo	Interés
2007	149 807,31	27	4,68
2008	139 675,85	24	5,27
2009	115 489,51	21	4,36
2010	121 561,61	23	3,77
2011	110 485,40	22	4,27
2012	99 364,93	22	4,24
2013	101 121,66	20	4,23
2014	100 865,90	21	3,90

a) Calcula para cada año la mensualidad a pagar.

b) Halla para cada una de las hipotecas medias el pago final que tiene que asumir el consumidor.

116. En el recibo correspondiente a una mensualidad de un crédito hipotecario que el banco envía al interesado aparecen los siguientes datos.

- Importe inicial: 72 121,45 €
- Deuda pendiente antes del pago: 48 633,01 €
- Tipo de interés: 4,564 % anual
- Períodos pendientes: 85
- Mensualidad: 670,69 €

a) Comprueba que la mensualidad es correcta.

b) Calcula qué parte de la mensualidad corresponde a los intereses y qué parte a la amortización de capital.

c) Calcula la deuda pendiente después de pagar la mensualidad.

d) En la siguiente cuota, el interesado ingresa 6000 € más en concepto de adelanto de capital y opta por reducir la cuota manteniendo el número de pagos pendientes. ¿Cuál será la nueva cuota?

117. En la tabla se recoge el precio medio en euros por metro cuadrado de la vivienda.

Calcula los números índices para las referencias de enero, por una parte, y de comienzo de cada trimestre, por otra.

Enero	205 400
Febrero	206 600
Marzo	206 900
Abril	207 700
Mayo	211 000
Junio	211 200
Julio	212 400
Agosto	212 500
Septiembre	212 800
Octubre	213 500
Noviembre	214 000
Diciembre	214 600

»» El premio

Raquel es una gran estudiosa. Le gusta la literatura, la historia, la geografía, el arte, le gusta la política, la economía, la sociología, le gusta la ciencia, el cine y le gusta leer... ¡le gusta estudiar! Pero, sobre todo, le gusta ¡¡la música clásica!! Ha escuchado tanta música que, la mayoría de las veces, identifica una pieza con solo oír sus primeros compases. Raquel es una gran melómana.

Un día, escuchando la radio, oye que se va a iniciar un nuevo concurso televisivo con grandes premios para aquellos que tengan conocimientos de música clásica. El premio máximo asciende a ¡200 000 €! para aquél que consiga llegar a la final y conteste acertadamente a las 25 piezas musicales que se le propondrán. Debe acertar tanto el título de la obra como el autor. Raquel decide presentarse y... ¡consigue ganar el premio!

¿Qué se puede hacer con 200 000 €? –se pregunta Raquel. Tal vez, este dinero le diera para una buena temporada sin preocupaciones y poder dedicarse a sus numerosas aficiones intelectuales.

En el banco, le proponen ingresar el dinero con un interés anual del 6 %. Raquel podrá sacar una cantidad fija cada mes para sus gastos hasta que se acabe el dinero depositado y los intereses generados (en realidad, es como si Raquel fuera el banco y el banco un cliente que pide un préstamo de 200 000 € a Raquel).

a) Si Raquel quiere tener dinero para 15 años, ¿cuánto podrá sacar cada mes?

b) Si Raquel quiere disponer de 3000 € cada mes, ¿para cuántos meses tendrá dinero?

c) Si Raquel quiere que nunca se agote el dinero, ¿cuánto podrá sacar como máximo cada mes? En este caso y si decide retirar todo el dinero al cabo de 10 años, ¿cuánto le quedará?

d) Durante los dos primeros años ha estado sacando 1500 € mensuales. Pasado este tiempo decide sacar 1000 € mensuales, ¿cuántos años podrá contar con esa mensualidad?

Raquel quiere controlar la evolución de su inversión y para ello elabora una hoja de cálculo:

	A	B	C	D	E	F
1	Período	Mensualidad	Queda antes	Intereses	Gastado	Queda después
2	1					
3	2					
4	3					
5	4					
6	5					
7	6					
8	7					
9	8					
10	9					

Raquel introduce en la celda B2 la mensualidad que quiere sacar.

e) ¿Qué fórmula debe introducir en la celda D2 sabiendo que el interés anual es del 6 % y la capitalización mensual?

f) ¿Qué fórmula debe introducir en la celda E2? ¿y en la F2?

g) ¿Qué fórmulas debe introducir en la segunda fila B3–F3?

A partir de la siguiente fila, simplemente tiene que copiar las casillas correspondientes de la fila anterior para poder estudiar la evolución del préstamo.

Una vez elaborada la tabla:

h) Investiga la evolución del préstamo introduciendo diferentes opciones

i) Contesta a las preguntas de los apartados a, b, c y d de esta misma página.

AUTOEVALUACIÓN

Comprueba qué has aprendido

1. Calcula el valor del logaritmo $\log_{\frac{1}{3}} \sqrt[4]{9}$.

2. Elimina los logaritmos en la siguiente expresión y calcula el valor de a:

$$-1+\log a=\log 2+3\log 3$$

3. Sabiendo que $\log 3=0{,}477$. Calcula, sin utilizar la calculadora, $\log 0{,}090$.

4. El precio de una *tablet* disminuye un 40 % de su valor al comprarla y después cada año que pasa pierde un 5 % del valor que tenía el año inmediatamente anterior. Una *tablet* con tres años vale 90 €, ¿cuánto costó al comprarla?

5. Calcula la suma de los 15 primeros términos de la progresión:

$$9, 3, 1, \frac{1}{3}, \ldots$$

6. Calcula la diferencia de intereses ganados al colocar 1250 € al 5 % de interés anual durante 3 años si el interés aplicado es simple o compuesto con capitalización anual.

7. ¿Qué anualidad ha de entregarse al principio de cada año para reunir un capital de 15 000 € después de 8 años a un interés del 5 %?

8. ¿Qué anualidad ha de entregarse al final de cada mes para saldar una deuda inicial de 25 000 € en 6 años a un interés anual del 4 %?

9. Calcula el TAE correspondiente al 7,5 % anual con periodo de capitalización cuatrimestral.

10. Calcula el número de años necesarios para que se triplique una cantidad colocada al 10 % anual con capitalización mensual.

smSaviadigital.com VALORA LO APRENDIDO › Comprueba tus respuestas.

Relaciona y contesta

Elige la única respuesta correcta en cada caso

1. Una cantidad se aumenta en un 12 % y, después, el resultado se disminuye también en un 12 %. El valor de la cantidad final es:
   - A. Superior a la inicial
   - B. Inferior a la inicial
   - C. Igual que la inicial
   - D. Ninguna de las anteriores

2. La suma de las 10 primeras potencias de 2 (contando que la primera es 2^0) es:
   - A. $2^{10}-2$
   - B. 2^9-2
   - C. 2^9+2
   - D. Ninguna de las anteriores

3. Si por unos pantalones se han pagado 27 € habiendo sufrido dos rebajas consecutivas en su precio del 20 % y del 25 %, su precio inicial era:
   A. 39,15 € B. 40,50 € C. 45 € D. 49,09 €

Señala, en cada caso, las respuestas correctas

4. Di si las siguientes afirmaciones son verdaderas o falsas:
   - A. La TAE es igual al interés nominal cuando el periodo de capitalización es anual.
   - B. Las progresiones geométricas son siempre crecientes.
   - C. Las cuatro quintas partes de una cantidad equivalen al 80 % de esta cantidad.
   - D. El tipo de interés compuesto no puede ser inferior al 1 % anual.

5. Para un cliente que acude a una entidad financiera, el tipo de interés indicado en *A* es preferible al tipo de interés indicado en *B*.
   - A. *A*: Simple al 4 % anual
     B: Compuesto al 4 % anual
   - B. *A*: Compuesto al 4 % anual capitalización anual
     B: Compuesto al 4 % anual capitalización mensual
   - C. *A*: Compuesto al 4 % anual capitalización mensual
     B: TAE 4,075
   - D. *A*: Compuesto al 4 % anual capitalización diaria
     B: TAE 4,075

Elige la relación correcta entre las dos afirmaciones dadas

6. Se está calculando el $\log_a 2$. Se consideran las afirmaciones:
   1. La base a es positiva e inferior a la unidad.
   2. El resultado es un número real negativo.

   A. $1 \Leftrightarrow 2$
   B. $1 \Rightarrow 2$ pero $2 \nRightarrow 1$
   C. $2 \Rightarrow 1$ pero $1 \nRightarrow 2$
   D. Nada de lo anterior

Señala el dato innecesario para contestar

7. Se quiere calcular la TAE correspondiente a un interés nominal anual. Para ello se dan los siguientes datos:
   1. El r % anual
   2. El capital invertido
   3. El tiempo que dura la inversión
   4. El tipo de capitalización

   A. Sobran los datos 1 y 2.
   B. Sobran los datos 2 y 3.
   C. Sobran los datos 3 y 4.
   D. El primer dato es innecesario.

3 Expresiones algebraicas

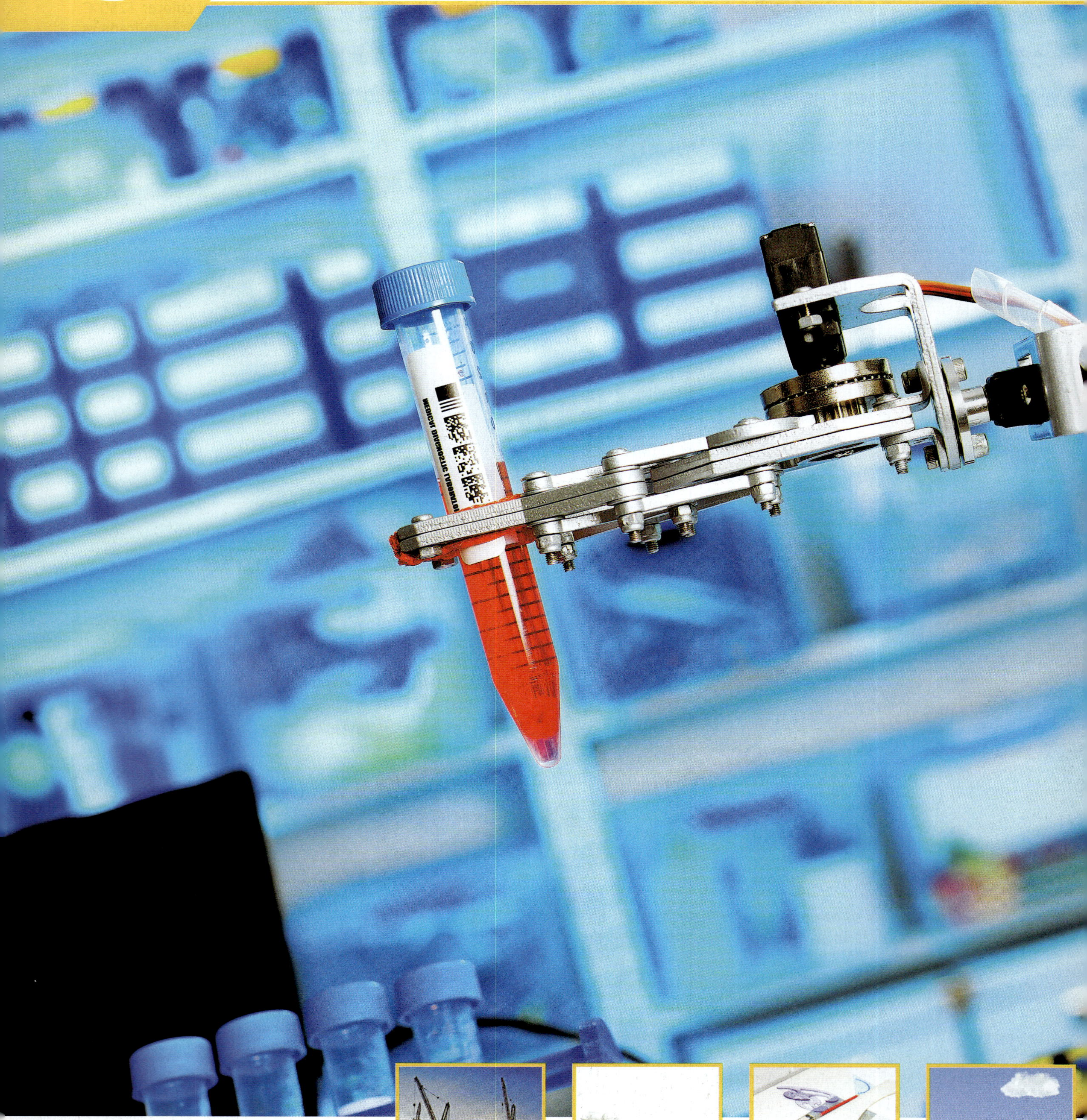

Construcción de edificios

Costes-beneficios

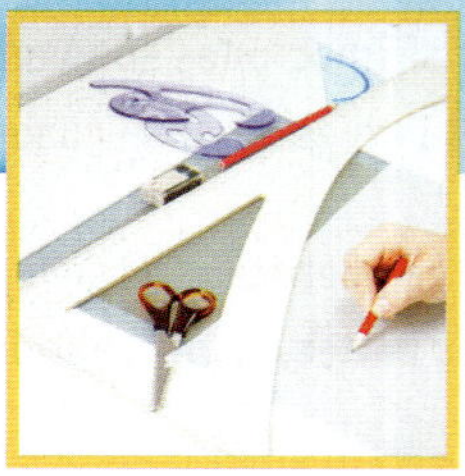

Diseño

Videojuegos

Seguridad en internet

La máquina matemática

Seguro que alguna vez has visitado un taller mecánico o una fábrica. Si no es así, seguro que habrás visto alguna en la televisión. Allí habrás visto cómo, utilizando máquinas y herramientas, es posible reparar, construir o elaborar distintos tipos de aparatos y productos. Una de las cosas más sorprendentes de las factorías modernas son esos robots que, con precisión milimétrica, ensamblan las piezas, sueldan paneles o pintan carrocerías con rapidez y precisión y sin que nadie tenga que respirar sustancias nocivas. También los puedes encontrar en laboratorios médicos y químicos, como el de la imagen de tu izquierda, donde, gracias a ellos, los investigadores están a salvo de sustancias contaminantes o corrosivas. Las máquinas no son inteligentes pero, siguiendo las instrucciones precisas de sus programadores, realizan tareas complejísimas.

¿Sabías que existen también poderosas máquinas matemáticas? Son los métodos del álgebra, que permiten resolver problemas que de otra manera serán imposibles. También son muy importantes en el estudio de la economía, las ciencias sociales y, por supuesto, para la ciencia y la ingeniería. ¿No lo crees? Fíjate...

- El álgebra nos enseña a manipular objetos matemáticos que representan cantidades indeterminadas (incógnitas) y es fundamental en el diseño y cálculo de estructuras de edificios o en el cálculo de beneficios.
- Entre estos objetos se encuentran los polinomios y las fracciones algebraicas, imprescindibles para expresar relaciones entre magnitudes, como la que hay entre los costes y los beneficios en fabricación y venta de los productos fabricados en una fábrica, la superficie y el volumen de figuras y cuerpos en función de sus dimensiones , tan usadas en la moda, o las distancia recorridas por móviles en función del tiempo.
- La creación de videojuegos o la moderna criptografía que permite codificar mensajes y claves y utilizar internet de forma segura, usa expresiones algebraicas como los polinomios.

Ahora que conoces algunas de las aplicaciones del álgebra,

- ¿Sabrías determinar el beneficio que obtiene una fábrica de ordenadores en función de las unidades producidas y vendidas?
- ¿Podrías calcular y analizar los costes y beneficios de una empresa de videojuegos?
- ¿Puedes determinar expresiones que indiquen la superficie y el volumen de cajas de diferentes dimensiones y formas?

Al terminar esta unidad, además de poder dar respuesta a problemas como estos habrás aprendido a manejar polinomios y a aplicarlos en situaciones de la vida real.

smSaviadigital.com **PONTE A PUNTO**

Averigua lo que ya sabes acerca de las expresiones algebraicas .

1 Polinomios. Suma y resta

Una **expresión algebraica** es una combinación de números y letras unidos mediante operadores aritméticos. Las letras se denominan **variables** o **indeterminadas**.

Un **monomio** es una expresión algebraica en la que las únicas operaciones que aparecen son la multiplicación y la potenciación de exponente natural.

El **grado** de un monomio respecto de una variable es el exponente al que está elevado dicha variable. Si el monomio tiene varias variables, su grado total es la suma de los grados respecto de todas sus variables.

Ejemplos ▸ $A(x)=2\sqrt{x}-3x^2$ y $B(x,y)=e^{-2x^2-3}-\sqrt{y}$ son expresiones algebraicas.

$C(x)=-2x^3$ es un monomio en una variable de grado 3.

$D(x,y)=\sqrt{3}\,x^2y^5$ es un monomio en dos variables de grado 7.

Polinomios

Un **polinomio** es una expresión algebraica formada por la suma o diferencia de varios monomios.

- Cada uno de los monomios que componen el polinomio se denomina término.
- El grado del polinomio es el del término de mayor grado. Este término de mayor grado se denomina **término principal**.
- El término de grado cero se denomina **término independiente**.

Ten en cuenta

Los polinomios formados por dos monomios se denominan binomios, y los formados por tres monomios, trinomios.

Ejemplo ▸ a) $\sqrt{2}x^2y+3x-y$ b) $x^{-2}+3$ c) $\sqrt{x^3+2x-6}$ d) 8

Las expresiones de los apartados a) y d) son polinomios. La del apartado a) es un trinomio de grado 3, y la del apartado d), un monomio de grado cero ($8=8x^0$).

Las expresiones de los apartados b) y c) no son polinomios porque aparecen exponentes no naturales.

En esta unidad se estudiarán principalmente polinomios en una variable, cuya expresión general es:

$$P(x)=a_nx^n+a_{n-1}x^{n-1}+\ldots+a_1x+a_0$$

Valor numérico de un polinomio

Dado un número real a y un polinomio $P(x)$, se llama **valor numérico de $P(x)$** para $x=a$ y se escribe $P(a)$, al número que resulta al sustituir x por a.

Ejemplo ▸ Para calcular el valor numérico del polinomio $P(x)=5x^3-x^2+3x-2$ para $x=-2$, se sustituye x por -2: $P(-2)=5(-2)^3-(-2)^2+3(-2)-2=-40-4-6-2=-52$

Raíces de un polinomio

Las **raíces de un polinomio $P(x)$** son los valores $x=a$ para los que el valor numérico del polinomio es 0.

$$x=a \text{ es una raíz de } P(x) \Leftrightarrow P(a)=0$$

Un polinomio de grado n tiene como máximo n raíces reales. Además las raíces enteras de un polinomio con coeficientes enteros son siempre divisores del término independiente.

Ejemplo ▸ El polinomio $P(x)=-2x^2-x+3$ tiene como raíces $x=1$ y $x=-\frac{3}{2}$, ya que $P(1)=0$ y $P\left(-\frac{3}{2}\right)=0$.

Suma y resta de polinomios

La **suma o diferencia de dos polinomios** es otro polinomio que se obtiene sumando o restando los términos semejantes y dejando indicada la suma o diferencia de los no semejantes.

Ejemplo ▸ Sean $P(x)=-2x^3+3x^2-x+5$ y $Q(x)=5x^4+2x^2+4x-3$.

$P(x)+Q(x)=5x^4-2x^3+(3+2)x^2+(-1+4)x+(5-3)=5x^4-2x^3+5x^2+3x+2$

$P(x)-Q(x)=-5x^4-2x^3+(3-2)x^2+(-1-4)x+(5+3)=-5x^4-2x^3+x^2-5x+8$

Producto de un número por un polinomio

El resultado de **multiplicar un número** por un polinomio es otro polinomio de igual grado que el inicial y cuyos coeficientes son los del inicial multiplicados por el número.

Ejemplo ▸ Dado el polinomio $P(x)=2x^2-3x-5$, el polinomio $-3P(x)$ es $-6x^2+9x+15$.

Ten en cuenta

Propiedades de la suma de polinomios:

1. Conmutativa
   $P(x)+Q(x)=Q(x)+P(x)$
2. Asociativa
   $P(x)+[Q(x)+R(x)]=$
   $=[P(x)+Q(x)]+R(x)$
3. Elemento neutro
   Es el polinomio nulo $O(x)=0$.
   $0+P(x)=P(x)$
4. Elemento opuesto
   El opuesto de un polinomio de coeficientes a_i es el que tiene coeficientes opuestos $-a_i$.
   $P(x)+[-P(x)]=O(x)$

EJERCICIOS RESUELTOS

1. Describe las características del polinomio $P(x, y)=7xy^2-5xy+6$ y halla su valor numérico para $x=3$ e $y=2$.

- Se trata de un trinomio con dos variables, designadas por las letras x e y.
- El grado del polinomio es el grado del término principal $7xy^2$, es decir, 3.
- El coeficiente del término principal es 7.
- El segundo término tiene grado 2 y su coeficiente es -5.
- No tiene término de primer grado, o lo que es lo mismo, el coeficiente de dicho término es 0.
- El término independiente es 6.
- El valor numérico es: $P(3, 2)=7\cdot 3\cdot 2^2-5\cdot 3\cdot 2+6=60$

2. Halla las raíces del polinomio: $P(x)=4x^2+x-39$

Al ser un polinomio de grado 2, se pueden hallar las raíces resolviendo la ecuación de segundo grado $P(x)=0$:

$$4x^2+x-39=0 \Rightarrow x=\frac{-b\pm\sqrt{b^2-4ac}}{2a}=\frac{-1\pm\sqrt{1^2-4\cdot 4\cdot(-39)}}{2\cdot 4}=\frac{-1\pm\sqrt{625}}{8}\Rightarrow x=3,\ x=-\frac{13}{4}$$

3. Dados los polinomios
$P(x)=-2x^3+3x^2-2x-1$
$Q(x)=2x^2+4x-5$
$R(x)=x^2-x-1$
Calcula y simplifica:
a) $P(x)-2Q(x)-R(x)$
b) $\frac{3}{2}Q(x)-2R(x)$

a) $P(x)-2Q(x)-R(x)=-2x^3+3x^2-2x-1-2(2x^2+4x-5)-(x^2-x-1)=$
$=-2x^3+3x^2-2x-1-4x^2-8x+10-x^2+x+1=$
$=-2x^3-2x^2-9x+10$

b) $\frac{3}{2}(2x^2+4x-5)-2(x^2-x-1)=3x^2+6x-\frac{15}{2}-2x^2+2x+2=x^2+8x-\frac{11}{2}$

EJERCICIOS PROPUESTOS

4. En los siguientes polinomios, indica el grado, los coeficientes y calcula su valor numérico para $x=3$ y $x=-5$.

a) $P(x)=-2x^4+32$
b) $Q(x)=2x^3+x+30$
c) $R(x)=\frac{1}{3}x^2-5x+\frac{1}{6}$
d) $S(x)=-2x^3-x^2+3x$

5. Dados $P(x)=-x^3+x^2-3x-1$, $Q(x)=-3x^3-6x+3$ y $R(x)=x^3+2x^2$, realiza las siguientes operaciones.

a) $P(x)-Q(x)+2R(x)$
b) $2[P(x)-3Q(x)]+\frac{1}{2}R(x)$

6. Halla las raíces del polinomio $P(x)=2x^2+5x-3$.

7. Los ingresos y costes de una determinada operación comercial vienen dados por los siguientes polinomios, en los que x es el número de unidades producidas.

$$I(x)=-\frac{1}{4}x^2+6x+50 \qquad C(x)=-\frac{1}{10}x^2+2x+20$$

a) Calcula la expresión que determina los beneficios.
b) Calcula los beneficios en el caso de que los costes se reduzcan a la mitad.

2 Producto de polinomios. Identidades notables

Ten en cuenta

Propiedades del producto de polinomios:

Las propiedades del producto de polinomios son las mismas que las del producto de números reales.

1. **Conmutativa**
$$P(x)Q(x) = Q(x)P(x)$$
2. **Asociativa**
$$P(x)[Q(x)R(x)] = [P(x)Q(x)]R(x)$$
3. **Elemento neutro:**
$$1(x) = 1 \Rightarrow P(x)1(x) = P(x)$$
4. **Distributiva del producto respecto de la suma:**
$$P(x)[Q(x) + R(x)] = P(x)Q(x) + P(x)R(x)$$

Producto de monomios

El **producto de dos monomios** es otro monomio que tiene por coeficiente el producto de los coeficientes, y por parte literal, el producto de las partes literales de los factores, de tal manera que el grado de cada una de las variables es la suma de los grados de dichas variables en los monomios iniciales.

Ejemplos $-2x^2 \cdot 3x^3 = -6x^{2+3} = -6x^5$ $\qquad 2a^2b(-5a^2b^3) = -10a^{2+2}b^{1+3} = -10a^4b^4$

Producto de polinomios

El **producto de dos polinomios** es otro polinomio que se obtiene aplicando la propiedad distributiva, multiplicando los términos del primer factor por cada uno de los términos del segundo factor y simplificando después los términos semejantes.

Ejemplos

$$(2x^3 - 3x + 5)(4x^2 - 2) = 2x^3 \cdot 4x^2 + 2x^3 \cdot (-2) - 3x \cdot 4x^2 - 3x \cdot (-2) + 5 \cdot 4x^2 + 5 \cdot (-2) =$$
$$= 8x^5 - 4x^3 - 12x^3 + 6x + 20x^2 - 10 = 8x^5 - 16x^3 + 20x^2 + 6x - 10$$

$$(2xy^2 - 3x^2)(2y^3 - xy) = 2xy^2 \cdot 2y^3 + 2xy^2 \cdot (-xy) - 3x^2 \cdot 2y^3 - 3x^2 \cdot (-xy) =$$
$$= 4xy^5 - 2x^2y^3 - 6x^2y^3 + 3x^3y = 4xy^5 - 8x^2y^3 + 3x^3y$$

MAT-TIC GeoGebra

Entra en **smSavia**digital.com para practicar las operaciones de polinomios y visualizar las demostraciones de las identidades notables.

Identidades notables

Si a y b son dos expresiones algebraicas, se cumplen las siguientes identidades notables.

$$(\mathbf{a} + \mathbf{b})^2 = (a + b)(a + b) = a^2 + ab + ba + b^2 = \mathbf{a^2 + 2ab + b^2}$$

$$(\mathbf{a} - \mathbf{b})^2 = (a - b)(a - b) = a^2 - ab - ba + b^2 = \mathbf{a^2 - 2ab + b^2}$$

$$(\mathbf{a} + \mathbf{b})(\mathbf{a} - \mathbf{b}) = a^2 - ab + ba - b^2 = \mathbf{a^2 - b^2}$$

EJERCICIOS RESUELTOS

8. Realiza las operaciones:

a) $(3x^2 + 2x - 5)(2x^2 + x - 3)$

b) $(2x - 3)(-2x^2 + 2) + x(-2x^2 + x + 1)$

a) $(3x^2 + 2x - 5)(2x^2 + x - 3) = 6x^4 + 3x^3 - 9x^2 + 4x^3 + 2x^2 - 6x - 10x^2 - 5x + 15 = 6x^4 + 7x^3 - 17x^2 - 11x + 15$

b) $(2x - 3)(-2x^2 + 2) + x(-2x^2 + x + 1) = -4x^3 + 4x + 6x^2 - 6 - 2x^3 + x^2 + x = -6x^3 + 7x^2 + 5x - 6$

9. Extrae factor común dos veces en la expresión:
$$2xa + ya - 2xb - yb$$

Extrayendo dos veces factor común:
$$2xa + ya - 2xb - yb = (2x + y)a - (2x + y)b = (2x + y)(a - b)$$

10. Obtén la identidad notable referida al cubo de una suma.

$(a + b)^3 = (a + b)^2(a + b) = (a^2 + 2ab + b^2)(a + b) = a^3 + a^2b + 2a^2b + 2ab^2 + b^2a + b^3 = a^3 + 3a^2b + 3ab^2 + b^3$

11. Simplifica la siguiente expresión.
$$-4(2x - 3)(2x + 3) + 3(2x - 3)^2$$

$$-4(2x - 3)(2x + 3) + 3(2x - 3)^2 = -4(4x^2 - 9) + 3(4x^2 - 12x + 9) =$$
$$= -16x^2 + 36 + 12x^2 - 36x + 27 = -4x^2 - 36x + 63$$

EJERCICIOS PROPUESTOS

12. Realiza los siguientes productos de polinomios.

a) $(2x^2 - 3x + 5)(-3x + 2)$

b) $(-x^3 + x^2 - 2)(-3x^2 - 4)$

c) $(6x^3 - x^2 - 3x)(2x^2 + 3x - 7)$

13. Escribe el desarrollo del cubo de una resta: $(a - b)^3$

14. Simplifica las siguientes expresiones.

a) $2x - 3x(x^2 - 5) + (2 - x)(-3x^2 + 6)$

b) $2(3x - 1)^2 + 5(3x - 1)(3x + 1) - 4x(3x + 2)^2$

c) $3(2x^2 - 3)^2 - 2x(x^2 + 3x) - (1 - 2x)(-x^2 + 2)$

15. Simplifica la expresión $2xa - 4xb - 3ya + 6yb$.

3 División de polinomios

División de monomios

Al **dividir dos monomios**, se obtiene otro monomio cuyo coeficiente es el cociente de los coeficientes de los monomios iniciales y cuya parte literal es el cociente de las partes literales.

Un monomio es **divisible** por otro cuando al dividirlos se obtiene otro monomio.

Ejemplos ▸ $4x^5$ es divisible por $2x^2$ ya que su cociente $\dfrac{4x^5}{2x^2}=2x^3$ es un monomio.

$16a^2b^3$ no es divisible por $8ab^4$ porque $\dfrac{16a^2b^3}{8ab^4}=\dfrac{16}{8}\cdot\dfrac{a^2}{a}\cdot\dfrac{b^3}{b^4}=\dfrac{2a}{b}$ no es un monomio.

División de polinomios

Para dividir dos polinomios se sigue un proceso análogo al que se utiliza con los números enteros.

Si $D(x)$ es el dividendo y $d(x)$ el divisor, mediante el algoritmo de la división entera se obtienen dos polinomios, el cociente $C(x)$ y el resto $R(x)$, con grado de $[R(x)]$ < grado de $[d(x)]$, tales que:

$$\boldsymbol{D(x)=C(x)d(x)+R(x)\Rightarrow\frac{D(x)}{d(x)}=C(x)+\frac{R(x)}{d(x)}}$$

Ejemplo ▸ Realiza la división $(-7x^3+7+3x^4+12\,x^2):(3x^2-x+1)$.

1.º Se ordena y completa el polinomio dividendo.

2.º Se divide el primer monomio del dividendo entre el primero del divisor.

3.º Se multiplica el monomio obtenido por el divisor, y se resta al dividendo. Para ello se le cambia el signo y se suma.

$$\begin{array}{rrrrr|l}
3x^4 & -7x^3 & +12x^2 & +0x & +7 & 3x^2-x+1 \\ \cline{6-6}
-3x^4 & +x^3 & -x^2 & & & x^2-2x+3 \\ \cline{1-3}
 & -6x^3 & +11x^2 & +0x & & \\
 & 6x^3 & -2x^2 & +2x & & \\ \cline{2-4}
 & & 9x^2 & +2x & +7 & \\
 & & -9x^2 & +3x & -3 & \\ \cline{3-5}
 & & & 5x & +4 &
\end{array}$$

4.º Se repite el proceso hasta obtener un resto de grado menor que el divisor.

Luego: $\dfrac{3x^4-7x^3+12x^2+7}{3x^2-x+1}=x^2-2x+3+\dfrac{5x+4}{3x^2-x+1}$

EJERCICIO RESUELTO

16. Realiza la siguiente división de $(30x^4+3x^3-21x^2+3)$ entre $(6x^2-3x)$.

$$\begin{array}{rrrrr|l}
30x^4 & +3x^3 & -21x^2 & +0x & +3 & 6x^2-3x \\ \cline{6-6}
-30x^4 & +15x^3 & & & & 5x^2+3x-2 \\ \cline{1-3}
 & +18x^3 & -21x^2 & & & \\
 & -18x^3 & +9x^2 & & & \\ \cline{2-4}
 & & -12x^2 & +0x & & \\
 & & 12x^2 & -6x & & \\ \cline{3-5}
 & & & -6x & +3 &
\end{array}$$

EJERCICIOS PROPUESTOS

17. Realiza las siguientes divisiones de monomios e indica si el resultado es un monomio.

a) $\dfrac{12x^4}{-3x^2}$ b) $\dfrac{18x^5y^2z^4}{6x^2y^2z^3}$ c) $\dfrac{-54x^2y^4z^3}{18x^2y^2z^3}$ d) $\dfrac{8a^3d^2}{2b^3c^2d^3}$

18. Realiza las siguientes divisiones de polinomios.

a) $(3x^4-2x^2-x+4):(x+2)$

b) $\left(x^6+\dfrac{1}{2}x^4+x^2+4\right):(2x^3+x-4)$

4 Regla de Ruffini

Paolo Ruffini (1765-1822) matemático y médico italiano, hizo importantes aportaciones al álgebra.

MAT-TIC GeoGebra

Entra en smSaviadigital.com y practica la regla de Ruffini.

En las divisiones de polinomios en las que el divisor es un binomio de la forma $(x-a)$ se puede aplica la **regla de Ruffini** para obtener el cociente y el resto.

Ejemplo › Realiza la división $(3x^3+4x-6):(x+2)$.

1.º Se escriben los coeficientes del dividendo ordenado y completo. A la izquierda se escribe el valor a, en este caso -2 (término independiente del divisor cambiado de signo).

	3	0	4	−6
−2				

2.º Se baja el primer coeficiente del dividendo. Se multiplica por -2, se escribe el resultado debajo del segundo coeficiente del dividendo y se suma a este.

	3	0	4	−6
−2		−6		
	3	−6		

3.º Se multiplica el último número por -2, se escribe el resultado debajo del tercer coeficiente del dividendo y se suma a este.

	3	0	4	−6
−2		−6	12	
	3	−6	16	

4.º Se repite el proceso hasta llegar al último coeficiente del dividendo.

	3	0	4	−6
−2		−6	12	−32
	3	−6	16	−38

5.º El último número obtenido es el resto, y los anteriores son los coeficientes ordenados del polinomio cociente, cuyo grado es inferior en una unidad al del dividendo

Cociente: $3x^2-6x+16$

Resto: -38

Aplicando $\frac{D(x)}{d(x)}=C(x)+\frac{R(x)}{d(x)}$, se puede escribir:

$$\frac{3x^3+4x-6}{x+2}=3x^2-6x+16-\frac{38}{x+2}$$

EJERCICIOS RESUELTOS

19. Calcula, mediante la regla de Ruffini, el cociente y el resto de la siguiente división.

$$(3x^4+2x^2-x+3):\left(x-\frac{1}{2}\right)$$

	3	0	2	−1	3
$\frac{1}{2}$		$\frac{3}{2}$	$\frac{3}{4}$	$\frac{11}{8}$	$\frac{3}{16}$
	3	$\frac{3}{2}$	$\frac{11}{4}$	$\frac{3}{8}$	$\frac{51}{16}$

Cociente: $3x^3+\frac{3}{2}x^2+\frac{11}{4}x+\frac{3}{8}$ Resto: $\frac{51}{16}$

20. Realiza la siguiente división por Ruffini.

$$(x^3-a^3):(x-a)$$

	1	0	0	$-a^3$
a		a	a^2	a^3
	1	a	a^2	0

Cociente: x^2+ax+a^2 Resto: 0 (división exacta)

EJERCICIOS PROPUESTOS

21. Aplica la regla de Ruffini para calcular el cociente y el resto de las siguientes divisiones.

a) $(2x^4-3x^3+2x^2-5x+3):(x+1)$

b) $(2x^5-x^3+2x-1):(x-3)$

c) $(2x^4-3x^2+8x+12):(x+2)$

d) $(5x^5-5x^3+5x-5):(x+3)$

e) $(a^2+ab+b^2):(a-b)$

22. Divide los polinomios:

a) $(x^5-x+2):\left(x+\frac{1}{4}\right)$

b) $\left(4x^3-\frac{2}{3}x^2+\frac{1}{4}\right):\left(x-\frac{3}{2}\right)$

23. smSaviadigital.com PRACTICA Continua realizando operaciones con polinomios.

5 Teoremas del resto y del factor

Teorema del resto

Al dividir un polinomio $P(x)$ por un binomio de la forma $(x-a)$, se obtiene un cociente $C(x)$ de grado una unidad inferior al grado de $P(x)$, y un resto R de grado 0. Así:

$$P(x)=(x-a)\ C(x)+R$$

Al sustituir x por a en la expresión anterior se obtiene:

$$P(a)=(a-a)\ C(a)+R \Rightarrow P(a)=R$$

Este resultado se conoce como **teorema del resto**:

> Al dividir un polinomio $P(x)$ entre un binomio $(x-a)$, el resto que se obtiene es igual al valor numérico del polinomio en $x=a$, es decir, $\boldsymbol{R=P(a)}$.

Gracias a este teorema se puede saber si la división de un polinomio $P(x)$ entre un binomio $(x-a)$ es exacta sin necesidad de realizarla. Basta con calcular el valor numérico del polinomio para $x=a$.

Ejemplo **Aplicando el teorema del resto, averigua si la división $(7x^{101}+4x^{52}+4):(x+1)$ es exacta.**

Para ver si la división es exacta, se calcula el resto teniendo en cuenta que $R=P(-1)$.

$R=P(-1)=7(-1)^{101}+4(-1)^{52}+4=-7+4+4=1 \Rightarrow R\neq 0$ y la división no es exacta.

Teorema del factor

Si $x=a$ es una raíz del polinomio $P(x)$, entonces $P(a)=0$. Como según el teorema del resto, $P(a)=R$, se deduce que $R=0$, es decir, la división de $P(x)$ entre $(x-a)$ es exacta.

Recíprocamente, si la división de $P(x)$ entre $(x-a)$ es exacta, $R=0$, por lo que $P(a)=R=0$, es decir, $x=a$ es una raíz. Este resultado se conoce como **teorema del factor**:

> Si $x=a$ es una raíz del polinomio $P(x)$, entonces este es divisible por $(x-a)$, es decir, $(x-a)$ es un factor de $P(x)$.
>
> Recíprocamente, si $P(x)$, es divisible por $(x-a)$, entonces $x=a$ es una raíz de $P(x)$.
>
> $$\boldsymbol{P(a)=0 \Leftrightarrow P(x)=(x-a)Q(x)}$$

EJERCICIOS RESUELTOS

24. Demuestra de dos formas que el polinomio $P(x)=x^3+2x^2-5x-6$ es divisible por $(x+3)$.

Aplicando Ruffini:

	1	2	−5	−6
−3		−3	3	6
	1	−1	−2	0

Como el resto es 0, $P(x)$ es divisible por $x+3$

Por el teorema del resto: $R=P(-3)=(-3)^3+2(-3)^2-5(-3)-6=0 \Rightarrow P(x)$ es divisible por $x+3$

25. Calcula el valor de k para que el polinomio $P(x)=x^3-2x^2+kx+4$ sea divisible por $(x+2)$.

Para que $P(x)$ sea divisible por $x+2$, el resto debe ser 0. Aplicando el teorema del resto:

$$P(-2)=(-2)^3-2(-2)^2-2k+4=-8-8-2k+4=0 \Rightarrow -2k-12=0 \Rightarrow k=-6$$

EJERCICIOS PROPUESTOS

26. Con ayuda de la regla de Ruffini, calcula el valor numérico del polinomio $P(x)=1{,}25x^3-0{,}75x^2+0{,}5x-1$, para $x=2{,}05$.

27. Halla el valor de m para que sea exacta la siguiente división.

$$(2x^4+8x^3-20x^2-24x+16m):(x-2)$$

28. Calcula el valor de k para que al dividir x^5+kx-2 entre $(x+3)$ se obtenga de resto -272.

29. Calcula el valor que debe tomar k para que el polinomio $c(x)=0{,}5x^3+0{,}125x^2+kx-1$ sea divisible por $(x+0{,}25)$.

6 Factorización de polinomios

En muchas ocasiones resulta útil expresar un polinomio como producto de factores del menor grado posible. Los polinomios que no pueden descomponerse en factores de menor grado se llaman **polinomios irreducibles** o **primos**.

Factorizar un polinomio es escribirlo como producto de polinomios del grado más pequeño posible.

Cualquier polinomio puede escribirse como producto de factores de la forma $(x-a)$, uno por cada raíz real a, polinomios irreducibles de segundo grado (sin raíces reales) y el coeficiente del término principal del polinomio.

Para **factorizar un polinomio** conviene aplicar uno de los siguientes **procedimientos**:

1.º Extracción de factor común.

Ejemplo ▸ $P(x)=3x^4+6x^2=3x^2(x^2+2)$

2.º Utilización de identidades notables.

Ejemplos ▸ $P(x)=9x^4-12x^2+4=(3x^2-2)^2$ $\qquad Q(x)=25x^2-9=(5x+3)(5x-3)$

3.º Resolución de la ecuación de segundo grado para polinomios de segundo grado.

Si la ecuación $ax^2+bx+c=0$ tiene soluciones a_1 y a_2 el polinomio $P(x)=ax^2+bx+c$ se descompone de la forma $P(x)=a(x-a_1)(x-a_2)$.

Ejemplo ▸ **Factoriza los polinomios $P(x)=2x^2-7x+3$ y $Q(x)=x^2+2$**

Se hallan las raíces de $P(x)$:

$$2x^2+5x-3=0 \Rightarrow x=\frac{-5\pm\sqrt{25+24}}{4} \Rightarrow x=\frac{1}{2},\ x=-3$$

$$P(x)=2\left(x-\frac{1}{2}\right)(x+3)=(2x-1)(x+3)$$

El polinomio $Q(x)$ no puede factorizarse porque la ecuación $x^2+2=0$ no tiene solución real. Así, $Q(x)$ es un polinomio irreducible.

MAT-TIC GeoGebra

Entra en **smSavia**digital.com y relaciona la factorización de un polinomio con sus raíces.

4.º Utilización de la regla de Ruffini y el teorema del resto para la obtención de las raíces del polinomio.

Ejemplo ▸ **Factoriza el polinomio $P(x)=x^3-x^2-4x+4$**

Para factorizar el polinomio $P(x)=x^3-x^2-4x+4$, se buscan las raíces enteras entre los divisores del término independiente, en este caso ±1, ±2 y ±4.

	1	−1	−4	4
1		1	0	−4
	1	0	−4	0
2		2	4	
	1	2	0	

$P(1)=0 \Rightarrow x=1$ es raíz $\Rightarrow (x-1)$ es un factor.

El cociente es x^2-4 y $P(x)=(x-1)(x^2-4)$

Para factorizar x^2-4 se aplica de nuevo la regla de Ruffini.

$P(2)=0 \Rightarrow x=2$ es raíz $\Rightarrow (x-2)$ es un factor.

El cociente es $x+2$ y $(x^2-4)=(x-2)(x+2)$

$P(x)=(x-1)(x^2-4)=(x-1)\,(x-2)(x+2)$

Para factorizar x^2-4, podría haberse expresado como una identidad notable.

Ten en cuenta

Cuando se factoriza un polinomio hay que probar si los divisores del término independiente son raíces en los sucesivos pasos, ya que el polinomio puede tener raíces múltiples.

Si al factorizar un polinomio, un mismo factor se repite m veces, esto es, $P(x)=(x-a)^m\,Q(x)$, se dice que a es una **raíz de multiplicidad *m*** de $P(x)$.

Así se habla de raíces simples, dobles, triples... según la multiplicidad sea 1, 2, 3..., respectivamente.

Ejemplo ▸ En el polinomio $P(x)=x(x-1)^2(x+2)^3$, 0 es de multiplicidad 1 (raíz simple), 1 es de multiplicidad 2 (raíz doble), −2 es de multiplicidad 3 (raíz triple).

Máximo común divisor y mínimo común múltiplo de polinomios

El máximo común divisor (m.c.d.) de dos o más polinomios es el polinomio de mayor grado que divide a la vez a todos los polinomios dados.

El mínimo común múltiplo (m.c.m.) de dos o más polinomios es el polinomio de grado mínimo y que es múltiplo a la vez de todos los polinomios dados.

Para calcular el máximo común divisor y el mínimo común múltiplo de dos o más polinomios se factorizan estos.

- Para el **máximo común divisor** se toman los factores comunes a todos los polinomios elevados al menor exponente con el que aparecen en las factorizaciones.
- Para el **mínimo común múltiplo** se toman todos los factores, comunes y no comunes, elevados al mayor exponente con el que aparecen en las factorizaciones.

Ten en cuenta

Los conceptos de m.c.d. y m.c.m. de dos o más polinomios son análogos a los de m.c.d. y m.c.m. de dos o más números enteros.

Para calcular el m.c.d. y el m.c.m., usualmente se utilizan polinomios de coeficientes enteros y cuyo coeficiente principal sea lo más sencillo posible

Ejemplo Halla el m.c.m. y el m.c.d. de $P(x)=(x-1)(x+2)^3$ y $Q(x)=(x-1)^2(x+2)^2(x-3)$.

En este caso los polinomios ya están factorizados.

m.c.d. $[P(x), Q(x)]=(x-1)(x+2)^2=x^3+3x^2-4$

m.c.m. $[P(x), Q(x)]=(x-1)^2(x+2)^3(x-3)=x^6+x^5-11x^4-13x^3+26x^2+20x-24$

EJERCICIOS RESUELTOS

30. Factoriza los siguientes polinomios

a) $P(x)=6x^5-24x$

b) $Q(x)=6x^5-5x^4-11x^3+13x^2-3x$

a) Si se extrae factor común, se obtiene una diferencia de cuadrados.

$$P(x)=6x^5-24x=6x(x^4-4)=6x(x^2+2)(x^2-2)=6x(x^2+2)\left(x-\sqrt{2}\right)\left(x+\sqrt{2}\right)$$

b) Se extrae factor común: $Q(x)=x(6x^4-5x^3-11x^2+13x-3)$

Se aplica la regla de Ruffini para hallar las raíces enteras, buscándolas entre los divisores del término independiente. Si uno de los divisores del término independiente es raíz, se debe volver a comprobar dicho divisor, ya que la raíz puede ser múltiple.

	6	−5	−11	13	−3
1		6	1	−10	3
	6	1	−10	3	0
1		6	7	−3	
	6	7	−3	0	

Se prueban los valores ±1, ±3. El único que es raíz doble es $x=1$.

El polinomio $6x^2+7x-3$ se descompone resolviendo la ecuación de segundo grado:

$$6x^2+7x-3=0 \Rightarrow x=\frac{1}{3}, x=-\frac{3}{2} \Rightarrow 6x^2+7x-3=6\left(x-\frac{1}{3}\right)\left(x+\frac{3}{2}\right)=3\left(x-\frac{1}{3}\right)2\left(x+\frac{3}{2}\right)=$$
$$=(3x-1)(2x+3)$$

Por tanto: $Q(x)=x(x-1)^2(3x-1)(2x+3)$

31. Calcula el m.c.d. y el m.c.m. de los polinomios:

$P(x)=x^2y^3-4y^3$

$Q(x)=xy-2y$

$R(x)=xy^2+2y^2$

$P(x)=x^2y^3-4y^3=y^3(x^2-4)=y^3(x-2)(x+2)$

$Q(x)=xy-2y=y(x-2)$

$R(x)=xy^2+2y^2=y^2(x+2)$

Con lo que resulta:

m.c.d. $[P(x), Q(x), R(x)]=y$ m.c.m. $[P(x), Q(x), R(x)]=y^3(x-2)(x+2)$

EJERCICIOS PROPUESTOS

32. Factoriza los siguientes polinomios e indica cuáles son sus raíces.

a) $x^4-4x^3+2x^2+4x-3$

b) $9x^3+12x^2+4x$

c) x^6-16x^2

d) x^3-4x^2+x+6

e) $6x^3+11x^2+6x+1$

f) $2x^3+5x^2-x-6$

g) $x^4-3x^3+3x^2-3x+2$

h) x^6-9x^4

33. Calcula el máximo común divisor y el mínimo común múltiplo de los siguientes polinomios.

a) $P(x)=x^5+3x^4-2x^3-6x^2+x+3$ $Q(x)=x^3+3x^2-x-3$

b) $P(x)=x$ $Q(x)=x^2-x$ $R(x)=x^3-2x^2+x$

34. smSaviadigital.com PRACTICA Sigue factorizando polinomios y aplicando los teoremas.

7 Fracciones algebraicas. Operaciones

Ten en cuenta

Como sucedía con los polinomios y, en general, con cualquier expresión algebraica, el valor numérico de una fracción algebraica para $x=a$ es el número real que resulta al sustituir x por el número real a en ella y realizar las operaciones indicadas.

Una **fracción algebraica** es una expresión algebraica determinada por el cociente indicado de dos polinomios, siendo el divisor un polinomio no nulo.

$$\frac{P(x)}{Q(x)}, \text{ con } Q(x) \neq 0$$

Ejemplo ▸ Son fracciones algebraicas $\frac{2x^4+3x}{x-1}$, $\frac{1}{x^2-\sqrt{2}}$, $\sqrt{3}x^4+1$ y $\frac{2x^2+1}{2}$.

No son fracciones algebraicas $\frac{2x^2+3x}{\sqrt{x}}$ y $\frac{2^x}{x^2-3x+5}$.

Fracciones algebraicas equivalentes

Dos **fracciones algebraicas** $\frac{A(x)}{B(x)}$ y $\frac{C(x)}{D(x)}$ son **equivalentes** si se verifica:

$$A(x)D(x)=C(x)B(x)$$

Ten en cuenta

Si dos fracciones algebraicas son equivalentes, toman el mismo valor numérico para todos los valores de x para los que se pueden calcular ambas.

Ejemplo ▸ Las fracciones algebraicas $\frac{2x^2-2x}{x^2-1}$ y $\frac{2x}{x+1}$ son equivalentes porque:

$$\left.\begin{array}{l}(2x^2-2x)(x+1)=2x^3+2x^2-2x^2-2x=2x^3-2x\\ 2x(x^2-1)=2x^3-2x\end{array}\right\} \Rightarrow (2x^2-2x)(x+1)=2x(x^2-1)$$

Aunque sean fracciones equivalentes no quiere decir que sean exactamente iguales. Toman los mismos valores numéricos para todos los valores de x diferentes de 1 y -1, pero para $x=-1$ no se puede calcular el valor numérico de ninguna de ellas, y para $x=1$ solo se puede calcular el de la segunda.

Simplificación de fracciones algebraicas

Simplificar una fracción algebraica es obtener otra equivalente más sencilla. Para ello se factorizan el numerador y el denominador y se eliminan los factores comunes.

Ejemplo ▸
$$\frac{2x^4-5x^3+x^2+5x-3}{2x^3-x^2-7x+6}=\frac{(x-1)^2(x+1)(2x-3)}{(x-1)(x+2)(2x-3)}=\frac{(x-1)(x+1)}{x+2}=\frac{x^2-1}{x+2}$$

Operaciones con fracciones algebraicas

En las operaciones con fracciones algebraicas se emplean los mismos procedimientos que en las operaciones con fracciones numéricas.

1. Suma y resta de fracciones algebraicas

Para **sumar** o **restar fracciones algebraicas** se calcula el mínimo común múltiplo de todos los denominadores y se reducen las fracciones a común denominador. A continuación, se suman o restan los numeradores.

$$\frac{A(x)}{B(x)} \pm \frac{C(x)}{D(x)} = \frac{A'(x)}{\text{m.c.m.}[B(x),D(x)]} \pm \frac{C'(x)}{\text{m.c.m.}[B(x),D(x)]} = \frac{A'(x) \pm C'(x)}{\text{m.c.m.}[B(x),D(x)]}$$

Ejemplo ▸
$$\frac{1}{x-1}-\frac{2x}{x+1}-\frac{3-x}{1-x^2}=\frac{1}{x-1}-\frac{2x}{x+1}-\frac{3-x}{(1-x)(1+x)}=\frac{(x+1)-2x(x-1)-[-(3-x)]}{(x-1)(x+1)}=$$
$$=\frac{-2x^2+2x+4}{(x-1)(x+1)}=\frac{-2(x^2-x-2)}{(x-1)(x+1)}=\frac{-2(x-2)(x+1)}{(x-1)(x+1)}=\frac{-2(x-2)}{x-1}$$

2. Producto y cociente de fracciones algebraicas

Para **multiplicar** o **dividir fracciones algebraicas** conviene factorizar tanto los numeradores como los denominadores para, en su caso, simplificar factores. Después se multiplican o se dividen las fracciones siguiendo las reglas del producto y la división de fracciones numéricas.

$$\frac{A(x)}{B(x)}\cdot\frac{C(x)}{D(x)}=\frac{A(x)C(x)}{B(x)D(x)} \qquad \frac{A(x)}{B(x)}:\frac{C(x)}{D(x)}=\frac{A(x)D(x)}{B(x)C(x)}$$

Ejemplo ▸ $\frac{x-3}{x^2+2x+1}\cdot\frac{x^2-1}{x^2-4x+3}=\frac{x-3}{(x+1)^2}\cdot\frac{(x-1)(x+1)}{(x-1)(x-3)}=\frac{(x-3)(x-1)(x+1)}{(x+1)^2(x-1)(x-3)}=\frac{1}{(x+1)}$

EJERCICIOS RESUELTOS

35. Simplifica las siguientes fracciones algebraicas.

a) $\frac{x^2-4}{x^2-4x+4}$

b) $\frac{4x^3-4x}{x+1}$

c) $\frac{x^3-a^3}{x^3+ax^2+a^2x}$

En todos los casos se factorizan los polinomios numerador y denominador.

a) $\frac{x^2-4}{x^2-4x+4}=\frac{(x+2)(x-2)}{(x-2)^2}=\frac{x+2}{x-2}$

b) $\frac{4x^3-4x}{x+1}=\frac{4x(x^2-1)}{x+1}=\frac{4x(x+1)(x-1)}{x+1}=4x(x-1)=4x^2-4x$

c) $\frac{x^3-a^3}{x^3+ax^2+a^2x}=\frac{(x-a)(x^2+ax+a^2)}{x(x^2+ax+a^2)}=\frac{x-a}{x}$

36. Calcula y simplifica.

a) $\frac{x+2}{x-2}-\frac{2x-5}{3x}+2x$

b) $\frac{2x^3-4x^2+2x}{x^2+10x+25}\cdot\frac{x+5}{4x^3-4x}$

c) $\frac{1+\frac{2x+1}{x-1}}{\frac{1}{x-1}+\frac{x}{x+1}}$

a) $\frac{x+2}{x-2}-\frac{2x-5}{3x}+2x=\frac{(x+2)3x}{(x-2)3x}-\frac{(2x-5)(x-2)}{(x-2)3x}+\frac{2x(x-2)3x}{(x-2)3x}=$

$=\frac{(x+2)3x-(2x-5)(x-2)+2x(x-2)3x}{(x-2)3x}=\frac{6x^3-11x^2+15x-10}{3x^2-6x}$

b) $\frac{2x^3-4x^2+2x}{x^2+10x+25}\cdot\frac{x+5}{4x^3-4x}=\frac{2x(x-1)^2(x+5)}{(x+5)^2 4x(x^2-1)}=\frac{2x(x-1)^2(x+5)}{(x+5)^2 4x(x-1)(x+1)}=\frac{x-1}{2(x+5)(x+1)}$

c) $\frac{1+\frac{2x+1}{x-1}}{\frac{1}{x-1}+\frac{x}{x+1}}=\frac{\frac{x-1+2x+1}{x-1}}{\frac{x+1+x^2-x}{(x-1)(x+1)}}=\frac{\frac{3x}{x-1}}{\frac{x^2+1}{(x-1)(x+1)}}=\frac{3x(x+1)(x-1)}{(x-1)(x^2+1)}=\frac{3x(x+1)}{x^2+1}$

EJERCICIOS PROPUESTOS

37. Comprueba si las siguientes fracciones algebraicas son equivalentes.

$A(x)=\frac{x^3+2}{x^2+5x-3} \qquad B(x)=\frac{x^4+x^3+2x+2}{x^3+x^2+5x^2+5x-3x-3}$

38. Simplifica las siguientes fracciones algebraicas y halla su valor numérico para $x=2$.

a) $\frac{2x^4+x^3-11x^2+11x-3}{2x^3+3x^2-8x+3}$ b) $\frac{x^3-2x^2-9x+18}{x^3-7x^2+16x-12}$

39. Calcula y simplifica el resultado.

a) $\frac{a^2}{ab}+\frac{ab^2}{b^4}-a$

b) $\frac{6}{2+x}-\frac{4}{2-x}+\frac{16}{x^2-4}$

c) $(x^2-y^2):\left(\frac{1}{x}+\frac{1}{y}\right)$

d) $\frac{a+x}{x^2-a^2}\cdot\frac{x-a}{x+a}$

40. Simplifica las siguientes fracciones algebraicas.

a) $A(x)=1+\frac{1}{1+\frac{1}{1+\frac{1}{x}}}$ b) $B(x)=1+\frac{x}{1+\frac{x}{1+\frac{1}{x}}}$

41. Si las expresiones $C_1(x)$ y $C_2(x)$ expresan el coste, en euros, de fabricar, para un modelo de bicicleta, x cámaras y x válvulas, respectivamente, calcula la suma de los costes.

$C_1(x)=500-\frac{x}{\frac{x^2}{10000}-1} \qquad C_2(x)=1000-\frac{x}{\frac{x}{100}-1}$

42. smSaviadigital.com PRACTICA Practica operando y simplificando fracciones algebraicas.

8 Aplicaciones de las expresiones algebraicas

A continuación se exponen algunos ejemplos de aplicaciones de expresiones algebraicas en diferentes situaciones de tipo matemático, social o económico.

Cálculo de áreas y volúmenes

La geometría es una de las ramas de las matemáticas en las que destaca la utilización de fórmulas como las que permiten calcular áreas y volúmenes. Estas fórmulas son expresiones algebraicas con una o más variables correspondientes a las dimensiones de la figura o cuerpo de que se trate.

Ejemplo ▸ **Se quieren construir cajas de zapatos con la forma y las dimensiones indicadas en la figura. Obtén las expresiones algebraicas que determinan el volumen de la caja y la superficie de cartón necesaria para su construcción.**

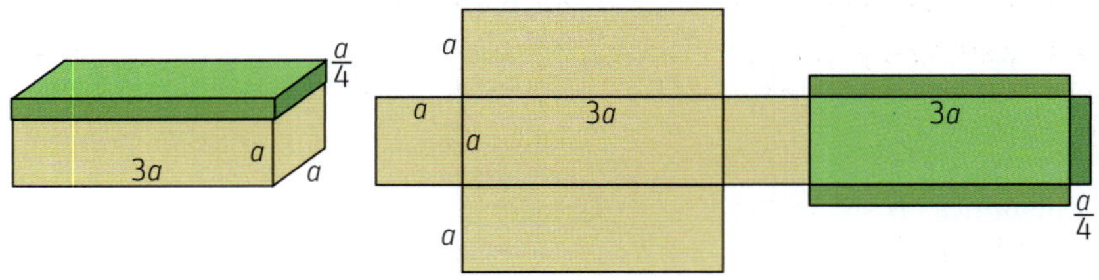

- El volumen de la caja será:

$$V = 3a \cdot a \cdot a = 3a^3$$

- La superficie de cartón necesaria para la construcción de la caja será:

$$S = 2a^2 + 4 \cdot 3a \cdot a + 2 \cdot 3a \cdot \frac{a}{4} + \frac{a}{4} \cdot a = 14a^2 + \frac{7}{4}a^2 = \frac{63}{4}a^2$$

Así, a partir de estas fórmulas, es inmediato saber el volumen y la superficie de una caja de, por ejemplo, 12 cm de alto:

$$V = 3 \cdot 12^3 = 5184 \text{ cm}^3 \qquad S = \frac{63}{4} \cdot 12^2 = 2268 \text{ cm}^2$$

Construcción de indicadores

En las ciencias sociales se emplean indicadores que tratan de medir algún aspecto de la sociedad, la economía... Estos indicadores pueden ser simples o complejos. Los indicadores simples se determinan directamente a través de estudios estadísticos, mientras que los complejos se obtienen a partir de los simples mediante fórmulas construidas de acuerdo con un modelo teórico.

Por ejemplo, el índice de desarrollo humano estudiado en la unidad anterior, $IDH = \sqrt[3]{IEV \cdot IE \cdot II}$, es un indicador complejo construido como una media geométrica de tres indicadores simples: la esperanza de vida al nacer, el nivel de estudios académicos y la renta per cápita.

Ejemplo ▸ **El indicador propuesto para medir el nivel de participación cívica de una población es:**

$$P = \frac{3G + 2A + 2L + E}{8}$$

donde G representa el porcentaje de participación en elecciones generales; A, en autonómicas; L, en locales, y E en las elecciones al Parlamento Europeo. Descríbelo.

Se trata de un indicador compuesto construido como una media ponderada de los cuatro indicadores simples G, A, L y E. Los pesos asignados a cada uno de estos indicadores son:

$$G: \frac{3}{8} = 37{,}5\ \% \qquad L: \frac{2}{8} = 25\ \%$$

$$A: \frac{2}{8} = 25\ \% \qquad E: \frac{1}{8} = 12{,}5\ \%$$

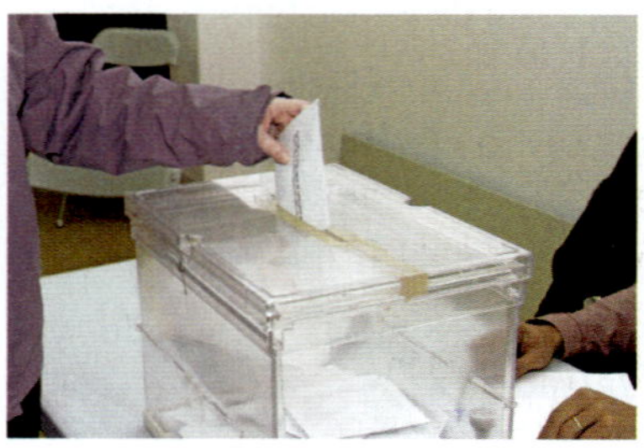

Cálculo de beneficios

Como ejemplo de aplicación a la economía se puede estudiar la expresión de los beneficios obtenidos en el proceso de fabricación y venta de un producto, en función del número de unidades vendidas. Los beneficios serán la diferencia entre ingresos y costes:

- Los ingresos totales, $I(x)$, se calculan multiplicando el precio de venta por unidad, p, por el número de unidades vendidas, x: $I(x)=px$.
- Los costes, $C(x)$, se dividen en fijos y variables: $C(x)=C_f+C_v(x)$.

  Los costes fijos, C_f, son gastos independientes de la cantidad producida, como el alquiler del edificio. Los costes variables, $C_v(x)$, son aquellos imputables a la propia producción, como, por ejemplo, el pago de salarios. Se dan en función del coste por unidad, c: $C_v(x)=cx$.

Por tanto, y siempre y cuando coincida el número de unidades producidas con el de vendidas, la expresión algebraica que permite calcular los beneficios en función del número de unidades vendidas es: $\mathbf{B(x)=I(x)-C(x)=px-C_f-cx=(p-c)x-C_f}$

EJERCICIO RESUELTO

43. **Una empresa que se dedica comercializar *pizzas* paga 4200 € al mes de alquiler del local. Gasta en materia prima 16 € por *pizza* y ofrece un salario de 84 € diarios a sus trabajadores. La plantilla mantiene la proporción de un trabajador por cada 28 *pizzas* producidas. Halla los beneficios diarios que obtendrá, en función de las unidades producidas, si cada unidad la vende a 21 € y suponiendo que:**

- **Vende el mismo número de unidades que produce.**
- **Todos los trabajadores elaboran y venden el mismo número de *pizzas*.**
- **La empresa permanece abierta 30 días al mes.**

Conceptos	
Alquiler y mantenimiento del local	4200 €/mes
Salario diario por cada trabajador	84 €
Materias primas por unidad producida	16 €
Precio de venta por unidad	21 €
Número de trabajadores	1 por cada 28 *pizzas*

Si se elaboran y se venden x *pizzas* al día, como el precio por unidad es de 21 €, se obtienen unos ingresos diarios de $I(x)=21x$

Los costes fijos son los derivados del alquiler y mantenimiento del local: $C_f=\dfrac{4200}{30}=140$ €/día

Los costes variables proceden de:

- Salarios. Si hay un trabajador por cada 28 *pizzas*, una sencilla regla de tres nos permite determinar que para producir x *pizzas*, se necesitan $\dfrac{x}{28}$ trabajadores. Por tanto, el coste diario en salarios es:

$$\frac{x}{28}\cdot 84=3x \text{ €}$$

- Materias primas: $16x$ €

Por tanto: $C_v(x)=3x+16x=19x$.

Los beneficios diarios de la empresa se calculan mediante la expresión:

$$B(x)=I(x)-C_f-C_v(x)=21x-140-19x=2x-140$$

EJERCICIOS PROPUESTOS

44. Con una cartulina rectangular de 50 cm × 40 cm se quiere construir una caja sin tapa recortando cuatro cuadrados iguales en cada una de las esquinas. Escribe las expresiones algebraicas de la superficie y el volumen de la caja en función del lado del cuadrado.

45. Se considera como indicador del bienestar de un país la media ponderada de tres porcentajes: el de afiliación a la seguridad social (x), el de población con renta superior a la línea de pobreza (y), y el de población activa con trabajo (z). Los pesos asignados a esos porcentajes son 1 : 2 : 2. Escribe la expresión algebraica del indicador. Calcula su valor para $x=65$ %, $y=80$ % y $z=92$ %.

46. El negocio de una empresa que fabrica memorias para ordenador tiene las siguientes características:

- Costes fijos: 2200 €
- Costes por unidad: 7 €
- Precio de venta por unidad: 12 €

Escribe las expresiones algebraicas que permiten calcular los beneficios en función del número de unidades producidas, y aplícalas para el caso concreto de que se fabriquen 650 memorias en cada uno de los siguientes casos.

a) Se vende toda la producción.

b) Queda sin vender el 12 % de la producción.

Resumen

Polinomios

Un polinomio es una suma o diferencia de monomios.

Los polinomios en una variable son de la forma:

$$P(x)=a_n x^n + a_{n-1} x_{n-1} + \ldots + a_1 x + a_0$$

- Variable: x
- Exponentes naturales
- Coeficientes a_n, a_{n-1}, ..., a_1, a_0
- Término principal $a_n x^n$
- Término independiente a_0

Valor numérico de un polinomio

El valor numérico de $P(x)$ para $x=a$ es el número $P(a)$ que resulta al sustituir x por a.

Raíces de un polinomio

Son los valores de x para los que el valor numérico del polinomio es cero.

$$x=a \text{ es una raíz de } P(x) \Leftrightarrow P(a)=0$$

Operaciones con polinomios

Suma y resta

$(3x^2-6xy+2y+4)+(4x^3+x^2-3xy)=4x^3+4x^2-9xy+2y+4$

$(3x^2-6xy+2y+4)-(4x^3+x^2-3xy)=-4x^3+2x^2-3xy+2y+4$

Producto por un número

$5(2x^2+3x-4)=10x^2+15x-20$

Producto de polinomios

$(2x^2-5xy+2)(xy+z)=$

$=2x^3y+2x^2z-5x^2y^2-5xyz+2xy+2z$

Identidades notables

$(a+b)^2=a^2+2ab+b^2$

$(a-b)^2=a^2-2ab+b^2$

$(a+b)(a-b)=a^2-b^2$

División

$3x^4$	$-7x^3$	$+12x^2$	$-6x$	$+7$	$3x^2-x+1$
$-3x^4$	$+x^3$	$-x^2$			x^2-2x+3
	$-6x^3$	$+11x^2$	$-6x$		
	$6x^3$	$-2x^2$	$+2x$		
		$9x^2$	$-4x$	$+7$	
		$-9x^2$	$+3x$	-3	
			$-x$	$+4$	

Regla de Ruffini

$(2x^3-10x+1):(x-3)$

$C(x)=2x^2+6x+8$

$R=25$

	2	0	−10	1
3		6	18	24
	2	6	8	25

Factorización

Teorema del resto

El valor numérico de un polinomio $P(x)$ para $x=a$ coincide con el resto que se obtiene al dividir $P(x)$ por $(x-a)$, es decir, $R=P(a)$

Teorema del factor

Si $x=a$ es una raíz del polinomio $P(x)$, $(x-a)$ es un factor de $P(x)$:

$$P(a)=0 \Leftrightarrow P(x)=(x-a)Q(x)$$

Factorizar un polinomio es escribirlo como producto de factores de la forma $(x-a)$, uno por cada raíz real a, polinomios irreducibles de segundo grado (sin raíces reales) y el coeficiente del término principal del polinomio.

Máximo común divisor

Se calcula multiplicando los factores comunes a todos los polinomios elevados al menor exponente con el que aparecen en las factorizaciones.

Mínimo común múltiplo

Se calcula multiplicando los factores comunes y no comunes elevados al mayor exponente con el que aparecen en las factorizaciones.

Fracciones algebraicas

Definición

$\dfrac{P(x)}{Q(x)}$, siendo $P(x)$ y $Q(x)\neq 0$ dos polinomios

Fracciones equivalentes

$$\frac{A(x)}{B(x)}=\frac{C(x)}{D(x)} \Leftrightarrow A(x)D(x)=C(x)B(x)$$

Simplificación

$$\frac{x^3-a^3}{x^3+ax^2+a^2x}=\frac{(x-a)(x^2+ax+a^2)}{x(x^2+ax+a^2)}=\frac{x-a}{x}$$

Suma y resta

$$\frac{A(x)}{B(x)}\pm\frac{C(x)}{D(x)}=\frac{A'(x)\pm C'(x)}{\text{m.c.m.}[B(x),D(x)]}$$

Producto

$$\frac{A(x)}{B(x)}\cdot\frac{C(x)}{D(x)}=\frac{A(x)C(x)}{B(x)D(x)}$$

División

$$\frac{A(x)}{B(x)}:\frac{C(x)}{D(x)}=\frac{A(x)D(x)}{B(x)C(x)}$$

EJERCICIOS RESUELTOS

División de polinomios. Teoremas del resto y el factor

División de polinomios

47. Realiza la división:
$(x^3-3x^2+2x-5):(2x^2-x+3)$

$$\begin{array}{rrrr|l} x^3 & -3x^2 & +2x & -5 & 2x^2-x+3 \\ \cline{5-5} -x^3 & +\frac{1}{2}x^2 & -\frac{3}{2}x & & \frac{1}{2}x-\frac{5}{4} \\ \hline & -\frac{5}{2}x^2 & +\frac{1}{2}x & -5 & \\ & \frac{5}{2}x^2 & -\frac{5}{4}x & +\frac{15}{4} & \\ \hline & & -\frac{3}{4}x & -\frac{5}{4} & \end{array}$$

$$\frac{x^3-3x^2+2x-5}{2x^2-x+3}=\frac{1}{2}x-\frac{5}{4}+\frac{-\frac{3}{4}x-\frac{5}{4}}{2x^2-x+3}=\frac{1}{2}x-\frac{5}{4}-\frac{3x+5}{8x^2-4x+12}$$

División usando la regla de Ruffini

48. Aplicando la regla de Ruffini, realiza la siguiente división.
$(3x^3+2x-5):(2x-1)$

El divisor no es de la forma $x-a$. Para poder aplicar la regla de Ruffini, se divide dividendo y divisor entre 2. De este modo el divisor ya es de la forma $x-a$.

$$\frac{3x^3+2x-5}{2x-1}=\frac{\frac{3}{2}x^3+x-\frac{5}{2}}{x-\frac{1}{2}}\Rightarrow$$

	$\frac{3}{2}$	0	1	$-\frac{5}{2}$
$\frac{1}{2}$		$\frac{3}{4}$	$\frac{3}{8}$	$\frac{11}{16}$
	$\frac{3}{2}$	$\frac{3}{4}$	$\frac{11}{8}$	$-\frac{29}{16}$

Por tanto: $\frac{3x^3+2x-5}{2x-1}=\frac{3}{2}x^2+\frac{3}{4}x+\frac{11}{8}-\frac{\frac{29}{16}}{x-\frac{1}{2}}=\frac{3}{2}x^2+\frac{3}{4}x+\frac{11}{8}-\frac{29}{16x-8}$

Aplicación del teorema del resto

49. La división del polinomio $P(x)=4x^3+mx^2+3x-5$ entre $x+2$ tiene por resto -51. Calcula el valor numérico de $P(x)$ en $x=4$.

Según el teorema del resto, al dividir $P(x)$ entre $(x+2)$ se obtiene un resto igual al valor numérico $P(-2)$. Por tanto:

$$P(-2)=4(-2)^3+m(-2)^2+3(-2)-5=-32+4m-6-5=4m-43=-51\Rightarrow 4m=-8\Rightarrow m=-2$$

El polinomio es:

$$P(x)=4x^3-2x^2+3x-5$$

El valor numérico de $P(x)$ en $x=4$ es:

$$P(4)=4\cdot 4^3-2\cdot 4^2+3\cdot 4-5=231$$

Aplicación del teorema del factor

50. Halla todos los valores de m que hacen que el polinomio $P(x)=x^3-x^2-x-2$ sea divisible por $(x-m)$.

Con la ayuda de la regla de Ruffini, se factoriza el polinomio $P(x)$.

	1	−1	−1	−2
2		2	2	2
	1	1	1	0

Como la ecuación de segundo grado $x^2+x+1=0$ no tiene soluciones reales, la factorización de $P(x)$ es $P(x)=(x-2)(x^2+x+1)$.

El único factor de primer grado es $(x-2)$ y, por tanto, el único valor de m buscado es $m=2$.

Determinación de coeficientes de un polinomio

51. Calcula el valor de a y b para que el polinomio $P(x)=2x^4+2x^3-11x^2+ax+b$ sea divisible por x^2+x-6.

Como en este caso el divisor no es de la forma $(x-a)$, no puede aplicarse el teorema del resto y del factor. Se aplica el algoritmo habitual de la división:

$$\begin{array}{rrrrr|l} 2x^4 & +2x^3 & -11x^2 & +ax & +b & x^2+x-6 \\ \cline{6-6} -2x^4 & -2x^3 & +12x^2 & & & 2x^2+1 \\ \hline & & x^2 & +ax & +b & \\ & & -x^2 & -x & +6 & \\ \hline & & & (a-1)x & +b+6 & \end{array}$$

Como el resto debe ser 0:
$a-1=0,\ b+6=0\Rightarrow a=1,\ b=-6$

De otro modo:
Como $x^2+x-6=(x-2)(x+3)$ se puede aplicar el teorema del resto con cada factor:

$$\begin{cases} P(2)=4+2a+b=0 \\ P(-3)=9-3a+b=0 \end{cases}\Rightarrow a=1,\ b=-6$$

Factorización de polinomios

Factorización de un polinomio de grado 4

52. Factoriza el siguiente polinomio.

$$x^4-6x^3+54x-81$$

Aplicando la regla de Ruffini:

	1	−6	0	54	−81
3		3	−9	−27	81
	1	−3	−9	27	0
3		3	0	−27	
	1	0	−9	0	
3		3	9		
	1	3	0		

$$x^4-6x^3+54x-81=(x-3)^3(x+3)$$

Determinación de un polinomio a partir de su factorización

53. Escribe un polinomio divisible por $x-3$ y por $x+5$ y tal que su valor numérico para $x=-2$ es 30. ¿Hay solo una solución?

La descomposición del polinomio buscado tendrá como factores a $(x-3)$ y a $(x+5)$, por tanto, y considerando que sea de segundo grado, será de la forma: $P(x)=a(x-3)(x+5)$

Como, además, se debe verificar que:

$$P(-2)=30\Rightarrow a(-5)3=30\Rightarrow -15a=30\Rightarrow a=-2$$

El polinomio será $P(x)=-2(x-3)(x+5)=-2x^2-4x+30$.

Este es el único polinomio de segundo grado que verifica las condiciones pero se pueden encontrar otros polinomios diferentes, que también las verifiquen y que sean de mayor grado.

Fracciones algebraicas

Operaciones y simplificación con fracciones algebraicas

54. Calcula y simplifica el resultado de las operaciones con las fracciones algebraicas siguientes.

a) $\dfrac{x}{x^2-4}-\dfrac{1}{2x+4}-\dfrac{1}{2x-4}$

b) $\dfrac{x-1}{1+\dfrac{1}{x-1}}:\dfrac{2x-2}{x^2}$

a) $$\frac{x}{x^2-4}-\frac{1}{2x+4}-\frac{1}{2x-4}=\frac{x}{(x-2)(x+2)}-\frac{1}{2(x+2)}-\frac{1}{2(x-2)}=$$
$$=\frac{2x-(x-2)-(x+2)}{2(x-2)(x+2)}=\frac{2x-2x+2-2}{2(x-2)(x+2)}=\frac{0}{2(x+2)(x-2)}=0$$

b) $$\frac{x-1}{1+\dfrac{1}{x-1}}:\frac{2x-2}{x^2}=\frac{x-1}{\dfrac{x-1+1}{x-1}}:\frac{2(x-1)}{x^2}=\frac{x-1}{\dfrac{x}{x-1}}:\frac{2(x-1)}{x^2}=$$
$$=\frac{(x-1)^2}{x}:\frac{2(x-1)}{x^2}=\frac{x^2(x-1)^2}{2x(x-1)}=\frac{x(x-1)}{2}=\frac{x^2-x}{2}$$

Operaciones con fracciones algebraicas e identidades notables

55. Opera y simplifica la expresión:

$$\frac{2(x-3)^2}{12x^2+2x-114}-\frac{3(2x-3)(2x+3)}{12x^2+2x-114}+\frac{(6-2x)(x+4)+7}{12x^2+2x-114}$$

$$\frac{2(x-3)^2-3(2x-3)(2x+3)+(6-2x)(x+4)+7}{12x^2+2x-114}=$$
$$=\frac{2(x^2-6x+9)-3(4x^2-9)+(-2x^2+6x-8x+24)+7}{12x^2+2x-114}=\frac{-12x^2-14x+76}{12x^2+2x-114}$$

Factorizando el numerador y el denominador:

$$\frac{-12x^2-14x+76}{12x^2+2x-114}=\frac{-12(x-2)\left(x+\dfrac{19}{6}\right)}{12(x-3)\left(x+\dfrac{19}{6}\right)}=\frac{2-x}{x-3}$$

Operaciones con fracciones algebraicas de dos variables

56. Opera y simplifica.

$$\frac{x+y}{y-x}+\frac{x^2-y^2}{x^2+y^2-2xy}-\frac{2xy}{3xy-3y^2}$$

$$\frac{x+y}{y-x}+\frac{x^2-y^2}{x^2+y^2-2xy}-\frac{2xy}{3xy-3y^2}=\frac{x+y}{y-x}+\frac{x^2-y^2}{(y-x)^2}-\frac{2xy}{-3y(y-x)}=$$
$$=\frac{x+y}{y-x}+\frac{x^2-y^2}{(y-x)^2}+\frac{2xy}{3y(y-x)}=\frac{3y(y-x)(y+x)+3y(x^2-y^2)+2xy(y-x)}{3y(y-x)^2}=$$
$$=\frac{3y^3-3yx^2+3yx^2-3y^3+2xy^2-2x^2y}{3y(y-x)^2}=\frac{2xy^2-2x^2y}{3y(y-x)^2}=\frac{2xy(y-x)}{3y(y-x)^2}=\frac{2x}{3y-3x}$$

Aplicaciones de las expresiones algebraicas

Cálculo de áreas y longitudes

57. El lado de un cuadrado mide una unidad más que el triple del lado de otro. Indica con expresiones algebraicas, la suma de las áreas de los dos cuadrados y la suma de las longitudes de las diagonales.

Si llamamos x al lado del cuadrado menor, el lado del cuadrado mayor es $3x+1$.

La suma de las áreas de los dos cuadrados es:

$$S(x)=x^2+(3x+1)^2=x^2+9x^2+6x+1=10x^2+6x+1$$

La suma de las diagonales d y D será:

$$d+D=\sqrt{x^2+x^2}+\sqrt{(3x+1)^2+(3x+1)^2}=$$

$$=\sqrt{2x^2}+\sqrt{2(3x+1)^2}=\sqrt{2}(x+3x+1)=\sqrt{2}(4x+1)$$

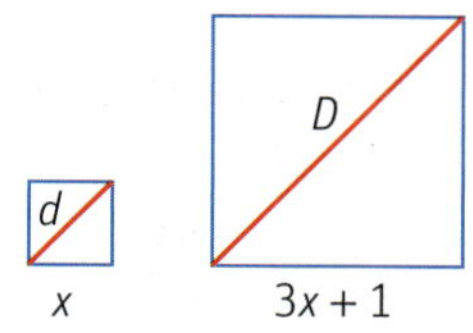

Aplicación a la venta de productos

58. Si se establece el precio de un televisor en 500 €, se venden en un mes 12 unidades. Por cada 50 € que se baje el precio se venden 3 aparatos más. Escribe una expresión algebraica que determine el número de televisores que se venden en función del precio.

En un principio, para un precio de 500 € el comerciante vende 12 unidades.

Como por cada 50 € de rebaja vende 3 televisores, se puede establecer la siguiente relación entre el precio final del televisor y el número de unidades que vende:

Número de televisores vendidos: $N=12+3x$

Precio: $p=500-50x$

Suponiendo que, finalmente, el precio al que vende es p €, $x=\frac{500-p}{50}$ y por tanto el número de unidades que venderá será:

$$N=12+3\cdot\frac{500-p}{50}=12+\frac{1500-3p}{50}=12+30-\frac{3}{50}p=42-\frac{3}{50}p$$

Cálculo de indicadores

59. Tres localidades, con poblaciones $p_1=25$, $p_2=15$ y $p_3=12$, en miles de habitantes, se encuentran en los puntos kilométricos $k_1=150$, $k_2=175$ y $k_3=180$ de una carretera. Se decide construir una gasolinera en el punto kilométrico k tal que el resultado de la siguiente suma sea el menor posible:

$$S(k)=p_1(k_1-k)^2+p_2(k_2-k)^2+$$
$$+p_3(k_3-k)^2$$

¿De los puntos kilométricos 163, 164, 165 y 170 cuál es mejor según dicho criterio?

Se sustituyen los valores p_1, p_2, p_3, k_1, k_2 y k_3 en la expresión algebraica de S:

$$S(k)=25(150-k)^2+15(175-k)^2+12(180-k)^2=$$
$$=25(22\,500-300k+k^2)+15(30\,625-350k+k^2)+12(32\,400-360k+k^2)=$$
$$=52k^2-17\,070k+1\,410\,675$$

$k=163 \Rightarrow S(163)=9853$

$k=164 \Rightarrow S(164)=9787$

$k=165 \Rightarrow S(165)=9825$

$k=170 \Rightarrow S(170)=11575$

El mejor punto kilométrico de los cuatro es el 164.

Cálculo de beneficios

60. Las cuentas de una empresa de bolígrafos de gama alta son:

- Gastos fijos: 500 € diarios.
- Coste de fabricación: 12 € por cada bolígrafo.
- Precio de venta: depende del número de unidades vendidas y es: $p(x)=50-\frac{x}{2}$

Calcula los beneficios diarios de la empresa según el número de bolígrafos fabricados y para una producción de 50 bolígrafos.

Se supone que la empresa fabrica y vende x unidades diarias:

$$C(x)=C_f+C_v(x)=500+12x$$

$$I(x)=\left(50-\frac{x}{2}\right)x=50x-\frac{x^2}{2}$$

$$B(x)=I(x)-C(x)=50x-\frac{x^2}{2}-500-12x=-\frac{x^2}{2}+38x-500$$

Para una producción de $x=50$ bolígrafos: $B(50)=-\frac{50^2}{2}+38\cdot 50-500=150$ € diarios

ACTIVIDADES

Ejercicios

Polinomios

61. Identifica el número de variables, el grado, los coeficientes y el término independiente de los siguientes polinomios.

a) $2x^3+3x^2-4x+5$

b) $3xy^2z^3-2x^2y^3z^2$

c) $2y^2+3y+4$

d) $4ab-3cd^2+2d+7$

62. Calcula el valor numérico en $x=2$ y $x=0{,}15$ de los siguientes polinomios.

a) $P(x)=x^4+2x^2-3$

b) $Q(x)=\frac{1}{3}x^3+\frac{2}{5}x^2-\frac{3}{4}x-2$

c) $R(x)=-\frac{1}{4}x^4+\frac{2}{3}x^2$

d) $S(x)=\frac{1}{6}x^5+\frac{2}{3}$

63. ¿Son los valores $x=-2$, $x=2$, $x=-1$ y $x=1$ raíces del polinomio?

$$P(x)=x^3+2x^2-x-2$$

64. Determina el valor de a para que $x=-2$ sea raíz del polinomio:

$$P(x)=2x^4-(a+1)x^3+5ax-4$$

Operaciones con polinomios

65. Simplifica los siguientes polinomios.

a) $8-2(2-3x)^2$

b) $(x-2)(x+3)(x-1)$

c) $4(2-5x)^2-16(1-5x)$

d) $-2(x+1)(x+2)^2$

66. Dados los polinomios $P(x)=2x^3-3x^2-x+3$, $Q(x)=-x^3-x^2+2$ y $R(x)=-3x^2+2x-5$, calcula:

a) $P(x)+Q(x)+R(x)$

b) $-2P(x)-3Q(x)-3R(x)$

67. Simplifica las siguientes expresiones polinómicas.

a) $2(3x-2)^2-3(3x+2)^2-2(3x-2)(3x+2)$

b) $(3x+2)^2+2(2x-3)^2-(2x-5)(x-5)$

c) $(2x^2-2x-1)(3x^2-2x)-3x$

d) $(2x^2-3x+2)(-3x^2+x+1)+(6x-10)x^3$

e) $\left(\frac{2}{3}x-\frac{3}{5}\right)\left(\frac{3}{2}x^2+\frac{2}{5}\right)+\frac{6}{25}$

68. Desarrolla empleando las identidades notables.

a) $(2x+3)^2$

b) $(xyz^3-x^2y)^2$

c) $(2z+3xy)(3xy-2z)$

d) $(3x+2xy)^4$

69. Emplea las identidades notables para escribir estas expresiones en forma de producto.

a) x^2+4x+4

b) $4x^2-25$

c) $9x^2-12xy+4y^2$

d) x^2-5

70. Realiza las siguientes divisiones de polinomios.

a) $(3x^3-4x^2-2x+3):(x^2-2x+3)$

b) $(6x^4+11x^3-17x^2+11x-3):(2x^2+5x-3)$

c) $(6x^4+7x^3-5x^2-6x-6):(3x^2+2x+1)$

d) $\left(2x^4+\frac{11}{2}x^3-\frac{11}{4}x^2+\frac{19}{4}x+\frac{3}{4}\right):(x^2+3x-1)$

71. Realiza las siguientes divisiones aplicando la regla de Ruffini.

a) $(2x^4-x^3-x+4):(x-3)$

b) $(-2x^4-3x^2+5x+3):(x+2)$

c) $(-3x^3+2x^2+x-3):\left(x+\frac{1}{2}\right)$

d) $(2x^4+2x^3+2x^2-2):(-x+3)$

72. Aplicando la regla de Ruffini, halla el cociente y el resto de la siguiente división $(x^8-a^8):(x-a)$.

Teoremas del resto y del factor

73. Sin realizar las divisiones, calcula su resto.

a) $(x^7+x^3-2x+1):(x-3)$

b) $(x^{12}-x^5-x+12):(x+1)$

74. Sin realizar la división, comprueba que el binomio $x-3$ es un factor del polinomio $P(x)=2x^3-8x^2+8x-6$.

75. Calcula el valor de k para que el polinomio $P(x)=6x^5-44x^3-88x-k$ sea divisible por $(x-3)$.

76. Halla el valor de k para el que el polinomio $P(x)=3x^3-kx^2+6k-2$ sea divisible por $(x+2)$.

77. La división de x^3+mx+2 entre $(x-2)$ da 6 como resto. ¿Cuánto vale m? ¿Cuál es el cociente?

78. Halla un polinomio de segundo grado sabiendo que una de sus raíces es $x=1$ y que $P(3)=10$.

79. Halla la expresión de todos los polinomios de segundo grado que tienen por raíces -1 y 3. Determina aquel cuyo valor numérico para $x=5$ es 24.

80. Halla el número que hay que sumar al polinomio x^3-2x^2-5x para que sea divisible por $(x-3)$.

81. Determina los coeficientes a y b para que el polinomio x^5+ax^3+b sea divisible por (x^2-1).

Factorización de polinomios

82. Encuentra las raíces del siguiente polinomio, teniendo en cuenta que todas ellas son números enteros.

$$P(x)=x^3-3x^2-10x+24$$

83. Escribe un polinomio $P(x)$ cuyas raíces sean únicamente $x=-2$, $x=5$, $x=3$ y $x=-1$ ¿Hay más de uno?

84. Factoriza, utilizando la regla de Ruffini:

a) x^3-5x^2-x+5

b) x^3-3x+2

c) $x^5-3x^4-5x^3+27x^2-32x+12$

d) $x^4+4x^3+6x^2+4x+1$

e) x^3-2x^2-5x+6

f) x^3+x^2-5x+3

g) $x^6-4x^4-x^2+4$

85. Descompón en factores primos los siguientes polinomios.

a) $x^6-2x^5-x^3+2x^2$

b) $2x^4-x^3-5x^2+x+3$

c) $10x^4-7x^3-19x^2+19x-3$

d) $3x^5+3x^4-11x^3-11x^2-4x-4$

e) $-2x^3+10x^2-14x+6$

86. Factoriza los siguientes polinomios utilizando las identidades notables.

a) $4x^2-12x+9$

b) $18-2x^2$

c) x^4-4x^2

d) $25x^2-20x+4$

e) $12-3x^2$

f) $\frac{x^4}{4}+\frac{3}{4}x^2+\frac{9}{16}$

g) $25x^2+20xy+4y^2$

h) $-4y^2+25x^6$

i) $4x^2+12xy+9y^2$

j) $4x^4-16x^2y+16y^2$

k) $4x^3-9y^4x$

l) $a^2-(b+c)^2$

87. Descompón en factores los siguientes polinomios.

a) $x^2+y^2+2xy-z^2$

b) $4-9x^2-25y^2+30xy$

88. Calcula el m.c.d. y el m.c.m. de los siguientes polinomios.

a) $P(x)=x^2+x-2$ y $Q(x)=x^2+2x-3$

b) $P(x)=2x^2-2$ y $Q(x)=4x-4$

c) $P(x)=x-1$, $Q(x)=2x+2$ y $R(x)=3x^2-3$

d) $P(x)=x^2(x-2)$, $Q(x)=x(x^2-4)$ y $R(x)=x^3-2x^2$

e) $P(x)=x^2+5x+6$, $Q(x)=x^2-4$ y $R(x)=x+2$

Fracciones algebraicas

89. Simplifica las siguientes fracciones algebraicas.

a) $\frac{7x^2}{14x^2-21x}$

b) $\frac{12-3x}{x-4}$

c) $\frac{3x^2-12}{x+2}$

d) $\frac{3x^2-x}{x^3+2x}$

e) $\frac{x^2+x-2}{x^2+2x-3}$

f) $\frac{-2x^4+5x^3-5x+2}{2x^4+7x^3+3x^2-8x-4}$

g) $\frac{x^3-x^2-8x+12}{x^2+x-6}$

h) $\frac{x^4-1}{x^4-2x^3+2x^2-2x+1}$

i) $\frac{x^3-5x^2+8x-4}{x^3-x^2-8x+12}$

j) $\frac{x^4+10x^3+21x^2-40x-100}{x^4+3x-10}$

90. Halla, simplificando el resultado:

a) $x+1+\frac{1}{x-1}$

b) $2x-\frac{2x^2-1}{2+x}$

91. Realiza las siguientes sumas y restas de fracciones algebraicas y simplifica todo lo posible los resultados.

a) $\frac{x^2+1}{x^2+2x+1}+\frac{x^2}{x+1}$

b) $\frac{x}{x-5}-\frac{2x-1}{x+5}-\frac{50}{x^2-25}$

c) $\frac{2x^2-x}{x+3}+\frac{2x}{x-3}+\frac{12x}{9-x^2}$

d) $t-\frac{t^2}{t-1}+\frac{1}{t+1}$

92. Realiza los siguientes productos y cocientes de fracciones algebraicas y simplifica todo lo posible los resultados.

a) $\frac{x^2-1}{x+3}\cdot\frac{x^2-4}{x-1}\cdot\frac{x^2-9}{x+2}$

b) $\frac{x^3-x}{2x-4}:\frac{4x+4}{3x-6}$

c) $\left(1+\frac{1}{x}\right):\left(1-\frac{1}{x^2}\right)$

d) $\left(\frac{1-x}{1+x}\cdot\frac{x-1}{x+1}\right):\left(\frac{1+x}{1-x}:\frac{x+1}{x}\right)$

93. Simplifica las siguientes fracciones algebraicas.

a) $\frac{x^2-y^2}{x+y}$

b) $\frac{x^4-y^4}{(x-y)^2}$

c) $\frac{x^4-16}{(x+2)^2}$

d) $\frac{\frac{1}{x^2}-\frac{1}{y^2}}{\frac{1}{x}-\frac{1}{y}}$

94. Calcula el valor de k para que, al simplificar la fracción algebraica $\frac{3+\frac{x-9}{x-1}}{k-\frac{x+1}{x-1}}$, resulte un polinomio de primer grado. Escribe la expresión de dicho polinomio.

Síntesis

95. Halla un polinomio de segundo grado que verifique las tres condiciones siguientes.

- El coeficiente del término cuadrático es la unidad.
- Es divisible por $x-1$.
- Toma el valor 24 para $x=-3$.

96. Escribe un polinomio de segundo grado que verifique las tres condiciones siguientes.

- Es divisible por $x-3$.
- Es divisible por $x+4$.
- El valor numérico en el punto $x=-1$ vale 12.

97. Escribe un polinomio de cuarto grado que tenga por raíces:

a) 1, -2, 3 y -4

b) 1, 2 y -2 (doble)

c) -1 y 1, las dos dobles

98. Factoriza el polinomio $P(x)=x^3+bx^2-3x$, sabiendo que $x=1$ es una de sus raíces.

99. Dado el polinomio $P(x)=2x^4+9x^3+9x^2-8x+a$:

a) Calcula el valor de a para que $P(-1)=-2$.

b) Para el valor de a hallado, descompón el polinomio como producto de factores de primer grado.

c) Calcula las raíces enteras de $P(x)$.

100. Halla en cada caso el polinomio $P(x)$ para que las fracciones sean equivalentes.

a) $\frac{x+2}{2x-5}=\frac{x+3}{P(x)}$

b) $\frac{P(x)}{x^2+2x+1}=\frac{x^2}{x+1}$

101. Calcula los valores de a y de b para que el polinomio $4x^3+4x^2+ax+b$ sea divisible por $2x^2-x-1$. Escribe el cociente de la división.

102. Simplifica las siguientes expresiones.

a) $\dfrac{(2x-1)(x+3)^2-3(x^2-x)(x+3)}{(x+3)^3}$

b) $\dfrac{(4x^2-2x^3)6x}{x^2(x-2)}$

103. Calcula y simplifica la siguiente expresión.

$$\dfrac{\dfrac{1-x}{1+x}+\dfrac{x-1}{x-1}}{\dfrac{1+x}{1+x}-\dfrac{x+1}{x-1}}$$

104. Realiza las siguientes operaciones con fracciones algebraicas con dos variables.

a) $\dfrac{1}{xy}+\dfrac{a}{xz}+\dfrac{a^2}{yz}$

b) $\dfrac{1}{x-y}:\dfrac{1}{x^2+y^2-2xy}$

c) $\left(x+\dfrac{(x-1)^2}{2-x}\right)\cdot\dfrac{2-x}{2}$

d) $\dfrac{3x^2y}{x-y}\cdot\dfrac{x^2-y^2}{6xy^2(x+y)}$

e) $\dfrac{a+b}{a-b}-\dfrac{a-b}{a+b}+\dfrac{a^2}{a^2-b^2}$

f) $(a-b)^2:\left(\dfrac{1}{a}-\dfrac{1}{b}\right)$

105. Dadas las siguientes expresiones:

$$A=1+\dfrac{1}{1+\dfrac{1}{1+\dfrac{1}{1+x}}}\qquad B=1+\dfrac{1}{1+\dfrac{1}{1+\dfrac{1}{1+\dfrac{1}{1+x}}}}$$

a) Simplifícalas, expresando el resultado como cociente de polinomios de primer grado.

b) Súmalas.

c) Multiplícalas.

Cuestiones

106. Escribe dos polinomios diferentes que tengan las mismas raíces:

a) Si son del mismo grado.

b) Si tienen diferente grado.

107. Di si son verdaderas o falsas las afirmaciones siguientes.

a) Un polinomio de tercer grado puede tener seis raíces reales distintas.

b) Un polinomio de tercer grado puede tener una única raíz real.

c) La suma de dos polinomios de cuarto grado puede dar como resultado un polinomio de tercer grado.

d) El producto de dos polinomios de cuarto grado puede dar como resultado un polinomio de tercer grado.

e) Las fracciones algebraicas $A(x)=\dfrac{x+1}{x}$ y $B(x)=\dfrac{x^2-1}{x^2-x}$ son equivalentes.

f) Las fracciones algebraicas $A(x)=\dfrac{x+1}{x}$ y $B(x)=\dfrac{x^2-1}{x^2-x}$ son exactamente iguales.

108. Indica cuáles de las siguientes expresiones algebraicas son polinomios. En caso afirmativo, indica el grado del mismo.

a) $A(x)=-2x^2+\dfrac{1}{\sqrt{2}}x-3$

b) $B(x)=-3x^2-2x+\dfrac{1}{x}$

c) $C(x)=2x^5-\dfrac{1}{2}x^3+\sqrt{2}x$

d) $D(x)=2x^5-\dfrac{1}{2}x^3+\sqrt{2x}$

109. Demuestra que el polinomio $P(x)=ax^3+ax^2+a$ con $a>0$ no tiene ninguna raíz real positiva.

110. Demuestra esta igualdad algebraica.

$$(x+y+z)^2=x^2+y^2+z^2+2xy+2xz+2yz$$

Problemas

111. Escribe expresiones algebraicas para las siguientes situaciones.

a) El perímetro de un cuadrado cuya diagonal mide x.

b) La suma de los cuadrados de tres números impares consecutivos, siendo n el primero de ellos.

c) El perímetro de un triángulo isósceles donde el lado desigual mide x y la altura y.

112. Se consideran todos los triángulos rectángulos tales que las medidas de sus catetos son dos números que se diferencian en dos unidades. Escribe una expresión que permita calcular el perímetro de dichos triángulos si b es el cateto mayor.

113. Si x e y son dos números, expresa algebraicamente:

a) El primero más el cuadrado del segundo.

b) El primero por el cuadrado del segundo.

c) El producto del primero por el inverso del segundo.

d) Sabiendo que $x+y=5$, expresa las relaciones anteriores dependiendo solo del número x.

e) Si $xy=10$, halla el valor de $\dfrac{x^2+y^2-(x+y)^2}{5}$.

114. Halla las expresiones algebraicas que dan el producto de:

a) Tres números naturales consecutivos

b) Tres números pares consecutivos

c) Tres múltiplos de cinco consecutivos

115. La altura en metros de un cohete viene dada por la expresión $h(t)=60t-5t^2$, en la que t mide el tiempo en segundos.

a) ¿Qué altura alcanza el cohete al cabo de 1, 3, 6 y 8 segundos? ¿Y al cabo de 12?

b) Interpreta los resultados.

116. Se considera un rectángulo de 20 m de base y 12 de altura.

a) Escribe la expresión algebraica que determina el área de un nuevo rectángulo que se obtiene al incrementar la medida de la base en x m y al disminuir su altura en y m.

b) Calcula el área del rectángulo obtenido al aumentar la base en 2 m y al disminuir la altura en 4 m.

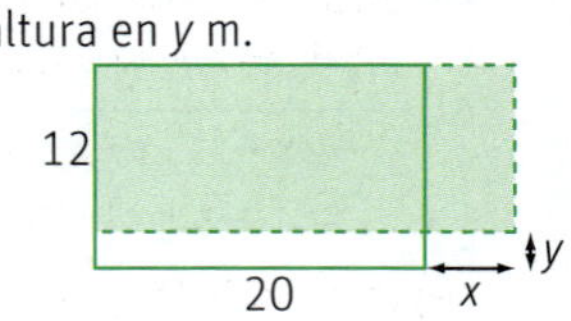

117. Se quiere construir el marco de una ventana rectangular de 4 m^2 de superficie. El metro lineal de tramo horizontal cuesta 16 €, y el de tramo vertical, 25 €. Expresa el coste del marco en función de la longitud, x, del tramo horizontal.

118. Halla la expresión algebraica que da la superficie de un triángulo isósceles de perímetro 8 cm en función del lado desigual, x. ¿Cuánto vale su área si $x = 2$ cm?

119. En un cuadrado de lado 5 unidades de longitud se marcan cuatro puntos, uno en cada lado, de forma que su distancia al vértice más próximo es de x unidades. Estos cuatro puntos forman un nuevo cuadrado tal y como muestra la figura.

a) Escribe una expresión algebraica que determine el perímetro del nuevo cuadrado.

b) Escribe una expresión algebraica que determine el área del nuevo cuadrado.

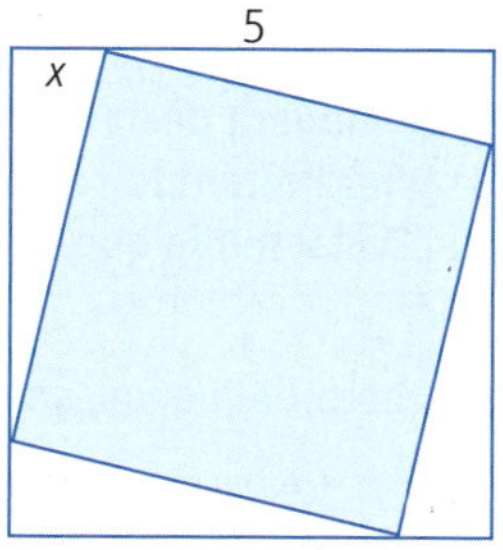

120. En la siguiente tabla aparece el número de CD que está dispuesto a comprar un cliente en función del precio de cada uno.

Precio en céntimos	Número de unidades
24	50
22	60
20	70
18	80

a) Establece una expresión algebraica que determine el precio de cada CD si se adquieren x unidades.

b) Establece una expresión algebraica que determine el precio total a pagar al comprar n CD (n comprendido entre 50 y 80).

121. El coste de producir x chips de memoria para ordenador (x entre 0 y 5) viene dado por el polinomio $C(x) = -\frac{4}{5}x^2 + 8x$ €. El precio por unidad al que se pueden vender las x unidades producidas es de $P(x) = -\frac{1}{2}x^2 + 20$ €.

a) Indica los ingresos que se obtienen al producir y vender 2 unidades.

b) Escribe el polinomio que determina el beneficio según las x unidades producidas y vendidas.

c) Indica el beneficio si se han producido y vendido 3 unidades.

d) Indica el beneficio si se han producido y vendido 5 unidades.

e) Interpreta los resultados.

122. Se consideran tres barras homogéneas de metal compuestas de la siguiente forma:

- Primera barra: 30 g de oro, 45 g de plata y 75 g de cobre
- Segunda barra: 60 g de oro, 30 g de plata y 135 g de cobre
- Tercera barra: 45 g de oro, 60 g de plata y 75 g de cobre

¿Qué cantidad deberá tomarse de cada una de las barras para obtener otra que contenga 64,5 g de oro, 69 de plata y 136,5 de cobre?

123. Un comerciante adquiere dos tipos de café para tostar, moler y, posteriormente, mezclar. El de mayor calidad tiene un precio de 10 €/kg, mientras que por el otro pagó 7,50 € por cada kilo. El comerciante quiere obtener una mezcla que salga a 8,40 €/kg. ¿Cuál deberá ser la proporción de los dos tipos de café?

124. Expresa algebraicamente el producto de un número por el cubo de otro si entre ambos suman 24.

125. Los costes, en euros, de fabricar x pares de zapatillas deportivas vienen dados por la expresión:

$$C(x) = -\frac{4}{25}x^2 + 70x + 600$$

a) Calcula el coste total si se fabrican 50 pares de zapatillas.

b) Indica cuáles son los costes fijos.

c) Indica cuáles son los costes variables.

d) Indica cuáles son los costes totales para cada par de zapatillas cuando se fabrican x pares.

e) Indica cuáles son los costes variables para cada par de zapatillas cuando se fabrican x pares.

f) Indica cuáles son los costes totales para cada par de zapatillas cuando se fabrican 75 pares.

126. Un rectángulo se encuentra inscrito en un triángulo rectángulo de catetos 8 cm y 20 cm tal y como muestra la figura.

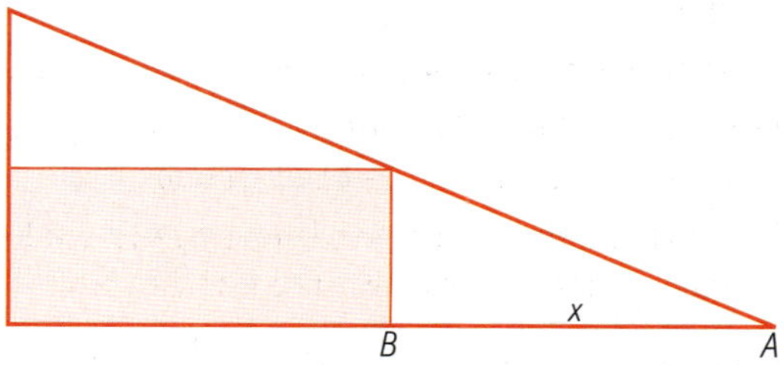

a) Escribe la expresión algebraica que determina el área del rectángulo suponiendo que la distancia entre los puntos A y B es de x metros.

b) Calcula los valores numéricos de la expresión anterior para $x = 2$, $x = 5$ y $x = 10$.

Álgebra, zombis, alienígenas y lechugas

La empresa de animación digital FRIKACTION comercializa tres videojuegos: Frikaction 1 en la que unas cucarachas deben luchar contra una plaga de zombis, Frikaction 2 en la que se utilizan lechugas para acabar con los alienígenas que han invadido la Tierra, y Frikfashion en la que se utilizan tomates y otras hortalizas para adornar modernas ciudades.

La siguiente tabla muestra los datos del negocio:

Mantenimiento del local y otros costes fijos			1250 € por día
	Frikaction 1	Frikaction 2	Frikfashion
Precio de venta por unidad	45	39	30
Costes de fabricación por unidad	25	21	21

Un estudio de mercado ha demostrado que las preferencias de los jugadores se reparten de manera desigual; la segunda parte del juego Frikaction cumple con la premisa de que "segundas partes nunca fueron buenas" y no ha tenido tanta aceptación como la primera parte, mientras que el juego Frikfashion no ha sido bien acogido por los jugadores. De tal modo que, por cada tres unidades vendidas de Frikaction 1, se venden dos de Frikaction 2 y una de Frikfashion.

Suponiendo que se producen y venden x unidades diarias del juego Frikaction 1 y que del resto de juegos, se fabrican y venden en la proporción estimada por el estudio:

a) Calcula la expresión algebraica que proporciona los costes totales.

b) Calcula los ingresos totales.

c) Calcula el beneficio de la empresa y halla el beneficio para los casos específicos de $x = 25$ y $x = 100$ e interpreta los resultados.

Las cajas

La empresa FRIKACTION ha decidido asumir la fabricación de las cajas para guardar y enviar a las tiendas de venta los lotes de juegos que comercializa. Para ello utiliza planchas de cartón de 84 cm de largo y 56 cm de ancho.

Para construir la caja, el procedimiento que han implementado en la empaquetadora consiste en recortar cuatro cuadrados iguales en las cuatro esquinas y ajustarlos tal y como muestra la figura.

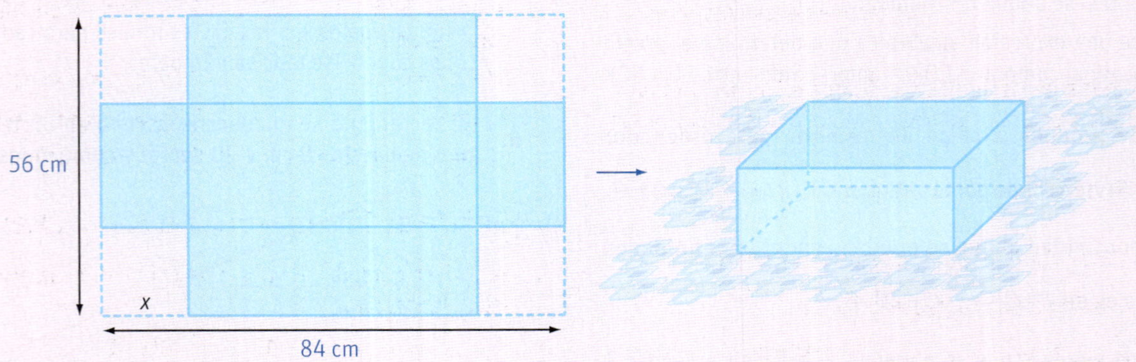

a) Calcula expresiones algebraicas que determinen la superficie y el volumen de la caja sin tapa que se obtiene en función del lado x de los cuadrados recortados.

b) Elabora una hoja de cálculo tal que muestre la superficie y el volumen de la caja para diferentes valores de x.

c) Con ayuda de la hoja de cálculo anterior, establece la longitud x que hace que el volumen de la caja sea máximo. ¿Cuánto vale la superficie en este caso?

AUTOEVALUACIÓN

Comprueba qué has aprendido

1. Calcula y simplifica.

a) $(2x^2-3x+1)(-x^2+2x-2)-2(2x-3)^2$

b) $2(3x-5)^2-3(3x-5)(3x+5)-2(3x+5)^2$

c) $2(2x+1)^3+3(2x+1)^2$

d) $\left(\frac{3}{2}x^2-\frac{1}{5}\right)\left(3x^2+\frac{4}{5}\right)-\frac{1}{2}\left(\frac{3}{4}x-1\right)^2$

2. Divide los polinomios:

a) $(6x^4-11x^3+14x^2+x-10):(3x^2-x-2)$

b) $(3x^4-4x^3+17x^2-4x-12):(x^2-x+6)$

3. Factoriza los polinomios:

a) $x^3-7x^2+16x-12$

b) $2x^4+5x^3-21x^2+19x-5$

c) $16x^4-16x^2+4$

d) $2x^3y-3x^2y^2$

4. Calcula el valor numérico para $x=1$ y para $x=-2$ del polinomio $P(x)=-3x^4-5x^3+16x^2-15x+122$.

5. Calcula el valor de k para que el polinomio $P(x)=-3x^3+12x^2+kx-21$ sea divisible por $x+3$.

6. Utilizando la regla de Ruffini, halla el cociente y el resto de la división $(2x^3+3x-2):(2x-1)$.

7. Calcula el valor de k para que el valor numérico del polinomio $P(x)=-3x^3-2x^2+kx-6$ en el punto $x=-3$ valga 48.

8. Calcula el m.c.d. y el m.c.m. de los polinomios:

$$P(x)=x^4-6x^3-3x^2+52x-60 \qquad Q(x)=x^3-7x+6$$

9. Calcula y simplifica.

a) $\frac{2x}{x-3}-3\left(\frac{3x-1}{x+3}\right)-\frac{7}{x^2-9}$

b) $1+\frac{2}{1+\frac{1}{x}}-\frac{3}{x^2+2x+1}$

10. Determina, mediante una expresión algebraica, el área de un triángulo equilátero de perímetro $3x$.

11. Una empresa fabrica y vende un cierto producto. El coste en euros para producir x unidades viene dado por:

$$C(x)=\left(\frac{x}{250}\right)^2+\frac{x}{500}-20$$

Se sabe, además, que el precio al que puede vender cada unidad es $p(x)=\frac{x}{10\,000}-0{,}25$ €. Calcula la expresión algebraica que determina los beneficios.

smSaviadigital.com VALORA LO APRENDIDO > Comprueba tus respuestas.

Relaciona y contesta

»Elige la única respuesta correcta en cada caso

1. La factorización del polinomio $P(x,y)=16x^4-81y^4$ es:

A. $(2x-3y)^4$

B. $(2x+3y)(2x-3y)(4x^2+9y^2)$

C. $(4x+9y)^2(4x-9y)^2$

D. $(8x^3-27y^3)(2x-3y)$

2. La suma de las fracciones algebraicas $\frac{1}{x}-\frac{1+x}{x^2}$ es:

A. $\frac{-1}{x^2}$

B. $\frac{1}{x^2}$

C. $\frac{(2x^2-x)}{x^3}$

D. Ninguna de las anteriores.

3. La diferencia de los lados de dos cuadrados es 3 cm. Si el lado del pequeño mide x cm, el valor absoluto de la diferencia de las áreas es:

A. 15 cm² B. 27 cm² C. $6x+9$ cm² D. $6x-9$ cm²

»Señala, en cada caso, las respuestas correctas

4. Se consideran las fracciones algebraicas:

$$A(x)=\frac{x+2}{x+1} \qquad B(x)=\frac{x^2+4x+4}{x^2+3x+2}$$

A. Son exactamente iguales.

B. Son equivalentes.

C. El valor numérico en $x=1$ es el mismo.

D. Los valores numéricos en todos los puntos distintos de -1 y -2 son iguales.

5. Se consideran las expresiones algebraicas:

$$A(x)=\sqrt{2}x^2 \qquad B(x)=\frac{2+\sqrt{x}}{x} \qquad C(x)=\frac{2+x}{\sqrt{x}}$$

A. Ninguna es un polinomio.

B. Solo una de ellas es un monomio.

C. Dos son polinomios.

D. Todas son polinomios.

»Elige la relación correcta entre las dos afirmaciones dadas

6. Se sabe que los polinomios $P(x)$ y $Q(x)$ verifican la siguiente relación $P(x)=(x-1)Q(x)+R$ siendo R un número real. Se consideran las afirmaciones:

1. $P(1)=0$
2. $P(x)$ es divisible por $Q(x)$

A. $1 \Leftrightarrow 2$

B. $1 \Rightarrow 2$ pero $2 \not\Rightarrow 1$

C. $2 \Rightarrow 1$ pero $1 \not\Rightarrow 2$

D. 1 y 2 son excluyentes entre sí.

»Señala el dato innecesario para contestar

7. Se quiere calcular el valor numérico en $x=a$, $y=b$ de la expresión algebraica:

$$\frac{1}{\frac{y}{x}-\frac{1}{x}}:\frac{x^2-2x+1}{xy-x-y+1}$$

Para ello se aportan los siguientes datos:

1. $a=3$
2. $b=-3$

A. Se puede eliminar 1.

B. Se puede eliminar 2.

C. No es necesario ningún dato.

D. No puede eliminarse ninguno.

4 Ecuaciones y sistemas

Leyes de la naturaleza

Estudios económicos

Evolución demográfica

Problemas de logística

En clave de enigma

Seguro que has oído esta frase en algún sitio: "No conozco a la mitad de ustedes, ni la mitad de lo que querría, y lo que yo querría es menos de la mitad de lo que la mitad de ustedes merece". ¿Recuerdas quien la dijo? ¿Quevedo? ¿Groucho Marx, quizás? ¿No sabes la respuesta?

Mientras lo piensas, te planteo otro acertijo famoso: "Sabiendo que 75 vacas comen la hierba de un prado de 60 ha en doce días y que 81 vacas consumen la hierba de un prado de 72 ha en 15 días, ¿cuántas vacas pueden alimentarse durante 18 días en una parcela de 96 ha? (Supón que inicialmente la cantidad de hierba por hectárea es la misma en todos los casos y que crece uniformemente a medida que pasa el tiempo)". ¿Sabes quién lo propuso?

La primera frase no deja de ser un galimatías gracioso, pero el segundo problema tiene solución (100 vacas) y, aunque parezca difícil, no es imposible hallar la respuesta si piensas un poco y estudias este tema con atención. Para ello, basta plantear y resolver un sistema de ecuaciones. Como puedes ver las ecuaciones no son ni objetos extraños ni su uso se aleja tanto de la vida cotidiana...

Por cierto, la primera frase la dijo un *hobbit* —Bilbo Bolsón— y es posible que la hayas leído u oído en la primera película de la trilogía de El Señor de los Anillos, a la que pertenece la imagen (a propósito, ¿cuánto conoce Bilbo a sus paisanos *hobbits*?). El autor del problema de las vacas es nada menos que Sir Isaac Newton, uno de los científicos más importantes de todos los tiempos.

- Las ecuaciones son una herramienta común para resolver problemas en ciencias naturales. Las leyes de la naturaleza vienen dadas, muchas veces, por ecuaciones.
- También son importantes para las ciencias sociales, la economía, la demografía, la logística y, en general, siempre que se necesite averiguar el valor de cantidades desconocidas a partir de información indirecta sobre ellas.
- A riesgo de parecer pesados, insistimos: los métodos del álgebra elemental son muy importantes para resolver este tipo de problemas. ¡No dejes de estudiarlos bien!

Piensa en lo anterior e intenta contestar a las cuestiones siguientes; estudiando bien el tema no te resultarán difíciles.

- ¿Sabrías averiguar cuándo tendrás la mitad de la suma de las edades de tu padre y de tu madre?
- ¿Puede haber ecuaciones que tengan más de una solución? ¿Y ecuaciones que no tengan ninguna?
- ¿Sabrías determinar cuál es el mejor precio para vender más raciones de *pizza*?

Al terminar la unidad serás capaz de resolver estos y otros muchos problemas cotidianos y tendrás herramientas muy potentes que usarás este y los cursos siguientes.

smSaviadigital.com **PONTE A PUNTO**

Comprueba lo que sabes de ecuaciones y sistemas.

1 Ecuaciones polinómicas de primer y segundo grado

Una **ecuación polinómica** es aquella en la que únicamente intervienen polinomios. Su grado es el máximo grado de los polinomios que la determinan.

Las ecuaciones polinómicas y, en general, cualquier otro tipo de ecuación, pueden ser **compatibles** (una o infinitas soluciones) o **incompatibles** (ninguna solución).

Ecuaciones de primer grado

Las ecuaciones de primer grado son las más sencillas. Para resolverlas se dan los siguientes pasos:

1.º Se simplifica la expresión eliminando denominadores y paréntesis.

2.º Se agrupan los términos con x en un miembro y los independientes en el otro.

3.º Se opera y se halla la solución de la ecuación.

Ejemplo ▸ Resuelve: $2(x-3)+\frac{x-1}{2}-\frac{2x-3}{4}=-\frac{9}{4}$

1.º Se simplifica: $8(x-3)+2(x-1)-(2x-3)=-9 \Rightarrow 8x-24+2x-2-2x+3=-9$

2.º Se agrupan los términos: $8x+2x-2x=-9+24+2-3$

3.º Se opera y se halla la solución: $8x=14 \Rightarrow x=\frac{14}{8}=\frac{7}{4}$

Ecuaciones de segundo grado. Fórmula general de resolución

Una ecuación de segundo grado es una ecuación de la forma: $\boldsymbol{ax^2+bx+c=0}$

Las soluciones son de la forma:

$$\boldsymbol{x=\frac{-b\pm\sqrt{b^2-4ac}}{2a}}$$

Para obtener la fórmula que da sus soluciones, se siguen los siguientes pasos:

1.º Se divide la ecuación por a: $x^2+\frac{b}{a}x+\frac{c}{a}=0$

2.º Se completan cuadrados: $x^2+2\cdot\frac{b}{2a}x+\frac{b^2}{4a^2}-\frac{b^2}{4a^2}+\frac{c}{a}=\left(x+\frac{b}{2a}\right)^2-\frac{b^2}{4a^2}+\frac{c}{a}=0$

3.º Se despeja x: $\left(x+\frac{b}{2a}\right)^2=\frac{b^2}{4a^2}-\frac{c}{a} \Rightarrow x+\frac{b}{2a}=\pm\sqrt{\frac{b^2-4ac}{4a^2}} \Rightarrow x=-\frac{b}{2a}\pm\frac{\sqrt{b^2-4ac}}{2a}$

Ejemplo ▸ $-2x^2+3x+2=0 \Rightarrow x=\frac{-3\pm\sqrt{3^2-4\cdot(-2)\cdot 2}}{2\cdot(-2)}=\frac{-3\pm\sqrt{25}}{-4}=\frac{-3\pm 5}{-4} \Rightarrow \begin{cases} x=\frac{2}{-4}=-\frac{1}{2} \\ x=\frac{-8}{-4}=2 \end{cases}$

Ecuaciones de segundo grado incompletas

Las ecuaciones de segundo grado incompletas pueden resolverse por métodos más sencillos.

Las ecuaciones del tipo $\boldsymbol{ax^2+bx=0}$ se resuelven **extrayendo factor común**.

Las ecuaciones del tipo $\boldsymbol{ax^2+c=0}$ se resuelven **despejando la incógnita** directamente.

Ejemplos ▸ $2x^2-12x=0 \Rightarrow 2x(x-6)=0 \Rightarrow \begin{cases} x=0 \\ x-6=0 \Rightarrow x=6 \end{cases}$

$4x^2-16=0 \Rightarrow 4x^2=16 \Rightarrow x^2=\frac{16}{4}=4 \Rightarrow x=\pm\sqrt{4} \Rightarrow \begin{cases} x=-2 \\ x=2 \end{cases}$

Número de soluciones reales

Al radicando de la raíz de la solución de una ecuación de segundo grado se le llama **discriminante**, $\Delta = b^2 - 4ac$. El número de soluciones de la ecuación de segundo grado $ax^2 + bx + c = 0$ depende del signo del discriminante de la ecuación.

$\Delta > 0$	Dos soluciones	$x = \dfrac{-b \pm \sqrt{b^2 - 4ac}}{2a}$
$\Delta = 0$	Una única solución doble	$x = \dfrac{-b}{2a}$
$\Delta < 0$	No tiene solución real	

Suma y producto de las soluciones: Fórmulas de Cardano-Vieta

Al calcular la suma y el producto de las soluciones de una ecuación de segundo grado se obtiene:

$$x_1 + x_2 = \frac{-b+\sqrt{b^2-4ac}}{2a} + \frac{-b-\sqrt{b^2-4ac}}{2a} = \frac{-2b}{2a} = \frac{-b}{a}$$

$$x_1 x_2 = \frac{-b+\sqrt{b^2-4ac}}{2a} \cdot \frac{-b-\sqrt{b^2-4ac}}{2a} = \frac{(-b)^2 - \left(\sqrt{b^2-4ac}\right)^2}{4a^2} = \frac{b^2-b^2+4ac}{4a^2} = \frac{4ac}{4a^2} = \frac{c}{a}$$

Las fórmulas de Cardano-Vieta deben su nombre al italiano Gerolamo Cardano y al francés Francisco Vieta.

Las **fórmulas de Cardano-Vieta** expresan la suma y el producto de las soluciones de una ecuación de segundo grado en función de los coeficientes de la misma.

$$x_1 + x_2 = -\frac{b}{a} \qquad\qquad x_1 x_2 = \frac{c}{a}$$

EJERCICIOS RESUELTOS

1. Resuelve la ecuación:

$$\frac{x^2+1}{2} - \frac{2x-3}{4} + \frac{x^2}{6} = \frac{59}{12}$$

Se eliminan denominadores: m.c.m.(2, 4, 6, 12) = 12, luego: $6(x^2+1) - 3(2x-3) + 2x^2 = 59$

Se eliminan los paréntesis: $6x^2 + 6 - 6x + 9 + 2x^2 = 59 \Rightarrow 8x^2 - 6x - 44 = 0$

Se simplifica la ecuación y se resuelve:

$$4x^2 - 3x - 22 = 0 \Rightarrow x = \frac{3 \pm \sqrt{(-3)^2 - 4\cdot 4\cdot(-22)}}{2\;4} x = \frac{3 \pm \sqrt{9+352}}{8} = \frac{3 \pm 19}{8} \Rightarrow \begin{cases} x = \dfrac{11}{4} \\ x = -2 \end{cases}$$

2. Escribe una ecuación de segundo grado tal que la suma de sus raíces valga 3, y el producto, –4.

Se aplican las fórmulas de Cardano-Vieta:

$$\left.\begin{array}{l} x_1 + x_2 = -\dfrac{b}{a} = 3 \Rightarrow b = -3a \\ x_1 x_2 = \dfrac{c}{a} = -4 \Rightarrow c = -4a \end{array}\right\} \text{Si } a = 1 \Rightarrow b = -3 \text{ y } c = -4$$

Por tanto, una ecuación que cumple las conciciones es: $x^2 - 3x - 4 = 0$

EJERCICIOS PROPUESTOS

3. Halla las soluciones de las siguientes ecuaciones.

a) $-2x^2 - 5x + 3 = 0$ b) $x^2 + 9x + 14 = 0$ c) $7x + 2 = 30x^2$

4. Resuelve las siguientes ecuaciones de segundo grado incompletas.

a) $3x^2 + 18x = 0$ b) $16x^2 - 25 = 0$ c) $-5x^2 + 7x = 0$

5. Indica el número de soluciones de las siguientes ecuaciones.

a) $x^2 + x + 4 = 0$ c) $x^2 - 18x + 80 = 0$

b) $4x^2 + 4x + 1 = 0$ d) $(x+2)^2 + 2(x-1)^2 = 2x(x-4) - 10$

6. Halla una ecuación de segundo grado tal que la suma de sus raíces sea –3 y el producto –28.

2 Ecuaciones polinómicas de grado superior a dos

Ecuaciones bicuadradas

Algunas ecuaciones polinómicas de grado superior a dos pueden resolverse algebraicamente transformándolas en ecuaciones de segundo grado.

Las ecuaciones bicuadradas, $\boldsymbol{ax^4+bx^2+c=0}$, se resuelven transformándolas en ecuaciones de segundo grado mediante el cambio de variable $\boldsymbol{z=x^2}$.

MAT-TIC GeoGebra

Entra en sm**Savia**digital.com y podrás ver de forma gráfica las soluciones de ecuaciones de tercer grado.

Ecuaciones resolubles por factorización

Las ecuaciones polinómicas siempre pueden escribirse de la forma $P(x)=0$, por lo que su resolución consiste en hallar las raíces del polinomio $P(x)$. Para factorizar un polinomio, se puede:

- Extraer factor común.
- Cuando las ecuaciones polinómicas tienen todas las raíces enteras, se pueden calcular mediante la regla de Ruffini.
- Si tienen todas las raíces enteras excepto dos, éstas dos últimas se pueden calcular mediante una ecuación de segundo grado.

EJERCICIOS RESUELTOS

7. Resuelve la ecuación:

$$x^4-10x^2+9=0$$

Se hace el cambio $z=x^2$ y luego se deshace:

$$z^2-10z+9=0 \Rightarrow z=\frac{10\pm\sqrt{100-36}}{2}=\frac{10\pm 8}{2} \Rightarrow \begin{cases} z=9=x^2 \Rightarrow x=3,\ x=-3 \\ z=1=x^2 \Rightarrow x=1,\ x=-1 \end{cases}$$

8. Resuelve la ecuación:

$$6x^5-x^4-19x^3-9x^2+5x+2=0$$

Las posibles raíces enteras son los divisores del término independiente: ± 1 y ± 2

	6	−1	−19	−9	5	2
−1		−6	7	12	−3	−2
	6	−7	−12	3	2	0

$x=-1$ es una raíz y, por tanto, $(x+1)$ es un factor.

$$P(x)=(x+1)(6x^4-7x^3-12x^2+3x+2)$$

	6	−7	−12	3	2
−1		−6	13	−1	−2
	6	−13	1	2	0

$x=-1$ es también raíz del polinomio obtenido en el cociente (raíz doble).

$$P(x)=(x+1)^2(6x^3-13x^2+x+2)$$

	6	−13	1	2
2		12	−2	−2
	6	−1	−1	0

Al probar el valor $x=2$ con el último cociente, se ve que es otra raíz.

$$P(x)=(x+1)^2(x-2)(6x^2-x-1)$$

Como el cociente obtenido ahora es de segundo grado, se puede resolver la ecuación:

$$6x^2-x-1=0 \Rightarrow x=\frac{1\pm\sqrt{1+24}}{2\cdot 6}=\frac{1\pm 5}{12} \Rightarrow \begin{cases} x=\dfrac{1}{2} \\ x=-\dfrac{1}{3} \end{cases} \Rightarrow 6x^2-x-1=6\left(x-\frac{1}{2}\right)\left(x+\frac{1}{3}\right)$$

Por tanto, la ecuación $P(x)=0$ puede escribirse: $6(x+1)^2(x-2)\left(x-\frac{1}{2}\right)\left(x+\frac{1}{3}\right)=0$, y sus soluciones son $x=-1$ (doble), $x=2$, $x=\frac{1}{2}$, $x=-\frac{1}{3}$.

EJERCICIOS PROPUESTOS

9. Opera y resuelve las ecuaciones bicuadradas obtenidas.

a) $x^4-20x^2+64=0$

b) $\frac{24}{x^2}=3x^2-6$

c) $x\left((x+2)^2-4(x-1)-2\right)=-\frac{5}{x}$

10. Resuelve las siguientes ecuaciones por factorización.

a) $x^3-6x^2+9x-4=0$

b) $6x^4+13x^3-8x^2-17x+6=0$

c) $x^4-5x^3-39x^2+265x-350=0$

d) $8x^4+10x^3-17x^2-7x+6=0$

3 Ecuaciones racionales

Las **ecuaciones racionales** son aquellas en las que aparecen fracciones algebraicas.

Para resolver las ecuaciones racionales se eliminan los denominadores multiplicando los dos miembros por su mínimo común múltiplo y se resuelve la ecuación polinómica obtenida. Por último, hay que **comprobar las soluciones** en la ecuación original, desechando aquellos valores que anulan algún denominador.

EJERCICIO RESUELTO

11. Resuelve:

a) $\frac{x+1}{2x-1}+\frac{x}{2x+1}=\frac{7}{4x^2-1}$

b) $\frac{x^2+x-2}{x-1}=\frac{2-3x^2}{x+1}$

a) Se multiplican todos los términos por el m.c.m. de los denominadores:

m.c.m.$(2x-1,\ 2x+1,\ 4x^2-1)=(2x+1)(2x-1)=4x^2-1$

$$\frac{(2x+1)(2x-1)(x+1)}{2x-1}+\frac{(2x+1)(2x-1)x}{2x+1}=(4x^2-1)\frac{7}{4x^2-1}\Rightarrow(2x+1)(x+1)+(2x-1)x=7$$

Se opera y se resuelve la ecuación polinómica obtenida:

$$2x^2+2x+x+1+2x^2-x=7\Rightarrow 4x^2+2x-6=0\Rightarrow 2x^2+x-3=0\Rightarrow\begin{cases}x=1\\ x=-\frac{3}{2}\end{cases}$$

Se comprueba si las soluciones obtenidas son válidas:

$$x=1\Rightarrow\frac{1+1}{2\cdot1-1}+\frac{1}{2\cdot1+1}=\frac{7}{4\cdot1^2-1}\Rightarrow\frac{2}{1}+\frac{1}{3}=\frac{7}{3}\Rightarrow\frac{7}{3}=\frac{7}{3}$$

$$x=-\frac{3}{2}\Rightarrow\frac{-\frac{3}{2}+1}{2\left(-\frac{3}{2}\right)-1}+\frac{-\frac{3}{2}}{2\left(-\frac{3}{2}\right)+1}=\frac{7}{4\left(-\frac{3}{2}\right)^2-1}\Rightarrow\frac{-\frac{1}{2}}{-4}+\frac{-\frac{3}{2}}{-2}=\frac{7}{8}\Rightarrow\frac{1}{8}+\frac{3}{4}=\frac{7}{8}\Rightarrow\frac{7}{8}=\frac{7}{8}$$

Por tanto ambas soluciones son válidas.

b) Se procede de la misma manera que en el ejercicio anterior:

m.c.m.$(x-1,\ x+1)=(x+1)(x-1)=x^2-1$

$$\frac{(x+1)(x-1)(x^2+x-2)}{x-1}=\frac{(x+1)(x-1)(2-3x^2)}{x+1}\Rightarrow(x+1)(x^2+x-2)=(x-1)(2-3x^2)\Rightarrow$$
$$\Rightarrow x^3+x^2-2x+x^2+x-2=2x-3x^3-2+3x^2\Rightarrow$$
$$\Rightarrow x^3+2x^2-x-2=-3x^3+3x^2+2x-2\Rightarrow 4x^3-x^2-3x=0$$

En este caso se obtiene una ecuación polinómica de tercer grado que puede resolverse por factorización:

$$4x^3-x^2-3x=x(4x^2-x-3)=0\Rightarrow\begin{cases}x=0\\ 4x^2-x-3=0\Rightarrow\begin{cases}x=1\\ x=-\frac{3}{4}\end{cases}\end{cases}$$

Se sustituye en la ecuación inicial para comprobar las soluciones y se comprueba que las únicas soluciones válidas son $x=0$ y $x=-\frac{3}{4}$, ya que al sustituir el valor $x=1$ en la ecuación aparece una fracción con denominador 0.

EJERCICIOS PROPUESTOS

12. Resuelve las siguientes ecuaciones racionales.

a) $x+\frac{2}{x}=-3$

b) $\frac{11x+11}{9}=2x-\frac{12}{2-x}-7$

c) $\frac{4}{x+2}+\frac{4}{x}=3$

d) $\frac{6x+7}{x+3}=\frac{x}{x-1}$

13. Resuelve las siguientes ecuaciones racionales.

a) $\frac{2x}{3}+\frac{2x+3}{x-1}=\frac{7}{3x-3}$

b) $\frac{2x}{x-2}+\frac{3x}{x+2}=\frac{6x^2}{x^2-4}$

c) $\frac{2}{x^2-1}+\frac{3x}{x-1}=\frac{x}{x+1}$

d) $\frac{x^3-8}{x-1}=\frac{24x+16}{x+2}$

4 Ecuaciones con radicales

Las **ecuaciones con radicales**, son aquellas en las que la incógnita aparece bajo el signo radical. Se resuelven aislando sucesivamente cada radical y elevando al índice de este.

Al elevar a una potencia par los dos miembros de la ecuación se pueden obtener soluciones falsas. Es, por tanto, imprescindible comprobar si las soluciones obtenidas son correctas.

EJERCICIOS RESUELTOS

14. Resuelve la ecuación:

$$x+\sqrt{2x^2+2x-3}=-1$$

Se aísla el radical en un miembro: $\sqrt{2x^2+2x-3}=-1-x$

Se elevan al cuadrado los dos miembros de la ecuación:

$$\left(\sqrt{2x^2+2x-3}\right)^2=(-1-x)^2 \Rightarrow 2x^2+2x-3=1+2x+x^2 \Rightarrow x^2-4=0$$

Se resuelve la ecuación polinómica obtenida:

$$x^2-4=0 \Rightarrow x^2=4 \Rightarrow x=2,\ x=-2$$

Se comprueban las soluciones sustituyendo en la ecuación inicial:

$$x=2 \Rightarrow 2+\sqrt{8+4-3}=2+\sqrt{9}=2+3=5\neq -1 \Rightarrow \text{ No es solución.}$$

$$x=-2 \Rightarrow -2+\sqrt{8-4-3}=-2+\sqrt{1}=-2+1=-1 \Rightarrow \text{ Sí es solución.}$$

La única solución es $x=-2$.

15. Resuelve la ecuación:

$$\sqrt{x+2}+\sqrt{x+7}=5$$

Se aísla una de las raíces y se elevan al cuadrado los dos miembros:

$$\sqrt{x+2}=5-\sqrt{x+7} \Rightarrow \left(\sqrt{x+2}\right)^2=\left(5-\sqrt{x+7}\right)^2 \Rightarrow x+2=25-10\sqrt{x+7}+x+7 \Rightarrow 10\sqrt{x+7}=30$$

Se vuelve a repetir el proceso para eliminar la raíz que queda:

$$\sqrt{x+7}=3 \Rightarrow \left(\sqrt{x+7}\right)^2=3^2 \Rightarrow x+7=9 \Rightarrow x=2$$

Se comprueba si la solución es válida sustituyendo en la ecuación inicial:

$$\sqrt{2+2}+\sqrt{2+7}=\sqrt{4}+\sqrt{9}=2+3=5$$

La solución es $x=2$.

16. Resuelve la ecuación:

$$\sqrt{2x+4}-\sqrt{x+3}=\sqrt{x-5}$$

Como la raíz del segundo miembro ya está aislada, se eleva al cuadrado:

$$\left(\sqrt{2x+4}-\sqrt{x+3}\right)^2=\left(\sqrt{x-5}\right)^2 \Rightarrow 2x+4-2\sqrt{(2x+4)(x+3)}+x+3=x-5 \Rightarrow$$

$$\Rightarrow 3x+7-2\sqrt{2x^2+10x+12}=x-5$$

Se aísla la raíz que queda y se vuelve a elevar al cuadrado:

$$2x+12=2\sqrt{2x^2+10x+12} \Rightarrow x+6=\sqrt{2x^2+10x+12} \Rightarrow (x+6)^2=\left(\sqrt{2x^2+10x+12}\right)^2 \Rightarrow$$

$$\Rightarrow x^2+12x+36=2x^2+10x+12 \Rightarrow x^2-2x-24=0 \Rightarrow x=\frac{2\pm\sqrt{4+96}}{2}=\frac{2\pm 10}{2} \Rightarrow$$

$$\Rightarrow x=6,\ x=-4$$

Se comprueban las soluciones:

$$x=6 \Rightarrow \sqrt{2\cdot 6+4}-\sqrt{6+3}=\sqrt{6-5} \Rightarrow \sqrt{16}-\sqrt{9}=\sqrt{1} \Rightarrow 1=1 \Rightarrow \text{ Sí es solución.}$$

$$x=-4 \Rightarrow \sqrt{2(-4)+4}-\sqrt{(-4)+3}=\sqrt{-4-5} \Rightarrow \sqrt{-4}-\sqrt{-1}=\sqrt{-9} \Rightarrow \text{No es solución.}$$

La única solución es $x=6$.

EJERCICIOS PROPUESTOS

17. Resuelve las siguientes ecuaciones con radicales.

a) $\sqrt{x+2}-x+4=0$

b) $x+\sqrt{10+x^2}=5$

c) $\sqrt{x+1}-\sqrt{4x-3}=-5$

d) $\sqrt{x+7}-\sqrt{2x}=\sqrt{x+23}$

e) $\sqrt{x+4}+\sqrt{x-1}=5$

f) $x^2-\sqrt{3x^2-2}=4$

18. Resuelve las siguientes ecuaciones irracionales.

a) $\sqrt{2x+7}-\sqrt{x}=2$

b) $\dfrac{x-1}{\sqrt{x}}=x-1$

c) $\dfrac{x}{\sqrt{x}}=x-2$

d) $\sqrt{3\sqrt{16-x}}=\sqrt{2x-5}$

5 Ecuaciones logarítmicas

Las ecuaciones en las que la incógnita se encuentra en la base o el argumento de un logaritmo se llaman **ecuaciones logarítmicas**.

MAT-TIC GeoGebra

Entra en smSaviadigital.com y mira este simulador de resolución de ecuaciones logarítmicas.

Para resolver las ecuaciones logarítmicas se modifican sus miembros con la ayuda de las propiedades de los logaritmos y se tiene en cuenta que:

$$\log A = \log B \Leftrightarrow A = B$$

En ocasiones, bastará simplemente con aplicar la definición de logaritmo, es decir, bastará hallar el exponente al que hay que elevar la base para obtener el número propuesto.

Al no estar definidos los logaritmos de cero ni de los números negativos, es necesario comprobar que las soluciones obtenidas son válidas.

EJERCICIOS RESUELTOS

19. Resuelve la ecuación logarítmica $\log\frac{2x-2}{50}=-2$.

Como $-2=\log 10^{-2}=\log\frac{1}{100}\Rightarrow \log\frac{2x-2}{50}=\log\left(\frac{1}{100}\right)$

Se igualan los argumentos y se resuelve: $\frac{2x-2}{50}=\frac{1}{100}\Rightarrow 2(2x-2)=1\Rightarrow 4x-4=1\Rightarrow x=\frac{5}{4}$

Se comprueba la solución: $\log\frac{2\left(\frac{5}{4}\right)-2}{50}=\log\frac{\frac{5}{2}-2}{50}=\log\frac{\frac{1}{2}}{50}=\log\frac{1}{100}=-2\Rightarrow$ La solución es $x=\frac{5}{4}$

20. Resuelve:

$\log(3x^2+5x+30)-\log(3x+8)=1$

Se aplican las propiedades de los logaritmos y se usa la igualdad $\log 10=1$: $\log\left(\frac{3x^2+5x+30}{3x+8}\right)=\log 10$

$$\frac{3x^2+5x+30}{3x+8}=10\Rightarrow 3x^2+5x+30=30x+80\Rightarrow 3x^2-25x-50=0\Rightarrow x=10,\ x=-\frac{5}{3}$$

Se comprueba que las dos soluciones son verdaderas:

$x=10\Rightarrow \log 380-\log 38=\log\frac{380}{38}=\log 10=1$ $\qquad$ $x=-\frac{5}{3}\Rightarrow \log 30-\log 3=\log\frac{30}{3}=\log 10=1$

21. Halla, si existe, la solución de la siguiente ecuación logarítmica.

$$\frac{\log x}{2}=\frac{1}{2}+\log\sqrt{2}$$

$$\frac{\log x}{2}=\frac{1}{2}+\log\sqrt{2}\Rightarrow \log x^{\frac{1}{2}}=\log 10^{\frac{1}{2}}+\log\sqrt{2}\Rightarrow \log\sqrt{x}=\log\sqrt{10}+\log\sqrt{2}\Rightarrow$$

$$\Rightarrow \log\sqrt{x}=\log\sqrt{10\cdot 2}\Rightarrow \sqrt{x}=\sqrt{20}\Rightarrow x=20$$

La solución es verdadera, pues: $\frac{\log 20}{2}=\frac{1}{2}+\log\sqrt{2}\Rightarrow \log\sqrt{20}=\log\sqrt{10}+\log\sqrt{2}=\log\sqrt{10\cdot 2}=\log\sqrt{20}$

22. Resuelve la siguiente ecuación logarítmica. $\log(x-3)+\log(x+6)=1$

Se simplifica la expresión inicial y se igualan los argumentos:

$$\log(x-3)+\log(x+6)=1\Rightarrow \log(x-3)(x+6)=\log 10\Rightarrow (x-3)(x+6)=10\Rightarrow$$

$$\Rightarrow x^2+3x-18=10\Rightarrow x^2+3x-28=0\Rightarrow x=4 \text{ y } x=-7$$

$x=-7$ no es una solución válida al no existir logaritmos de números negativos.

$x=4$ es solución: $\log(4-3)+\log(4+6)=1\Rightarrow \log 1+\log 10=1\Rightarrow 0+1=1\Rightarrow 1=1$

EJERCICIOS PROPUESTOS

23. Resuelve las siguientes ecuaciones logarítmicas.

a) $\log 3x=\log 6+2\log x$

b) $\log(2x+3)-\log(x-2)=\log 36$

c) $\log(4-5x)+\log(2x-2)=\log(2x-x^2)+1$

24. Halla un número tal que si se añade a su logaritmo decimal el valor del logaritmo decimal de 2, el resultado es la unidad.

25. Calcula el valor de un número si el doble de su logaritmo decimal es igual a la suma de los logaritmos decimales de 4 y de 9.

6 Ecuaciones exponenciales

MAT-TIC GeoGebra

Entra en smSaviadigital.com y comprueba las soluciones de ecuaciones exponenciales sencillas.

Las **ecuaciones exponenciales** son aquellas en las que la incógnita se encuentra en el exponente.

Para resolver este tipo de ecuaciones se aplican las propiedades de las potencias y se tiene en cuenta que, si $a \neq -1$, $a \neq 0$ y $a \neq 1$, entonces:

$$a^m = a^n \Leftrightarrow m = n$$

En algunas ecuaciones resulta útil tomar logaritmos en ambos miembros de la ecuación.

En otras es conveniente realizar un cambio de variable del tipo $z = a^x$ que simplifique la expresión.

EJERCICIOS RESUELTOS

26. Resuelve las ecuaciones exponenciales:

a) $2^x = 4^{x-5}$

b) $5 \cdot 5^{2x-3} = 25^{x^2-7}$

a) Se aplican las propiedades de las potencias:

$$2^x = 4^{x-5} \Rightarrow 2^x = (2^2)^{x-5} \Rightarrow 2^x = 2^{2(x-5)} \Rightarrow 2^x = 2^{2x-10}$$

Igualando los exponentes: $x = 2x - 10 \Rightarrow -x = -10 \Rightarrow x = 10$

b) Se aplican las propiedades de las potencias:

$$5 \cdot 5^{2x-3} = 25^{x^2-7} \Rightarrow 5^{1+2x-3} = (5^2)^{x^2-7} \Rightarrow 5^{2x-2} = 5^{2(x^2-7)} \Rightarrow 5^{2x-2} = 5^{2x^2-14}$$

Igualando los exponentes:

$$2x - 2 = 2x^2 - 14 \Rightarrow 2x^2 - 2x - 12 = 0 \Rightarrow x^2 - x - 6 = 0 \Rightarrow x = \frac{1 \pm \sqrt{1+24}}{2} = \frac{1 \pm 5}{2} \Rightarrow \begin{cases} x = \frac{6}{2} = 3 \\ x = \frac{-4}{2} = -2 \end{cases}$$

27. Resuelve la ecuación exponencial $3^{2x-3} = 2$.

Se toman logaritmos, por ejemplo neperianos, en los dos miembros: $\ln 3^{2x-3} = \ln 2$

Aplicando las propiedades de los logaritmos: $(2x-3)\ln 3 = \ln 2 \Rightarrow 2x - 3 = \frac{\ln 2}{\ln 3} \Rightarrow x = \frac{1}{2}\left(\frac{\ln 2}{\ln 3} + 3\right)$

28. Resuelve:

a) $3^x + 2 \cdot 3^{x-2} = 11$

b) $2^{2x+4} - 5 \cdot 2^{x+3} = -9$

a) $3^x + 2 \cdot 3^{x-2} = 11 \Rightarrow 3^x + 2 \cdot 3^x \cdot 3^{-2} = 11$

Se aplica un cambio de variable de la forma: $z = 3^x$

$$z + 2z \cdot \frac{1}{9} = 11 \Rightarrow 11z = 99 \Rightarrow z = 9$$

Se deshace el cambio: $3^x = 9 \Rightarrow 3^x = 3^2 \Rightarrow x = 2$

b) $2^{2x+4} - 5 \cdot 2^{x+3} = -9 \Rightarrow 2^{2x} \cdot 2^4 - 5 \cdot 2^x \cdot 2^3 = -9 \Rightarrow (2^x)^2 \cdot 2^4 - 5 \cdot 2^x \cdot 2^3 = -9$

Se aplica un cambio de variable de la forma: $z = 2^x$

$$16z^2 - 40z = -9 \Rightarrow 16z^2 - 40z + 9 = 0 \Rightarrow z = \frac{9}{4},\ z = \frac{1}{4}$$

Se deshace el cambio: $\begin{cases} 2^x = \frac{9}{4} \Rightarrow \ln 2^x = \ln\frac{9}{4} \Rightarrow x\ln 2 = \ln\frac{9}{4} \Rightarrow x = \dfrac{\ln\frac{9}{4}}{\ln 2} \\ 2^x = \frac{1}{4} \Rightarrow 2^x = 2^{-2} \Rightarrow x = -2 \end{cases}$

EJERCICIOS PROPUESTOS

29. Resuelve las siguientes ecuaciones exponenciales.

a) $4^{2x} = 16$

b) $7^{x-3} = 49$

c) $\frac{1}{2^x} = 16^{\frac{x(x-1)}{2}}$

d) $4^{\frac{2x-3}{5}} = 64$

30. Resuelve las siguientes ecuaciones.

a) $2^{x-1} + 2^x + 2^{x+1} = 7$

b) $2^{x+4} - 8^x = 0$

c) $5^{2x} - 30 \cdot 5^x + 125 = 0$

d) $2 \cdot 10^{2x+4} + 3 \cdot 10^{x+2} - 5 = 0$

31. smSaviadigital.com PRACTICA Resuelve más ecuaciones de diferentes tipos.

7 Sistemas de ecuaciones

Cuando existen n incógnitas ligadas por m ecuaciones que deben cumplirse simultáneamente, se tiene un **sistema de m ecuaciones con n incógnitas**.

Si todas las ecuaciones son polinómicas de primer grado se llama **sistema lineal** y si, además, el número de incógnitas coincide con el de ecuaciones se llama **sistema cuadrado**.

Así, un **sistema de dos ecuaciones lineales** con dos incógnitas es de la forma:

$$\begin{cases} a_{11}x_1 + a_{12}x_2 = b_1 \\ a_{21}x_1 + a_{22}x_2 = b_2 \end{cases}$$

Donde x_1 y x_2 son las incógnitas; a_{11}, a_{12}, a_{21} y a_{22}, los coeficientes, y b_1 y b_2, los términos independientes. En muchas ocasiones, las incógnitas se representan por las letras x e y.

Si alguna de las ecuaciones del sistema es no lineal, el sistema es un **sistema de ecuaciones no lineales**.

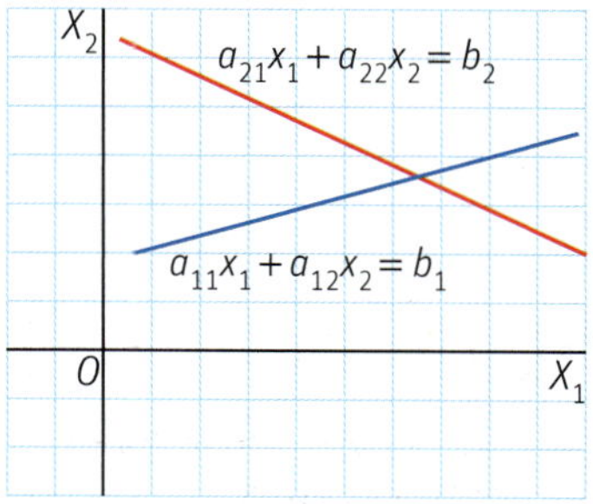

La representación de sistema de dos ecuaciones lineales con dos incógnitas son dos rectas que pueden o no cortarse.

Dado un sistema con n incógnitas, una **solución** es un conjunto de n valores reales, uno para cada una de las incógnitas, tales que sustituidos en las ecuaciones hacen que estas se verifiquen.

Ejemplo ▸ El par de valores reales $x=2$ e $y=-3$ es una solución del sistema $\begin{cases} 2x+y=1 \\ 3x-2y=12 \end{cases}$ ya que:

$$\begin{cases} 2\cdot 2+(-3)=4-3=1 \\ 3\cdot 2-2(-3)=6+6=12 \end{cases}$$

Dos sistemas de ecuaciones son **equivalentes** si tienen las mismas soluciones.

Ejemplo ▸ Los sistemas $\begin{cases} x+2y=5 \\ -x-y=-3 \end{cases}$ y $\begin{cases} 2x+4y=10 \\ -2x-2y=-6 \end{cases}$ son equivalentes, y la solución es la misma para ambos: $x=1$, $y=2$

En función del número de soluciones, un sistema de ecuaciones lineales puede ser:

Compatible determinado: si tiene una única solución.

Compatible indeterminado: si tiene infinitas soluciones.

Incompatible: si no tiene solución.

EJERCICIO RESUELTO

32. **Comprueba que $x=3$, $y=-1$ y $z=2$ es una solución del sistema:**

$$\begin{cases} 2x+y-z=3 \\ 3x+y+z=10 \\ -x-y+2z=2 \end{cases}$$

Se sustituyen los valores en las ecuaciones:

$$\begin{cases} 2\cdot 3+(-1)-2=6-1-2=3 \\ 3\cdot 3+(-1)+2=9-1+2=10 \\ -3-(-1)+2\cdot 2=-3+1+4=2 \end{cases}$$

Como las tres ecuaciones se verifican, entonces $x=3$, $y=-1$ y $z=2$, es una solución del sistema.

EJERCICIOS PROPUESTOS

33. **Di si los siguientes sistemas son lineales o no lineales e identifica las incógnitas, coeficientes y términos independientes.**

a) $\begin{cases} 2x+xy=3 \\ x+3y=4 \\ 2x+5y=6 \end{cases}$ b) $\begin{cases} x+y=1 \\ y+z=2 \\ x+2z=0 \end{cases}$

34. **Indica si los pares de valores dados son soluciones del siguiente sistema de ecuaciones:** $\begin{cases} 9x+10y=13 \\ -x+4y=-4 \end{cases}$

a) $x=-3$, $y=4$ b) $x=2$, $y=-\frac{1}{2}$

8 Sistemas de dos ecuaciones

Un sistema de ecuaciones polinómicas es aquel cuyas ecuaciones son polinomios, que pueden ser de distinto grado.

Sistemas de dos ecuaciones lineales con dos incógnitas

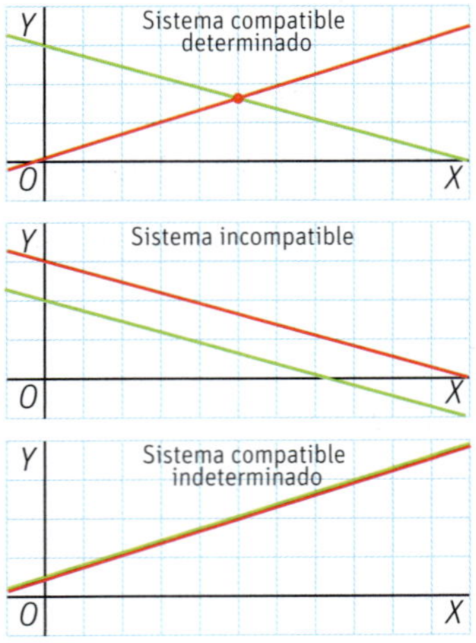

Para resolver un sistema de dos ecuaciones lineales con dos incógnitas se pueden utilizar, entre otros, los métodos **gráfico**, **igualación**, **sustitución** y **reducción**.

- El método **gráfico** consiste en interpretar cada una de las ecuaciones como la ecuación de una recta. La solución del sistema se obtiene representando las rectas y hallando el punto de intersección. Si las rectas se cortan en un único punto, el sistema es compatible determinado; si son paralelas, el sistema es incompatible, y si resultan ser la misma recta, el sistema es compatible indeterminado.
- El método de **igualación** consiste en despejar una de las dos incógnitas, la misma, en cada ecuación, e igualarlas, consiguiéndose una ecuación con una sola incógnita.
- El método de **sustitución** consiste en despejar una incógnita de una de las ecuaciones y sustituir la expresión obtenida en la otra ecuación, consiguiéndose una ecuación con una sola incógnita, que se resuelve.
- El método de **reducción** consiste en multiplicar las ecuaciones por los números adecuados para que el coeficiente de una de las incógnitas tenga el mismo valor absoluto, pero distinto signo en las dos ecuaciones. Así, esta incógnita puede eliminarse al sumar las ecuaciones, obteniéndose una ecuación con una sola incógnita.

Sistemas de segundo grado

En los sistemas de segundo grado, al menos una de las ecuaciones que los forman es de segundo grado y no existe ninguna con grado superior. Es conveniente recordar que el producto de dos incógnitas también determina un término de segundo grado

MAT-TIC GeoGebra

Entra en sm**Savia**digital.com y resuelve sistemas gráficamente.

Los sistemas de segundo grado se resuelven habitualmente por el método de **sustitución**, aunque en algunos casos particulares es más práctico utilizar el método de reducción.

Otros sistemas de ecuaciones

Además de los antes mencionados, existen otros tipos de sistemas de ecuaciones, en los que hay, entre otras, ecuaciones racionales, logarítmicas o exponenciales. Para resolverlos habrá que intentar simplificar estas ecuaciones con los métodos conocidos. En ocasiones, un cambio de variable puede transformar el sistema en lineal y en otras, el método de sustitución puede ser un método eficaz para resolverlos.

EJERCICIO **RESUELTO**

35. Resuelve gráficamente:

$$\begin{cases} 2x - y = -6 \\ x + 3y = 4 \end{cases}$$

En cada ecuación se obtiene una expresión de y en función de x, se interpreta como la ecuación de una recta y se representa.

Aunque dos puntos son suficientes para determinar una recta, se pueden hallar tres o más para evitar errores en la representación.

$y = 2x + 6$	x	0	−3	−1
	y	6	0	4

$y = \frac{4 - x}{3}$	x	−2	1	4
	y	2	1	0

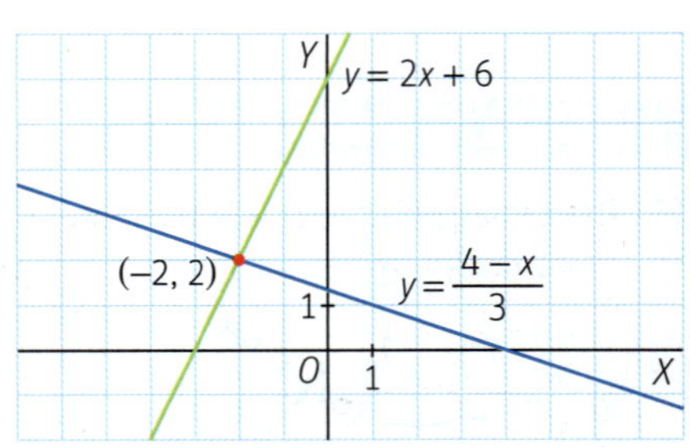

La solución del sistema corresponde al punto de intersección: $(x, y) = (-2, 2)$.

EJERCICIOS RESUELTOS

36. Resuelve el siguiente sistema por igualación.

$$\begin{cases} x-4y=6 \\ 5x-20y=18 \end{cases}$$

Se despeja una incógnita en cada ecuación, por ejemplo la x: $\begin{cases} x-4y=6 \\ 5x-20y=18 \end{cases} \Rightarrow \begin{cases} x=6+4y \\ x=\dfrac{18+20y}{5} \end{cases}$

Igualando las ecuaciones y resolviendo: $6+4y=\dfrac{18+20y}{5} \Rightarrow 30+20y=18+20y \Rightarrow 0y=-12$

La ecuación $0y=-12$ nunca se verifica, por tanto, el sistema es incompatible y no tiene solución.

37. Resuelve el sistema por reducción.

$$\begin{cases} 3x+2y=13 \\ 4x-3y=6 \end{cases}$$

Para igualar los coeficientes de la incógnita x, se multiplica la primera ecuación por 4 y la segunda por -3.

$$\begin{cases} 3x+2y=13 \\ 4x-3y=6 \end{cases} \Rightarrow \begin{matrix} E_1 \to 4E_1 \\ E_2 \to -3E_2 \end{matrix} \Rightarrow \begin{cases} 12x+8y=52 \\ -12x+9y=-18 \end{cases}$$

Sumando las ecuaciones: $17y=34 \Rightarrow y=2$

Sustituyendo en cualquiera de las ecuaciones, por ejemplo, en la primera:

$$3x+2\cdot 2=13 \Rightarrow 3x=9 \Rightarrow x=3$$

El sistema es compatible determinado y la solución es el par: $(x, y)=(3, 2)$.

38. Resuelve el siguiente sistema.

$$\begin{cases} 2x+3y=-4 \\ x^2-2xy=5 \end{cases}$$

Se resuelve por sustitución, despejando una de las incógnitas en la ecuación de primer grado y sustituyendo la expresión obtenida en la ecuación de segundo grado.

$$2x+3y=-4 \Rightarrow y=\frac{-4-2x}{3}$$

$$x^2-2xy=5 \Rightarrow x^2-2x\left(\frac{-4-2x}{3}\right)=5 \Rightarrow x^2+\frac{8x+4x^2}{3}=5 \Rightarrow 3x^2+8x+4x^2=15 \Rightarrow$$

$$\Rightarrow 7x^2+8x-15=0 \Rightarrow x=\frac{-8\pm\sqrt{484}}{14}=\frac{-8\pm 22}{14} \Rightarrow \begin{cases} x=1 \\ x=-\dfrac{30}{14}=-\dfrac{15}{7} \end{cases}$$

El sistema tiene dos soluciones: $x=1 \Rightarrow y=\dfrac{-4-2x}{3}=\dfrac{-4-2}{3}=-\dfrac{6}{3}=-2$

$$x=-\frac{15}{7} \Rightarrow y=\frac{-4-2x}{3}=\frac{-4+\frac{30}{7}}{3}=\frac{\frac{2}{7}}{3}=\frac{2}{21}$$

Las soluciones (x, y) son $(1, -2)$ y $\left(-\dfrac{15}{7}, \dfrac{2}{21}\right)$.

39. Resuelve el siguiente sistema.

$$\begin{cases} x^2+2y^2=6 \\ 3x^2-y^2=11 \end{cases}$$

Puede aplicarse el método de reducción:

$$\begin{cases} x^2+2y^2=6 \\ 3x^2-y^2=11 \end{cases} \Rightarrow E_1 \to -3E_1 \Rightarrow \begin{cases} -3x^2-6y^2=-18 \\ 3x^2-y^2=11 \end{cases} \Rightarrow -7y^2=-7 \Rightarrow y^2=1 \Rightarrow \begin{cases} y=1 \\ y=-1 \end{cases}$$

El sistema tiene cuatro soluciones:

$$y=1 \Rightarrow x^2+2=6 \Rightarrow x^2=4 \Rightarrow \begin{cases} x=2 \\ x=-2 \end{cases}$$

$$y=-1 \Rightarrow x^2+2=6 \Rightarrow x^2=4 \Rightarrow \begin{cases} x=2 \\ x=-2 \end{cases}$$

$\Rightarrow$ Las soluciones son $(2,1)$, $(-2,1)$, $(2,-1)$ y $(-2,-1)$.

EJERCICIOS PROPUESTOS

40. Resuelve gráficamente y por algún método algebraico:

a) $\begin{cases} 2x+2y=6 \\ x-3y=-1 \end{cases}$

b) $\begin{cases} 3x-5y=-10 \\ 2x+y=2 \end{cases}$

c) $\begin{cases} 3x-5y=7 \\ -6x+10y=-14 \end{cases}$

d) $\begin{cases} 2x-3(4-y)=6 \\ 3(2x-9)-5y=-1 \end{cases}$

41. Resuelve los siguientes sistemas de ecuaciones.

a) $\begin{cases} 2x+y=8 \\ 2x+3y^2=22 \end{cases}$

b) $\begin{cases} 2x^2+3y^2=32 \\ -3x^2+4y^2=-48 \end{cases}$

c) $\begin{cases} x+y=4 \\ x^2+2y^2=19 \end{cases}$

d) $\begin{cases} x^2+y^2=13 \\ xy=6 \end{cases}$

9 Sistemas de tres ecuaciones lineales. Método de Gauss

Carl Friedrich Gauss (1777-1855)

Matemático alemán. Destacó en prácticamente todos los campos de las matemáticas. En álgebra, además de desarrollar el método de resolución de sistemas que lleva su nombre, demostró el Teorema Fundamental del Álgebra.

Para obtener un sistema de ecuaciones lineales equivalente a otro dado se pueden aplicar, entre otras, las siguientes transformaciones, algunas de las cuales se han usado en el epígrafe anterior:

- Cambiar el orden de las ecuaciones.
- Multiplicar o dividir una ecuación por un número distinto de cero.
- Sustituir una ecuación por el resultado de sumarla o restarla un múltiplo de otra u otras.

Ejemplo ▸ Los sistemas $\begin{cases} 2x+3y-5z=4 \\ x-y+3z=2 \\ 2x-4y+6z=0 \end{cases}$ y $\begin{cases} 2x+3y-5z=4 \\ 5x+5y-7z=10 \\ x-2y+3z=0 \end{cases}$ son equivalentes, ya que la segunda ecuación, E_2 se ha sustituido por el resultado de E_2+2E_1 y la tercera ecuación se ha dividido por 2.

Los sistemas de tres ecuaciones lineales con tres incógnitas se resuelven por un método de reducción generalizado y estructurado que se conoce como **método de Gauss.** El objetivo es obtener, mediante transformaciones, un **sistema triangular** equivalente de la forma:

$$\begin{cases} ax+by+cz=d \\ \quad b'y+c'z=d' \\ \qquad c''z=d'' \end{cases}$$

En general, se dan los siguientes pasos:

1.º Reducir la segunda y la tercera ecuación con la ayuda de la primera, de forma que las ecuaciones modificadas no contengan la primera incógnita.

2.º Reducir la tercera ecuación con la ayuda de la segunda de forma que la ecuación modificada solo contenga la tercera incógnita.

3.º Hallar el valor de la tercera incógnita.

4.º Sustituir el resultado en la segunda ecuación para encontrar el valor de la segunda incógnita.

5.º Resolver la primera ecuación sustituyendo los valores de las dos incógnitas ya calculadas.

- Si alguna de las ecuaciones es de la forma $0x+0y+0z=a\neq 0$, el sistema es incompatible y no tiene solución.
- Si alguna de las ecuaciones es de la forma $0x+0y+0z=0$, el sistema es compatible indeterminado, con infinitas soluciones que se expresan en función de parámetros.

MAT-TIC GeoGebra

Entra en smSaviadigital.com y observa cómo se aplica el método de Gauss paso a paso.

EJERCICIO RESUELTO

42. **Resuelve y clasifica el siguiente sistema.**

$$\begin{cases} 2x+y-z=6 \\ x+2y-3z=7 \\ 3x-y-z=6 \end{cases}$$

Para facilitar las operaciones, se cambia el orden de las ecuaciones con el fin de obtener un 1 como coeficiente de la primera incógnita en la primera ecuación.

Se reducen la segunda y tercera ecuaciones restándoles el doble y el triple de la primera respectivamente.

$$\begin{cases} x+2y-3z=7 \\ 2x+y-z=6 \\ 3x-y-z=6 \end{cases} \Rightarrow \begin{matrix} \\ E_2\to E_2-2E_1 \\ E_3\to E_3-3E_1 \end{matrix} \Rightarrow \begin{cases} x+2y-3z=7 \\ -3y+5z=-8 \\ -7y+8z=-15 \end{cases}$$

De manera análoga se reduce la tercera ecuación y se resuelve el sistema.

$$\begin{cases} x+2y-3z=7 \\ -3y+5z=-8 \\ -7y+8z=-15 \end{cases} \Rightarrow \begin{matrix} \\ \\ E_3\to 3E_3-7E_2 \end{matrix} \Rightarrow \begin{cases} x+2y-3z=7 \\ -3y+5z=-8 \\ -11z=11 \end{cases}$$

A partir de este sistema triangular se calculan los valores de las incógnitas. Empezando por la tercera:

$$-11z=11\Rightarrow z=-1 \qquad -3y+5(-1)=-8\Rightarrow y=1 \qquad x+2\cdot 1-3(-1)=7\Rightarrow x=2$$

El sistema es compatible determinado, la solución es: $(x,\ y,\ z)=(2,\ 1,\ -1)$.

EJERCICIOS RESUELTOS

43. **Resuelve y clasifica el siguiente sistema.**

$$\begin{cases} 2x+y+z=5 \\ 2x-y+3z=3 \\ 3x+2y+z=8 \end{cases}$$

Se reducen la segunda y tercera ecuaciones.

$$\begin{cases} 2x+y+z=5 \\ 2x-y+3z=3 \Rightarrow & E_2 \to E_2-E_1 \\ 3x+2y+z=8 & E_3 \to 2E_3-3E_1 \end{cases} \Rightarrow \begin{cases} 2x+y+z=5 \\ -2y+2z=-2 \\ y-z=1 \end{cases}$$

Con la ayuda de la segunda ecuación se reduce la tercera.

$$\begin{cases} 2x+y+z=5 \\ -2y+2z=-2 \Rightarrow \\ y-z=1 & E_3 \to 2E_3+E_2 \end{cases} \Rightarrow \begin{cases} 2x+y+z=5 \\ -2y+2z=-2 \\ 0z=0 \end{cases}$$

La ecuación $0z=0$ siempre se verifica, por lo que no aporta información y se puede prescindir de ella. El sistema triangular obtenido está formado por dos ecuaciones y tres incógnitas, por lo que tiene infinitas soluciones, que se determinarán tomando como parámetro una de las incógnitas. Como $0z=0$ se cumple para cualquier valor de z, entonces se toma este como parámetro, $z=t$.

$$\begin{cases} 2x+y+t=5 \\ -2y+2t=-2 \Rightarrow \\ z=t \end{cases} \begin{cases} 2x+(1+t)+t=5 \Rightarrow x=2-t \\ -y+t=-1 \Rightarrow y=1+t \\ z=t \end{cases}$$

El sistema es compatible indeterminado, con infinitas soluciones (x,y,z) de la forma $(2-t,\ 1+t,\ t)$.

44. **Resuelve y clasifica el siguiente sistema.**

$$\begin{cases} 2x-3y-z=3 \\ x+y-z=5 \\ 3x-2y-2z=5 \end{cases}$$

Se reordenan las ecuaciones para que el coeficiente de la primera incógnita en la primera ecuación sea 1 y se reducen las ecuaciones segunda y tercera:

$$\begin{cases} x+y-z=5 \\ 2x-3y-z=3 \Rightarrow & E_2 \to E_2-2E_1 \\ 3x-2y-2z=5 & E_3 \to E_3-3E_1 \end{cases} \Rightarrow \begin{cases} x+y-z=5 \\ -5y+z=-7 \\ -5y+z=-10 \end{cases}$$

Se reduce la tercera ecuación eliminando la y, obteniéndose el sistema triangular equivalente:

$$\begin{cases} x+y-z=5 \\ -5y+z=-7 \Rightarrow \\ -5y+z=-10 & E_3 \to E_3-E_2 \end{cases} \Rightarrow \begin{cases} x+y-z=5 \\ -5y+z=-7 \\ 0z=-3 \end{cases}$$

La igualdad $0z=-3$ es falsa. Por tanto, el sistema es incompatible (no tiene solución).

EJERCICIOS PROPUESTOS

45. **Estudia y resuelve los siguientes sistemas de ecuaciones lineales aplicando el método de Gauss.**

a) $\begin{cases} x+2y-2z=2 \\ 3x-3y+z=-14 \\ 5x-y-2z=-15 \end{cases}$ e) $\begin{cases} 5x+2y-2z=0 \\ 3x-y+3z=0 \\ 8x+y+z=-1 \end{cases}$

b) $\begin{cases} 2x+y-z=11 \\ 2x-2y-z=8 \\ x+y-z=7 \end{cases}$ f) $\begin{cases} 2x-y+z=5 \\ x-y+2z=3 \\ x+2y-7z=0 \end{cases}$

c) $\begin{cases} 2x+4y-z=0 \\ 3x-3y-2z=-1 \\ 3x-3y+2z=5 \end{cases}$ g) $\begin{cases} 2x+y-z=0 \\ x+y+z=1 \\ 2x+y+z=2 \end{cases}$

d) $\begin{cases} 4x+y-5z=5 \\ 5x-y-z=13 \\ 4x-2y-3z=14 \end{cases}$ h) $\begin{cases} 3x-y+z=2 \\ 2x+5y-2z=0 \\ x+y+z=1 \end{cases}$

46. **Resuelve el siguiente sistema aplicando un cambio de variables que lo transforme en lineal.**

$$\begin{cases} \dfrac{1}{x}+\dfrac{2}{y}-\dfrac{3}{z}=-7 \\ \dfrac{2}{x}+\dfrac{3}{y}-\dfrac{5}{z}=-12 \\ \dfrac{4}{x}+\dfrac{4}{y}-\dfrac{1}{z}=15 \end{cases}$$

47. **Calcula las edades de tres hermanos sabiendo que:**

- Las edades de los tres suman 44 años.
- La edad del hermano mediano es superior en medio año a la media aritmética de las edades de los otros dos hermanos.
- La suma de las edades de los dos hermanos menores supera en 10 años a la edad del mayor.

48. smSaviadigital.com PRACTICA Resuelve más sistemas de ecuaciones por diversos métodos.

10 Aplicaciones de las ecuaciones

La modelización de la realidad mediante ecuaciones con una o varias incógnitas permite calcular los valores de las magnitudes que en ellas intervienen. Es, pues, una potente herramienta algebraica que permite resolver numerosas situaciones relacionadas con las propias matemáticas, las ciencias de la naturaleza, las ciencias sociales o la vida cotidiana. A continuación se ven algunos ejemplos.

Demanda y oferta. Punto de equilibrio del mercado

La **función de demanda** es una expresión algebraica que permite calcular las unidades que los compradores están dispuestos a adquirir en función de su precio.

Ejemplo ▸ **La función de demanda de los lectores electrónicos, para un precio p, es $f_d = 1{,}05p^2 - 202p + 10\,000$. Calcula el número de compradores para un precio de 80 €, 90 € y 100 €.**

Precio (€)	Número de compradores
80	$1{,}05 \cdot 80^2 - 202 \cdot 80 + 10\,000 = 560$
90	$1{,}05 \cdot 90^2 - 202 \cdot 90 + 10\,000 = 325$
100	$1{,}05 \cdot 100^2 - 202 \cdot 100 + 10\,000 = 300$

La **función de oferta** es una expresión algebraica que permite calcular las unidades de un producto que los fabricantes están dispuestos a producir y vender en un determinado momento, en función de su precio.

Ejemplo ▸ **La función de oferta de los lectores electrónicos, para un precio p, es $f_o = 30p - 2000$. Calcula el número de aparatos fabricados para precios de 80 €, 90 € y 100 €.**

Precio (€)	Número de aparatos fabricados
80	$30 \cdot 80 - 2000 = 400$
90	$30 \cdot 90 - 2000 = 700$
100	$30 \cdot 100 - 2000 = 1000$

Dadas las funciones de demanda y de oferta para un mismo producto y para un momento determinado, se dice que hay **equilibrio de mercado** si existe un precio para el cual la cantidad demandada coincide con la ofertada.

Es decir, en el punto de equilibrio:

- Todo lo que se produce se vende.
- Todo lo que se demanda se puede adquirir.

Ejemplo ▸ **Dadas las funciones de oferta y demanda consideradas en los ejemplos anteriores, halla el punto de equilibrio para los lectores con precios comprendidos entre 80 € y 100 €.**

Para hallar el precio de equilibrio no hay más que igualar las expresiones algebraicas que determinan la oferta y la demanda y resolver la ecuación obtenida.

$$f_d = f_o \Rightarrow 1{,}05p^2 - 202p + 10\,000 = 30p - 2000$$

$$1{,}05p^2 - 232p + 12\,000 = 0 \Rightarrow p = \frac{232 \pm 58{,}51}{2{,}1} \Rightarrow \begin{cases} p = 138{,}34 \\ p = 82{,}61 \end{cases}$$

La primera solución no es válida por estar fuera del rango de precios considerado. Por tanto: $p = 82{,}61\text{€} \Rightarrow x_o = 30 \cdot 82{,}61 - 2000 = 478{,}3$ unidades.

Al precio de 82,61 € la unidad, se produce el equilibrio de mercado. La oferta y la demanda se igualan a 478 unidades.

Crecimiento y decrecimiento de la población

Entre los objetivos de la Demografía se encuentra el estudio del nivel de variación de la población que habita en un lugar determinado y en un período de tiempo determinado. Uno de los índices que miden de forma adecuada esta variación es la **tasa de crecimiento exponencial de la población**.

El crecimiento o decrecimiento de una población se puede medir con: $\boldsymbol{P_f = P_i e^{rt}}$ donde:

- P_f es el número de habitantes en ese territorio al final del periodo considerado.
- P_i es el número de habitantes en ese territorio al comienzo del período considerado.
- t es el número de años incluidos en el período.
- r es la **tasa de crecimiento exponencial de la población** en ese período.

Si la tasa de crecimiento exponencial es positiva, la población crece, si es negativa, decrece.

Ejemplo ▸ **En el año 2000 en España había 40 millones de habitantes, y en el 2010, 46 millones. Halla la tasa de crecimiento exponencial de la población en este período.**

$$P_f = P_i e^{rt} \Rightarrow 46 = 40e^{(2010-2000)r} \Rightarrow e^{10r} = \frac{46}{40} = \frac{23}{20} \Rightarrow$$

$$\Rightarrow \ln e^{10r} = \ln\frac{23}{20} \Rightarrow 10r = \ln\frac{23}{20} \Rightarrow r = \frac{1}{10}\ln\frac{23}{20} = 0{,}014$$

Logística

La **logística** es el conjunto de medios y métodos necesarios para llevar a cabo la organización de una empresa o de un servicio, especialmente cuando se trata de problemas de distribución.

Ejemplo ▸ **Un país ha sufrido un devastador huracán. Un estado vecino quiere proporcionar ayuda urgente con un presupuesto de 120 350 € consistente en el envío por avión de medicamentos, ropa y agua. El volumen y peso máximo que soporta el avión es de 280 m³ y 24 375 kg, respectivamente. La tabla siguiente muestra el volumen y peso de los contenedores de los tres productos, así como su precio. Calcula cuántos de ellos se pueden enviar como máximo.**

	Volumen (m³)	Peso (kg)	Precio (€)
Medicinas	0,08	5	250
Ropa	1	30	300
Agua	0,1	100	10

Llamando x al número de contenedores de medicinas que pueden enviarse, y al de contenedores de ropa, y z al de los de agua. Se plantea y se resuelve el sistema:

$$\begin{cases} 0{,}08x + y + 0{,}1z = 280 \\ 5x + 30y + 100z = 24\,375 \\ 250x + 300y + 10z = 120\,350 \end{cases} \Rightarrow x = 175,\ y = 250,\ z = 160$$

Se pueden enviar 175 contenedores de medicina, 250 de ropa y 160 de agua.

EJERCICIOS PROPUESTOS

49. **La oferta y la demanda del mercado de un modelo de pantalones vaqueros, cuyo precio se encuentra entre 40 € y 60 €, en cierto momento vienen dadas por las expresiones:**

$$f_o = 0{,}5p^2 - 40p + 1000 \qquad f_d = -10p + 750$$

a) Calcula el punto de equilibrio de este mercado.

b) Halla el número de vaqueros vendidos cuando se produce el equilibrio de mercado.

50. **La tabla muestra la población española (en millones de personas) en diferentes años.**

Año	2005	2011	2012	2013	2014
Población	43	46,2	46,1	46,1	46

Calcula la tasa de crecimiento exponencial de la población española para los periodos:

a) 2005 a 2014 b) 2011 a 2013 c) 2012 a 2013

Resumen

Ecuaciones polinómicas

Una **ecuación polinómica** es aquella en la que únicamente intervienen polinomios. Su grado es el máximo grado de los polinomios que la determinan.

Ecuaciones de segundo grado

Completas

$$ax^2+bx+c=0$$

Se resuelven mediante la fórmula:

$$x=\frac{-b\pm\sqrt{b^2-4ac}}{2a}$$

Número de soluciones reales

$$\Delta=b^2-4ac$$

- $\Delta>0\Rightarrow$ Dos soluciones reales diferentes
- $\Delta=0\Rightarrow$ Una solución real
- $\Delta<0\Rightarrow$ Ninguna solución real

Incompletas

- $ax^2+bx=0$: Se resuelven extrayendo x como factor común.
- $ax^2+c=0$: Se resuelven despejando directamente la incógnita.

Fórmulas de Cardano - Vieta

$$\text{Suma: } x_1+x_2=-\frac{b}{a}$$

$$\text{Producto: } x_1x_2=\frac{c}{a}$$

Ecuaciones de grado superior a dos

Bicuadradas

$$ax^4+bx^2+c=0$$

Se resuelven mediante un cambio de variable, por ejemplo, $z=x^2$.

Resolubles por factorización

$$P(x)=0$$

Se resuelven por factorización.

Las soluciones son las raíces del polinomio.

Ecuaciones racionales

Ecuaciones en las que aparecen fracciones algebraicas.

Se resuelven eliminando los denominadores multiplicando por el mínimo común múltiplo de estos. Es necesario comprobar si las soluciones son válidas.

Ecuaciones con radicales

Ecuaciones en las que la incógnita aparece bajo el signo radical.

Se resuelven aislando una de las raíces y elevando al índice los dos miembros. En el caso de índice par, es necesario comprobar si las soluciones son válidas.

Ecuaciones logarítmicas y exponenciales

Ecuaciones logarítmicas

La incógnita se encuentra en la base o argumento de un logaritmo.

$$\log A=\log B\Leftrightarrow A=B$$

Al no estar definidos los logaritmos de cero ni de los números negativos es necesario comprobar las soluciones.

Ecuaciones exponenciales

La incógnita se encuentra en el exponente.

Cambio de incógnita $z=a^x$

$$a^m=a^n\Leftrightarrow m=n \text{ con } a\neq-1,\ a\neq0 \text{ y } a\neq1$$

Sistemas de ecuaciones

Sistemas lineales

Se pueden utilizar para su resolución, entre otros, los métodos gráfico, igualación, sustitución o reducción.

Sistemas de segundo grado

En general, se utiliza el método de sustitución y, en alguna ocasión, el de reducción.

Sistemas de tres ecuaciones lineales

Se resuelven utilizando el método de Gauss para obtener un sistema triangular de la forma:

$$\begin{cases} ax+by+cz=d \\ \quad b'y+c'z=d' \\ \quad\quad c''z=d'' \end{cases}$$

1.º Se reducen la segunda y tercera ecuaciones para eliminar la primera incógnita.

2.º Se reduce la tercera ecuación con ayuda de la segunda de forma que en la tercera ecuación sólo quede la tercera incógnita.

3.º Se halla el valor de la tercera incógnita.

4.º Se sustituye el resultado en la segunda ecuación para encontrar el valor de la segunda incógnita.

5.º Se resuelve la primera ecuación sustituyendo los valores de las dos incógnitas ya calculadas.

EJERCICIOS RESUELTOS

Ecuaciones

Resolución de una ecuación con radicales sucesivos

51. Resuelve la siguiente ecuación.

$$\sqrt{1+\sqrt{5+\sqrt{x+1}}}=2$$

Elevando al cuadrado los dos miembros:

$$\left(\sqrt{1+\sqrt{5+\sqrt{x+1}}}\right)^2=2^2 \Rightarrow 1+\sqrt{5+\sqrt{x+1}}=4 \Rightarrow \sqrt{5+\sqrt{x+1}}=3$$

Elevando sucesivamente al cuadrado hasta eliminar las raíces:

$$\left(\sqrt{5+\sqrt{x+1}}\right)^2=3^2 \Rightarrow 5+\sqrt{x+1}=9 \Rightarrow \sqrt{x+1}=4 \Rightarrow x+1=4^2=16 \Rightarrow x=15$$

La solución $x=15$ es verdadera, ya que $\sqrt{1+\sqrt{5+\sqrt{16}}}=\sqrt{1+\sqrt{5+4}}=\sqrt{1+3}=2$.

Resolución de ecuaciones exponenciales

52. Resuelve las siguientes ecuaciones exponenciales.

a) $5\cdot 2^x=6\cdot 3^x$

b) $3\cdot 4^x+16^x=304$

5

a) $5\cdot 2^x=6\cdot 3^x \Rightarrow \dfrac{2^x}{3^x}=\dfrac{6}{5} \Rightarrow \left(\dfrac{2}{3}\right)^x=\dfrac{6}{5}$

Tomando logaritmos neperianos en los dos miembros:

$$\ln\left(\frac{2}{3}\right)^x=\ln\frac{6}{5} \Rightarrow x\ln\left(\frac{2}{3}\right)=\ln\frac{6}{5} \Rightarrow x=\frac{\ln\frac{6}{5}}{\ln\frac{2}{3}}=\frac{\ln 6-\ln 5}{\ln 2-\ln 3}$$

b) $3\cdot 4^x+16^x=304 \Rightarrow 3\cdot 4^x+(4^2)^x=304 \Rightarrow 3\cdot 4^x+(4^x)^2=304$

Haciendo el cambio de variable $z=4^x$:

$$4^x=z \Rightarrow 3z+z^2=304 \Rightarrow z^2+3z-304=0 \Rightarrow z=\frac{-3\pm 35}{2} \Rightarrow z=16,\ z=-19$$

Se deshace el cambio:

$$\begin{cases} z=16 \Rightarrow 4^x=16=4^2 \Rightarrow x=2 \\ z=-19 \Rightarrow 4^x=-19 \text{ que no tiene solución.} \end{cases}$$

Sistemas de ecuaciones

Resolución de una ecuación logarítmica

53. Resuelve la ecuación logarítmica:

$$5\log x-3\log\frac{x}{2}=\log 288$$

Aplicando las propiedades de los logaritmos:

$$\log x^5-\log\left(\frac{x}{2}\right)^3=\log 288 \Rightarrow \log\left(\frac{x^5}{\frac{x^3}{8}}\right)=\log 288 \Rightarrow \log(8x^2)=\log 288$$

Igualando los argumentos: $8x^2=288 \Rightarrow x^2=36 \Rightarrow \begin{cases} x=6 \\ x=-6 \end{cases}$

La única solución verdadera es $x=6$, ya que al sustituir $x=-6$ en la ecuación inicial se obtienen logaritmos de números negativos.

Resolución de un sistema con ecuaciones racionales

54. Resuelve el siguiente sistema.

$$\begin{cases} \dfrac{x-2y}{x+2y}+\dfrac{x+2y}{x-2y}=\dfrac{10}{3} \\ x+3y=7 \end{cases}$$

Se simplifica la primera ecuación, multiplicando ambos miembros por el m.c.m. de los denominadores, para obtener un sistema más sencillo:

$$\frac{x-2y}{x+2y}+\frac{x+2y}{x-2y}=\frac{10}{3} \Rightarrow \frac{3(x-2y)(x+2y)(x-2y)}{x+2y}+\frac{3(x-2y)(x+2y)(x+2y)}{x-2y}=\frac{3(x-2y)(x+2y)10}{3} \Rightarrow$$

$$\Rightarrow 3(x-2y)^2+3(x+2y)^2=10(x^2-4y^2) \Rightarrow x^2=16y^2$$

El sistema obtenido se puede resolver por sustitución:

$$\begin{cases} x^2=16y^2 \\ x+3y=7 \end{cases} \Rightarrow \begin{cases} x^2=16y^2 \\ x=7-3y \end{cases} \Rightarrow (7-3y)^2=16y^2 \Rightarrow 49-42y+9y^2=16y^2 \Rightarrow 7y^2+42y-49=0 \Rightarrow$$

$$\Rightarrow y^2+6y-7=0 \Rightarrow \begin{cases} y=1 \Rightarrow x=4 \\ y=-7 \Rightarrow x=28 \end{cases}$$

Como existen ecuaciones racionales, es necesario comprobar las soluciones. En este caso ambas verifican el sistema inicial, luego las soluciones (x, y) son $(4, 1)$ y $(28, -7)$.

Resolución de un sistema de segundo grado

55. Resuelve y clasifica el siguiente sistema.

$$\begin{cases} x^2+y^2=13 \\ x^2+z^2=29 \\ y^2+z^2=34 \end{cases}$$

Sumando las dos últimas ecuaciones: $x^2+y^2+2z^2=29+34=63$

Utilizando la primera ecuación junto con la obtenida:

$$\begin{cases} x^2+y^2=13 \\ x^2+y^2+2z^2=63 \end{cases} \Rightarrow 13+2z^2=63 \Rightarrow 2z^2=50 \Rightarrow z^2=25 \Rightarrow z=\pm5$$

Y sustituyendo en la segunda y primera ecuaciones:

$z=5 \Rightarrow x^2+5^2=29 \Rightarrow x^2=4 \Rightarrow x=\pm2$ $\qquad x=2 \Rightarrow 2^2+y^2=13 \Rightarrow y^2=9 \Rightarrow y=\pm3$

$z=-5 \Rightarrow x^2+(-5)^2=29 \Rightarrow x^2=4 \Rightarrow x=\pm2$ $\qquad x=-2 \Rightarrow (-2)^2+y^2=13 \Rightarrow y^2=9 \Rightarrow y=\pm3$

El sistema es compatible determinado, y las soluciones son:

$$(2,3,5)\ (2,3,-5)\ (2,-3,5)\ (2,-3,-5)\ (-2,3,5)\ (-2,3,-5)\ (-2,-3,5)\ (-2,-3,-5)$$

Transformación de un sistema de ecuaciones exponenciales en uno lineal

56. Resuelve el siguiente sistema.

$$\begin{cases} 2^x+2\cdot3^y=\dfrac{14}{3} \\ 3\cdot2^x+3^y=\dfrac{37}{3} \end{cases}$$

Se aplica el cambio de incógnitas: $2^x=z$ y $3^y=w$:

$$\begin{cases} z+2w=\dfrac{14}{3} \\ 3z+w=\dfrac{37}{3} \end{cases} \Rightarrow \underset{E_2\to-2E_2}{} \Rightarrow \begin{cases} z+2w=\dfrac{14}{3} \\ -6z-2w=\dfrac{-74}{3} \end{cases} \Rightarrow -5z=-20 \Rightarrow z=4 \Rightarrow w=\frac{37}{3}-3\cdot4=\frac{1}{3}$$

Deshaciendo el cambio: $\begin{cases} z=4 \Rightarrow 2^x=4=2^2 \Rightarrow x=2 \\ w=\dfrac{1}{3} \Rightarrow 3^y=3^{-1} \Rightarrow y=-1 \end{cases}$

Aplicaciones de las ecuaciones y de los sistemas de ecuaciones

Determinación de un número de tres cifras

57. Halla un número de tres cifras tal que:

- La suma de las cifras es 12.
- La cifra de las unidades es igual a la semisuma de las cifras de las centenas y de las decenas.
- El número que resulta al invertir las cifras del buscado es 198 unidades más pequeño que este.

Si se llama x a la cifra de las centenas, y a la de las decenas y z a la de las unidades, se puede escribir una ecuación para cada condición.

- $x+y+z=12$
- $z=\dfrac{x+y}{2} \Rightarrow x+y-2z=0$
- El número buscado es $100x+10y+z$, y el número que resulta al invertir sus cifras es $100z+10y+x$.

$$100z+10y+x=(100x+10y+z)-198 \Rightarrow 99x-99z=198 \Rightarrow x-z=2$$

El sistema obtenido se resuelve por el método de Gauss:

$$\begin{cases} x+y+z=12 \\ x+y-2z=0 \\ x-z=2 \end{cases} \Rightarrow \underset{E_2\to E_2-E_1}{} \Rightarrow \begin{cases} x+y+z=12 \\ \quad -3z=-12 \\ x \quad -z=2 \end{cases} \Rightarrow \underset{\substack{E_2\to E_3 \\ E_3\to E_2}}{} \Rightarrow \begin{cases} y+x+z=12 \\ \quad x-z=2 \\ \quad -3z=-12 \end{cases}$$

De la última ecuación, $z=4$, y entonces $x=2+4=6$ e $y=12-6-4=2$. El número es 624.

Resolución de un problema de fabricación

58. Con 450 g de un medicamento se fabricaron 60 pastillas de tres tipos: grandes, medianas y pequeñas. Las pastillas grandes pesan 20 g, las medianas, 10 g, y las pequeñas, 5 g. Si el total de pastillas grandes y medianas es la mitad del número de pastillas pequeñas, ¿cuántas se fabricaron de cada tipo?

Si x es el número de pastillas grandes, y el de pastillas medianas y z el de pastillas pequeñas:

- El número total de pastillas es 60: $x+y+z=60$
- Las pastillas grandes pesan 20 g, las pastillas medianas 10 g y las pastillas pequeñas 5 g. El peso total de las pastillas es:

$$20x+10y+5z=450 \Rightarrow 4x+2y+z=90$$

- El total de pastillas grandes y medianas es la mitad del número de pastillas pequeñas:

$$x+y=\frac{z}{2} \Rightarrow 2x+2y-z=0$$

Se resuelve el sistema obtenido por el método de Gauss:

$$\begin{cases} x+y+z=60 \\ 4x+2y+z=90 \\ 2x+2y-z=0 \end{cases} \Rightarrow \underset{\substack{E_2\to E_2-4E_1 \\ E_3\to E_3-2E_1}}{} \Rightarrow \begin{cases} x+y+z=60 \\ -2y-3z=-150 \\ \quad -3z=-120 \end{cases} \Rightarrow z=40,\ y=15,\ x=5$$

Por lo tanto, se fabricaron 5 pastillas grandes, 15 pastillas medianas y 40 pastillas pequeñas.

Estimación de precios y unidades para conseguir un objetivo

59. Un ayuntamiento organiza una rifa para sufragar parte de las actividades deportivas. En ella se pretende vender cierto número de papeletas por un precio total de 3300 €. Para conseguir ese dinero pero rebajando el precio de cada papeleta un 20 %, se deberían vender 110 papeletas más. Halla el número inicial de papeletas que se deben vender y el precio de cada una.

- Si se llama x al número de papeletas que se venden inicialmente e y al precio de cada una, el precio total es xy. Por tanto, $xy = 3300$ €.
- Si se rebaja el precio de cada papeleta en un 20 %, pasará a ser $0{,}8y$. Como se tienen que vender 110 papeletas más, ahora el precio total es $(x+110)0{,}8y$, entonces se obtiene la ecuación:

$$(x+110)0{,}8y = 3300$$

Se deberá resolver el sistema: $\begin{cases} xy = 3300 \\ (x+110)0{,}8y = 3300 \end{cases} \Rightarrow \begin{cases} xy = 3300 \\ 0{,}8xy + 88y = 3300 \end{cases}$

Sustituyendo el valor de xy en la segunda ecuación:

$$0{,}8 \cdot 3300 + 88y = 3300 \Rightarrow 88y = 660 \Rightarrow y = 7{,}5 \Rightarrow x = 440$$

En el supuesto inicial se deberían vender 440 papeletas a 7,50 € cada una.

Determinación de la demanda, oferta y punto de equilibrio

60. Las funciones de demanda y de oferta correspondientes al mercado de discos duros para ordenador en cierto momento son:

$$f_d = -\frac{1}{20}p^2 + \frac{1}{2}p + 180$$

$$f_o = \frac{1}{4}p^2 - \frac{25}{2}p + 157{,}5$$

Calcula el precio de equilibrio y las unidades ofertadas y demandadas en este caso.

El precio de equilibrio es aquel para el que se igualan la oferta y la demanda:

$$f_d = f_o \Rightarrow -\frac{1}{20}p^2 + \frac{1}{2}p + 180 = \frac{1}{4}p^2 - \frac{25}{2}p + 157{,}5$$

Se eliminan los denominadores, m.c.m.$(20, 2, 4) = 20$:

$$-p^2 + 10p + 3600 = 5p^2 - 250p + 3150 \Rightarrow 6p^2 - 260p - 450 = 0 \Rightarrow 3p^2 - 130p - 225 = 0 \Rightarrow$$

$$\Rightarrow p = \frac{130 \pm \sqrt{16900 + 2700}}{6} = \begin{cases} p = 45 \\ p = -\dfrac{5}{3} \end{cases}$$

La única solución válida es la positiva; por tanto, el precio de equilibrio es de 45 €.

El número de unidades ofertadas y demandadas para este precio es:

$$-\frac{1}{20}45^2 + \frac{1}{2}45 + 180 = 101{,}25 \simeq 101 \text{ unidades}$$

Estudio del crecimiento de una población

61. La población de una cierta ciudad en 2010, en un momento determinado, es de 12 569 personas. Cuatro años después, la población asciende a 13 224 personas.

a) Calcula la tasa de crecimiento exponencial de la población en esa ciudad para el período anteriormente indicado.

b) Suponiendo que la tasa hallada es siempre constante y, por tanto, no varía con el período considerado, calcula la población que había en esa ciudad en el año 1996

c) Suponiendo verdadera la misma tasa de crecimiento, calcula el número de años necesarios para doblar la población de esa ciudad.

a) Partiendo de la ecuación del crecimiento de la población, sustituyendo y despejando:

$$P_f = P_i e^{rt} \Rightarrow 13\,224 = 12\,569 e^{4r} \Rightarrow e^{4r} = \frac{13\,224}{12\,569} \Rightarrow 4r = \ln\frac{13\,224}{12\,569} \Rightarrow r = \frac{\ln\frac{13\,224}{12\,569}}{4} = 0{,}0127$$

luego % $r = 1{,}27$ %

b) En este caso se plantea la ecuación:

$$P_f = P_i e^{rt} \Rightarrow 12\,569 = P_i e^{0{,}0127(2010-1996)} \Rightarrow P_i = \frac{12\,569}{e^{0{,}0127 \cdot 14}} \simeq 10\,522$$

Había 10 522 habitantes en el año 2000.

c) Aplicando de nuevo la ecuación:

$$P_f = P_i e^{rt} \Rightarrow 2P_i = P_i e^{rt} \Rightarrow 2 = e^{rt} \Rightarrow e^{0{,}0127t} = 2 \Rightarrow 0{,}0127t = \ln 2 \Rightarrow t = \frac{\ln 2}{0{,}0127} = 54{,}58$$

Han de pasar aproximadamente 54,6 años para doblar la población.

ACTIVIDADES

Ejercicios

Ecuaciones de primer y segundo grado

62. Halla mentalmente las soluciones, si existen, de las siguientes ecuaciones.

a) $3x+1-2x=6x$

b) $x^2+x+1=3-x+x^2$

c) $3x+2-x=2x-5$

d) $\frac{1}{2}x+3,5=2,6-x$

63. Resuelve las siguientes ecuaciones de primer grado.

a) $2x-2(3x-1)+4(2x-5)-10=8x$

b) $2x-\frac{3x-1}{3}=x+\frac{1}{3}$

c) $\frac{3x-1}{4}-2x=\frac{2x-\frac{7}{4}}{2}-(3x-1)$

d) $\frac{x+10}{2}+\frac{2(x-2)}{5}=\frac{5x-15}{3}$

64. Resuelve las siguientes ecuaciones.

a) $(x-2)^2+(x+4)(x-2)=2-3(x+1)$

b) $-2(x-2)^2+3x+8=0$

c) $\frac{x(x-1)}{15}+\frac{(x-6)^2}{5}+\frac{(x+2)^2}{3}=\frac{(3x-2)(3x-4)}{15}$

65. Resuelve las siguientes ecuaciones incompletas.

a) $x^2+18x=0$

b) $2x^2-9x=0$

c) $-x^2+2x=0$

d) $2x^2-8=0$

66. Indica el número de soluciones reales de las siguientes ecuaciones sin resolverlas.

a) $x^2-3x+12=0$

b) $-4x^2+\frac{4x}{3}-\frac{1}{9}=0$

c) $-3x^2-x+4=0$

d) $\frac{3}{2}x^2+\frac{4x}{3}-\frac{5}{2}=0$

67. Escribe en cada caso una ecuación de segundo grado que tenga las soluciones indicadas.

a) $x=2$, $x=-3$

b) $x=4$ (doble)

68. Calcula, sin resolverlas, la suma y el producto de las soluciones de las siguientes ecuaciones.

a) $3x^2+3x=18$

b) $x^2-2x-2=0$

c) $x^2+\frac{x}{6}=\frac{1}{3}$

d) $ax^2+ax-1=0$

69. Halla una ecuación de segundo grado que tenga como raíces:

a) $x_1=-2$, $x_2=3$

b) $x_1=-2$, $x_2=-5$

c) $x_1=-2$, $x_2=-2$

d) $x_1=\frac{2}{3}$, $x_2=-1$

e) $x_1=-\frac{2}{3}$, $x_2=\frac{1}{4}$

f) $x_1=\sqrt{2}$, $x_2=2$

70. Escribe una ecuación de segundo grado tal que sus soluciones sumen $\frac{3}{4}$ y el producto de las mismas sea 2.

71. Escribe una ecuación de segundo grado tal que la suma de sus raíces valga 3 y su producto −18.

Ecuaciones de grado superior a dos

72. Resuelve las siguientes ecuaciones bicuadradas.

a) $x^4-50x^2+49=0$

b) $x^4-125x^2+484=0$

c) $x^4-34x^2-72=0$

d) $x^4+6x^2+8=0$

e) $x^4-5x^2+4=0$

f) $4x^4+7x^2-2=0$

g) $2(x+1)^4-8x^3-8(x+3)+8=0$

73. Opera y encuentra las soluciones de la ecuación:

$$x^2=\frac{10x^2}{x^2+36}+3$$

74. Resuelve las siguientes ecuaciones polinómicas por factorización.

a) $x^4-x^3-5x^2-x-6=0$

b) $6x^3-7x^2-14x+15=0$

c) $x^4-\frac{13}{3}x^3+\frac{11}{3}x^2+\frac{5}{3}x=2$

d) $x^6+x^4=2x^5+2x^3$

e) $x^3-x^2-x+1=0$

f) $x^2(x+1)=x(x+1)$

75. Resuelve las siguientes ecuaciones estudiando los valores que anulan cada factor.

a) $(x-4)(x+5)=0$

b) $x(x^2-x-1)=0$

c) $(2x+1)(3x+1)(x^2+1)=0$

d) $(x^2-a)(x^2+2x-3)=0$

76. Escribe en cada caso una ecuación cuyas soluciones sean las indicadas.

a) 1 y 5

b) −2, −7, 2 y 7

c) $\frac{1}{2}$, −2 y $\frac{3}{4}$

d) a, b, $\frac{c}{4}$ y 0

77. Resuelve la ecuación $(x^3-2)^4=16$ aplicando el cambio de incógnita $z=x^3-2$.

Ecuaciones racionales

78. Resuelve las siguientes ecuaciones racionales.

a) $\frac{1}{x}+\frac{2}{x}+\frac{3}{x^2}=\frac{9}{4}$

b) $\frac{1}{2x}+\frac{2}{3x}+\frac{3}{4x}=\frac{13}{36}$

c) $\frac{1}{x}+\frac{1}{x^2}+\frac{1}{x^3}=-1$

d) $\frac{1}{1+r}+\frac{1}{(1+r)^2}=\frac{1300}{729}$

e) $\frac{1}{a}+\frac{1}{a^2}=\frac{1}{a^3}$

f) $-2232+\frac{1100}{1+r}+\frac{1200}{(1+r)^2}=0$

79. Halla las soluciones de las siguientes ecuaciones racionales.

a) $x+3=-\dfrac{2}{x}$

b) $2x-\dfrac{12}{2-x}=7+\dfrac{11x+11}{9}$

c) $\dfrac{x+9}{x}-\dfrac{5+x}{x+2}=\dfrac{12x+12}{x^2+2x}$

d) $\dfrac{x+2}{x+1}-\dfrac{x+1}{x+2}=\dfrac{9}{20}$

e) $\dfrac{x+1}{2x}=\dfrac{x^2-1}{x-1}$

f) $\dfrac{4}{x}+\dfrac{4}{x+2}=3$

g) $\dfrac{x+1}{x-1}=\dfrac{4x+12}{3x+3}$

h) $\dfrac{1}{x-a}+\dfrac{1}{x+a}=\dfrac{1}{x^2-a^2}$

80. Resuelve la siguiente ecuación aplicando el cambio de variable $z=x^2-3x$.

$$\frac{x^2-3x-1}{(x^2-3x)^2-1}=\frac{x^2-3x-2}{(x^2-3x)^2}$$

Ecuaciones con radicales

81. Halla mentalmente la solución de las siguientes ecuaciones con radicales.

a) $\sqrt{x+1}=4$

b) $\sqrt{\dfrac{x}{4}}=9$

c) $\sqrt{3x+1}=7$

d) $\sqrt{x^4}=9$

82. Calcula las soluciones de las siguientes ecuaciones con radicales.

a) $2-3\sqrt{x}=-x$

b) $3x+\sqrt{2x-2}=2\sqrt{2x-2}+23$

c) $\sqrt{x+1}+\sqrt{2x+3}=5$

d) $3\sqrt{3x-1}=2\sqrt{3(2x-1)}$

83. Resuelve las siguientes ecuaciones.

a) $\sqrt{2+\sqrt{x-4}}=\sqrt{12-x}$

b) $\dfrac{\sqrt{2x-1}}{4}=\dfrac{3}{\sqrt{2x-1}}$

c) $4x-5+\sqrt{6x^2-24x+25}=0$

d) $\dfrac{1}{\sqrt{1-x}+\sqrt{x}}=\dfrac{1}{\sqrt{x}}$

84. Resuelve la ecuación $\sqrt{x}=\sqrt[4]{36+5x}$.

Ecuaciones logarítmicas y exponenciales

85. Resuelve las siguientes ecuaciones logarítmicas.

a) $\log x=\log 2-\log 4$

b) $2\log(2x-2)-\log(x-1)=1$

c) $\log(65-x^3)=3\log(5-x)$

d) $\log x=\log 6+2\log\dfrac{x}{3}$

e) $\log 10^{\sqrt{20x+320}}=10\sqrt{x}$

f) $3\log_x 2+\log_x 4=-5$

g) $\log\sqrt{7x+51}-1=\log 9-\log\sqrt{2x+67}$

86. Resuelve las siguientes ecuaciones exponenciales.

a) $4^{x^2+1}=2^{5x+5}$

b) $4^{(x-2)^2}=262\ 144$

c) $2^x+2^{x+1}=24$

d) $9^x+5\cdot 3^x-24=0$

e) $3^{x+2}+9^{x-1}=90$

f) $3^{2x}+3^{2x-1}+3^{x-1}=111$

Sistemas de ecuaciones

87. Comprueba en cada caso si los valores indicados forman una solución de los sistemas dados.

a) $\begin{cases}x+2y=4\\x-y=-1\end{cases}$ $\quad x=2,\ y=1$

b) $\begin{cases}x-2y-6z=2\\x+y+z=0\\-2x+y+3z=-4\end{cases}$ $\quad x=2,\ y=1,\ z=1$

88. Comprueba que todas la ternas de números reales $(t,\ t,\ 3t-4)$, siendo t cualquier número real, son soluciones del siguiente sistema.

$$\begin{cases}x+2y-z=4\\-x+y=0\\3y-z=4\end{cases}$$

89. Resuelve y clasifica los siguientes sistemas.

a) $\begin{cases}2x-3y=13\\5x+2y=4\end{cases}$

b) $\begin{cases}\dfrac{2}{3}x-3y=\dfrac{7}{3}\\\dfrac{1}{5}x-\dfrac{3}{4}y=\dfrac{3}{5}\end{cases}$

c) $\begin{cases}y=\dfrac{x+1}{2}+3\\y=2x+10\end{cases}$

d) $\begin{cases}2(2x+y)-3(3x-2y)=-34\\\dfrac{x}{2}-\dfrac{y}{3}=2\end{cases}$

e) $\begin{cases}2x+3(2x+y)=-1\\\dfrac{x}{2}+3y=14\end{cases}$

f) $\begin{cases}\dfrac{1}{x}-\dfrac{3}{y+1}=-1\\\dfrac{2}{x}+\dfrac{1}{y+1}=\dfrac{3}{2}\end{cases}$

90. Resuelve y clasifica los siguientes sistemas.

a) $\begin{cases}x-6y=-6\\2x^2+y^2=76\end{cases}$

b) $\begin{cases}3xy-2x^2=-26\\4x+5y=-7\end{cases}$

c) $\begin{cases}3x^2-5y^2=-2\\-2x^2+4y^2=2\end{cases}$

d) $\begin{cases}3x+\dfrac{y}{2}=15\\\dfrac{2}{x}+\dfrac{3}{y}=1\end{cases}$

e) $\begin{cases}x^2-2(x-y)^2=36\\\dfrac{x}{2}+\dfrac{y}{3}=5\end{cases}$

f) $\begin{cases}-\dfrac{4}{3}x^2+\dfrac{y^2}{4}=\dfrac{2}{3}\\\dfrac{x^2}{2}-\dfrac{2y^2}{3}=-\dfrac{61}{24}\end{cases}$

91. Encuentra todas las soluciones de los siguientes sistemas.

a) $\begin{cases}\sqrt{x}-3y=2\\4x-2y=16\end{cases}$

b) $\begin{cases}2x-\sqrt{y-1}=2\\x-2y=-8\end{cases}$

c) $\begin{cases}2\sqrt{x^2-3}+y=\dfrac{7}{2}\\3x-y=\dfrac{9}{2}\end{cases}$

d) $\begin{cases}\sqrt{x}+\sqrt{y}=5\\x-y=-5\end{cases}$

e) $\begin{cases}\sqrt{3x}+\sqrt{2y}=1\\2x-y=4\end{cases}$

f) $\begin{cases}\sqrt{x}-\dfrac{1}{\sqrt{y}}=0\\2x+\dfrac{y}{2}=\dfrac{5}{2}\end{cases}$

92. Resuelve los siguientes sistemas de ecuaciones lineales indicando si son compatibles o incompatibles, y escribiendo todas sus soluciones.

a) $\begin{cases} x+3y-2z=6 \\ 2x+3y-2z=8 \\ 4x+2y-6z=6 \end{cases}$

b) $\begin{cases} x+2y-3z=3 \\ 3x-2y+z=7 \\ 5x+2y-5z=1 \end{cases}$

c) $\begin{cases} x+2y-2z=4 \\ 2x+5y-2z=10 \\ 4x+9y-6z=18 \end{cases}$

d) $\begin{cases} x+2y-z=-5 \\ 5x-y+2z=11 \\ 6x+y+z=5 \end{cases}$

e) $\begin{cases} x+3y-2z=-6 \\ 2x-3y+5z=6 \\ 5x-3y+8z=6 \end{cases}$

f) $\begin{cases} 2x+y-2z=8 \\ 2x-4y+3z=-2 \\ 4x-y+6z=-4 \end{cases}$

93. Encuentra las soluciones enteras del siguiente sistema.

$$\begin{cases} x^2+z^2=10 \\ y^2+z^2=13 \\ x^2+2y-6z=-13 \end{cases}$$

94. Resuelve los sistemas:

a) $\begin{cases} 2^x+3^y=11 \\ 4^x+9^y=85 \end{cases}$

b) $\begin{cases} 2^x+2\cdot 3^{y+1}=8 \\ 5\cdot 2^{x-1}+9^y=6 \end{cases}$

c) $\begin{cases} 15\cdot 5^x-6^{y+1}=339 \\ 3\cdot 5^{x+1}+2\cdot 6^{y+2}=807 \end{cases}$

d) $\begin{cases} 3^x+3^{y+1}=18 \\ x-3y=-1 \end{cases}$

e) $\begin{cases} x+y=33 \\ \log x-\log y=1 \end{cases}$

f) $\begin{cases} \log x^2+\log y^2=2 \\ x^2+y^2=29 \end{cases}$

g) $\begin{cases} \log x+\log y=1 \\ 2+\log y-\log x=\log 250 \end{cases}$

h) $\begin{cases} 2\log(x-2)+3\log(y+2)=2 \\ 4\log(x-2)+5\log(y+2)=-1 \end{cases}$

i) $\begin{cases} \log x-\log y=1 \\ 2^{x-24}=4^y \end{cases}$

j) $\begin{cases} -3x+y=70 \\ \log y-\log x^2=1 \end{cases}$

95. Calcula el valor de k para que el siguiente sistema de ecuaciones tenga infinitas soluciones. Para ese valor, escribe dichas soluciones.

$$\begin{cases} x+2y-2z=4 \\ 2x+5y-2z=10 \\ 4x+9y-6z=k \end{cases}$$

96. Calcula los valores de k para que el siguiente sistema sea incompatible.

$$\begin{cases} x+2y-3z=3 \\ 3x-2y+z=7 \\ 5x+2y-5z=k \end{cases}$$

97. Aplicando el método de Gauss, estudia y resuelve el siguiente sistema.

$$\begin{cases} x+3y-2z+2w=12 \\ 2x-2y-z+w=5 \\ 3x+y-2z-4w=16 \\ 3x-3z-3w=15 \end{cases}$$

98. Dado el sistema lineal de ecuaciones dependientes del parámetro real a:

$$\begin{cases} x+ay+z=1 \\ 2y+az=2 \\ x+y+z=1 \end{cases}$$

a) Discute el sistema para los distintos valores de a.

b) Resuelve el sistema para $a=3$ y $a=1$.

Síntesis

99. Escribe una ecuación de segundo grado tal que una de sus raíces sea igual al doble de la otra.

100. Escribe una ecuación de segundo grado tal que sus dos raíces sean inversas y su suma valga $\frac{10}{3}$.

101. Escribe una ecuación de tercer grado tal que tenga como soluciones $x_1=-2, x_2=3, x_3=5$.

102. Escribe una ecuación bicuadrada tal que sus únicas soluciones reales sean 1 y −1.

103. a) Calcula la suma y el producto de las soluciones de la ecuación $x^2+3x+c=0$.

b) Calcula el valor de c para que el producto de las soluciones de la ecuación anterior valga −18.

104. Halla la expresión de un polinomio $P(x)$ de segundo grado tal que $P(0)=2$, $P(-1)=1$ y $P(1)=-1$.

105. Halla la expresión de un polinomio de tercer grado que verifique que $P(0)=0$, $P(1)=0$, $P(-1)=2$ y $P(-2)=-6$.

106. Encuentra la solución de la ecuación:

$$5\log x=3\log x+2\log 6$$

107. Resuelve la siguiente ecuación.

$$13^{x^2+2x}-\frac{1}{13}=0$$

108. Resuelve el siguiente sistema por cuatro métodos.

$$\begin{cases} 2x+3y=-6 \\ 5x-y=19 \end{cases}$$

Cuestiones

109. Demuestra que la ecuación $x^2-ax-a^2=0$ tiene dos soluciones reales diferentes para cualquier valor de a no nulo.

110. Escribe, en cada caso, una ecuación de segundo grado.

a) Que no tenga ninguna solución real.

b) Que tenga una única solución real doble.

c) Que la suma de las raíces sea 7 y el producto −60.

d) Que el producto de las raíces sea el doble que su suma.

111. a) Compara las soluciones de la ecuación de segundo grado $3x^2-4x-4=0$ con las de la ecuación $-4x^2-4x+3=0$.

b) Demuestra que las soluciones de la ecuación $x^2+bx+2=0$ son inversas de las de la ecuación $2x^2+bx+1=0$.

c) Demuestra que las soluciones de la ecuación $ax^2+bx+c=0$ son inversas de las de la ecuación $cx^2+bx+a=0$.

112. a) Escribe un sistema de dos ecuaciones lineales con dos incógnitas que tengan como única solución (0, 0).

b) Escribe un sistema de dos ecuaciones lineales con dos incógnitas que tenga infinitas soluciones entre las que se encuentre (0, 0).

113. a) Escribe una ecuación racional que no tenga ninguna solución.

b) Escribe una ecuación bicuadrada que no tenga ninguna solución.

c) Escribe una ecuación irracional que no tenga ninguna solución.

Problemas

114. La suma de tres números pares consecutivos es 1242. ¿Cuáles son esos números?

115. Calcula dos números naturales consecutivos tales que la suma de sus cuadrados sea 545.

116. Un triángulo rectángulo está formado por tres lados cuyas longitudes son números consecutivos. ¿Cuánto miden los lados de dicho triángulo?

117. La suma de los cuadrados de dos números naturales impares consecutivos es 1570. Calcula el valor del siguiente impar.

118. Al dividir dos números que suman 147 se obtiene 5 de cociente y 9 de resto. ¿Cuáles son esos números?

119. Dos capitales iguales se colocan al 3 % y al 4 %, respectivamente, durante un año. El segundo capital produce 12,50 € más de intereses que el primero. ¿A cuánto ascendían los capitales iniciales iguales?

120. Un padre tiene cuatro veces la edad de su hija. Dentro de cinco años sólo tendrá tres veces la edad de ella. ¿Cuáles son las edades actuales del padre y la hija?

121. Hace tres años, las edades de dos personas estaban en la proporción 6 : 1, y dentro de seis años estarán en la proporción 3 : 1 ¿Cuáles son las edades que tienen ahora ambas personas?

122. Ernesto ha comprado un ordenador de sobremesa por valor de 400 €. A la hora de pagar, ha utilizado 32 billetes, unos de 20 € y otros de 5 € ¿Cuántos billetes de cada cantidad ha entregado?

123. Halla una fracción tal que se cumpla que si al numerador y al denominador se les suma una unidad, la fracción equivale a $\frac{1}{3}$, y si se les restan 3 unidades, la fracción equivale a $\frac{1}{5}$.

124. Un almacenista trabaja con tres tipos de televisores. Por cada uno de los televisores del primer tipo, de gama baja, paga 350 €; por los del segundo, de gama media, 650 € y, finalmente, por los del tercero, de gama alta, 1150 €.

Un pedido de 240 unidades tiene un importe de 160 000 €. Determina el número de televisores pedidos sabiendo que el número de televisores del segundo tipo es el doble que los del primero y el tercer tipo juntos.

125. Un ciclista realiza un trayecto a la velocidad de 12 km/h. En cierto momento se le pincha una rueda, por lo que debe regresar andando a una velocidad de 4 km/h. Calcula a qué distancia del punto de partida se le pinchó la rueda, sabiendo que el tiempo total que invirtió entre la ida y la vuelta fue de dos horas y media.

126. Una fábrica de perfumes dispone de 600 L de un producto *A* y de 400 L de un producto *B*. Mezclando ambos productos se obtienen esencias diferentes.

Se quieren preparar dos clases de perfume, la primera, más barata, debe llevar tres partes de *A* y una de *B*, y la segunda clase, de mayor calidad, debe llevar los productos *A* y *B* al 50 %.

a) ¿Cuántos litros de cada clase de perfume se podrán preparar?

b) ¿Qué ingresos totales se obtendrán por la venta de la totalidad de los productos fabricados?

127. Se quiere construir un marco rectangular para adornar una fotografía. Para ello se dispone de un listón de madera de 50 cm de longitud.

a) Escribe la expresión algebraica que relaciona el área encerrada por el marco con la longitud de uno de sus lados.

b) Determina las dimensiones del marco si se quiere que el área sea de 156 cm^2.

128. En un hotel turístico tienen un total de 36 habitaciones con 60 camas. Solo existen habitaciones individuales y dobles. Calcula el número de habitaciones de cada tipo que hay.

129. Un joyero compra dos anillos de oro por un total de 825 € y los vende por 863,75 €. Calcula cuánto pagó por cada anillo si en la venta del primero ganó un 15 % y en la del segundo perdió un 5 %.

130. En una tienda de regalos se adquiere un libro y una pulsera. La suma de los precios que marcan los dos productos es de 35 €, pero el dependiente informa al cliente de que a los libros se les aplica una rebaja del 6 %, y a las pulseras, una rebaja del 12 %, por lo que en realidad debe pagar 31,40 €. ¿Qué precio marcaban el libro y la pulsera? ¿Qué precio se ha pagado finalmente por cada uno de estos dos productos?

131. Un coche sale de un punto *A* con una velocidad de 90 km/h. En el mismo instante, otro coche sale a su encuentro desde un punto *B* situado a 10 km detrás de *A* y a una velocidad de 115 km/h. ¿Cuánto tiempo tardará en darle alcance?

132. Un coche sale de *A* en dirección a *B* a una velocidad de 80 km/h. Tres minutos después, otro coche sale de *B* en dirección a *A* con una velocidad de 100 km/h. Calcula en qué punto se encontrarán los dos coches si *A* y *B* distan 22 km.

133. El área de un rectángulo es de 35 unidades cuadradas. Si se aumenta un lado en 2 unidades y se disminuye el otro en 3 unidades, el área disminuye en 17 unidades cuadradas. Halla las dimensiones del rectángulo inicial.

134. Julia, Clara y Miguel reparten hojas de propaganda. Clara reparte siempre el 20 % del total y Miguel reparte 100 hojas más que Julia. Entre Clara y Julia reparten 850 hojas.

Plantea un sistema de ecuaciones que permita saber cuántas hojas reparte cada uno. Sabiendo que la empresa paga 1 CENT por cada hoja repartida, calcula el dinero que ha recibido cada uno de los tres.

135. Un técnico informático espera obtener 360 € por la reparación de varios equipos. El técnico se da cuenta de que cuatro ordenadores no tienen posible reparación y, para obtener el mismo beneficio, aumenta en 4,50 € el precio que va a cobrar por cada equipo reparado. ¿Cuántos ordenadores tenía al principio? ¿A qué precio cobrará finalmente cada reparación?

136. A primera hora de la mañana, en un cajero automático se desea que haya 800 billetes (de 10 €, 20 € y 50 €) con un valor total de 16 000 €. Sabiendo que por cada 3 billetes de 50 € son necesarios 4 billetes de 20 €:

a) Plantea un sistema de ecuaciones lineales para averiguar cuántos billetes de cada cantidad ha de haber.

b) Resuélvelo por el método de Gauss.

137. Un comercio tiene un total de 270 unidades de productos de tres tipos: *A*, *B* y *C*. Del tipo *A* tiene 30 unidades menos que de la totalidad de *B* más *C*, y del tipo *C* tiene el 35 % de la suma de *A* más *B*. ¿Cuántos productos de cada tipo hay en el comercio?

138. La oferta y la demanda del mercado de un conjunto de ropa para practicar judo en cierto momento vienen dadas por las expresiones:

$$f_o = 0{,}45p^2 - 20p + 500$$

$$f_d = 0{,}1p^2 - 18{,}5p + 1000$$

Siendo $30 \le p \le 50$, en euros, calcula el punto de equilibrio de este mercado.

139. La tabla muestra la oferta y la demanda del mercado de teléfonos móviles de cierto modelo para algunos valores del precio.

p	Unidades ofertadas	Unidades demandadas
150	725	1400
175	800	1100
200	1200	650

a) Calcula las expresiones de las funciones de oferta y demanda sabiendo que son polinomios de segundo grado con la indeterminada *p* variando entre 150 € y 200 €.

b) Calcula el punto de equilibrio del mercado.

140. Una población pasa de 20 250 a 21 520 habitantes entre los años 2010 y 2015. Utilizando el modelo de crecimiento exponencial de las poblaciones calcula:

a) La tasa de crecimiento exponencial para ese período.

b) La población que se estima para el año 2020 suponiendo que no varía la tasa de crecimiento.

c) La población que había en 2003 considerando la tasa de crecimiento constante.

141. Calcula el tiempo necesario para que una población verifique las siguientes variaciones:

a) Que se doble, suponiendo que la tasa de crecimiento exponencial es del 1,25 %.

b) Que se triplique, suponiendo que la tasa de crecimiento exponencial es $r = 0{,}025$.

142. Un campo de labranza cuya área es de 192 m^2 tiene forma rectangular y su perímetro mide 56 m.

a) Calcula las dimensiones de dicho campo de labranza.

b) Calcula la medida de una de sus diagonales.

143. La siguiente tabla muestra la población en algunos países europeos (en millones de personas) en los años 2005 y 2013:

	Alemania	Francia	Italia	Portugal	Finlandia
2005	82,5	62,8	57,9	10,5	5,2
2013	80,5	65,6	59,7	10,5	5,4

a) Calcula la tasa de crecimiento exponencial de la población para todos estos países en el periodo de 2005 a 2013.

b) Ordena de mayor a menor estos países, según su crecimiento relativo de la población.

144. En una pequeña envasadora se han comprado 35 L de aceite de oliva virgen extra y aceite puro de oliva para realizar una mezcla. El precio por litro del aceite virgen extra es de 4 €, mientras que por el litro de aceite puro se han pagado 3,25 €.

a) ¿Cuántos litros de aceite de la segunda clase se tienen que tomar para que la mezcla tenga un precio de 3,50 € el litro si no se quiere obtener ningún beneficio?

b) Si se quiere obtener un beneficio del 10 %, ¿a cuánto deberá cobrarse el litro de la mezcla anterior?

145. Se cuenta con un presupuesto de 7550 € para fabricar tres tipos de contenedores para reciclar basura. El volumen y peso máximo que pueden tener dichos contenedores para su almacenaje es de 43 m^3 y 3750 kg, respectivamente. La tabla siguiente muestra el volumen y peso de los contenedores de los tres tipos, así como su precio. Calcula cuántos de ellos se pueden fabricar de cada tipo si se quiere agotar el presupuesto y la capacidad de almacenaje.

	Volumen (m^3)	Peso (kg)	Precio (€)
TIPO I	1	100	250
TIPO II	2	175	300
TIPO III	1,5	125	275

146. En una clase de primero de bachillerato hay tantos alumnos que estudian Tecnologías de la Información y la Comunicación como alumnos que estudian Literatura Universal; sin embargo, el número de alumnos que estudian Francés como segunda lengua extranjera es inferior en una unidad al de los que estudian Tecnologías de la Información y la Comunicación. A partir de estos datos, calcula el número de alumnos que cursan cada una de las materias mencionadas sabiendo que en la clase hay 35 alumnos y que cada uno de ellos sólo está matriculado en una de las asignaturas.

147. Para construir una caja sin tapa se recortan cuatro cuadrados iguales en cada una de las esquinas de una cartulina de 30 cm × 20 cm. Calcula el lado de los cuadrados para que el volumen de la caja sea de 832 cm^3.

148. Un ciclista realiza un recorrido de ida y vuelta de 70 km en total. El primer tramo del recorrido es de subida, luego hay uno de bajada y un tercero llano. Tarda 1 h 47 min 37 s al ir y 1 h 25 min al volver, haciendo el recorrido a la inversa. Si la velocidad de subida es de 10 km/h, la de bajada, 40 km/h y en llano avanza a 30 km/h. ¿Qué distancia tiene cada tramo del recorrido?

149. Un globo que posee un pequeño motor realiza un viaje desde el punto A hasta el punto B, ida y vuelta. Gracias al motor, el globo adquiere una velocidad de 38 km/h. Supongamos, sin embargo, que el viento sopla de forma constante, y siempre en la dirección de A hacia B, y que, por tanto, la velocidad se modifica. La distancia que separa los puntos es de 50 km.

a) Calcula la duración total del viaje en función de la velocidad con la que sopla el viento en la dirección indicada.

b) Calcula la velocidad del viento sabiendo que la duración total del viaje ha sido de 195 minutos.

150. Dos ciclistas corren por un velódromo a velocidades constantes. Cuando corren en sentido opuesto se encuentran cada 10 s, mientras que cuando van en el mismo sentido, un ciclista alcanza a otro cada 170 s. Sabiendo que la pista tiene una longitud media de 170 m, ¿cuál es la velocidad de cada ciclista?

151. Las funciones de demanda y de oferta correspondientes al mercado del último juego de estrategia, en cierto momento, son:

$$f_d = -\frac{1}{20}p^2 + \frac{1}{2}p + 180$$

$$f_o = \frac{13}{120}p^2 - 12p + A$$

donde A es un parámetro desconocido y $40 \le p \le 100$ €. Calcula el valor de A para que el equilibrio del mercado se alcance para 100 unidades demandadas. En este caso, halla la cantidad ofertada y el precio.

152. Dada la ecuación de segundo grado $ax^2 + bx + c = 0$, cuyas soluciones son x_1 y x_2, calcula, en función de a, b y c, el valor de la suma de las inversas de sus raíces.

A vueltas con la *pizza*

Miguel y Liliana tienen un pequeño restaurante italiano donde, además de las comidas que sirven en el local, sirven *pizzas*.

Miguel lleva la contabilidad de la empresa y observa que, de media, consigue vender 150 raciones de *pizzas* a un precio de 3 € cada ración.

Liliana acaba de terminar sus estudios de ciencias empresariales y, llena de energía y optimismo ha decidido aplicar sus conocimientos para intentar dar un nuevo impulso al negocio, ya que está convencida de que, pese al entusiasmo y buena voluntad que pone Miguel, los resultados son manifiestamente mejorables.

Con gran minuciosidad realiza un estudio de mercado entre los vecinos del barrio y los barrios colindantes al suyo. Además observa a la competencia de la zona, y una vez segura de que nadie supera la calidad de sus *pizzas*, decide centrarse en el factor económico. Ha observado que por cada 15 CENT que se baje en el precio de la ración, la demanda de la misma aumenta en 30 unidades. Es decir, si baja el precio a 2,85 € la ración, conseguirá vender 180 raciones.

Liliana supone que la regla obtenida es cierta, al menos así lo dice la teoría, y se cumple siempre que el precio esté comprendido entre 1,50 € y 3 €.

a) Calcula el ingreso total que obtendrán Liliana y Miguel si no cambian los precios de las raciones.

b) Calcula el ingreso total que obtienen si venden cada ración a 2,70 €.

c) Si rebajan el precio a $0{,}15x$ €, calcula, en función de x, el ingreso total que obtienen.

d) Miguel ha calculado que para que les sea rentable el negocio, de la parte de la venta de *pizzas* deberían obtener unos ingresos de 702 € en total. ¿A qué precio deben vender las porciones? Si hay varias posibilidades. ¿Cuál elegirías?

Fabricando papel

Una fábrica de productos de papelería elabora tres tipos de cuadernos:

- Tipo 1: Cuaderno de 100 folios de 80 gramos (80 gramos por metro cuadrado).
- Tipo 2: Cuaderno de 80 folios de 90 gramos.
- Tipo 3: Cuaderno de 120 folios de 100 gramos.

Para su elaboración, cada cuaderno debe pasar por tres departamentos diferentes: departamento de tratamiento de la pasta de papel, departamento de encuadernación y departamento de supervisión del producto.

La tabla de la derecha muestra los minutos que debe estar cada tipo de cuaderno en cada uno de los departamentos así como el total de minutos diarios con los que cuenta cada departamento para realizar su trabajo.

	Tipo 1	Tipo 2	Tipo 3	
Tratamiento	6	5	8	780 min
Encuadernación	5	4	6	610 min
Supervisión	1	1	2	170 min

a) Plantea un sistema de tres ecuaciones con tres incógnitas en el que las incógnitas sean el número de cuadernos de cada tipo que se pueden fabricar al día para agotar exactamente la disponibilidad de tiempo de los departamentos.

Con ayuda de un programa de cálculo:

b) Resuelve el anterior sistema e interpreta los resultados.

c) Sin variar las condiciones, ¿cuántos cuadernos de tipo 1 y de tipo 2 se deberán fabricar si se quieren fabricar 35 cuadernos de tipo 3 y agotar la disponibilidad de tiempo?

d) Si la empresa decide aumentar en un 10 % el tiempo disponible de los departamentos de tratamiento y encuadernación y en un 15 % el del departamento de supervisión, ¿cómo variará la solución del problema?

AUTOEVALUACIÓN

Comprueba qué has aprendido

1. Resuelve las siguientes ecuaciones.

a) $-2\cdot\frac{3x-1}{25}-\frac{4x-1}{5}=x+\frac{7}{25}$

b) $\frac{2x}{3}-\frac{x-2}{12}+\frac{x+3}{2}=2x-\frac{1}{6}$

c) $\frac{2x-1}{x+7}-\frac{2x+1}{x-7}=\frac{5}{8}$

d) $x+\frac{1}{x+1}=\frac{2x+7}{x+1}$

2. Halla una ecuación de segundo grado tal que la suma de sus raíces sea −4 y el producto de las mismas, −221.

3. Resuelve las siguientes ecuaciones de grado superior a dos.

a) $6x^5+11x^4+3x^3-3x^2-x=0$

b) $\frac{1}{x^2}-\frac{3x^2}{4}=-\frac{11}{4}$

4. Halla la solución de las siguientes ecuaciones irracionales.

a) $\sqrt{x+\sqrt{4x+40}}=5$

b) $\sqrt{2x}+\sqrt{x+1}=7$

5. Resuelve las ecuaciones exponenciales y logarítmicas:

a) $6^{-2x^2+x+8}=36$

b) $\left(\frac{1}{2}\right)^x+2^{x-1}+2^x=\frac{11}{4}$

c) $\log 100x+2\log x=-1$

d) $2\log x-\frac{2}{5}\log x^5+\log x^2=4$

6. Resuelve los siguientes sistemas de ecuaciones lineales.

a) $\begin{cases}5x-3y=4\\ -2x-7y=-\frac{13}{3}\end{cases}$

b) $\begin{cases}-2x-5y=10\\ \frac{x}{3}+\frac{5y}{6}=-\frac{5}{3}\end{cases}$

7. Resuelve aplicando el método de Gauss:

a) $\begin{cases}x+y+z=3\\ 2x+2y-z=3\\ x+y-2z=0\end{cases}$

b) $\begin{cases}2x+y+z=2\\ 2x-2y+z=1\\ 4x-y+2z=-1\end{cases}$

8. Resuelve los siguientes sistemas de segundo grado.

a) $\begin{cases}2x^2+y^2=18\\ -2x^2+3y^2=46\end{cases}$

b) $\begin{cases}2x+4y=10\\ x^2+3xy=-8\end{cases}$

9. Resuelve los siguientes sistemas.

a) $\begin{cases}2^x+3^y=\frac{19}{2}\\ 2^{x+1}+3^{y-1}=4\end{cases}$

b) $\begin{cases}\log x+\log y=1\\ 2+\log y-\log x=\log 250\end{cases}$

10. Calcula tres números pares consecutivos tales que la suma del primero más la media aritmética de los otros dos valga 271.

smSaviadigital.com VALORA LO APRENDIDO > Comprueba tus respuestas.

Relaciona y contesta

»Elige la única respuesta correcta en cada caso

1. El número de soluciones reales de la ecuación $x^3+\frac{2}{x}=-3x$ es:

A. 2
B. 3
C. 4
D. 0

2. Las soluciones de la ecuación $\sqrt{-x+2}-2=2x$ son:

A. $x=-\frac{1}{4}$ y $x=-2$
B. $x=-\frac{1}{4}$
C. $x=-2$
D. La ecuación no tiene solución.

3. Un sistema de tres ecuaciones lineales con tres incógnitas:

A. Tiene seguro una solución.
B. Tiene seguro dos soluciones.
C. Seguro que no tiene solución.
D. Ninguna de las anteriores.

»Señala, en cada caso, las respuestas correctas

4. Una ecuación polinómica con el término independiente nulo:

A. Tiene por lo menos una solución real.
B. El número de soluciones reales coincide con su grado.
C. El número de soluciones reales coincide con su grado menos 1.
D. Una de sus soluciones es $x=0$.

5. Se considera el sistema de ecuaciones: $\begin{cases}x+y+z=3\\ x+y+2z=4\end{cases}$

A. Si se añade la ecuación $2x+2y+2z=6$, el sistema tiene infinitas soluciones.
B. Si se añade la ecuación $x=-4$, el sistema no tiene solución.
C. Si se añade la ecuación $2x+y+z=4$ el sistema tiene como única solución $x=1$, $y=1$, $z=1$.
D. Si se añade la ecuación $-x-z=-2$, el sistema tiene infinitas soluciones entre las que se encuentra la $x=1$, $y=1$, $z=1$.

6. Se considera que un número x verifica las expresiones:

1. $A(x)=B(x)$
2. $[A(x)]^2=[B(x)]^2$

A. $1\Leftrightarrow 2$
B. $1\Rightarrow 2$ pero $2\not\Rightarrow 1$
C. $2\Rightarrow 1$ pero $1\not\Rightarrow 2$
D. 1 y 2 son excluyentes entre sí.

»Señala el dato innecesario para contestar

7. Se quiere saber si existe equilibrio de mercado de un cierto producto. Para ello se aportan, referidas al producto:

1. La función demanda
2. La función oferta

A. Puede eliminarse el dato 1.
B. Puede eliminarse el dato 2.
C. Pueden eliminarse los dos datos.
D. No puede eliminarse ningún dato.

5 Inecuaciones y sistemas

Dietas equilibradas

Pureza de las joyas

Logística de almacenaje

¿Te has parado a pensar alguna vez en lo difícil que es organizar la producción de una fábrica? Observa la imagen e imagínate una empresa como esa, en la que se reparen y fabriquen ferrocarriles. En ella se construyen distintos tipos de trenes: algunos de ellos llevan vagones de pasajeros diseñados para viajes nacionales e internacionales, otros, son trenes más pequeños de transporte regional y algunos se dedican al transporte de mercancías.

El tiempo necesario para construir y reparar cada tipo de tren es distinto, la cantidad de materiales que pueden utilizarse está limitada por la capacidad de suministro de los proveedores y los costes y beneficios de producción y mantenimiento de cada tipo de tren son diferentes. ¿Cómo se puede entonces determinar cuál es el número óptimo de trenes de cada tipo que hay que producir?

Decisiones de este tipo son comunes en las grandes empresas y tienen una trascendencia enorme porque influyen de forma importante en su viabilidad y en la vida de los que trabajan en ellas. Si no se acierta al organizar la producción de forma que sea lo más provechosa y eficiente posible, la empresa funcionará mal y, en el peor de los casos, puede verse obligada a cerrar.

En este tipo de problemas juegan un papel central algunas relaciones entre las variables relevantes que vienen dadas por desigualdades, llamadas inecuaciones, en lugar de las igualdades que hemos visto al estudiar ecuaciones.

- Las inecuaciones representan relaciones entre incógnitas de un tipo más general que las ecuaciones.
- Las inecuaciones son de gran importancia para delimitar los rangos en los que pueden tomar valores las variables que intervienen en muchos problemas, como una dieta equilibrada o la pureza de una joya...
- Tienen una gran importancia en optimización, programación lineal e investigación operativa, campos de importancia fundamental en logística y economía.
- Sirven, por ejemplo, para resolver problemas de organización de la producción como el que te hemos contado al principio de esta introducción.

Piensa en lo anterior e intenta contestar a las cuestiones siguientes:

- ¿Eres capaz de manipular ecuaciones para encontrar el conjunto de soluciones de una inecuación? ¿Y de un conjunto de inecuaciones?
- ¿Podrías estimar cuál va a ser el ritmo de crecimiento de una población?
- ¿Sabrías determinar qué tipo de bicicletas es más rentable en una tienda de bicis? ¿O incluso si es preferible vender accesorios?

Cuando termines esta unidad, habrás aprendido a manejar inecuaciones y sistemas de inecuaciones, y contestar a cuestiones como las anteriores no te resultará difícil.

Gestión de repartos

1 Desigualdades e inecuaciones

Desigualdades

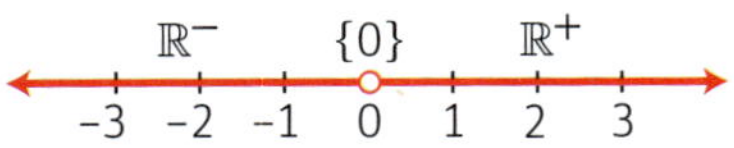

El conjunto de los números reales $\mathbb{R}$ se puede dividir en tres subconjuntos:

- $\mathbb{R}^-$, formado por los números negativos.
- $\mathbb{R}^+$, formado por los positivos.
- {0}, que tiene como único elemento el 0.

Los números reales están **ordenados**.

Las expresiones numéricas en las que intervienen las relaciones <, >, ≤ y ≥ se denominan **desigualdades**.

Las desigualdades cumplen las siguientes **propiedades**:

- Si a los dos miembros de una desigualdad se les suma o resta un mismo número positivo, se obtiene otra desigualdad en el mismo sentido.
- Si los dos miembros de una desigualdad se multiplican o dividen por el mismo número real distinto de 0, se obtiene una desigualdad:
  - En el mismo sentido si el número es positivo.
  - En sentido contrario si el número es negativo.

Ejemplos ▸ $2<5 \Rightarrow 2+3<5+3 \Rightarrow 5<8$ $\quad$ $5\geq -3 \Rightarrow 2\cdot 5\geq 2\cdot(-3) \Rightarrow 10\geq -6$

$2\leq 5 \Rightarrow 2-3\leq 5-3 \Rightarrow -1\leq 2$ $\quad$ $5>-3 \Rightarrow (-2)\cdot 5<(-2)\cdot(-3) \Rightarrow -10<6$

Inecuaciones

Una **inecuación** es una desigualdad entre dos expresiones algebraicas en las que intervienen uno o más valores desconocidos denominados incógnitas. Su **conjunto solución** o simplemente **solución**, es el conjunto de números reales que la satisfacen.

Ejemplos ▸ $x=-2$ pertenece al conjunto solución de la inecuación $x^3+2\geq -25$ ya que:

$$(-2)^3+2=-8+2=-6\geq -25$$

$x=-4$ no pertenece al conjunto solución de la inecuación $x^3+2\geq -25$ ya que:

$$(-4)^3+2=-64+2=-62<-25$$

La solución de una inecuación se puede expresar mediante una desigualdad simple, mediante un intervalo o unión de intervalos o de forma gráfica.

Inecuaciones equivalentes

Dos inecuaciones son **equivalentes** si tienen el mismo conjunto solución.

Se obtienen inecuaciones equivalentes si:

- Si se suma o resta el mismo número a los dos miembros de una inecuación.
- Si se multiplican o dividen por un número positivo los dos miembros de una inecuación.
- Si se multiplican o dividen por un número negativo los dos miembros de una inecuación y se cambia el sentido de la desigualdad.

Ejemplos ▸ La inecuación $x^3+2\geq -25$ es equivalente a $x^3+2-2\geq -25-2 \Rightarrow x^3\geq -27$.

La inecuación $2x^2+4x<4$ es equivalente a $\dfrac{2x^2+4x}{2}<\dfrac{4}{2} \Rightarrow x^2+2x<2$.

La inecuación $-\dfrac{x}{3}<2$ es equivalente a $\left(-\dfrac{x}{3}\right)(-3)>2(-3) \Rightarrow x>-6$.

Inecuaciones lineales

Una **inecuación lineal** o de primer grado es aquella cuyos miembros son polinomios de primer grado. En su resolución se sigue un proceso análogo al de resolución de ecuaciones de primer grado.

Ejemplo ▸ Resuelve la inecuación $\frac{x-1}{3}-\frac{2x-4}{4}\le 1$.

Se eliminan los denominadores y paréntesis:

$$4(x-1)-3(2x-4)\le 12 \Rightarrow 4x-4-6x+12\le 12$$

Se agrupan términos: $4x-6x\le 12+4-12 \Rightarrow -2x\le 4$

Se dividen los dos términos por -2: $-2x\le 4 \Rightarrow x\ge -2$

Por lo tanto la solución es: $x\in[-2,+\infty)$

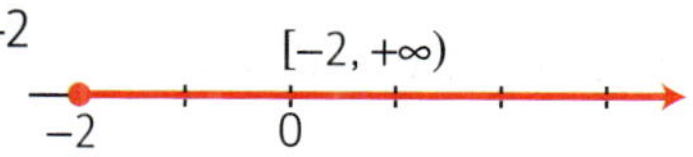

EJERCICIOS RESUELTOS

1. a) Ordena de menor a mayor los números racionales:

$1{,}25 \quad 1{,}2\widehat{5} \quad -1{,}\widehat{3} \quad 1{,}\widehat{25} \quad -1{,}3$

b) Exprésalos mediante fracciones de igual denominador y comprueba que el orden que has establecido es correcto.

a) $-1{,}\widehat{3}<-1{,}3<1{,}25<1{,}\widehat{25}<1{,}2\widehat{5}$

b) Se hallan las expresiones fraccionarias de los números racionales dados y se expresan con fracciones del mismo denominador:

$1{,}2\widehat{5}=\frac{125-12}{90}=\frac{113}{90}=\frac{2486}{1980}$ $\quad 1{,}\widehat{25}=\frac{125-1}{99}=\frac{124}{99}=\frac{2480}{1980}$ $\quad 1{,}25=\frac{125}{100}=\frac{5}{4}=\frac{2475}{1980}$

$-1{,}3=-\frac{13}{10}=-\frac{2574}{1980}$ $\quad -1{,}\widehat{3}=-\frac{13-1}{9}=-\frac{12}{9}=-\frac{4}{3}=-\frac{2640}{1980}$

Se observa que:

$$-\frac{2640}{1980}<-\frac{2574}{1980}<\frac{2475}{1980}<\frac{2480}{1980}<\frac{2486}{1980}$$

2. Representa gráficamente la solución de la siguiente inecuación.

$\frac{x-1}{2}-\frac{x+3}{6}-\frac{1}{2}>x$

$$\frac{x-1}{2}-\frac{x+3}{6}-\frac{1}{2}>x \Rightarrow 3(x-1)-(x+3)-3>6x \Rightarrow 3x-3-x-3-3>6x \Rightarrow -4x>9 \Rightarrow x<-\frac{9}{4}$$

La solución es la semirrecta: $\left(-\infty,-\frac{9}{4}\right)$

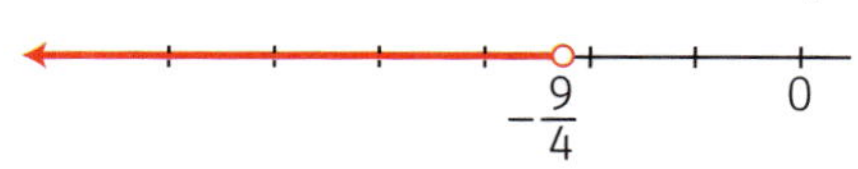

3. Resuelve la inecuación:

$-\frac{3x-2}{4}+\frac{x-5}{8}\ge 24+\frac{4x-1}{2}$

$$-\frac{3x-2}{4}+\frac{x-5}{8}\ge 24+\frac{4x-1}{2} \Rightarrow -2(3x-2)+x-5\ge 8\cdot 24+4(4x-1) \Rightarrow$$

$$\Rightarrow -6x+4+x-5\ge 192+16x-4 \Rightarrow -21x\ge 189 \Rightarrow x\le -\frac{189}{21}=-9$$

La solución es la semirrecta: $x\in(-\infty,-9]$

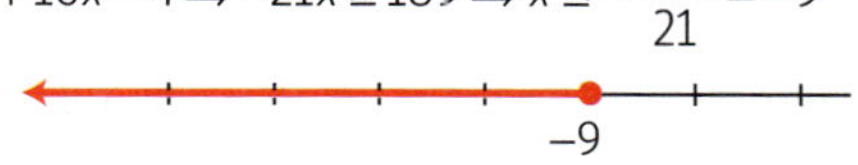

EJERCICIOS PROPUESTOS

4. Ordena de menor a mayor los siguientes números.

a) $\frac{11}{4}$, $\frac{68}{25}$, $\frac{14}{5}$ y $\frac{27}{10}$

b) $0{,}1\widehat{2}$, $\frac{11}{90}$, $\frac{3}{25}$ y $0{,}12$

5. Comprueba en cada caso si el valor indicado forma parte de la solución de la inecuación.

a) $x=-2$ de la inecuación $x^3+x^2+x\le 6$

b) $x=-\frac{1}{2}$ de la inecuación $2(x-2)+\frac{x-1}{3}>x-1$

6. Resuelve las inecuaciones lineales siguientes.

a) $\frac{x-3}{2}-\frac{x-2}{8}\le\frac{x}{2}$

b) $2x-3-\frac{x}{2}>x+\frac{3x+1}{6}$

c) $x+2(x+1)+3(x+2)<\frac{x+38}{2}$

d) $2(-10x-3)-\frac{3}{7}(2x-5)+x\le -2(x-5)-\frac{222}{7}$

2 Inecuaciones polinómicas y racionales

Inecuaciones de segundo grado

Las inecuaciones cuyos miembros son **polinomios de segundo grado** se resuelven dando los pasos siguientes:

1.º Se opera hasta obtener un polinomio de segundo grado en un miembro y cero en el otro.

2.º Se factoriza el polinomio de segundo grado, es decir, se expresa de la forma:

$$a(x-r_1)(x-r_2)$$

3.º Se estudia el signo de cada factor en cada una de las tres zonas en las que las raíces dividen la recta real y se determina el signo del polinomio.

4.º Se escribe la solución incluyendo o no las raíces dependiendo del tipo de desigualdad.

Ejemplo ▸ Resuelve la inecuación $x^2+9x+20<3x^2+5x-10$.

1.º Se opera, obteniéndose la inecuación equivalente: $-2x^2+4x+30<0$

2.º Se factoriza el polinomio:

$$-2x^2+4x+30<0 \Rightarrow -2(x+3)(x-5)<0$$

3.º Se estudia el signo de cada factor con ayuda de una tabla:

- El factor $x+3$ tiene signo negativo hasta el punto $x=-3$.
- El factor $x-5$ tiene signo negativo hasta el punto $x=5$.

$-\infty$ -3 5 $+\infty$

$x+3$	−	+	+
$x-5$	−	−	+
$(x+3)(x-5)$	+	−	+
$-2(x+3)(x-5)$	−	+	−

- El signo de $(x+3)(x-5)$ se obtiene aplicando la regla de signos del producto.
- Por ser $-2<0$, el signo de $-2(x+3)(x-5)$ es el contrario al de $(x+3)(x-5)$.

4.º La solución es la unión de aquellos intervalos en los que el polinomio es negativo. En este caso, las raíces $x=-3$ y $x=5$ no forman parte de la solución, ya que la desigualdad es estricta. Por tanto la solución es: $x\in(-\infty,-3)\cup(5,+\infty)$.

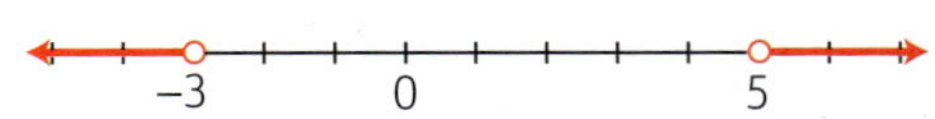

Ten en cuenta

Las raíces de los polinomios dividen a la recta real en varias zonas. Se puede **averiguar el signo** del polinomio en cada zona dando valores a la incógnita.

Inecuaciones polinómicas de grado superior a dos

Para resolver **inecuaciones polinómicas de grado superior a dos** se sigue un proceso análogo al de resolución de inecuaciones de segundo grado.

Ejemplo ▸ Resuelve la inecuación $x^3+x\leq 6-4x^2$.

1.º Se opera hasta obtener una inecuación equivalente con un polinomio en un miembro y 0 en el otro:

$$x^3+4x^2+x-6\leq 0$$

2.º Se factoriza el polinomio: $x^3+4x^2+x-6=(x+3)(x+2)(x-1)\leq 0$

3.º Se estudian los signos de los factores y del polinomio:

$-\infty$ -3 -2 1 $+\infty$

$x+3$	−	+	+	+
$x+2$	−	−	+	+
$x-1$	−	−	−	+
$(x+3)(x+2)(x-1)$	−	+	−	+

4.º La solución en este caso incluye las raíces (desigualdad $\leq$): $x\in(-\infty,-3]\cup[-2,1]$.

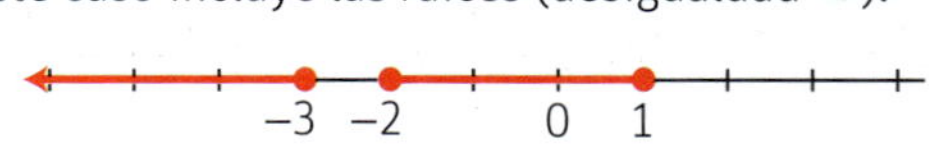

MAT-TIC GeoGebra

Entra en smSaviadigital.com y podrás resolver inecuaciones de manera gráfica.

Inecuaciones racionales

Las **inecuaciones racionales** son aquellas en las que intervienen fracciones algebraicas.

Para resolverlas se aplica la misma técnica empleada con las inecuaciones polinómicas:

1.º Se opera hasta tener una fracción algebraica en un miembro y cero en el otro.

2.º Se factorizan los polinomios del numerador y del denominador de la fracción.

3.º Se estudia el signo de los factores en las zonas determinadas por las raíces del numerador y del denominador.

4.º Es importante tener en cuenta que la solución de la inecuación nunca incluye las raíces del denominador, ya que la fracción algebraica no está definida en ellas.

Ten en cuenta

A la hora de resolver inecuaciones racionales en las que el denominador esté afectado por la incógnita, no se puede eliminar dicho denominador.

Ejemplo ▸ Resuelve la inecuación $2x-\frac{8x+6}{x+2}\le 0$.

1.º Se opera: $2x-\frac{8x+6}{x+2}\le 0\Rightarrow\frac{2x(x+2)-8x-6}{x+2}=\frac{2x^2-4x-6}{x+2}\le 0$

2.º Se factorizan el numerador y el denominador: $\frac{2(x-3)(x+1)}{x+2}\le 0$

3.º Las raíces del numerador son $x=3$ y $x=-1$, y la del denominador $x=-2$.

	$-\infty$ a -2	-2 a -1	-1 a 3	3 a $+\infty$
$(x-3)$	−	−	−	+
$(x+1)$	−	−	+	+
$(x+2)$	−	+	+	+
$\frac{2(x-3)(x+1)}{(x+2)}$	−	+	−	+

4.º La solución incluye las raíces del numerador (por ser la desigualdad no estricta), pero no la del denominador:.

$x\in(-\infty,\ -2)\cup[-1,\ 3]$

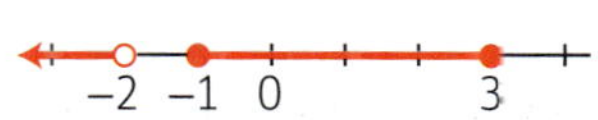

EJERCICIO RESUELTO

7. Resuelve las siguientes inecuaciones.

a) $x^2+x+10<0$

b) $x^2+4\ge 4x$

a) Como la ecuación $x^2+x+10=0$ no tiene soluciones reales $(\Delta<0)$, el polinomio no puede factorizarse. Los polinomios irreducibles tienen el mismo signo para cualquier valor de x. En este caso, el signo es positivo (ya que, por ejemplo, para el valor $x=0$ se obtiene $10>0$ y, por tanto, la inecuación no tiene solución.

b) Se opera y se factoriza: $x^2-4x+4\ge 0\Rightarrow(x-2)^2\ge 0$ .Como el cuadrado de un número real es siempre positivo o nulo, la solución es todo el conjunto $\mathbb{R}$: $x\in\mathbb{R}$

EJERCICIOS PROPUESTOS

8. Resuelve las siguientes inecuaciones de segundo grado.

a) $x^2+2\ge 0$ c) $-x^2-1>0$ e) $\frac{2}{3}x^2+4x<2x$

b) $4-x^2<0$ d) $3x^2-x\ge x^2-5x$ f) $-x^2-2x-1>0$

9. Representa gráficamente las soluciones de las inecuaciones:

a) $3x(1+x)-2(x^2-1)>2$ b) $x^2-\frac{3}{2}x\le 1$ c) $\frac{x^2}{2}+\frac{x+1}{3}\ge 3$

10. Resuelve las inecuaciones y representa las soluciones.

a) $x^3-6x^2+7x+15\ge x^2$ b) $x^3-3x^2<1-3x$ c) $x^4-17x^2\le -16$

11. Representa en la recta real las soluciones de:

a) $\frac{4x-5}{4x^2-x-5}<0$ b) $\frac{x^2-x-2}{x^2+x-2}\ge 0$ c) $1>\frac{2x}{x^2+1}$

12. smSaviadigital.com PRACTICA Sigue resolviendo inecuaciones.

3 Sistemas de inecuaciones con una incógnita

Un **sistema de inecuaciones** está formado por varias inecuaciones que deben satisfacerse simultáneamente.

El **conjunto solución** o simplemente, **solución** de un sistema de inecuaciones es el conjunto de números reales que satisfacen todas las inecuaciones a la vez.

Ejemplo El número $x=-3$ es una solución del sistema:

$$\begin{cases} 2x-3<0 \\ -2x^2+4x\geq -35 \end{cases}, \text{ ya que } \begin{cases} 2(-3)-3=-9<0 \\ -2(-3)^2+4(-3)=-18-12=-30\geq -35 \end{cases}$$

Sistemas de inecuaciones con una incógnita

MAT-TIC GeoGebra

Entra en smSaviadigital.com y trabaja con sistemas de inecuaciones con una incógnita.

Para **resolver un sistema** de inecuaciones con una incógnita:

1.º Se resuelve, usando las técnicas aprendidas, cada una de las inecuaciones que lo forman.

2.º Se halla la intersección de todas las soluciones antes obtenidas.

EJERCICIOS RESUELTOS

13. Resuelve el siguiente sistema de inecuaciones lineales.

$$\begin{cases} 2x-3\leq 0 \\ 3x+1\geq 0 \end{cases}$$

Se halla la solución de cada una de las inecuaciones:

$$2x-3\leq 0 \Rightarrow x\leq \frac{3}{2} \Rightarrow x\in\left(-\infty, \frac{3}{2}\right] \qquad 3x+1\geq 0 \Rightarrow x\geq -\frac{1}{3} \Rightarrow x\in\left[-\frac{1}{3}, +\infty\right)$$

La solución es la intersección de las soluciones obtenidas:

$$\left(-\infty, \frac{3}{2}\right]\cap\left[-\frac{1}{3}, +\infty\right)=\left[-\frac{1}{3}, \frac{3}{2}\right]$$

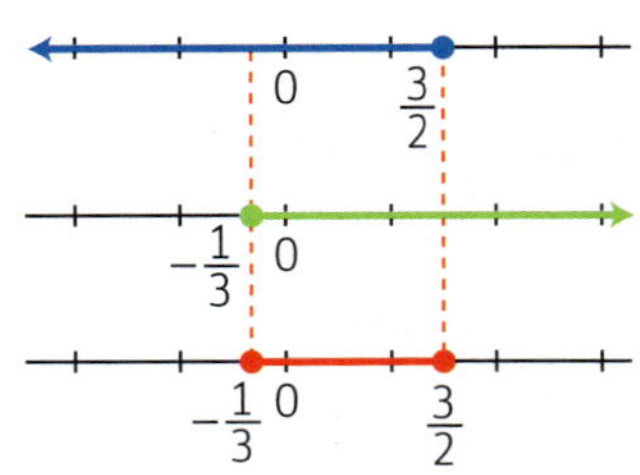

14. Resuelve el siguiente sistema de inecuaciones no lineales.

$$\begin{cases} 2x^2-3x+1\leq 0 \\ -3x^2+4x-1>0 \end{cases}$$

Se halla la solución de cada una de las inecuaciones:

$$2x^2-3x+1\leq 0 \Rightarrow 2(x-1)\left(x-\frac{1}{2}\right)\leq 0$$

	$-\infty$ … $\frac{1}{2}$	$\frac{1}{2}$ … 1	1 … $+\infty$
$x-1$	−	−	+
$x-\frac{1}{2}$	−	+	+
$2(x-1)\left(x-\frac{1}{2}\right)$	+	−	+

Solución: $\left[\frac{1}{2}, 1\right]$

$$-3x^2+4x-1>0 \Rightarrow -3(x-1)\left(x-\frac{1}{3}\right)>0$$

	$-\infty$ … $\frac{1}{3}$	$\frac{1}{3}$ … 1	1 … $+\infty$
$x-1$	−	−	+
$x-\frac{1}{3}$	−	+	+
-3	−	−	−
$-3(x-1)\left(x-\frac{1}{3}\right)$	−	+	−

Solución: $\left(\frac{1}{3}, 1\right)$

La solución del sistema es la intersección de las dos soluciones parciales:

$$\left[\frac{1}{2}, 1\right]\cap\left(\frac{1}{3}, 1\right)=\left[\frac{1}{2}, 1\right)$$

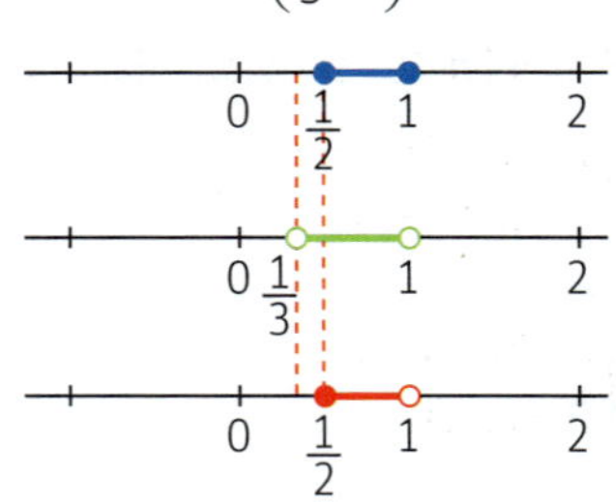

EJERCICIOS **RESUELTOS**

15. Comprueba si los números reales $x=-2$, $x=-\frac{1}{2}$, $x=2$ y $x=\frac{5}{2}$ forman parte del conjunto solución del sistema de inecuaciones:

$$\begin{cases} -2x^2+4x<x-2 \\ \dfrac{x-1}{x+2}\le 1 \\ x\ge 0 \end{cases}$$

$x=-2$ no forma parte de la solución ya que no verifica ni la segunda ni la tercera inecuaciones:

$$\frac{-2-1}{-2+2}=\frac{-3}{0} \text{ no existe} \qquad -2\ge 0 \text{ (falso)}$$

$x=-\frac{1}{2}$ no forma parte de la solución ya que no verifica ni la primera ni la tercera inecuaciones.

$$-2\left(-\frac{1}{2}\right)^2+4\left(-\frac{1}{2}\right)<-\frac{1}{2}-2\Rightarrow -\frac{5}{2}<-\frac{5}{2} \text{ (falso)} \qquad -\frac{1}{2}\ge 0 \text{ (falso)}$$

$x=\frac{5}{2}$ sí forma parte de la solución ya que verifica las tres inecuaciones.

$$-2\left(\frac{5}{2}\right)^2+4\left(\frac{5}{2}\right)<\frac{5}{2}-2\Rightarrow -\frac{5}{2}<\frac{1}{2} \qquad \frac{\frac{5}{2}-1}{\frac{5}{2}+2}=\frac{\frac{3}{2}}{\frac{9}{2}}=\frac{1}{3}\le 1 \qquad \frac{5}{2}\ge 0$$

16. Resuelve el siguiente sistema de inecuaciones.

$$\begin{cases} \dfrac{x}{3}-2(x-3)>1 \\ 2x-\dfrac{x-1}{3}\ge x-\dfrac{1}{3} \\ x+2\ge 0 \end{cases}$$

Se halla la solución de cada una de las inecuaciones:

$$\frac{x}{3}-2(x-3)>1\Rightarrow x-6x+18>3\Rightarrow -5x>-15\Rightarrow 5x<15\Rightarrow x<3\Rightarrow x\in(-\infty, 3)$$

$$2x-\frac{x-1}{3}\ge x-\frac{1}{3}\Rightarrow 6x-x+1\ge 3x-1\Rightarrow 2x\ge -2\Rightarrow x\ge -1\Rightarrow x\in[-1, +\infty)$$

$$x+2\ge 0\Rightarrow x\ge -2\Rightarrow x\in[-2, +\infty)$$

La solución es la intersección de las soluciones:

$$(-\infty, 3)\cap[-1, +\infty)\cap[-2, +\infty)=[-1, 3)$$

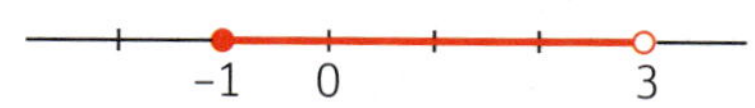

17. Resuelve el siguiente sistema de inecuaciones.

$$\begin{cases} \dfrac{x-4}{x+4}\ge 0 \\ x^2-4x-5<0 \end{cases}$$

Se halla la solución de cada una de las ecuaciones:

$$\frac{x-4}{x+4}\ge 0$$

$-\infty$ -4 4 $+\infty$

$x-4$	−	−	+
$x+4$	−	+	+
$\dfrac{x-4}{x+4}$	+	−	+

Solución: $(-\infty, -4)\cup[4, +\infty)$

$$x^2-4x-5<0\Rightarrow (x+1)(x-5)<0$$

$-\infty$ -1 5 $+\infty$

$x+1$	−	+	+
$x-5$	−	−	+
$(x-1)(x-5)$	+	−	+

Solución: $(1, 5)$

La solución del sistema es la intersección de las dos soluciones:

$$[(-\infty, -4)\cup[4, +\infty)]\cap(1, 5)=[4, 5)$$

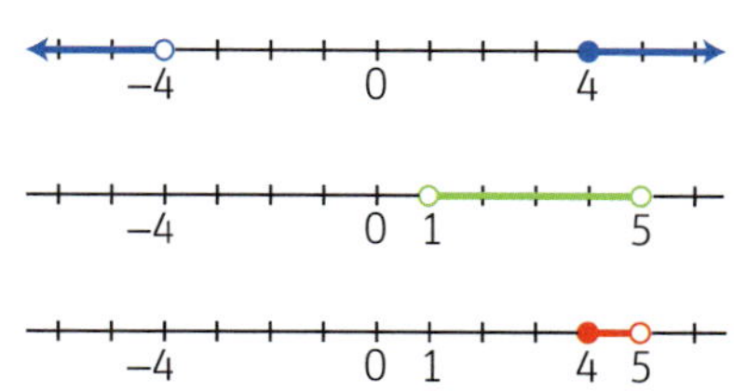

EJERCICIOS **PROPUESTOS**

18. Resuelve los sistemas de inecuaciones lineales siguientes.

a) $\begin{cases} 2x+1<x+2 \\ 3x-1\le 4x \end{cases}$

b) $\begin{cases} 3x-4>x \\ x\ge 2x-1 \end{cases}$

c) $\begin{cases} 3x-1<2x-(1+x) \\ 3(x+2)\ge 2(x-4) \end{cases}$

d) $\begin{cases} x\le 6 \\ 3-x>2(x-4) \\ 5x+3>-(x-1) \end{cases}$

19. Resuelve los siguientes sistemas de inecuaciones y representa sus soluciones.

a) $\begin{cases} -2x^2+4x+6\le 0 \\ 3x^2+6x-9>0 \end{cases}$

b) $\begin{cases} 2x-\dfrac{x}{2}>x-\dfrac{1}{4} \\ \dfrac{x+1}{2}+\dfrac{x-1}{4}\le 1 \\ 2x-3<3x-2 \end{cases}$

4 Sistemas de inecuaciones lineales con dos incógnitas

Resolución gráfica de inecuaciones lineales con dos incógnitas

Si se representan en el plano los puntos que cumplen la ecuación $ax+by=c$, se obtiene una recta. Al sustituir el signo de igualdad por uno de desigualdad, los puntos que satisfacen la inecuación forman un semiplano.

Dicho semiplano, no incluye el borde determinado por la recta $ax+by=c$ si la desigualdad es estricta, y sí lo incluye si la desigualdad no es estricta.

Para obtener los semiplanos, se dibuja la recta tomando dos puntos cualesquiera y se comprueba si un punto exterior a ella verifica o no la inecuación.

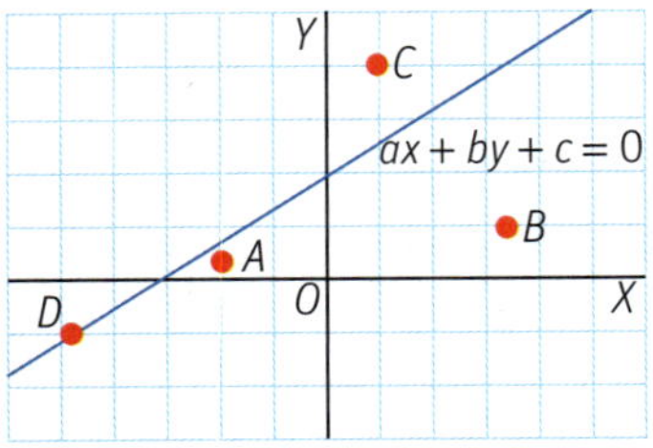

Si los puntos A y B son solución de la inecuación $ax+by+c>0$. El punto C no es solución. El punto D no es solución si la desigualdad es estricta y sí lo es si no es estricta.

Ejemplos ›

- $2x+y<1$ representa un semiplano sin borde.

x	0	1
$y=1-2x$	1	-1

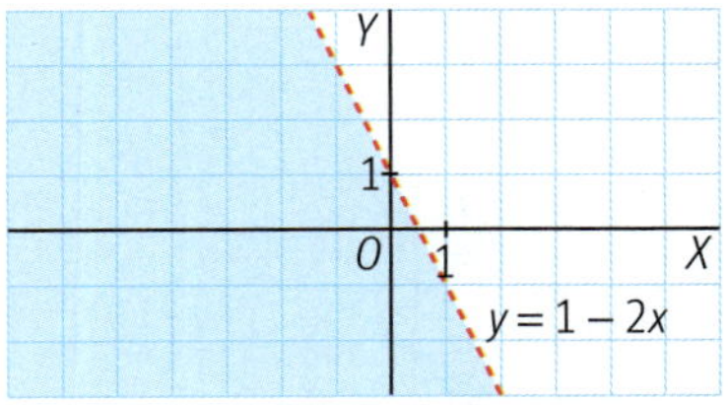

El origen de coordenadas pertenece al semiplano, ya que $2\cdot 0+0=0<1$.

- La inecuación $y<2$ representa el semiplano sin borde que queda por debajo de la recta horizontal $y=2$.

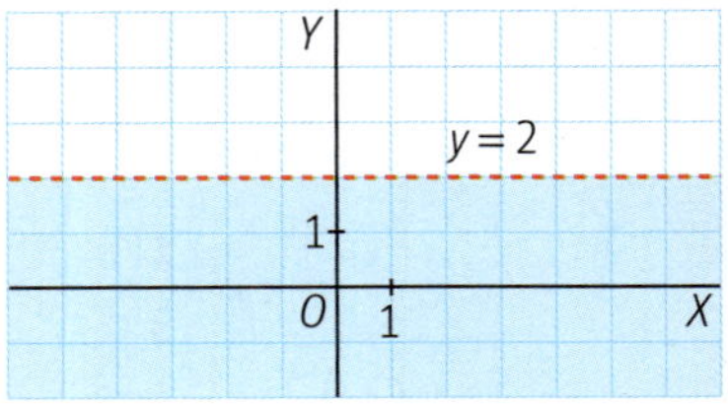

- La inecuación $x\geq 1$ representa el semiplano con borde que queda hacia la derecha de la recta vertical $x=1$.

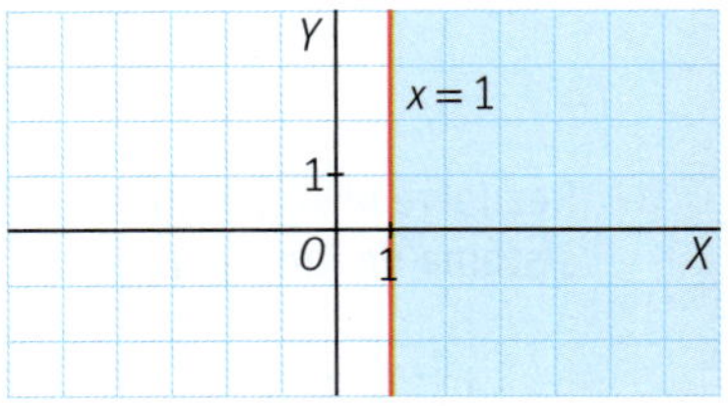

MAT-TIC GeoGebra

Entra en smSaviadigital.com y representa inecuaciones con una y dos incógnitas.

Sistemas de inecuaciones lineales con dos incógnitas

1.º Se representan los semiplanos solución de las inecuaciones individuales.

2.º Se determina la región solución del sistema, que es la intersección de los semiplanos.

3.º Para determinar completamente la solución, se calculan las coordenadas de sus vértices.

Ejemplo › **Representa el conjunto de soluciones del sistema** $\begin{cases} x-2y>0 \\ x+3y\geq 3 \end{cases}$.

La inecuación $x-2y>0$ representa un semiplano sin borde.

x	0	2
$y=\frac{x}{2}$	0	1

El punto $(1, 0)$ pertenece al semiplano, ya que $1+2\cdot 0=1>0$.

La inecuación $x+3y\geq 3$ representa un semiplano con borde.

x	0	3
$y=1-\frac{1}{3}x$	1	0

El origen de coordenadas no pertenece al semiplano, ya que $0+3\cdot 0=0\leq 3$.

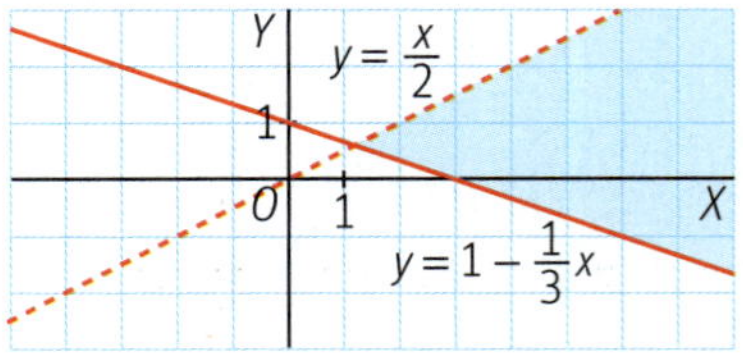

El conjunto de soluciones es una región no acotada del plano con vértice $A\left(\frac{6}{5}, \frac{3}{5}\right)$.

MAT-TIC GeoGebra

Entra en smSaviadigital.com y trabaja con sistemas de inecuaciones con dos incógnitas.

EJERCICIO RESUELTO

20. **Resuelve el siguiente sistema de inecuaciones.**

$$\begin{cases} x+y\le 2 \\ x-2y\ge -4 \\ y\ge -1 \\ -2y-x\le 1 \end{cases}$$

- La inecuación $x+y\le 2$ representa un semiplano con borde. El punto (0, 0) pertenece al semiplano, ya que $0+0\le 2$.

x	0	1
$y=2-x$	2	1

- La inecuación $x-2y\ge -4$ representa un semiplano con borde. El punto (0, 0) pertenece al semiplano, ya que $0-0\ge -4$.

x	0	2
$y=\dfrac{x+4}{2}$	2	3

- La inecuación $y\ge -1$ representa el semiplano con borde que queda por encima de la recta horizontal $y=-1$.
- La inecuación $-2y-x\le 1$ representa un semiplano con borde. El punto (0, 0) pertenece a él pues $-0-0\le 1$.

x	1	−1
$y=\dfrac{x+1}{-2}$	−1	0

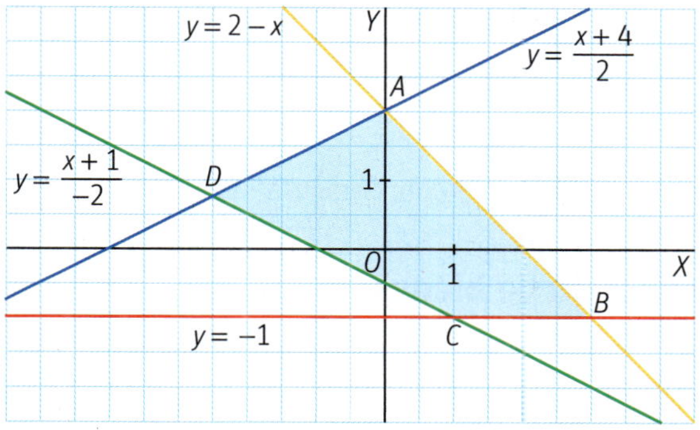

La solución del sistema es el cuadrilátero *ABCD* y todos los puntos de su interior. Las coordenadas de los vértices del cuadrilátero son:

$$A:\begin{cases} y=2-x \\ y=\dfrac{x+4}{2} \end{cases}\Rightarrow A(0,\ 2) \qquad C:\begin{cases} y=\dfrac{x+1}{-2} \\ y=-1 \end{cases}\Rightarrow C(1,-1)$$

$$B:\begin{cases} y=2-x \\ y=-1 \end{cases}\Rightarrow B(3,-1) \qquad D:\begin{cases} y=\dfrac{x+4}{2} \\ y=\dfrac{x+1}{-2} \end{cases}\Rightarrow D\left(-\dfrac{5}{2},\ \dfrac{3}{4}\right)$$

EJERCICIOS PROPUESTOS

21. **Representa los semiplanos formados por las soluciones de las siguientes inecuaciones.**

a) $x-2y<1$

b) $3x+y\ge 2$

c) $x-3y\le 2x+4-3y$

d) $5x+3y+10<2x+2$

22. **Escribe en cada apartado una inecuación de la que sea solución el semiplano representado.**

a)

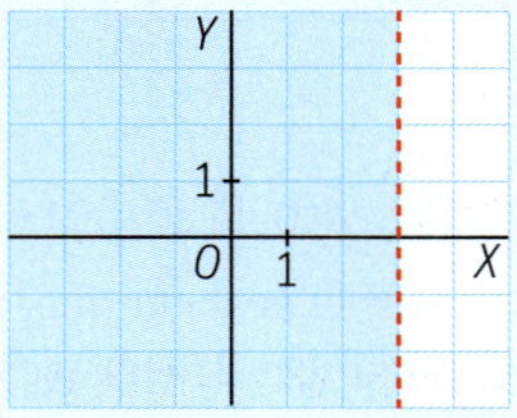

b)

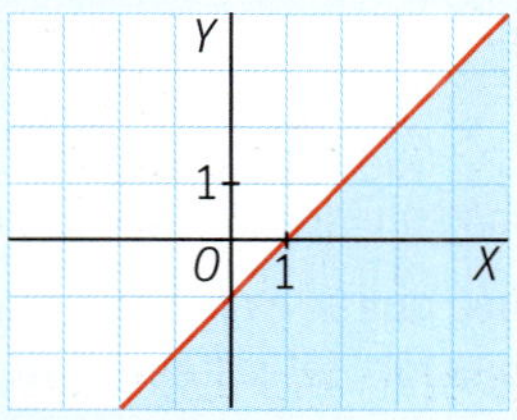

23. **Expresa mediante un sistema de inecuaciones los siguientes subconjuntos del plano.**

a) Puntos pertenecientes al segundo cuadrante.

b) Puntos con ordenada positiva que están por encima de la bisectriz del primer cuadrante.

24. **Resuelve los siguientes sistemas de inecuaciones.**

a) $\begin{cases} y<-2x+4 \\ y\ge x \end{cases}$

b) $\begin{cases} 6x-5y\le 38 \\ 4x+3y\le 0 \end{cases}$

c) $\begin{cases} x-y\ge 0 \\ y-2\le 0 \\ 2x+y\le 10 \\ y\ge 0 \end{cases}$

25. smSaviadigital.com PRACTICA **Resuelve sistemas de inecuaciones.**

5 Aplicaciones de las inecuaciones

Las inecuaciones y los sistemas de inecuaciones se utilizan, entre otras cosas, en la resolución de problemas sociales, económicos y geométricos.

Ecuación fundamental de la población

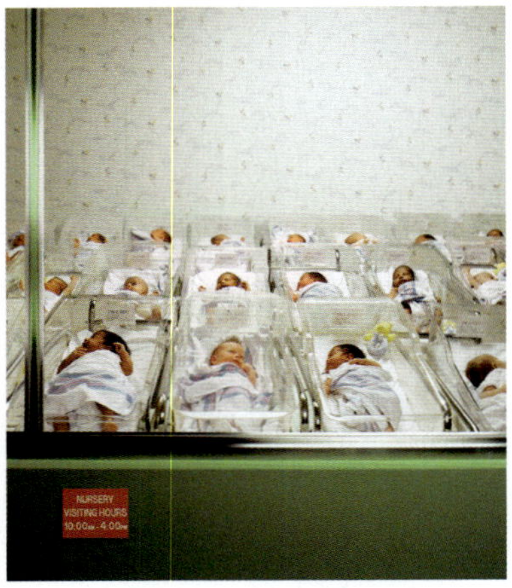

La demografía estudia diferentes aspectos medibles de las poblaciones, por ejemplo, su variación a lo largo de un período de tiempo.

Si la población actual de un lugar es P_i, la población P_f al cabo de un período de tiempo vendrá dada por la siguiente ecuación fundamental:

$$\boldsymbol{P_f = P_i + N - D + I - E}$$

donde N es el número de nacimientos; D, el de defunciones; I, el de personas que han inmigrado, y E, el número de personas que han emigrado, durante el período de tiempo considerado.

Ejemplo ▸ **En un determinado período de tiempo, la población de una ciudad ha aumentado en 3000 habitantes, habiéndose registrado 1500 nacimientos y 1450 defunciones. Si se sabe que entre 50 y 70 personas se han marchado de la ciudad, ¿entre qué valores está el número de personas llegadas de otras localidades?**

Se saben los siguientes datos: $P_f - P_i = 3000$, $N = 1500$, $D = 1450$ y $50 < E < 70$

$$I = P_f - P_i - N + D + E = 3000 - 1500 + 1450 + E \Rightarrow E = I - 2950 \Rightarrow$$
$$\Rightarrow 50 < I - 2950 < 70 \Rightarrow 3000 < I < 3020$$

El número de personas llegadas está comprendido entre 3000 y 3020.

Producción de bienes

En economía es frecuente recurrir a los sistemas de inecuaciones para resolver problemas sujetos a una serie de condiciones relacionadas habitualmente con la limitación de los recursos (materiales, humanos, medioambientales...).

Ejemplo ▸ **Se quieren fabricar dos tipos de envases de cerámica, A y B. Para ello se dispone de dos clases de barro, superior, S, e inferior, I. Se dispone de un total de 120 medidas de S y 80 de I para elaborar todos los recipientes.**

La tabla expresa el número de medidas de cada clase de barro necesarias para fabricar una unidad de cada tipo de envase.

	Barro	
Envase	S	I
A	3	1
B	2	2

Representa gráficamente todas las formas posibles de realizar la producción. ¿Es posible fabricar 20 unidades de cada tipo de envase? ¿Y 30 unidades?

Para fabricar x envases de tipo A e y envases de tipo B se necesitan $3x + 2y$ medidas de barro de calidad superior (S), y de calidad inferior (I), $x + 2y$.

Además, x e y deben ser números positivos.

Aplicando las restricciones se obtiene el siguiente sistema, cuya solución gráfica se presenta a la derecha:

$$\begin{cases} 3x + 2y \leq 120 \\ x + 2y \leq 80 \\ x \geq 0 \\ y \geq 0 \end{cases}$$

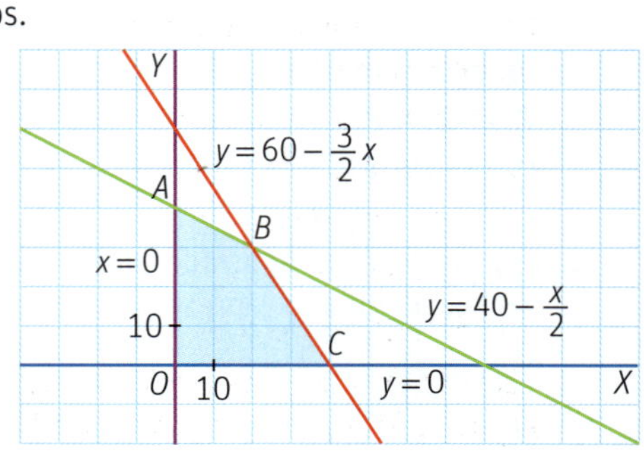

Los límites de la región solución son los puntos $O(0, 0)$, $A(0, 40)$, $B(20, 30)$ y $C(40, 0)$.

De la gráfica se deduce que sí es posible fabricar 20 envases de cada tipo, ya que el punto (20, 20) es solución del sistema y no es posible fabricar 30 envases de cada tipo, porque el punto (30, 30) no es solución del sistema.

Ten en cuenta

En los problemas de producción de bienes suele haber una segunda parte en la que se trata de determinar cuál debe ser la producción para obtener el máximo beneficio, respetando las restricciones existentes. El método para resolver estos problemas se conoce como programación lineal y se estudiará en el próximo curso.

Regiones del plano

Del mismo modo que la inecuación $ax + by < c$ representa un semiplano, otros subconjuntos del plano se definen también mediante inecuaciones.

Ejemplo ▸ La inecuación $x^2 + y^2 \leq 9$, representa el círculo de radio 3 centrado en el origen.

Ejemplo ▸ **Determina las inecuaciones que cumplen los puntos (x, y) del interior de la región delimitada por la parábola $y = x^2 + 2x - 3$ y la recta $y = 5$.**

Los puntos del interior de la parábola cumplen que $y > x^2 + 2x - 3$.

La región queda delimitada superiormente por la recta $y = 5$, que no pertenece a ella.

Por tanto las inecuaciones son:

$$\begin{cases} y > x^2 + 2x - 3 \\ y < 5 \end{cases}$$

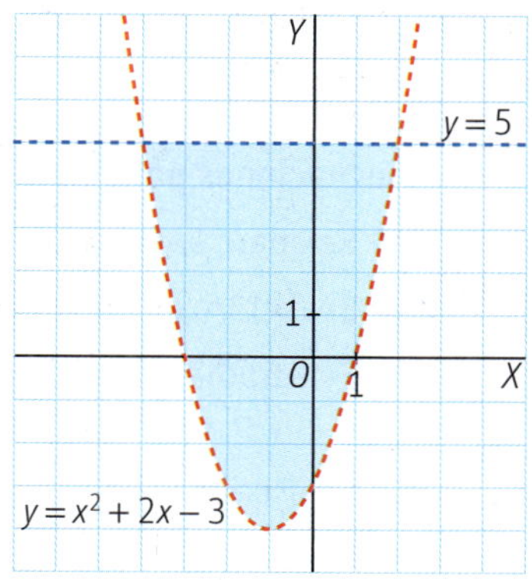

EJERCICIO RESUELTO

26. Dibuja la región del plano determinada por el siguiente sistema de inecuaciones.

$$\begin{cases} x^2 - 4 \leq y \\ |y - x| \leq 2 \end{cases}$$

Aplicando la definición de valor absoluto, el sistema queda así:

$$\begin{cases} x^2 - 4 \leq y \\ |y - x| \leq 2 \Rightarrow -2 \leq y - x \leq 2 \end{cases} \Rightarrow \begin{cases} x^2 - 4 \leq y \\ y - x \leq 2 \\ y - x \geq -2 \end{cases}$$

La región tiene por vértices:

$$\begin{cases} x^2 - 4 = y \\ y - x = 2 \end{cases} \Rightarrow A(-2, 0) \text{ y } B(3, 5)$$

$$\begin{cases} x^2 - 4 = y \\ y - x = -2 \end{cases} \Rightarrow C(2, 0) \text{ y } D(-1, -3)$$

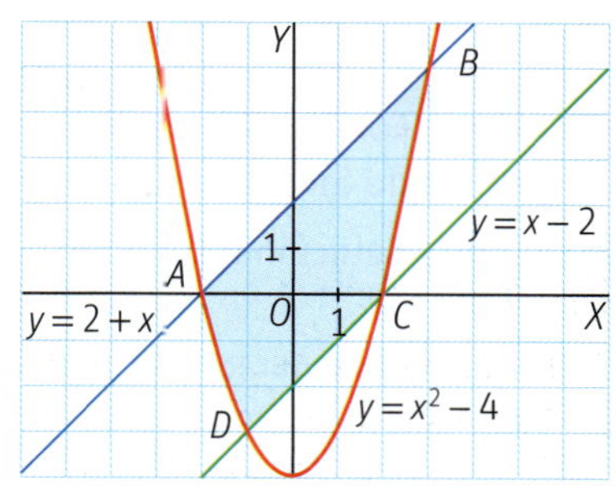

EJERCICIOS PROPUESTOS

27. En la población de un territorio se han producido, en un período de tiempo determinado, las siguientes variaciones medidas sobre la población inicial:

- 2,5 % de nacimientos
- 2,25 % de defunciones
- 0,5 % de emigrantes
- 0,75 % de inmigrantes

¿Entre qué valores estará la población final si la inicial estaba entre 45 000 y 46 000 habitantes?

28. Determina y representa la región del plano cuyos puntos son interiores a la circunferencia de centro el origen de coordenadas y de radio 5 y que están situados en el primer cuadrante.

29. En la fabricación de un hectómetro de cable del tipo *A* se utilizan 16 kg de plástico y 4 kg de cobre, y en la de un hectómetro de cable de tipo *B*, 6 kg de plástico y 12 kg de cobre. Representa gráficamente las posibilidades de producción si se debe fabricar más cable de tipo *A* que de tipo *B* y se cuenta con 252 kg de plástico y 168 kg de cobre.

30. Determina y representa los puntos del interior del círculo de centro el origen de coordenadas y radio 6, cuya abscisa es menor que el doble de su ordenada.

31. Determina las inecuaciones que cumplen los puntos (x, y) del interior de la región delimitada por la parábola $y = -x^2 + 3x + 18$ y la recta $y = 11$.

Resumen

Inecuaciones

Una **inecuación** es una desigualdad entre expresiones algebraicas en las que intervienen uno o más valores desconocidos denominados incógnitas.

Conjunto solución de una inecuación

Es el conjunto formado por todos los números reales que satisfacen la inecuación. Se puede dar en forma de desigualdad simple, de unión de intervalos o gráficamente.

Inecuaciones equivalentes

Dos inecuaciones son equivalentes si tienen el mismo conjunto solución. Se obtienen inecuaciones equivalentes a una dada:

- Si se suma o resta el mismo número a los dos miembros.
- Si se multiplican o dividen los dos miembros por un número positivo.
- Si se multiplican o dividen los dos miembros por un número negativo y se cambia el sentido de la desigualdad.

Resolución de inecuaciones con una incógnita

Inecuaciones lineales

Proceso análogo al de resolución de ecuaciones de primer grado.

Inecuaciones polinómicas

1.º Se opera hasta tener un polinomio en un miembro y cero en el otro.

2.º Se factoriza el polinomio.

3.º Se estudia el signo de cada factor en las zonas en las que las raíces dividen a la recta real y se determina el signo del polinomio.

4.º Se escribe la solución incluyendo o no las raíces dependiendo del tipo de desigualdad.

Inecuaciones racionales

1.º Se opera hasta tener una fracción algebraica en un miembro y cero en el otro.

2.º Se factorizan los polinomios del numerador y del denominador de la fracción.

3.º Se estudia el signo de los factores en las zonas determinadas por las raíces del numerador y del denominador.

4.º Se escribe la solución teniendo en cuenta que las raíces del denominador no pertenecen a la solución.

Sistemas de inecuaciones

Un **sistema de inecuaciones** está formado por varias inecuaciones que deben satisfacerse simultáneamente.

El **conjunto solución** o **solución** de un sistema de inecuaciones es el conjunto de números reales que satisfacen todas las inecuaciones.

Sistemas de inecuaciones con una incógnita

Para resolverlos:

1.º Se resuelve cada una de las inecuaciones lineales que lo forman.

2.º Se halla la intersección de todas las soluciones antes obtenidas.

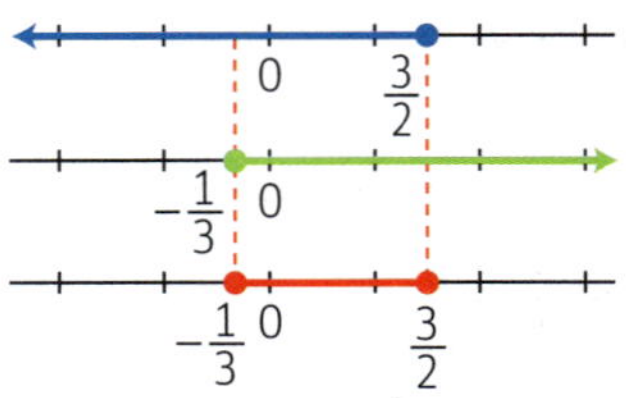

Inecuaciones lineales con dos incógnitas: Resolución gráfica

Los puntos que satisfacen la inecuación forman un semiplano que no incluye el borde determinado por la recta $ax + by = c$ si la desigualdad es estricta, y sí lo incluye si la desigualdad no es estricta.

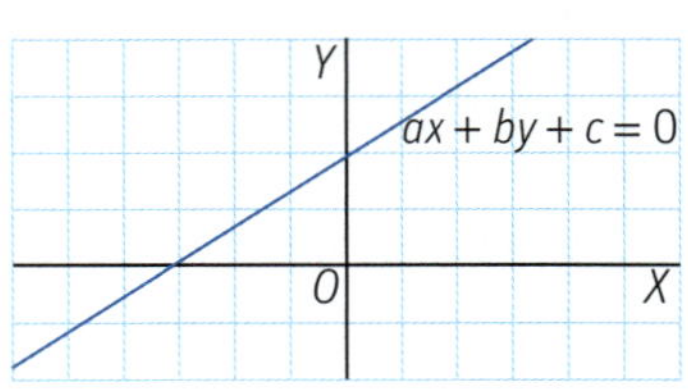

Sistemas de inecuaciones lineales con dos incógnitas

Para resolverlos:

1.º Se representan los semiplanos solución de las inecuaciones.

2.º Se determina la solución del sistema, que es la intersección de los semiplanos.

3.º Para determinar completamente la solución, se calculan las coordenadas de sus vértices.

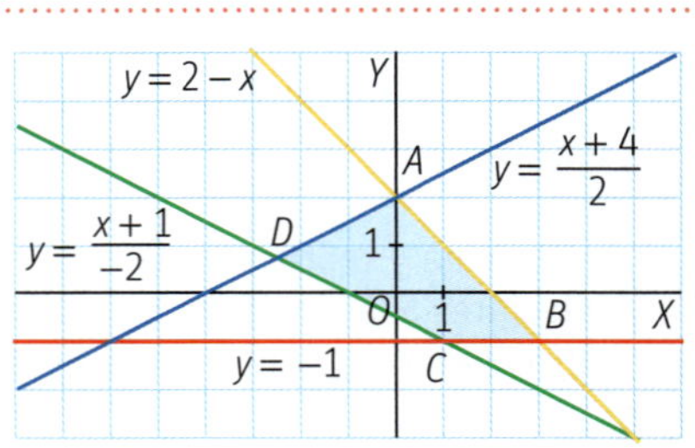

EJERCICIOS RESUELTOS

Inecuaciones

Resolución de inecuaciones lineales y de grado 2

32. Resuelve las inecuaciones:

a) $\frac{2}{3}x+x-6<3x-5$

b) $\frac{2x-3}{4}-\frac{12x+2}{8}+x<0$

c) $3x^2+2(3x+3)+2x(x+2)\leq 0$

a) Simplificando la expresión:

$$\frac{2}{3}x+x-6<3x-5\Rightarrow\frac{2x-6x}{3}<1\Rightarrow -4x<3\Rightarrow x>-\frac{3}{4}$$

b) Se eliminan los denominadores:

$$\frac{2x-3}{4}-\frac{12x+2}{8}+x<0\Rightarrow 2(2x-3)-(12x+2)+8x<0\Rightarrow 4x-6-12x-2+8x<0\Rightarrow -8<0$$

La última expresión es siempre cierta, el conjunto solución de la inecuación está formado por todos los números reales. $x\in\mathbb{R}$

c) Se simplifica la expresión:

$$3x^2+2(3x+3)+2x(x+2)\leq 0\Rightarrow 3x^2+6x+6+2x^2+4x\leq 0\Rightarrow 5x^2+10x+6\leq 0$$

El polinomio de segundo grado obtenido es irreducible, ya que al factorizar se obtiene la raíz cuadrada de un número negativo:

$$x=\frac{-10\pm\sqrt{100-120}}{10}$$

El polinomio es siempre positivo (por ejemplo, para $x=0$ su valor numérico es $6>0$) y, por tanto, la inecuación no tiene solución.

Resolución de una inecuación polinómica

33. Resuelve la inecuación:

$$x^4-49\leq 0$$

Se factoriza el polinomio utilizando identidades notables:

$$x^4-49=(x^2-7)(x^2+7)=(x-\sqrt{7})(x+\sqrt{7})(x^2+7)$$

Como el factor x^2+7 es siempre positivo, basta estudiar $(x-\sqrt{7})(x+\sqrt{7})\leq 0$.

Se estudian los signos con ayuda de una tabla:

	$(-\infty, -\sqrt{7})$	$(-\sqrt{7}, \sqrt{7})$	$(\sqrt{7}, +\infty)$
$x-\sqrt{7}$	−	−	+
$x+\sqrt{7}$	−	+	+
$(x-\sqrt{7})(x+\sqrt{7})$	+	−	+

La solución es $x\in[-\sqrt{7}, \sqrt{7}]$.

Resolución de inecuaciones racionales

34. Resuelve las inecuaciones:

a) $\frac{2x+3}{8-5x}>2$

b) $\frac{x+5}{4x^2-4x+1}\geq 0$

a) Para resolver una inecuación racional, se simplifica la expresión de forma que el primer miembro sea una fracción algebraica y el segundo nulo. Después se estudian los signos.

$$\frac{2x+3}{8-5x}>2\Rightarrow\frac{2x+3}{8-5x}-2>0\Rightarrow\frac{2x+3-16+10x}{8-5x}>0\Rightarrow\frac{12x-13}{8-5x}>0$$

	$\left(-\infty, \frac{13}{12}\right)$	$\left(\frac{13}{12}, \frac{8}{5}\right)$	$\left(\frac{8}{5}, +\infty\right)$
$12x-13$	−	+	+
$8-5x$	+	+	−
$\frac{12x-13}{8-5x}$	−	+	−

La solución es $x\in\left(\frac{13}{12}, \frac{8}{5}\right)$.

b) Se factoriza el numerador y el denominador: $\frac{x+5}{4x^2-4x+1}=\frac{x+5}{(2x-1)^2}$

Como el factor $(2x-1)^2$ es siempre positivo, el signo será el de $x+5$: $x+5\geq 0\Rightarrow x\geq -5$.

El valor $x=\frac{1}{2}$ no puede pertenecer a la solución ya que anula la inecuación inicial.

Por tanto la solución es: $x\in\left[-5, \frac{1}{2}\right)\cup\left(\frac{1}{2}, +\infty\right)$.

Resolución de inecuaciones con valores absolutos

35. Resuelve las inecuaciones siguientes.

a) $|2x-3|\le 5$

b) $|3x+5|>6$

c) $|x+5|<-2$

a) Se puede aplicar la relación $|A|\le c \Leftrightarrow -c\le A\le c$.

$$|2x-3|\le 5 \Rightarrow -5\le 2x-3\le 5 \Rightarrow -5+3\le 2x\le 5+3 \Rightarrow -2\le 2x\le 8 \Rightarrow -\frac{2}{2}\le x\le \frac{8}{2} \Rightarrow -1\le x\le 4$$

Por tanto, la solución es $x\in[-1,\ 4]$.

b) Se puede aplicar la relación $|A|>c \Leftrightarrow \begin{cases} A>c \\ A<-c \end{cases}$

$$|3x+5|>6 \Rightarrow \begin{cases} 3x+5>6 \\ 3x+5<-6 \end{cases} \Rightarrow \begin{cases} 3x>1 \\ 3x<-11 \end{cases} \Rightarrow \begin{cases} x>\dfrac{1}{3} \\ x<-\dfrac{11}{3} \end{cases}$$

Por tanto, la solución es $x\in\left(-\infty,\ -\frac{11}{3}\right)\cup\left(\frac{1}{3},\ +\infty\right)$.

c) El valor absoluto de una cantidad no puede ser nunca negativo. La inecuación no tiene solución.

Sistemas de inecuaciones

Resolución de sistema de inecuaciones con una incógnita

36. Resuelve el siguiente sistema de inecuaciones.

$$\begin{cases} \dfrac{x-1}{x+2}>0 \\ x^2\ge 1 \end{cases}$$

Se trata de un sistema de dos inecuaciones con una incógnita, una racional y otra de segundo grado. La solución del sistema será la intersección de las soluciones de las dos inecuaciones que lo forman.

$$\frac{x-1}{x+2}>0$$

$-\infty$	-2	1	$+\infty$
$x-1$	−	−	+
$x+2$	−	+	+
$\dfrac{x-1}{x+2}$	+	−	+

Solución: $(-\infty,\ -2)\cup(1,\ +\infty)$

$$x^2-1\ge 0 \Rightarrow (x+1)(x-1)\ge 0$$

$-\infty$	-1	1	$+\infty$
$x-1$	−	−	+
$x+1$	−	+	+
x^2-1	+	−	+

Solución: $(-\infty,\ -1]\cup[1,\ +\infty)$

La intersección de las dos soluciones es:

$$(-\infty,\ -2)\cup(1,\ +\infty)$$

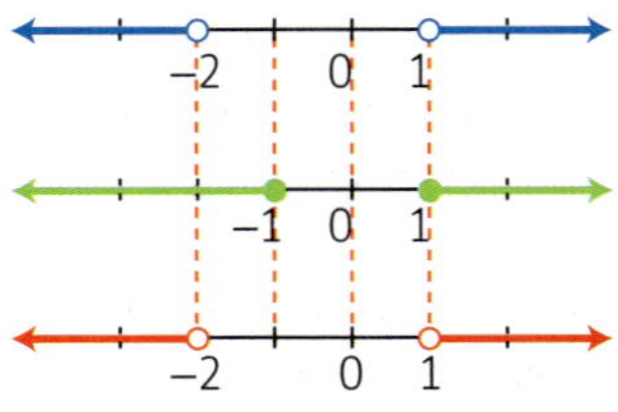

Resolución de sistema de tres ecuaciones y dos incógnitas

37. Resuelve el sistema:

$$\begin{cases} 3x+2y\le 0 \\ y\ge x \\ 5x+6y\le 8 \end{cases}$$

Se trata de un sistema de inecuaciones lineales con tres incógnitas. Se representan las rectas y se determinan los semiplanos que cumplen las inecuaciones respectivas.

$3x+2y=0$	
x	y
0	0
−2	3

$y=x$	
x	y
0	0
1	1

$5x+6y=8$	
x	y
−2	3
4	−2

En la gráfica se puede observar que el conjunto solución del sistema de inecuaciones es un recinto no acotado de vértices:

$$A(-2,\ 3)\ \text{y}\ O(0,\ 0)$$

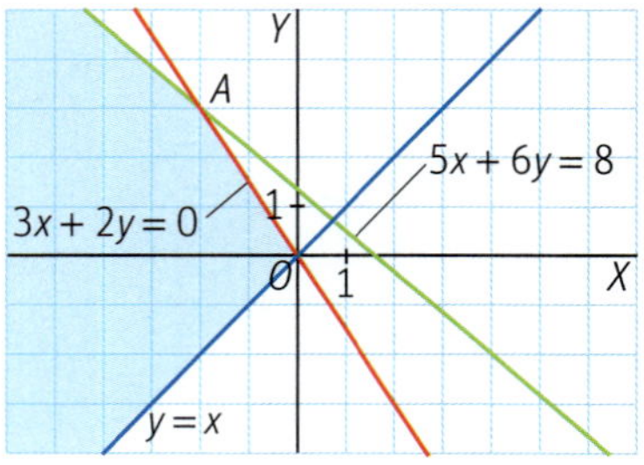

Aplicaciones de las inecuaciones

Aplicación a la producción de bienes. Elección de la solución en un conjunto infinito

38. En una pequeña empresa se montan dos tipos de ordenadores, *A* y *B*. Cada semana, como máximo, pueden montarse 6 aparatos en total y, obligatoriamente, al menos dos deben ser del tipo *B*. Se quieren obtener unas ventas de, al menos, 3000 €, teniendo en cuenta que los precios a los que se venden los artículos *A* y *B* son 250 € y 750 €, respectivamente. Halla todas las posibilidades de producción.

Si *x* son los ordenadores de tipo *A* que se montan e *y* los de tipo *B*, se deberá verificar que:

$$\begin{cases} x+y\le 6 \\ y\ge 2 \\ 250x+750y\ge 3000 \end{cases} \Rightarrow \begin{cases} x+y\le 6 \\ y\ge 2 \\ x+3y\ge 12 \end{cases}$$

Además debe cumplirse la condición de que *A* y *B* sean números naturales.

Se resuelve el sistema de inecuaciones representando las rectas y determinando los semiplanos solución en cada caso.

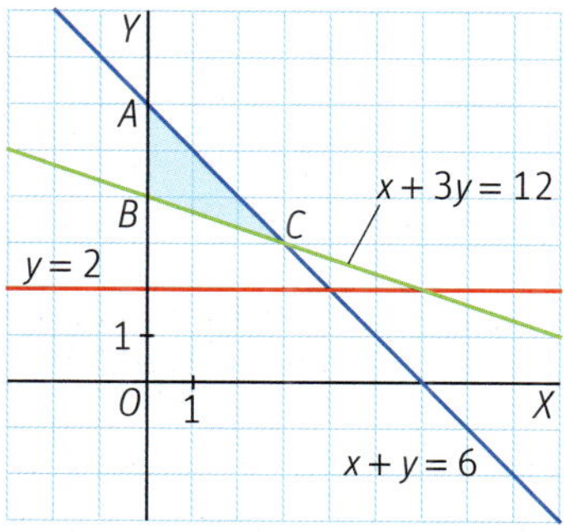

Los únicos puntos con coordenadas naturales dentro de la región solución son:

(0, 4), (0, 5), (0, 6), (1, 4), (1, 5), (2, 4) y (3, 3)

Por tanto, existen siete posibilidades diferentes de producción:

Tipo *A*	Tipo *B*
0	4
0	5
0	6
1	4
1	5
2	4
3	3

Solución de un sistema no lineal por métodos algebraicos

39. Se quieren construir recipientes cilíndricos para refrescos que verifiquen:

- La altura debe medir el doble que el radio de la base.
- La capacidad ha de estar comprendida entre 250 cm³ y 300 cm³.
- La superficie de material necesaria para la construcción no puede superar los 225 cm².

Halla todas las posibilidades.

Las expresiones del volumen de un cilindro y de su área total son:

$$V=\pi r^2 h \qquad S_T=2\pi rh+2\pi r^2=2\pi r(h+r)$$

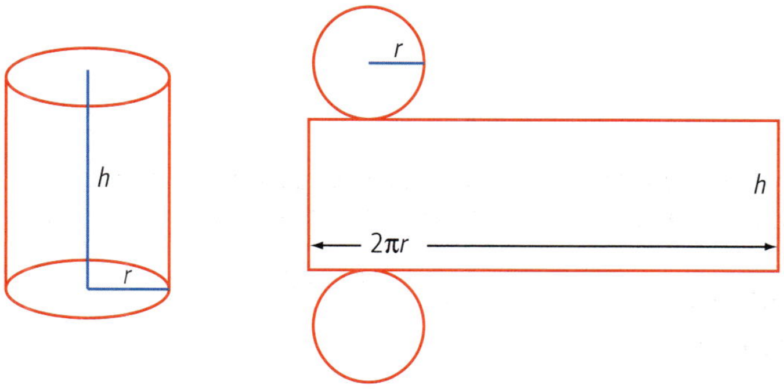

Traduciendo al lenguaje algebraico las condiciones del problema se obtiene el siguiente sistema:

$$\begin{cases} h=2r \\ 250<\pi r^2 h<300 \\ 2\pi r(h+r)<225 \end{cases}$$

Sustituyendo $h=2r$ en las inecuaciones:

$$\begin{cases} 250<\pi r^2 2r<300 \\ 2\pi r(2r+r)<225 \end{cases} \Rightarrow \begin{cases} 250<2\pi r^3<300 \\ 6\pi r^2<225 \end{cases} \Rightarrow \begin{cases} 39{,}79<r^3<47{,}75 \\ r^2<11{,}94 \end{cases} \Rightarrow \begin{cases} 3{,}41<r<3{,}63 \\ r<3{,}46 \end{cases}$$

Luego el radio de la base debe estar comprendido entre 3,41 y 3,46 cm.

ACTIVIDADES

Ejercicios

Inecuaciones lineales y polinómicas

40. Indica si los números -10, -1, $-\frac{3}{4}$, $-\frac{3}{5}$, 0, $\frac{3}{5}$, 1 y 5 son soluciones de la inecuación $\frac{8}{3}x+2\geq 0$.

41. Resuelve las siguientes inecuaciones lineales, expresa las soluciones en forma de intervalo y represéntalas sobre la recta real.

a) $\frac{8}{3}x+2\geq 0$

b) $2x-\sqrt{2}\leq 0$

c) $-x+1>-\frac{10}{7}$

d) $3(2x-5)-4(x-2)\leq 2-4x$

e) $2x-\frac{9x}{4}<\frac{x}{3}$

f) $\frac{x}{2}-\frac{3x}{5}<x+1$

g) $\frac{x}{1-\sqrt{2}}<2$

h) $\frac{x+1}{3}-\frac{x+2}{4}+\frac{x-3}{18}\geq -\frac{8}{9}$

42. Resuelve las siguientes inecuaciones con valores absolutos.

a) $|x-3|\leq 5$

b) $|x+2|<4$

c) $|2x-8|\leq 10$

d) $|3x+9|\leq 2$

e) $|x-3|\leq -5$

f) $|x+3|<-5$

43. Halla y representa gráficamente las soluciones de las siguientes inecuaciones de segundo grado.

a) $x^2+x-12\geq 0$

b) $-2x^2+3x>0$

c) $4x^2-1\leq 0$

d) $6x^2+x-1<0$

e) $-2x^2-10x-8>0$

f) $2x^2+x+1<0$

g) $6-x^2<2$

h) $(3x-1)(5x+2)\geq 0$

44. Simplifica y resuelve las siguientes inecuaciones de segundo grado.

a) $(x-2)^2+5\leq 2x$

b) $\frac{3x-6}{5}<\frac{4x-2x^2}{10}$

c) $5x^2+1\geq \frac{3x^2-1}{2}$

d) $3x^2+\frac{5}{6}x-2x<2x^2+\frac{2}{3}+\frac{x}{2}$

e) $(x-2)^2+(x+4)(x-2)+3x\geq -1$

f) $\frac{x^2-2}{2}-\frac{3x-1}{5}+x>2$

45. Resuelve las inecuaciones dadas observando la gráfica de la función polinómica $f(x)=2x^2+8x+6$.

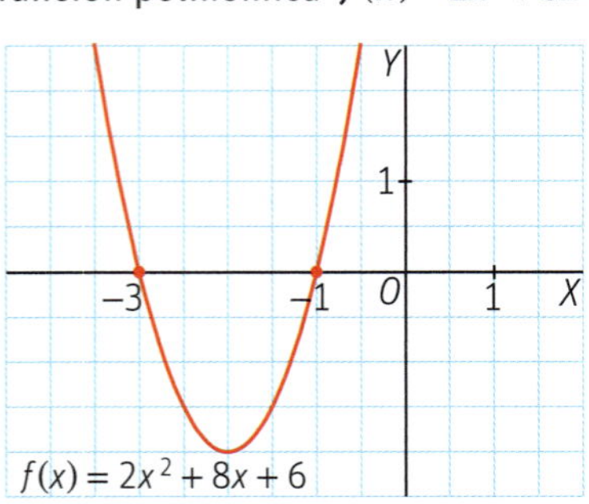

a) $x^2+4x+3\leq 0$

b) $-x^2-4x-3>0$

46. Representa gráficamente las soluciones de las siguientes inecuaciones polinómicas.

a) $x^3-4x>0$

b) $x^3-3x-2<0$

c) $x^4-1\geq 0$

d) $x^3-7x+6<0$

e) $x^4-5x^2\geq 36$

f) $x^3-\frac{1}{2}x^2+x-\frac{1}{2}<0$

47. Resuelve las siguientes inecuaciones.

a) $x(x^2+3x)>6x+8$

b) $2x^4-8x^3>2x-8$

c) $x^5-x^4-9x^3>12-16x-5x^2$

d) $x^2(x^2+1)+2x^3-6x>x(x^3-4x+1)$

Inecuaciones racionales

48. Expresa gráficamente las soluciones de las siguientes inecuaciones racionales.

a) $\frac{5x-2}{2x+1}\geq 0$

b) $\frac{x^2-1}{x+2}\leq 0$

c) $\frac{x^2-5x+4}{x^2-5x+6}>0$

d) $\frac{x^3+x^2-5x+3}{x^3+5x^2+3x-9}<0$

49. Resuelve las siguientes inecuaciones.

a) $\frac{5x-2}{2x+1}\geq -2$

b) $\frac{x-1}{x+3}-1>0$

c) $\frac{x^2}{x-2}\leq 2$

d) $\frac{x^2-3}{x+3}<x$

50. Halla las soluciones de la inecuación:

$$\frac{x^2-kx-2k^2}{(x+k)(x^2-k^2)}\geq 0$$

siendo k un número positivo.

51. • Sea $a>0$ y diferente de la unidad, demuestra que la suma de a con su inverso es superior a 2. Utiliza el desarrollo del cuadrado de la diferencia de un número y su inversa.

Sistemas de inecuaciones con una incógnita

52. Resuelve los siguientes sistemas de inecuaciones con una incógnita.

a) $\begin{cases} 2x+3(x-1)<7 \\ 3x+2\leq x+6 \end{cases}$

b) $\begin{cases} 2x-\frac{x}{2}<2 \\ 2x+3(x-1)>x+2 \end{cases}$

c) $\begin{cases} -3<2x+5 \\ 3>2x+5 \end{cases}$

d) $\begin{cases} -3<x<3 \\ x^2>1 \end{cases}$

53. Halla la solución de los siguientes sistemas de inecuaciones con una incógnita.

a) $\begin{cases} -3(x-3)-2x\leq -3 \\ 2x-3<x+3 \\ x\leq 5 \\ x\geq 0 \end{cases}$

b) $\begin{cases} -2\leq x\leq 4 \\ -3\leq x\leq 2 \\ -4\leq x\leq 1 \end{cases}$

Sistemas de inecuaciones con dos incógnitas

54. Resuelve gráficamente los siguientes sistemas de inecuaciones con dos incógnitas.

a) $\begin{cases} -1 \le x \le 2 \\ 0 \le y \le 3 \end{cases}$

b) $\begin{cases} x+y \le 6 \\ 2y \le x \\ x \ge 0 \end{cases}$

c) $\begin{cases} 2x+y \le 2 \\ x \ge y-2 \\ x \ge 0 \\ y \ge 0 \end{cases}$

d) $\begin{cases} x \ge 2 \\ y \ge 1 \\ x+y < 6 \end{cases}$

e) $\begin{cases} 3x+4y \ge 12 \\ -3x+4y \le 4 \\ x-4 \le 0 \end{cases}$

f) $\begin{cases} x-4 \ge 0 \\ x-6 \le 0 \\ 3 \le y \\ y \le 5 \end{cases}$

55. Halla los vértices de la región determinada por:

$$\begin{cases} 3x+y \le 12 \\ x-2y \ge -3 \\ y \ge \dfrac{x}{2}-2 \\ 2x+3y \ge 1 \end{cases}$$

56. Escribe, para cada apartado, un sistema de inecuaciones tal que la representación gráfica de su solución sea la indicada.

a) El cuarto cuadrante del plano

b) Un cuadrado de centro el punto (2, 1) y lado 3

c) Un rectángulo de base 2 y altura 8 centrado en el origen

57. Expresa mediante sistemas de inecuaciones las regiones sombreadas en las siguientes figuras.

a) 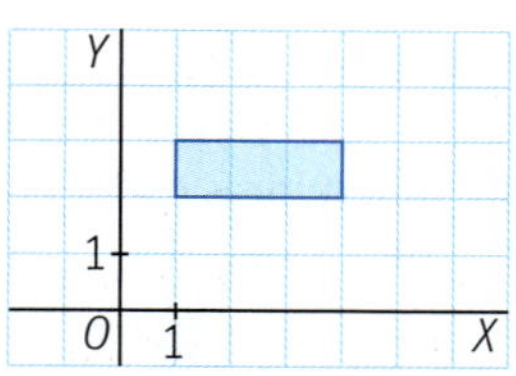

b) 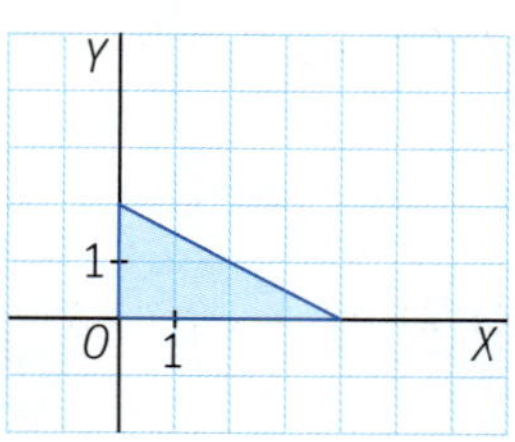

c) 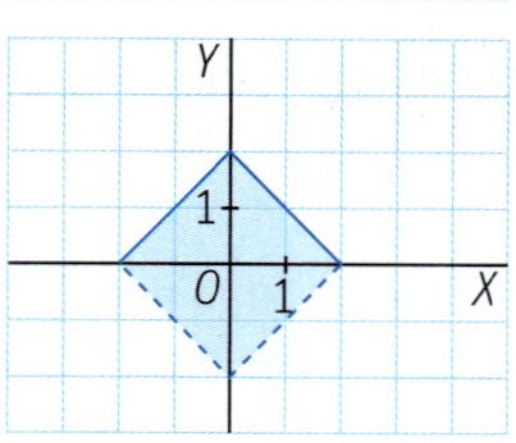

d) 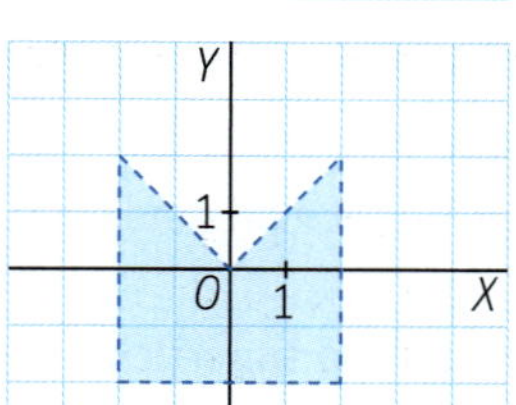

e) 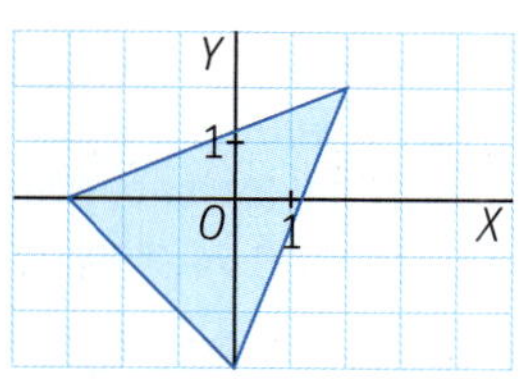

f) 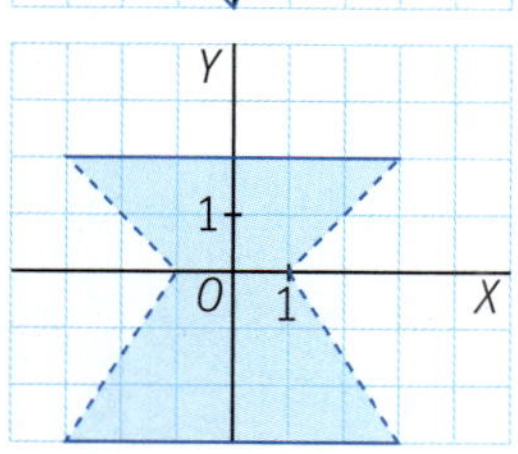

g) 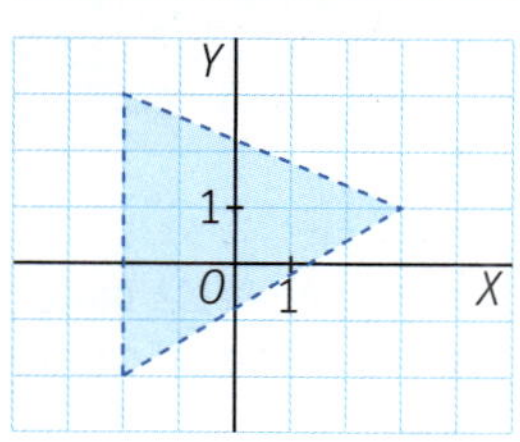

h) 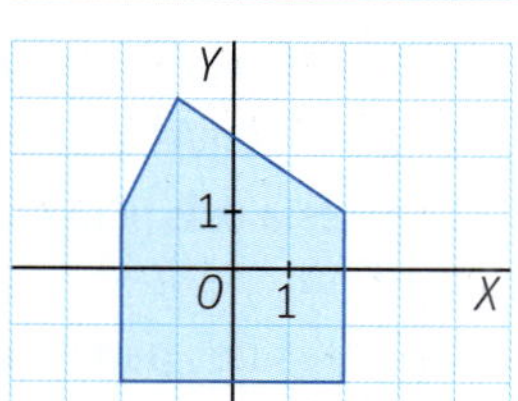

58. Considera el sistema de inecuaciones $\begin{cases} x+2y \le 8 \\ x+y \ge 5 \\ x-5y \le 0 \end{cases}$ y resuélvelo gráficamente. Encuentra todas sus soluciones enteras.

59. Utilizando el desarrollo del cuadrado de una diferencia, demuestra que la media aritmética de dos números reales positivos es superior o igual a su media geométrica (raíz cuadrada de su producto).

60. La figura muestra la solución del sistema de inecuaciones.

$$\begin{cases} ax+by \le c \\ dx+ey \le f \\ y \ge 0 \\ 0 \le x \le g \end{cases}$$

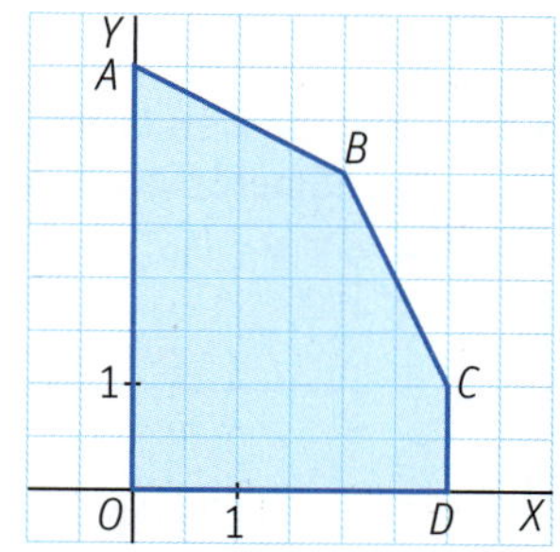

Encuentra valores posibles para a, b, c, d, e, f y g.

61. Escribe todas las posibles soluciones de los siguientes sistemas de inecuaciones lineales siendo los valores de las incógnitas obligatoriamente números enteros.

a) $\begin{cases} x-2y \ge -4 \\ x+3y \le 11 \\ x \le 5 \\ x \ge 0 \quad y \ge 0 \end{cases}$

b) $\begin{cases} x-2y \ge -6 \\ 3x+2y \le 6 \\ x+2 \ge 0 \\ y \ge 0 \end{cases}$

Síntesis

62. Dados dos números reales a y b tales que $a<b$, completa la tabla de signos y resuelve las inecuaciones.

a) $4(x-a)(x-b)>0$

b) $-2(x-a)(x-b) \le 0$

c) $(x-a)^2(x-b)<0$

d) $(x-a)^3 \ge 0$

	$-\infty$ … a	a … b	b … $+\infty$
$x-a$			
$x-b$			

63. Dados los números reales $a<b<c<d$, completa la siguiente tabla de signos .

	$-\infty$ … a	a … b	b … c	c … $+\infty$
$x-a$				
$x-b$				
$(x-a)(x-b)^2$				
$x-c$				
$\dfrac{(x-a)(x-b)}{x-c}$				
$\dfrac{x-b}{(x-c)^2(x-a)}$				

64. Aplicando las técnicas adecuadas para cada inecuación, resuelve los siguientes sistemas de inecuaciones.

a) $\begin{cases} x^2-3x\le 0 \\ \dfrac{x}{x-3}\ge 0 \end{cases}$

b) $\begin{cases} x^2-4x\ge 0 \\ \dfrac{x-3}{x+1}\le 0 \end{cases}$

c) $\begin{cases} x^2+x+1>0 \\ -2x^2+2x-1\le 0 \end{cases}$

d) $\begin{cases} x^3-3x^2-16x+48\le 0 \\ \dfrac{x+5}{2x-7}\le 0 \end{cases}$

e) $\begin{cases} x^3-8x^2+9x+18\ge 0 \\ \dfrac{2}{3-x}\le -1 \end{cases}$

f) $\begin{cases} \dfrac{x^2+1}{x^3+x}>0 \\ 2x^2+2x-12\le 0 \end{cases}$

65. La distancia en la recta real entre los puntos que representan a los números a y b se puede calcular mediante la expresión $d(a, b)=|a-b|$.

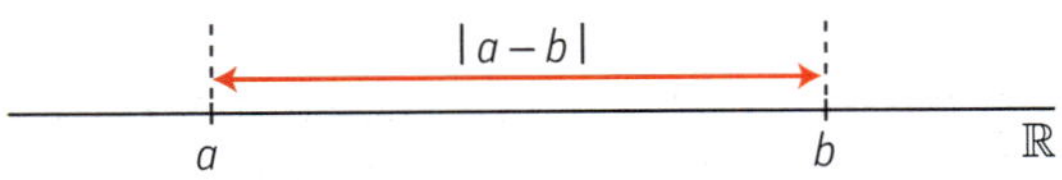

a) Calcula la distancia entre los números reales -2 y -6.

b) Calcula el conjunto de números reales x cuya distancia al punto 2 es menor o igual a 4.

c) Calcula el conjunto de números reales x que verifican que su distancia al punto -2 es mayor o igual a 4.

66. Escribe un sistema de inecuaciones que caracterice la región encerrada por las parábolas de la figura.

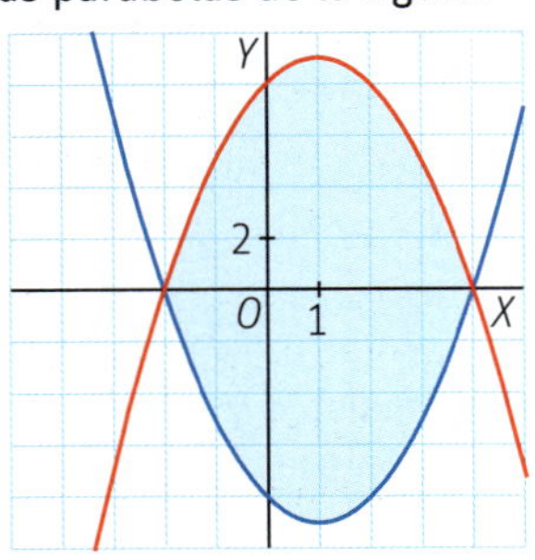

Nota: Para hallar la ecuación de la parábola puedes usar la expresión $y=ax^2+bx+c$.

67. Calcula el conjunto de números reales tales que:

$$|x-2|\le|x-6|$$

Para ello:

a) Halla el punto que equidista de 2 y de 6.

b) Razona cuáles son los puntos que están más cerca de 2 que de 6.

Cuestiones

68. Realiza las siguientes acciones referidas a inecuaciones.

a) Escribe una inecuación de primer grado cuya solución sea todo el conjunto de los números reales.

b) Escribe una inecuación de primer grado que no tenga solución.

c) Escribe una inecuación de segundo grado cuya solución sea todo el conjunto de los números reales.

d) Escribe una inecuación de segundo grado que no tenga solución.

69. Efectúa las siguientes operaciones referidas a sistemas de inecuaciones.

a) Escribe un sistema de dos inecuaciones lineales con una incógnita tales que su solución sea todo el conjunto de los números reales.

b) Escribe un sistema de dos inecuaciones lineales con una incógnita que no tenga solución.

c) Escribe un sistema de dos inecuaciones de segundo grado con una incógnita tales que su solución sea todo el conjunto de los números reales.

d) Escribe un sistema de dos inecuaciones de segundo grado con una incógnita que no tenga solución.

e) Escribe un sistema de dos inecuaciones con una incógnita cuyo conjunto solución esté formado únicamente por el punto $x=0$.

Problemas

70. Averigua qué números naturales verifican que al sumarles los dos siguientes se obtiene un número superior a 75.

71. ¿Entre qué medidas se debe aumentar el lado de un cuadrado que tiene por área 36 cm^2 si se quiere que la nueva superficie esté comprendida entre cuatro y nueve veces la inicial?

72. Se consideran los rectángulos cuya base mide el doble que la altura. ¿Cuáles verifican que su área está comprendida entre 8 cm^2 y 72 cm^2?

73. Un ayuntamiento quiere construir una plaza circular cuya superficie debe estar comprendida entre 5000 m^2 y 6000 m^2. ¿Entre qué dos valores se encuentra el radio de la plaza? ¿Y su perímetro?

74. Un montañero puede caminar a una velocidad comprendida entre 4 km/h y 6 km/h dependiendo de la mayor o menor dificultad del terreno. Averigua entre qué valores oscila el tiempo que tardará en recorrer una senda de 25 km.

75. Un terreno rectangular mide el doble de largo que de ancho y está dividido en cuatro parcelas con las siguientes características:

- Sus dimensiones son números enteros.
- La parcela más grande tiene un área de 450 m^2.
- La parcela más pequeña tiene un área comprendida entre 30 m^2 y 40 m^2.
- Las otras dos parcelas tienen la misma superficie.

¿Cuál es el área total del terreno?

76. En un territorio, el crecimiento de la población se ajusta a un modelo exponencial:

$$P_f = P_i\left(1+\frac{r}{100}\right)^t$$

a) Si actualmente la población es de 25 000 personas, ¿cuál debe ser la tasa mínima de crecimiento para que en 5 años pase a ser de 30 000?

b) Considerando la tasa de crecimiento del apartado anterior, ¿qué población habrá en el territorio pasados 50 años?

77. Al comprar 8 bolígrafos, Lurdes, pagó con un billete de 5 €, pero no recuerda a cuánto ascendía la vuelta. Otro cliente fue a comprar 12 bolígrafos de la misma clase, pero tuvo que volver a casa, ya que los 6,50 € que llevaba para pagar no eran suficientes. ¿Qué se puede decir del precio de un bolígrafo?

78. Una empresa de alquiler de coches ofrece dos posibles modelos de contrato.

- El modelo *A* consiste en pagar una cantidad fija de 50 € además de 0,08 € por cada kilómetro recorrido.
- El modelo *B* consiste en pagar 80 € sin limitación de kilometraje.

¿A partir de cuántos kilómetros interesa el alquiler según el modelo *B*?

79. Una empresa precisa repartidores de *pizzas* y ofrece las siguientes opciones de contrato:

- Se cobrará una cantidad mensual fija de 350 €, más 3 € por cada *pizza* repartida.
- Sueldo fijo de 600 €, independiente del número de *pizzas* repartidas.

Calcula el número mínimo de pizzas que se han de repartir para que convenga escoger la primera opción.

80. El nivel de alcohol, *N*, en sangre de una persona que ha bebido tres cuartos de litro de cerveza en función de su peso, *x*, en kilogramos, pasada media hora, es:

$$N = \frac{400}{7x}$$

Aunque nunca se debe conducir tras haber ingerido alcohol, la ley de tráfico establece fuertes multas para aquellos conductores noveles que conduzcan con un nivel superior a 0,3 g/L. Indica qué personas no podrían conducir a los 30 minutos de haber bebido tres cuartos de litro de cerveza.

81. Un alimento tiene las siguientes características en su composición:

- Tiene el triple de masa de grasa que de hidratos de carbono.
- La masa de las proteínas es 16 veces la masa de los hidratos de carbono.
- En 100 g del alimento hay entre 20 g y 30 g de hidratos de carbono, proteínas y grasas en total.

a) Determina las diferentes posibilidades de la composición de 100 g de ese alimento.

b) ¿Puede ocurrir que haya 0,5 g de hidratos de carbono, 8 g de proteínas y 1,5 g de grasas?

c) ¿Puede ocurrir que haya 1,25 g de hidratos de carbono, 20 g de proteínas y 3,75 g de grasas?

82. Se quieren confeccionar camisetas deportivas de dos calidades, que se diferencian en la proporción de algodón y de fibra sintética que se utiliza. La tabla siguiente da la composición de cada tipo de camiseta:

	Unidades de algodón	Unidades de fibra sintética
Calidad extra	4	1
Calidad media	2	3

Para confeccionar las camisetas se dispone de un total de 260 unidades de algodón y de 190 unidades de fibra sintética.

a) Determina, de forma gráfica, las diferentes posibilidades que hay de producir las camisetas.

b) ¿Es posible confeccionar 50 camisetas de calidad extra y 40 de calidad media?

83. La función de demanda, f_d correspondiente al mercado de alquiler de ciertas herramientas de bricolaje es para un precio, *p* comprendido entre 15 € y 19 €:

$$f_d = -\frac{3}{10}p^2 - \frac{119}{10}p + 123$$

¿Para qué precios la demanda es inferior a 6 unidades?

84. El tratamiento de una enfermedad requiere la administración de dos sustancias curativas, *C* y *D*. Cada semana es preciso consumir por lo menos 30 mg de *C*, y 42 mg, de *D*. Estas sustancias están incluidas en dos tipos de comprimidos diferentes, *G* y *P*, de la forma siguiente:

- En un comprimido *G* hay 3 mg de *C* y 5 mg de *D*.
- En un comprimido *P* hay 1 mg de *C* y 1 de *D*.

a) Representa gráficamente las posibles formas en que pueden administrarse al paciente las dosis necesarias.

b) Indica si las condiciones se verifican al tomar:

- 1 comprimido *G* cada día de la semana
- 1 comprimido *P* de lunes a viernes
- 2 comprimidos *P* los sábados y domingos

85. En unos almacenes de ropa deportiva cuentan con 200 balones y 300 camisetas. Tras un estudio de mercado ponen las existencias a la venta en dos tipos de lotes.

El número total de lotes no debe superar los 110 y, en particular, el número máximo de lotes del primer tipo no debe superar los 60.

a) Representa las posibles formas de elaborar los lotes.

b) Indica si cada una de las siguientes posibilidades verifica las condiciones:

- 40 del primer tipo y 80 del segundo
- 40 del primer tipo y 70 del segundo
- 70 del primer tipo y ninguno del segundo

Montamos una tienda de bicis...

Ángela es dentista, Juan es cocinero e Ignacio es abogado. Los tres hermanos tienen una afición común: la práctica del ciclismo amateur. Todos los fines de semana salen a dar una vuelta en bicicleta por caminos forestales.

En una de las ocasiones, decidieron hacer una competición: debían subir a la cima de un monte con una altura de 1400 m sobre el nivel del mar partiendo de su falda, que se encuentra a 1050 m sobre el nivel del mar. El que llegara el último, debería comprar 30 € de lotería para el próximo sorteo.

Por supuesto, y como siempre, en un alarde de buena forma física... Juan llegó el último, compró la lotería y... contra todo pronóstico... ¡ganaron el premio gordo!

Decidieron invertir el dinero ganado en montar una empresa de distribución y venta de bicicletas de montaña.

Después de realizar un estudio de mercado, estiman que las funciones de oferta y demanda de un cierto tipo de bicicletas son, para precios comprendidos entre $p = 200$ € y $p = 250$ €:

$$f_o = -\frac{7}{600}p^2 + \frac{23}{4}p - \frac{1990}{3} \qquad f_d = -\frac{2}{75}p^2 + \frac{56}{5}p - \frac{3370}{3}$$

donde f_o y f_d representan el número de unidades ofertadas y demandadas para el precio p.

a) Calcula para qué valores de p la oferta supera a la demanda y para qué valores la demanda supera a la oferta. Interpreta los resultados.

b) Halla para qué valores de p la oferta es superior a 35 unidades.

c) Halla para qué valores de p la demanda es inferior a 30 unidades.

... o de accesorios de bicis

Una vez pasada la emoción de haber ganado, empiezan los miedos, y Ángela, Juan e Ignacio ya no están tan seguros de que las bicis sean buena idea. Un local grande, material grande, mucho trabajo ...

Por tanto han pensado, como segunda opción, colocar el premio en crear una empresa que empaquete y distribuya lotes de artículos para el mantenimiento de la bicicleta. Es algo más pequeño e incluso podrían empaquetar a mano y vender por internet.

Los lotes contendrán cámaras para las ruedas, cajas de parches y esprays para reparación de pinchazos.

Deciden elaborar dos tipos diferentes de lotes.
La tabla de la derecha muestra la composición de cada lote.

	Cámaras	Parches	Esprays
LOTE *A*	4	1	1
LOTE *B*	2	2	1

Se cuenta con un máximo de 70 cámaras, 30 cajas de parches y 20 esprays reparadores.

a) Suponiendo que se forman x lotes de tipo A e y lotes de tipo B, establece, mediante un sistema de inecuaciones con las incógnitas x e y, las condiciones que deben verificar los valores de x e y para que sea factible la elaboración de estos lotes teniendo en cuenta las existencias de cada producto

b) Mediante Geogebra dibuja la región de puntos (x, y) que cumplen todas las condiciones anteriores. Establece las coordenadas de todos los vértices de la región.

c) Indica si las siguientes soluciones son o no posibles:

A. $x = 5 \quad y = 12$ B. $x = 5 \quad y = 13$ C. $x = 10 \quad y = 10$ D. $x = 17 \quad y = 2$

d) Si finalmente se elaboran 15 lotes de A y 5 lotes de B, ¿se agotarán todas las existencias de los tres productos?

AUTOEVALUACIÓN

Comprueba qué has aprendido

1. Resuelve las siguientes inecuaciones lineales.

a) $x-\frac{5}{2}>2+\frac{x+5}{2}$ b) $\frac{x}{2}+\frac{x}{4}-\frac{x}{8}\le\frac{45}{8}$

2. Resuelve las siguientes inecuaciones de segundo grado.

a) $4x^2+2x-12\le0$ b) $-\frac{2}{3}x^2+\frac{5}{3}x\ge-1$

3. Resuelve las siguientes inecuaciones racionales.

a) $\frac{2x-3}{4x-1}\le-1$ b) $\frac{6}{5(x-3)}+\frac{4}{5(x+2)}\ge-1$

4. Resuelve las siguientes inecuaciones polinómicas.

a) $x^4-10x^2+9\le0$ b) $2x^3+x^2-5x\ge-2$

5. Resuelve el sistema de inecuaciones lineales con una incógnita.

$$\begin{cases}2x-3\le\frac{x-2}{3}+1\\-2x+5\ge1\end{cases}$$

6. Resuelve los siguientes sistemas de inecuaciones.

a) $\begin{cases}x^2-x-6\le0\\\frac{x-3}{x-2}<0\end{cases}$ b) $\begin{cases}2x-3<5\\\frac{x-1}{x+1}<2\\x^2-2x\ge0\end{cases}$

7. Resuelve los siguientes sistemas de inecuaciones con dos incógnitas.

a) $\begin{cases}x+2y\le8\\2x+y\le7\\0\le x\le3\\y\ge0\end{cases}$ b) $\begin{cases}3x+y\le12\\x-2y\ge-3\\y\ge\frac{x}{2}-2\\2x+3y\ge1\end{cases}$

8. En una clase hay 15 chicas y 10 chicos. La media aritmética de las calificaciones de las chicas en el último examen de matemáticas ha sido 6,25. ¿Entre qué valores se encuentra la media de los chicos si se sabe que la media de toda la clase es superior a 5,25 e inferior a 6,5?

smSaviadigital.com VALORA LO APRENDIDO > Comprueba tus respuestas.

Relaciona y contesta

Elige la única respuesta correcta en cada caso

1. Las inecuaciones $2x-1\le0$ y $\frac{2x-1}{x+1}\le0$ tienen como conjuntos solución respectivos C_1 y C_2.

A. $C_1=C_2$ B. $C_1\subset C_2$ C. $C_2\subset C_1$ D. $C_1=C_2-\{-1\}$

2. La solución de la inecuación $x^2-(a+b)x+ab<0$, donde $a<0<b$ es:

A. $(-\infty, a)\cup(b, +\infty)$ C. (a, b)

B. $(-\infty, a]\cup[b, +\infty)$ D. $[a, b]$

3. La zona sombreada de $\mathbb{R}^2$ que aparece a la derecha puede ser determinada por el sistema de inecuaciones:

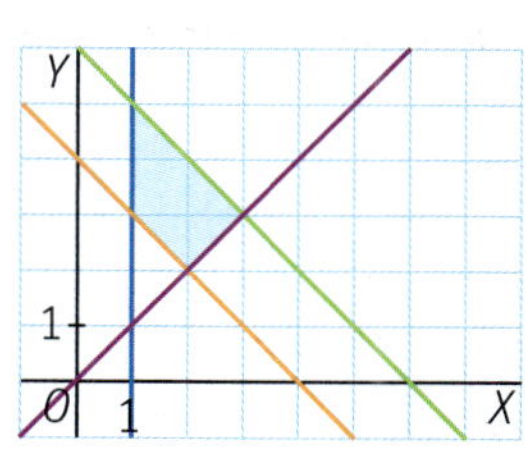

A. $\{x\ge1,\ y\ge x,\ x+y\le4,\ x+y\ge6\}$

B. $\{x\ge1,\ y\le x,\ x+y\ge4,\ x+y\le6\}$

C. $\{x\ge1,\ y\ge x,\ x+y\ge4,\ x+y\le6,\ y\le1\}$

D. $\{x\ge1,\ y\ge x,\ x+y\ge4,\ x+y\le6\}$

Señala, en cada caso, las respuestas correctas

4. Si la solución de la inecuación $x^2+x+c>0$ con $c\ne0$ es $(-\infty, c)\cup(b, +\infty)$, entonces:

A. $c=2$ C. $b=-1$

B. $c=-2$ D. $b=1$

5. Se considera la inecuación $\frac{x-1}{x+2}\ge2$.

A. $x=-3$ forma parte de la solución.

B. $x=-1$ y $x=1$ forman parte de la solución.

C. $x=-5$ forma parte de la solución pero $x=-2$ no.

D. $x=-2$ forma parte de la solución pero $x=-5$ no.

Elige la relación correcta entre las dos afirmaciones dadas

6. Se quiere obtener la solución de la inecuación $|x-r|\le r$. Se consideran las afirmaciones:

1. r es un número estrictamente negativo.
2. El conjunto solución es el vacío.

A. $1\Rightarrow2$ pero $2\not\Rightarrow1$ C. 1 y 2 son excluyentes entre sí.

B. $2\Rightarrow1$ pero $1\not\Rightarrow2$ D. Nada de lo anterior.

Señala el dato innecesario para contestar

7. Se quiere obtener y dibujar la solución de la inecuación $ax+by\le0$. Para ello se aportan los siguientes datos:

1. $a=1$ y $b=2$
2. $b=2a$

A. Debe eliminarse necesariamente el dato 1.

B. Debe eliminarse necesariamente el dato 2.

C. Puede eliminarse cualquiera de los dos datos.

D. Hacen falta los dos datos.

Bloque II > Análisis

El análisis matemático surge con la necesidad de establecer relaciones entre cantidades pertenecientes al mismo o a diferentes conjuntos. Sus orígenes se remontan a los cálculos astronómicos de la antigua Mesopotamia y a los estudios de los griegos. Sin embargo, su formalización rigurosa no empieza hasta la Edad Moderna con el desarrollo del cálculo diferencial, necesario para establecer los principios de la mecánica, y que determina como unas cantidades cambian respecto a otras de las que dependen. El análisis estudia conceptos como el de límite, la continuidad, la integración y la diferenciabilidad, y ha conocido en los tres últimos siglos un desarrollo espectacular, fundamental en el desarrollo de la ciencia y la tecnología modernas.

Arquímedes
Anticipa el cálculo diferencial e integral con métodos novedosos que le permitieron aproximar áreas y volúmenes.

(287 a. C.-212 a. C.)

Escuela de Kerala (India)
Desarrollaron métodos similares a los descubiertos después en Europa y que se pueden considerar un anticipo del cálculo diferencial.

(s. XIII-XIV)

Sir Isaac Newton
Uno de los científicos más brillantes de la historia, inventó el cálculo diferencial y enunció la Ley de Gravitación Universal y las leyes de la mecánica.

(1643-1727)

Gottfried Leibniz
Inventó el cálculo diferencial de forma independiente a Newton. Sus notaciones se siguen usando actualmente.

(1646-1716)

Leonard Euler
Definió el número *e* e introdujo el cálculo de variaciones y su aplicación a la formulación de las leyes de la mecánica.

(1707-1783)

Joseph Fourier
Desarrollo el análisis armónico, de manera que cualquier función se puede escribir como suma de funciones trigonométricas.

(1768-1830)

Augustin Louis Cauchy
Definió el concepto de función y desarrolló el análisis complejo.

(1789-1857)

Bernhard Riemann
Introdujo la teoría de la integración.

(1826-1866)

David Hilbert
Crea los espacios de Hilbert, esenciales para la formalización de la mecánica cuántica.

(1862-1943)

(1815-1855)

Karl Weierstrass
Es considerado el padre del análisis moderno. Dio las definiciones de continuidad, límite y derivada de una función que se usan hoy en día.

(1875-1941)

Henri Lebesgue
Formalizó el concepto de medida, básico en la teoría moderna de la integración.

(1892-1945)

Stephan Banach
Creó el llamado análisis funcional.

smSaviadigital.com PONTE A PUNTO › Averigua más cosas sobre el desarrollo del análisis matemático.

6 Funciones

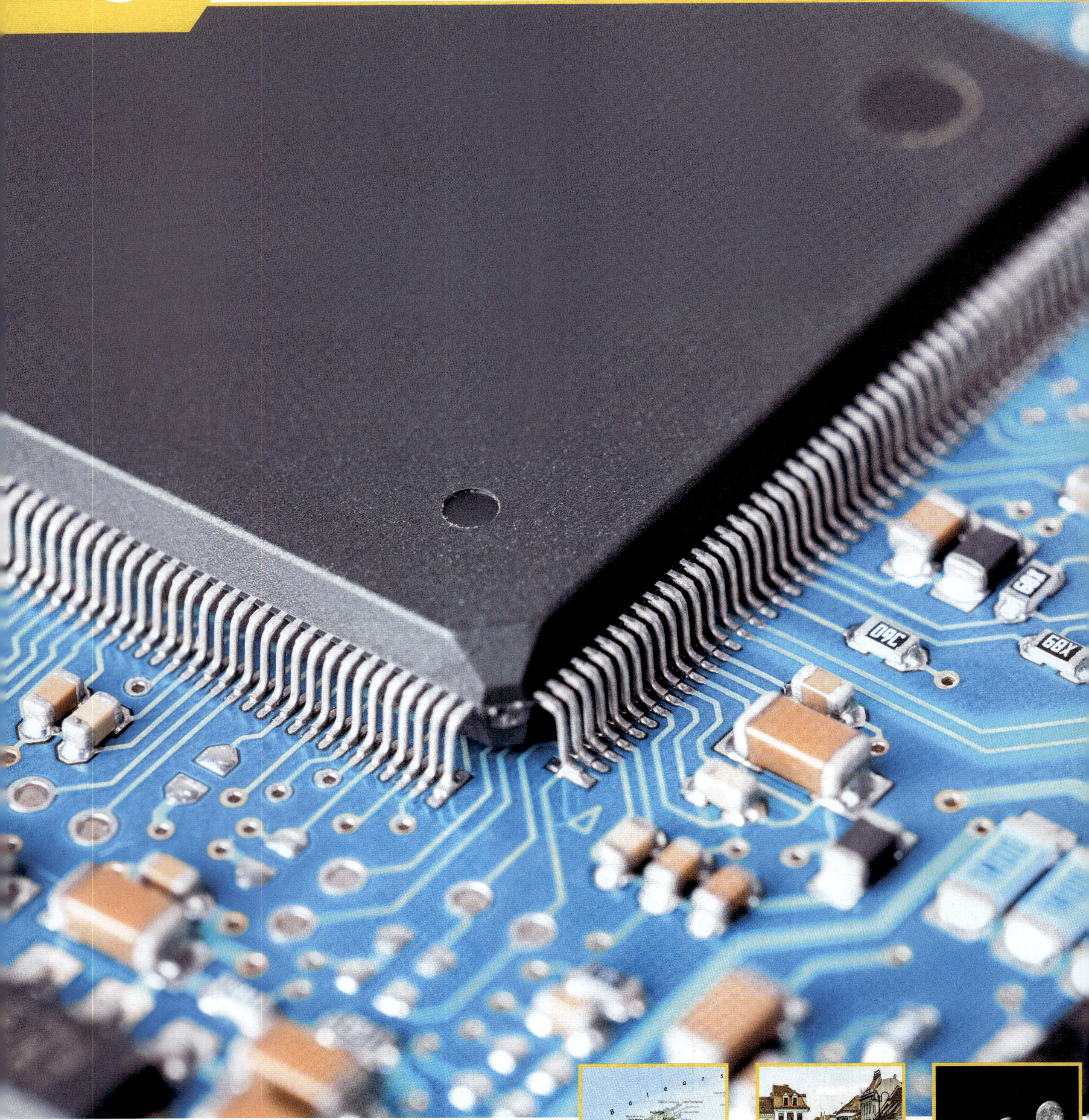

Información gráfica y visual

Representación de la realidad

Modelos de evolución regular

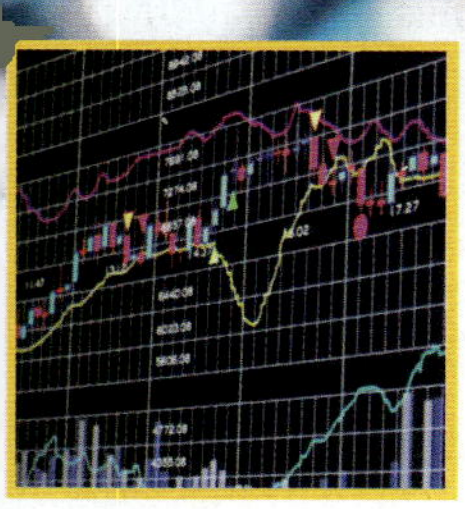

Modelos de evolución irregular

Representando la realidad

¿Verdad que no conoces a nadie que tenga dos nombres o que no tenga ninguno? Piensa en los compañeros que estudian contigo. Cada uno de ellos tiene características únicas empezando por su nombre y sus apellidos y siguiendo por su estatura, su grupo sanguíneo, su número de DNI, ...

Si reflexionas sobre lo anterior te darás cuenta de que la idea, tan usual, de asignar propiedades a los miembros de un conjunto es fundamental en matemáticas y da lugar a uno de sus conceptos más importantes: el de función.

Las funciones son asignaciones entre elementos de dos conjuntos sometidas a unas ciertas reglas que verás en este tema. Son básicas en todas las aplicaciones de las matemáticas, ya sea en economía, sociología, demografía, y también para la ciencia y la tecnología:

- Posibilitan codificar de forma muy eficiente la información. Por ejemplo, los códigos informáticos asignan números binarios a los diferentes caracteres para poder programar los microprocesadores como el de la imagen.
- Su representación gráfica visualiza de forma inmediata las propiedades más importantes del fenómeno que representa. Por ejemplo una altimetría o batimetría no es más que una representación gráfica de una función 3D.
- Los modelos que intentan reproducir la realidad, utilizan funciones que ayudan a hacer predicciones sobre los sistemas naturales o sociales.
- En ocasiones, las funciones de estos modelos realistas son suaves y regulares –como las que describen el movimiento de los cuerpos– o muy irregulares –como las curvas que aparecen al representar la cotización de unas monedas frente a otras. Pueden incluso "dar saltos".

Piensa en todo esto e intenta contestar a las cuestiones siguientes; si te resultan difíciles inténtalo otra vez cuando hayas estudiado este tema.

- Describe mediante una función del tiempo la cotización del euro frente a la corona sueca. ¿Qué aspecto tiene su representación gráfica?
- Describe mediante una función los beneficios que obtiene un comercio en función del descuento que ofrece en la venta de un producto.
- ¿Sabrías elegir cuál es la opción más ventajosa al tener que contratar un servicio determinado que te ofertan diferentes empresas?

Al terminar el tema podrás contestar a estas y a otras preguntas relacionadas con las funciones. Sigue leyendo y aprenderás los conceptos básicos sobre estos importantes objetos matemáticos.

smSaviadigital.com **PONTE A PUNTO**

Recuerda lo que ya sabes sobre funciones.

1 Concepto de función. Dominio y recorrido

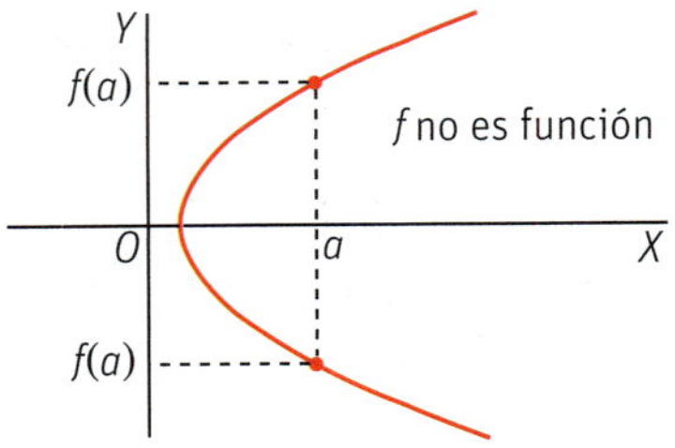

Esta gráfica no corresponde a una función, pues hay valores de x a los que les corresponde más de un valor de y.

En muchas ocasiones ocurre que algunas magnitudes dependen de otras. Por ejemplo, el consumo de gasolina de un coche depende de la velocidad del mismo, y la factura de la luz depende de los kilovatios hora consumidos. Algunas de estas relaciones pueden interpretarse y expresarse matemáticamente, son las **funciones matemáticas**.

Una **función real de variable real *f*** es una regla que asigna a cada número x de un subconjunto de $\mathbb{R}$ un único número real y. Se escribe $y = f(x)$; **y es la imagen de x por f**.

El número real x recibe el nombre de **variable independiente**. El número y asociado por f al valor x se llama **variable dependiente**.

Una función se define con un enunciado, una tabla de valores, una gráfica o una fórmula.

El subconjunto de números reales **x** para los que la función está definida se llama **dominio** de **f, $D(f)$**. Los valores **y** que toma **f** forman un subconjunto llamado **imagen o recorrido** de **f, $R(f)$**.

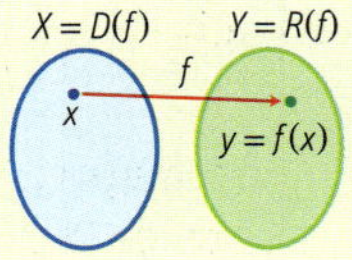

Ejemplo ▸ La función que asigna a cada número real su cuadrado se puede expresar:

I. Con una tabla de valores

x	$y = f(x)$
−1	1
0	0
2	4
...	...

II. Con una gráfica

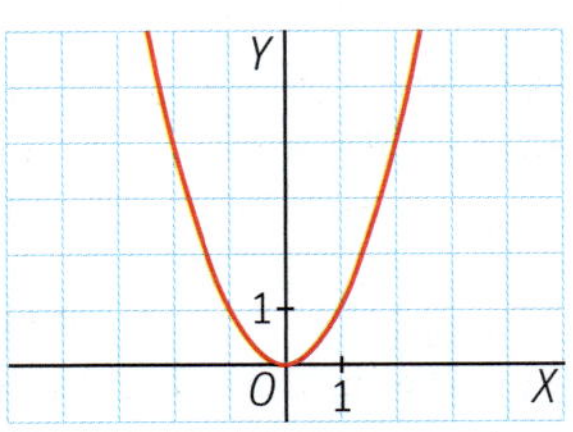

III. Con una fórmula

$y = f(x) = x^2$

Esta función se puede calcular para cualquier número real, por lo que $D(f) = \mathbb{R}$ y, como la imagen puede ser cualquier número no negativo, $R(f) = [0, +\infty)$.

MAT-TIC GeoGebra

Visualiza y reconoce dominios y recorridos en smSaviadigital.com.

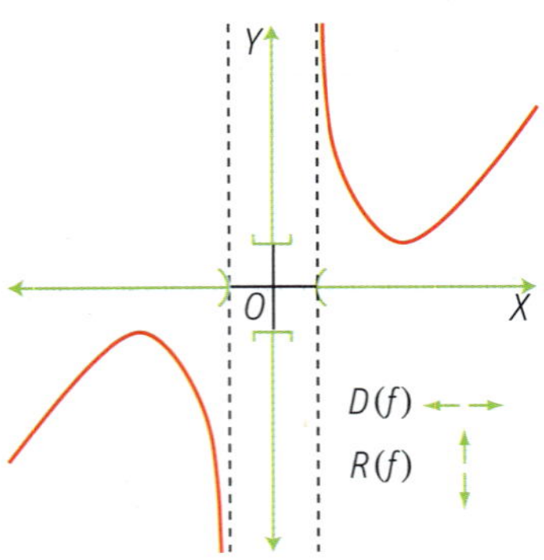

El dominio de una determinada función puede verse restringido por varias razones:

- **No poder realizar alguna operación** para ciertos valores de la variable independiente, por ejemplo, la raíz cuadrada de un número negativo o un denominador que se anula.
- **La propia definición de la función o el contexto real** en el que se utiliza. Por ejemplo, para la función M, que expresa el importe de la factura de la luz en función del consumo, es $D(M) = [0, +\infty)$, ya que el consumo no puede ser negativo y, a priori, no está limitado.

EJERCICIO RESUELTO

1. Halla los dominios de g y h:

   a) $g(x) = 2 + \sqrt{x-3}$

   b) $h(x) = \dfrac{x^2 - 9}{x - 2}$

a) En este caso, g contiene la raíz cuadrada $\sqrt{x-3}$, por lo que solo puede calcularse para valores de x tales que $x - 3 \geq 0$. Luego $D(g) = [3, +\infty)$.

b) La función h no puede calcularse en los valores de x que anulan el denominador. Por tanto, $D(h) = \mathbb{R} - \{2\}$.

EJERCICIOS PROPUESTOS

2. Obtén el dominio de las siguientes funciones.

   a) $f(x) = \dfrac{x^2 - 1}{5}$ b) $g(x) = \dfrac{x-2}{x^2 + 2x - 3}$ c) $h(x) = \dfrac{\sqrt{x+2}}{x^2 + 4}$

3. Dibuja una posible gráfica para la función $y = f(x)$ con las siguientes restricciones en su dominio y su recorrido:

   $D(f) = [0, 1] \cup [5, 7]$ y $R(f) = [0, 2]$

4. Obtén el dominio y el recorrido de estas funciones.

a)

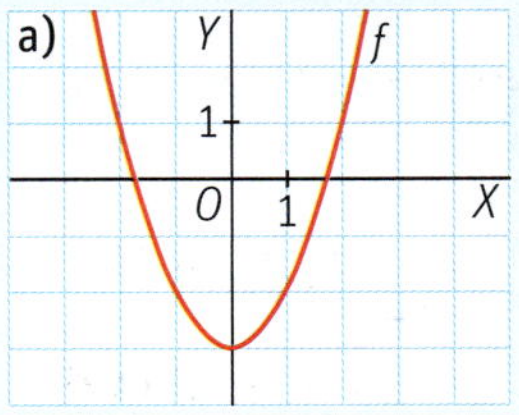

b)

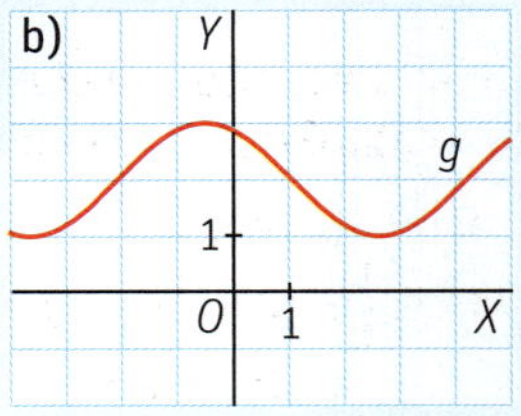

2 Tipos de funciones. Funciones definidas a trozos

Existen muchos tipos de funciones, de ellos, en este tema se van a utilizar especialmente, ejemplos de las funciones polinómicas más simples: las lineales (como la primera de la derecha) y las cuadráticas (como las de la ilustración en el lateral de la página). Ambas, como todas las funciones polinómicas, tienen por dominio todos los números reales. Otras de sus características principales se señalan en las figuras antes mencionadas

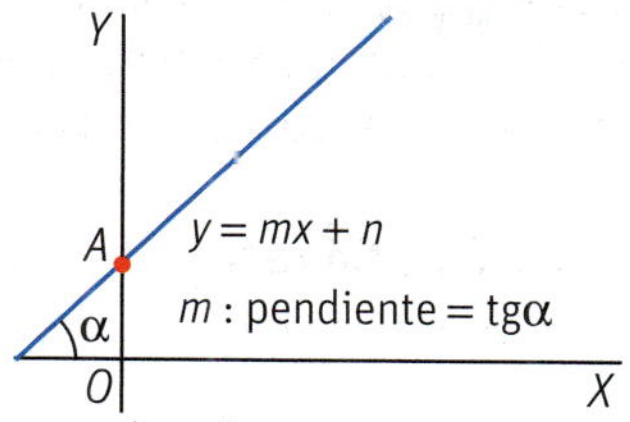

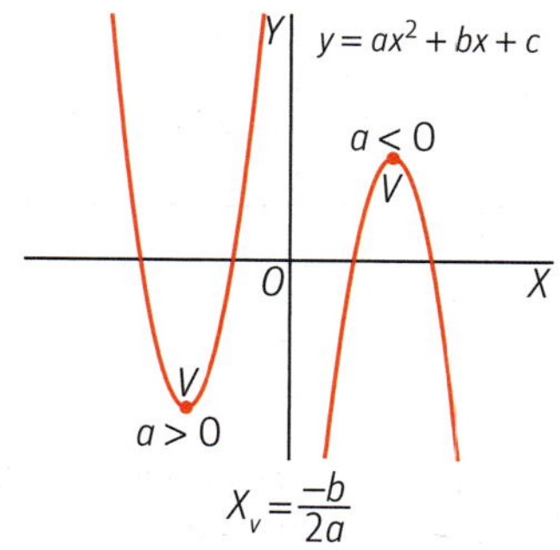

Funciones definidas a trozos

Una función se denomina **definida a trozos** cuando su expresión es diferente según la zona de su dominio que se considere.

Ejemplo ▸ Un mayorista vende fruta según la tabla de precios de la derecha. La cantidad a pagar depende de la cantidad de fruta comprada.

Si se compran 24 kg, como 24 es menor que 50, se pagarán 5 € por kilo más los gastos de envío: $20 + 5 \cdot 24 = 140$ €.

Al comprar 49 kg, habrá que abonar $20 + 5 \cdot 49 = 265$ €, pero si se compran 51 kg se pagaría solamente $20 + 4{,}5 \cdot 51 = 249{,}50$ €.

Precio de la fruta	
• Menos de 50 kg Más 20 € de gastos de envío	5 €/kg
• De 50 a 100 kg Más 20 € de gastos de envío	4,5 €/kg
• Más de 100 kg Más 25 € de gastos en envío	4 €/kg

Los cálculos anteriores se pueden hacer más sencillos si se construye una expresión algebraica que contenga la información de la tabla. Esta expresión es la de la función que da el coste, *y*, en función de los kilos de fruta comprada, *x*.

A partir de la tabla se deduce la siguiente expresión para la función. A su derecha se presenta su gráfica.

$$y = f(x) = \begin{cases} 20 + 5x & \text{si } 0 < x < 50 \\ 20 + 4{,}5x & \text{si } 50 \le x \le 100 \\ 25 + 4x & \text{si } x > 100 \end{cases}$$

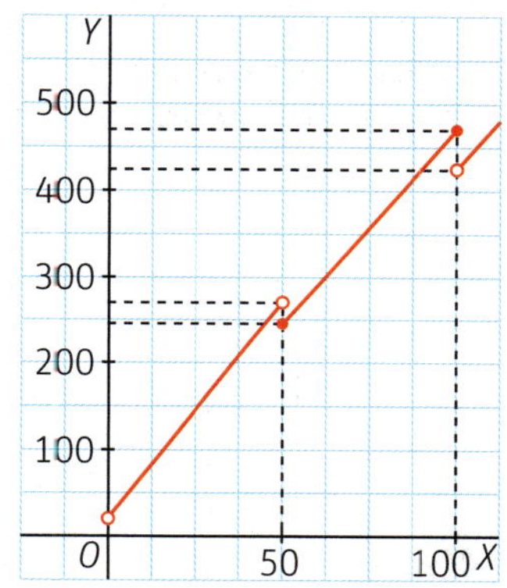

MAT-TIC GeoGebra

Entra en **smSaviadigital.com** y define y dibuja funciones a trozos.

EJERCICIO RESUELTO

5. Expresa como una función definida a trozos:

$$f(x) = 2x + |x - 1|$$

El valor absoluto no afecta a las expresiones que contiene si estas son positivas y, sin embargo, las cambia de signo si son negativas. En este caso, la primera situación se da cuando $x - 1 \ge 0$, es decir cuando $x \ge 1$ y, por tanto, la segunda situación ocurre cuando $x < 1$. Con esto en cuenta, se puede escribir:

$$f(x) = \begin{cases} 2x - (x-1) & \text{si } x < 1 \\ 2x + (x-1) & \text{si } x \ge 1 \end{cases} \Rightarrow f(x) = \begin{cases} x + 1 & \text{si } x < 1 \\ 3x - 1 & \text{si } x \ge 1 \end{cases}$$

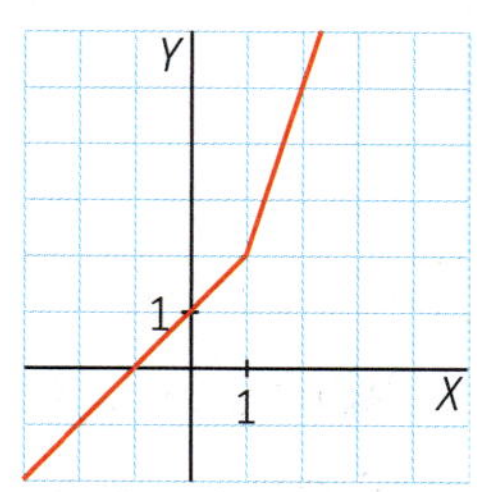

EJERCICIOS PROPUESTOS

6. En un aparcamiento se cobra un fijo de 2 € y, a partir de la 1.ª hora, 50 CENT más por cada media hora de uso. Encuentra la expresión de la función que da el coste en función del tiempo de aparcamiento y represéntala.

7. Para las siguientes funciones, calcula $f(-2)$, $f(-1)$, $f(0)$, $f(1)$ y $f(2)$ y determina su dominio.

a) $f(x) = \begin{cases} x & \text{si } x < -1 \\ x^2 & \text{si } -1 \le x \le 1 \\ x & \text{si } x > 1 \end{cases}$

b) $f(x) = \begin{cases} \dfrac{x^2+2}{x-2} & \text{si } x \le 0 \\ \dfrac{x+1}{x-1} & \text{si } x > 0 \end{cases}$

8. Expresa $f(x) = |x + 5| - x$ como una función a trozos.

9. Encuentra la expresión algebraica de las funciones:

a)

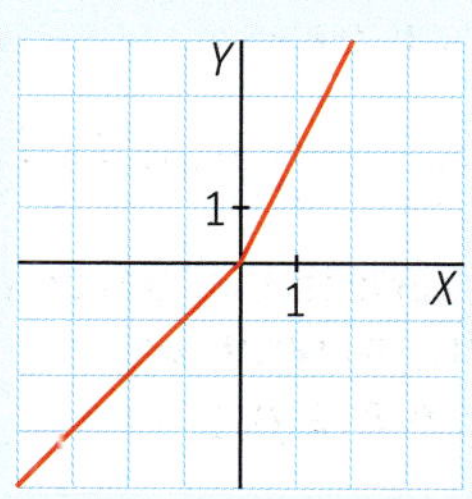

b)

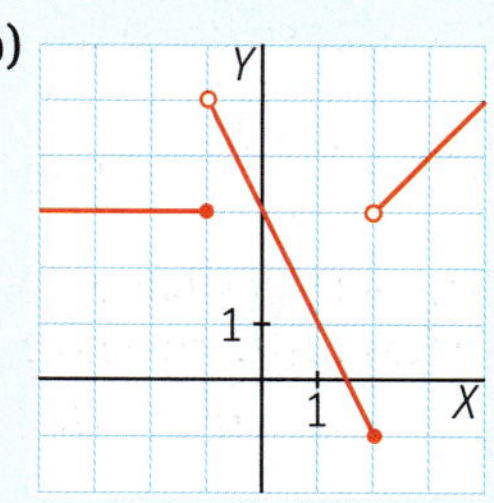

3 Operaciones con funciones

Las operaciones con números reales como suma, resta, multiplicación y división tienen su analogía inmediata en las funciones. A partir de dos funciones *f* y *g* definidas ambas sobre un conjunto *A* de números reales, se pueden definir sobre *A* las nuevas funciones:

Suma o diferencia: es la función que asigna a cada valor de *A* la suma o la diferencia de los valores asignados a las funciones *f* y *g*, respectivamente.

$$s(x)=(f+g)(x)=f(x)+g(x) \qquad d(x)=(f-g)(x)=f(x)-g(x)$$

Producto o cociente: es la función que asigna a cada valor de *A* el producto o el cociente de los valores asignados a las funciones *f* y *g*, respectivamente.

$$p(x)=(fg)(x)=f(x)g(x) \qquad q(x)=\left(\frac{f}{g}\right)(x)=\frac{f(x)}{g(x)},\ g(x)\neq 0$$

Ten en cuenta

Dominio de las operaciones:

$$A=D(f+g)=D(f-g)=$$
$$=D(fg)=D(f)\cap D(g)$$
$$A=D\left(\frac{f}{g}\right)=$$
$$=D(f)\cap D(g)-\{x,g(x)=0\}$$

De esta definición se deduce que el dominio *A* de las funciones suma, diferencia y producto está formado por los números que pertenecen a la vez a los dominios de *f* y de *g*. Lo mismo sucede para la **función cociente** $q=\left(\frac{f}{g}\right)$, si bien hay que excluir del dominio *A*, también a los valores que hacen $g(x)=0$ y, por tanto, anulan el denominador de la función *q*.

Ejemplo A partir de las funciones $f(x)=\frac{1}{x}$ y $g(x)=\frac{x+2}{x-3}$, se pueden calcular:

- Suma: $s(x)=f(x)+g(x)=\frac{1}{x}+\frac{x+2}{x-3}=\frac{x^2+3x-3}{x^2-3x}$
- Diferencia: $d(x)=f(x)-g(x)=\frac{1}{x}-\frac{x+2}{x-3}=-\frac{x^2+x+3}{x^2-3x}$
- Producto: $p(x)=f(x)g(x)=\frac{1}{x}\cdot\frac{x+2}{x-3}=\frac{x+2}{x^2-3x}$
- Cociente $\frac{f}{g}$: $q(x)=\frac{f(x)}{g(x)}=\frac{\frac{1}{x}}{\frac{x+2}{x-3}}=\frac{x-3}{x^2+2x}$
- Cociente $\frac{g}{f}$: $c(x)=\frac{g(x)}{f(x)}=\frac{\frac{x+2}{x-3}}{\frac{1}{x}}=\frac{x^2+2x}{x-3}$

Como $D(f)=\mathbb{R}-\{0\}$ y $D(g)=\mathbb{R}-\{3\}$, las funciones *s*, *d* y *p* no estarán definidas en los puntos $x=0$ y $x=3$ y, por tanto, $D(s)=D(d)=D(p)=\mathbb{R}-\{0, 3\}$.

Para la función cociente *q*, hay que excluir del dominio a los valores que anulan *g*, con lo que resulta finalmente que $D(q)=\mathbb{R}-\{-2, 0, 3\}$. Por último, para la función *c*, el dominio es $D(c)=\mathbb{R}-\{0, 3\}$, pues *f* no se anula en ningún punto.

Composición de funciones

La **composición de funciones** es una operación que no tiene análogo en las operaciones con números reales y que surge al hacer actuar dos o más funciones de forma sucesiva.

Dadas dos funciones, *f* y *g*, se llama **función compuesta** de *f* y *g*, y se designa por $f\circ g$, a la función $f[g(x)]$: $(f\circ g)(x)=f[g(x)]$

La expresión $(f\circ g)(x)$ se lee ***g* compuesta con *f***. Se nombra en primer lugar la función de la derecha porque es la primera en actuar sobre la variable independiente *x*.

En general, la composición de funciones **no es conmutativa**.

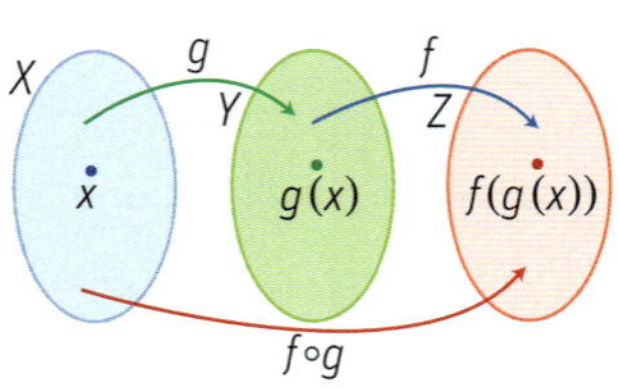

Ejemplo ▸ A partir de las funciones $f(x)=(x-3)^2$ y $g(x)=x+1$, se pueden calcular $f\circ g$ y $g\circ f$, sin más que aplicar la definición de composición de funciones:

- **g** compuesta con f: $(f\circ g)(x)=f[g(x)]=f(x+1)=(x+1-3)^2=(x-2)^2$
- f compuesta con **g**: $(g\circ f)(x)=g[f(x)]=g[(x-3)^2]=(x-3)^2+1=x^2-6x+10$

MAT-TIC GeoGebra

Entra en **smSaviadigital.com** y haz operaciones con funciones gráficamente.

Ejemplo ▸ **Sean $g(x)=\dfrac{2}{x-3}$ y $f(x)=\dfrac{1}{x-2}$. Determina $f\circ g$ y su dominio.**

El cálculo de $f\circ g$ se puede realizar siempre que:

- x esté en el dominio de g; por tanto, $x\neq 3$.
- $\dfrac{2}{x-3}$ esté en el dominio de f. En este caso debe ser $\dfrac{2}{x-3}\neq 2$, luego $x\neq 4$.

Por tanto, resulta $D(f\circ g)=\mathbb{R}-\{3,4\}$ y su expresión es:

$$(f\circ g)(x)=f\left(\frac{2}{x-3}\right)=\frac{1}{\dfrac{2}{x-3}-2}=\frac{x-3}{2-2x+6}=\frac{x-3}{8-2x}$$

Para que un número ***a*** **pertenezca al dominio** de $\boldsymbol{f\circ g}$ se deben cumplir dos condiciones:

1.º Que exista $g(a)$, es decir, que $\boldsymbol{a\in D(g)}$.

2.º Que $g(a)$ pertenezca al dominio de f, esto es, $\boldsymbol{g(a)\in D(f)}$

EJERCICIO RESUELTO

10. **Dadas las funciones:**

$$f(x)=\frac{6x}{x^2+x-2}$$

$$g(x)=\sqrt{x-3}$$

a) Determina $D(f)$ y $D(g)$.

b) Si es posible, calcula los valores de $(f\circ g)(12)$, $(f\circ g)(4)$ y $(g\circ f)(3)$.

a) La función f no está definida en los puntos en los que su denominador se anula, y la función g no lo está para aquellos valores de x tales que $x-3<0$. Por tanto:

$$D(f)=\mathbb{R}-\{-2,1\} \qquad D(g)=[3,+\infty)$$

b) Al aplicar la definición de función compuesta:

$(f\circ g)(12)=f[g(12)]=f(\sqrt{12-3})=f(3)=\dfrac{18}{10}=\dfrac{9}{5}$

$(f\circ g)(4)=f[g(4)]=f(\sqrt{4-3})=f(1)$, que no está definido.

$(g\circ f)(3)=g[f(3)]=g\left(\dfrac{9}{5}\right)$, que no está definido.

EJERCICIOS PROPUESTOS

11. **Dadas las siguientes funciones:**

$$f(x)=\frac{x-1}{x+3} \qquad g(x)=\frac{2}{x^2-9} \qquad h(x)=\sqrt{x-1}$$

Calcula el dominio y la expresión de las siguientes funciones.

a) $f+g$ c) $(f+h)g$ e) $\dfrac{g}{h}$

b) $f-h$ d) $\dfrac{1}{f}$ f) $\dfrac{h}{f}$

12. **Sean las funciones $f(x)=2x^2-3x-5$ y $g(x)=x+h$, donde h es cualquier número real.**

a) Calcula las funciones $f\circ g$ y $g\circ f$.

b) ¿Para qué valores de h tiene la función g compuesta con f una raíz en $x=0$?

13. **Dadas las funciones $f(x)=\dfrac{x-1}{x+2}$, $g(x)=x-4$, $h(x)=\sqrt{x-3}$ y $k(x)=x^2+1$, determina el dominio y la expresión de las funciones:**

a) $f\circ g$ c) $h\circ g$ e) $k\circ h$

b) $g\circ f$ d) $g\circ h$ f) $f\circ k$

14. **Dadas las funciones $f(x)=x-1$ y $g(x)=\dfrac{x-1}{x}$, ¿a cuál de las siguientes funciones corresponde la gráfica de la ilustración?**

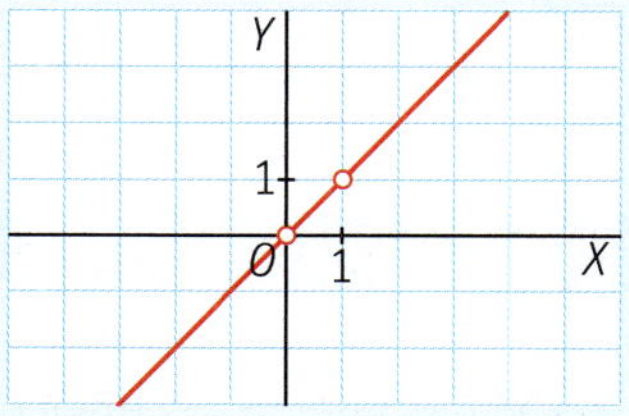

A. $s=f+g$ C. $d=f-g$

B. $p=fg$ D. $q=\dfrac{f}{g}$

4 Función inversa

Población vacunada (%)	Coste (miles €)
0	0
10	39,47
20	78,95
30	107,14
40	130,23

En otoño, Sanidad lanza una campaña de vacunación contra la gripe cuyo coste, en función del porcentaje de vacunados, viene dado por la función f del margen, expresada en forma de tabla. Así, para vacunar al 20 % de la población, habrá que invertir 78 950 €, ya que $f(20) = 78\,950$.

Pero se puede cambiar el punto de vista y preguntarse qué porcentaje de la población podrá ser vacunada si este año se han asignado para esta actuación 107 140 €. Esta nueva función liga el coste con el porcentaje de población vacunada. Se llama inversa de f y se representa por f^{-1}. Así pues, $f^{-1}(y)$ proporciona el porcentaje de la población que se podrá vacunar si se invierten y euros. Así resulta que f y f^{-1} dan la misma información, pero expresada desde puntos de vista diferentes.

No toda función f tiene inversa, pero cuando existe, se define de la siguiente forma.

Si f^{-1} es la **función inversa de f**, $f^{-1}(y) = x \Rightarrow f(x) = y$

Ejemplo La gráfica representa la función que asocia a cada hora del día los minutos que una persona espera para ser atendido en una oficina pública.

Sabiendo la hora, se puede saber cuánto tiempo hay que esperar. Sin embargo, si una persona ha tardado 50 minutos en ser atendida, no se puede saber de qué hora se trata, podrían ser las 9:20 o las 12:40. Por tanto, esta función no tiene inversa.

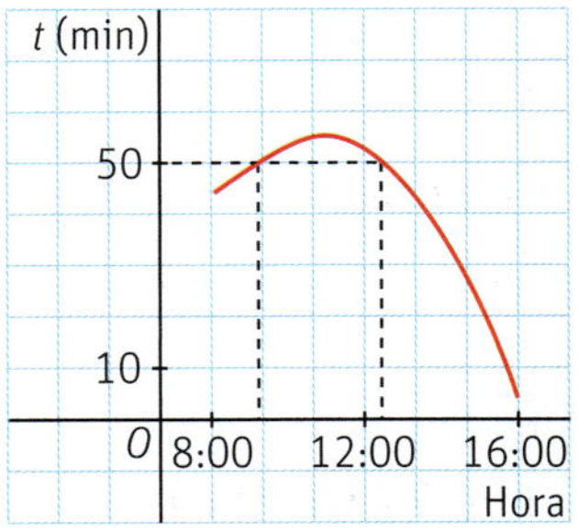

Tien en cuenta

No hay que confundir la función inversa, f^{-1}, con la función $\frac{1}{f}$, que representa la inversa numérica de f.

El caso presentado en el ejemplo se puede generalizar:

Dada f, existe f^{-1} solo cuando su gráfica corta cada línea horizontal una vez como máximo.

MAT-TIC GeoGebra

Entra en smSaviadigital.com y trabaja con una función y su inversa.

¿Cómo obtener la función inversa de otra?

Ejemplo Para hallar la inversa de la función $y = f(x) = \frac{1}{x-3}$ se procede como sigue:

Se despeja la variable independiente: $x - 3 = \frac{1}{y} \Rightarrow x = \frac{1}{y} + 3 = \frac{1+3y}{y} = f^{-1}(y)$

Como usualmente se llama x a la variable independiente, se escribe $f^{-1}(x) = \frac{1+3x}{x}$.

Para hallar la inversa de f, se despeja x, si es posible y siempre que estén definidas las expresiones obtenidas. Después se intercambian las variables x e y.

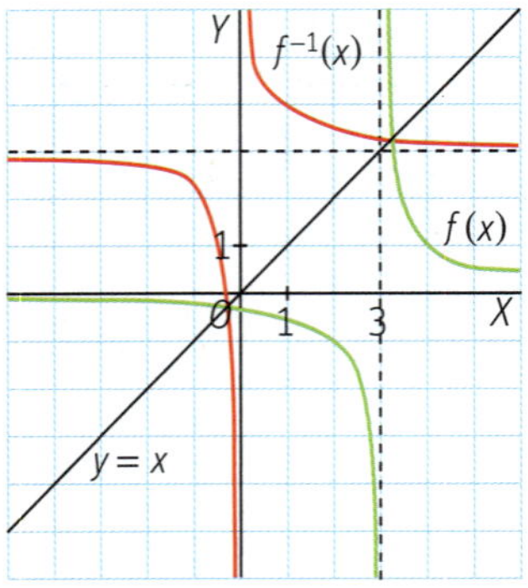

Función inversa y composición de funciones

La composición de una función con su inversa cumple que $(f^{-1} \circ f)(x) = (f \circ f^{-1})(x) = x$.

De este resultado se deduce que las gráficas de una función y su inversa son **simétricas respecto de la recta $y = x$**, esto es, la bisectriz del primer cuadrante (figura izquierda).

Para una función y su inversa, la composición de funciones sí es conmutativa.

EJERCICIOS PROPUESTOS

15. Sea $f(x) = \frac{2x+1}{3}$. Halla f^{-1} y dibuja su gráfica y la de f.

16. La función $f(x) = x^5 + x + 1$ admite inversa, f^{-1}. Utiliza la calculadora para aproximar $f^{-1}(10)$.

17. Obtén la expresión y el dominio de la función inversa de $f(x) = \sqrt{2x-3}$. ¿Cuánto vale $f^{-1}(3)$?

18. smSaviadigital.com PRACTICA Practica con las operaciones con funciones.

5 Construcción de funciones por traslación y dilatación

La **traslación** y la **dilatación** permiten construir nuevas funciones a partir de otras.

A la derecha se presentan, en cuatro situaciones, las gráficas de tres funciones *f*, *g* y *h*.

- En el caso A, las gráficas de *g* y *h* se obtienen a partir de *f* por una traslación vertical. Para obtener *g* se ha subido *f* dos unidades, y *h* se ha obtenido bajando *f* tres unidades.

$$g(x)=f(x)+2 \qquad h(x)=f(x)-3$$

  Si se define la función $a(x)=x+2$, resulta $g(x)=(a\circ f)(x)=a[f(x)]=f(x)+2$.

  Lo mismo se puede hacer con *h* usando la función $b(x)=x-3$.

- En el caso B, *g* y *h* se obtienen a partir de *f* por una traslación horizontal. Para obtener la gráfica de *g* se ha desplazado la de *f* dos unidades hacia la izquierda, y la de *h* se ha obtenido desplazando la de *f* tres unidades hacia la derecha.

$$g(x)=f(x+2) \qquad h(x)=f(x-3)$$

  Si $a(x)=x+2$, resulta $g(x)=(f\circ a)(x)=f[a(x)]=f(x+2)$.

  Se puede aplicar lo mismo a *h* usando la función $b(x)=x-3$.

- En el caso C, *g* y *h* se obtienen por dilatación vertical de *f* estirando o achatando su gráfica.

$$g(x)=2\,f(x) \qquad h(x)=\frac{1}{2}\,f(x)$$

  Si $a(x)=2x$, se tiene $g(x)=(a\circ f)(x)=a[f(x)]=2f(x)$.

  Si el factor que aparece en *a* es mayor que 1, la gráfica se estira, y si es positivo y menor que 1, se achata.

- Por último, en el caso D, *g* y *h* se obtienen por dilatación horizontal de *f* estirando o comprimiendo su gráfica en dicha dirección.

$$g(x)=f(2x) \qquad h(x)=f\left(\frac{x}{2}\right)$$

  Si $a(x)=2x$, *g* se obtiene $g(x)=(f\circ a)(x)=f[a(x)]=f(2x)$.

  Si el factor que aparece en *a* es mayor que 1, la gráfica se contrae, y si es positivo y menor que 1, se estira.

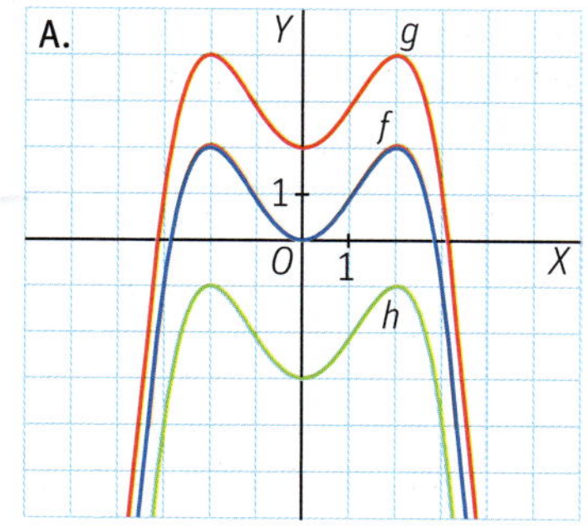

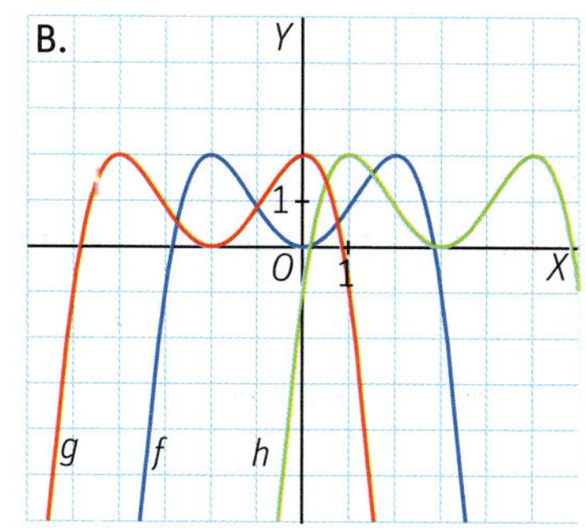

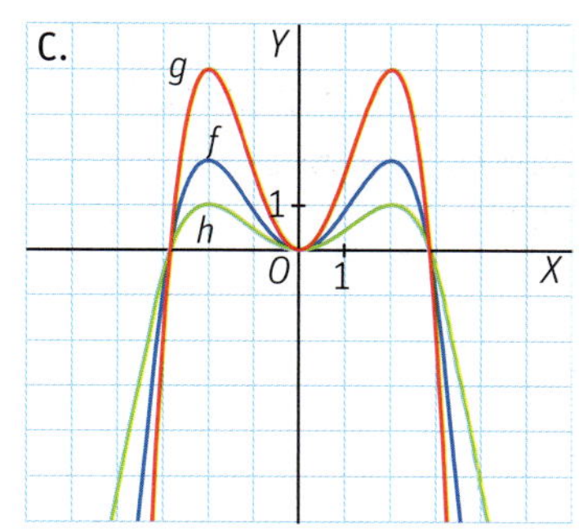

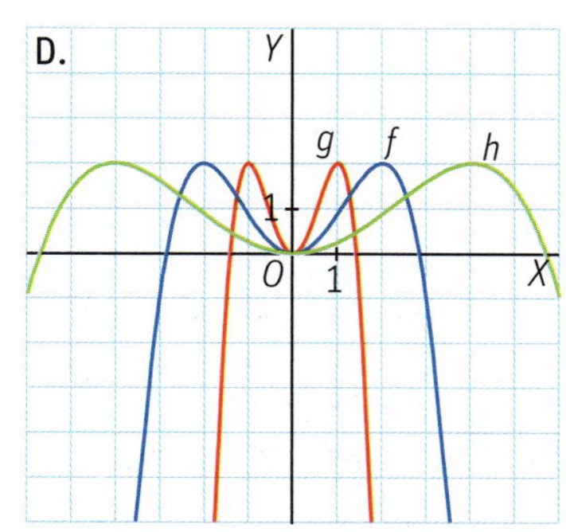

De esta forma, aplicando traslaciones y dilataciones sucesivas a una función se puede construir toda una familia de funciones.

Ejemplo ▸ A partir de las funciones $f(x)=x^2$ y $g(x)=-x^2$ puede obtenerse cualquier parábola con el eje vertical. En la gráfica aparecen las gráficas de:

$h(x)=(2x)^2$ $\qquad i(x)=(x+3)^2-2$

$j(x)=-x^2-1$ $\qquad k(x)=-(x-2)^2+1$

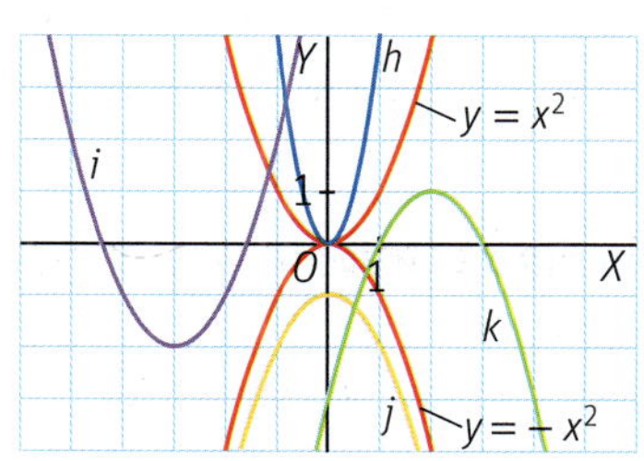

EJERCICIO PROPUESTO

19. **A partir de la gráfica de *f*, esboza las gráficas de las siguientes funciones.**

a) $g(x)=f(x)+4$ d) $h(x)=f(x)-1$

b) $g(x)=f(x+4)$ e) $h(x)=f(x-1)$

c) $g(x)=3f(x)$ f) $h(x)=f(3x)$

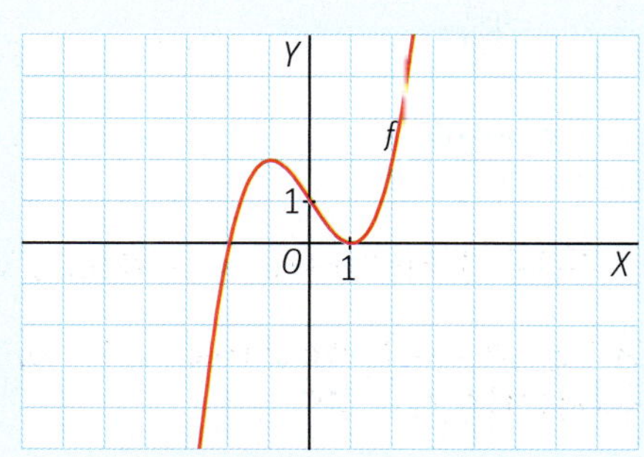

6 Funciones definidas por tablas

Cualquier investigación realizada en el seno de las ciencias (naturales, tecnológicas o sociales) llega a un punto el que se está obligado a recoger datos experimentales. Es muy común presentar los datos ordenados en una tabla **(tabulación)** y representarlos gráficamente para así estudiarlos de manera más cómoda.

Ejemplo ▸ En la entrada de un gimnasio hay una tabla que recoge el precio del uso de las instalaciones según las horas que se contraten por semana.

Tiempo de uso (horas)	1	2	4	6	8
Precio (€)	5	7	11	15	19

A partir de estos datos se pueden plantear diferentes cuestiones. Por ejemplo:

a) Representar gráficamente los datos y busca una función que los relacione.

b) ¿Cuánto costarán tres horas de uso de las instalaciones?

c) Si un cliente ha pagado 25 €, ¿cuántas horas estuvo en el gimnasio?

d) ¿Cuánto cuesta la cuota fija que se paga al gimnasio?

a) Si se representa en el eje horizontal el tiempo contratado y en el eje vertical el coste, se obtiene:

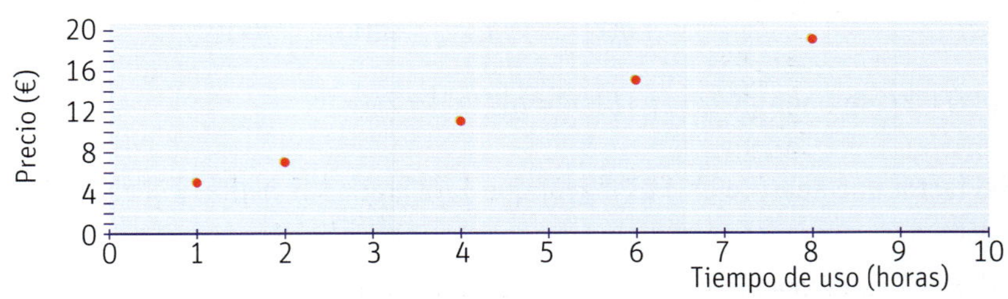

A primera vista se puede decir que el precio aumenta dos euros cada hora de uso contratada, es decir, lo hace de manera lineal. Siendo x el tiempo de uso e y el precio, se ve que la función que los relaciona es $y = 3 + 2x$.

b) Tres horas de utilización de las instalaciones costarán $y = 3 + 2 \cdot 3 = 9$ €.

c) Se resuelve la ecuación: $25 = 3 + 2x \Rightarrow x = 11$ horas de uso.

d) El precio de la cuota se averigua haciendo $x = 0$, es decir, $y = 3 + 2 \cdot 0 = 3$, luego la cuota fija es de 3 € por semana.

No siempre es tan sencillo encontrar la fórmula o expresión matemática que relaciona las variables presentes en una función.

EJERCICIO RESUELTO

20. El consumo eléctrico, en megavatios, en España el día 22 de octubre de 2014 queda reflejado en la tabla de la derecha. ¿Existe alguna función lineal que relacione estos datos?

Hora	0	2	4	6	8	10	12	14	16	18	20	22	24
Consumo	24	22	20	22	30	32	32,5	32	32	32	36	34	28

Los datos se tomaron cada dos horas. En este caso no hay una relación lineal entre las dos variables, como se puede observar al representar gráficamente los datos. De hecho, no es sencillo encontrar una fórmula matemática que refleje la función consumo/hora.

EJERCICIOS PROPUESTOS

21. Se tienen los siguientes datos sobre la evolución del índice de precios al consumo (IPC).

Año	2008	2009	2010	2011	2012	2013
IPC	4,1	−0,3	1,8	3,2	2,4	1,4

Representa gráficamente los datos y halla el máximo intervalo para el que la gráfica se aproxima a una recta.

22. La siguiente tabla expone la ayuda municipal que recibe una familia en función del número de hijos. Representa los datos y estudia para qué intervalo se puede aproximar por una recta.

N.º de hijos	1	2	3	4	5	6
Ayuda (€)	20	50	100	120	140	160

7 Interpolación y extrapolación

Cuando los datos recogidos en una tabla se rigen siguiendo una fórmula matemática, es fácil calcular cualquier otro valor que no aparezca en dicha tabla sustituyendo el valor en la fórmula encontrada como se hizo en el ejemplo del gimnasio del epígrafe anterior.

Pero incluso cuando no se puede encontrar dicha función, existen procedimientos matemáticos que permiten aproximar valores que no se tienen tabulados.

Interpolar es calcular el valor aproximado de una función para un valor dado de la variable independiente cuando este se encuentra en el intervalo de valores tabulados.

Extrapolar es lo mismo que interpolar pero cuando el valor buscado de la variable independiente está fuera del intervalo de valores tabulados.

Ten en cuenta

Validez de la extrapolación

Los datos estimados mediante extrapolación son, en general, menos fiables que los obtenidos interpolando.

Como norma se puede indicar que su validez es menor conforme más lejos se encuentra el dato que se extrapola del intervalo de valores tabulados.

Ejemplo ▸ **¿Cuál fue el consumo eléctrico a las siete de la tarde del 22 de octubre de 2014? (Ver datos en el ejercicio resuelto 20 de la página anterior.)**

Si se representan los datos de la tabla, se obtiene la siguiente gráfica.

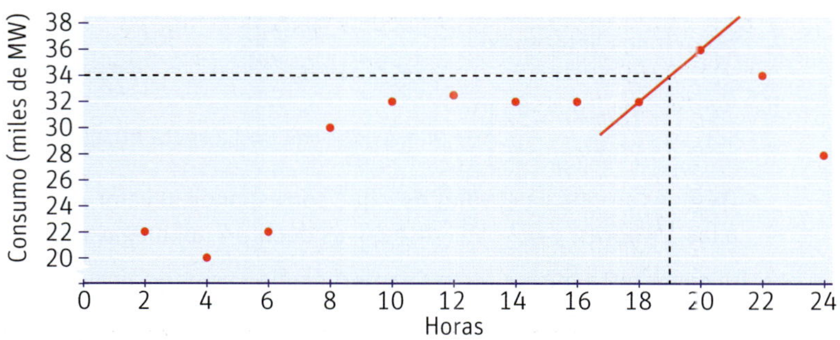

Es razonable pensar que el consumo a las 19 horas será un valor entre los 32 y los 36 mil megavatios (MW), que son los consumos a las 18 y a las 20, respectivamente. Para hallar el valor concreto de este consumo y a falta de un método analítico para hacer la interpolación, esta se puede realizar gráficamente uniendo con una recta los puntos correspondientes a las 18 y a las 20 horas, y estimando la ordenada correspondiente a la abscisa $x = 19$. El consumo así estimado sería de unos 34 mil MW.

En los siguientes epígrafes se estudiarán las dos técnicas principales de interpolación analítica: la **lineal** y la **cuadrática**.

EJERCICIO RESUELTO

23. **Un estudio investiga los beneficios que produce el uso de una nueva máquina en función de su tiempo diario de funcionamiento. A la derecha se representan los datos obtenidos. ¿Se puede estimar qué beneficios obtendrá si la máquina funciona 5 horas y media al día?**

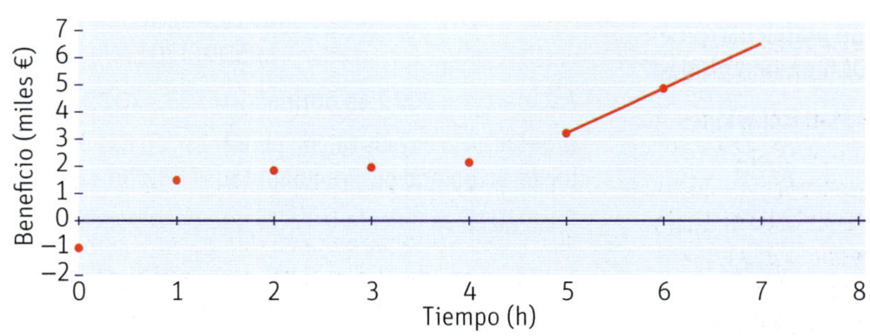

De la gráfica parece razonable estimar que los beneficios rondarán los 4000 €.

EJERCICIO PROPUESTO

24. **En la gráfica de la derecha se ha representado el número de personas que usan Internet al menos una vez al mes en España en los últimos años. Interpolando y extrapolando gráficamente, estima cuántos había en 2010 y cuántos habrá en 2020.**

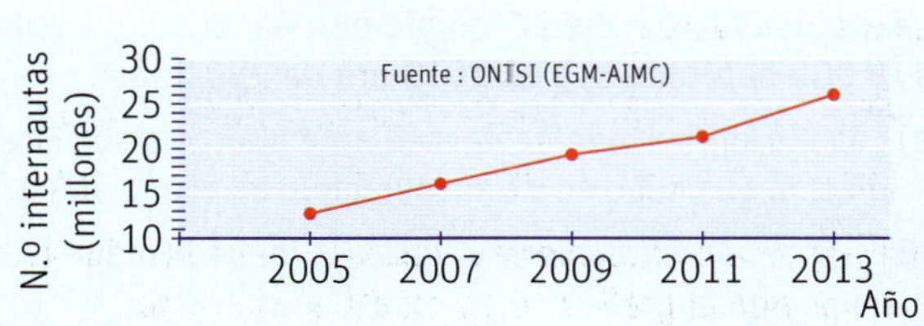

8 Interpolación y extrapolación lineales

En muchos casos no basta con hacer una estimación gráfica de un valor, tal y como se hizo en el ejemplo del epígrafe anterior. Utilizando el mismo ejemplo se puede ilustrar un primer método analítico de interpolación para estimar un valor, llamado de interpolación lineal.

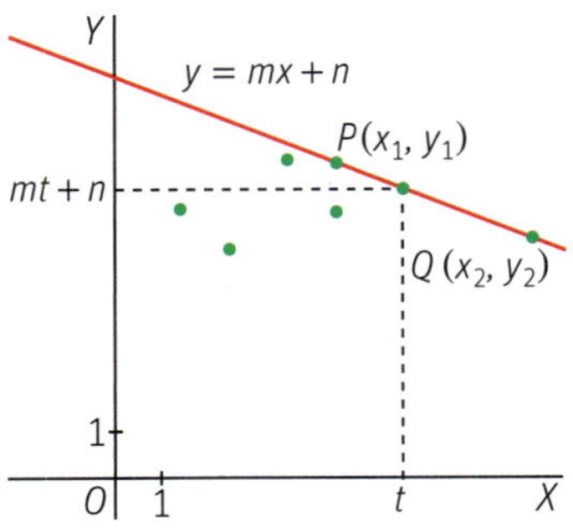

Interpolación lineal

Ejemplo ▸ En la gráfica se ha detallado el consumo eléctrico en España de las 12 a las 22 horas del 22 de octubre de 2014. Para estimar el consumo a las 19 horas utilizando interpolación lineal se siguen estos pasos:

- En primer lugar se calcula la recta que une los puntos que quedan inmediatamente a la izquierda, $A(18, 32)$, y a la derecha, $B(20, 36)$, del valor que se quiere calcular, en este caso $x = 19$.

  La ecuación de la recta será de la forma $y = mx + n$

  Pasa por $A(18,32): y(18) = 32 \Rightarrow 18m + n = 32$

  Pasa por $B(20,36): y(20) = 36 \Rightarrow 20m + n = 36$

  Se resuelve el sistema formado por las dos ecuaciones anteriores:

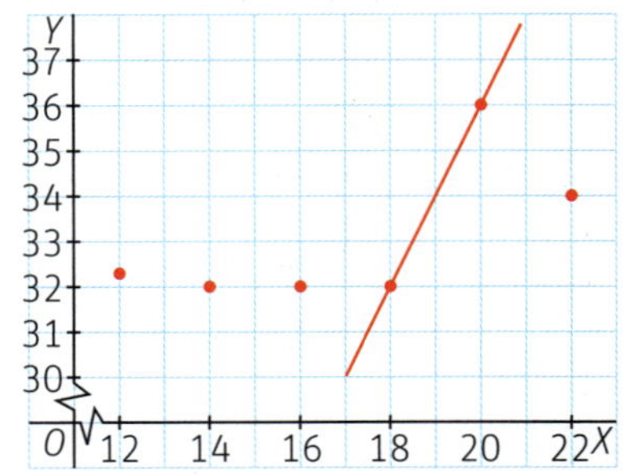

$$\left.\begin{aligned}18m + n = 32\\ 20m + n = 36\end{aligned}\right\} \rightarrow m = 2, \quad n = -4 \Rightarrow \text{La recta buscada es } y = 2x - 4$$

- Después se calcula el valor de y que corresponde al valor $x = 19$, esto es, el consumo a las 19 horas: $y = 2 \cdot 19 - 4 = 34$, es decir 34 mil megavatios.

Utilizando esta misma recta de interpolación se podría calcular el consumo eléctrico aproximado para cualquier instante entre las 18 horas y las 20 horas.

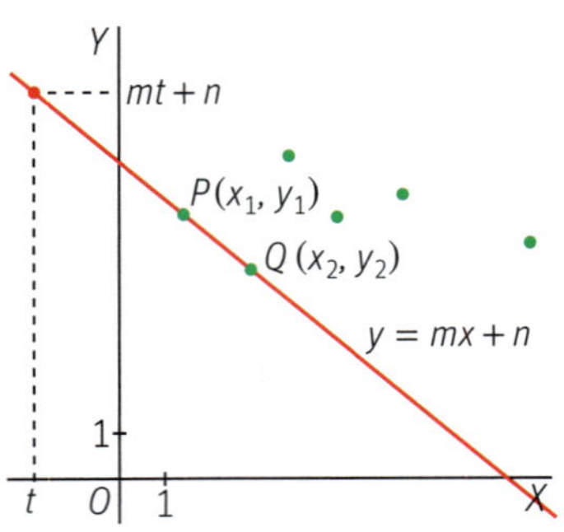

Extrapolación lineal

Dada una función en forma de tabla, si se quiere calcular qué dato corresponde al valor t, se eligen de entre los datos los dos más cercanos a t: $P(x_1, y_1)$, $Q(x_2, y_2)$ con $x_1 < t < x_2$. A continuación se calcula la recta, $y = mx + n$, que pasa por los puntos P y Q. El dato buscado es $y = mt + n$. Este proceso se llama **interpolación lineal**.

Si el valor de t es mayor o menor que todos los datos dados, se toman los dos datos más cercanos a t y con ellos se calcula la recta. En este caso se habla de **extrapolación lineal**.

EJERCICIO RESUELTO

25. Utiliza los datos de la tabla. para estimar cuántos turismos se matricularon en 2012 y 2015 en una ciudad.

Año	Matriculaciones
2010	1780
2011	2103
2013	3609
2014	4783

Para 2012 se calcula la recta que pasa por $A(2011, 2103)$ y $B(2013, 3\,609)$:

$$y = mx + n \Rightarrow \begin{cases} 2103 = 2011m + n \\ 3609 = 2013m + n \end{cases} \Rightarrow 2m = 1506 \Rightarrow m = 753\text{, y } n = -1\,512\,180$$

Así, para $x = 2012$ se obtiene $y = 753 \cdot 2012 - 1512\,180 = 2856$ matriculaciones.

(En este caso es más rápido pensar así: en dos años, de 2011 a 2013, las ventas suben $3609 - 2103 = 1506$, luego en un año subirán la mitad, 753. Por tanto, en 2012 hubo $2103 + 753 = 2856$ matriculaciones.)

Para 2015 se calcula la recta que pasa por $B(2013, 3609)$ y $B(2014, 4783)$:

$$y = mx + n \Rightarrow \begin{cases} 3609 = 2013m + n \\ 4783 = 2014m + n \end{cases} \Rightarrow m = 1174\text{ , } n = -2\,359\,653$$

Por tanto, en 2015 se esperan $y = 1174 \cdot 2015 - 2\,359\,653 = 5957$ matriculaciones.

EJERCICIOS PROPUESTOS

26. La población de cierto municipio en el año 2008 fue de 179 000 habitantes, y en 2013 era de 250 000.

a) Calcula aproximadamente mediante interpolación lineal, la población que hubo en dicho municipio en el año 2010.

b) Estima, por extrapolación lineal, la población que hubo en dicho municipio en 2015.

27. Iván está intentando ahorrar electricidad. La factura de enero fue de 56 €, la de febrero la perdió, en marzo gastó 36 € y en abril 34,50 €.

a) Estima cuál fue su gasto en febrero y lo que pagará en mayo.

b) ¿Crees que con estos datos la predicción para diciembre sería fiable?

9 Interpolación cuadrática

En la interpolación lineal el valor que se quiere estimar se determina mediante un ajuste a solo dos puntos dados, que eran los que servían para determinar la recta interpoladora.

MAT-TIC GeoGebra

Entra en **smSavia**digital.com y practica paso a paso las interpolaciones lineal y cuadrática.

Si se quiere interpolar un valor intermedio a partir de tres datos o puntos dados (no alineados), lo más indicado es buscar un polinomio que pase por los tres puntos, esto es una función cuadrática. A este proceso se le llama **interpolación cuadrática**.

Ejemplo **¿Cuál es la función cuadrática que pasa por los puntos $A(1, 2)$, $B(3, 6)$ y $C(4, 11)$?**

Lo primero que se observa es que los puntos no están alineados y, por tanto, tiene sentido buscar un polinomio de segundo grado que pase por ellos. Este será de la forma $y=f(x)=ax^2+bx+c$, donde hay que determinar los valores de a, b y c.

- Por pasar por el punto A, $f(1)=2$, es decir, $2=a\cdot 1^2+b\cdot 1+c$.
- Por pasar por el punto B, $f(3)=6$, es decir, $6=a\cdot 3^2+b\cdot 3+c$.
- Por pasar por el punto C, $f(4)=11$, es decir, $11=a\cdot 4^2+b\cdot 4+c$.

Ya solo queda resolver el sistema resultante: $\begin{cases} a+b+c=2 \\ 9a+3b+c=6 \\ 16a+4b+c=11 \end{cases}$ cuya solución es $a=1$, $b=-2$, $c=3$. La función cuadrática buscada es $y=x^2-2x+3$.

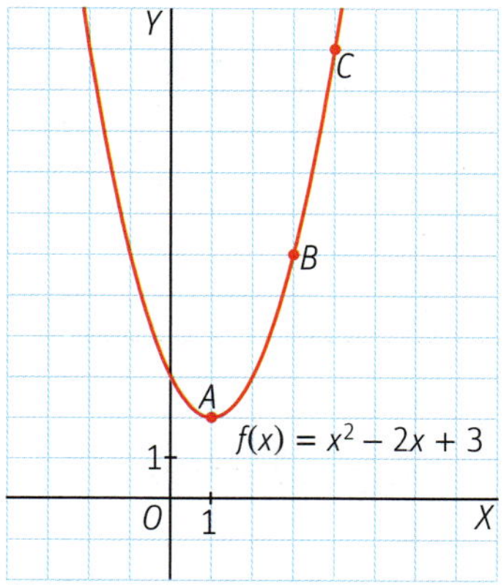

EJERCICIO RESUELTO

28. Los precios de ciertas parcelas de forma cuadrada varían en función de la longitud de su lado según indica esta tabla.

Longitud (m)	Precio (miles de €)
5	25
10	60
20	200

¿Cuánto valdrá un terreno de 12 metros de lado?

Lo lógico es pensar que el precio depende del área del terreno, es decir, del lado al cuadrado. Por ello se busca una función interpoladora cuadrática, $y=ax^2+bx+c$, en donde x es el lado en metros, e y, el precio en miles de euros.

- Para $x=5$: $y=25=25a+5b+c$
- Para $x=10$: $y=60=100a+10b+c$
- Para $x=20$: $y=200=400a+20b+c$

La solución del sistema que forman las tres ecuaciones es:

$$a=\frac{7}{15},\quad b=0,\quad c=\frac{40}{3}$$

Por tanto para $x=12$, $y=\frac{7}{15}12^2+\frac{40}{3}=80{,}533$ miles de €.

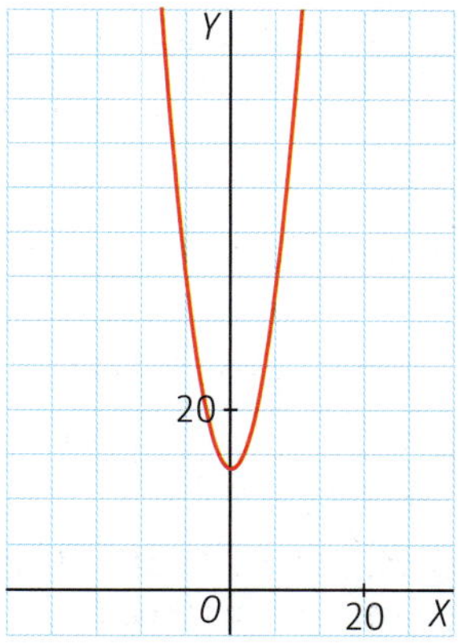

EJERCICIOS PROPUESTOS

29. Se tienen tres datos sobre los beneficios de una empresa en tres meses distintos.

Meses	1.º	4.º	5.º
Beneficios (miles de €)	0	3	0

a) Encuentra la función cuadrática que se ajusta a estos tres datos.

b) ¿Qué beneficios o pérdidas se estiman para el 6.º mes?

c) ¿En qué mes se obtiene el beneficio máximo?

30. La figura muestra el volumen de ventas de una gran superficie comercial a lo largo de tres meses consecutivos. Encuentra la función cuadrática que se ajusta a esos tres datos. ¿Qué ventas se esperan para el siguiente mes?

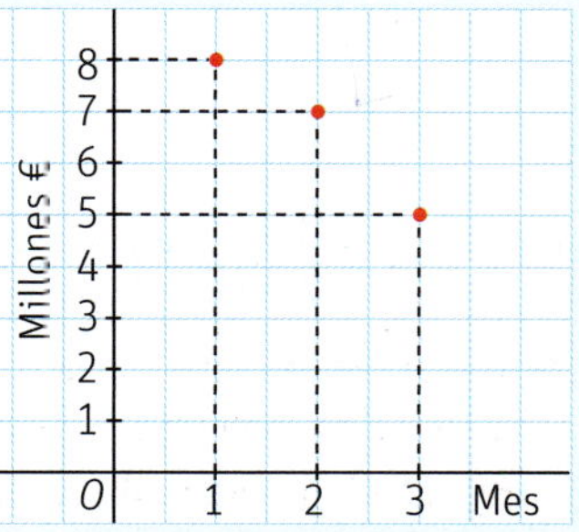

31. **smSavia**digital.com PRACTICA Practica la interpolación y la extrapolación.

10 Aplicaciones de la interpolación

Interpolación y extrapolación lineales

Aparecen, por ejemplo, en estudios de población en los que los censos se realizan cada 10 años y se quiere estimar la población en algún año intermedio. También se emplea cuando la variable dependiente varía de manera uniforme en tramos iguales de la variable independiente, es decir, si las diferencias entre dos datos consecutivos son similares. Asimismo, se usa la interpolación lineal si se tienen pocos datos, ya que es la más sencilla.

Ejemplo **La siguiente tabla muestra la evolución de la población española en el último siglo (Fuente INE). Estima la población en los años 1996 y 2018.**

Año	Población
1900	18.618.086
1910	19.995.686
1920	21.389.842
1930	23.677.794
1940	26.015.907
1950	27.976.755
1960	30.528.539
1970	34.040.989
1981	37.683.362
1991	38.872.268
2001	40.847.371
2011	46.815.916

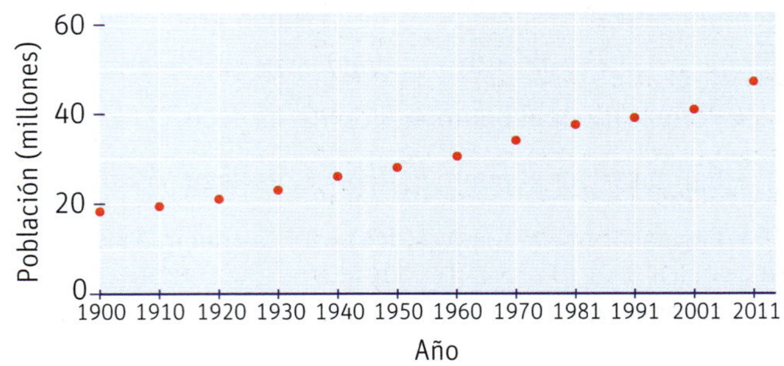

Se usa la interpolación lineal para calcular la población en el año 1996. Y la extrapolación lineal para calcular la población en el año 2018.

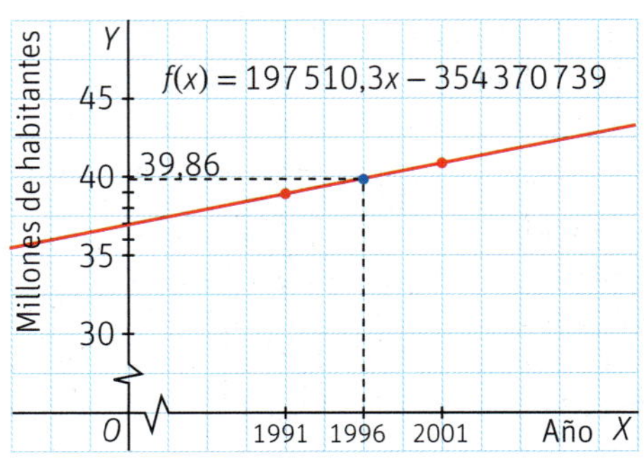

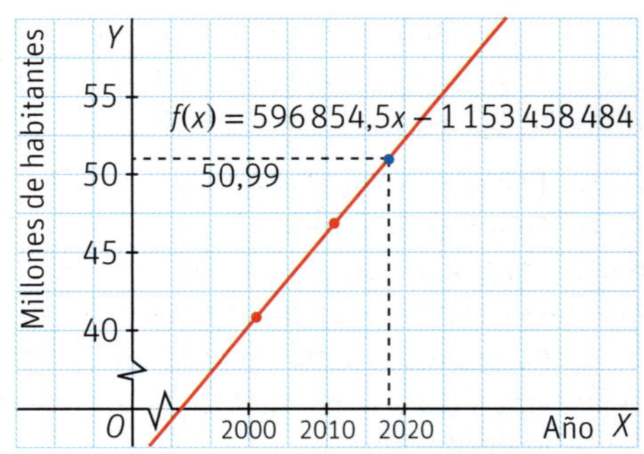

Límites de la extrapolación

Hay que tener mucho cuidado cuando se utiliza la extrapolación ya que, en muchas ocasiones, puede llevar a resultados que se separan mucho de la realidad. Esto es tanto más probable cuanto más alejado esté el valor para el que se quiere obtener una estimación de los valores realmente tabulados.

Ejemplo **Si solo se tuvieran los cuatro últimos datos de la tabla del ejemplo anterior, ¿cuál sería la población española correspondiente a 1940, estimada a partir de esos cuatro datos?**

En la gráfica se han representado los cuatro datos tabulados (en rojo), la recta de extrapolación lineal junto con el dato estimado para 1940 (en azul) y el dato real (en negro). Se observa una gran discrepancia entre los datos estimado y real que invalida la aproximación utilizada. La razón de esta discrepancia y del error que representa, está en la gran distancia que separa la abscisa del último dato utilizado (1981) de la correspondiente al dato que se quiere estimar (1940) unido a la bajada brusca de la natalidad que se produjo a partir de 1981.

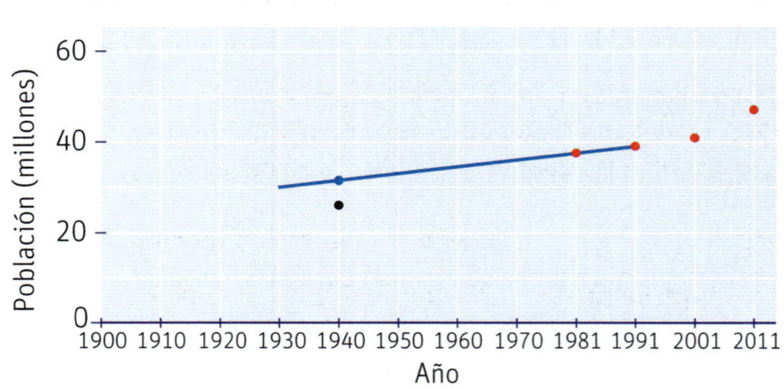

Interpolación cuadrática

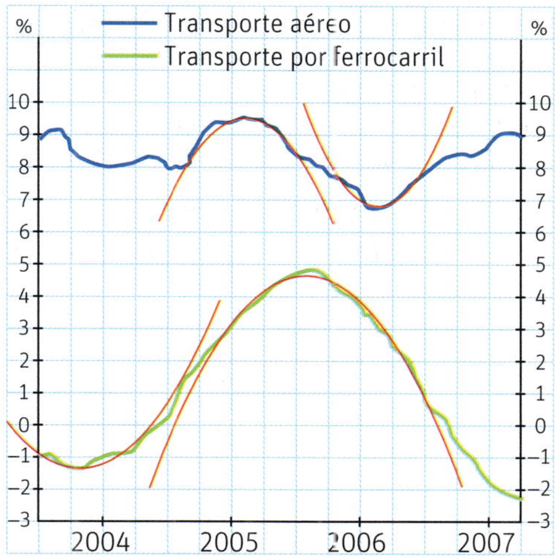

Cuando se ve claramente que los datos observados no se ajustan a una recta, la interpolación lineal produce errores considerables y se opta por buscar una curva que se adapte mejor a ellos; en este caso, una parábola.

La interpolación cuadrática se emplea si los datos cercanos no se ajustan bien a una recta (crecen y decrecen) o si se tiene la impresión de que la función parece una parábola. Se utiliza en economía cuando la situación es oscilante. También se emplea la interpolación cuadrática en fenómenos en donde, aunque no se conozca de forma exacta una fórmula que represente los datos, sí es razonable suponer que la variable independiente aparezca elevada al cuadrado, como en el estudio de áreas o en fenómenos físicos como el movimiento acelerado en los que el tiempo está elevado al cuadrado.

Interpolación polinómica

Las interpolaciones lineal y cuadrática estudiadas en los epígrafes anteriores se realizan mediante funciones polinómicas de primer y segundo grado, respectivamente. También se pueden utilizar polinomios de interpolación de un grado mayor. Para determinarlos es imprescindible que el número de datos sea una unidad mayor que el grado del polinomio de interpolación buscado.

En los problemas de interpolación se utilizan a menudo funciones polinómicas definidas a trozos. Esta forma de interpolación da lugar a resultados similares a la anterior requiriendo solamente el uso de polinomios de grado pequeño. Para muchas aplicaciones es suficiente con polinomios cúbicos, lo que reduce considerablemente los cálculos.

Por ejemplo, en informática se utilizan en el ajuste y la aproximación de curvas y superficies complejas particularmente en el terreno de los gráficos por ordenador.

Ejemplo Se desea generar el perfil de una montaña que termina en el mar y que pase por los puntos y cotas dados en la tabla.

Distancia al mar (hm)	0	2	12	14	18	22
Altitud (hm)	0	1,5	4	2,5	2,5	2

Para generar el perfil, se ha utilizado un ajuste a un polinomio de sexto grado. El resultado se muestra en la gráfica derecha. A partir de ella se podrían realizar las interpolaciones necesarias.

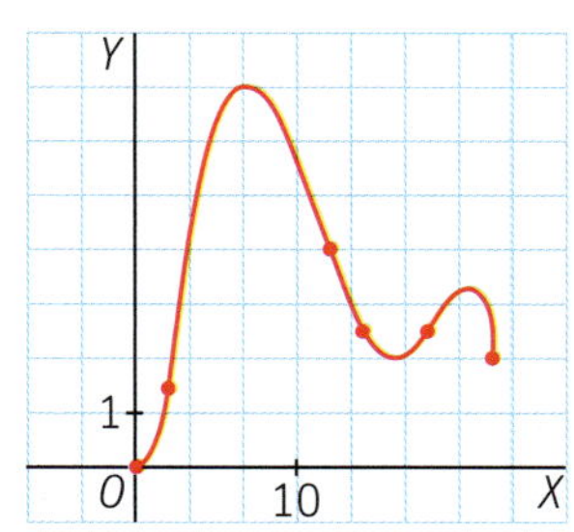

EJERCICIO PROPUESTO

32. **Indica qué tipo de interpolación es el más adecuado en cada situación de las propuestas. Determina en cada caso su función de interpolación.**

a) El número de personas que estaba en el paro en una ciudad en febrero si el número de parados durante los meses de enero, marzo y abril son los que figuran en la siguiente tabla.

Mes	Enero	Marzo	Abril
N.º de personas	2500	2420	2360

b) Los beneficios de una empresa en el mes de febrero conociendo los siguientes datos.

Mes	Enero	Marzo	Abril
Beneficios (€)	230 000	255 000	230 000

c) El coste en pintura para decorar un cuadrado de 10 m de lado con los siguientes datos.

Lado (m)	5	15	25
Coste (€)	200	400	900

Resumen

Funciones

Una **función real de variable** real f es una regla que asocia a cada valor posible de la variable independiente, x, un único valor de la variable dependiente, $y = f(x)$.

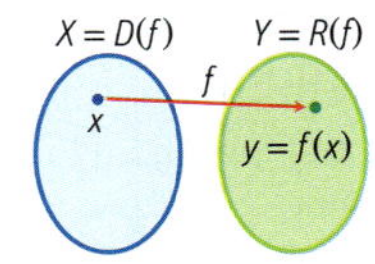

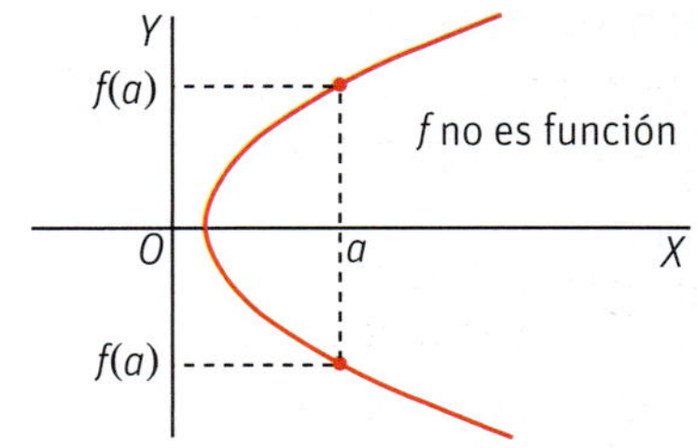

Dominio de f, ***D*(*f*)**, es el conjunto de los valores de x para los que la función está definida.

Recorrido o **imagen** de f, ***R*(*f*)**, es el conjunto de los valores que toma la función.

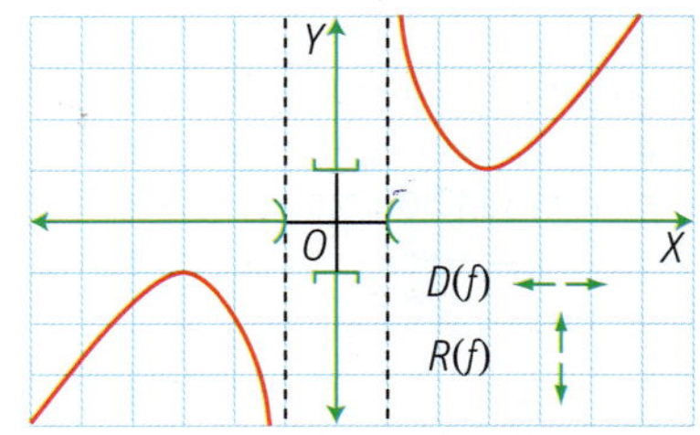

Formas de definir una función

Enunciado: *"A cada número se le asigna su cuadrado"*

Tabla:

x	$y = f(x)$
−1	1
0	0
2	4
3	9

Fórmula: $y = f(x) = x^2$

Gráfica:

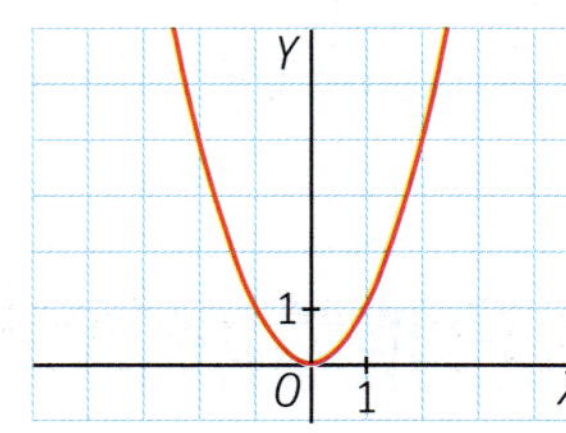

Funciones a trozos

Distinta definición en diferentes partes de su dominio.

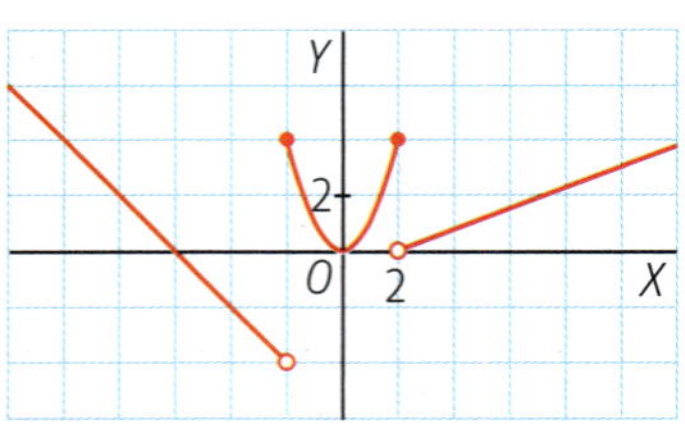

Operaciones con funciones

Suma / diferencia: $f \pm g: (f \pm g)(x) = f(x) \pm g(x)$

Producto: $fg: (fg)(x) = f(x)g(x)$

Cociente: $\dfrac{f}{g}: \left(\dfrac{f}{g}\right)(x) = \dfrac{f(x)}{g(x)}$, con $g(x) \neq 0$

Composición: $f \circ g: (f \circ g)(x) = f(g(x))$

Inversa de una función f^{-1}:

$(f \circ f^{-1})(x) = (f^{-1} \circ f)(x) = x$

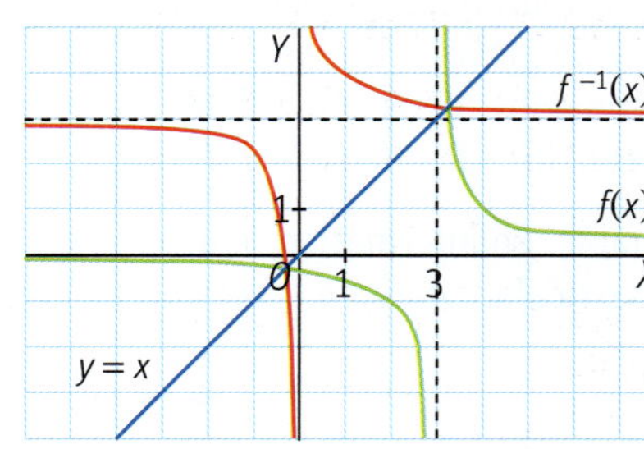

Interpolación y extrapolación

- **Interpolar** es calcular el valor aproximado de una función para un valor dado de la variable independiente cuando este se encuentra en el intervalo de valores tabulados.
- **Extrapolar** es lo mismo que interpolar pero cuando el valor buscado está fuera del intervalo de valores tabulados.
- En la práctica se utiliza a menudo la interpolación mediante funciones polinómicas definidas a trozos.

Interpolación lineal

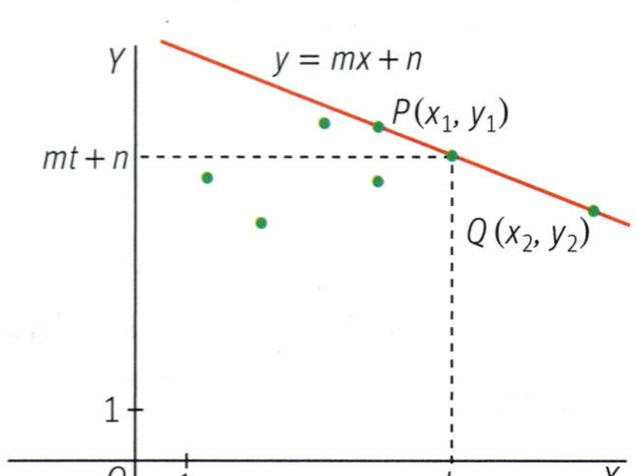

Extrapolación lineal

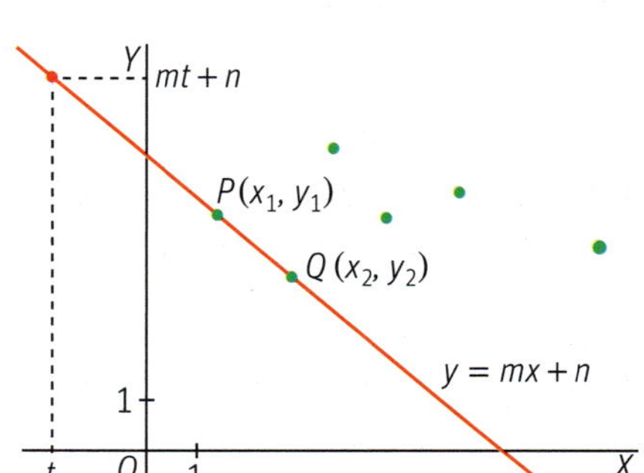

En ambos casos se utiliza un polinomio de primer grado.

Interpolación cuadrática

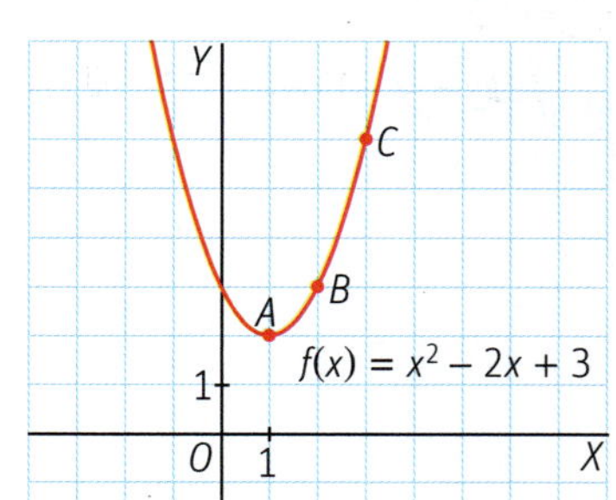

Polinomio de segundo grado

EJERCICIOS RESUELTOS

Dominio y expresión de una función

Determinación del dominio de funciones elementales

33. Calcula el dominio de las siguientes funciones.

a) $f(x)=x^2+12x-5$

b) $f(x)=\dfrac{x+1}{x-6}$

c) $f(x)=\sqrt{x^2-2x-3}$

d) $f(x)=\sqrt[3]{x^2-15}$

e) $f(x)=\dfrac{2x+1}{\sqrt{x-2}}$

f) $f(x)=\begin{cases}\dfrac{x+1}{x+2} & x\leq 1\\ \dfrac{1}{x+3} & x>1\end{cases}$

a) El dominio de un polinomio son todos los números reales, luego $D(f)=\mathbb{R}$.

b) El dominio de un cociente de polinomios son todos los números reales que no anulan el denominador. Como $x-6=0$ si $x=6$, resulta que $D(f)=\mathbb{R}-\{6\}$.

c) Para que f esté definida debe ser $x^2-2x-3=(x-3)(x+1)\geq 0$, luego $D(f)=(-\infty,-1]\cup[3,+\infty)$.

d) $f(x)$ es composición de un polinomio con una raíz cúbica, como el dominio de ambas son todos los números reales, entonces $D(f)=\mathbb{R}$.

e) Para que f esté definida se deben cumplir dos condiciones: que $x-2\geq 0$ por estar dentro de una raíz cuadrada y que el denominador no se anule. Como $\sqrt{x-2}\neq 0$ si $x-2\neq 0$, se debe cumplir que $x-2>0$ y, por tanto, $D(x)=(2,+\infty)$.

f) Esta función está definida a trozos y se debe estudiar el dominio de cada trozo.

Si $x\leq 1$, para que la función esté definida, debe ser $x+2\neq 0$, luego $x\neq -2$. Como $-2\leq 1$, la función no está definida si $x=-2$.

Si $x>1$, para que la función esté definida debe ser $x+3\neq 0$, luego $x\neq -3$, pero como $-3<1$, la función en $x=-3$ vale $\dfrac{-3+1}{-3+2}=2$. Así pues, el único valor de la variable para el que la función no está definida es $x=-2$ y, por tanto, $D(f)=\mathbb{R}-\{-2\}$.

Funciones definidas a trozos

Representación e interpretación de funciones definidas a trozos

34. Dibuja la gráfica de la función:

$$f(x)=\begin{cases}-2x-3 & \text{si} \quad x<-2\\ -x^2+5 & \text{si} \quad -2\leq x\leq 2\\ 2x-4 & \text{si} \quad x>2\end{cases}$$

Calcula $f(-4)$, $f(-2)$, $f(0)$, $f(2)$, $f(3)$.

La función está definida por dos semirrectas (polinomios de primer grado) y un trozo de parábola (polinomio de segundo grado) entre -2 y 2. Para representar las semirrectas basta con hacer una tabla de valores y para representar la parábola, calcularíamos el vértice y el valor en los extremos.

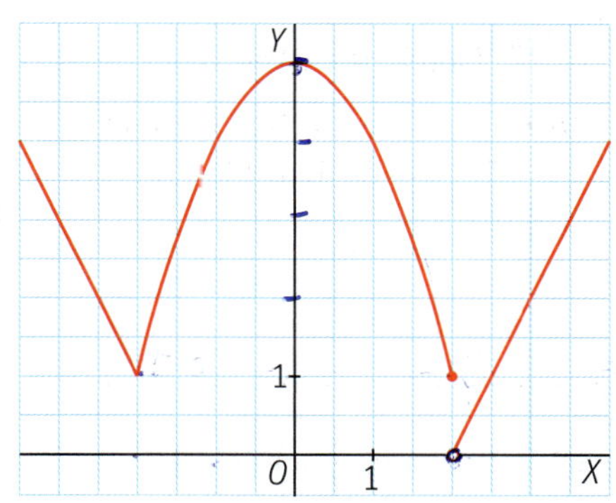

Para calcular los valores de la función en los distintos puntos, se debe utilizar la expresión algebraica que corresponde al intervalo en el que se encuentra la x en cada caso:

$f(-4)=-2(-4)-3=5$ $\quad f(-2)=-(-2)^2+5=1$

$f(0)=-(0)^2+5=5$ $\quad f(2)=-(2)^2+5=1$ $\quad f(3)=2\cdot 3-4=2$

El vértice de la parábola es $V_x=0$, $V_y=5$ y los extremos $f(-2)$ y $f(2)$ ya están calculados.

Funciones con valores absolutos

35. Expresa la función f como una función a trozos y representa su gráfica:

$$f(x)=|x-3|-|2x-10|$$

Las funciones definidas con valores absolutos son ejemplos típicos de funciones definidas a trozos. Para expresarlas de esta forma hay que señalar los valores de x que delimitan los diferentes trozos. Dichos valores son aquellos que anulan cada una de las expresiones que hay dentro de los valores absolutos. En este ejemplo son 3 y 5. Así, y recordando que $|a|=\begin{cases}a & \text{si } a\geq 0\\ -a & \text{si } a<0\end{cases}$, se tiene:

$$f(x)=\begin{cases}-(x-3)-[-(2x-10)] & \text{si} \quad x<3\\ (x-3)-[-(2x-10)] & \text{si} \quad 3\leq x\leq 5\\ (x-3)-(2x-10) & \text{si} \quad x>5\end{cases}$$

$$=\begin{cases}x-7 & \text{si} \quad x<3\\ 3x-13 & \text{si} \quad 3\leq x\leq 5\\ -x+7 & \text{si} \quad x>5\end{cases}$$, cuya gráfica está a la derecha.

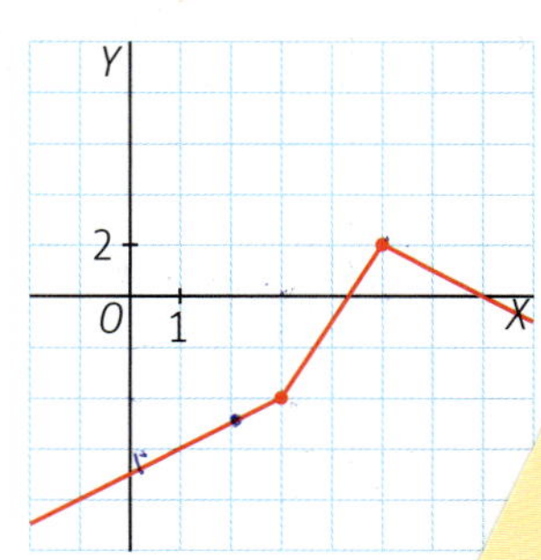

Operaciones con funciones

Operaciones con funciones elementales

36. Dadas las funciones:

$f(x)=\dfrac{x^2+3}{x-1}$ y $g(x)=x^2-1$,

realiza las operaciones indicadas y halla el dominio de las funciones obtenidas.

a) $f+g$

b) $g-f$

c) fg

d) $\dfrac{f}{g}$

e) $f\circ g$

f) $g\circ f$

Como $D(f)=\mathbb{R}-\{1\}$ y $D(g)=\mathbb{R}$, los dominios de las tres primeras funciones, suma, diferencia y producto de *f* y *g* serán $\mathbb{R}-\{1\}$ y su expresión será:

a) $(f+g)(x)=f(x)+g(x)=\dfrac{x^2+3}{x-1}+x^2-1=\dfrac{x^3-x+4}{x-1}$

b) $(g-f)(x)=g(x)-f(x)=x^2-1-\dfrac{x^2+3}{x-1}=\dfrac{x^3-2x^2-x-2}{x-1}$

c) $(fg)(x)=f(x)\,g(x)=\dfrac{x^2+3}{x-1}(x^2-1)=(x^2+3)(x+1)=x^3+x^2+3x+3$

En los tres casos siguientes, las funciones cociente y compuestas pueden no estar definidas en otros puntos distintos de $x=1$.

d) Como $g(x)=0$ para $x=-1$ y $x=1$, $D\left(\dfrac{f}{g}\right)=\mathbb{R}-\{-1,1\}$ y su expresión es:

$$\left(\frac{f}{g}\right)(x)=\frac{f(x)}{g(x)}=\frac{x^2+3}{x-1}:(x^2-1)=\frac{x^2+3}{x^3-x^2-x+1}$$

e) Como *f* no está definida para $x=1$, se debe ver cuándo $g(x)=x^2-1=1$, algo que ocurre para $x=\pm\sqrt{2}$. Entonces $D(f\circ g)=\mathbb{R}-\{-\sqrt{2},\sqrt{2}\}$ y *g* compuesta con *f* es:

$$(f\circ g)(x)=f(g(x))=f\left(x^2-1\right)=\frac{(x^2-1)^2+3}{(x^2-1)-1}=\frac{x^4-2x^2+4}{x^2-2}$$

f) Al ser $D(g)=\mathbb{R}$, la única restricción que hay es que *f* no esté definida. Por tanto, $D(g\circ f)=\mathbb{R}-\{1\}$, y la expresión de la función *f* compuesta con *g* es:

$$(g\circ f)(x)=g(f(x))=g\left(\frac{x^2+3}{x-1}\right)=\left(\frac{x^2+3}{x-1}\right)^2-1=\frac{x^4+5x^2+2x+8}{x^2-2x+1}$$

Cálculo de funciones inversas

37. Halla, si existe, la función inversa de cada una de las siguientes funciones.

a) $f(x)=2x-1$

b) $f(x)=x^2+3$

c) $f(x)=\dfrac{x}{x+2}$

d) $f(x)=2(x-4)^3+5$

Para el apartado d), comprueba que $f(f^{-1}(-3))=-3$ y que $f^{-1}(f(5))=5$.

a) Se escribe $y=2x-1$, y se halla *x* en función de *y*, esto es, se despeja *y*:

$y+1=2x\Rightarrow x=\dfrac{y+1}{2}$, luego $f^{-1}(x)=\dfrac{x+1}{2}$

b) La función no tiene inversa, pues, por ejemplo, $f(-1)=f(1)=4$. Esto es, la recta horizontal, $y=4$, corta su gráfica en dos puntos: (−1, 4) y (1, 4).

c) $y=\dfrac{x}{x+2}\Rightarrow y(x+2)=x\Rightarrow yx+2y=x\Rightarrow yx-x=-2y\Rightarrow(y-1)x=-2y\Rightarrow x=\dfrac{-2y}{y-1}$

Por tanto, la inversa de *f* es $f^{-1}(x)=\dfrac{-2x}{x-1}$.

d) $y=2(x-4)^3+5\Rightarrow y-5=2(x-4)^3\Rightarrow(x-4)^3=\dfrac{y-5}{2}\Rightarrow x-4=\sqrt[3]{\dfrac{y-5}{2}}\Rightarrow x=\sqrt[3]{\dfrac{y-5}{2}}+4$

Así resulta que la función inversa de *f* es $f^{-1}(x)=\sqrt[3]{\dfrac{x-5}{2}}+4$.

Efectivamente, $f(f^{-1}(-3))=f(\sqrt[3]{-4}+4)=2(\sqrt[3]{-4}+4-4)^3+5=-8+5=-3$

Igualmente, $f^{-1}(f(5))=f^{-1}(7)=\sqrt[3]{\dfrac{7-5}{2}}+4=\sqrt[3]{1}+4=5$

Aplicaciones de las funciones

Interpretación de funciones en contextos reales

38. **Un fabricante estima que el número de unidades producidas a lo largo de una jornada es $q(t)=30t$, donde t se mide en horas. Además, el coste de producción de q unidades viene dado por la función $C(q)=q^2+q+500$, en euros.**

a) ¿Cuántas unidades de producto se producen en 2 horas de trabajo y cuál es el coste de producción?

b) Expresa el coste de producción en función del tiempo.

c) ¿Cuál es el coste de producción de una jornada de 8 horas?

d) ¿Cuándo es el coste de producción de 1430 €?

a) En dos horas se han producido $q(2)=30\cdot 2=60$ unidades y su coste de producción será:

$$C(60)=60^2+60+500=4160\ €$$

b) El coste de producción en función del tiempo es la función compuesta:

$$(C\circ q)(t)=C(q(t))=C(30t)=(30t)^2+30t+500=900t^2+30t+500\ €$$

c) En una jornada de 8 horas el coste de producción es:

$$C(8)=900\cdot 8^2+30\cdot 8+500=58\,340\ €$$

d) Si el coste de producción ha sido de 1430 €, entonces:

$$C(t)=900t^2+30t+500=1430 \Rightarrow 900t^2+30t-930=0$$

Ecuación que al resolverla da $t=1$ y una solución negativa que no tiene sentido en el contexto del problema. Así pues, el coste de producción al cabo de una hora es de 1430 €.

Interpolación

Interpolación lineal

39. **La evolución del número de habitantes de cierto municipio a lo largo de cuatro décadas queda recogida en la siguiente tabla.**

Años	Población
1970	2420
1980	2718
1990	3015
2000	3325
2010	3660

a) Comprueba que es razonable aplicar la interpolación lineal.

b) Calcula el valor interpolado de la población en el año 1984.

c) ¿Qué población se espera para 2018?

a) Siendo P_x la población en el año x, se tiene:

$P_{1980}-P_{1970}=2718-2420=298$

$P_{1990}-P_{1980}=3015-2718=297$

$P_{2000}-P_{1990}=3325-3015=310$

$P_{2010}-P_{2000}=3660-3325=335$

Por tanto, como la variación de población cada 10 años es aproximadamente la misma, es razonable suponer que sigue una ley lineal. Esto también se podría haber comprobado realizando la representación gráfica de los datos.

b) Se calcula la recta $y=mx+n$, de interpolación entre 1980 y 1990. Para no tener que utilizar números muy elevados, se puede simplificar el cálculo restando la misma cantidad a todos los valores de x. Esto cambia el valor de n pero no afecta ni al valor de la pendiente, m, ni a los valores de y que se obtienen por interpolación. Así, se puede tomar el año 1970 como cero, y así, 1980 será el 10 y 1990 el 20.

$$\left.\begin{array}{l}10m+n=2718\\20m+n=3015\end{array}\right\}\rightarrow m=29{,}7;\quad n=2421 \Rightarrow \text{La recta buscada es } y=29{,}7x+2\,421$$

El año 1984 se corresponde con el 14 ya que 1984 −1970 = 14. Sustituyendo en la recta:

$Y=29{,}7\cdot 14+2421=2\,836{,}8$. Por tanto, la población era de unos 2837 habitantes.

c) Ahora se determina la recta $y=mx+n$, de extrapolación entre 2000 y 2010. En este caso, se puede tomar 2000 como cero y el 2010 como 10.

$$\left.\begin{array}{l}0m+n=3325\\10m+n=3660\end{array}\right\}\rightarrow m=33{,}5;\quad n=3325 \Rightarrow \text{La recta es ahora } y=33{,}5x+3325$$

El año 2018 se corresponde con el 18, por lo que la población estimada para entonces será $y=33{,}5\cdot 18+3325=3928$ habitantes, aproximadamente.

ACTIVIDADES

Ejercicios

Concepto de función. Dominio y recorrido

40. Analiza razonadamente si las siguientes gráficas corresponden o no a funciones reales de variable real.

a) 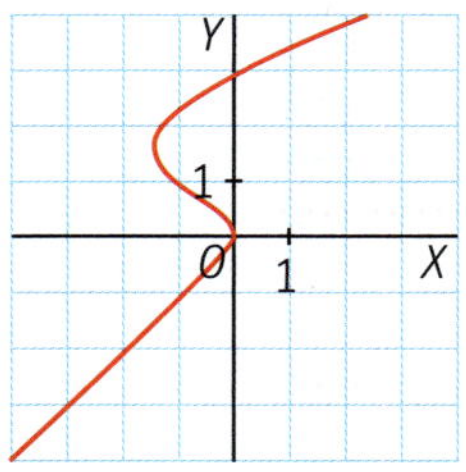

b) 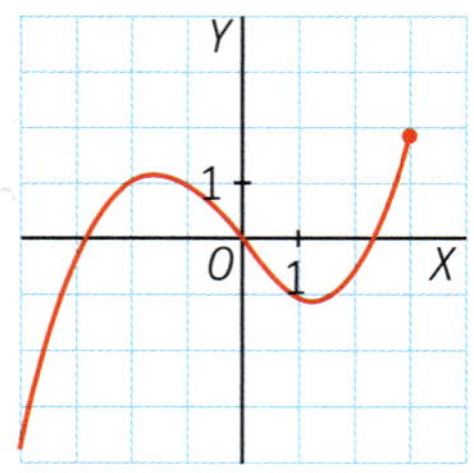

41. Obtén el dominio de las siguientes funciones.

a) $f(x)=\dfrac{x-1}{x^2+1}$

b) $f(x)=\dfrac{x^2+1}{x-1}$

c) $f(x)=\dfrac{x+1}{2x+1}$

d) $f(x)=\dfrac{x^2-4}{x^2+2x-3}$

e) $f(x)=\sqrt{(x-1)(2x+3)}$

f) $f(x)=\dfrac{1}{\sqrt{(x-1)(2x+3)}}$

g) $f(x)=1+\sqrt{\dfrac{3-x}{5-x}}$

h) $f(x)=\log(5-x)$

42. Dadas las siguientes gráficas de funciones, indica su dominio y su recorrido.

a) 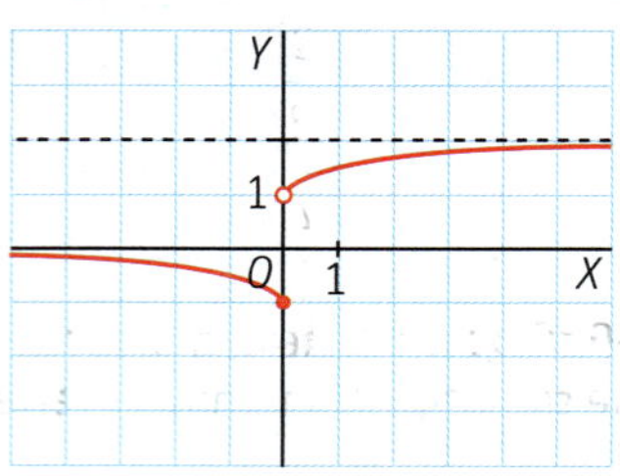

c) 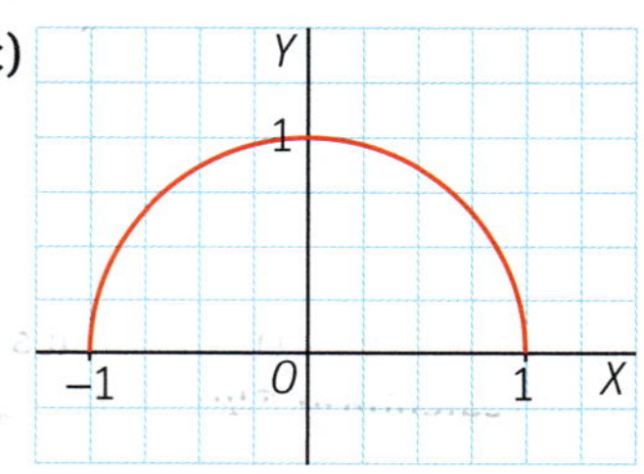

b) 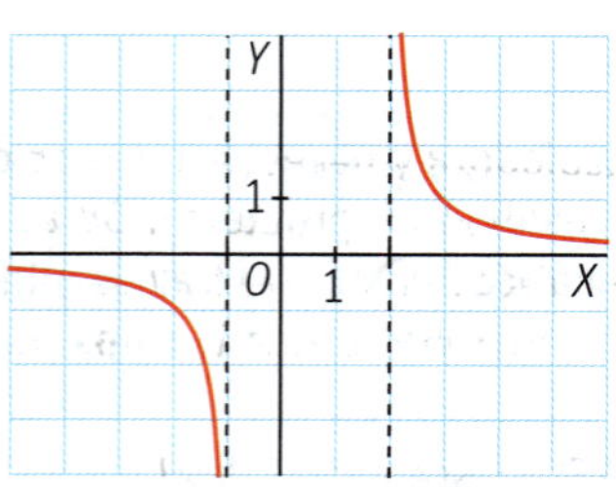

d) 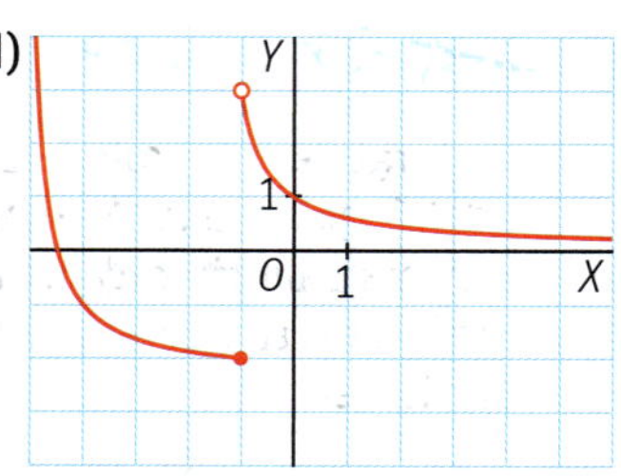

43. Escribe la expresión analítica de las funciones definidas por los siguientes enunciados y establece su dominio.

a) A cada número real se le asigna el triple de su cuadrado menos el doble de su cubo.

b) Un comercial cobra un fijo de 500 € al mes más un 2 % de la facturación que haya obtenido durante dicho mes. Escribe la función que da el sueldo del comercial en función de dicha facturación mensual.

c) En una clase se tiene un diccionario por cada alumno, un atlas por cada dos alumnos y un ordenador por cada tres. Se pide la función que da el número total de materiales de apoyo que hay en la clase en función del número de alumnos de la misma.

44. Para costearse el viaje de fin de curso, los alumnos de bachillerato deciden montar una miniguardería por las tardes para cuidar niños. El coste del local es de 500 € por mes; la licencia que exige el ayuntamiento asciende a 200 €; y además, van a invertir 100 € en imprimir unos folletos de propaganda. A los padres les cobrarán 20 € por cada tarde que pase su hijo en la guardería y cada cuidador se llevará 10 € por cada niño que tenga a su cargo.

a) ¿Cuáles son los gastos fijos que tendrán el primer mes?

b) ¿Cuántos niños tendrán que cuidar el primer mes para cubrir gastos?

c) Expresa como una función el beneficio o pérdida en función del número mensual de niños atendidos.

d) ¿Qué beneficios obtendrán si atienden a 100 niños durante el primer mes?

Funciones definidas a trozos

45. Representa la gráfica de $f(x)=\begin{cases}2x+3 & \text{si } x<1\\ -3x+7 & \text{si } 1\le x\le 2\\ -3 & \text{si } x>2\end{cases}$

y calcula $f(-2)$, $f(0)$, $f(1)$, $f(2)$, $f(5)$.

46. Expresa como funciones definidas a trozos y dibuja las gráficas de las siguientes funciones.

a) $f(x)=|8-x|$

b) $f(x)=|x+2|-|x|$

47. Encuentra las expresiones analíticas de las funciones cuyas gráficas son las siguientes.

a) 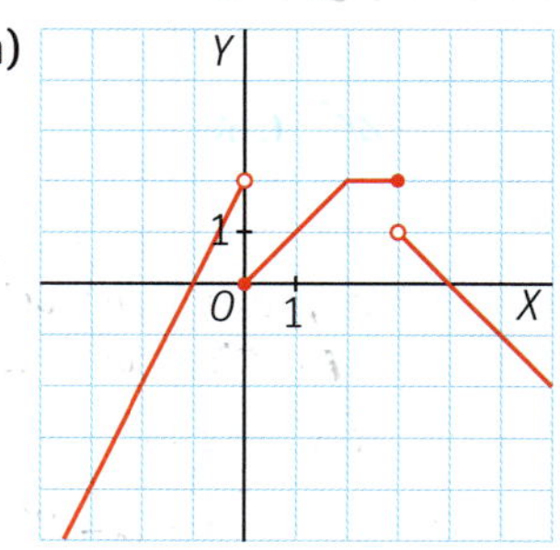

b) 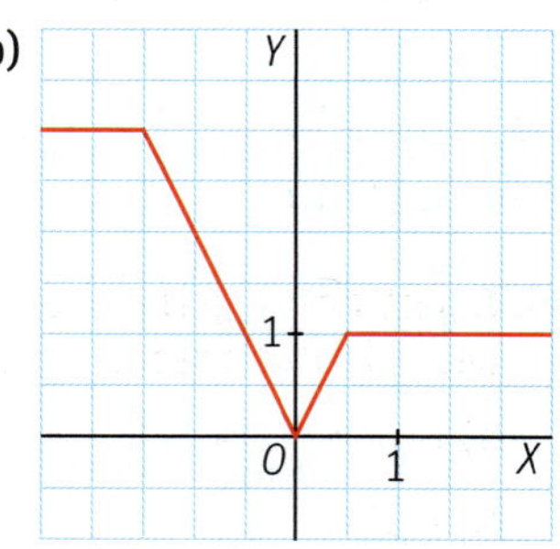

Operaciones con funciones

48. Dadas las funciones $f(x)=x^2-x-2$, $g(x)=\sqrt{2x-4}$, $h(x)=\dfrac{1}{x^2-4}$ y $t(x)=1-x^2$, calcula las siguientes funciones y determina sus dominios.

a) $(f-t)(x)$

b) $(h+t)(x)$

c) $\left(\dfrac{f}{h}\right)(x)$

d) $(ht)(x)$

e) $(fh)(x)$

f) $\left(\dfrac{f}{t}\right)(x)$

g) $\left(\dfrac{g}{f}\right)(x)$

h) $(gg)(x)$

i) $\left(\dfrac{tf}{h}\right)(x)$

49. Dadas las funciones $f(x)=1-x^2$, $h(x)=\dfrac{1}{x^2-4}$ y $g(x)=\sqrt{4-2x}$, halla estas funciones y sus dominios.

a) $(f\circ f)(x)$

b) $(h\circ g)(x)$

c) $(g\circ f)(x)$

50. Dadas las funciones $f(x)=x^2-1$, $g(x)=\frac{3}{x}$ y $h(x)=\sqrt{x}$, calcula la expresión analítica de estas funciones:

a) $(f\circ g\circ h)(x)$

b) $(g\circ f\circ h)(x)$

c) $(f\circ h\circ g)(x)$

d) $(h\circ g\circ f)(x)$

Función inversa

51. Dada $f(x)=3x-2$, calcula $f^{-1}(x)$, $(f\circ f^{-1})(x)$ y $(f^{-1}\circ f)(x)$, y analiza los resultados.

52. Calcula, cuando sea posible, las funciones inversas y los dominios de:

a) $f(x)=\frac{2x-3}{3x+1}$

b) $g(x)=\sqrt{x^3-1}$

c) $h(x)=\log x$

d) $t(x)=\frac{1}{\sqrt[3]{x+2}}$

53. Calcula el valor de la función $f(x)=\frac{x^3+2}{x}$ para $x=1$ y para $x=-2$. ¿Tiene *f* inversa? Justifica tu respuesta.

54. Sea la función $f(x)=\frac{1}{x}$.

a) Calcula la función $(f\circ f)(x)$. ¿Qué conclusión obtienes?

b) Dibuja ahora la gráfica de *f*. Analizando dicha gráfica, ¿puedes corroborar tu conclusión del apartado anterior?

Construcción de funciones por traslación y dilatación

55. A partir de la gráfica de $f(x)=x^2$ dibuja, utilizando traslaciones y dilataciones, las gráficas de las siguientes funciones.

a) $a(x)=x^2-4$

b) $b(x)=x^2+2$

c) $c(x)=4x^2$

d) $d(x)=x^2+2x-3=(x+1)^2-4$

e) $e(x)=x^2-4x+4=(x-2)^2$

f) $f(x)=3x^2+6x-4=3(x+1)^2-7$

56. A partir de la gráfica de $j(x)=|x|$, dibuja, sin construir tablas de valores, las gráficas de las funciones siguientes.

a) $a(x)=|x+2|$

b) $b(x)=|x-3|$

c) $c(x)=2|x|$

d) $d(x)=|2x|$

e) $e(x)=|x|+3$

f) $f(x)=|x|-2$

g) $g(x)=\frac{|x|}{2}$

h) $h(x)=3|x+1|-2$

i) $i(x)=|3x-2|$

Funciones definidas por tablas

57. Representa gráficamente los datos de la siguiente tabla.

x	−3	−1	0	1	4	10
y	4	−2	−2	0	18	108

¿Qué tipo de curva se ajusta a esos datos? ¿Sabrías encontrar su ecuación?

58. El número de nulidades, separaciones y divorcios en España durante los últimos años se recogen en la siguiente tabla.

2005	137 045
2006	145 919
2007	137 510
2008	118 939
2009	106 166
2010	110 321
2011	110 651
2012	110 764
2013	100 437

Representa gráficamente los datos anteriores, eligiendo escalas convenientes para su mejor comprensión.

59. Se ha medido la temperatura de un líquido según se calentaba. La siguiente tabla recoge la temperatura del líquido en función del tiempo de calentamiento.

Tiempo (minutos)	Temperatura (°C)
0	20
1	24
2	28
3	32
4	36
5	40

Si el líquido hierve a los 60 °C, ¿cuánto tiempo tendremos que calentarlo, suponiendo que su comportamiento no varíe?

Interpolación lineal

60. A Jorge se le ha roto la calculadora y necesita calcular el seno del ángulo de 27,4° para resolver un problema. Su abuelo le muestra un libro de matemáticas en el que hay una tabla de valores del seno. En ella, Jorge encuentra los dos datos siguientes:

$$\text{sen}\,27°=0{,}454 \quad \text{y} \quad \text{sen}\,28°=0{,}469$$

Ayuda a Jorge a calcular, por interpolación, una estimación del seno de 27,4°.

61. De una función *f*(*x*) se conocen los pares de valores (1,2; 5,72) y (4; 11,6). Halla la ecuación de la recta de interpolación y el valor que tomará *f*(*x*) para $x=2{,}1$.

62. Sabiendo que *f*(*x*) es una función lineal, y conocidos los datos de la siguiente tabla, ¿qué valor toma *f*(0)? ¿Y *f*(3)?

x	*f*(*x*)
1	6
5	4

63. Se ha observado que la vida media de una bacteria varía en función de la temperatura del medio en el que vive según la siguiente tabla.

Temperatura (°C)	6	9	12	15	16
Vida media (min)	104,2	140,4	181,7	220,2	257,6

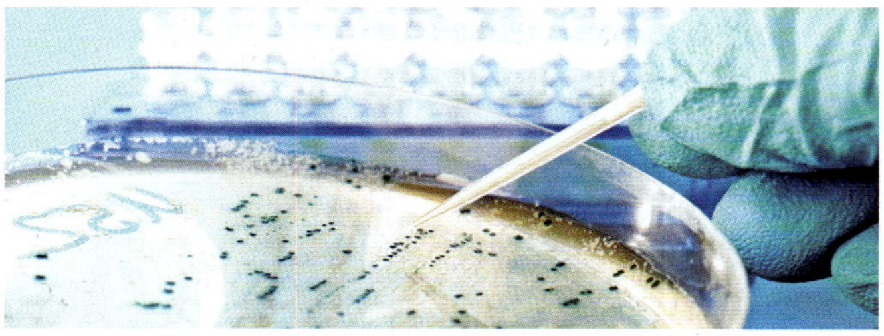

¿Qué vida media estimas para un cultivo de bacterias en un medio a 10 °C? ¿Y a 13 °C?

Interpolación cuadrática

64. De una función $f(x)$ se conocen los valores $f(1) = 4$, $f(2) = 7$ y $f(4) = 31$.

a) Calcula la función cuadrática que toma dichos valores.

b) Calcula el valor de la función de interpolación para $x = 3$.

c) ¿Tiene sentido utilizar la función de interpolación hallada para estimar el valor de la función para $x = 0$?

65. Cierta empresa ha observado que los ingresos por ventas están estrechamente relacionados con el gasto asignado a publicidad y ha recogido algunos datos de años anteriores en una tabla.

Año	2013	2014	2015
Gasto en publicidad (× 1000 €)	1	3	5
Ingresos (× 1000 €)	4	26	64

a) Observa las variaciones que se producen en los gastos y en los ingresos, y decide qué tipo de interpolación es la más conveniente para reflejar la situación.

b) Calcula, mediante interpolación, qué ingresos se esperan si solo podemos gastar 4500 € en publicidad.

c) Utiliza la función hallada en el apartado anterior para estimar que gasto en publicidad sería necesario hacer para ingresar 50 000 €.

66. En un negocio de decoración solo venden alfombras cuya longitud es el doble que su anchura. Los precios, dependiendo del largo, se muestran en esta tabla.

Largo (m)	Precio (€)
1	120
2	124
5	148

a) Calcula por interpolación cuadrática el precio de una alfombra de 3 m de longitud.

b) Calcula por extrapolación cuadrática el precio de una alfombra de 8 m de longitud.

67. Calcula dos funciones cuadráticas, una que pase por los puntos A, B y C, y la otra, por D, E y F.

¿En qué punto se cortan ambas funciones?

¿Corresponde a un valor interpolado o extrapolado de las parábolas?

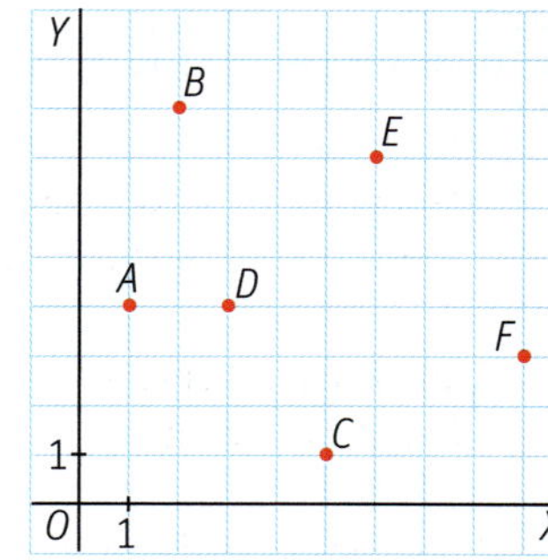

Aplicaciones de la interpolación

68. Un agricultor ha comprado una hectárea de terreno y quiere plantar almendros. Sabe que si planta almendros en exceso no podrá regarlos convenientemente y la producción será baja. Para decidir cuántos almendros plantar, ha hecho un estudio en los campos vecinos del rendimiento obtenido y ha elaborado la siguiente tabla.

Número de almendros	40	60	90
Kilos de almendras	20 000	24 000	22 500

a) Un amigo le aconsejó que plantara 50 almendros. ¿Cuántos kilos de almendras espera obtener en ese caso?

b) ¿Con cuántos almendros conseguiría la producción máxima?

69. Las ventas de un determinado producto han variado en función de su precio de acuerdo a los datos de la tabla.

Precio (miles de €)	Unidades vendidas
100	20 000
110	23 000
120	21 500
130	18 500

a) Halla la función de interpolación que se ajuste a los datos dados y calcula las ventas esperadas para un precio de 115 000 euros.

b) Representa gráficamente los datos y la curva de interpolación en esa zona de valores.

70. Una oruga está atacando a un bosque de pinos y los forestales están anotando el número de árboles afectados en función de los días transcurridos desde la irrupción de la plaga:

Días desde el comienzo de la plaga	2	4	6
Número de pinos infectados	10	14	22

a) Empleando técnicas de extrapolación lineal basadas en los datos de los días 4.º y 6.º, ¿cuál será la estimación de pinos infectados al cabo de nueve días?

b) Empleando técnicas de extrapolación cuadrática, ¿cuál será la estimación de pinos infectados tras nueve días?

c) Los forestales han estimado que si se infectan 430 ejemplares, habrá que comenzar a talar el bosque para que no se expanda la oruga. Si no se controla la plaga, ¿cuándo habrá que comenzar la indeseada tala, si trabajamos con la extrapolación cuadrática?

Cuestiones

71. Determina si las expresiones $f(x)=x-1$ y $g(x)=\dfrac{x^2-3x+2}{x-2}$ corresponden a la misma función.

72. ¿Puede haber funciones cuya gráfica sea simétrica respecto del eje de abscisas?

73. ¿Qué tipo de gráfica tiene una función con dominio todos los números reales y recorrido un único número real?

74. Una función que incluya un valor absoluto con la variable en su interior, ¿se puede escribir siempre como una función definida a trozos?

75. La gráfica de la función $f(x)=|g(x)|+|h(x)|$, siendo g y h polinomios de primer grado, ¿está formada por segmentos de recta?

76. Razona si es verdadera o inexacta la siguiente afirmación:

"Si f es una función definida en el intervalo $[a, b]$ y c es un número de ese intervalo, el valor de $f(c)$ obtenido por interpolación lineal entre a y b coincide con el verdadero valor de $f(c)$ sólo si la gráfica de f es rectilínea en ese intervalo."

77. ¿Qué grado debería tener un polinomio de interpolación si queremos que pase exactamente por cinco puntos que correspondan a datos experimentales?

78. La gráfica de la figura representa una función que es cociente de dos polinomios P y Q, esto es, $f(x)=\dfrac{P(x)}{Q(x)}$.

¿Qué se puede decir sobre las raíces del polinomio Q?

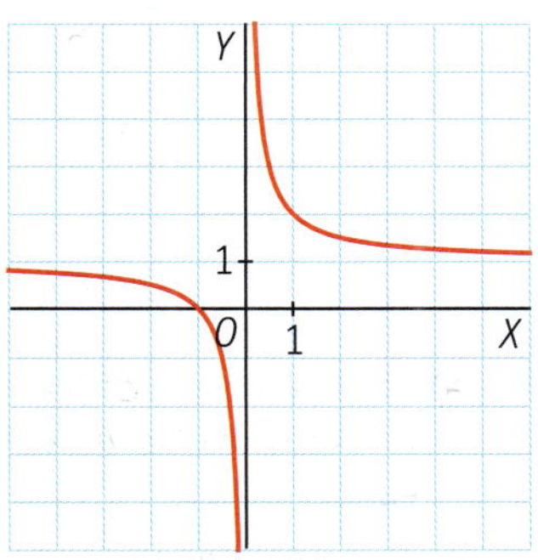

79. ¿Tiene inversa la función $f(x)=x^3-x$?

80. Si las gráficas de las funciones f y g, ambas con dominio todos los números reales, coinciden para todos los valores del intervalo $[0, 4]$ pero luego no coinciden, ¿pueden ser ambas funciones polinómicas?

Problemas

81. Las funciones de oferta y demanda de un tipo de ordenador portátil vienen dadas, respectivamente, por $q(p)=0{,}50p-30$ y $r(p)=600-0{,}25p$; p en euros.

a) ¿Cuáles son las cantidades ofertadas y demandadas si el precio es de 500, 700 o 900 €?

b) Represéntalas y halla el precio de equilibrio (aquel en el que el valor de ambas funciones coincide).

82. El franqueo de las cartas varía según su masa, como se indica en la tabla.

a) ¿Cuánto costaría franquear una carta de 145 g?

b) Representa la gráfica de la función que nos indica el precio del franqueo según la masa de la carta. Elige adecuadamente la escala de los ejes para que se refleje toda la información.

c) ¿Es continua dicha función? ¿De qué tipo es?

Masa (g)	Precio (€)
Hasta 20	0,38
Hasta 50	0,54
Hasta 100	0,92
Hasta 500	2,03
Hasta 1000	4,58
Hasta 2000	5,19

83. Esteban tiene dos teléfonos, uno fijo y uno móvil. Las curvas de la figura representan el gasto mensual en euros de cada uno de los dos teléfonos.

a) Explica en qué meses es más elevado el gasto en el teléfono móvil que en el fijo. ¿Por qué es así?

b) Dibuja la gráfica del gasto total mensual en teléfono de Esteban.

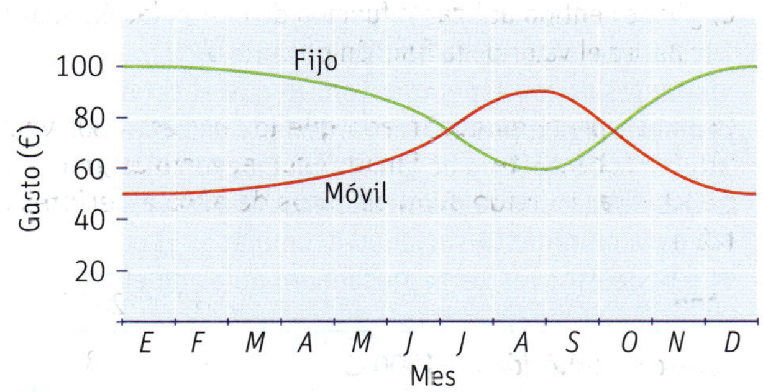

84. Una empresa produce ratones inalámbricos para ordenadores de sobremesa y portátiles. Atendiendo a los gastos de puesta en marcha de la maquinaria, al salario de sus trabajadores y a otros factores que intervienen en la producción, se ha llegado a la conclusión de que fabricar p ratones tiene un coste total, en euros, de $C(p)=10p+100\,000$.

a) Encuentra la expresión de la función C_m que nos da el precio unitario medio de un ratón al fabricar p unidades.

b) Calcula $C_m(10)$ y $C_m(1\,000)$. ¿A qué es debido que haya tanta diferencia entre un coste y otro?

85. Se designa por x la temperatura expresada en grados Fahrenheit y por $f(x)$ la misma temperatura expresada en grados Celsius. Sabiendo que f es una función lineal de x y que $f(40)=\dfrac{40}{9}$ y $f(50)=10$, contesta a las siguientes preguntas.

a) ¿Cuál es la temperatura Celsius correspondiente a 35 grados Fahrenheit?

b) ¿A qué temperatura expresada en grados Fahrenheit hierve el agua?

c) ¿A qué temperatura expresada en grados Fahrenheit se congela el agua?

86. En una gran reserva natural hay una población de antílopes pertenecientes a una especie en peligro de extinción. Se piensa que el número de estos animales durante el período 2000-2015 ha evolucionado aproximadamente según la siguiente función $f(x) = -2300x + 54\,000$, donde x representa el tiempo en años, de forma que $x = 0$ corresponde a 2000, y $f(x)$ denota el número de antílopes a final de año.

a) Calcula el número de antílopes en 2005.

b) ¿Cuántos antílopes mueren cada año?

c) Si la población continúa evolucionando de este modo, ¿en qué año se extinguirá?

87. Un parque natural ha tenido durante el verano pasado más visitantes de los esperados, por lo que el servicio de limpieza ordinario no ha podido retirar toda la suciedad que la masiva afluencia de público ha generado. Llegado el otoño, los encargados del parque se plantean hacer una inversión extraordinaria para eliminar la suciedad acumulada. El coste de eliminar el p % de esos restos expresado en miles de euros es:

$$C(p) = \frac{16p}{110 - p}$$

a) Sin hacer ningún cálculo, indica si esta función es creciente o decreciente.

b) Calcula cuánto costaría no eliminar ningún residuo, eliminar el 50% de los residuos y eliminarlos todos.

c) ¿Para qué puntos del dominio de C interesa en la práctica estudiar esta función? ¿Qué valores toma C en esa parte de su dominio?

d) Dibuja la gráfica de la función C.

e) ¿Qué proporción de la suciedad acumulada se podrá retirar si se aprueba una partida presupuestaria especial de 100 000 € destinada a tal fin?

88. El coste de la energía eléctrica se obtiene mediante una cantidad fija sumada a una variable proporcional a la cantidad de energía consumida. En dos meses distintos, Blanca ha pagado 71,40 € por 340 kWh y 62,28 € por 283 kWh.

- En marzo pagó 71,40 € por 340 kWh consumidos.
- En abril la factura fue de 62,28 € por 283 kWh.

a) ¿Cuál es la cantidad fija que paga Blanca independientemente de su consumo mensual?

b) ¿Cuál fue el importe de la factura en mayo si el consumo fue un 25 % más alto que el de abril?

89. Un estudio de residuos urbanos recogidos en España ofrece los siguientes datos.

Años	Residuos urbanos (kg per cápita)
1995	510
1997	561
1999	615
2001	658

a) Estima cuántos kilogramos per cápita de residuos se recogieron en 1998 en España.

b) Estima cuántos kilogramos per cápita de residuos se recogieron en 2004 en España.

c) Estudios posteriores revelaron que en 2004 se recogieron 662 kilogramos de residuos per cápita en España. ¿Se ajusta el dato real al obtenido en la estimación anterior? ¿A qué crees que es debido?

90. La DGT ha hecho un estudio sobre la distancia media que recorre un vehículo al detenerse en función de su velocidad.

Velocidad

Velocidad (km/h)	Distancia de frenado (m)
30	12
50	24
90	57,6

a) Representa estos datos y decide qué tipo de interpolación es la adecuada para este problema.

b) Estima la distancia de frenado para un vehículo que circula a 80 kilómetros por hora.

c) Calcula la distancia de frenado para un coche que lleva una velocidad de 150 km/h.

91. Furbi, una cría de chimpancé, gana peso semana tras semana según muestra la siguiente tabla.

Tiempo	Peso (kg)
Nacimiento	1,5
Semana 1	2,1
Semana 2	2,5
Semana 3	
Semana 4	3,3

Por un fallo de la báscula, su peso en la tercera semana no pudo determinarse. Calcúlalo por interpolación lineal.

92. La tabla siguiente muestra las temperaturas tomadas cada cuatro horas en una ciudad a lo largo de un día.

Tiempo (horas)	Temperatura (°C)
0	6
4	4
8	7
12	9
16	14
20	11
24	7

a) Representa los datos gráficamente.

b) Une los puntos obtenidos con segmentos y estima gráfica y analíticamente la temperatura a las 2 horas y a las 15 horas.

c) Señala los momentos del día en que la temperatura fue, aproximadamente, de 13 °C.

93. Los aparcamientos públicos de cierta ciudad se rigen según una tarifa que explican en esta tabla:

Tiempo de estancia	Tarifa
De 0 a 30 minutos	0,0412 € / min
De 31 a 90 minutos	0,0370 € / min
De 91 a 660 minutos	0,0494 € / min
De 661 minutos hasta un máximo de 24 horas	31,6 €

a) ¿Cuánto habrá que pagar por una estancia de dos horas? Recuerda que se redondea siempre en el último cálculo.

b) ¿Cuánto habrá que pagar por una estancia de una hora?

c) Escribe la expresión analítica de la función que relaciona el precio con el tiempo de estacionamiento.

d) Con ayuda de algún programa informático, dibuja la gráfica correspondiente (de 0 hasta 800 minutos)

94. La entrenadora de un delfinario ha tomado algunos datos sobre los saltos que realiza el delfín *Flipper*.

Tiempo (décimas de segundo)	Altura (m)
0	0
4	4
8	7
12	9
16	14
20	11
24	7

a) Razona qué tipo de interpolación usarías para calcular la altura que alcanza el delfín en determinados instantes.

b) Estima la altura que alcanza *Flipper* a los 1,5 segundos de iniciar su salto.

c) ¿Cuándo crees que consigue su altura máxima?

d) ¿Cuándo cae al agua?

95. Una empresa se dedica a la fabricación de tapas metálicas para depósitos, cuyo coste depende, obviamente, del diámetro de la tapa. En la tabla de precios aparecen estos ejemplos:

Diámetro (cm)	115	155	205
Precio de la tapa (€)	46,80	66,70	102,5

Utilizando la interpolación cuadrática, contesta las siguientes preguntas:

a) ¿Qué precio tendrá una tapa de 170 cm de diámetro?

b) ¿Y de 3 m de diámetro?

96. La gráfica representa la temperatura en el exterior de una nave industrial a lo largo de un día. Se ha observado que, debido al aislamiento, las temperaturas exteriores se suavizan en un 25%, y las variaciones de la temperatura en el exterior son percibidas en el interior una hora después. Representa la gráfica de las temperaturas en el interior de la nave.

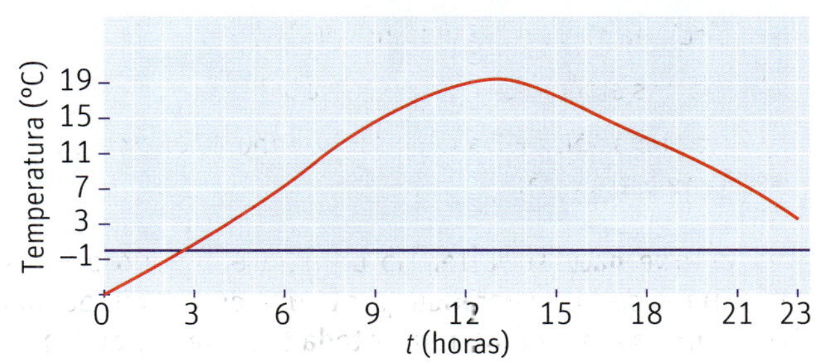

97. Las funciones "parte entera" y "parte decimal".

Como seguramente sabes, cualquier número real está entre dos enteros consecutivos; así, por ejemplo,

$$1 \leq 1{,}8 < 2;\ 4 \leq 4 < 5;\ -4 \leq -\pi < -3;...$$

Si el número real x verifica $n \leq x < n+1$, siendo n un entero, se dice que n es la parte entera de x y se denota por $E(x) = n$.

a) Completa la siguiente tabla:

x	−3,4	−0,7	−0,5	0	0,3	0,9
$E(x)$						

x	1	1,3	$\sqrt{2}$	1,7	2,3	2,9
$E(x)$						

b) Representa gráficamente los puntos obtenidos en la tabla anterior.

c) ¿Cuáles son todos los números x tales que $E(x) = 3$? ¿Y $E(x) = -1$?

d) Representa gráficamente la función $E(x)$ en el intervalo $[-4, 3]$.

La función $D(x) = x - E(x)$ se llama parte decimal.

e) Calcula las imágenes por D de los números 1,7; 5 y −2,4.

f) Escribe cinco números reales x tales que $D(x) = 0{,}4$.

g) Representa gráficamente la función $D(x)$ en el intervalo $[-4, 3]$.

»» El "Ratón inteligente"

Alicia es una emprendedora. Cuando terminó sus estudios de informática y marketing decidió montar un negocio que estuviera "a la última" y que fuera muy atractivo para los consumidores. Así surgió "Ratón inteligente", una tienda de ordenadores y dispositivos móviles que incluye un rincón en donde los clientes pueden probar los últimos productos del mercado mientras charlan tomando un refresco o un café.

Aunque el negocio va bien, la venta de portátiles está bajando y Alicia decide estudiar una nueva oferta que haga que las ventas se recuperen. El jueves a las siete de la tarde no había clientes y, ni corta ni perezosa, echó el cierre, puso el cartel de "Cerrado por trance intelectual de la dueña" y se sentó a leer informes y reflexionar:

"Ahora compro los portátiles a 500 € la unidad y los vendo a 800 €. Así, estoy vendiendo 40 unidades al mes. Los estudios de mercado que he leído parecen indicar que por cada 25 € que baje el precio del ordenador, las ventas podrían aumentar en 5 unidades". Tras dos horas de leer papeles y reflexionar, Alicia se acomoda en el sillón y cierra los ojos: "no tengo claro qué hacer".

Mientras Alicia se recupera, vamos a intentar solucionar su problema. Para ello:

a) Escribe la función que da la ganancia mensual que tendrá Alicia en función del precio de venta de cada portátil.

(AYUDA: llama x al número de veces que disminuye 25 € el precio de venta)

b) Calcula el precio ideal de venta para maximizar la ganancia y el precio para el que la ganancia no cambiaría respecto de la actual.

»» El cerrajero

Los padres de Mario se han ido unos días fuera y, aunque su madre no las tenía todas consigo "tiene 16 años pero a veces actúa como si tuviera 10" su padre lo apoyó y, al final, lo han dejado solo en la casa. El viernes, Mario quedó con los colegas del instituto para jugar un partido por la tarde. Cuando llega a casa a eso de las 8, muerto de hambre y deseando darse una buena ducha se da de bruces con la cruda realidad: "¡He olvidado las llaves dentro de casa!" Tras unos minutos de pánico, se tranquiliza e intenta recordar si alguien tiene llaves, baja al portal y allí se encuentra con la solución a su grave problema: dos anuncios de cerrajeros que decían así:

Abroya

25 € por reparación más 16 por cada cuarto de hora de trabajo.

Rapidez y garantía.

Cobropoco

31€ por reparación más 14 por cada cuarto de hora de trabajo.

Eficacia y sorpresa garantizada.

Al leer los anuncios, Mario vuelve a entrar en fase pánico: las matemáticas nunca han sido lo suyo. Se sienta en el suelo y empieza a pensar qué oferta será mejor.

¿Puedes ayudar a Mario y hacer un estudio que decida con claridad qué cerrajero le puede resultar más económico? Para ello contesta las siguientes preguntas:

a) Escribe la función que da el precio de cada cerrajero en función de los minutos de trabajo.

b) Calcula el tiempo en minutos para el que el precio de ambos cerrajeros es el mismo.

c) Si el trabajo dura media hora, ¿cuál es la opción más económica? ¿Y si fuera necesaria una hora?

AUTOEVALUACIÓN

Comprueba qué has aprendido

1. Si la función $y=f(x)$ está definida solamente en el intervalo $[0, 4]$ y la función $y=g(x)$ está definida solamente en el intervalo $[1, 7]$, ¿para qué números reales puedes asegurar que existe $f(x)+g(x)$?

2. Dadas las funciones $f(x)=5x^2-3x$ y $g(x)=\sqrt{x-1}$ halla la expresión y el dominio de $f\circ g$, $g\circ f$ y $\dfrac{g}{f}$.

3. Observa la siguiente gráfica y determina el dominio y el recorrido de la función representada:

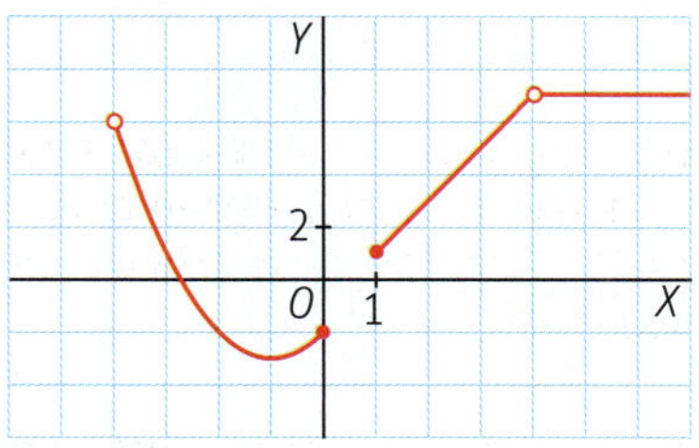

4. Escribe como una función definida a trozos $f(x)=|x^2-1|$.

5. Calcula la función inversa de $f(x)=\dfrac{x+5}{x-1}$.

6. A partir de $f(x)=x^2-4x+1$, halla la expresión de la función cuya gráfica, respecto de la de f:
   a) Está desplazada dos unidades hacia arriba.
   b) Está desplazada tres unidades hacia la izquierda.
   c) Se ha dilatado verticalmente en un factor 2.
   d) Se ha comprimido horizontalmente en un factor 2.

7. Utilizando la interpolación lineal, obtén aproximadamente $\sqrt{29}$ sin utilizar la calculadora.

8. Determina la función cuadrática que pasa por los puntos $A(1, 0)$, $B(2, -4)$ y $C(4, 0)$.

smSaviadigital.com VALORA LO APRENDIDO › Comprueba tus respuestas.

Relaciona y contesta

»» Elige la única respuesta correcta en cada uno de los siguientes apartados

1. ¿Qué verifican las funciones f y g dadas por

$$f(x)=\begin{cases} x^2-1 & \text{si } x\le 0 \\ -1 & \text{si } x>0 \end{cases} \text{ y } g(x)=\begin{cases} 3x-3 & \text{si } x\le 0 \\ -3 & \text{si } x>0 \end{cases}?$$

   A. Sus gráficas se cortan en los puntos de abscisas 1 y 2.
   B. Sus gráficas no tienen ningún punto en común.
   C. Las gráficas de g y $\dfrac{f}{g}$ son paralelas.
   D. $f(x)g(x)<0$ si $x>0$.

2. Si la gráfica de $f(x)$ en $[0, 1]$ es:

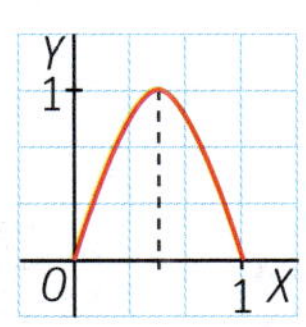

la de $g(x)=\dfrac{1}{f(x)}$ podría ser:

A. 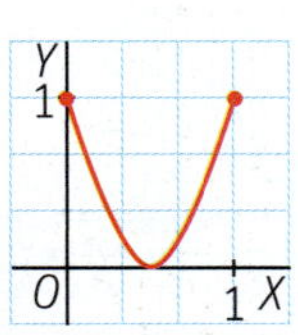

C. 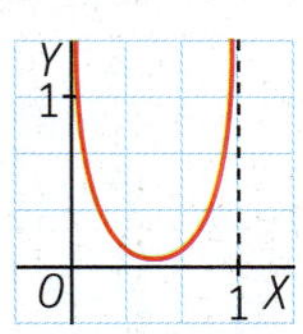

B. 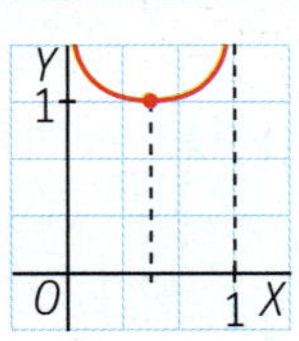

D. 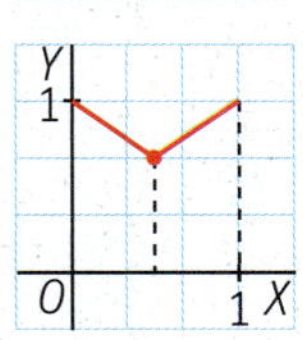

3. Por interpolación lineal de la función $y=f(x)$ en el intervalo $[1, 6]$, se obtiene el valor c para $x=4$, entonces:
   A. $2(c-f(1))=3(f(6)-c)$
   B. $\dfrac{c-f(1)}{3}<\dfrac{f(6)-c}{2}$
   C. $\dfrac{c-f(1)}{3}>\dfrac{f(6)-c}{2}$
   D. $c=f(4)$

»» Señala, en cada caso, las respuestas correctas

4. Para la función inversa de $f(x)=x^3$, se verifica:
   A. $f^{-1}(x)=\sqrt[3]{x}$
   B. $f^{-1}(x)=\dfrac{1}{x^3}$
   C. $f^{-1}(-8)=-2$
   D. $f^{-1}(x)$ no es una función

5. Sea $f(x)=ax+b$ con $a\ne 0$ y $g(x)=cx+d$ con $c\ne 0$.
   Si $f\circ g=g$, entonces se verifica que:
   A. $a=1$
   B. $b=0$
   C. $a=1$ y $b=0$
   D. $a=c$ y $b=d$

»» Elige la relación correcta entre las dos afirmaciones dadas

6. Sean f y g funciones con dominio todo $\mathbb{R}$ con $g(x)\ge 0$ para cualquier valor de x. Entonces si
   1) $f(x)\ge g(x)$ para todo x
   2) $\dfrac{f(x)}{g(x)}\ge 1$

   A. $1 \Rightarrow 2$ pero $2 \not\Rightarrow 1$
   B. $2 \Rightarrow 1$ pero $1 \not\Rightarrow 2$
   C. $1 \Leftrightarrow 2$
   D. 1 y 2 se excluyen entre sí.

»» Razona cuál de los siguientes datos es innecesario

7. Sean a y b números positivos con $a<b$. Para hallar el número de puntos de corte entre las gráficas de $f(x)=|x-a|+|x-b|$ y $g(x)=x-a$, nos dan los siguientes datos:
   1. Valor de a
   2. Valor de b

   A. Podemos prescindir de 1 pero no de 2.
   B. Podemos prescindir de 2 pero no de 1.
   C. Podemos prescindir de 1 y de 2.
   D. No podemos prescindir ni de 1 ni de 2.

7 Límites y continuidad

Geografía e historia económicas

Evolución de una materia prima

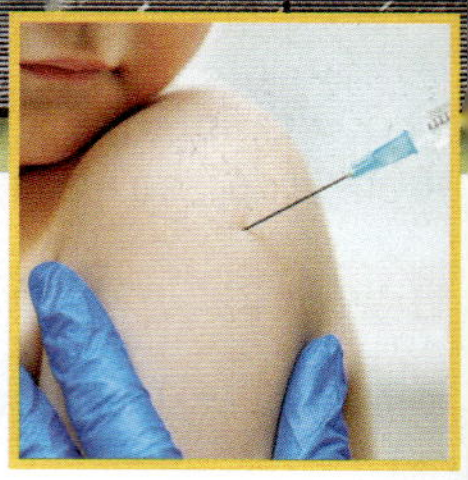

Estudio de epidemias

Turbulencias y sistemas caóticos

Estudiar funciones, investigar la realidad

¿Te gustan los deportes? Es muy probable que sí; incluso que practiques alguno y que te guste verlo. Muchos deportes requieren velocidad y reflejos, en especial los que se juegan con pelotas o balones. Por ejemplo, en el fútbol hace falta correr, anticiparse a los demás y mover el balón con precisión; pero para ello... ¡tienes que predecir su trayectoria con la información que recibes a través de la vista! Y eso no es tan fácil como en la imagen, donde la estela de agua que deja el balón, muestra el camino que va recorriendo.

La posición del balón se describe con funciones del tiempo con propiedades tan importantes como la continuidad, que refleja el hecho de que el balón nunca desaparece de repente al llegar a un punto para aparecer instantáneamente en la otra punta del campo. Si sucedieran estas cosas, ¡jugar al fútbol sería tema de la ciencia ficción!

También es importante poder estudiar cómo se comportan las funciones al acercarnos a valores determinados de la variable o cuando esta toma valores arbitrariamente grandes. Así se llega a las ideas de límite o de asíntota.

Estos conceptos son imprescindibles para aplicar las funciones al estudio de la realidad y están en la base de la predictibilidad necesaria para entender el comportamiento de muchos sistemas. Por ejemplo:

- Estudiar determinados fenómenos en puntos para los que no se dispone de medidas, como podría ser la producción de un alimento en una zona y época sin datos registrados.
- Determinar hacia qué valores tienden multitud de parámetros económicos o sociales como la disponibilidad de una determinada materia prima, o la incidencia de una enfermedad en una zona geográfica concreta.
- ¿Sabías que las turbulencias están relacionadas fuertemente con ciertas propiedades de continuidad en el movimiento de los fluidos? Estos estudios se pueden aplicar también al comportamiento de sistemas económicos complejos como la bolsa o la cotización monetaria.

El estudio de este tema te permitirá reflexionar sobre lo anterior y contestar a preguntas como las siguientes.

- ¿Sabrías describir mediante una función un fenómeno que no sea continuo y dibujar su gráfica?
- ¿Puedes distinguir sistemas reales que siguen un comportamiento continuo de otros que cuya evolución no lo sea?
- ¿Podrías predecir cuál es la cantidad de ventas mínima de un producto para que su fabricación sea rentable a una fábrica para que sea rentable?
- ¿Puedes estimar, a partir de un modelo, cuáles serían los costes de mejorar la eficiencia ecológica de una central energética o de una fábrica?

A lo largo de la unidad trabajarás los conceptos básicos asociados a la continuidad y a los límites de las funciones.

1 Límites de funciones

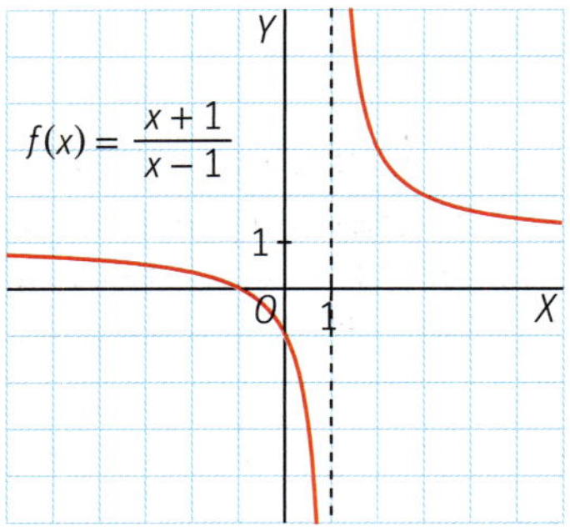

El límite de una función para $x=a$, siendo a un número real, da una idea de hacia qué número se aproxima la función, cuando la variable independiente toma valores próximos al número a.

Por ejemplo, si se considera la función $f(x)=\frac{x+1}{x-1}$, se puede estudiar qué sucede cuando la variable x toma valores próximos al número 2. En la tabla se dan algunos resultados que sugieren que el valor de la función se va aproximando al número 3. Esta situación se expresa diciendo "el límite de la función f cuando x tiende a 2 es igual a 3" y se escribe como $\lim_{x \to 2} \frac{x+1}{x-1} = 3$.

x	$f(x)$
1,9	3,2222
1,99	3,0202
1,999	3,0020
2,001	2,9980
2,01	2,9802
2,1	2,8182

Definición intuitiva de límite

Si a y b son dos números reales, la expresión $\boldsymbol{\lim_{x \to a} f(x) = b}$, quiere decir que siempre que la variable independiente x toma valores próximos al número a (tanto menores como mayores), los correspondientes valores de $f(x)$ se aproximan al número b.

Si al calcular un límite se consideran solo valores próximos pero menores que el número a se habla de límite lateral por la izquierda y se escribe $\lim_{x \to a^-} f(x) = b$.

Si los valores considerados son próximos pero mayores que a se habla de límite lateral por la derecha y se escribe $\lim_{x \to a^+} f(x) = b$.

Si existe el límite de una función en un punto, este es **único** y su valor coincide con el de los dos límites laterales.

Ejemplo ▸ En los siguientes casos, se estima el valor de los límites propuestos.

- $\lim_{x \to 0} \frac{\sqrt{x^2+1}-1}{x^2}$. En este caso, la función $f(x)=\frac{\sqrt{x^2+1}-1}{x^2}$ toma los valores de la tabla cuando x tiende a 0.

x	$f(x)$
−0,1	0,4988
−0,01	0,4999
0,01	0,4999
0,1	0,4988

De estos datos se deduce que el límite buscado vale 0,5.

En la figura de la izquierda se ha representado $f(x)$.

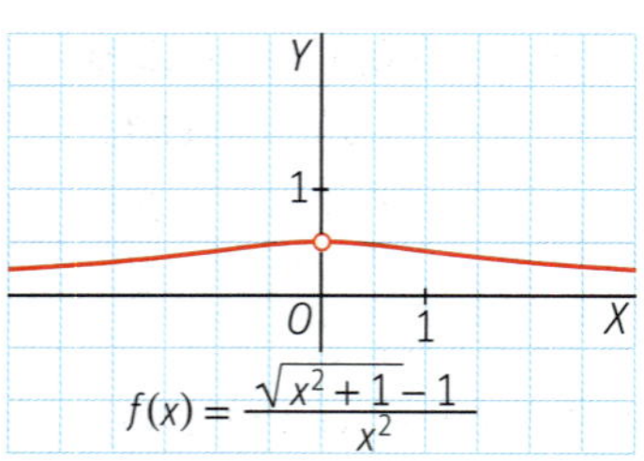

- $\lim_{x \to 1} \frac{|2x-2|}{x-1}$. Este límite no existe, pues como se puede observar en la tabla, no hay un único número b al que se aproximen los valores de $f(x)=\frac{|2x-2|}{x-1}$ cuando x toma valores próximos a 1. En este caso, los resultados sugieren que los límites laterales son:

$$\lim_{x \to 1^-} f(x) = -2 \text{ y } \lim_{x \to 1^+} f(x) = 2 .$$

x	$f(x)$
0,99	−2
0,999	−2
1,001	2
1,01	2

Como ambos valores no coinciden, no existe el límite de f en el punto $x=1$. A la izquierda está representada la función $f(x)$.

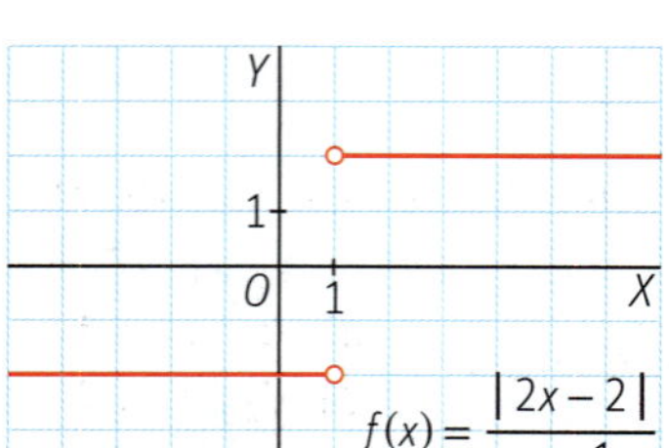

Relación entre el valor del límite y el valor de una función en un punto

Para muchas funciones, $\lim\limits_{x \to a} f(x)$ coincide con $f(a)$. Entre otras, esto sucede para dos funciones importantes: la función constante $f(x)=k$ y la función identidad $f(x)=x$.

$$\lim_{x \to a} k = k, \text{ siendo } k \text{ un número real} \qquad \lim_{x \to a} x = a$$

MAT-TIC GeoGebra

Entra en **smSaviadigital.com** y visualiza qué significa el límite de una función en un punto.

Para otras muchas funciones, la situación anterior no tiene por qué ser igual.

Ejemplo ▸ Para la función cuya gráfica está representada a la derecha, se cumple:

- $f(1)=2$ pues el punto (1, 2) está en la gráfica de f. Por la misma razón, $f(2)=1$ y $f(3)=4$. Como, por otra parte, no hay ningún punto de la gráfica de f cuya abscisa sea 4 o 5, no existen los números $f(4)$ ni $f(5)$.
- $\lim\limits_{x \to 1} f(x) = 2$, $\lim\limits_{x \to 2} f(x) = 3$ y $\lim\limits_{x \to 4} f(x) = 3{,}5$; pues al aproximarse x a 1, 2 o 4, los correspondientes valores de f se aproximan respectivamente a 2, 3 y 3,5.
- Finalmente, no existe ni $\lim\limits_{x \to 3} f(x)$ ni $\lim\limits_{x \to 5} f(x)$ ya que al tomar x valores próximos a 3 o a 5 no hay ningún número al que se aproximen los valores correspondientes de f, ya que los límites laterales no coinciden en estos puntos.

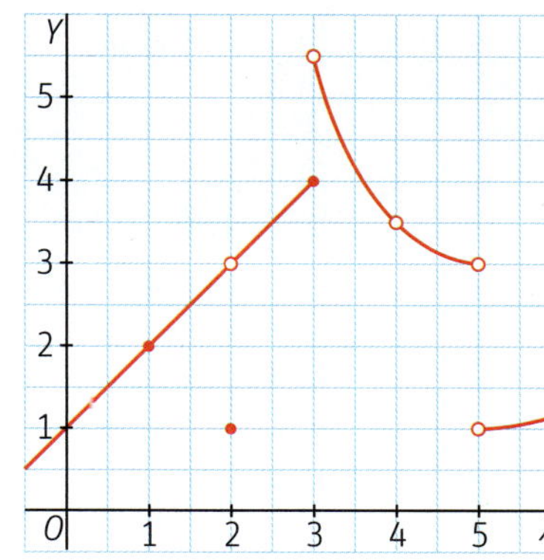

Dada una función f y un punto $x=a$, puede ocurrir que las expresiones $\lim\limits_{x \to a} f(x)$ y $f(a)$:

- Existan ambas como números reales y, en este caso, pueden coincidir o no.
- Alguna de las dos o las dos, puedan no existir.

EJERCICIOS RESUELTOS

1. ¿A qué valor se aproxima la función $f(x)=\dfrac{1}{x}$, cuando x tiende a 2? ¿Y cuando tiende a 0?

Dando a x valores próximos a 2, por la izquierda y por la derecha, se observa que, en ambos casos, $f(x)$ se acerca a 0,5.

x	$f(x)$
1,9	0,5263
1,99	0,5025
2,01	0,4975
2,1	0,4762

Si ahora se dan valores cercanos a 0, se observa que las imágenes de f toman valores cada vez más grandes en valor absoluto, pero con signo diferente según x se aproxime a 0 con valores menores o mayores que 0. Por tanto, en este caso, parece que no existe límite.

x	$f(x)$
−0,01	−100
−0,001	−1000
0,001	1000
0,01	100

2. Calcula, si existe, $\lim\limits_{x \to 2} f(x)$ para las funciones:

$$f(x)=\begin{cases} x^2-1 & \text{si } x \le 2 \\ x+1 & \text{si } x > 2 \end{cases}$$

$$g(x)=\begin{cases} x+2 & \text{si } x \le 2 \\ 5-x & \text{si } x > 2 \end{cases}$$

En la tabla se han calculado las imágenes de ambas funciones para valores próximos a 2.

x	$f(x)$	$g(x)$
1,9	2,61	3,9
1,999	2,9960	3,999
2,001	3,001	2,999
2,1	3,1	2,9

Tanto por la izquierda como por la derecha, $f(x)$ se acerca a 3, luego $\lim\limits_{x \to 2} f(x) = 3$; sin embargo, $g(x)$ no se aproxima al mismo número cuando x tiende a 2 por la izquierda y por la derecha, luego $\lim\limits_{x \to 2} g(x)$ no existe, pero sí los límites laterales $\lim\limits_{x \to 2^-} g(x)=4$ y $\lim\limits_{x \to 2^+} g(x)=3$.

EJERCICIOS PROPUESTOS

3. Calcula, operando en las expresiones originales y formando una tabla de valores, los límites:

a) $\lim\limits_{x \to 0} \dfrac{x^3+5x^2+x}{x}$ b) $\lim\limits_{x \to 1} \dfrac{x-1}{\sqrt{x}-1}$ c) $\lim\limits_{x \to 2} (x+1)^{x-2}$

4. Calcula, para cada una de las funciones dadas, el límite pedido en cada caso.

a) $\lim\limits_{x \to 0} f(x)$ si $f(x)=\dfrac{|x|}{x}$ b) $\lim\limits_{x \to 2} f(x)$ si $f(x)=\begin{cases} x^2+1 & \text{si } x \le 2 \\ 3x-1 & \text{si } x > 2 \end{cases}$

2 Propiedades de los límites

Augustin-Louis Cauchy (1789-1857)
Matemático francés, publicó en 1821 *Cours d'analyse algébrique*, una de las obras cumbre de las matemáticas. En ella introduce los conceptos de función, límites, límites laterales y continuidad, tal y como se estudian hoy día.

El cálculo de límites de funciones obtenidas mediante operaciones entre otras funciones se simplifica notablemente si se tienen en cuenta las siguientes propiedades:

Si $\lim_{x\to a} f(x) = p$ y $\lim_{x\to a} g(x) = q$, entonces:

- $\lim_{x\to a}(f(x)+g(x)) = p+q$
- $\lim_{x\to a}(f(x)-g(x)) = p-q$
- $\lim_{x\to a}(f(x)\cdot g(x)) = p\cdot q$
- $\lim_{x\to a}(k\cdot f(x)) = k\cdot p$, con k un número real
- $\lim_{x\to a}\frac{f(x)}{g(x)} = \frac{p}{q}$, si q no es cero
- $\lim_{x\to a}(f(x))^{g(x)} = p^q$, si p^q es un número real

Ejemplo ▸ Como $\lim_{x\to a} x = a$, se pueden calcular límites como los siguientes de forma sencilla:

a) $\lim_{x\to 2} x^2 \to$ Como $\lim_{x\to 2} x = 2 \Rightarrow \lim_{x\to 2} x^2 = 2^2 = 4$

b) $\lim_{x\to 0}(2x-1) \to$ Al ser $\lim_{x\to 0} x = 0 \Rightarrow \lim_{x\to 0}(2x-1) = 2\cdot 0 - 1 = -1$

c) $\lim_{x\to 3}\sqrt{x+1} \to$ Como $\lim_{x\to 3} x = 3 \Rightarrow \lim_{x\to 3}\sqrt{x+1} = \sqrt{3+1} = 2$

d) $\lim_{x\to 2}\frac{1}{x} \to$ Al ser $\lim_{x\to 2} x = 2 \Rightarrow \lim_{x\to 2}\frac{1}{x} = \frac{1}{2}$

e) $\lim_{x\to -1}\frac{x^2+1}{x} \to$ Como $\lim_{x\to -1} x = -1 \Rightarrow \lim_{x\to 2}\frac{x^2+1}{x} = \frac{(-1)^2+1}{-1} = -2$

EJERCICIO RESUELTO

5. Si $\lim_{x\to a} f(x) = 2$ y $\lim_{x\to a} g(x) = 5$, calcula:

a) $\lim_{x\to a}(3f(x))$

b) $\lim_{x\to a}(f(x)g(x))$

c) $\lim_{x\to a}(f(x)+g(x))$

d) $\lim_{x\to a}\frac{f(x)}{g(x)}$

e) $\lim_{x\to a}(f(x))^3$

f) $\lim_{x\to a}\sqrt{f(x)+g(x)+2}$

g) $\lim_{x\to a}(f(x))^{g(x)}$

a) $\lim_{x\to a}(3f(x)) = 3\lim_{x\to a} f(x) = 3\cdot 2 = 6$

b) $\lim_{x\to a}(f(x)g(x)) = 3\lim_{x\to a} f(x\cdot \lim_{x\to a} g(x) = 2\cdot 5 = 10$

c) $\lim_{x\to a}(f(x)+g(x)) = 3\lim_{x\to a} f(x + \lim_{x\to a} g(x) = 2+5 = 7$

d) $\lim_{x\to a}\frac{f(x)}{g(x)} = \frac{\lim_{x\to a} f(x)}{\lim_{x\to a} g(x)} = \frac{2}{5}$

e) $\lim_{x\to a}(f(x))^3 = \left(\lim_{x\to a} f(x)\right)^3 = 2^3 = 8$

f) $\lim_{x\to a}\sqrt{f(x)+g(x)+2} = \sqrt{\lim_{x\to a} f(x) + \lim_{x\to a} g(x) + 2} = \sqrt{2+5+2} = 3$

g) $\lim_{x\to a}(f(x))^{g(x)} = \left(\lim_{x\to a} f(x)\right)^{\lim_{x\to a} g(x)} = 2^5 = 32$

EJERCICIOS PROPUESTOS

6. Sabiendo que $\lim_{x\to a} f(x) = -3$ y $\lim_{x\to a} g(x) = 0$, calcula los límites cuando $x\to a$ de las siguientes funciones.

a) $2f-3g$
b) $(3f)^2$
c) (fg)
d) $(f+g)$
e) $\frac{g}{f}$
f) $(f)^g$
g) $(f+g)^f$
h) $(g)^{1-f}$
i) $(f-4g)^{2f}$
j) $\frac{f}{g}$

7. Se conoce que las funciones f y g tienen límite en el punto $x=a$. Además $\lim_{x\to a}(f(x)g(x)) = -1$. Di si las siguientes afirmaciones son ciertas o falsas.

a) $\lim_{x\to a} f(x) = 0$

b) Si $\lim_{x\to a} g(x) = -2 \Rightarrow \lim_{x\to a}(f(x))^{g(x)} = 4$

c) $\lim_{x\to a}\left|\frac{f(x)}{g(x)}\right|$ es un cuadrado perfecto.

3 Límites en el infinito y límites infinitos

Límites en el infinito

Las expresiones $\lim\limits_{x \to +\infty} f(x)$ y $\lim\limits_{x \to -\infty} f(x)$, denotan los valores a los que tiende la función *f* cuando *x* tiende a valores muy grandes en valor absoluto. Dichos límites pueden existir o no como números reales.

Los límites en el infinito tienen las mismas propiedades que los límites en un punto.

Ejemplo ▸ Si se forma la tabla de valores para la función $f(x)=\dfrac{x^2-4}{x}-\dfrac{x^2}{x-2}$, se obtienen resultados como los dados en la tabla para valores crecientes de *x*.

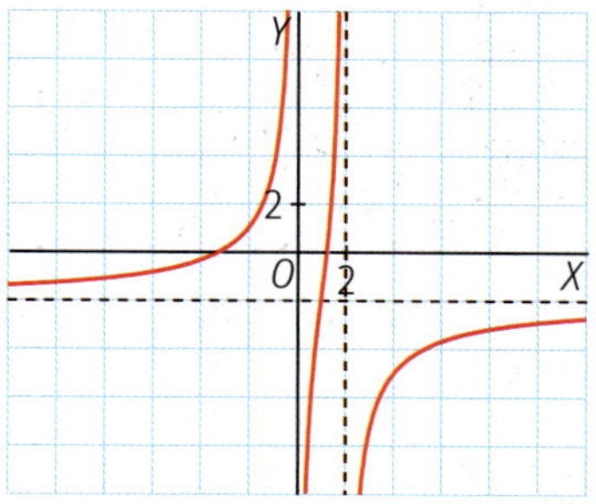

Así, se observa que aunque al aumentar el valor de la variable *x*, cada uno de los términos de la función *f* toma valores cada vez mayoresás grandes, su diferencia se aproxima cada vez más a −2 (ver gráfica).

x	*f*(*x*)
100	99,96 − 102,04 = −2,08
1000	999,996 − 1002,004 = −2,008
10 000	9999,9996 − 10 002,0004 = −2,0008
100 000	99 999,999 96 − 100 002 = −2,000 08

Por tanto, a partir de estos resultados se deduce:

$$\lim_{x \to +\infty}\left(\frac{x^2-4}{x}-\frac{x^2}{x-2}\right)=-2$$

Límites infinitos

Cuando se calculan límites aplicando sus propiedades, puede ocurrir que se obtengan **expresiones que se hacen arbitrariamente grandes en valor absoluto.**

Ejemplo ▸ Si $\lim\limits_{x \to 0}(x+3)=3$ y $\lim\limits_{x \to 0} x^2=0$, ¿existirá $\lim\limits_{x \to 0}\dfrac{x+3}{x^2}$?

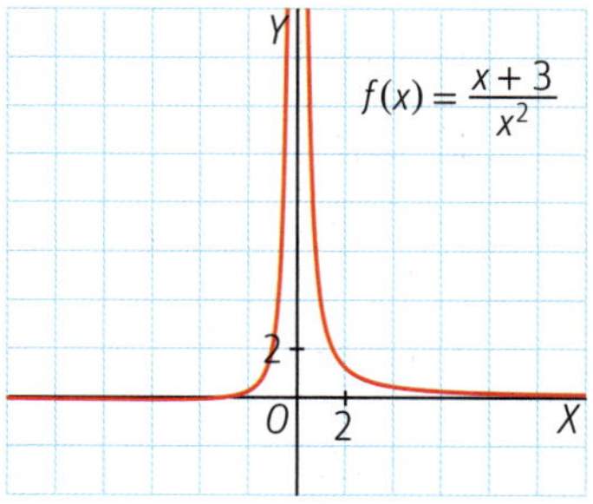

Si se tiene en cuenta la definición intuitiva de límite, se ve que cuando *x* toma valores próximos a 0, los valores del numerador, $x+3$, se aproximan a 3 y los del denominador, x^2, se aproximan a 0, por lo que los valores del cociente se hacen tan grandes como se quiera y no se aproximan, pues, a ningún número real. Por tanto, se concluye que no existe ningún número real *b* tal que $\lim\limits_{x \to 0}\dfrac{x+3}{x^2}=b$.

En este caso se escribe que $\lim\limits_{x \to 0}\dfrac{x+3}{x^2}=+\infty$.

La expresión $\lim\limits_{x \to a} f(x)=+\infty$ significa que cuando *x* tome valores próximos a *a*, por ambos lados, los correspondientes valores de *f* se harán arbitrariamente grandes y positivos.

De forma análoga se define $\lim\limits_{x \to a} f(x)=-\infty$.

Los límites infinitos pueden aparecer tanto al calcular el límite de una función en un punto como el límite de una función en el infinito.

MAT-TIC GeoGebra

Entra en sm**Savia**digital.com y trabaja, de manera dinámica, con límites infinitos y en el infinito.

EJERCICIOS PROPUESTOS

8. **A partir de una tabla de valores, estima el valor de los siguientes límites.**

a) $\lim\limits_{x \to +\infty}\dfrac{6x+5}{1-2x}$ b) $\lim\limits_{x \to 1}\dfrac{-4x+4}{x-1}$ c) $\lim\limits_{x \to -1}\dfrac{x^2+2x+1}{x+1}$

9. **Halla el valor de los siguientes límites, utilizando una tabla de valores.**

a) $\lim\limits_{x \to 3}\dfrac{x^2+4x+3}{x-3}$ b) $\lim\limits_{x \to \infty}\dfrac{x^2-x+1}{x+3}$ c) $\lim\limits_{x \to -\infty}\dfrac{3x^2+x-1}{2x^2+1}$

4 Cálculo de límites. Indeterminaciones

Hasta ahora se ha hallado el valor del límite de una función en un punto dando a la variable independiente valores próximos a ese punto y usando las propiedades de los límites. Sin embargo, en muchos casos no se utiliza este método, pues no siempre es rápido y seguro.

Aplicando la definición intuitiva de límite y sus propiedades, el primer paso para calcular el límite de una función en un punto es **sustituir la variable por el valor al que tiende**, pudiéndose dar estas situaciones, algunas de las cuales ya se han descrito anteriormente.

A. Se obtiene un **valor real**, que es el límite buscado.	$\lim\limits_{x\to-2}\dfrac{x^2-3}{x+1}=\dfrac{(-2)^2-3}{-2+1}=\dfrac{4-3}{-1}=-1$
B. Se llega a una expresión fraccionaria en la que el denominador es cero y el numerador no. **El límite tiende en valor absoluto a infinito (límite infinito).**	$\lim\limits_{x\to+2}\dfrac{-1}{(x-2)^2}=\dfrac{-1}{(2-2)^2}=\dfrac{-1}{0}$; expresión no real pero que tiende a $-\infty$, por lo que es un límite infinito.
C. Se llega a una expresión en la que,pese a aparecer una cantidad que se hace **arbitrariamente grande**, se puede determinar el valor del límite.	$\lim\limits_{x\to+\infty}\dfrac{4}{x}=\dfrac{4}{+\infty}$; expresión no real pero que tiende a 0.
D. Se llega a una expresión que no es real ni resulta inmediato saber si tiende a 0, a otro número o a infinito. Se dice que se trata de una **indeterminación**.	$\lim\limits_{x\to1}\dfrac{x^2-3x+2}{x-1}=\dfrac{1^2-3\cdot1+2}{1-1}=\dfrac{0}{0}$; esta expresión, ni es real ni se sabe a qué valor tiende.

En las situaciones B y C se pueden presentar, entre otros, los siguientes casos:

Tipo		Ejemplos
∞^k	$k>0$	$\lim\limits_{x\to+\infty}x^2=\infty^2=+\infty$
	$k<0$	$\lim\limits_{x\to+\infty}x^{-2}=(+\infty)^{-2}=0$
k^∞	$k>1$	$\lim\limits_{x\to+\infty}2^x=2^\infty=+\infty$
		$\lim\limits_{x\to-\infty}2^x=2^{-\infty}=\dfrac{1}{2^{+\infty}}=\dfrac{1}{+\infty}=0$
	$0<k<1$	$\lim\limits_{x\to+\infty}0{,}5^x=0$
		$\lim\limits_{x\to-\infty}0{,}5^x=0{,}5^{-\infty}=2^{+\infty}=+\infty$
$\infty+\infty$		$\lim\limits_{x\to+\infty}(x^2+x)=\infty+\infty=+\infty$

Tipo	Ejemplos
$\infty+k$	$\lim\limits_{x\to-\infty}(x+5)=-\infty+5=-\infty$
$k\cdot\infty$	$\lim\limits_{x\to+\infty}5x=5(+\infty)=+\infty$
$\dfrac{k}{0}(k\neq0)$	$\lim\limits_{x\to0}\dfrac{3}{x^2}=\dfrac{3}{0}=+\infty$; $\lim\limits_{x\to0}\dfrac{-1}{x^2}=\dfrac{-1}{0}=-\infty$
$\dfrac{k}{\infty}$	$\lim\limits_{x\to-\infty}\dfrac{3}{x^2}=\dfrac{3}{+\infty}=0$
$\infty\cdot\infty$	$\lim\limits_{x\to+\infty}xe^x=+\infty\cdot(+\infty)=+\infty$
∞^∞	$\lim\limits_{x\to+\infty}(x^2-3)^x=\infty^\infty=+\infty$
	$\lim\limits_{x\to-\infty}(x^2-3)^x=\infty^{-\infty}=0$

Indeterminaciones

En la tabla siguiente se resumen los **siete tipos de indeterminaciones** o expresiones indeterminadas a las que se puede llegar al calcular un límite.

Tipo	Ejemplo
$\dfrac{\infty}{\infty}$	$\lim\limits_{x\to+\infty}\dfrac{x^2+x-1}{2x^2-3}$
1^∞	$\lim\limits_{x\to+\infty}\left(\dfrac{x-2}{x+3}\right)^x$

Tipo	Ejemplo
$\infty-\infty$	$\lim\limits_{x\to+\infty}\left(\sqrt{x+1}-\sqrt{x}\right)$
$0\cdot\infty$	$\lim\limits_{x\to0}(x\ln x^2)$
0^0	$\lim\limits_{x\to0}x^x$

Tipo	Ejemplo
$\dfrac{0}{0}$	$\lim\limits_{x\to1}\dfrac{x^2-3x+2}{x-1}$
∞^0	$\lim\limits_{x\to0}\left(\dfrac{1}{x}\right)^{x^2}$

Las indeterminaciones se resuelven manipulando las expresiones que aparecen en el límite hasta llegar a otras equivalentes que tienden a un valor real o a $\pm\infty$.

Ten en cuenta

Las expresiones $\dfrac{\infty}{\infty}$, $\dfrac{0}{0}$, ... no representan operaciones aritméticas usuales, sino formas de simbolizar límites.

- **Indeterminación $\frac{\infty}{\infty}$ en funciones racionales: $L=\lim_{x\to+\infty}\frac{P(x)}{Q(x)}$ (P y Q polinomios)**

Si se dan valores a x se observa que tanto el numerador como el denominador tienden a valores cada vez mayores, por lo que se dice que este límite es de la forma $\frac{\infty}{\infty}$. La forma más cómoda de resolverla es **dividir numerador y denominador por la potencia de mayor grado** de la variable que aparece en el límite. Se presentan tres situaciones:

grado $P>$ grado $Q\Rightarrow L=\pm\infty$	grado $P=$grado Q[1]$\Rightarrow L=\frac{a_n}{b_n}$	grado $P<$grado $Q\Rightarrow L=0$
$\lim_{x\to+\infty}\frac{3x^2-1}{2x+5}=\lim_{x\to+\infty}\frac{\frac{3x^2}{x^2}-\frac{1}{x^2}}{\frac{2x}{x^2}+\frac{5}{x^2}}=$ $=\lim_{x\to+\infty}\frac{3-\frac{1}{x^2}}{\frac{2}{x}+\frac{5}{x^2}}=\frac{3-0}{0+0}=+\infty$	$\lim_{x\to+\infty}\frac{8x^3+4x}{-2x^3+3}=\lim_{x\to+\infty}\frac{\frac{8x^3}{x^3}+\frac{4x}{x^3}}{-\frac{2x^3}{x^3}+\frac{3}{x^3}}=$ $=\lim_{x\to+\infty}\frac{8+\frac{4}{x^2}}{-2+\frac{3}{x^3}}=\frac{8+0}{-2+0}=-4$	$\lim_{x\to+\infty}\frac{6x}{x^2-9}=\lim_{x\to+\infty}\frac{\frac{6x}{x^2}}{\frac{x^2}{x^2}-\frac{9}{x^2}}=$ $=\lim_{x\to+\infty}\frac{\frac{6}{x}}{1-\frac{9}{x^2}}=\frac{0}{1+0}=0$

[1] a_n y b_n son los coeficientes principales de los polinomios.

Este método se aplica también a expresiones que contengan radicales de polinomios.

- **Indeterminación $\frac{0}{0}$**

Aparece en expresiones que contienen polinomios o radicales de polinomios, y en las que el numerador y el denominador se anulan en el valor $x=a$ en el que se calcula el límite.

- Si solo hay polinomios, se resuelve factorizándolos. El factor $x-a$, común al numerador y el denominador, se elimina al tomar x valores próximos a a ya que entonces $x-a$ no es 0.
- Si aparecen radicales, la indeterminación se elimina multiplicando ambos términos de la fracción por las conjugadas de las expresiones radicales presentes.

Ejemplo ▸ $\lim_{x\to3}\frac{x-3}{\sqrt{3x}-3}=\frac{3-3}{\sqrt{3\cdot3}-3}=\frac{0}{0}$; por tanto: $\lim_{x\to3}\frac{x-3}{\sqrt{3x}-3}=\lim_{x\to3}\frac{(x-3)(\sqrt{3x}+3)}{(\sqrt{3x}-3)(\sqrt{3x}+3)}=$

$$=\lim_{x\to3}\frac{(x-3)(\sqrt{3x}+3)}{3x-9}=\lim_{x\to3}\frac{(x-3)(\sqrt{3x}+3)}{3(x-3)}=\lim_{x\to3}\frac{\sqrt{3x}+3}{3}=\frac{3+3}{3}=2$$

- **Indeterminación $\infty-\infty$**

Aparece en sumas o diferencias de expresiones fraccionarias o con radicales, cuando ambos sumandos tienden a infinito, pero con distinto signo. Para resolver esta indeterminación:

- Si solo contiene fracciones algebraicas, se opera y se calcula el nuevo límite obtenido.
- Si aparecen expresiones con radicales, se multiplica y divide por la expresión conjugada.

Ejemplo ▸ $\lim_{x\to1}\left(\frac{1}{1-x}-\frac{x}{(1-x)^2}\right)\underset{\infty-\infty}{=}\lim_{x\to1}\frac{(1-x)-x}{(1-x)^2}=\lim_{x\to1}\frac{-2x}{(1-x)^2}=\frac{-2}{0}=-\infty$

Ten en cuenta

Para una estimación rápida del valor del límite, se pueden comparar directamente los grados del numerador y del denominador.

MAT-TIC GeoGebra

Entra en smSaviadigital.com, calcula límites y maneja indeterminaciones.

EJERCICIOS PROPUESTOS

10. Calcula, eliminado las indeterminaciones:

a) $\lim_{x\to0}\frac{2x^3-3x^2}{x^2+x}$

b) $\lim_{x\to+\infty}\frac{x^2+x}{x^2-1}$

c) $\lim_{x\to3}\frac{x^2-5x+6}{x^2-7x+12}$

d) $\lim_{x\to1}\left(\frac{1}{x-1}-\frac{4x^2-x^3-3x}{x^2-3x+2}\right)$

11. Halla el valor de los límites siguientes.

a) $\lim_{x\to+\infty}\frac{x^2+x-90}{x^3-3}$

b) $\lim_{x\to2}\frac{2-\sqrt{x}}{2-x}$

c) $\lim_{x\to1}\frac{\sqrt{x}-1}{x-1}$

12. smSaviadigital.com PRACTICA Calcula más límites y resuelve indeterminaciones.

5 Límites y continuidad

La idea de continuidad de una función f en el valor real $x=a$ traduce matemáticamente el hecho de que no haya que levantar el lápiz del papel al dibujar la gráfica de f cuando pasa por el punto $P(a, f(a))$, es decir, que dicha gráfica no presente ni un agujero ni un salto al pasar por ese punto.

Ejemplo ▸ Con la idea intuitiva que se acaba de describir, se diría que, en la gráfica de la derecha, f es continua en a_1, pero no lo es en a_2, a_3, a_4 ni a_5. Se observa que:

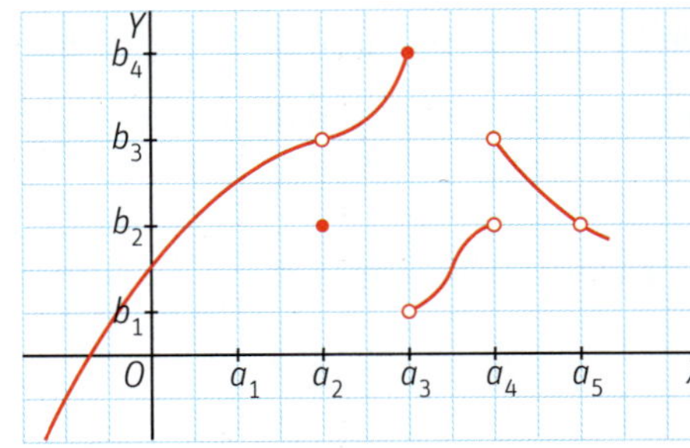

- Existe $\lim_{x \to a_1} f(x)$ y su valor es $f(a_1)$.
- No existen $\lim_{x \to a_3} f(x)$ y $\lim_{x \to a_4} f(x)$,
- Existen $\lim_{x \to a_2} f(x)$ y $\lim_{x \to a_5} f(x)$, pero sus valores no coinciden con el de la función en dichos puntos (en a_5, ni siquiera existe $f(a_5)$).

Las consideraciones anteriores permiten dar la siguiente definición de continuidad.

f **es continua** en $x=a$ si $\lim_{x \to a} f(x) = f(a)$

Los tipos más frecuentes de discontinuidades se representan en la tabla.

Inevitables		Evitables
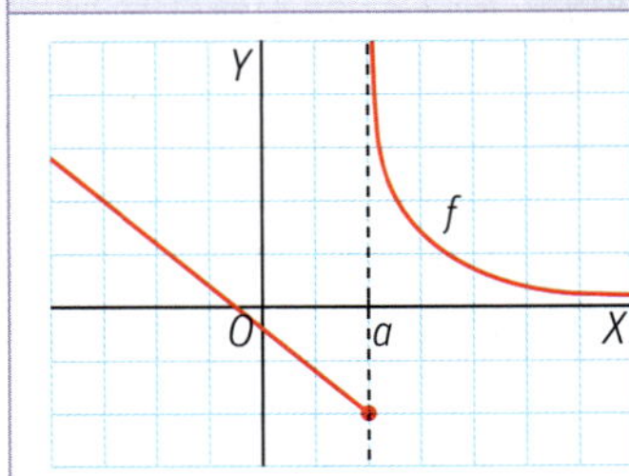 De salto infinito	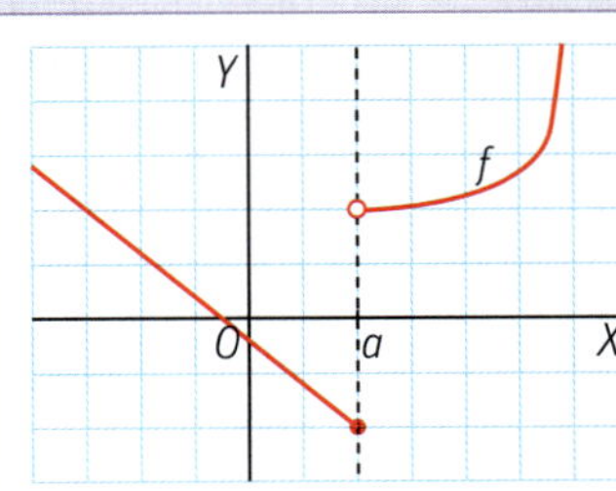 De salto finito	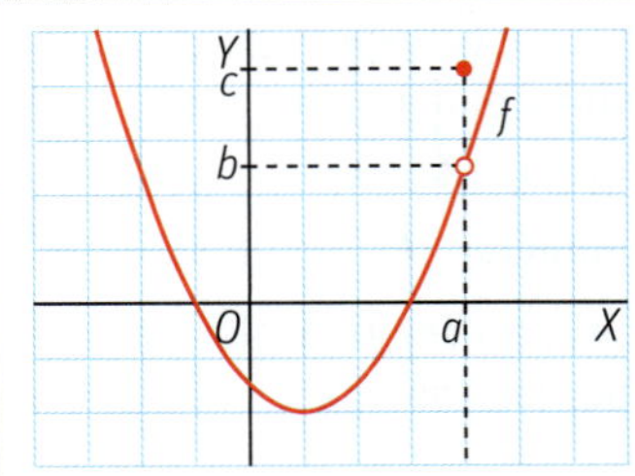
$\lim_{x \to a^-} f(x)$ o $\lim_{x \to a^+} f(x)$ son $\pm\infty$	$\lim_{x \to a^-} f(x) \neq \lim_{x \to a^+} f(x) \neq \pm\infty$	$\lim_{x \to a} f(x) \neq f(a)$ pero finito

- Así, en el ejemplo del comienzo de página, f es continua en a_1 pues $\lim_{x \to a_1} f(x) = f(a_1)$.
- En a_2 hay una discontinuidad evitable, ya que aunque existen $\lim_{x \to a_2} f(x) = b_3$ y $f(a_2) = b_2$, su valor no coincide.
- En a_3, f es discontinua de salto finito, pues aunque existe $f(a_3) = b_4$, no existe $\lim_{x \to a_3} f(x)$ al no coincidir los límites laterales: $\lim_{x \to a_3^-} f(x) = b_4$ y $\lim_{x \to a_3^+} f(x) = b_1$.
- En a_4, sucede como en a_3, aunque en este caso no existen ni $f(a_4)$ ni $\lim_{x \to a_4} f(x)$.
- En a_5 se presenta una discontinuidad evitable, pues existe $\lim_{x \to a_5} f(x)$, pero no $f(a_5)$.

Ya se ha visto que si existen $\lim_{x \to a} f(x)$ y $\lim_{x \to a} g(x)$, existe también el límite de la función obtenida a partir de f y g mediante las operaciones usuales. Por tanto, se puede afirmar que si f y g son continuas en a, entonces también lo es la función h obtenida a partir de f y g, siempre que exista el número $h(a)$. De aquí se deduce el siguiente resultado:

Las funciones **polinómicas** son continuas en todos los números reales.

Las funciones dadas por **cocientes de polinomios** (racionales) son continuas en todos los números reales salvo en los que anulan el denominador.

MAT-TIC GeoGebra

Entra en **smSavia**digital.com y visualiza la relación entre continuidad y límite.

Ejemplo Estudia la continuidad de la función $f(x)=\begin{cases} x^2+1 & \text{si } x\le 0 \\ 3x-2 & \text{si } 0<x<4 \\ -x^2-x+30 & \text{si } x\ge 4 \end{cases}$.

Como se trata de una función definida a trozos y en los diferentes intervalos está definida por polinomios, se concluye que los únicos puntos donde podría no ser continua son las fronteras entre dichos intervalos: $x=0$ y $x=4$.

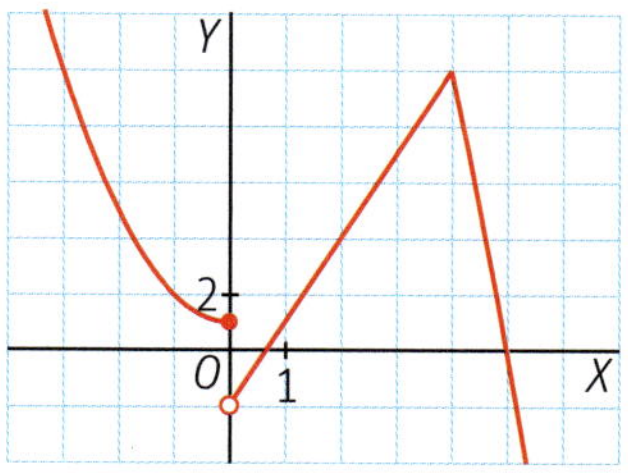

En $x=0$: $\left.\begin{array}{l} \lim\limits_{x\to 0^-} f(x)=\lim\limits_{x\to 0^-}(x^2+1)=1 \\ \lim\limits_{x\to 0^+} f(x)=\lim\limits_{x\to 0^+}(3x-2)=-2 \end{array}\right\}\Rightarrow$ Al no coincidir los límites laterales, no existe $\lim\limits_{x\to 0} f(x)$ y f no es continua en $x=0$.

En $x=4$: $\left.\begin{array}{l} \lim\limits_{x\to 4^-} f(x)=\lim\limits_{x\to 4^-}(3x-2)=10 \\ \lim\limits_{x\to 4^+} f(x)=\lim\limits_{x\to 4^+}(-x^2-x+30)=10 \end{array}\right\}\Rightarrow \lim\limits_{x\to 4} f(x)=10=f(4)\Rightarrow f$ es continua en $x=4$.

EJERCICIO RESUELTO

13. **Determina los valores de a y b que hacen continua en todo $\mathbb{R}$ a la función:**

$$f(x)=\begin{cases} ax+b & \text{si } x\le 1 \\ bx^2+2 & \text{si } 1<x\le 3 \\ 3x-16 & \text{si } x>3 \end{cases}$$

Como en los diferentes intervalos está definida por polinomios, los únicos puntos donde podría no ser continua son $x=1$ y $x=3$.

$x=1$: Para que sea continua en este punto debe existir $\lim\limits_{x\to 1} f(x)$:

$$\left.\begin{array}{l} \lim\limits_{x\to 1^-} f(x)=\lim\limits_{x\to 1^-}(ax+b)=a+b \\ \lim\limits_{x\to 1^+} f(x)=\lim\limits_{x\to 1^+}(bx^2+2)=b+2 \end{array}\right\}\Rightarrow a+b=b+2\Rightarrow a=2$$

$x=3$: Para que sea continua en este punto debe existir $\lim\limits_{x\to 3} f(x)$ y de aquí resulta:

$$\left.\begin{array}{l} \lim\limits_{x\to 3^-} f(x)=\lim\limits_{x\to 3^-}(bx^2+2)=9b+2 \\ \lim\limits_{x\to 3^+} f(x)=\lim\limits_{x\to 3^+}(3x-16)=-7 \end{array}\right\}\Rightarrow 9b+2=-7\Rightarrow b=-1$$

EJERCICIOS PROPUESTOS

14. **Identifica los puntos de discontinuidad de las siguientes funciones y clasifícalos.**

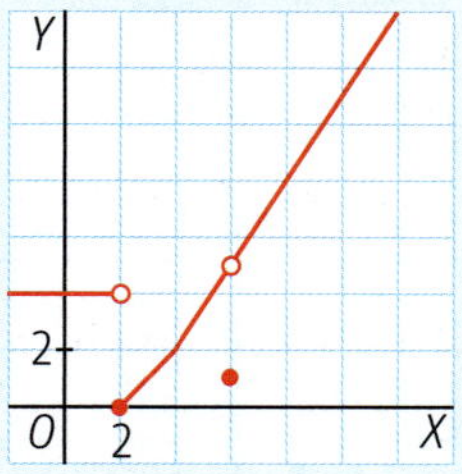

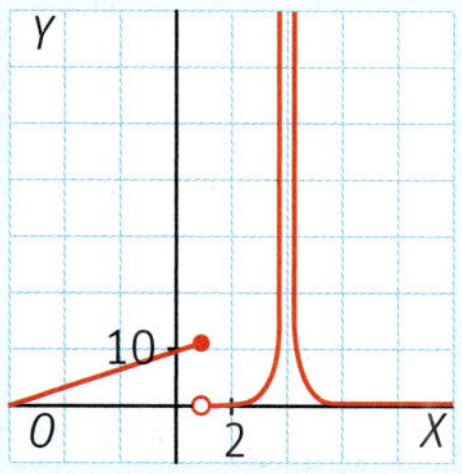

15. **Dibuja la gráfica de una función que verifique a la vez estas cuatro condiciones:**

I. $\lim\limits_{x\to 1^-} f(x)=2$

II. $\lim\limits_{x\to 2} f(x)=5$

III. $\lim\limits_{x\to 1^+} f(x)=3$

IV. $f(2)=7$

¿Es continua esta función en $x=1$? ¿Y en $x=2$?

16. **a)** ¿Hay algún valor de x para el que no esté definida la función $f(x)=\dfrac{1}{x^4+5x^2+6}$?

b) ¿Dónde es continua esta función?

17. **Escribe una función que no sea continua ni en $x=1$ ni en $x=7$.**

18. **¿En qué puntos no son continuas estas funciones?**

a) $f(x)=\dfrac{3x-1}{x^4+1}$

b) $f(x)=\dfrac{x^3-1}{x-1}$

c) $f(x)=\dfrac{x^2-16}{x^2+x-12}$

d) $f(x)=\dfrac{x^2-1}{x^2-3x+2}$

19. **¿Es continua $f(x)=\dfrac{x-1}{x^2-8x+7}$ en $x=1$?**

20. **Estudia la continuidad de estas funciones.**

a) $f(x)=\dfrac{x-3}{x^2-7x+12}$

b) $f(x)=\begin{cases} x+1 & \text{si } x\le 0 \\ x-1 & \text{si } 0<x\le 3 \\ 2x-4 & \text{si } 3<x \end{cases}$

21. **Determina cuánto debe valer a para que la siguiente función sea continua en todo $\mathbb{R}$.**

$$f(x)=\begin{cases} x^3+a & \text{si } x\le 1 \\ x^2-a & \text{si } 1<x \end{cases}$$

6 Asíntotas y ramas infinitas

Una rama infinita de una función es cualquier porción continua de su gráfica de longitud infinita. Aparece cuando la variable independiente, x, o la dependiente, y, o ambas tienden a $+\infty$ o a $-\infty$.

> Una **asíntota** es una recta hacia la que se aproxima una rama infinita de una función.

Geométricamente, el estudio de los límites en el infinito y de los límites infinitos de una función puede llevar a establecer que dicha función tiene una o varias asíntotas.

Asíntotas verticales

Para que en un punto $x=a$ una función tenga asíntota vertical basta con que uno de los límites laterales de la función en ese punto tienda a $+\infty$ o a $-\infty$.

> Para a real, la recta vertical $\boldsymbol{x=a}$ es una **asíntota vertical** de la función $y=f(x)$ si se verifica:
>
> $$\lim_{x\to a^-} f(x)=-\infty \quad \text{o} \quad \lim_{x\to a^+} f(x)=-\infty \quad \text{o} \quad \lim_{x\to a^-} f(x)=+\infty \quad \text{o} \quad \lim_{x\to a^+} f(x)=+\infty$$

Se pueden dar ocho casos en los que una función presente asíntota vertical en un punto:

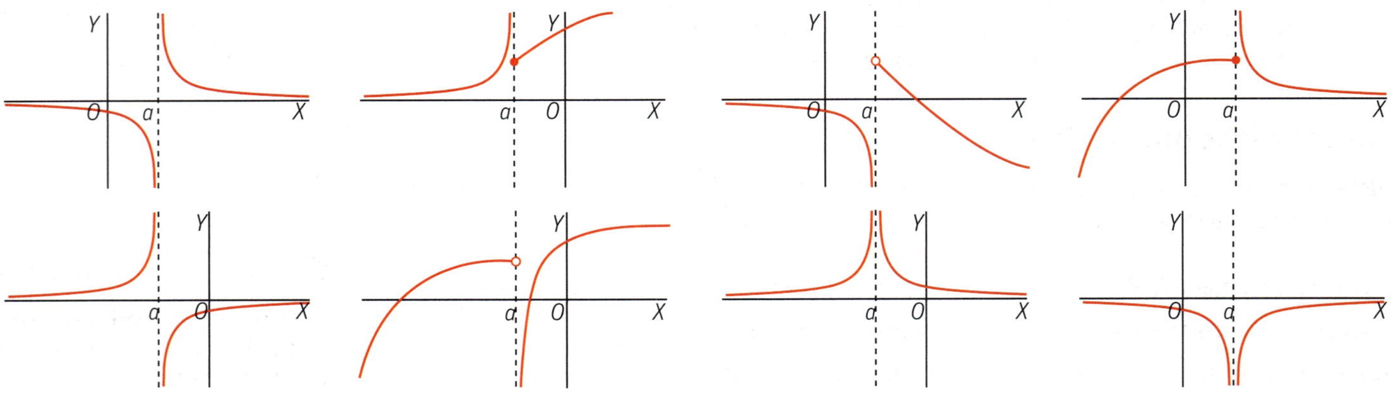

Asíntotas horizontales

> Sea l un número real, la recta horizontal $\boldsymbol{y=l}$ es una **asíntota horizontal** de la función $y=f(x)$ si se verifica que $\lim_{x\to+\infty} f(x)=l$ o $\lim_{x\to-\infty} f(x)=l$.

Si una función f tiene asíntotas horizontales, pueden darse los cuatro casos siguientes:

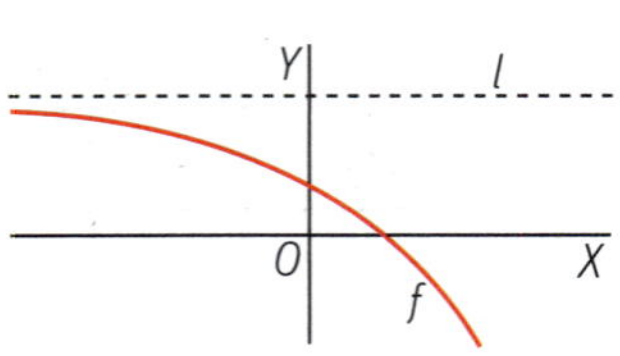

Asíntota solo en $-\infty$

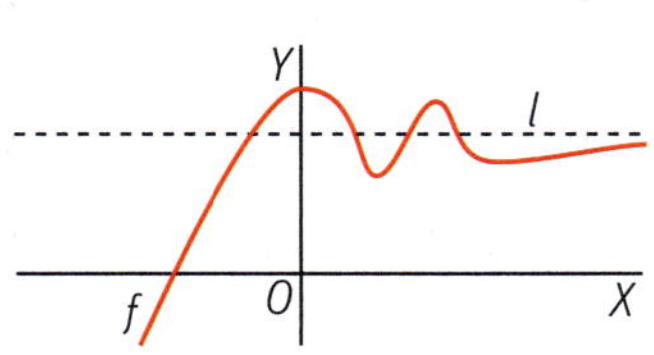

Asíntota solo en $+\infty$

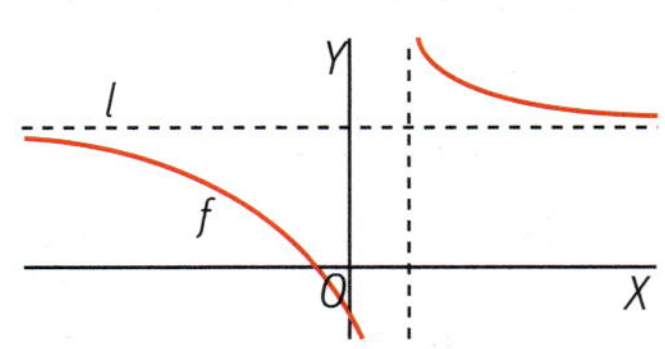

Igual asíntota en $-\infty$ y en $+\infty$

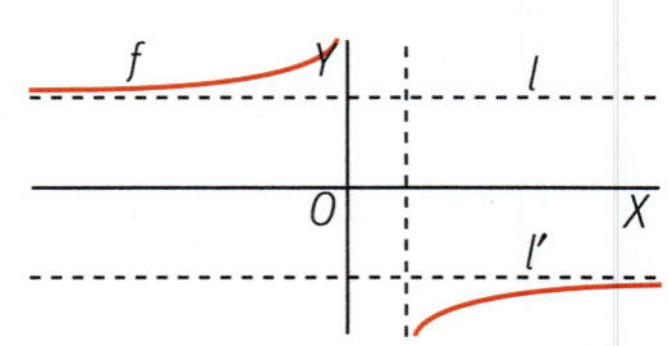

Distintas asíntotas en $-\infty$ y en $+\infty$

Ejemplo ▸ Para la función $f(x)=\dfrac{x}{x-1}$, al ser $\lim_{x\to1^-} f(x)=\dfrac{1}{0^-}=-\infty$ y $\lim_{x\to1^+} f(x)=\dfrac{1}{0^+}=+\infty$, f tiene como asíntota vertical la recta $x=1$.

En los límites anteriores, por 0^- se indica que al aproximarse a 1 por la izquierda, el denominador se aproxima a 0 con valores negativos (por ejemplo $0{,}99-1=-0{,}01$).

Lo mismo significa la expresión 0^+, pero ahora indicando que la diferencia $x-1$ es positiva.

Al ser $\lim_{x\to+\infty} f(x)=\lim_{x\to\infty}\dfrac{x}{x-1}=1$, $y=1$ es la asíntota horizontal de f en $+\infty$ y en $-\infty$.

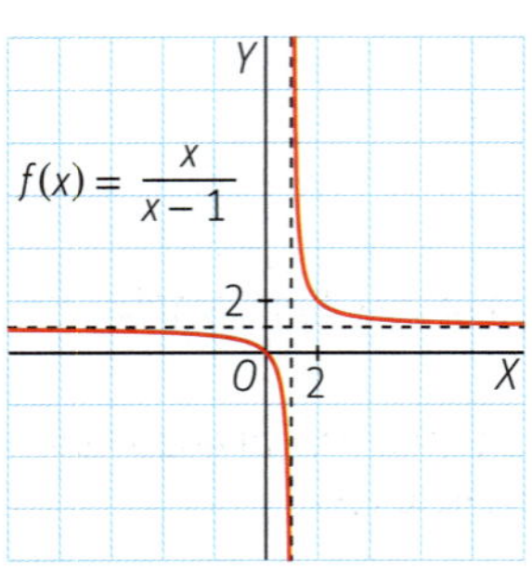

Asíntotas oblicuas

En muchas ocasiones en las que una función no tiende a un valor constante en $+\infty$ o en $-\infty$, es decir, no presenta asíntota horizontal, se observa que su gráfica tiende a aproximarse a una recta oblicua cuando la variable independiente tiende a $+\infty$ o a $-\infty$.

La recta no horizontal $\boldsymbol{y=mx+n}$, $m\neq 0$, es una **asíntota oblicua** de $y=f(x)$ si:

$$\lim_{x\to+\infty}\left(f(x)-(mx+n)\right)=0 \quad \text{o} \quad \lim_{x\to-\infty}\left(f(x)-(mx+n)\right)=0$$

En el caso de las funciones racionales, para hallar las asíntotas oblicuas basta con hacer la división.

Ejemplo Si se divide y se aplica la prueba de la división a la función $g(x)=\dfrac{x^2}{x+1}$ se puede escribir: $g(x)=\dfrac{x^2}{x+1}=x-1+\dfrac{1}{x+1}\Rightarrow g(x)-(x-1)=\dfrac{1}{x+1}$

Para valores grandes de x, la expresión $\dfrac{1}{x+1}$ tiende a cero y, por ello, $g(x)$ y la recta $y=x-1$ toman, prácticamente, el mismo valor. Por tanto, dicha recta es una asíntota oblicua de g en $+\infty$. El mismo comportamiento se observa cuando x tiende a $-\infty$, por lo que la asíntota oblicua lo es también en $-\infty$.

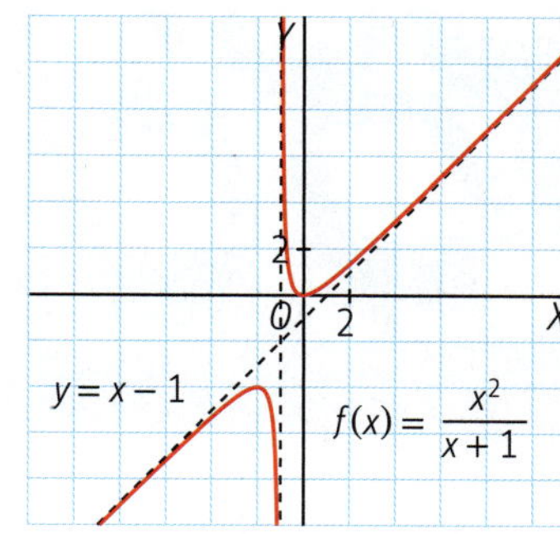

Asíntotas en funciones racionales

Para determinar las asíntotas de las funciones racionales $f(x)=\dfrac{P(x)}{Q(x)}$, con $P(x)$ y $Q(x)$ polinomios basta tener en cuenta lo siguiente.

- Si grado $P(x)\leq$ grado $Q(x)$, $f(x)$ tiene asíntota horizontal y es la misma en $+\infty$ y en $-\infty$.
- Si grado $P(x)=1+$grado $Q(x)$, $f(x)$ tiene la misma asíntota oblicua en $+\infty$ y $-\infty$.
- $f(x)$ puede tener asíntotas verticales en los puntos en los que $Q(x)=0$.

MAT-TIC GeoGebra

Entra en smSaviadigital.com y practica con funciones racionales y sus asíntotas.

EJERCICIO RESUELTO

22. Calcula las asíntotas de la función $g(x)=\dfrac{2x^3-1}{x^2}$.

Asíntotas verticales: Puede haber cuando $x^2=0$, es decir en $x=0$. Para comprobarlo se calculan los límites laterales de g en este punto:

$$\lim_{x\to 0^-} g(x)=\frac{-1}{0^+}=-\infty \text{ y } \lim_{x\to 0^+} g(x)=\frac{-1}{0^+}=-\infty \Rightarrow x=0 \text{ es asíntota vertical de } g.$$

Asíntota horizontal: Como $\lim\limits_{x\to+\infty} g(x)=+\infty$, g no tiene asíntota horizontal

Asíntota oblicua: Si se efectúa la división indicada en g se obtiene $g(x)=2x-\dfrac{1}{x^2}$, y como $\lim\limits_{x\to+\infty}\dfrac{1}{x^2}=0$, se deduce que $y=2x$ es la asíntota oblicua de g en $+\infty$ y en $-\infty$.

A la derecha se ha representado g y sus correspondientes asíntotas.

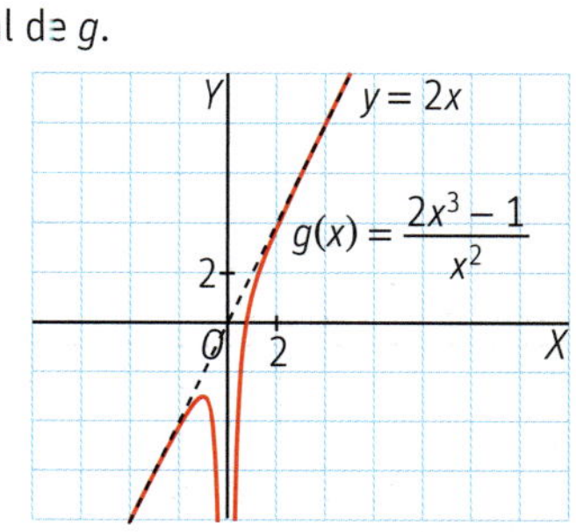

EJERCICIOS PROPUESTOS

23. Halla todas las asíntotas de $f(x)=\dfrac{x^2+2}{x-1}$ y $g(x)=\dfrac{3x^2+x-1}{x^2+5x}$ y esboza sus gráficas.

24. Calcula las asíntotas de $f(x)=\dfrac{x^3+x^2+1}{x^2+x+1}$.

25. Esboza la gráfica de $f(x)=\dfrac{x^2}{x(x-1)^2}$.

26. ¿Puede tener una función racional asíntotas horizontales y oblicuas a la vez?

27. smSaviadigital.com PRACTICA Sigue practicando con la continuidad y las asíntotas de funciones.

7 Utilización de límites en situaciones concretas

En muchas situaciones relacionadas con la economía u otras ciencias sociales, conceptos tan matemáticos como los que se han visto en este tema tienen una aplicación concreta.

Ejemplo ▸ **Una empresa decide fabricar en serie un artículo determinado. Las tasas fijas de fabricación se elevan a 100 000 € y el coste de fabricación de cada artículo es de 15 €. Si *x* representa el número de artículos fabricados:**

a) Encuentra una función $f(x)$ que exprese el coste de fabricación de un artículo cuando se fabrican en total x artículos. Calcula $f(1000)$, $f(25\,000)$ y $f(100\,000)$.

b) Indica el $\lim\limits_{x \to +\infty} f(x)$ y da una interpretación económica de este resultado.

c) Determina cuál debe ser la producción para que el coste unitario no supere los 20 €

d) Esboza la gráfica de la función de coste $f(x)$.

a) El coste de fabricación de x artículos es $g(x) = 100\,000 + 15x$, por lo que el coste de cada uno de los artículos (coste unitario) vendrá dado por la función:

$$f(x) = \frac{100\,000 + 15x}{x}$$

Así pues, $f(1000) = \dfrac{100\,000 + 15 \cdot 1000}{1000} = \dfrac{115\,000}{1000} = 115$ €

$f(25\,000) = \dfrac{100\,000 + 15 \cdot 25\,000}{25\,000} = \dfrac{475\,000}{25\,000} = 19$ €

$f(100\,000) = \dfrac{100\,000 + 15 \cdot 100\,000}{100\,000} = 16$ €

b) El límite pedido es del tipo $\dfrac{\infty}{\infty}$ y es sencillo de calcular al ser la función f un cociente de polinomios. Así se tiene $\lim\limits_{x \to +\infty} = \dfrac{100\,000 + 15x}{x} = 15$.

Este resultado indica que las tasas fijas de fabricación no influyen a la larga; es decir, que cuando se fabrican muchos artículos, en el coste de fabricación de cada uno el peso de las tasas fijas va disminuyendo hasta hacerse prácticamente irrelevante, ya que estas se dividen entre un número cada vez más grande.

Matemáticamente, la situación anterior se va a reflejar en la existencia de una asíntota horizontal en la gráfica de f, tal y como se ve en el apartado d.

c) Para que el coste por artículo sea justo de 20 €, basta resolver la ecuación $f(x) = 20$.

$$f(x) = \frac{100\,000 + 15x}{x} = 20 \Rightarrow 100\,000 + 15x = 20x \Rightarrow x = \frac{100\,000}{5} = 20\,000$$

Por tanto, la fábrica debe producir al menos 20 000 artículos para que el coste unitario no supere los 20 €.

d) Para esbozar la gráfica de f, hay que tener en cuenta los siguientes puntos:

- El dominio de f es $(0, +\infty)$, ya que no tiene sentido considerar la fabricación de un número no positivo de artículos.
- f presenta una asíntota vertical cuando $x \to 0^+$.
- f presenta una asíntota horizontal cuando $x \to +\infty$, que, de acuerdo a lo obtenido en el apartado b, es $y = 15$.

La gráfica de f se muestra a la derecha.

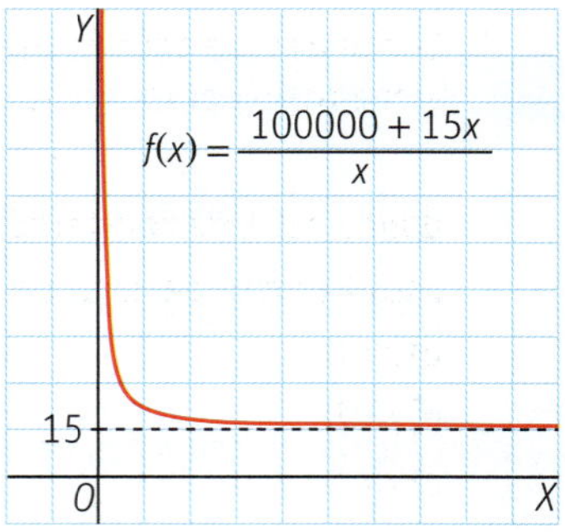

Ejemplo ▸ **Las mejoras sucesivas en una nueva máquina permiten un aumento progresivo de la producción por hora en función del tiempo, t.**

Dicha producción, p, viene dada en función del tiempo t (en horas) transcurrido desde la introducción de las mejoras, por la función $p(t)=a+\dfrac{b}{t+2}$ con a y b números reales.

Se sabe que al cabo de 2 horas de utilización, la máquina produce 330 piezas en 1 hora y al cabo de 6 horas de utilización, produce 340 piezas en una hora.

a) Calcula a y b.

b) Calcula $\lim\limits_{x\to+\infty} p(t)$. Interpreta este límite en términos de la producción por hora de la máquina.

c) Esboza la gráfica de $p(t)$.

a) Para calcular a y b basta con sustituir en la ecuación de p los datos dados al final de enunciado y resolver el sistema de ecuaciones que se obtiene:

De $p(2)=a+\dfrac{b}{2+2}=330$ y $p(6)=a+\dfrac{b}{6+2}=340$, se llega al sistema:

$\begin{cases} 4a+b=1320 \\ 8a+b=2720 \end{cases}$, cuya solución es $a=350$; $b=-80$.

b) Como $p(t)=350-\dfrac{80}{t+2}$, se tiene que $\lim\limits_{x\to+\infty} p(t)=350$, ya que $\lim\limits_{t\to\infty}\left(-\dfrac{80}{t+2}\right)=0$.

Es decir, cuando aumenta t, aumenta la producción por hora, aproximándose a las 350 piezas en una hora.

c) Para esbozar la gráfica de p, hay que tener en cuenta los siguientes puntos:

- El dominio de $p(t)$ es $(0, +\infty)$, ya que no tiene sentido considerar la producción de un número no positivo de artículos.
- $p(t)$ no presenta asíntotas verticales ya que el único valor que hace cero el denominador que aparece en p es $t=-2$ que no pertenece al dominio de p.
- $p(t)$ presenta una asíntota horizontal cuando $t\to+\infty$, que, de acuerdo a lo obtenido en el apartado b, es $p=350$.

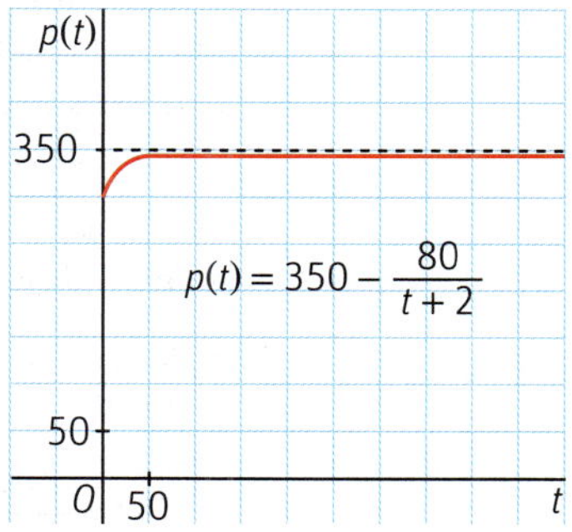

La gráfica de $p(t)$ se muestra a la derecha.

EJERCICIOS PROPUESTOS

28. **El número de individuos de una población en un instante t viene dado por la función:**

$$N(t)=300te^{rt} \text{ si } t>0$$

donde r es una constante.

Estudia cómo se comporta a largo plazo la población si:

a) $r>0$

b) $r<0$

c) $r=0$

29. **En la tabla se indica cómo varía el tipo impositivo del impuesto sobre la renta de un país según la renta.**

Renta anual (€)	Tipo (%)
Inferior a 20 000	10
Entre 20 000 y 40 000	20
Superior a 40 000	40

Representa gráficamente esta función y estudia su continuidad.

Resumen

Límite de una función

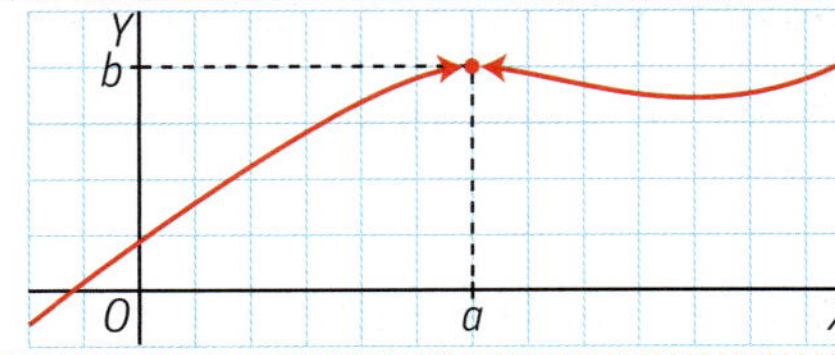

Si a y b son dos números reales, $\lim\limits_{x \to a} f(x) = b \Rightarrow$ siempre que x toma valores próximos a a (tanto menores como mayores), los correspondientes valores de $f(x)$ se aproximan a b.

Límites laterales: cuando x se aproxima a a con valores menores que a (por la izquierda) o mayores que a (por la derecha).

Propiedades de los límites

Si $\lim\limits_{x \to a} f(x) = p$ y $\lim\limits_{x \to a} g(x) = q$, entonces:

- $\lim\limits_{x \to a}\big(f(x)+g(x)\big) = p+q$
- $\lim\limits_{x \to a}\big(k \cdot f(x)\big) = k \cdot p$, con k real
- $\lim\limits_{x \to a} \dfrac{f(x)}{g(x)} = \dfrac{p}{q}$, si q no es cero
- $\lim\limits_{x \to a}\big(f(x)-g(x)\big) = p-q$
- $\lim\limits_{x \to a}\big(f(x) \cdot g(x)\big) = p \cdot q$
- $\lim\limits_{x \to a}\big(f(x)\big)^{g(x)} = p^q$, si p^q es real

Limites en el infinito

$\lim\limits_{x \to +\infty} f(x)$ y $\lim\limits_{x \to -\infty} f(x)$, denotan los valores, reales o no, a los que tiende la función f cuando x tiende a valores muy grandes en valor absoluto.

Límites infinitos

$\lim\limits_{x \to a} f(x) = +\infty$ o $\lim\limits_{x \to a} f(x) = -\infty$ significan que cuando x toma valores próximos a a, por ambos lados, los correspondientes valores de f se hacen arbitrariamente grandes y positivos o negativos.

Tipos de límites con infinitos

Tipo		Ejemplos
∞^k	$k>0$	$\lim\limits_{x \to +\infty} x^2 = \infty^2 = +\infty$
	$k<0$	$\lim\limits_{x \to +\infty} x^{-2} = (+\infty)^{-2} = 0$
k^∞	$k>1$	$\lim\limits_{x \to +\infty} 2^x = 2^\infty = +\infty$
		$\lim\limits_{x \to -\infty} 2^x = 2^{-\infty} = \dfrac{1}{2^{+\infty}} = \dfrac{1}{+\infty} = 0$
	$0<k<1$	$\lim\limits_{x \to +\infty} 0{,}5^x = 0$
		$\lim\limits_{x \to -\infty} 0{,}5^x = 0{,}5^{-\infty} = 2^{+\infty} = +\infty$
$\infty + \infty$		$\lim\limits_{x \to +\infty} (x^2+x) = \infty + \infty = +\infty$

Tipo	Ejemplos
$\infty + k$	$\lim\limits_{x \to -\infty} (x+5) = -\infty + 5 = -\infty$
$k \cdot \infty$	$\lim\limits_{x \to +\infty} 5x = 5(+\infty) = +\infty$
$\dfrac{k}{0} (k \neq 0)$	$\lim\limits_{x \to 0} \dfrac{3}{x^2} = \dfrac{3}{0} = +\infty$ $\quad \lim\limits_{x \to 0} \dfrac{-1}{x^2} = \dfrac{-1}{0} = -\infty$
$\dfrac{k}{\infty}$	$\lim\limits_{x \to -\infty} \dfrac{3}{x^2} = \dfrac{3}{+\infty} = 0$
$\infty \cdot \infty$	$\lim\limits_{x \to +\infty} xe^x = +\infty \cdot (+\infty) = +\infty$
∞^∞	$\lim\limits_{x \to +\infty} (x^2-3)^x = \infty^\infty = +\infty$
	$\lim\limits_{x \to -\infty} (x^2-3)^x = \infty^{-\infty} = 0$

Indeterminaciones

Expresiones sin sentido en $\mathbb{R}$ y que se resuelven por técnicas apropiadas.

Hay siete tipos:

$\dfrac{\infty}{\infty}$ $\quad 1^\infty$

$\infty - \infty$ $\quad \infty^0$

$\dfrac{0}{0}$ $\quad 0^0$

$0 \cdot \infty$

Continuidad

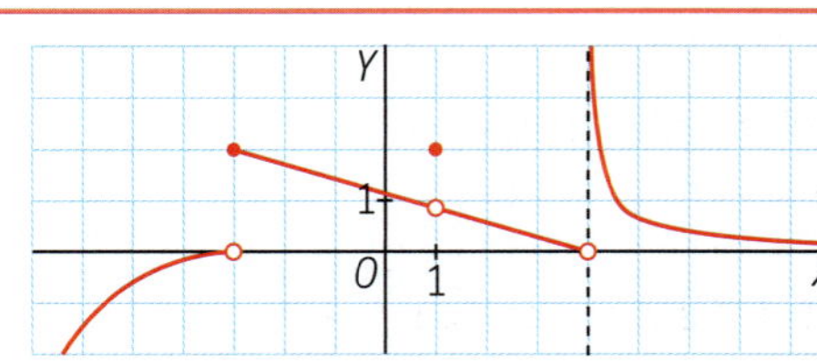

f continua en $x = a$ si $\lim\limits_{x \to a} f(x) = f(a)$

- Las funciones polinómicas son continuas en todos los números reales.
- Las racionales son continuas en todo $\mathbb{R}$ excepto en los valores que anulan el denominador.

Asíntotas

Verticales ($x = a$)

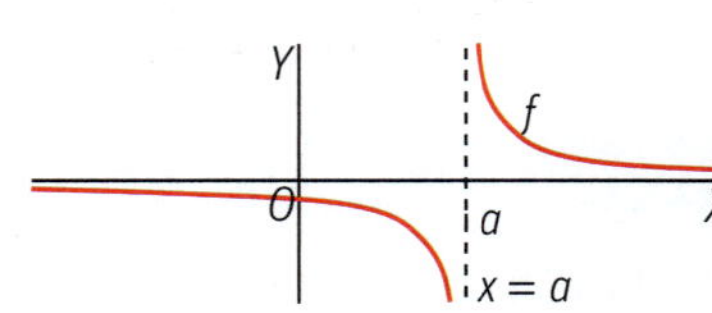

- La recta vertical $x = a$ es una asíntota vertical de la función $y = f(x)$ si:

$$\lim_{x \to a^-} f(x) = +\infty \text{ o } \lim_{x \to a^+} f(x) = +\infty \text{; } \lim_{x \to a^-} f(x) = -\infty \text{ o } \lim_{x \to a^+} f(x) = -\infty$$

Horizontales ($y = b$)

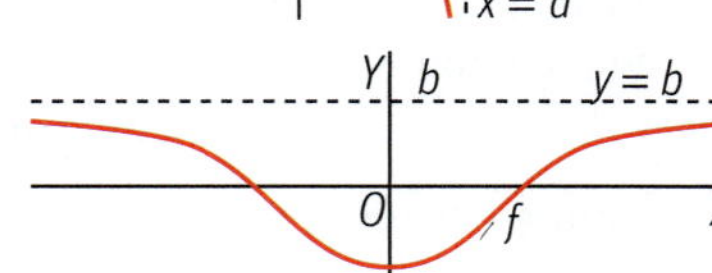

- La recta horizontal $y = b$ es asíntota horizontal de la función $y = f(x)$ si:

$$\lim_{x \to +\infty} f(x) = b \text{ o si } \lim_{x \to -\infty} f(x) = b$$

Oblicuas ($y = mx + n$)

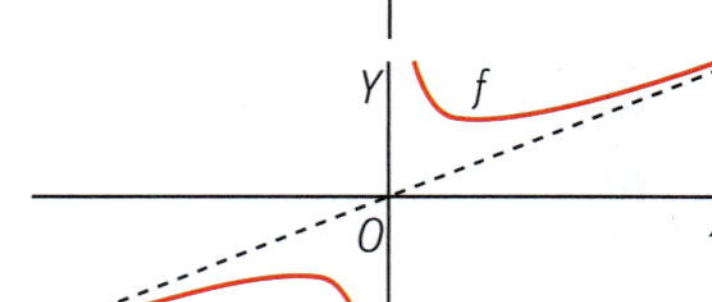

- La recta oblicua $y = mx + n$, $m \neq 0$, es una asíntota oblicua de la función $y = f(x)$ si:

$$\lim_{x \to +\infty} \big(f(x) - (mx+n)\big) = 0 \text{ o si } \lim_{x \to -\infty} \big(f(x) - (mx+n)\big) = 0$$

EJERCICIOS RESUELTOS

Cálculo de límites

Límites en funciones definidas a trozos

30. Estudia si existen $\lim\limits_{x \to 1} f(x)$ y, $\lim\limits_{x \to 3} f(x)$, si f se define por

$$f(x)=\begin{cases} x^2 & \text{si } x \le 1 \\ 2x-1 & \text{si } 1 < x \le 3 \\ -x+1 & \text{si } x > 3 \end{cases}$$

Cuando x toma valores próximos a 1, pero menores que 1, los correspondientes valores de $f(x)$ se aproximan a 1 (se debe leer en el primer intervalo de definición de f) y cuando x toma valores próximos a 1, pero mayores que 1, los correspondientes valores de $f(x)$ se aproximan a 1 (leer en el segundo intervalo de definición). Como en este caso, los límites laterales para $x=1$ coinciden, existe $\lim\limits_{x \to 1} f(x)$:

$$\left.\begin{array}{l} \lim\limits_{x \to 1^-} f(x) = \lim\limits_{x \to 1^-} x^2 = 1^2 = 1 \\ \lim\limits_{x \to 1^+} f(x) = \lim\limits_{x \to 1^+} (2x-1) = 2 \cdot 1 - 1 = 1 \end{array}\right\} \Rightarrow \lim\limits_{x \to 1} f(x) = 1$$

Si se sigue el mismo argumento para $x=3$, se tiene lo siguiente:

$$\left.\begin{array}{l} \lim\limits_{x \to 3^-} f(x) = \lim\limits_{x \to 3^-} (2x-1) = 2 \cdot 3 - 1 = 5 \\ \lim\limits_{x \to 3^+} f(x) = \lim\limits_{x \to 3^+} (-x+1) = -3+1 = -2 \end{array}\right\} \Rightarrow \lim\limits_{x \to 3} f(x) \text{ no existe.}$$

El límite no existe al no coincidir los límites laterales para $x=3$.

Límites indeterminados $\infty - \infty$

31. Calcula el límite siguiente.

$$\lim_{x \to +\infty} \left(\sqrt{x^2-x+1} - (x+1)\right)$$

Ni $\lim\limits_{x \to +\infty} \sqrt{x^2-x+1}$ ni $\lim\limits_{x \to +\infty} (x+1)$ son números, y se obtiene una indeterminación del tipo $\infty - \infty$. Para eliminar la indeterminación primero se multiplica y se divide por la expresión conjugada:

$$\lim_{x \to +\infty} \left(\sqrt{x^2-x+1} - (x+1)\right) = \lim_{x \to +\infty} \frac{\left(\sqrt{x^2-x+1} - (x+1)\right)\left(\sqrt{x^2-x+1} + (x+1)\right)}{\sqrt{x^2-x+1} + (x+1)} =$$

$$= \lim_{x \to +\infty} \frac{x^2-x+1-(x+1)^2}{\sqrt{x^2-x+1}+x+1} = \lim_{x \to +\infty} \frac{x^2-x+1-x^2-2x-1}{\sqrt{x^2-x+1}+x+1} = \lim_{x \to +\infty} \frac{-3x}{\sqrt{x^2-x+1}+x+1}$$

Ahora la indeterminación se ha transformado en una del tipo $\frac{\infty}{\infty}$ que se resuelve dividiendo numerador y denominador por el término de mayor grado, x:

$$\lim_{x \to +\infty} \frac{\frac{-3x}{x}}{\sqrt{\frac{x^2}{x^2} - \frac{x}{x^2} + \frac{1}{x^2}} + \frac{x}{x} + \frac{1}{x}} = \lim_{x \to +\infty} \frac{-3}{\sqrt{1 - \frac{1}{x} + \frac{1}{x^2}} + 1 + \frac{1}{x}} = \frac{-3}{\sqrt{1-0+0}+1+0} = -\frac{3}{2}$$

Indeterminación en una función racional

32. Halla el límite siguiente.

$$\lim_{x \to 3} \frac{x^4-10x^2+9}{x^3-2x^2-4x+3}$$

Al sustituir la variable x por el valor 3, tanto el numerador como el denominador se anulan. Por tanto, el límite es indeterminado del tipo $\frac{0}{0}$. Para resolverlo, se factorizan los polinomios numerador y denominador dividiéndolos por $x-3$:

	1	0	−10	0	9
3		3	9	−3	−9
	1	3	−1	−3	0

	1	−2	−4	3
3		3	3	−3
	1	1	−1	0

Por tanto se puede escribir: $\begin{cases} x^4-10x^2+9=(x-3)(x^3+3x^2-x-3) \\ x^3-2x^2-4x+3=(x-3)(x^2+x-1) \end{cases}$ y sustituyendo, se simplifica la fracción y se determina el valor del límite:

$$\lim_{x \to 3} \frac{x^4-10x^2+9}{x^3-2x^2-4x+3} = \lim_{x \to 3} \frac{\cancel{(x-3)}(x^3+3x^2-x-3)}{\cancel{(x-3)}(x^2+x-1)} = \frac{3^3+3 \cdot 3^2-3-3}{3^2+3-1} = \frac{48}{11}$$

Continuidad

Determinación de parámetros para que una función sea continua

33. Calcula los números a y b para que la función

$$f(x)=\begin{cases} ax & \text{si } x\le 2 \\ bx+1 & \text{si } 2<x\le 4 \\ x-a & \text{si } x>4 \end{cases}$$

sea continua en todos los números reales.

Para x diferente de 2 y 4, esta función es continua ya que está definida por polinomios. En los puntos de abscisas 2 y 4 puede presentar discontinuidades de salto finito. Para que eso no ocurra, se debe asegurar que los límites en dichos puntos existan. Esto equivale a exigir que existan los límites laterales, sean iguales y coincidan con $f(2)$ y $f(4)$, respectivamente. Esto último está asegurado ya que, por la definición de la función, $f(2)=\lim\limits_{x\to 2^-} f(x)$ y $f(4)=\lim\limits_{x\to 4^-} f(x)$. Por tanto:

$$x=2:\ \left.\begin{array}{l}\lim\limits_{x\to 2^-} f(x)=\lim\limits_{x\to 2^-} ax=2a \\ \lim\limits_{x\to 2^+} f(x)=\lim\limits_{x\to 2^+}(bx+1)=2b+1\end{array}\right\}\Rightarrow 2a=2b+1$$

$$x=4:\ \left.\begin{array}{l}\lim\limits_{x\to 4^-} f(x)=\lim\limits_{x\to 4^-}(bx+1)=4b+1 \\ \lim\limits_{x\to 4^+} f(x)=\lim\limits_{x\to 4^+}(x-a)=4-a\end{array}\right\}\Rightarrow 4b+1=4-a$$

Si se resuelve el sistema formado por las dos ecuaciones obtenidas: $\begin{cases} 2a-2b=1 \\ a+4b=3\end{cases} \Rightarrow a=1,\ b=\dfrac{1}{2}$

Estos son los valores que deben tener a y b para que f sea continua en todo $\mathbb{R}$.

Discontinuidades inevitables

34. ¿Existe algún número a para el que la función

$$f(x)=\begin{cases} ax+1 & \text{si } x\le 1 \\ 2x-a & \text{si } 1<x\le 3 \\ 2ax & \text{si } x>3 \end{cases}$$

sea continua en el intervalo [0, 4]?

Al estar definida por polinomios, para que la función f sea continua en [0, 4] debe serlo en $x=1$ y en $x=3$. Para ello, deben existir los límites en dichos puntos y, por tanto, los correspondientes límites laterales deben ser iguales y coincidir con $f(1)$ y $f(3)$, respectivamente. Esto último está asegurado ya que, por la definición de la función es $f(1)=\lim\limits_{x\to 1^-} f(x)$ y $f(3)=\lim\limits_{x\to 3^-} f(x)$. Por tanto:

$$x=1:\ \left.\begin{array}{l}\lim\limits_{x\to 1^-} f(x)=\lim\limits_{x\to 1^-}(ax+1)=a+1 \\ \lim\limits_{x\to 1^+} f(x)=\lim\limits_{x\to 1^+}(2x-a)=2-a\end{array}\right\}\Rightarrow a+1=2-a\Rightarrow a=\frac{1}{2}$$

$$x=3:\ \left.\begin{array}{l}\lim\limits_{x\to 3^-} f(x)=\lim\limits_{x\to 4^-}(2x-a)=6-a \\ \lim\limits_{x\to 3^+} f(x)=\lim\limits_{x\to 4^+} 2ax=6a\end{array}\right\}\Rightarrow 6-a=6a\Rightarrow a=\frac{6}{7}$$

Como los valores de a necesarios para que f sea continua en $x=1$ y en $x=3$ son diferentes, $\dfrac{1}{2}$ y $\dfrac{6}{7}$, respectivamente, se concluye que f no puede ser continua en el intervalo [0, 4].

Asíntotas

Determinación de una función que cumpla determinadas condiciones sobre sus asíntotas

35. Escribe una posible fórmula para una función racional f cuya gráfica sea la de la figura.

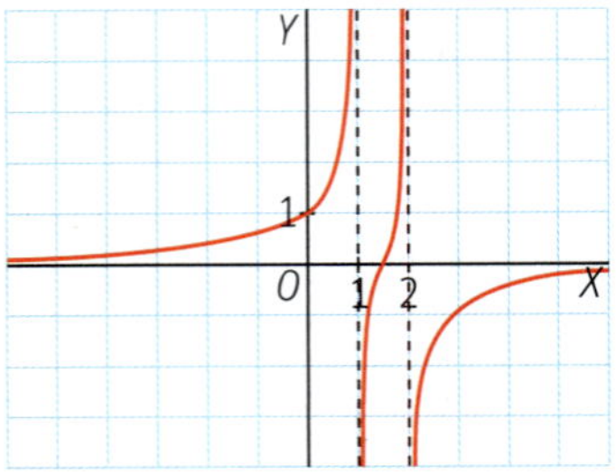

La gráfica de f tiene asíntotas verticales en $x=1$ y en $x=2$, por tanto el denominador de f puede ser de la forma $(x-1)(x-2)\Rightarrow f(x)=\dfrac{P(x)}{(x-1)(x-2)}$.

Como $y=0$ es asíntota horizontal de f, el grado de P debe ser menor que el grado de Q y como de la gráfica se deduce que P se anula en $x=\dfrac{3}{2}$, resulta $P(x)=a\left(x-\dfrac{3}{2}\right)$. Además se observa en la figura que $f(0)=1$, por lo que $f(0)=\dfrac{a\left(0-\frac{3}{2}\right)}{(0-1)(0-2)}=-\dfrac{3a}{4}=1\Rightarrow a=-\dfrac{4}{3}$.

Así, una posible elección sería $f(x)=\dfrac{-\frac{4}{3}\left(x-\frac{3}{2}\right)}{(x-1)(x-2)}=\dfrac{6-4x}{3x^2-9x+6}$.

Determinación de asíntotas verticales y horizontales en funciones racionales

36. Calcula las asíntotas verticales y horizontales de la función $f(x)=\dfrac{1}{x^2-4}$ y esboza un dibujo de la gráfica de la función.

Asíntotas verticales: Para determinarlas hay que calcular los límites laterales en los puntos que anulan el denominador, esto es, $x=-2$ y $x=2$.

$\lim\limits_{x\to -2^-}\dfrac{1}{x^2-4}$: Al tomar x valores próximos a -2, los correspondientes valores x^2-4 se aproximan a 0, pero al ser los valores de x menores que -2, por ejemplo $-2{,}01$; el denominador es positivo, por lo que el cociente será positivo y muy grande en valor absoluto. Esto se puede escribir de la siguiente forma, en la que se factoriza el denominador para poder determinar con facilidad su signo:

$$\lim_{x\to -2^-}\frac{1}{x^2-4}=\lim_{x\to -2^-}\frac{1}{(x+2)(x-2)}=\frac{1}{0^-\cdot(-4)}=\frac{1}{0^+}=+\infty$$

De forma análoga se calcula los demás límites, obteniéndose:

$$\lim_{x\to -2^+}\frac{1}{x^2-4}=\lim_{x\to -2^+}\frac{1}{(x+2)(x-2)}=\frac{1}{0^+\cdot(-4)}=\frac{1}{0^-}=-\infty$$

$$\lim_{x\to 2^-}\frac{1}{x^2-4}=\lim_{x\to 2^-}\frac{1}{(x+2)(x-2)}=\frac{1}{4\cdot 0^-}=\frac{1}{0^-}=-\infty$$

$$\lim_{x\to 2^+}\frac{1}{x^2-4}=\lim_{x\to 2^+}\frac{1}{(x+2)(x-2)}=\frac{1}{4\cdot 0^+}=\frac{1}{0^+}=+\infty$$

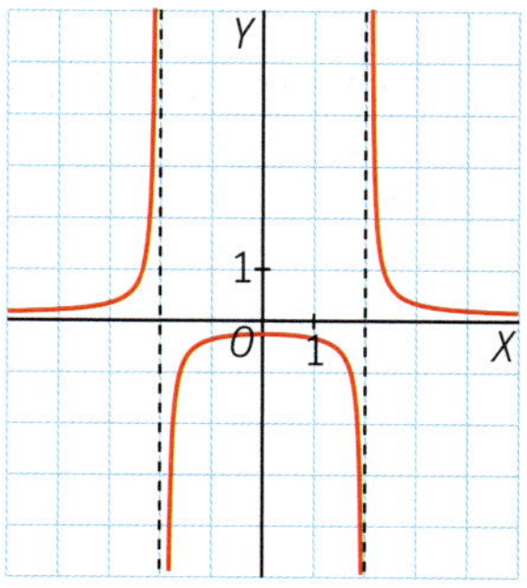

De estos resultados se concluye que las rectas $x=-2$ y $x=2$ son asíntotas verticales de f.

Asíntota horizontal: Para calcularla basta hallar el límite de f en $+\infty$: $\lim\limits_{x\to +\infty}\dfrac{1}{x^2-4}=\dfrac{1}{+\infty}=0$

Por tanto, $y=0$ es asíntota horizontal de f en $+\infty$ y, al tratarse de una función racional, también en $-\infty$. La gráfica de f se ha esbozado a la derecha.

Utilización de límites en situaciones concretas

Aplicación al cálculo de poblaciones

37. Sea $P(t)$ el porcentaje de personas, de una determinada ciudad, afectadas por un cierto tipo de enfermedad al cabo de un tiempo t, medido en meses:

$$P(t)=\begin{cases} t^2 & \text{si } 0\le t\le 5\\ \dfrac{100t-250}{t+5} & \text{si } t>5\end{cases}$$

a) Estudia la continuidad de la función $P(t)$.

b) ¿En algún momento el porcentaje de personas afectadas podría valer 50?

c) ¿Cuál es la tendencia de esta enfermedad?

a) Se trata de una función definida a trozos. La función en el primer intervalo de definición es polinómica y, por tanto, continua y en el segundo intervalo la función es racional, pero también continua, ya que el único valor que anula el denominador es $t=-5$ que no pertenece a este segundo intervalo. Así pues, el único punto donde podría no ser continua es el de cambio, $t=5$. Para comprobar la continuidad se estudian los límites laterales:

$$\lim_{t\to 5^-}P(t)=\lim_{t\to 5^-}t^2=5^2=25 \qquad \lim_{t\to 5^+}P(t)=\lim_{t\to 5^+}\frac{100t-250}{t+5}=\frac{100\cdot 5-250}{5+5}=25$$

Así pues, $\lim\limits_{t\to 5}P(t)=25$ y, como además, $P(t)=25$, P es continua en $t=5$ y por lo tanto, lo es en todo su dominio $[0,+\infty)$.

b) Para contestar se iguala la función a 50 en cada uno de los intervalos de definición.

$0\le t<5$: $t^2=50\Rightarrow t=\sqrt{50}\simeq 7{,}07$, la solución no es válida ya que no cumple la condición de pertenecer al intervalo de definición considerado.

$t\ge 5$: $\dfrac{100t-250}{t+5}=50\Rightarrow 100t-250=50t+250\Rightarrow 50t=500\Rightarrow t=10$, la solución es válida, ya que sí está en el intervalo estudiado. Esto significa que, al cabo de 10 meses, la enfermedad afectará al 50 % de la población.

c) Para estudiar la tendencia, es decir, cómo evoluciona la enfermedad a medida que transcurre el tiempo, hay que calcular e interpretar el $\lim\limits_{t\to +\infty}P(t)$:

$$\lim_{t\to +\infty}P(t)=\lim_{t\to +\infty}\frac{100t-250}{t+5}=\lim_{t\to +\infty}\frac{100t-250}{t+5}=100$$

Es decir, a medida que el tiempo aumenta la enfermedad tenderá a afectar a toda la población (100%) si no se toman las medias oportunas.

En la figura derecha se ha esbozado la gráfica de $P(t)$.

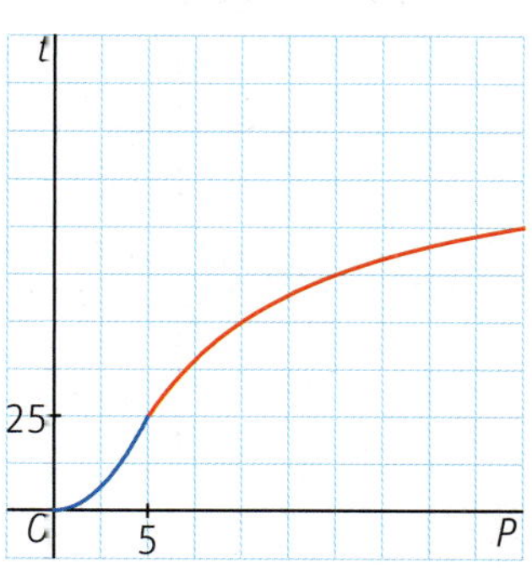

ACTIVIDADES

Ejercicios

Límites de funciones

38. Considera la función:

$$f(x)=\begin{cases} x^2 & \text{si } x\le 2 \\ 2x+1 & \text{si } 2<x<4 \\ -x+13 & \text{si } 4<x \end{cases}$$

Calcula, si existen, los siguientes números.

$f(2)$ $\quad \lim\limits_{x\to 2} f(x)$ $\quad f(4)$ $\quad \lim\limits_{x\to 4} f(x)$ $\quad f(5)$ $\quad \lim\limits_{x\to 5} f(x)$

39. La gráfica de $f(x)$ es la de la figura.

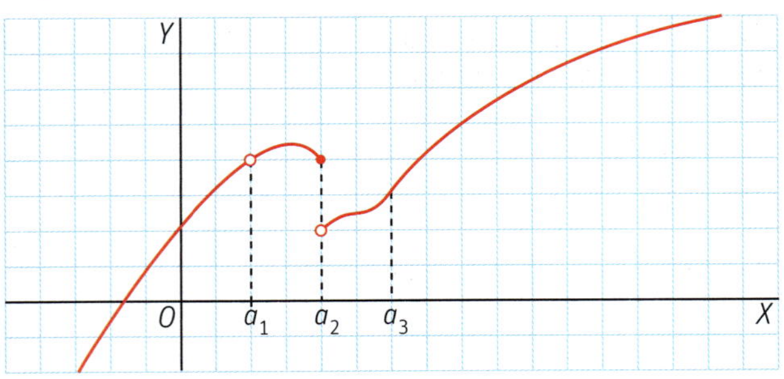

¿Existen $\lim\limits_{x\to a_1} f(x)$, $\lim\limits_{x\to a_2} f(x)$ y $\lim\limits_{x\to a_3} f(x)$?

40. A partir de la gráfica de f dada en la figura, calcula, si existen, $\lim\limits_{x\to 4} f(x)$, $\lim\limits_{x\to 7} f(x)$, $\lim\limits_{x\to 9} f(x)$ y $\lim\limits_{x\to 12} f(x)$.

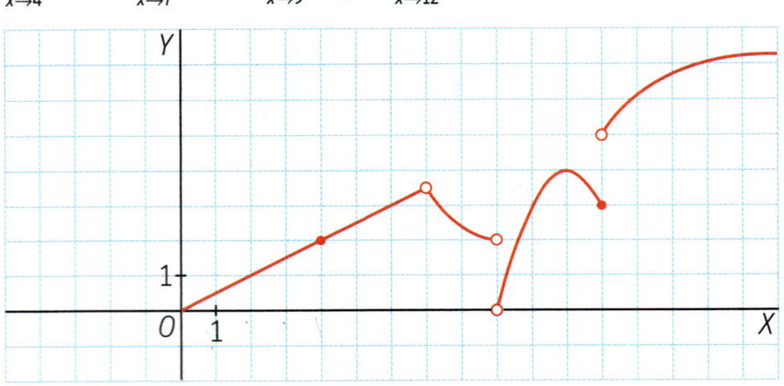

41. Con ayuda de tu calculadora, obtén los límites:

a) $\lim\limits_{x\to 2^+} (-\ln(x-2))^{x-2}$ $\qquad$ b) $\lim\limits_{x\to 0^+} x^x$

42. Razona por qué no existen los límites:

a) $\lim\limits_{x\to 2} \dfrac{x^2}{x-2}$ $\qquad$ b) $\lim\limits_{x\to -3} \dfrac{2x}{x^2-9}$

43. Calcula, si existen:

a) $\lim\limits_{x\to 0} f(x)$ para $f(x)=\begin{cases} x & \text{si } x<0 \\ -x & \text{si } x>0 \end{cases}$

b) $\lim\limits_{x\to 1} f(x)$ para $f(x)=\begin{cases} x^2 & \text{si } x<1 \\ -x+2 & \text{si } x\ge 1 \end{cases}$

c) $\lim\limits_{x\to 2} f(x)$ para $f(x)=\begin{cases} 2-x^2 & \text{si } x<2 \\ x+2 & \text{si } x\le 2 \end{cases}$

44. Dibuja la gráfica de la función:

$$f(x)=\begin{cases} -x+1 & \text{si } x\le 0 \\ 2x & \text{si } 0<x\le a \\ -x^2+15 & \text{si } a<x \end{cases}$$

y determina para qué valores de a existe $\lim\limits_{x\to a} f(x)$.

45. Haz un esquema para ilustrar que:
"Si $f(x)\le g(x)\le h(x)$ y $\lim\limits_{x\to a} f(x)=b=\lim\limits_{x\to a} h$, entonces $\lim\limits_{x\to a} g(x)=b$".

46. Si la función $f(x)$ verifica que $3x+1\le f(x)\le x^2+4x-1$ para todo número x, haz un bosquejo de la gráfica de $f(x)$ en las cercanías de $x=1$ y calcula $\lim\limits_{x\to 1} f(x)$.

Propiedades de los límites

47. Si $\lim\limits_{x\to a} f(x)=b$ y $\lim\limits_{x\to a} g(x)=c$, calcula:

a) $\lim\limits_{x\to a} \left(\dfrac{f(x)}{3}+2g(x)\right)$

b) $\lim\limits_{x\to a} \left(f(x)\sqrt{g(x)}\right)$

c) $\lim\limits_{x\to a} (f(x)+g(x))^2$

d) $\lim\limits_{x\to a} \dfrac{f(x)}{g(x)+1}$

48. Si $\lim\limits_{x\to a} f(x)=b$ y $\lim\limits_{x\to a} g(x)=c$, ¿para qué valores de b y c existen los siguientes límites?

a) $\lim\limits_{x\to a} \dfrac{f(x)}{g(x)-1}$

b) $\lim\limits_{x\to a} \left(f(x)\sqrt{g(x)}\right)$

c) $\lim\limits_{x\to a} (f(x))^{g(x)}$

d) $\lim\limits_{x\to a} (f(x)+g(x))^{-f(x)}$

e) $\lim\limits_{x\to a} \dfrac{f(x)}{(g(x))^2+1}$

f) $\lim\limits_{x\to a} (f(x)+g(x))^2$

g) $\lim\limits_{x\to a} \dfrac{f(x)-b}{g(x)-c}$

h) $\lim\limits_{x\to a} \dfrac{f(x)-g(x)}{f(x)g(x)}$

Cálculo de límites

49. Utiliza las propiedades de los límites para calcular:

a) $\lim\limits_{x\to 2} \dfrac{x+3}{x-1}$

b) $\lim\limits_{x\to 3} \dfrac{x-3}{2x-1}$

c) $\lim\limits_{x\to 0} \sqrt{\dfrac{2x+4}{x^2+1}}$

d) $\lim\limits_{x\to -1} (x+3)^{2x+1}$

e) $\lim\limits_{x\to 5} \dfrac{2x^2-3x}{x^2-5}$

f) $\lim\limits_{x\to -2} \dfrac{2}{x^2+4}$

g) $\lim\limits_{x\to 5} \dfrac{\sqrt{x+4}}{2x-7}$

h) $\lim\limits_{x\to 3} (x+5)^{x-3}$

50. Halla los siguientes límites indeterminados:

a) $\lim\limits_{x\to 2} \dfrac{x^2-4}{x-2}$

b) $\lim\limits_{x\to 5} \dfrac{x^2-7x+10}{x^2-25}$

c) $\lim\limits_{x\to 2} \dfrac{\frac{1}{x}-\frac{1}{2}}{4-x^2}$

d) $\lim\limits_{x\to 0} \dfrac{\sqrt{5-x}-\sqrt{5}}{x}$

e) $\lim\limits_{x\to 0} \dfrac{x^2+x}{3x}$

f) $\lim\limits_{x\to 9} \dfrac{\sqrt{x}-3}{x^2-10x+9}$

g) $\lim\limits_{h\to 0} \dfrac{(3+h)^2-9}{h}$

h) $\lim\limits_{x\to 1} \dfrac{\sqrt{x}-x^2}{1-\sqrt{x}}$

51. Calcula $\lim_{x\to 2} f(x)$ con $f(x)=\begin{cases} 3x+7 & \text{si } x<2 \\ 1 & \text{si } x=2 \\ x^2+9 & \text{si } x>2 \end{cases}$

52. Calcula los siguientes límites en el infinito.

a) $\lim_{x\to+\infty} \dfrac{x^2+1}{3x^2-1}$

b) $\lim_{x\to+\infty} \dfrac{3-x}{x^2+x+1}$

c) $\lim_{x\to+\infty} x^2\left(\dfrac{1}{x}-\dfrac{1}{x+1}\right)$

d) $\lim_{x\to-\infty} \dfrac{2x^3}{x^3+x+1}$

e) $\lim_{x\to+\infty}\left(\dfrac{2}{3x}-\dfrac{3}{2x+1}\right)$

f) $\lim_{x\to+\infty} \dfrac{\sqrt{x-3}-1}{2x-4}$

g) $\lim_{x\to+\infty} \dfrac{\sqrt{4x-2}}{\sqrt{x}+5}$

h) $\lim_{x\to+\infty}\left(\sqrt{x+1}-\sqrt{x}\right)$

53. Halla $\lim_{x\to+\infty} f(x)$ y $\lim_{x\to-\infty} f(x)$ para $f(x)=\dfrac{|x-2|}{x+1}$.

54. Utiliza la calculadora para conjeturar el valor de:

$$\lim_{x\to 0}\frac{x}{\sqrt{1+2x}-1}$$

y comprueba posteriormente si tu conjetura es correcta.

55. Utiliza la calculadora para hallar $\lim_{x\to+\infty}\dfrac{x^3}{2^x}$.

56. Calcula los siguientes límites.

a) $\lim_{x\to 1^-}\left(\dfrac{2}{x^2-1}-\dfrac{2x}{x^2-1}\right)$

b) $\lim_{x\to -1^-}\left(\dfrac{3}{x^2-1}+\dfrac{2x}{x+1}\right)$

c) $\lim_{x\to 1^+}\left(\dfrac{2}{x^2-1}-\dfrac{2x}{x-1}\right)$

d) $\lim_{x\to 5}\left(\dfrac{x}{x^2-25}-\dfrac{1}{x-5}\right)$

Continuidad

57. Señala los puntos de discontinuidad de las siguientes funciones y di de qué tipo son.

a)

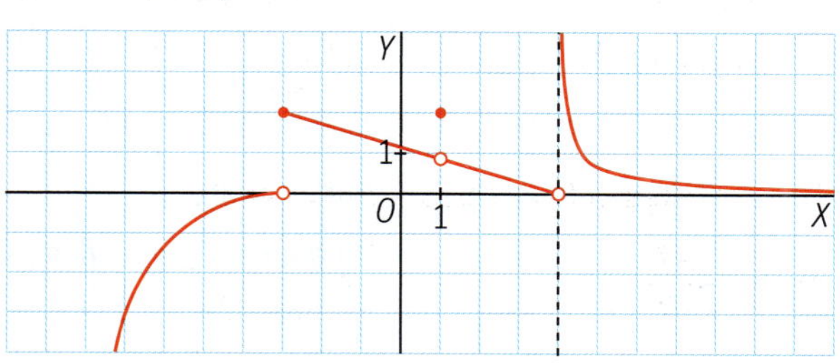

b)

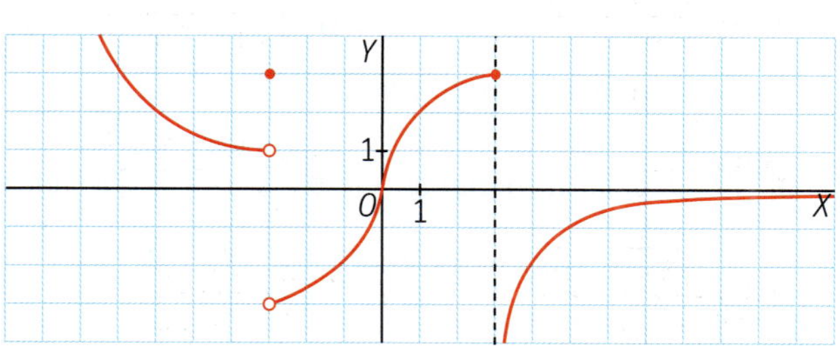

58. Si f y g son funciones continuas con $f(2)=7$ y $\lim_{x\to 2}\left(3f(x)-2g(x)\right)=1$, calcula $g(2)$.

59. Calcula, si los hay, los puntos de discontinuidad de las siguientes funciones y clasifícalos.

a) $f(x)=\dfrac{x-3}{x-1}$

b) $f(x)=\begin{cases} \dfrac{x^2-4}{x-2} & \text{si } x\neq 2 \\ 0 & \text{si } x=2 \end{cases}$

c) $f(x)=\begin{cases} \dfrac{x^2-4}{x-2} & \text{si } x\neq 2 \\ 4 & \text{si } x=2 \end{cases}$

d) $f(x)=\dfrac{x^2-4}{x-2}$

60. Explica por qué las funciones dadas son discontinuas en el punto cuya abscisa se señala.

a) $f(x)=\dfrac{x^2-4}{x-2}$, $x=2$

b) $f(x)=\begin{cases} \dfrac{x^3-1}{x-1} & \text{si } x\neq 1 \\ 0 & \text{si } x=1 \end{cases}$, $x=1$

c) $f(x)=\begin{cases} \dfrac{|x-2|}{x-2} & \text{si } x\neq 2 \\ 0 & \text{si } x=2 \end{cases}$, $x=2$

61. Halla el valor de a para que la función:

$$f(x)=\begin{cases} ax+2 & \text{si } x\leq -1 \\ ax^2-2 & \text{si } x>-1 \end{cases}$$

sea continua en todos los puntos.

62. Dada la función:

$$f(x)=\begin{cases} x^2-1 & \text{si } x\leq 0 \\ (x-1)^2 & \text{si } x>0 \end{cases}$$

a) Dibuja su gráfica.

b) Estudia su continuidad en el punto $x=0$.

63. Para las siguientes funciones definidas a trozos, determina los valores de los parámetros a y b que las hacen continuas para todos los valores reales de x.

Una vez determinados a y b, esboza la gráfica de cada función.

a) $f(x)=\begin{cases} ax+b & \text{si } x\leq 1 \\ 2bx^2 & \text{si } 1<x\leq 3 \\ 2x+3 & \text{si } x>3 \end{cases}$

b) $f(x)=\begin{cases} -4x+a & \text{si } x\leq -2 \\ x^2-5 & \text{si } -2<x<1 \\ bx+3 & \text{si } 1\leq x \end{cases}$

64. Dibuja una posible gráfica de una función continua f tal que $f(0)=1$ y $f(4)=8$, y comprueba si existe algún número c entre 0 y 4 tal que $f(c)=3{,}7$.

Basándote en el resultado anterior, ¿crees que la ecuación $x^3+x-1=0$ tiene alguna solución comprendida entre 0 y 1?

Asíntotas

65. Calcula las asíntotas verticales y horizontales de la función $f(x)=\dfrac{x-1}{x-2}$ y esboza su gráfica.

66. ¿Tiene asíntotas verticales la función $f(x)=\dfrac{3-x}{1+x^2}$?

67. De una cierta función f sabemos que $\lim\limits_{x\to 2^+} f(x)=+\infty$ y $\lim\limits_{x\to 3^-} f(x)=-\infty$. Escribe una posible fórmula para $f(x)$.

68. Encuentra, sin operar, la asíntota oblicua de cada una de las siguientes funciones.

a) $f(x)=x+4+\dfrac{1}{x}$

b) $f(x)=x+2+\dfrac{3}{\sqrt{x}}$

c) $f(x)=3x-\dfrac{1}{2}-\dfrac{5}{x+2}$

d) $f(x)=-x+1-\dfrac{3}{x-2}$

69. Di de qué tipo son las asíntotas de cada una de las funciones dadas por las siguientes gráficas, y da su ecuación si esta resulta evidente.

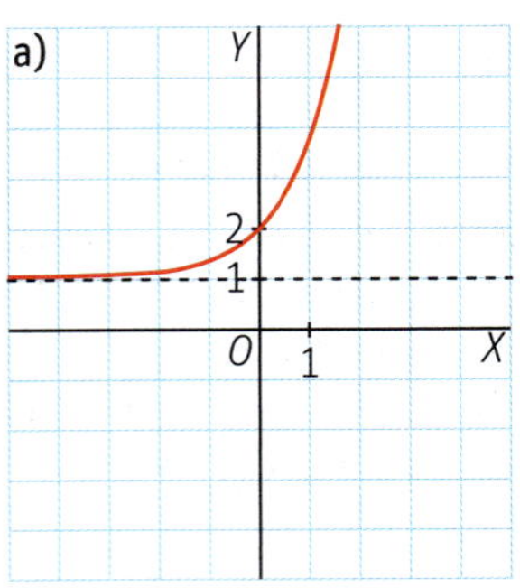

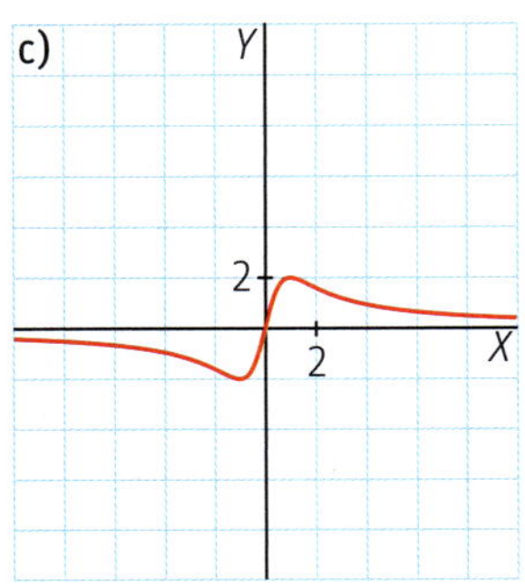

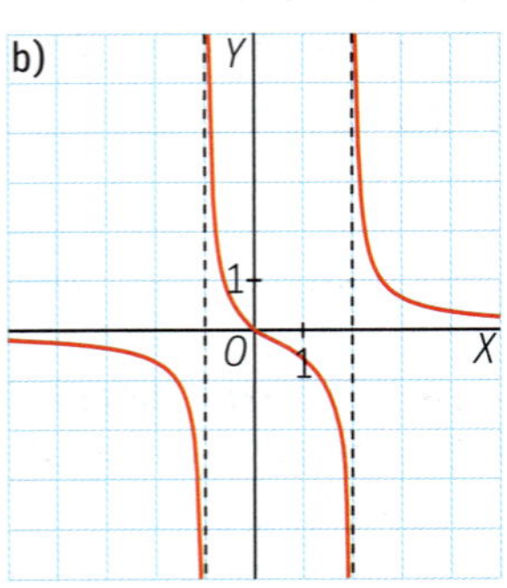

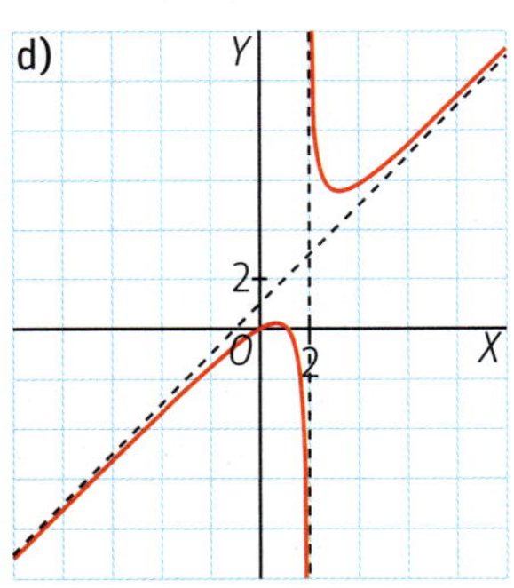

70. Obtén las asíntotas oblicuas de:

a) $f(x)=\dfrac{x^2+1}{x-1}$

b) $f(x)=\dfrac{x^2-2x+1}{x}$

c) $f(x)=\dfrac{2x^3-x+1}{x^2+2}$

d) $f(x)=x+3+\dfrac{1}{x}$

71. Considera la función $f(x)=a+\dfrac{b}{x+c}$ siendo a, b y c números reales. Calcúlalos sabiendo que:

- La gráfica de f presenta en $-\infty$ una asíntota horizontal de ecuación $y=2$.
- La gráfica de f presenta en $x=1$ una asíntota vertical.
- El punto (6, 3) pertenece a la gráfica de f.

72. Obtén las asíntotas horizontales y verticales de la función $f(x)=\dfrac{(x-5)^2}{(x-1)(x-3)}$ y esboza su gráfica.

73. Si $f(x)=\dfrac{2x^2-x-1}{x+2}$, demuestra que $f(x)$ se puede escribir como $f(x)=2x-5+\dfrac{9}{x+2}$.

¿Tiene alguna asíntota horizontal $f(x)$? ¿Y vertical? ¿Y oblicua?

Cuestiones

74. Si $\lim\limits_{x\to a}\big(f(x)+g(x)\big)=b$ y $\lim\limits_{x\to a} f(x)=c$, calcula $\lim\limits_{x\to a} 2g(x)$.

75. Si f es una función continua definida en $\mathbb{R}$ y que admite como asíntota la recta $y=x-1$, ¿se puede asegurar que $\lim\limits_{x\to+\infty} f(x)=+\infty$?

76. ¿Es posible que dos funciones polinómicas distintas coincidan para todos los valores de un cierto intervalo $[a, b]$?

77. Si la función $f+g$ es continua en $x=2$, ¿puedes concluir que tanto f como g son continuas en ese punto?

78. Supón que f es continua en el intervalo [1, 4] y que f nunca se anula en dicho intervalo. ¿Qué puedes decidir sobre los signos de $f(1)$ y de $f(4)$?

79. ¿Hay algún valor de k para el que la función:

$$f(x)=\begin{cases} x^2+1 & \text{si } x<0 \\ 2k+1 & \text{si } x=0 \\ 3x & \text{si } x>0 \end{cases}$$

sea continua en $x=0$?

80. Si $f(x)=\dfrac{g(x)}{t(x)}$, con $g(x)$ y $t(x)$ polinomios y $t(x)\neq 0$ para cualquier x real, ¿cuál es el máximo número de asíntotas que puede tener la función $y=f(x)$?

81. Si f es continua en $x=2$, ¿cuál es el valor de $\lim\limits_{x\to 2} f(x)-f(2)$?

82. Si $\lim\limits_{x\to 3}\big(f(x)-7\big)=0$ y f es continua en $x=3$, ¿puedes asegurar que la gráfica de f corta a la recta horizontal $y=7$?

83. ● Si $\lim\limits_{x\to+\infty} f(x)=-\infty$ y $\lim\limits_{x\to-\infty}\left[f(x)+1\right]=0$, ¿puede tener la función $y=f(x)$ dos asíntotas no verticales?

84. ● Si la función f, definida en $\mathbb{R}$, verifica que para todo $x>0$ es $\dfrac{f(x)}{x}>\dfrac{1}{100}$, justifica que la curva $y=f(x)$ no tiene ninguna asíntota horizontal.

85. Si $\lim_{x \to a} f(x) = b$ y $g(x)$ coincide con $f(x)$ excepto en $x = a$, ¿qué puedes decir sobre $\lim_{x \to a} g(x)$?

86. Si no existe $\lim_{x \to a} f(x)$ ni $\lim_{x \to a} g(x)$, ¿no existe necesariamente $\lim_{x \to a} (f(x) + g(x))$?

Problemas

87. En un aparcamiento se cobran 3 € por la primera hora o fracción y 2 € por cada hora o fracción siguiente, hasta llegar a un máximo de 12 € por un día.

a) Dibuja una gráfica que refleje el precio de dejar el coche en ese aparcamiento, como función del tiempo que permanece allí.

b) Estudia los puntos de discontinuidad de esta función y su significado para alguien que deje su coche allí aparcado.

88. Antes de comenzar la producción en serie, una empresa aeronáutica ha fabricado 3 aparatos para venderlos por un total de 9 millones de euros, después de calcular los gastos de fabricación, realizar el estudio de mercado, etc. Una vez efectuado este trabajo, comenzará la producción en serie, siendo entonces el coste de fabricación de cada avión de 0,3 millones de euros.

Se representa por x número de aviones fabricados en serie, y por $f(x)$ el precio de un avión para x aviones construidos.

a) Explica por qué $f(x) = \dfrac{0{,}3x + 9}{x + 3}$ para $x > 0$.

b) Calcula $\lim_{x \to +\infty} f(x)$ y explica en términos económicos el valor obtenido.

89. Las conclusiones de un estudio demográfico establecen que el número de individuos de una determinada población de una especie protegida vendrá dado, en los próximos años, por la siguiente función:

$$f(t) = \frac{15000t + 10000}{2t + 2}$$

siendo t el número de años transcurridos.

a) ¿Cuál es el tamaño actual de la población?

b) Si esta función fuese válida indefinidamente, ¿se estabilizaría el tamaño de la población?

90. El número de individuos, en millones, de una población viene dado por la función:

$$f(t) = \frac{18 + t^2}{(t + 3)^2}$$

donde t es el tiempo medido en años desde $t = 0$. Calcula la población inicial y el tamaño de la población a largo plazo, cuando el tiempo tiende a infinito.

91. El rendimiento (medido de 0 a 100) de cierto producto en función del tiempo de uso (x, en años) viene dado por la siguiente expresión:

$$f(x) = 8{,}5 + \frac{3x}{1 + x^2}, \quad x \geq 0$$

Por mucho que pase el tiempo, ¿puede llegar a ser el rendimiento inferior al que el producto tenía cuando era nuevo?

92. Se ha investigado el tiempo T, en minutos, que se tarda en realizar cierta prueba de atletismo en función del tiempo de entrenamiento x, en días, obteniéndose:

$$T(x) = \begin{cases} \dfrac{300}{x + 30} & \text{si } 0 \leq x \leq 30 \\ \dfrac{1125}{(x - 15)(x - 5)} + 2 & \text{si } x > 30 \end{cases}$$

a) Justifica que la función T es continua en todo su dominio.

b) ¿Se puede afirmar que cuanto más se entrene un deportista menor será el tiempo en realizar la prueba? ¿Algún deportista tardará más de 10 minutos en finalizar la prueba?

c) Aunque un deportista se entrene suficientemente, ¿será capaz de hacer la prueba en menos de 3 minutos? ¿Y en menos de 2 minutos?

93. La temperatura (en grados centígrados) de un trozo de metal sumergido en una solución durante 9 horas viene dada por $T(t) = 10 + \dfrac{20}{1 + t} - 5t$, $0 \leq t \leq 9$. Halla:

a) Temperatura inicial del metal.

b) ¿A cuánto tiende la temperatura del metal al final del proceso?

94. Las pérdidas o ganancias de una empresa, expresadas en centenas de miles de euros cuando han transcurrido t años, vienen reflejadas por la función $f(t) = \dfrac{2t - 4}{t + 2}$.

a) ¿Gana dinero la empresa en los dos primeros años?

b) ¿Cuánto gana el 5.º año?

c) ¿Existe límite para las ganancias? En caso afirmativo, ¿cuál es ese límite?

95. El precio en euros de x litros de aceite comprados en una almazara viene dado por la función:

$$P(x) = \begin{cases} 3x & \text{si } 0 \leq x \leq 20 \\ \sqrt{ax^2 + 2000} & \text{si } x > 20 \end{cases}$$

a) Determina el valor de la constante a para que la función $P(x)$ sea continua.

b) Si se comprasen muchísimos litros de aceite, ¿a cuánto saldría aproximadamente el precio de cada litro?

Spyrador 007

Juan y Javier están jugando al tenis, pero al poco de empezar, Juan se da cuenta de que Javier no está concentrado: ¡Eh! ¿Qué te pasa, Javi? Estás que no das una. En esto, Javier se sienta en el suelo y con la cara descompuesta le dice a Juan que está muy preocupado por el trabajo. Juan le anima y comenta "Venga, vamos a cambiarnos y a tomar un refresco y me cuentas el problema". En efecto, a la media hora, están sentados en una terraza y Javier le explica a Juan sus preocupaciones:

"El futuro de la empresa depende de un nuevo producto –el Spyrador 007–, un potente aspirador robótico de pequeño tamaño y silencioso como un espía. Mi jefa me ha pedido que evalúe cuántas unidades podemos fabricar para asegurar una ganancia suficiente sin asumir riesgos en el caso de que nos falle algún cliente. Llevo dándole vueltas al problema un par de semanas y no consigo encontrar la solución.

Juan se echa a reír diciendo: "no te preocupes, ¿para qué tienes un amigo matemático como yo que se pasa el tiempo haciendo números, cuentas y ecuaciones? Dame todos los datos y en poco tiempo seguro que te doy una solución". Dicho y hecho, a los cuatro días, Juan le envía a Javier el siguiente correo:

"Con los datos que me diste, he concluido que las ganancias totales de tu empresa en función del número de aspiradores vendidos, x, se puede aproximar por la función:

$$G(x)=\begin{cases} 10x(x-50) & \text{si } 0\leq x\leq 50 \\ 50\sqrt{x^2+36x-4300} & \text{si } x>50 \end{cases}$$ ".

Ayuda a Javier a analizar la propuesta de su amigo contestando a estas preguntas:

a) ¿Hay una diferencia esencial entre fabricar 49 unidades y fabricar 51 unidades?

b) Justifica que la función ganancia total es continua.

c) ¿Cuántos aspiradores hay que fabricar para obtener la menor ganancia?

d) Vendiendo muchas unidades, ¿se puede llegar a ganar 60 € por unidad?

e) ¿Cuál es la ganancia máxima por unidad que puede obtener?

Matecología

Susana tiene una empresa llamada "Soluciones Matecológicas". Su trabajo consiste en ofrecer planes de actuación a las empresas para reducir el impacto ambiental que produce su actividad. Ahora acaba de entregar un estudio a una central térmica de carbón para reducir la polución que esta genera. Está contenta porque cree que ha dado con una buena solución. La conclusión principal del informe es la siguiente:

Reducir el vertido de una central térmica que quema carbón es una tarea costosa si nos proponemos reducir la polución en porcentajes altos y con precios desorbitados si nos proponemos reducirla casi totalmente. Naturalmente reducir la polución en pequeños porcentajes tiene un coste muchísimo menor. Por eso, si queremos construir una función que ligue el porcentaje de reducción con el coste que nos supone, dicha función debe contemplar las características anteriores y, por tanto, no será una función lineal, ni siquiera polinómica sino algo más sofisticada. Analizando los datos referidos a sus instalaciones hemos estimado que el coste en euros, de reducir un x % el vertido viene dado por la función:

$$C(x)=\frac{10\,000x}{100-x}, \quad \text{con } 0\leq x<100$$

Analiza la propuesta de Susana, contestando estas preguntas:

a) Calcula el coste de reducción de un 20 % del vertido.

b) Calcula que porcentaje de reducción se logrará si se invierten 10 000 €.

c) Calcula el coste de reducir en un 80 % el vertido.

d) Esboza la gráfica de la función $C(x)$ en todo su dominio.

AUTOEVALUACIÓN

Comprueba qué has aprendido

Las cuatro primeras cuestiones están referidas a la función f, definida para todo $x>4$, por $f(x)=-2x+1+\dfrac{8}{x-4}$.

Hay que responder justificadamente si son verdaderas o falsas las afirmaciones que se hacen:

1. Otra expresión para f es $f(x)=\dfrac{2x^2-9x+12}{4-x}$.

2. La recta $x=4$ es asíntota vertical de la gráfica de f.

3. $\lim\limits_{x\to+\infty} f(x)=+\infty$

4. La recta de ecuación $y=-2x+1$ es una asíntota oblicua de la gráfica de f.

5. Halla el valor del límite: $\lim\limits_{x\to1}\dfrac{x^3-x}{x^2-3x+2}$

6. Calcula: $\lim\limits_{x\to+\infty}\dfrac{4x-2x^3}{6x^3-5x^2+2x-1}$

7. Determina el límite: $\lim\limits_{x\to+\infty}\left(x-\sqrt{x^2-2x+1}\right)$

8. Halla el valor de k que hace que la siguiente función sea continua en todo $\mathbb{R}$: $f(x)=\begin{cases} x^2-kx & \text{si } x\le-2 \\ 6kx-3 & \text{si } x>-2\end{cases}$

9. Si la recta $y=2x+1$ es una asíntota oblicua por la derecha de la función racional $y=f(x)$, calcula $\lim\limits_{x\to+\infty}\dfrac{f(x)}{x^2+3}$.

10. Escribe una función racional definida en $(-\infty, 1)\cup(1, +\infty)$ y tal que su gráfica admita como asíntotas las rectas $x=1$ e $y=2$.

smSaviadigital.com VALORA LO APRENDIDO > Comprueba tus respuestas.

Relaciona y contesta

Elige la única respuesta correcta en cada uno de los siguientes apartados

1. Si $f(x)=x^2+x-4$, entonces:
   - A. $\lim\limits_{x\to-\infty} f(x)=-\infty$
   - B. $\lim\limits_{x\to-\infty} f(x)=+\infty$
   - C. $\lim\limits_{x\to-\infty} f(x)=-4$
   - D. $\lim\limits_{x\to-\infty} f(x)=0$

2. La curva dada por $f(x)=\dfrac{3}{x}+4$ admite como asíntota la recta de ecuación:
   - A. $y=\dfrac{3}{x}$
   - B. $y=4$
   - C. $y=0$
   - D. $y=3$

3. En una de estas cuatro funciones, la recta $x=1$ no es asíntota vertical. ¿En cuál?
   - A. $f(x)=\dfrac{1}{(x-1)^2}$
   - B. $f(x)=\dfrac{x^2-3x+2}{x-1}$
   - C. $f(x)=\begin{cases}\dfrac{1}{x-1} & \text{si } x<1 \\ 2 & \text{si } x\le1\end{cases}$
   - D. $f(x)=\dfrac{x^2-3x+2}{(x-1)^2}$

Señala, en cada caso, las respuestas correctas

4. Si $f(x)=\dfrac{1}{x}-2x+1$, la gráfica de f verifica:
   - A. Tiene dos asíntotas.
   - B. Tiene como asíntota vertical la recta $x=0$.
   - C. Tiene una asíntota oblicua.
   - D. Tiene como asíntota horizontal la recta $y=0$.

5. Si $f(x)=x^2+\dfrac{1}{x}$ entonces:
   - A. $\lim\limits_{x\to+\infty} f(x)=+\infty$
   - B. $\lim\limits_{x\to0^+} f(x)=+\infty$
   - C. $\lim\limits_{x\to-\infty} f(x)=-\infty$
   - D. $\lim\limits_{x\to-1} f(x)=0$

Elige la relación correcta entre las dos afirmaciones dadas

6. Sea $f(x)=xg(x)$ y sean estas dos afirmaciones:
   1. La gráfica de g corta a la recta $y=1$.
   2. La gráfica de f corta a la recta $y=x$.

   Entonces:
   - A. $1\Rightarrow2$ pero $2\not\Rightarrow1$
   - B. $2\Rightarrow1$ pero $1\not\Rightarrow2$
   - C. $1\Leftrightarrow2$
   - D. 1 y 2 se excluyen entre sí.

Razona cuál de los siguientes datos es innecesario

7. Para saber si la ecuación $f(x)=1$ tiene o no solución en el intervalo $[-2, 2]$ se dan los siguientes datos:
   1. $D(f)=\mathbb{R}$
   2. f es continua en $[-2, 2]$
   3. $f(-2)$ es negativo
   4. $2<f(2)$

   Entonces, puede eliminarse, por innecesario:
   - A. El dato 1
   - B. El dato 2
   - C. El dato 3
   - D. El dato 4

8 Derivadas

Velocidad de un objeto o sistema

Variaciones en una población

Producción de materias primas

Cambio y Matemáticas

La naturaleza está llena de curiosidades sorprendentes. A todos nos asombra, por ejemplo, la velocidad del guepardo cuando persigue a sus presas o el aleteo frenético del colibrí que se observa en la fotografía. Hay animales que incluso son capaces de movimientos muchos más rápidos que estos. Por ejemplo, las mandíbulas de las pequeñas hormigas tropicales de la especie *Odontomachusbauri* se cierran a velocidades de hasta 230 kilómetros por hora en una diezmilésima de segundo. La fuerza de su mordedura supera en más de 300 veces a su propio peso. No debe de ser nada agradable para otros insectos toparse con uno de estos animalitos...

Cuando representamos cantidades mediante funciones (por ejemplo, el ángulo que forman las alas del colibrí con su cuerpo) es posible, en ocasiones, predecir el ritmo al que cambian. Para ello podemos ayudarnos del concepto de límite que vimos en el capítulo anterior e introducir lo que se conoce como derivada (como ves, en matemáticas hay que tener siempre presentes los conceptos que ya hemos aprendido porque los nuevos se basan en ellos).

Las derivadas de funciones miden su ritmo de variación y por ello aparecen en multitud de problemas de muy diferentes campos del conocimiento. Fíjate dónde:

- En el cálculo de las velocidades y aceleraciones de cualquier objeto que se mueva, desde el ala del colibrí hasta una galaxia.
- En la estimación de las tasas de crecimiento de una determinada población: la de una ciudad o país, la de afectados por una enfermedad,...
- En la realización de predicciones a partir de modelos económicos aplicables a la evolución de los mercados financieros, de la producción de materias primas,...
- Las funciones derivables no presentan ni saltos ni ángulos. Por ello son de utilidad para predecir el comportamiento a corto plazo de muchos sistemas. Por el contrario las funciones no derivables son mucho más "imprevisibles" y se aplican a fenómenos mucho más complejos e impredecibles.

¿A qué no habías pensado en la cantidad de problemas que se pueden resolver con las derivadas? Por ejemplo:

- ¿Podrías estimar cuál debe ser la producción de un determinado objeto en una fábrica para que se obtenga el máximo beneficio con su venta?
- ¿Eres capaz de calcular cuál es la trayectoria que sigue un vehículo que se sale de una curva por exceso de velocidad?
- ¿Sabrías calcular cuál es el camino que permite a un vehículo de emergencia en llegar lo antes posible a una situación de crisis?

En este capítulo aprenderás los conceptos básicos asociados con el concepto de derivada y con ellos podrás resolver los problemas anteriores y muchos más.

Predicción de comportamientos

1 Tasas de variación

Tasa de variación media

Ejemplo ▸ **Los beneficios de una empresa *A* han pasado de 50 000 € en el mes de abril a 62 000 € en julio, y los de una empresa *B*, de 40 000 € en abril a 50 000 € en junio. ¿Qué empresa ha crecido más mensualmente?**

La respuesta es la empresa *B* y se obtiene de la siguiente tabla:

	Aumento total de beneficios (€)	Tiempo (meses)	Aumento mensual (€/mes)
Empresa *A*	62 000 − 50 000 = 12 000	7 − 4 = 3	$\frac{12000}{3}=4000$
Empresa *B*	50 000 − 40 000 = 10 000	6 − 4 = 2	$\frac{10000}{2}=5000$

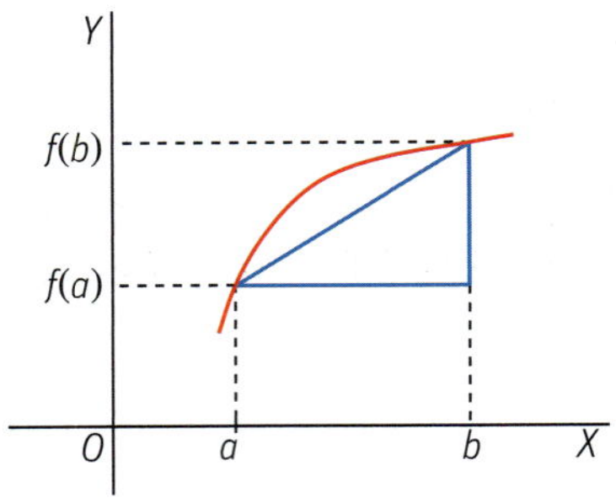

Se llama **tasa de variación media** de la función *f* en el intervalo [*a*, *b*] al cociente:

$$\boldsymbol{TVM\,f[a,b]=\frac{f(b)-f(a)}{b-a}}$$

Ejemplo ▸ **Calcula la tasa de variación media de $f(x)=x^2+1$ en el intervalo [1, 3].**

$$TVM\,f[1,3]=\frac{f(3)-f(1)}{3-1}=\frac{10-2}{2}=4$$

Ejemplo ▸ **La distancia, en metros, recorrida por un autobús en los cinco primeros segundos desde que sale de una parada viene dada por la función $f(t)=t^2$. ¿Qué significado tiene la tasa de variación media de *f* en el intervalo [1, 3]?**

$$TVM\,f[1,3]=\frac{\text{Espacio recorrido desde el segundo 1 al 3}}{\text{Tiempo empleado}}=\frac{f(3)-f(1)}{3-1}=\frac{9-1}{2}=4\text{ m/s}$$

Desde el punto de vista físico, *TVM f* representa la velocidad media desarrollada por el autobús en el intervalo de tiempo que va de 1 a 3 segundos.

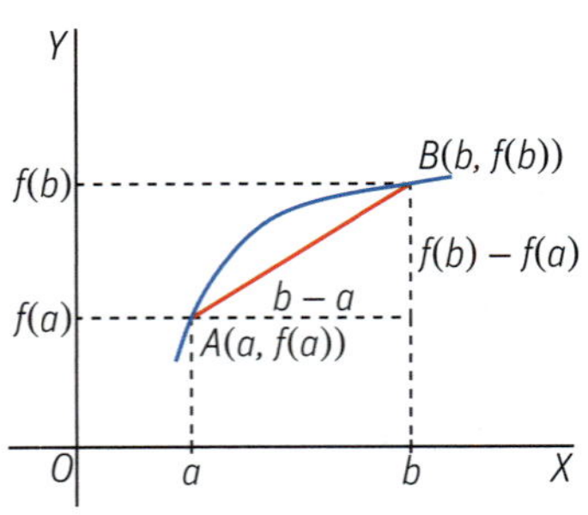

Geométricamente la tasa de variación media coincide con la pendiente de la recta que une los puntos de la gráfica de $f(x)$ cuyas abscisas son los extremos del intervalo considerado, esto es, $A[a, f(a)]$ y $B[b, f(b)]$. Basta recordar que dicha pendiente es $m=\frac{f(b)-f(a)}{b-a}$.

Tasa de variación instantánea

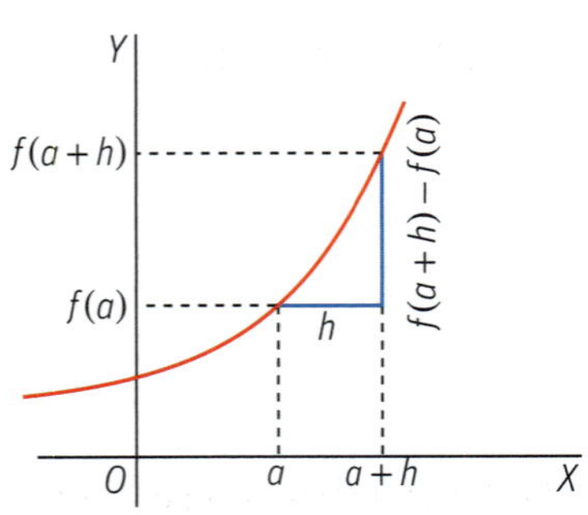

Una vez definida la tasa de variación media de una función *f* en un intervalo [*a*, *b*], se puede estudiar qué sucede cuando la amplitud del intervalo es cada vez menor, es decir, cuando *b* se va aproximando a *a*. Este proceso lleva a la definición de la tasa de variación instantánea de *f* en el punto *a* como:

$$\boldsymbol{TVI\,f(a)=\lim_{b\to a}\frac{f(b)-f(a)}{b-a}}$$

Si se escribe $b=a+h$, decir que $b\to a$ equivale a decir que $h\to 0$, y así se llega a la expresión:

$$\boldsymbol{TVI\,f(a)=\lim_{h\to 0}\frac{f(a+h)-f(a)}{h}}$$

La *TVI* de una función puede ser negativa, nula o positiva, dependiendo del valor de $f(a+h)-f(a)$.

Ejemplo ▸ **¿Cuál será la tasa de variación instantánea de $f(x)=x^2+1$ en $x=1$?**

$$TVI\,f(1)=\lim_{h\to 0}\frac{f(1+h)-f(1)}{h}=\lim_{h\to 0}\frac{(1+h)^2+1-2}{h}=\lim_{h\to 0}\frac{\not{h}(h+2)}{\not{h}}=2$$

Geométricamente, el límite que define la *TVI* equivale a considerar determinadas por puntos cada vez más próximos las pendientes de las secantes, por lo que su valor se aproxima al de la pendiente de la recta tangente en el punto $A[a, f(a)]$ que, por tanto, equivale a la *TVI* en dicho punto.

MAT-TIC GeoGebra

Entra en smSaviadigital.com y visualiza qué representan las tasas de variación.

EJERCICIOS RESUELTOS

1. La tabla da la población *P* de un determinado país.

Año	Población (miles)
2006	29 672
2008	30 248
2010	30 791
2012	31 314
2014	31 616

a) En este caso, ¿en qué unidad se mide la *TVM*?

b) Compara las *TVM* en 2006-08 y en 2012-14.

a) La *TVM* es un cociente entre el número de personas y el de años, así que dicha tasa se mide en número de habitantes por año.

b) Primero se calculan las tasas de variación citadas:

$$TVM\, f[2006, 2008] = \frac{30\,248 - 29\,672}{2008 - 2006} = 288$$

$$TVM\, f[2012, 2014] = \frac{31\,616 - 31\,314}{2014 - 2012} = 151$$

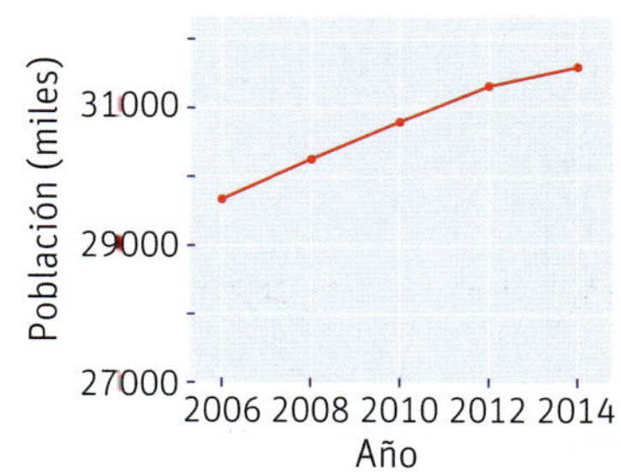

De los cálculos realizados se ve que el crecimiento del número de personas por año en el período 2012-2014 ha disminuido al compararlo con el período 2006-2008. Esto puede deberse, entre otras causas, a un envejecimiento de la población o a una disminución de la inmigración.

2. En la tabla aparecen las temperaturas *T*, en °C, medidas en una ciudad durante un día de febrero.

Hora	*T*	Hora	*T*	Hora	*T*
0	1	8	−2	16	7,5
1	0,5	9	−1	17	7
2	0	10	0	18	5
3	−1,5	11	1	19	4
4	−3	12	4	20	3
5	−4	13	5	21	2,5
6	−3,8	14	7	22	2
7	−3	15	8	23	2

a) Estima el valor de la tasa de variación instantánea a las 12 e interpreta el resultado.

b) Haz lo mismo para las 18.

a) Para estimar *TVI* $T(12)$ se dibuja una gráfica que se ajuste a los datos dados, posteriormente se traza la tangente a las 12 y se calcula la pendiente de esta recta. En este caso, dicha pendiente es $\frac{\overline{QS}}{\overline{RS}} \approx \frac{4}{2,5} = 1,6$, lo que quiere decir que a las 12 la temperatura crecía a razón de 1,6 °C por hora.

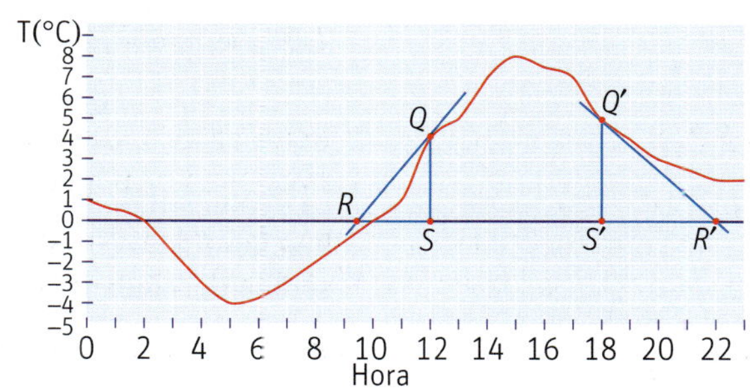

b) La estimación de la *TVI* $T(18)$ se hace de forma similar al anterior. Ahora la pendiente es $-\frac{\overline{Q'S'}}{\overline{R'S'}} \approx -\frac{5}{4} = -1,25$; por tanto, la temperatura está bajando a razón de 1,25 °C cada hora.

EJERCICIOS PROPUESTOS

3. Para $f(x) = x^2 - 1$ y con ayuda de la calculadora, halla:

a) *TVM* $f[1, 100]$

b) *TVM* $f[1, 10]$

c) *TVM* $f[1, 2]$

d) *TVM* $f[1; 1,1]$

e) *TVM* $f[1; 1,01]$

f) *TVM* $f[1; 1,001]$

¿A qué valor se acercará la *TVM* $f[1; 1,0001]$?

¿Cuál será el valor de la *TVI* $f(1)$?

4. La gráfica muestra la evolución de dos inversiones en dos fondos diferentes y en distintos momentos.

a) ¿Cuál es la *TVM* de cada uno de los capitales desde el inicio? ¿Y en los últimos 4 meses? ¿Y en el último mes?

b) ¿Puedes decidir qué fondo es más rentable?

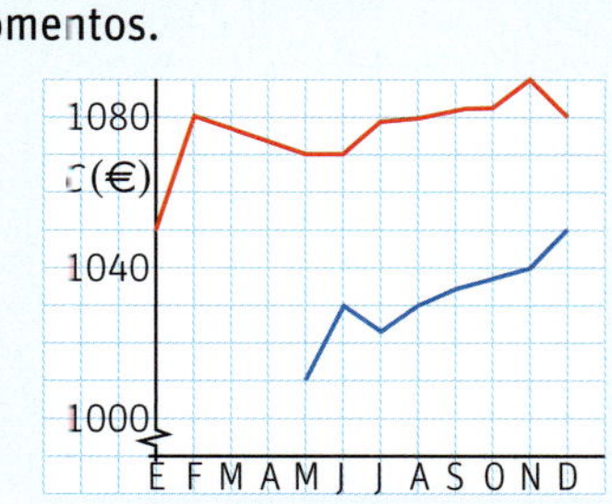

2 Derivada de una función en un punto

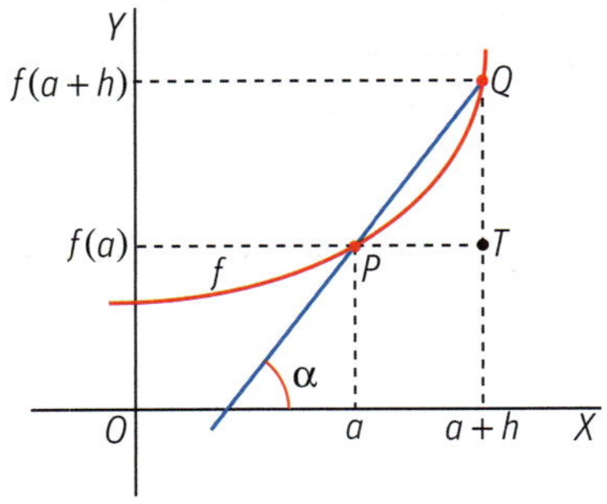

Sea una función cualquiera $y = f(x)$, y un punto fijo cualquiera de su gráfica $P[a, f(a)]$. Si se toma otro punto $Q[a+h, f(a+h)]$, la recta que une P con Q es una secante a la gráfica de la función. En la figura del margen se observa que su pendiente es:

$$\operatorname{tg}\alpha = \frac{\overline{QT}}{\overline{PT}} = \frac{f(a+h)-f(a)}{h}$$

Cuando el punto Q recorre la curva de f, aproximándose a P (puntos Q_1 a Q_4 de la figura inferior izquierda),la recta secante que une P con Q se va aproximando a la recta que, intuitivamente, se identifica con la recta tangente a la gráfica de $y = f(x)$ en P.

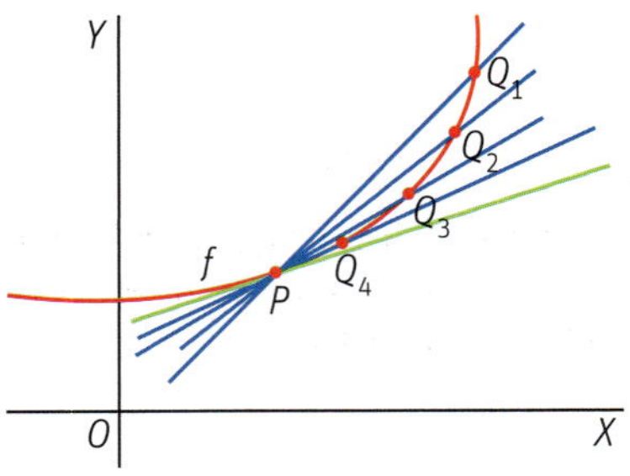

La pendiente de esta recta tangente a la curva en P vendrá dada por el número, m, al que se aproximan las pendientes de las rectas secantes que unen P con Q, cuando Q se aproxima a P, o sea, cuando h se aproxima a 0. Por tanto, $m = \lim\limits_{h\to 0} \frac{f(a+h)-f(a)}{h}$. A este número se denomina **derivada de la función f en el punto $x = a$.**

La **derivada de una función f en el punto $x = a$**, se representa como $f'(a)$ y es igual al límite:

$$f'(a) = \lim_{h\to 0} \frac{f(a+h)-f(a)}{h}$$

Si dicho **límite** es un número **real**, se dice que **f es derivable en $x = a$.**

Ten en cuenta

Con el cambio de variable

$$x = a + h$$

la definición de la derivada se puede expresar como:

$$f'(a) = \lim_{x\to a} \frac{f(x)-f(a)}{x-a}$$

La derivada así definida coincide con el concepto de tasa de variación instantánea de una función y permite estudiar cómo varían multitud de funciones, de gran interés en todos los campos del conocimiento.

De la definición se deduce que si una función f es derivable en un punto $x = a$, entonces es continua en dicho punto.

f derivable en $x = a \Rightarrow$ **f continua** en $x = a$

Ejemplo › **La evolución de la fiebre de un enfermo en función del tiempo viene dada por la función $f(t) = -t^2 + 3t + 38$, donde t viene dado en horas, y $f(t)$, en grados. ¿Cuál será la derivada de esta función a las cero horas, a la hora y a las dos horas?**

Para un punto genérico t, la derivada de f es $f'(t) = \lim\limits_{h\to 0} \frac{f(t+h)-f(t)}{h}$. Por tanto:

$$f'(0) = \lim_{h\to 0} \frac{f(0+h)-f(0)}{h} = \lim_{h\to 0} \frac{(-h^2+3h+38)-38}{h} = \lim_{h\to 0} \frac{\not{h}(-h+3)}{\not{h}} = 3\ \text{°C/h}$$

$$f'(1) = \lim_{h\to 0} \frac{f(1+h)-f(1)}{h} = \lim_{h\to 0} \frac{\left(-(1+h)^2+3(1+h)+38\right)-40}{h} = \lim_{h\to 0} \frac{\not{h}(-h+1)}{\not{h}} = 1\ \text{°C/h}$$

$$f'(2) = \lim_{h\to 0} \frac{f(2+h)-f(2)}{h} = \lim_{h\to 0} \frac{\left(-(2+h)^2+3(2+h)+38\right)-40}{h} = \lim_{h\to 0} \frac{\not{h}(-h-1)}{\not{h}} = -1\ \text{°C/h}$$

Cuando se le empezó a tomar la temperatura, esta subía a razón de 3 °C por hora.

Una hora más tarde, la temperatura del enfermo aumentaba más lentamente, a razón de 1 °C por hora.

En cambio, a las dos horas de convalecencia, la fiebre estaba bajando a razón de 1 °C por hora.

En la figura, este resultado se refleja en el cambio de la pendiente de la recta tangente en los puntos considerados.

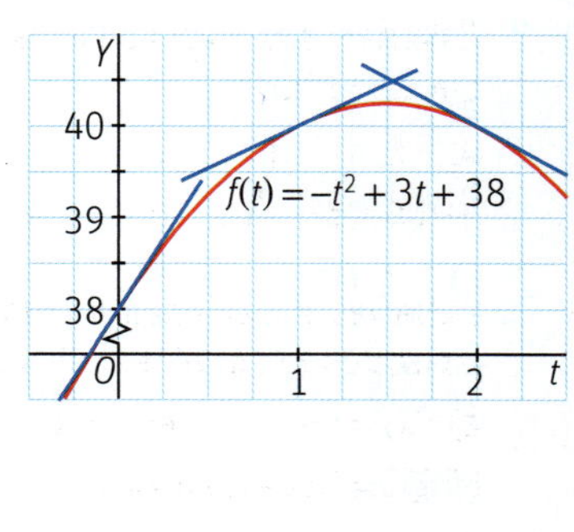

Recta tangente a una curva en un punto

De la definición de derivada de una función en un punto, ya se había concluido que, geométricamente, $f'(a)$ representa el valor de la **pendiente de la recta tangente** a la gráfica de $y=f(x)$ en el punto $P[a, f(a)]$. Por tanto, la ecuación de dicha **recta tangente** será:

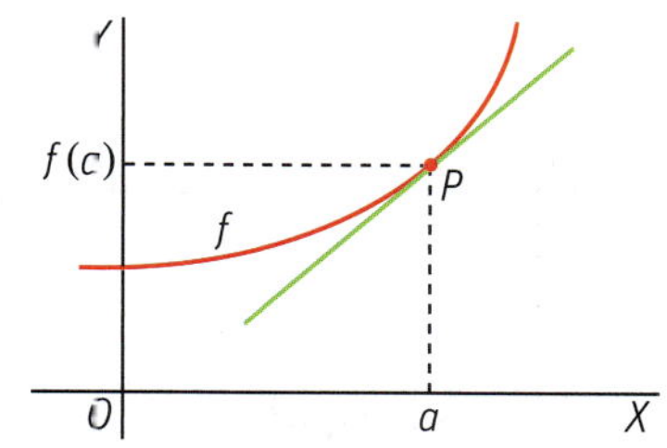

$$y-f(a)=f'(a)(x-a)$$

De lo anterior se sigue que la recta tangente a f en el punto $P[a, f(a)]$ tendrá pendiente positiva, nula o negativa dependiendo del valor de $f'(a)$, siempre que esta derivada exista.

Tangente con pendiente positiva en $x=a$

$$f'(a)=\lim_{h\to 0}\frac{f(a+h)-f(a)}{h}>0$$

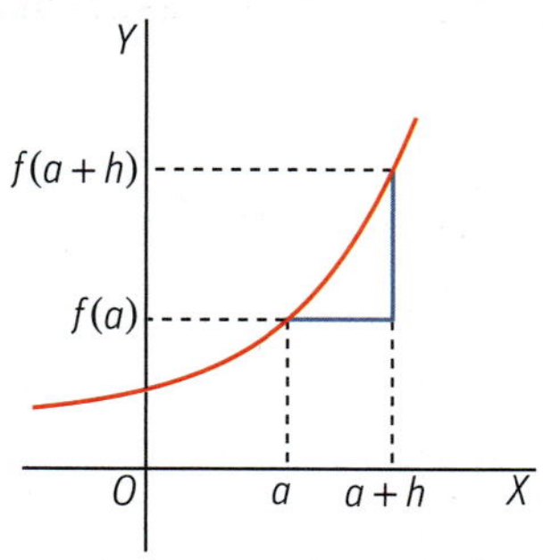

Tangente con pendiente nula en $x=a$

$$f'(a)=\lim_{h\to 0}\frac{f(a+h)-f(a)}{h}=0$$

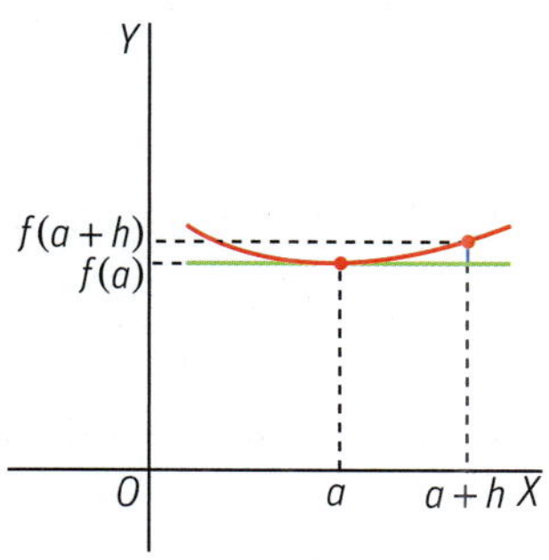

Tangente con pendiente negativa en $x=a$

$$f'(a)=\lim_{h\to 0}\frac{f(a+h)-f(a)}{h}<0$$

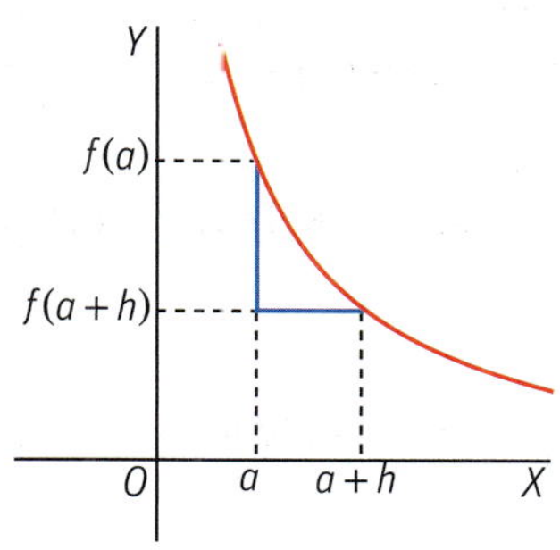

MAT-TIC GeoGebra

Entra en smSaviadigital.com y trabaja con la interpretación geométrica de la derivada.

EJERCICIOS RESUELTOS

5. A continuación se da una tabla con algunos valores de una función f. Supuesto que existe $f'(2)$, utiliza los datos de la tabla para hallar su valor aproximado.

x	1,97	2	2,02	2,2
$f(x)$	6,905	7	7,059	7,5

De la definición de derivada: $f'(2)=\lim_{h\to 0}\frac{f(2+h)-f(2)}{h}$

Se toma el valor de h más pequeño que permita la tabla, en este caso, $h=0{,}02$. Se tiene entonces:

$$f'(2)\simeq\frac{f(2+0{,}02)-f(2)}{0{,}02}=\frac{7{,}059-7}{0{,}02}=2{,}95$$

6. Halla la ecuación de la recta tangente en el punto $x=-1$ a la función $f(x)=x^2-2x-3$.

g(x) 2x - 2

Primero se determina el valor de la pendiente de dicha recta, esto es, de $f'(-1)$:

$$f'(-1)=\lim_{h\to 0}\frac{f(-1+h)-f(-1)}{h}=\lim_{h\to 0}\frac{\left((-1+h)^2-2(-1+h)-3\right)-0}{h}=\lim_{h\to 0}\frac{\cancel{h}(h-4)}{\cancel{h}}=-4$$

Por tanto, la recta tangente a f en el punto $x=1$ será:

$$y-f(-1)=f'(-1)(x-(-1))\Rightarrow y-0=-4(x+1)\Rightarrow y=-4x-4$$

EJERCICIOS PROPUESTOS

7. Calcula las derivadas de las siguientes funciones en los puntos que se indican.

a) $f(x)=x^2$, en $x=-2$
b) $f(x)=3x^3+4$, en $x=4$
c) $f(x)=x^3+x^2$, en $x=1$
d) $f(x)=x^2+5x-3$, en $x=-1$

8. Halla las ecuaciones de las rectas tangentes a las siguientes curvas en los puntos indicados.

a) $f(x)=x^2+x-2$, en $x=1$
b) $f(x)=2x^2-x$, en $x=4$
c) $f(x)=x^3$, en $x=2$
d) $f(x)=x^3+2x$, en $x=-1$

9. Copia y completa la siguiente tabla para la función $f(x)=x^3$ en $a=1$.

h	1	0,5	0,1	0,01	0,001
$\frac{f(a+h)-f(a)}{h}$					

A partir de los resultados de la tabla, ¿cuál podría ser el valor de la derivada de la función f en el punto de abscisa $x=1$?

3 Función derivada

Se ha visto cómo, dada una función f, se le asignaba a cada número a el valor de la derivada de f en el punto cuya abscisa es a. A partir de aquí, se puede definir una nueva función:

La función que a cada número x del dominio de f le asigna, siempre que exista, el número $f'(x)$, es decir, la pendiente de la tangente a la curva $y = f(x)$ en el punto de abscisa x, se llama **función derivada de *f***, o, simplemente, la **derivada de *f***, y se suele representar por f'.

MAT-TIC GeoGebra

Entra en smSaviadigital.com y construye la función derivada de una función utilizando esta aplicación.

Ejemplo ▸ Para obtener la función derivada de $f(x) = x^2 - 5x + 1$, se aplica la definición de derivada en un punto a un punto genérico x. Así se obtiene:

$$f'(x) = \lim_{h \to 0} \frac{f(x+h) - f(x)}{h} = \lim_{h \to 0} \frac{[(x+h)^2 - 5(x+h) + 1] - (x^2 - 5x + 1)}{h} =$$

$$= \lim_{h \to 0} \frac{x^2 + h^2 + 2xh - 5x - 5h + 1 - x^2 + 5x - 1}{h} = \lim_{h \to 0} \frac{\not{h}(h + 2x - 5)}{\not{h}} = 2x - 5$$

Por tanto, la función derivada de $f(x) = x^2 - 5x + 1$ es la función $f'(x) = 2x - 5$.

En las siguientes figuras se representan las gráfica de f y de f'.

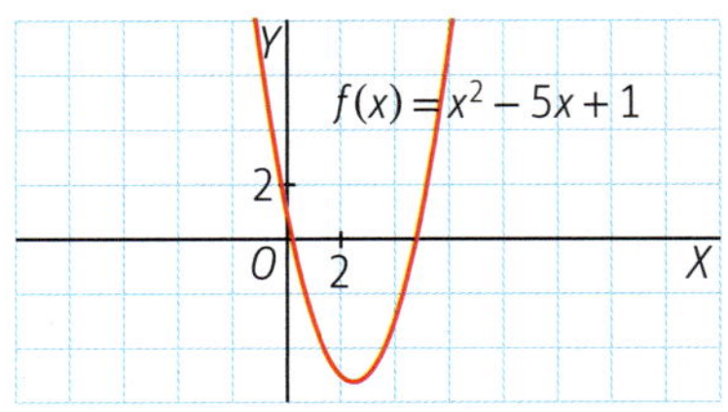

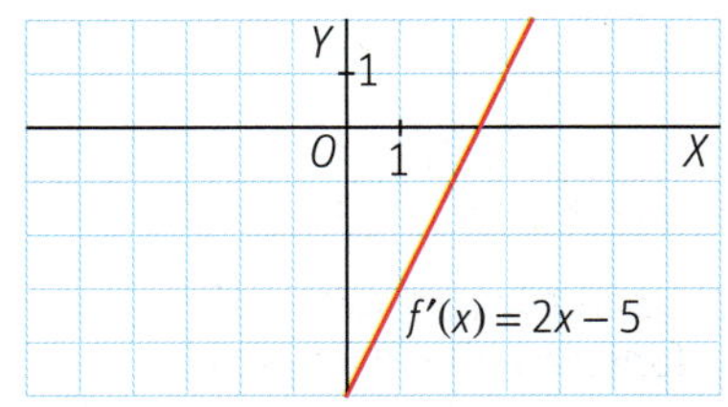

Conocer la función derivada de una función f permite estudiar y resolver muchas cuestiones relacionadas con la gráfica de $f(x)$. Para ello hay que recordar que la pendiente de la recta tangente a la curva $y = f(x)$ en un punto de abscisa $x = a$, coincide con $f'(a)$.

Ejemplo ▸ **A partir de la función $f(x) = 2x^3 - 3x^2$,**

a) Determina la función derivada $f'(x)$.

b) ¿En qué punto o puntos de la gráfica de f la tangente es horizontal?

c) ¿Hay algún punto de la gráfica de f en el que la tangente sea paralela a $y = -2x$?

a) $$f'(x) = \lim_{h \to 0} \frac{f(x+h) - f(x)}{h} = \lim_{h \to 0} \frac{2(x+h)^3 - 3(x+h)^2 - (2x^3 - 3x^2)}{h} =$$

$$= \lim_{h \to 0} \frac{2x^3 + 6x^2h + 6xh^2 + 2h^3 - 3x^2 - 6xh - 3h^2 - 2x^3 + 3x^2}{h}$$

$$= \lim_{h \to 0} \frac{\not{h}[6x^2 + 6xh + 2h^2 - 6x - 3h]}{\not{h}} = \lim_{h \to 0}(6x^2 + 6xh + 2h^2 - 6x - 3h) = 6x^2 - 6x$$

b) Los puntos de la gráfica en los que la tangente es horizontal son aquellos en los que la derivada es 0. Para hallarlos hay que resolver la ecuación $f'(x) = 0$.

$$f'(x) = 0 \Rightarrow 6x^2 - 6x = 0 \Rightarrow 6x(x-1) = 0 \Rightarrow \begin{cases} x = 0 \\ x = 1 \end{cases}$$

Así, la tangente a la curva en los puntos $P[0, f(0)]$ y $Q[1, f(1)]$, es horizontal.

c) Para que la tangente en un punto de la gráfica de f sea paralela a $y = -2x$, su pendiente ha de valer –2. Por tanto, ha de ser

$$f'(x) = -2 \Rightarrow 6x^2 - 6x = -2 \Rightarrow 3x^2 - 3x + 1 = 0 \Rightarrow$$

$$\Rightarrow x = \frac{3 \pm \sqrt{-3}}{6}$$, que no son valores reales.

Al no haber soluciones reales para la ecuación, no hay ningún punto en la gráfica de f en el que la tangente sea paralela a la recta $y = -2x$.

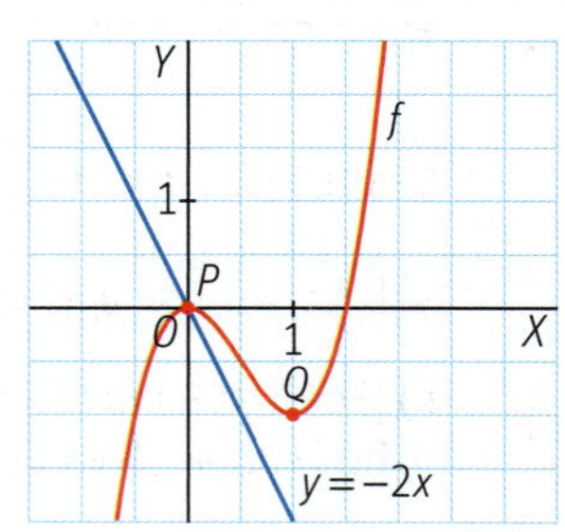

Derivadas sucesivas

Al igual que se define la función derivada de la función f, se puede hablar de la derivada de la función f', que se llama derivada segunda de f y se representa por f''. Igualmente, se puede volver a derivar la derivada segunda para obtener la tercera, y así sucesivamente.

La **derivada de orden *n* de la función *f*, $f^{n)}$**, es la función que se obtiene al derivar f, n veces de forma sucesiva.

Ejemplo ▸ Para determinar la segunda derivada de la función $f(x) = 2x^3 - 3x^2$, se parte de su derivada, $f'(x) = 6x^2 - 6x$, que se calculó en el primer apartado del ejemplo anterior. A continuación se halla la derivada de $f'(x)$.

$$f''(x) = \lim_{h\to 0}\frac{f'(x+h)-f'(x)}{h} = \lim_{h\to 0}\frac{\left[6(x+h)^2-6(x+h)\right]-(6x^2-6x)}{h} =$$

$$= \lim_{h\to 0}\frac{6x^2+6h^2+12xh-6x-6h-6x^2+6x}{h} = \lim_{h\to 0}\frac{\not{h}(6h+12x-6)}{\not{h}} = 12x-6$$

Por tanto, la derivada segunda de $f(x) = 2x^3 - 3x^2$ es la función $f''(x) = 12x - 6$.

EJERCICIO RESUELTO

10. **Calcula la derivada de la función $f(x) = x^3$ y obtén la pendiente de la tangente en los puntos de abscisa −2, 0, 1 y 2. Luego, compara los resultados obtenidos con la gráfica de la función.**

$$f'(x) = \lim_{h\to 0}\frac{f(x+h)-f(x)}{h} = \lim_{h\to 0}\frac{(x+h)^3-x^3}{h} = \lim_{h\to 0}\frac{x^3+3x^2h+3xh^2+h^3-x^3}{h} =$$

$$= \lim_{h\to 0}\frac{\not{h}(3x^2+3xh+h^2)}{\not{h}} = \lim_{h\to 0}(3x^2+3xh+h^2) = 3x^2$$

Por tanto, la pendiente de la tangente en los puntos pedidos es:

$f'(-2) = 3(-2)^2 = 12$ $\quad$ $f'(1) = 3 \cdot 1^2 = 3$

$f'(0) = 3 \cdot 0^2 = 0$ $\quad$ $f'(2) = 3 \cdot 2^2 = 12$

En la gráfica se observa que todas las tangentes son rectas de pendiente positiva, esto es crecientes, salvo la correspondiente al punto (0, 0), en el que la tangente es horizontal. Por otra parte, cuanto más se aleja el punto del origen, más vertical es la tangente, es decir, mayor es su pendiente. Todo esto coincide con los cálculos realizados.

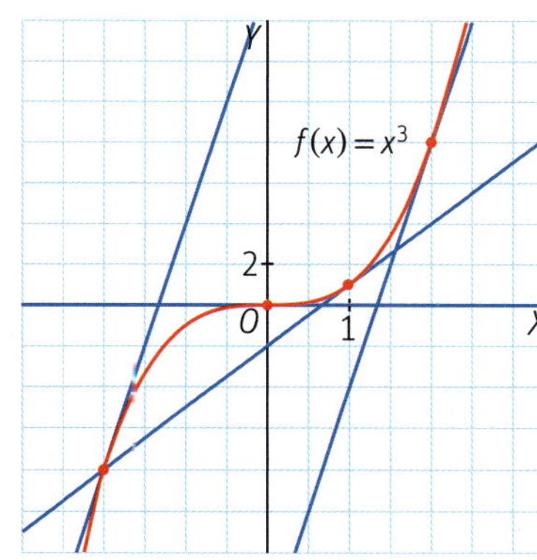

EJERCICIOS PROPUESTOS

11. **Aplicando la definición de derivada, obtén la derivada de las siguientes funciones.**

a) $f(x)=(x-1)^2$ $\quad$ b) $f(x)=\dfrac{1}{x}$ $\quad$ c) $f(x)=\sqrt{x}$

12. **Obtén las funciones derivadas de las funciones $f(x)=x^2$ y $g(x)=x^2+1$. Dibuja las gráficas de f y g y observa cómo son las tangentes en puntos de igual abscisa. ¿Confirma tu cálculo anterior dicha observación?**

13. **Sea la función $f(x)=\dfrac{1}{x-1}$.**

a) Determina su derivada.

b) ¿Hay algún punto en la curva $y = f(x)$ en el que la tangente sea horizontal? ¿Y en el que la tangente tenga pendiente positiva?

14. **Halla el punto de la gráfica de la función $f(x) = x^2 - 5$ en el que la tangente es paralela a la recta $y = 4x + 3$.**

15. **Calcula las derivadas sucesivas de la función $f(x) = x^3$ hasta que obtengas la función idénticamente nula.**

16. **Observa la siguiente gráfica. Teniendo en cuenta que las rectas trazadas son tangentes a la función $f(x)$, halla los valores de la derivada de f en los puntos de abscisas $x = -2$ y $x = 4$.**

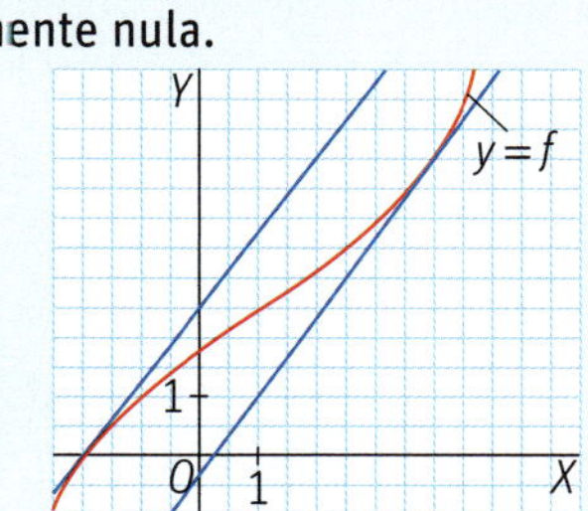

17. **smSaviadigital.com PRACTICA Practica el cálculo de tasas de variación, derivadas y rectas tangentes a curvas en puntos determinados.**

4 Derivadas de las funciones elementales

De la definición de función derivada y de las reglas para el cálculo de límites, se pueden obtener las derivadas de las funciones más comunes, las **funciones elementales**.

Función constante

Si $f(x) = c$, siendo c cualquier número real, entonces $f'(x) = 0$

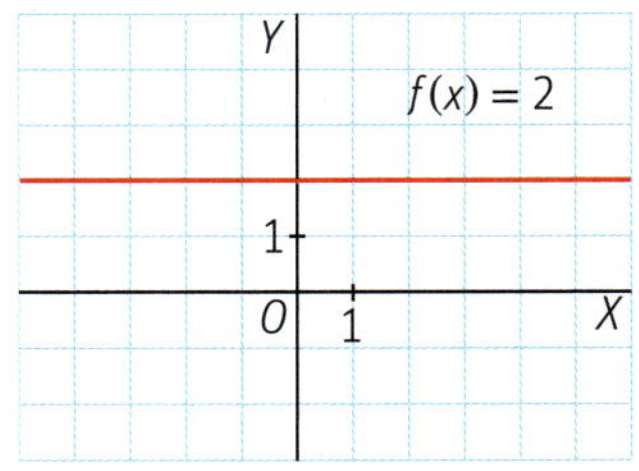

⇒
Derivada

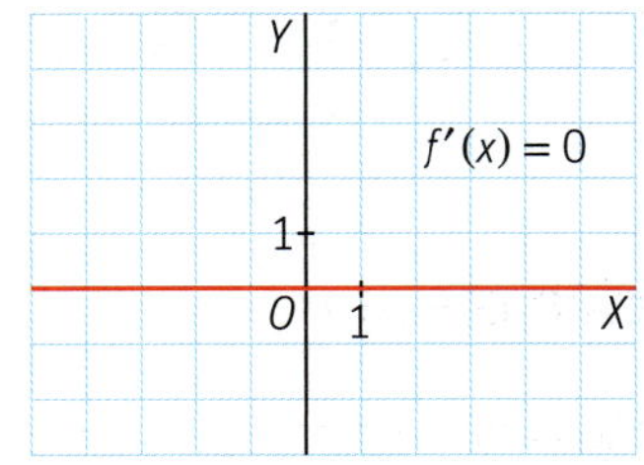

Función potencial

Si $f(x) = x^a$ con a cualquier número real, entonces $f'(x) = ax^{a-1}$

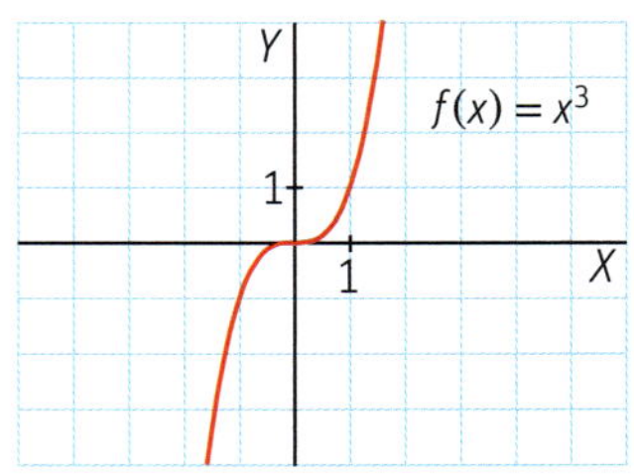

⇒
Derivada

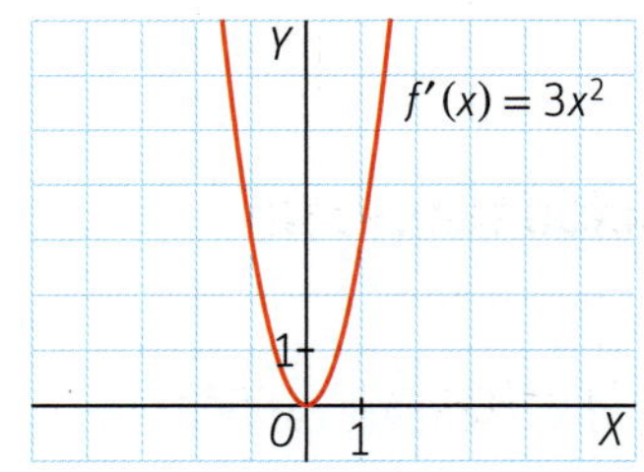

Función logarítmica

Si $f(x) = \log_a x$, con a cualquier real positivo distinto de 1, entonces $f'(x) = \dfrac{1}{x \ln a}$

En particular si $a = e$, entonces $f(x) = \ln x \Rightarrow f'(x) = \dfrac{1}{x}$

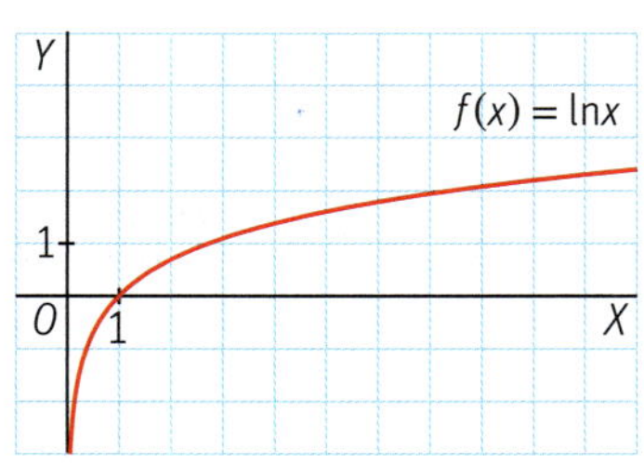

⇒
Derivada

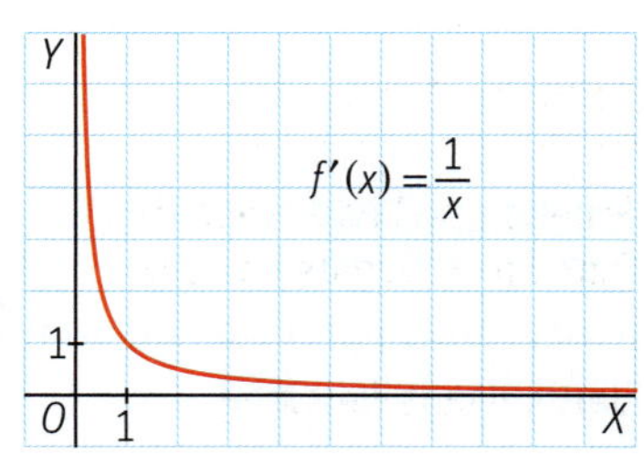

Función exponencial

Si $f(x) = a^x$, con a cualquier real positivo distinto de 1, entonces $f'(x) = a^x \ln a$

En particular si $a = e$, entonces $f(x) = e^x \Rightarrow f'(x) = e^x$

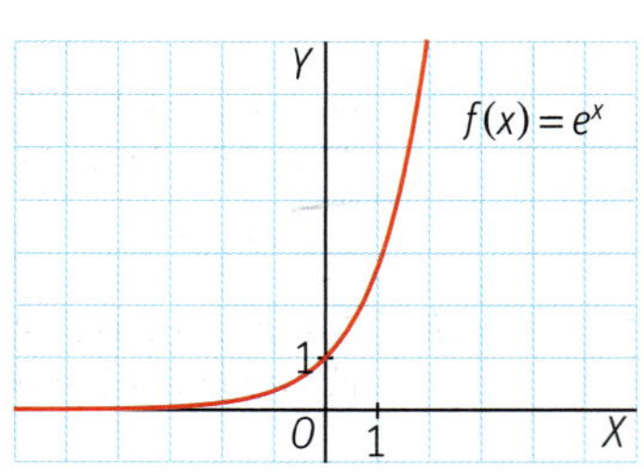

⇒
Derivada

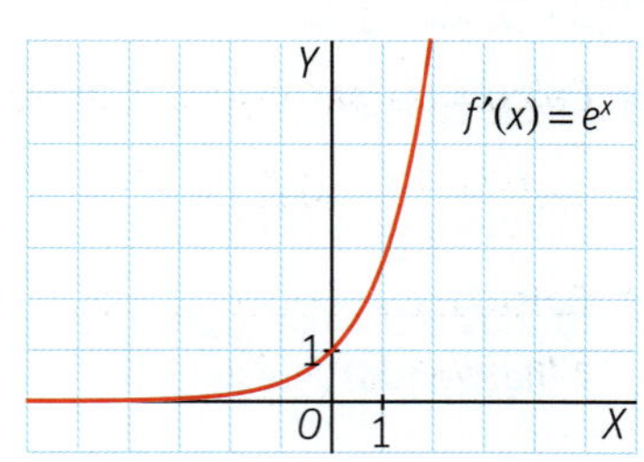

Función seno

Si $\boldsymbol{f(x) = \text{sen}x}$, entonces $\boldsymbol{f'(x) = \cos x}$

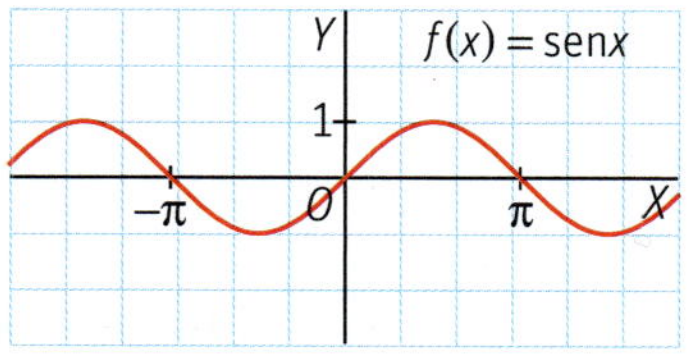

⇒ Derivada

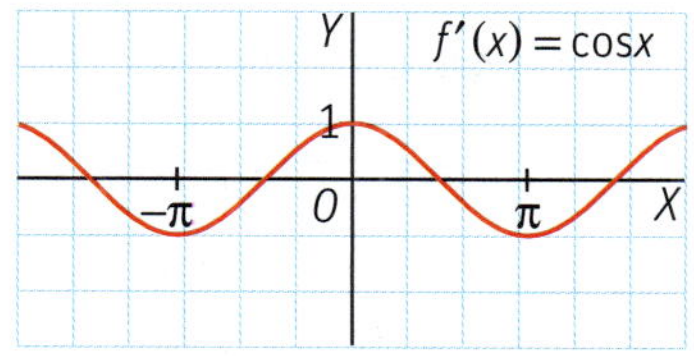

Función coseno

Si $\boldsymbol{f(x) = \cos x}$, entonces $\boldsymbol{f'(x) = -\text{sen}x}$

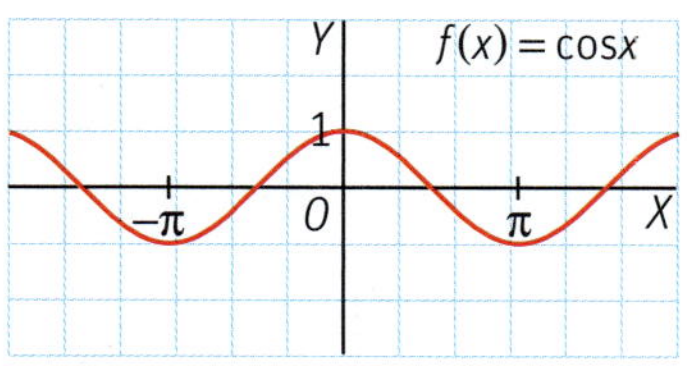

⇒ Derivada

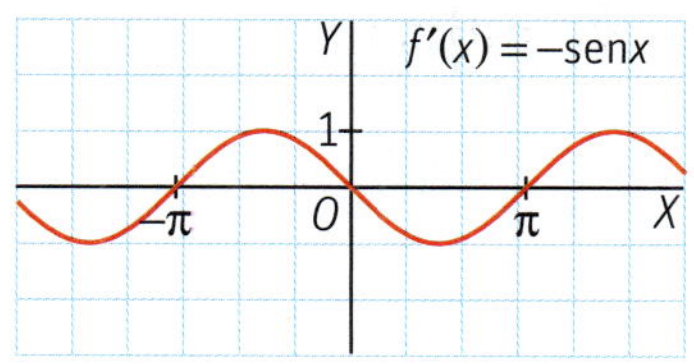

Función tangente

Si $\boldsymbol{f(x) = \text{tg}x}$, entonces $\boldsymbol{f'(x) = 1 + \text{tg}^2 x = \dfrac{1}{\cos^2 x}}$

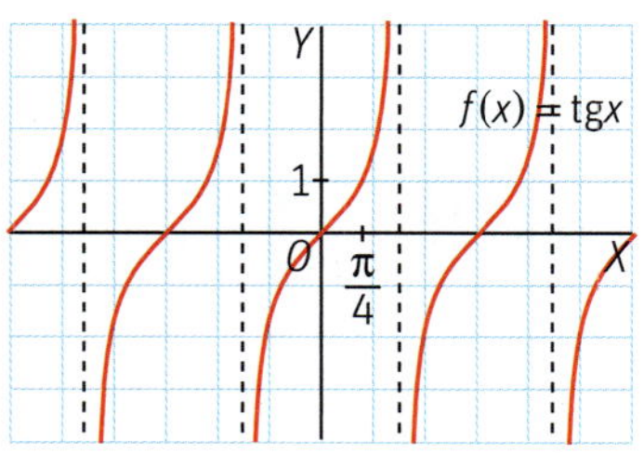

⇒ Derivada

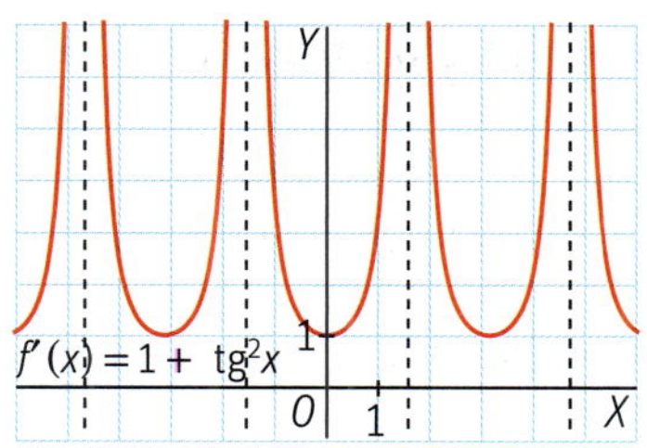

EJERCICIOS RESUELTOS

18. Prueba que la derivada de la función constante es cero.

En efecto, si $f(x) = c$, será: $f'(x) = \lim\limits_{h \to 0} \dfrac{f(x+h) - f(x)}{h} = \lim\limits_{h \to 0} \dfrac{c - c}{h} = \lim\limits_{h \to 0} \dfrac{0}{h} = 0$

19. Deriva estas funciones:

a) $f(x) = x^3$ c) $f(x) = \sqrt[3]{x^2}$

b) $f(x) = \sqrt{x}$ d) $f(x) = \dfrac{1}{x}$

a) $f'(x) = 3 \cdot x^{3-1} = 3x^2$

b) $f(x) = \sqrt{x} = x^{\frac{1}{2}} \Rightarrow f'(x) = \dfrac{1}{2} x^{\frac{1}{2}-1} = \dfrac{1}{2} x^{-\frac{1}{2}} = \dfrac{1}{2\sqrt{x}}$

c) $f(x) = \sqrt[3]{x^2} = x^{\frac{2}{3}} \Rightarrow f'(x) = \dfrac{2}{3} x^{\frac{2}{3}-1} = \dfrac{2}{3} x^{-\frac{1}{3}} = \dfrac{2}{3\sqrt[3]{x}}$

d) $f(x) = \dfrac{1}{x} = x^{-1} \Rightarrow f'(x) = -1 \cdot x^{-1-1} = -x^{-2} = -\dfrac{1}{x^2}$

EJERCICIOS PROPUESTOS

20. Calcula las derivadas de las funciones siguientes.

a) $f(x) = x^3$ b) $f(x) = \dfrac{1}{x^2}$ c) $f(x) = \sqrt[4]{x^3}$ d) $f(x) = \sqrt{\dfrac{1}{x^3}}$

21. Calcula, en el punto de abscisa 8, la pendiente de la tangente a la curva $f(x) = \sqrt[3]{x}$.

22. Calcula la pendiente de la tangente a $f(x) = e^x$ en el punto de corte de esta con el eje de ordenadas.

23. ¿Cómo son las tangentes a $f(x) = x$ y $g(x) = \text{sen}x$ en $P(0, 0)$?

24. ¿En qué puntos la tangente a la gráfica de $f(x) = x^t$, con t un número positivo impar, tiene pendiente negativa?

5 Derivadas de las operaciones

Derivada de la suma de funciones

Si f y g tienen derivada en el punto de abscisa x, entonces, la función $\mathbf{F(x)=f(x)+g(x)}$ también tiene derivada en el punto de abscisa x y se verifica que $\mathbf{F'(x)=f'(x)+g'(x)}$.

Para demostrarlo, se aplica la definición de derivada a la función $F(x)=f(x)+g(x)$:

$$F'(x)=\lim_{h\to 0}\frac{F(x+h)-F(x)}{h}=\lim_{h\to 0}\frac{f(x+h)+g(x+h)-\left(f(x)+g(x)\right)}{h}=$$

$$=\lim_{h\to 0}\left(\frac{f(x+h)-f(x)}{h}+\frac{g(x+h)-g(x)}{h}\right)=\lim_{h\to 0}\frac{f(x+h)-f(x)}{h}+\lim_{h\to 0}\frac{g(x+h)-g(x)}{h}=f'(x)+g'(x)$$

Ejemplo ▸ $f(x)=x^2+x^4$, $f'(x)=2x+4x^3$

Derivada del producto de una función por un número real

Si $\mathbf{F(x)=k\,f(x)}$ con $k\in\mathbb{R}$, entonces la derivada de F en un punto x es $\mathbf{F'(x)=k\,f'(x)}$.

Este resultado se demuestra también con la aplicación de la definición de derivada:

$$F'(x)=\lim_{h\to 0}\frac{F(x+h)-F(x)}{h}=\lim_{h\to 0}\frac{kf(x+h)-kf(x)}{h}=\lim_{h\to 0}\left(k\cdot\frac{f(x+h)-f(x)}{h}\right)=kf'(x)$$

Ejemplo ▸ $f(x)=4x^2$, $f'(x)=4\cdot 2x=8x$

Con los resultados anteriores se puede obtener la derivada de cualquier función polinómica.

Ejemplo ▸ $f(x)=2x^4-3x^3-4x+5$, $f'(x)=8x^3-9x^2-4$

Ten en cuenta

Al derivar una función polinómica su grado se reduce en una unidad. Por tanto, la derivada de orden $n+1$ de un polinomio de grado n es siempre igual a 0.

Derivada del cuadrado de una función

Si $\mathbf{F(x)=[f(x)]^2}$, y f es derivable en un punto x, entonces es $\mathbf{F'(x)=2f(x)f'(x)}$.

Para demostrarlo se aplica la definición de derivada a la función $F(x)=[f(x)]^2$

$$F'(x)=\lim_{h\to 0}\frac{F(x+h)-F(x)}{h}=\lim_{h\to 0}\frac{f^2(x+h)-f^2(x)}{h}=$$

← El numerador se escribe como suma por diferencia.

$$=\lim_{h\to 0}\frac{\left(f(x+h)+f(x)\right)\left(f(x+h)-f(x)\right)}{h}=$$

← Se aplican las propiedades de los límites para reescribir la fracción.

$$=\lim_{h\to 0}\left(f(x+h)+f(x)\right)\cdot\lim_{h\to 0}\frac{f(x+h)-f(x)}{h}=2f(x)f'(x)$$

← f es continua al ser derivable $\Rightarrow$ $\Rightarrow\lim_{h\to 0}\left(f(x+h)+f(x)\right)=2f(x)$

Ejemplo ▸ $f(x)=(\cos x)^2$, $f'(x)=2\cos x(\cos x)'=2\cos x(-\operatorname{sen}x)=-2\cos x\operatorname{sen}x$

Ten en cuenta

El cuadrado de una función se puede escribir de dos formas:

$$[f(x)]^2=f^2(x)$$

La derivada del producto

Si f y g son derivables en el punto x, $\mathbf{F(x)=f(x)\,g(x)}$ también es derivable y se verifica:

$$\mathbf{F'(x)=f'(x)\,g(x)+f(x)\,g'(x)}$$

Para demostrarlo se calcula la derivada de $(f+g)^2$ de dos formas diferentes:

$$\left[(f+g)^2\right]'=\begin{cases}\left(f^2+2fg+g^2\right)'=2ff'+2(fg)'+2gg'\\ 2(f+g)(f+g)'=2(f+g)(f'+g')=2ff'+2fg'+2gf'+2gg'\end{cases}\Rightarrow(fg)'=fg'+gf'$$

En esta prueba se aplica, sin probarla, la propiedad de que si f y g son derivables, fg también lo es.

Ejemplo ▸ $f(x)=x(x^2-3)$, $f'(x)=1\cdot(x^2-3)+x\cdot 2x=3x^2-3$

La derivada del cociente

Si f y g son derivables en el punto x, con $g(x) \neq 0$, entonces su cociente también es derivable y se verifica: $\left(\frac{f(x)}{g(x)}\right)' = \frac{f'(x)g(x) - f(x)g'(x)}{(g(x))^2}$, si $g(x) \neq 0$

Para calcular la derivada del cociente de f y g en los puntos en los que no se anule el denominador. se escribe $f = \frac{f}{g} \cdot g$, se deriva esta igualdad aplicando la derivada del producto, y se despeja:

$$f' = \left(\frac{f}{g}\cdot g\right)' = \frac{f}{g}\cdot g' + g\cdot\left(\frac{f}{g}\right)' \Rightarrow \left(\frac{f}{g}\right)' = \frac{1}{g}\left(f' - \frac{fg'}{g}\right) = \frac{f'g - fg'}{g^2}$$

Ejemplo ▸ $f(x) = \frac{x^2 + x - 1}{x + 2}$, $f'(x) = \frac{(2x+1)(x+2) - (x^2 + x - 1)\cdot 1}{(x+2)^2} = \frac{x^2 + 4x + 3}{x^2 + 4x + 4}$

Gottfried W. von Leibniz (1646-1716)
Científico alemán considerado uno de los padres del cálculo diferencial junto a Newton. Introdujo la notación $\frac{df}{dx}$ para la derivada, que sigue siendo muy utilizada hoy día.

Por ejemplo, $\frac{d(x^2)}{dx} = 2x$.

Derivada de la composición. Regla de la cadena

Si $\boldsymbol{F(x) = (f \circ g)(x)}$, es decir, si $F(x) = f(g(x))$, entonces $\boldsymbol{F'(x) = f'(g(x)) \cdot g'(x)}$.

En este curso no se justifica esta fórmula, aunque se puede comprobar en muchos ejemplos.

Ejemplo ▸ **Dadas $f(x) = x^2 - 3x + 1$ y $g(x) = x^3$, obtén la derivada de** $F(x) = (f \circ g)(x)$.

- Se puede calcular primero $F(x)$ y posteriormente derivar:

$$F(x) = (f \circ g)(x) = f(g(x)) = (x^3)^2 - 3(x^3) + 1 = x^6 - 3x^3 + 1 \Rightarrow F'(x) = 6x^5 - 9x^2$$

- También se puede aplicar directamente la regla de la cadena:

$$\left.\begin{array}{l} f'(g(x)) = 2x^3 - 3 \\ g'(x) = 3x^2 \end{array}\right\} \Rightarrow F'(x) = f'(g(x)) \cdot g'(x) = (2x^3 - 3) \cdot 3x^2 = 6x^5 - 9x^2$$

EJERCICIO RESUELTO

25. **Deriva las siguientes funciones.**

a) $f(x) = 3x^4 - 5x^3 - x + 7$

b) $f(x) = \text{tg}(x^2 + 1)$

c) $f(x) = \sqrt{3x^2 - 1}$

d) $f(x) = \frac{x - 5}{2x + 3}$

e) $f(x) = 2^x \text{sen}^3 x$

Se obtienen combinando las derivadas de las funciones elementales y de las operaciones.

a) $f'(x) = 12x^3 - 15x^2 - 1$

b) $f'(x) = \left[1 + \text{tg}^2(x^2 + 1)\right] \cdot 2x$

c) $f(x) = \sqrt{3x^2 - 1} = (3x^2 - 1)^{\frac{1}{2}} \Rightarrow f'(x) = \frac{1}{2}(3x^2 - 1)^{\frac{1}{2} - 1} \cdot 6x = 3x(3x^2 - 1)^{-\frac{1}{2}} = \frac{3x}{\sqrt{3x^2 - 1}}$

d) $f'(x) = \frac{1 \cdot (2x + 3) - (x - 5) \cdot 2}{(2x + 3)^2} = \frac{13}{(2x + 3)^2}$

e) $f'(x) = 2^x \ln 2\, \text{sen}^3 x + 2^x \cdot 3\text{sen}^2 x \cos x = 2^x \text{sen}^2 x(\ln 2\, \text{sen}\, x + 3\cos x)$

EJERCICIOS PROPUESTOS

26. **Deriva las siguientes funciones.**

a) $f(x) = x^4 \cdot x^{-2}$

b) $f(x) = \sqrt{\sqrt{x}}$

c) $f(x) = \frac{x}{\sqrt{x}}$

d) $f(x) = (\cos x)^{\frac{3}{2}}$

e) $f(x) = x\,\text{tg}\,x$

f) $f(x) = \ln(x^2 - 1)$

27. **Halla las siguientes derivadas.**

a) $f(x) = \text{sen}\,x + \frac{1}{\cos x}$

b) $f(x) = \frac{x^2 + 1}{x^2 - 1}$

c) $f(x) = \frac{x^2}{e^x}$

28. smSaviadigital.com PRACTICA Sigue practicando con las reglas de derivación.

6 Crecimiento y decrecimiento. Extremos relativos

Si la gráfica de la función $y = f(x)$ es la dada a la derecha, se dice que f es creciente en los intervalos $(-\infty, a)$ y $(b, +\infty)$, y decreciente en el (a, b).

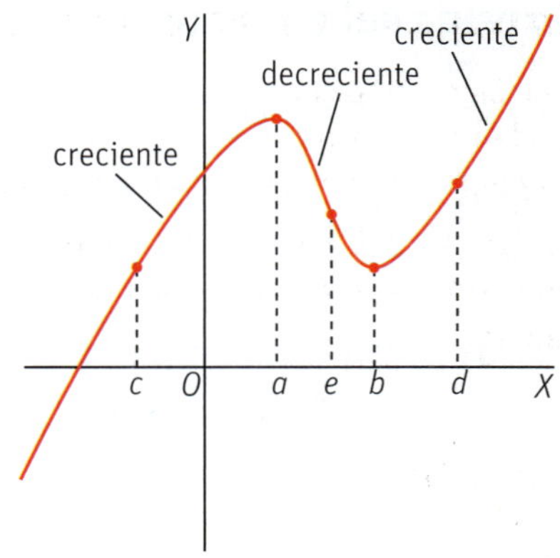

Esta idea se puede trasladar al comportamiento de una función en un punto, en vez de un intervalo. Así, para la función $y = f(x)$ representada, a la pregunta de si crece o decrece, o ni una cosa ni otra en los puntos señalados, se respondería:

- f es creciente en c y en d.
- f es decreciente en e.
- f no es ni creciente ni decreciente en a y en b.

Los puntos en los que una función no es ni creciente ni decreciente se denominan **extremos relativos** y pueden ser de dos tipos: así, se dice que f tiene en a un **máximo** y en b un **mínimo**, y como en esos puntos f no toma necesariamente ni el mayor ni el menor valor de su imagen, se establece que en a presenta un máximo relativo, y en b, un mínimo relativo.

Crecimiento, decrecimiento y extremos relativos en funciones derivables

En la figura anterior también se observa que hay una relación entre la pendiente de la recta tangente a la gráfica, allí donde la función f es derivable, y los puntos en los que f es creciente, decreciente o presenta algún extremo relativo (en lo que sigue se supondrá que f es derivable en $x = a$).

Si $\boldsymbol{f'(a) > 0}$, entonces f es **creciente** en el punto de abscisa a.

Si $f'(a) > 0$, la recta tangente en ese punto tiene pendiente positiva y la gráfica de la función presenta alguna de las tres situaciones de la figura.

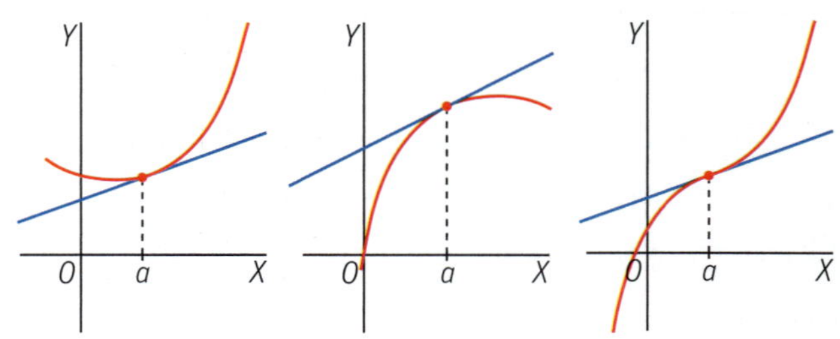

Si $\boldsymbol{f'(a) < 0}$, entonces f es **decreciente** en el punto de abscisa a.

Si $f'(a) < 0$, la recta tangente en ese punto tiene pendiente negativa y la gráfica de la función se corresponde con alguna de las situaciones de la figura.

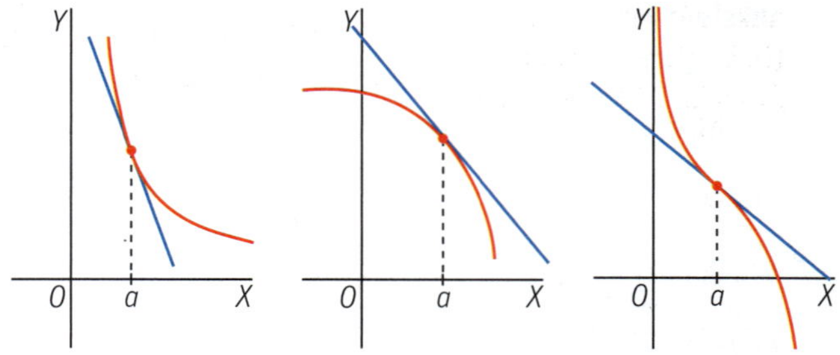

MAT-TIC GeoGebra

Entra en smSaviadigital.com y profundiza entre la relación entre el crecimiento de una función y su derivada.

Si f presenta un **máximo** o un **mínimo relativo** en el punto de abscisa a, entonces $\boldsymbol{f'(a) = 0}$.

En los puntos que presentan máximos o mínimos relativos, la tangente a la gráfica es horizontal y, por tanto, $f'(a) = 0$.

Si la gráfica de f crece a la izquierda del punto a y es decreciente a su derecha, entonces f presenta un máximo relativo en el punto de abscisa a.

Si la gráfica de f es decreciente a la izquierda del punto b y creciente a su derecha, entonces f presenta un mínimo relativo en el punto de abscisa b.

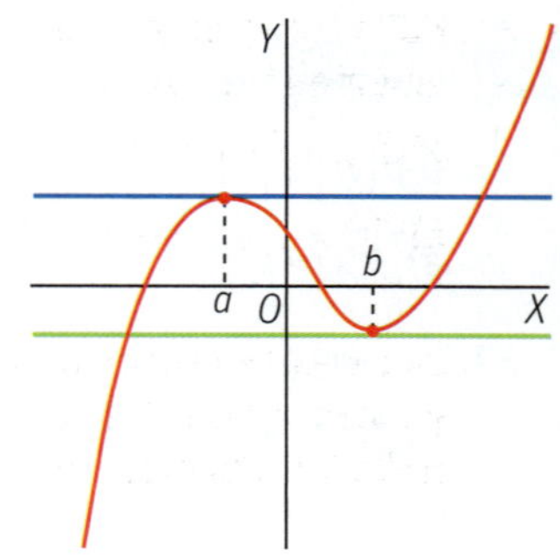

Máximos y mínimos absolutos de una función en un intervalo

Una función continua en un intervalo cerrado $[a, b]$ alcanza en él un máximo y un mínimo absolutos, que pueden situarse o bien en los extremos a y b del intervalo o en puntos interiores al mismo. Estos últimos puntos serían también máximos y mínimos relativos.

Si la función es, además, derivable en (a, b), los posibles puntos interiores del intervalo en los que pueden situarse el máximo o el mínimo absolutos son, necesariamente puntos en los que la derivada se anula.

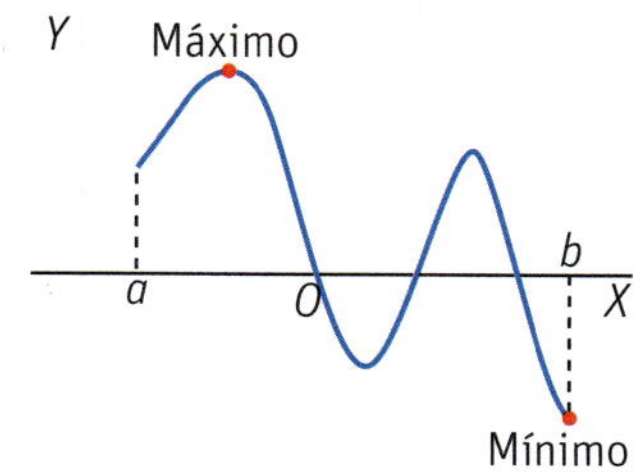

EJERCICIOS RESUELTOS

29. **Estudia los máximos y mínimos relativos, así como los puntos donde es creciente y donde es decreciente la función $f(x) = 3x^5 - 5x^3 + 1$ y compara los resultados obtenidos con su gráfica.**

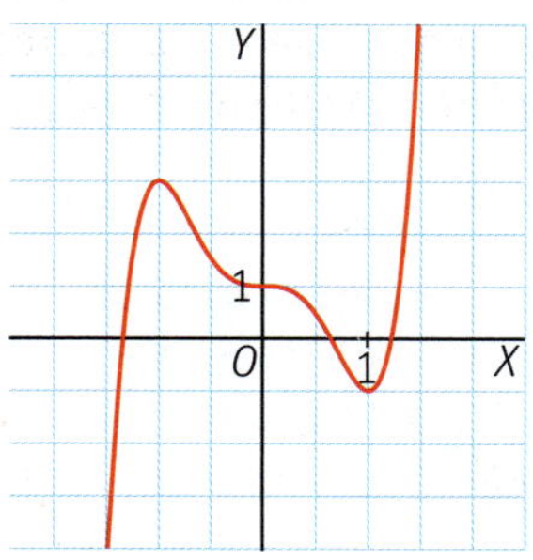

Los posibles máximos y mínimos relativos estarán en los puntos que anulan f':

$$f'(x) = 15x^4 - 15x^2 = 15x^2(x+1)(x-1) = 0 \Rightarrow x = 0, x = -1, x = 1$$

Para determinar en qué intervalos la función es creciente o decreciente y, a partir de esta información, si son máximos o mínimos los puntos encontrados, se estudia el signo de f', resolviendo la inecuación $15x^2(x+1)(x-1) > 0$. Para ello se construye la tabla de signos correspondiente.

$-\infty$ $\quad -1 \quad 0 \quad 1 \quad$ $+\infty$

	$(-\infty, -1)$	$(-1, 0)$	$(0, 1)$	$(1, +\infty)$
$x+1$	$-$	$+$	$+$	$+$
x^2	$+$	$+$	$+$	$+$
$x-1$	$-$	$-$	$-$	$+$
Signo de f'	$+$	$-$	$-$	$+$
Comportamiento de f	↗	↘	↘	↗

Así, en este caso, f es creciente en los intervalos $(-\infty, -1)$ y $(1, +\infty)$ y decreciente en el intervalo $(-1, 1)$. De este resultado se deduce que f presenta en el punto $A[-1, f(-1)] = A[-1, 3]$ un máximo relativo y un mínimo relativo en $B[1, f(1)] = B[1, -1]$. Es importante observar que, aunque $f'(0) = 0$, en el punto $C[0, f(0)] = C[0, 1]$, f no presenta ni un máximo ni un mínimo relativo.

Los resultados están de acuerdo con la gráfica de f dada en el enunciado.

Hay que señalar que, en la tabla de signos aunque es preciso incluir el valor 0 en la recta real, no hubiera sido necesario incluir su factor asociado, x^2, ya que su signo es siempre positivo excepto para $x = 0$.

30. **Halla la posición y calcula los valores correspondientes del máximo y del mínimo absolutos en el intervalo $[0, 5]$, de la función $f(x) = 2x^3 + 9x^2 - 24x + 1$.**

Se calculan los puntos en los que se anula la derivada:

$f'(x) = 6x^2 + 18x - 24 = 6\,(x^2 + 3x - 4) = 0 \Rightarrow x = 1$ y $x = -4$

De esos dos valores, solo $x = 1$ está en el interior del intervalo $[0, 5]$; así que tanto el máximo como el mínimo de f en $[0, 5]$ estarán, bien en el posible máximo o mínimo relativo, $x = 1$, bien en los extremos del intervalo, $x = 0$ y $x = 5$.

Si se calculan los valores de la función en dichos puntos se obtiene:

$$f(0) = 1,\ f(1) = -12 \text{ y } f(5) = 356$$

Por tanto, el máximo de f en $[0, 5]$ es 356 y se alcanza en $x = 5$, y el mínimo vale -12 y se alcanza en $x = 1$.

EJERCICIOS PROPUESTOS

31. Halla los intervalos de crecimiento y decrecimiento de las siguientes funciones.

a) $f(x) = x^2 - 6x + 8$

b) $f(x) = x^3 - 6x^2 + 9x - 8$

c) $f(x) = x(x-2)$

d) $f(x) = (x-1)^2$

32. La curva de ecuación $y = x^2 + bx + c$ pasa por el punto $P(-2, 1)$ y alcanza un extremo relativo en el punto de abscisa $x = -3$. Halla los números b y c.

33. Calcula el valor máximo y mínimo de las siguientes funciones en los intervalos indicados.

a) $f(x) = 3x^2 - x$ en $[-3, 5]$

b) $f(x) = (x-1)(x-2)$ en $[0, 3]$

c) $f(x) = \dfrac{1}{x}$ en $[1, 5]$

d) $f(x) = \sqrt{x}$ en $[4, 9]$

34. Halla el valor de a para que la función $f(x) = x^2 + 2x + a$ tome el valor 8 en su mínimo.

7 Problemas de optimización

En muchas ocasiones surgen situaciones en las que es importante calcular el máximo o el mínimo de ciertas magnitudes; por ejemplo, puede interesar calcular el máximo volumen, el coste mínimo, el camino más corto o las máximas ganancias. Si se dispusiera de la gráfica de la función que relaciona las magnitudes que intervienen, el problema sería sencillo de resolver.

El cálculo diferencial tiene herramientas para responder a este tipo de problemas que, de hecho, estuvieron presentes en el origen de esta rama de las Matemáticas.

Optimización de una función derivable con una variable

Aunque este caso ya se ha trabajado en el epígrafe anterior (ejercicio 30), en el siguiente ejemplo se resumen las etapas que hay que seguir.

Ejemplo ▸ **El valor en millones de euros de una empresa en función del tiempo t viene dado por la fórmula $f(t) = 9 - (t - 2)^2$, siendo t el número de años que transcurren desde que se creó hasta su venta, tres años después. ¿En qué momentos alcanzó el máximo y el mínimo valor dicha empresa y a cuánto ascendían dichos valores?**

En este caso se quieren calcular los valores del tiempo, t, para los que una función dada, $f(t)$, alcanza su máximo y su mínimo.

1.º Se determina el intervalo en el que la variable de la función puede tomar valores. Aquí, el tiempo puede variar entre el momento de fundación y el de venta de la empresa, esto es, el intervalo [0, 3] años.

2.º Se calculan los posible extremos relativos de la función con la condición $f'(t) = 0$.

$$f'(t) = -2(t-2) = 0 \Rightarrow t = 2 \text{ años.}$$

3.º Se determinan los valores de la función para los valores de la variable que corresponden a los extremos del intervalo de variación, [0, 3], y a los posibles extremos relativos hallados en el punto anterior. Por tanto, hay que calcular $f(0)$, $f(2)$ y $f(3)$:

$$f(0) = 5 \qquad f(2) = 9 \qquad f(3) = 8$$

4.º Se identifican el máximo y el mínimo absolutos de la función en el intervalo considerado. Así, el máximo valor alcanzado por esta empresa fue de 9 millones de euros y se alcanzó a los dos años de su creación. El mínimo se dio en el momento de su creación y fue de 5 millones de euros.

Por tanto, los dueños debieron haberla vendido 1 año antes de lo que lo hicieron. En la siguiente gráfica se representa la función f. En ella se pueden comprobar los resultados obtenidos anteriormente.

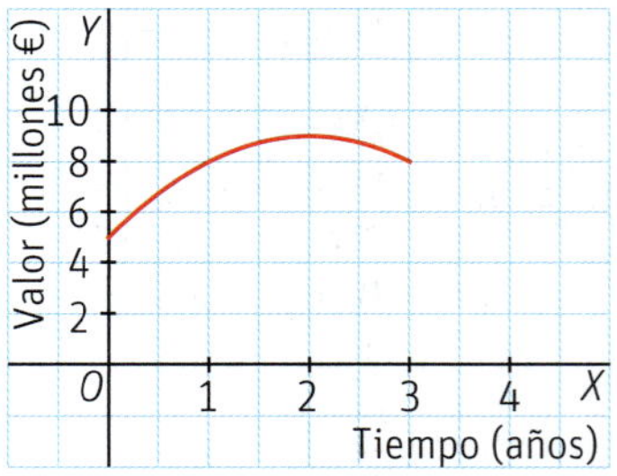

Optimización de una función derivable con más de una variable

Cuando la función que se quiere optimizar depende de más de una variable, la situación es más compleja que la tratada anteriormente. En estos casos, una vez identificadas la función y las variables que intervienen en ellas, es necesario buscar relaciones entre dichas variables que permitan reescribir la función como dependiente de una sola de ellas.

Estas relaciones entre las variables son externas a la función que se quiere optimizar y se llaman **ecuaciones o relaciones de ligadura**.

A continuación se desarrolla un ejemplo práctico en el que se señalan las etapas básicas que hay que seguir para resolver el problema de optimización planteado.

Ejemplo ▸ **¿Cuáles deben ser las dimensiones de un bote cilíndrico de bebida de 330 cm³ de capacidad para que al fabricarlo, el gasto de hojalata sea el menor posible?**

El coste en hojalata será proporcional a la superficie del cilindro, por lo que esta será la función que hay que minimizar. Así se tiene:

1.º Si se llama h a la altura del bote y r al radio de su base, la función que da la superficie del cilindro será: $S(h, r) = (2\pi r \cdot h + 2\pi r^2)$.

2.º Al tener S dos variables, se busca la relación entre ellas que, en este caso y según el enunciado, viene dada por el volumen: $V = 330 \text{ cm}^3 \Rightarrow \pi r^2 \cdot h = 330$

Ahora se expresa la superficie en función de una única variable, por ejemplo, r:

$$\left.\begin{array}{l} S(h,r) = 2\pi rh + 2\pi r^2 \\ \pi r^2 h = 330 \Rightarrow h = \dfrac{330}{\pi r^2} \end{array}\right\} \Rightarrow S(r) = 2\pi r \cdot \frac{330}{\pi r^2} + 2\pi r^2 = \frac{660}{r} + 2\pi r^2$$

3.º En este caso, el radio, que es la variable de la que depende la superficie, puede tomar cualquier valor entre 0 e infinito.

4.º Se impone la condición de extremo relativo, esto es, $S'(r) = 0$:

$$S'(r) = -\frac{660}{r^2} + 4\pi r = 0 \Rightarrow -660 + 4\pi r^3 = 0 \Rightarrow r = \sqrt[3]{\frac{660}{4\pi}} \Rightarrow r = 3{,}7 \text{cm}$$

Ahora se comprueba si el posible extremo es un máximo o un mínimo.

Como la gráfica de S(derecha) es decreciente a la izquierda del punto $r = 3{,}7$ y creciente a la derecha, entonces F presenta un mínimo relativo en el punto de abscisa 3,7. En la gráfica también se observa cómo el área del cilindro tiende a hacerse arbitrariamente grande cuando el radio tiende a 0 o a $+\infty$.

5.º Por último, se calculan el resto de variables y el valor de la función optimizada.

$$r = 3{,}7\text{cm}; \quad h = \frac{330}{\pi r^2} = \frac{330}{\pi(3{,}7)^2} = 7{,}7\text{cm}; \quad S(r = 3{,}7) = \frac{660}{3{,}7} + 2\pi \cdot 3{,}7^2 = 264{,}4 \text{ cm}^2$$

MAT-TIC GeoGebra

Entra en sm**Savia**digital.com e investiga, de forma interactiva, en otros problemas de optimización.

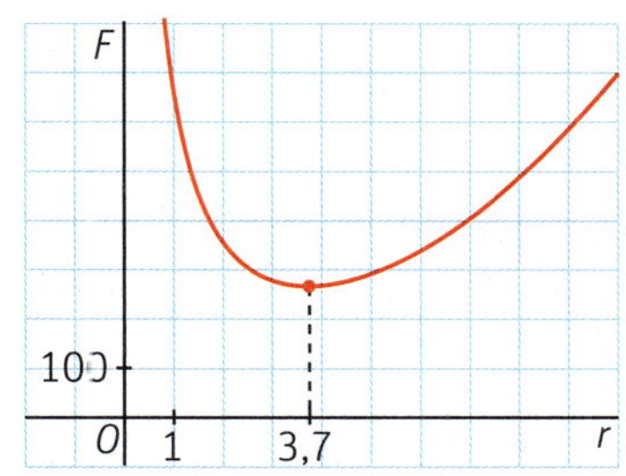

EJERCICIO RESUELTO

35. **El balance de una fábrica durante diez años se ajusta a $f(t) = t^3 - 18t^2 + 81t - 3$ donde t indica años y $f(t)$ las ganancias o pérdidas en miles de euros. En ese periodo, ¿cuándo se han dado las mayores ganancias o pérdidas?**

Hay que determinar el máximo y el mínimo de la función $f(t) = t^3 - 18t^2 + 81t - 3$ en el intervalo [0, 10]. Para ello se halla la derivada de f, se iguala a cero y se resuelve la ecuación que se obtiene:

$$f'(t) = 3t^2 - 36t + 81 = 0 \Rightarrow t = 3, t = 9$$

Se halla el valor de f para $t = 3$, $t = 9$ y para los extremos del intervalo [0, 10]:

$f(3) = 105$ $\quad f(9) = -3$ $\quad f(0) = -3$ $\quad f(10) = 7$

Así pues la máxima ganancia, 105 000 €, se alcanza en el tercer año, mientras que las máximas pérdidas se dieron al crearse la empresa (año cero) y en el noveno año con 3000 € de pérdidas en cada uno.

EJERCICIOS PROPUESTOS

36. Un comercial cobra por una venta una comisión dada por:

$$C(x) = 100 + \frac{x}{100} - \frac{x^2}{1000}$$

donde x representa la cantidad en miles de euros de la venta efectuada. Determina la cantidad que habrá de vender para que la comisión sea máxima.

37. Eduardo dispone de 400 m de alambre para vallar un campo rectangular. Si se aprovecha de que un río hace ya de valla en un lado, ¿cómo debe hacerlo para cercar la máxima superficie?

38. Se quiere escribir un texto de 81 cm² en una hoja. Si debe haber 2 cm de margen en cada lateral y 3 cm arriba y abajo, ¿cuáles son las dimensiones de la hoja de menor área?

39. El coste de fabricar x televisores es $D(x) = 200x + x^2$, con $0 \le x \le 80$ y cada televisor se vende a 300 €.

a) ¿Qué función da los beneficios de la venta de x televisores?

b) ¿Cuándo se obtiene el máximo beneficio y cuál sería este?

40. sm**Savia**digital.com **PRACTICA** Sigue practicando con las aplicaciones de las derivadas.

Resumen

Tasas de variación

Tasa de variación media de f en el intervalo $[a, b]$

$$TVM\, f[a,b]=\frac{f(b)-f(a)}{b-a}$$

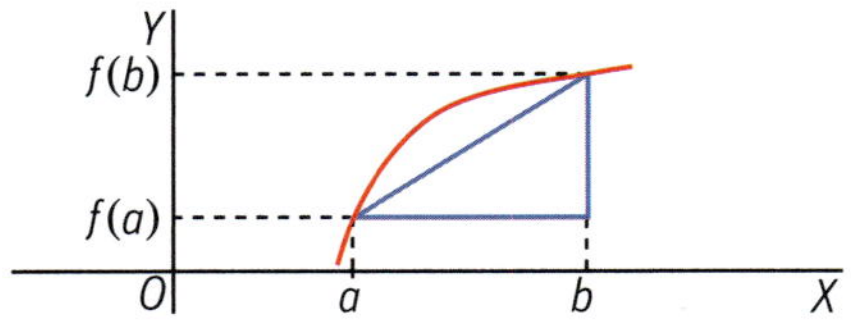

Tasa de variación instantánea de f en a

$$TVI\, f(a)=\lim_{b\to a}\frac{f(b)-f(a)}{b-a}$$

o bien

$$TVI\, f(a)=\lim_{h\to 0}\frac{f(a+h)-f(a)}{h}$$

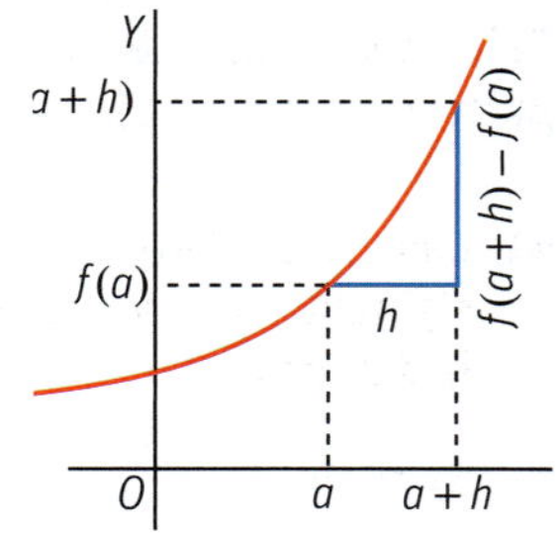

Derivada de una función en un punto. Interpretación geométrica

Se representa como $f'(a)$ y es igual al límite: $f'(a)=\lim_{h\to 0}\frac{f(a+h)-f(a)}{h}$

Coincide con la tasa de variación instantánea de f en a.

Geométricamente, es la pendiente de la recta tangente a la gráfica de $y=f(x)$ en el punto $P(a,f(a))$

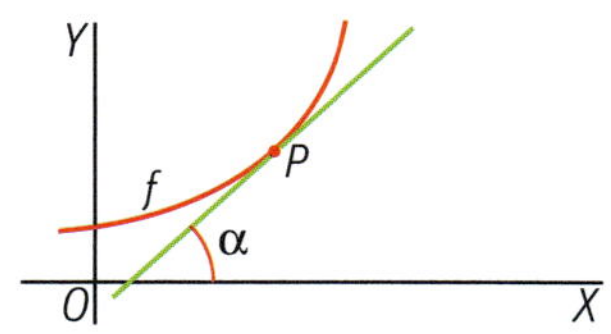

Derivadas de funciones elementales

- $f(x)=c \Rightarrow f'(x)=0$
- $f(x)=x^a \Rightarrow f'(x)=ax^{a-1}$
- $f(x)=\log_a x \Rightarrow f'(x)=\frac{1}{x\ln a}$
- $f(x)=a^x \Rightarrow f'(x)=a^x\ln a$
- $f(x)=e^x \Rightarrow f'(x)=e^x$
- $f(x)=\ln x \Rightarrow f'(x)=\frac{1}{x}$
- $f(x)=\operatorname{sen} x \Rightarrow f'(x)=\cos x$
- $f(x)=\cos x \Rightarrow f'(x)=-\operatorname{sen} x$
- $f(x)=\operatorname{tg} x \Rightarrow f'(x)=1+\operatorname{tg}^2 x=\frac{1}{\cos^2 x}$

Derivadas de operaciones

- **Suma:** $F(x)=f(x)+g(x)\Rightarrow F'(x)=f'(x)+g'(x)$
- **Producto por k:** $F(x)=kf(x)\Rightarrow F'(x)=kf'(x)$
- **Producto:** $F(x)=f(x)g(x)\Rightarrow F'(x)=f'(x)g(x)+f(x)g'(x)$
- **Cociente:** $F(x)=\frac{f(x)}{g(x)}\Rightarrow F'(x)=\frac{f'(x)g(x)-f(x)g'(x)}{(g(x))^2}$
- **Composición (regla de la cadena):** $F(x)=(f\circ g)(x)\Rightarrow F'(x)=f'(g(x))g'(x)$

Crecimiento y decrecimiento

- Si $f'(a)>0 \Rightarrow f$ es creciente en el punto de abscisa a.
- Si $f'(b)<0 \Rightarrow f$ es decreciente en el punto de abscisa b.

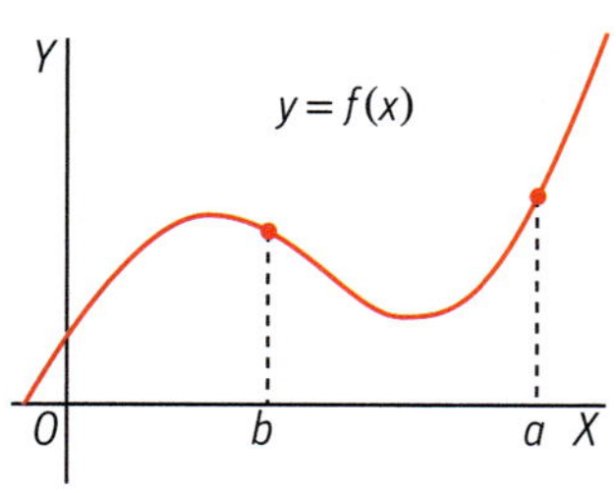

Extremos relativos

Si se alcanza en el punto $x=a$ (f derivable en él) es necesario aunque no suficiente, que $f'(a)=0$.

Máximo relativo

De creciente a decreciente

Mínimo relativo

De decreciente a creciente

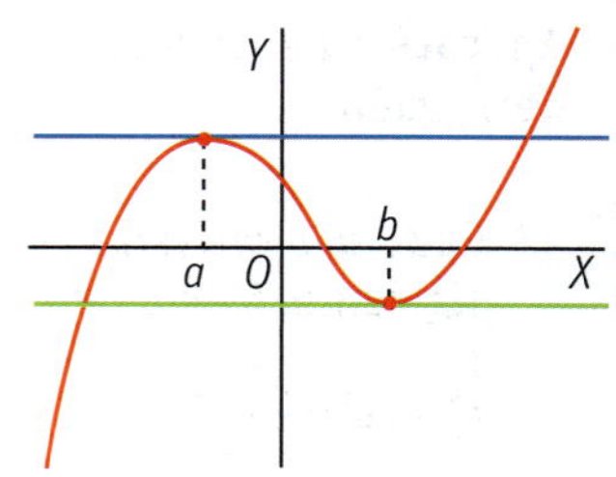

Extremos absolutos

Una función continua en un intervalo cerrado $[a, b]$ alcanza en él un máximo y un mínimo absolutos, que pueden situarse o bien en los extremos a y b del intervalo o en puntos interiores al mismo.

Problemas de optimización

1.º Se nombran variables y se expresa la función que hay que maximizar o minimizar.

2.º Si la expresión tiene varias variables, se deben relacionar las mismas mediante las condiciones del enunciado y así, expresar la función que se quiere optimizar como una función con una sola variable.

3.º Se escribe el intervalo adecuado en el que toma valores la variable, según el contexto del problema.

4.º Se calcula el máximo o el mínimo de la función en ese intervalo.

5.º Se calculan el resto de variables y el valor de la función optimizada.

EJERCICIOS RESUELTOS

Definición de derivada e interpretación geométrica

Cálculo de la función derivada a partir de la definición

41. Calcula las derivadas de las siguientes funciones aplicando la definición.

a) $f(x)=\frac{1}{x}$

b) $f(x)=\sqrt{x}$

a) $f'(x)=\lim_{h\to 0}\frac{f(x+h)-f(x)}{h}=\lim_{h\to 0}\frac{\frac{1}{x+h}-\frac{1}{x}}{h}=\lim_{h\to 0}\frac{\frac{x-(x+h)}{x(x+h)}}{h}=$

$=\lim_{h\to 0}\frac{x-(x+h)}{x(x+h)\cdot h}=\lim_{h\to 0}\frac{-h}{x(x+h)\cdot h}=\lim_{h\to 0}\frac{-1}{x(x+h)}=-\frac{1}{x^2}$

b) $f'(x)=\lim_{h\to 0}\frac{f(x+h)-f(x)}{h}=\lim_{h\to 0}\frac{\sqrt{x+h}-\sqrt{x}}{h}=\lim_{h\to 0}\frac{(\sqrt{x+h}-\sqrt{x})(\sqrt{x+h}+\sqrt{x})}{h(\sqrt{x+h}+\sqrt{x})}=$

$=\lim_{h\to 0}\frac{(\sqrt{x+h})^2-(\sqrt{x})^2}{h(\sqrt{x+h}+\sqrt{x})}=\lim_{h\to 0}\frac{(x+h)-x}{h(\sqrt{x+h}+x)}=\lim_{h\to 0}\frac{\cancel{h}}{\cancel{h}(\sqrt{x+h}+\sqrt{x})}=$

$=\lim_{h\to 0}\frac{1}{(\sqrt{x+h}+\sqrt{x})}=\frac{1}{2\sqrt{x}}$

Interpretación geométrica

42. La recta tangente a una curva en un punto puede cortar la curva en otro punto.

La tangente a la curva $f(x)=x^3$ en $A(1, 1)$ la corta en otro punto. ¿Cuál es?

Como $f'(x)=3x^2$, la pendiente de la recta tangente en el punto $A(1, 1)$ es $m=f'(1)=3$.

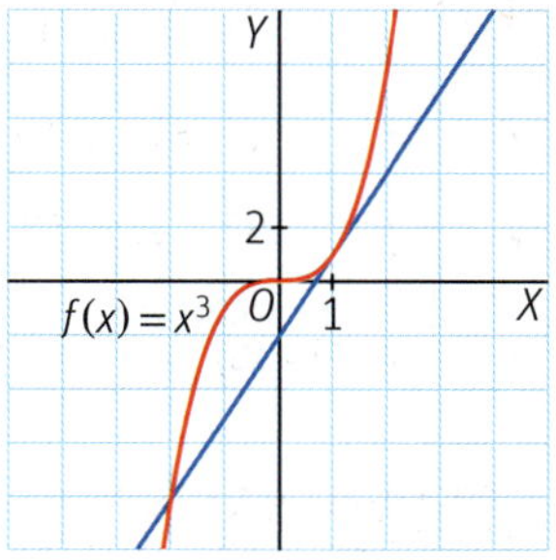

De esta forma, la ecuación de la recta que pasa por el punto de tangencia $A(1, 1)$ y tiene como pendiente 3 es:

$$y-1=3(x-1)\Rightarrow y=3x-2$$

El punto pedido se obtiene con la resolución del sistema formado por ecuación de la recta tangente y por la de la curva $f(x)=x^3$.

$\begin{cases} y=3x-2 \\ y=x^3 \end{cases} \Rightarrow 3x-2=x^3$, ecuación que se resuelve utilizando la regla de Ruffini para hallar las soluciones enteras, obteniéndose $x=1$ y $x=-2$.

Por tanto, la recta tangente a la curva $f(x)=x^3$ en $A(1, 1)$ la corta en $P(-2, -8)$.

Cálculo de derivadas

Aplicación de las reglas de derivación

43. Calcula la derivada de las siguientes funciones.

a) $f(x)=\frac{x^2+1}{x+1}$

b) $f(x)=\operatorname{sen}x\cdot\ln x$

c) $f(x)=\sqrt{\operatorname{sen}x}$

d) $f(x)=(x^2+3)^3$

e) $f(x)=\log_2(x^2+x+1)$

f) $f(x)=e^{x^3-2x^2+5x}$

a) $f'(x)=\frac{2x(x+1)-(x^2+1)}{(x+1)^2}=\frac{x^2+2x-1}{(x+1)^2}$

b) $f'(x)=\cos x\cdot\ln x+\operatorname{sen}x\cdot\frac{1}{x}=\cos x\cdot\ln x+\frac{\operatorname{sen}x}{x}$

c) Si $g(x)=\sqrt{x}$ y $h(x)=\operatorname{sen}x$, es $f(x)=(g\circ h)(x)$, y aplicando la regla de la cadena:

$$f'(x)=g'[h(x)]\cdot h'(x)\Rightarrow f'(x)=\frac{1}{2\sqrt{\operatorname{sen}x}}\cos x=\frac{\cos x}{2\sqrt{\operatorname{sen}x}}$$

d) Si $g(x)=x^3$ y $h(x)=x^2+3$, es $f(x)=(g\circ h)(x)$, y aplicando la regla de la cadena:

$$f'(x)=g'[h(x)]\cdot h'(x)\Rightarrow f'(x)=3(x^2+3)^2\cdot 2x=6x(x^2+3)^2$$

e) Si $g(x)=\log_2 x$ y $h(x)=x^2+x+1$, es $f(x)=(g\circ h)(x)$, y por la regla de la cadena:

$$f'(x)=g'[h(x)]\cdot h'(x)\Rightarrow f'(x)=\frac{1}{(x^2+x+1)\ln 2}\cdot(2x+1)=\frac{2x+1}{(x^2+x+1)\ln 2}$$

f) Si $g(x)=e^x$ y $h(x)=x^3-2x^2+5x$, es $f(x)=(g\circ h)(x)$, y por la regla de la cadena:

$$f'(x)=g'[h(x)]\cdot h'(x)\Rightarrow f'(x)=e^{x^3-2x^2+5x}(3x^2-4x+5)$$

Más derivadas

44. Determina la derivada de las siguientes funciones.

a) $f(x)=-4x^4+2x^3-3x^2+5x-7$

b) $f(x)=\sqrt[3]{x^2-4x+1}$

c) $f(x)=\left(x-\sqrt{x}\right)^4$

d) $f(x)=\dfrac{1}{(x-2)^5}$

e) $f(x)=\dfrac{3x-x^2}{x^2+1}$

f) $f(x)=\dfrac{\sqrt{x}}{4x-1}$

g) $f(x)=\dfrac{3^{-x^2+1}}{\ln x}$

h) $f(x)=3^x\cdot \text{tg}(x^2)$

i) $f(x)=\sqrt[3]{e^x}$

j) $f(x)=\cos^4 x$

k) $f(x)=\ln\left(\dfrac{x+1}{x-1}\right)$

a) $f'(x)=-16x^3+6x^2-6x+5$

b) $f(x)=\sqrt[3]{x^2-4x+1}=(x^2-4x+1)^{\frac{1}{3}}\Rightarrow$

$$\Rightarrow f'(x)=\frac{1}{3}(x^2-4x+1)^{\frac{1}{3}-1}(2x-4)=\frac{2x-4}{3(x^2-4x+1)^{\frac{2}{3}}}=\frac{2x-4}{3\sqrt[3]{(x^2-4x+1)^2}}$$

c) $f'(x)=4\left(x-\sqrt{x}\right)^3\left(1-\dfrac{1}{2\sqrt{x}}\right)=\dfrac{2\left(x-\sqrt{x}\right)^3\left(2\sqrt{x}-1\right)}{\sqrt{x}}$

d) $f(x)=\dfrac{1}{(x-2)^5}=(x-2)^{-5}\Rightarrow f'(x)=-5(x-2)^{-6}=-\dfrac{5}{(x-2)^6}$

e) $f'(x)=\dfrac{(3-2x)(x^2+1)-(3x-x^2)2x}{(x^2+1)^2}=\dfrac{3x^2+3-2x^3-2x-6x^2+2x^3}{(x^2+1)^2}=\dfrac{-3x^2-2x+3}{(x^2+1)^2}$

f) $f'(x)=\dfrac{\dfrac{1}{2\sqrt{x}}(4x-1)-\sqrt{x}\cdot 4}{(4x-1)^2}=\dfrac{\dfrac{4x-1-8x}{2\sqrt{x}}}{(4x-1)^2}=\dfrac{-1-4x}{2\sqrt{x}(4x-1)^2}$

g) $f'(x)=\dfrac{3^{-x^2+1}(-2x)\ln 3\cdot\ln x-3^{-x^2+1}\cdot\dfrac{1}{x}}{(\ln x)^2}=\dfrac{\dfrac{-3^{-x^2+1}\left(2x^2\ln 3\,\ln x-1\right)}{x}}{\ln^2 x}=\dfrac{-3^{-x^2+1}\left(2x^2\ln 3\,\ln x-1\right)}{x\ln^2 x}$

h) $f'(x)=3^x\ln 3\cdot\text{tg}\left(x^2\right)+3^x\dfrac{1}{\cos^2\left(x^2\right)}\cdot 2x=3^x\left(\ln 3\cdot\text{tg}\left(x^2\right)+\dfrac{2x}{\cos^2\left(x^2\right)}\right)$

i) $f(x)=\sqrt[3]{e^x}=\left(e^x\right)^{\frac{1}{3}}=e^{\frac{x}{3}}\Rightarrow f'(x)=e^{\frac{x}{3}}\cdot\dfrac{1}{3}=\dfrac{e^{\frac{x}{3}}}{3}=\dfrac{\sqrt[3]{e^x}}{3}$

j) $f'(x)=4\cos^3 x(-\text{sen}\,x)=-4\cos^3 x\,\text{sen}\,x$

k) $f'(x)=\dfrac{1}{\dfrac{x+1}{x-1}}\cdot\dfrac{1(x-1)-(x+1)\cdot 1}{(x-1)^2}=\dfrac{\cancel{x-1}}{x+1}\cdot\dfrac{-2}{(x-1)^{\cancel{2}}}=-\dfrac{2}{x^2-1}$

Crecimiento y decrecimiento. Extremos relativos

Intervalos de crecimiento y decrecimiento

45. Una persona ha invertido en acciones de cierta compañía durante los últimos 10 años. El valor de su cartera a lo largo del tiempo (dinero invertido más beneficios obtenidos, en miles de euros) viene dado por la siguiente expresión (x en años).

$F(x)=(x-2)^2(1-2x)+252x+$
$+116;\ 0\le x\le 10$

a) Determina los intervalos de tiempo en los que el valor de la cartera creció y aquellos en que decreció.

b) ¿En qué momento hubiera sido mejor para la persona vender las acciones?

a) Primero se estudia el crecimiento de $F(x)$. Para ello, se halla $F'(x)$:

$F'(x)=2(x-2)\,(1-2x)+(x-2)^2(-2)+252=2(x-2)\,(1-2x-x+2)+252=$

$=2(x-2)\,(3-3x)+252=-6x^2+18x+240=-6(x^2-3x-40)$

$F'(x)=0$ si $x=8$ o $x=-5$.

Por tanto, $F'(x)=-6(x+5)(x-8)$ y a partir de aquí se puede construir la tabla de signos. Como $x\in[0,10]$, hay que fijarse solo el signo de $F'(x)$ en este intervalo (marcado en azul en la tabla).

	$(-\infty, -5)$	$(-5, 0)$	$(0, 8)$	$(8, 10)$	$(10, +\infty)$
F'	−	+	+	−	−
F	↘	↗	↗	↘	↘

De la tabla se concluye:

Si $0<x<8$, $F'(x)>0\Rightarrow F$ es creciente. Si $8<x<10$, $F'(x)<0\Rightarrow F$ es decreciente.

Así pues, la cartera de este inversor creció en los 8 primeros años y decreció en los 2 últimos.

b) Según se ha visto en el apartado a, el mejor momento para retirar sus ingresos habría sido al final del octavo año ya que al ser F creciente en $(0, 8)$ y decreciente en $(8, 10)$, presenta un máximo en $x=8$.

Determinación de parámetros

46. Dada la función polinómica $f(x) = x^4 + ax^3 + bx^2 + cx + 7$ calcula a, b y c sabiendo que en el punto de corte con el eje Y la tangente es horizontal; corta al eje X en el punto de abscisa $x = 1$ y presenta un extremo relativo en el punto de abscisa $x = -1$.

Teniendo en cuenta que $f'(x) = 4x^3 + 3ax^2 + 2bx + c$, la información que da el enunciado se traduce en lo siguiente:

- En $x = 0$ tiene tangente horizontal: $f'(0) = 0 \Rightarrow c = 0$
- Si $x = 1$, $y = 0$: $f(1) = 0 \Rightarrow 1 + a + b + c + 7 = 0$
- Extremo relativo en $x = -1$: $f'(-1) = 0 \Rightarrow -4 + 3a - 2b + c = 0$

Ahora se resuelve el sistema de tres ecuaciones obtenido:

$$\begin{cases} c = 0 \\ a + b + c = -8 \\ 3a - 2b + c = 4 \end{cases} \Rightarrow a = -\frac{12}{5};\quad b = -\frac{28}{5};\quad c = 0$$

Optimización

Maximización de una función

47. Se quiere construir una piscina en forma de paralelepípedo recto de base cuadrada.

Se dispone de 192 m² de baldosas para recubrir las paredes y el fondo de la piscina. Por razones obvias el lado de la base no puede medir menos de un metro. Halla las dimensiones de la piscina de manera que su capacidad sea máxima.

1.º Se nombran las variables: x, el lado de la base cuadrada e y, la altura de la piscina.

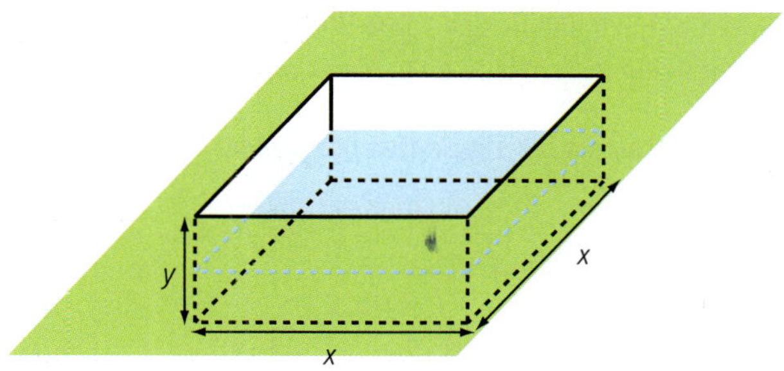

La función que hay que optimizar es el volumen de la piscina:

$$V = \text{largo} \cdot \text{ancho} \cdot \text{alto} = x^2y$$

2.º La relación entre x e y viene dada por la cantidad de m² que hay que embaldosar:

$192 = x^2 + 4xy$, luego $y = \dfrac{192 - x^2}{4x}$, y, por tanto, el volumen lo da la función que se expresa como:

$$V(x) = x^2 \cdot \frac{192 - x^2}{4x} = 48x - \frac{x^3}{4}$$

3.º La variable se mueve en el intervalo $\left[1, \sqrt{192}\right]$ ya que el enunciado pide que la longitud del lado de la base, x, debe ser mayor o igual que 1; por otra parte, no puede rebasar a $\sqrt{192}$ porque la altura y sería negativa.

4.º Ahora se busca el máximo de $V(x) = 48x - \dfrac{x^3}{4}$ en $\left[1, \sqrt{192}\right]$.

$V'(x) = 48 - \dfrac{3x^2}{4} = 0 \Rightarrow x = \pm\, 8$. La única solución de esta ecuación que cae en el interior del intervalo $\left[1, \sqrt{192}\right]$ es $x = 8$.

Se calculan ahora: $V(1) = 47{,}75$; $V\left(\sqrt{192}\right) = 0$ y $V(8) = 256$

Así pues, el máximo valor se alcanza para $x = 8$, que corresponde a un valor de la altura $y = 4$. Las dimensiones de la piscina son, pues, 8 m × 8 m × 4 m.

ACTIVIDADES

Ejercicios

Tasa de variación

48. En cada caso, calcula la tasa de variación media en el intervalo dado.

a) $f(x) = 3x^2 + x$ en $[-2, 4]$

b) $f(x) = 5$ en $[-500, 317]$

c) $f(x) = 4x^3 - 5$ en $[-3, 0]$

d) $f(x) = 2x^4 - 6x^3 + x$ en $[1, 5]$

e) $f(x) = \sqrt{x^2 - 4}$ en $[8, 12]$

f) $f(x) = \dfrac{x}{x+2}$ en $[0, 6]$

g) $f(x) = |x^3 - 4|$ en $[-5, 5]$

h) $f(x) = \dfrac{\sqrt[3]{x}}{x^2+2}$ en $[-1, 1]$

49. Se estima que, dentro de t años, la tirada de un periódico local será $C(t) = 50t^2 + 100t + 2000$ ejemplares.

a) Calcula la tasa de variación media en los próximos 3 años.

b) Halla la tasa de variación instantánea en el tercer año.

50. Observa la gráfica y contesta a las siguientes preguntas.

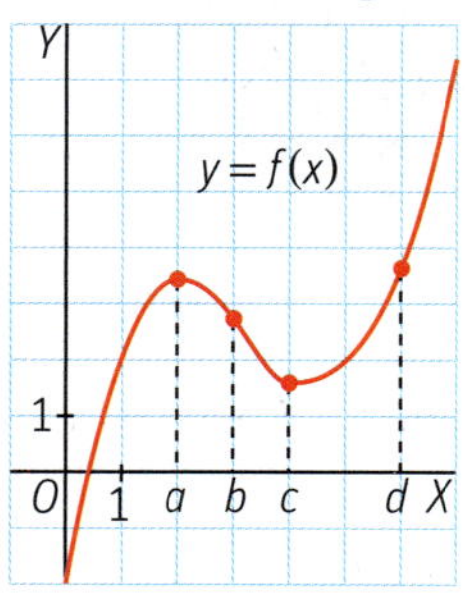

a) ¿Entre qué parejas de puntos consecutivos es negativa la *TVM*?

b) ¿Entre qué pareja de puntos consecutivos es máxima la *TVM*?

c) ¿Entre qué pareja de puntos consecutivos está más próxima a cero la *TVM*?

Derivada de una función en un punto

51. Aplicando la definición de derivada, halla la derivada de las siguientes funciones en los puntos indicados.

a) $f(x) = x^2 - 1$ en $x = 1$

b) $f(x) = \dfrac{1}{x+1}$ en $x = 0$

c) $f(x) = 2x + 1$ en $x = 3$

d) $f(x) = \sqrt{x}$ en $x = 1$

52. La tangente a la curva $y = f(x)$ en el punto $P(2, 3)$ pasa también por el punto $Q(-1, 0)$. ¿Cuánto vale $f'(2)$?

Función derivada

53. Observa las dos gráficas siguientes y contesta razonadamente si puede ser la función $g(x)$ la derivada de la función $f(x)$.

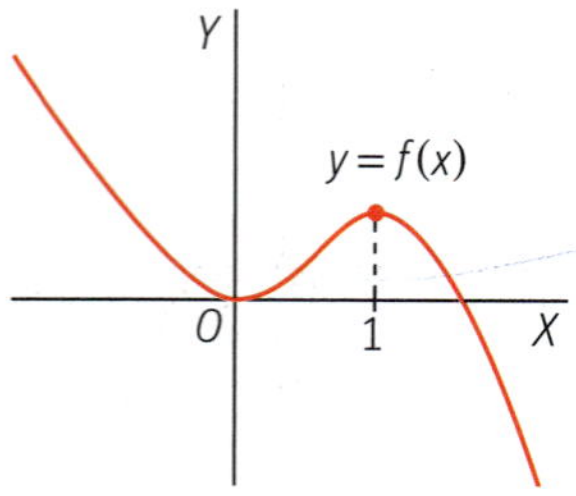

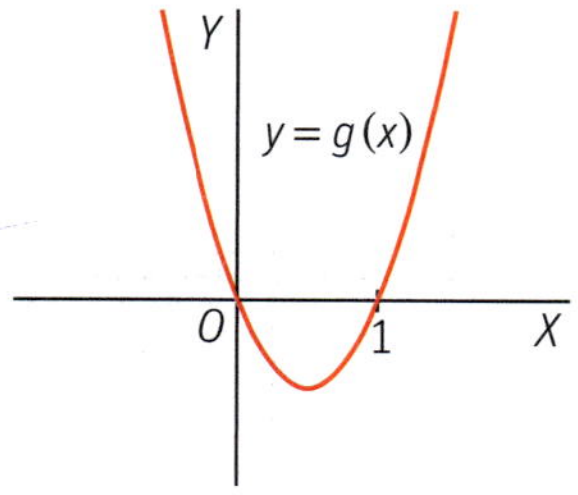

54. En cada caso, utiliza la gráfica de f para estimar el valor de la derivada en los puntos indicados y, a continuación, esboza la gráfica de la función $y = f'(x)$.

a) $f'(2), f'(3)$

b) $f'(-2), f'(0), f'(2)$

c) $f'(0), f'(1), f'(4)$

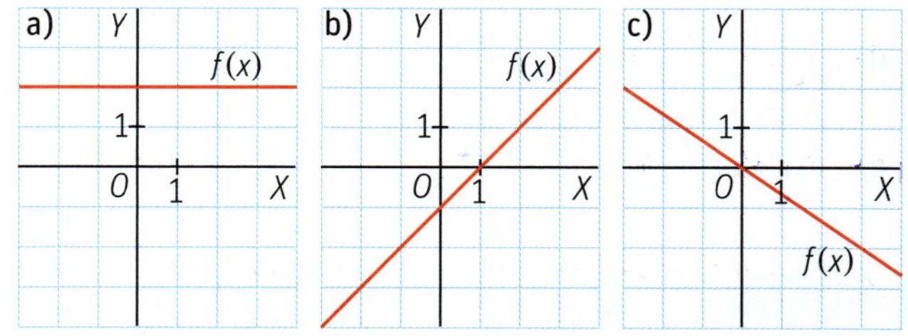

Interpretación geométrica

55. Dibuja una posible gráfica para $y = f(x)$ si se conocen estos datos sobre su derivada:

- $f'(x) > 0$ en $(1, 3)$
- $f'(x) < 0$ para $x < 1$ y para $x > 3$
- $f'(x) = 0$ para $x = 1$ y para $x = 3$

56. Dada la curva de ecuación $y = -x^3 + 26x$, calcula las ecuaciones de las rectas tangentes a la misma que sean paralelas a la recta $y = -x$.

57. ¿En qué puntos son horizontales las rectas tangentes a la curva $f(x) = x^3 - 2x^2 + x - 2$?

58. Dada la curva de ecuación $y = -x^2 + x$, calcula las ecuaciones de las rectas tangentes a la misma que sean paralelas a la recta de la figura.

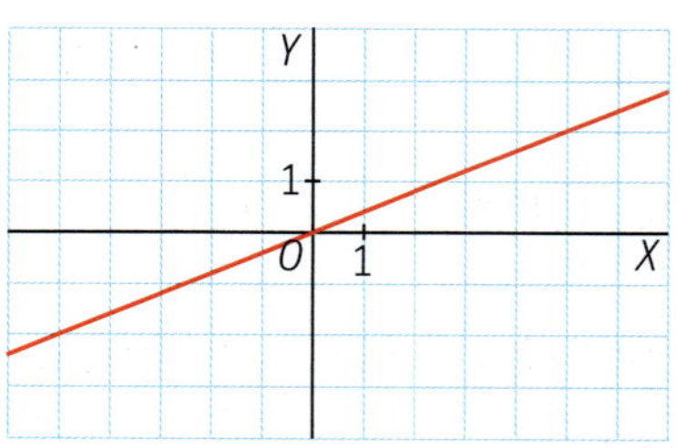

59. Obtén la pendiente de la tangente a la curva $f(x) = \sqrt[3]{x^2}$ en el punto de abscisa 8.

60. Obtén los puntos de la curva $y = x^3$ en los que su tangente es paralela a la recta $y = 12x + 1$.

61. Halla la ecuación de la recta tangente a la parábola $y = \dfrac{x^2}{2} + 1$ que sea paralela a la recta $y = x + 3$.

Derivadas de funciones elementales y operaciones

62. Halla la derivada de $f(x) = \dfrac{x+1}{\sqrt{x}}$ de dos formas: aplicando la derivada del cociente y escribiendo f como suma de potencias de x. Observa que deben coincidir los resultados.

63. Calcula la derivada de las siguientes funciones.

a) $f(x)=x^3-2x^2+4x+1$

b) $f(x)=4x^5+3x^3-2x^2-x$

c) $f(x)=-x^7+2x^5-5x^3+7$

d) $f(x)=6x^6-5x^5+4x-8$

e) $f(x)=2x^{-3}-4x^{-2}+5x^{-1}+7$

f) $f(x)=5x^3-2x+3x^{-1}+8x^{-3}$

g) $f(x)=\dfrac{x^5}{5}-\dfrac{x^4}{2}+x-1$

h) $f(x)=\sqrt[3]{x}-\sqrt{x}+2x$

i) $f(x)=\sqrt[3]{x^4}+2\sqrt{x^3}-x^2$

j) $f(x)=\dfrac{2}{x^3}-\dfrac{3}{x^2}+\dfrac{1}{x}-3$

k) $f(x)=3x^2-x+4-\dfrac{5}{x}+\dfrac{2}{x^2}$

l) $f(x)=\dfrac{2}{x^2}+\dfrac{1}{x}-3x+6x^2$

m) $f(x)=\sqrt[4]{x^3}-\sqrt{x}+x^2-2x^{-3}$

n) $f(x)=\dfrac{1}{\sqrt{x}}+\dfrac{\sqrt{x}}{3}-4x^4+1$

64. Deriva los siguientes productos y cocientes.

a) $f(x)=(x^2+x)(5x^3+1)$

b) $f(x)=(2x^4-x^2)(x^3-5x)$

c) $f(x)=e^x\ln x$

d) $f(x)=x(\ln x-1)+2$

e) $f(x)=2^x\operatorname{sen} x$

f) $f(x)=\operatorname{sen} x\operatorname{tg} x$

g) $f(x)=3x\sqrt{x}-2x^2\cos x$

h) $f(x)=3^x\operatorname{sen} x+x\sqrt[4]{x}$

i) $f(x)=\log_2 x-\operatorname{sen} x+x$

j) $f(x)=\dfrac{3x^2-3}{x^3+1}$

k) $f(x)=\dfrac{x^2-2}{x^2+x-1}$

l) $f(x)=\dfrac{x^2+x-1}{x^2-x+1}$

m) $f(x)=\dfrac{x}{e^{-x}}$

n) $f(x)=\dfrac{\cos x}{\operatorname{sen} x}$

o) $f(x)=\dfrac{\log_2 x}{1+\operatorname{sen} x}$

p) $f(x)=\dfrac{x^2+1}{\ln x}$

q) $f(x)=\dfrac{\cos x}{e^x}$

r) $f(x)=\dfrac{\operatorname{sen} x+\cos x}{\ln x}$

65. Aplica la regla de la cadena para derivar estas funciones.

a) $f(x)=\operatorname{sen}(2x)$

b) $f(x)=(x^2+1)^{15}$

c) $f(x)=e^{x^3-x+1}$

d) $f(x)=\operatorname{tg}(x^3+4x-1)$

e) $f(x)=\log_3(x^2-\sqrt{x})$

f) $f(x)=\cos^2(5x-3)$

g) $f(x)=\operatorname{sen}(\operatorname{sen} x)$

h) $f(x)=\ln^2(\cos x)$

i) $f(x)=\dfrac{\ln(x^3-4x)}{x}$

j) $f(x)=\dfrac{1+\ln x^2}{x^3}$

k) $f(x)=\sqrt{\operatorname{sen} x-x}$

l) $f(x)=5^{x+\cos x}$

m) $f(x)=\operatorname{tg}^3(x^2+1)$

n) $f(x)=\operatorname{sen}^2(\sqrt{x})$

o) $f(x)=\log_3\sqrt[3]{4x^2-x+4}$

p) $f(x)=\operatorname{sen}^2 x\cos^2 x$

q) $f(x)=\sqrt[4]{x^2-e^{-x}}$

r) $f(x)=e^{\sqrt{x}}$

s) $f(x)=\dfrac{\operatorname{tg}(2x-1)}{\cos(x^2+1)}$

t) $f(x)=\ln\left(\dfrac{x-1}{x}\right)$

66. En la figura se dan las gráficas de las funciones f y g, compuestas por arcos de circunferencia y segmentos. Calcula:

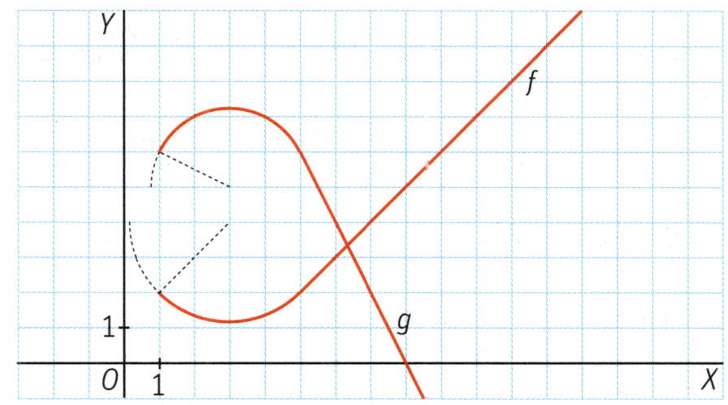

a) $(f+g)'(5)$

b) $(fg)'(5)$

c) $\left(\dfrac{f}{g}\right)'(5)$

d) $(f\circ g)'(5)$

e) $(f^2)'(5)$

f) $(g\circ f)'(5)$

67. A partir de la relación $\cos x=\operatorname{sen}\left(\dfrac{\pi}{2}-x\right)$ y aplicando la regla de la cadena, deduce la derivada de la función $y=\cos x$ y, a continuación, la derivada de $y=\operatorname{tg} x$.

Crecimiento y decrecimiento. Extremos relativos

68. La gráfica de la función $f(x)=ax^3+bx+c$ satisface las siguientes condiciones:

- Pasa por el punto (0, 0).
- Tiene un mínimo relativo en el punto (1, −1).

Calcula los coeficientes a, b y c.

69. Deduce la fórmula que da el valor de la abscisa del vértice de la parábola $y=ax^2+bx+c$. Recuerda que el vértice de una parábola es siempre un máximo o un mínimo relativo.

70. Para cada valor de a se considera la función $f(x)=\dfrac{3x^2-ax}{x+2}$.

Calcula el valor de a para que f tenga un mínimo relativo en el punto de abscisa $x=2$.

71. Razona cuál de las siguientes gráficas corresponde a la derivada de una función que tiene un máximo en el punto $x=a$.

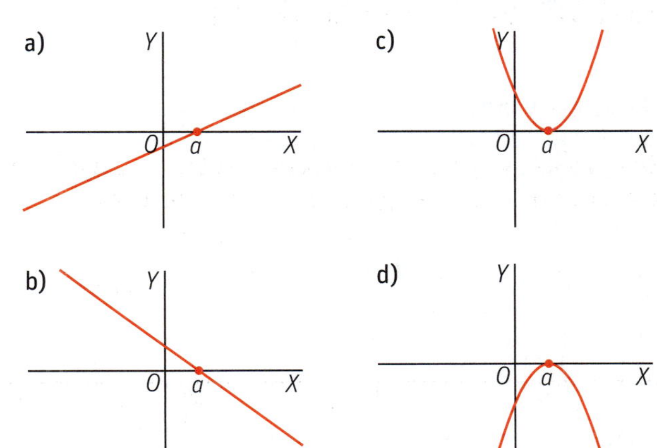

72. **Razona cuál de las siguientes gráficas se corresponde con la derivada de una función creciente en el intervalo $[a, b]$.**

a)

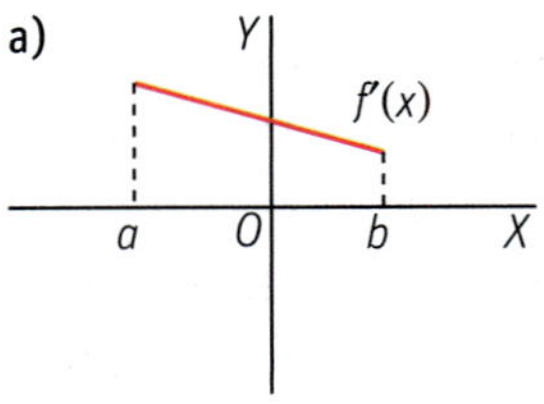

c)

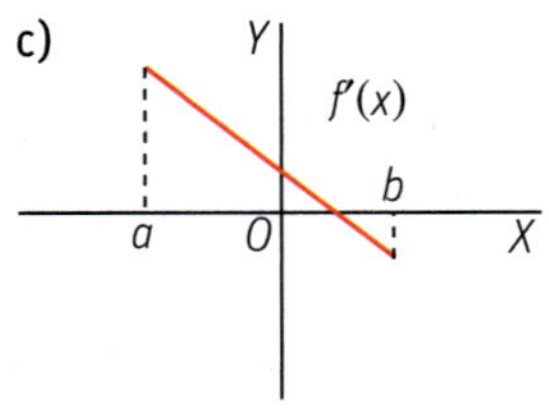

b)

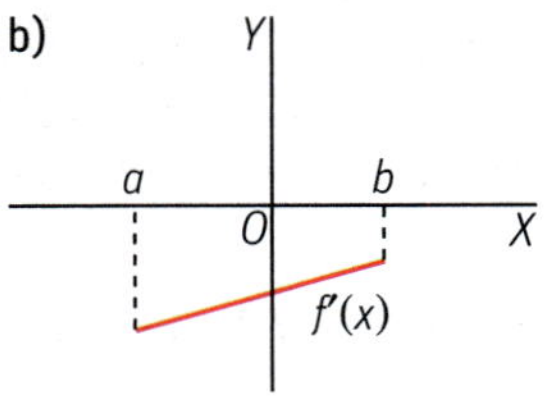

d)

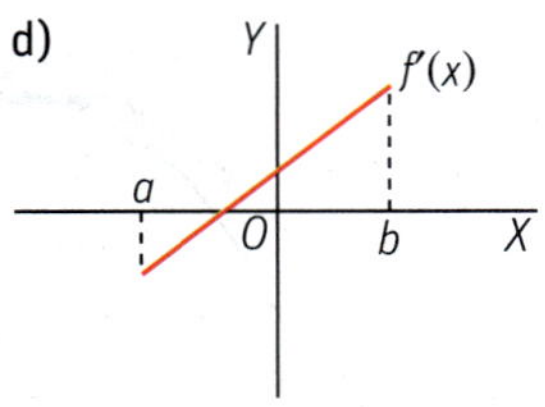

73. **Razona y relaciona cuál de las siguientes gráficas se corresponde con el tipo de función descrito en cada caso.**

I. Una función lineal creciente.

II. Una función cuadrática, esto es, un polinomio de segundo grado, cuyo vértice corresponde al mínimo absoluto de la misma.

III. Una función cuadrática cuyo vértice corresponde al máximo absoluto de la misma.

a)

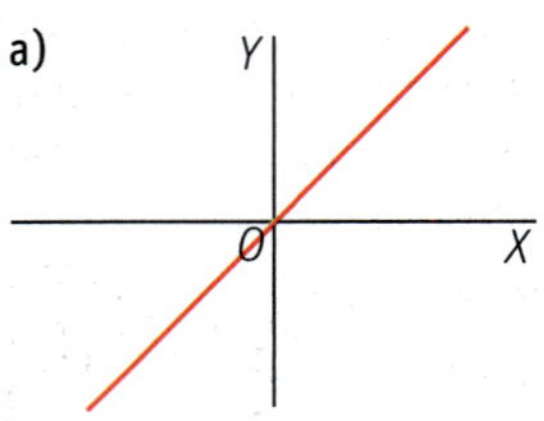

c)

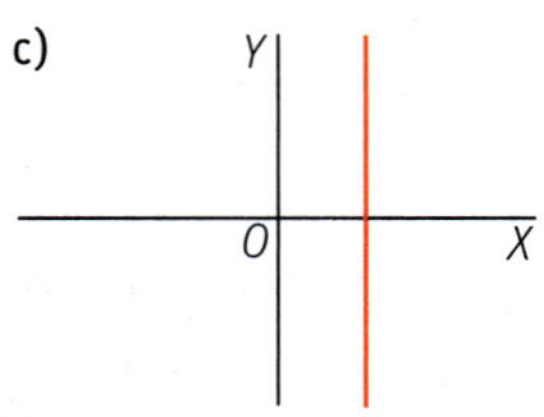

b)

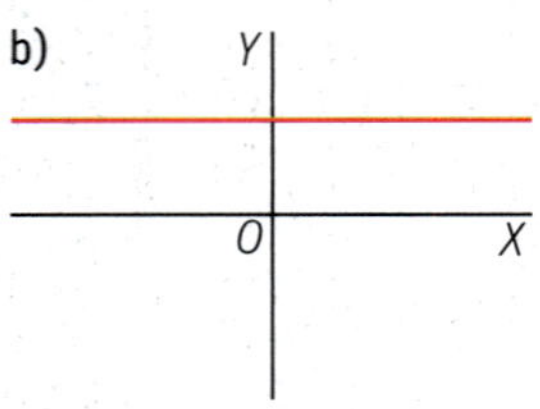

d)

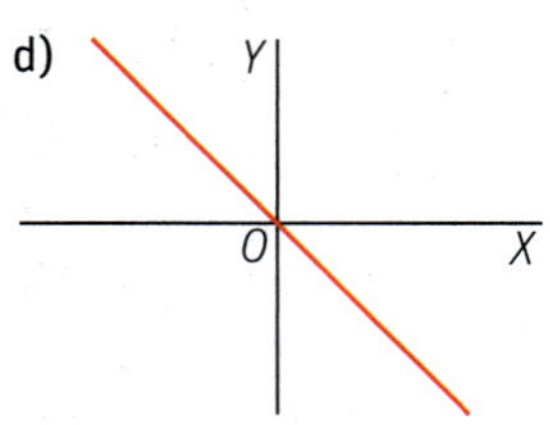

Problemas de optimización

74. **Encuentra dos números no negativos que sumen 14, de forma que la suma de sus cuadrados sea:**

a) Máxima

b) Mínima

75. **Un depósito abierto de chapa y de base cuadrada debe tener capacidad para 13 500 litros. ¿Cuáles han de ser sus dimensiones para que precise la menor cantidad de chapa?**

76. **Los beneficios que se obtienen de la venta de x unidades de un determinado producto vienen dados por la expresión $B(x) = -2x^3 + 216x - 256$.**

a) ¿Cuántas unidades vendidas dan el mayor beneficio?

b) Determina el número de unidades que hay que vender para que se maximice el beneficio medio: $\frac{B(x)}{x}$.

Cuestiones

77. **Las siguientes afirmaciones son falsas. Haz ver con algún dibujo que, efectivamente, lo son.**

a) Si $f(3) > g(3)$, entonces $f'(3) \geq g'(3)$

b) Si $f'(0) > 0$, entonces $f(0) \leq f(1)$

c) Si $f'(1) = 0$, entonces $f(0) = f(2)$

78. **¿Es tangente la recta $y = x + 5$ a la curva $y = x^4 - 3x + 2$?**

79. **Decide las abscisas de los puntos en los que f presenta un extremo relativo, si la gráfica de $y = f'(x)$ es:**

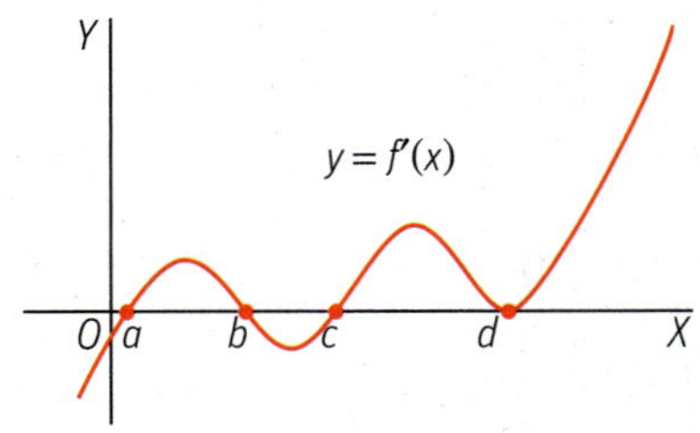

80. **Razona cuál de las siguientes gráficas se corresponde con una función y su derivada.**

a)

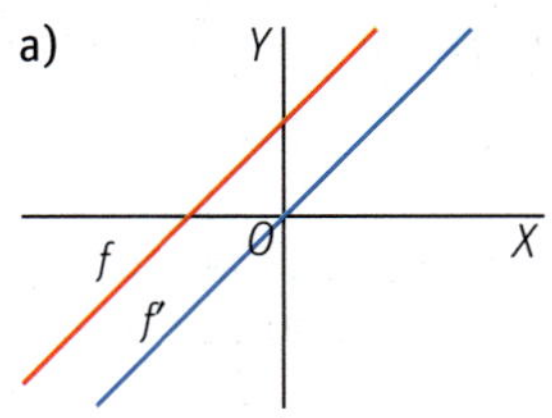

c)

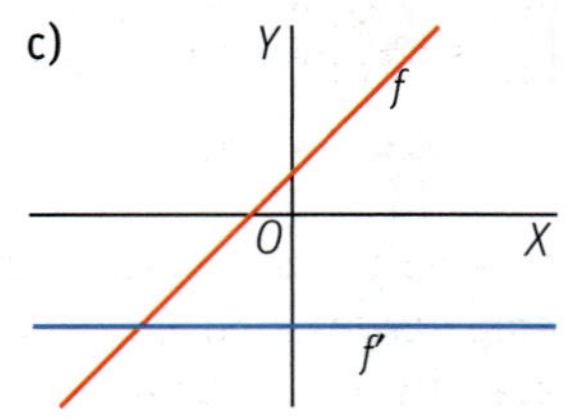

b)

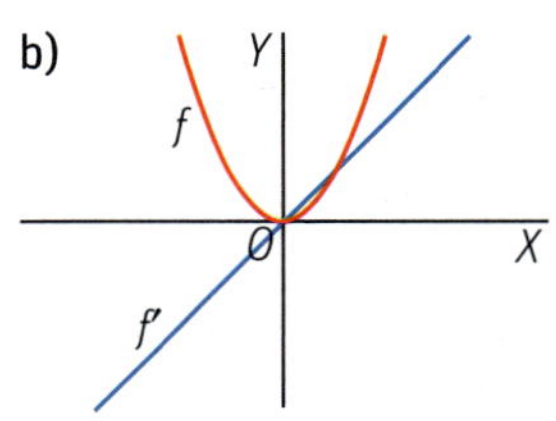

d)

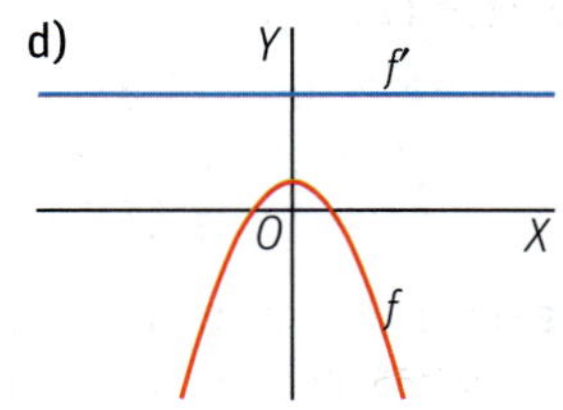

81. **Si $f'(a) = 0$, entonces ¿tiene que presentar la gráfica de f un máximo o un mínimo relativo en el punto de abscisa a?**

82. **El máximo valor de f en el intervalo $[a, b]$, ¿se alcanza necesariamente en un punto con tangente horizontal?**

83. **Si $\lim_{h \to 0} f(2+h) \neq f(2)$, entonces la gráfica de f, ¿puede tener tangente en el punto de abscisa 2?**

84. **Si f tiene tangente en todos los puntos y es creciente, entonces, ¿tiene que ocurrir que $f'(x) > 0$ para cualquier valor de x?**

85. **Si f y g son funciones con derivada en todos los puntos y $f(x)\,g(x) = x + 3$ ¿puede presentar alguna de las dos curvas, f o g, algún máximo en el eje de abscisas?**

86. **Responde verdadero o falso.**

a) Si f tiene derivada en todos los puntos y $f(2) = f(7)$, debe haber un número c entre 2 y 7 con $f'(c) = 0$.

b) Existe f para la que $f(2) = 3$, $f(5) = 6$ y $f'(x) > 1$ para todo x.

c) Si f y g son positivas y crecientes, entonces $f\,g$ es creciente.

Problemas

87. **El número de individuos, en millones, de una población viene dado por la función** $P(t)=\frac{15+t^2}{(t+1)^2}$, **donde** t **se mide en años transcurridos desde** $t=0$.

Calcula:

a) La población inicial.

b) El año en que se alcanzará la mínima población y el tamaño de esta en ese momento.

c) El tamaño de la población a largo plazo.

Las derivadas tienen muchas aplicaciones en demografía

88. **Una empresa de venta por teléfono ha establecido para sus empleados un incentivo mensual,** $f(x)$ **(en euros), en relación con el valor** x **(también en euros) de lo vendido por cada uno según la función.**

$$f(x)=\begin{cases} 0{,}03x-30 & \text{si } 0\le x\le 10\,000 \\ \dfrac{600x}{x+10\,000} & \text{si } x>10\,000 \end{cases}$$

a) Estudia la continuidad de f e indica si hay algún valor en las ventas que la empresa valore especialmente.

b) ¿Es el incentivo siempre creciente en relación con las ventas realizadas?

c) ¿Puede un empleado recibir 600 € de incentivo? ¿Por qué? ¿Y 598 €?

89. **Una compañía puede producir** x **cientos neumáticos de calidad** A. **Además, por cada** x **cientos neumáticos de calidad** A **es capaz de producir** $\frac{40-12x}{6-x}$ **cientos neumáticos de calidad** B, **que dejan la mitad de beneficio que los de calidad** A. **Por problemas de almacenamiento, la compañía no puede producir más de 550 neumáticos de calidad** A.

Halla el número de neumáticos de cada tipo que resulte más rentable producir.

90. **Se quiere construir el marco de una ventana rectangular de 8 m²** **. El metro lineal de tramos horizontales cuesta 2, 50 €, y el de tramos verticales, 5 €.**

a) Determina las dimensiones de la ventana para que el coste del marco sea el mínimo posible.

b) Para las dimensiones halladas en el apartado anterior, ¿cuál será el precio del marco de la ventana.

91. **En el año 2000 se fundó una asociación ecologista. Se sabe que el número de sus miembros ha variado con los años según la función:**

$$N(t)=40\,(t^3-4{,}5t^2+6t+3)$$

donde t **mide el número de años desde su fundación.**

a) ¿Cuántos fueron los socios fundadores?

b) ¿En qué período de tiempo aumentó el número de socios?

c) ¿En qué año tuvo la sociedad el mínimo número de socios?

92. **Se ha estudiado el rendimiento de los empleados de una oficina a medida que transcurre la jornada laboral desde las 8 hasta las 15 horas, analizando el número de instancias revisadas en una hora. La función que expresa dicho rendimiento es**

$$R(t)=30t-10{,}5t^2+t^3$$

siendo t **el número de horas transcurridas desde el inicio de la jornada laboral.**

a) Halla la tasa de variación media del rendimiento $R(t)$ entre $t=2$ y $t=4$.

b) Determina en qué momento se produce el máximo y el mínimo rendimiento entre las 9 y las 12 horas, y entre las 9 y las 14 horas.

93. **Los beneficios de una fábrica de camisas dependen del número de camisas que se fabrican cada día, según la función** $f(x)=2x^3-15x^2+36x-19$, **donde** x **mide el número de camisas fabricadas al día, y** $f(x)$, **la ganancia en miles de euros al mes. Atendiendo al número de máquinas y personal necesarios, la fábrica puede optar por fabricar un número diario de camisas comprendido entre 1000 y 4000. ¿Cuántas camisas debe fabricar para obtener un beneficio máximo?**

94. **Considera la función** f **definida en** $(0,+\infty)$ **mediante la fórmula**

$$f(x)=\frac{2(1+\ln x)}{x}.$$

a) Resuelve la ecuación $f(x)=0$, redondeando el resultado hasta las milésimas.

b) Resuelve la inecuación $f(x)>0$

c) Obtén $f'(x)$ y los máximos o mínimos relativos de $f(x)$.

d) Esta función sirve como modelo para analizar los beneficios mensuales (en miles de euros) de una empresa que vende x miles de objetos. Utilizando las cuestiones anteriores, responde estas preguntas.

i. ¿Cuál es el mínimo número de objetos que deben vender para que el beneficio sea positivo?

ii. ¿Cuántos objetos deben vender para obtener el máximo beneficio?

»» "Salirse por la tangente"

Sergio es un piloto profesional de pruebas. Acaba de llegar a un circuito en construcción en el que le han ofrecido probar el trazado para mejorar la seguridad. Una de las pruebas que tiene que realizar es tomar la curva llamada "platillo volante" a una velocidad elevada para forzar al vehículo a salirse por la tangente en el punto central de la curva y, así , ajustar las indicaciones y el espacio libre para que los posibles accidentes no tengan consecuencias graves.

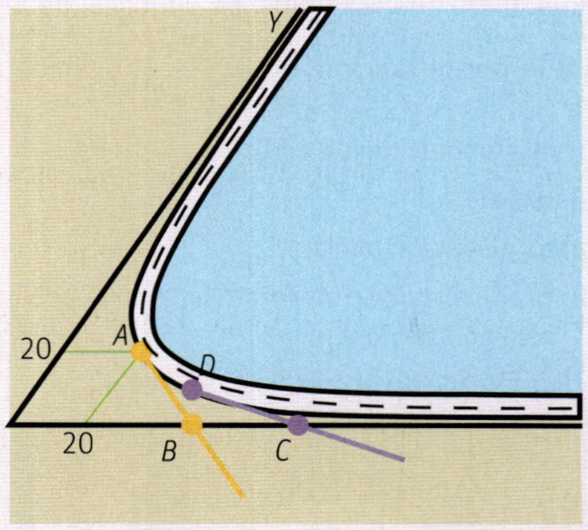

Como Sergio es un profesional ha procurado formarse en matemáticas y física y con los planos en la mano empieza a estudiar la situación de la curva:

"La curva tiene forma de hipérbola y considerando como ejes de coordenadas aproximados las dos rectas que une, se puede describir bastante bien por la función $y = \dfrac{400}{x}$, donde tanto x como y están dados en metros.

La recta de seguridad parte del punto A que en el plano corresponde a las coordenadas (20, 20) m. La longitud de esa recta debe ser el doble que la distancia que hay de A al punto B situado en el eje X". Lee con atención las notas de Sergio y ayúdale en su trabajo contestando las siguientes preguntas:

a) ¿Cuáles son las coordenadas del punto B en el que la recta tangente a la curva en A cruza el eje de abscisas?

b) Si se establece una segunda recta de seguridad que debe cortar al eje X en el punto C cuya abscisa es 1,5 veces la de B, ¿en qué punto D de la curva debe iniciarse dicha recta?

»» "Contrarreloj"

Laura y Miguel están en el puesto A23 de Protección Civil situado en una carretera. A primera hora de la mañana han tenido que viajar 40 km campo a través en dirección perpendicular a la carretera, para comprobar el estado de un dique en un arroyo, debilitado por las intensas lluvias.

"Si llego a saber que esto era tan aburrido no me hubiera apuntado voluntario" dice Miguel cuando bajan para revisar el dique. Laura se ríe y le contesta "mejor estar aburrido, ya que eso significa que no está pasando nada grave. Además cállate que basta que lo digas para ..." Laura no termina la frase porque en ese momento les avisan del centro de operaciones. Ha habido una crecida 30 km carretera arriba del puesto A23 y una familia está atrapada en su casa. Por la información que les han podido dar, el agua les alcanzará en 55 minutos.

Los compañeros se miran excitados y asustados. Pueden ir campo a través directos a la casa amenazada pero entonces su velocidad no sería superior a 50 km/h, mientras que en la carretera podrían alcanzar los 120 km/h. Miguel dice "no hay problema, vamos a calcular hacia qué punto de la carretera debemos ir en línea recta para que el tiempo total de nuestro viaje sea mínimo. Para algo me tienen que servir las matemáticas del instituto".

Realiza el cálculo con ayuda del esquema que rápidamente ha dibujado Miguel y comprueba si llegarán a tiempo para evacuar a la familia.

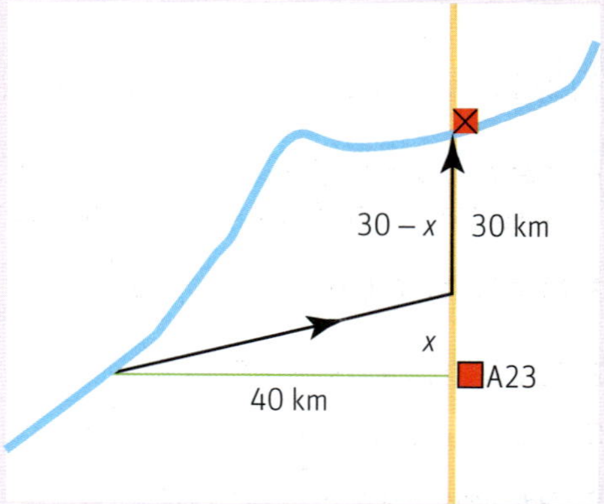

AUTOEVALUACIÓN

Comprueba qué has aprendido

1. Determina los dominios de f y de f', así como una expresión para f' en cada uno de los siguientes casos.

a) $f(x)=\frac{x}{2}-x+\frac{1}{x}-\frac{1}{2}$ b) $f(x)=\frac{4}{x^2}-\frac{5}{x^3}+\frac{2}{x\sqrt{3}}$

2. Calcula las derivadas de las siguientes funciones.

a) $f(x)=\frac{x^2-x}{x^2+x}$ b) $f(x)=\cos^2(3x-4)$

3. Halla las expresiones de las derivadas de las siguientes funciones.

a) $f(x)=\frac{(5x+1)^2}{x^2-1}$ b) $f(x)=(1+5\sqrt{x})^3$

4. Halla la derivada segunda de la función $f(x)=\ln\left(\frac{x+1}{x}\right)$.

5. ¿Hay algún punto en la gráfica de $f(x)=\frac{3}{x+1}$ en el que la tangente sea horizontal?

6. En cada caso, determina los puntos de la gráfica de f en los que la tangente tiene de pendiente m.

a) $f(x)=(x^2-x-2)^3$, $m=0$ b) $f(x)=\sqrt{\frac{x}{2}-1}$, $m=1$

7. Sea $f(x)=ax^3+bx^2+3x$. Determina a y b sabiendo que en el punto $A(1, 2)$ la tangente a la gráfica de f es una recta horizontal.

8. Encuentra el máximo valor de la función $f(x)=x^2(x-1)$ en el intervalo $[-1, 2]$.

9. Si $f'(2)=4$, $g'(2)=-3$, $f(2)=-1$, $g(2)=1$, $f'(1)=2$ y $g'(-1)=5$, calcula la derivada en $x=2$ de las funciones:

a) $h(x)=f(g(x))$ b) $k(x)=g(f(x))$

10. Encuentra dónde es creciente y dónde es decreciente la función $f(x)=(1000-x)^2+x^2$.

smSaviadigital.com VALORA LO APRENDIDO > Comprueba tus respuestas.

Relaciona y contesta

Elige la única respuesta correcta en cada uno de los siguientes apartados

1. La tangente a la curva de ecuación $y=x^2$ en el punto $P(2, 4)$ pasa por el punto:

A. (1, 3) B. (1, −4) C. (−1, 0) D. (−1, −8)

2. Si la tangente a la gráfica de f en el punto $P\left(1, \frac{2}{3}\right)$ corta al eje de ordenadas en el punto (0, 1), el valor de $f'(1)$ es:

A. $\frac{2}{3}$ C. $-\frac{1}{3}$

B. $\frac{1}{3}$ D. 1

3. La derivada de $(f\circ g)$ en el punto $x=0$, siendo $g(x)=e^{-6x}$ y $f(x)=\sqrt[3]{x}$, toma el valor:

A. 0 B. −1 C. −2 D. e

Señala, en cada caso, las respuestas correctas

4. Considera la función $f(x)=2x\sqrt{3-x}$, definida en $(-\infty, 3]$ y sea T la tangente a su gráfica en el punto de abscisa 0. Entonces:

A. Para todo x de $(-\infty, 3]$, $f'(x)=\frac{6-3x}{\sqrt{3-x}}$

B. Para todo x de $(-\infty, 3]$, $f'(x)\le 4$

C. La ecuación de la recta T es $y=2\sqrt{3x}$

D. Para todo x de $(-\infty, 3]$, $f'(x)=2\sqrt{3-x}+\frac{x}{\sqrt{3-x}}$

5. Si f es la función definida por la fórmula

$f(x)=\frac{5}{x}-\frac{1}{x^2+1}+\frac{1}{1000}+\frac{1}{10^3}$, si $x\neq 0$, entonces:

A. El dominio de f son todos los números reales.

B. $f'(1)=-\frac{9}{2}$

C. Las tangentes en $x=-1$ y $x=1$ son paralelas.

D. $f'(x)=\frac{2x}{(x^2+1)^2}-\frac{5}{x^2}$

Elige la relación correcta entre las dos afirmaciones dadas

6. Sea f una función definida en $\mathbb{R}$, con derivada en todos sus puntos y considera las dos afirmaciones siguientes:

1. $f'(x)>0$ 2. f es estrictamente creciente en $\mathbb{R}$.

Entonces:

A. $1\Rightarrow 2$ pero $2\not\Rightarrow 1$ C. $1\Leftrightarrow 2$

B. $2\Rightarrow 1$ pero $1\not\Rightarrow 2$ D. 1 y 2 se excluyen entre sí.

Razona cuál de los siguientes datos es innecesario

7. Para encontrar el número que mide la diferencia entre el máximo y el mínimo de la función $f(x)=ax^2+bx+c$ en un intervalo cerrado se tienen los siguientes datos:

1. El valor de a 2. El valor de b 3. El valor de c

Entonces, puede eliminarse, por innecesario:

A. El dato 1 C. El dato 3

B. El dato 2 D. Todos los datos son necesarios.

9 Funciones elementales

Análisis gráficos

Modelos en CCSS: Educación

Modelos en CCNN: Impacto ambiental

Funciones para representarlo todo

La imagen corresponde al libro del *Consolat de la mar*, y es posible que no te llame la atención... un libro, aunque sea del s XIV, no es una novedad, pero... ¿Te has parado alguna vez a pensar en el origen de la escritura? La persona que la inventó tuvo que ser un genio; bueno, las personas, porque en muchas culturas se han desarrollado métodos de representación de las palabras. En algunos casos son simples alfabetos con pocas decenas de símbolos distintos mientras que otros son complejos sistemas de ideogramas. Algo parecido ha sucedido con las matemáticas y sus ideas. Aunque la representación gráfica de los conceptos geométricos es antiquísima, la idea de utilizar gráficos para describir funciones es relativamente reciente.

Las gráficas de las funciones que utilizamos en la práctica no contienen de forma exacta toda la información, pero nos dicen muchas cosas sobre su comportamiento, en especial cuando representan cantidades o magnitudes con un significado concreto (la temperatura como función de la posición, la estatura de una persona en función de su edad o la concentración de contaminantes en el aire de una ciudad en función de la temperatura ambiente).

Aprendiendo a representar las funciones gráficamente podemos ver la información que contienen. Para ello es importante saber cuáles son las funciones más sencillas como polinómicas, exponenciales, logarítmicas o trigonométricas. Así podremos hacer, entre otras cosas, lo siguiente:

- A partir de la gráfica de una función, entender sus propiedades más importantes y así poder aplicarlas para entender nuestro entorno.
- Combinar diferentes tipos de funciones para mejorar los modelos matemáticos que explican todo tipo de sistemas y fenómenos en ciencias sociales, naturales o en tecnología.
- Utilizar la derivada para analizar las funciones nos permitirá desde calcular la altura máxima que alcanzará un objeto al ser lanzado a la producción que debe tener una empresa para obtener el máximo beneficio.

En este tema estudiarás métodos para extraer información de forma sistemática de las funciones más usuales. Así podrás contestar cuestiones como las siguientes:

- ¿Sabrías analizar cómo un modelo matemático se ajusta a la evolución de un parámetro económico determinado?
- ¿Podrías calcular cuánto tiempo hay que esperar para que una bebida congelada se pueda beber?
- ¿Serías capaz de evaluar cómo afecta un escándalo de corrupción a la intención de voto a un partido?

Al finalizar este capítulo, conocerás las propiedades más básicas de los principales tipos de funciones. Para ello habrás utilizado muchos conceptos aprendidos en temas anteriores. ¡Así son las matemáticas! Sus distintas ramas y herramientas interaccionan entre sí para deducir resultados más complejos y útiles para comprender todo lo que nos rodea.

Análisis de producción

1 Gráfica y propiedades globales de una función

Los medios de comunicación muestran a menudo gráficas sobre situaciones diversas: fluctuaciones de la bolsa, cambios en el porcentaje de población empleada, clasificación de un equipo durante la liga... La observación de gráficas proporciona una idea muy aproximada de cómo se comporta la magnitud representada: cuándo y cuánto crece o decrece, cuándo alcanza su máximo o mínimo, ...

La **gráfica** de una función $y = f(x)$ es el **conjunto de puntos del plano cuyas coordenadas son** $(\boldsymbol{a}, \boldsymbol{f(a)})$ cuando a recorre todos los valores del dominio de f.

Los ordenadores construyen tablas de valores para dibujar las gráficas de funciones, ya que pueden manejar y calcular muchísimos datos en muy poco tiempo.

Para dibujar la gráfica de una función f se puede construir una **tabla de valores**. Aunque estas tablas son útiles, suelen ser insuficientes para caracterizar una función, sobre todo cuando la expresión de f es compleja. Por otra parte, es posible conocer muchas propiedades de una función que ayudan a determinar la forma de la gráfica y evitan que se tengan que hacer extensas tablas de valores. Algunas ya se han estudiado en temas anteriores: continuidad, asíntotas, crecimiento, extremos relativos, ..., y otras se van a definir a continuación.

Ejemplo ▸ **Esboza una posible gráfica para una función con las siguientes características:**

a) Tiende a $+\infty$ cuando $x \to -\infty$ y a $-\infty$ si $x \to +\infty$.

b) Decrece en $(-\infty, 1) \cup (4, +\infty)$ y crece en $(1, 4)$.

c) Tiene un mínimo relativo en el punto $P(1, -1)$ y un máximo relativo en $Q(4, 3)$.

La gráfica esbozada a la derecha corresponde a una función que cumple las condiciones dadas.

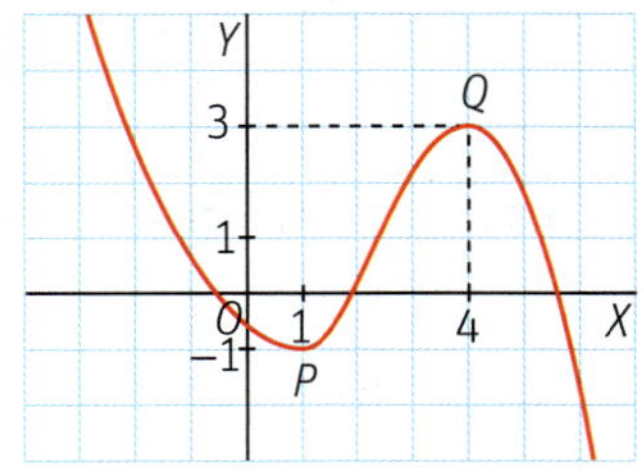

Puntos de corte con los ejes y signo de una función

Si un punto de la gráfica de una función f está en el eje de abscisas, X, es de la forma $(a, 0)$; por tanto:

Los **puntos de corte** de la función f con el **eje *X*** se hallan resolviendo la ecuación $\boldsymbol{f(x) = 0}$.

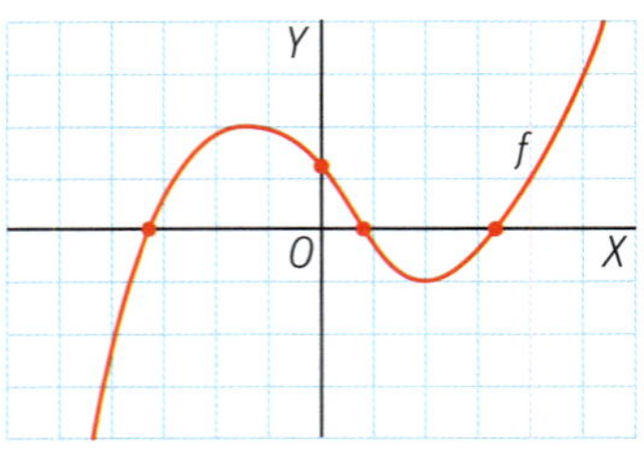

Puntos de corte de una función con los ejes de abscisas y de ordenadas

Puede haber más de un punto de corte de una función con el eje X.

Por otra parte, los puntos que pertenecen al eje de ordenadas, Y, tienen por coordenadas $(0, a)$. Así:

El **punto de corte** de la función f con el **eje *Y*** es el punto $\boldsymbol{(0, f(0))}$.

Como máximo hay un punto de corte con el eje Y, ya que si no, f no sería función.

Ejemplo ▸ **Halla los puntos de corte con los ejes de la función $f(x) = (x - 6)(x - 2)$.**

Con el eje X: Se resuelve la ecuación $f(x) = 0$.

$(x - 6)(x - 2) = 0 \Rightarrow x = 2,\ x = 6$ y los puntos de corte son $(2, 0)$ y $(6, 0)$.

Con el eje Y: Se calcula el valor de la función para $x = 0$.

$f(0) = 12$ y, por tanto, el punto de corte con el eje Y es $(0, 12)$.

Para representar la gráfica de una función f es útil saber en qué zonas queda dicha gráfica por encima o por debajo del eje X. Es decir para qué valores del dominio de f se cumple que $f(x) > 0$ y para cuáles es $f(x) < 0$. Para ello, se señalan los puntos dónde f corta al eje X y los puntos de discontinuidad, para después estudiar el signo de la función en los tramos en que el eje queda dividido.

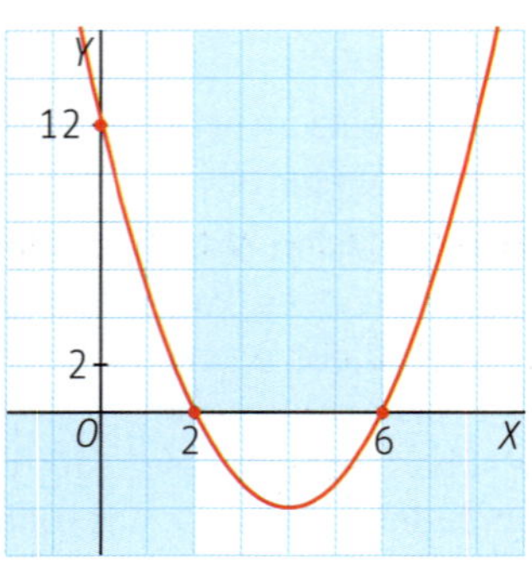

Ejemplo ▸ **Determina el signo de la función $f(x) = (x - 6)(x - 2)$.**

Hay que resolver la inecuación $f(x) > 0$.

En este caso, al estar ya factorizado la función polinómica f, basta con construir la tabla de signos de sus factores de donde resulta:

$f > 0$ en $(-\infty, 2) \cup (6, +\infty)$ y $f < 0$ en $(2, 6)$

	$-\infty$ a 2	2 a 6	6 a $+\infty$
$x - 6$	−	−	+
$x - 2$	−	+	+
$f(x)$	+	−	+

A la izquierda se ha representado la función con las zonas de diferente signo.

Simetría

Determinar la gráfica de una función se simplifica mucho si presenta alguna simetría. En este caso bastaría con estudiar solo una mitad de la curva, ya que la otra mitad se obtendría sin más que aprovechar la simetría citada. Las simetrías respecto al eje de ordenadas y respecto del origen de coordenadas son las más sencillas de detectar.

MAT-TIC GeoGebra

Entra en smSaviadigital.com y estudia la simetría en diferentes tipos de funciones.

Una función es **simétrica respecto del eje de ordenadas *Y***, si se cumple que:

$$f(-x) = f(x) \quad \forall x \in D(f)$$

Una función que presenta este tipo de simetría se denomina **función par**.

Ejemplo ▸ Comprueba que la función $f(x) = x^2$ es par.

Al aplicar la definición de función par, se tiene:

$$f(-x) = (-x)^2 = x^2 = f(x) \Rightarrow \text{función par}$$

En la figura se aprecia la simetría respecto del eje de ordenadas.

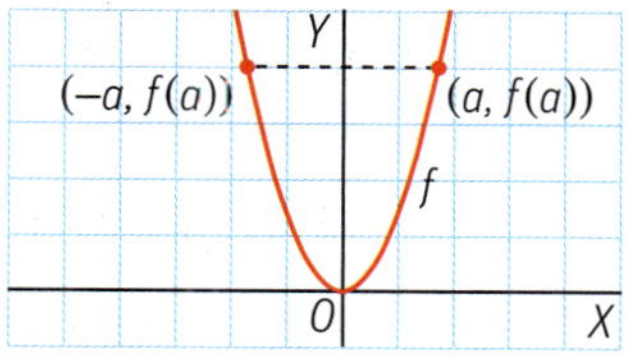

Una función es **simétrica respecto del origen de coordenadas** si se cumple que:

$$f(-x) = -f(x) \quad \forall x \in D(f)$$

Una función que presenta este tipo de simetría se denomina **función impar**.

Ejemplo ▸ Comprueba que la función $f(x) = \dfrac{1}{x}$ es impar.

Utilizando la definición de función impar:

$$f(-x) = \frac{1}{-x} = -\frac{1}{x} = -f(x) \Rightarrow \text{función impar}$$

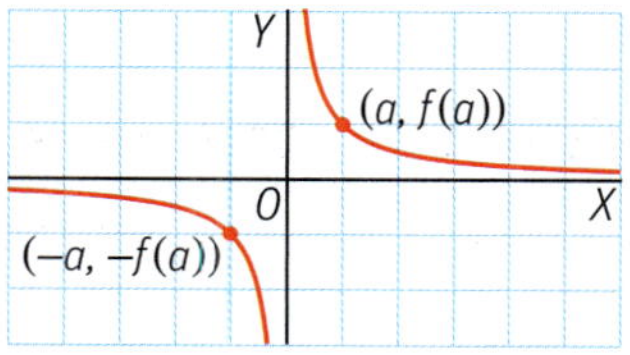

En la figura se observa la simetría respecto del origen de coordenadas.

EJERCICIO RESUELTO

1. **Estudia el signo de la función $f(x) = x^2 + 4x$ e indica si es simétrica respecto del eje *Y* o del origen.**

Primero se factoriza f y se construye la tabla de signos.

$f(x) = x(x + 4) = 0 \Rightarrow x = 0$ y $x = -4$

De la tabla se concluye que:

$f > 0$ en $(-\infty, -4) \cup (0, +\infty)$

$f < 0$ en $(-4, 0)$

$-\infty \quad -4 \quad 0 \quad +\infty$

x	−	−	+
$x+4$	−	+	+
$f(x)$	+	−	+

En cuanto a la simetría: $f(-x) = (-x)^2 + 4(-x) = x^2 - 4x$, que es distinto de $f(x)$ y de $f(-x)$. Así, f no tiene simetría ni respecto del eje *Y* ni respecto del origen de coordenadas.

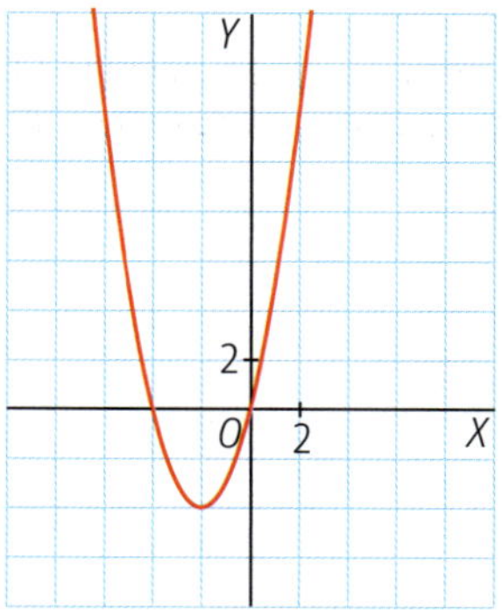

EJERCICIOS PROPUESTOS

2. **Encuentra los puntos de corte con los ejes de las siguientes funciones y estudia su signo.**

a) $f(x) = 6x - 5$

b) $f(x) = x^2 + 3x - 4$

c) $f(x) = \dfrac{(x-3)(x+2)}{x+1}$

d) $f(x) = \sqrt{x^2 - 3x}$

3. **Estudia si las siguientes funciones son pares o impares, o ninguna de las dos cosas.**

a) $f(x) = x^5 - 2x^3 + x$

b) $f(x) = \dfrac{x^2}{x^2 - 4}$

c) $f(x) = |x|$

d) $f(x) = \dfrac{1}{x^3 + 1}$

2 Funciones polinómicas

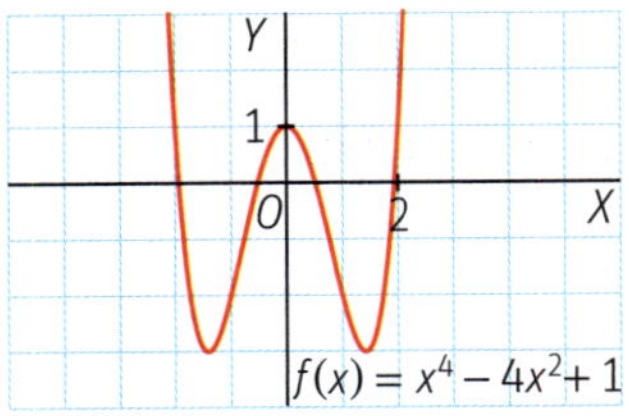

Gráfica de función con n par

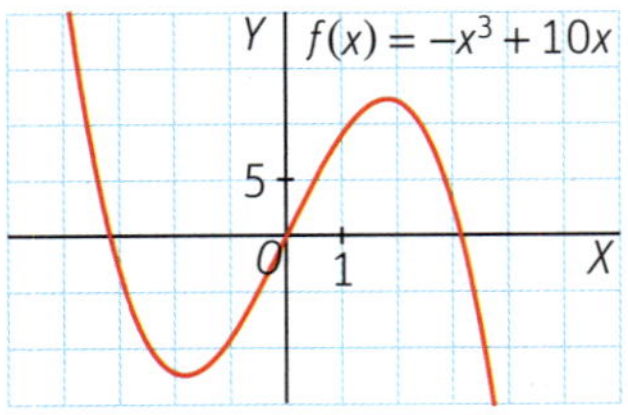

Gráfica de función con n impar

Las funciones **polinómicas** son las que se expresan como polinomios: $f(x) = a_n x^n + a_{n-1} x^{n-1} + ... + a_0$

- Su dominio es todo $\mathbb{R}$ y son continuas en él, por lo que no tienen asíntotas verticales.
- Para hallar sus puntos de corte con el eje X y estudiar su signo es necesario factorizar el polinomio, si ello es posible.
- Estas funciones son simétricas respecto del eje Y (función par) si solo contienen términos de grado par en su expresión. Análogamente son simétricas respecto del origen de coordenadas (función impar) si solo contienen términos de grado impar.
- Se debe estudiar su comportamiento en el infinito, que se puede resumir en ($n > 0$):

i) Si n es par: $\begin{cases} \lim\limits_{x\to\pm\infty} f(x) = +\infty & \text{si } a_n > 0 \\ \lim\limits_{x\to\pm\infty} f(x) = -\infty & \text{si } a_n < 0 \end{cases}$ **ii)** Si n es impar: $\begin{cases} \lim\limits_{x\to\pm\infty} f(x) = \pm\infty & \text{si } a_n > 0 \\ \lim\limits_{x\to\pm\infty} f(x) = \mp\infty & \text{si } a_n < 0 \end{cases}$

Así pues, no presentan asíntotas horizontales. Además, como $f(x) - (mx + n)$ es otro polinomio, tampoco tienen asíntotas oblicuas, siempre que su grado sea mayor que uno.

Las funciones polinómicas de grado mayor que uno no tienen **asíntotas** de ningún tipo.

MAT-TIC GeoGebra

Entra en sm**Savia**digital.com y construye funciones polinómicas.

La función polinómica de segundo grado. La parábola

Junto con la función lineal, la función polinómica que más aplicaciones tiene en matemáticas, física y otros muchos campos de conocimiento es la de **segundo grado** o **función cuadrática**:

$$\boldsymbol{f(x) = ax^2 + bx + c} \quad (a,\ b,\ c \in \mathbb{R},\ a \neq 0)$$

Su gráfica es una curva que recibe el nombre de **parábola**.

Este tipo de parábola tiene un **eje de simetría vertical**, cuyo punto de corte con la curva es el vértice de la parábola. Como el **vértice** corresponde a un extremo relativo, su abscisa, $\boldsymbol{x_v}$, se puede hallar imponiendo la condición $f'(x) = 0$ y su carácter de máximo o mínimo, estudiando el signo de f' por la derecha e izquierda de x_v.

$$f(x) = ax^2 + bx + c \Rightarrow f'(x) = 2ax + b = 0 \Rightarrow x_V = \frac{-b}{2a}$$

Si $a > 0$, x_v corresponde a un mínimo ya que $f' < 0$ si $x < x_v$, y $f' > 0$ si $x > x_v$, por lo que f pasa de ser decreciente a ser creciente. Lo contrario sucede en el caso $a < 0$.

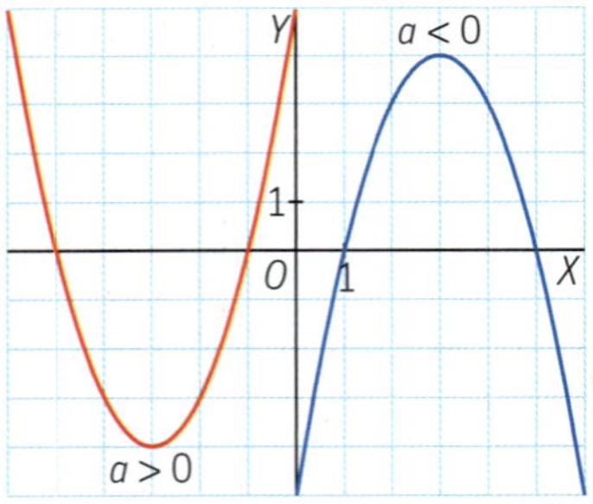

La **abscisa del vértice** de la parábola es $\boldsymbol{x_V = \frac{-b}{2a}}$ y el eje de simetría es la recta $\boldsymbol{x = \frac{-b}{2a}}$.

- Si $\boldsymbol{a > 0}$, el vértice es el punto de menor ordenada (**mínimo absoluto**) y la parábola es **cóncava hacia arriba**.
- Si $\boldsymbol{a < 0}$, el vértice es el punto de mayor ordenada (**máximo absoluto**) y la parábola es **cóncava hacia abajo**.

Grado y gráfica de la función polinómica

Al representar una función polinómica hay que tener en cuenta la relación entre su grado y el número de raíces y de extremos relativos que presenta:

Una función f, polinómica de grado n tiene, como máximo, n raíces reales. Por tanto, su gráfica tiene, como máximo, n puntos de corte con el eje X.

El número de extremos relativos de una función polinómica de grado n es, como máximo, $n - 1$.

El último resultado se demuestra sin más que darse cuenta de que la derivada de f será un polinomio de grado $n - 1$, por lo que la ecuación $f'(x) = 0$, tendrá, como máximo, $n - 1$ soluciones.

Ten en cuenta

Ejemplos de funciones polinómicas aplicadas a la economía son las de **oferta y demanda,** que se describieron al hablar de las expresiones algebraicas (epígrafe 10 del tema 4).

EJERCICIO RESUELTO

4. **Haz un estudio de la $f(x) = x^3 - 3x$ y compara los resultados obtenidos con su gráfica.**

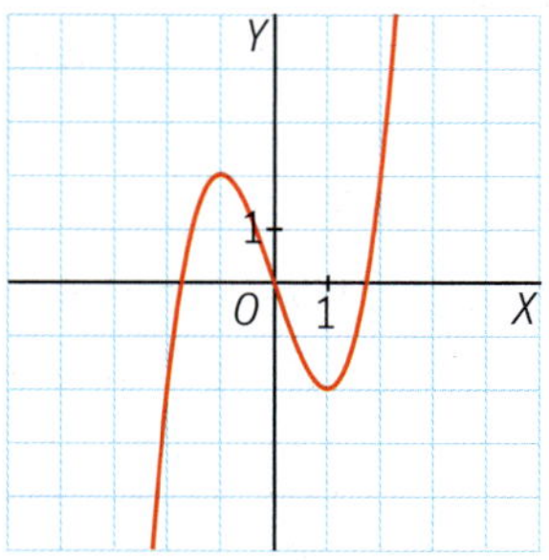

Como f es un polinomio, su dominio es $\mathbb{R}$, es una función continua y no tiene asíntotas.

1.º Puntos de corte con los ejes y signo.

- Con el eje Y $(x = 0)$: $f(0) = 0$. $(0, 0)$ es el punto de corte con el eje Y.
- Con el eje X $(f(x) = 0)$: $x^3 - 3x = x(x^2 - 3) = x\left(x+\sqrt{3}\right)\left(x-\sqrt{3}\right) = 0$.

Por tanto, hay tres puntos de corte con el eje X:

$$\left(-\sqrt{3},0\right), (0, 0) \text{ y } \left(\sqrt{3},0\right)$$

Ahora se construye la tabla de signos de f y se llega a:

$$f > 0 \text{ en } \left(-\sqrt{3},0\right)\cup\left(\sqrt{3},+\infty\right)$$

$$f < 0 \text{ en } \left(-\infty,-\sqrt{3}\right)\cup\left(0,\sqrt{3}\right)$$

	$-\infty$ a $-\sqrt{3}$	$-\sqrt{3}$ a 0	0 a $\sqrt{3}$	$\sqrt{3}$ a $+\infty$
$x+\sqrt{3}$	−	+	+	+
x	−	−	+	+
$x-\sqrt{3}$	−	−	−	+
f	−	+	−	+

2.º Simetría.

$f(-x) = (-x)^3 - 3(-x) = -x^3 + 3x = -f(x)$, por lo que f es impar y, por tanto, su gráfica simétrica respecto del origen de coordenadas.

3.º Límites en el infinito. $\lim\limits_{x\to+\infty} f(x) = +\infty$ y $\lim\limits_{x\to-\infty} f(x) = -\infty$

4.º Crecimiento y decrecimiento. Máximos y mínimos relativos.

Se hallan los puntos de tangente horizontal y se estudia el signo de la primera derivada,

$$f'(x) = 3x^2 - 3 = 3(x + 1)(x - 1) \Rightarrow f'(x) = 0 \text{ sólo si } x = -1 \text{ o } x = 1$$

En la tabla se estudia el signo de $f'(x)$ y se indica el carácter creciente o decreciente de f.

De los datos de la tabla también se deduce que f posee un mínimo relativo en el punto $(1, f(1)) = (1, -2)$, y un máximo relativo en $(-1, f(-1)) = (-1, 2)$.

Todas las características encontradas en el estudio anterior se reflejan en la gráfica dada en el enunciado.

	$-\infty$ a -1	-1 a 1	1 a $+\infty$
$x+1$	−	+	+
$x-1$	−	−	+
f'	+	−	+
f	↗	↘	↗

EJERCICIOS PROPUESTOS

5. **Esboza las gráficas de las siguientes parábolas.**

a) $f(x) = x^2 - 5x + 6$

b) $f(x) = x^2 - x + 3$

c) $f(x) = -x^2 + 9$

d) $f(x) = -x^2 - 1$

6. **Determina los puntos de corte con los ejes y el signo de las siguientes funciones polinómicas y esboza su correspondiente gráfica.**

a) $f(x) = (x - 1)(x + 1)(x - 2)$

b) $f(x) = (x - 1)(x + 2)(x - 4)$

c) $f(x) = -(x - 1)^2 (x - 3)^2$

d) $f(x) = (x^2 - 4)(x + 1)$

e) $f(x) = -2x(x^2 - 3x + 2)$

f) $f(x) = x^3 - 8x^2 + 15x$

7. **Haz el estudio completo de las siguientes funciones polinómicas y dibuja sus gráficas.**

a) $f(x) = x^3 - 6x^2 + 5$

b) $f(x) = x^3 - 7x + 6$

c) $f(x) = x^3 - 3x^2 - 9x$

d) $f(x) = x^3 - 6x^2 + 6x - 5$

e) $f(x) = 3x^4 - 15x^3 + 19x^2 - 5x + 6$

f) $f(x) = x^5 - 5x^3$

8. **Las gráficas siguientes son de funciones polinómicas. Deduce en cada caso cuál es su mínimo grado posible y el signo del coeficiente de mayor grado.**

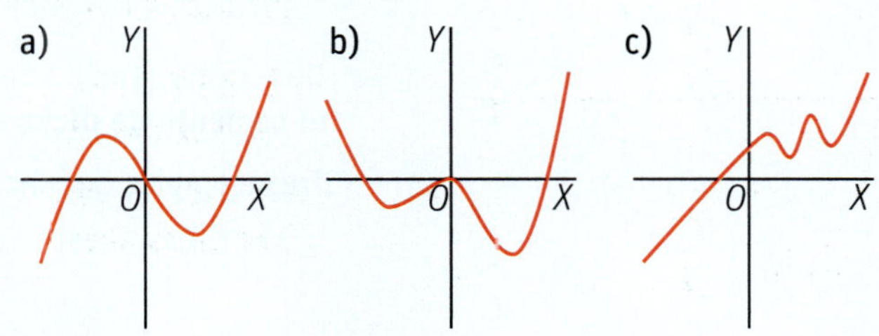

9. **Determina la expresión de una función polinómica de grado cuatro que tenga simetría respecto del eje Y y que no corte en ningún punto al eje de abscisas.**

10. **Escribe una función polinómica de tercer grado, $f(x) = ax^3 + bx^2 + cx + d$ con $b \neq 0$ que no tenga ni máximos ni mínimos relativos.**

11. **Escribe una función polinómica de tercer grado que tenga un máximo y un mínimo.**

3 Funciones racionales

Una función f se llama **racional** si se puede escribir como cociente de dos funciones polinómicas, es decir, si $\boldsymbol{f(x)=\dfrac{P(x)}{Q(x)}}$, con grado de $Q(x) \geq 1$.

Son funciones racionales, por ejemplo: $f(x)=\dfrac{x}{x-5}$, $f(x)=x^2-\dfrac{3+x}{4+x}$ y $f(x)=\dfrac{x^3-5x^2}{x^2+3x-1}$.

Las principales características específicas de las funciones racionales se indican a continuación.

Ten en cuenta

Las funciones racionales de la forma $f(x)=\dfrac{k}{x}$, con k un número real no nulo, relacionan dos magnitudes inversamente proporcionales. La gráfica de estas funciones es una curva llamada **hipérbola**.

Dominio y continuidad

El dominio de una función racional es $\mathbb{R}$ menos los valores de x que anulan el denominador. Estas funciones son continuas en su dominio.

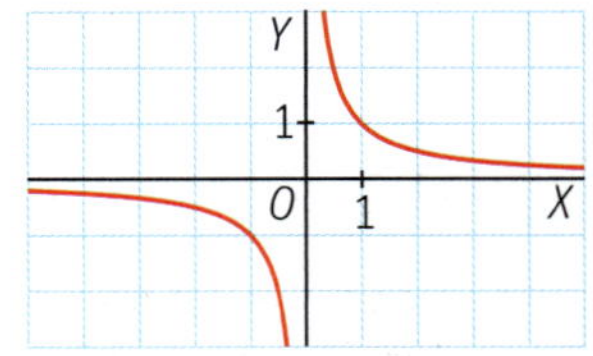

En el ejemplo de la derecha se ha representado la gráfica de $f(x)=\dfrac{1}{x}$, cuyo dominio es $\mathbb{R}-\{0\}$.

Asíntotas

Las funciones racionales pueden tener asíntotas de los tres tipos posibles.

- **Verticales.** Pueden existir en los valores de x que anulan el denominador. Pero si anulan también el numerador, puede no haber asíntota vertical. Para saber el comportamiento de la función hay que estudiar los límites laterales.
- **Horizontales.** Hay que calcular los límites en el infinito y verificar que el resultado es un número.

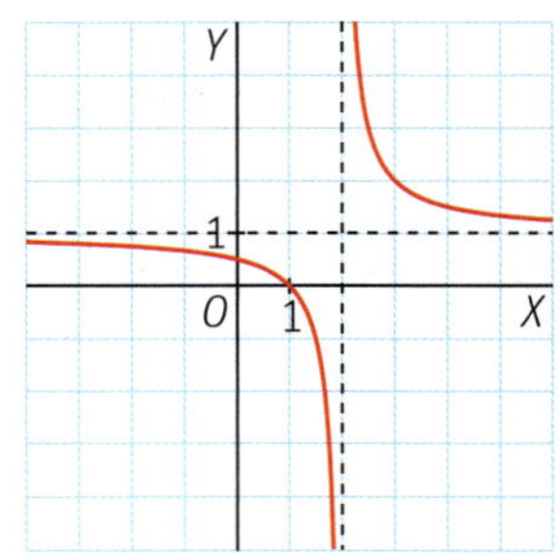

Una función racional tiene asíntota horizontal si:

$$\textbf{grado}[P(x)] \leq \textbf{grado}[Q(x)]$$

En la gráfica derecha se representa $f(x)=\dfrac{x-1}{x-2}$, que tiene dos asíntotas: vertical $x=2$ y horizontal $y=1$.

- **Oblicuas.** Solo tiene sentido buscar asíntotas oblicuas si la función no tiene asíntotas horizontales.

Una función racional tiene asíntota oblicua si se cumple:

$$\textbf{grado}[P(x)] = \textbf{grado}[Q(x)] + 1$$

Una forma sencilla de calcularlas es efectuar la división indicada, ya que la **asíntota oblicua será el cociente de dicha división.**

Tres ejemplos de funciones racionales con asíntotas oblicuas son los siguientes.

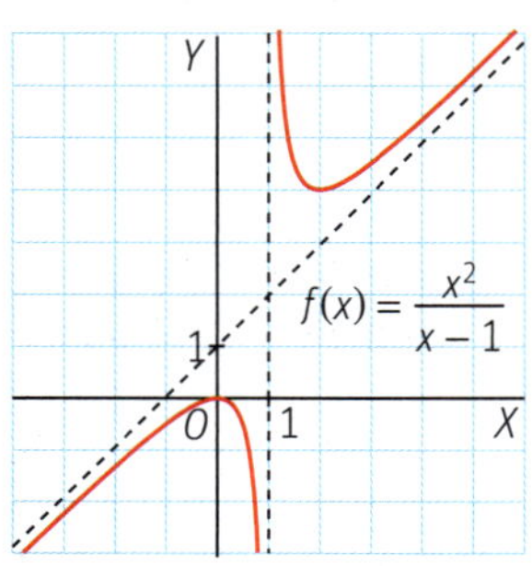

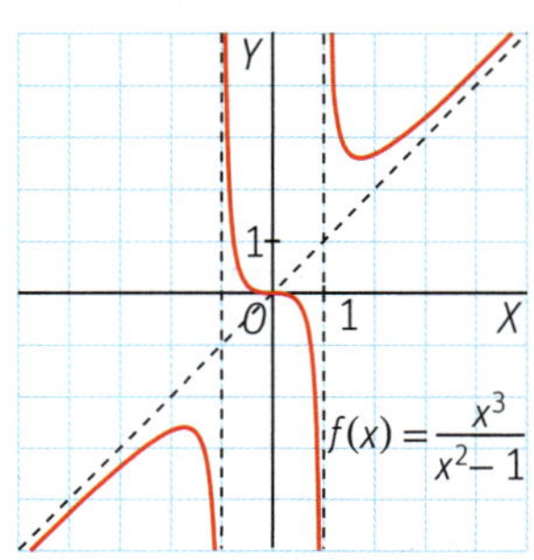

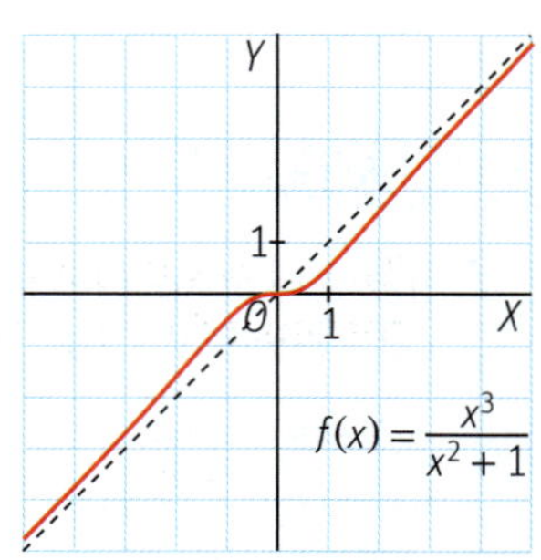

Tal y como se observa en los ejemplos anteriores, si una función racional tiene asíntota horizontal u oblicua por la derecha, la misma recta es también asíntota horizontal u oblicua por la izquierda.

Las gráficas de las funciones racionales pueden cortar a sus asíntotas horizontales y oblicuas. No ocurre así para las verticales, $x=k$, ya que k no está en el dominio de f.

Representación de funciones racionales

Para representar funciones racionales se puede seguir este esquema:

1.º Estudiar su dominio y su continuidad.

2.º Determinar los puntos en los que corta a los ejes y su signo.

3.º Comprobar si la función es simétrica respecto del eje de ordenadas o del origen.

4.º Determinar la existencia de asíntotas, verticales, en los puntos que no están en el dominio, horizontales y, en el caso de que no haya de este tipo, oblicuas.

5.º Estudiar la derivada primera para determinar los posibles extremos relativos (máximos o mínimos) y los intervalos de crecimiento y decrecimiento.

MAT-TIC GeoGebra

Entra en sm**Savia**digital.com y trabaja con funciones racionales.

Ten en cuenta

El esquema de la izquierda también se aplica al estudio y representación de otros tipos de funciones.

EJERCICIO RESUELTO

12. Realiza el estudio de la función racional $f(x)=\dfrac{x^2-4}{x-1}$ y comprueba los resultados con su gráfica.

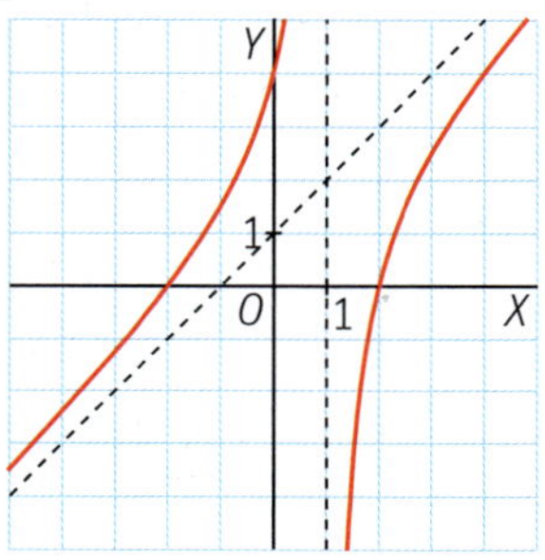

1.º Dominio y continuidad.

El denominador se anula para $x=1 \Rightarrow D(f)=\mathbb{R}-\{1\}$. La función es continua en su dominio.

2.º Cortes con los ejes y signo.

- Con el eje *Y*: $f(0)=4$, es decir, *f* corta el eje *Y* en (0, 4).
- Con el eje *X*: $f(x)=\dfrac{x^2-4}{x-1}=0 \Rightarrow x^2-4=0 \Rightarrow x=-2$ y $x=2 \Rightarrow$ *f* corta el eje *X* en (−2, 0) y (2, 0).

El signo de *f*, cuya variación está fijada por las raíces del numerador y del denominador: $x=-2$, $x=1$ y $x=2$, se muestra en la tabla derecha por intervalos.

$-\infty \quad -2 \quad 1 \quad 2 \quad +\infty$

$x+2$	−	+	+	+
$x-1$	−	−	+	+
$x-2$	−	−	−	+
f	−	+	−	+

3.º Simetrías.

$f(-x)=\dfrac{(-x)^2-4}{(-x)-1}=\dfrac{x^2-4}{-x-1}$ distinto de *f*(*x*) y de −*f*(*x*), por lo que *f* no es ni par ni impar.

4.º Asíntotas.

- Verticales: Como $\lim\limits_{x\to 1^-} f(x)=+\infty$ y $\lim\limits_{x\to 1^+} f(x)=-\infty$, la recta $x=1$ es una asíntota vertical.
- Horizontales: No tiene, porque $\lim\limits_{x\to +\infty} f(x)=+\infty$ y $\lim\limits_{x\to -\infty} f(x)=-\infty$.
- Oblicuas: Sí tiene porque cumple la condición de los grados. Para calcularla se divide:

$f(x)=\dfrac{x^2-4}{x-1}=x+1-\dfrac{3}{x-1}$. La asíntota oblicua es la recta $y=x+1$.

5.º Crecimiento y decrecimiento. Máximos y mínimos relativos.

$f'(x)=\dfrac{x^2-2x+4}{(x-1)^2}$. El numerador es siempre positivo por lo que $f'(x)>0$ para $x \in D(f)$ y la función es siempre creciente en su dominio y no presenta máximos ni mínimos relativos.

Todos estos datos coinciden con lo representado en la gráfica de la función.

EJERCICIOS PROPUESTOS

13. Realiza el estudio de estas funciones racionales y dibuja su correspondiente gráfica.

a) $f(x)=\dfrac{x}{x-1}$ d) $f(x)=\dfrac{x^2+1}{x}$ g) $f(x)=\dfrac{x^2-4x}{x-3}$

b) $f(x)=\dfrac{x-4}{x+1}$ e) $f(x)=\dfrac{x+4}{x^2-4}$ h) $f(x)=\dfrac{x^2-3x}{x-1}$

c) $f(x)=\dfrac{x^3}{x+2}$ f) $f(x)=\dfrac{x}{x^2-1}$ i) $f(x)=\dfrac{x}{(x+1)^2}$

14. Estudia las siguientes funciones racionales y dibuja su correspondiente gráfica.

a) $f(x)=\dfrac{x^2+4}{x^2-9}$ b) $f(x)=\dfrac{x^4-2x^2}{x^2-1}$ c) $f(x)=\dfrac{9x^2}{x^2+x-2}$

15. Representa una función racional cuyas asíntotas son las rectas $x=-2$, $x=4$ e $y=-2$ y cuya derivada es siempre negativa en todos los puntos en que está definida.

¿Cuántas veces se anula una función con estas propiedades?

4 Funciones con radicales. Representación

Una función f es **radical** o **irracional** si la variable independiente aparece bajo un signo radical.

Son funciones radicales: $f(x)=\sqrt{x}$, $f(x)=\sqrt{x^2-7x+10}$, $f(x)=\sqrt[3]{x}$ y $f(x)=\dfrac{1+\sqrt[3]{x^2}}{x^2+1}$

Las más sencillas son las de la forma $f(x)=\sqrt[n]{x^m}$, donde m y n son números **naturales** con $n\geq 2$. Las características de estas funciones varían en función de la paridad de m y n.

n par, *m* par

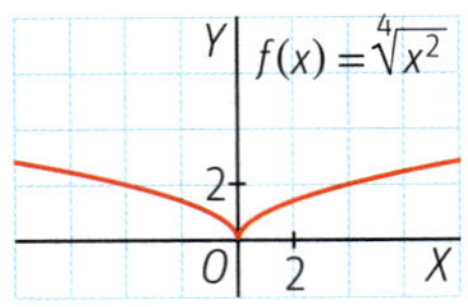

n impar, *m* par

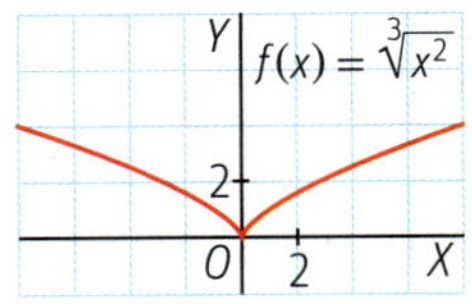

$D(f)=\mathbb{R}$ Funciones pares

n par, *m* impar

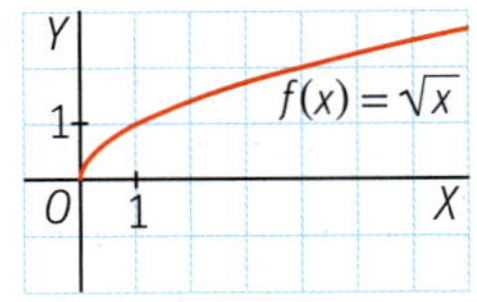

$D(f)=[0,+\infty)$

n impar, *m* impar

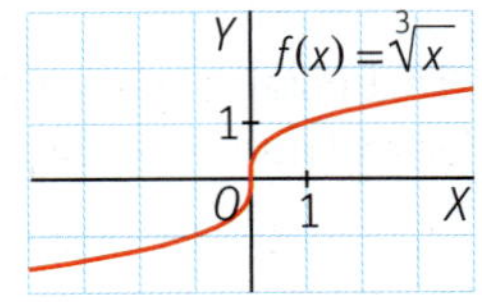

$D(f)=\mathbb{R}$ Función impar

El estudio de estas funciones se hace siguiendo el esquema ya utilizado para otros tipos de funciones en los epígrafes anteriores. Como particularidad en el caso de raíces con índice par, el dominio se determina al imponer la condición de que sea positivo el radicando.

EJERCICIO RESUELTO

16. Representa la gráfica de la función $f(x)=\sqrt{\dfrac{x}{x-1}}$.

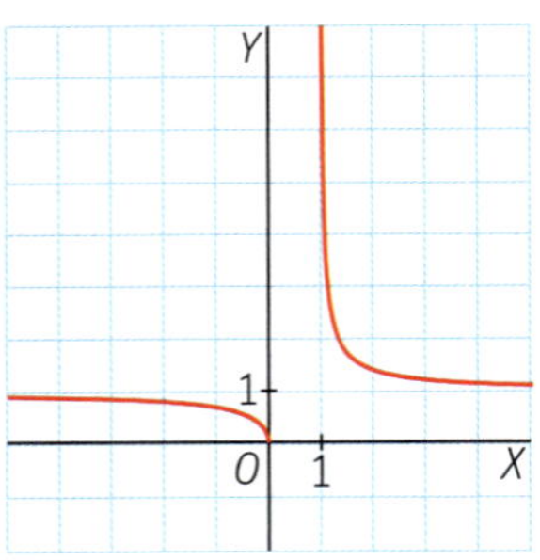

1. Dominio y continuidad. Para el dominio se impone la condición $\dfrac{x}{x-1}\geq 0$. A la derecha se muestra la tabla de signos correspondiente.

De la tabla se concluye que $D(f)=(-\infty,0]\cup(1,+\infty)$.

f es continua en su dominio.

$-\infty$ 0 1 $+\infty$

x	−	+	+
$x-1$	−	−	+
$\dfrac{x}{x-1}$	+	−	+

2. Puntos de corte con los ejes y signo. Para $x=0$ se tiene que $f(0)=0$ por lo que f corta a los dos ejes en el origen de coordenadas, (0, 0), sin que haya más puntos de corte con el eje X.

En cuanto al signo, como se toma la raíz positiva, siempre es $f\geq 0$.

3. Simetría. La función no es ni par ni impar, ya que $f(-x)$ no coincide ni con $f(x)$ ni con $-f(x)$.

4. Asíntotas. • Verticales: $\lim\limits_{x\to 1^+} f(x)=+\infty$, la recta $x=1$ es una asíntota vertical.

• Horizontales: es la recta $y=1$, tal y como se obtiene al calcular los límites en el infinito:

$$\lim_{x\to+\infty} f(x)=\lim_{x\to+\infty}\sqrt{\frac{x}{x-1}}=\lim_{x\to+\infty}\sqrt{\frac{\frac{x}{x}}{\frac{x}{x}-\frac{1}{x}}}=\lim_{x\to+\infty}\sqrt{\frac{1}{1-\frac{1}{x}}}=\sqrt{\frac{1}{1-0}}=1=\lim_{x\to-\infty} f(x)$$

• Oblicuas: al haber asíntotas horizontales, no hay oblicuas.

5. Crecimiento y decrecimiento. Máximos y mínimos relativos.

Se determina el signo de la derivada: $f'(x)=\dfrac{1}{2}\sqrt{\dfrac{x-1}{x}}\cdot\dfrac{1(x-1)-x\cdot 1}{(x-1)^2}=-\dfrac{1}{2(x-1)^2}\sqrt{\dfrac{x-1}{x}}$

La expresión obtenida para f' es siempre negativa, lo que implica que f es una función siempre decreciente en su dominio y, por tanto, no presenta extremos relativos.

EJERCICIOS PROPUESTOS

17. Haz un estudio de las siguientes funciones y dibuja su gráfica.

a) $f(x)=\sqrt{x+4}$

b) $f(x)=\sqrt{\dfrac{4x}{x-2}}$

c) $f(x)=\sqrt[3]{x^2-1}$

d) $f(x)=\dfrac{2}{\sqrt[3]{x-2}}$

18. Realiza el estudio completo y representa:

a) $f(x)=\sqrt{(x-2)(x-1)}$

b) $f(x)=\dfrac{x}{1-\sqrt{1-x}}$

19. smSaviadigital.com PRACTICA Sigue practicando con funciones polinómicas, racionales e irracionales.

5 Funciones valor absoluto y parte entera

Valor absoluto de una función

De manera similar al valor absoluto de un número, también el valor absoluto de una función se define con ayuda de una función a trozos.

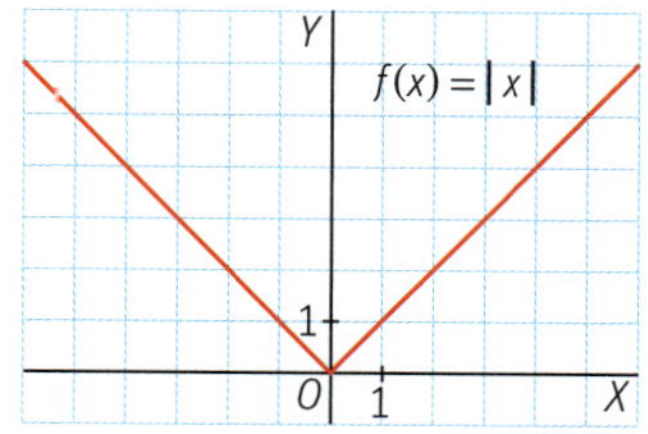

Valor absoluto de un número

$$|x|=\begin{cases}-x & \text{si } x<0\\ x & \text{si } x\geq 0\end{cases}$$

Valor absoluto de una función

$$|f(x)|=\begin{cases}-f(x) & \text{si } f(x)<0\\ f(x) & \text{si } f(x)\geq 0\end{cases}$$

Para dibujar la gráfica del valor absoluto de una función *f*, se dibuja primero la de *f* y luego se "convierten" los tramos negativos (bajo el eje *X*) a positivos mediante una simetría respecto al eje *X*.

En los puntos en los que una función derivable *f* cambia de signo y $f' \neq 0$, la función $|f|$ no es derivable, ya que no presenta una recta tangente única en dichos puntos.

Ejemplo ▸ Dibuja la gráfica de $f(x)=|x^2-6x+5|$ a partir de la de $g(x)=x^2-6x+5$.

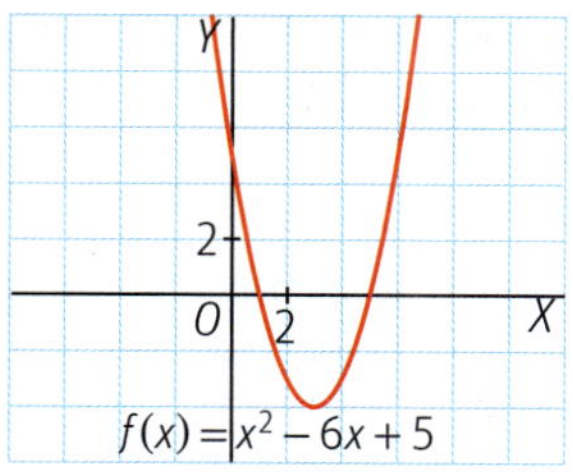

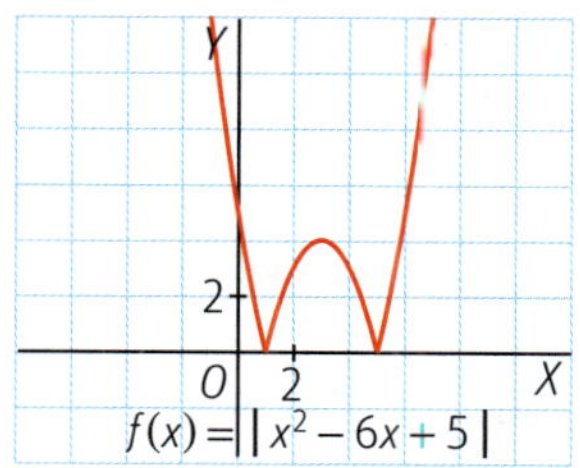

MAT-TIC GeoGebra

Entra en sm**Savia**digital.com y estudia funciones con valores absolutos.

Función parte entera de *x*

Se define la **parte entera** de un número *x* como el mayor número entero que es menor o igual que *x*. La función asociada es

$\boldsymbol{f(x)=Ent\,(x)=n}$, siendo *n* el mayor número entero tal que $n \leq x$

Ejemplo ▸ *Ent* (3,76) = 3, *Ent* (0,87) = 0, *Ent* (–2,34) = –3, *Ent* (–0,6) = –1

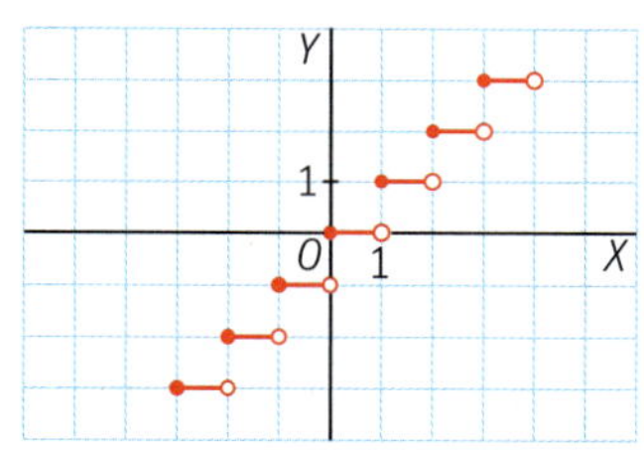

La parte entera de *x* también se designa por $\boldsymbol{f(x)=[x]}$.

La gráfica de *Ent*(*x*) es discontinua y tiene el aspecto escalonado de la figura derecha.

Este tipo de funciones es común en situaciones reales en las que la variable dependiente presenta saltos, como en las tarifas de los taxis o aparcamientos, con distintos precios según los tramos.

EJERCICIO RESUELTO

20. Estudia la función:

$f(x)=|x+1|+|x-3|$

Se debe encontrar la función a trozos asociada. Se observa que:

$$f_1(x)=|x+1|=\begin{cases}-(x+1) & \text{si } x+1<0 \rightarrow x<-1\\ x+1 & \text{si } x+1\geq 0 \rightarrow x\geq -1\end{cases}$$

$$f_2(x)=|x-3|=\begin{cases}-(x-3) & \text{si } x-3<0 \rightarrow x<3\\ x-3 & \text{si } x-3\geq 0 \rightarrow x\geq 3\end{cases}$$ y de aquí se llega a:

$$f(x)=f_1(x)+f_2(x)=\begin{cases}-(x+1)-(x-3)=-2x+2 & \text{si } x<-1\\ x+1-(x-3)=4 & \text{si } -1\leq x<3\\ x+1+x-3=2x-2 & \text{si } x\geq 3\end{cases}$$

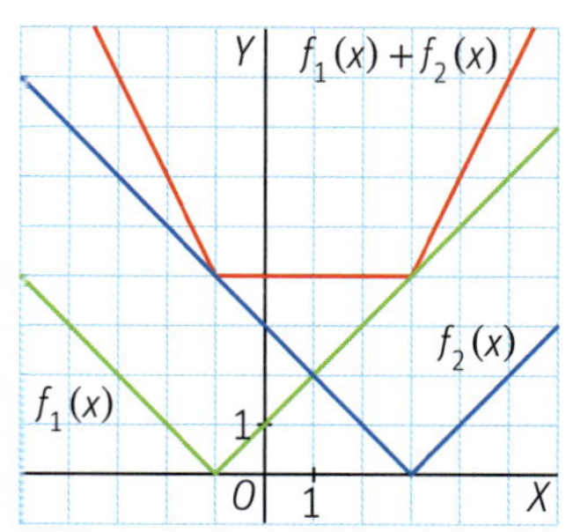

EJERCICIOS PROPUESTOS

21. Escribe como funciones a trozos y dibuja la gráfica de:

a) $f(x)=|x|-|x+2|$ b) $g(x)=|x^2-2|$

22. Ayudándote de una tabla de valores representa estas funciones.

a) $f(x)=x-[x]$ b) $g(x)=|x|+[x]$

6 Funciones exponenciales y logarítmicas

La función exponencial

Las funciones exponenciales sirven para describir fenómenos de crecimiento como, por ejemplo, el de la población humana, y de decrecimiento, como la desintegración radiactiva.

> Una función **exponencial**, en su versión más simple, adopta la forma $\boldsymbol{f(x) = a^x}$, donde la base a es un número positivo y distinto de la unidad.

Ten en cuenta

La función exponencial más importante es aquella cuya base es el número e: $e = \lim\limits_{n \to +\infty} \left(1 + \dfrac{1}{n}\right)^n$

Las propiedades principales de las funciones exponenciales del tipo $f(x) = a^x$ son:

Dominio y continuidad

El dominio de las funciones exponenciales es $\mathbb{R}$ y son continuas en él.

Puntos de corte con los ejes y signo

Todas cortan el eje Y en el punto (0, 1), pues $a^0 = 1$ para cualquier a.

No cortan el eje X, ya que la ecuación $a^x = 0$ no tiene solución.

Las funciones exponenciales son positivas en todo su dominio.

Comportamiento en el infinito. Asíntotas

El comportamiento en el infinito en las funciones exponenciales varía radicalmente dependiendo del valor de la base. Como los límites en $+\infty$ y en $-\infty$ pueden ser diferentes, puede existir asíntota horizontal u oblicua solo por un lado.

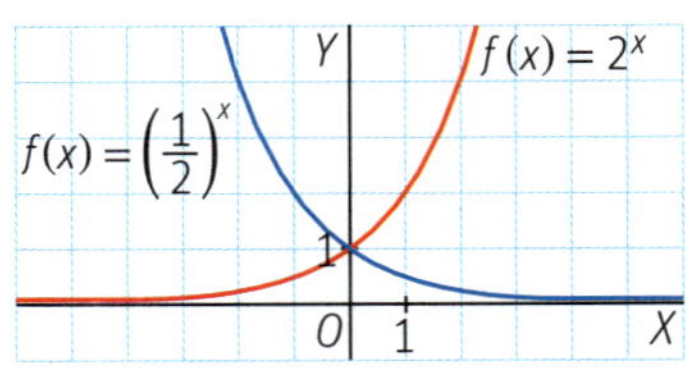

$a > 1$	$\lim\limits_{x \to +\infty} f(x) = +\infty$ $\lim\limits_{x \to -\infty} f(x) = 0$ $y = 0$ es una asíntota horizontal en $-\infty$.
$0 < a < 1$	$\lim\limits_{x \to +\infty} f(x) = 0$ $\lim\limits_{x \to -\infty} f(x) = +\infty$ $y = 0$ es una asíntota horizontal en $+\infty$.

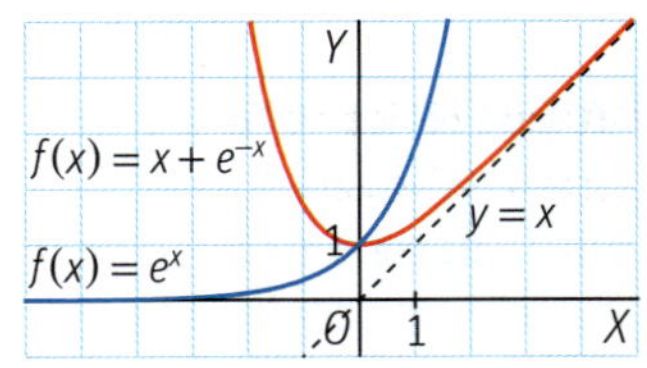

La función $f(x) = e^x$ tiene asíntota horizontal solo a la izquierda (en $-\infty$)

La función $f(x) = x + e^{-x}$ tiene asíntota oblicua solo a la derecha (en $+\infty$)

La función logarítmica

Para la función exponencial $y = a^x$ con $a > 0$ y distinto de 1, se cumple que a valores diferentes de x le corresponden valores diferentes de y, por lo que a cada valor de y le corresponde un único valor de x. Esto significa que la función exponencial admite función inversa. Esta función se llama **logaritmo en base *a***.

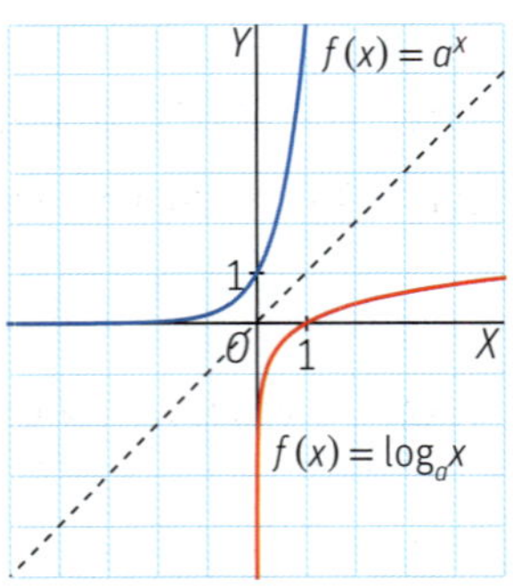

Al ser inversas entre sí las funciones $f(x) = a^x$ y $g(x) = \log_a x$, gráficas son simétricas respecto de la recta $y = x$.

> Dado el número $\boldsymbol{a > 0}$ y **distinto de 1**, se define la **función logaritmo en base *a*** como aquella que asocia a cada número $x > 0$ su logaritmo en base a: $\boldsymbol{f(x) = \log_a x}$

Dominio y continuidad

El logaritmo no está definido para números menores o iguales a cero, pues tendría que ser $a^y \leq 0$, y esto es imposible al ser $a > 0$. Por tanto, el dominio de la función $y = \log_a x$ es $(0, +\infty)$, siendo continua en todo el dominio.

Ejemplo ▸ Determina el dominio de la función $f(x) = \log_a (x^2 - 4)$

El logaritmo está definido sólo para números positivos; por tanto,

$$D(f) = \{x \in \mathbb{R} : x^2 - 4 > 0\} = (-\infty, -2) \cup (2, +\infty)$$

Puntos de corte con los ejes

Todas estas funciones cortan el eje X en el punto (1, 0), pues $\log_a 1 = 0$.

Comportamiento en el infinito

Al igual que en las funciones exponenciales, el comportamiento en el infinito de las funciones logarítmicas está condicionado por el valor de la base.

$a > 1$	$0 < a < 1$
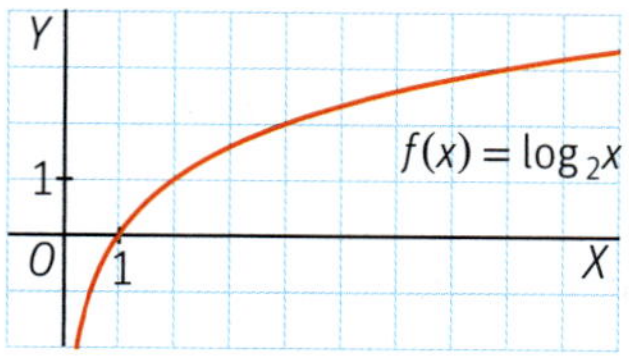	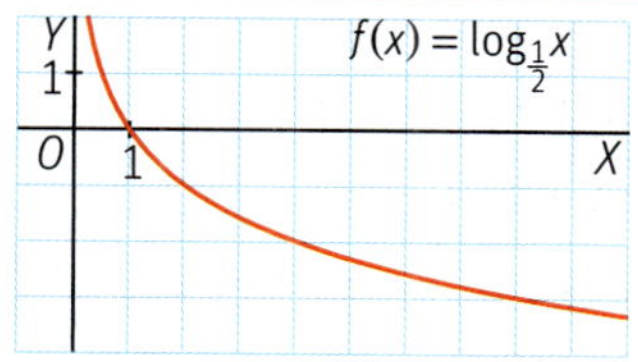
$\lim\limits_{x \to +\infty} \log_a x = +\infty$ $\lim\limits_{x \to 0^+} \log_a x = -\infty$	$\lim\limits_{x \to +\infty} \log_a x = -\infty$ $\lim\limits_{x \to 0^+} \log_a x = +\infty$
El eje Y es una asíntota vertical.	El eje Y es una asíntota vertical.

Las funciones logarítmicas aparecen en fenómenos en los que la multiplicación de las causas provoca la suma de los efectos. Por ejemplo el aumento de la intensidad de una onda sonora y la percepción del sonido asociado por el oído humano.

MAT-TIC GeoGebra

Entra en smSaviadigital.com y comprueba la relación entre las funciones exponencial y logarítmica.

EJERCICIO RESUELTO

23. Traza la gráfica de la función $f(x) = xe^x$.

1. Dominio y continuidad.

Su dominio es $\mathbb{R}$ y siempre es continua.

2. Puntos de corte con los ejes y signo.

$xe^x = 0 \Rightarrow x = 0$, por tanto, f corta a los ejes en (0, 0).

En cuanto al signo, al ser e^x siempre positivo, depende del signo de x. Por tanto, si $x > 0$, f es positiva y si $x < 0$, f es negativa.

3. Simetría.

La función no es ni par ni impar, ya que $f(-x) = -xe^{-x}$, no coincide ni con $f(x)$ ni con $-f(x)$.

4. Asíntotas.

- Verticales: Como es continua en $\mathbb{R}$, no tiene asíntotas verticales.
- Horizontales: $\lim\limits_{x \to +\infty} xe^x = +\infty$. En cuanto al límite en $-\infty$, se puede estimar $\lim\limits_{x \to -\infty} xe^x = 0$, mediante una tabla de valores. De esta forma se llega al resultado con lo que la recta $y = 0$ es asíntota horizontal por la izquierda.

5. Crecimiento y decrecimiento. Máximos y mínimos relativos.

$f'(x) = e^x(x + 1) \Rightarrow$ Su signo cambia en $x = -1$ que es donde la función pasa de ser decreciente a creciente (ver tabla).

Presenta un mínimo relativo en el punto $\left(-1, -\frac{1}{e}\right)$

La gráfica de la función se representa a la izquierda.

	$-\infty$ a -1	-1 a $+\infty$
f'	−	+
f	↘	↗

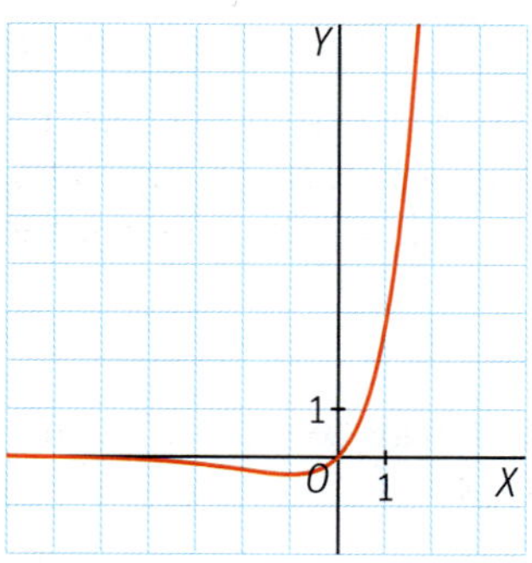

EJERCICIOS PROPUESTOS

24. Halla el dominio de las siguientes funciones.

a) $f(x) = a^{\sqrt{x^2-1}}$

b) $f(x) = a^{\frac{x}{x+2}}$

c) $g(x) = \log_a\left(\frac{x-1}{x+1}\right)$

d) $g(x) = \log_a \sqrt[3]{1-x^2}$

25. Estudia las siguientes funciones y dibuja sus gráficas:

a) $f(x) = e^{x-1} + 1$

b) $f(x) = xe^{-x}$

c) $f(x) = \ln(x+1)$

d) $f(x) = \ln(x^2 - 1)$

7 Funciones periódicas. Trigonometría

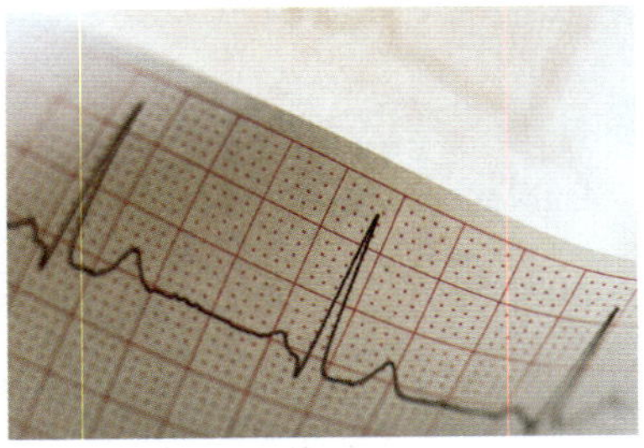

Gráfica de un electrocardiograma humano. La actividad del corazón es periódica.

Un fenómeno es **periódico** cuando se repite de la misma forma cada cierto intervalo de tiempo, de espacio o de otra variable, el **período**. Muchos fenómenos naturales siguen un comportamiento periódico en el tiempo: los días y las noches, etc; en el espacio: la estructura cristalina, etc; o en ambas variables como en las ondas, etc.

Una función f es **periódica** si existe un número T, que verifica, para todo x perteneciente al dominio de f, que: $\boldsymbol{f(x+T)=f(x)}$

El menor número positivo $\boldsymbol{T}$ con esta propiedad se denomina **período**.

Para estudiar la gráfica de una función periódica, basta con hacerlo en un intervalo de amplitud T y extender después las características obtenidas a todo el dominio.

Estas funciones no tienen límite en el infinito, ya que al oscilar, no hay ningún número fijo al que se aproximen los valores de f cuando x se aleja del origen. No tienen asíntotas horizontales ni oblicuas.

Aunque existen muchos más ejemplos, las funciones periódicas por excelencia son las trigonométricas, ya que describen adecuadamente multitud de fenómenos naturales.

Repaso de conceptos básicos de trigonometría

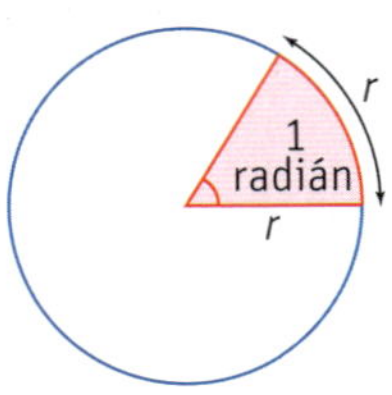

Medida de ángulos: el radián. Un radián es la medida de un ángulo tal que si se traza cualquier circunferencia con centro en su vértice, limita un arco de longitud igual al radio.

$$\alpha(\text{rad})=\frac{\text{arco}}{\text{radio}} \Rightarrow \text{El ángulo completo, } 360°, \text{ mide } 2\pi \text{ radianes, ya que: } \alpha(\text{rad})=\frac{2\pi r}{r}=2\pi$$

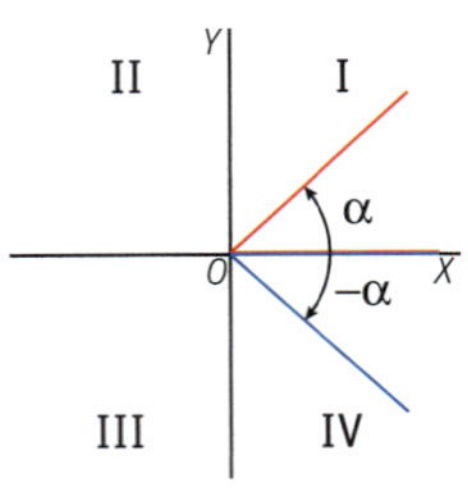

Para medir ángulos se toma como ángulo cero el que coincide con el eje positivo de abscisas. Para el resto de ángulos uno de sus lados se fija a este eje y el otro gira con centro el origen de coordenadas hasta alcanzar el valor del ángulo. Si el giro es contrario al movimiento de las agujas del reloj, el ángulo es positivo y si es en el sentido del movimiento de las agujas del reloj, negativo.

Se definen ángulos mayores de 360° o menores de −360°, si se admite que el lado móvil puede dar más de una vuelta completa en sentido positivo o negativo, respectivamente.

Razones trigonométricas de un ángulo agudo: Son números determinados solo por la amplitud del ángulo. Se definen como las razones entre los lados de un triángulo rectángulo. Las principales son el seno (sen), el coseno (cos) y la tangente (tg):

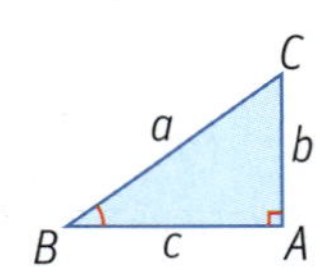

$$\text{sen}\,\hat{B}=\frac{\text{cateto opuesto}}{\text{hipotenusa}}=\frac{b}{a} \qquad \cos\hat{B}=\frac{\text{cateto contiguo}}{\text{hipotenusa}}=\frac{c}{a} \qquad \text{tg}\,\hat{B}=\frac{\text{cateto opuesto}}{\text{cateto contiguo}}=\frac{b}{c}$$

A partir de las definiciones y del teorema de Pitágoras aplicado al triángulo ABC, se obtienen las siguientes relaciones entre las razones trigonométricas de cualquier ángulo x:

$$\text{sen}^2 x+\cos^2 x=1 \qquad \text{tg}\,x=\frac{\text{sen}\,x}{\cos x} \qquad 1+\text{tg}^2 x=\frac{1}{\cos^2 x}$$

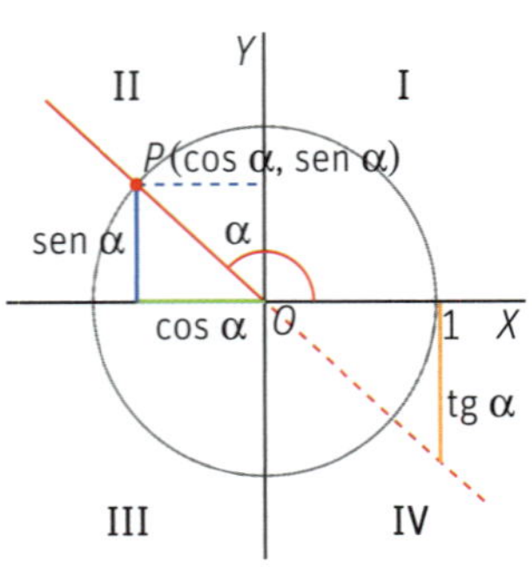

Circunferencia goniométrica

Razones trigonométricas de un ángulo cualquiera: La definición de la razones trigonométricas se extiende a un ángulo de cualquier valor de la siguiente forma:

Se traza una circunferencia de radio 1 (goniométrica) y se definen el coseno y el seno de cualquier ángulo como las coordenadas x e y, respectivamente, del punto en el que el lado móvil del ángulo corta la circunferencia. La tangente se calcula a partir del seno y del coseno.

	0°	I	90°	II	180°	III	270°	IV
sen	0	+	1	+	0	−	−1	−
cos	1	+	0	−	−1	−	0	+
tg	0	+	∄	−	0	+	∄	−

En la tabla se recogen los signos de seno, coseno y tangente para los ángulos en los cuatro cuadrantes del plano, así como los valores para los ángulos frontera entre cuadrantes: 0°, 90°, 180° y 270°.

8 Funciones trigonométricas

Las **funciones trigonométricas** son funciones periódicas que asocian a cada valor de x, en radianes, alguna de sus razones trigonométricas.

Función seno, $f(x) = \text{sen } x$

- Su período es 2π, es decir, $\text{sen}(x + 2\pi) = \text{sen } x$. Por tanto, basta representarla en el intervalo $[0, 2\pi)$ y luego "copiar" esa parte de la gráfica a ambos lados de dicho intervalo.
- Su dominio es $\mathbb{R}$, y es continua en él. Su recorrido es $[-1, 1]$.
- Es una función impar, ya que $\text{sen } (-x) = -\text{sen } x$.

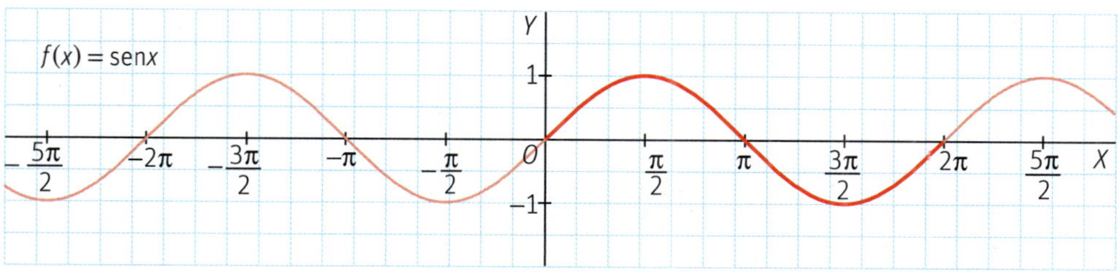

Las calculadoras científicas permiten hallar las razones trigonométricas de un ángulo y definir la unidad angular en grados o en radianes.

Las funciones $\sin^{-1}$, $\cos^{-1}$, tg^{-1}, representan las funciones trigonométricas inversas: arco seno, arco coseno y arco tangente que permiten hallar el ángulo al que corresponde una determinada razón y que se tratan en el siguiente epígrafe.

Función coseno, $f(x) = \cos x$

Su gráfica es como la del seno, pero desplazada $\frac{\pi}{2}$ unidades hacia su izquierda.

- Es continua en todo su dominio, esto es, en $\mathbb{R}$. Su recorrido es $[-1, 1]$.
- Es periódica de período $T = 2\pi$.
- Es una función par, ya que $\cos(-x) = \cos x$.

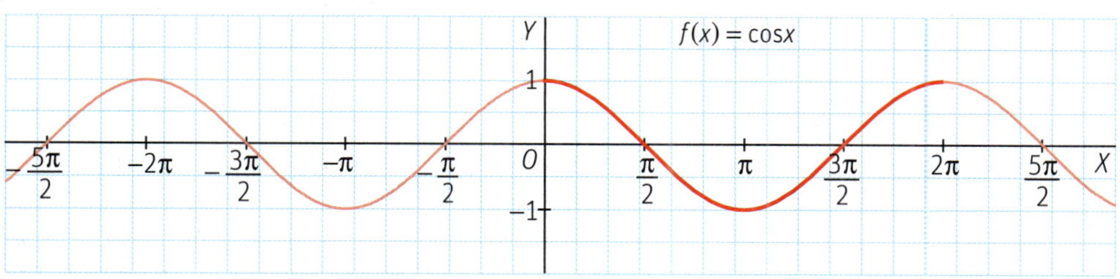

Función tangente, $f(x) = \text{tg } x$

- Al ser $\text{tg } x = \frac{\text{sen } x}{\cos x}$, no está definida cuando $\cos x = 0$, es decir, en los valores de la forma $x_k = \frac{\pi}{2} + k\pi$, siendo k cualquier entero, $k \in \mathbb{Z}$.

  Por tanto, su dominio es $\mathbb{R} - \{x_k\}$ y es continua en él.
- El recorrido de la función tangente es $\mathbb{R}$.
- Las rectas $x = \frac{\pi}{2} + k\pi$ son asíntotas verticales.
- Su período es $T = \pi$.
- Es una función impar, ya que $\text{tg}(-x) = -\text{tg } x$.

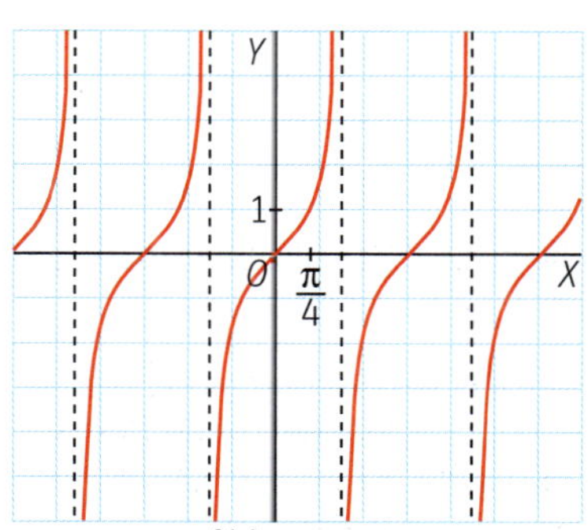

$f(x) = \text{tg}x$

Aunque se ha indicado al principio, conviene remarcar que la variable x en las funciones trigonométricas representa un valor angular en **radianes**.

9 Funciones trigonométricas inversas

En ocasiones, la única información que se conoce de un ángulo es una de sus razones, pero lo que realmente interesa es saber cuánto vale ese ángulo.

Ejemplo ▸ **Encuentra el valor de x sabiendo que sen $x = 1$.**

Esta ecuación se puede resolver recordando que el seno vale 1 cuando el ángulo es $\frac{\pi}{2}$ radianes, o bien $\frac{\pi}{2}$ más un número entero de vueltas. Así la ecuación tiene infinitas soluciones que son de la forma $x = \frac{\pi}{2} + 2\pi k$ con $k \in \mathbb{Z}$.

Si se restringe el conjunto en el que se buscan las soluciones al intervalo $\left[-\frac{\pi}{2}, \frac{\pi}{2}\right]$, la solución es única $x = \frac{\pi}{2}$.

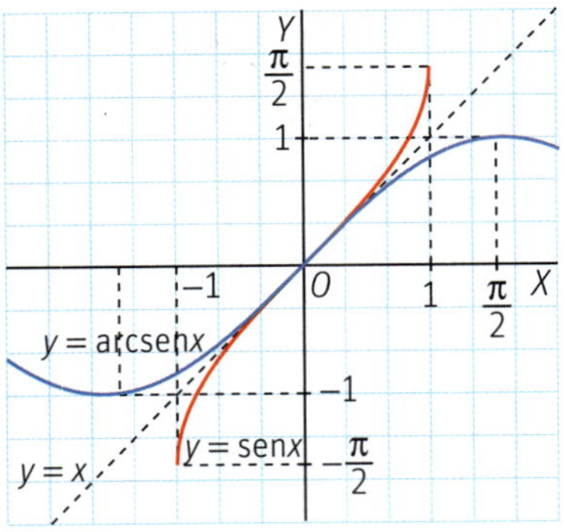

En general, las ecuaciones del tipo sen $x = z$ con $z = [-1, 1]$ tienen una única solución en el intervalo $\left[-\frac{\pi}{2}, \frac{\pi}{2}\right]$, en el cual se define la función inversa del seno, el arco seno, que se denota por $y = \text{arcsen}\ x$.

$y = \text{arcsen}\ x$ es la función que asocia a cada valor del intervalo $[-1, 1]$ un valor $y \in \left[-\frac{\pi}{2}, \frac{\pi}{2}\right]$ que verifica que sen $y = x$.

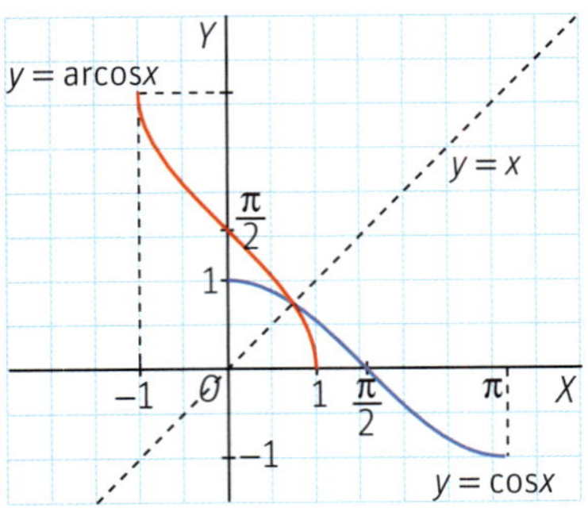

Su gráfica se puede construir recordando que, al ser la inversa de la función seno, debe ser simétrica respecto de la bisectriz del primer cuadrante, $y = x$.

De forma análoga pueden definirse las funciones inversas del coseno y de la tangente, denominadas arco coseno y arco tangente, respectivamente.

$y = \arccos x$ es la función que asocia a cada valor del intervalo $[-1, 1]$ un valor $y \in [0, \pi]$ que verifica que cos $y = x$.

$y = \text{arctg}\ x$ es la función que asocia a cada valor real un valor $y \in \left(-\frac{\pi}{2}, \frac{\pi}{2}\right)$, que verifica que tg $y = x$.

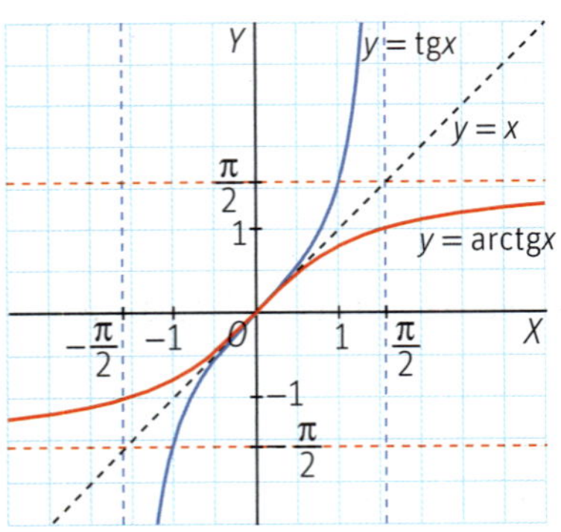

Derivadas de las funciones trigonométricas inversas

Una vez definidas las funciones trigonométricas inversas, tiene interés explicitar las expresiones de sus respectivas derivadas.

Dichas expresiones se dan en el cuadro derecho.

$$f(x) = \text{arcsen}\ x \Rightarrow f'(x) = \frac{1}{\sqrt{1-x^2}}$$

$$f(x) = \arccos x \Rightarrow f'(x) = \frac{-1}{\sqrt{1-x^2}}$$

$$f(x) = \text{arctg}\ x \Rightarrow f'(x) = \frac{1}{1+x^2}$$

EJERCICIOS PROPUESTOS

26. Utilizando la calculadora, halla el valor de x en las siguientes ecuaciones, restringiendo el resultado a ángulos entre 0 y $\frac{\pi}{2}$.

a) $\text{sen}\,x = \frac{1}{2}$

b) $\text{tg}\,x = \sqrt{3}$

c) $\cos x = \frac{\sqrt{2}}{2}$

d) $\text{sen}\,x = 0$

27. Calcula las derivadas de las siguientes funciones.

a) $f(x) = \text{arcsen}(3x^3 - 2x + 1)$

b) $f(x) = \arccos(x + \text{sen}\,x)$

c) $f(x) = \arccos e^x$

d) $f(x) = \text{arctg}\sqrt{x}$

28. smSaviadigital.com PRACTICA Sigue investigando las características de diferentes tipos de funciones.

10 Aplicaciones de las funciones

Prácticamente en todo el amplio espectro de las ciencias sociales y naturales, se pueden encontrar funciones matemáticas que explican con gran fidelidad distintas situaciones relacionadas con un área específica de conocimiento. Todas esas funciones no son otra cosa que modelos matemáticos.

Un **modelo matemático** es una herramienta matemática que describe de manera clara y certera un problema real.

En los modelos matemáticos más utilizados aparecen siempre las funciones como elementos fundamentales.

¿Cómo se llega a asignar una función a una situación real?

1.º Se forma una tabla con los datos que representan las variables que aparecen en la situación. En el caso de que se concluya que solo intervienen dos variables, cabe preguntarse si existirá relación numérica entre ellas, esto es, ¿habrá alguna función que relacione su comportamiento?

2.º Tras examinar la tabla de valores, se debe encontrar la función. Para ello, la ayuda de los ordenadores permite para manejar los datos con fluidez. Hay que observar si los valores crecen o decrecen a la vez, y cómo es este crecimiento (lento o rápido, uniforme...). Se debe buscar entre las funciones conocidas (lineales, polinómicas, trigonométricas, exponenciales, etc.). En muchos casos reales, la función buscada será una combinación de varias de las anteriores.

3.º Tras encontrar la función se comprueba que los valores proporcionados por la función no difieren mucho de los datos reales. Después se contrasta con situaciones similares a la estudiada para comprobar que el modelo sigue siendo válido.

4.º Es la clave en el desarrollo del modelo matemático. Ya se dispone de una función que describe de manera aceptable cierto problema de la vida real. Ahora es necesario hacer predicciones usando esta función, es decir, el modelo debe proporcionar información sobre cómo se va a comportar el fenómeno estudiado en el futuro y permitir así tomar decisiones al respecto. El modelo también debe reproducir situaciones del pasado.

EJERCICIO RESUELTO

29. Una gasolinera ha anotado los días que tarda en vaciar sus depósitos según el precio por litro del mercado. Encuentra una función modelo que refleje fielmente la situación.

Precio del litro (x €)	Días $f(x)$
0,80	13,3
0,85	13,5
0,90	13,7
1	13,8
1,05	13,9

Lo primero que se observa es que la función debe ser creciente y que el crecimiento es lento y cada vez menor. Una primera opción sería buscar una función logarítmica. Se prueba con $f(x) = \ln x$:

a) $f(0{,}80) = \ln 0{,}8 = -0{,}22$: valor bajo y negativo por lo que hay que hacer ajustes.

b) Se cambia la función a $f(x) = 10\ln(1 + x)$: $f(0{,}80) = 5{,}88$, luego aún se está lejos.

c) Se prueba ahora con $f(x) = 10\ln(3 + x)$: $f(0{,}80) = 13{,}35$, valor que se acerca bastante al de la tabla. Se comprueban otros datos: $f(0{,}85) = 13{,}48$, $f(0{,}90) = 13{,}61$.

Si se sigue comprobando se llega a la conclusión de que la función buscada es:

$$f(x) = 10\ln(3 + x), \text{ función que está definida para todo } x > 0$$

Ahora se puede averiguar cuántos días tardarán en vaciar sus depósitos si el precio del litro es de 1,50 €; o qué precio deben poner si quieren vaciar los depósitos en quince días.

EJERCICIO PROPUESTO

30. Un joven es contratado por una compañía telefónica como vendedor. Debe elegir entre dos tipos de retribución:

- *A*: un sueldo fijo de 420 € más el 14 % de sus ventas.
- *B*: un 26% de las ventas que consiga.

a) Encuentra dos funciones que aclaren al joven cómo se comporta cada uno de los sueldos dependiendo de lo que venda.

b) Según el volumen de ventas que realice, ¿cuál de los dos sueldos es más ventajoso?

Resumen

Propiedades globales de una función *f*

La **gráfica** de una función $y = f(x)$ es el conjunto de puntos del plano cuyas coordenadas son $(a, f(a))$ cuando a pertenece al dominio de f.

Puntos de corte cor el eje *X*: soluciones de la ecuación $f(x) = 0$

Punto de corte con el eje *Y*: si existe, es el punto $(0, f(0))$.

Simetría respecto del eje *Y*: $f(-x) = f(x)$ (función par)

Simetría respecto del origen: $f(-x) = -f(x)$ (función impar)

Estudio y representación de funciones

1.º Estudiar el dominio y la continuidad.
2.º Determinar los puntos de corte con los ejes y el signo.
3.º Analizar la simetría y la periodicidad.
4.º Buscar si hay asíntotas verticales en los puntos que no están en el dominio (límites laterales), horizontales y oblicuas (límites en el infinito).
5.º Estudiar la derivada primera: extremos relativos (máximos o mínimos) e intervalos de crecimiento y decrecimiento.
6.º Dibujar la gráfica.

Funciones polinómicas

$$f(x) = a_n x^n + a_{n-1} x^{n-1} + \ldots + a_1 x + a_0, \text{ donde } a_n \neq 0$$

- **Dominio**: $\mathbb{R}$
- No tienen **asíntotas**.
- Su gráfica tiene, como máximo, n **puntos de corte** con el eje X.
- Como máximo, su número de **extremos relativos** es $n - 1$.

Parábola: $f(x) = ax^2 + bx + c$

Vértice: $\left(\dfrac{-b}{2a}, f\left(\dfrac{-b}{2a}\right)\right)$

Eje: recta $x = \dfrac{-b}{2a}$

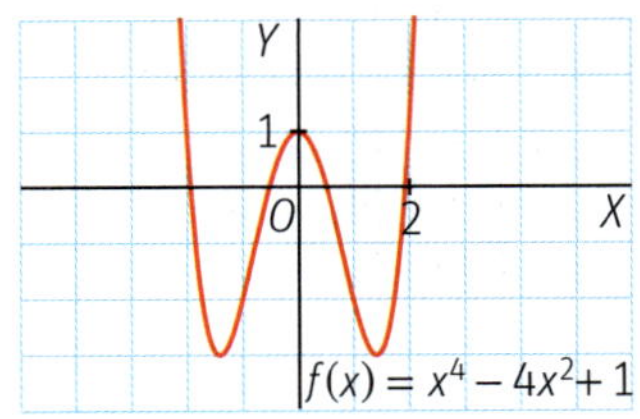

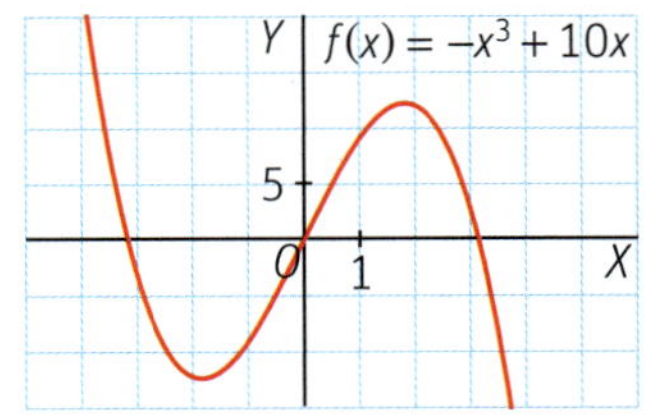

Funciones racionales

$f(x) = \dfrac{P(x)}{Q(x)}$, con $P(x)$ y $Q(x)$ polinomios y grado $Q(x) \geq 1$

- **Dominio**: $D(f) = \mathbb{R} - \{x : Q(x) = 0\}$
- **Asíntotas verticales**: posibles en los puntos donde $Q(x) = 0$
- **Asíntotas horizontales**: grado$[P(x)] \leq$ grado $[Q(x)]$
- **Asíntotas oblicuas**: grado$[P(x)] =$ grado $[Q(x)] + 1$

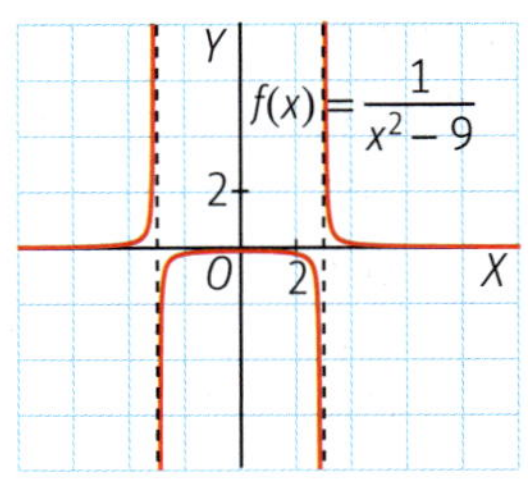

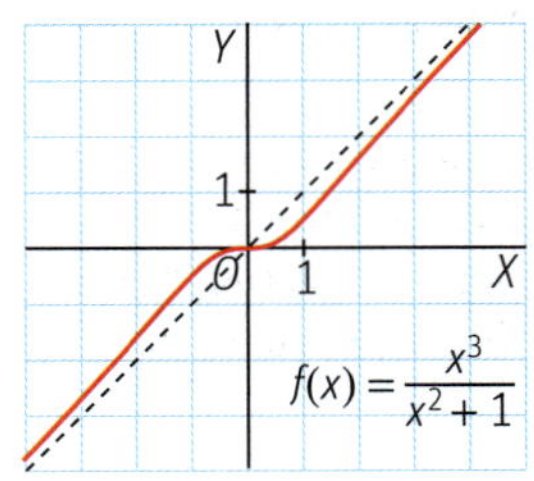

Funciones radicales

La variable independiente aparece bajo un signo radical.

- **Dominio:** Valores de la variable independiente para los que el radicando es mayor o igual que cero.

Funciones exponenciales y logarítmicas

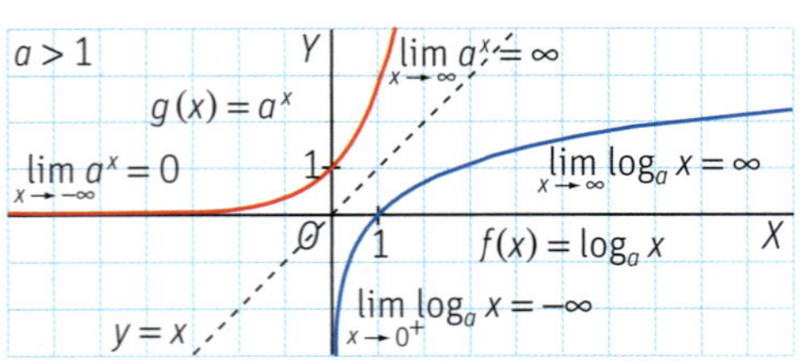

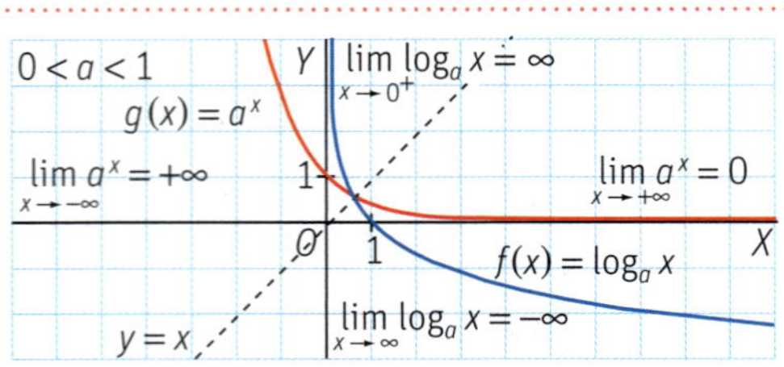

Funciones trigonométricas y sus inversas

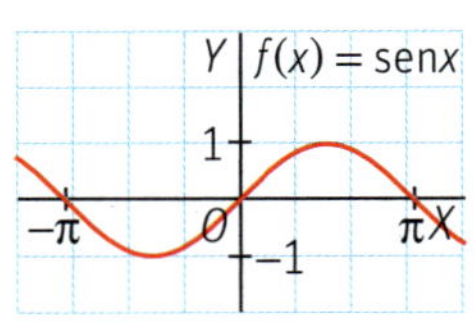

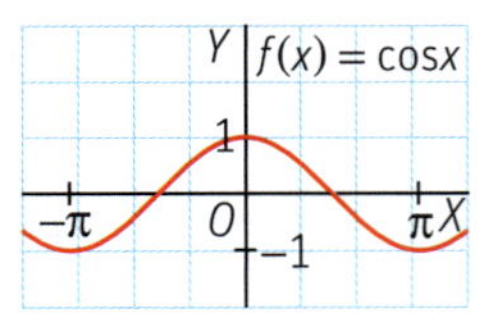

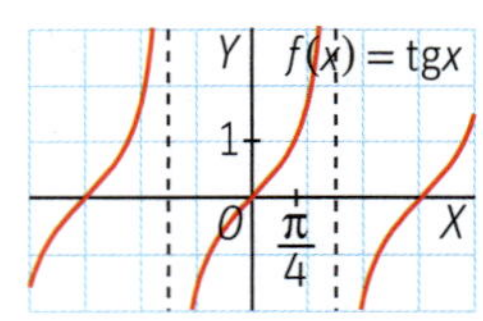

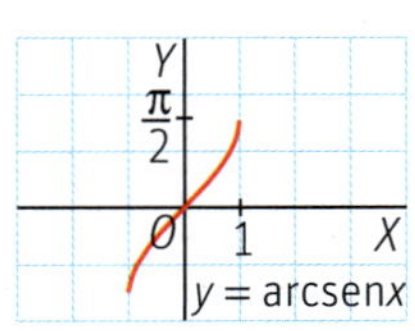

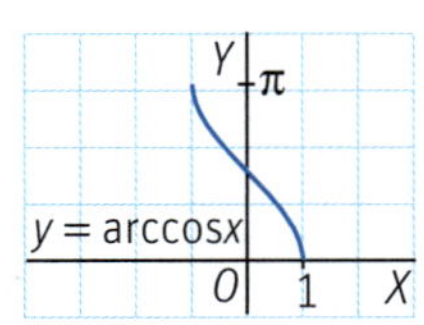

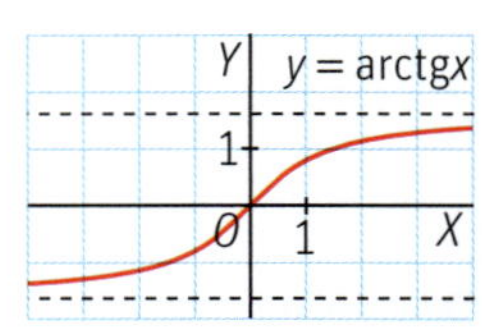

Derivadas de las funciones trigonométricas inversas

$f(x) = \text{arcsen}\, x \rightarrow f'(x) = \dfrac{1}{\sqrt{1-x^2}}$

$f(x) = \arccos x \rightarrow f'(x) = -\dfrac{1}{\sqrt{1-x^2}}$

$f(x) = \text{arctg}\, x \rightarrow f'(x) = \dfrac{1}{1+x^2}$

EJERCICIOS RESUELTOS

Propiedades globales de las funciones

Signo y simetría de una función

31. Estudia el signo y la simetría de la función:

$f(x) = x^3 - 9x$

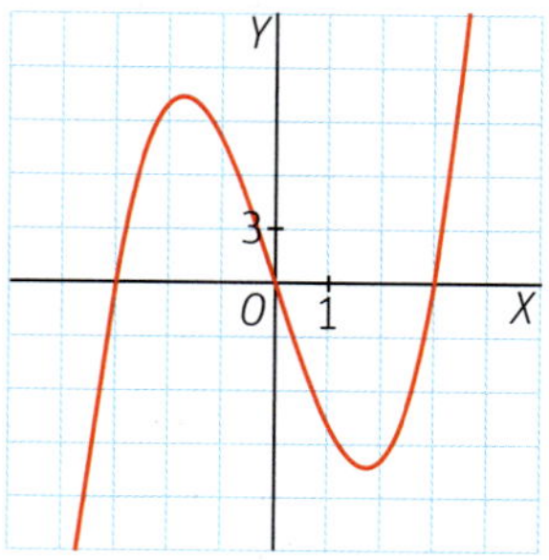

La función tiene simetría respecto del origen de coordenadas (función impar) ya que:

$$f(-x) = (-x)^3 - 9(-x) = -x^3 + 9x = -f(x)$$

Esto significa que si en un cierto intervalo (a, b) del dominio la función es positiva, será negativa en el intervalo simétrico $(-a, -b)$. En efecto, si se estudia el signo de f se obtiene:

$$f(x) = x^3 - 9x = x(x-3)(x+3)$$

	$-\infty$ a -3	-3 a 0	0 a 3	3 a $+\infty$
$x+3$	−	+	+	+
x	−	−	+	+
$x+3$	−	−	−	+
f	−	+	−	+

En la tabla se observa que tanto la posición de los puntos de corte con el eje X como los intervalos de signo definido respetan la simetría de la función (ver figura).

Este ejercicio ilustra una de las ideas básicas que hay que tener presentes cuando se representan funciones: debe existir coherencia entre los resultados obtenidos al estudiar las diferentes características de la función. Por ejemplo, para el caso estudiado no hubiera tenido sentido que la función fuera impar y que los cortes con el eje X estuvieran en $x = -3$ y en $x = 2$, sin respetar la simetría global de la función.

Estudio y representación de funciones

Polinomio de cuarto grado

32. Haz un estudio de la función $f(x) = x^4 + 5x^3 + 8x^2 + 4x$ y compara los resultados con la gráfica de la función.

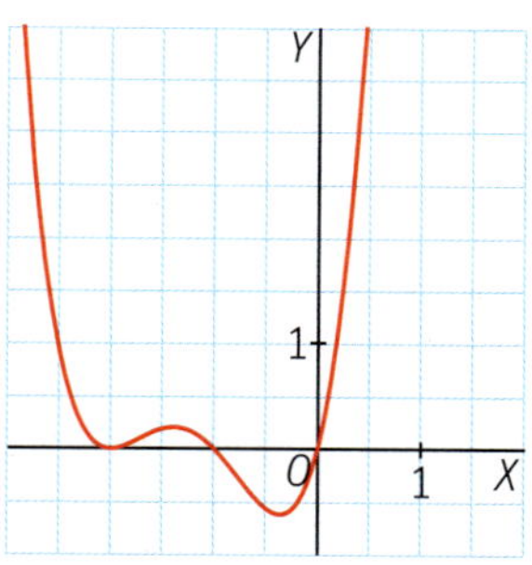

1.º Dominio y continuidad. Como f es un polinomio, su dominio es $\mathbb{R}$ y es continua en él.

2.º Puntos de corte con los ejes y signo.

- Con el eje Y ($x = 0$): $f(0) = 0$. $(0, 0)$ es el punto de corte con el eje Y.
- Cortes con el eje X $(f(x) = 0)$: $x^4 + 5x^3 + 8x^2 + 4x = 0$, al factorizar el polinomio (extrayendo factor común y buscando raíces enteras por Ruffini) se llega a la ecuación $x(x+2)^2(x+1) = 0$, por lo que los puntos de corte con el eje X son $(-2, 0)$, $(-1, 0)$ y $(0, 0)$. Una vez hallados estos puntos se puede determinar el signo de la función a partir de la tabla de signos correspondiente (derecha).

	$-\infty$ a -2	-2 a -1	-1 a 0	0 a $+\infty$
$x+1$	−	−	+	+
x	−	−	−	+
f	+	+	−	+

3.º Simetría.

$f(-x) = x^4 - 5x^3 + 8x^2 - 4x$, diferente de $f(x)$ y de $-f(x)$; por tanto, f no es simétrica ni respecto del eje vertical ni respecto del origen de coordenadas (ni par ni impar).

4.º Límites en el infinito. $\lim\limits_{x \to +\infty} f(x) = +\infty$ y $\lim\limits_{x \to -\infty} f(x) = +\infty$. Al ser de grado cuatro, no tiene asíntotas.

5.º Crecimiento y decrecimiento. Máximos y mínimos relativos.

Se hallan los puntos de tangente horizontal y se estudia el signo de la primera derivada,

$f'(x) = 4x^3 + 15x^2 + 16x + 4 = 4(x-2)(x+0{,}36)(x+1{,}39) \Rightarrow f'(x) = 0$ si $x = -2$, $x = -1{,}39$ y $x = -0{,}36$ (las dos raíces que aparecen como decimales son las aproximaciones de las exactas, $\dfrac{-7 \pm \sqrt{17}}{8}$, que se encuentran al hacer la factorización de f').

En la tabla se estudia el signo de f' y se indica el carácter creciente o decreciente de f. De ella también se deduce que f posee mínimos relativos en los puntos $(-0{,}36; f(-0{,}36)) = (-0{,}36; -0{,}62)$ y $(-2, f(-2)) = (-2, 0)$ y un máximo relativo en el punto $(-1{,}39; f(-1{,}39)) = (-1{,}39; 0{,}2)$.

	$-\infty$ a -2	-2 a $-1{,}39$	$-1{,}39$ a $-0{,}36$	$-0{,}36$ a $+\infty$
$x+2$	−	+	+	+
$x+1{,}39$	−	−	+	+
$x+0{,}36$	−	−	−	+
f'	−	+	−	+
f	↘	↗	↘	↗

Todas las características encontradas en el estudio anterior se reflejan en la gráfica de la función.

Función racional con asíntota horizontal

33. Traza la gráfica de la función:

$$f(x)=\frac{3x}{(x+1)^2}$$

1.º Dominio y continuidad.

Tiene por dominio y es continua en $\mathbb{R}-\{-1\}$.

2.º Puntos de corte con los ejes y signo.

Corta a los ejes en (0, 0).

En cuanto al signo, como el denominador es siempre positivo en el dominio, el signo lo marca el numerador: si $x>0 \Rightarrow f(x)>0$ y si $x<0 \Rightarrow f(x)<0$

3. ºSimetría.

Como $f(-x)=\frac{-3x}{(-x+1)^2}$ no coincide ni con $f(x)$ ni con $-f(x)$, f no es ni par ni impar.

4.º Asíntotas

- Verticales: Puede tener una asíntota vertical en $x=-1$. Se calculan los límites laterales:

$$\lim_{x\to -1^-} f(x)=\lim_{x\to -1^-}\frac{3x}{(x+1)^2}=\frac{-1}{0^+}=-\infty \qquad \lim_{x\to -1^+} f(x)=\lim_{x\to -1^+}\frac{3x}{(x+1)^2}=\frac{-1}{0^+}=-\infty$$

Luego, $x=-1$ es una asíntota vertical.

- Horizontales: Se estudian los límites en infinito.

Al ser $\lim_{x\to+\infty} f(x)=0$ y $\lim_{x\to-\infty} f(x)=0$, la recta $y=0$ es asíntota horizontal.

5.º Crecimiento y decrecimiento. Máximos y mínimos relativos.

$f'(x)=\frac{3(1-x)}{(x+1)^3}$ Resolviendo la inecuación $f'(x)>0$, y observando el signo de la derivada en los intervalos en los que está definida y no se anula, se determinan los intervalos de crecimiento y decrecimiento. De este estudio se deduce que f tiene en el punto $\left(1, \frac{3}{4}\right)$ un máximo relativo. En $x=-1$ no hay mínimo ya que no pertenece al dominio (hay una asíntota vertical).

	$-\infty$ a -1	-1 a 1	1 a $+\infty$
$1-x$	+	+	−
$(x+1)^3$	−	+	+
f''	−	+	−
f	↘	↗	↘

Con estos datos se puede ya trazar la gráfica de la función que se muestra a continuación.

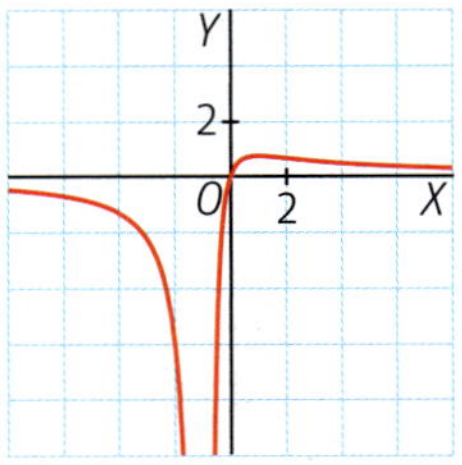

Cálculo del dominio y asíntotas de funciones radicales

34. Calcula el dominio y las asíntotas verticales y horizontales de:

$$f(x)=\frac{\sqrt[4]{x}+\sqrt{x^2-1}}{3x-3}$$

$$\left.\begin{array}{l}\text{El dominio de } \sqrt[4]{x} \text{ es } A=\{x\in\mathbb{R}: x\geq 0\}\\ \text{El dominio de } \sqrt{x^2-1} \text{ es } B=\{x\in R: x^2-1\geq 0\}=(-\infty,-1]\cup[1,+\infty)\end{array}\right\}\Rightarrow A\cap B=[1,+\infty)$$

Además, como para $x=1$ se anula el denominador, resulta finalmente: $D(f)=(1,+\infty)$.

Con este dominio sólo tiene sentido calcular asíntotas horizontales por la derecha.

$$\lim_{x\to+\infty}\frac{\sqrt[4]{x}+\sqrt{x^2-1}}{3x-3}=\lim_{x\to+\infty}\frac{\sqrt[4]{\frac{1}{x^4}}+\sqrt{1-\frac{1}{x^2}}}{3-\frac{3}{x}}=\frac{1}{3}$$, luego $y=\frac{1}{3}$ es una asíntota horizontal.

Al anularse el denominador en $x=1$, podría situarse aquí una asíntota vertical:

$$\lim_{x\to1^+}\frac{\sqrt[4]{x}+\sqrt{x^2+1}}{3x-3}=+\infty$$, luego $x=1$ es una asíntota vertical

Aplicaciones de las funciones

Función parte entera

35. **La tarifa de un aparcamiento público es: "0,60 € por cada media hora o fracción".**

a) ¿Cuánto se pagará por aparcar durante: 15, 40, 65 y 80 minutos?

b) Comprueba que la función $f(t)=0{,}60\left[\dfrac{t+30}{30}\right]$, donde t indica el tiempo en minutos, da directamente la cantidad a pagar.

c) Aplicando la función halla lo que se pagará por aparcar durante 3 h y 45 min.

d) Representa gráficamente la función.

a) "0,60 € por cada media hora o fracción" significa que entre el minuto 0 y el 29 se pagan 0,60 €; entre el minuto 30 y el 59, 0,60 € más, esto es, 1,20 €; entre el minuto 60 y el 89, 1,80 €; y así sucesivamente. Por tanto, por 15 minutos pagará 0,60 €; por 40 min, 1,20 €; por 65 min, 1,80 € y por 80 min, 1,80 €.

b) Para $t=15$, $f(15)=0{,}60\left[\dfrac{15+30}{30}\right]=0{,}60\,[1{,}5]=0{,}60\cdot 1=0{,}60$ €

Para $t=40$, $f(40)=0{,}60\left[\dfrac{40+30}{30}\right]=0{,}60\,[2{,}33]=0{,}60\cdot 2=1{,}20$ €

Para $t=65$, $f(65)=0{,}60\left[\dfrac{65+30}{30}\right]=0{,}60\,[3{,}17]=0{,}60\cdot 3=1{,}80$ €

Para $t=40$, $f(80)=0{,}60\left[\dfrac{80+30}{30}\right]=0{,}60\,[3{,}67]=0{,}60\cdot 3=1{,}80$ €

c) 3h 45 min = 225 min $\Rightarrow f(225) = 0\ 60\left[\dfrac{225+30}{30}\right]=0{,}60\,[8{,}5]=0\ 60\cdot 8=4{,}80$ €

d) Su gráfica es:

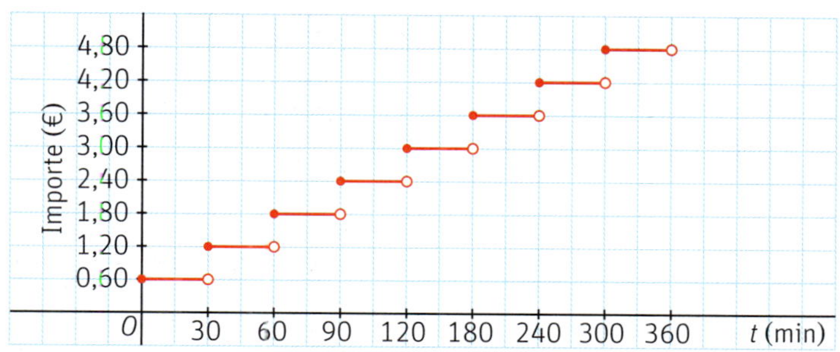

Estudio de poblaciones

36. **La población de una granja de pollos ha pasado de 1500 a 1800 aves en el primer mes. Se sabe que dicha población crece siguiendo una ley exponencial de la forma $f(t)=f_0\cdot a^t$.**

Calcula:

a) La función que rige la población en relación al tiempo transcurrido.

b) La población al cabo de diez meses.

c) ¿Al cabo de cuánto tiempo la población superará los 13 300 individuos?

d) Dibuja su gráfica.

a) En la función genérica $f(t)=f_0\cdot a^t$, t indica el tiempo en meses y f_0 es el valor inicial de f cuando $t=0$.

Con estas condiciones, se tiene que $f_0=f(0)=1500$ y sólo queda hallar a:

$$f(t)=1800=1500\cdot a1,\ \text{de donde}\ a=\frac{1800}{1500}=1{,}2$$

La función buscada es $f(t)=1500\cdot 1{,}2^t$, donde t se da en meses.

b) Al cabo de diez meses, la población será $f(10)=1500\cdot 1{,}210=9288$ pollos

c) Hay que resolver la ecuación exponencial:

$$13300 = 1500\cdot 1{,}2^t \Rightarrow$$

$$1{,}2^t=\frac{13300}{1500}=8{,}8\widehat{6}$$

Tomando logaritmos se llega a que:

$$t\cdot\log 1{,}2=\log 8{,}8\widehat{6}\ \text{y por tanto}$$

$$t=\frac{\log 8{,}8\widehat{6}}{\log 1{,}2}=11{,}97\ \text{meses}$$

Así, al cabo de 1 año, la población superará los 13 300 ejemplares.

d) La gráfica se muestra a la derecha.

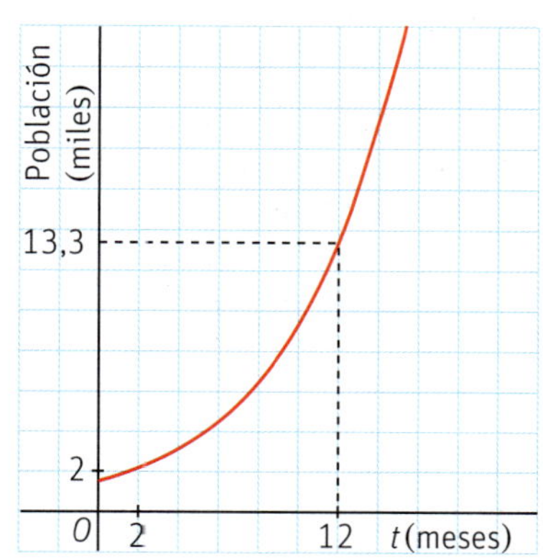

ACTIVIDADES

Ejercicios

Propiedades globales de las funciones

37. Para las siguientes funciones, determina el dominio, calcula los puntos de corte con los ejes y estudia el signo, según los valores que tome la variable independiente a lo largo del dominio. Esboza la gráfica de la función.

a) $f(x)=2x-1$

b) $f(x)=(x-1)(x-3)^2(x-7)$

c) $f(x)=x(x^2+2)(x^2-1)$

d) $f(x)=\dfrac{x-1}{x^2+4}$

e) $f(x)=\dfrac{(x^2-9)x}{x+3}$

38. Estudia si las siguientes funciones tienen simetría respecto del eje Y o respecto del origen de coordenadas.

a) $f(x)=x^4-2x^2+3$

b) $f(x)=x(x-1)(x+1)$

c) $f(x)=x^2-3x$

d) $f(x)=x^2(x^2-1)(x^2+1)$

e) $f(x)=\dfrac{x}{2x^3-5}$

f) $f(x)=\dfrac{x^4+x}{2x+1}$

g) $f(x)=x^2|x|$

h) $f(x)=\dfrac{x^3}{|x|-x^2}$

39. Halla el dominio de las siguientes funciones y los puntos en donde cortan a los ejes de coordenadas.

a) $f(x)=x^2+2x+2+\dfrac{10}{x-3}$

b) $f(x)=\dfrac{1}{3+x}-\dfrac{1}{3-x}$

[Nota: en cada caso escribe la función dada como cociente de dos polinomios.]

Funciones polinómicas

40. Encuentra la función lineal $f(x)=ax+b$ que pasa por los puntos $(2, -3)$ y $(5, 3)$.

41. Una parábola corta los ejes en los puntos $(-1, 0)$, $(5, 0)$ y $(0, -10)$.

a) ¿Cuál es su vértice?

b) ¿Pasa por el punto $(3, 16)$?

c) Esboza su gráfica.

42. Haz un estudio completo de la parábola $f(x)=-x^2+2x+3$.

43. Halla gráficamente los puntos de corte de:

a) La recta $y=x-4$ con la parábola $y=x^2-4x$

b) Las parábolas $y=x^2-4$ e $y=-x^2+6$

44. Halla la ecuación de la parábola que corta al eje vertical en $y=2$ y cuyo vértice es el punto $(1, 1)$.

45. La ecuación de una parábola es de la forma $f(x)=ax^2+bx+2$. Se sabe que el punto $(1, 3)$ es su vértice y que pasa por el punto $(2, 2)$. Calcula los valores de a y b y haz su gráfica.

46. Realiza un estudio completo de las siguientes funciones polinómicas y esboza sus gráficas.

a) $f(x)=x^3-4x^2+3$

b) $f(x)=4x^3+4x-8$

c) $f(x)=x(x^2+2)(x^2-1)$

d) $f(x)=x^4+3x^3-x^2-3x$

e) $f(x)=(x^2-1)(x^2+1)$

f) $f(x)=(x+3)^2(x-2)^2$

47. Encuentra a, b y c para que la función polinómica $y=2x^3+ax^2+bx+c$ cumpla que tiene tangente horizontal en el punto $A(1, 0)$ y su tangente en el punto de abscisa $x=2$ es paralela a la recta de ecuación $12x-y+7=0$.

Funciones racionales y con radicales

48. Determina el dominio, la continuidad, los puntos de corte con los ejes, el signo y las asíntotas de las siguientes funciones.

a) $f(x)=\dfrac{-6x^2}{x^2+1}$

b) $f(x)=\dfrac{x^5}{x^4+1}$

c) $f(x)=\dfrac{x-2}{x^2-4x}$

d) $f(x)=\dfrac{x}{x^3+8}$

e) $f(x)=\dfrac{x^2+1}{x^3+x^2}$

f) $f(x)=\dfrac{2x-6}{x^2+2x+5}$

49. Haz un estudio completo de las siguientes funciones y esboza, en cada caso, su gráfica.

a) $f(x)=\dfrac{x^2}{x^2-x-2}$

b) $f(x)=\dfrac{x^3}{x^2+1}$

c) $f(x)=\dfrac{x^2}{2-x}$

d) $f(x)=\dfrac{x^3-1}{x^2-1}$

e) $f(x)=\dfrac{x}{x^2+4x+4}$

f) $f(x)=\dfrac{x^3-1}{x^2-4}$

g) $f(x)=\dfrac{5}{x^4-x^2}$

h) $f(x)=\dfrac{-2x^3}{x+2}$

50. Escribe varias parejas de números cuyo producto sea 60 y, posteriormente, escribe una función que los relacione. Dibuja su gráfica.

51. Halla el dominio de estas funciones.

a) $f(x)=\sqrt{x^2+4}$

b) $f(x)=\dfrac{\sqrt{x+2}}{x}$

c) $f(x)=\dfrac{\sqrt{x+6}-\sqrt[3]{x}}{x-2}$

d) $f(x)=\sqrt{x^2-9}$

e) $f(x)=\dfrac{\sqrt{x^2-1}}{x+3}$

f) $f(x)=\dfrac{\sqrt{x^2+1}}{x^2-1}$

52. Halla las asíntotas de las siguientes funciones.

a) $f(x)=\sqrt{\dfrac{4x+1}{x}}$

b) $f(x)=\sqrt{\dfrac{x-2}{x^3}}$

53. Sea la función $f(x)=\dfrac{x^b}{x-b}$ siendo b un entero positivo.

a) Determina las asíntotas de la función $f(x)$ para cualquier valor del parámetro b.

b) Halla el valor del parámetro b para que f tenga tangente horizontal en el punto de abscisa $x = 4$.

Funciones valor absoluto y parte entera

54. Expresa cada una de las siguientes funciones como una función definida a trozos y represéntala gráficamente.

a) $f(x)=|x+2|$

b) $f(x)=|x-1|+2$

c) $f(x)=|x+2|+x$

d) $f(x)=2|x-1|$

55. Dada la función $f(x)=[ax]$, razona cuál será la representación de f en función del valor del parámetro a y dibuja la gráfica para los casos $a = 2$ y $a = 0{,}5$.

Funciones exponenciales y logarítmicas

56. Realiza un estudio completo y esboza la gráfica de la función:

$$f(x)=\frac{(x+1)^2}{e^x}$$

57. Estudia los puntos de corte con los ejes, el signo, los límites en el infinito y, finalmente, esboza la gráfica de la función $f(x)=(1+x)e^x$.

58. Halla el dominio de las siguientes funciones.

a) $f(x)=\log_2 e^{5x}$

b) $g(x)=\log_3\left(\dfrac{x^2-4}{x}\right)$

59. Dadas las funciones $f(x)=\log_2(x^2-16)$ y $g(x)=\log_2(6x)$, estudia su dominio y encuentra las coordenadas del punto de corte entre ellas.

60. Encuentra las asíntotas horizontales y verticales de las siguientes funciones.

a) $f(x)=\ln\dfrac{2x}{2-x}$

b) $f(x)=x^2e^x$

61. Haz un estudio completo y esboza la gráfica de las siguientes funciones.

a) $f(x)=\ln(1+x^2)$

b) $f(x)=2x^2+4\ln x$

62. Dada la función $f(x)=\log_2(8x-4)-\log_2(x+3)$, estudia su dominio y sus asíntotas verticales.

¿Se puede expresar $f(x)$ en función de un único logaritmo?

63. Sea $f(x) = xe^{-ax}$, con a un parámetro real. Calcula los valores del parámetro a para que f tenga un extremo relativo en $x = 3$. Para estos valores del parámetro, indica si en $x = 3$ se alcanza un máximo o mínimo.

64. Dada la función $f(x)=\ln\left(\dfrac{x}{|x-1|}\right)$, estudia su dominio, sus puntos de corte con los ejes, su signo y sus asíntotas, y dibuja su gráfica.

Funciones trigonométricas y sus inversas

65. Si se sabe que sen $x = 0{,}4$ y que x está en el cuadrante I; calcula, utilizando las relaciones trigonométricas, cos x y tg x.

66. Halla sen x y tg x si se sabe que cos $x = -0{,}4$ y que x pertenece al cuadrante II.

67. Para un ángulo x del cuadrante III, la tangente toma el valor de 3. Calcula sen x y cos x.

68. Con la ayuda de la calculadora o el ordenador, representa las gráficas de las siguientes funciones trigonométricas e identifica su dominio, su recorrido, los puntos de corte con los ejes, su signo y su período.

a) $f(x)=\text{sen}\,3x$

b) $f(x)=2+3\cos\left(\dfrac{x}{4}\right)$

c) $f(x)=5\cos x$

d) $f(x)=\text{tg}\left(\dfrac{x}{2}\right)$

[Nota: recuerda que los valores de x deben estar en radianes.]

69. ¿Tiene algún punto con tangente horizontal la función $f(x) = \text{arctg}\,(3x + 1)$?

70. Calcula las derivadas de estas funciones.

a) $f(x)=\text{arcsen}(x^3-3x)$

b) $f(x)=\text{arctg}(\sqrt{x-1})$

c) $f(x)=\arccos(x+e^x)$

d) $f(x)=\text{arctg}\left(\dfrac{x}{x+1}\right)$

Cuestiones

71. ¿Qué debe cumplir el número b para que la función $f(x) = x^4 + bx^2$ corte tres veces al eje X?

72. Si $y = f(x)$ es una función simétrica respecto del eje de ordenadas y $f(x)$ nunca se anula, ¿puedes asegurar que $g(x) = \dfrac{1}{f(x)}$ es también simétrica respecto de dicho eje?

73. ¿Puedes asegurar que para cualquier función f definida en $\mathbb{R}$, la gráfica de $g(x) = f(x) - f(-x)$ sea simétrica respecto del origen?

74. En la siguiente tabla, asocia las funciones de la columna izquierda a las gráficas de la columna derecha y justifica tu elección:

$f(x) = \dfrac{3x}{1+x^2}$	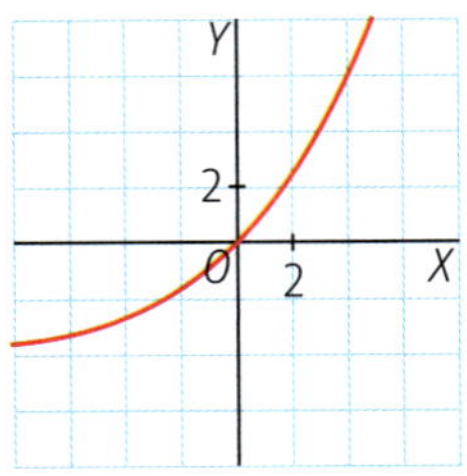
$g(x) = \dfrac{x-1}{x^2-4}$	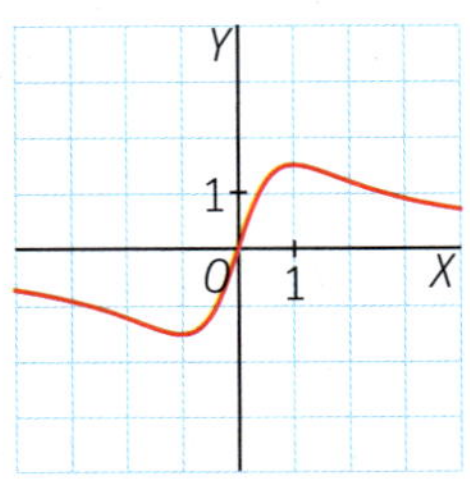
$h(x) = \text{sen}\, x \cos(2x)$	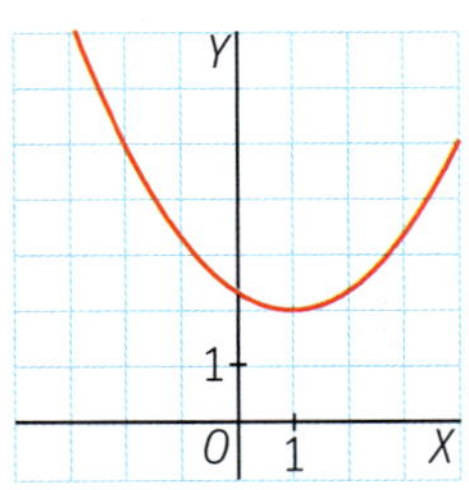
$j(x) = xe^{\frac{x}{10}}$	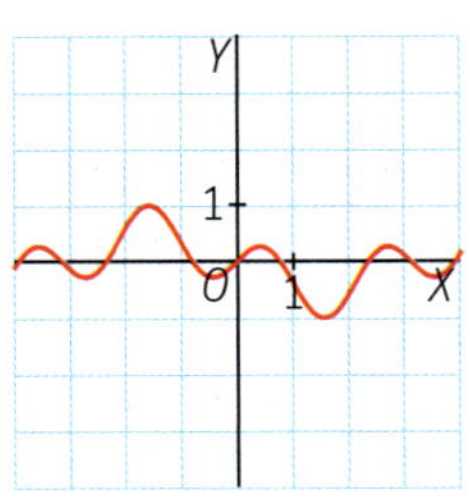
$k(x) = \dfrac{(x-1)^2}{3} + 2$	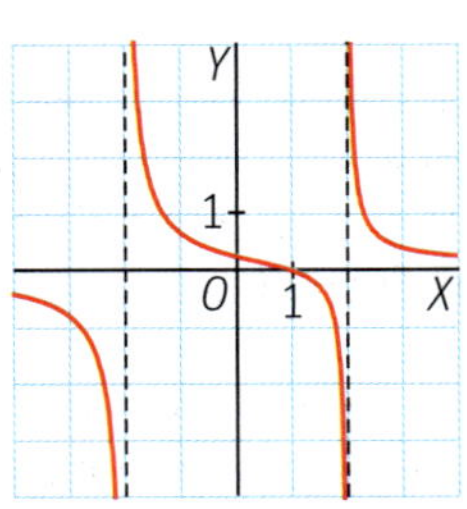

75. ¿Puede ocurrir que la función $f(x) = \ln \dfrac{x^2}{x^2+1}$ tome algún valor positivo?

76. Demuestra que la función $f(x) = x^5 + 6x^3 + \text{tg}\, x$ es creciente en todo su dominio.

77. Si a es un número negativo y la tangente a la gráfica de $y = ae^x$ en el punto de abscisa 0 pasa por el punto $A(-a, 0)$, ¿Cuál es el valor de a?

78. Sea $f(x) = \dfrac{p(x)}{q(x)}$, donde $p(x)$ y $q(x)$ son polinomios de segundo grado y el polinomio $q(x)$ tiene dos raíces reales, ¿puedes asegurar que la gráfica de f tiene dos asíntotas verticales?

79. ¿Es posible que haya funciones polinómicas de tercer grado que tengan en común con el eje de abscisas solamente dos puntos?

80. ¿Cortará la gráfica de $y = e^{\frac{x^2+1}{x^2}}$ a la recta $y = 2$?

81. Si la gráfica de $y = f(x)$ admite como asíntota horizontal la recta $y = 3$, entonces ¿puedes asegurar que la gráfica de $y = \dfrac{2xf(x)}{x+1}$ admite como asíntota horizontal la recta $y = 6$?

Problemas

82. Cierto artículo se vende a un precio por kilogramo x, que depende de la cantidad comprada, de acuerdo con estos datos:

- a 10 € el kg si $0 \le x < 5$
- a 9 € el kg si $5 \le x < 10$
- a 7 € el kg si $10 \le x < 20$
- a 5 € el kg si $20 \le x$

a) Escribe la función que representa el precio del artículo.

b) Haz su representación gráfica.

c) Estudia su continuidad.

83. En una empresa el número de montajes diarios hechos por un operario es función del número de días trabajados, t, a través de la expresión:

$$M(t) = \frac{11t+17}{2t+12},\ t \ge 1$$

a) ¿Cuántos montajes realiza el primer día?

b) ¿En cuántos días alcanzará cinco montajes diarios?

c) ¿Qué ocurrirá con el número de montajes diarios si trabajara indefinidamente?

d) El dueño de la empresa cree que el número de montajes aumenta con los días de trabajo. ¿Piensas que está en lo cierto?

e) Dibuja la gráfica de la función.

84. Las tarifas de estacionamiento en un aparcamiento se rigen según esta tabla:

Horas	[0, 1)	[1, 2)	[2, 3)	[3, 4)	[4, 5)
Precio (€)	5	7	9	11	13

Encuentra la función que relaciona las horas de estacionamiento con el coste del mismo.

85. Una discoteca abre a las 10 de la noche sin ningún cliente y cierra cuando se han marchado todos. Se supone que la función que representa el número de clientes (N) en función del número de horas que lleva abierto, t, es: $N(t) = 80t - 10t^2$

a) Determina cuál es el máximo número de clientes y a qué hora se alcanza.

b) ¿A qué hora cerrará la discoteca?

86. Una plaga de orugas está asolando una isla de alto valor ecológico. Un grupo de biólogos ha realizado estudios de campo y ha comprobado con preocupación que actualmente hay 136 000 ejemplares cuando hace tres años había 17 000.

a) Encuentra la ley exponencial de la forma $y = ae^{kt}$ que da el número de orugas en función del tiempo.

b) Los biólogos han estimado que cuando la población de orugas supere el medio millón de ejemplares, la vegetación de la isla será irrecuperable. ¿Cuándo llegará este momento si no se toman las medidas oportunas?

c) ¿Hace cuántos años había solo cien orugas?

87. Las conclusiones de un estudio establecen que el número de individuos de una determinada población de una especie protegida vendrá dado en los próximos años por la función $f(t) = 100\log\left(\dfrac{1000t + 100}{t + 10}\right)$, donde t es el número de años transcurridos.

a) ¿Cuál es el tamaño actual de la población?

b) Si esta función fuese válida indefinidamente, ¿se estabilizaría el tamaño de la población?¿En qué valor?

88. En una fábrica, el coste de producción en euros, de un modelo de motocicleta viene dado por la función:

$$C(x) = 10\,x^2 + 2000\,x + 250000$$

donde x es el número de motocicletas fabricadas.

El precio de venta de cada motocicleta es 8000 € y se venden todas las motocicletas fabricadas.

a) Define la función de ingresos que obtiene la fábrica en función de las unidades vendidas.

b) ¿Cuál es la función que expresa los beneficios de la cadena de montaje?

c) ¿Cuántas motocicletas debe fabricar para maximizar beneficios? ¿A cuánto ascenderán estos beneficios?

89. La emisión de gases contaminantes, en toneladas, en una gran industria durante las 10 horas de actividad, viene dado por la expresión:

$$n(t) = \frac{t}{8}(20 - 2t), \quad 0 \leq t \leq 10$$

siendo t el tiempo en horas.

a) ¿Cuál es el nivel máximo de las emisiones? ¿Cuándo se produce? ¿En qué intervalos aumenta o disminuye dicho nivel?

b) ¿En qué momentos el nivel es de cuatro toneladas?

90. Los beneficios de una empresa desde su fundación vienen dados, en millones de euros, por la función

$B(t) = \dfrac{t^3}{4} - 3t^2 + 9t$, $0 \leq t \leq 8$; donde t indica el tiempo transcurrido, en años, desde su fundación.

a) Estudia la monotonía y los extremos de $B(t)$.

b) Dibuja la gráfica de $B(t)$ en el intervalo [0, 8] y explica, a partir de ella la evolución de los beneficios de esta empresa en los últimos 8 años.

91. Durante 31 días consecutivos, las acciones de una compañía han tenido una cotización dada por la función $C(x) = 0{,}1x^2 - 3x + 100$, donde x es el número de días transcurridos.

a) Haz un estudio completo de dicha función y dibuja su gráfica.

b) ¿Cuáles has sido las cotizaciones máxima y mínima de la compañía?¿En qué días se consiguieron?

c) ¿Durante qué período de tiempo las acciones estuvieron al alza? ¿Y a la baja?

92. La ley de enfriamiento de Newton establece que un objeto se enfría de acuerdo a la ley:

$$T(t) = T_{amb} + (T_0 - T_{amb})e^{-kt}$$

donde $T(t)$ es la temperatura del objeto después de haber transcurrido t minutos; T_{amb}, la temperatura ambiente; T_0, la temperatura inicial del cuerpo; y k, una constante que depende del objeto.

Una taza de café en una habitación a 20 °C se enfría de 80 °C a 60 °C en 3 minutos. ¿Cuánto tiempo tardará en enfriarse a 30 °C? ¿Y en alcanzar la temperatura ambiente?

Un refresco no muy frío

Después de un intenso partido de fútbol, un grupo de amigos compran refrescos en la máquina que hay a la entrada del vestuario. Aunque sus colegas hacen bromas de ello, a Manuel le gusta tomar agua. Para su sorpresa cuando cae la botella está parcialmente congelada. Los demás se parten de risa y le dicen que pida un cuchillo y un tenedor para tomarla, pero él aguanta las bromas y decide dejarla en el banco del vestuario pensando: "seguro que mientras me ducho y me visto el hielo se habrá derretido del todo y el agua tendrá una temperatura adecuada para beberla". Entonces, Quique, el listillo de clase, le comenta: "hombre, para saber si te podrás beber el agua, debes tener en cuenta que el termómetro del vestuario marca 30 °C y que la ley de enfriamiento de los cuerpos de Newton dice que la temperatura del agua, en grados centígrados, después de t minutos viene dada por la función

$$f(t)=30-Ae^{-kt}$$

donde A y k son constantes a determinar.

a) Manuel entra a la ducha cuando el hielo ya se ha deshecho y el agua está a 0 °C. Si tarda 20 minutos en estar aseado y vestido y entonces el agua está a unos 5 °C, ¿cuáles son los valores de A y k? ¿Cuánto tiempo debe esperar para que el agua alcance los 10 °C y poder beberla?

b) Suponiendo que dejara en la botella una parte del agua a 10 °C, ¿qué habrá pasado con la temperatura si alguien la encuentra al cabo de 1000 años?

Intención de voto

Marina y Jorge han terminado hace unos meses sus estudios universitarios de periodismo y estadística, respectivamente, y están trabajando en prácticas en una empresa de comunicación.

A los dos meses de trabajar en la empresa, les encargan la realización de una encuesta de intención de voto en la ciudad de Nueva Mangancia. Allí, llevan varias semanas con noticias relacionadas con casos de corrupción en el Ayuntamiento. Marina le dice a Jorge: "esta es nuestra ocasión para demostrar que somos unos buenos profesionales. Es un caso muy importante y el director confía en nosotros". Jorge está de acuerdo y contesta: "entre los dos elaboramos las preguntas, tú te ocupas de elegir la muestra y encuestar a las personas y yo de analizar los datos".

Una vez hecho el trabajo de campo, los dos becarios tienen la siguiente información:

- En Nueva Mangancia hay 100 000 vecinos con derecho a voto.
- El apoyo de los vecinos al partido gobernante está decreciendo de forma exponencial, de manera que en un mes ha descendido la intención de voto al mismo del 35 % al 10 %.
- El principal partido de la oposición ha aumentado de forma lineal su intención de voto, que ha pasado en los mismos 30 días del 15 % al 20 %.
- Un nuevo partido que era minoritario en la Corporación, ha aumentado de forma espectacular su apoyo pasando del 5 % al 25 % en el mismo período de tiempo. Ayuda a la pareja de amigos a analizar los datos y contesta:

Si la evolución de la intención de voto sigue igual, ¿cuáles serán los resultados que obtendrán los tres partidos en las elecciones anticipadas que se celebrarán dentro de dos meses?

AUTOEVALUACIÓN

Comprueba qué has aprendido

1. Determina el signo y la simetría de las funciones:

a) $f(x)=\dfrac{x^3+2x^2+4x}{x-1}$ b) $g(x)=x^2-4$

2. Sean las funciones $f(x)=x^3-3x$ y $g(x)=x^5$.

a) Halla la simetría de las funciones f, g, $f+g$ y fg.

b) La suma de dos funciones impares, ¿será siempre impar?

c) El producto de dos funciones impares, ¿será siempre par?

3. Calcula el valor de a para que el vértice de la parábola $y=ax^2+6x-a$, esté situado en el punto de abscisa $x=1$.

4. Determina la simetría, los puntos de corte con los ejes y el signo de la función $f(x)=\sqrt{4-x^2}$. Esboza su gráfica.

5. Determina todas las asíntotas de la función racional:

$$f(x)=\frac{x^3-5x^2+6x}{x^2-9}$$

6. Determina los valores de m y n para que la función trigonométrica $f(x)=m+\text{sen}(nx)$ tenga un máximo relativo en el punto $A(\pi, 3)$.

7. Representa la función $f(x)=[\cos x]$, para valores de x en el intervalo $[0, 2\pi]$.

8. ¿Tiene asíntotas verticales u horizontales la función $f(x)=\ln(e^x+1)$?

9. Halla la derivada de la función $f(x)=\text{arctg}\left(e^{-x+1}\right)$.

10. Sea f la función definida en $(0, +\infty)$ por la fórmula $f(x)=2x+3-\ln x$. Señala las afirmaciones correctas:

a) f es una función impar.

b) $\lim\limits_{x\to 0^+} f(x)=3$

c) f tiene una asíntota vertical.

d) La gráfica de f es siempre creciente.

smSaviadigital.com VALORA LO APRENDIDO › Comprueba tus respuestas.

Relaciona y contesta

Elige la única respuesta correcta en cada caso

1. La recta tangente a la curva $f(x)=-0{,}5x+2\cos x-1$ en el punto de abscisa 0 es:

A. $x+2y-2=0$

B. $y=x+2$

C. $x-y+2=0$

D. $y=2$

2. Si $f(x)=|x^2-3x+2|$, entonces:

A. f es creciente en $\mathbb{R}$.

B. f no es siempre positiva.

C. f presenta un máximo relativo en el punto de abscisa $\dfrac{3}{2}$.

D. f no tiene ni máximo ni mínimo absoluto en $\mathbb{R}$.

3. Si $f(x)=\dfrac{x^3+1}{1+x^4}$, entonces:

A. La recta $x=-1$ es una asíntota vertical de f.

B. La gráfica de f no tiene asíntotas.

C. La gráfica de f nunca corta a sus asíntotas.

D. f tiene tangente horizontal en el punto de corte con el eje de ordenadas.

Señala, en cada caso, las respuestas correctas

4. Sea la función $f(x)=xe^{2x}-1$. Entonces:

A. Para todo x de $\mathbb{R}$, $f'(x)=(x+1)e^{2x}$

B. f es creciente en $\left(-\dfrac{1}{2},+\infty\right)$.

C. $\lim\limits_{x\to+\infty} f(x)=+\infty$

D. $\lim\limits_{x\to-\infty} f(x)=-\infty$

5. Para todo x mayor que 3 consideramos la función $f(x)=\ln\left(\dfrac{x+1}{x-3}\right)$. Entonces:

A. $f'(x)=\dfrac{x-3}{x+1}$

B. Para todo $x>3$, $f(x)\geq 0$

C. f es decreciente en $(3, +\infty)$.

D. $\lim\limits_{x\to-\infty} f(x)=1$

Elige la relación correcta entre las dos afirmaciones dadas

6. Sea f una función con tangente en todos sus puntos. Elige la relación correcta entre las dos afirmaciones siguientes:

1. La tangente a la curva $y=f(x)$ en el punto de abscisa 1 es horizontal.
2. La curva $y=f'(x)$ corta al eje de abscisas en el punto $A(1, 0)$.

A. $1\Rightarrow 2$ pero $2\nRightarrow 1$

B. $2\Rightarrow 1$ pero $1\nRightarrow 2$

C. $1\Leftrightarrow 2$

D. 1 y 2 se excluyen entre sí.

Señala el dato innecesario para contestar

7. Queremos saber si la tangente a la curva $f(x)=ax^3+bx^2+cx$ en el punto de abscisa 1 forma triángulo con el eje de abscisas y la recta $y=3x-1$ y nos dan los siguientes datos:

1. El valor de a 2. El valor de b 3. El valor de c

A. Puede eliminarse el dato 1.

B. Puede eliminarse el dato 2.

C. Puede eliminarse el dato 3.

D. No puede eliminarse ningún dato.

Bloque III > Estadística y probabilida

La teoría de la probabilidad viene asociada al estudio de los juegos de azar, y hoy en día es un concepto fundamental en muchos fenómenos físicos, especialmente en la mecánica cuántica, y de otros muchos campos del conocimiento, sobre todo por su relación con la estadística. La estadística se empezó a utilizar de forma no sistemática hace milenios, especialmente en la elaboración de censos de población y bienes.

Su formalización matemática a partir del siglo XIX y la aplicación en ella de herramientas y métodos procedentes de otras ramas de las matemáticas, han hecho que la estadística se convierta en una disciplina imprescindible para el conocimiento de nuestro mundo y para la toma de decisiones en, prácticamente, todas las facetas de la vida humana.

Luca Pacioli

Su libro sobre los juegos de azar, *De viribus quantitatis*, se considera el antecesor de los libros de magia actuales.

(1445-1517)

Jakob Bernoulli

Estudió la distribución que lleva su nombre e introdujo la ley de los grandes números.

(1654-1705)

Thomas Bayes

Estudió las relaciones entre probabilidades condicionadas.

(1702-1761)

(1501-1576)

Girolamo Cardano

Escribió el que quizás es el primer tratado sobre probabilidad: *Liber de ludo aleae*.

(1667-1754)

Abraham de Moivre

Introdujo la distribución normal.

(1749-1827)

Pierre Simon Laplace

Sentó las bases científicas de la teoría de probabilidades.

Florence Nightingale
Aplicó la estadística a la epidemiología y a la sanidad.

(1820-1910)

Karl Pearson
Fundó la bioestadística.

(1857-1936)

Andrei Kolmogorov
Axiomatizó la teoría de la probabilidad a partir de la teoría de conjuntos.

(1903-1987)

(1822-1911)

Francis Galton
Inventó el concepto de correlación estadística.

(1890-1962)

Ronald Aylmer Fisher
Contribuyó a la creación de la inferencia estadística.

(1915-2000)

John Wilder Tukey
Contribuyó al análisis de datos y creó los diagramas de caja y bigotes.

10 Estadística unidimensional

Criptografía

Marketing

Precios

Códigos para espiar y predecir

Imagino que sabes lo que es cifrar un mensaje. Se trata de transformar un texto de manera que solo lo pueda leer el poseedor de la clave que hayamos utilizado. Hay muchos métodos para hacer esto. El emperador Julio Cesar utilizaba un código para hacer incomprensibles los mensajes que enviaba a sus legiones con el fin de que no fueran descubiertos por el enemigo en caso de que el mensajero fuera hecho prisionero. Era un código simple, en el que se sustituía cada letra por la que se encuentra tres lugares a la izquierda en el abecedario. Desde entonces se han ido creando diferentes mecanismos de encriptación y desencriptación, desde la escítala de los espartanos hasta las máquinas que se basan en rotores, como el de la imagen, que pertenece a la máquina Enigma, usada por los alemanes en la Segunda Guerra Mundial, y cuyos mensajes cifrados fuerondesencriptados gracias a la bomba de Turing.

Hoy en día un código basado en esta idea se descifra en un suspiro. ¿Cómo? Utilizando una idea procedente de la estadística: una tabla de frecuencia. Basta saber la frecuencia con la que aparecen las letras en un cierto idioma para poder averiguar a partir de ella la sustitución realizada.

- Los métodos de la estadística unidimensional permiten obtener información sobre poblaciones a partir de muestras que nos permiten predecir el comportamiento del conjunto.
- La estadística unidimensional caracteriza poblaciones a partir de unos pocos números (media, moda, varianza, desviación típica, ...), obtenidos de observaciones realizadas sobre una característica particular.
- La estadística es muy importante para las ciencias sociales, estudios de población, *marketing* y publicidad. También se basan en ella el estudio de la inflación, los precios de los productos comerciales o los salarios.
- Usando la estadística podemos averiguar las preocupaciones de las personas según su edad, saber el precio de alquiler de una vivienda, o la cantidad de personas que son necesarias para garantizar la seguridad en un evento deportivo.

¿Sorprendido? Piensa un poco más...

- ¿Serías capaz de estimar la estatura media de los alumnos de bachillerato de los colegios e institutos de tu ciudad a partir de la de los alumnos de tu clase?
- ¿Cómo utilizarías la estadística para saber la cantidad del sueldo que hay que destinar a los gastos de una vivienda?
- ¿Podrías estimar cuál sería el sueldo medio de un recién graduado al incorporarse al mercado laboral?

En este tema aprenderás los conceptos básicos del análisis estadístico unidimensional y podrás responder a alguna de estas preguntas

smSaviadigital.com PONTE A PUNTO

Comprueba lo que sabes de estadística.

Estudios por edades

1 Técnicas de muestreo

El Centro de Investigaciones Sociológicas (CIS) estudia el estado de opinión de la población de ciudadanos mayores de edad sobre temas de interés social, económico y político. Como es muy costoso tomar observaciones de todos los ciudadanos, el CIS selecciona una pequeña parte de la población sobre la que realiza las observaciones y extrapola las conclusiones a la población.

Ten en cuenta

La muestra debe tener un tamaño adecuado para que recoja las características esenciales de la población y para que los resultados se puedan aplicar a la misma con un cierto nivel de confianza previamente fijado.

Cuando la muestra y la población coinciden se dice que se ha realizado un **censo**.

Se llama **población** al conjunto bien delimitado de unidades (elementos), ya sean individuos u objetos, del que interesa observar o medir alguna característica.

Una **muestra representativa**, es un subconjunto de la población que represente bien todas sus características, para realizar el estudio estadístico cuyos resultados se extrapolan a toda la población.

La selección de la muestra en una población es un paso crítico ya que una elección no adecuada implica que los resultados no serán válidos para la población.

Muestreo aleatorio simple

Si la población objeto del estudio es homogénea, se realiza un **muestreo aleatorio simple**, método en el que cada una de las posibles muestras tiene la misma posibilidad de ser elegida.

En la práctica, los elementos de la muestra se eligen unidad por unidad, numerando las unidades de la población de 1 a N y eligiendo al azar las n unidades de la muestra. En cada paso, el proceso proporciona igual probabilidad de selección a cada unidad que aún no haya sido elegida (**muestreo sin reemplazamiento**).

Si el muestreo se realiza **con reemplazamiento**, cada unidad puede entrar una o más veces en la muestra.

La tecla RAN de la calculadora da un número aleatorio decimal entre 0 y 1 con tres cifras decimales. Para obtener cada uno de los n elementos de una muestra, se obtiene un *número aleatorio* con la calculadora y se multiplica por N.

Ejemplo ▸ Para conocer la calidad de un ordenador, se seleccionan al azar 150, entre los 20 000 producidos en un mes, contabilizando los defectos observados en los mismos. Como la población es homogénea, se trata de una muestra aleatoria simple.

Muestreo aleatorio estratificado

Si la característica que se va a estudiar no es homogénea en toda la población, esta se divide en diferentes grupos o **estratos** lo más homogéneos posible. Por ejemplo, por grupos de edades, por sexo, por nivel socioeconómico, etc., dependiendo de la variable estudiada.

Si en cada estrato se elige una muestra aleatoria simple, el proceso se llama **muestreo aleatorio estratificado**.

Según cómo se elijan estas muestras se habla de **muestreo estratificado uniforme** (muestras iguales en todos los estratos), o **proporcional** (muestras proporcionales al tamaño de los estratos).

Ejemplo ▸ Para averiguar el deporte preferido de 800 alumnos de un centro, con un 60 % de chicas, la muestra debe mantener la proporción. Por ejemplo en una muestra de 80 alumnos, 48 serán chicas y 32 chicos.

Muestreo sistemático

Se numeran todos los elementos de la población de 1 a N y se toma el entero k más próximo a $\frac{N}{n}$.

A continuación, se elige al azar un número del 1 al k, h.

La muestra se forma con los n elementos que ocupan los lugares h, $h+k$,..., $h+(n-1)k$.

Ejemplo ▸ Un concesionario de vehículos hace una encuesta de satisfacción a sus 1500 clientes ordenados por el número de su DNI. Si se hacen 100 encuestas, se elige al azar un número del 1 al 15 (al ser 1500 : 100 = 15). Si, por ejemplo, se obtiene el 6, la muestra la formarán los 100 clientes que ocupen los lugares 6, 21, 36, ..., 1476, 1491.

2 Variables estadísticas unidimensionales

En una población se pueden estudiar numerosas propiedades o características. Por ejemplo, si la población es el personal empleado en un hospital, se puede estudiar el tipo de contrato, la edad, el sexo, la cualificación profesional, la antigüedad, ...

Una **variable estadística**, ***X***, representa una característica de la población que se va a estudiar.

Para cada elemento de la población, la variable tomará un valor concreto, x, que se llama **dato**.

El conjunto de valores que tome la variable en los elementos de la muestra, constituye el **conjunto de datos** que se va a analizar.

Los valores o modalidades que una variable toma deben ser exhaustivos e incompatibles. Es decir, **en cada elemento** de la población, **la variable toma un único valor**.

Tipos de variables estadísticas: cualitativas y cuantitativas

Las variables estadísticas pueden ser **cualitativas o cuantitativas.**

- **Variables cualitativas** son aquellas que se refieren a alguna cualidad o atributo que no se puede expresar numéricamente. Sus diferentes **modalidades** o **categorías** no son medibles.
- **Variables cuantitativas** son aquellas en las que a las observaciones se les puede asignar un número y, por tanto, son medibles. Se clasifican, a su vez, en:
  - **Discretas,** si toman un número finito o numerable de valores. Suele afirmarse que los valores que toma una variable discreta son *aislados*.
  - **Continuas,** si pueden tomar, al menos en teoría, cualquier valor en un intervalo determinado de la recta real.

Reloj solar romano

Reloj con precisión de una millonésima de segundo

La tecnología ha permitido aumentar la precisión en la medida de los valores de magnitudes como el tiempo, haciendo cada vez más tangible el concepto de variable cuantitativa continua.

Ejemplo ▸ Se ha clasificado un conjunto de variables estadísticas.

Cualitativas	Cuantitativas discretas	Cuantitativas continuas
• Color de los ojos • Sexo de las personas • Modalidades de bachillerato • Estado civil de los empleados de una empresa	• Número de hijos por familia • Número de robos al mes en viviendas en una ciudad • Número de lanzamientos de un dado hasta obtener un cinco	• Estatura de los alumnos de 1º de bachillerato • Tiempo de vida de un modelo de lavadora • El salto de longitud en una competición atlética

Debe observarse que toda medida es, en la práctica, discreta ya que por mucho que se afine, la precisión es limitada.

Por ello si se dice que el tiempo o la longitud de una pieza son variables continuas, es por su propia naturaleza, ya que todo valor positivo puede representar el tiempo y todo valor positivo dentro de un intervalo puede representar la longitud de una pieza.

EJERCICIO PROPUESTO

1. **Clasifica justificadamente las siguientes variables en cualitativas, cuantitativas discretas o continuas.**
   a) Número de defectos en un modelo de automóvil
   b) Origen, por continentes, de los ciudadanos extranjeros residentes en España
   c) Edad de los habitantes de una determinada ciudad
   d) Cociente intelectual de los alumnos de una escuela
   e) Distribución del PIB de un país en 2014 por sectores económicos (agricultura, industria, servicios)
   f) Temperatura registrada el día 1 de julio en cada una de las capitales de provincia de España.
   g) Color de ojos de los alumnos y alumnas de un centro
   h) Toneladas de cereal producidas en una determinada región en los últimos 50 años.

3 Organización de datos: variables cualitativas y cuantitativas discretas

Una vez seleccionada la muestra y realizadas las observaciones correspondientes a la variable que se desea estudiar, el conjunto de datos que se obtiene puede organizarse mediante tablas y puede representarse con diferentes gráficos que permiten hacerse una idea rápida de sus principales características.

Tabla de frecuencias

Si sobre una muestra de n elementos se observa o mide la variable estadística X que puede tomar los valores distintos $x_1, x_2, ..., x_k$, se tiene:

- Al número de veces que cada valor o modalidad x_i aparece en la muestra se le denomina **frecuencia absoluta** de dicho valor o modalidad y se escribe f_i.
- Al resultado de dividir la frecuencia absoluta de cada valor posible x_i de la variable por el número total de elementos de la muestra se le llama **frecuencia relativa** de x_i:

$$h_i = \frac{f_i}{n}$$

De las definiciones anteriores se concluye:

$$\sum_{i=1}^{k} f_i = f_1 + f_2 + \ldots + f_k = n \qquad \sum_{i=1}^{k} h_i = h_1 + h_2 + \ldots + h_k = 1$$

Los datos se organizan en una **tabla de frecuencias** como la de la derecha.

Para calcular el porcentaje de cada valor o modalidad, se multiplica la frecuencia relativa por 100.

Modalidades o valores de X (x_i)	f_i	h_i
x_1	f_1	h_1
x_2	f_2	h_2
...	...	...
x_k	f_k	h_k
	n	1

Florence Nightingale (1820-1910)
Fue una de las pioneras en utilizar los gráficos estadísticos para elaborar informes. Destacó su actividad en sanidad, ya que fue también una notable impulsora de la enfermería.

Ejemplo ▸ En la tabla siguiente se muestra la información de las empresas españolas según el sector de actividad en el que están registradas (INE, 2011).

La variable estadística X representa el sector al que pertenecen las empresas y tiene cuatro modalidades o categorías: industria, construcción, comercio y resto de servicios.

Sector	f_i	h_i
Industria	245 588	0,0718
Construcción	501 056	0,1464
Comercio	843 212	0,2464
Resto servicios	1 832 383	0,5354
	3 422 239	1

Representación gráfica de variables cualitativas

La representación gráfica de una variable cualitativa suele hacerse mediante un **diagrama de barras** o por medio de un **gráfico de sectores**.

En el diagrama de barras por cada valor de la variable se dibuja una barra horizontal o vertical cuya longitud representa la frecuencia absoluta o relativa del valor.

En el gráfico de sectores, la superficie del círculo se reparte en sectores de amplitudes de ángulo proporcionales a la frecuencia de cada valor y se suele indicar el porcentaje de cada valor.

Ejemplo ▸ Los diagramas de barras y de sectores correspondientes al ejemplo anterior son:

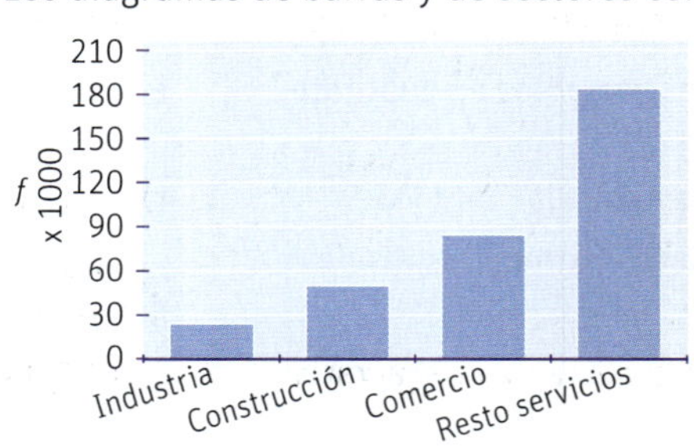

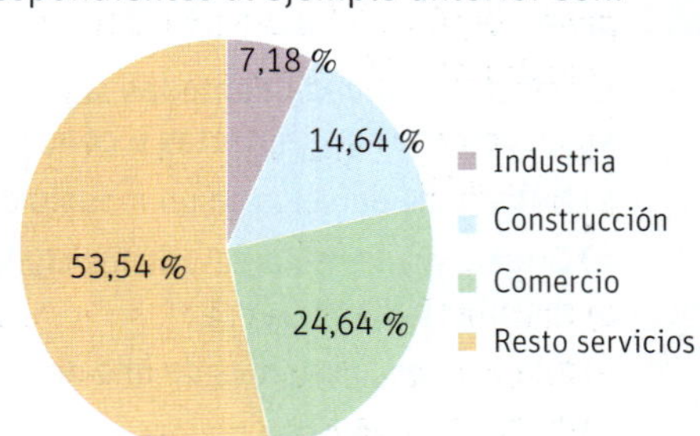

MAT-TIC GeoGebra
Entra en smSaviadigital.com y representa diagramas de barras.

Ejemplo ▸ Los datos de la tabla del margen, que recogen la cantidad per cápita (kilogramos por habitante) de residuos recogidos en España durante los años 2002 y 2012, pueden representarse los datos en un diagrama con barras compuestas.

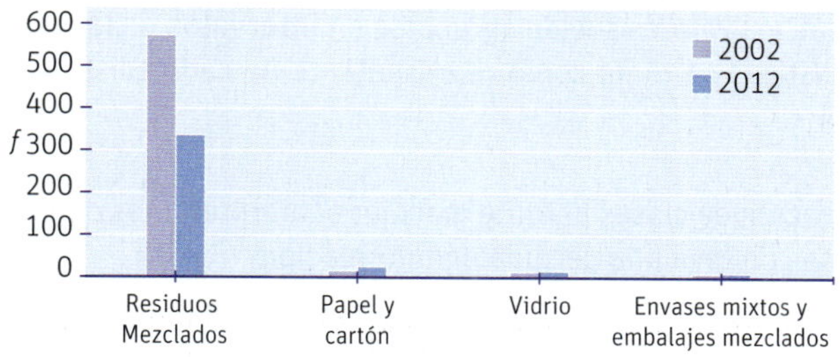

	2002	2012
Residuos mezclados	586,2	339
Papel y cartón	15,9	23,5
Vidrio	13,8	15,9
Envases mixtos y embalajes mezclados	9,3	13,9

Fuente: INE

Variables cuantitativas discretas

La tabla de frecuencias de una variable cuantitativa discreta, X, tiene la forma general ya descrita e incluye en la primera columna los diferentes valores numéricos de la variable. Además se suelen incluir otras dos columnas que corresponden a las frecuencias acumuladas.

- La **frecuencia absoluta acumulada** de x_i se define como el número de veces que aparece en la muestra un valor igual o inferior a dicho valor:

$$F_i = f_1 + f_2 + \ldots + f_i = \sum_{j=1}^{i} f_j \qquad i = 1, 2, \ldots, k \qquad F_k = n$$

- Si se divide F_i entre el número total de datos de la muestra, se obtiene la **frecuencia relativa acumulada**:

$$H_i = h_1 + h_2 + \ldots + h_k = \frac{F_i}{n} \qquad i = 1, 2, \ldots, k \qquad H_k = 1$$

Los datos se representan por un **diagrama de barras** para alguna de las frecuencias calculadas, completándose con el **polígono de frecuencias**, que se dibuja uniendo los extremos de las barras.

Ejemplo ▸ En una comunidad de 48 vecinos, el número de personas en cada vivienda (X) es:

2 4 1 3 3 5 2 1 4 4 2 3 5 1 4 2 2 3 1 5 4 3 3 4

1 3 2 3 4 5 3 3 1 2 4 4 4 2 3 4 3 5 2 3 1 2 4 2

El recuento de datos conduce a la tabla de frecuencias de la derecha. Las frecuencias f_i y F_i, se han representado en diagramas de barras.

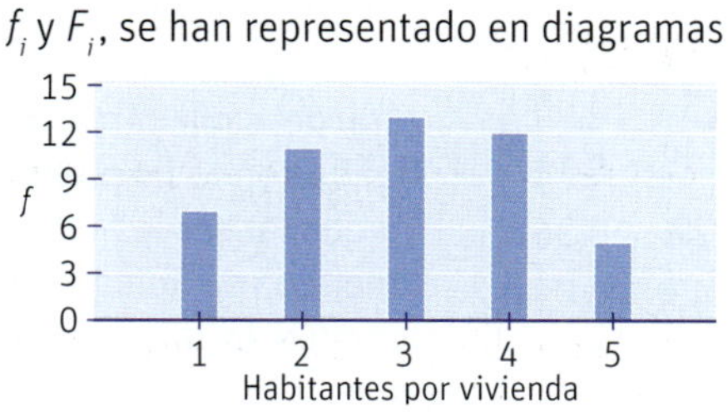

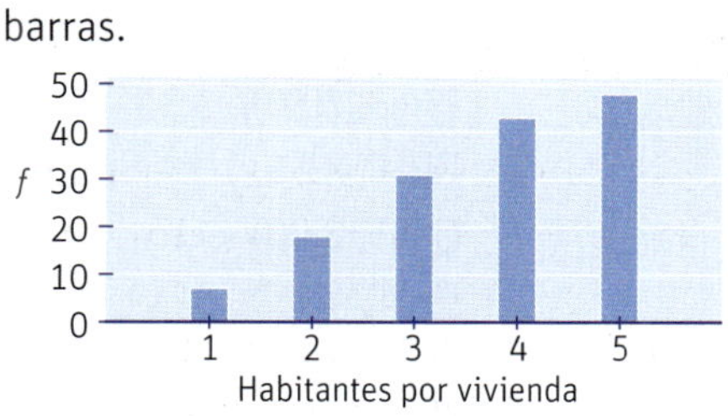

x_i	f_i	h_i	F_i	H_i
1	7	0,146	7	0,146
2	11	0,229	18	0,375
3	13	0,271	31	0,646
4	12	0,250	43	0,896
5	5	0,104	48	1,000
	48	1		

EJERCICIOS PROPUESTOS

2. La tabla recoge la percepción de la situación económica de España, según el barómetro del CIS (enero 2013), sobre una muestra de 2483 personas.

x_i	Muy buena	Buena	Regular	Mala	Muy mala	NS/NC	Total
f_i	1	16	207	942	1313	4	2483

a) Halla las frecuencias relativas y los porcentajes.

b) Representa gráficamente los porcentajes mediante un diagrama de barras y uno de sectores.

3. A lo largo del último mes, las urgencias atendidas en un centro de salud han sido las siguientes:

0 1 3 1 2 7 4 1 2 1 4 3 6 5 3

1 2 2 5 8 6 3 0 1 1 3 5 4 2 2

a) Construye la tabla de frecuencias.

b) Representa gráficamente los datos mediante un diagrama de barras de frecuencias absolutas y otro de frecuencias absolutas acumuladas. Dibuja los correspondientes polígonos de frecuencias.

4 Organización de datos: variables cuantitativas continuas

Agrupación de datos en clases e histogramas

Al poder tomar una variable continua, al menos en teoría, cualquier valor en un cierto intervalo de la recta real, los valores suelen agruparse en **intervalos o clases.** Para calcular ciertos parámetros estadísticos se toma como representante de cada clase, su valor central o **marca de clase**.

Aunque la utilización de clases permite manejar e interpretar los datos más fácilmente, el no tratarlos directamente conlleva una pérdida de información.

No hay una regla para la elección del número de clases. Así, tomar un número grande de clases no es útil, mientras que un número demasiado pequeño no representaría adecuadamente los datos. En la mayoría de casos, **tomar entre 5 y 10 clases** es razonable.

La representación gráfica de este tipo de datos se realiza, por lo general, mediante un **histograma de frecuencias absolutas o relativas**.

Para elaborar el histograma se representan en el eje horizontal los intervalos en los que se han agrupado los datos. Sobre cada intervalo se levanta un rectángulo cuya base es la longitud de la clase y para que su área sea proporcional a la frecuencia de dicha clase, la altura del rectángulo se halla dividiendo la frecuencia entre la longitud del intervalo.

Ten en cuenta

Generalmente, los datos de una variable continua se agrupan en intervalos para su representación gráfica. Sin embargo, para el cálculo de medidas representativas de los mismos se pueden tratar directamente con programas como la hoja de cálculo.

Ejemplo En una empresa con 60 empleados, se ha observado la hora de entrada en el control de fichaje electrónico (variable X), resultando los datos siguientes:

8:13	7:52	7:48	7:59	8:01	7:55	8:04	8:10	7:56	7:54	7:58	7:59
8:02	7:56	8:01	8:10	8:04	8:14	7:55	7:59	8:13	7:59	8:02	7:57
8:04	8:02	7:58	8:12	7:59	7:46	8:11	7:49	8:11	8:07	8:16	8:03
8:08	8:00	8:01	7:55	8:02	8:04	8:03	8:00	8:12	7:57	8:03	8:14
7:54	8:02	8:01	8:11	7:58	8:17	8:04	7:51	8:18	8:02	8:02	8:15

Es una variable continua, ya que puede tomar cualquier valor dentro de un intervalo de valores. Los datos se resumen agrupándolos en clases de igual longitud. Puesto que la amplitud entre el último fichaje (8:18) y el primero (7:46), es de 32 minutos, se pueden tomar 7 clases de amplitud 5 minutos o bien, 5 clases de 7 minutos de amplitud.

Clases	f_i	h_i	F_i	H_i
[7:45, 7:50)	3	0,050	3	0,050
[7:50, 7:55)	4	0,067	7	0,117
[7:55, 8:00)	15	0,250	22	0,367
[8:00, 8:05)	21	0,350	43	0,717
[8:05, 8:10)	2	0,033	45	0,750
[8:10, 8:15)	11	0,183	56	0,933
[8:15, 8:20]	4	0,067	60	1,000
	60	1		

En los histogramas de frecuencias absolutas y relativas acumuladas la altura de cada rectángulo se corresponde con la frecuencia de su clase, ya que, al ser los intervalos de igual longitud, se toma como unidad de longitud la longitud común a todas ellas.

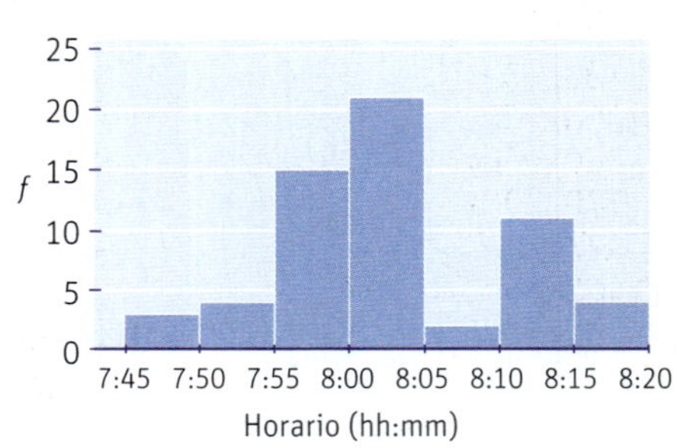

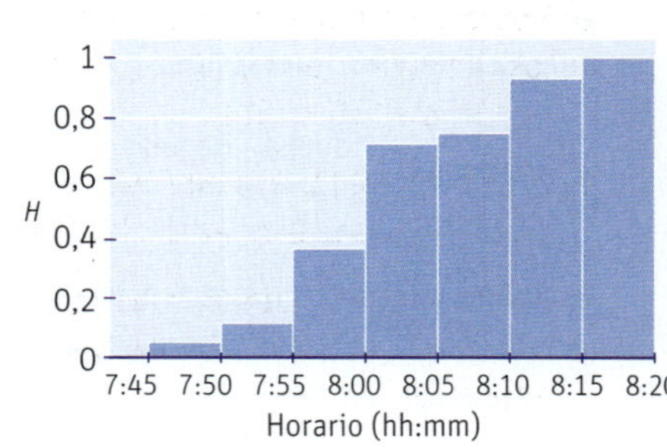

MAT-TIC GeoGebra

Entra en smSaviadigital.com y aprende a organizar datos en intervalos y a representar histogramas.

Polígono de frecuencias

Los histogramas suelen complementarse con el denominado **polígono de frecuencias**.

Para **dibujar el polígono de frecuencias** en un histograma de frecuencias absolutas o relativas, se unen los puntos medios de las bases superiores de los rectángulos y se completa el polígono añadiendo dos clases de la misma longitud que el resto y de altura cero al comienzo y al final de la serie.

Si el histograma es de frecuencias acumuladas, en el primer intervalo se dibuja la diagonal del rectángulo que une el extremo inferior izquierdo con el superior derecho. En los siguientes rectángulos, se une el extremo del anterior con el extremo superior derecho del actual.

Ejemplo ▸ En el ejemplo de los horarios de entrada, los polígonos de frecuencias de los histogramas de frecuencias absolutas y relativas acumuladas quedan:

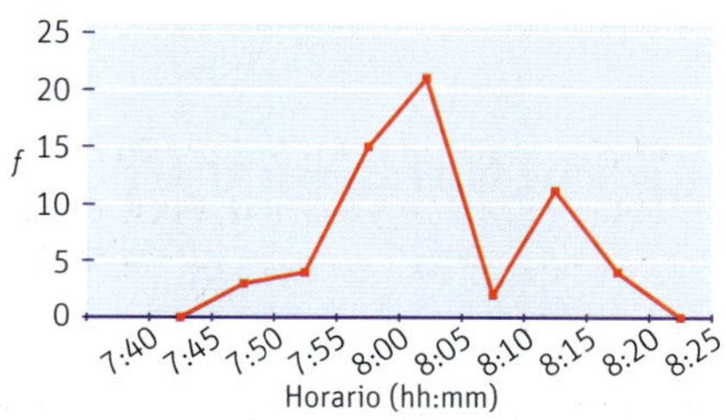

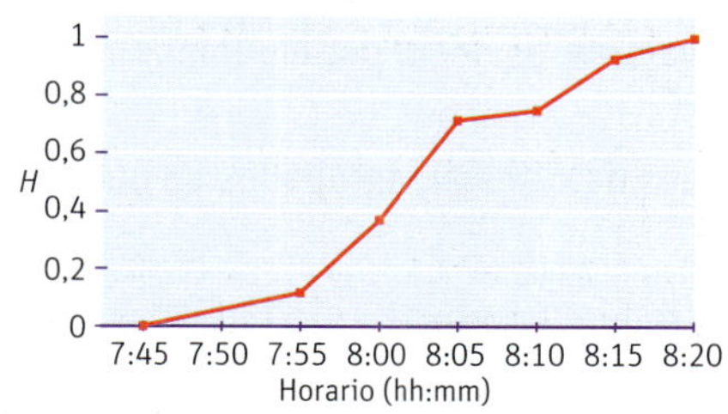

EJERCICIO RESUELTO

4. **Los ingresos mensuales (X) de los empleados de un fábrica son:**

Intervalos	f_i
[800, 1000)	42
[1000, 1100)	48
[1100, 1400)	80
[1400, 1600)	90
[1600, 1900)	86
[1900, 2500]	64
	410

Representa el histograma de frecuencias absolutas y el polígono de frecuencias.

Al tratarse de una distribución con los datos agrupados en intervalos de distinta longitud, se calcula la altura de cada rectángulo del histograma dividiendo la frecuencia absoluta de cada clase por la medida de cada intervalo.

Como la base del primer rectángulo es 200, tendrá una altura de $42 : 200 = 0{,}21$. De esta manera, el área de cada rectángulo será proporcional a la frecuencia.

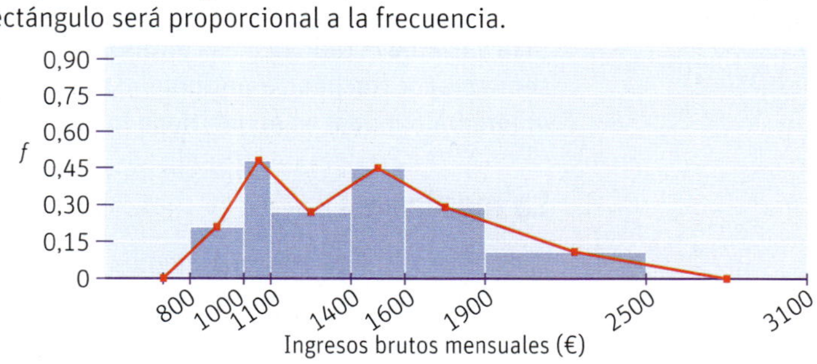

EJERCICIOS PROPUESTOS

5. **En una encuesta sobre el precio mensual del alquiler en euros (X), se han obtenido los datos de 1000 viviendas repartidas en una amplia región.**

a) Representa gráficamente los datos mediante el histograma de frecuencias absolutas.

b) Dibuja el histograma de frecuencias relativas acumuladas.

c) Representa los polígonos de frecuencias en los histogramas anteriores.

Clases	f_i
[100, 200)	42
[200, 300)	55
[300, 500)	135
[500, 700)	300
[700, 1000)	283
[1000, 1500)	110
[1500, 2000]	75

6. **El gasto medio mensual en calefacción (X), en euros, de 73 viviendas se muestra en el siguiente gráfico.**

a) Completa la tabla de frecuencias.

b) Dibuja los histogramas de frecuencias absolutas y de frecuencias relativas acumuladas.

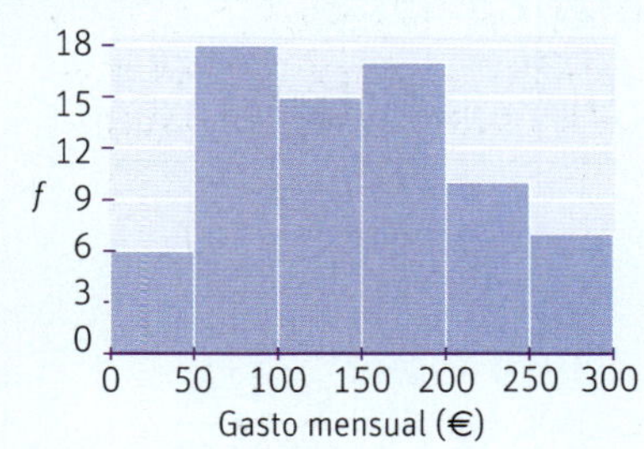

7. smSaviadigital.com PRACTICA Continua trabajando con gráficos de variables estadísticas.

5 Medidas de localización

Las tablas y gráficos asociados a las variables estadísticas permiten hacerse una idea de la distribución de los datos y, en particular, intuir los valores de la variable que se sitúan en la zona central de la distribución.

Se denominan **medidas de localización o de centralización** a los valores de la variable que se sitúan, en general, en el centro de la distribución de los datos, una vez ordenados estos.

Estas medidas de localización solo tienen sentido en el caso de variables cuantitativas, tanto discretas como continuas.

Ten en cuenta

Si los datos no están agrupados, la media se obtiene sumando los datos y dividiendo por el número de ellos:

$$\bar{x}=\frac{1}{n}\sum_{i=1}^{n}x_i$$

Si los datos están agrupados en clases, x_i representa la marca de cada clase.

La media

Se llama **media aritmética muestral**, o simplemente **media muestral**, de una variable estadística cuantitativa a la suma de todos sus valores observados dividida por el número total de valores, es decir, por el tamaño de la muestra.

Si los datos están agrupados en una tabla de frecuencias, la media muestral es:

$$\bar{x}=\frac{1}{n}\sum_{i=1}^{k}f_i x_i=\sum_{i=1}^{k}h_i x_i$$

La moda

La **moda** de una variable estadística discreta es el valor (o valores) de la variable que más veces aparezca en el conjunto de datos; es decir, el valor que tenga mayor frecuencia absoluta. Suele representarse por M_o.

Si la variable estadística es continua, se define el **intervalo o clase modal**, que es la clase que presenta mayor frecuencia por unidad de longitud. Luego si todas las clases tienen la misma longitud, el intervalo modal es el que tiene mayor frecuencia absoluta.

La mediana

La media aritmética es una medida muy sensible a la presencia de valores extremos, ya sean muy grandes o muy pequeños respecto a la mayor parte de los datos. Por ejemplo la media de los datos 1, 2, 2, 2 y 3 es 2, mientras que la media de los datos 1, 2, 2, 2 y 103 es 22. Por ello, en estos casos, se recurre a medidas más estables entre las que destaca la **mediana.**

Ordenados los datos de menor a mayor, la **mediana** es el valor que ocupa el lugar central, de modo que la mitad de las observaciones es inferior a ella y la otra mitad es superior. Suele representarse por M.

Si el número de datos es **impar**, la mediana es el valor central. En cambio, si el número de datos es **par**, puede tomarse como mediana cualquier valor entre los dos centrales, aunque suele tomarse la media aritmética de estos.

Si la variable es continua y los datos aparecen agrupados, la mediana estará en el denominado **intervalo mediana o clase mediana**, que es el intervalo en el que la frecuencia alcanza la mitad de los valores. Para su cálculo puede hacerse una interpolación lineal, aunque ello supone que los datos se reparten de manera uniforme en el intervalo, lo que tal vez no sea cierto.

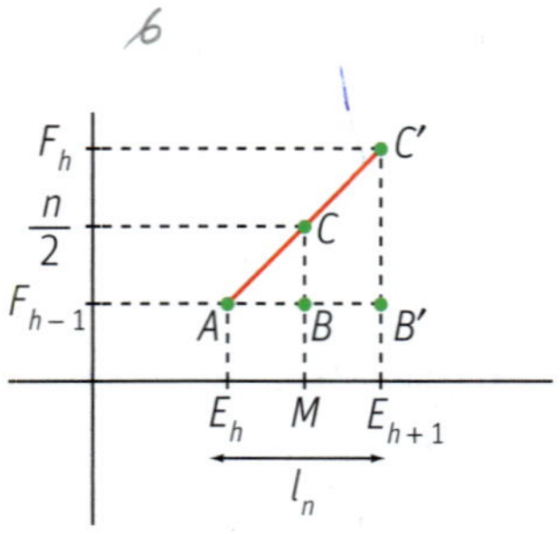

$$ABC \simeq AB'C' \Rightarrow \frac{B'C'}{AB'}=\frac{BC}{AB}$$

$$\frac{F_h-F_{h-1}}{l_h}=\frac{\frac{n}{2}-F_{h-1}}{M-E_h}$$

$$M=E_h+\frac{\left(\frac{n}{2}-F_{h-1}\right)l_h}{f_h}$$

En donde:
- E_h: extremo inferior del intervalo mediana
- F_{h-1}: frecuencia acumulada hasta el intervalo mediana
- l_h: longitud intervalo mediana
- f_h: frecuencia absoluta del intervalo mediana

Los cuantiles

Se llama **cuantil de orden p**, con $0<p<100$, de un conjunto de datos a cualquier valor x_p, pertenezca o no al conjunto de datos, que satisface las dos condiciones siguientes:

1. El p % de los datos es inferior o igual a x_p.
2. El $(1-p)$ % de los datos es mayor o igual a x_p.

Los cuantiles más utilizados son:

- los **cuartiles**, denotados por Q_1, Q_2 y Q_3. Dividen el conjunto de datos en cuatro partes: el 25 % de los datos es inferior o igual a Q_1, el 50 % de los datos es menor o igual que $Q_2=M$ y el 75 % de los datos es inferior o igual a Q_3.
- los **deciles**, denotados por D_1, D_2, ... y D_9. Dividen al conjunto de datos en 10 partes: por ejemplo el 70 % de los datos es inferior o igual a D_7.
- los **percentiles**, denotados por P_1, P_2, ... y P_{99}. Dividen al conjunto de datos en 100 partes: por ejemplo el 67 % de los datos es inferior o igual a P_{67}.

Ten en cuenta

Los cuantiles en variables continuas se calculan interpolando, de forma similar a la mediana:

$$D_7 = E_h + \frac{\left(\frac{7n}{10} - F_{h-1}\right) l_h}{f_h}$$

$$P_{42} = E_h + \frac{\left(\frac{42n}{100} - F_{h-1}\right) l_h}{f_h}$$

EJERCICIOS RESUELTOS

8. **La tabla recoge la distribución del número de habitantes (X) por vivienda en una comunidad.**

x_i	1	2	3	4	5
f_i	7	11	13	12	5

Halla la media, la moda, la mediana y el cuartil 3.

Se añaden a la tabla las columnas auxiliares, F_i y $x_i f_i$ para determinar los cuantiles y la media respectivamente.

x_i	f_i	F_i	$f_i x_i$
1	7	7	7
2	11	18	22
3	13	31	39
4	12	43	48
5	5	48	25

- $\bar{x} = \frac{1}{n}\sum_{i=1}^{k} f_i x_i = \frac{141}{48} = 2{,}94$
- La moda es el valor con mayor f_i: $M_o = 3$
- Para la mediana y los cuartiles, basta con utilizar la columna de las frecuencias absolutas acumuladas, F_i.
- La mediana es $M=3$ porque la mitad del conjunto de datos es 24, y ordenados los datos de menor a mayor, el valor de la variable que ocupa los lugares 24 y 25 es 3.
- $Q_3=4$ ya que el 75 % de los datos es 36 y el valor de la variable que ocupa los lugares 36 y 37, es 4.

9. **Se ha medido la altura de 100 alumnos de bachillerato de un centro educativo. Los datos agrupados son:**

Altura	f_i
[155, 160)	15
[160, 165)	20
[165, 170)	38
[170, 175)	16
[175, 180]	11

Calcula la media y la mediana.

Se añaden a la tabla las columnas auxiliares para calcular las medidas que se piden.

Altura	x_i	f_i	F_i	$f_i x_i$
[155, 160)	157,5	15	15	2362,5
[160, 165)	162,5	20	35	3250
[165, 170)	167,5	38	73	6365
[170, 175)	172,5	16	89	2760
[175, 180]	177,5	11	100	1952,5
		100		16 690

$$\bar{x} = \frac{1}{n}\sum_{i=1}^{k} f_i x_i = \frac{16\,690}{100} = 166{,}90 \text{ cm}$$

El intervalo mediano es [165, 170), interpolando:

$$M = E_h + \frac{\left(\frac{n}{2} - F_{h-1}\right) l_h}{f_h} = 165 + \frac{(50-35)\,5}{38} = 166{,}97 \text{ cm}$$

EJERCICIOS PROPUESTOS

10. **Considera la siguiente distribución de frecuencias de una variable cuantitativa discreta.**

x_i	2	3	4	5	6	7
f_i	8	7	10	8	9	6

a) Calcula la media aritmética.

b) Determina la moda y la mediana.

c) Halla los cuartiles y los percentiles 5 y 95.

11. **La tabla recoge la distribución acumulada de las edades de 120 habitantes de una aldea.**

x_i (años)	F_i
Menos de 5	3
Menos de 10	5
Menos de 15	8
Menos de 25	12
Menos de 50	48
Menos de 75	80
Menos de 100	120

a) Completa la tabla de frecuencias.

b) Dibuja el histograma de frecuencias absolutas.

c) Calcula la media, la moda, la mediana y los deciles 1 y 9.

6 Medidas de dispersión

Las medidas de localización proporcionan una idea de dónde se sitúan las observaciones y de cuál es el centro de la muestra. Sin embargo, no describen por completo el conjunto de los datos. Por ejemplo, las muestras $C_1 = \{3, 4, 4, 5\}$ y $C_2 = \{0, 4, 4, 8\}$, son distintas, pero tienen iguales la media, la moda y la mediana. Por ese motivo, es necesario introducir otras medidas que proporcionen información acerca de la **dispersión** que presentan los datos respecto a los valores centrales.

Recorrido o rango de la variable

Se llama **recorrido** o **rango** de una variable estadística cuantitativa a la diferencia entre los valores máximo y mínimo del conjunto de observaciones.

Ejemplo ▸ El recorrido de los datos del conjunto $C_1 = \{3, 4, 4, 5\}$ es $5 - 3 = 2$, mientras que el recorrido de los datos del conjunto $C_2 = \{0, 4, 4, 8\}$ es $8 - 0 = 8$.

Debe observarse que el rango no proporciona información acerca de la forma en que los datos se distribuyen entre sus valores máximo y mínimo. Para ello se considera el **rango intercuartílico**:

$$RIC = Q_3 - Q_1$$

Desviación absoluta media

Se llama **desviación absoluta media** respecto a la media muestral $\bar{x}$, $D_{\bar{x}}$, a la media aritmética de los valores absolutos de las diferencias entre los valores de X y $\bar{x}$:

$$D_{\bar{x}} = \frac{1}{n}\sum_{i=1}^{k} f_i |x_i - \bar{x}| = \sum_{i=1}^{k} h_i |x_i - \bar{x}| \qquad D_{\bar{x}} = \frac{1}{n}\sum_{i=1}^{n} |x_i - \bar{x}|$$

siendo la primera expresión para datos agrupados y la segunda para datos sin agrupar.

Cuanto más grande sea la desviación absoluta media, más dispersos estarán los datos respecto a la media muestral.

Ten en cuenta

Dada una medida de localización, C, de la variable estadística X, la magnitud $|x_i - C|$ mide la distancia entre C y cada valor de la variable.

De modo que estos valores proporcionan una medida de la dispersión de los datos respecto a la medida C.

Ejemplo ▸ Las muestras C_1 y C_2 del ejemplo anterior tienen desviaciones absolutas medias:

$$D_{\bar{x},1} = \frac{|3-4|+|4-4|+|4-4|+|5-4|}{4} = 0{,}5 \text{ y } D_{\bar{x},2} = \frac{|0-4|+|4-4|+|4-4|+|8-4|}{4} = 2$$

La dispersión de los datos es cuatro veces mayor en C_2 que en C_1.

La desviación absoluta media no tiene buenas propiedades algebraicas, por lo que habitualmente para medir la variabilidad de los datos se utilizan la varianza y la desviación típica.

Varianza y desviación típica

La **varianza, s^2,** de una variable estadística, X, es la media de los cuadrados de las desviaciones de los datos respecto a la media: $s^2 = \frac{1}{n}\sum_{i=1}^{k} f_i (x_i - \bar{x})^2$

Desarrollando y simplificando se obtiene una expresión más sencilla: $s^2 = \frac{1}{n}\sum_{i=1}^{k} f_i x_i^2 - \bar{x}^2$

Con respecto a los datos obtenidos, la varianza utiliza unidades cuadráticas. Parece adecuado entonces utilizar una medida de dispersión que emplee las unidades de los propios datos.

La **desviación típica**, s, es la raíz cuadrada positiva de la varianza.

$$s = \sqrt{\frac{1}{n}\sum_{i=1}^{k} f_i x_i^2 - \bar{x}^2}$$

Ejemplo ▸ Se quieren analizar los datos del precio medio en euros del alquiler de viviendas en las 52 capitales de provincia españolas en el año 2012. Para ello se calculan el precio medio global, la desviación absoluta media y la desviación típica de los datos recogidos en la siguiente tabla. Para poder calcular las desviaciones se han incluido en la tabla las columnas auxiliares necesarias.

Clases	x_i	f_i	$f_i x_i$	$f_i x_i^2$	$\lvert x_i - \overline{x} \rvert$	$f_i \lvert x_i - \overline{x} \rvert$
[402, 556)	479	27	12933	6 194 907	124,385	3358,395
[556, 710)	633	15	9495	6 010 335	29,615	444,225
[710, 864)	787	5	3935	3 096 845	183,615	918,075
[864, 1018)	941	3	2823	2 656 443	337,615	1012,845
[1018, 1172]	1095	2	2190	2 398 050	491,615	983,230
		52	**31376**	**20 356 580**		**6716,770**

$$\overline{x} = \frac{31\,376}{52} = 603{,}385\ €$$

$$D_{\overline{x}} = \frac{6\,716{,}77}{52} = 129{,}169\ €$$

$$s^2 = \frac{20\,356\,580}{52} - (603{,}385)^2 = 27\,399{,}234$$

$$s = \sqrt{27\,399{,}234} = 165{,}527\ €$$

Redondeando al céntimo, el precio medio del alquiler es de 603,39 € con una desviación típica de 165,53 €.

El coeficiente de variación (solo para variables positivas)

Si se quieren comparar la variabilidad de dos muestras con diferente media o de dos conjuntos de datos que no están tomados en las mismas unidades o en la misma unidad pero distinta medida, se utiliza el coeficiente de variación, que mide la variabilidad de la muestra respecto de su media.

Se define el **coeficiente de variación** como: $CV = \dfrac{s}{\overline{x}}$

El *CV* es adimensional, no depende de las unidades de medida. Cuanto más pequeño sea el *CV*, más homogéneo será el conjunto de datos.

MAT-TIC GeoGebra

Entra en sm**Savia**digital.com e interpreta conjuntamente la media y la desviación típica.

EJERCICIO RESUELTO

12. Las medias y las desviaciones típicas del peso (*A*) y la altura (*B*) de 50 recién nacidos son:

$\overline{x}_A = 3100$ g $\quad \overline{x}_B = 49{,}2$ cm

$s_A = 195$ g $\quad s_B = 6$ cm

¿Qué distribución es más variable?

Se calculan lso coeficientes de variación:

$$CV_A = \frac{195}{3100} = 0{,}063 \qquad CV_B = \frac{6}{49{,}2} = 0{,}122$$

Como $CV_A < CV_B$, resulta que la altura es más dispersa respecto a la media que el peso.

EJERCICIOS PROPUESTOS

13. **En un test de aptitudes, la puntuación obtenida (*X*) por 260 alumnos se distribuye como sigue:**

Clases	[0, 10)	[10, 20)	[20, 30)	[30, 40)	[40, 50]
f_i	15	41	84	72	48

a) Dibuja el histograma de frecuencias absolutas.

b) Calcula la media, la mediana y la moda.

c) Halla las desviaciones absoluta media y típica y el *CV*.

14. sm**Savia**digital.com **PRACTICA** **Continua estudiando variables y calculando sus parámetros.**

7 Aplicaciones a las ciencias sociales

El estudio de variables estadísticas resulta imprescindible en prácticamente todos los campos de las Ciencias Sociales. En economía, demografía, pedagogía, etc. es habitual recoger datos y llevar a cabo un análisis correcto de los mismos con la finalidad de extraer conclusiones que conduzcan a tomar decisiones.

A continuación se examinan algunos casos concretos que representan solo una pequeña muestra de la gran variedad de situaciones que pueden estudiarse estadísticamente.

Estructura del Producto Interior Bruto (PIB) español, por sectores económicos

La tabla y la gráfica siguientes recogen la aportación al PIB de cuatro sectores económicos: Agricultura y pesca, Industria y energía, Construcción y Servicios

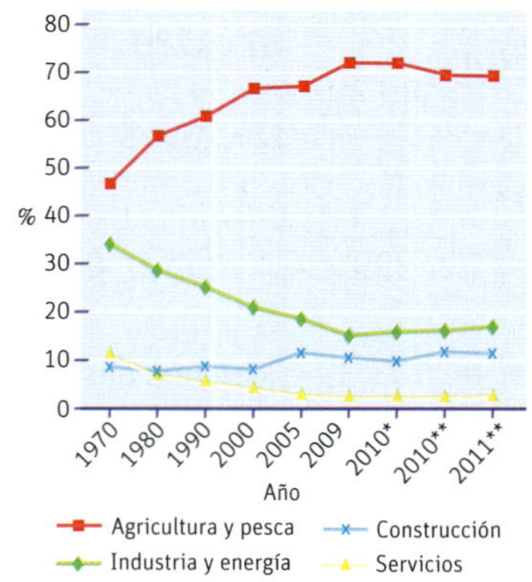

Año	Agricultura y pesca	Industria y energía	Construcción	Servicios
1970	11	34	8,8	46,3
1980	7	28,6	7,9	56,5
1990	5,5	25,1	8,8	60,6
2000	4,4	20,9	8,3	66,4
2005	3,1	18,4	11,6	66,8
2009	2,5	15,1	10,7	71,7
2010*	2,7	15,6	10,1	71,6
2010**	2,6	16,1	11,9	69,3
2011**	2,7 %	16,9 %	11,5 %	69,0 %

*Base 2000; ** Base 2008 Fuente: INE

La evolución de la estructura del PIB con el tiempo puede visualizarse de forma rápida con la gráfica, en la que se observa cómo ha ido perdiendo peso el sector de la industria y la energía mientras crecía el de los servicios.

La estructura del PIB del año 2011 puede representarse, por ejemplo, mediante un diagrama de sectores, en el que se observa la gran importancia que tiene el sector servicios, un 69 %, frente al sector de la agricultura y pesca que representa tan solo el 2,7 % del PIB.

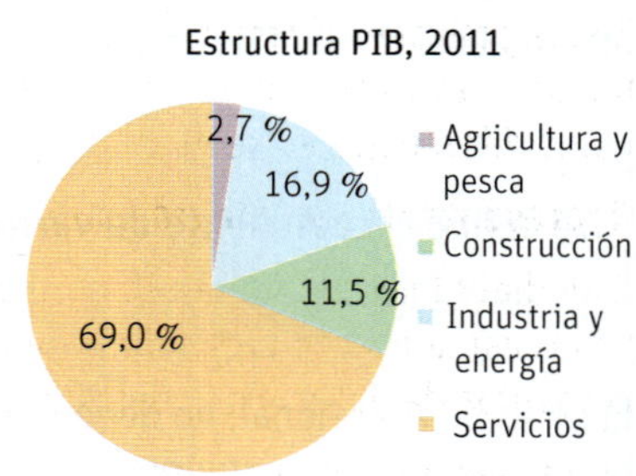

Población bajo el umbral de la pobreza en los países de África

La tabla siguiente contiene, agrupado, el recuento de los países africanos según el porcentaje de población que vive por debajo del umbral de pobreza.

% (X)	x_i	f_i	F_i	$f_i x_i$	$f_i x_i^2$	$f_i\|x_i - \bar{x}\|$
[2, 12)	7	2	2	14	98	78,666
[12, 22)	17	2	4	34	578	58,666
[22, 32)	27	6	10	162	4374	115,998
[32, 42)	37	6	16	222	8214	55,998
[42, 52)	47	13	29	611	28 717	8,671
[52, 62)	57	5	34	285	16 245	53,335
[62, 72)	67	9	43	603	40 401	186,003
[72, 82]	77	2	45	154	11 858	61,334
		45		2085	110 485	618,671

$$\bar{x} = \frac{2085}{45} = 46{,}333\ \%$$

$$M = 42 + \frac{(22{,}5 - 16)\cdot 10}{13} = 47\ \%$$

Intervalo modal= [42, 52)

Rango = 80

$$D_{\bar{x}} = \frac{618{,}671}{45} = 13{,}748\ \%$$

$$s^2 = \frac{110485}{45} - 46{,}333^2 = 308{,}475$$

$$s = \sqrt{308{,}475} = 17{,}563\ \%$$

En media, alrededor del 46 % de la población vive en África bajo el umbral de la pobreza, estando la mediana (47 %) muy próxima a la media. Existen, además, enormes diferencias de unos países a otros, lo que se deduce del recorrido de la variable (80 %), de la desviación absoluta media (13,7 %) y de la desviación típica (17,6 %).

Tasas de nacimiento y mortalidad

En demografía son muy útiles las tasas de natalidad y mortalidad que muestran, respectivamente, los nacimientos y defunciones por cada 1000 habitantes sucedidos en un año. La tabla recoge la tasa de natalidad (X) y de mortalidad (Y) en España de 1976 a 2011, cada 5 años (Fuente: INE).

Año	x_i	y_i	x_i^2	y_i^2
1976	18,736	8,257	351,038	68,178
1981	14,112	7,753	199,149	60,109
1986	11,374	8,013	129,368	64,208
1991	10,160	8,640	103,226	74,65
1996	9,168	8,845	84,052	78,234
2001	9,953	8,781	99,062	77,106
2006	10,922	8,382	119,29	70,258
2011	10,202	8,369	104,081	70,04
	94,627	67,040	1189,266	562,783

$$\overline{x}=\frac{94,627}{8}=11,828$$

$$\overline{y}=\frac{67,040}{8}=8,380$$

$$s_x=\sqrt{\frac{1189,266}{8}-11,828^2}=2,959$$

$$s_y=\sqrt{\frac{562,783}{8}-8,380^2}=0,351$$

$$CV_X=\frac{2,959}{11,828}=0,25 \quad CV_Y=\frac{0,351}{8,380}=0,042$$

John Graunt (1620-1674)

Estadístico ingles considerado el fundador de la demografía. Realizó un importante estudio de la evolución demográfica de Londres y de sus causas.

Así, en el periodo considerado, la tasa media de natalidad, $\overline{x}=11,828$, fue claramente superior a la tasa media de mortalidad registrada, $\overline{y}=8,38$.

También se observa que la variabilidad de la tasa de nacimientos, con $s_x=2,959$ y $CV_X=0,25$ es muy superior a la de la tasa de mortalidad con $s_y=0,351$ y $CV_Y=0,042$

En los polígonos de frecuencias se observa la evolución relativa de ambas tasas y las mayores o menores diferencias entre ellas según el año elegido.

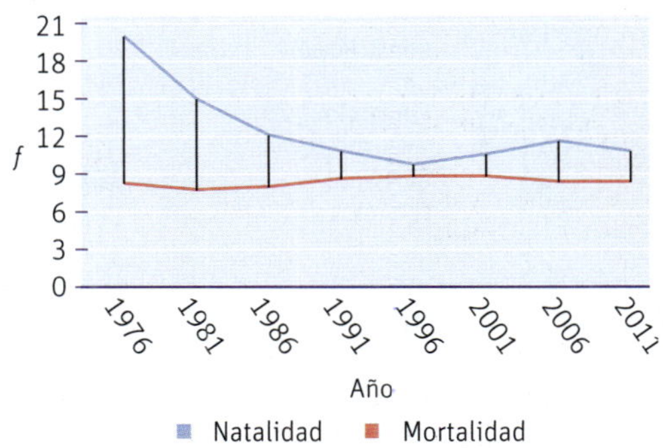

Representación en diagrama de caja

Este diagrama, basado en solo 5 valores y con una representación muy simple, informa de la simetría o asimetría de los datos y de la presencia de valores atípicos. Además permite comparar dos conjuntos de datos. Para representarlo se sigue este procedimiento:

- Se calculan los cuartiles Q_1, Q_2(mediana) y Q_3 y el rango intercuartílico $RIC=Q_3-Q_1$
- Se determinan los llamados límites inferior y superior: $LI=Q_1-1,5\ RIC \quad LS=Q_3+1,5\ RIC$
- Se descartan los datos que no pertenecen al intervalo (LI, LS), llamados datos atípicos
- Se toman los valores máximo y mínimo del resto de datos, M y m, respectivamente.
- La caja viene limitada por Q_1 y Q_3. Un segmento intermedio señala la mediana.
- Las líneas de las T son los valores máximo y mínimo, M y m.
- Si hay valores atípicos se marcan con un circulito.

	Q_1	M	Q_3	RIC	LI	LS	m	M
T. natalidad	10,057	10,562	12,743	2,687	6,027	16,774	9,168	14,112
T. mortalidad	8,135	8,376	8,711	0,576	7,271	9,575	7,753	8,845

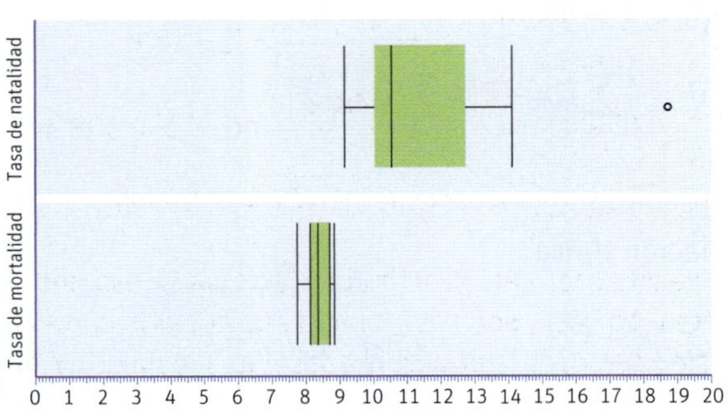

De los diagramas de caja de las tasas, se observa que la tasa de mortalidad está mucho más concentrada que la de natalidad, que además presenta un valor atípico.

MAT-TIC GeoGebra

Entra en smSaviadigital.com para ver como varía el diagrama de caja en función de la mediana y los cuartiles.

Resumen

Variable estadística unidimensional

Una variable estadística unidimensional X representa una característica de una población en la que a cada elemento de la muestra seleccionada se le asocia un valor.

Tipos de variables

Cualitativas

No son medibles numéricamente.

Cuantitativas:

Las que son medibles.

- **Discretas:** Si toman un número finito o infinito numerable de valores.
- **Continuas:** Toman, al menos en teoría, cualquier valor en un intervalo.

Distribución de frecuencias

Modalidades o valores de X (x_i)	Absoluta f_i	Relativa h_i	Absoluta acumulada F_i	Relativa acumulada H_i
x_1	f_1	h_1	F_1	H_1
x_2	f_2	h_2	F_2	H_2
...	...	...	...	...
x_k	f_k	h_k	$F_k=n$	$H_k=1$
Total	n	1		

Gráficos representativos

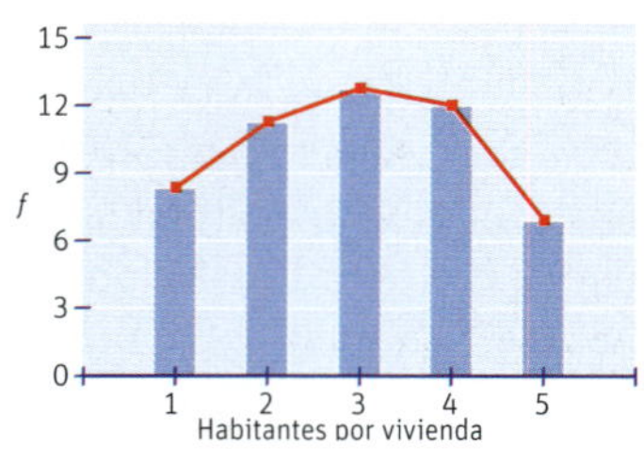

Diagrama de barras y polígono de frecuencias

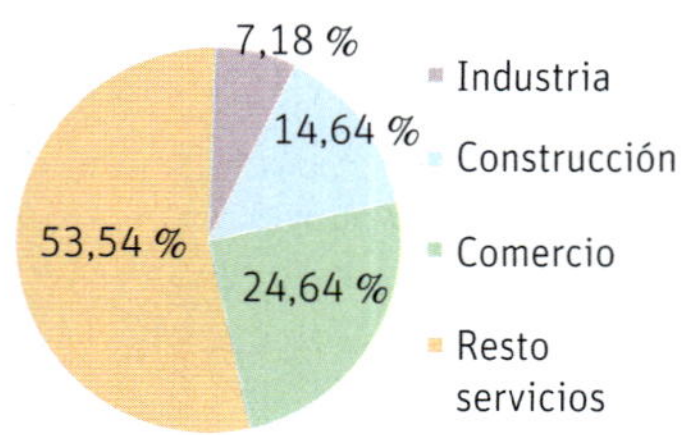

Diagrama de sectores

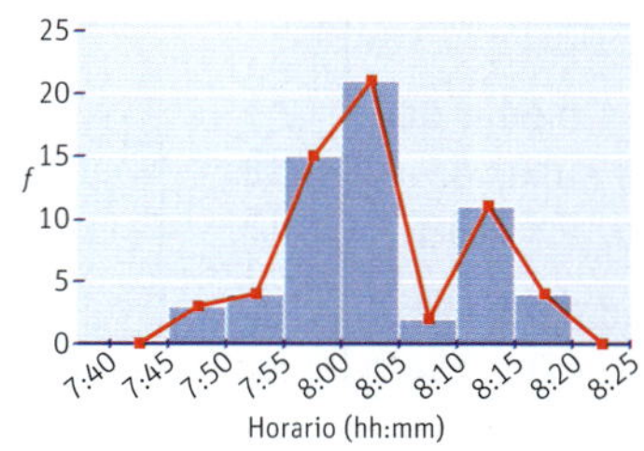

Histograma y polígono de frecuencias

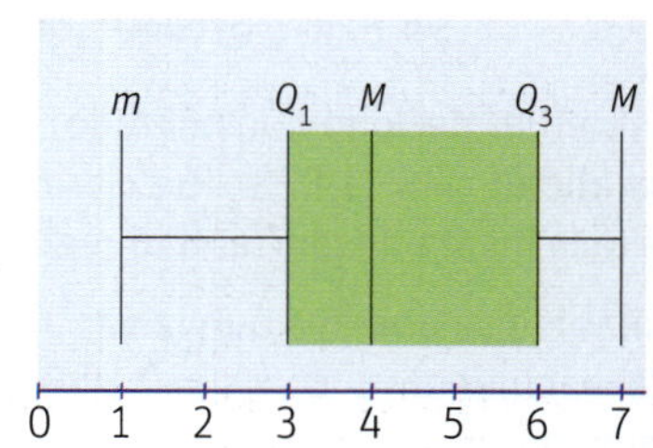

Diagrama de caja y de bigotes

Medidas de localización

Media aritmética

Es el promedio de los valores de la variable.

$$\overline{x} = \frac{1}{n}\sum_{i=1}^{k} f_i x_i = \sum_{i=1}^{k} h_i x_i$$

Moda (M_o)

Valor de la variable que aparece más veces en la muestra.

Si los datos están agrupados se considera la clase modal.

Mediana (M)

Es el valor de la variable que ocupa el lugar central una vez ordenados los datos de menor a mayor.

Si los datos están agrupados se calcula por interpolación lineal.

El **cuantil (x_p) de orden p**, $0 < p < 100$ verifica:

1. El p % de los datos es menor o igual que x_p.
2. El $(1 - p)$ % de los datos es mayor o igual que x_p.

Los **cuartiles** son tres valores que dividen al conjunto de datos en cuatro partes iguales. El segundo cuartil es la mediana.

Los **deciles** son nueve valores que dividen al conjunto de datos en 10 partes iguales.

Los **percentiles** son noventa y nueve valores que dividen al conjunto de datos en 100 partes iguales.

Medidas de dispersión

Informan de la dispersión de los datos, sobre todo respecto a la media y de la homogeneidad o heterogeneidad de los mismos.

Rango

$$x_{\text{máx}} - x_{\text{mín}}$$

Rango intercuartílico

$$RIC = Q_3 - Q_1$$

Desviación absoluta a la media

$$D_{\overline{x}} = \frac{1}{n}\sum_{i=1}^{k} f_i |x_i - \overline{x}| = \sum_{i=1}^{k} h_i |x_i - \overline{x}|$$

Coeficiente de variación

$$CV = \frac{s}{\overline{x}}$$

Varianza y desviación típica

$$s^2 = \frac{1}{n}\sum_{i=1}^{k} f_i x_i^2 - \overline{x}^2 \qquad s = \sqrt{\frac{1}{n}\sum_{i=1}^{k} f_i x_i^2 - \overline{x}^2}$$

EJERCICIOS **RESUELTOS**

Variables cualitativas

Representación de datos en diagrama de sectores

15. La distribución del IPC reducido a seis áreas (Fuente. INE, base 2001) fue 22 % en alimentación y bebidas no alcohólicas, 18 % en cultura, ocio y esparcimiento, 4,5% en educación y salud, 16,5 % en menaje y otros bienes y servicios, 18,1 % en comunicaciones y transporte y 20,9 % en vivienda, vestido y calzado. Representa los datos en un diagrama de sectores.

Para representar los datos del IPC (índice de precios al consumo) en un diagrama de sectores, al 100% le corresponden 360º. Hay que repartir este ángulo proporcionalmente al porcentaje de cada área de las incluidas en la tabla. Por ejemplo:

Alimentación: $\dfrac{x}{22\,\%}=\dfrac{360°}{100\,\%}\Rightarrow x=79{,}2°$

Cultura: $\dfrac{x}{18\,\%}=\dfrac{360°}{100\,\%}\Rightarrow x=64{,}8°$

De igual forma se calcula la amplitud de los sectores correspondientes al resto de áreas.

Representando los datos obtenidos se llega al gráfico de la derecha, en el que se observa la importancia relativa de unas áreas de consumo frente a otras. Por ejemplo, el área de Educación y Salud representa menos de la tercera parte que el de Menaje y otros bienes y servicios y la cuarta parte que el de cultura, ocio y esparcimiento.

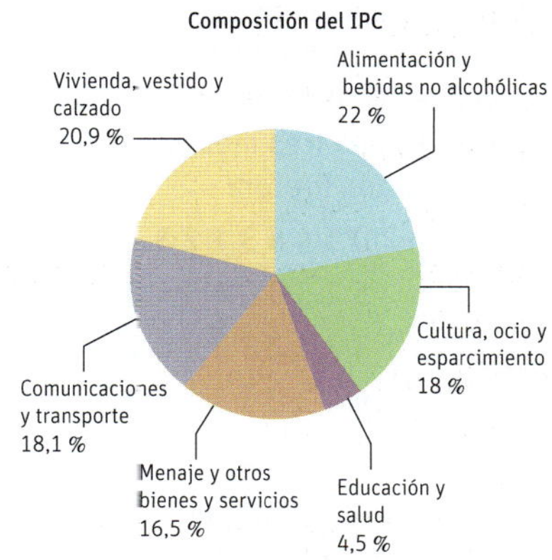

Comparación de variables

16. La tabla recoge las respuestas de noviembre de 2004 y 2014 a una pregunta multirrespuesta en la encuesta mensual que realiza el CIS sobre la preocupación de los españoles.

Preocupación	2004	2014
Desempleo	1430	1898
Sanidad	145	212
Corrupción	11	1573
Políticos	209	574
Economía	300	629
Educación	93	190
Terrorismo	1051	3
Nº encuestas	2496	2465

Representa los datos.

Primero se calculan los porcentajes de cada uno de los temas. Como se trata de una pregunta multirrespuesta, los porcentajes correspondientes suman más de 100%, por ese motivo es adecuado representar los datos en un diagrama de barras, ya que no es posible utilizar uno de sectores.

Preocupación	2004	2014
Desempleo	57,3	77
Sanidad	5,8	8,6
Corrupción	0,4	63,8
políticos	8,4	23,3
Economía	12	25,5
Educación	3,7	7,7
Terrorismo	42,1	0,1

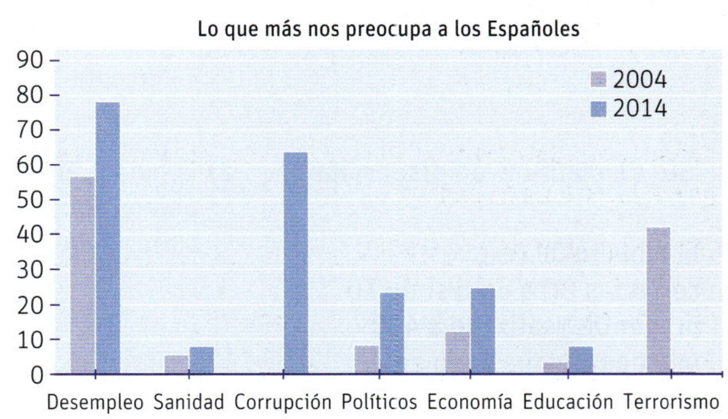

Variables cuantitativas

Representación de histogramas.

17. El número de mujeres ocupadas, por grupos de edad (X, en miles), según la Encuesta de Población Activa (INE: último trimestre de 2010), fue:

Edad	f_i
[16, 25)	537,8
[25, 35)	2294,5
[35, 45)	2441,3
[45, 55)	1968,4
[55, 65]	956,5

Construye el histogramas de frecuencias relativas acumuladas.

Se añaden a la tabla las columnas de frecuencias relativas y de frecuencias relativas acumuladas.

Al ser el primer intervalo de diferente longitud, las alturas de los rectángulos se hallan dividiendo la frecuencia relativa absoluta de cada clase por la longitud de cada intervalo.

Edad	f_i	h_i	H_i
[16, 25)	537,8	0,066	0,066
[25, 35)	2294,5	0,279	0,345
[35, 45)	2441,3	0,298	0,643
[45, 55)	1968,4	0,240	0,883
[55, 65]	956,5	0,117	1

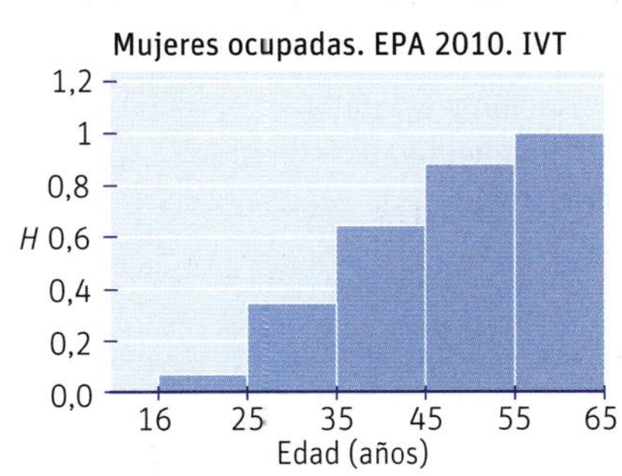

Cálculo de parámetros estadísticos

Cálculo de medidas de localización

18. En una encuesta realizada a 50 personas sobre el número de veces (X) que han ido al cine en los últimos tres meses, los resultados fueron:

2 0 5 4 4 3 1 2 3 3
2 5 2 3 3 0 4 5 4 0
1 3 2 3 2 3 3 3 0 1
5 4 4 3 0 3 1 1 3 2
4 0 3 1 2 2 4 3 2 1

a) Construye la tabla de frecuencias y el diagrama de frecuencias absolutas acumuladas.

b) Calcula la media y la moda.

c) Determina la mediana, los cuartiles 1 y 3 y los percentiles 5, 10, 90 y 95.

a) La tabla de frecuencias más las columnas necesarias para calcular la media y las demás características pedidas, así como el diagrama de barras están a continuación:

x_i	f_i	$f_i x_i$	F_i
0	6	0	6
1	7	7	13
2	10	20	23
3	15	45	38
4	8	32	46
5	4	20	50
	50	124	

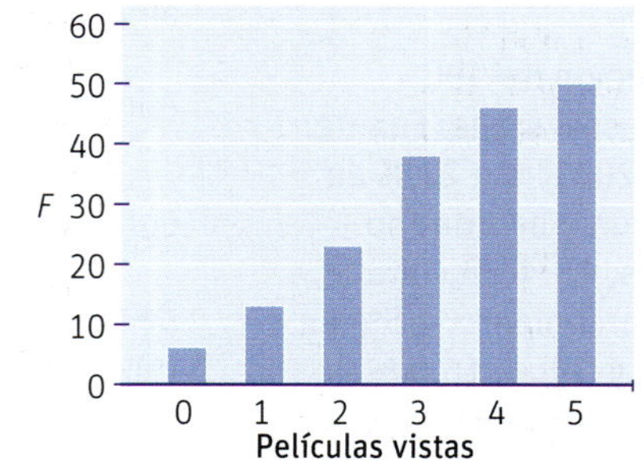

b) La moda es $M_0 = 3$, y la media $\overline{x} = \dfrac{124}{50} = 2,48$.

c) A partir de la columna de frecuencias acumuladas:

- Mediana: la mitad de los datos es 25. Los lugares 25 y 26 los ocupan el valor 3 $\Rightarrow M = 3$.
- Cuartil 1.º: la cuarta parte de los datos es 12,5 $\Rightarrow Q_1 = 1$.
- Cuartil 3.º: las tres cuartas partes de 50 son 37,5 $\Rightarrow Q_2 = 3$.
- Percentil 5: el 5% de los datos es 2,5 $\Rightarrow p_5 = 0$.
- Percentil 10: el 10% de los datos es 5 $\Rightarrow p_{10} = 0$.
- Percentil 90: el 90% de los datos es 45 $\Rightarrow p_{90} = 4$.
- Percentil 95: el 95% de los datos es 47,5 $\Rightarrow p_{95} = 5$.

Cálculo de medidas de dispersión

19. El número de respuestas correctas (X) a un test de 70 preguntas realizado a 400 personas, viene dado en la tabla siguiente:

x_i	f_i
[0, 15)	35
[15, 25)	77
[25, 35)	90
[35, 45)	72
[45, 55)	62
[55, 70]	64
	400

a) Dibuja el histograma.

b) Calcula la media, la mediana y la desviación típica del número de respuestas correctas.

c) Calcula el coeficiente de variación y valora la homogeneidad del conjunto de datos.

a) Como los intervalos no tienen la misma longitud, se toma como unidad de base del rectángulo 5 puntos. Para calcular la altura se divide la frecuencia absoluta por 3 o por 2 dependiendo de la clase. El área del rectángulo representa la frecuencia absoluta.

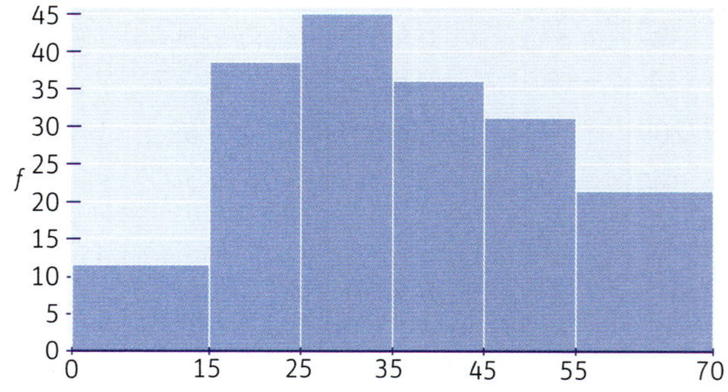

b) Se construye la tabla de frecuencias y, a partir de ella, se calculan los parámetros pedidos.

Edad	x_i	f_i	$f_i x_i$	$f_i x_i^2$	F_i
[0, 15)	7,5	35	262,5	1968,75	35
[15, 25)	20	77	1540	30 800	112
[25, 35)	30	90	2700	81 000	202
[35, 45)	40	72	2880	115 200	274
[45, 55)	50	62	3100	155 000	336
[55, 70]	62,5	64	4000	250 000	400
		400	14 482,5	633 968,75	

$$\overline{x} = \frac{14\,482,5}{400} = 36,21$$

$$s = \sqrt{\frac{633\,968,75}{400} - 36,21^2} = 16,55$$

La mediana se encuentra en el intervalo [25, 35), ya que la mitad de los datos es 200. Puede calcularse sin utilizar la fórmula. Antes del intervalo [25, 35) se acumulan 112 datos, por tanto, faltan 88 hasta 200. Como en [25, 35) hay 90 datos, a 88 le corresponde una longitud de $\dfrac{88 \cdot 10}{90} = 9,78$. Por tanto $M = 25 + 9,78 = 34,78$

c) El coeficiente de variación es $CV = \dfrac{16,55}{36,21} = 0,457$, luego el conjunto de datos es razonablemente homogéneo.

Homogeneidad de datos

20. La tabla muestra los datos agrupados de las edades de hombres (X) y mujeres (Y), de 15 a 59 años, al contraer matrimonio en el año 2011 (INE).

Edad	Hombres	Mujeres
[15, 20)	215	1115
[20, 25)	4893	11 088
[25, 30)	32 618	46 239
[30, 35)	55 492	51 861
[35, 40)	31 235	24 791
[40, 45)	14 522	11 200
[45, 50)	7927	6200
[50, 55)	5037	3886
[55, 60)	3277	1932
	155 216	**158 312**

a) Representa los histogramas de las edades de hombres y mujeres.

b) Calcula la edad media y la mediana, indica el intervalo modal de cada conjunto de datos y compáralos.

c) ¿Cuál de las dos distribuciones es más homogénea? Utiliza para ello el coeficiente de variación.

a) Los histogramas correspondientes a las distribuciones de las edades al contraer matrimonio de hombres y mujeres son:

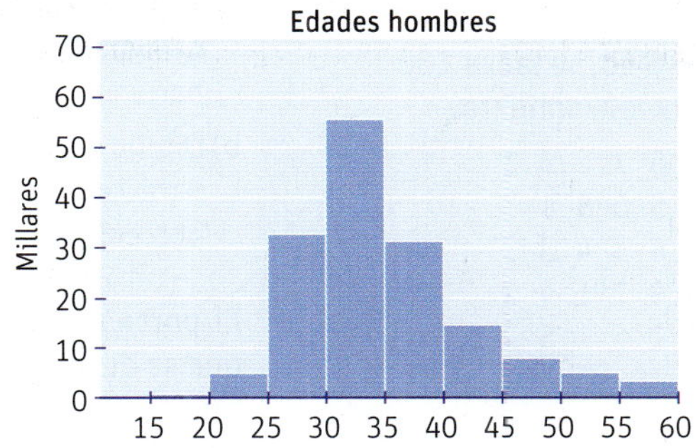

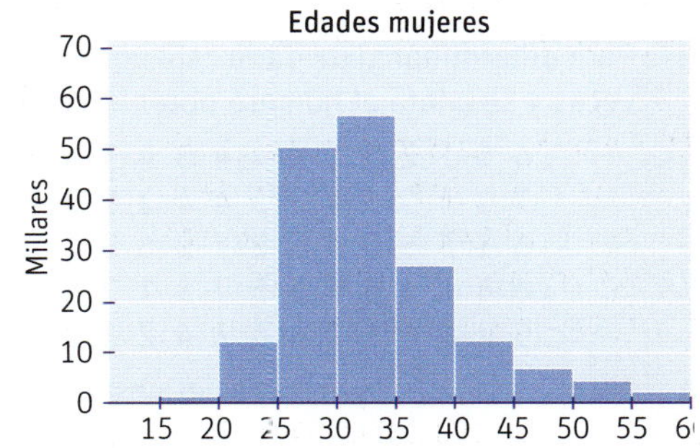

b) Se construyen las tablas de frecuencias para las distribuciones de hombres y mujeres:

Edad (h)	x_i	f_i	$f_i x_i$	$f_i x_i^2$	F_i
[15, 20)	17,5	215	3762,5	65 843,75	215
[20, 25)	22,5	4893	110 092,5	2 477 081,25	5108
[25, 30)	27,5	32 618	896 995	24667362,5	37 726
[30, 35)	32,5	55 492	1 803 490	58613425	93 218
[35, 40)	37,5	31 235	1 171 313	43 924 218,75	124 453
[40, 45)	42,5	14 522	617 185	26 230 362,5	138 975
[45, 50)	47,5	7927	376 532,5	17 835 293,75	146 902
[50, 55)	52,5	5037	264 442,5	13 833 231,25	151 939
[55, 60]	57,5	3277	188 427,5	10 834 581,25	155 216
		155 216	**5 432 240**	**198 581 400**	

$$\overline{x} = \frac{5\,432\,240}{155\,216} = 35,00 \qquad M = 30 + \frac{77\,608 - 37\,726}{55\,492} \cdot 5 = 33,59$$

Edad (m)	y_i	f_i	$f_i y_i$	$f_i y_i^2$	F_i
[15, 20)	17,5	1115	19 512,5	341 468,75	1115
[20, 25)	22,5	11 088	249 480	5 613 300	12 203
[25, 30)	27,5	46 239	1 271 573	34 958 243,75	58 442
[30, 35)	32,5	51 861	1 685 483	54 778 181,25	110 303
[35, 40)	37,5	24 791	929 662,5	34 852 343,75	135 094
[40, 45)	42,5	11 200	476 000	20 230 000	146 294
[45, 50)	47,5	6200	294 500	13 988 750	152 494
[50, 55)	52,5	3886	204 015	10 710 787,5	156 380
[55, 60]	57,5	1932	111 090	6 387 675	158 312
		158 312	**5 241 315**	**181 880 750**	

$$\overline{y} = \frac{5\,241\,315}{158\,312} = 33,11 \qquad M = 30 + \frac{79\,156 - 58\,442}{51\,861} \cdot 5 = 32,00$$

El intervalo modal es el mismo para hombres y mujeres: [30, 34]. Sin embargo, en media, las mujeres contraen matrimonio a los 33,11 años ,mientras que para los hombres la media de edad es de 35 años. Esa diferencia es algo menor si se considera la mediana: 33,59 años para los hombres y 32 años para las mujeres.

c) Los coeficientes de variación de ambas distribuciones son:

$$\text{Hombres: } s_x = \sqrt{\frac{198581400}{155216} - 35^2} = 7,38 \Rightarrow CV = \frac{7,38}{35,0} = 0,21$$

$$\text{Mujeres: } s_y = \sqrt{\frac{181880750}{158312} - 33,11^2} = 7,26 \Rightarrow CV = \frac{7,26}{33,1} = 0,22$$

Por tanto, ambas distribuciones tienen prácticamente la misma homogeneidad.

ACTIVIDADES

Ejercicios

Tablas de frecuencias y gráficos

21. **Para determinar si un dado está equilibrado o no, se lanza 100 veces y se anota el número obtenido en cada lanzamiento.**

6 1 1 2 5 1 6 4 4 3 4 3 6 5 1 6 1 2 3 1
3 3 4 5 6 4 2 5 4 4 3 5 2 3 6 5 6 5 1 3
6 1 5 6 5 6 5 2 1 2 6 3 2 5 2 4 3 4 3 3
6 4 2 5 5 4 3 5 2 3 1 3 6 2 6 4 1 1 4 2
5 2 1 6 6 1 4 6 1 4 2 1 3 4 3 1 6 1 5 2

a) Forma la tabla de frecuencias absolutas y relativas.

b) Representa gráficamente la distribución.

c) A la vista de la tabla y el gráfico, ¿se puede afirmar que el dado está equilibrado?

22. **En la tabla siguiente, se muestra la distribución de frecuencias de una variable estadística *X*.**

x_i	1	3	5	7	9	11
f_i	14	10	8	30	32	21

a) Halla la distribución de frecuencias absolutas acumuladas y de frecuencias relativas absolutas y acumuladas.

b) Representa los diagramas de frecuencias relativas y de frecuencias relativas acumuladas.

23. **La primera estrofa y el estribillo de la *Canción del pirata*, de José Espronceda (1808-1842) dicen así:**

Con diez cañones por banda,
viento en popa a toda vela,
no corta el mar, sino vuela,
un velero bergantín;
bajel pirata que llaman
por su bravura el Temido,
en todo el mar conocido
del uno al otro confín. [...]

Que es mi barco mi tesoro,
que es mi Dios la libertad;
mi ley la fuerza y el viento,
mi única patria la mar.

Obtén la distribución de frecuencias de las vocales, tantos absolutas como relativas y representa gráficamente la última.

24. **Las altitudes máximas de cada una de las cincuenta provincias de España son:**

898	2083	1558	2606	1482	2648
2591	1110	2531	1482	2131	2399
1654	2613	1813	1371	1570	1839
1544	2913	3479	2262	912	3404
1445	2167	2262	1949	2648	3143
1821	2430	2065	2001	2438	2124
2536	1177	2425	3715	2430	1129
2313	1447	2024	1447	1832	964
2124	2313				

Fuente: Instituto Geográfico Nacional

a) Obtén la distribución de frecuencias absolutas agrupando los datos en 7 clases.

b) Representa el histograma de frecuencias absolutas.

25. **El número de vehículos implicados en accidentes con víctimas mortales y el total se dan en esta tabla:**

a) Representa las dos distribuciones mediante un diagrama de barras.

b) Dibuja un diagrama de sectores para cada distribución, con los porcentajes correspondientes.

x_i	Mortales	Total
1	893	32120
2	630	43508
3	108	5466
> 3	52	1933

26. **El porcentaje de población activa, por sectores económicos, que se desprende de la Encuesta de Población Activa (EPA), de finales de 2012, incluyendo el total y distinguiendo entre hombres y mujeres, se muestra en la tabla siguiente.**

Sector	Total	Mujeres	Hombres
Agricultura	4,4	2,5	5,9
Industria	14,1	7,8	19,3
Construcción	6,6	1,2	11,1
Servicios	74,9	88,5	63,7

a) Representa las tres distribuciones en un mismo diagrama de barras.

b) ¿Qué diferencias observas entre hombres y mujeres?

c) Dibuja un diagrama de sectores para cada distribución.

Medidas de localización y de dispersión

27. **En cierta ocasión, se reunieron 5 miembros de una misma familia, de edades 23, 28, 32, 35 y 40 años.**

a) Calcula la media y la varianza de las edades.

b) Cuatro años después vuelven a reunirse los cinco, ¿cuáles serán entonces su edad media y la varianza?

28. **Sabiendo que 3 es la media del conjunto de datos:**

$$2, 3, 2, 5, x, 6, 4, 0$$

Encuentra el valor del dato que falta.

29. **El salario medio (*X*) en cuatro empresas ubicadas en la misma ciudad y el número de empleados que tiene cada una de ellas viene dado en la tabla siguiente.**

Empresa	*A*	*B*	*C*	*D*
x_i	1500	1625	1450	1275
f_i	115	60	38	77

a) Calcula el ingreso medio de todos los empleados.

b) Elige y dibuja un gráfico que represente la importancia relativa de estas cuatro empresas en cuanto al número de empleados.

c) Halla la varianza y la desviación típica.

d) Calcula el coeficiente de variación y comenta el resultado que se obtiene.

30. **En un determinado mes la media aritmética de los salarios abonados por una empresa a sus empleados ascendió a 1400 €. La media de los salarios pagados a los hombres ascendió a 1600 €, mientras que la de los pagados a las mujeres fue de 1350 €. Con esta información, ¿cuáles son los porcentajes de mujeres y hombres empleados en esta empresa?**

31. **El número de faltas de asistencia (X), en un grupo de 37 alumnos, a la clase de Matemáticas Aplicadas a la Ciencias Sociales I, se ha agrupado en la tabla.**

x_i	0	1	2	3	4	5
f_i	12	8	7	5	3	2

a) Representa gráficamente la distribución de frecuencias absolutas y absolutas acumuladas.

b) Dibuja los polígonos de frecuencias absolutas y absolutas acumuladas.

c) Calcula el número medio de faltas de asistencia en esta clase. También la moda y la mediana.

d) Calcula las desviaciones absoluta media y típica.

e) ¿Cuántas faltas tiene como mínimo un alumno que se encuentra entre el 25 % que más falta?

f) Determina los percentiles 34 y 67.

32. **De una muestra de 100 hogares, seleccionados aleatoriamente en una ciudad pequeña, se contabiliza el número de personas empleadas. Los datos se recogen agrupados en la tabla siguiente:**

x_i	0	1	2	3	4
f_i	11	35	32	13	9

a) Calcula el número medio de empleados por hogar y su desviación típica.

b) Representa los datos. ¿Puede considerarse asimétrica esta distribución?

c) Determina los percentiles 5 y 95. ¿Cuántas unidades de la muestra se encuentran entre esos dos percentiles?

33. **En la tabla siguiente se muestra el número de alumnos f_i, la calificación media, x_i, y la varianza, s^2, en tres grupos de alumnos que cursan Matemáticas Aplicadas a las Ciencias Sociales, de 1.º de Bachillerato.**

Grupo	f_i	x_i	s^2
A	31	6,2	2,8
B	35	5,8	3
C	32	5	2

a) Calcula la nota media global de los tres grupos.

b) Halla el coeficiente de variación para cada grupo y ordena los grupos por homogeneidad.

34. **La producción de remolacha dada en toneladas (X), en 4 fincas con distintos tipos de cultivo y distintas superficies, en hectáreas, se dan en la tabla siguiente:**

Fincas	ha	x_i
A	6	42
B	10	60
C	4	32
D	7	40

a) Calcula el rendimiento por ha en cada una de las cuatro fincas.

b) Halla el rendimiento medio global y la desviación absoluta media por ha de terreno.

35. **La distribución de las temperaturas máximas en ºC (X) alcanzadas en una localidad en 60 días consecutivos viene dada en la tabla.**

X	f_i
[−10,0)	11
[0, 5)	12
[5, 10)	14
[10, 15)	11
[15, 25]	12

a) Representa los datos y dibuja el polígono de frecuencias.

b) Calcula la temperatura media de los 60 días y su varianza.

c) Determina la temperatura que solo fue superada el 5% de los días.

Síntesis

36. **El número de hijos (X) de una muestra de 100 familias se recoge en el siguiente diagrama de barras.**

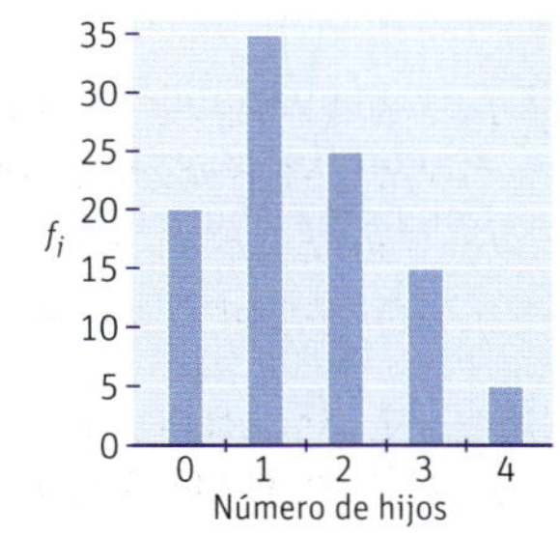

a) Escribe la tabla de frecuencias y representa la distribución mediante el diagrama de frecuencias relativas acumuladas.

b) Calcula la media, la moda y la mediana.

c) Determina los cuartiles Q_1 y Q_3.

37. **La distribución del peso en kg (X) de una muestra de 65 estudiantes de un centro educativo se muestra en el siguiente gráfico:**

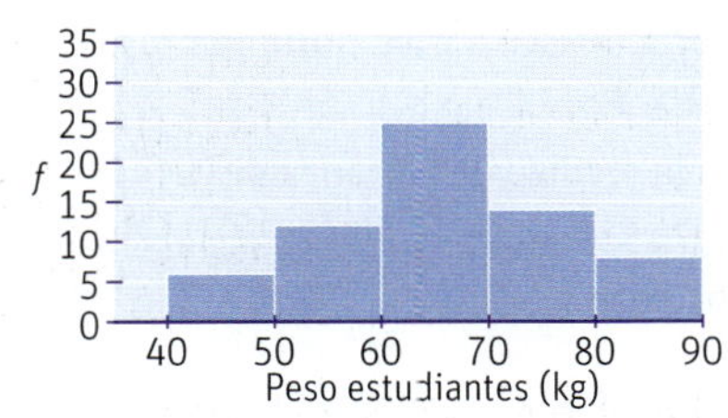

a) Escribe la tabla de frecuencias y dibuja el polígono de frecuencias relativas acumuladas.

b) Obtén el peso medio y la desviación típica.

c) Calcula la mediana y los cuartiles primero y tercero.

38. **La distribución del número de materias suspendidas (X) por 38 alumnos de 1.º de bachillerato es:**

x_i	0	1	2	3	4	5
f_i	14	10	6	4	3	1

a) Determina la moda, la mediana y la media. ¿Cuál de ellas representa mejor la distribución de los datos?

b) Calcula la desviación absoluta media.

c) ¿Qué porcentaje de datos se encuentran en el intervalo $(\overline{x}-2s, \overline{x}+2s)$, siendo s la desviación típica?

39. En los diez primeros partidos de liga, los goles marcados por dos equipos de fútbol rivales fueron:

Equipo A: 0, 2, 1, 5, 1, 4, 3, 0, 2, 1

Equipo B: 2, 1, 0, 0, 6, 1, 4, 2, 1, 1

a) Determina la media, moda y mediana del número de goles marcados por cada equipo y compáralas.

b) Halla los cuartiles del número de goles de cada equipo.

c) Dibuja el diagrama de caja de las dos distribuciones. Compáralos.

d) Calcula el coeficiente de variación. ¿Cuál de los dos equipos muestra mayor regularidad?

Cuestiones

40. El valor más pequeño observado de una variable estadística cuantitativa continua es 34,2, y el mayor, 43,3. Se dispone de 110 observaciones.

Haz, de forma razonada, al menos dos propuestas para agrupar las observaciones de esta variable en clases.

41. Sea una variable estadística X que toma los valores $x_1, x_2, ..., x_n$, con frecuencias absolutas $f_1, f_2, ..., f_n$ y cuya media es $\overline{x}$. Considera ahora la variable Y, de valores:

Y	f
$y_1 = x_1 - \overline{x}$	f_1
$y_2 = x_2 - \overline{x}$	f_2
...	...
$y_n = x_n - \overline{x}$	f_n

con frecuencias absolutas $f_1, f_2, ..., f_n$, iguales a las de los valores correspondientes de X.

Calcula la media de Y.

42. De una característica X se obtienen las observaciones 1, 5, 7, 3, 7, 11, 1 y 3

a) Calcula la media y la varianza de X.

b) Multiplica los valores anteriores por 2 y obtén ahora su media y su varianza.

43. Sea X una variable estadística cuya media aritmética es $\overline{x}$, y su varianza s^2.

A los valores de la variable X se les suma la constante k, obteniéndose una nueva variable $Y=X+k$ ¿Cuáles son la media y la varianza de Y?

44. Sea X una variable estadística de media $\overline{x}$ y varianza s^2. Considera ahora la variable Y, resultado de multiplicar los valores de X por una constante c. Calcula la media y la varianza de Y.

45. Si la media, obtenida a partir de una muestra, de una variable estadística cuantitativa es 3 y su varianza 25, ¿se puede decir que la media es representativa del conjunto de datos?

46. Si a los valores obtenidos de una variable estadística cuantitativa se les multiplica por una constante k, ¿En qué medida cambia el coeficiente de variación?

Nota: Prueba con los valores 1, 2, 5, 7 y 8; y con $k=3$.

Problemas

47. En la encuesta del CIS (Centro de Investigaciones Sociológicas) correspondiente al primer trimestre de 2013 sobre el nivel de estudios, se obtuvo:

Nivel de estudios	f_i
Sin estudios	147
Primaria	1055
Secundaria	319
FP	451
Universitarios Medios	210
Universitarios Superiores	293
No contesta	8
	2483

a) Calcula la distribución de frecuencias relativas y de porcentajes.

b) Utiliza el gráfico más adecuado para representar la distribución de los porcentajes.

48. La esperanza de vida, con base en 2012, en los países de África se muestra en el siguiente histograma con los países agrupados por intervalos de edad (Fuente: *CIA World Factbook*).

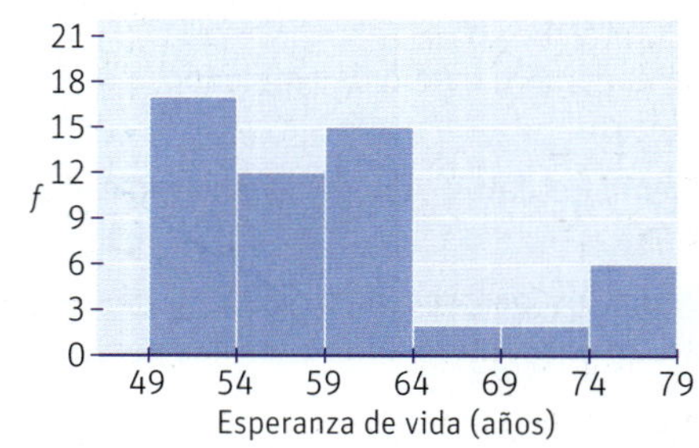

a) Construye la tabla de frecuencias.

b) Dibuja el polígono de frecuencias absolutas acumuladas.

c) Calcula la media, mediana y la moda.

d) Determina la varianza y las desviaciones típica y absoluta media. Compara estas dos últimas.

49. En la siguiente tabla se han agrupado las provincias españolas y las ciudades autónomas según su tasa de natalidad (X: nacidos por 1000 habitantes) en el año 2011 (Fuente INE).

X	f_i
[5,7; 8)	8
[8; 10,3)	24
[10,3; 12,6)	18
[12,6; 14,9)	0
[14,9; 17,2)	1
[17,2; 19,5]	1

a) Halla la tasa media de nacimientos por provincia y ciudad autónoma en el año 2011.

b) Determina la moda y la mediana.

c) Representa los datos.

d) Calcula la varianza y la desviación típica

e) Determina el coeficiente de variación.

50. **La tabla siguiente incluye los porcentajes de gastos de administración (X) calculados sobre el total de primas recaudadas (f_i), en millones de euros, por cinco empresas en seguros de hogar.**

Empresa	x_i	f_i
A	11	220
B	15	130
C	14	145
D	12	180
E	11	150

a) Determina el porcentaje medio de gastos.

b) Si se supone que estas cinco empresas cubren todo el mercado de seguros de hogar, calcula el coeficiente de variación y haz una valoración del resultado.

51. **Los tiempos de vida (X) en horas de 500 bombillas de una cierta marca se han agrupado en la tabla.**

X	f_i
[0, 500)	15
[500, 1000)	56
[1000, 1500)	178
[1500, 2000)	115
[2000, 2500)	84
[2500, 3000]	52

a) Representa el histograma correspondiente, junto con el polígono de frecuencias.

b) Calcula la media, la moda y la mediana.

c) Determina la desviación absoluta media, la varianza y la desviación típica.

d) Halla los cuartiles.

e) Estudia la variabilidad de esta distribución de frecuencias.

52. **Las temperaturas medias (X) registradas a lo largo del mes de mayo en 50 ciudades se presentan agrupadas en la siguiente tabla:**

X	f_i
[15, 18)	7
[18, 21)	10
[21, 24)	15
[24, 27)	13
[27, 30]	5

a) Representa gráficamente los datos, mediante un histograma y añade el polígono de frecuencias absolutas.

b) Determina la media, la mediana y el intervalo modal.

c) Halla los deciles 3 y 8.

d) Calcula la desviación absoluta media y la desviación típica. Compáralas.

e) Determina la proporción de variación de la distribución de las temperaturas.

f) ¿Por debajo de qué temperatura se encuentra el 35 % de las ciudades con temperatura media más baja?

53. **De una muestra de 100 recién nacidos en una clínica de maternidad, se ha obtenido la siguiente tabla de pesos en kg (X) para bebés de entre 3 y 4 kg de peso.**

X	f_i
[3,0; 3,2)	27
[3,2; 3,4)	38
[3,4; 3,6)	16
[3,6; 3,8)	10
[3,8; 4,0]	9

a) Dibuja el histograma de la distribución de frecuencias relativas.

b) Encuentra la media, la mediana y el intervalo modal.

c) Determina la varianza y la desviación típica.

d) ¿Es simétrica la distribución? Justifica la respuesta.

e) Calcula los percentiles 5 y 95. ¿Cuántos bebés se encuentran por encima del 90% del peso?

54. **Se tiene el siguiente conjunto de datos, relativos a la edad de los vecinos de una casa mayores de 40 años:**

61 69 42 49 62 66 41 48 43 54

51 43 49 42 43 53 44 41 51 51

54 59 56 58 64 63 46 52 42 66

69 57 48 44 67 69 58 54 66 65

42 57 55 53 50 48 63 68 41 70

a) Para los datos sin agrupar, dibuja el diagrama de caja.

b) Agrupa los datos en intervalos de longitud 5, por un lado, y de longitud 10 por otro.

c) Representa gráficamente las dos distribuciones.

d) Calcula la media, la mediana y el intervalo modal en cada una de las dos distribuciones.

e) Determina el coeficiente de variación de ambas distribuciones y comenta las diferencias encontradas.

55. **La siguiente tabla recoge la edad, agrupada en intervalos, de una muestra de 1000 conductores de 14 o más años involucrados en accidentes con víctimas en vía urbana.**

Edad	f_i
[14, 18)	16
[18, 25)	149
[25, 45)	526
[45, 65)	255
[65, 75)	36
[75, 90]	18

a) Representa la distribución mediante el histograma y el polígono de frecuencias relativas.

b) Calcula la media, la mediana y las desviaciones típica y absoluta media.

c) Calcula el coeficiente de variación.

d) Suponiendo que la muestra es representativa de la población objeto de estudio, ¿qué porcentaje de la misma se encuentra en el intervalo $(\bar{x}-2s, \bar{x}+2s)$?

A la búsqueda de un trabajo

Mariela y Fernando son dos hermanos a punto de terminar sus estudios universitarios e intentar acceder al mercado laboral, o, como ellos dicen, ponerse a buscar curro.

Están preocupados por el tema, y no hacen más que leer sobre tasas de empleo, tasas de empleo por sexo, o por grupos de edad... y demás términos indescifrables que complican la información de los telediarios.

Sus amigos les dicen que no van a tener las mismas posibilidades, aunque han estudiado lo mismo y han sacado notas parecidas.

Y aunque Fernando cree que eso es una leyenda urbana, Mariela piensa que su hermano es un ingenuo y que, posiblemente, sus amigos tengan razón.

Para hacer que su hermano "se caiga del guindo", le propone que investiguen un poco y ya de paso sueñen con lo que pueden llegar a ganar, y dejar así de depender de sus padres. Investigando en el Instituto Nacional de Estadística obtienen la tabla de la Tasa de Paro en España, de los últimos años (en %).

Año	Total	Hombres	Mujeres
2002	11,45	8,30	16,15
2003	11,49	8,50	15,84
2004	10,97	8,26	14,82
2005	9,15	7,14	11,99
2006	8,45	6,35	11,35
2007	8,23	6,41	10,70
2008	11,25	10,05	12,82
2009	17,86	17,65	18,13
2010	19,86	19,57	20,22
2011	21,39	21,05	21,81
2012	24,79	24,58	25,04
2013	26,10	25,60	26,67
2014	24,69	23,87	25,65

a) ¿Quién tiene razón Mariela o su hermano? Estudia cómo ha evolucionado la brecha de género (diferencia en puntos porcentuales entre la tasa de empleo de los hombres y la de las mujeres) a lo largo de los últimos años. ¿Ha ido en aumento? ¿Ha disminuido?

b) ¿Crees que ha influido la crisis económica en la brecha de género en el empleo?

El incendio en el pueblo de Anxo

Los campos alrededor del pueblo de Anxo en Galicia se han visto devastados por un feroz incendio. Tan grave fue, que él y sus padres tuvieron que ser evacuados durante los dos días que duraron las labores de extinción.

Anxo está enojado con el mundo porque piensa que han tenido muy mala suerte ya que les ha tenido que tocar precisamente a ellos. Y encima los rumores en el pueblo apuntan a viejas rencillas entre familias, otros dicen que no, que ha sido un accidente, y otros, los menos, que cosas de meigas... bueno, esto último se lo ha oído sólo a uno y Anxo piensa que no está muy bien de la cabeza.

Por desgracia la realidad es que Anxo y su familia no son los únicos. En las últimas décadas, los incendios forestales se han convertido en uno de los problemas medioambientales más importantes a escala mundial y constituyen un grave problema en España que, debido a los efectos del cambio climático, puede verse considerablemente agravado.

Con el revuelo que se ha montado con el incendio y la cantidad de informaciones que han salido en la prensa acerca de él y de los incendios en general, Anxo se ha enterado de que desde que en España se inicia la recogida de datos en 1961 el número de incendios se ha ido incrementando de manera alarmante. Y lo que es peor, más del 80 % son provocados por la mano del hombre.

a) Estudia cuál ha sido la distribución de los incendios forestales por comunidades autónomas y represéntala en un diagrama de barras. También puedes representar la distribución de los grandes incendios por año desde el año 1995, por ejemplo, hasta el último año disponible, calcular su número medio y su variabilidad.

b) La superficie forestal, en hectáreas, afectada por incendio es otro dato que proporcionan las tablas. ¿Cuál ha sido su evolución a lo largo del tiempo? ¿Por término medio cuántas hectáreas se han visto afectadas al año? ¿Y en total? ¿Ha habido mucha variación en los últimos diez años?

c) ¿Afectan por igual los incendios a los distintos tipos de arbolado?

Los datos recogidos se pueden encontrar en el Instituto Nacional de Estadística, en el Ministerio de Agricultura, Alimentación y Medio Ambiente a la que puedes acceder desde smSaviadigital.com PRACTICA.

AUTOEVALUACIÓN

Comprueba qué has aprendido

1. Dado el siguiente diagrama de barras:

a) Clasifica la variable.

b) Escribe la tabla de frecuencias absolutas, relativas y relativas acumuladas.

c) Calcula la media, la moda y la mediana.

d) Calcula la varianza y la desviación típica.

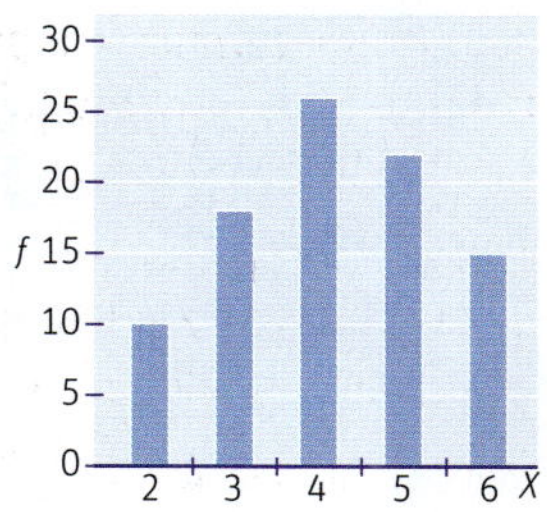

2. El número de hijos de 7 familias es 1, 1, 2, 2, 2, 6, 7. Calcula la media, la moda y la mediana. ¿Cuál de las tres es más representativa?

3. El número de extranjeros empadronados en una ciudad, según el continente de procedencia viene dado en la tabla. Describe el tipo de variable y representa adecuadamente los datos.

Continente	f
África	26 990
América	49 101
Asia	5635
Oceanía	73
Europa	91 000

4. Una variable estadística X tiene la siguiente distribución de frecuencias:

Clase	[−2, 0)	[0, 4)	[4, 8)	[8, 14]
f	8	26	30	30

a) Dibuja el histograma.

b) Calcula la media, la moda, la mediana y los cuartiles.

c) Calcula la varianza.

5. Los dos conjuntos siguientes de datos se refieren a la estatura de un grupo de 20 estudiantes, en cm, y a las puntuaciones obtenidas por un grupo de 25 personas en un test psicotécnico.

Estatura (X): 174 178 165 167 182 172 185 178
205 180 157 166 172 190
161 170 178 183 169 176

Puntuación test (Y): 56 86 70 67 68 76 68 45 58
74 68 87 51 27 67 51 30 58
97 70 47 76 57 71 56

a) Determina cuál de los dos conjuntos de datos presenta mayor variabilidad relativa.

b) Calcula los cuartiles de ambos conjuntos de datos.

c) Dibuja el diagrama de caja de cada distribución de datos y señala si existen valores extremos.

smSaviadigital.com VALORA LO APRENDIDO > Comprueba tus respuestas.

Relaciona y contesta

Elige la única respuesta correcta en cada caso

1. En una población de 5200 habitantes mayores de 18 años, 780 son inmigrantes. Una muestra de 200 personas en la que esté representada la población inmigrante, debe constar de:

A. 20 inmigrantes
B. 150 nativos
C. 30 inmigrantes
D. 100 nativos

2. Los datos recogidos de una variable estadística cuantitativa indican que el $Q_1 = 14$, $RIC = 9$ y que la distancia entre la mediana y el Q_1 es el doble que entre la mediana y Q_3 Entonces, los valores de la mediana y del Q_3 son:

A. $M = 17$, $Q_3 = 20$
B. $M = 20$, $Q_3 = 23$
C. $M = 23$, $Q_3 = 20$
D. $M = 19$, $Q_3 = 23$

3. Las observaciones de una variable estadística continua tienen media 5 y varianza 5. Si todas las observaciones se dividen por 2, la mueva media y varianza son:

A. $\overline{y} = 2,5 \quad s_y^2 = 1,25$
B. $\overline{y} = 1,25 \quad s_y^2 = 2,5$
C. $\overline{y} = 1,25 \quad s_y^2 = 1,25$
D. $\overline{y} = 2,5 \quad s_y^2 = 2,5$

4. El coeficiente de variación de la variable X es el triple que el de la variable Y. Si la media de Y es seis veces mayor que la de X, entonces:

A. $s_y^2 = 6s_x^2$
B. $s_y^2 = 2s_x^2$
C. $s_y^2 = 2s_x^2$
D. $s_y^2 = 4s_x^2$

Señala, en cada caso, las respuestas correctas

5. En una distribución, $Q_3 = 2Q_1$, entonces:

A. El rango intercuartílico coincide con el primer cuartil.

B. La mediana es la media aritmética de los cuartiles primero y tercero.

C. El límite inferior necesario para calcular el diagrama de caja es negativo.

D. La distancia entre los límites superior e inferior (del diagrama de caja) es cuatro veces el primer cuartil.

6. Para medir la dispersión de los datos en torno a la media, se utiliza:

A. Los percentiles de la distribución

B. La varianza o la desviación típica

C. La desviación absoluta media

D. El rango o recorrido de la variable

Elige la relación correcta entre las dos afirmaciones dadas

7. 1. La media de un conjunto de datos es 2 y su varianza 35.

2. El conjunto de datos es heterogéneo.

A. $1 \Rightarrow 2$ pero $2 \not\Rightarrow 1$.
B. $2 \Rightarrow 1$ pero $1 \not\Rightarrow 2$.
C. $1 \Leftrightarrow 2$
D. No hay relación entre 1 y 2.

11 Estadística bidimensional

Características combinadas de una población

Riesgos energéticos

Industria farmacéutica

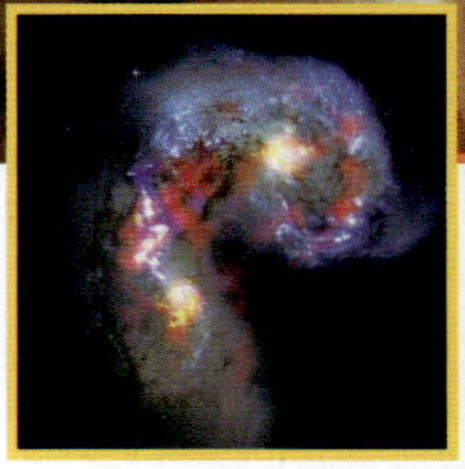

Expansión del universo

Compañías de seguros

Predicciones con sentido

Imagínate que eres el propietario de un supermercado como el que aparece en la fotografía. Entre las muchas cosas que tienes que cuidar está el abastecimiento de tu negocio. Necesitas tener una idea bastante precisa de cuántos productos tienes que tener de cada tipo y en cada momento para evitar que se agoten o que se estropeen antes de poder venderlos.

Un buen método para ello consiste en hacer un estudio estadístico a partir de la información registrada sobre ventas en cada época del año. Por ejemplo, si comparásemos datos sobre temperaturas y venta de helados o refrescos, entre ellas se apreciaría una relación clara que se conoce como una correlación. Pensarás que esto es tan obvio que no merece la pena perder mucho tiempo con ello, pero hay ejemplos mucho menos evidentes que pueden poner de manifiesto la importancia de la estadística bidimensional.

- La estadística bidimensional permite estudiar propiedades relevantes de poblaciones que vienen dados por pares de números como: el desarrollo de un bebé (peso, talla, perímetro craneal) con la edad.
- El estudio de la correlación entre magnitudes estadísticas es de gran importancia para el estudio de las ciencias sociales. Es de gran ayuda para el desarrollo racional de políticas de todo tipo (educativas, sanitarias, de protección del medio ambiente, etc).
- También es fundamental para el desarrollo de medicinas y terapias médicas, el estudio y la cuantificación de riesgos, la economía y el desarrollo de la ciencia y de la técnica en general.
- En la predicción de riesgos, ya sea por catástrofes naturales, por la utilización y empleo de diferentes energías..., la estadística bidimensional juega un papel importante.
- En astronomía, el estudio de las correlaciones entre propiedades de las galaxias fue el primer indicio de la expansión del universo.

¿Sorprendido? Si no has tenido bastante con lo anterior, aquí te propongo algunas preguntas más.

- Haz un pequeño experimento estadístico. Estudia, por un lado, la estatura y el peso y, por otro, el peso y el número de hermanos de los compañeros de tu clase. Para ello representa los pares de observaciones en unos ejes. ¿Qué observas?
- ¿Serías capaz de predecir el coste de una póliza de seguro de automóvil en función de la edad del conductor?
- ¿Crees que la estadística bidimensional podría ayudarte a decidir cuál es el mejor mometo para hacer un viaje? ¿Cómo?

En esta unidad aprenderás los conceptos básicos de estadística bidimensional y podrás responder a lo anterior.

1 Variables bidimensionales. Distribución conjunta

Uno de los índices más utilizados para medir el estado de salud de una persona es el que da la concentración de colesterol en sangre. Como además de la alimentación, la edad influye sobre este índice, en un centro de salud se han seleccionado al azar a 24 adultos y se han tomado de cada uno dos datos: su edad y su índice de colesterol, para poder estudiar su relación.

Edad (años)	46	39	54	49	71	58	33	78	43	58	19	56
Colesterol (mg/dL)	181	182	259	125	243	179	187	248	243	249	179	205
Edad (años)	52	65	33	76	41	18	44	51	44	63	25	37
Colesterol (mg/dL)	228	249	201	333	114	146	176	225	196	337	220	176

Este es un ejemplo de las muchas situaciones en las que interesa estudiar conjuntamente dos (o más) características de una población, con el objetivo de analizar si existe alguna relación entre ellas y, en caso afirmativo, encontrar la ecuación que describe dicha relación.

Normalmente, las medidas u observaciones se realizan sobre una muestra representativa de la población objeto de estudio.

Una variable bidimensional (*X*, *Y*), representa dos características de una población en la que a cada elemento de la muestra seleccionada se le asocian dos valores, uno por cada variable.

En el ejemplo inicial, a cada uno de los 24 sujetos de la muestra se le ha asociado dos valores: la edad (X) y el índice de colesterol (Y). En dicho ejemplo, las dos variables estudiadas son cuantitativas, pero también pueden ser ambas cualitativas (categóricas) o bien una cuantitativa y otra cualitativa.

Representación de una variable estadística bidimensional

En general, para llevar a cabo el estudio conjunto de dos variables X e Y, se dispone de una muestra de n parejas de observaciones: $(x_1, y_1), (x_2, y_2), \dots, (x_n, y_n)$

Cada pareja representa los valores de las variables X e Y para cada elemento de la muestra. Se suele presentar en una **tabla simple**, como en el ejemplo inicial:

X	x_1	x_2	...	x_n
Y	y_1	y_2	...	y_n

En otros casos, dado el volumen de datos y, sobre todo, si la organización de los mismos lo permite, es más informativo utilizar una tabla de doble entrada, también llamada **tabla de contingencia**, para presentar la distribución de la variable bidimensional, donde:

f_{ij} es la **frecuencia absoluta** del par (x_i, y_j)

	y_1	y_2		y_h
x_1	f_{11}	f_{12}		f_{1h}
x_2	f_{21}	f_{22}		
x_k	f_{k1}	f_{k2}		f_{kh}

Ejemplo ▸ La tabla recoge los valores de la variable cuantitativa X: "ingresos anuales en miles de euros", y de la cualitativa Y: "satisfacción en el trabajo", dividida en cuatro categorías: Muy insatisfecho (Mi), Insatisfecho (In), Satisfecho (Sa) y Muy satisfecho (Ms), de una muestra de 100 jóvenes de 25 a 35 años. La última fila se corresponde con la distribución de los jóvenes según el nivel de satisfacción y se obtiene sumando todas las celdas de las columnas correspondientes. Los datos de la última columna se corresponde con la distribución de los jóvenes según los ingresos y se han obtenido sumando los datos por filas.

X \ Y	Mi	In	Sa	Ms	Totales X
< 12	1	3	10	6	20
12 – 22	2	4	10	7	23
22 – 32	2	6	14	12	34
> 32	0	9	3	11	23
Totales Y	5	22	37	36	100

Puede asegurarse, por ejemplo, que el 36 % de los jóvenes encuestados se muestra muy satisfecho con el trabajo y que el 23 % de los jóvenes encuestados tiene un salario anual superior a 32 mil euros, mientras que el 20 % declara ingresar menos de 12 mil euros al año.

Representación gráfica: nube de puntos

Antes de realizar cualquier cálculo con una variable estadística bidimensional es conveniente representar gráficamente los datos recogidos en el plano.

Si $(x_1, y_1), (x_2, y_2), \dots, (x_n, y_n)$, son las n parejas de observaciones de la variable (X, Y), en el eje de abscisas se representa una de las variables y en el eje de ordenadas la otra. Este tipo de gráfico se suele denominar **diagrama de dispersión** o **nube de puntos**.

MAT-TIC GeoGebra

Entra en sm**Savia**digital.com y representa nubes de puntos.

El diagrama de dispersión "informa" visualmente de la relación existente entre ambas variables, mostrando dependencia directa (a mayor valor de X, mayor Y) o inversa (a mayor valor de X, menor de Y) y más o menos fuerte. También puede indicar que las variables X e Y son independientes.

El gráfico adjunto representa la nube de puntos correspondiente al ejemplo inicial, con la edad en el eje de abscisas, frente al índice de colesterol en el eje de las ordenadas. La tendencia que se observa es que a mayor edad, le corresponde un índice de colesterol más alto.

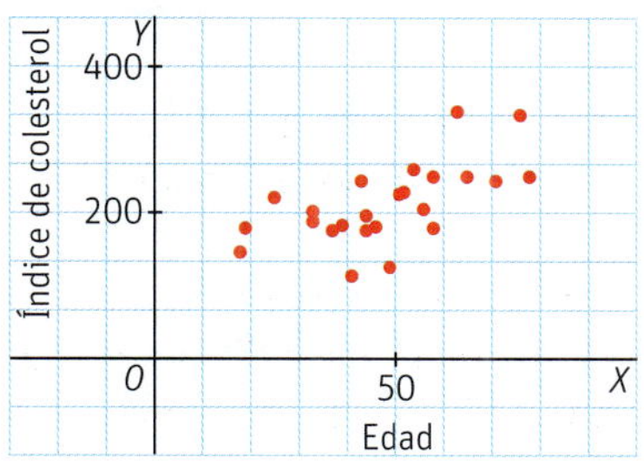

Algunas de las tendencias más usuales en la relación entre dos variables se reflejan en los siguientes ejemplos de diagramas de dispersión.

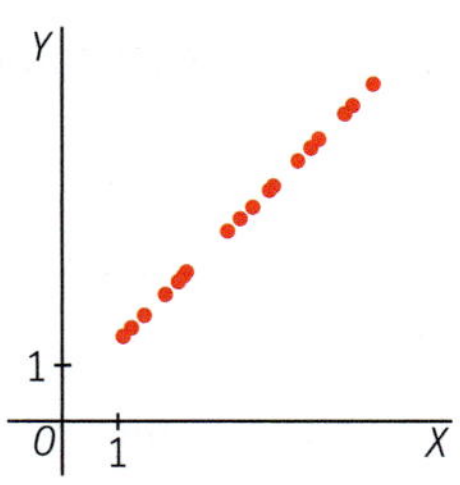

Relación funcional

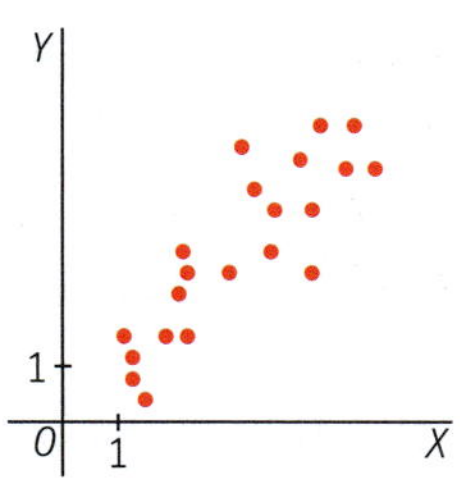

Relación lineal directa

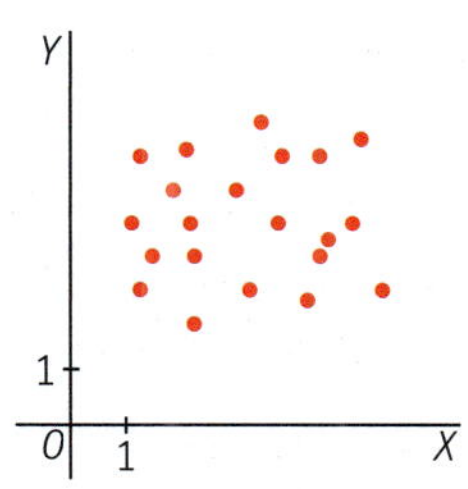

Independencia

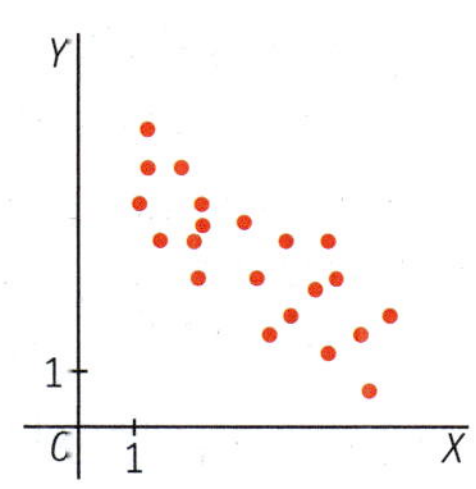

Relación lineal inversa

EJERCICIOS PROPUESTOS

1. **En una muestra de 8 ciudades, con aproximadamente la misma población, se ha calculado la temperatura media anual en grados centígrados (X) y el gasto medio anual en calefacción por habitante en euros (Y). Los resultados se recogen en la tabla siguiente:**

Gasto medio (€)	75	140	20	170	52	90	100	125
Temperatura media (°C)	22	12	24	10	20	18	20	16

a) Representa gráficamente el conjunto de datos.

b) ¿Observas alguna tendencia en la nube de puntos? ¿De qué tipo?

c) Calcula las medias de la temperatura y del gasto por habitante en las 8 ciudades y sitúalas en el gráfico anterior.

d) ¿Cuál de las dos variables presenta mayor variabilidad? Razona la respuesta.

2. **La siguiente tabla de contingencia da la distribución conjunta del género (X) y el hábito de correr (Y) de una muestra de 250 personas.**

X \ Y	Corredor	No corredor	Totales X
Hombre	**	54	107
Mujer	62	**	**
Totales Y	**	**	250

a) Copia y completa la tabla.

b) Indica el porcentaje de no corredores.

c) ¿Cuál es el porcentaje de mujeres corredoras?

d) Dentro de los no corredores, ¿cuál es el porcentaje de mujeres?

e) Dentro de los hombres, ¿cuál es el porcentaje de corredores?

f) ¿Cuál sería el modo más adecuado para representar gráficamente estos datos.

2 Distribución conjunta y distribuciones marginales

El estudio de la distribución conjunta de una variable bidimensional (*X*, *Y*) implica analizar cada una de las variables por medio de sus distribuciones marginales.

Ejemplo ▸ La tabla muestra, para los últimos 10 años, los beneficios (*Y*), en millones de euros, de una empresa y la inversión (*X*), en cientos de miles de euros, realizada en publicidad.

x_i	8	6	10	7	4	3	6	5	5	2	**56**
y_i	17	15	19	21	20	14	19	11	16	11	**163**
x_i^2	64	36	100	49	16	9	36	25	25	4	**364**
y_i^2	289	225	361	441	400	196	361	121	256	121	**2771**

$$\overline{x} = \frac{1}{10}\sum_{i=1}^{10} x_i = \frac{56}{10} = 5{,}6 \qquad s_x^2 = \frac{1}{10}\sum_{i=1}^{10} x_i^2 - \overline{x}^2 = 36{,}4 - (5{,}6)^2 = 5{,}04$$

$$\overline{y} = \frac{1}{10}\sum_{i=1}^{10} y_i = \frac{163}{10} = 16{,}3 \qquad s_y^2 = \frac{1}{10}\sum_{i=1}^{10} y_i^2 - \overline{y}^2 = \frac{2771}{10} - (16{,}3)^2 = 11{,}41$$

Si el volumen de datos de la distribución (*X*, *Y*) permite su ordenación en una tabla de doble entrada, se añade a la tabla una fila y una columna con los totales de cada distribución, que representan las **distribuciones marginales** de *Y* y de *X*.

	y_1	y_2		y_h	**Marg *X***
x_1	f_{11}	f_{12}		f_{1h}	$f_{1.}$
x_2	f_{21}	f_{22}			$f_{2.}$
x_k	f_{k1}	f_{k2}		f_{kh}	$f_{k.}$
Marg *Y*	$f_{.1}$	$f_{.2}$		$f_{.h}$	n

$f_{i.} = \sum_{j=1}^{h} f_{ij}$ es la frecuencia absoluta (marginal) del valor x_i de la variable *X* con $i = 1, 2, \dots k$

$f_{.j} = \sum_{i=1}^{k} f_{ij}$ es la frecuencia absoluta (marginal) del valor y_j de la variable *Y* con $j = 1, 2, \dots h$

Las frecuencias relativas de la distribución conjunta y de las distribuciones marginales son:

$$h_{ij} = \frac{f_{ij}}{n} \qquad h_{i.} = \frac{f_{i.}}{n} \qquad h_{.j} = \frac{f_{.j}}{n} \qquad i = 1, 2, \dots k \qquad j = 1, 2, \dots h$$

Ejemplo ▸ Para calcular los parámetros relevantes de las distribuciones marginales de la variable (*X*, *Y*) cuando los datos vienen en una tabla de doble entrada y tanto *X* como *Y* son variables cuantitativas se añaden las filas y columnas necesarias.

X \ *Y*	5	10	15	Marg *X*	$f_{i.}x_i$	$f_{i.}x_i^2$
25	0	2	4	**6**	150	3750
50	3	3	1	**7**	350	17 500
75	5	2	0	**7**	525	39 375
Marg *Y*	**8**	**7**	**5**	**20**	**1025**	**60 625**
$f_{.j}y_j$	40	70	75	**185**		
$f_{.j}y_j^2$	200	700	1125	**2025**		

$$\overline{x} = \frac{1}{20}\sum_{i=1}^{3} f_{ij}x_i = \frac{1025}{20} = 51{,}25 \qquad s_x^2 = \frac{1}{20}\sum_{i=1}^{3} f_{ij}x_i^2 - \overline{x}^2 = 404{,}69$$

$$\overline{y} = \frac{1}{20}\sum_{j=1}^{3} f_{ij}y_j = \frac{185}{20} = 9{,}25 \qquad s_y^2 = \frac{1}{20}\sum_{j=1}^{3} f_{ij}y_j^2 - \overline{y}^2 = 15{,}69$$

La covarianza

Para el análisis de una variable estadística bidimensional (*X*, *Y*), además de las medidas de localización y dispersión de las variables *X* e *Y*, se necesita una nueva medida que proporciona información sobre la variación conjunta de ambas variables, la **covarianza**:

La **covarianza muestral** de las observaciones de la variable bidimensional (*X*, *Y*) se define como:

$$s_{xy} = \frac{1}{n}\sum_{i=1}^{k}\sum_{j=1}^{h} f_{ij}(x_i - \overline{x})(y_j - \overline{y}) = \frac{1}{n}\sum_{i=1}^{k}\sum_{j=1}^{h} f_{ij}x_i y_j - \overline{x}\,\overline{y}$$

El valor de la covarianza depende de las unidades de medida de las variables *X* e *Y*, pero su signo informa acerca de la variación relativa de las variables. Así:

Covarianza positiva	Covarianza negativa	Covarianza próxima a cero
La relación es directa.	La relación es inversa.	No hay relación entre las variables.

MAT-TIC GeoGebra

Entra en sm**Savia**digital.com para entender el significado de la covarianza.

Ejemplo ▸ Para hallar la covarianza de la distribución del primer ejemplo de la página anterior, se añade a la tabla la fila correspondiente:

x_i	8	6	10	7	4	3	6	5	5	2	**56**
y_i	17	15	19	21	20	14	19	11	16	11	**163**
$x_i y_i$	136	90	190	147	80	42	114	55	80	22	**956**

$$s_{xy} = \frac{956}{10} - 5{,}6 \cdot 16{,}3 = 4{,}32$$

Como la covarianza es positiva, cuando crece el gasto en publicidad, aumentan los beneficios, como se ve en el diagrama de dispersión.

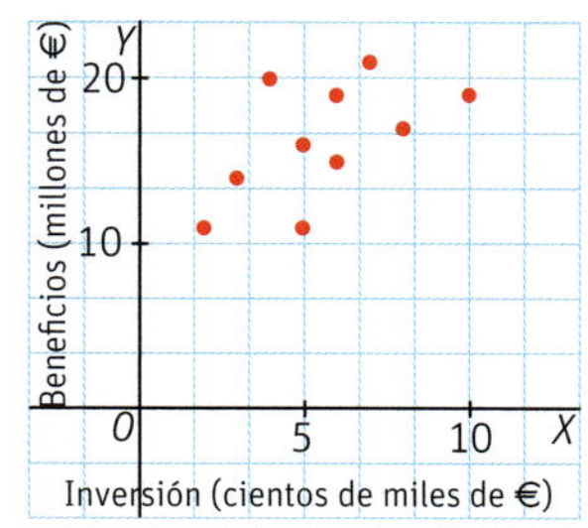

Ejemplo ▸ Para hallar la covarianza de la distribución del segundo ejemplo de la página anterior, se transforma la tabla de contingencia en una tabla simple, donde aparecen los pares de los datos en las dos primeras filas, en la tercera la frecuencia absoluta de cada par, y en la cuarta los valores de $f_{ij}\,x_i y_j$.

x_i	25	50	75	25	50	75	25	50	75	
y_j	5	5	5	10	10	10	15	15	15	
f_{ij}	0	3	5	2	3	2	4	1	0	
$f_{ij}x_i y_j$	0	750	1875	500	1500	1500	1500	750	0	8375

$$s_{xy} = \frac{8375}{20} - 51{,}25 \cdot 9{,}25 = -55{,}3125$$

La relación entre las variables es inversa, cuando una crece la otra decrece.

Ten en cuenta

Para calcular los parámetros de las distribuciones marginales y la covarianza de una variable (*X*, *Y*) se pueden disponer los datos en columnas en vez de en filas.

EJERCICIOS PROPUESTOS

3. **La tabla adjunta recoge las calificaciones obtenidas por 10 alumnos en la parte escrita (*X*) y en la parte oral (*Y*) de un examen de inglés de la Escuela Oficial de Idiomas.**

X	1,6	7,8	7,1	2,3	5,8	4,2	7,6	9,8	6,4	7,6
Y	2,0	4,0	5,0	5,5	6,0	6,5	7,1	7,6	8,4	9,3

a) Calcula las medias y las varianzas marginales.

b) Representa la nube de puntos.

c) A partir de la nube de puntos, comenta la relación entre las variables y su tendencia.

4. **La tabla muestra la puntuación (*Y*) obtenida por 1000 personas en función de su edad (*X*), en un test de aritmética.**

X \ Y	0 - 175	176 - 225	226 - 275	276 - 325	326 - 500
16 - 35	23	62	163	94	28
36 - 55	24	55	159	80	22
56 - 75	33	65	127	53	12

a) Obtén las distribuciones marginales.

b) Halla las medias y las varianzas marginales. Utiliza en los cálculos la marca de clase de cada intervalo.

3 Distribuciones condicionadas. Dependencia e independencia

Ten en cuenta

Una tabla de contingencia puede referirse a variables cuantitativas, como las presentadas en el epígrafe anterior y también a variables cualitativas o incluso a una de cada.

Distribución de frecuencias de Y condicionada por el valor $X = x_i$

$y_j \mid X = x_i$	f_{ij}	$h_{j\mid i}$
y_1	f_{i1}	$h_{1\mid i}$
y_2	f_{i2}	$h_{2\mid i}$
...	...	...
y_h	f_{ih}	$h_{h\mid i}$
	$f_{i.}$	1

La siguiente tabla muestra el número de inmigrantes procedentes del extranjero por edad (X) y sexo (Y), junto con sus distribuciones marginales (Fuente: INE (2013)).

	Hombres y_1	Mujeres y_2	Marg X
[0, 19) x_1	33 123	29 947	63 070
[19, 65) x_2	98 171	103 702	201 873
[66, 100) x_3	7 034	7 652	14 686
Marg Y	138 328	141 301	279 629

Fijado un valor o modalidad de una de las variables, se puede determinar la distribución de la otra variable. Así, por ejemplo, la distribución por sexos en la franja de edad [19, 65) (x_2) viene dada por los elementos de la segunda fila. Esta distribución se expresa por $Y \mid x = x_2$ y su tabla de frecuencias es:

$Y \mid x = x_2$	Hombres y_1	Mujeres y_2	
f_{2j}	$f_{21} = 98\,171$	$f_{22} = 103\,702$	$f_{2.} = 201\,873$
$h_{j\mid 2}$	$h_{1\mid 2} = \frac{98\,171}{201\,873} = 0{,}486$	$h_{2\mid 2} = \frac{103\,702}{201\,873} = 0{,}514$	1

Las frecuencias relativas de $y_j \mid x = x_2$ son: $h_{j\mid 2} = \frac{f_{2j}}{f_{2.}}$ para $j = 1, 2$.

Se llama **distribución condicionada de Y a que X tome el valor o modalidad x_i**, y se denota por $Y \mid X = x_i$ al conjunto de valores que toma la variable Y cuando $X = x_i$.

Los $f_{i.}$ individuos del valor o modalidad x_i de la variable Y se distribuyen mediante las frecuencias absolutas de la fila i de la tabla de contingencia.

La frecuencia relativa de $y_j \mid X = x_i$ es $h_{j\mid i} = \frac{f_{ij}}{f_{i.}}$ para $j = 1, 2, ..., h$ e $i = 1, 2, ..., k$

De forma análoga, puede definirse **distribución condicionada de X a que Y tome el valor o modalidad y_j**, y se denota por $X \mid Y = y_j$ al conjunto de valores que toma la variable X cuando $Y = y_j$, siendo la frecuencia relativa de $x_i \mid Y = y_j$ es $h_{i\mid j} = \frac{f_{ij}}{f_{.j}}$ para $j = 1, 2, ..., h$ e $i = 1, 2, ..., k$

La distribución de frecuencias absolutas y relativas de edad (X) condicionada por la modalidad de hombres (y_1) se obtiene a partir de la segunda columna de la tabla de contingencia anterior:

$X \mid Y = y_1$	f_{i1}	$h_{i\mid 1}$
[0, 19) x_1	$f_{11} = 33\,123$	$h_{1\mid 1} = 0{,}2395$
[19, 65) x_2	$f_{21} = 98\,171$	$h_{2\mid 1} = 0{,}7097$
[66, 100) x_3	$f_{31} = 7\,034$	$h_{3\mid 1} = 0{,}0509$
	$f_{.1} = 138\,328$	$1{,}0001 \simeq 1$

Las frecuencias relativas de $x_i \mid Y = y_1$ son:

$h_{i\mid 1} = \frac{f_{i1}}{f_{.1}}$ para $i = 1, 2, 3$

A partir de las definiciones de distribución conjunta, marginal y condicionada se puede comprobar que la frecuencia relativa conjunta es el producto de la marginal por la condicionada:

$$\boldsymbol{h_{ij} = h_{i.} \cdot h_{j\mid i} = h_{.j} \cdot h_{i\mid j}}$$

Basta con tener en cuenta que:

$$\frac{f_{ij}}{n} = \frac{f_{i.}}{n} \cdot \frac{f_{ij}}{f_{i.}} = \frac{f_{.j}}{n} \cdot \frac{f_{ij}}{f_{.j}}$$

En variables cuantitativas, se puede calcular la media y la varianza de las distribuciones condicionadas de manera similar a como se obtienen para las distribuciones marginales.

Independencia en tablas de contingencia

Se dice que la variable ***X* es independiente de la variable *Y*** si la información que proporciona la variable Y no modifica la distribución de frecuencias relativas marginal de X. Es decir:

$$h_{i|j} = h_{i.} \qquad \text{cualquiera que sea } j$$

Si X es independiente de Y, también Y es independiente de X.

$$h_{j|i} = \frac{f_{ij}}{f_{i.}} = \frac{h_{i|j} \cdot f_{.j}}{f_{i.}} \underset{(1)}{=} \frac{h_{i|j} \cdot \frac{f_{.j}}{n}}{\frac{f_{i.}}{n}} \underset{(2)}{=} \frac{h_{i.} \cdot h_{.j}}{h_{i.}} = h_{.j}$$

(1) Se divide por n

(2) Como X independiente de Y $h_{i|j} = h_{i.}$

La independencia de variables puede caracterizarse también a partir de las frecuencias relativas:

$$\boldsymbol{X \text{ e } Y \text{ independientes} \Leftrightarrow h_{ij} = h_{i.} h_{.j}}$$

Ten en cuenta

La independencia de las variables X e Y también se puede caracterizar con las frecuencias absolutas:

$$f_{ij} = \frac{f_{i.} f_{.j}}{n}$$

EJERCICIO RESUELTO

5. Dada la distribución conjunta (X, Y):

	2	4	6	8	Marg X
1	3	12	6	15	**36**
3	5	20	10	25	**60**
Marg Y	**8**	**32**	**16**	**40**	**96**

a) Halla las distribuciones de X condicionada por cada valor de Y.

b) Halla la media y la varianza de la distribución $X | Y = 6$.

c) Estudia la independencia de las variables X e Y.

a) Para construir la tabla de frecuencias relativas de X condicionada a cada valor de Y, se consideran las columnas de la tabla:

	$X \mid y_j$			
X	$h_{i\mid 1}$	$h_{i\mid 2}$	$h_{\cdot\mid 3}$	$h_{i\mid 4}$
$x_1 = 1$	$h_{1\|1} = \frac{3}{8} = 0{,}375$	$h_{1\|2} = \frac{12}{32} = 0{,}375$	$h_{1\|3} = \frac{6}{16} = 0{,}375$	$h_{1\|4} = \frac{15}{40} = 0{,}375$
$x_2 = 3$	$h_{2\|1} = \frac{5}{8} = 0{,}625$	$h_{2\|2} = \frac{20}{32} = 0{,}625$	$h_{2\|3} = \frac{10}{16} = 0{,}625$	$h_{2\|4} = \frac{25}{40} = 0{,}625$
	1	1	1	1

b) Se añaden a la tabla de la distribución $X | Y = 6$ las columnas necesarias para hallar los parámetros

x_{i3}	f_{i3}	$f_{i3} y_{i3}$	$f_{i3} y_{i3}^2$
1	6	6	6
3	10	30	90
	16	36	96

$$\overline{x} | y = 6 = \frac{36}{16} = 2{,}25 \quad s^2_{x|y=6} = \frac{96}{16} - 2{,}25^2 = 5{,}0625$$

c) Para ver si X e Y son independientes se construye la tabla de las distribuciones relativas conjunta y marginales y se comprueba que la conjunta es el producto de las marginales.
En efecto, se puede comprobar que $h_{ij} = h_{i.} \cdot h_{.j}$ para todo $i = 1, 2$ y $j = 1, 2, 3, 4$.

h_{ij}	2	4	6	8	$h_{i.}$
1	0,0312	0,125	0,0625	0,1563	**0,375**
3	0,0521	0,2083	0,1042	0,2604	**0,625**
$h_{.j}$	**0,0833**	**0,3333**	**0,1667**	**0,4167**	**1**

EJERCICIO PROPUESTO

6. La distribución de 1163 fumadores según sexo (X) y grupo de edad de 15 a 54 años (Y), se recoge en la tabla siguiente:

	[15, 24]	[25, 34]	[35, 44]	[45, 54]
Hombres	112	178	164	172
Mujeres	105	141	141	150

a) Escribe las distribuciones marginales.

b) Halla las distribuciones de frecuencias relativas de Y condicionadas por cada valor de X.

c) Halla la media y la varianza de $Y |$ hombres.

d) ¿Son dependientes estas variables?

4 Modelo de regresión lineal simple

Ten en cuenta

La **recta de regresión** de Y sobre X se construye para que la media de los cuadrados de las distancias verticales (ECM) de todos los puntos de la nube a la recta sea mínima

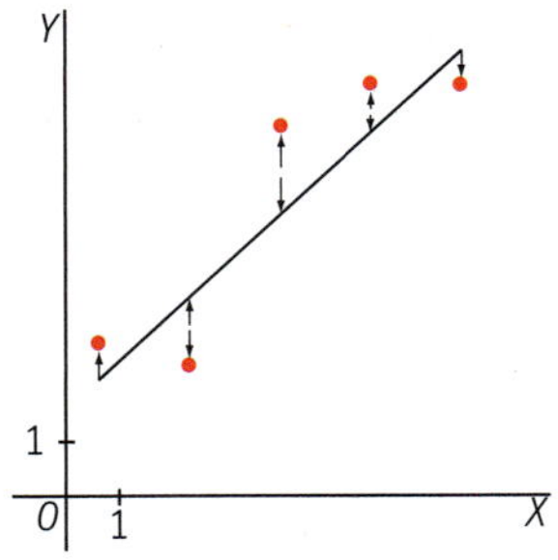

En otras palabras, se trata de minimizar la media de los cuadrados de la diferencia entre la respuesta medida y la estimada por la recta.

MAT-TIC GeoGebra

Entra en sm**Savia**digital.com e interpreta el método de los mínimos cuadrados.

Si el diagrama de dispersión de la variable bidimensional (X, Y) permite intuir, de forma razonable, que existe una cierta relación lineal entre X e Y, se puede intentar construir una recta que se ajuste lo mejor posible a la nube de puntos.

En estas situaciones, una de las variables, por ejemplo la X, se considera la variable independiente, explicativa o **regresora** y la otra, en este caso la Y, será la variable dependiente o **respuesta**.

El **modelo de regresión** lineal consiste en construir una recta de tal manera que, para cada valor x_i de X, el valor correspondiente de Y en la recta se encuentre lo más cerca posible de la auténtica respuesta observada y_i.

Método de los mínimos cuadrados

Se llama **recta de regresión de *Y* sobre *X*** a la recta $y = a + bx$, que minimiza el Error Cuadrático Medio (ECM), que se define como

$$\text{ECM} = \frac{1}{n}\sum_{i=1}^{n}(y_i - a - bx_i)^2$$

Se demuestra que los valores de a y b que minimizan el ECM son los siguientes:

$$a = \bar{y} - \frac{s_{xy}}{s_x^2}\bar{x} \qquad b = \frac{s_{xy}}{s_x^2}$$

Y al sustituir, se obtiene la ecuación de la **recta de regresión de *Y* sobre *X***.

$$y = \bar{y} + \frac{s_{xy}}{s_x^2}(x - \bar{x})$$

El ECM o varianza residual

Una vez ajustada la recta de regresión, para cada valor x_i de la variable X, se dispone de dos valores de la variable Y: uno el observado, y_i (dado en la tabla), y otro el estimado por la ecuación de regresión, $\hat{y}_i = \bar{y} - \frac{s_{xy}}{s_x^2}(x_i - \bar{x})$.

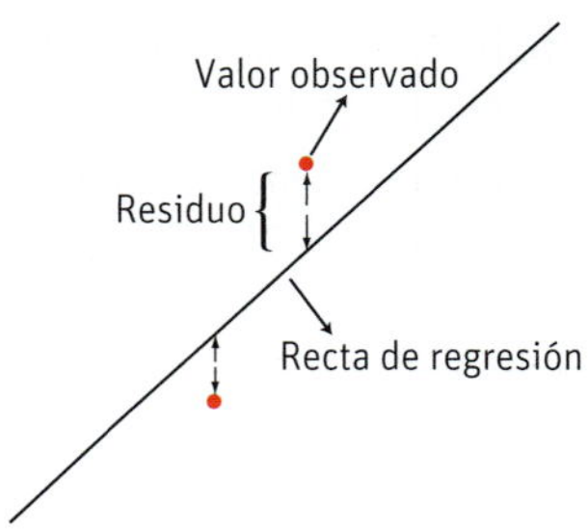

Para cada x_i, a la diferencia entre el valor observado y el estimado se le denomina **residuo** y el **ECM** es la media aritmética de los cuadrados de los residuos. Es decir:

$$\text{ECM} = \frac{1}{n}\sum_{i=1}^{n}(y_i - \hat{y}_i)^2$$

La recta de regresión representará mejor o peor a la nube de puntos de la variable dependiendo de la distribución de dichos puntos. Para medir la bondad del "ajuste" se utiliza el ECM, también conocido como **varianza residual** de la recta de regresión de Y sobre X:

$$\text{ECM}_{Y|X} = s_y^2\left(1 - \frac{s_{xy}^2}{s_x^2 \cdot s_y^2}\right)$$

La varianza residual proporciona una medida de lo bien o mal que ajusta la recta de regresión de Y sobre X a la nube de puntos. Sin embargo, no es útil para comparar rectas de regresión de variables distintas o para comparar el grado de asociación lineal entre distintos pares de variables, ya que depende de las unidades en que se haya medido la variable Y.

EJERCICIO RESUELTO

7. **La potencia eléctrica (*Y*) en MW generada por un molino de viento depende de la velocidad del viento (*X*) en km/h. La tabla recoge una muestra de 12 observaciones.**

x_i	y_i	x_i	y_i
2,45	0,12	6,35	1,93
2,90	0,65	7,00	1,80
3,60	1,14	7,40	2,09
4,60	1,56	8,15	2,17
5,45	1,50	9,55	2,29
5,80	1,74	10,2	2,31

a) Halla la recta de regresión de *Y* sobre *X* y dibújala.

b) Calcula el ECM. Valora el ajuste de la recta a la nube de puntos.

c) Si la velocidad del viento es 7 m/s, ¿Cuál es la diferencia entre el valor observado de la potencia generada y su correspondiente valor estimado?

a) Primero se representa la nube de puntos.

A la vista de la nube de puntos, es razonable ajustar una recta de regresión, por lo que hay que calcular las medias y varianzas marginales y la covarianza.

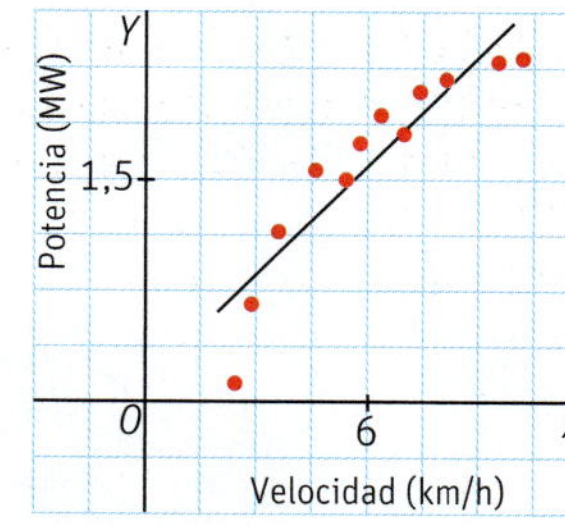

x_i	y_i	x_i^2	y_i^2	x_iy_i
2,45	0,12	6,0025	0,0144	0,294
2,90	0,65	8,41	0,4225	1,885
3,60	1,14	12,96	1,2996	4,104
4,60	1,56	21,16	2,4336	7,176
5,45	1,50	29,7025	2,250	8,175
5,80	1,74	33,640	3,0276	10,092
6,35	1,93	40,3225	3,7249	12,2555
7,00	1,80	49	3,240	12,600
7,40	2,09	54,76	4,3681	15,466
8,15	2,17	66,4225	4,7089	17,6855
9,55	2,29	91,2025	5,2441	21,8695
10,20	2,31	104,04	5,3361	23,562
73,45	**19,30**	**517,6225**	**36,0698**	**135,1645**

$$\overline{x} = \frac{73,45}{12} = 6,121$$

$$s_x^2 = \frac{517,6225}{12} - 6,121^2 = 5,669$$

$$\overline{y} = \frac{19,30}{12} = 1,608$$

$$s_y^2 = \frac{36,0698}{12} - 1,608^2 = 0,420$$

$$s_{xy} = \frac{135,1645}{12} - 1,608 \cdot 6,121 = 1,421$$

Recta de regresión:

$$y - 1,608 = \frac{1,421}{5,669}(x - 6,121) \Rightarrow$$

$$\Rightarrow y = 0,074 + 0,25x$$

b) ECM o varianza residual: $\text{ECM} = 0,420\left(1 - \frac{(1,421)^2}{0,420 \cdot 5,671}\right) = 0,064$

Su pequeño valor indica un buen ajuste de la recta de regresión a la nube de puntos.

c) Sustituyendo $x = 7$ en la ecuación de la recta obtenida en el apartado a), se obtiene una potencia estimada de *y*, $\hat{y} = 1,826$. Luego la diferencia entre el valor estimado y el observado, el residuo, es $y - \hat{y} = 1,80 - 1,826 = -0,026$.

EJERCICIOS PROPUESTOS

8. **Un concesionario de coches contrata empleados para los fines de semana. La tabla muestra los coches vendidos (*Y*) y los vendedores (*X*) en una muestra de 8 fines de semana.**

X	6	5	4	4	6	3	5	8
Y	18	20	10	14	15	7	13	21

a) Representa la nube de puntos de la distribución.

b) Escribe la ecuación de la recta de regresión de *Y* sobre *X*.

c) Calcula la varianza residual.

d) Si la empresa decide contratar 8 vendedores ¿Cuántos coches se estima que podría vender?

e) Si contrata 8 vendedores, calcula el residuo correspondiente y valora el resultado obtenido.

9. **La tabla recoge la temperatura media invernal (*X*) en °C en una ciudad costera y el número de días (*Y*) en que el nivel de ozono superó los 0,20 ppm (partes por millón) durante 10 años.**

X	16,0	17,2	18,0	17,2	16,9	17,1	18,2	17,3	17,5	16,6
Y	58	82	81	65	61	48	61	43	33	36

a) Dibuja el diagrama de dispersión.

b) Estima el número de días en los que se superará el nivel de ozono estándar (0,20 ppm) si la temperatura media invernal es de 16 °C y analiza la precisión de la predicción en función del ECM.

10. smSaviadigital.com PRACTICA **Practica con variables bidimensionales y sus rectas de regresión.**

5 Coeficientes de determinación y correlación

Karl Pearson (1857-1936)
Inglés polifacético que se dedicó al derecho, la política, la literatura y las matemáticas, con contribuciones importantes en estadística.

La ecuación de la recta de regresión de Y sobre X, se puede utilizar para, dado un valor particular de X, estimar el valor que tendría la variable Y. Para poder realizar estas estimaciones, es preciso tener en cuenta las siguientes consideraciones.

1. Al estimar el valor de Y, mediante la recta de regresión, se comete un determinado error, que hasta aquí se ha valorado con el ECM o varianza residual.
2. Las estimaciones o predicciones solo serán válidas si el valor dado a X se encuentra dentro del rango de valores de X en la muestra.

Ya se comentó que la varianza residual depende de la unidad en que se ha medido la variable Y y no sirve para comparar el grado de asociación lineal entre los diferentes pares de la variables ni para decidir si el ajuste es mejor o peor. Por ello, se introducen dos índices que proporcionan información de la "bondad" del ajuste de la recta a la nube de puntos. Son los coeficientes de determinación y de correlación.

El coeficiente de determinación

El **coeficiente de determinación** se define como:

$$R^2 = 1 - \frac{\text{ECM}}{s_y^2} = \frac{s_{xy}^2}{s_y^2\, s_x^2}$$

R^2 mide la proporción de la variabilidad de la variable respuesta que es explicada por el modelo de regresión. Cuanto más pequeño es el ECM, más cerca de 1 está R^2.

Ejemplo ▸ Si el coeficiente de determinación es 0,6, entonces el 60 % de la variabilidad observada en la variable Y es explicada por el modelo de regresión lineal.

El coeficiente de correlación

La raíz cuadrada del coeficiente de determinación es el llamado **coeficiente de correlación muestral** entre las variables X e Y, por tanto

$$r = \frac{s_{xy}}{s_x s_y}$$

Algunas propiedades importantes del coeficiente de correlación son:

1. Su valor está comprendido entre –1 y 1.
2. Cuanto más próximo esté a 1 o a –1 mejor será el ajuste de la recta de regresión a la nube de puntos.
3. Cuando el coeficiente de correlación toma un valor próximo a cero, no existe relación lineal entre las variables X e Y.
4. Al tener el mismo signo que la covarianza, su interpretación en cuanto a la relación entre las dos variables es la misma:
   - Si r es positivo, la relación es directa: a mayores valores de X, mayores valores de Y, y a menores valores de X, menores de Y.
   - Si r es negativo, la relación es inversa: a mayores valores de X, menores de Y, y a menores valores de X, mayores de Y.

Ten en cuenta

El **coeficiente de correlación** tiene la ventaja sobre la covarianza y sobre la varianza residual de que no tiene dimensión y posee una escala con la que decidir si el ajuste de la recta a la nube de puntos es mejor o peor.

MAT-TIC GeoGebra

Entra en sm**Savia**digital.com y calcula r y R^2 con ayuda de hojas de cálculo.

EJERCICIO PROPUESTO

11. La empresa que distribuye una conocida marca de refrescos ha tomado al azar 10 semanas del pasado año, recogiendo los siguientes datos:

X: "temperatura media de cada semana en °C"

Y: "unidades de refrescos distribuidas en miles"

X	10	28	12	31	30	19	24	5	9	15
Y	21	65	19	72	75	39	67	11	12	24

Representa la nube de puntos y calcula los coeficientes de determinación y de correlación, interpretando los resultados.

6 Regresión y predicción

El coeficiente de x en la ecuación de la recta de regresión de Y sobre X, b, es la pendiente de la recta y representa el aumento o disminución que se produce en Y por cada unidad que X aumenta o disminuye. De las expresiones del coeficiente de correlación, r, y de la pendiente b de la recta de regresión, se obtiene la relación entre ambos:

$$b = r\frac{s_y}{s_x}$$

Sir Francis Galton (1822-1911)
Médico inglés que aplicó la idea de correlación a sus estudios sobre la herencia genética en publicados en 1869.

Predicción

A las consideraciones hechas al hablar del modelo de regresión sobre la utilización de la recta de regresión de Y sobre X para estimar el valor de la variable Y, conocido el de X, hay que añadir las siguientes.

1. El error cometido será tanto mayor cuanto más próximo esté a cero el coeficiente de determinación o el coeficiente de correlación. Esto es claro si se tiene en cuenta que $\text{ECM} = s_y^2(1-R^2)$.
2. De lo anterior se deduce que la estimación del valor de Y será tanto mejor cuanto más cerca de 1 esté el coeficiente de determinación o, equivalentemente, cuando el coeficiente de correlación se aproxime a 1 o a −1.

MAT-TIC GeoGebra
Entra en smSaviadigital.com y haz predicciones usando hojas de cálculo.

EJERCICIO RESUELTO

12. En una distribución bidimensional, X toma valores entre 8 y 27, $R^2 = 0{,}8$ y la recta de regresión de Y sobre X viene dada por la ecuación:

$$y = 3{,}2 + 1{,}25x$$

Estima los valores de Y para $x = 1$, $x = 12$, $x = 20$ y $x = 40$.

Para $x = 1$ y para $x = 40$, no se pueden obtener estimaciones de Y ya que dichos valores están fuera del rango de valores de X.

Si $x = 12$ o $x = 20$, los valores estimados de Y serán, respectivamente:

$$x = 12 \Rightarrow \hat{y} = 3{,}2 + 1{,}25 \cdot 12 = 18{,}2 \qquad x = 20 \Rightarrow \hat{y} = 3{,}2 + 1{,}25 \cdot 20 = 28{,}2$$

Como el coeficiente de determinación es 0,8; el 80 % de la variabilidad de Y puede explicarse por el modelo de regresión, por lo que los valores estimados de Y son fiables.

EJERCICIOS PROPUESTOS

13. Los datos de la siguiente tabla se refieren a una muestra de 10 viviendas en las que se han observado el número de habitaciones (X) y el de personas que habitan en la vivienda (Y).

X	2	2	3	3	4	4	4	4	5	5
Y	1	2	2	3	2	4	5	6	4	6

a) Calcula la recta de regresión de Y sobre X.

b) Calcula los coeficientes de determinación y de correlación y valora el ajuste de la recta a la nube de puntos.

c) ¿Cuál es el porcentaje de la variabilidad del número de habitantes por vivienda explicado por el número de habitaciones?

d) ¿Cuál es el número estimado de personas que habitan en una vivienda de 3 habitaciones?

14. La media de las calificaciones globales (Y), obtenidas por 10 alumnos fue 6,8 puntos y sus horas de estudio semanales (X) suman 120. Se sabe que el coeficiente de correlación es 0,8 y que las desviaciones típicas de X e Y coinciden. Con estos datos, ¿puedes estimar la calificación de un alumno que ha estudiado 10 horas semanales?

15. Los datos de la tabla siguiente se refieren a una muestra de 8 parejas hermano-hermana adultos, en las que se ha observado la estatura del hombre (Y) y de la mujer (X) en centímetros.

X	164	162	167	168	167	152	160	170
Y	172	171	178	183	166	164	180	169

a) Representa la nube de puntos.

b) Escribe la recta de regresión de Y sobre X.

c) Calcula los coeficientes de determinación y de correlación y valora el ajuste de la recta a la nube de puntos.

d) ¿Cuál es el porcentaje de la variabilidad de la estatura de las mujeres explicado por la estatura de los hombres?

e) ¿Cuál es la estatura estimada de un hombre, si su hermana mide 165 cm?

f) ¿Cuál es la estatura estimada de una mujer si su hermano mide 175 cm?

16. smSaviadigital.com PRACTICA Utiliza la recta de regresión para hacer predicciones y decide si son o no fiables.

7 Precauciones en el uso de la regresión

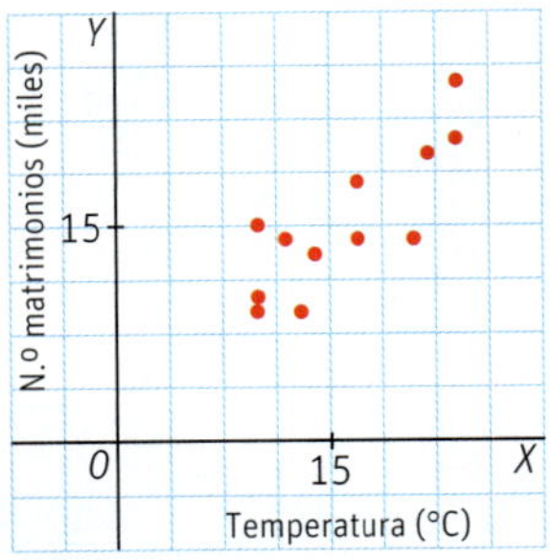

Relación de causalidad entre las variables

Ejemplo ▸ Se consideran las variables X, temperatura media mensual en una ciudad a lo largo de un año e Y, número de matrimonios, redondeado a miles, en España (INE, 1983. Peña, página 298) y se halla el coeficiente de correlación.

x	y_i	x_i^2	y_i^2	x_iy_i
10	10	100	100	100
10	9	100	81	90
12	14	144	196	168
14	13	196	169	182
17	14	289	196	238
21	14	441	196	294
24	25	576	625	600
24	21	576	441	504
22	20	484	400	440
17	18	289	324	306
13	9	169	81	117
10	15	100	225	150
194	**182**	**3464**	**3034**	**3189**

$$\overline{x} = \frac{194}{12} = 16,167$$

$$s_x^2 = \frac{3464}{12} - 16,167^2 = 27,295$$

$$\overline{y} = \frac{182}{12} = 15,167$$

$$s_y^2 = \frac{3034}{12} - 15,167^2 = 22,795$$

$$s_{xy} = \frac{3189}{12} - 15,167 \cdot 16,167 = 20,545$$

$$r = \frac{20,545}{\sqrt{27,295 \cdot 22,795}} = 0,824$$

En este caso, tanto la nube de puntos como el coeficiente de correlación, permitirían asociar linealmente el número de matrimonios a la temperatura, pero no parece razonable que exista tal relación causa-efecto.

Para ajustar un modelo de regresión no basta con que las dos variables se puedan asociar con un coeficiente de correlación alto. Debe, además, existir una **relación lógica de causa-efecto** entre dichas variables.

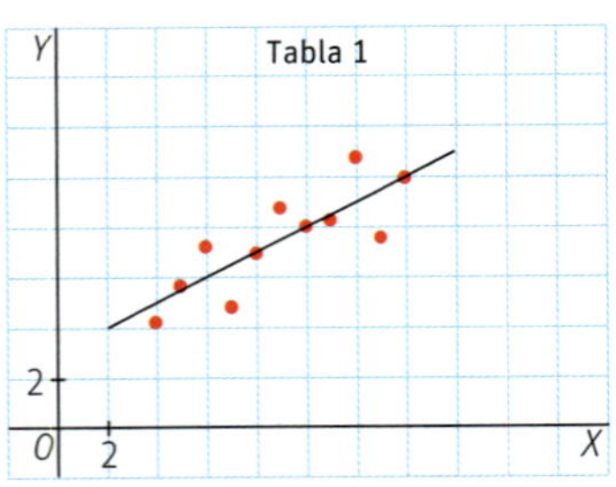

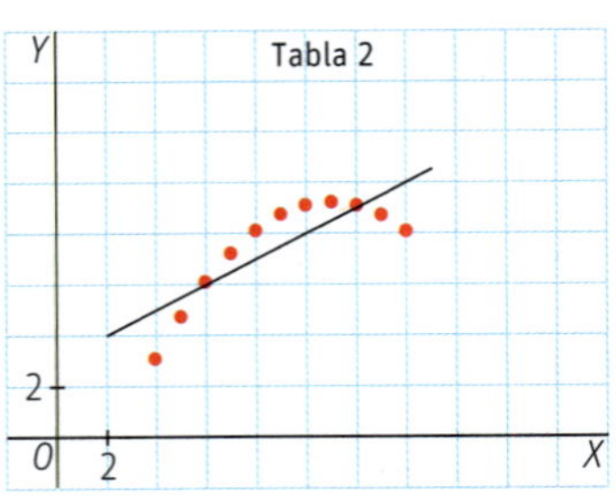

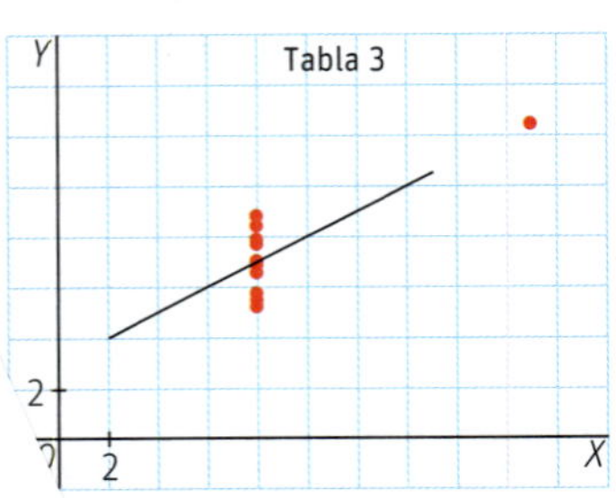

La importancia de la representación gráfica

A continuación se muestran, en tres tablas, otras tantas distribuciones de variables bidimensionales que se deben al estadístico F. Anscombe. Como siempre, la variable X es la variable independiente o regresora e Y la dependiente o respuesta.

1	X	10	8	13	9	11	14	6	4	12	7	5
	Y	8,04	6,95	7,58	8,81	8,33	9,96	7,24	4,26	10,8	4,82	5,68
2	X	10	8	13	9	11	14	6	4	12	7	5
	Y	9,14	8,14	8,74	8,77	9,26	8,1	6,13	3,1	9,13	7,26	4,74
3	X	8	8	8	8	8	8	8	8	8	8	19
	Y	6,58	5,76	7,71	8,84	8,47	7,04	5,25	5,56	7,91	6,89	12,5

Es fácil comprobar que estas tres distribuciones bidimensionales tienen el mismo coeficiente de correlación y la misma recta de regresión de Y sobre X: $r = 0,82$ $\quad y = 3 + 0,5x$

Sin embargo, las nubes de puntos presentan un aspecto completamente diferente, como se observa en los gráficos respectivos. Solo en el primer caso, la nube de puntos se puede representar razonablemente con la recta de regresión. Por tanto:

Antes de llevar a cabo cualquier análisis hay que representar gráficamente los datos.

8 Aplicaciones

Regresión pasando por el origen

En ocasiones, la lógica del problema conduce a pensar en un modelo de regresión lineal cuya recta pase por el origen de coordenadas, por ejemplo si el rendimiento de un trabajo es cero cuando el tiempo empleado es cero.

Si se decide ajustar un modelo de regresión lineal cuya ordenada en el origen es cero, la recta de regresión se reduce a $y = bx$ y el Error Cuadrático Medio es mínimo cuando la pendiente b es:

$$b = \frac{\sum_{i=1}^{n} x_i y_i}{\sum_{i=1}^{n} x_i^2} \quad \text{siendo } \mathbf{ECM_0} = \frac{1}{n}\sum_{i=1}^{n} y_i^2 \left(1 - \frac{\left(\sum_{i=1}^{n} x_i y_i\right)^2}{\sum_{i=1}^{n} x_i^2 \sum_{i=1}^{n} y_i^2} \right) \quad \text{y } R_0^2 = \frac{\left(\sum_{i=1}^{n} x_i y_i\right)^2}{\sum_{i=1}^{n} x_i^2 \sum_{i=1}^{n} y_i^2}$$

Ejemplo ▸ Para estudiar la relación entre el tiempo, en minutos, (Y) que emplea el reponedor de un supermercado en colocar los envases de bebidas en una estantería y el número de envases a reponer (X) se han realizado 10 observaciones.

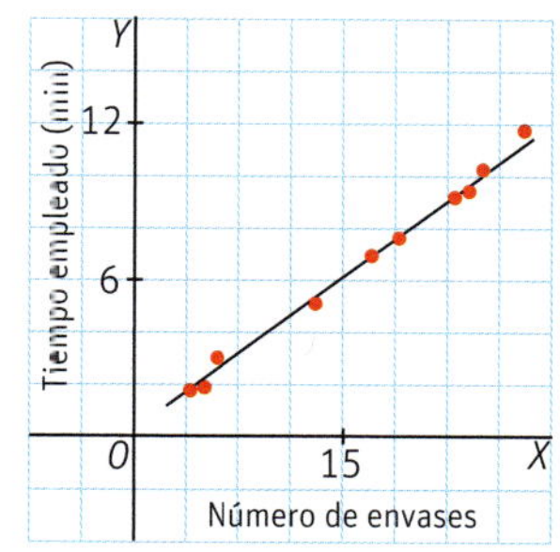

Los valores de los coeficientes de determinación, $R^2 = 0{,}994$, y de correlación, $r = 0{,}997$, indican una fuerte dependencia lineal entre las variables. Por lo que parece adecuado ajustar una recta de regresión de Y sobre X a la nube de puntos.

Por la naturaleza del problema, conviene adoptar un modelo de regresión que pase por el origen, ya que parece que si no hay envases que reponer ($x = 0$), el tiempo empleado sea $y = 0$.

Se calcula la pendiente de la recta, b, y resulta la recta de regresión $y = 0{,}404x$. Siendo $ECM_0 = 0{,}0667$ y $R_0^2 = 0{,}998$.

Si se decide utilizar el modelo completo, la recta de regresión del tiempo sobre el número de envases a reponer sería $y = 0{,}083 + 0{,}4x$, resultado que no parece razonable, aunque $ECM = 0{,}0697$.

Para comparar el modelo completo con el modelo que pasa por el origen, no deben utilizarse los coeficientes de determinación. Puede ocurrir que $R_0^2 > R^2$ y sin embargo $ECM < ECM_0$.

X	25	6	17	13	23	28	19	4	24	5
Y	10,2	2,96	6,88	5,06	9,14	11,7	7,57	1,74	9,38	1,84

Transformaciones para mejorar el ajuste lineal

Si se calcula el coeficiente de determinación del ejercicio 7, se obtiene $R^2 = 0{,}848$. Por tanto, el 84,8 % de la variabilidad de la energía producida viene explicada por el modelo regresión lineal. Sin embargo la tendencia de la nube de puntos no parecía lineal. En este caso es posible mejorar el modelo lineal mediante un cambio de la variable X. En particular, si se considera $Z = \frac{1}{X}$ se obtiene la tabla siguiente:

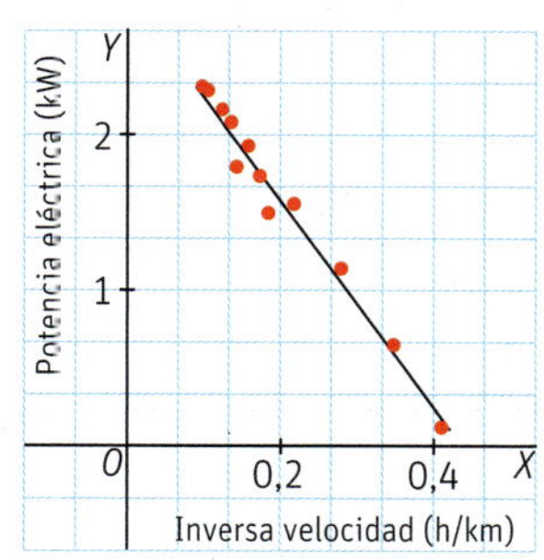

Z	0,408	0,345	0,278	0,217	0,183	0,172	0,157	0,143	0,135	0,123	0,105	0,098
Y	0,12	0,65	1,14	1,56	1,5	1,74	1,93	1,8	2,09	2,17	2,29	2,31

El coeficiente de determinación es ahora $R^2 = 0{,}976$, de manera que la variabilidad de la potencia observada es explicada casi en su totalidad por la inversa de la velocidad del viento. El valor del coeficiente de correlación, $r = -0{,}988$, indica que la recta de regresión de Y sobre Z se ajusta muy bien a la nube de puntos, como se observa en el gráfico de la derecha. La ecuación de dicha recta es:

$$y = 2{,}95 - 6{,}80z$$

En esta ocasión, la transformación de la variable independiente ha mejorado notablemente el modelo de regresión lineal original.

En otras ocasiones conviene transformar la variable dependiente o respuesta o incluso realizar transformaciones en ambas variables.

Resumen

Variables estadísticas bidimensionales

Una **variable estadística bidimensional (*X*, *Y*)** representa **dos características** de una población en la que a cada elemento de la muestra seleccionada se le asocian dos valores, uno por cada variable. La distribución conjunta viene dada por *n* parejas de observaciones (x_1, y_1), (x_2, y_2), ..., (x_n, y_n).

Distribución conjunta y distribuciones marginales

Tabla simple

X	x_1	x_2	...	x_n
Y	y_1	y_2	...	y_n

Tabla de contingencias

X \ Y	y_1	y_2	...	y_h	Marg X
x_1	f_{11}	f_{12}	...	f_{1h}	$f_{1.}$
x_2	f_{21}	f_{22}	...	f_{2h}	$f_{2.}$
...	...	...	...	...	...
x_k	f_{k1}	f_{k2}	...	f_{kh}	$f_{k.}$
Marg Y	$f_{.1}$	$f_{.2}$	...	$f_{.h}$	n

Nubes de puntos. Tendencias

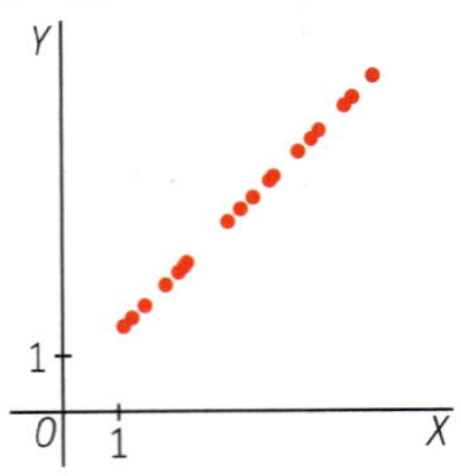

Funcional lineal: $r = 1$

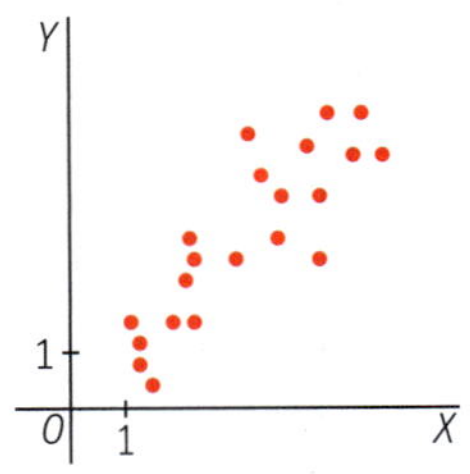

Lineal directa: $r = 0,89$

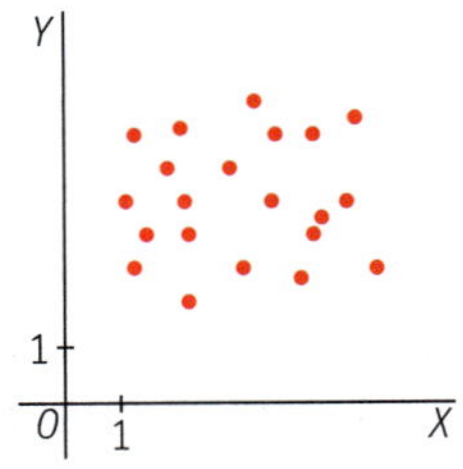

Sin relación: $r = 0$

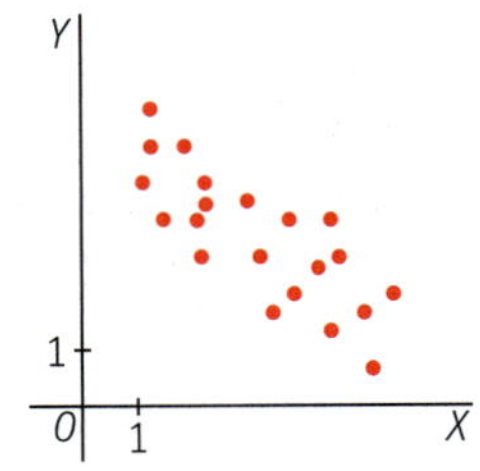

Lineal inversa: $r = -0,93$

Covarianza

$$s_{xy} = \frac{1}{n}\sum_{i=1}^{n} x_i y_i - \overline{x}\,\overline{y}$$

Proporciona información acerca de la variación conjunta de ambas variables.

Covarianza positiva: la relación es directa y significa que ambas variables crecen o decrecen simultáneamente.

Covarianza negativa: la relación es inversa, cuando una crece (decrece) la otra decrece (crece).

Covarianza próxima a cero, no hay relación entre las variables.

Regresión lineal y correlación

Ecuación de la recta de regresión de *Y* sobre *X*: $y = \overline{y} + \frac{S_{xy}}{S_x^2}(x - \overline{x})$

Error cuadrático medio de la regresión de *Y* sobre *X* o varianza residual

$$\text{ECM}_{Y|X} = s_y^2\left(1 - \frac{s_{xy}^2}{s_x^2\, s_y^2}\right)$$

Es una medida del error cometido al estimar el valor de la variable respuesta mediante el modelo de regresión lineal.

Coeficiente de determinación

Mide el porcentaje de la variabilidad de la respuesta explicada por el modelo de regresión.

$$R^2 = \frac{s_{xy}^2}{s_y^2\, s_x^2} \qquad 0 \le R^2 \le 1$$

Coeficiente de correlación

Mide la fiabilidad del ajuste lineal a la distribución conjunta (nube de puntos).

$$r = \sqrt{R^2} = \frac{s_{xy}}{s_x s_y} \qquad -1 \le r \le 1$$

- Cuanto más próximo esté *r* a 1 o –1 mejor será el ajuste lineal.
- Cuanto más próximo esté *r* a 0, menor será el grado de correlación entre las variables.

Recuerda

Antes de llevar a cabo cualquier análisis, es preciso estudiar la relación causa - efecto entre la variable regresora y la respuesta y representar siempre la nube de puntos para valorar si, por las características del problema, debe ajustarse una recta que pase por el origen.

EJERCICIOS RESUELTOS

Distribución conjunta

Estudio de variables condicionadas

17. **La tabla muestra la distribución conjunta del peso (Y en kg) y el número de calzado (X) de 50 hombres.**

X \ Y	[60, 65)	[65,70)	[70, 75)
40	3	5	4
41	5	6	8
42	2	8	9

a) Halla las distribuciones marginales.

b) Calcula la media y la varianza de la distribución de calzado sabiendo que el peso está entre [70, 75).

c) Estudia si la resistencia y la elasticidad son dependientes o independientes.

a) Se completa la tabla con las frecuencias de las distribuciones marginales, las dos últimas filas representa la distribución de la variable X y las dos últimas columnas la de Y.

X \ Y	[60, 65)	[65,70)	[70, 75)	$f_{i.}$	$h_{i.}$
	62,5	67,5	72,5		
40	3	5	4	12	0,24
41	5	6	8	19	0,38
42	2	8	9	19	0,38
$f_{.j}$	10	19	21	50	
$h_{.j}$	0,2	0,38	0,42		1

b) La tabla recoge la distribución de frecuencias de la variable $X \mid y \in [70,75)$ junto con las columnas necesarias para hallar su media y varianza.

$X \mid y \in [70,75)$	f_{i3}	$f_{i3}x_{i3}$	$f_{i3}x_{i3}^2$
40	4	160	6 400
41	8	328	13 448
42	9	378	15 876
	21	866	35 724

$$\bar{x} \mid y \in [70,75) = \frac{866}{21} = 41{,}238$$

$$s^2_{x|y\in[70,75)} = \frac{35\,724}{21} - 41{,}238^2 = 0{,}570$$

c) Para estudiar la independencia, se construye la tabla de la distribución conjunta de las frecuencias relativas junto con las correspondientes distribuciones marginales.

Se comprueba si $h_{ij} = h_{i.}\, h_{.j}$ para todo $i = 1, 2, 3$ y todo $j = 1, 2, 3$.

En este caso no son independientes, ya que, por ejemplo $h_{11} = 0{,}06$ y $h_{1.}\, h_{.1} = 0{,}24 \cdot 0{,}2 = 0048$.

X \ Y	[60, 65)	[65,70)	[70, 75)	$h_{i.}$
	62,5	67,5	72,5	
40	0,06	0,1	0,08	**0,24**
41	0,1	0,12	0,16	**0,38**
42	0,04	0,16	0,18	**0,38**
$h_{.j}$	**0,2**	**0,38**	**0,42**	**1**

Regresión lineal

Interpretación del error cuadrático medio

18. **La tabla recoge los datos de la esperanza de vida media (Y), en años, y los ingresos per cápita medios (X), en dólares, de los cinco continentes.**

	X	Y
África	2780	55
América	5980	67
Asia	7390	60
Europa	14 390	71
Oceanía	6490	65

a) Escribe la recta de regresión de Y sobre X.

b) Calcula el Error Cuadrático Medio.

c) ¿Qué conclusiones se pueden extraer?

a) Se forma la tabla auxiliar para hacer los cálculos:

x_i	y_i	x_i^2	y_i^2	x_iy_i
2780	55	7 728 400	3025	152 900
5980	67	35 760 400	4489	400 660
7390	60	54 612 100	3600	443 400
14 390	71	207 072 100	5041	1 021 690
6490	65	42 120 100	4225	421 850
37 030	318	347 293 100	20 380	2 440 500

$$\bar{x} = \frac{37\,030}{5} = 7406$$

$$s_x^2 = \frac{347\,293\,100}{5} - 7406^2 = 14\,609\,784$$

$$\bar{y} = \frac{318}{5} = 63{,}6$$

$$s_y^2 = \frac{20\,380}{5} - 63{,}6^2 = 31{,}04$$

$$s_{xy} = \frac{2\,440\,500}{5} - 7406 \cdot 63{,}6 = 17\,078{,}4$$

La recta de regresión de Y sobre X es:

$$y - 63{,}6 = \frac{17\,078{,}4}{14\,609\,784}(x - 7406) \Rightarrow y = 54{,}943 + 0{,}00117x$$

b) $\text{ECM} = s_y^2\ (1 - R^2) = 11{,}075$, que es relativamente pequeño, comparado con la varianza de las observaciones.

c) Existe una correlación lineal directa o positiva, con lo que a mayores ingresos per cápita, mayor es la esperanza de vida. En promedio, por cada 1000 $ de aumento en la renta, la esperanza de vida crece aproximadamente en 1,7 años.

Recta de regresión y coeficiente de determinación

19. De un estudio que relaciona los resultados obtenidos por alumnos de Primaria en matemáticas (Y) con su nivel de comprensión lectora (X), se han recogido los datos de una muestra de 10 estudiantes:

X	Y
4	5
6	5
3	4
8	6
7	9
6	4
5	3
8	6
1	2
7	7

a) Construye el diagrama de dispersión y estudia si la relación entre el rendimiento en matemáticas y la compresión lectora puede considerarse lineal.

b) Hallar la recta de regresión de Y sobre X.

c) ¿Qué porcentaje de la variabilidad de la nota en matemáticas puede explicarse por el modelo de regresión.

a) Se construye el diagrama de dispersión.

A la vista del diagrama de dispersión, es razonable pensar que se puede ajustar una recta a la nube de puntos.

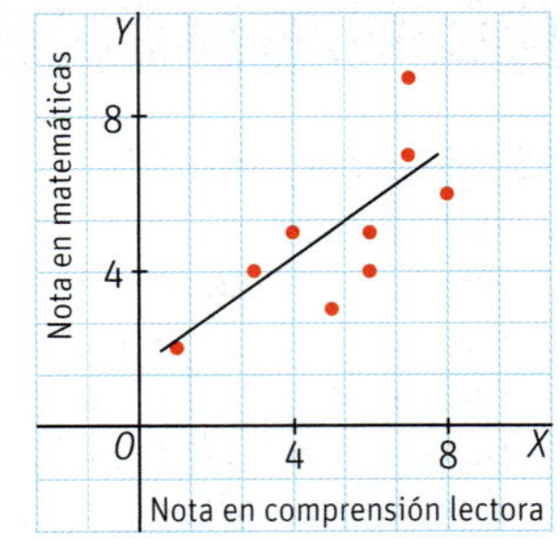

b)

x_i	y_i	x_i^2	y_i^2	x_iy_i
4	5	16	25	20
6	5	36	25	30
3	4	16	16	12
8	6	64	36	48
7	9	49	81	63
6	4	36	16	24
5	3	25	9	15
8	6	64	16	48
1	2	1	4	2
7	7	49	49	49
55	51	349	297	311

$$\overline{x}=\frac{55}{10}=5,5$$

$$\overline{y}=\frac{51}{10}=5,1$$

$$s_x^2=\frac{349}{10}-5,5^2=4,65$$

$$s_y^2=\frac{297}{10}-5,1^2=3,69$$

$$s_{xy}=\frac{311}{10}-5,5\cdot 5,1=3,05$$

$$r=\frac{3,05}{\sqrt{4,65}\sqrt{3,69}}=0,736$$

Como $r=0,736$ puede decirse que existe una relación lineal directa entre los resultados de matemáticas y comprensión lectora.

La recta de regresión de Y sobre X es $y-5,1=\dfrac{3,05}{4,65}(x-5,5)\Rightarrow y=1,492+0,656x$

c) $R^2=0,736^2=0,542$. El 54,2 % de la variabilidad de la nota de matemáticas puede explicarse con el modelo de regresión lineal.

Correlación lineal débil

20. Draper y Smith (1981) estudiaron sobre una muestra de 50 personas, la dependencia de la edad al fallecer (Y), en años, respecto a la longitud de la línea de vida de la mano izquierda (X) en cm. Los resultados fueron:

$$\sum_{i=1}^{50}x_i=459,9 \quad \sum_{i=1}^{50}x_i^2=4308,57$$

$$\sum_{i=1}^{50}y_i=3333 \quad \sum_{i=1}^{50}y_i^2=231\,933$$

$$\sum_{i=1}^{50}x_iy_i=30\,549$$

Estudia si hay relación lineal entre la edad al fallecer y la longitud de la línea de la vida.

Para responder la cuestión se calcula el coeficiente de correlación. Para ello se hallan los parámetros necesarios:

$$\overline{x}=\frac{459,9}{50}=9,198 \qquad s_x^2=\frac{4308,57}{50}-9,198^2=1,568$$

$$\overline{y}=\frac{3333}{50}=66,66 \qquad s_y^2=\frac{231\,933}{50}-66,66^2=195,104$$

$$s_{xy}=\frac{30549}{50}-9,198\cdot 66,66=-2,159$$

$$r=\frac{-2,159}{\sqrt{1,568}\sqrt{195,104}}=-0,123$$

De modo que la relación lineal es débil y en sentido inverso, es decir a mayor longitud de la línea de la vida, menor esperanza de vida. Esta correlación tan baja indica que no es razonable suponer una relación lineal entre la edad de fallecimiento y la longitud de la línea de la vida.

Precauciones en el uso de la regresión. Aplicaciones

Regresión y predicción

21. **Se desea estudiar la relación entre el contenido de fluoruro en el suministro de agua potable, en mg/L (*X*) y la tasa de caries (*Y*, afectados por 1000 habitantes). Al respecto, se recogieron datos de 6 poblaciones que se muestran en la tabla siguiente:**

Flúor: *X*	Tasa: *Y*
1,23	220
0,60	400
1,32	291
0,51	545
0,11	695
0,95	325

a) Escribe la ecuación de la recta de regresión de *Y* sobre *X* y represéntala junto con la nube de puntos. Comenta la relación que existe entre las variables.

b) Si en una población el contenido de fluoruro en el agua potable es de 1 mg/l, ¿cuál será la tasa de caries esperada en dicha población? ¿Es fiable esta predicción?

a) Para obtener la recta de regresión se parte de la tabla auxiliar.

x_i	y_i	x_i^2	y_i^2	x_iy_i
1,23	220	1,5129	48 400	270,60
0,60	400	0,3600	160 000	240,00
1,32	291	1,7424	84 681	384,12
0,51	545	0,2601	297 025	277,95
0,11	695	0,0121	483 025	76,45
0,95	325	0,9025	105 625	308,75
4,72	**2476**	**4,79**	**1 178 756**	**1557,87**

$$\overline{x}=\frac{4,72}{6}=0,787$$

$$\overline{y}=\frac{2476}{6}=412,667$$

$$s_x^2=\frac{4,79}{6}-0,787^2=0,179$$

$$s_y^2=\frac{1\,178\,756}{6}-412,667^2=26\,165,28$$

$$s_{xy}=\frac{1557\ 87}{6}-0,787\cdot 412,667=-65,124$$

$$y-412,667=-\frac{65,124}{0,179}(x-0,787)\Rightarrow y=-363,82x+699$$

A la vista de la nube de puntos y de la recta de regresión ajustada se observa una relación lineal inversa: a mayor contenido de fluoruro en el agua, menor tasa de caries.

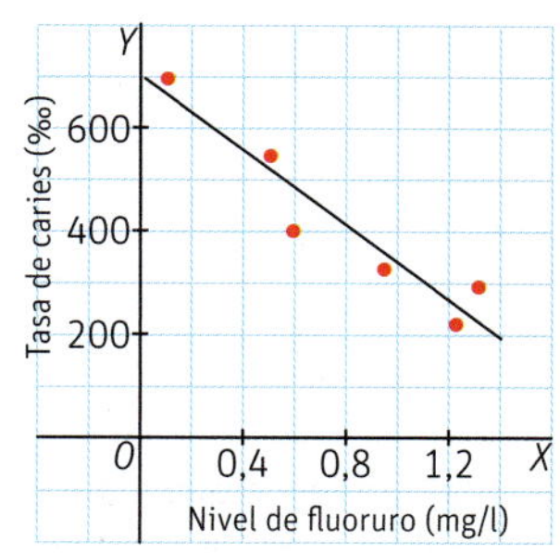

b) Al sustituir $x=1$ en la recta de regresión se obtiene $y=335,18$. La tasa de caries se estima en 335 habitantes por cada 1000.

A la vista del gráfico, parece que la predicción es fiable, lo que se confirma con los coeficientes de correlación y determinación.

$$r=\frac{-65,124}{\sqrt{0,179}\sqrt{26\,165,28}}=-0,952 \quad R^2=0,91$$

Elección adecuada del ajuste

22. **En 8 parcelas de trigo, se dispone de la estimación visual de la producción por un experto (*X*) y de la producción real (*Y*) en toneladas. Los datos son:**

X	28	20	36	24
Y	29	16	39	18

X	28	23	24	36
Y	26	23	20	39

Aproxima la recta de regresión que consideres a la nube de puntos.

La nube de puntos muestra una tendencia creciente y para llevar a cabo un ajuste lineal podría pensarse en una recta de regresión pasando por el origen, ya que si el experto estima que la producción será cero ($X=0$), parece lógico pensar que la producción real será $Y=0$. Sin embargo este ajuste, con ECM_0 = 11,026 y $R_0^2=0,9855$, no puede realizarse ya que no hay datos disponibles cerca del origen. Se realiza un ajuste a una recta de regresión completa.

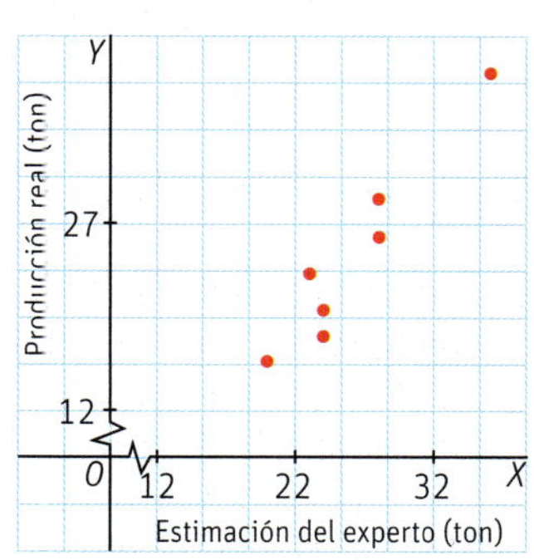

x_i	y_i	x_i^2	y_i^2	x_iy_i
28	29	784	841	812
20	16	400	256	320
36	39	1 296	1 521	1 404
24	18	576	324	432
28	26	784	676	728
23	23	529	529	529
24	20	576	576	480
36	39	1296	1521	1404
219	**210**	**6241**	**6068**	**6109**

$$\overline{x}=\frac{219}{8}=27,375 \qquad s_x^2=\frac{6241}{8}-27,375^2=30,734$$

$$\overline{y}=\frac{210}{8}=26,25 \qquad s_y^2=\frac{6068}{3}-26,25^2=69,44$$

$$s_{xy}=\frac{6109}{8}-27,375\cdot 26,25=45,03$$

$$y-26,25=\frac{45,03}{30,734}(x-27,375)\Rightarrow y=1,47x-13,86$$

ACTIVIDADES

Ejercicios

Variables bidimensionales: nube de puntos y distribuciones marginales

23. **En la tabla se dan los ingresos netos en miles de euros (X) y el gasto en ropa y calzado (Y) en euros de 10 familias en el mes de julio.**

X	1,2	2,2	0,9	1,5	1,8	1,4	1,0	2,0	2,5	1,6
Y	220	300	140	250	290	250	180	310	350	160

a) Representa la nube de puntos y comenta cuál es la tendencia observada en la relación entre las dos variables.

b) Calcula las medias y las varianzas marginales.

24. **La tabla muestra el número de hijos (Y) que tienen 50 mujeres en función de su edad (X).**

X \ Y	0	1	2	3	Total Y
20 – 25	7	2	1	**	10
26 – 30	**	5	3	**	**
30 – 35	3	**	7	2	**
36 – 40	1	1	**	2	**
Total X	16	**	14	6	50

a) Copia y completa la tabla.

b) Obtén las distribuciones marginales y sus medias y varianzas.

c) Escribe la distribución del número de hijos si la madre está entre 30 y 35 años. Calcula su media y su varianza.

25. **El número de unidades producidas al mes en miles (X) por una empresa y el número de unidades defectuosas (Y) en 6 meses es:**

X	0,5	1,2	1,6	2,5	3,3	5,1
Y	10	20	25	35	40	50

a) Representa gráficamente los datos.

b) Calcula la media y la varianza de las distribuciones marginales de Y y X.

c) ¿Se puede afirmar que la nube de puntos puede ajustarse por una recta? Justifica la respuesta.

Covarianza, regresión lineal y correlación

26. **De las 100 observaciones de la distribución de la variable bidimensional (X, Y) se obtiene la siguiente información:**

- **Las medias muestrales de X e Y son 0,9 y 1,2 respectivamente.**
- **Las varianzas muestrales de X e Y son 10,09 y 13,96 respectivamente.**
- **La covarianza es 8,12.**

Con estos datos:

a) Calcula el coeficiente de correlación lineal y, razona si es correcto un ajuste lineal entre las dos variables.

b) Calcula el Error Cuadrático Medio del ajuste lineal.

c) Escribe la recta de regresión de Y sobre X y estima el valor esperado de Y cuando la variable X tome el valor 1.

27. **En una determinada región vinícola se han evaluado las pérdidas en cientos de miles de euros (Y) en la producción en función del número de días de lluvia (X) de la campaña.**

X	87	80	77	75	63	71	76	74
Y	19,5	18,5	14,6	15,5	12,7	14	18,1	15

a) A la vista de la representación gráfica, ¿se puede afirmar que existe una relación lineal?

b) Calcula el coeficiente de correlación. ¿Se confirma la impresión anterior?

c) Escribe la ecuación de la recta de regresión de Y sobre X.

d) ¿A cuánto ascenderán las pérdidas un año en el que ha habido 83 días de lluvia?

e) Halla el Error Cuadrático Medio e interpreta el resultado.

28. **En un estudio de rendimiento de automóviles, se analiza la relación entre la potencia del motor en CV (X) y los kilómetros recorridos por litro de combustible (Y). Se recogieron datos de 10 vehículos:**

X	170	90	110	75	109	129	215	180	220	160
Y	17,0	20,1	21,5	30,4	21,5	17,8	14,9	16,6	13,3	16,5

a) Representa gráficamente los datos y explica razonadamente si existe relación entre las variables y, caso afirmativo, de qué tipo es.

b) Cuantifica la relación entre la potencia del motor y los km recorridos y explica, justificadamente, el resultado obtenido.

c) Escribe la ecuación de la recta de regresión que explica los km recorridos en función de la potencia del motor. ¿Ajusta bien la recta a la nube de puntos?

29. **La tabla muestra el número de calzado (Y) y el peso en kg (X) de 8 chicos elegidos al azar en un centro educativo.**

X	55	65	60	70	65	75	65	85
Y	39	40	41	41	42	42	43	44

a) Dibuja la nube de puntos.

b) Calcula los coeficientes de determinación y correlación.

c) Valora la relación lineal que explica el número del calzado en función del peso.

30. **La tabla siguiente recoge el diámetro en cm (Y) del tronco de una determinada especie de árbol en 5 años (X) consecutivos.**

X	1	2	3	4	5
Y	6,5	7,5	7,9	8,3	9,1

Los anillos concéntricos de los troncos de los árboles permiten conocer la edad aproximada que tiene el árbol.

a) Dibuja el diagrama de dispersión y describe la tendencia que observas.

b) Escribe la recta de regresión de Y sobre X y estima el diámetro del tronco de un árbol en el sexto año.

c) ¿Qué porcentaje de la variabilidad observada en el diámetro se explica por la variabilidad en X?

d) Halla el Error Cuadrático Medio e interpreta el resultado.

31. **El número de partidos ganados por 8 equipos de fútbol (*Y*) y el número de goles encajados por cada uno de ellos (*X*) se recoge en la tabla siguiente.**

X	32	22	21	27	23	35	35	21
Y	8	15	12	21	17	9	11	12

a) Representa la nube de puntos y comenta la tendencia que observas justificando la respuesta.

b) Calcula el coeficiente de correlación e interpreta el resultado.

32. **La tabla siguiente muestra la edad, en meses (*X*) y la altura en cm (*Y*) de una muestra de 10 niños tomada en una escuela.**

X	126	132	116	140	115	135	141	137	119	121
Y	149	148	141	160	137	149	160	151	133	135

a) Representa la nube de puntos.

b) Halla la recta de regresión de la altura en función de la edad.

c) Calcula e interpreta el Error Cuadrático Medio.

d) Razona si la recta de regresión obtenida en b) representa adecuadamente los datos.

e) ¿Cuál sería la estatura de un niño de 12 meses?

33. **Como parte de un estudio sociológico, en un barrio de una gran ciudad, se recogieron en una muestra de 8 hogares los porcentajes del presupuesto familiar dedicados a gastos de alojamiento (*X*) y de ocio (*Y*).**

X	13	15	19	24	14	17	21	17
Y	20	18	16	15	20	17	15	18

a) Determina la recta de regresión de *Y* sobre *X*.

b) Calcula el ECM y el coeficiente de correlación e interpreta los resultados.

c) Si se sabe que en un hogar el gasto en alojamiento es del 18 %, ¿cuál sería el porcentaje esperado de gasto en ocio? Razona la fiabilidad de la predicción.

34. **En un control para prevenir la hipertensión en varones jóvenes, se elige una muestra de 8 con edades comprendidas entre 25 y 30 años y se mide su peso en kg (*X*) y su presión sistólica en mm de Hg (*Y*).**

X	74,8	81,6	70,3	95,3	67,6	78,2	76,2	88,5
Y	130	150	128	140	125	153	132	163

a) Representa gráficamente los datos.

b) Justifica, a la vista de la nube de puntos, que es razonable ajustar una recta regresión de *Y* sobre *X* y calcula los coeficientes de determinación y de correlación.

c) Escribe la ecuación de la recta de regresión de *Y* sobre *X*.

d) ¿Cuál es la presión sistólica que se estima que pueda tener un joven con 80 kg de peso?

35. **La tabla se muestra las distancias recorridas por un vehículo (*Y*) que se ha movido con aceleración constante durante 10 segundos, en función del tiempo transcurrido.**

X	2	4	6	8	10
Y	25	95	216	530	598

a) Representa gráficamente los datos.

b) Calcula la recta de regresión lineal, el coeficiente de determinación y el error cuadrático medio.

c) Como en el instante cero ($X=0$), el espacio que ha recorrido el vehículo es cero ($Y=0$), ajusta la nube de puntos a una recta de regresión que pasa por el origen.

d) Define una nueva variable $Z=X^2$, y realiza ahora el ajuste lineal de *Y* en función de *Z*, calculando de nuevo el error cuadrático medio.

e) Compara y valora los resultados obtenidos en los apartados b, c y d.

Síntesis

36. **Con los datos de la tabla siguiente:**

X	2	3	6	10	12
Y	150	130	125	120	100

a) Dibuja el diagrama de dispersión.

b) Calcula la media y varianza de las distribuciones *X* e *Y*.

c) Obtén la recta de regresión de Y sobre X y valora la bondad del ajuste.

d) ¿Qué porcentaje de la variabilidad de Y viene explicado por la variabilidad de X?

e) ¿Qué valor se espera en la variable Y si la variable X toma el valor x = 5?

Cuestiones

37. **En los siguientes casos, se representa la nube de puntos de una variable bidimensional.**

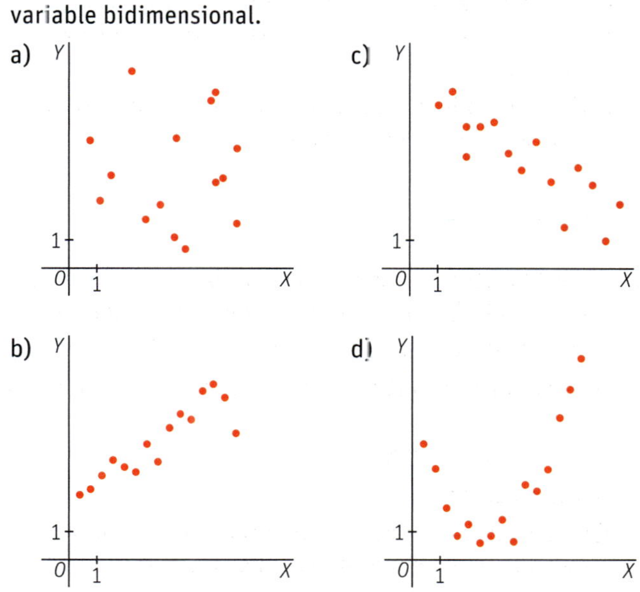

En cada caso indica si existe relación lineal entre las variables y, en caso afirmativo, ¿cuál es el signo de la covarianza y del coeficiente de correlación?

38. De una variable bidimensional (X, Y) se sabe que la ecuación de la recta de regresión de Y sobre X es $y = 3$. Contesta razonadamente.

a) ¿Cuál es la media de Y?

b) ¿Cuál es el valor de la covarianza?

c) ¿Cuánto vale el coeficiente de correlación?

d) ¿Qué conclusiones se pueden extraer?

39. De dos variable estadísticas, X e Y, se sabe que:

- Tienen las varianzas iguales.
- La covarianza es 2,8.
- El coeficiente de correlación toma el valor 0,8.
- La recta de regresión contiene al punto (3, 7).

Halla la recta de regresión de Y sobre X y el Error Cuadrático Medio.

40. La recta de regresión de una variable Y sobre otra variable X está dada por la ecuación $y = -2{,}3 + 0{,}15\,x$. Señala, de forma razonada, cuál o cuáles de las siguientes afirmaciones son ciertas o falsas.

a) El coeficiente de correlación es 0,15.

b) La covarianza entre X e Y es positiva.

c) La variable X no explica en absoluto el comportamiento de la variable Y.

d) Estas dos variables están débilmente correlacionadas.

41. De la variable estadística bidimensional (X, Y), se sabe que:

- Las medias son: $\bar{x} = 9{,}2$ e $\bar{y} = 7{,}5$
- La desviación típica de la variable Y es el doble que la de la variable X.
- El coeficiente de correlación toma el valor 0,7.

Con estos datos determina la recta de regresión de Y sobre X.

42. A la vista de las siguientes nubes de puntos de dos distribuciones conjuntas bidimensionales, asigna el coeficiente de correlación que mejor se aproxime a cada una de las distribuciones siguientes.

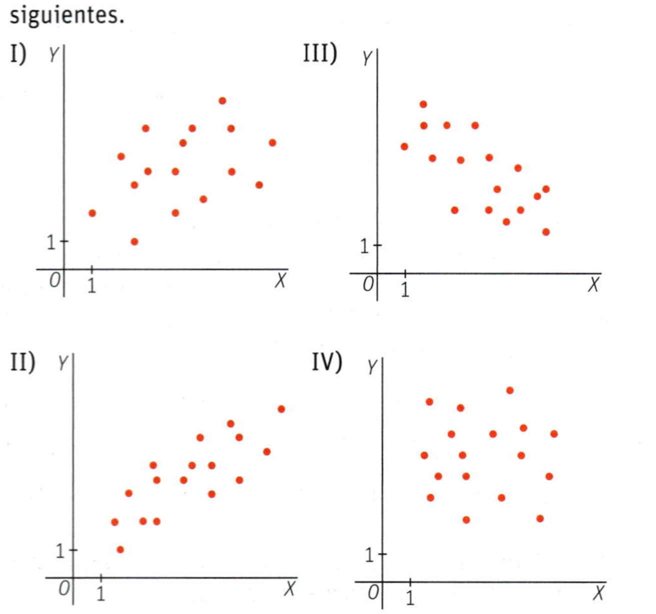

a) $r = -0{,}04$ b) $r = 0{,}4$ c) $r = -0{,}7$ d) $r = 0{,}8$

Problemas

43. La tabla recoge la distribución de los alumnos de primero de bachillerato según el sexo (X) y grupo (Y).

X \ Y	Grupo A	Grupo B	Grupo C	Totales X
Chicos	***	18	***	49
Chicas	21	***	16	***
Totales Y	***	***	32	103

a) Copia y completa la tabla.

b) Dentro del grupo B, ¿cuál es el porcentaje de mujeres?

c) Escribe las distribuciones marginales de frecuencias absolutas y relativas.

44. La tabla siguiente muestra los datos de la tasa de mortalidad infantil en tanto por mil (Y), y el porcentaje del Producto Interior Bruto dedicado a la salud (X). La muestra corresponde a 10 países de diferentes continentes y riqueza.

X	5,2	4,5	5,2	6,3	5,4	6,9	3,7	6,7	11,0	9,5
Y	110	94	77	56	36	16	12	8	5	3

a) Representa la nube de puntos. ¿Existe relación entre ambas variables? ¿De qué tipo?

b) Cuantifica la relación existente y coméntala.

c) Escribe la ecuación de la recta de regresión de la tasa de mortalidad infantil en función del porcentaje del PIB dedicado a sanidad.

d) En un país que invierta un 5 % del PIB en sanidad, ¿cuál será la tasa de mortalidad infantil esperada? Comenta la fiabilidad de esta estimación.

45. Se conoce que el consumo de energía anual por habitante (Y, miles de kWh) está relacionado con la renta per cápita (X, miles de \$).

Para estudiar cómo funciona esta relación en Centroamérica se han recogido los datos en la siguiente tabla:

X	8 647	3 708	3 178	2 246	10 047	1 578	7 498
Y	1 855	855	567	671	1990	473	1 832

a) Representa el diagrama de dispersión.

b) ¿Puede aproximarse, razonablemente, la nube de puntos por una recta?

c) Escribe la ecuación de la recta de regresión del consumo de energía sobre la renta per cápita.

d) Calcula el porcentaje de variabilidad en el consumo de energía explicada por la renta per cápita. Valora el resultado.

e) Calcula el consumo esperado de energía en un país cuya renta per cápita sea de 5 000 \$. Justifica la fiabilidad de la predicción.

46. **La tabla siguiente muestra los datos relativos al número de salas de cine (*X*) y de espectadores en millones (*Y*), en España entre el 2004 y el 2011.**

Años	2004	2005	2006	2007	2008	2009	2010	2011
X	1 126	1 052	936	907	868	851	860	876
Y	143,9	127,6	122	117	108	110	102	98,3

a) Mediante la representación gráfica ¿qué relación se observa entre las dos variables?

b) ¿Cuál de las dos variables presenta mayor variabilidad?

c) ¿Cuántos espectadores se esperan si hubiera 1000 salas de cine? Valora la precisión de esta estimación.

47. **La distribución conjunta de la superficie en metros cuadrados (*Y*) de una vivienda y el número de habitaciones (*X*) viene dada en la siguiente tabla:**

		Y: superficie (m^2)			
		[60, 70)	[70, 80)	[80, 90)	[90, 100)
X Número habit.	2	69	12	2	1
	3	464	217	89	23
	4	175	450	212	138

a) Halla las distribuciones marginales.

b) Escribe la distribución de la superficie sabiendo que la vivienda tiene 3 habitaciones. Halla la media y la varianza.

c) Calcula la covarianza e interpreta el resultado.

48. **Las calificaciones (*Y*) de 8 alumnos en Econometría I en el primer curso de Grado en CC. Económicas y las obtenidas en economía de la empresa en la PAU (*X*), han sido:**

X	7,3	5,2	6	7	8,8	4	5,7	8,2
Y	5,3	6,2	6,8	7,2	10	5,1	3,8	7,5

a) ¿Cuál es el grado de correlación entre las dos variables?

b) Si un alumno obtuvo 6,5 puntos en el examen de la PAU, ¿qué calificación se espera que obtenga en Econometría I? Comenta la precisión de esta estimación.

49. **La siguiente tabla da la edad (*X*) en años y la tensión sistólica (*Y*) de una muestra de 8 mujeres tomada entre las pacientes de un centro de salud:**

X	56	72	37	65	47	55	49	38
Y	146	155	120	140	128	150	145	116

a) Representa los datos y la recta de regresión que da la tensión en función de la edad. Valora la tendencia observada.

b) ¿Cuál se espera que sea la tensión de una mujer de 50 años?

50. **En la tabla se presentan los datos de la renta per cápita del año 2012 en miles de dólares (*Y*) y el porcentaje del PIB en el año 2009 destinado a educación (*X*) en diez países de la Unión Europea.**

X	5,0	5,8	5,9	4,7	5,1	5,6	6,5	8,7	6,8	7,3
Y	30,2	20,7	42,8	33,9	42,6	38,9	45,9	57,6	47,5	57,9

a) Escribe la recta de regresión de *Y* sobre *X*. ¿Qué porcentaje de la variabilidad de la renta per cápita se explica por el gasto en educación?

b) ¿Qué nivel de renta per cápita en 2012 se puede estimar que tendría un país que en 2009 invirtió en educación el 6 % de su PIB? Valora la fiabilidad de la predicción.

51. **La evolución de los porcentajes de estudiantes en las áreas de Ciencias Sociales (*Y*) y de Ciencias de la Salud y Servicios Sociales (*X*), desde 2002 hasta 2009, viene recogida en la tabla siguiente.**

Años	2002	2003	2004	2005	2006	2007	2008	2009
X	31	30	29,3	28,9	28,3	27,5	27,2	26,4
Y	12,2	12,6	12,9	14,1	14,3	14,8	15,4	15,9

a) Representa la nube de puntos y comenta la relación que observas entre las dos variables.

b) Escribe la recta de regresión de *Y* sobre *X*.

c) Calcula el coeficiente de correlación y el Error Cuadrático Medio y valora los resultados.

52. **La tabla siguiente muestra la distribución de la situación profesional (*X*) y el nivel de estudios (*Y*) en un determinada población.**

		Nivel de estudios (*Y*)		
		Básicos	Medios	Altos
Situación profesional (*X*)	Empleado fijo	14	22	18
	Empleado temporal	18	31	21
	Autónomo	12	8	10
	Sin empleo	23	14	9

a) Escribe las distribuciones marginales de frecuencias absolutas y relativas.

b) Halla la distribución de la situación profesional, condicionada al nivel de estudios altos.

c) ¿Son independientes estas variables?

53. **Cuantos más coches circulan por una carretera, menor es la velocidad del tráfico. Con el fin de mejorar el transporte, a la entrada de una ciudad se ha tomado una muestra de 10 observaciones de la densidad del tráfico (*X*, n.º de vehículos/ km) y de la velocidad en ese instante (*Y* km/h):**

X	12,7	75,6	81,4	89,6	40,2	26,1	16,5	18,6	56	66,6
Y	62	13,7	13,8	12,6	26,3	40	54,7	46,3	21,2	16,6

a) Dibuja la nube de puntos y calcula el coeficiente de correlación.

b) Transforma la variable *Y* en $Z = \ln Y$. Dibuja la nube de puntos, calcula el nuevo coeficiente de correlación.

c) Escribe la recta de regresión de *Z* sobre *X*.

Si eres chico y joven, tienes más probabilidad de sufrir un accidente

Las compañías aseguradoras de autos cobran primas más elevadas por las pólizas de seguros que incluyen conductores menores de 25 años, pues afirman que estos tienen más riesgo de sufrir un accidente que el resto. Además, por la misma razón, los varones pagan más que las mujeres.

Esto es lo que se encontraron Nicolás y Mercedes cuando, recién sacado el carnet de conducir, fueron a contratar el seguro para su coche. Indignados, decidieron comprobar si la información era cierta. Tras buscar información en la Dirección General de Tráfico (DGT) obtuvieron los siguientes datos del anuario estadístico de accidentes correspondiente a 2013.

	Varones		Mujeres	
Edad (años)	En carretera	En zona urbana	En carretera	En zona urbana
18 a 20	1277	1442	530	532
21 a 24	2529	3110	1460	1467
25 a 29	3429	4151	2061	2128
30 a 34	3663	4586	2193	2281
35 a 39	3816	4506	2150	2408
40 a 44	3228	3849	1746	2095
45 a 49	2680	3299	1400	1738
50 a 54	2255	2736	1024	1274
55 a 59	1743	2175	687	822
60 a 64	1498	1724	413	513
65 a 69	1323	1310	283	344
70 a 74	993	895	162	184
75 o más	1470	1240	140	191

Ayuda a Nicolás y Mercedes y, usando una hoja de cálculo, responde:

a) ¿Se puede establecer una relación lineal entre la edad el conductor y el número de accidentes? ¿Cuál?

b) Si el conductor es varón, ¿esa relación es distinta que cuando es mujer?

Haz los cálculos para el total de conductores y luego para hombres y mujeres por separado. ¿Cuáles son las conclusiones? ¿Están acertadas las compañías de seguros?

¿Cuándo nos vamos de viaje?

Aunque los padres e Nicolás y Mercedes no son muy dados a este tipo de premios, sus abuelos han decidido premiarles con un viaje por haber terminado con una buena media académica el Bachillerato.

Los chicos han decidido viajar a Roma, y tienen permiso para hacerlo el mes que deseen durante su primer año de carrera siempre y cuando no se salten ninguna clase.

Con el propósito de asegurarse unas vacaciones con el mejor tiempo posible, ya que no están dispuestos a asarse de calor ni tampoco a estar todo el día con el paraguas, han estado consultando el servicio meteorológico italiano y han obtenido una tabla con la relación entre las temperaturas (máxima y mínima de cada mes) y la cantidad de lluvia caída (precipitación) en Roma.

Parámetros climáticos promedio en Roma													
Mes	Ene	Feb	Mar	Abr	May	Jun	Jul	Ago	Sep	Oct	Nov	Dic	Anual
T. diaria máxima (°C)	11,9	13,0	15,2	17,7	22,8	26,9	30,3	30,6	26,5	21,4	15,9	12,6	20,4
T. diaria mínima (°C)	3,1	3,5	5,2	7,5	11,6	15,3	18,0	18,3	15,2	11,3	6,9	4,2	10,0
Precipitación total (mm)	66,9	73,3	57,8	80,5	52,8	34,0	19,2	36,8	73,3	113,3	115,4	81,0	804,0

Mientras buscaban la información encontraron la siguiente afirmación: "cuanto más frío es un mes, más lluvioso resulta, y que cuanto más caluroso es el mes, más seco resulta".

Con ayuda de la tabla, responde:

a) ¿Es cierta la afirmación en Roma?

b) ¿Se puede establecer una relación lineal fiable entre la temperatura máxima (o mínima) y la cantidad de lluvia caída en un mes?

c) ¿Qué porcentaje de la variabilidad observada en las temperaturas a lo largo de un año es explicada por la cantidad de precipitaciones?

d) Busca los datos y prueba con una tabla similar en tu ciudad o región.

AUTOEVALUACIÓN

Comprueba qué has aprendido

1. El coeficiente de correlación de una variable estadística bidimensional es $r = -0{,}8$ y las medias de las distribuciones marginales son $\overline{x} = 1$ e $\overline{y} = 3$. Razona cuál de las siguientes cuatro rectas puede ser la recta de regresión de Y sobre X:

a) $y = -x + 6$ b) $y = 2x$ c) $y = x + 2$ d) $y = -3x + 6$

2. Asigna razonadamente a estos diagramas de dispersión el coeficiente de correlación adecuado.

I)

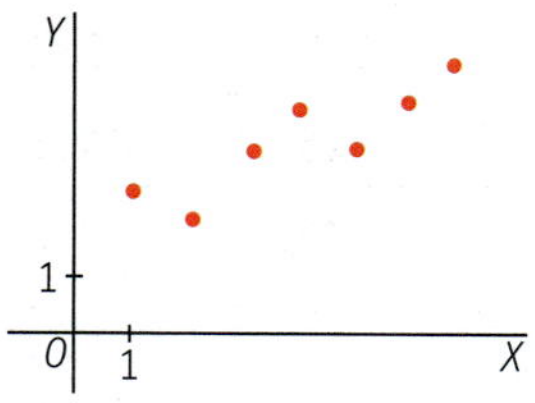

III)

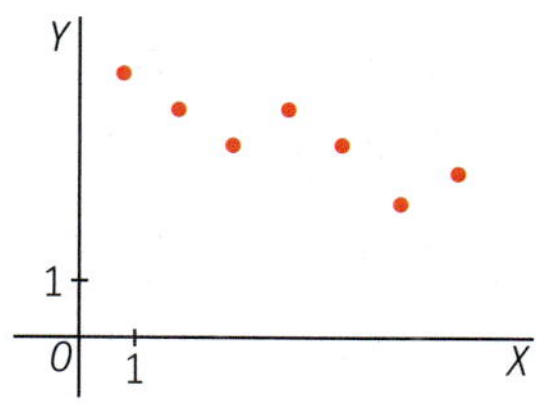

II)

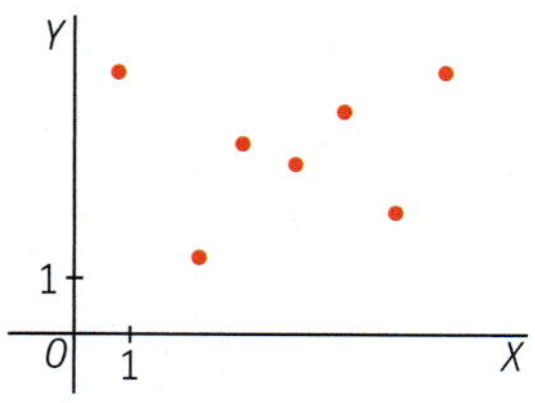

IV)

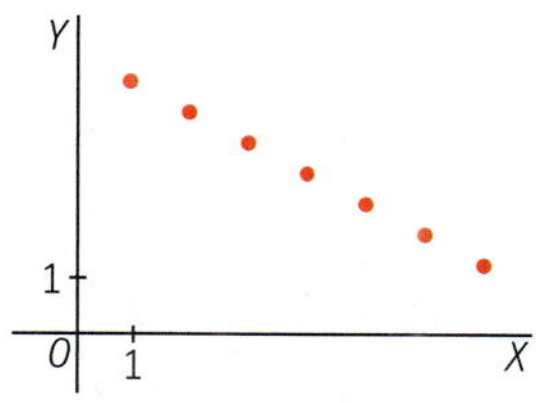

a) $r = -0{,}885$ b) $r = -1$ c) $r = 0{,}885$ d) $r = 0{,}119$

3. Las alturas de 5 padres (X) y las de sus hijos (Y) se recogen en la tabla siguiente:

X	171	168	175	166	179
Y	174	172	168	176	170

a) Representa gráficamente la nube de puntos. Cuantifica el tipo de relación entre las variables.

b) Escribe la recta de regresión de Y (estatura hijos) sobre X (estatura padres) y calcula el error cuadrático medio, explicando su significado.

4. La distribución de la variable bidimensional (X, Y) viene dada en la siguiente tabla:

X	6	3	4	1	7	9
Y	4	6	5	5	2	7

a) Representa gráficamente la distribución.

b) Halla la recta de regresión de Y sobre X.

c) ¿Qué porcentaje de la variabilidad de la variable Y es explicada por el modelo de regresión.

d) Si $x = 5$, ¿cuál es el valor esperado de y? ¿Y si $x = 15$? Comenta la fiabilidad de ambas predicciones.

smSaviadigital.com VALORA LO APRENDIDO > Comprueba tus respuestas.

Relaciona y contesta

Elige la única respuesta correcta en cada caso

1. En la regresión lineal de Y sobre X, se ha obtenido un coeficiente de determinación $R^2 = 0{,}82$, entonces:

A. La relación entre X e Y es directa.

B. La pendiente de la recta de regresión es 0,82.

C. El 18 % de la variabilidad de Y queda sin explicar por el modelo de regresión.

D. Con este dato, no hay relación entre X e Y.

2. Si los datos de una variable estadística bidimensional se multiplican por 3, el coeficiente de correlación:

A. Queda multiplicado por 3.

B. Es igual al anterior elevado al cubo.

C. Es el mismo.

D. Queda dividido por 3.

3. El 81 % de la variabilidad de Y viene explicado por el modelo de regresión. Si la media de la variable X es 1 y la recta de regresión de Y sobre X es $y = 2{,}5 - 1{,}4x$, entonces:

A. $\overline{y} = 2{,}5$, $r = -0{,}9$

B. $\overline{y} = 2{,}5$, $r = 0{,}9$

C. $\overline{y} = 1{,}1$, $r = -0{,}9$

D. $\overline{y} = 1{,}1$, $r = 0{,}9$

4. De la distribución (X, Y) se sabe que $s_x = 2$, $s_{xy} = -2$, $\overline{x} = 8$, $\overline{y} = 10$, entonces la recta de regresión de Y sobre X es:

A. $y = 10 - 2x$ **C.** $y = 14 + 0{,}5x$

B. $y = 14 - 0{,}5x$ **D.** $y = 8 - 2x$

Señala, en cada caso, las respuestas correctas

5. De la variable (X, Y) se sabe que $s_{xy} = 2{,}5$ y que $R^2 = 0{,}75$. Si $Z = 3X$ y $T = Y + 3$, entonces:

A. $s_{zt} = s_{xy} + 3$ **B.** $R^2_{zt} = R^2_{xy}$ **C.** $s_{zt} = 3s_{xy}$ **D.** $R^2_{zt} = 9R^2_{xy}$

6. Con el modelo de regresión lineal de Y sobre X, se pueden realizar predicciones razonables sobre Y:

A. En cualquier caso.

B. Si el valor dado a X se encuentra cerca de la media de X.

C. Solo para valores pequeños de X.

D. Si el valor de X está en el rango de valores de la muestra.

Elige la relación correcta entre las dos afirmaciones dadas

7. 1. La recta de regresión es $y = 2 - x$

2. Las medias marginales son $\overline{x} = 1$ e $\overline{y} = 1$

A. $1 \Rightarrow 2$ **B.** $2 \Rightarrow 1$ **C.** $1 \Leftrightarrow 2$ **D.** $1 \not\Leftrightarrow 2$

12 Combinatoria y probabilidad

Predicción de erupciones volcánicas

Diseño de estrategias

Economía

Sorteos

Probabilidad para sobrevivir

Seguro que te parece bastante normal que si se hace un sorteo entre tus compañeros de clase para decidir quién sale a la pizarra un día cualquiera, seas tú el elegido. Sin embargo, te sorprenderá encontrar entre tus compañeros de clase a tres que cumplan años el mismo día. La idea de probabilidad es básica para muchas facetas de nuestra vida ya que es una medida de la certidumbre con la que algo puede suceder. Juega un papel fundamental a la hora de tomar muchas decisiones importantes para la vida de las personas y la sociedad: estimar riesgos, hacer previsiones de consumo o de gasto, calcular la duración estimada de las piezas de un máquina, decidir la mejor estrategia para ganar una carrera de fórmula 1, hacer pronósticos meteorológicos y avisar de los posibles riesgos, como los del tornado de la imagen, a la población.

Quizá te preguntes qué tiene esto que ver con la combinatoria y probabilidad, pero si piensas un poco podrás entenderlo fácilmente.

- Usando la probabilidad puedes comprobar lo difícil que es obtener un premio en una lotería, en contra de lo que dice la publicidad.
- La probabilidad interviene en el estudio de los fenómenos naturales y ayuda a establecer las zonas con mayor riesgo de que puedan producirse terremotos, erupciones volcánicas, *tsunamis*...
- Las aseguradoras utilizan la probabilidad para calcular las primas de los seguros, en función de la edad del tomador, del sexo, de sus antecedentes de salud...
- La probabilidad permite hacer un análisis de riesgos y de fiabilidad que es imprescindible para asegurar que nuestras máquinas no van a fallar de forma catastrófica.
- En economía, la probabilidad es una herramienta muy importante para realizar análisis bursátiles, predecir los parámetros económicos para determinar las subidas de los salarios y estimar los beneficios de los negocios y empresas.

Con la probabilidad y la combinatoria podrás contestar a preguntas como:

- ¿Cuántas personas se necesitan para que la probabilidad de que dos cumplan años el mismo día sea mayor de 0,5?
- ¿Cuántos números de tres cifras diferentes pueden formarse con las cifras 2, 3, 4, 5, 6 y 7? ¿Y si las cifras pueden repetirse?
- ¿Cuál es la probabilidad de que el resultado de una prueba realizada sobre una muestra sea errónea?

Al terminar este tema sabrás la respuesta a estas preguntas y conocerás más acerca de la combinatoria y la probabilidad.

smSaviadigital.com **PONTE A PUNTO**

Averigua lo que sabes de combinatoria y probabilidad.

1 Experimentos aleatorios y sucesos

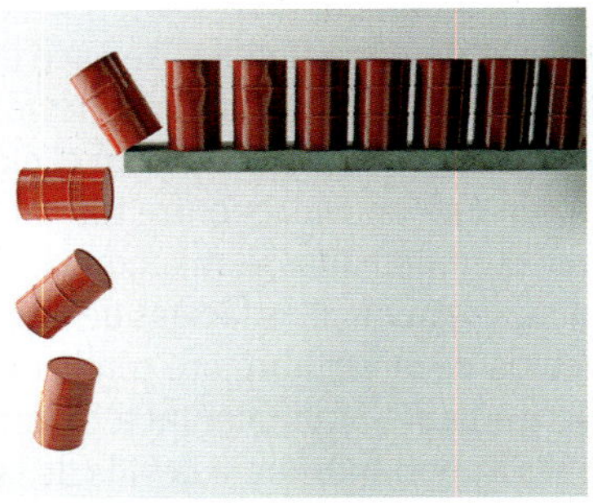

Por experimento se entiende cualquier proceso que, mediante la observación, proporciona información de un determinado fenómeno. Ejemplos de experimentos son:

- Medir la velocidad con la que llega al suelo un objeto que cae desde una altura de 2 metros.
- Anotar el resultado que se obtiene al lanzar un dado de seis caras.

La repetición del experimento en el primer caso conduce siempre al mismo resultado. En el segundo caso existe *incertidumbre* acerca del resultado que se obtendrá por muy similares que sean las condiciones en que se repita el lanzamiento del dado.

Si la repetición del experimento en las mismas condiciones conduce siempre al mismo resultado, se dice que el experimento es **determinista**.

Se dice que el experimento es **aleatorio** si la realización sucesiva en las mismas condiciones iniciales produce resultados distintos.

En la vida cotidiana se encuentran múltiples ejemplos de fenómenos aleatorios: el valor del IBEX 35, la duración de la vida de una persona, la energía que consume un hogar....

Las características de un experimento aleatorio son:

- Se conocen todos sus posibles resultados.
- No se puede conocer qué resultado se obtendrá en una experiencia concreta.
- Repetido en condiciones idénticas, en cada repetición los resultados pueden ser distintos.

Espacio muestral y sucesos

Dado un experimento aleatorio, se llama **espacio muestral**, ***E***, al conjunto formado por los resultados posibles del experimento.

Ejemplos ▸ El espacio muestral del experimento consistente en lanzar un dado de seis caras y anotar el resultado es $E = \{1, 2, 3, 4, 5, 6\}$

El espacio muestral del experimento consistente en coger una bombilla y anotar su duración en horas es $E = [0, +\infty)$

En ocasiones para describir el espacio muestral asociado a un experimento aleatorio, se utilizan los **diagramas de árbol.**

Ejemplo ▸ Se lanza una moneda al aire, y si sale cara vuelve a lanzarse la moneda y si sale cruz se lanza un dado de seis caras. Para describir el espacio muestral se emplea un diagrama de árbol:

$$E = \{CC, CX, X1, X2, X3, X4, X5, X6\}$$

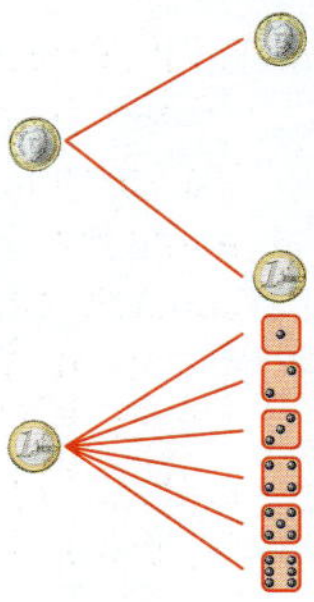

Ten en cuenta

Para representar conjuntos se emplean los diagramas de Venn, por tanto para representar sucesos se utilizan también los diagramas de Venn.

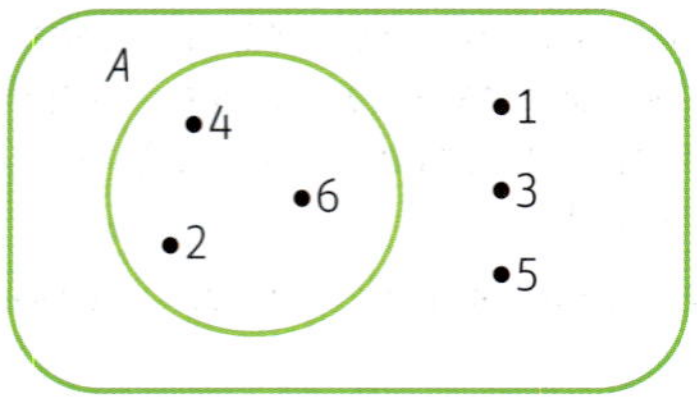

Toda afirmación acerca de los posibles resultados de un experimento debe poder expresarse como un subconjunto del espacio muestral E. Así, por ejemplo, el suceso A = "obtener número par al lanzar un dado", sería el subconjunto $A = \{2, 4, 6\}$.

Se denomina **suceso** asociado al experimento aleatorio de espacio muestral E, a todo subconjunto A, de E.

Ejemplos de otros sucesos asociados al experimento de lanzar un dado, son A = "obtener número par"; B = "obtener número primo"; C = "obtener número superior a 4".

En la medición de la duración de la bombilla, pueden considerarse los sucesos A = "dura más de 200 horas"; $A = (200, +\infty)$, B = "dura más de 200 h pero menos de 300 h", $B = (200, 300)$.

Algunos sucesos particulares

Entre otros, en un experimento aleatorio, se definen los siguientes tipos de sucesos:

- **Suceso elemental:** es aquel que contiene un único resultado posible.
- **Suceso compuesto:** es todo aquel que contiene más de un resultado posible.
- **Suceso imposible:** aquel suceso que nunca ocurre. Se denota por $\varnothing$ (conjunto vacío).
- **Suceso seguro:** es el que ocurre siempre y que coincide con el espacio muestral, E.
- Para cualquier suceso A, asociado a un experimento aleatorio, se llama **suceso contrario** o **complementario de A** al suceso que ocurre cuando no ocurre A. Se escribe $\overline{A}$ y está formado por los resultados posibles que no son de A.

Ten en cuenta

Dado un suceso A y su contrario $\overline{A}$, si no ocurre el contrario de A, entonces ocurre A.

$$\overline{(\overline{A})} = A$$

Ejemplo En el lanzamiento de un dado:

El suceso B = "obtener un número primo mayor que 4", $B = \{5\}$, es elemental.

El suceso C = "obtener un número primo menor que 4", $C = \{2, 3\}$, es compuesto.

El suceso D = "obtener un 7", $D = \varnothing$ es imposible.

El suceso F = "obtener un número entero menor que 8", $F = E = \{1, 2, 3, 4, 5, 6\}$, es seguro.

El suceso contrario de A = "obtener un par", es $\overline{A}$ = "obtener un impar".

EJERCICIOS RESUELTOS

1. Considera las familias con 3 hijos de distintas edades y sean los sucesos A = "la familia tiene al menos dos hijos varones", y B = "la familia tiene hijos de ambos sexos". Describe el espacio muestral y los sucesos A, B, $\overline{A}$ y $\overline{B}$.

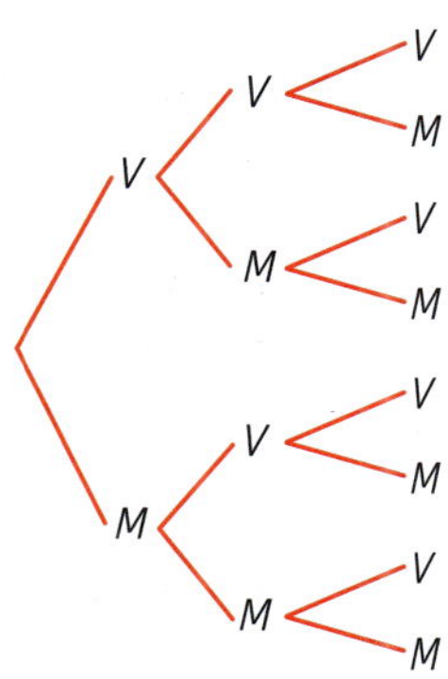

Para describir el espacio muestral, se construye un diagrama de árbol.

El espacio muestral es:

$$E = \{VVV, VVM, VMV, VMM, MVV, MVM, MMV, MMM\}$$

Donde el suceso elemental MMV, significa que los dos primeros hijos son mujeres y el tercero es un hombre.

$$A = \{VVV, VVM, VMV, MVV\}$$

$$B = \{VVM, VMV, VMM, MVV, MVM, MMV\}$$

$$\overline{A} = \{VMM, MVM, MMV, MMM\}$$

$$\overline{B} = \{VVV, MMM\}$$

2. En una clase de bachillerato se mide la altura en cm de los alumnos. Se elige un alumno al azar y se consideran los sucesos A = "el alumno mide más de 170 cm" y B = "su altura está entre 155 cm y 165 cm". Describe el espacio muestral y los sucesos A, B, $\overline{A}$ y $\overline{B}$.

En este caso, el espacio muestral es un intervalo de la recta, ya que la altura puede estar comprendida, por ejemplo, entre 150 cm y 190 cm. Así,

$$E = [150, 190]$$

Los sucesos A y B se escriben:

$$A = (170, 190] \qquad B = [155, 165]$$

Y sus contrarios:

$$\overline{A} = [150, 170] \qquad \overline{B} = [150, 155) \cup (165, 190]$$

EJERCICIOS PROPUESTOS

3. El dominó es un juego formado por 28 fichas, que combina los puntos 0 (blanca), 1, 2, 3, 4, 5 y 6 de todas las formas posibles (28), con dobles incluidos. Se elige una ficha al azar y se consideran los sucesos A = "obtener ficha doble", B = "obtener ficha que sume par" y C = "los dos números de la ficha son primos".

Describe el espacio muestral y los sucesos A, B y C y sus contrarios.

4. Un estudio ha recogido la evolución del IBEX 35 durante el mes de diciembre de 2014. Elegido un día al azar, se anota el índice. Se consideran los sucesos A = "el IBEX está por encima de los 10 200 puntos" y B = "el IBEX está por encima de los 10 100 puntos pero por debajo de los 10 700".

Describe el espacio muestral y los sucesos A, B, y sus contrarios, $\overline{A}$ y $\overline{B}$.

2 Operaciones con sucesos. Propiedades

Unión e intersección de sucesos

Ten en cuenta

Las operaciones entre sucesos se pueden representar mediante diagramas de Venn.

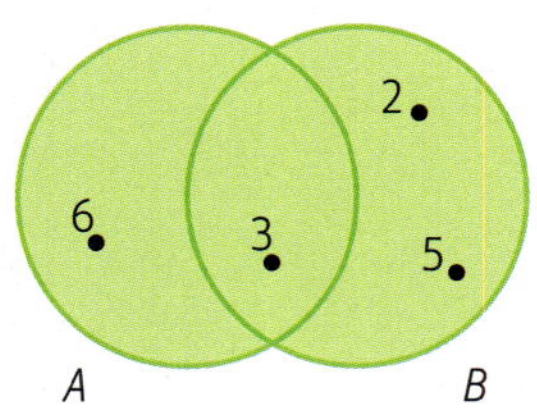

Suceso $A \cup B$

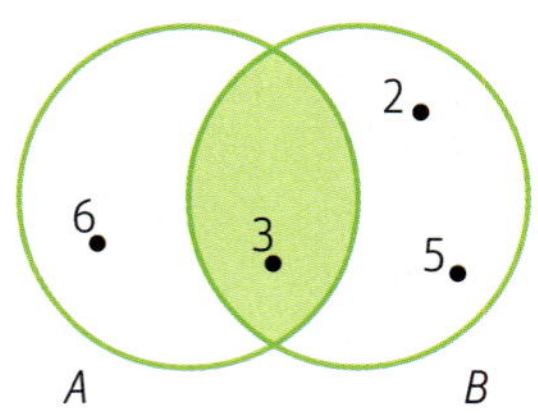

Suceso $A \cap B$

Se consideran los sucesos A y B, asociados a un experimento de espacio muestral E.

La **unión** de los sucesos A y B es el suceso que ocurre cuando al menos uno de los dos sucesos ocurre. Se escribe:

$$A \cup B = \{w \in E \,/\, w \in A \text{ o } w \in B\}$$

La **intersección** de los sucesos A y B es el suceso que ocurre cuando tanto A como B ocurren. Se escribe:

$$A \cap B = \{w \in E \,/\, w \in A \text{ y } w \in B\}$$

El suceso $A \cup B$ contiene todos los resultados que pertenecen al menos a uno de los sucesos A o B.

El suceso $A \cap B$ contiene todos los resultados que pertenecen a la vez a A y a B.

Ejemplo ▸ En el lanzamiento de un dado, se considera los sucesos A = "obtener número múltiplo de 3" y B = "obtener número primo".

Entonces $A = \{3, 6\}$ y $B = \{2, 3, 5\}$, de modo que $A \cup B = \{2, 3, 5, 6\}$ y $A \cap B = \{3\}$

Propiedades de la unión e intersección de sucesos

El cuadro resume las propiedades de la unión y de la intersección de sucesos.

Propiedad	Unión	Intersección
Conmutativa	$A \cup B = B \cup A$	$A \cap B = B \cap A$
Asociativa	$A \cup (B \cup C) = (A \cup B) \cup C$	$A \cap (B \cap C) = (A \cap B) \cap C$
Elemento neutro	$A \cup \varnothing = A$	$A \cap E = A$
Contrario o complementario	$A \cup \bar{A} = E$	$A \cap \bar{A} = \varnothing$
Distributivas	$A \cup (B \cap C) = (A \cup B) \cap (A \cup C)$	
	$A \cap (B \cup C) = (A \cap B) \cup (A \cap C)$	

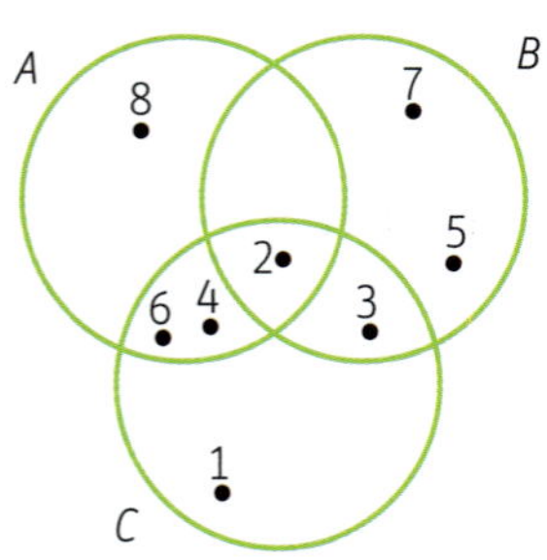

Ejemplo ▸ **Se lanza un dado octaédrico con las caras numeradas del 1 al 8 y se consideran los sucesos: A = "Salir par", $A = \{2, 4, 6, 8\}$, B = "Salir primo", $B = \{2, 3, 5, 7\}$ y C = "Salir divisor de 12", $C = \{1, 2, 3, 4, 6\}$. Comprueba las propiedades distributivas.**

$A \cup (B \cap C) = \{2, 4, 6, 8\} \cup \{2, 3\} = \{2, 3, 4, 6, 8\}$

$(A \cup B) \cap (A \cup C) = \{2, 3, 4, 5, 6, 7, 8\} \cap \{1, 2, 3, 4, 6, 8\} = \{2, 3, 4, 6, 8\}$

$A \cap (B \cup C) = \{2, 4, 6, 8\} \cap \{1, 2, 3, 4, 5, 6, 7\} = \{2, 4, 6\}$

$(A \cap B) \cup (A \cap C) = \{2\} \cup \{2, 4, 6\} = \{2, 4, 6\}$

Diferencia de sucesos

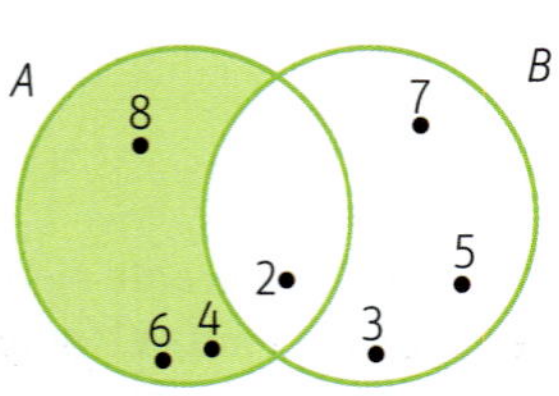

Suceso $A - B$

Sean A y B dos sucesos asociados a un experimento de espacio muestral E; la **diferencia de los sucesos A y B** es el suceso que ocurre cuando ocurre A y no ocurre B. Se escribe:

$$\boldsymbol{A - B = \{w \in E \,/\, w \in A \text{ y } w \in \bar{B}\}}$$

El suceso $A - B$ contiene los resultados que son de A, pero no son de B, por tanto:

$$\boldsymbol{A - B = A \cap \bar{B}}$$

Ejemplo ▸ En el experimento del ejemplo anterior el suceso diferencia $A - B$ es:

$$A - B = \{4, 6, 8\}$$

Leyes de De Morgan

La unión, la intersección y el complementario están relacionados por las leyes de De Morgan.

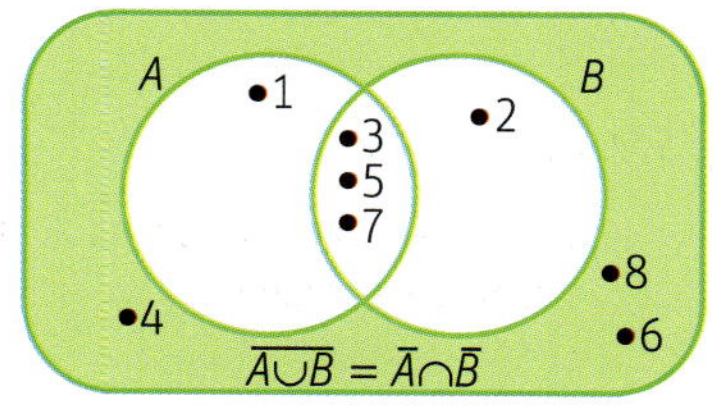

Sean los sucesos A y B, asociados a un experimento de espacio muestral E, entonces:

$$\overline{(A \cup B)} = \overline{A} \cap \overline{B} \qquad \overline{(A \cap B)} = \overline{A} \cup \overline{B}$$

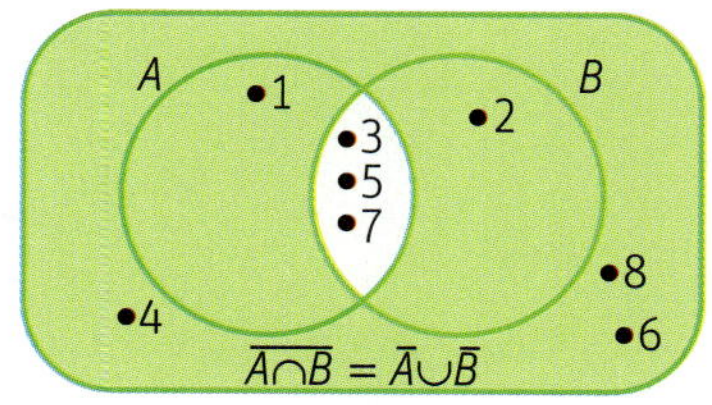

Ejemplo ▸ En le experimento "lanzar un dado octaédrico" se consideran los sucesos A = "salir impar", $A = \{1, 3, 5, 7\}$ y B = "salir primo", $B = \{2, 3, 5, 7\}$. Entonces, se tiene:

$A \cup B = \{1, 2, 3, 5, 7\}$ $\quad A \cap B = \{3, 5, 7\}$ $\quad \overline{A \cup B} = \{4, 6, 8\}$ $\quad \overline{A \cap B} = \{1, 2, 4, 6, 8\}$

$\overline{A} = \{2, 4, 6, 8\}$ $\quad \overline{B} = \{1, 4, 6, 8\}$ $\quad \overline{A} \cap \overline{B} = \{4, 6, 8\}$ $\quad \overline{A} \cup \overline{B} = \{1, 2, 4, 6, 8\}$

Relación de inclusión

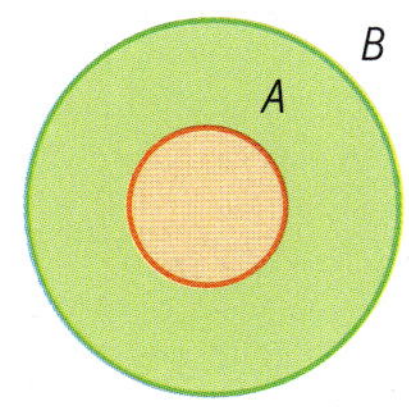

Dados los sucesos A y B asociados a un experimento de espacio muestral E, se dice que el suceso A **está contenido** en B si cuando ocurre A también ocurre B. Esta relación se denota por $\boldsymbol{A \subset B}$ y significa que todo resultado perteneciente a A también pertenece a B.

Sucesos incompatibles

Se dice que dos sucesos son **incompatibles** o **mutuamente excluyentes** cuando no pueden ocurrir a la vez. Esto es, cuando $\boldsymbol{A \cap B = \varnothing}$.

Un suceso A y su contrario $\overline{A}$ son incompatibles. Sin embargo, dos sucesos pueden ser incompatibles y no tiene por qué ser uno el contrario del otro.

Ejemplo ▸ En el lanzamiento de un dado de seis caras los sucesos A = "salir primo" y B = "salir múltiplo de 4", no son contrarios pero sí son incompatibles.

EJERCICIO **RESUELTO**

5. **En una población se elige al azar una persona. Sean los sucesos A = "es espectador de la cadena de TV A"; B = "es espectador de la cadena de TV B" y C = "es espectador de la cadena de TV C". Escribe, mediante operaciones de sucesos, los siguientes sucesos:**

a) Al menos ve una de las tres cadenas.

b) Solo ve una de ellas.

c) No ve ninguna de las tres.

a) En este caso, puede ser telespectador de A o de B o de C o también de A y B, de A y C, de B y C o incluso de las tres. Por tanto se trata del suceso unión:

$$A \cup B \cup C$$

b) Si solo ve una de ellas y no las otras dos se da una de las tres situaciones posibles:

$$A \cap \overline{B} \cap \overline{C} \text{ o bien } \overline{A} \cap B \cap \overline{C} \text{ o bien } \overline{A} \cap \overline{B} \cap C$$

Entonces el suceso solo ve una de ellas es:

$$(A \cap \overline{B} \cap \overline{C}) \cup (\overline{A} \cap B \cap \overline{C}) \cup (\overline{A} \cap \overline{B} \cap C)$$

c) $\overline{A} \cap \overline{B} \cap \overline{C}$

EJERCICIOS **PROPUESTOS**

6. **Se lanza un dado blanco y otro verde. Se consideran los sucesos A = "la suma de los puntos es 6", B = "obtener el mismo resultado en ambos dados" y C = "obtener par en el dado verde".**

a) Describe el espacio muestral.

b) Escribe los sucesos $\overline{A}$, $A \cup C$, $\overline{A} \cap B$, $(B \cup C) \cap A$ y $(A \cap B) - C$

7. **Un estudiante está dudando si cursar estudios de grado (A), hacer un ciclo formativo (B) o trabajar (C). Expresa con palabras $A \cup B$, $\overline{A} \cap (B \cup C)$, $A \cap \overline{C}$ y $A \cup (B \cap C)$.**

8. **Prueba, mediante un diagrama de Venn, que si A está contenido en B, entonces $\overline{A}$ contiene a $\overline{B}$ y $\overline{A} \cap B$ está contenido en $\overline{A \cap B}$.**

3 Frecuencias relativas y probabilidad. Definición axiomática

Frecuencias. Propiedades de la frecuencia relativa

Uno de los primeros intentos de definir la probabilidad, fue a través del concepto de frecuencia relativa. Aunque hoy en día apenas se usa, este procedimiento permite intuir el significado del concepto de probabilidad. Realizado un experimento n veces:

Se llama **frecuencia absoluta** del suceso A, $\boldsymbol{f(A)}$, al número de veces que ocurre A.

Se llama **frecuencia relativa** del suceso A al cociente entre el número de veces que ocurre A y el número total de repeticiones del experimento, es decir:

$$\boldsymbol{h(A)=\frac{f(A)}{n}}$$

- La frecuencia relativa de un suceso es un número del intervalo [0,1]: $0 \le h(A) \le 1$
- La frecuencia relativa del suceso seguro es 1: $h(E)=1$
- Si A y B son dos sucesos incompatibles, $A \cap B = \varnothing$, resulta $h(A \cup B)=h(A)+h(B)$

  En efecto, ya que si $A \cap B = \varnothing$, entonces $f(A \cup B)=f(A)+f(B)$ y por tanto:

  $$h(A \cup B)=\frac{f(A \cup B)}{n}=\frac{f(A)+f(B)}{n}=\frac{f(A)}{n}+\frac{f(B)}{n}=h(A)+h(B)$$

  Esta propiedad puede generalizarse a la unión de un número finito de sucesos incompatibles dos a dos:

  $$h(A_1 \cup A_2 \cup \ldots \cup A_k)=h(A_1)+h(A_2)+\ldots+h(A_k)$$

Regularidad estadística

El comportamiento de la frecuencia relativa de un suceso A se puede observar de forma experimental aumentando el número de veces que se repite el experimento (cuando sea posible) y anotando periódicamente las frecuencias absolutas y relativas del suceso A.

Ejemplo ▸ La tabla siguiente muestra una secuencia simulada de lanzamientos de un dado trucado y las frecuencias absolutas $f(A)$ y relativas $h(A)$ para el suceso A = "obtener número par" anotadas al completar distintos valores de un número creciente de n tiradas de un dado.

n	10	50	100	200	300	400	500	1000
$f(A)$	4	21	33	69	104	142	178	354
$h(A)$	0,4000	0,4200	0,3300	0,3450	0,3467	0,3550	0,3560	0,3540

A medida que el número de repeticiones del experimento crece, la frecuencia relativa se va estabilizando alrededor de un valor que puede considerarse como una medida de la probabilidad de que ese suceso ocurra en un lanzamiento individual. En este caso, dicho valor es 0,355 (aunque también valdrían 0,354 o 0,356).

Jakob Bernoulli (1654 – 1705)
Profesor de la Universidad de Basilea. Puede considerarse el creador de la cuantificación de la incertidumbre.

En 1713 su sobrino Nicolau Bernoulli publicó su obra "*Ars Conjectandi*", que recoge por primera vez la definición frecuentista de probabilidad.

La ley de regularidad estadística permite dar una definición frecuentista de la probabilidad de un suceso asociado a un experimento aleatorio:

Se define la **probabilidad de un suceso *A*** como el límite de la frecuencia relativa del suceso cuando el número de repeticiones del experimento se hace infinitamente grande:

$$\boldsymbol{P(A)=\lim_{n \to \infty} h(A)}$$

Esta definición presenta, entre otros, el inconveniente de que no es posible repetir un experimento un número indefinido de veces y, por tanto, no es congruente con el concepto de límite; de hecho, salvo los juegos de azar, un experimento solo se puede repetir un número limitado de veces. Además, ¿cuántas veces es preciso repetir el experimento? No obstante, con esta definición se consigue una idea intuitiva de la medida que proporciona la probabilidad de un suceso.

Definición axiomática de probabilidad

La **definición axiomática** de probabilidad fue introducida por A. N. Kolmogorov en 1933, mediante el establecimiento de unas propiedades (axiomas) que se aceptan sin demostración. A partir de estos axiomas se construye la teoría de la probabilidad.

Llamamos **probabilidad** a cualquier función P que a cada suceso, A, asociado a un experimento aleatorio, cuyo espacio muestral es E, le asigna un número real $\mathbf{P(A)}$, que cumpla las siguientes propiedades (axiomas):

1. Cualquiera que sea el suceso A, $\mathbf{P(A) \geq 0}$.
2. La probabilidad del suceso seguro es 1, $\mathbf{P(E) = 1}$.
3. Si $A_1, A_2, ..., A_k$ son sucesos incompatibles dos a dos, es decir $A_j \cap A_h = \emptyset$, si $j \neq h$:

$$\mathbf{P(A_1 \cup A_2 \cup \ldots \cup A_k) = P(A_1) + P(A_2) + \ldots + P(A_k)}$$

A. N. Kolmogorov (1903-1987)
Matemático ruso, asentó las bases de la teoría axiomática de la probabilidad, aplicando su desarrollo sobre todo a los campos de la mecánica y de la hidrodinámica.

Los axiomas que definen la probabilidad son análogos a las propiedades de la frecuencia relativa. Sin embargo, la frecuencia relativa es una medida experimental de la ocurrencia de un suceso mientras que la probabilidad es una medida teórica que evalúa la posibilidad de que el suceso ocurra antes de realizarse el experimento.

EJERCICIOS RESUELTOS

9. **Estudia si las siguientes funciones, definidas sobre $E = \{w_1, w_2, w_3\}$, son de probabilidad:**

a) $P(w_1) = P(w_2) = \frac{1}{2}$; $P(w_3) = \frac{1}{3}$

b) $P(w_1) = P(w_2) = 0$; $P(w_3) = 1$

c) $P(w_1) = P(w_2) = -1$; $P(w_3) = 0{,}5$

a) No verifica el axioma 2, ya que $P(E) = \frac{1}{2} + \frac{1}{2} + \frac{1}{3} = \frac{4}{3} > 1$. No es función de probabilidad.

b) Sí es una función de probabilidad, ya que verifica sus tres axiomas.

c) No verifica el axioma 1 pues $P(w_1) = -1 < 0$. No es una función de probabilidad.

10. **El 40 % de los fines de semana del curso dos amigos fueron al cine, el 25 %, al fútbol, y el resto no pudieron verse. Si se elige un fin de semana al azar, calcula la probabilidad de que:**

a) No se hayan visto.

b) Hayan ido al fútbol o no se hayan visto.

Se consideran los sucesos A = "no se vieron", C = "fueron al cine" y F = "fueron al fútbol", entonces:

$$P(C) = 0{,}4 \qquad P(F) = 0{,}25$$

a) Los dos amigos se ven cuando van al cine o al fútbol, entonces se ven el 65 % de los fines de semana y no se ven el resto, 35 %. Por tanto:

$$P(A) = 1 - P(C) - P(F) = 1 - 0{,}4 - 0{,}25 = 0{,}35$$

b) Se trata de hallar la probabilidad del suceso unión, $F \cup A$. Como son incompatibles:

$$P(F \cup A) = P(F) + P(A) = 0{,}25 + 0{,}35 = 0{,}60$$

EJERCICIOS PROPUESTOS

11. Usando un ordenador se ha simulado el lanzamiento de dos monedas. La tabla muestra las frecuencias absolutas del suceso A = "obtener cara en una moneda y cruz en la otra".

n	10	25	50	100	250	500	750	1 000
$f(A)$	3	11	26	55	128	252	373	502

Completa la tabla con las frecuencias relativas y asigna un valor aproximado a la probabilidad de A.

12. En el último campeonato de Liga de fútbol, de cada cuatro partidos jugados en casa el equipo A ha ganado dos, ha empatado uno y ha perdido otro. Si el próximo partido lo debe disputar en casa, ¿cuál será la probabilidad de que el equipo A gane? ¿Y de que empate o pierda?

13. Si P es una probabilidad definida sobre $E = \{w_1, w_2, w_3, w_4\}$ con $P(w_2) = 0{,}1$, $P(w_4) = 3P(w_3)$ y $P(w_3) = 2P(w_2)$, halla $P(w_1)$.

4 Propiedades de la probabilidad

Las propiedades siguientes son consecuencia de la definición de probabilidad.

1. Dado un suceso A, la probabilidad de su contrario es $P(\overline{A}) = 1 - P(A)$.

Sea A un suceso, como A y $\overline{A}$ son incompatibles y $A \cup \overline{A} = E$, entonces:

$$1 = P(E) = P(A \cup \overline{A}) = P(A) + P(\overline{A}) \Rightarrow P(\overline{A}) = 1 - P(A)$$

2. La probabilidad del suceso imposible es cero.

Basta con observar que el contrario del suceso imposible, $\varnothing$, es el suceso seguro, E, y por el axioma 2, $P(E) = 1$, por tanto:

$$P(\varnothing) = 1 - P(E) = 0$$

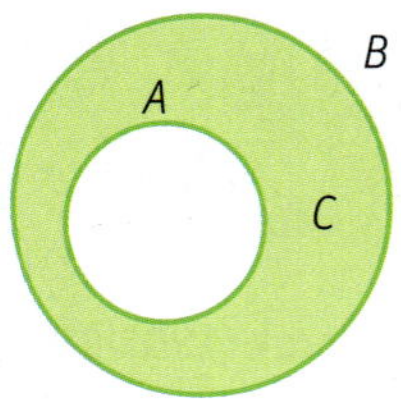

$C = B - A$

3. Si el suceso A está contenido en el suceso B, entonces $P(A) \leq P(B)$.

Sea $C = B - A$, como se muestra en la figura al margen. De esta manera se tiene que $A \cap C = \varnothing$ y $A \cup C = B$. Y como, por el axioma 1, $P(C) \geq 0$, resulta:

$$P(B) = P(A \cup C) = P(A) + P(C) \Rightarrow P(B) \geq P(A)$$

4. Cualquiera que sea el suceso A, $0 \leq P(A) \leq 1$

Por el axioma 1, $P(A) \geq 0$.

Además, como A está contenido en E, por la propiedad 3:

$$P(A) \leq P(E) = 1$$

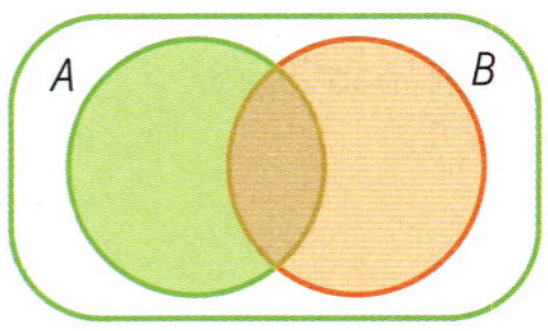

5. Si A y B son dos sucesos cualesquiera, $P(A \cup B) = P(A) + P(B) - P(A \cap B)$

Basta con observar, en el diagrama de Venn del margen, que al tomar $P(A) + P(B)$ se está considerando dos veces $P(A \cap B)$.

Esta propiedad puede generalizarse a la unión de más sucesos, en concreto si A, B, y C son tres sucesos cualesquiera de un mismo espacio muestral:

$$P(A \cup B \cup C) = P(A) + P(B) + P(C) - P(B \cap C) - P(A \cap B) - P(A \cap C) + P(A \cap B \cap C)$$

6. A y B son dos sucesos cualesquiera, $P(A - B) = P(A) - P(A \cap B)$

$A = (A \cap B) \cup (A \cap \overline{B})$, siendo $A \cap B$ y $A \cap \overline{B}$ incompatibles, por lo que:

$$P(A) = P(A \cap B) + P(A \cap \overline{B})$$
$$P(A \cap \overline{B}) = P(A) - P(A \cap B)$$

Probabilidad en un espacio muestral finito

Cuando el espacio muestral asociado a un experimento aleatorio está formado por un número finito de resultados, $E = \{w_1, w_2, ..., w_n\}$, puede definirse una función de probabilidad asociando un valor a cada uno de los sucesos elementales:

> Para cada $j = 1, 2, ..., n$ se define $P(w_j) = p_j$ verificando:
> - $p_j \geq 0$, para todo $j = 1, 2, ..., n$
> - $p_1 + p_2 + ... + p_n = 1$

De esta manera, la probabilidad de cualquier suceso se obtiene sumando las probabilidades de los resultados que pertenezcan al suceso.

Ejemplo ▸ Se considera el experimento aleatorio que consiste en lanzar un dado trucado de seis caras. Las probabilidades asociadas a cada suceso elemental son:

Resultados	1	2	3	4	5	6
$P(j) = p_j$	0,1	0,2	0,1	0,2	0,1	0,3

La probabilidad de los sucesos A = "obtener número par" y B = "obtener número primo", se obtiene sumando las probabilidades de sus resultados:

$$A = \{2, 4, 6\} \Rightarrow P(A) = P(2) + P(4) + P(6) = 0{,}7$$
$$B = \{2, 3, 5\} \Rightarrow P(B) = P(2) + P(3) + P(5) = 0{,}4$$

MAT-TIC GeoGebra

Entra en smSaviadigital.com y utiliza diagramas de Venn para calcular probabilidades.

Probabilidad en un espacio muestral finito equiprobable

Un espacio muestral, $E = \{w_1, w_2, ..., w_n\}$, es equiprobable si todos los resultados posibles tienen la misma probabilidad. Por tanto, si $p_1 = p_2 = ... = p_n$, como la suma de todas ellas tiene que ser 1, se tiene que $P(w_j) = p_j = \frac{1}{n}$ para todo $j = 1, 2, ..., n$

Si un suceso A del espacio E, finito equiprobable, contiene m de los n resultados posibles del experimento, su probabilidad puede calcularse de la siguiente manera:

$$P(A) = \frac{\textbf{n.º de resultados favorables al suceso } A}{\textbf{n.º de resultados posibles}} = \frac{m}{n}$$

Expresión que se conoce como **regla de Laplace,** que se utiliza para calcular la probabilidad de un suceso siempre y cuando el espacio muestral contenga un número finito de resultados y estos sean equiprobables.

Ejemplo ▸ Una bolsa contiene 9 bolas del mismo tamaño numeradas del 1 al 9, las 5 primeras blancas y las demás rojas. Se considera el experimento que consiste en extraer una bola al azar. Para hallar la probabilidad de los sucesos A = "obtener bola blanca" y B = "obtener bola con número par", se puede aplicar la regla de Laplace ya que todas las bolas tienen la misma probabilidad de ser extraídas:

$$P(A) = \frac{\text{n.º de bolas blancas}}{\text{n.º total de bolas}} = \frac{5}{9} \qquad P(B) = \frac{\text{n.º de bolas con número par}}{\text{n.º total de bolas}} = \frac{4}{9}$$

Pierre-Simon de Laplace(1749-1827)
Científico francés de gran talento matemático, profesor en la Escuela Militar y miembro de la Academia de Ciencias de París. En 1774 publica su *Memoria sobre la probabilidad de las causas por los sucesos*, trabajo en el que enuncia un principio, que es la versión discreta del teorema de Bayes.

EJERCICIOS **RESUELTOS**

14. De una baraja española de 40 cartas se extrae una al azar. Considera los sucesos A= "obtener carta de oros" y B= "obtener una figura". Calcula la probabilidad de los sucesos A, $\bar{A}$, B y $\bar{A} \cup \bar{B}$.

Se puede considerar que los resultados posibles son equiprobables y por tanto aplicar la regla de Laplace. En todos los casos el número de resultados posibles es 40.

Los resultados favorables al suceso A son 10: $P(A) = \frac{10}{40} = \frac{1}{4}$ y $P(\bar{A}) = 1 - P(A) = 1 - \frac{1}{4} = \frac{3}{4}$

Los resultados favorables a B son 12, por tanto: $P(B) = \frac{12}{40} = \frac{3}{10}$

$A \cap B$ = "obtener figura de oros", que tiene 3 resultados favorables.

Utilizando las leyes de De Morgan: $P(\bar{A} \cup \bar{B}) = P(\overline{A \cap B}) = 1 - P(A \cap B) = 1 - \frac{3}{40} = \frac{37}{40}$

15. Sean A y B dos sucesos asociados a un experimento aleatorio, con $P(A) = 0{,}3$, $P(B) = 0{,}6$ y $P(A \cap B) = 0{,}2$. Halla la probabilidad de los sucesos $\bar{A}$, $A \cup B$, $B - A$ y $\bar{A} \cap \bar{B}$.

$P(\bar{A}) = 1 - P(A) = 1 - 0{,}3 = 0{,}7$

$P(A \cup B) = P(A) + P(B) - P(A \cap B) = 0{,}3 + 0{,}6 - 0{,}2 = 0{,}7$

$P(B - A) = P(B) - P(A \cap B) = 0{,}6 - 0{,}2 = 0{,}4$

$P(\bar{A} \cap \bar{B}) = P(\overline{A \cup B}) = 1 - P(A \cup B) = 1 - 0{,}7 = 0{,}3$

EJERCICIOS **PROPUESTOS**

16. Una bolsa contiene 3 bolas rojas, 2 blancas y 4 verdes. De la bolsa se extrae una bola al azar. Calcula la probabilidad de que:

a) Sea roja.

b) No sea verde.

c) La bola sea blanca o verde.

17 La probabilidad de que un estudiante apruebe matemáticas es 0,7, y la de que apruebe lengua, 0,8. Si la probabilidad de que apruebe lengua y no matemáticas es 0,2, halla la probabilidad de que no apruebe ninguna materia.

18. smSaviadigital.com PRACTICA Aplica lo aprendido asignando probabilidades.

5 Métodos de recuento: variaciones

En muchas ocasiones el número de resultados posibles de un experimento es muy grande y no es factible escribir uno a uno todos los resultados. A continuación se estudian algunos métodos que permiten contar los resultados sin tener que escribirlos.

La regla de la multiplicación

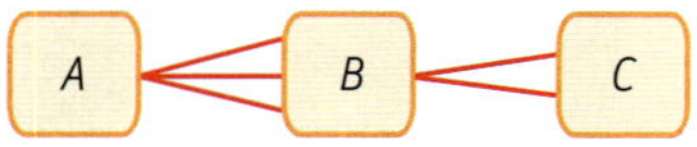

Seis rutas posibles para ir de *A* a *C*.

Ejemplo ▸ **Para ir de la ciudad *A* a la ciudad *B* existen tres rutas diferentes y hay dos rutas distintas para ir de la ciudad *B* a la *C* ¿Cuántas rutas diferentes se pueden seguir para ir de *A* a *C* pasando por *B*?**

Por cada una de las rutas que van de *A* a *B* se pueden elegir 2 que van de *B* a *C*. Por tanto, en total se podrán seguir $3 \cdot 2 = 6$ rutas diferentes.

En general, si se dispone de n_1 posibilidades para una primera elección, n_2 para una segunda y, así sucesivamente, de n_k para la *k*-ésima y última elección, el número total de posibilidades diferentes es:

$$n_1 \cdot n_2 \cdot \ldots \cdot n_k$$

Esta técnica de recuento se conoce como **regla de la multiplicación**.

Ejemplo ▸ Se quiere calcular el número de resultados posibles que se obtienen al lanzar dos monedas y un dado.

Para cada moneda hay 2 posibilidades y 6 para el dado, por tanto, en total hay:

$$2 \cdot 2 \cdot 6 = 24 \text{ posibilidades}$$

Variaciones sin repetición

Ejemplo ▸ **¿Cuántos números distintos de tres cifras distintas pueden formarse con las cifras 3, 4, 5, 6, 7, 8 y 9?**

Basta con aplicar la regla de la multiplicación.

Para escoger la cifra de las centenas hay 7 posibilidades. Una vez escogida la cifra de las centenas, para elegir la cifra de las decenas solo hay 6 posibilidades, ya que el número no puede tener cifras repetidas. Por último, una vez escogidas las cifras de las centenas y de las decenas, la cifra de las unidades solo puede ser una de las 5 restantes. Por tanto se pueden formar $7 \cdot 6 \cdot 5 = 210$ números diferentes de tres cifras distintas con las cifras 3, 4, 5, 6, 7, 8 y 9.

Ten en cuenta

Factorial de un número

Al número

$n! = n(n-1) \cdot \ldots \cdot 2 \cdot 1$

se le denomina factorial de *n*.

Por convenio $0! = 1$

Si el número de elementos disponibles es *n* y el número de elecciones sin que se repita ningún elemento, es *k* con $k = 1, 2, \ldots, n$, a cada resultado posible se le denomina **variación de orden *k* de los *n* elementos** o **variación de *n* elementos tomados de *k* en *k***. Su número es:

$$V_{n,k} = n(n-1) \cdot \ldots \cdot (n-k+1) = \frac{n!}{(n-k)!}$$

Una variación se diferencia de otra por los elementos que la forman o por el orden de colocación de sus elementos.

Ejemplo ▸ **En el ejemplo anterior, ¿cuál es la probabilidad de que el número sea mayor que 500 pero menor que 600 y termine en 6?**

Si se considera que todas las cifras son equiprobables, puede utilizarse la regla de Laplace:

- Número de resultados posibles: $V_{7,3} = 7 \cdot 6 \cdot 5 = 210$
- Número de resultados favorables: utilizando la regla de la multiplicación, para las centenas solo tenemos 1 resultado (5), para las decenas 5 posibilidades (3, 4, 7, 8 y 9) y para unidades 1 (6). En total $1 \cdot 5 \cdot 1 = 5$. La probabilidad pedida es:

$$P(\text{el n.º sea mayor que 500, menor que 600 y termine en 6}) = \frac{5}{210} = \frac{1}{42}$$

Variaciones con repetición

Ejemplo ▸ **¿Cuántos números distintos de tres cifras, repetidas o no, pueden formarse con las cifras 3, 4, 5, 6, 7, 8 y 9?**

En este caso, como las cifras del número pueden repetirse, hay 7 posibilidades para las centenas, 7 posibilidades para las decenas y 7posibilidades para las unidades. Por tanto hay $7 \cdot 7 \cdot 7 = 7^3 = 343$ números distintos de tres cifras con las cifras 3, 4, 5, 6, 7, 8 y 9.

Si el número de elementos es n y se realizan k elecciones, pudiéndose repetir un mismo elemento, a cada resultado posible se le llama **variación con repetición de orden k de los n elementos** o **variación con repetición de n elementos tomados de k en k**. Su número es

$$VR_{n,k} = n^k$$

Una variación con repetición es diferente de otra si los elementos que la componen son distintos o están colocados en orden distinto.

Ejemplo ▸ **En el mismo ejemplo, ¿cuál es la probabilidad de obtener un número par?**

- Número de resultados posibles. $V_{7,3} = 7^3 = 343$
- Número de resultados favorables: utilizando la regla de la multiplicación, para las centenas y las decenas, tenemos 7 posibilidades y para las unidades 3 (4, 6 y 8). En total puede haber $7 \cdot 7 \cdot 3 = 147$ números pares:

$$P(\text{número par}) = \frac{147}{343} = \frac{3}{7}$$

EJERCICIOS RESUELTOS

19. **Si Luis rellena al azar un boleto simple de la quiniela de fútbol, ¿cuál es la probabilidad de que acierte el pleno al 15?**

Suponiendo que todos los resultados posibles (al rellenar el boleto) son igualmente probables, podemos aplicar la regla de Laplace. En este caso disponemos de $n = 3$ elementos: 1, X y 2, que se pueden repetir en cada columna y para rellenar la quiniela, debemos elegir $k = 15$:

- Número de resultados posibles: $VR_{3,15} = 3^{15} = 14\,348\,907$
- Número de resultados favorables al suceso: 1.

$$P(\text{acertar el pleno al 15}) = \frac{1}{14\,348\,907} = 0{,}000\,000\,069\,7$$

20. **Lanzando un dado equilibrado dos veces consecutivas se forma un número de 2 cifras. Calcula la probabilidad de que:**

a) Las cifras del número formado sean distintas.

b) Se obtenga número par.

Como el dado está equilibrado, los resultados posibles son equiprobables y puede aplicarse la regla de Laplace. En este caso el número de resultados posibles: $VR_{6,2} = 6^2 = 36$.

a) Número de resultados favorables: $V_{6,2} = 6 \cdot 5 = 30$

$$P(\text{número con cifras distintas}) = \frac{30}{36} = \frac{5}{6}$$

b) Número de resultados favorables: $6 \cdot 3 = 18$

$$P(\text{número par}) = \frac{18}{36} = \frac{1}{2}$$

EJERCICIOS PROPUESTOS

21. Resuelve la siguiente ecuación $VR_{x,3} - V_{x,2} = 2V_{x,3} - 6x$

22. Se lanzan tres monedas y se observan los resultados obtenidos. Calcula la probabilidad de obtener:

a) Tres caras

b) Al menos dos caras

23 ¿Cuántas palabras, tengan o no sentido, de 3 letras distintas pueden formarse con las 5 vocales?

Calcula la probabilidad de que:

a) La palabra formada acabe en u.

b) La palabra formada empiece por a y acabe en u.

6 Métodos de recuento: permutaciones y combinaciones

Permutaciones

Si en la misma situación de las variaciones de orden k de n elementos, se tiene $k = n$, cada resultado posible es una ordenación de los n elementos.

Se llama **permutación de orden *n*** a cada una de las ordenaciones posibles de los n elementos. Su número es

$$P_n = V_{n,n} = n(n-1) \cdot \ldots \cdot 2 \cdot 1 = n!$$

De modo que todas las permutaciones tienen los mismos elementos y una permutación es diferente de otra por el orden de colocación de los elementos.

Ejemplo ▸ **Cinco amigos compran entradas para ir al cine y, al acomodarse en la sala se sientan aleatoriamente en las butacas asignadas ¿Cuál es la probabilidad de que Juan y Alba ocupen los dos extremos de las cinco butacas?**

- Número de resultados posibles: $P_5 = 5! = 120$
- Número de resultados favorables: situados Juan y Alba en los extremos de la fila de cinco butacas (2 posibilidades), quedan tres butacas para los otros tres amigos, esto es $P_3 = 3! = 6$. En total, $2 \cdot 3! = 12$, y por lo tanto

$$P(\text{Juan y Alba en los extremos}) = \frac{12}{120} = \frac{1}{10}$$

Permutaciones con repetición

La palabra TERMOMETRO está formada por 5 letras diferentes, repitiéndose cada una dos veces.

Para ver cuántas palabras, con sentido o no, pueden formarse con sus letras, se consideran distinguibles las letras iguales, por lo que habría 10! resultados posibles. Pero considerando que las letras iguales no son distinguibles, muchas palabras de las anteriores serían iguales, por ejemplo:

TTERMOMERO = TTERMOMERO   EETRMOMTRO = EETRMOMTRO

Por tanto hay que dividir por el número de elementos repetidos y como cada letra repetida aparece 2 veces, pueden formarse $\frac{10!}{2! \cdot 2! \cdot 2! \cdot 2! \cdot 2!} = 362\,880$ palabras.

Este número es conocido como **permutaciones con repetición** de 10 elementos (las 10 letras) donde hay realmente cinco elementos diferentes que se repiten 2 veces cada uno.

Si se dispone de n elementos, pero solo k de ellos son diferentes, repitiéndose uno n_1 veces, otro n_2 veces, etc., al número de ordenaciones distintas de los n elementos en estas condiciones se le llama **permutaciones con repetición** y se calcula:

$$P_n^{n_1, n_2, \ldots, n_k} = \frac{n!}{n_1! \cdot n_2! \cdot \ldots \cdot n_k!} \quad \text{con} \quad n_1 + n_2 + \ldots + n_k = n$$

Como en el caso de las permutaciones ordinarias, dos permutaciones con repetición se diferencian entre sí en el orden de colocación de sus elementos, teniendo en cuenta que dos elementos iguales no son distinguibles.

Ejemplo ▸ **Elegida una palabra al azar de las formadas con las letras de la palabra TERMOMETRO, ¿cuál es la probabilidad de que empiece por TERMO?**

- Número de resultados posibles: $P_{10}^{2,2,\ldots,2} = 362\,880$ palabras
- Número de resultados favorables: las palabras que empiezan por TERMO son de la forma TERMO _ _ _ _ _. Se trata de contar de cuántas formas pueden ordenarse las letras restantes, que son M, E, T, R, O. Por tanto hay $P_5 = 5! = 120$ palabras.

$$P(\text{empezar por TERMO}) = \frac{120}{362\,880} = \frac{1}{3024}$$

Combinaciones

Para calcular el número de productos diferentes de 3 factores distintos que pueden formarse con las cifras del 1 al 9, se calcula en primer lugar el número de variaciones ordinarias de 3 elementos que pueden formarse: $V_{9,3} = 9 \cdot 8 \cdot 7 = 504$. Pero hay variaciones que dan lugar al mismo producto, por ejemplo:

123 132 213 231 312 321

Por tanto hay que dividir el número de variaciones ordinarias entre el número de ordenaciones diferentes de tres cifras, P_3 y entonces pueden formarse:

$$\frac{V_{9,3}}{P_3} = \frac{9\cdot8\cdot7}{3!} = \frac{9\cdot8\cdot7\cdot6!}{3!6!} = \frac{9!}{3!6!} = 84 \text{ productos diferentes}$$

A cada resultado posible que se obtiene al seleccionar simultáneamente k elementos de un conjunto de n elementos, se le llama **combinación de orden k** de los n elementos ($k \le n$) o **combinación de n elementos tomados de k en k**. Su número es:

$$C_{n,k} = \frac{V_{n,k}}{P_k} = \frac{n!}{k!(n-k)!}$$

Dos combinaciones son distintas si tienen al menos un elemento diferente.

Ejemplo ▸ **Elegido un producto de los anteriores, ¿cuál es la probabilidad de que sea múltiplo de 7?**

- Número de resultados posibles: $C_{9,3} = 84$ productos
- Número de resultados favorables: los múltiplos de 7 tiene que tener como uno de sus factores a 7. Se trata de contar cuántos productos de 2 factores pueden formarse con las cifras 1, 2, 3, 4, 5, 6, 8 y 9, ya que no puede haber factores repetidos. Por tanto hay $C_{8,2} = \frac{8!}{2!6!} = \frac{8\cdot7}{2\cdot1} = 28$ productos.

$$P(\text{múltiplo de } 7) = \frac{28}{84} = \frac{1}{3}$$

MAT-TIC GeoGebra

Entra en smSaviadigital.com y practica con las técnicas de recuento.

Ten en cuenta

$C_{n,k} = C_{n,n-k}$

$C_{n,0} = C_{n,n} = 1$

EJERCICIO RESUELTO

24. **En una clase de 27 alumnos hay 18 chicos. Quiere formarse una comisión de 6 alumnos, de tal manera que guarde la proporción de chicos-chicas de la clase. ¿Cuál es la probabilidad de que en la comisión estén Miguel y María?**

Para mantener la proporción, en la comisión debe haber 4 chicos y 2 chicas.

Número de casos posibles: $C_{18,4} \cdot C_{9,2} = \frac{18!}{4!14!} \cdot \frac{9!}{2!7!} = \frac{18\cdot17\cdot16\cdot15}{4\cdot3\cdot2\cdot1} \cdot \frac{9\cdot8}{2\cdot1} = 110160$

En la comisión tienen que estar Miguel y María, hay que escoger 3 chicos entre los 17 restantes y 1 chica entre las 8 restantes. Por tanto, el número de casos favorables es:

$$C_{17,3} \cdot 8 = \frac{17!}{3!14!} \cdot 8 = \frac{17\cdot16\cdot15}{3\cdot2\cdot1} \cdot 8 = 680 \cdot 8 = 5440$$

$$P(\text{Miguel y María forman parte de la comisión}) = \frac{5440}{110160} = \frac{4}{81}$$

EJERCICIOS PROPUESTOS

25. En una estantería se van a ordenar 3 libros de Física, 2 de Filosofía y 2 de Matemáticas. Si los libros de cada materia son idénticos entre sí halla la probabilidad de que:

a) Queden juntos los tres de Física.

b) Queden juntos los dos de Matemáticas

26 Con todas las letras de la palabra CASCARRABIAS ¿Cuántas palabras, con o sin sentido, se pueden formar?

27. smSaviadigital.com PRACTICA Continua utilizando métodos de recuento.

7 Probabilidad condicionada

En ocasiones, aún sin conocer el resultado de un experimento, es posible que se disponga de información acerca del mismo y, en ese caso, debe incorporarse dicha información al cálculo de las probabilidades de los sucesos.

Ejemplo ▸ De los 150 empleados de una empresa 42 van a trabajar en coche y el resto usa la ruta de la empresa. De los que van en coche, 20 son mujeres. En la empresa 87 empleados son hombres. La tabla al margen resume la situación.

	Coche	Ruta	
Hombre	22	65	87
Mujer	20	43	63
	42	108	150

Si se elige un empleado al azar y se consideran los sucesos A = "utiliza ruta" y B = "es hombre", se pueden calcular sus probabilidades con la regla de Laplace:

$$P(A)=\frac{108}{150}=\frac{18}{25} \qquad P(B)=\frac{87}{150}=\frac{29}{50}$$

Supongamos, ahora, que se sabe que el elegido es un hombre, es decir ha ocurrido el suceso B. Esta información implica que el conjunto de resultados posibles se ha reducido a 87 elementos y de ellos 65 usan ruta. De modo que la probabilidad de A sabiendo que ha ocurrido el suceso B, que se escribe como $P(A \mid B)$, es

$$P(A|B)=\frac{65}{87}=\frac{\frac{65}{150}}{\frac{87}{150}}=\frac{P(A\cap B)}{P(B)}$$

Disponer de información sobre el resultado de un experimento aleatorio puede modificar el espacio muestral del mismo y condicionar el valor de las probabilidades.

Si A y B son dos sucesos asociados a un experimento aleatorio con $P(B) > 0$, se define la **probabilidad de *A* condicionada por *B*** como:

$$\mathbf{P(A|B)=\frac{P(A\cap B)}{P(B)}}$$

Ten en cuenta

Si $P(A) > 0$, también se puede definir $P(B \mid A)$ como

$$P(B|A)=\frac{P(A\cap B)}{P(A)}$$

que es la probabilidad de B condicionada a la información de que el suceso A ha ocurrido.

Regla de la multiplicación para probabilidades condicionadas

Si A y B son dos sucesos de un mismo experimento aleatorio, tales que $P(A) > 0$ y $P(B) > 0$, la probabilidad de $A \cap B$ puede expresarse como:

$$\mathbf{P(A \cap B) = P(A) \cdot P(B \mid A)} \quad \text{o} \quad \mathbf{P(A \cap B) = P(B) \cdot P(A \mid B)}$$

Estas expresiones son conocidas como reglas de la multiplicación para probabilidades condicionadas. Si los sucesos son tres, la regla de multiplicación queda, por ejemplo:

$$P(A \cap B \cap C) = P(A) \cdot P(B \mid A) \cdot P(C \mid A \cap B)$$

Donde los sucesos que condicionan deben tener probabilidad estrictamente positiva.

Ejemplo ▸ De una urna que contiene 3 bolas verdes y 4 rojas, se extraen al azar sucesivamente y sin reemplazo 3 bolas. Para calcular la probabilidad de que la primera sea verde y las dos siguientes rojas, se consideran los V_1 = "la primera bola es verde", R_2 = "la segunda bola es roja" y R_3 = "la tercera bola es roja", entonces:

$$P(V_1\cap R_2\cap R_3)=P(V_1)\cdot P(R_2|V_1)\cdot P(R_3|V_1\cap R_2)=\frac{3}{7}\cdot\frac{4}{6}\cdot\frac{3}{5}=\frac{6}{35}$$

Ten en cuenta

Para calcular la probabilidad de sucesos compuestos puede utilizarse un diagrama de árbol, añadiendo a cada rama su probabilidad, de este modo la probabilidad de la intersección es el producto de las ramas.

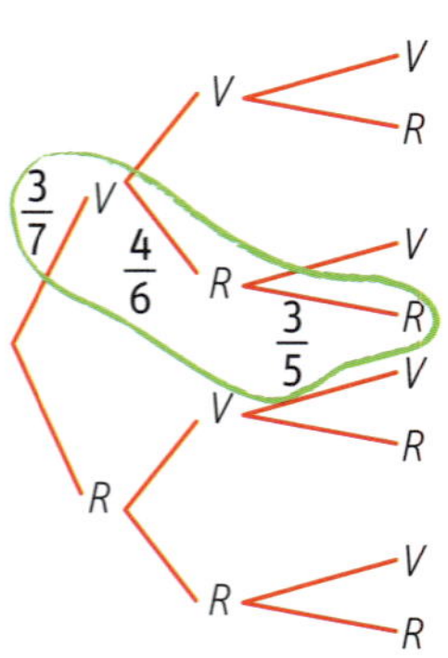

Dependencia e independencia de sucesos

Dados dos sucesos A y B, asociados a un experimento aleatorio, con $P(A) > 0$ y $P(B) > 0$, se dice que son **independientes** si el hecho de que ocurra uno de ellos no influye en la probabilidad de que ocurra el otro; es decir, si:

$$\mathbf{P(A \mid B) = P(A)} \text{ o, de forma equivalente, } \mathbf{P(B \mid A) = P(B)}$$

En otro caso, se dice que los sucesos son **dependientes**.

Ejemplo ▸ En el conjunto de las familias con tres hijos, se consideren los sucesos $A = \{$la familia tiene hijos de ambos sexos$\}$ y $B = \{$la familia tiene una hija como mucho$\}$.

El espacio muestral es $E = \{VVV, VVM, VMV, VMM, MVV, MVM, MMV, MMM\}$ donde todos los resultados se suponen equiprobables. Los sucesos A y B son $A = \{VVM, VMV, VMM, MVV, MVM, MMV\}$ y $B = \{VVV, VVM, VMV, MVV\}$.

Utilizando la regla de Laplace se tiene que $P(A) = \frac{6}{8}$ $P(B) = \frac{4}{8} = \frac{1}{2}$ $P(A \cap B) = \frac{3}{8}$

Como $P(A \cap B) = P(A) \cdot P(B)$, los sucesos A y B son independientes.

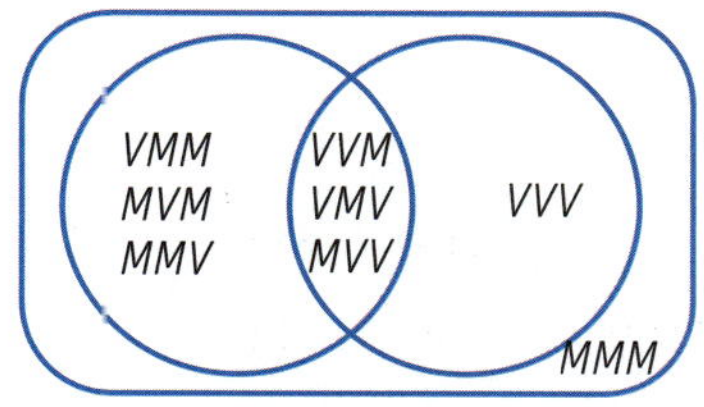

Dos sucesos A y B, asociados a un experimento aleatorio son **independientes** si y solo si:

$$\mathbf{P(A \cap B) = P(A) \cdot P(B)}$$

En efecto, suponiendo que $P(A) > 0$ y $P(B) > 0$ y si A y B son independientes, resulta:

$$P(A \cap B) = P(A) \cdot P(B \mid A) = P(A) \cdot P(B)$$

Recíprocamente, si $P(A \cap B) = P(A) \cdot P(B)$, se tiene que: $P(A \mid B) = \frac{P(A \cap B)}{P(B)} = \frac{P(A) \cdot P(B)}{P(B)} = P(A)$ lo que significa que A y B son independientes.

Independencia de tres o más sucesos

Cuando se trata de estudiar la independencia de más de dos sucesos, es preciso tener en cuenta que no es suficiente con verificar la independencia de cada par de sucesos.

Dados los sucesos A, B, y C se dice que son **independientes en conjunto** o **mutuamente independientes** si:

- Son independientes dos a dos, es decir:

$$P(A \cap B) = P(A) \cdot P(B) \quad P(A \cap B) = P(A) \cdot P(B) \quad P(B \cap C) = P(B) \cdot P(C)$$

- Y, además, $P(A \cap B \cap C) = P(A) \cdot P(B) \cdot P(C)$

MAT-TIC GeoGebra

Entra en smSaviadigital.com y practica con los diagramas de árbol.

EJERCICIO **RESUELTO**

28. **En una campaña de prevención de la gripe se vacuna al 40 % de la población en riesgo. Se sabe que la enfermedad afecta al 20 % de los vacunados y al 50 % de los no vacunados. Calcula la probabilidad de que una persona elegida al azar**

a) Enferme y haya sido vacunada.

b) Enferme y no haya sido vacunada.

Sean los sucesos A = "la persona ha sido vacunada"; B = "la persona enferma".

Del enunciado se deduce:

$$P(A) = 0{,}4 \quad P(\bar{A}) = 0{,}6 \quad P(B \mid A) = 0{,}2 \quad P(B \mid \bar{A}) = 0{,}5$$

a) $P(B \cap A) = P(A) \cdot P(B \mid A) = 0{,}4 \cdot 0{,}2 = 0{,}08$

b) $P(B \cap \bar{A}) = P(\bar{A}) \cdot P(B \mid \bar{A}) = 0{,}6 \cdot 0{,}5 = 0{,}3$

EJERCICIOS **PROPUESTOS**

29. **De una urna con 6 bolas blancas y 4 rojas, se extraen sucesivamente al azar dos bolas, calcula la probabilidad de que las dos bolas sean rojas si las extracciones se realizan.**

a) Sin reemplazo **b)** Con reemplazo

30. **El 30 % de los habitantes de una ciudad consume habitualmente café y el 40 % de los consumidores de café no toma postre en las comidas. Elegido al azar un habitante, calcula la probabilidad de que sea consumidor de café y tome postre.**

8 Regla de la probabilidad total

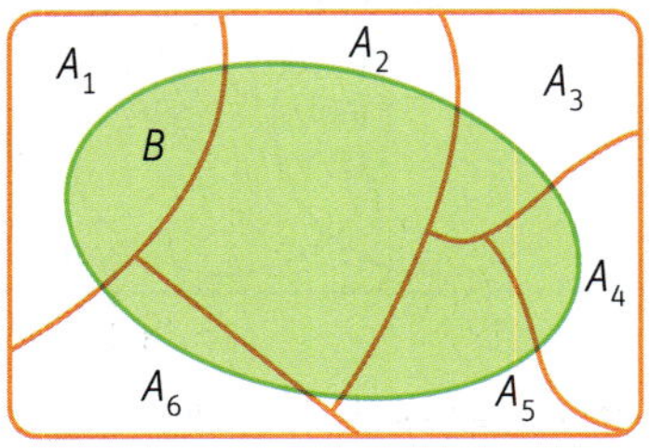

Partición del espacio muestral

Se dice que los sucesos $A_1, A_2, ..., A_k$ constituyen una **partición del espacio muestral *E*** de un experimento aleatorio si se verifican las dos condiciones siguientes:

- Son incompatibles dos a dos; es decir, $A_i \cap A_j = \emptyset$, para todo $i \neq j$.
- Cubren el espacio muestral; es decir, $A_1 \cup A_2 \cup ... \cup A_k = E$.

Ejemplo ▸ Una fábrica tiene tres turnos diarios de trabajo de 8 horas cada uno, de 0 h a 8 h, de 8 h a 16 h y de 16 h a 24 h. Cada trabajador está adscrito a un único turno. Se elige un trabajador al azar y se anota el turno en el que trabaja.

Los sucesos T_1 = "trabaja en el primer turno" = [0, 8); T_2 = "trabaja en el segundo turno" = [8, 16) y T_3 = "trabaja en el tercer turno" = [16, 24) forman una partición del espacio muestral asociado a la elección de un trabajador, ya que la unión de los tres completan la jornada diaria de 24 horas y son disjuntos dos a dos.

Teorema de la probabilidad total

Si $A_1, A_2, ..., A_k$ forman una partición del espacio muestral, E, de un experimento, la probabilidad de cualquier suceso B es:

$$\boldsymbol{P(B) = P(A_1) \cdot P(B \mid A_1) + P(A_2) \cdot P(B \mid A_2) + ... + P(A_k) \cdot P(B \mid A_k)}$$

Este resultado se conoce como **regla o teorema de la probabilidad total**.

Efectivamente, si B es un suceso cualquiera del mismo espacio muestral se puede escribir $B = (A_1 \cap B) \cup (A_2 \cap B) \cup ... \cup (A_k \cap B)$, siendo los sucesos de la unión incompatibles entre sí.

Por tanto si $P(A_i) > 0$ para $i = 1, 2, ..., k$ y se aplica la regla de la multiplicación se obtiene:

$P(B) = P(A_1) \cdot P(B \mid A_1) + P(A_2) \cdot P(B \mid A_2) + ... + P(A_k) \cdot P(B \mid A_k)$

EJERCICIO **RESUELTO**

31. Una empresa produce un artículo en tres plantas diferentes, en la primera planta produce 500 unidades, 1000 en la segunda y 2000 en la tercera. El porcentaje de unidades defectuosas producidas en cada planta es del 1%, 0,8 % y 2 %, respectivamente. De la producción total se elige un artículo al azar. Calcula la probabilidad de que sea defectuoso.

Sean los sucesos

D = "el artículo es defectuoso"

A_i = "el artículo ha sido producido en la planta i" $i = 1, 2, 3$

Las probabilidades son:

$P(A_1) = \frac{500}{3500} = \frac{1}{7}$ $P(A_2) = \frac{1000}{3500} = \frac{2}{7}$ $P(A_3) = \frac{2000}{3500} = \frac{4}{7}$

$P(D \mid A_1) = 0{,}01$ $P(D \mid A_2) = 0{,}008$ $P(D \mid A_3) = 0{,}02$

Aplicando la regla de la probabilidad total:

$P(D) = P(A_1) \cdot P(D \mid A_1) + P(A_2) \cdot P(D \mid A_2) + P(A_3) \cdot P(D \mid A_3) =$

$= \frac{1}{7} \cdot 0{,}01 + \frac{2}{7} \cdot 0{,}008 + \frac{4}{7} \cdot 0{,}02 = \frac{53}{3500} = 0{,}015$

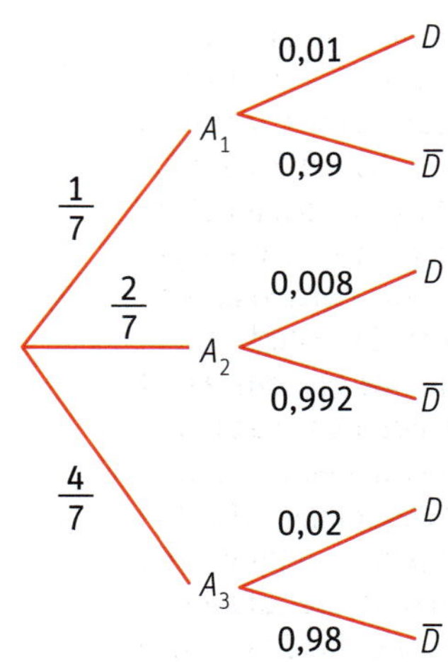

EJERCICIOS **PROPUESTOS**

32. Para ir a la universidad, Juan coge el autobús el 60 % de los días, el resto prefiere ir andando. Si va en autobús llega puntual con probabilidad 0,98, mientras que si va andando la probabilidad de ser puntual es 0,8. Calcula la probabilidad de que, un día al azar:

a) Llegue puntual a clase.

b) Llegue tarde a clase.

33. Un centro ofrece clases de pilates de tres niveles, inicial, medio y avanzado. El nivel medio lo practican el 45 % de los matriculados, mientras que en el avanzado se encuentran el 24 % . En el nivel inicial hay un 37 % de mujeres, en el medio la cuarta parte son hombres y en el avanzado hay igual número de mujeres que de hombres. Se elige al azar a una persona que practica pilates, ¿cuál es la probabilidad de que sea hombre?

9 Teorema de Bayes

Sea $A_1, A_2, ..., A_k$ una partición del espacio muestral E, asociado a un experimento aleatorio, con $P(A_i) > 0$, para $i = 1, 2, ..., k$ y B es un suceso cualquiera con $P(B) > 0$, entonces la probabilidad de haya ocurrido el suceso A_i sabiendo que ha ocurrido B es:

$$P(A_i|B)=\frac{P(A_i)\cdot P(B|A_i)}{P(A_1)\cdot P(B|A_1)+P(A_2)\cdot P(B|A_2)+...+P(A_k)\cdot P(B|A_k)} \quad \text{para } i=1, 2, ..., k$$

Este resultado es conocido como **teorema de Bayes.**

Thomas Bayes (1701-1761)

Matemático inglés, creador, desde un punto de vista técnico de la inferencia estadística. Su único trabajo conocido, *An Essay towards solving a problem in the Doctrine of Chances*, fue publicado por Richard Price en 1764.

Efectivamente, aplicando primero la definición de probabilidad condicionada y después la regla de la multiplicación en el numerador y la de la probabilidad total en el denominador, se obtiene:

$$P(A_i|B)=\frac{P(A_i\cap B)}{P(B)}=\frac{P(A_i)\cdot P(B|A_i)}{P(A_1)\cdot P(B|A_1)+P(A_2)\cdot P(B|A_2)+...+P(A_k)\cdot P(B|A_k)}$$

El teorema de Bayes proporciona un método simple para el cálculo de las probabilidades de los sucesos de la partición, una vez que se sabe que el suceso B ha ocurrido.

MAT-TIC GeoGebra

Entra en smSaviadigital.com para interpretar el teorema de Bayes.

Ejemplo ▸ **Se lanza un dado y si sale múltiplo de 3 se extrae una bola de la urna U_1, que contiene 6 bolas blancas y 4 verdes. Si el número no es múltiplo de 3, la bola se extrae de otra urna, U_2, que contiene 2 bolas blancas y 10 verdes. Si la bola extraída resulto ser blanca, ¿cuál es la probabilidad de que se haya extraído de la urna U_1?**

Sea el suceso B = "la bola extraída es blanca". Se trata de calcular $P(U_1|B)$.

$$P(U_1|B)=\frac{P(U_1)\cdot P(B|U_1)}{P(B)}=\frac{\frac{1}{3}\cdot\frac{3}{5}}{\frac{1}{3}\cdot\frac{3}{5}+\frac{2}{3}\cdot\frac{1}{6}}=\frac{\frac{1}{5}}{\frac{1}{5}+\frac{1}{9}}=\frac{9}{14}$$

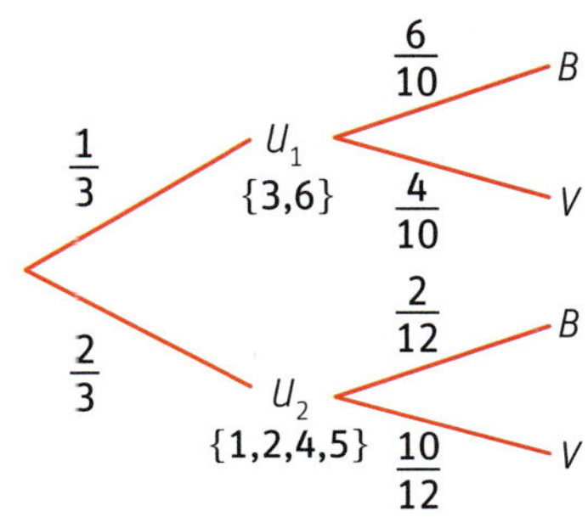

EJERCICIO RESUELTO

34. **En un intercambiador, el 25 % de vehículos son interurbanos, y el resto, urbanos. En los autobuses interurbanos, un 50 % de los pasajeros viaja por trabajo, y en los urbanos, el 60 %. El resto lo hace por motivos personales. Elegido un autobús al azar y seleccionado un pasajero del mismo, resulta que viaja por motivos personales. Calcula la probabilidad de que el autobús sea interurbano.**

Sean los sucesos:

A_1 = "autobús interurbano"; A_2 = "autobús urbano" y

B = "el viaje es por motivos personales"

Del enunciado se deducen las siguientes probabilidades:

$P(A_1) = 0{,}25$ $\quad P(A_2) = 0{,}75$ $\quad P(B|A_1) = 0{,}50$ $\quad P(B|A_2) = 0{,}4$

Mediante el teorema de la probabilidad total, se halla la probabilidad del suceso B:

$P(B) = P(A_1) \cdot P(B|A_1) + P(A_2) \cdot P(B|A_2) = 0{,}25 \cdot 0{,}50 + 0{,}75 \cdot 0{,}4 = 0{,}425$

Por último, aplicando el teorema de Bayes:

$$P(A_1|B)=\frac{P(A_1)P(P|A_1)}{P(B)}=\frac{0{,}25\cdot 0{,}50}{0{,}425}=0{,}2941$$

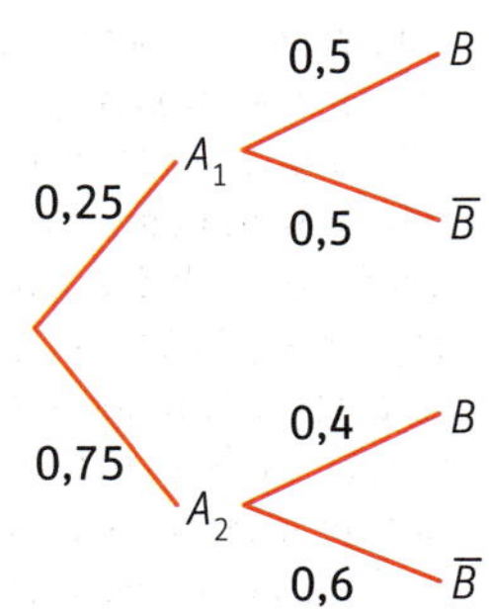

EJERCICIOS PROPUESTOS

35. Una empresa tiene distribuidos sus centros de producción en dos polígonos industriales A_1 y A_2. En A_1 trabaja un 30 % de la plantilla y el resto lo hace en A_2. En el último mes un 5 % de los trabajadores de A_1 padeció algún tipo de enfermedad, mientras que en A_2 ese porcentaje fue del 3 %. Se selecciona al azar un trabajador y estuvo enfermo. Calcula la probabilidad de que trabaje en A_1.

36. La alarma de un comercio salta en el 97 % de los atracos, y suena sin motivo un 2 % de las veces. Un 12% de comercios ha sufrido un atraco. Si ha saltado la alarma, calcula la probabilidad de que el comercio haya sufrido un intento de atraco.

37. smSaviadigital.com **PRACTICA** Practica y aplica los teoremas de la probabilidad total y de Bayes.

10 Aplicaciones

El nivel de estudios y la posibilidad de superar un test

El nivel de estudios de los individuos de una población se puede clasificar de manera simplificada en B="bajo", M= "medio" y A = "alto". Se sabe que actualmente el 46 % de los adultos de dicha población tiene nivel bajo de estudios, el 22 %, nivel medio, y el 32 %, nivel alto.

Un test de competencias es superado por el 85 % de los que tienen nivel alto de estudios, por un 56 % de los que tienen nivel medio y por solo el 24 % de los del nivel bajo. De la población se elige un adulto al azar y aprueba el test. Para determinar la probabilidad de que su nivel de estudios sea bajo se utiliza el teorema de Bayes.

Los sucesos B, M y A forman la partición del espacio muestral. Un adulto está en uno y solo uno de estos niveles y todos los adultos se clasifican atendiendo a uno de esos tres niveles de estudios.

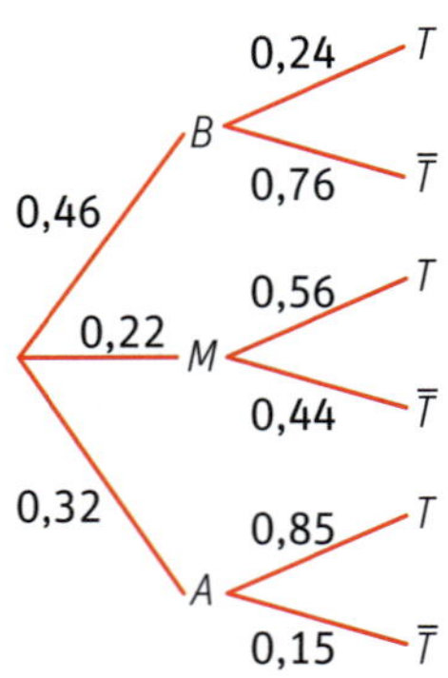

Se considera el suceso T = "el adulto seleccionado aprueba el test". Hay que calcular $P(B \mid T)$.

$P(B) = 0{,}46 \qquad P(M) = 0{,}22 \qquad P(A) = 0{,}32$

$P(T \mid B) = 0{,}24 \qquad P(T \mid M) = 0{,}56 \qquad P(T \mid A) = 0{,}85$

Aplicando el teorema de la probabilidad total:

$$P(T) = P(B) \cdot P(T \mid B) + P(M) \cdot P(T \mid M) + P(A) \cdot P(T \mid A) =$$
$$= 0{,}46 \cdot 0{,}24 + 0{,}22 \cdot 0{,}56 + 0{,}32 \cdot 0{,}85 = 0{,}5056$$

Por último, aplicando el teorema de Bayes, se obtiene la probabilidad pedida:

$$P(B \mid T) = \frac{P(B) \cdot P(T \mid B)}{P(T)} = \frac{0{,}46 \cdot 0{,}24}{0{,}5056} = 0{,}2183$$

De forma análoga, se pueden calcular las probabilidades de que un adulto que haya aprobado el test, tenga nivel medio o alto de estudios.

$$P(M \mid T) = \frac{P(M) \cdot P(T \mid M)}{P(T)} = \frac{0{,}22 \cdot 0{,}56}{0{,}5056} = 0{,}2437 \qquad P(A \mid T) = \frac{P(A) \cdot P(T \mid A)}{P(T)} = \frac{0{,}32 \cdot 0{,}85}{0{,}5056} = 0{,}5379$$

Diversificación de primas de seguros

Una compañía comercializa seguros de tres ramas: hogar, vida y coche. El 30 % de sus pólizas corresponde a seguros de hogar, el 20 %, a seguros de vida, y el resto, a coche.

Del total de partes recibidos por la compañía, el 60 % dio lugar a indemnizaciones, el resto se resolvió por vía ordinaria. Del total de las indemnizaciones, una cuarta parte se la llevaron los seguros de hogar, otra cuarta parte los seguros de vida y la mitad las pólizas de coche.

En la nueva campaña para atraer clientes, ¿qué producto le interesa más vender a la compañía?

Suponiendo que las indemnizaciones suponen la partida de mayor gasto, deberá publicitar más la rama que con menor probabilidad sea objeto de indemnización.

Sean los sucesos y sus probabilidades:

M = "indemnización" $\qquad P(M) = 0{,}6$

H = "póliza de hogar" $\qquad V$ = "póliza de vida" $\qquad C$ = "póliza de coche"

$P(H) = 0{,}3 \qquad P(V) = 0{,}2 \qquad P(C) = 0{,}5$

$P(H \mid M) = 0{,}25 \qquad P(V \mid M) = 0{,}25 \qquad P(C \mid M) = 0{,}5$

Hay que calcular cuál de las probabilidades, $P(M \mid H)$, $P(M \mid V)$ o $P(M \mid C)$, es menor. Entonces:

$$P(M \mid H) = \frac{P(H \cap M)}{P(H)} = \frac{P(M) \cdot P(H \mid M)}{P(H)} = \frac{0{,}6 \cdot 0{,}25}{0{,}3} = 0{,}5$$

$$P(M \mid V) = \frac{P(M \cap V)}{P(V)} = \frac{P(M) \cdot P(V \mid M)}{P(V)} = \frac{0{,}6 \cdot 0{,}25}{0{,}2} = 0{,}75$$

$$P(M \mid C) = \frac{P(M \cap C)}{P(C)} = \frac{P(M) \cdot P(C \mid M)}{P(C)} = \frac{0{,}6 \cdot 0{,}5}{0{,}5} = 0{,}6$$

Luego deberá publicitar más los seguros de hogar.

Sorteos justos o injustos

Con cierta frecuencia, para obtener un premio se recurre a sorteos "rápidos". El que dirige el sorteo escribe un número en un papel, oculto para los demás, y va preguntando de viva voz por orden hasta que alguien adivina el número y se lleva el premio. ¿Este sorteo es justo? ¿Todos los participantes tienen la misma probabilidad de ganar el premio?

Para concretar, se supone que se va a sortear un premio entre 3 personas A, B y C y que el que dirige el sorteo anota un número x del 1 al 3 en un papel. El orden de comienzo se elige al azar de forma que los tres participantes tienen la misma probabilidad de empezar.

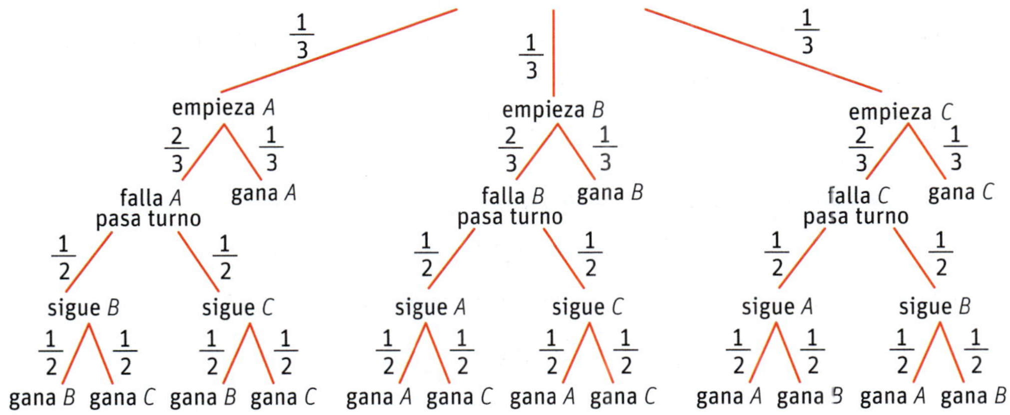

La probabilidad de que gane A es $P(A)=\frac{1}{3}\cdot\frac{1}{3}+\frac{1}{3}\cdot\frac{2}{3}\cdot\frac{1}{2}\cdot\frac{1}{2}+\frac{1}{3}\cdot\frac{2}{3}\cdot\frac{1}{2}\cdot\frac{1}{2}+\frac{1}{3}\cdot\frac{2}{3}\cdot\frac{1}{2}\cdot\frac{1}{2}+\frac{1}{3}\cdot\frac{2}{3}\cdot\frac{1}{2}\cdot\frac{1}{2}=\frac{1}{3}$

Que es la misma que para cada uno de los otros dos participantes.

Si el director del sorteo tiene un "enchufado", ¿que sucedería si le elige el primero y los dos concursantes restantes tienen la misma probabilidad de ser elegidos si falla el enchufado? Y por el contrario si elige a uno de los otros dos concursantes en primer lugar y al enchufado lo deja para el segundo lugar, ¿el enchufado tendría menor o mayor probabilidad de ganar?

Por extraño que te parezca, la probabilidad de ganar no varía en ninguno de los casos y es igual para cada uno de los concursantes.

La paradoja del cumpleaños

En muchas ocasiones, dos compañeros de clase o de trabajo cumplen años el mismo día. Cabe preguntarse por cuál es la probabilidad de que esto ocurra. Para determinarla se supone, por ejemplo, que en una clase hay 35 alumnos. Entonces, se considera el suceso:

$$A = \text{"los 35 alumnos cumplen los años en distintos días"}$$

Se supone que el año es de 365 días. Si se ordenan los alumnos, el primero de la lista tiene 365 posibilidades para su cumpleaños, el segundo dispone de 364 días, ya que no puede coincidir con el primero, el tercero de 363, puesto que no puede coincidir con los dos anteriores. Aplicando este razonamiento para todos los alumnos, se tiene:

$$P(A)=\frac{365}{365}\cdot\frac{364}{365}\cdot\frac{363}{365}\cdot\ldots\cdot\frac{332}{365}\cdot\frac{331}{365}=\frac{365(365-1)(365-2)\cdot\ldots\cdot(365-33)(365-34)}{365^{35}}=$$
$$=\frac{365!}{365^{35}(365-35)!}=0{,}1856$$

El suceso "al menos dos personas cumplen los años en el mismo día" es el suceso contrario a A, por tanto la probabilidad de que al menos dos personas hayan nacido en el mismo día es:

$$P(\overline{A})=1-0{,}1856=0{,}8144$$

Como se ve se trata de una probabilidad muy elevada, en contra de lo que suele pensarse.

Resumen

Sucesos

Un experimento es **aleatorio** si, aunque se repita en condiciones similares, el resultado no se puede predecir.

El **espacio muestral**, E, es el conjunto de los resultados posibles de un experimento aleatorio.

Se llama **suceso** a todo subconjunto del espacio muestral.

Unión de sucesos

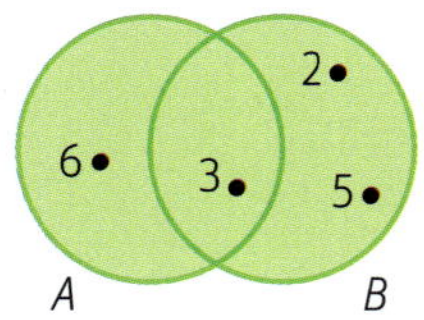

Intersección de sucesos

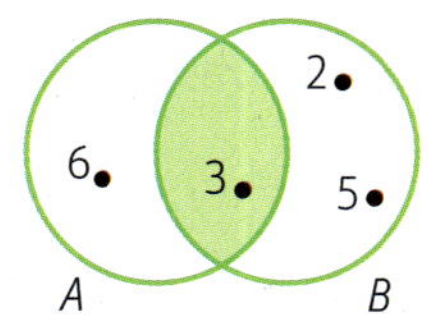

Diferencia de sucesos

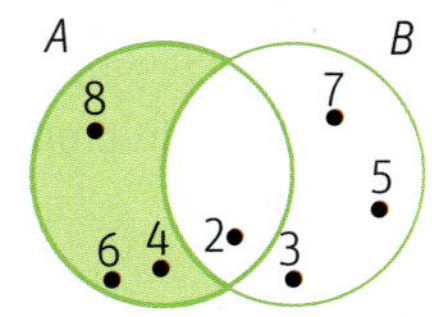

Suceso contrario

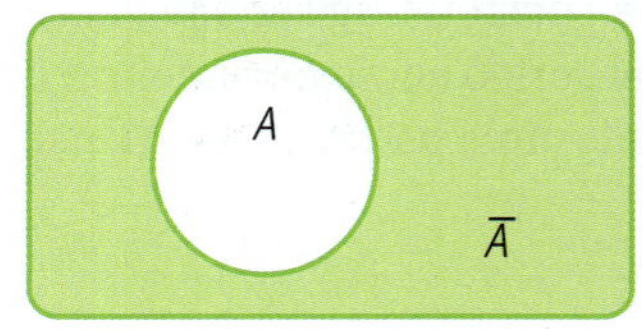

Probabilidad

Definición frecuentista

La **probabilidad de un suceso *A*** es el límite de la frecuencia relativa del suceso cuando el número de repeticiones se hace infinitamente grande:

$$P(A) = \lim_{n \to \infty} h(A)$$

Definición axiomática

Se llama **probabilidad** a una función P que a cada suceso, A, le asigna un número real $P(A)$, que verifica

- $P(A) \geq 0$
- $P(E) = 1$
- Si $A_1, A_2, ..., A_k$ son sucesos incompatibles dos a dos, es decir $A_j \cap A_h = \varnothing$, si $j \neq h$, entonces:

$$P\left(\bigcup_{j=1}^{k} A_j\right) = \sum_{j=1}^{k} P(A_j)$$

Regla de Laplace

Si un suceso A del espacio E, finito equiprobable, contiene m de los n resultados posibles del experimento, su probabilidad puede calcularse de la siguiente manera:

$$P(A) = \frac{\text{n.º de resultados favorables al suceso } A}{\text{n.º de resultados posibles}} = \frac{m}{n}$$

Propiedades de la probabilidad

1. $P(\overline{A}) = 1 - P(A)$
2. $P(\varnothing) = 0$
3. Si A contenido en $B \Rightarrow P(A) \leq P(B)$
4. $0 \leq P(A) \leq 1$, cualquiera que sea A.
5. $P(A \cup B) = P(A) + P(B) - P(A \cap B)$
6. $P(A - B) = P(A) - P(A \cap B)$

Probabilidad condicionada

$$P(A|B) = \frac{P(A \cap B)}{P(B)} \qquad P(B|A) = \frac{P(A \cap B)}{P(A)}$$

Sucesos independientes

A y B son independientes $\Leftrightarrow P(A \cap B) = P(A) \cdot P(A)$

Regla de la multiplicación de probabilidades condicionadas

$$P(A \cap B \cap C) = P(A) \cdot P(B|A) \cdot P(C|A \cap B)$$

Teorema de la probabilidad total

$$P(B) = P(A_1) \cdot P(B|A_1) + P(A_2) \cdot P(B|A_2) + ... + P(A_k) \cdot P(B|A_k)$$

Teorema de Bayes

$$P(A_j|B) = \frac{P(A_j) \cdot P(B|A_j)}{P(A_1) \cdot P(B|A_1) + P(A_2) \cdot P(B|A_2) + \ldots + P(A_k) \cdot P(B|A_k)}$$

Métodos de recuento

	Influye el orden		No influye el orden
	Intervienen todos los elementos	No intervienen todos los elementos	
No repetición	$P_n = V_{n,n} = n(n-1) \cdot ... \cdot 2 \cdot 1 = n!$	$V_{n,k} = n(n-1) \cdot ... \cdot (n-k+1)$	$C_{n,k} = \dfrac{n!}{k!(n-k)!}$
Repetición	$P_n^{n_1, n_2, ..., n_k} = \dfrac{n!}{n_1! \cdot n_2! \cdot ... \cdot n_k!}$ $\quad n_1 + n_2 + \ldots + n_k = n$	$VR_{n,k} = n^k$	

EJERCICIOS RESUELTOS

Descripción de espacios y sucesos

Expresión de sucesos mediante operaciones

38. **Dados los sucesos, A y B, asociados a un experimento aleatorio, expresa en función de ellos los siguientes sucesos:**

a) Al menos uno de los dos ocurre.

b) De los dos, solo ocurre uno.

c) No ocurre ninguno de los dos.

a) El suceso "ocurre al menos uno de los dos" se puede representar por el suceso $A \cup B$.

b) Para representar el suceso "solo ocurre uno de los dos", se tiene en cuenta que:

- Solo ocurre A se representa por el suceso $A \cap \overline{B}$.
- Solo ocurre B se representa por el suceso $\overline{A} \cap B$.

El suceso "solo ocurre uno de los dos" ocurrirá cuando al menos ocurra uno de los dos anteriores:

$$(A \cap \overline{B}) \cup (\overline{A} \cap B)$$

c) El suceso "no ocurre ninguno de los dos" se escribe $\overline{A} \cap \overline{B}$.

Descripción de sucesos

39. **Se extraen sucesivamente 3 bolas de una urna que contiene 5 bolas blancas y 4 rojas. Sean los sucesos A = "obtener al menos una bola roja", B = "sacar bola blanca en la segunda extracción", y C = "obtener dos bolas blancas".**

a) Describe el espacio muestral.

b) Escribe los sucesos A, B y C.

c) Escribe los sucesos $A \cap B \cap C$, $\overline{A} \cap B$ y $\overline{B} \cap C$.

a) Para describir el espacio muestral, se construye un diagrama de árbol.

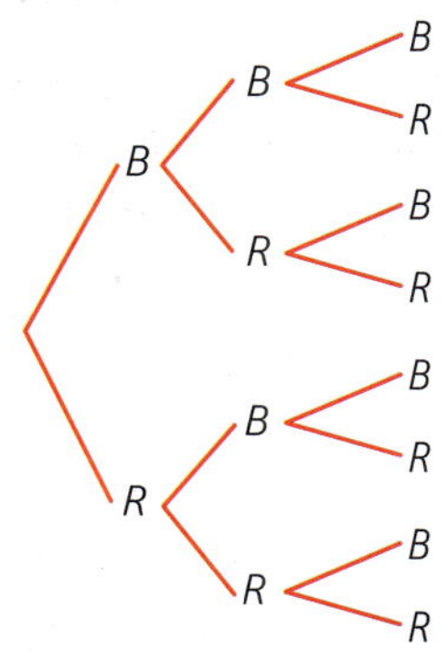

$E = \{BBB, BBR, BRB, BRR, RBB, RBR, RRB, RRR\}$

b) $A = \{BBR, BRB, BRR, RBB, RBR, RRB, RRR\}$

$B = \{BBB, BBR, RBB, RBR\}$

$C = \{BBR, BRB, RBB\}$

c) $A \cap B \cap C = \{BBR, RBB\}$

$\overline{A} \cap B = \{BBB\}$, puesto que el suceso contrario de A es, precisamente, BBB.

$\overline{B} \cap C = \{BRB\}$

Concepto de probabilidad y propiedades

Cálculo de probabilidades utilizando diagramas de Venn

40. **En un estudio de difusión de los dos periódicos más leídos en una población, se estima que el 38 % de los adultos lee el periódico A, mientras que el 27 % lee el periódico B. Un 6 % dice leer ambos diarios. De la población se elige un adulto al azar, calcula la probabilidad de que:**

a) Lea al menos uno de los dos periódicos.

b) Solo lea el periódico A.

c) Solo lea uno de los dos periódicos.

d) No lea ninguno de los dos.

Sean los sucesos A = "leer el periódico A"; B = "leer el periódico B".

El diagrama de Venn refleja la partición que se puede llevar a cabo con los sucesos

$A \cap \overline{B}$ = "solo lee A" $\qquad \overline{A} \cap B$ = "solo lee B"

$A \cap B$ = "lee ambos" $\qquad \overline{A} \cap \overline{B}$ = "no lee ninguno"

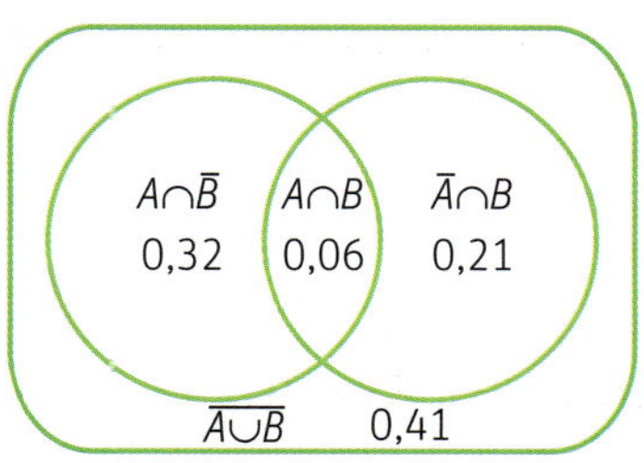

Como el 6 % lee los dos diarios, el 32 % lee solo A y el 21% lee solo B, resulta que con la ayuda del diagrama de Venn y utilizando algunas propiedades:

a) $P(A \cup B) = 0{,}32 + 0{,}06 + 0{,}21 = 0{,}59$

b) $P(A - B) = P(A) - P(A \cap B) = 0{,}38 - 0{,}06 = 0{,}32$

c) $P((A - B) \cup (B - A)) = P(A - B) + (B - A) = 0{,}32 + 0{,}21 = 0{,}53$

d) $P(\overline{A} \cap \overline{B}) = P(\overline{A \cup B}) = 1 - P(A \cup B) = 1 - 0{,}59 = 0{,}41$

Cálculo de probabilidades utilizando las propiedades

41. Sean A y B dos sucesos de un mismo espacio muestral. Si $P(A) = 0{,}15$; $P(B) = 0{,}6$ y $P(B - A) = 0{,}55$, calcula:

a) $P(A \cap B)$ c) $P(\overline{A} \cap \overline{B})$

b) $P(A \cup B)$ d) $P(A - B)$

Representamos los sucesos junto con sus probabilidades en un diagrama de Venn.

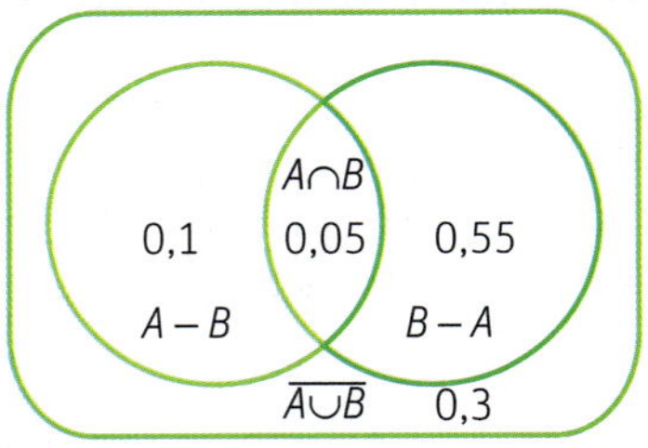

a) $P(B - A) = P(B) - P(A \cap B) \Rightarrow P(A \cap B) = P(B) - P(B - A) = 0{,}6 - 0{,}55 = 0{,}05$

b) $P(A \cup B) = P(A) + P(B) - P(A \cap B) = 0{,}15 + 0{,}6 - 0{,}05 = 0{,}7$

c) $P(\overline{A} \cap \overline{B}) = P(\overline{A \cup B}) = 1 - P(A \cup B) = 1 - 0{,}7 = 0{,}3$

d) $P(A - B) = P(A) - P(A \cap B) = 0{,}15 = 0{,}05 = 0{,}1$

Dependencia de sucesos

42. Si A y B son dos sucesos aleatorios independientes,

a) Prueba que $\overline{A}$ y B son independientes.

b) ¿Son independientes $\overline{A}$ y $\overline{B}$?

a) Se calcula $P(\overline{A} \cap B)$:

$$P(\overline{A} \cap B) = P(B) - P(A \cap B) = P(B) - P(A)P(B) = (1 - P(A))P(B) = P(\overline{A})P(B)$$

Luego sí son independientes.

b) Se calcula la probabilidad de $\overline{A} \cap \overline{B}$:

$$P(\overline{A} \cap \overline{B}) = P(\overline{A \cup B}) = 1 - P(A \cup B) = 1 - (P(A) + P(B) - P(A \cap B)) =$$

$$= 1 - P(A) - P(B) + P(A)\,P(B) = 1 - P(A) + P(B)(-1 + P(A)) =$$

$$= (1 - P(A))(1 - P(B)) = P(\overline{A})P(\overline{B})$$

Por tanto sí son independientes.

Asignación de probabilidades

Aplicación de las técnicas de recuento al cálculo de probabilidades

43. De los 10 temas que debe preparar para un examen, un estudiante domina 6. Si el examen consiste en sortear dos temas, de los cuales el alumno debe desarrollar uno, calcula la probabilidad de que:

a) Solo sepa uno de los dos temas elegidos.

b) Apruebe el examen.

En el sorteo de los temas, todos tienen la misma probabilidad de salir, por lo que puede aplicarse la regla de Laplace.

Al no importar el orden en el que eligen los temas, el número de resultados posibles es:

$$C_{10,2} = \frac{10!}{2!\,8!} = \frac{10 \cdot 9}{2!} = 45$$

a) Sea el suceso A = "solo sabe exactamente uno de los dos temas".

Para contar el número de resultados favorables, uno de los temas tiene que ser de los 6 que sabe y el otro de los cuatro que no sabe, es decir: $C_{6,1} \cdot C_{4,1} = 6 \cdot 4 = 24$

De modo que la probabilidad es: $P(A) = \frac{24}{45} = \frac{8}{15} = 0{,}5333$

b) Para aprobar debe saber por lo menos uno de los dos temas que han salido en el sorteo.

Sea el suceso B = "sabe al menos 1 de los 2 temas extraídos".

El contrario de B es $\overline{B}$ = "no sabe ninguno de los 2"

Los resultados favorables al suceso $\overline{B}$ son: $C_{4,2} = \frac{4!}{2!2!} = 6$

Por lo que: $P(B) = 1 - P(\overline{B}) = 1 - \frac{6}{45} = \frac{39}{45} = \frac{13}{15} = 0{,}8667$

Aplicación de las técnicas de recuento al cálculo de probabilidades

44. ¿Cuál es la probabilidad de ganar el primer premio de la lotería primitiva realizando 4 apuestas?

En el bombo de la primitiva se introducen 49 bolas numeradas del 1 al 49 y se extraen 6 para el primer premio. De forma que:

- Número de resultados posibles: $C_{49,6} = \frac{49!}{6!43!} = 13\,983\,316$
- Número de resultados favorables: 1

Así, la probabilidad del suceso A = "ganar el primer premio" con cuatro apuestas es:

$$P(A) = 4 \cdot \frac{1}{13983316} = 0{,}000000286$$

Probabilidad condicionada

Uso de tablas de contingencia para cálculo de probabilidades

45. **En una empresa, el 75 % de los empleados tiene al menos el título de Educación Secundaria Obligatoria (ESO). En la empresa el 40 % son mujeres, de las cuales, el 80 % tiene el título de ESO. Si se elige un empleado al azar, calcula la probabilidad de que:**

a) Sea mujer sin título de ESO.

b) Sea hombre con título de ESO.

c) Sea mujer, si se sabe que tiene el título de ESO.

Se organizan los datos de los distintos porcentajes en una tabla.

En negrita aparecen los datos que indica el enunciado. El resto se deduce a partir de ellos, teniendo en cuenta que en la última fila vienen los totales de titulados y no titulados y en la última columna los totales relativos al sexo.

	Título ESO	Sin título ESO	
Hombre	43	17	60
Mujer	32	8	40
	75	25	100

Sean los sucesos

M = "la empleada es mujer" $P(M) = 0,4$ H = "el empleado es hombre" $P(H) = 0,6$

S = "el empleado tiene el título de ESO" $P(S) = 0,75$, $P(S \mid M) = 0,8$

Podemos calcular todas las probabilidades a partir de la tabla

a) $P(M \cap \overline{S}) = \dfrac{8}{100} = 0,08$

b) $P(H \cap S) = \dfrac{43}{100} = 0,43$

c) $P(M \mid S) = \dfrac{32}{75} = 0,4267$

Aplicación del teorema probabilidad total

46. **En una fábrica se producen lámparas halógenas y de bajo consumo en proporción 1 a 3. El 2 % de lámparas halógenas y el 9 % de las de bajo consumo es defectuoso. Se escoge una lámpara al azar. Calcula la probabilidad de que no sea defectuosa.**

Sean los sucesos:

H = "lámpara halógena" $P(H) = 0,25$ B = "lámpara de bajo consumo" $P(B) = 0,75$

D = "lámpara defectuosa" $P(D \mid H) = 0,02$ $P(D \mid B) = 0,09$

$$P(\overline{D}) = P(H) \cdot P(\overline{D} \mid H) + P(B) \cdot P(\overline{D} \mid B) =$$
$$= 0,25 \cdot 0,98 + 0,75 \cdot 0,91 = 0,9275$$

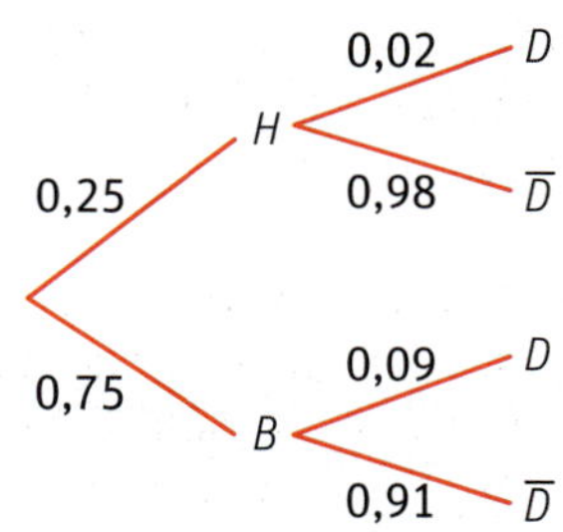

Aplicación del teorema de Bayes

47. **Una gran ciudad se divide en tres zonas geográficas A, B y C, según su nivel de contaminación. El 7 % de los habitantes de la zona A padece una enfermedad de las vías respiratorias, ese porcentaje es del 3 % en la zona B y del 0,01% en la zona C. En A vive el 45 % de la población, en B, el 35 %, y en la zona C, el resto. Si de la población se elige una persona al azar, calcula la probabilidad de que:**

a) Padezca la enfermedad.

b) Sabiendo que padece la enfermedad, viva en la zona A.

Se consideran los sucesos A = "la persona vive en la zona A", B = "la persona vive en la zona B" y C = "la persona vive en la zona C"

$P(A) = 0,45$ $P(B) = 0,35$ $P(C) = 0,20$

Se considera el suceso R = "la persona padece enfermedad de las vías respiratorias", entonces

$P(R \mid A) = 0,07$ $P(R \mid B) = 0,03$ $P(R \mid C) = 0,0001$

a) Aplicando el teorema de la probabilidad total:

$$P(R) = P(A) \cdot P(R \mid A) + P(B) \cdot P(R \mid B) + P(C) \cdot P(R \mid C) =$$
$$= 0,45 \cdot 0,07 + 0,35 \cdot 0,03 + 0,2 \cdot 0,0001 =$$
$$= 0,042$$

b) Aplicando el teorema de Bayes

$$P(A \mid R) = \frac{P(A)\,P(R \mid A)}{P(R)} = \frac{0,45 \cdot 0,07}{0,042} = 0,75$$

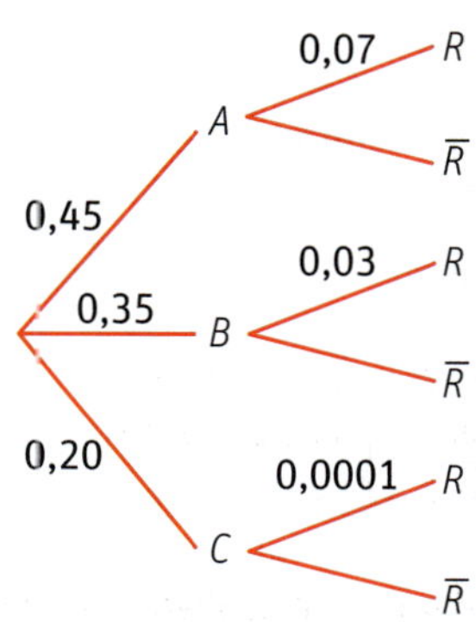

ACTIVIDADES

Ejercicios

Experimentos aleatorios. Sucesos

48. En los siguientes diagramas de Venn, obtén la parte coloreada mediante operaciones con sucesos:

a)

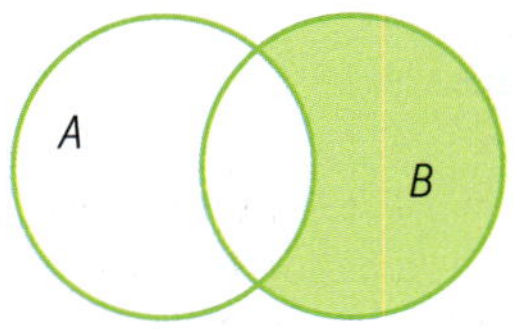

c)

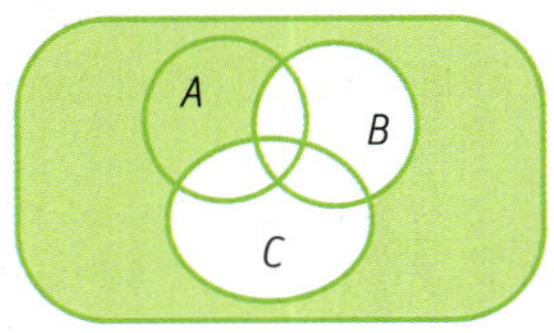

b)

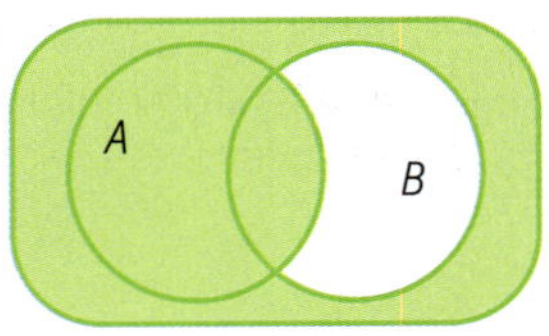

d)

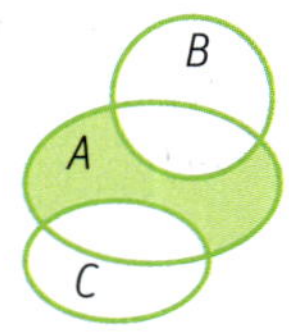

49. En un centro educativo se mide la estatura en centímetros de los estudiantes de 1.º de Bachillerato y resulta el espacio muestral $E = [150, 190]$. Sean los sucesos A = "medir más de 170 cm, pero menos de 180 cm", B = "medir menos de 165 cm" y C = "medir al menos 175 cm". Describe los siguientes sucesos:

a) $A \cap C$ c) $\overline{A} \cap C$ e) $\overline{A} \cap \overline{B} \cap \overline{C}$

b) $\overline{B}$ d) $\overline{B} \cap C$ f) $(B \cap C) \cup A$

50. De una baraja de 40 cartas se selecciona una al azar. Considera los sucesos A = "obtener un basto", B = "obtener un as", y C = "obtener carta con número menor o igual que 5". Describe el espacio muestral y los sucesos:

a) $A \cap B$ c) $\overline{A} \cap B$ e) $\overline{A} \cup \overline{B}$

b) $A \cup C$ d) $A \cap B \cap C$ f) $A \cap \overline{B}$

51. En un pequeña ciudad se consideran los sucesos A = "ser socio del equipo de fútbol local", y B = "ser del club de amigos de la música". Escribe simbólicamente los siguientes sucesos:

a) Pertenecer al menos a uno de los dos.

b) No pertenecer a ninguno.

c) Pertenecer como máximo a uno de los dos.

d) Pertenecer a los dos.

52. Considera el experimento consistente en lanzar un dado dos veces consecutivas. Describe el espacio muestral. Sean los sucesos A = "la suma de los resultados es 7", B = "la diferencia de resultados en valor absoluto es 2", y C = "el resultado de ambos lanzamientos es par". Escribe los sucesos:

a) $A \cap C$ c) $\overline{A} \cap C$ e) $B - C$ g) $\overline{A \cup B \cup C}$

b) $B \cap C$ d) $A - B$ f) $\overline{A} \cap \overline{B} \cap \overline{C}$ h) $(A \cup B) \cap C$

53. Se elige al azar un número x de la recta real. Considera los sucesos A = "el número elegido está entre 0 y 3, ambos incluidos", B = "el número elegido es mayor que 2 y menor o igual que 5" y C = "el número elegido es inferior a 1". Describe los siguientes sucesos

a) $\overline{A}$ c) $B \cup \overline{C}$ e) $A - B$ g) $A \cap B \cap C$

b) $A \cup C$ d) $\overline{A} \cap \overline{C}$ f) $B - C$ h) $(A \cup B) \cap \overline{C}$

54. Seleccionamos una bola al azar de una bolsa que contiene 5 bolas verdes numeradas del 1 al 5 y otras cinco bolas rojas numeradas también del 1 al 5. Sean los sucesos A = "la bola seleccionada tiene número par", B = "la bola seleccionada tiene número menor que 3", C = "la bola seleccionada es roja". Describe el espacio muestral y los sucesos:

a) A c) C e) $A \cap B \cap C$ g) $(A \cap B) \cup C$

b) B d) $A \cup B$ f) $\overline{A} \cap C$ h) $\overline{A} \cap \overline{B} \cap \overline{C}$

Probabilidad y propiedades

55. Sean los sucesos A, B y C asociados a un experimento aleatorio. Si se sabe que $P(A) = 0,6$, $P(B) = 0,4$ y $P(A \cup B) = 0,75$, calcula las siguientes probabilidades:

a) $P(\overline{A})$ c) $P(A \cap B)$ e) $P(\overline{A} \cup \overline{B})$

b) $P(\overline{B})$ d) $P(A \cap \overline{B})$ f) $P(\overline{A} \cap \overline{B})$

56. De los sucesos A y B asociados a un experimento aleatorio se sabe que $P(A) = 0,35$ y $P(B) = 0,6$. Calcula la probabilidad del suceso $B - A$ en cada uno de los casos siguientes:

a) A y B son incompatibles.

b) A está contenido en B.

c) $P(A \cap B) = 0,2$

d) $P(A \cup B) = 0,8$

e) $P(A - B) = 0,1$

57. Sean A y B dos sucesos asociados a un experimento aleatorio. Si $P(A) = 0,5$, $P(B) = 0,4$ y $P(\overline{A} \cap \overline{B}) = 0,2$, calcula la probabilidad de:

a) Que al menos ocurra uno de los dos.

b) Que los dos sucesos ocurran.

c) Que solo ocurra uno de ellos.

58. Dados los sucesos A, B y C asociados a un experimento aleatorio, representados en el diagrama de Venn adjunto:

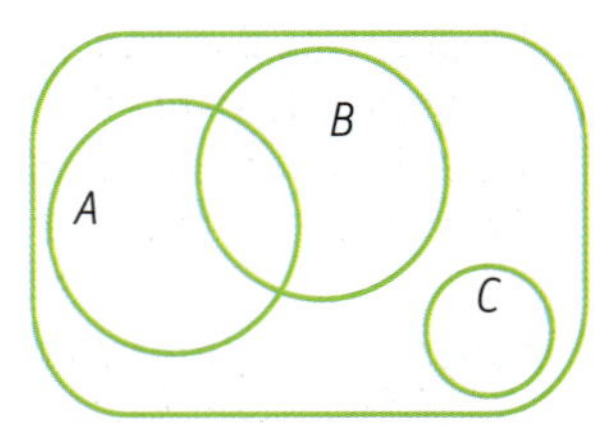

Se sabe que $P(A) = 0,3$, $P(B) = 0,4$ y $P(C) = 0,1$ y $P(A \cap B) = 0,2$, calcula la probabilidad de que

a) Solo ocurra A.

b) Ocurran los tres.

c) Ocurran dos y solo dos de ellos.

d) Ocurra al menos uno de los tres.

e) No ocurra ninguno de los tres.

f) Como mucho ocurra uno de los tres.

Asignación de probabilidades. Espacios finitos

59. Se lanzan dos dados y se observa el resultado obtenido en cada uno de ellos. Calcula la probabilidad de:

a) Obtener al menos un 6.

b) Que la suma sea par y salga al menos un 5.

c) Que la suma sea 7.

60. Una bolsa contiene 10 bolas blancas y 5 verdes. Se extraen simultáneamente dos bolas al azar. Calcula la probabilidad de que:

a) Las dos sean blancas.

b) Sea una de cada color.

c) Sean del mismo color.

61. De una baraja de 40 cartas se extraen dos simultáneamente al azar. Calcula la probabilidad de que:

a) Las dos sean de oros.

b) Las dos sean ases.

c) Al menos una de ellas sea de oros.

62. Con el fin de recaudar fondos para un viaje, los alumnos de primer curso de bachillerato realizan una rifa de 500 números. Un profesor compra dos números.

a) Si solo hay un premio, ¿cuál es la probabilidad de que le toque al profesor?

b) Si hay dos premios, ¿cuál es la probabilidad de que al menos uno le toque al profesor?

63. En un examen teórico de educación vial hay 14 preguntas sobre normas de circulación, 12 sobre señales y 8 de comportamiento cívico. Si se eligen dos preguntas al azar, calcula la probabilidad de que:

a) Las dos sean de normas de circulación.

b) Ninguna sea de normas de circulación.

64. Disponemos de las cifras 1, 2, 3, 4 y 5. Con ellas se forman al azar números de dos cifras. Calcula la probabilidad de que el número formado sea par si:

a) Las cifras de cada número deben ser diferentes.

b) Si en cada número puede haber cifras repetidas.

65. Un grupo de 8 amigos ha conseguido entradas para la final de un torneo de tenis. Si las ocho butacas están en la misma fila y se sientan al azar, calcula la probabilidad de que Andrés y Carmen se sienten en butacas contiguas.

66. Con las letras AAARRRS se forman todas las palabras posibles, tengan o no sentido. Si se toma al azar una de las palabras formadas, calcula la probabilidad de que sea la palabra ARRASAR.

67. En una lotería de 100 números se sortean dos premios: un *ebook* y una *tablet*. Si Juan lleva 8 números, halla la probabilidad de que gane:

a) Solo uno de los premios.

b) Por lo menos uno de los dos premios.

68. Considera las familias con 5 hijos. Suponiendo que la probabilidad de nacer niño o niña es la misma, calcula la probabilidad de que una familia elegida al azar tenga:

a) Al menos un niño

b) Exactamente 3 niñas

c) Como mucho 4 niños

d) 2 niñas y 3 niños

69. Se lanza un dado dos veces y se consideran los sucesos A = "obtener al menos un 6" y B = "la diferencia de puntuaciones es 1". Calcula la probabilidad del suceso $A \cup B$.

70. En una rifa benéfica, se venden 500 papeletas, de las cuales 150 tienen un premio de 20 €, 100 tienen un premio de 50 € y el resto no tiene premio. Si una persona compra una papeleta, calcula la probabilidad de que:

a) Gane un premio de 20 €.

b) Si la persona compra dos papeletas, gane al menos un premio.

71. Disponemos de un dado trucado de modo que la probabilidad de que salga número par es doble que la de obtener impar. Si se lanza el dado una vez, calcula la probabilidad de obtener:

a) Número par

b) Número impar

c) Un número menor que 4

72. Se lanza diez veces una moneda equilibrada. Calcula la probabilidad de obtener:

a) Dos caras y ocho cruces

b) Como mucho dos caras

c) Un número par de caras

Probabilidad condicionada. Independencia

73. Sean A y B dos sucesos asociados a un experimento aleatorio tales que $P(A) = 0{,}25$; $P(B \mid A) = 0{,}5$ y $P(A \mid B) = 0{,}25$.

a) ¿Son A y B incompatibles?

b) ¿Son A y B independientes?

c) Calcula $P(\overline{A} \mid \overline{B})$.

74. Sean A y B dos sucesos independientes asociados a un experimento aleatorio. Se sabe que $P(A) = 0{,}3$ y que $P(B) = 0{,}7$. Calcula la probabilidad de que:

a) Ocurra al menos uno de los dos sucesos.

b) Ocurra A, si se sabe que al menos uno de los dos ha ocurrido.

c) Ocurra B, si se sabe que A no ha ocurrido.

75. Sean A y B dos sucesos tales que $P(A) = 0{,}5$, $P(B) = 0{,}4$ y $P(\overline{A} \cup \overline{B}) = 0{,}75$. Calcula:

a) $P(\overline{A} \mid B)$

b) $P(B \mid A)$

76. Sean A y B dos sucesos asociados a un experimento aleatorio, con $P(A) = 0{,}5$; $P(B) = 0{,}4$ y $P(\overline{A} \cap \overline{B}) = 0{,}2$

a) Los sucesos A y B, ¿son independientes?

b) Calcula $P(\overline{B} \mid A)$.

77. Se consideran dos sucesos A y B asociados a un experimento aleatorio, tales que:

$$P(A)=\frac{1}{3} \qquad P(B)=\frac{1}{4} \qquad P(A\cup B)=\frac{1}{2}$$

a) ¿Son A y B independientes?

b) Calcula las siguientes probabilidades:

i. $P(\overline{A}\,|\,\overline{B})$ ii. $P(\overline{A}\,|\,B)$ iii. $P(B\,|\,\overline{A})$

Probabilidad total y teorema de Bayes

78. Se lanza una moneda y si el resultado es cara, a continuación se lanza un dado que tiene 4 caras rojas y 2 blancas. En cambio, si sale cruz, se lanza un dado con 2 caras rojas y 4 blancas.

a) ¿Cuál es la probabilidad de que se obtenga una cara roja?

b) Si el resultado del dado fue una cara roja ¿cuál es la probabilidad de que se obtuviera cara al lanzar la moneda?

79. Se tiene tres cajas. Se lanza un dado equilibrado, si sale número par se elige la caja que contiene 3 bolas verdes, 2 blancas y 2 rojas, si el resultado del dado es el 1, la caja elegida contiene 4 bolas verdes, 2 blancas y 5 rojas. En otro caso, se elige la caja que contiene 2 bolas verdes, 3 blancas y 1 roja. De la caja elegida se extraen dos bolas. Calcula la probabilidad de que:

a) Las dos bolas extraídas sean verdes.

b) Si las dos bolas extraídas son verdes, sean de la caja que solo contiene 2 bolas verdes.

Síntesis

80. De los sucesos A y B asociados a un experimento aleatorio se sabe que $P(A)=0{,}3$ y $P(B)=0{,}4$. Calcula en cada caso la probabilidad del suceso $B-A$ cuando:

a) A y B son incompatibles.

b) Si A y B son independientes.

c) $P(A\cup B)=0{,}5$

81. Sean A y B dos sucesos de un espacio muestral, con $P(A)=0{,}55$ y $P(B)=0{,}3$. Calcula en cada caso las probabilidades de los sucesos $A\cup B$ y $A\cap B$ si:

a) A y B son incompatibles.

b) Si A y B son independientes.

c) Si $P(A\,|\,B)=0{,}6$

Cuestiones

82. Comprueba que si A y B son dos sucesos independientes asociados a un experimento aleatorio, se verifica que:

$$P(A\cup B)=1-P(\overline{A})\cdot P(\overline{B})$$

83. Sea A y B dos sucesos. Considerar el suceso C: "solo ocurre uno de los dos". Demuestra que:

$$P(C)=P(A)+P(B)-2P(A\cap B)$$

84. Sean A, B y C tres sucesos de un espacio muestral tales que:

$$P(A|C)\geq P(B|C) \quad P(A|\overline{C})\geq P(B|\overline{C}) \quad P(\overline{C})>0 \quad P(C)>0$$

Razona cuál de las siguientes dos afirmaciones es correcta.

a) $P(A)\leq P(B)$ b) $P(B)\leq P(A)$

Problemas

85. Considera dos urnas, la primera con 5 bolas blancas y 6 verdes y la segunda con 4 bolas blancas y 3 verdes. De la primera urna se extrae una bola la azar y se pasa a la segunda urna. Finalmente, de la segunda urna se extrae una bola la azar. Calcula la probabilidad de que esta sea verde.

86. En un congreso internacional se consideran oficiales tres idiomas: A, B y C. El 40 % de los participantes domina el idioma A, el 36 % domina el B, el 18 %, el C, el 30 % domina los idiomas A y B, el 14 % domina los idiomas A y C, y el 12 %, B y C. Finalmente un 8 % de los congresistas domina los tres idiomas. Entre los asistentes se selecciona una persona al azar. Calcula la probabilidad de que:

a) No domine ninguno de los tres idiomas.

b) Domine solo uno de los tres.

c) Domine el idioma B pero no el C.

d) Domine exactamente dos de los tres idiomas.

87. En las elecciones al Consejo Escolar de un instituto se sabe que la probabilidad de que una madre acuda a votar es 0,28, la probabilidad de que vote el padre es 0,21 y la de que voten los dos 0,15. Calcula la probabilidad de que:

a) Al menos uno de los dos vote.

b) No vote ninguno de los dos.

c) Solo vote la madre.

88. Un estudiante se presenta a una prueba que consta de 20 temas de los cuales ha preparado 10. En la prueba se eligen por sorteo 3 temas de los 20 y debe contestar a uno que él escoja. Calcula la probabilidad de que:

a) Sepa contestar solo uno de los tres temas.

b) Supere la prueba.

89. En un lote de 100 piezas, se sabe que el 5 % son defectuosas. Del lote se van seleccionando al azar piezas una a una sin reemplazo. Calcula la probabilidad de que la primera pieza defectuosa se obtenga en la tercera extracción.

90. En una ciudad, el 35 % de los ciudadanos utiliza el metro al menos una vez al día, el 24 % usa el autobús, y un 15 %, ambos medios de transporte. Se elige una persona al azar, calcula la probabilidad de que:

a) Use el autobús si se sabe que coge el metro.

b) Sabiendo que monta en metro, no utilice el autobús.

c) No utilice ni metro ni autobús.

91. En una determinada especie de mamíferos aparecen dos características genéticas A y B independientes con probabilidades 0,5 y 0,8, respectivamente. Calcula la probabilidad de que un ejemplar de esta especie elegido al azar:

a) Presente ambas características.

b) No presente ninguna de las dos características.

c) Presente solo una de las dos.

d) Presente la característica A si se sabe que tiene la B.

92. Una vacuna se administra en 2 dosis, si el paciente tiene reacción alérgica a la 1.ª dosis no se le administra la 2.ª. El 30 % de la población presenta reacción a la 1.ª dosis y, de los que reciben la segunda dosis, el 10 % presenta reacción alérgica. De la población se elige un individuo al azar. Calcula la probabilidad de que:

a) No presente reacción alérgica.

b) Presente reacción alérgica a la 2.ª dosis.

93. En una atracción de feria, se lanza un dardo a un blanco y si se acierta en uno de dos lanzamientos se consigue premio. En cada lanzamiento la probabilidad de acertar es 0,3. Calcula la probabilidad de:

a) Llevarse el premio.

b) Llevarse el premio en el segundo intento.

94. Una caja con una docena de huevos tiene 3 rotos. De la caja se extraen 2 huevos uno a uno sin reemplazamiento. Calcula la probabilidad de que:

a) Los dos huevos estén en buen estado.

b) Uno de los dos esté roto.

95. En un juego en el que se lanzan a la vez 6 monedas equilibradas, en uno de los lanzamientos alguien informa que han aparecido al menos dos caras. Calcula la probabilidad de que el número de caras haya sido exactamente tres.

96. Se lanza un dado que está trucado de modo que la probabilidad de obtener un número es proporcional al número de la misma. Calcula la probabilidad de que:

a) Se obtenga número impar.

b) Se obtenga el 3 si se sabe que salió impar.

c) Salga par si se sabe que salió mayor que 3.

97. De una baraja española de 40 cartas se extraen sucesivamente 3 cartas al azar. Calcula la probabilidad de obtener:

a) Tres reyes

b) Una figura en la primera carta, un cinco en la segunda y un as en la tercera

c) Dos ases y un rey

98. Se lanzan dos dados, uno blanco y otro verde. Considera los sucesos

A = "obtener 5 en el dado blanco"

B = "la suma de los resultados de los dados es 7"

Calcula la probabilidad de ambos sucesos y determina si son o no independientes.

99. En una ciudad el 46 % de sus habitantes ve televisión más de dos horas diarias, un 33 % visita centros comerciales más de dos veces por semana y un 15 % realiza ambas actividades. De la ciudad se elige una persona al azar, calcula la probabilidad de que:

a) No realice ninguna de las actividades señaladas.

b) Vea televisión más de dos horas pero no visite centros comerciales más de dos veces a la semana.

100. En un test con dos problemas, la probabilidad de resolver el primero es 0,55, la de resolver el segundo, 0,45, y la de resolver al menos uno de los dos, 0,7. Calcula la probabilidad de:

a) Resolver ambos.

b) Resolver el primero si se ha resuelto el segundo.

c) No resolver ninguno.

101. En un centro educativo en el que el 60 % de los alumnos son chicas, participan en actividades deportivas el 30 % de los chicos y el 20 % de las chicas. Si se elige un alumno al azar, calcula la probabilidad de que:

a) Sea chico y no participe en actividades deportivas.

b) Participe en actividades deportivas.

c) Sea chica si se sabe que participa en actividades deportivas.

102. Tres máquinas A, B y C fabrican tornillos. En una hora, la máquina A produce 600 tornillos de los cuales el 1 % es defectuoso; la máquina B produce 300 y el 2 % es defectuoso; y la máquina C produce 100 y de ellos el 3 % defectuoso. En cada hora se juntan todos los tornillos producidos y se elige uno al azar. Calcula la probabilidad de que:

a) Sea defectuoso.

b) Haya sido fabricado por la máquina C sabiendo que es defectuoso.

103. Un grupo de amigos acude habitualmente a dos lugares de ocio, *A* y *B*, de su ciudad de forma independiente. Las probabilidades de acudir un día cualquiera al *A* o al *B* son 0,4 y 0,3 respectivamente. Halla la probabilidad de que un día cualquiera dicho grupo

a) Vaya solo a uno de los lugares.

b) Vaya al menos a uno de los lugares.

104. En una población que dispone de dos bibliotecas públicas *A* y *B* se sabe que el 15 % de la población suele acudir a la biblioteca *A*, el 20 % a la *B* y, además, un 5 % visita las dos bibliotecas. De la población se elige una persona al azar. Calcula la probabilidad de que el ciudadano elegido sea usuario:

a) De al menos una de las dos bibliotecas

b) De ninguna de ellas

c) Solo de la biblioteca *B*

105. En una población, el 50 % de los hogares tiene contratado el acceso a internet, el 25 % tiene contratado el servicio de televisión por cable y el 20 % dispone de ambos servicios. De la población se selecciona un hogar. Calcula la probabilidad de que:

a) Tenga contratado al menos uno de los dos servicios.

b) No tenga contratado ninguno de estos dos servicios.

106. Una fábrica produce rotuladores azules y rojos en proporción de 3 a 2. Debido a problemas en el proceso de fabricación de una remesa, algunos rotuladores han salido con la tinta del otro color. En el control de calidad se detecta que el 82 % de rotuladores azules lleva tinta azul, mientras que el 92 % de rotuladores rojos lleva tinta roja. Si se elige un rotulador al azar, calcula la probabilidad de que:

a) No sea defectuoso.

b) Escriba de color rojo si se sabe que es defectuoso.

107. En una ciudad el 75 % de sus habitantes toma sus vacaciones en verano, de los cuales el 12 % viaja al extranjero. El 92 % de los que no toman las vacaciones en verano elige un destino nacional. Si se elige un ciudadano al azar, calcula la probabilidad de que:

a) Viaje al extranjero en verano.

b) Esté de vacaciones en verano, si se sabe que viajó al extranjero.

108. La probabilidad de que una persona sobreviva un año tras un trasplante de corazón es 0,8. Y la probabilidad de que sobreviva dos años es 0,75. Calcula la probabilidad de que una persona que ha sobrevivido al primer año de trasplante, sobreviva al segundo año.

109. Los trabajadores de una empresa se distribuyen en dos áreas de trabajo *A* y *B*. En el cómputo del último año, el absentismo laboral de los trabajadores del área *A* fue del 5 % y el del área *B* del 3 %. Si en *A* trabaja el 60 % de la plantilla, y de la empresa se elige un trabajador al azar, calcula las siguientes probabilidades:

a) De que el trabajador haya estado de baja en algún momento del último año.

b) De que trabaje en el área *B*, si se sabe que estuvo de baja en algún momento del último año.

110. Con el fin de estudiar la eficacia de un nuevo test en el diagnóstico de un tipo concreto de cáncer que afecta al 1,5 % de las personas de edad avanzada, se aplica a un grupo de enfermos con este tipo de cáncer y a otro grupo de personas sanas. En el primer caso el 88 % dio positivo en el test, mientras que en el segundo caso dio positivo el 3 %.

a) Calcula la probabilidad de que el test dé positivo.

b) Si en una persona el test da positivo, ¿cuál es la probabilidad de que realmente tenga cáncer?

c) Calcula la probabilidad de acertar en el diagnóstico.

111. Un paciente acude a su médico al encontrarse enfermo desde hace varios días y tras haber estado en contacto con un persona a la que le ha sido diagnosticada tuberculosis. Después de un cuidadoso análisis preliminar, el médico le prescribe una prueba específica.

La prueba consiste en un análisis de sangre que da positivo si el paciente tiene la enfermedad en el 99 % de los casos y da negativo si el paciente no tiene la enfermedad en el 98 % de los casos. Si se sabe que la probabilidad de contagio de la tuberculosis es de un 50 % si se ha estado en contacto con una persona que ha desarrollado la enfermedad, calcula la probabilidad de que nuestro paciente:

a) Dé positivo en el test.

c) No esté realmente enfermo de tuberculosis, si el test da resultado positivo.

c) Esté realmente enfermo de tuberculosis, si el test da resultado negativo.

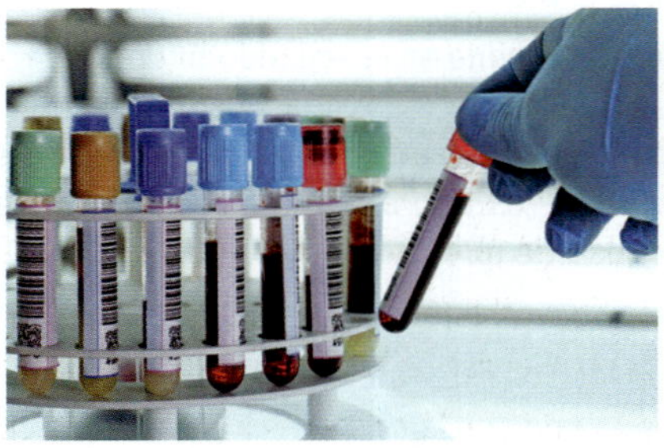

112. Una empresa tiene actualmente dos negocios en marcha, *A* y *B*. El negocio *A* puede llegar a ser más rentable, pero en la cuarta parte de los balances tiene pérdidas. Por el contrario, el *B* parece ser menos rentable pero sus pérdidas llegan solo al 7 % de los casos. En la actualidad, el conjunto de operaciones del negocio *B* es doble que en el *A*.

De la empresa se elige al azar una operación. Calcula la probabilidad:

a) De que tenga pérdidas.

b) De que no teniendo pérdidas sea del negocio *A*.

113. Una empresa de transporte público de una determinada ciudad tiene adjudicado el servicio de dos líneas *A* y *B*. La empresa asigna el 70 % de sus autobuses a la línea *A*, y el 30 %, a la línea *B*. Por las características de los trayectos, el porcentaje diario de averías es el 3 % en la línea *A*, y el 1 %, en la *B*. Calcula la probabilidad de que, en un día elegido al azar:

a) Un autobús de esta empresa tenga una avería.

b) Si un autobús se ha averiado, sea de la línea *A*.

c) Si un autobús no se ha averiado, sea de la línea *B*.

114. El 40 % de la población activa de un cierto país son mujeres. Los datos de la encuesta de población activa señalan que el 30 % de las mujeres y 25 % de los hombres está en paro. Si se elige una persona al azar de la población activa de ese país, calcula la probabilidad de que:

a) No tenga empleo y sea mujer.

b) Tenga empleo.

c) Sea hombre si se sabe que tiene empleo.

115. En una determinada granja hay 200 patos de dos tipos: unos tienen el pico rojo y otros el pico amarillo. El 40 % son machos con el pico amarillo, el 20 % de todos los patos tienen el pico rojo, mientras que el 65 % de los patos que tienen el pico rojo son hembras. Elegido un pato al azar, calcula la probabilidad de que:

a) Sea macho.

b) Sea macho y tenga el pico rojo.

c) Tenga el pico rojo sabiendo que ha sido hembra.

d) Sea hembra sabiendo que tiene el pico amarillo.

116. En la sección de lácteos de un supermercado se venden al público yogures de tres clases *A*, *B* y *C*. La mitad son de la marca *A* y la otra mitad se la reparten por igual las marcas *B* y *C*. El 1 % de los yogures de la marca *A*, el 2 % de la *B* y el 3 % de la *C* ha caducado. Un cliente elige un yogur al azar, calcula la probabilidad de que:

a) El yogur esté caducado.

b) Si se sabe que el yogur está caducado, sea de la marca *A*.

117. La probabilidad de que en una central nuclear se produzca un incidente es 0,01. El 99 % de los casos en que se produce un incidente suena la alarma, que con probabilidad 0,001 suena aunque no se haya producido incidente (falsa alarma). Elegido un día al azar, calcula la probabilidad de que:

a) No suene la alarma.

b) No suene la alarma, sabiendo que se ha producido un incidente.

c) Suponiendo que la alarma haya sonado, no se haya producido ningún incidente.

118. En una población el 40 % son hombres y el 60 % mujeres. El 80 % de los hombres y el 20 % de las mujeres son aficionados al fútbol. Si se elige una persona al azar, calcula la probabilidad de que:

a) Sea aficionada al fútbol.

b) No sea aficionado al fútbol.

c) Sea hombre y no le guste el fútbol.

d) Sea mujer si se sabe que es aficionada al fútbol.

119. En una localidad funcionan dos agencias de alquiler de coches. La agencia *A* controla el 60 % del mercado local, y la *B*, el resto. El 9 % de los coches de la agencia *A* y el 20 % de la empresa *B* necesitan revisión mecánica. Calcula la probabilidad de que un coche de alquiler elegido al azar:

a) Necesite revisión mecánica.

b) Sea de la agencia *B* si se sabe que necesita revisión.

c) Sea de la agencia *A* si se sabe que no necesita revisión.

120. Tras atracar un establecimiento, los asaltantes tienen solo dos posibles vías de escape: por la avenida principal o por las calles adyacentes. Con probabilidad 0,3 intentarán escapar por la avenida, en cuyo caso la policía los atrapará con probabilidad 0,9. Mientras que si huyen por las calles adyacentes la probabilidad de que consigan fugarse es de 0,25. Calcula la probabilidad de que:

a) Los ladrones consigan escapar.

b) Los ladrones eligieran la vía principal si es que consiguieron escapar.

c) Los ladrones eligieran las vías adyacentes para escapar, si se sabe que han sido alcanzados por la policía.

121. Con buen tiempo un avión tiene un aterrizaje sin contratiempo en el 99,8 % de los casos. Si el tiempo es malo, la probabilidad de incidente al aterrizar es 0,012. En una ciudad en la que el 60 % de los días hace buen tiempo, calcula la probabilidad de que en un día y un vuelo elegidos al azar:

a) Se produzca un incidente en el aterrizaje.

b) Que haga buen tiempo ese día si se ha producido un incidente al aterrizar.

122. En un juicio por discriminación racial en unos exámenes para promoción interna de una institución, de las 307 personas que se presentaron al test 48 eran personas de raza negra (*N*) y el resto blancos (*B*). De las personas de raza negra, 26 aprobaron el test, mientras que de los de raza blanca aprobaron 206.

a) ¿En qué cálculos debe basarse el jurado para emitir sentencia favorable o desfavorable a la demanda por discriminación racial?

b) ¿Hubo realmente discriminación en este caso?

»» Un problema de contaminación. Ojo con las probabilidades a priori (iniciales)

Como cada año en verano, Andrea pasa unos días en el pequeño pueblo del que son sus padres. Este año, nada más llegar, se entera de que hay problemas con la contaminación del agua por arsénico en toda la zona aunque el alcalde presume de que el agua de su pueblo procede de un magnífico manantial y de que la posibilidad de que esté contaminada es de solo 1 entre 100.

Andrea, que ha estudiado probabilidad, pregunta a Ventura, el farmacéutico "de toda la vida", que se encarga de realizar el test, cuál es la probabilidad de que este dé positivo (agua contaminada) aún cuando realmente el agua no lo esté. La respuesta es que según las especificaciones de la prueba, el 5 % de las veces el test da un falso positivo, pero que, argumenta Ventura, el 99 % de las veces que el agua está libre de contaminación el test da negativo.

Realizada la prueba del agua, con gran expectación, esta da positivo. En el pueblo cunde el desánimo, hasta que Andrea, con unos cálculos sencillos muestra que la probabilidad de que el agua esté contaminada es apenas un poco más del 15 % y, que para asegurarse realmente hay que volverla a repetir.

¿En qué se basa Andrea para realizar esta afirmación? ¿Dónde está realmente el problema?

Si se repite el test, ¿Qué probabilidades habría que tomar como iniciales?

»» ¿Tienes coche?... Si eres joven y varón pagas más por el seguro

Marcos está a punto de cumplir los 21 años y sus padres van a regalarle su primer coche, con la condición de que el seguro lo tiene que pagar él cada año. Por eso ha estado investigando en las distintas compañías, y esto es lo que ha descubierto:

- Además del tipo de póliza y del valor del vehículo, la edad, el sexo, el estado civil del conductor y su historial (si está convicto por accidente de tráfico) son variables que las compañías de seguros utilizan para determinar la prima que una persona debe pagar por el seguro de su vehículo.
- A igualdad de las otras condiciones, los jóvenes de 25 o menos años pagan más por las primas de seguros y, entre estos, los hombres pagan más que las mujeres.

¿Conseguirá Marcos un seguro barato o tendrá que conformarse con conducir un kart?

Marcos, completamente indignado, quiere indagar la causa de esta aparente "injusticia". Tras varias incursiones por internet averigua que de la población de personas de 25 años o menos con permiso de conducir, el 51 % son hombres y el 49 % mujeres. Y que la tasa de accidentes en este colectivo es 0,006.

Además ha conseguido averiguar que, entre los jóvenes de 25 o menos años, en el 70 % de los casos de accidente está involucrado un hombre y en el 30 % una mujer.

Los datos se recogen en la tabla, donde:

$P(\text{Accidente} \cap \text{Mujer}) = P(\text{Accidente}) \cdot P(\text{Mujer} \mid \text{Accidente}) = 0{,}006 \cdot 0{,}30 = 0{,}0018$

	Accidente	No accidente	
Hombre			0,51
Mujer	0,0018		
	0,006		1

Con estos datos, ¿es posible dar una explicación al hecho de que las compañías de seguros cobren más a los jóvenes varones que las mujeres? ¿Cuál es la probabilidad de que tenga un accidente un hombre joven? ¿Y una mujer joven? Compáralos.

AUTOEVALUACIÓN

Comprueba qué has aprendido

1. Escribe, mediante operaciones con sucesos, la parte coloreada en el siguiente diagrama de Venn.

2. Sean A y B dos sucesos asociados a un experimento aleatorio E tales que $P(A \cup B) = 0{,}7$, $P(A - B) = 0{,}3$ y $P(B - A) = 0{,}2$.
   a) Calcula la probabilidad de cada uno de los sucesos y la de su intersección.
   b) Los sucesos A y B ¿son independientes?

3. Una bolsa contiene 5 bolas blancas y 3 verdes. De la bolsa se extraen dos bolas. Calcula la probabilidad de que sean una de cada color en los siguientes supuestos:
   a) La extracción es una a una sin reemplazamiento.
   b) Las dos bolas se extraen simultáneamente.

4. Una entidad bancaria dispone de dos sistemas de alarma independientes. El sistema A se dispara en el 90 % de las veces de intento de atraco; mientras que el sistema B lo hace en el 85 %. Si se produce un atraco calcula la probabilidad de que:
   a) Funcionen los dos sistemas.
   b) Funcione solo el sistema A.
   c) Funcione al menos uno de los dos sistemas.

5. De un grupo de 100 estudiantes, 80 estudian inglés, 30, francés, y 15, ambos idiomas. Del grupo se selecciona un estudiante al azar. Halla probabilidad de que no estudie ninguno de los dos idiomas.

6. Una empresa comercializa dos productos A y B. El 45 % de sus ventas corresponde al producto A, y el resto, al B. El 15 % de las ventas correspondientes al producto A es objeto de devolución; mientras que ese porcentaje es solo el 5 % de las ventas de B. Halla la probabilidad de que al comprar un producto:
   a) Sea devuelto.
   b) Sea de la clase B si se sabe que el artículo comprado ha sido devuelto.

7. Una ferretería tiene en su almacén bombillas de bajo consumo: 500 bombillas de 20 W, 300 de 15 W y 200 de 12 W. Los controles de calidad realizados por la empresa que fabrica las bombillas han permitido determinar las probabilidades de fallo de cada tipo de producto durante la primera hora de encendido, siendo de 0,03 para las bombillas de 20 W, de 0,02, para las de 15 W, y de 0,01, para las bombillas de 12 W.
   a) Se elige al azar una bombilla del almacén, ¿cuál es la probabilidad de que se produzca un fallo durante la primera hora de encendido?
   b) Se somete al control de calidad una bombilla del almacén elegida al azar y falla en su primera hora de encendido, ¿cuál es la probabilidad de que sea una bombilla de 20 W?

smSaviadigital.com VALORA LO APRENDIDO > Comprueba tus respuestas.

Relaciona y contesta

Elige la única respuesta correcta en cada caso

1. Sean A y B sucesos incompatibles asociados a un espacio muestral E. Entonces, $\overline{A}$ y $\overline{B}$ son incompatibles:
   A. En cualquier caso
   B. Nunca
   C. Solo si A y B son independientes.
   D. Si A es el contrario de B.

2. Dos sucesos A y B asociados a un experimento aleatorio son independientes si:
   A. Cuando ocurre, por ejemplo, A entonces B no ocurre.
   B. Cuando uno de ellos ocurre, el otro ya no puede ocurrir.
   C. A y B tienen la misma probabilidad.
   D. La probabilidad de A, por ejemplo, no se ve modificada por el hecho de que B ocurra.

3. Si A y B dos sucesos asociados a un espacio muestral E, con $P(A \cup \overline{B}) = P(A)$ y $P(B) > 0$, entonces:
   A. Siempre que ocurre A, ocurre B.
   B. Los sucesos A y B son incompatibles.
   C. Los sucesos A y B son independientes.
   D. Ninguna de las anteriores es cierta.

Señala, en cada caso, las respuestas correctas

4. Sean A y B sucesos asociados a un experimento, con $P(A) = 0$ entonces:
   A. $P(A \cup B) = P(B)$
   B. $P(A \cap B) = 0$
   C. El suceso B contiene al A.
   D. A y B son independientes.

5. Si A y B son dos sucesos asociados a un espacio muestral E, y $P(A \mid B) = 0$, entonces:
   A. $P(A - B) = P(B)$
   B. $P(\overline{A} \mid B) = 1$
   C. A y B son independientes.
   D. A y B son incompatibles.

Señala el dato innecesario para contestar

6. De los sucesos A, B, y C se sabe que A y B son independientes. Para calcular al probabilidad de la unión de los tres se necesita:
   A. $P(A)$, $P(B)$ y $P(C)$
   B. $P(C \mid A \cap B)$
   C. $P(A \mid B)$ y $P(B \mid C)$
   D. $P(A \cap C)$ y $P(B \cap C)$

7. Si A, B, y C forman una partición del espacio muestral E, y H es un suceso cualquiera, para calcular $P(B \mid H)$ se precisa:
   A. $P(H \mid A)$ y $P(H \mid C)$
   B. $P(A \cup B)$ y $P(B \cup C)$
   C. $P(A)$, $P(B)$ y $P(C)$
   D. $P(H \mid B)$

13 Distribución binomial

Máquina de Galton

Estimaciones de voto

Controles de calidad

La búsqueda del valor esperado

Seguro que la imagen de la izquierda no te resulta extraña, una huella dactilar y algunas zonas importantes señaladas. Pero... ¿sabes qué relación tienen las huellas dactilares con los cuestionarios que se usan en las ciencias sociales o la meteorología moderna? La respuesta es más simple de lo que puedas pensar: el padre de la idea de clasificar las huellas dactilares para su utilización en la ciencia forense, el inventor de los cuestionarios que se usan en las ciencias sociales y el inventor de la meteorología moderna son la misma persona.

Se trata del científico británico Sir Francis Galton, que hizo contribuciones en numerosas ramas de las ciencias naturales y sociales: desde la geografía y la antropología hasta la estadística y la predicción del tiempo. A él debemos el concepto de correlación que te hemos explicado en un tema anterior.

En sus estudios sobre distribuciones estadísticas utilizó un curioso aparato –la máquina de Galton– consistente en un bastidor vertical con filas de clavijas separadas una distancia fija. Al dejar caer bolas desde la parte superior estas son desviadas por las clavijas hacia la derecha o hacia la izquierda con igual probabilidad. Se recogen entonces en pequeños cajones. La distribución de bolas en los cajones está representada por la distribución binomial sobre la que se ocupa este tema. Además de para explicar la distribución de las bolas, la distribución binomial, entre otras cosas:

- Nos permite hacer estimaciones de distribución de voto en unas elecciones.
- Permite llevar a cabo controles de calidad de un determinado producto.
- Permite describir el número de aciertos en una sucesión de pruebas en las que el resultado puede ser simplemente sí o no. O establecer la probabilidad de aprobar un examen tipo test respondiendo al azar.

Piensa en lo anterior e intenta contestar a las cuestiones siguientes; si te resultan difíciles inténtalo otra vez cuando hayas estudiado este tema.

- ¿Podrías averiguar cuáles son los números que es más probable que salgan en un dado que está trucado?
- ¿Sabrías determianr la probabilidad de que, en un proceso de fabricación de baterías, se obtengan baterías defectuosas?
- ¿Serías capaz de saber si una compañía de seguros está pidiendo un precio justo por una póliza o no?
- Cuántas fotos crees que son capaces de recordar tus amigos?¿Las recuerdan de verdad o han tenido suerte?

Cuando termines esta unidad, además de dar respuesta a estas preguntas, comprenderás el concepto de lo que es una distribución binomial y estarás preparado para enfrentarte al siguiente tema, la distribución normal.

Aciertos en pruebas de test

1 Variable aleatoria discreta. Función de masa de probabilidad

En ocasiones, estudiar y caracterizar los posibles resultados de un experimento aleatorio es complicado, por lo que pueden expresarse de forma numérica mediante variables, denominadas **variables aleatorias**, que asocien a cada uno de ellos un número real.

Se llama **variable aleatoria**, ***X***, a cualquier función real definida sobre el espacio muestral de un experimento aleatorio. A cada w de E, se le asigna un número real x, $X(w) = x$

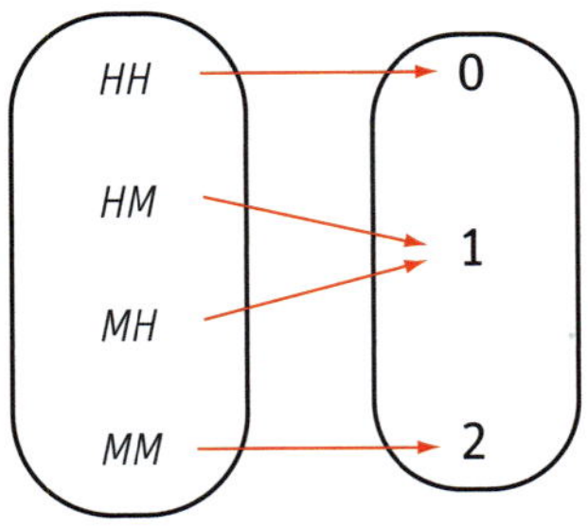

Ejemplo ▸ Considerando el colectivo de las familias de dos hijos, la función definida sobre su espacio muestral, $E = \{VV, VM, MV, MM\}$ en $\mathbb{R}$, por X: "número de mujeres en las familias con dos hijos" es una variable aleatoria:

$$X(VV) = 0 \qquad X(VM) = 1 \qquad X(MV) = 1 \qquad X(MM) = 2$$

Las variables aleatorias pueden clasificarse en **discretas** y **continuas**.

Se dice que una **variable aleatoria** es **discreta** si toma un número finito de valores diferentes $x_1, x_2, \dots, x_k$ o un número infinito de valores que se puede numerar: $x_1, x_2, \dots$.

Ten en cuenta

Para evitar confusión, se suelen representar las variables aleatorias con letras mayúsculas, $X, Y, Z, \dots$, y sus posibles valores con letras minúsculas, $x, y, z, \dots$.

Ejemplos ▸ En el ejemplo anterior, la variable X: "número de mujeres en las familias con dos hijos", es discreta puesto que sólo toma los valores 0, 1 y 2.

Se lanza un dado hasta que aparezca un seis, la variable aleatoria Y: "número de lanzamientos realizados" es discreta y toma los valores 1, 2, 3, ...; es decir, un número infinito de valores que se puede numerar.

Se dice que una **variable aleatoria** es **continua** si toma, al menos teóricamente, todos los valores comprendidos en un cierto intervalo de la recta real.

Ejemplo ▸ Se elige una persona al azar de una comunidad de vecinos y se mide su estatura, X, en cm. La variable aleatoria X es continua ya que puede, en este caso, tomar cualquier valor, por ejemplo, en el intervalo [150, 200].

Función de masa de probabilidad de una variable aleatoria discreta

En una variable aleatoria puede asociarse una probabilidad a cada uno de sus valores.

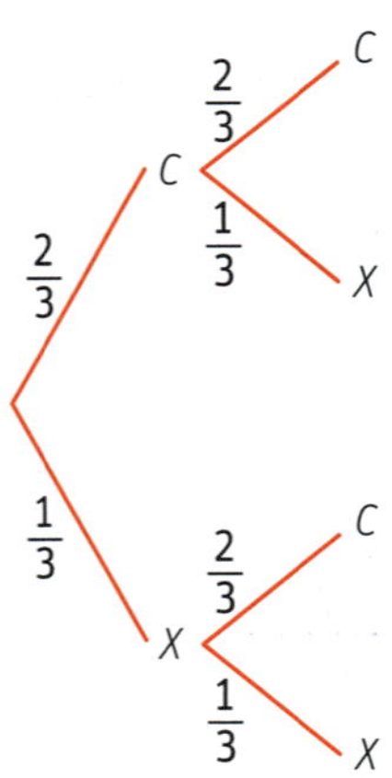

Ejemplo ▸ Se lanza dos veces una moneda trucada de tal manera que la probabilidad de obtener cara es el doble que de la obtener cruz y se considera la variable aleatoria Y: "número de caras obtenidas". Sus valores son

$$Y(CC) = 2 \qquad Y(CX) = Y(XC) = 1 \qquad Y(XX) = 0$$

Las probabilidades con las que la variable Y toma cada uno de esos valores se muestran en la tabla siguiente y se pueden representar en un diagrama de barras.

y_j	0	1	2
$P(Y=y_j)$	$\frac{1}{9}$	$\frac{4}{9}$	$\frac{4}{9}$

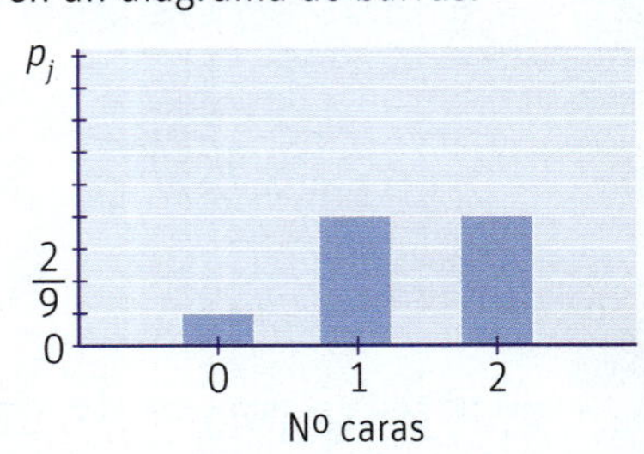

Se llama **función de masa de probabilidad (*fmp*)** de la variable X a la función f que a cada valor x_j de X le asigna su probabilidad. Es decir,

$$\boldsymbol{f(x_j) = p_j = P(X = x_j)}, \text{ para todo } j$$

Ejemplo ▸ En el ejemplo de la variable X: "número de mujeres en las familias con dos hijos":

$$P(X = 0) = 0{,}25 \qquad P(X = 1) = 0{,}5 \qquad P(X = 2) = 0{,}25$$

La función de masa de una variable aleatoria discreta debe satisfacer dos condiciones:

1. $p_j \geq 0$, para todo j.
2. $\sum_{j=1}^{k} p_j = 1$ o bien $\sum_{j=1}^{\infty} p_j = 1$ dependiendo de si X toma un número finito o un número infinito numerable de valores.

La **probabilidad de cualquier subconjunto *A*** de los posibles valores de una variable discreta se obtiene sumando las probabilidades de cada uno de los números de A:

$$P(A) = \sum_{x_j \in A} P(X = x_j) = \sum_{x_j \in A} p_j$$

Ejemplo ▸ En el caso anterior del lanzamiento de la moneda trucada dos veces:

$$P(Y \leq 1) = P(Y=0) + P(Y=1) = \frac{1}{9} + \frac{4}{9} = \frac{5}{9}$$

EJERCICIOS RESUELTOS

1. La variable X toma los valores -1, 0, 1, 2 y 3 con probabilidades respectivas 0,3; 0,1; 0,2; 0,3 y 0,1.

a) Comprueba que es una función de masa de probabilidad.

b) Calcula $P(0 \leq X < 2)$.

a) Es una función de masa de probabilidad puesto que cumple las dos propiedades:

1. $p_j \geq 0$
2. $P(X=-1) + P(X=0) + P(X=1) + P(X=2) + P(X=3) = 0{,}3 + 0{,}1 + 0{,}2 + 0{,}3 + 0{,}1 = 1$

b) $P(0 \leq X < 2) = P(X=0) + P(X=1) = 0{,}1 + 0{,}2 = 0{,}3$

2. De una urna que contiene 5 bolas blancas y 3 rojas, se extraen sucesivamente 3 bolas sin reemplazamiento. Se considera la variable aleatoria Y: "número de bolas blancas extraídas". Calcula su función de masa de probabilidad y dibuja el diagrama de barras.

La variable aleatoria Y puede tomar los valores 0, 1, 2 y 3 cuyas probabilidades son:

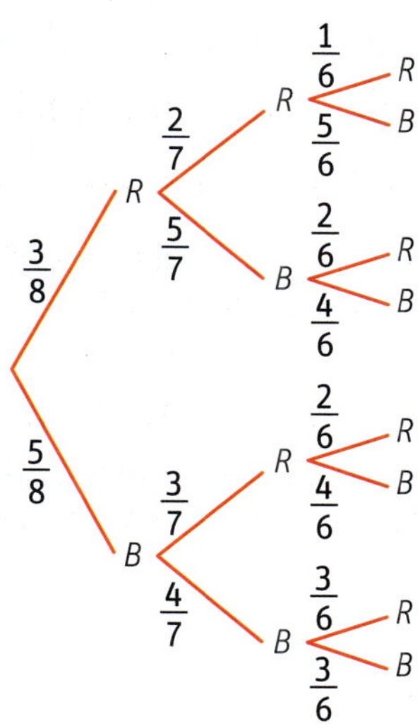

$$P(Y=0) = P(RRR) = \frac{3}{8} \cdot \frac{2}{7} \cdot \frac{1}{6} = \frac{1}{56}$$

$$P(Y=1) = P(RRB, RBR, BRR) = \frac{3}{8} \cdot \frac{2}{7} \cdot \frac{5}{6} + \frac{3}{8} \cdot \frac{5}{7} \cdot \frac{2}{6} + \frac{5}{8} \cdot \frac{3}{7} \cdot \frac{2}{6} = \frac{15}{56}$$

$$P(Y=2) = P(RBB, BRB, BBR) = \frac{3}{8} \cdot \frac{5}{7} \cdot \frac{4}{6} + \frac{5}{8} \cdot \frac{3}{7} \cdot \frac{4}{6} + \frac{5}{8} \cdot \frac{4}{7} \cdot \frac{3}{6} = \frac{15}{28}$$

$$P(Y=3) = P(BBB) = \frac{5}{8} \cdot \frac{4}{7} \cdot \frac{3}{6} = \frac{5}{28}$$

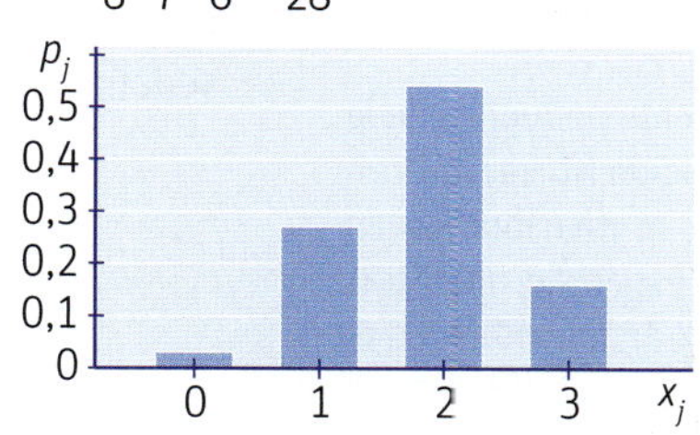

EJERCICIOS PROPUESTOS

3. Se lanzan dos dados y se considera la variable X: "suma de las puntuaciones obtenidas".

a) Escribe su función de masa de probabilidad.

b) Representa el diagrama de barras correspondiente.

c) Halla la probabilidad de que X tome un valor mayor que 5 pero menor o igual que 7.

4. Sea la variable aleatoria X cuya función de masa de probabilidad viene dada en la tabla siguiente.

x_j	-2	0	4	6	8
p_j	0,2	0,3	m	0,1	0,15

Calcula el valor de m.

2 Esperanza y varianza de una variable aleatoria discreta

Al igual que en las distribuciones de frecuencias se empleaban algunos parámetros estadísticos para describirlas, en las funciones de masa de probabilidad también se utilizan ciertos parámetros para resumir la información de la variable aleatoria.

Media o esperanza de una variable aleatoria discreta

Ten en cuenta

A la media se le llama también **esperanza** porque es el valor "esperado" de la variable X.

Si X es una variable aleatoria discreta que toma los valores $x_1, x_2, ..., x_k$ con probabilidades respectivas $p_1, p_2, ..., p_k$, se llama **media aritmética o esperanza matemática** de X a:

$$\mu = E[X] = \sum_{j=1}^{k} x_j p_j$$

Ejemplo La tabla muestra las probabilidades de los distintos valores que toma una variable aleatoria. Halla su esperanza.

x_j	−2	−1	0	2	5
p_j	0,15	0,25	0,2	0,3	0,1

Se puede comprobar que la suma de las probabilidades es 1, y es evidente que todas son mayores o iguales que cero. Se trata, pues, de una distribución de probabilidad discreta. Entonces, la esperanza de X es:

$$\mu = E[X] = -2 \cdot 0{,}15 - 1 \cdot 0{,}25 + 0 \cdot 0{,}2 + 2 \cdot 0{,}3 + 5 \cdot 0{,}1 = 0{,}55$$

Propiedades de la esperanza

Si X e Y son dos variables aleatorias y $c \in \mathbb{R}$, entonces:

$$E[X \pm Y] = E[X] \pm E[Y] \text{ o } \mu_{X \pm Y} = \mu_X \pm \mu_Y \qquad E[cX] = cE[X] \text{ o } \mu_{cX} = c\mu_X$$

Varianza y desviación típica de una variable aleatoria discreta

Si X es una variable aleatoria discreta que toma los valores $x_1, x_2, ..., x_k$ con probabilidades respectivas $p_1, p_2, ..., p_k$, se llama **varianza** de X a:

$$\sigma^2 = \mathrm{Var}(X) = E\left[(X-\mu)^2\right] = E[X^2] - \mu^2 = \sum_{j=1}^{k} x_j^2 p_j - \mu^2$$

Ten en cuenta

Valores relativamente pequeños de la varianza (o desviación típica) indican concentración de la distribución en torno a su valor esperado, mientras que valores muy grandes indican que la distribución de probabilidad tiene una dispersión grande alrededor de su media.

La varianza viene expresada en unidades al cuadrado y ello puede hacer que su interpretación no sea sencilla. Por ello suele utilizarse su raíz cuadrada positiva que se conoce como **desviación típica**,

$$\sigma = +\sqrt{\mathrm{Var}(X)}$$

que viene expresada en las mismas unidades que la variable aleatoria.

Ejemplo Para calcular la varianza del ejemplo anterior primero se calcula $E[X^2]$:

$E[X^2] = (-2)^2 \cdot 0{,}15 + (-1)^2 \cdot 0{,}25 + 0^2 \cdot 0{,}2 + 2^2 \cdot 0{,}3 + 5^2 \cdot 0{,}1 = 4{,}55$

$\sigma^2 = \mathrm{Var}(X) = E[X^2] - \mu^2 = 4{,}55 - (0{,}55)^2 = 4{,}2475$

Propiedades de la varianza

Si X e Y son dos variables aleatorias independientes y $c \in \mathbb{R}$, entonces:

$$\mathrm{Var}(X+Y) = \mathrm{Var}(X) + \mathrm{Var}(Y) \text{ o } \sigma^2_{X+Y} = \sigma^2_X + \sigma^2_Y \qquad \mathrm{Var}(cX) = c^2\,\mathrm{Var}(X) \text{ o } \sigma^2_{cX} = c^2 \cdot \sigma^2_X$$

La mediana de una distribución de probabilidad discreta

La mediana es un valor que divide la probabilidad total en dos partes iguales, es decir, es el valor M tal que la probabilidad a la izquierda de M es 0,5 y la probabilidad a su derecha también es 0,5.

Dada una variable aleatoria X se define una **mediana** de X como un valor M tal que:

$$P(X \leq M) \geq 0{,}5 \quad \text{y} \quad P(X \geq M) \geq 0{,}5$$

Ten en cuenta

Toda variable discreta tiene al menos una mediana. Y todo valor de un intervalo puede ser una mediana.

Coeficiente de variación

Dada una variable aleatoria X, se define su **coeficiente de variación** como el cociente entre su desviación típica y el valor absoluto de su media:

$$CV(X) = \frac{\sigma}{|\mu|}$$

El coeficiente de variación indica la dispersión de la variable con respecto al valor esperado y, al ser adimensional, es apropiado para comparar la variabilidad de diferentes distribuciones.

EJERCICIOS RESUELTOS

5. El número medio de personas que acuden a un centro médico por la mañana es de 110, con una varianza de 144. Por la tarde esas cifras son 220 y 625, respectivamente. Si las horas de atención médica, son las mismas por la mañana que por la tarde, calcula el número medio de pacientes y su varianza.

Sean las variables aleatorias:

X: "número de pacientes que acuden al centro de salud por la mañana"

Y: "número de pacientes que acuden al centro de salud por la tarde"

El número de pacientes diarios es, por tanto, la variable $X + Y$.

Su esperanza: $\mu_{X+Y} = E[X+Y] = E[X] + E[Y] = \mu_X + \mu_Y = 110 + 220 = 330$

Si se considera que las variables X e Y son independientes:

$\text{Var}(X+Y) = \text{Var}(X) + \text{Var}(Y) = 144 + 625 = 769$

6. La tabla recoge la *fmp* de la variable discreta X.

x_i	−3	−1	0	1	2
p_i	0,2	0,1	0,1	0,4	0,2

a) Halla su media, su mediana y su varianza.

b) Halla el coeficiente de variación.

x_i	p_i	$x_i p_i$	$x_i^2 p_i$	P_i
−3	0,2	−0,6	1,8	0,2
−1	0,1	−0,1	0,1	0,3
0	0,1	0	0	0,4
1	0,4	0,4	0,4	0,8
2	0,2	0,4	0,8	1
	1	0,1	3,1	

Para calcular los parámetros se construye la tabla de la izquierda.

a) Esperanza o media: $E[X] = \mu = 0{,}1$

Se añade una columna en la que se va sumando la probabilidad de todos los valores anteriores y la mediana será el valor que supere 0,5 $\Rightarrow M = 1$

Varianza: $\sigma^2 = \text{Var}(X) = 3{,}1 - 0{,}01 = 3{,}09$

b) $\sigma = \sqrt{3{,}09} = 1{,}76 \Rightarrow CV(X) = \dfrac{1{,}76}{0{,}1} = 17{,}6$

EJERCICIOS PROPUESTOS

7. Una bolsa contiene 3 bolas, 1 bola blanca, 1 roja y 1 verde. De la bolsa se extraen al azar 2 bolas una a una con reemplazo. Sea la variable aleatoria X: "número de bolas verdes extraídas".

a) Escribe su función de masa de probabilidad y dibuja el diagrama de barras correspondiente.

b) Calcula su esperanza, su varianza y su mediana.

c) Halla el coeficiente de variación.

8. Un jugador lanza un dado equilibrado y si el resultado es 1 o 2, pierde lo que ha apostado, si sale 3 o 4 pierde la mitad de lo apostado, si sale 5 no gana ni pierde nada y si sale 6 gana el triple de lo que haya apostado. Si apuesta c euros, ¿cuál es el valor esperado de su ganancia? ¿Y la desviación típica?

9. smSaviadigital.com PRACTICA Continua representando variables y calculando sus parámetros.

3 Números combinatorios

Ten en cuenta

Si se colocan los números combinatorios en la forma

$$\binom{1}{0}\ \binom{1}{1}$$
$$\binom{2}{0}\ \binom{2}{1}\ \binom{2}{2}$$
$$\binom{3}{0}\ \binom{3}{1}\ \binom{3}{2}\ \binom{3}{3}$$
$$\binom{4}{0}\ \binom{4}{1}\ \binom{4}{2}\ \binom{4}{3}\ \binom{4}{4}$$
$$\dots\ \dots\ \dots\ \dots\ \dots\ \dots\ \dots$$

se obtiene un **triángulo** numérico llamado **de Pascal**:

```
      1 1
     1 2 1
    1 3 3 1
   1 4 6 4 1
  ... ... ... ...
```

En él se pueden comprobar de forma inmediata las propiedades de los números combinatorios. Por ejemplo, la tercera se traduce en que cada número en el triángulo es igual a la suma de los dos números que tiene encima.

Dados dos números naturales no nulos m y n, siendo $m \geq n$, se denomina **número combinatorio** $\binom{m}{n}$ y se lee "*m* sobre *n*" a $\binom{m}{n} = \dfrac{m!}{n!(m-n)!} = C_{m,n}$

Ejemplo ▸ Un equipo de tenis está formado por cinco personas: Miguel (M), Pedro (P), Luis (L), Antonio (A) y José (J). Los diferentes equipos de dobles que pueden formarse son 10:

$$\{M, P\}, \{M, L\}, \{M, A\}, \{M, J\}, \{P, L\}, \{P, A\}, \{P, J\}, \{L, A\}, \{L, J\}, \{A, J\}$$

Cada subconjunto es una combinación de orden 2 de los elementos del equipo de tenis, y el número total de combinaciones de orden 2 es:

$$C_{5,2} = \frac{5!}{2!(5-2)!} = \frac{5!}{2!3!} = \frac{5 \cdot 4}{2} = 10$$

Propiedades de los números combinatorios

Las siguientes propiedades son fácilmente comprobables y facilitan el manejo de los números combinatorios:

$$\binom{m}{0} = \binom{m}{m} = 1 \qquad \binom{m}{n} = \binom{m}{m-n} \qquad \binom{m}{n} + \binom{m}{n+1} = \binom{m+1}{n+1}$$

Binomio de Newton

Para obtener la expresión de algunas potencias, en lugar de usar el cálculo directo, muy laborioso cuando el exponente es elevado, Newton desarrolló una fórmula fácil de recordar y aplicar que permite obtener cualquier potencia de un binomio.

$$(a+b)^n = \binom{n}{0}a^n + \binom{n}{1}a^{n-1}b + \binom{n}{2}a^{n-2}b^2 + \ldots + \binom{n}{n-1}ab^{n-1} + \binom{n}{n}b^n$$

$$(a-b)^n = \binom{n}{0}a^n - \binom{n}{1}a^{n-1}b + \binom{n}{2}a^{n-2}b^2 + \ldots + (-1)^{n-1}\binom{n}{n-1}ab^{n-1} + (-1)^n\binom{n}{n}b^n$$

Ejemplos ▸

$$(2x+3)^5 = \binom{5}{0}(2x)^5 + \binom{5}{1}(2x)^4 \cdot 3 + \binom{5}{2}(2x)^3 \cdot 3^2 + \binom{5}{3}(2x)^2 \cdot 3^3 + \binom{5}{4}2x \cdot 3^4 + \binom{5}{5}3^5 =$$
$$= 32x^5 + 240x^4 + 720x^3 + 1080x^2 + 810x + 243$$

$$\left(x - \frac{1}{2x}\right)^4 = \binom{4}{0}x^4 - \binom{4}{1}x^3 \cdot \frac{1}{2x} + \binom{4}{2}x^2 \cdot \left(\frac{1}{2x}\right)^2 - \binom{4}{3}x \cdot \left(\frac{1}{2x}\right)^3 + \binom{4}{4}\left(\frac{1}{2x}\right)^4 =$$
$$= x^4 - 2x^2 + \frac{3}{2} - \frac{1}{2x^2} + \frac{1}{16x^4}$$

MAT-TIC GeoGebra

Entra en smSaviadigital.com para calcular y comprender los números combinatorios.

EJERCICIOS PROPUESTOS

10. Simplifica la expresión $\dfrac{\left[\binom{12}{3} + \binom{12}{9}\right] \cdot 4!}{40}$.

11. Halla el desarrollo de $(2x^2 - 5y)^4$.

12. Determina el valor de m en la expresión $\binom{2m}{3} = \binom{2m}{m+3}$.

13. Halla el término independiente de $\left(2x^3 - \dfrac{1}{x}\right)^8$.

4 Experimentos de Bernoulli

Ejemplo ▸ En una máquina que produce pastillas de freno se detecta, durante un control de calidad, que el 2 % de las pastillas tienen algún defecto y deben ser retiradas. Se escoge una pastilla al azar y se consideran dos sucesos A = "la pastilla es buena", o su contrario $\overline{A}$ = "la pastilla es defectuosa".

En este tipo de experimentos, denominados de Bernoulli, solo interesa conocer si el suceso A ha ocurrido o no.

MAT-TIC GeoGebra

Entra en sm**Savia**digital.com para comprender los experimentos de Bernoulli con ayuda de diagramas de árbol.

Variable aleatoria con distribución de Bernoulli

En los experimentos de Bernoulli se considera la variable aleatoria discreta X que toma el valor 1 si el suceso A ha ocurrido, y el valor 0, si A no ha ocurrido.

Una variable aleatoria X tiene una **distribución de Bernoulli de parámetro p, Ber(p)**, con $0 \leq p \leq 1$, si toma los valores 1 y 0 con probabilidades $P(X=1)=p$ y $P(X=0)=1-p$.

La función de masa de probabilidad de la variable X se puede expresar como:

$$P(X=x)=\begin{cases} p^x q^{1-x} & \text{si } x=0 \text{ o } 1 \\ 0 & \text{en otro caso} \end{cases} \quad \text{con } q=1-p$$

Ejemplo ▸ En el ejemplo anterior $P(A)=p=0{,}98$ y $P(\overline{A})=1-0{,}98=0{,}02$, por tanto:

$$P(X=x)=\begin{cases} 0{,}98^x \cdot 0{,}02^{1-x} & \text{si } x=0 \text{ o } 1 \\ 0 & \text{en otro caso} \end{cases}$$

Esperanza y varianza de la distribución Bernoulli de parámetro p

Si X tiene una distribución de Bernoulli de parámetro p, entonces:

$E[X]=\mu=1p+0(1-p)=p$ $\qquad$ $\text{Var}(X)=\sigma^2=1^2p+0(1-p)-p^2=p-p^2=p(1-p)=pq$

Ejemplo ▸ En el ejemplo anterior, $E[X]=0{,}98$ y $\text{Var}(X)=0{,}98 \cdot 0{,}02=0{,}0196$

EJERCICIO RESUELTO

14. En el curso de primero de Bachillerato de un centro el 55% de los alumnos matriculados son chicas. Sea X la variable aleatoria

$$X=\begin{cases} 1 & \text{si es chica} \\ 0 & \text{si no es chica} \end{cases}$$

a) Dibuja su diagrama de barras.

b) Calcula la esperanza y la varianza.

a) Se trata de una variable aleatoria de Bernoulli de parámetro $p=0{,}55$ cuya función de masa de probabilidad es:

$$P(X=x)=\begin{cases} 0{,}55^x \cdot 0{,}45^{1-x} & \text{si } x=0 \text{ o } 1 \\ 0 & \text{en otro caso} \end{cases}$$

Su diagrama de barras es el mostrado a la derecha.

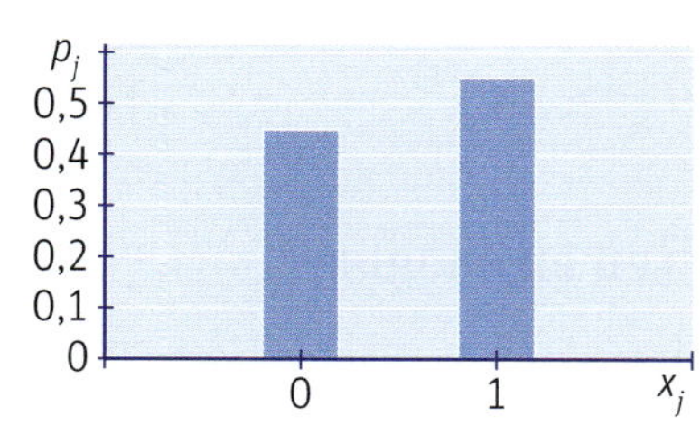

b) La esperanza de X es $E[X]=0{,}55$ y su varianza $\text{Var}(X)=0{,}55 \cdot 0{,}45=0{,}2475$

EJERCICIOS PROPUESTOS

15. En una agencia de viajes saben que el 65 % de los circuitos son por Europa. Se pregunta a un cliente si va a realizar un *tour* por Europa. Se considera la variable aleatoria que da el valor 1 si viaja por Europa y el valor 0 en caso contrario. Halla la esperanza y la desviación típica de la variable.

16. Se ha detectado que 4 de cada 100 enfermos cardiacos padecen cefalea después de tomar un nuevo fármaco. Se elige un enfermo al azar para ver si tiene cefalea o no. Halla la esperanza y la varianza de la variable que vale 1 si el paciente tiene dolor de cabeza y 0 si no lo tiene.

5 Variable aleatoria binomial

Ejemplo En una fábrica de pastillas de frenos, la probabilidad de que una pastilla sea defectuosa es del 2%. En un control de calidad se escogen 10 pastillas al azar y se observa si cada una de ellas está en buenas condiciones o no. Se consideran las variables:

$$X_j = \begin{cases} 1 & \text{si la pieza } j \text{ es defectuosa} \\ 0 & \text{si la pieza } j \text{ no es defectuosa} \end{cases} \qquad j = 1, 2, \ldots, 10$$

Las variables $X_1, X_2, ..., X_{10}$ son variables independientes con X_j: Ber(p) con $p = 0{,}02$.

La variable Y: "número de piezas defectuosas entre las 10 escogidas", puede escribirse como

$$Y = \sum_{j=1}^{10} X_j$$

A esta variable se la llama binomial y tiene dos parámetros: el número de repeticiones del experimento, 10, en este caso, y la probabilidad de que en cada repetición se obtenga una pieza defectuosa, 0,02. Se escribe $Y \sim \text{Bin}(n = 10, p = 0{,}02)$.

Sean n ensayos de Bernoulli independientes, de modo que la probabilidad de que en cada ensayo ocurra el suceso A, es p. La variable X: "número de veces que ocurre el suceso A en los n ensayos" se dice que tiene una **distribución binomial de parámetros *n* y *p***, con n número natural y $0 \le p \le 1$. Se escribe $\boldsymbol{X \sim \text{Bin}(n, p)}$

Ejemplo En la maternidad de cierto hospital se asegura que el 51 % de los bebés nacidos son niños. Elegido un día al azar, resulta que han nacido 24 bebés. La variable aleatoria X: "número de niñas nacidas en ese día", que cuenta el número de veces que ocurre el suceso A = "el bebé es una niña", sigue una distribución binomial de parámetros $n = 24$ y $p = 0{,}49$; es decir, $X \sim \text{Bin}(n = 24, p = 0{,}49)$.

Función de masa de probabilidad de la distribución Bin(*n*, *p*)

Ejemplo De una urna que contiene 4 bolas blancas y 6 verdes se extraen una a una 5 bolas, anotando el color de cada bola antes de devolverla a la urna. Se considera la variable aleatoria X: "número de bolas verdes que se han obtenido en las 5 extracciones". Halla la probabilidad de que X valga 2.

Como la bola se devuelve a la urna, cada extracción es un ensayo de Bernoulli de parámetro $p = 0{,}6$.

En los casos en los que aparecen 2 bolas verdes, las otras tres deben ser blancas. El número de ordenaciones posibles se calculan con $PR_5^{2,3} = \frac{5!}{2!3!} = \binom{5}{2} = 10$.

Cada una de las ordenaciones tiene una probabilidad de $(0{,}6)^2(0{,}4)^3$.

De donde: $P(X = 2) = \binom{5}{2}(0{,}6)^2(0{,}4)^3 = 0{,}2304$

Ten en cuenta

$$PR_n^{k,n-k} = \frac{n!}{k!(n-k)!} = \binom{n}{k}$$

El ejemplo anterior ilustra el siguiente resultado:

Si ***X* sigue una distribución Bin(*n*, *p*)**, la probabilidad de que X tome un valor cualquiera k, con $0 \le k \le n$ es:

$$P(X = k) = \begin{cases} \binom{n}{k} p^k (1-p)^{n-k} & \text{si } k = 0, 1, \ldots, n \\ 0 & \text{en el resto} \end{cases}$$

MAT-TIC GeoGebra

Entra en smSaviadigital.com para calcular probabilidades de la distribución binomial.

Esta expresión es la **función de masa de probabilidad de la distribución Bin(*n*, *p*)**, donde el número combinatorio representa las permutaciones con repetición de k éxitos (el suceso A ha ocurrido) y $n - k$ fracasos (el suceso A no ha ocurrido).

Esperanza y varianza de la distribución binomial

Si **X tiene una distribución binomial Bin(n, p)**, de parámetros n y p, puede expresarse como la suma de n variables aleatorias independientes con distribución Ber(p). Entonces, se tiene:

$$E[X] = \mu = E[X_1 + X_2 + ... + X_n] = E[X_1] + E[X_2] + ... + E[X_n] = np$$

$$\text{Var}(X) = \sigma^2 = \text{Var}(X_1 + X_2 + ... + X_n) = \text{Var}(X_1) + \text{Var}(X_2) + ... + \text{Var}(X_n) = npq$$

Ejemplo ▸ Una compañía de seguros estima que el 17 % de sus clientes que posee un seguro de moto tiene algún accidente al año. Para averiguar cuál es el número esperado de accidentes en una muestra de 12 asegurados, se considera la variable X: "número de accidentados", entonces, $X \sim \text{Bin}(n = 12, p = 0{,}17)$ y, por tanto, el número de accidentes que se espera coincide con la esperanza de la distribución $E[X] = np = 12 \cdot 0{,}17 = 2{,}04$.

Tablas de la distribución binomial

En la página 356 se incluye una tabla con valores de la función de masa de la distribución binomial para valores $n < 10$ y algunos valores de $p \leq 0{,}5$. Si el valor de p es mayor que 0,5 también se puede utilizar la tabla. Basta tener en cuenta que si $X \sim \text{Bin}(n, p)$, indica el número de veces que ocurre el suceso A, la variable $Y = (n - X) \sim \text{Bin}(n, 1 - p)$ indica el número de veces que ocurre el suceso $\overline{A}$ y por tanto:

$$P(X = k) = P(Y = n - k) = \binom{n}{n-k} p^{n-k} (1 - p)^k = \binom{n}{k} (1 - p)^k p^{n-k}$$

n	k \ p	0,01	0,05	0,10
2	0	0,9801	0,9025	0,8100
	1	0,0198	0,0950	0,1800
	2	0,0001	0,0025	0,0100
3	0	0,9703	0,8574	0,7290
	1	0,0294	0,1354	0,2430
	2	0,0003	0,0071	0,0270
	3	0,0000	0,0001	0,0010
4	0	0,9606	0,8145	0,6561
	1	0,0388	0,1715	0,2916
	2	0,0006	0,0135	0,0486
	3	0,0000	0,0005	0,0036
	4	0,0000	0,0000	0,0001

Ejemplo ▸ Si X es una variable aleatoria con distribución $X \sim \text{Bin}(n = 4, p = 0{,}90)$, la probabilidad de que X tome el valor 3 se encuentra en la tabla mediante el valor 1 de la variable $Y \sim \text{Bin}$ $(n = 4, p = 0{,}10)$. Basta con tener en cuenta $n = 4$, $k = 1$ y $p = 0{,}10$; por tanto, $P(X = 3) = P(Y = 1) = 0{,}2916$.

EJERCICIO RESUELTO

17. Un test consta de preguntas con 4 posibles respuestas, solo una de las cuales es correcta. Si se contesta al azar, calcula la probabilidad de acertar:

a) La mitad de las preguntas si el número de preguntas es 20.

b) Al menos la mitad de las preguntas, si el número de preguntas es 8.

Sea la variable aleatoria X: "número de preguntas acertadas". Como el test tiene n preguntas y la probabilidad de acertar cada una es $p = 0{,}25$, se trata de una binomial $X \sim \text{Bin}(n, p = 0{,}25)$.

a) En este caso $n = 20$, se trata entonces de una binomial $X \sim \text{Bin}(n = 20, p = 0{,}25)$, por tanto, para calcular $P(X = 10)$ no puede usarse la tabla y hay que utilizar la fórmula:

$$P(X = 10) = \binom{20}{10} 0{,}25^{10} 0{,}75^{10} = 0{,}009922$$

b) Ahora $n = 8$ y $X \sim \text{Bin}(n = 8, p = 0{,}25)$. Para calcular $P(X \geq 4)$, puede usarse directamente la tabla. Se selecciona de la primera columna de la tabla la fila $n = 8$, a continuación de la columna correspondiente a $p = 0{,}25$, se consideran los valores correspondientes a $k = 4$, 5, 6, 7 y 8.

$$P(X \geq 4) = P(X = 4) + P(X = 5) + P(X = 6) + P(X = 7) + P(X = 8) =$$
$$= 0{,}0865 + 0{,}0231 + 0{,}0038 + 0{,}0004 + 0{,}0000 = 0{,}1138$$

EJERCICIOS PROPUESTOS

18. **En un grupo de 7 amigos, considera la variable Y: "número de ellos que han nacido en verano". Si la probabilidad de que una persona nazca es la misma en cualquier estación del año, calcula:**

a) Número esperado de amigos que han nacido en verano y su varianza.

b) Probabilidad de que exactamente 3 hayan nacido en verano.

c) Probabilidad de que como mucho 2 hayan nacido en verano.

19. **Un proveedor suministra lotes de materia prima de los que el 5% resulta defectuoso. De una gran partida se seleccionan al azar 6 lotes. Calcula:**

a) La probabilidad de que al menos 1 sea defectuoso.

b) La varianza del número de lotes defectuosos, para una partida de 200 lotes.

20. smSaviadigital.com PRACTICA **Calcula más probabilidades con ayuda de la distribución binomial.**

6 Aplicaciones de la distribución binomial

En numerosas situaciones se tiene un conjunto de datos de una variable y conviene encontrar una distribución de probabilidad que "modelice" la situación descrita por los datos. Este proceso de ajuste permitirá, entre otros aspectos, realizar futuras predicciones.

La distribución binomial puede ser útil para modelizar situaciones en las que interesa la aparición o no de un determinado suceso: si se puede producir o no una epidemia de gripe, si se conoce o no un determinado producto comercial, la popularidad de un presidente de gobierno, etc.

N.º de altas	Días
0	12
1	26
2	57
3	75
4	48
5	17
6	5

Ejemplo ▸ En la tabla al margen se muestra el número de altas por día que se ha dado en la planta de pediatría de un hospital durante los últimos 8 meses. La distribución binomial que se ajusta a esta tabla de frecuencias, es Bin($n = 6$, p) y p se calcula igualando la media del conjunto de datos a la esperanza de la distribución binomial. De modo que

$$\overline{x} = \frac{0\cdot 12+1\cdot 26+2\cdot 57+3\cdot 75+4\cdot 48+5\cdot 17+6\cdot 5}{240} = 2{,}8$$

Como la esperanza de la binomial es np, igualando: $6p = 2{,}8 \Rightarrow p = 0{,}467$

Por tanto, a los datos de la tabla, se le ajustará una distribución $Y \sim \text{Bin}(n = 6, p = 0{,}467)$, siendo Y: "número de altas por día".

Para comprobar si en el ejemplo anterior el ajuste es adecuado, se calculan las probabilidades de que la variable Y tome los valores 0, 1, 2, 3, 4, 5 y 6. Como la probabilidad no coincide con ningún valor de la tabla, es preciso hacer los cálculos directamente con la fórmula.

$$P(Y=0)=\binom{6}{0}0{,}467^0\cdot 0{,}533^6=0{,}0230 \qquad P(Y=4)=\binom{6}{4}0{,}467^4\cdot 0{,}533^2=0{,}2027$$

$$P(Y=1)=\binom{6}{1}0{,}467^1\cdot 0{,}533^5=0{,}1205 \qquad P(Y=5)=\binom{6}{5}0{,}467^5\cdot 0{,}533^1=0{,}0710$$

$$P(Y=2)=\binom{6}{2}0{,}467^2\cdot 0{,}533^4=0{,}2640 \qquad P(Y=6)=\binom{6}{6}0{,}467^6\cdot 0{,}533^0=0{,}0104$$

$$P(Y=3)=\binom{6}{3}0{,}467^3\cdot 0{,}533^3=0{,}3084$$

El número esperado de altas por día se obtiene multiplicando las probabilidades anteriores por 240 (número total de días).

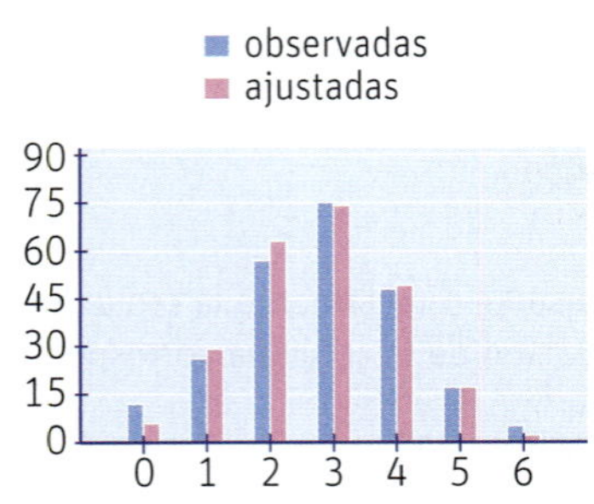

Altas	0	1	2	3	4	5	6
Probabilidades	0,0230	0,1205	0,2640	0,3084	0,2027	0,0710	0,0104
N.º de días observados	12	26	57	75	48	17	5
N.º de días esperado	5,52	28,92	63,36	74,02	48,65	17,04	2,5

En la tabla puede observarse que la aproximación es bastante buena en conjunto y que solo se aleja algo de las frecuencias observadas en los valores 0 y 6.

Para **ajustar una variable aleatoria con distribución binomial Bin(n, p)** a un conjunto de datos se realizan los siguientes pasos:

1.º Se identifica la variable objeto del análisis, se constata que corresponde a un modelo de probabilidad binomial y se determina el parámetro n de la distribución binomial.

2.º Se estima el valor del parámetro p: $\overline{x} = np \Rightarrow p = \dfrac{\overline{x}}{n}$.

3.º El ajuste se lleva a cabo mediante la variable $Y \sim \text{Bin}\left(n, \dfrac{\overline{x}}{n}\right)$.

4.º Se comparan las frecuencias observadas con las frecuencias teóricas obtenidas (ajustadas).

MAT-TIC GeoGebra

Entra en smSaviadigital.com para usar hojas de cálculo en ajustes a binomiales.

EJERCICIO RESUELTO

21. **En la tabla se recoge el número de erratas por página detectadas en la primera prueba de un libro de 575 páginas.**

N.º erratas	N.º páginas
0	195
1	237
2	110
3	29
4	4

a) Ajusta, de forma razonada, una distribución binomial al conjunto de datos.

b) Contrasta la distribución de frecuencias observada con la ajustada.

c) Representa mediante diagramas de barras las frecuencias observadas y ajustadas.

Cada errata puede considerarse un ensayo de Bernoulli, por lo que el número de erratas por página puede modelizarse mediante una distribución binomial $Y \sim \text{Bin}(n=4, p)$

a) Para estimar el parámetro p, se iguala la media de los datos a la esperanza de la binomial:

$$\bar{y} = \frac{0 \cdot 195 + 1 \cdot 237 + 2 \cdot 110 + 3 \cdot 29 + 4 \cdot 4}{575} = 0{,}974$$

$$4p = 0{,}974 \Rightarrow p = \frac{0{,}974}{4} = 0{,}244$$

De manera que los datos se ajustan a una variable $Y \sim \text{Bin}(n=4, p=0{,}244)$.

b) Las probabilidades con las que la variable ajustada toma los valores del 0 al 4 se calculan directamente con la fórmula, ya que en la tabla no viene la probabilidad 0,244.

$$P(Y=0) = \binom{4}{0} 0{,}244^0 \cdot 0{,}756^4 = 0{,}3267$$

$$P(Y=1) = \binom{4}{1} 0{,}244^1 \cdot 0{,}756^3 = 0{,}4217$$

$$P(Y=2) = \binom{4}{2} 0{,}244^2 \cdot 0{,}756^2 = 0{,}2042$$

$$P(Y=3) = \binom{4}{3} 0{,}244^3 \cdot 0{,}756^1 = 0{,}0439$$

$$P(Y=4) = \binom{4}{4} 0{,}244^4 \cdot 0{,}756^0 = 0{,}0035$$

El número esperado de erratas por página se obtiene multiplicando las probabilidades anteriores por 575.

Erratas	0	1	2	3	4
Probabilidades	0,3267	0,4217	0,2042	0,0439	0,0035
N.º de páginas observado	195	237	110	29	4
N.º de páginas esperado	187,85	242,48	117,42	25,24	2,01

Puede observarse que el ajuste de la distribución teórica a las frecuencias observadas es aceptable.

c) Los diagramas de barras de las frecuencias observadas y de las frecuencias ajustadas confirman que el ajuste llevado a cabo es razonable.

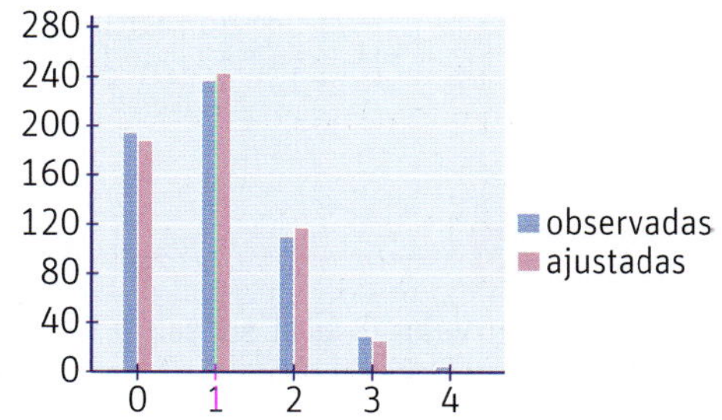

EJERCICIOS PROPUESTOS

22. **En 40 días, el médico de guardia de un centro de salud ha tenido que realizar las siguientes visitas (X) a domicilio que se recogen en la tabla siguiente: en 6 días no realizó ninguna visita, en 17 días tuvo que hacer una visita, etc.**

x_i	0	1	2	3
f_i	6	17	13	4

a) Ajusta una distribución binomial a este conjunto de datos.

b) Calcula las frecuencias ajustadas y compáralas con las observadas.

c) Dibuja el diagrama de barras de ambas frecuencias.

23. **En 300 familias con hijos menores de edad de un barrio de una gran ciudad se ha contabilizado el número de niñas (X). Los datos se recogen en la tabla.**

x_i	0	1	2
f_i	75	18C	45

a) Ajusta una distribución binomial a los datos.

b) Calcula las frecuencias ajustadas y compáralas con las observadas. ¿Es razonable el ajuste?

c) Representa mediante diagrama de barras las frecuencias observadas y las ajustadas.

Resumen

Se llama **variable aleatoria, *X***, a cualquier función real definida sobre el espacio muestral de un experimento aleatorio.

Se dice que una variable aleatoria es **discreta** si toma un número finito de valores diferentes $x_1, x_2, ..., x_k$ o una sucesión infinita numerable de valores diferentes $x_1, x_2, ...,$

Se dice que una variable aleatoria es **continua** si toma, al menos teóricamente, todos los valores comprendidos en un cierto intervalo de la recta real.

Distribución de probabilidad de una variable aleatoria discreta

Función de masa de probabilidad (*fmp*)

Se llama **función de masa de probabilidad** de la variable X a la función f que a cada valor x_j de X le asigna su probabilidad. Es decir,

$$f(x_j) = p_j = P(X = x_j), \text{ para todo } j$$

Debe verificar dos condiciones:

$$P(x_j) = p_j \geq 0 \qquad \sum_{j=1}^{k} p_j = 1 \text{ o } \sum_{j=1}^{\infty} p_j = 1$$

Diagrama de barras

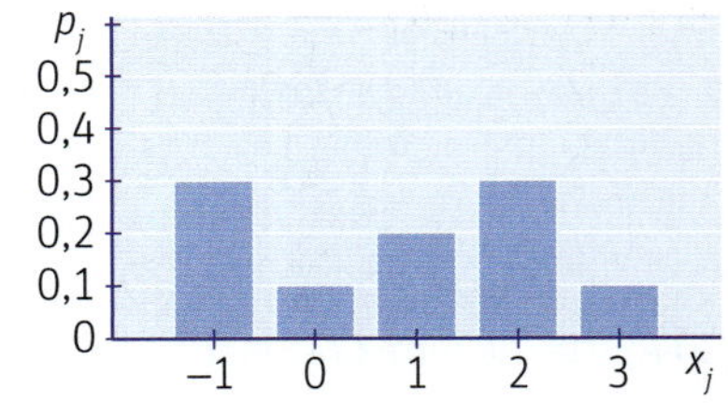

Esperanza y varianza de una variable aleatoria discreta

$$\mu = E[X] = \sum_{j=1}^{k} x_j p_j \qquad \sigma^2 = Var(X) = E[X^2] - \mu^2 = \sum_{j=1}^{k} x_j^2 p_j - \mu^2$$

Numeros combinatorios

Definición

$$\binom{m}{n} = \frac{m!}{n!(m-n)!} = C_{m,n}$$

Propiedades

$$\binom{m}{0} = \binom{m}{m} = 1$$

$$\binom{m}{n} = \binom{m}{m-n}$$

$$\binom{m}{n} + \binom{m}{n+1} = \binom{m+1}{n+1}$$

Triángulo de Pascal o de Tartaglia

$m = 1$ $\quad \binom{1}{0} \binom{1}{1}$ $\quad$ 1 1

$m = 2$ $\quad \binom{2}{0} \binom{2}{1} \binom{2}{2}$ $\quad$ 1 2 1

$m = 3$ $\quad \binom{3}{0} \binom{3}{1} \binom{3}{2} \binom{3}{3}$ $\quad$ 1 3 3 1

$m = 4$ $\quad \binom{4}{0} \binom{4}{1} \binom{4}{2} \binom{4}{3} \binom{4}{4}$ $\quad$ 1 4 6 4 1

... ...

Distribución de Bernoulli, Ber(*P*)

Variable aleatoria discreta X que toma el valor 1 si el suceso A ha ocurrido, y el valor 0, si A no ha ocurrido

$$P(X = x) = \begin{cases} p^x q^{1-x} & \text{si } x = 0 \text{ o } 1 \\ 0 & \text{en otro caso} \end{cases} \quad \text{con } q = 1 - p$$

$$E[X] = \mu = p$$

$$\text{Var}(X) = \sigma^2 = p(1 - p)$$

Distribución binomial Bin(*n*, *p*)

n: número de ensayos de Bernoulli independientes

p: probabilidad de éxito (ocurra el suceso A) en un ensayo

Función de probabilidad

$$P(X = k) = \binom{n}{k} p^k (1-p)^{n-k}, \quad k = 0, 1, ..., n$$

$$\mu = E[X] = np \qquad \sigma^2 = \text{Var}(X) = np(1 - p) = npq \qquad \sigma = \sqrt{npq}$$

Ajuste de una binomial a un conjunto de datos

1.º Se identifica el número de n pruebas o ensayos.

2.º Se estima el valor del parámetro p: $\bar{x} = np \Rightarrow \hat{p} = \frac{\bar{x}}{n}$.

3.º El ajuste se lleva a cabo mediante la variable $Y \sim \text{Bin}\left(n, \frac{\bar{x}}{n}\right)$.

4.º Se comparan las frecuencias observadas con las frecuencias teóricas obtenidas.

EJERCICIOS RESUELTOS

Variable aleatorias discretas

Cálculo de parámetros de una variable aleatoria

24. Se lanza un dado dos veces y se considera la variable aleatoria X: "suma de las puntuaciones obtenidas". Escribe y representa su función de probabilidad y calcula su esperanza, su varianza y su desviación típica.

Se ordenan los posibles resultados y sus probabilidades en una tabla, completándola para calcular la esperanza y la varianza:

X	2	3	4	5	6	7	8	9	10	11	12	Sumas
p_j	$\frac{1}{36}$	$\frac{1}{18}$	$\frac{1}{12}$	$\frac{1}{9}$	$\frac{5}{36}$	$\frac{1}{6}$	$\frac{5}{36}$	$\frac{1}{9}$	$\frac{1}{12}$	$\frac{1}{18}$	$\frac{1}{36}$	1
x_jp_j	$\frac{1}{18}$	$\frac{1}{6}$	$\frac{1}{3}$	$\frac{5}{9}$	$\frac{5}{6}$	$\frac{7}{6}$	$\frac{10}{9}$	1	$\frac{5}{6}$	$\frac{11}{18}$	$\frac{1}{3}$	7
$x_j^2p_j$	$\frac{1}{9}$	$\frac{1}{2}$	$\frac{4}{3}$	$\frac{25}{9}$	5	$\frac{49}{6}$	$\frac{80}{9}$	9	$\frac{25}{3}$	$\frac{121}{18}$	4	$\frac{329}{6}$

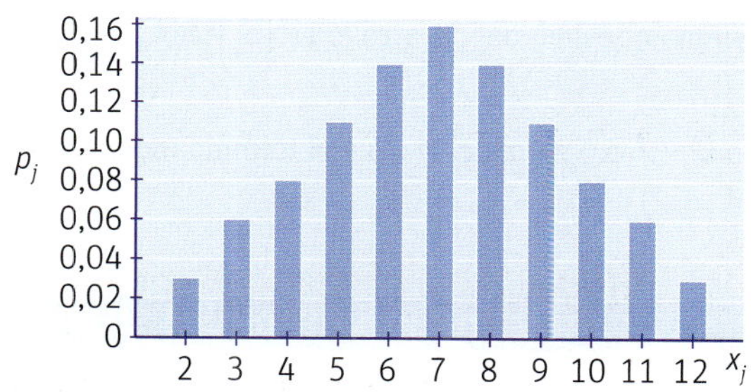

$$\mu = E[X] = 7$$

$$\sigma^2 = \text{Var}(X) = \frac{329}{6} - 7^2 = \frac{35}{6} = 5{,}83$$

$$\sigma = \sqrt{5{,}83} = 2{,}41$$

Determinación de una función de masa de probabilidad y cálculo de parámetros y probabilidades a partir de ella.

25. Sea X una variable aleatoria discreta con función de masa de probabilidad

$$f(x) = \begin{cases} cx & \text{si} \quad x = 1, 2, 3, 4, 5 \\ 0 & \text{en el resto} \end{cases}$$

a) Calcula el valor de c.

b) Halla la esperanza y la varianza de X.

c) Calcula:

$P(X > 2)$ y $P(X < 5 \mid X > 2)$

a) Para que $f(x)$ sea función de probabilidad debe ser $c \geq 0$ y además:

$$c + 2c + 3c + 4c + 5c = 1 \Rightarrow 15c = 1 \Rightarrow c = \frac{1}{15}$$

b)

X	1	2	3	4	5	Sumas
p_j	$\frac{1}{15}$	$\frac{2}{15}$	$\frac{1}{5}$	$\frac{4}{15}$	$\frac{1}{3}$	1
x_jp_j	$\frac{1}{15}$	$\frac{4}{15}$	$\frac{3}{5}$	$\frac{16}{15}$	$\frac{5}{3}$	$\frac{11}{3}$
$x_j^2p_j$	$\frac{1}{15}$	$\frac{8}{15}$	$\frac{9}{5}$	$\frac{64}{15}$	$\frac{25}{3}$	15

$$\mu = E[X] = \frac{11}{3}$$

$$\text{Var}(X) = \sigma^2 = 15 - \left(\frac{11}{3}\right)^2 = \frac{14}{9}$$

c) $P(X > 2) = P(X = 3) + P(X = 4) + P(X = 5) = \frac{3}{15} + \frac{4}{15} + \frac{5}{15} = \frac{12}{15} = \frac{4}{5}$

$$P(X < 5 \mid X > 2) = \frac{P(2 < X < 5)}{P(X > 2)} = \frac{P(X = 3) + P(X = 4)}{P(X > 2)} = \frac{\frac{3}{15} + \frac{4}{15}}{\frac{4}{5}} = \frac{7}{12}$$

26. La función de masa de probabilidad de una variable aleatoria discreta X viene dada en la tabla siguiente:

x_j	1	2	3	4	5
p_j	p	0,2	q	0,3	0,1

a) Halla p y q sabiendo que la esperanza es $E[X] = 2{,}8$.

b) Determina el coeficiente de variación.

a) Para que sea una función de masa de probabilidad:

$$p + 0{,}2 + q + 0{,}3 + 0{,}1 = 1 \Rightarrow p + q = 0{,}4$$

$$E[X] = 1 \cdot p + 2 \cdot 0{,}2 + 3 \cdot q + 4 \cdot 0{,}3 + 5 \cdot 0{,}1 = 2{,}8 \Rightarrow p + 3q = 0{,}7$$

Resolviendo el sistema se obtiene $p = 0{,}25$ y $q = 0{,}15$.

b) $\text{Var}(X) = 1^2 \cdot 0{,}25 + 2^2 \cdot 0{,}2 + 3^2 \cdot 0{,}15 + 4^2 \cdot 0{,}3 + 5^2 \cdot 0{,}1 - 2{,}8^2 = 1{,}86$

$$CV(X) = \frac{\sigma}{\mu} = \frac{\sqrt{1{,}86}}{2{,}8} = 0{,}4871$$

Números combinatorios

Resolución de ecuaciones aplicando propiedades de números combinatorios

27. Aplicando las propiedades de los números combinatorios, resuelve las siguientes ecuaciones.

a) $\binom{x+1}{2}=3x+7$

b) $\binom{18}{3x-1}=\binom{18}{4x+5}$

a) Aplicando la definición de número combinatorio:

$$\binom{x+1}{2}=\frac{(x+1)!}{2![(x+1)-2]!}=\frac{(x+1)!}{2(x-1)!}=\frac{(x+1)x(x-1)!}{2(x-1)!}=\frac{(x+1)x}{2}$$

$$\frac{(x+1)x}{2}=3x+7 \Rightarrow x^2+x=6x+14 \Rightarrow x^2-5x-14=0 \Rightarrow x=-2,\ x=7$$

Solo es válida la solución $x=7$.

b) La igualdad puede producirse en dos casos:

I. $3x-1=4x+5 \Rightarrow x=-6$. Que no puede ser.

II. $3x-1+4x+5=18 \Rightarrow x=2$

Cálculo de términos de la potencia de un binomio

28. Calcula el término independiente de $\left(2x+\frac{1}{x}\right)^8$.

El término n–ésimo del desarrollo es $\binom{8}{n}(2x)^{8-n}\left(\frac{1}{x}\right)^n=\binom{8}{n}2^{8-n}x^{8-n}x^{-n}=\binom{8}{n}2^{8-n}x^{8-2n}$.

Como $x^{8-2n}=x^0$, entonces $n=4$ y el término independiente es $\binom{8}{4}2^4x^4\frac{1}{x^4}=70\cdot 16=1120$.

Distribución binomial

Utilización de la tabla de la distribución binomial para calcular probabilidades

29. Un tirador olímpico de tiro con arco tiene un porcentaje de dianas del 75 %. Si en la fase final de campeonato debe efectuar 9 disparos, calcula la probabilidad de que:

a) Haga 7 dianas.

b) Haga al menos 7 dianas.

c) Haya hecho 9 dianas, si sabemos que al menos ha acertado 7.

Se considera la variable X: "número de dianas en los 9 disparos", $X\sim \text{Bin}(n=9,\ p=0{,}75)$

a) La probabilidad de que haga 7 dianas es $P(X=7)=\binom{9}{7}\cdot 0{,}75^7\cdot 0{,}25^2=0{,}3003$

b) La probabilidad de que haga al menos 7 dianas se calcula como en el apartado anterior o se obtiene de la tabla de la binomial, pero como estas probabilidades no vienen directamente en la tabla, se considera Y: "número de fallos en los 9 disparos". Entonces $X\sim \text{Bin}(n=9,\ p=0{,}25)$, con lo que:

$P(X=7)=P(Y=2)=0{,}3003$ $\quad P(X=8)=P(Y=1)=0{,}2253$ $\quad P(X=9)=P(Y=0)=0{,}0751$

$$P(X\geq 7)=P(X=7)+P(X=8)+P(X=9)=P(Y=2)+P(Y=1)+P(Y=0)=$$
$$=0{,}3003+0{,}2253+0{,}0751=0{,}6007$$

c) Utilizando probabilidad condicionada:

$$P(X=9\mid X\geq 7)=\frac{P((X=9)\cap(X\geq 7))}{P(X\geq 7)}=\frac{P(X=9)}{P(X\geq 7)}=\frac{0{,}0751}{0{,}6007}=0{,}1250$$

Determinación del número de ensayos para obtener una probabilidad

30. Se lanza 9 veces un dado equilibrado.

a) Calcula la probabilidad de obtener exactamente 3 seises.

b) Halla la probabilidad de obtener al menos un 6.

c) ¿Cuántas veces hay que lanzar el dado para obtener al menos un 6 con probabilidad superior a 0,9?

Sea la variable X: "número de seises obtenidos al lanzar el dado nueve veces" que sigue una distribución de $\text{Bin}\left(n=9,\ p=\frac{1}{6}\right)$.

a) $P(X=3)=\binom{9}{3}\left(\frac{1}{6}\right)^3\left(\frac{5}{6}\right)^3=0{,}1302$

b) $P(X\geq 1)=1-P(X<1)=1-P(X=0)=1-\binom{9}{0}\left(\frac{1}{6}\right)^0\left(\frac{5}{6}\right)^9=0{,}8062$

c) Sea n el número de veces que hay que lanzar el dado. En este caso, $P(X\geq 1)>0{,}9$ implica:

$$P(X\geq 1)=1-P(X<1)=1-P(X=0)=1-\binom{n}{0}\left(\frac{1}{6}\right)^0\left(\frac{5}{6}\right)^n=1-\left(\frac{5}{6}\right)^n>0{,}9 \Leftrightarrow \left(\frac{5}{6}\right)^n<0{,}1$$

Para calcular el valor de n se toman logaritmos decimales en la desigualdad anterior:

$$\log\left(\frac{5}{6}\right)^n<\log 0{,}1 \quad\Rightarrow\quad n\log\left(\frac{5}{6}\right)<-1 \quad\Rightarrow\quad n>-\frac{1}{\log\left(\frac{5}{6}\right)}=12{,}63$$

Luego hay que tirar el dado al menos 13 veces.

Predicciones en controles de calidad

31. **Se sabe que una máquina produce un 10 % de tornillos defectuosos. En un control de calidad, se seleccionan 6 tornillos al azar. Calcula la probabilidad de que:**

a) Haya 1 defectuoso.

b) Al menos haya 1 defectuoso.

c) Los 6 sean defectuosos.

Sea la variable aleatoria X: "número de tornillos defectuosos, de los 6 elegidos".
X tiene una distribución binomial de parámetros $n = 6$ y $p = 0,1$. Entonces:

a) $P(X=1)=\binom{6}{1}0,1^1\cdot 0,9^5=0,3543$

b) $P(X\geq 1)=1-P(X<1)=1-P(X=0)=1-\binom{6}{0}0,9^6=0,4686$

c) $P(X=6)=\binom{6}{6}0,1^6=0,000001$

Ajuste mediante una distribución binomial

32. **En las piscinas municipales de una pequeña ciudad se han registrado los siguientes incidentes diarios que fueron atendidos en el puesto de socorrismo a lo largo de los 90 días de apertura del verano:**

N.º incidentes	N.º días
0	37
1	40
2	10
3	3

a) Ajusta una distribución binomial a estos datos.

b) Evalúa la diferencia entre las frecuencias observadas y las ajustadas.

c) ¿Cuál es la probabilidad de que en un día se deban atender al menos dos incidencias?

Sea la variable aleatoria Y: "número incidentes diarios registrados". La variable Y tiene una distribución $\text{Bin}(n=3,\ p)$.

a) Para estimar el valor de p, se calcula la media aritmética de los datos:

$$\overline{x}=\frac{0\cdot 37+1\cdot 40+2\cdot 10+3\cdot 3}{90}=0,7667$$

Igualando a la esperanza de la binomial se obtiene el valor estimado de p:

$$3p=0,7667\Rightarrow p=\frac{0,7667}{3}=0,2556$$

Por tanto la variable $Y\sim\text{Bin}\ (n=3,\ p=0,2556)$ es la que se ajusta al conjunto de datos.

b) Las probabilidades que proporciona esta distribución son:

$$P(Y=0)=\binom{3}{0}0,2556^0\cdot 0,7444^3=0,4125$$

$$P(Y=1)=\binom{3}{1}0,2566^1\cdot 0,7444^2=0,4266$$

$$P(Y=2)=\binom{3}{2}0,2556^2\cdot 0,7444^1=0,1460$$

$$P(Y=3)=\binom{3}{3}0,2556^3\cdot 0,7444^0=0,0167$$

que se pueden resumir, junto con las frecuencias ajustadas en la tabla siguiente.

x_i	0	1	2	3
Probabilidades	0,4125	0,4266	0,1460	0,0167
f_i	37	40	10	3
f_i ajustadas	37,13	38,39	13,14	1,503

Los diagramas de barras de las frecuencias observadas ajustadas muestran que el ajuste es aceptable:

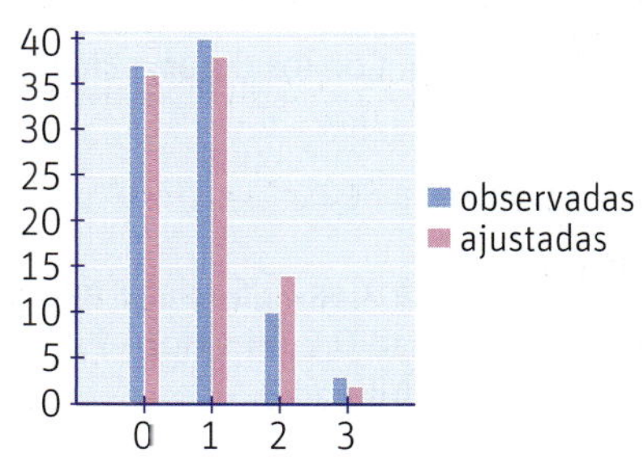

c) Del apartado anterior se obtienen las probabilidades correspondientes:

$$P(Y\geq 2)=P(Y=2)+P(Y=3)=0,1460+0,0167=0,1627$$

ACTIVIDADES

Ejercicios

Variable aleatoria discreta

33. **La función de masa de probabilidad de una variable aleatoria discreta, X, viene dada en la tabla siguiente:**

x_i	-3	0	1	3
p_i	0,4	0,3	0,1	0,2

a) Representa gráficamente la distribución.

b) Calcula la esperanza, la varianza y la desviación típica de X.

c) Calcula $P(1 < X < 2{,}5)$ y $P(X < 1)$.

34. **Sea X una variable que toma los valores 0, 1, 2, 3 y 4 con probabilidades 0,2; k; 0,3; 0,15 y 0,1.**

a) Determina k.

b) Halla $P(X > 1)$.

35. **Sea X una variable aleatoria con función de masa de probabilidad:**

$$P(X = x) = \frac{k}{x+1} \quad \text{para} \quad x = 0, 1, 2, 3$$

a) Calcula el valor de la constante k.

b) Representa gráficamente la función de masa.

c) Calcula la esperanza, la varianza y la desviación típica de X.

36. **Sea una variable aleatoria X cuya función de masa de probabilidad viene dada por diagrama adjunto:**

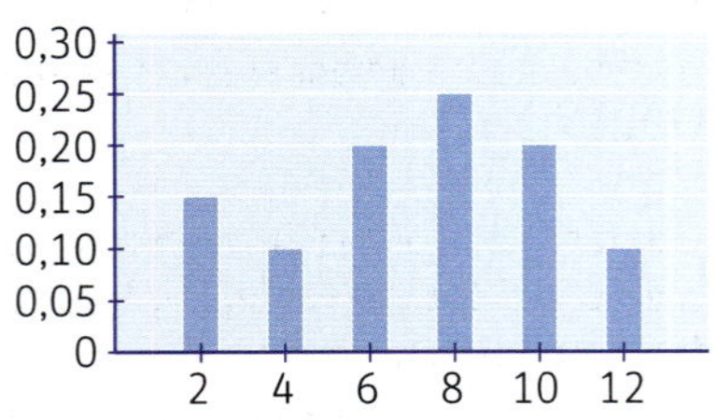

a) Comprueba que es una función de masa de probabilidad.

b) Calcula su esperanza y su varianza.

c) Calcula la probabilidad de que el valor de la variable sea menor o igual que 6. ¿Y de que sea mayor que 9?

37. **La función de masa de probabilidad de una variable aleatoria discreta X viene dada en la tabla siguiente:**

x_i	1	2	3	4	5
p_i	0,07	a	0,2	b	0,33

Además, $P(X \leq 4) = 0{,}67$ y $P(X \geq 4) = 0{,}6$. Con los datos, calcula:

a) Los valores de a y b para completar la tabla.

b) Dibuja la gráfica de la función de masa de X.

38. **La esperanza de una variable aleatoria X es 7. Se sabe que X puede tomar el valor 4 con probabilidad 0,2, el valor -1, con probabilidad p, y el valor a, con probabilidad 0,5.**

a) Calcula los valores de a y p.

b) Calcula la desviación típica de X.

c) Halla el coeficiente de variación.

39. **De una bolsa que contiene 4 bolas blancas y 3 verdes se extraen una a una y sin reemplazamiento 2 bolas. Considera la variable aleatoria X: "número de bolas verdes extraídas".**

a) Halla su distribución de probabilidad y dibuja el diagrama de barras.

b) Calcula su esperanza y su varianza.

Números combinatorios. Binomio de Newton

40. **Calcula aplicando las propiedades de los números combinatorios.**

a) $\binom{252}{250}$

b) $\binom{25}{3} + \binom{25}{4}$

c) $\binom{4}{0} + \binom{4}{1} + \binom{4}{2} + \binom{4}{3}$

d) $\binom{n+2}{2} + \binom{n+2}{n-1}$

41. **Halla el valor de x en las siguientes expresiones.**

a) $\binom{x}{2} = 45$

b) $\binom{20}{x-1} = \binom{20}{2x+3}$

c) $\binom{x}{6} = \binom{x}{9}$

d) $\binom{8x}{x+2} = \binom{8x}{6x+3}$

42. **Realiza los desarrollos de los siguientes binomios.**

a) $(2 + x)^4$

b) $\left(2 - \frac{x}{3}\right)^3$

c) $\left(\frac{x}{2} + \frac{2}{x^2}\right)^5$

d) $(1 + 2\sqrt{2})^5$

e) $(2 - 3\sqrt{3})^6$

f) $\left(\frac{2}{\sqrt{2}} + \sqrt{2}\right)^4$

Variables aleatorias binomiales

43. **La variable aleatoria X tiene una distribución binomial de parámetros $n = 8$ y $p = 0{,}6$. Calcula:**

a) La esperanza y la varianza de X

b) $P(X < 6)$, $P(X \geq 5)$ y $P(3 \leq X < 5)$

44. **Se lanzan 5 dados equilibrados y sea la variable Y: "número de unos conseguidos". Calcula la probabilidad de obtener:**

a) Más de un uno

b) Al menos cuatro unos

c) Exactamente dos unos

45. **De una urna que contiene 4 bolas verdes y 6 rojas se extraen sucesivamente y con reemplazamiento 6 bolas. Calcula la probabilidad de obtener:**

a) Exactamente 3 bolas verdes

b) Más de 4 bolas verdes

c) Más de 2 pero menos de 5 bolas verdes

46. **Una moneda está trucada de modo que la probabilidad de obtener cara es 0,6. Si se lanza 10 veces la moneda, calcula:**

a) La probabilidad de obtener al menos 8 caras

b) La probabilidad de obtener menos de 5 caras

c) El número medio de caras esperado y la desviación típica de la variable número de caras en los 10 lanzamientos

47. La probabilidad de obtener un seis al lanzar un dado trucado es 0,4. Si se lanza el dado 10 veces, calcula la probabilidad de obtener:

a) Exactamente 5 seises

b) Más de la mitad de las veces un seis

c) Un número par de seises

Ajuste de una distribución binomial

48. En una población se han investigado las alergias a cuatro tipos de medicamentos. Para ello, se ha observado mediante pruebas la reacción de 500 personas a los cuatro medicamentos y los resultados se han recogido en la tabla siguiente: 141 no han presentado ningún tipo de alergia, 205 presentaron alergia a uno de los medicamentos, etc.

x_i	0	1	2	3	4
f_i	141	205	120	14	20

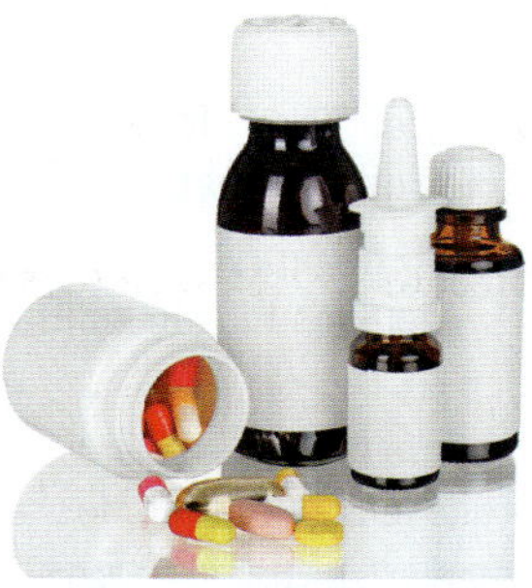

a) Ajusta una distribución binomial a los datos.

b) Representa gráficamente las distribuciones de frecuencias observadas y ajustadas y comenta la precisión del ajuste.

Síntesis

49. La función de masa de probabilidad del número de vehículos que se venden a la semana en un concesionario es:

x_i	0	1	2	3	4	5	6	7
p_i	0,04	0,04	m	0,12	0,3	0,25	0,1	0,05

a) Halla el valor de m.

b) Dibuja el diagrama de barras de la función de masa de probabilidad.

c) ¿Cuál es la probabilidad de que en el concesionario se vendan más de dos coches pero menos de seis?

d) Si se sabe que en una semana se han vendido más de 3 coches, ¿cuál es la probabilidad de que se hayan vendido menos de 7?

50. Resuelve las siguientes ecuaciones.

a) $\binom{2x+1}{x-1} = \binom{2x+1}{2x-7}$

b) $\binom{x}{2} - x = \binom{x-2}{2} + 3$

51. Una variable aleatoria X, tiene una distribución binomial donde la probabilidad del éxito es $p=0,36$ y la desviación típica es $\sigma=2,4$. Halla la probabilidad de que la variable tome un valor igual que su media.

52. Considera las variables binomiales $X\sim\text{Bin}(n=24,\ p=0,2)$ e $Y\sim\text{Bin}(n=12,\ p=0,4)$.

a) Comprueba que tienen la misma media.

b) ¿Cuál de las dos distribuciones tiene los datos más agrupados en torno a la media?

c) Halla las siguientes probabilidades:

i) $P(X=12)$ ii) $P(Y=6)$

Cuestiones

53. Con la ayuda del desarrollo del binomio $(1+1)^n$, demuestra que se verifica la igualdad:

$$\binom{n}{0}+\binom{n}{1}+\binom{n}{2}+\ldots+\binom{n}{n}=2^n$$

54. Encuentra dos distribuciones binomiales con la misma esperanza, de modo que el número de ensayos realizados en una de ellas sea el triple que en la otra.

Problemas

55. Un sistema eléctrico está formado por 6 componentes independientes. La probabilidad de que falle uno cualquiera de los componentes es 0,15. Halla la probabilidad de que:

a) No falle ninguno.

b) Fallen exactamente 3 componentes.

c) Fallen como mucho 2 componentes.

d) Fallen al menos dos componentes si se sabe que al menos ha fallado uno.

56. En el último mes, un vendedor de periódicos ha devuelto por término medio el 30% de los ejemplares diarios que le han servido de un periódico.

Si un día concreto, elegido al azar, le sirven 15 unidades, calcula la probabilidad de que:

a) Devuelva por lo menos 4.

b) Venda todos los periódicos.

c) Venda más de 12, si se sabe que al menos ha vendido 9.

57. En un examen tipo test se debe responder a 10 preguntas, cada una de las cuales tiene 4 posibles respuestas, de las cuales solo una es correcta. Para aprobar es preciso contestar correctamente a 6 preguntas al menos. Calcula la probabilidad de que un estudiante apruebe si:

a) Contesta al azar a todas las preguntas.

b) Domina la mitad de la asignatura.

58. En el control de calidad del proceso de fabricación de baterías de litio, el 15 % de las unidades es rechazado. De la producción de un día determinado se eligen al azar 8 baterías. Calcula la probabilidad de que:

a) Al menos una de las baterías sea rechazada.

b) Las ocho pasen el control de calidad.

c) ¿Cuál es el número mínimo de baterías que debe ser inspeccionado para que se rechace por lo menos una de las baterías con probabilidad mayor de 0,9?

59. En la consulta de un médico especialista 3 de cada 10 pacientes son diagnosticados con una enfermedad grave. Si se eligen 8 pacientes al azar de esta consulta, calcula la probabilidad de que hayan sido diagnosticados con enfermedad grave:

a) Como máximo 3 pacientes.

b) Más de 2 pacientes.

60. En un barrio de una gran ciudad se ha realizado un estudio acerca del número de personas que viven en cada hogar. En la tabla se recogen los resultados de una muestra de 200 hogares.

N.º personas	0	1	2	3	4	5
N.º hogares	6	24	52	64	42	12

a) Ajusta una distribución binomial al conjunto de datos.

b) Calcula las frecuencias ajustadas.

c) Dibuja los diagramas de frecuencias observadas y ajustadas.

d) Comenta la precisión del ajuste realizado.

e) Elegido un hogar al azar, ¿cuál es la probabilidad de que en él vivan menos de 3 personas?

61. Una granja envasa todos los huevos que produce en cajas de 12 unidades. En el proceso de transporte se rompen el 5% de los huevos envasados. Un cliente compra en el supermercado una caja de esta granja, calcula la probabilidad de que:

a) No tenga ningún huevo roto.

b) Haya exactamente un huevo roto.

c) Por lo menos uno de los huevos de la caja esté roto.

62. En un centro educativo, el 25 % de los alumnos está inscrito en alguna actividad extraescolar. Si elegimos al azar 15 alumnos de este centro, calcula la probabilidad de que:

a) Ninguno participe en actividades extraescolares.

b) Entre 6 y 8 participen en actividades extraescolares.

c) Como mucho 4 participen en actividades extraescolares.

63. De las dos situaciones siguientes, ¿cuál es la que tiene mayor probabilidad de ocurrir?

a) Obtener al menos dos seises al lanzar seis dados.

b) Obtener al menos 7 caras al lanzar una moneda 10 veces.

64. Según los datos del organismo correspondiente, el 80 % de los incendios que se producen en la época de calor son provocados. Si de todos los incendios que se han producido en una determinada región, se eligen 12 al azar, calcula la probabilidad de que:

a) Más de 10 hayan sido provocados.

b) Como mucho 3 hayan sido accidentales.

65. Según una encuesta, el 52 % de los hogares europeos tiene contratados servicios de Internet.

a) Si se seleccionan 20 hogares al azar, ¿cuál es la probabilidad de que más de 17 de ellos tengan contratados servicios de Internet?

b) Si se elige una muestra de 1200 hogares, ¿cuál es el número esperado de hogares que tengan contratados servicios de Internet?

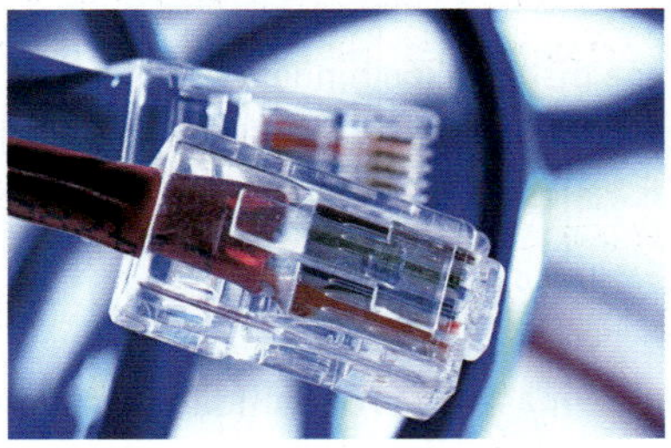

66. Una empresa comercializa 3 productos y le interesa saber si, tras una campaña de publicidad, ha tenido éxito en darlos a conocer. Los resultados de una encuesta realizada a 400 personas acerca del conocimiento de estos productos se recogen en la tabla siguiente: 35 encuestados no conocen ninguno de los productos, 130 conocen solo 1, etc.

x_i	0	1	2	3
f_i	35	130	170	65

a) Ajusta una distribución binomial al conjunto de datos.

b) Contrasta el ajuste realizado y representa el diagrama de barras de las distribuciones de frecuencias observadas y ajustadas. Comenta si el ajuste es adecuado.

67. Los datos de una reciente encuesta aseguran que el 46 % de los jubilados de una determinada localidad camina al menos una hora diaria por prescripción médica. Del colectivo de jubilados se eligen 12 personas al azar:

a) Determina la distribución de la variable X: "número de jubilados, de los 12, que camina al menos una hora diaria".

b) Calcula la probabilidad de que más de la mitad de los jubilados seleccionados camine al menos una hora diaria.

68. **El 60 % de los pacientes que atiende la consulta de un médico supera los niveles máximos de glucosa en sangre. Si de la consulta se eligen 6 pacientes al azar:**

a) ¿Cuál es la distribución de la variable *X*: "número de pacientes que supera el nivel máximo de glucosa"?

b) Calcula la probabilidad de que al menos dos pacientes superen los niveles de glucosa.

c) Si se sabe que al menos un paciente supera el nivel máximo de glucosa, ¿cuál es la probabilidad de que sean menos de 5 los que lo superen?

69. **El 10 % de las botellas de 1 litro de aceite de oliva llenadas por una máquina envasadora contienen, realmente, una cantidad inferior al litro. Un cliente compra una caja de 12 botellas envasadas en esta máquina.**

a) Determina la distribución de la variable *Y*: "número de botellas de la caja con una cantidad inferior al litro de aceite".

b) ¿Cuál es el número esperado de botellas de la caja que contienen una cantidad inferior al litro? ¿Y su desviación típica?

c) Calcula la probabilidad de que la caja contenga dos botellas con menos de 1 litro de aceite.

d) Calcula la probabilidad de que en la caja haya al menos dos botellas con menos de un litro de aceite?

70. **En la segunda vuelta de las elecciones presidenciales, el candidato *A* obtuvo el 52 % de los votos emitidos. El resto votó a otro candidato o lo hizo en blanco.**

Si de la población que ha participado en la votación se eligen al azar 10 personas, calcula la probabilidad de que entre estos:

a) Más del 60 % haya votado al candidato *A*.

b) Menos de la mitad haya votado al candidato *A*.

c) Más del 60 % haya votado al candidato *A* si se sabe que por lo menos la mitad le votó.

71. **Sea la variable aleatoria *X*: "número de caras obtenidas al lanzar *n* veces una moneda trucada de tal manera que la probabilidad de obtener cara es 0,25".**

a) ¿Cuál es la probabilidad de obtener como mucho una cara en 6 lanzamientos?

b) Calcula el valor esperado de caras en los 100 lanzamientos.

c) ¿Cuál es el número mínimo de lanzamientos que habrá que realizar para que se obtenga al menos una cara con una probabilidad superior a 0,5?

72. **La mitad de los vehículos que cruzan una pequeña población supera los límites de velocidad permitidos. En un día elegido al azar se seleccionan, también al azar, 20 vehículos que cruzan la población. Halla el número esperado de vehículos que superen la velocidad permitida y calcula la probabilidad de que:**

a) Más de 15 vehículos superen el límite de velocidad.

b) Todos los vehículos crucen correctamente la población.

c) ¿Cuál es el número esperado de vehículos que infringirán la norma de limitación de velocidad?

d) ¿Cuántos vehículos deben pasar, como mínimo, para que, con probabilidad superior a 0,8, por lo menos dos infrinjan la limitación de velocidad?

73. **El 15 % de los instrumentos de una orquesta es de viento. Se eligen al azar 4 músicos de la orquesta.**

a) Escribe la función de masa de probabilidad de la variable *X*: "número de músicos que tocan instrumentos de viento, de los 4 seleccionados" y dibuja su diagrama de barras.

b) Calcula la esperanza y la varianza de *X*.

c) Calcula la probabilidad de que al menos uno de los 4 seleccionados toque un instrumento de viento.

d) ¿Cuántos músicos habría que seleccionar para que, con probabilidad superior a 0,8, al menos uno toque un instrumento de viento?

74. **Un examen tipo test consta de 12 preguntas, cada una de ellas con cuatro posibles respuestas, de las cuales solo una es correcta. Al realizar el examen solo debe marcarse una y solo una de las cuatro respuestas posibles.**

Si es obligatorio contestar a todas las preguntas y cada respuesta acertada suma un punto y cada respuesta fallada resta 0,5 puntos y para aprobar hay que obtener al menos 6 puntos, ¿cuál es la probabilidad de que una persona apruebe respondiendo al azar?

75. **El gráfico siguiente muestra la composición del parlamento europeo durante el periodo 2009-2014.**

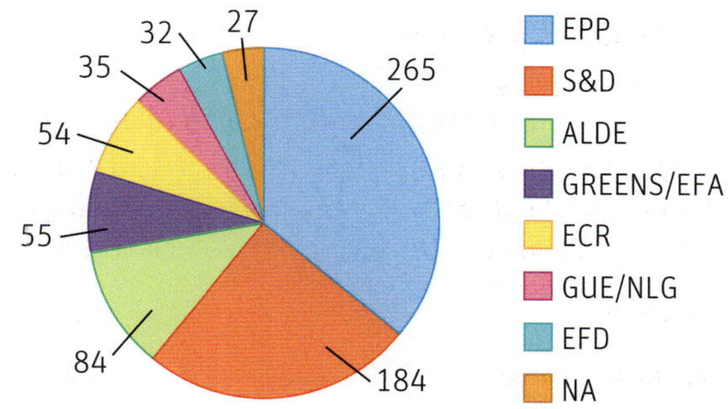

Si de los 736 miembros del parlamento se eligen 10 al azar:

a) Describe la distribución de la variable aleatoria *X*: "número de miembros del grupo EPP".

b) Describe la distribución de la variable aleatoria *Y*: "número de miembros del grupo S&D".

c) ¿Cuál es la distribución de la variable $W = X + Y$: "número de parlamentarios de los grupos EPP y S&D"?

d) ¿Cuál es la probabilidad de que entre los 10 parlamentarios elegidos al azar no haya ninguno de los grupos EPP y S&D?

76. **Un pequeño hotel familiar cuenta con 12 habitaciones. En temporada alta, la petición de reservas supera la capacidad del hotel. Además, por diferentes motivos el 2 % de las reservas se anulan a última hora.**

Si los propietarios deciden admitir hasta 14 reservas para una noche cuando la demanda lo permita, calcula la probabilidad de que:

a) En un día elegido al azar se presentan más clientes que habitaciones disponibles.

b) Sobren habitaciones.

77. **Demuestra la expresión:** $\binom{m-1}{n}+\binom{m-1}{n-1}=\binom{m}{n}$

¿Contrato el seguro?

La compañía de seguros Mondosegu está llevando a cabo una agresiva campaña de publicidad en los medios de comunicación con el fin de captar clientes para sus pólizas de seguros de vida.

El padre de Andrés, estudiante de 1.º de Bachillerato, ha mencionado en casa que está barajando la posibilidad de contratar una de estas pólizas y está preocupado porque no le timen con la cuota de 250 € que debe pagar. Andrés, que acaba de estudiar los temas relativos a estadística y probabilidad se decide a investigar cuál puede ser el coste para la compañía de una póliza de las que anuncia en su publicidad.

Este tipo de pólizas solo producen gastos (significativos) cuando la compañía debe pagar una indemnización. Por información histórica se sabe que en Mondosegu:

- 1 de cada 10 000 pólizas da lugar a una indemnización de 250 000 €.
- 1 de cada 5000 pólizas da lugar a una indemnización de 150 000 €.
- 1 de cada 1000 pólizas da lugar a una indemnización de 50 000 €.
- 1 de cada 500 pólizas da lugar a una indemnización de 25 000 €.
- 1 de cada 100 pólizas da lugar a una indemnización de 5000 €.

a) ¿Cuál es el coste esperado de la póliza?

b) Lo que pide la compañía, ¿es adecuado desde el punto de vista empresarial?

(adaptado de "El hombre anumérico", John Allen Paulos)

Reconocimiento fotográfico

Ana y Juan quedan para ver las fotografías del reportaje de plantas que hicieron en su última salida extraescolar. En primer lugar ven las 30 que hizo Ana y un rato más tarde, cuando están viendo las de Juan, Ana comenta:

– "Esa es igual que la que hice yo";

– "No, no es igual, solo parecida", afirma Juan.

– "¡Qué va!, es idéntica, tu no recuerdas la mía" sentencia Ana.

La discusión prosigue y Ana pregunta: ¿Cuántas fotos de las mías podrías recordar? Así que se proponen hacer la experiencia con algunos amigos:

1.º Les muestran 15 imágenes no habituales en las que no aparecen personas durante un tiempo máximo de 5 segundos cada una.

2.º Mezclan al azar las 15 imágenes "antiguas" con 15 "nuevas" y se las muestran a los amigos. Cada uno debe anotar, sin comentar con los demás, si la fotofgrafía es antigua o nueva.

¿Cuántas fotografías acertó cada participante? ¿El número de aciertos se debe al azar? ¿Realmente tienen una buena memoria gráfica? ¿Cómo se podría saber?

Repite con tus amigos el experimento de Ana y Juan e intenta responder a las preguntas anteriores. Ten en cuenta que si alguien contestó al azar, el experimento se puede comparar con el lanzamiento de una moneda: cara (acertar), cruz (fallar) y por lo tanto estaríamos ante una variable binomial Bin($n = 30$, $p = 0{,}5$). En este caso, si por ejemplo un amigo acertó 25 imágenes, ¿pudo haber contestado al azar?¿Cuántas imágenes debería acertar para estar seguros de que no ha contestado al azar?

(adaptado de "El hombre anumérico", John Allen Paulos)

AUTOEVALUACIÓN

Comprueba qué has aprendido

1. Si la esperanza de una variable aleatoria $X \sim \text{Bin}(n, p)$ es 5 y su varianza 4, calcula los valores de n y p.

2. En una comunidad de vecinos, el 60 % de las veces que un vecino llega a su portal no encuentra el ascensor en la planta baja. Si se eligen 7 vecinos al azar, calcula la probabilidad de que:

a) Exactamente 2 encuentren el ascensor en la planta baja.

b) Por lo menos 3 encuentren el ascensor en la planta baja.

c) Ninguno encuentre el ascensor.

3. Una variable aleatoria X toma los valores −2, −1, 1, 3 y 5 con probabilidades respectivas 0,25; 0,15; 0,1; 0,3 y 0,2.

a) Representa gráficamente la distribución de probabilidad.

b) Calcula la esperanza y la varianza de X.

c) Halla $P(-1 < X \leq 4)$

4. De una baraja de 40 cartas se extraen 15 cartas una a una con reemplazo. Sea la variable aleatoria X: "número de reyes extraídos". Se pide:

a) Probabilidad de que X sea mayor 2.

b) Número esperado de reyes.

5. 30 estudiantes respondieron al azar a un test de 5 preguntas con 4 posibles respuestas, de las cuales solo una era correcta. El número de preguntas acertadas se recoge en la tabla siguiente:

x_i	0	1	2	3	4	5
f_i	6	13	6	3	2	0

a) Ajusta una distribución binomial a este conjunto de datos.

b) Compara analítica y gráficamente las frecuencias observadas y ajustadas.

c) Elegido un estudiante al azar, ¿Cuál es la probabilidad de que haya contestado correctamente 3 preguntas?

6. Desarrolla la potencia $\left(x^2y - 2xy^2\right)^5$.

7. En una población, de cada 2 adultos mayores de 24 años solo uno tiene estudios posteriores a la ESO. Elegidas 8 personas mayores de 24 años, calcula la probabilidad de que:

a) Exactamente 4 tengan solo estudios de ESO.

b) Al menos dos tengan estudios posteriores a la ESO.

smSaviadigital.com VALORA LO APRENDIDO > Comprueba tus respuestas.

Relaciona y contesta

Elige la única respuesta correcta en cada caso

1. La variable aleatoria discreta X toma los valores 2, 4, 6 y 8 con probabilidades respectivas c, $c+1$, $c+2$ y $c+3$. El valor de c es:

A. 4 **B.** 1,25 **C.** −1,25 **D.** No existe valor para c.

2. La variable aleatoria Y tiene una distribución de probabilidad $\text{Bin}(n, p=0{,}2)$ y se sabe que su varianza es 8. Entonces:

A. $n=10$ **B.** $n=48$ **C.** $n=50$ **D.** $n=100$

3. Para intentar ajustar una distribución binomial a un conjunto de datos:

A. Basta conocer el parámetro n.

B. Es preciso obtener la media de los datos e identificar el parámetro n.

C. El valor estimado de p debe ser aproximado a 0,5.

D. Se necesitan las frecuencias relativas.

Señala, en cada caso, las respuestas correctas

4. La distribución binomial modeliza situaciones en las que:

A. Están implicados muchos sucesos.

B. Solo importa si un suceso ocurre o no.

C. Se miden magnitudes.

D. Se cuenta las veces que ocurre un determinado suceso.

5. Dada una variable aleatoria binomial $X \sim \text{Bin}(n, p)$, con n fijado, su variabilidad:

A. Es más grande si p está cerca de 1.

B. Es más pequeña si p está próximo a 0.

C. Es máxima si $p=0{,}5$.

D. No está influida por el valor de p.

Elige la relación correcta entre las dos afirmaciones dadas

6. Sea la variable aleatoria $X \sim \text{Bin}(n, p)$. Se consideran las siguientes afirmaciones:

1. $E(X)=\mu$, $\text{Var}(X)=0{,}2\mu$
2. $p=0{,}8$ y $n=1{,}25\mu$

A. $1 \Leftrightarrow 2$

B. $1 \Rightarrow 2$ pero $2 \not\Rightarrow 1$

C. $2 \Rightarrow 1$ pero $1 \not\Rightarrow 2$

D. 1 y 2 son independientes una de otra.

Señala el dato innecesario para contestar

7 Para calcular la probabilidad $P(-1 < X < 2)$ siendo $X \sim \text{Bin}(n, p)$ es necesario conocer:

A. Solo n **C.** Tanto n como p

B. Solo σ **D.** No hace falta conocer ningún dato.

14 Distribución normal

Estudios de mercado

Diseño de cadenas de montaje

Estudios sociológicos y psicológicos

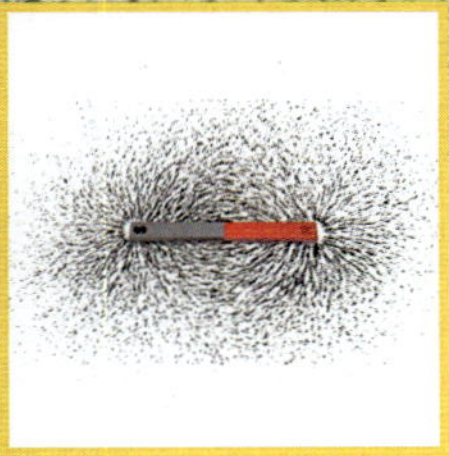

Orientación campos magnéticos

El arte de aproximar

El matemático considerado por muchos como el más grande de todos los tiempos es el gran Johann Karl Friedrich Gauss. Puedes ver un retrato suyo en la imagen de la izquierda en la que se ve un billete de 10 marcos, la antigua moneda de Alemania. Si te fijas con un poco de atención en el billete verás que aparece una curva con la forma de una campana de base ancha. Se trata de la función de densidad de una de las distribuciones de probabilidad más importantes, la normal. Por su forma, también se la conoce como campana de Gauss, ya que fue él quien generalizó su uso, si bien el primero en utilizarla fue A. de Moivre como aproximación a la distribución binomial. Su importancia en probabilidad es muy grande porque describe con buena aproximación muchas magnitudes y propiedades, desde la altura y el peso de la población, hasta el precio de la vivienda o la cantidad necesaria de plasma en los hospitales, o las calificaciones de los alumnos de una clase.

Pero, ¿donde aparece la distribución normal?

- Permite saber cuál es la probabilidad de que un cliente tenga una característica en sus compras (por ejemplo que tenga una talla superior a 42 o que beba una determinada marca de bebida energética).
- Describe el tiempo que se emplea en realizar diferentes pasos dentro de una cadena de montaje.
- En sociología y psicología ayuda a estudiar los hábitos, atributos y sensaciones del individuo, como grado de aceptación, cociente intelectual...
- En la mayoría de los estudios estadísticos, multitud de distribuciones pueden aproximarse a una normal.
- También aparece en ciencias de materiales, proporcionando cómo se orientan las moléculas en una campo magnético lo que permite diseño y construcción de numerosos dispositivos.
- Los fenómenos de difusión, que describen por ejemplo la propagación de enfermedades, son bien descritos por la distribución gaussiana.

Con la utilización de la distribución normal se pueden abordar problemas que, de otra forma, son complicados. Por ejemplo:

- ¿Cuál es la probabilidad de que en unas elecciones el principal partido reciba un porcentaje determinado de votos?
- Si la edad media en la que una mujer es madre por primera vez son los 30 años, ¿cuál es la probabilidad de que, una mujer elegida sobre una muestra de 100 mujeres, hayan sido madre antes de los 28 años?
- ¿Cuál es la probabilidad de obtener más de 75 caras en el lanzamiento de una moneda 100 veces?

Si no has podido responder a estas preguntas, vuelve a intentarlo después de haber estudiado esta unidad.

1 Variable aleatoria continua. Función de densidad

En la unidad anterior se definió variable aleatoria continua como aquella variable que puede tomar, al menos teóricamente, todos los valores comprendidos en un cierto intervalo de la recta real.

Ejemplos ▸

- La variable aleatoria X que indica el tiempo de vida de una pila es continua ya que puede, tomar cualquier valor, al menos teóricamente, del intervalo $[0, +\infty)$.
- Se elige un alumno al azar de un instituto y se mide su peso, Y, en kg. La variable aleatoria Y es continua ya que puede, en este caso, tomar cualquier valor, por ejemplo, en el intervalo $[40, 80]$.

Función de densidad de una variable aleatoria continua

La distribución de probabilidad de una variable aleatoria continua viene dada por una función, llamada función de densidad, que permite el cálculo de probabilidades relacionado con la variable.

Se dice que una función, $f(x)$, definida sobre la recta real es **función de densidad de una variable aleatoria continua X** si cumple las dos condiciones siguientes:

- $f(x) \geq 0$, para todo x número real.
- El área limitada por la grafica y el eje de abscisas es 1.

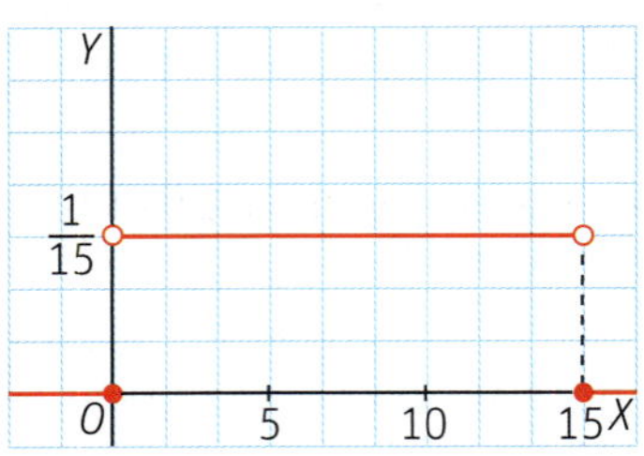

Ejemplo ▸ La variable X: "tiempo de espera al tren de cercanías, medido en minutos", es una variable aleatoria que puede tomar cualquier valor, por ejemplo, en el intervalo $[0,15]$ si el tren pasa cada 15 minutos. Se trata, por tanto, de una variable continua con función de densidad:

$$f(x) = \begin{cases} \dfrac{1}{15} & \text{si} \quad 0 < x < 15 \\ 0 & \text{en el resto} \end{cases}$$

Observando la gráfica que aparece en el margen, se comprueba fácilmente que f es una función de densidad, ya que toma valores siempre positivos o nulos y el área bajo la curva es la unidad, ya que es el área de un rectángulo de base 15 y altura $\dfrac{1}{15}$.

Cálculo de probabilidades de una variable aleatoria continua. Función de distribución

Si $f(x)$ es la función de densidad de la variable aleatoria X, la **probabilidad de que la variable tome un valor del intervalo $[a, b]$** de la recta real es el **área comprendida bajo la gráfica** de la función de densidad, el eje de abscisas y las rectas verticales $x = a$ y $x = b$.

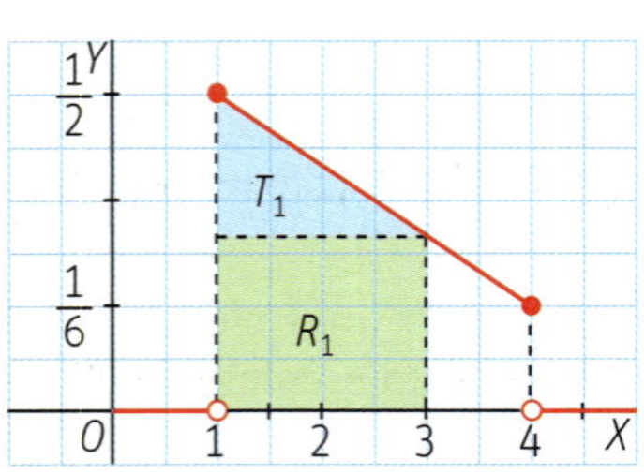

Ejemplo ▸

$$f(x) = \begin{cases} -\dfrac{x}{9} + \dfrac{11}{18} & \text{si} \quad 1 \leq x \leq 4 \\ 0 & \text{en el resto} \end{cases}$$

es la función de densidad de una variable, X.

Para calcular $P(1 \leq X \leq 3)$ basta con ver que el recinto está formado por un triángulo y un rectángulo, por tanto: $P(1 \leq X \leq 3) = \dfrac{2}{9} + \dfrac{5}{9} = \dfrac{7}{9}$

La probabilidad de que una variable aleatoria continua X tome un valor concreto es 0.

El cálculo de probabilidades de variables continuas implica utilizar las integrales para determinar áreas bajo una curva. En este curso se hallan solo áreas de figuras geométricas simples o, como en el caso de la distribución de la normal, se emplean tablas que recoge la probabilidad acumulada hasta el valor $x = a$.

Dada una variable aleatoria continua, X, la función que indica la probabilidad acumulada hasta el valor $X = x$ se denomina **función de distribución** de la variable X.

$$F(x) = P(X \leq x)$$

EJERCICIOS RESUELTOS

1. **Sea la variable X continua con función de densidad:**

$$f(x)=\begin{cases}\dfrac{x+1}{6} & \text{si } 1<x<3\\ 0 & \text{en el resto}\end{cases}$$

a) Comprueba que es una función de densidad.

b) Halla $P(2<X<3)$.

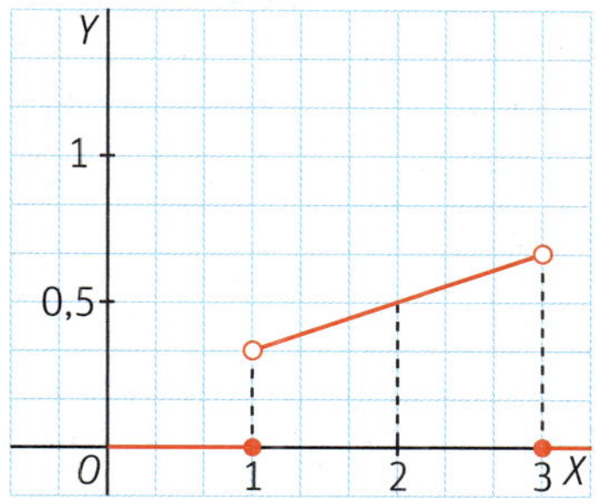

a) Se comprueban las dos condiciones:

- Observando la gráfica, $f(x)\geq 0$ para cualquier valor de x.
- El área encerrada bajo la curva, el eje de abscisas y las rectas $x=1$ y $x=3$ se corresponde con la de un trapecio rectángulo:

$$\text{Área}=\frac{\left(\frac{2}{3}+\frac{1}{3}\right)\cdot 2}{2}=1\text{ u}^2$$

b) El recinto es un trapecio rectángulo, por tanto $P(2<X<3)=\dfrac{\left(\frac{2}{3}+\frac{1}{2}\right)\cdot 1}{2}=\dfrac{7}{12}$.

---

2. **Halla el valor de m ($m>0$) para que f sea una función de densidad.**

$$f(x)=\begin{cases}\dfrac{1}{2}-mx & \text{si } 0<x<3\\ 0 & \text{en el resto}\end{cases}$$

La gráfica de f puede ser de dos formas:

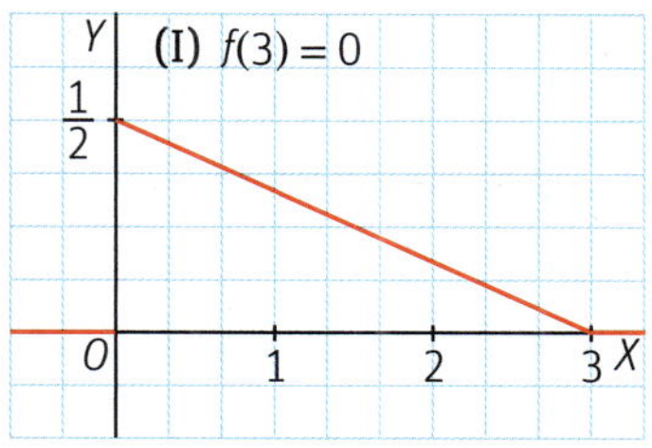

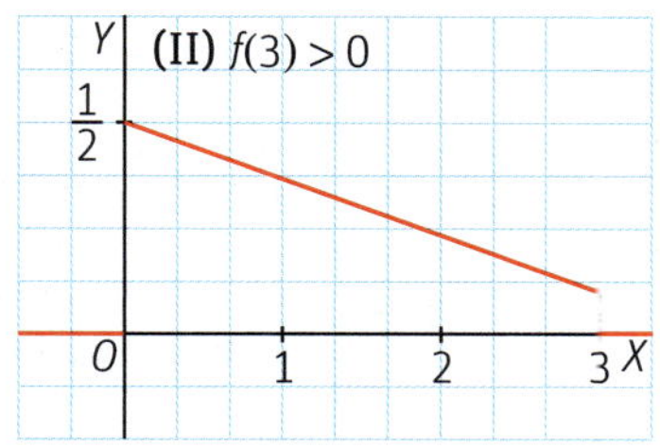

Si la gráfica de f fuera como la de I, f no sería función de distribución, ya que el área encerrada bajo la curva sería $\dfrac{3\cdot\frac{1}{2}}{2}=\dfrac{3}{4}\neq 1$, por tanto la gráfica de f es como la de la imagen II.

El área encerrada bajo la curva coincide con la de un trapecio:

$$\frac{(f(0)+f(3))\cdot 3}{2}=1\Rightarrow\left(\frac{1}{2}+\frac{1}{2}-3m\right)\cdot 3=2\Rightarrow m=\frac{1}{9}$$

---

3. **Una empresa fabrica rodillos cuyo diámetro, en mm, es una variable aleatoria cuya función de densidad es:**

$$f(x)=\begin{cases}\dfrac{2(x-5)}{25} & \text{si } 5<x<10\\ 0 & \text{en otro caso}\end{cases}$$

Si los rodillos cuyo diámetro está fuera, [6, 9], son defectuosos, halla el porcentaje de rodillos defectuosos.

Se comprueba que f es función de densidad.

- $f(x)\geq 0$ para cualquier valor de x.
- El área encerrada bajo la curva y el eje de abscisas es el área del triángulo de base 5 y altura 0,4: $\dfrac{5\cdot 0{,}4}{2}=1\text{u}^2$

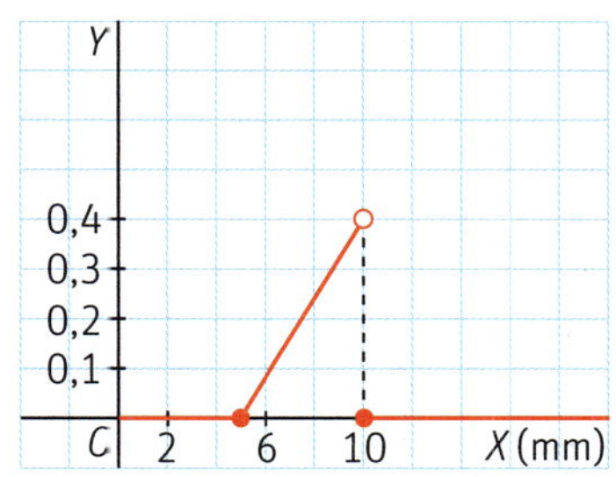

Para calcular el porcentaje de tornillos defectuosos, se halla $P(X<6)$ y $P(9<X)$

$P(X<6)$ es el área de un triángulo: $\dfrac{1\cdot 0{,}08}{2}=0{,}04$

$P(9<X)$ es el área de un trapecio rectángulo: $\dfrac{0{,}32+0{,}4}{2}=0{,}36$

Por tanto, la probabilidad de que un tornillo sea defectuoso es $0{,}04+0{,}36=0{,}4$ y el porcentaje de defectuosos es del 40 %.

EJERCICIO PROPUESTO

4. **La función de densidad de una variable continua, X, es:**

$$f(x)=\begin{cases}\dfrac{x}{8} & \text{si } 0<x<4\\ 0 & \text{en el resto}\end{cases}$$

a) Represéntala gráficamente.

b) Comprueba que es una función de densidad.

c) Calcula $P(X<2)$ y $P(2<X<4)$.

2 Distribución normal

J. Karl F. Gauss (1777–1855)

Considerado el príncipe de las matemáticas, fue un niño prodigio. Con tan solo 21 años publicó su gran obra *Disquistiones arithmiticae*.

A él se debe la modelización mediante la distribución normal de los errores en la medida.

La distribución normal es el modelo estadístico de referencia para variables aleatorias en las que la mayoría de los valores se agrupan en torno a un valor central y los valores extremos no son frecuentes. Está presente en la modelización de la gran mayoría de situaciones experimentales: estudios epidemiológicos, estudios demográficos, errores cometidos en las mediciones, etc.

El primero en utilizarla fue Abraham de Moivre en 1733, como aproximación de la suma de variables aleatorias binomiales. Más tarde, Gauss la empleó en el estudio de los errores de medida a principios del siglo XIX y presentó su forma analítica.

Función de densidad de la distribución normal

Una variable aleatoria continua, X, tiene una **distribución normal de media** μ ($\mu \in \mathbb{R}$) y **desviación típica** σ, escribiéndose $X \sim N(\mu, \sigma)$, si su función de densidad es de la forma:

$$f(x) = \frac{1}{\sigma\sqrt{2\pi}} e^{-\frac{1}{2}\left(\frac{x-\mu}{\sigma}\right)^2} \qquad -\infty < x < +\infty$$

Donde $e = 2{,}7182...$ es la base constante de los logaritmos neperianos.

Se trata de una función de densidad, ya que $f(x) \geq 0$ y el área limitada por la gráfica de la función y el eje de abscisas es 1, pero su cálculo sobrepasa los límites de este curso.

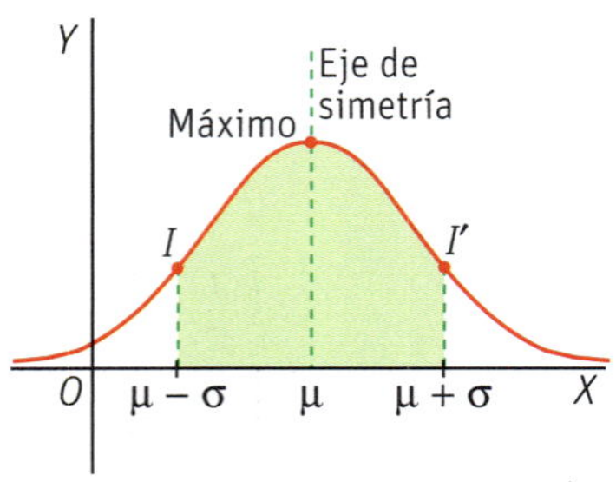

Características de la función de densidad de la distribución normal

1. La función es simétrica con respecto a su media μ; es decir, $f(\mu - x) = f(\mu + x)$.
2. μ es, además, la mediana y la moda de la distribución. Por tanto en $x = \mu$ se alcanza el máximo de la función de densidad.
3. La gráfica de la función de densidad tiene puntos de inflexión en $x = \mu - \sigma$ y $x = \mu + \sigma$.
4. El eje X es asíntota horizontal de la gráfica de la función cuando x tiende a $\pm\infty$.

La media μ y la desviación típica, σ, determinan la localización y la forma de la función de densidad de la distribución normal.

MAT-TIC GeoGebra

Entra en smSaviadigital.com y observa como varía la forma de la campana.

Si la media varía, la gráfica se desplaza horizontalmente.

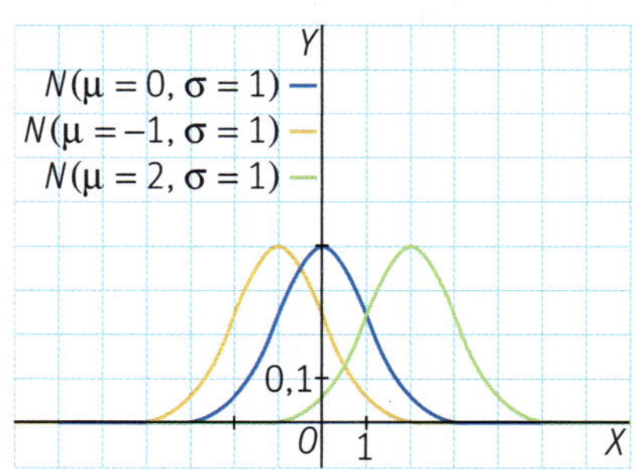

Si la desviación típica varía, la gráfica es más o menos estilizada.

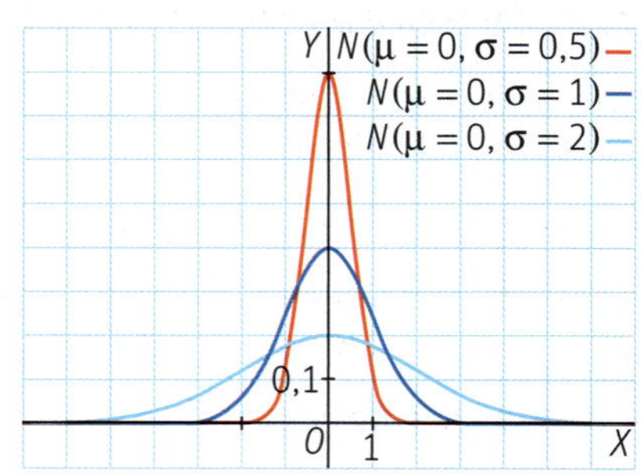

En todos los casos, la función de densidad mantiene una forma de campana, de ahí que se denomine campana de Gauss. Para acentuar este hecho, las escalas de los ejes se suelen hacer diferentes.

La distribución normal estándar

La distribución normal con media $\mu = 0$ y desviación típica $\sigma = 1$ se llama distribución normal estándar, y a su correspondiente variable aleatoria se suele denotar por Z.

La función de densidad de la variable aleatoria $Z \sim N(0, 1)$ es:

$$\varphi(z) = \frac{1}{\sqrt{2\pi}} e^{-\frac{z^2}{2}} \qquad -\infty < z < +\infty$$

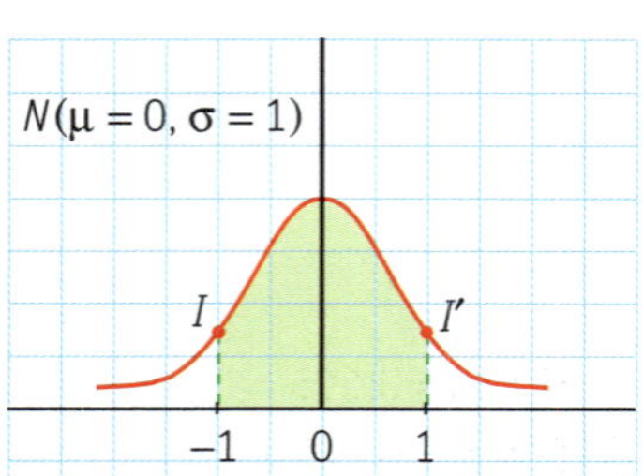

Distribución $N(0, 1)$

Cálculo de probabilidades con $Z \sim N(0, 1)$

La función de distribución de la variable $Z \sim N(0, 1)$ se denota por $\Phi(z)$. La tabla de la página 357 recoge valores de $\Phi(z)$, cuando $z \geq 0$

Para buscar en la tabla las probabilidades $P(Z \leq a)$ si $a \geq 0$, primero se redondea a las centésimas a, y se selecciona en la primera columna de la tabla las unidades y décimas y en la primera fila las centésimas. El número que aparece en la intersección de la fila y columna correspondientes al valor a, es la probabilidad $P(Z \leq a)$ y corresponde al área sombreada en la figura al margen.

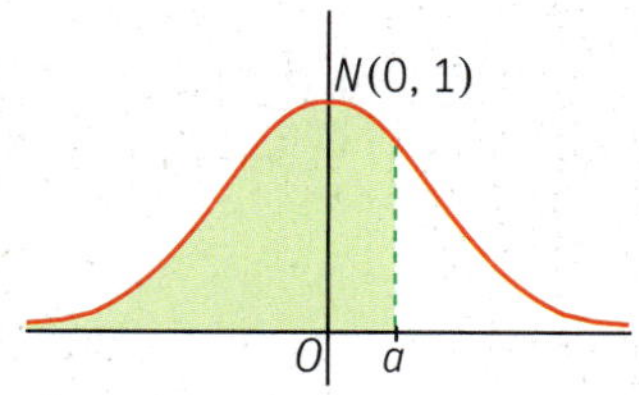

La distribución normal es continua y, por tanto, la probabilidad de un punto es cero y $P(Z \leq a) = P(Z < a)$.

1. $P(Z \leq a)$ o $P(Z < a)$ con $a \leq 0$

Ejemplo ▸ Para calcular $P(Z \leq 1{,}23) = \Phi(1{,}23)$ localizamos 1,2 en la columna de la izquierda y 0,03 en la fila superior. La probabilidad $P(Z \leq 1{,}23) = 0{,}8907$.

2. $P(Z \geq a)$ o $P(Z > a)$ con $a \geq 0$. Utilizando que el área bajo la curva es 1, se tiene que $P(Z > a) = 1 - P(Z < a) = 1 - \Phi(a)$.

Ejemplo ▸ $P(Z \geq 1{,}27) = 1 - P(Z < 1{,}27) = 1 - \Phi(1{,}27) = 1 - 0{,}8980 = 0{,}1020$

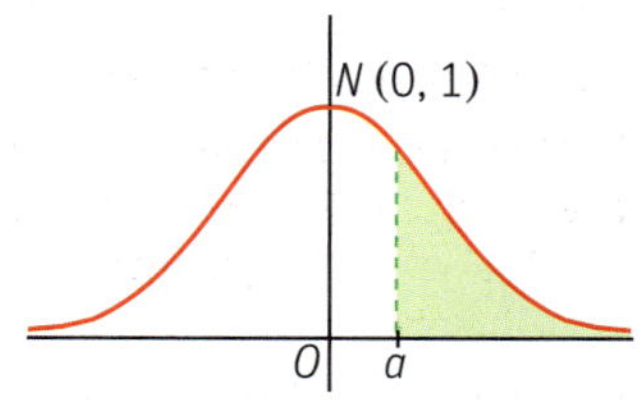

3. $P(Z \leq a)$ o $P(Z < a)$ con $a < 0$. Se halla fácilmente utilizando la simetría de la función de densidad y aplicando el apartado 2.

Ejemplo ▸ $P(Z \leq -1{,}58) = P(Z \geq 1{,}58) = 1 - P(Z \leq 1{,}58) = 1 - \Phi(1{,}58) = 1 - 0{,}9429 = 0{,}0571$

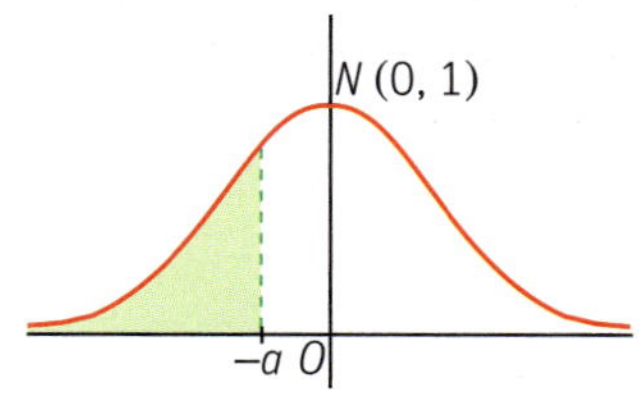

4. $P(Z \geq a)$ o $P(Z > a)$ con $a < 0$. Basta con utilizar la simetría de la función de densidad y el apartado 1.

Ejemplo ▸ $P(Z \geq -1{,}02) = P(Z \leq 1{,}02) = \Phi(1{,}02) = 0{,}8461$

Los cuatro casos anteriores permiten calcular las probabilidades de intervalos de la recta real. En general, $P(a \leq Z \leq b) = P(Z \leq b) - P(Z \leq a) = \Phi(b) - \Phi(a)$.

Ejemplos ▸

$P(0{,}26 \leq Z \leq 2{,}16) = \Phi(2{,}16) - \Phi(0{,}26) = 0{,}9846 - 0{,}6026 = 0{,}3820$

$P(-0{,}65 \leq Z \leq 1{,}15) = \Phi(1{,}15) - \Phi(-0{,}65) = \Phi(1{,}15) - (1 - \Phi(0{,}65)) =$
$= 0{,}8749 - 1 + 0{,}7422 = 0{,}6171$

$P(-1{,}97 \leq Z \leq -0{,}34) = P(0{,}34 \leq Z \leq 1{,}97) = \Phi(1{,}97) - \Phi(0{,}34) =$
$= 0{,}9756 - 0{,}6331 = 0{,}3425$

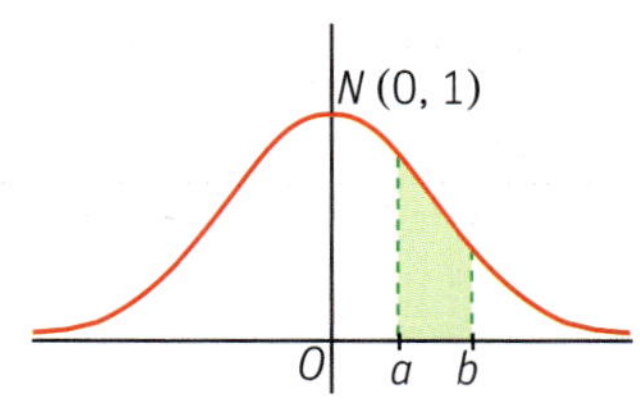

Cálculo de valores correspondientes a una probabilidad dada

La tabla de la distribución estándar también puede utilizarse para obtener el valor de a si se conoce el valor de la probabilidad $P(Z \leq a) = p$.

1. La probabilidad viene en la tabla, $p > 0{,}5$

Ejemplo ▸ Si $\Phi(a) = P(Z \leq a) = 0{,}7734$, se busca este número en el interior de la tabla que corresponde a la fila de 0,7 y a la columna de 0,05. Por tanto, $a = 0{,}75$.

2. La probabilidad no viene en la tabla, $p \leq 0{,}5$

Ejemplo ▸ Si $\Phi(a) = P(Z \leq a) = 0{,}1685$, $a < 0$ por lo que $P(Z \leq a) = P(Z \geq -a) = 1 - P(Z \leq -a)$
$0{,}1685 = 1 - P(Z \leq -a) \Rightarrow P(Z \leq -a) = 1 - 0{,}1685 = 0{,}8315$. Buscando este valor en la tabla, se obtiene que $-a = 0{,}96$ y, por tanto, $a = -0{,}96$.

3. Determinación de un intervalo de la forma $P(-a \leq Z \leq a) = p$
$P(-a \leq Z \leq a) = P(Z \leq a) - P(Z \leq -a) = P(Z \leq a) - (1 - P(Z \leq a)) = 2P(Z \leq a) - 1 = p \Rightarrow P(Z \leq a) = \dfrac{1+p}{2}$.
Buscando este valor en la tabla se obtiene a.

EJERCICIO PROPUESTO

5. **Utilizando la tabla de la normal estándar, determina a y p en cada caso.**

a) $P(Z \leq 0{,}89) = p$

b) $P(Z > 1{,}74) = p$

c) $P(Z \geq -1{,}58) = p$

d) $P(-0{,}65 < Z < 1{,}15) = p$

e) $P(-1{,}97 \leq Z \leq -0{,}34) = p$

f) $P(Z \leq a) = 0{,}695$

g) $P(Z \leq a) = 0{,}0075$

h) $P(-a \leq Z \leq a) = 0{,}9676$

3 Tipificación de la variable normal

Las distribuciones normales que se manejan en la práctica no son estándar. Sin embargo, las probabilidades relativas a cualquier distribución de probabilidad $N(\mu, \sigma)$ pueden expresarse en términos de la distribución normal estándar, $N(0, 1)$ y de este modo pueden calcularse la probabilidades utilizando los procedimientos del epígrafe anterior.

El proceso de transformar una variable aleatoria $X \sim N(\mu, \sigma)$ en una variable aleatoria con distribución estándar $Z \sim N(0, 1)$ se conoce con el nombre de **tipificación**, que consiste en restar a la variable X su media y dividir por su desviación típica. Es decir:

$$Z = \frac{X - \mu}{\sigma}$$

Cálculo de probabilidades de una distribución $N(\mu, \sigma)$

Dada una variable aleatoria $X \sim N(\mu, \sigma)$, la probabilidad de cualquier intervalo de la recta real se puede expresar en función de la variable con distribución normal estándar de la siguiente manera:

$$P(a \le X \le b) = P\left(\frac{a-\mu}{\sigma} \le \frac{X-\mu}{\sigma} \le \frac{b-\mu}{\sigma}\right) = P\left(\frac{a-\mu}{\sigma} \le Z \le \frac{b-\mu}{\sigma}\right) = \Phi\left(\frac{b-\mu}{\sigma}\right) - \Phi\left(\frac{a-\mu}{\sigma}\right)$$

siendo Φ la función de distribución de la variable $Z \sim N(0,1)$ que está tabulada.

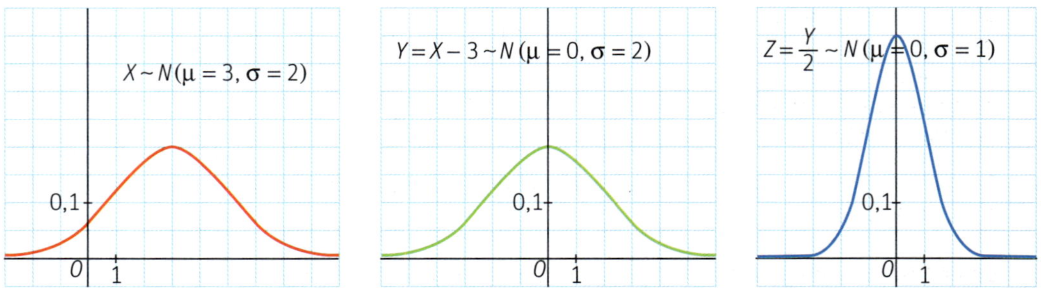

Ejemplo Si $X \sim N(\mu = 3, \sigma = 2)$, para calcular la probabilidad del intervalo $[2{,}6; 4{,}2]$, en primer lugar se tipifica y luego se usa la tabla de la $N(0, 1)$

$$P(2{,}6 \le X \le 4{,}2) = P\left(\frac{2{,}6-3}{2} \le \frac{X-3}{2} \le \frac{4{,}2-3}{2}\right) = P(-0{,}2 \le Z \le 0{,}6) =$$
$$= P(Z \le 0{,}6) - P(Z \le -0{,}2) = \Phi(0{,}6) - (1 - \Phi(0{,}2)) =$$
$$= 0{,}7257 - 1 + 0{,}5793 = 0{,}305$$

MAT-TIC GeoGebra

Entra en smSaviadigital.com y calcula probabilidades en distribuciones normales.

Si X es una variable aleatoria que tiene una distribución $N(\mu, \sigma)$, la probabilidad del intervalo $(\mu - k\sigma, \mu + k\sigma)$, con $k > 0$, solo depende del valor de k y no de los valores de la media y la varianza de la distribución.

$$\boldsymbol{P(\mu - k\sigma \le X \le \mu + k\sigma) = 2\Phi(k) - 1}$$

$$P(\mu - k\sigma \le X \le \mu + k\sigma) = P\left(\frac{\mu - k\sigma - \mu}{\sigma} \le Z \le \frac{\mu + k\sigma - \mu}{\sigma}\right) = P(-k \le Z \le k) =$$
$$= \Phi(k) - \Phi(-k) = \Phi(k) - (1 - \Phi(k)) = 2\Phi(k) - 1$$

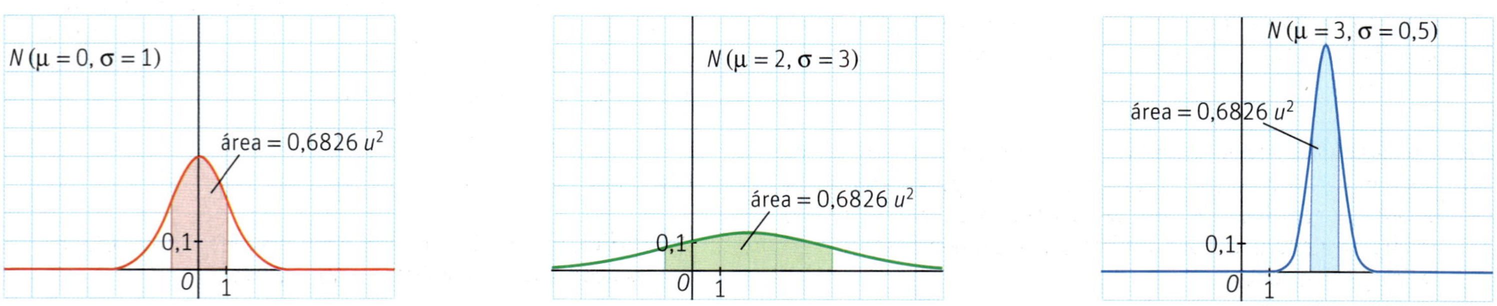

La probabilidad de que la variable $X \sim N(\mu, \sigma)$ pertenezca a un intervalo centrado en su media y de radio k desviaciones típicas con $k = 1$; 2 y 3.

- $P(\mu - \sigma \le X \le \mu + \sigma) = 2\Phi(1) - 1 = 2 \cdot 0{,}8413 - 1 = 0{,}6826$
- $P(\mu - 2\sigma \le X \le \mu + 2\sigma) = 2\Phi(2) - 1 = 2 \cdot 0{,}9772 - 1 = 0{,}9544$
- $P(\mu - 3\sigma \le X \le \mu + 3\sigma) = 2\Phi(3) - 1 = 2 \cdot 0{,}9987 - 1 = 0{,}9974$

MAT-TIC GeoGebra

Entra en sm**Savia**digital.com y prueba gráficamente el valor de probabilidades para valores característicos.

EJERCICIOS **RESUELTOS**

6. Una variable aleatoria X tiene una distribución normal de media 8 y desviación típica 3. Calcula:

a) $P(7 < X < 9)$

b) El valor de a tal que $P(X \ge a) = 0{,}7088$

$X \sim N(\mu = 8, \sigma = 3)$

a) $P(7 < X < 9) = P\left(\frac{7-8}{3} < Z < \frac{9-8}{3}\right) = P(-0{,}33 < Z < 0{,}33) = 2\Phi(0{,}33) - 1 = 2 \cdot 0{,}6293 - 1 = 0{,}2586$

b) $0{,}7088 = P(X \ge a) = P\left(Z \ge \frac{a-8}{3}\right) = P\left(Z \le \frac{8-a}{3}\right) = \Phi\left(\frac{8-a}{3}\right) \Rightarrow \frac{8-a}{3} = 0{,}55 \Rightarrow a = 6{,}35$

7. Las calificaciones obtenidas por un grupo de alumnos en un examen sigue una distribución normal de media 5,6 y desviación típica 1,8. Calcula el porcentaje de alumnos que han obtenido una calificación:

a) Superior a 7,5

b) Entre 4 y 5

Sea X: "calificaciones obtenidas por los alumnos", $X \sim N(\mu = 5{,}6, \sigma = 1{,}8)$

a) $P(X > 7{,}5) = P\left(Z > \frac{7{,}5 - 5{,}6}{1{,}8}\right) = P(Z > 1{,}06) = 1 - \Phi(1{,}06) = 1 - 0{,}8554 = 0{,}1446$

El 14,46 % de los alumnos ha obtenido una calificación superior a 7,5

b) $P(4 < X < 5) = P\left(\frac{4 - 5{,}6}{1{,}8} < Z < \frac{5 - 5{,}6}{1{,}8}\right) = P(-0{,}89 < Z < -0{,}33) = P(0{,}33 < Z < 0{,}89) =$

$= \Phi(0{,}89) - \Phi(0{,}33) = 0{,}8133 - 0{,}6293 = 0{,}1840$

El 18,4 % de los alumnos tiene calificaciones entre 4 y 5 puntos.

8. En un test de inteligencia las puntuaciones siguen una distribución normal de media 110 y desviación típica 20. Si a una persona evaluada con este test le dicen que su puntuación supera la del 90 % de los evaluados, ¿cuál es, como mínimo, su puntuación?

La variable X: "puntuación obtenida en el test" tiene una distribución $N(\mu = 110, \sigma = 20)$

Sea a la puntuación obtenida por esta persona. Como su puntuación es superior a la del 90 %, quiere decir que con probabilidad 0,9 la variable aleatoria será inferior a dicha puntuación, es decir el 90 % de los evaluados ha obtenido una puntuación inferior a "a". Así que, $P(X \le a) = 0{,}9$.

$$0{,}9 = P(X \le a) = P\left(Z \le \frac{a - 110}{20}\right) = \Phi\left(\frac{a - 110}{20}\right) \Rightarrow \frac{a - 110}{20} = 1{,}28 \Rightarrow a = 135{,}6$$

Ha obtenido, por tanto, como mínimo una puntuación de 135,6 puntos.

EJERCICIOS **PROPUESTOS**

9. Un fabricante de pilas asegura que la duración de su producto tiene una distribución normal de media 80 horas de uso con una varianza de 16. Calcula la probabilidad de que una pila elegida al azar dure:

a) Más de 90 horas

b) Entre 70 y 85 horas

Si un comerciante compra un lote de 1000 pilas al fabricante, calcula cuántas pilas tendrán una vida superior a:

c) 100 horas

d) 90 horas

10. Una máquina produce tornillos cuya longitud tiene una distribución normal de media 5 cm y desviación típica 5 mm. No se pueden vender los tornillos que se desvíen 6 mm o más de la media. De un lote de 500 tornillos, ¿Cuántos deben ser descartados para la venta?

11. A una prueba de acceso de una universidad se han presentado 2500 aspirantes para 300 plazas. Las calificaciones que han obtenido los aspirantes tienen una distribución normal de media 6,5 y varianza 4. Calcula la nota de corte para los admitidos.

12. Una empresa de teléfonos móviles asegura que el tiempo que tardan sus baterías en descargarse, medido en días, sigue una ley normal de media 2,8 y desviación típica 1. Si se elige al azar un teléfono móvil de esta empresa, calcula la probabilidad de que la duración de su batería:

a) Esté comprendida entre 3,1 y 3,3 días.

b) Sea inferior a 2 días.

13. sm**Savia**digital.com **PRACTICA** Calcula probabilidades con ayuda de la distribución normal.

4 Aproximación de la binomial por la normal

Abraham de Moivre (1667-1754)
Comenzó sus trabajos en probabilidad a la edad de 41 años, y se convirtió en la figura más importante en este campo desde 1718 hasta su muerte. El célebre teorema que lleva su nombre y que aproxima la distribución binomial a la normal, lo descubre en 1733, a la edad de 66 años. Laplace le califica como la persona que más lejos había llegado en el cálculo de probabilidades. Llegó a Londres como refugiado a la edad de 21 años y murió pobre a los 87 años.

El porcentaje de bajas por enfermedad pulmonar entre los mineros de una explotación es del 25 %. Si se elige una muestra de 200 mineros, la probabilidad de que hayan estado de baja más de 60 mineros se obtiene utilizando la distribución binomial.

En efecto, sea Y: "número de bajas por enfermedad", $Y \sim \text{Bin}(n = 200, p = 0{,}25)$. Por tanto:

$$P(Y > 60) = \sum_{j=61}^{200} \binom{200}{j} (0{,}25)^j (0{,}75)^{200-j}$$

Cálculos que, ni aún disponiendo de ordenador, son manejables. Afortunadamente, en el caso de que el número de "ensayos" sea suficientemente grande se puede **aproximar la distribución binomial por la normal**.

En la figura se muestran los polígonos de frecuencias de la función de masa de probabilidad de distintas distribuciones binomiales con el valor p fijo y variando n.

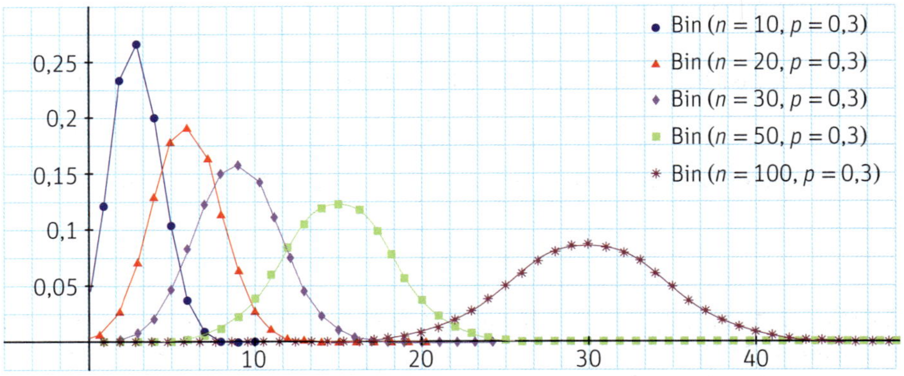

A medida que aumenta el número de ensayos, el polígono de frecuencias se aproxima a la gráfica de la función de densidad de una distribución normal. Cuanto mayor es el producto np (o nq si $q < p$) tanto mejor es la aproximación.

Abraham de Moivre demostró que si p es fijo y n suficientemente grande, la distribución Bin(n, p) puede aproximarse por la distribución normal de media np y desviación típica $\sqrt{npq}$.

Si $X_1, X_2, ..., X_n$ son n variables aleatorias independientes con distribución Ber(p), la variable aleatoria $Y_n = X_1 + X_2 + \quad + X_n$ tiene una distribución Bin(n, p) y se aproxima a una distribución $\boldsymbol{N}(\mu = \boldsymbol{np}, \sigma = \sqrt{\boldsymbol{npq}})$ cuando n es suficientemente grande.

Cuanto más grande sea n y más próximo a 0,5 esté el valor de p, mejor será la aproximación, cuyo buen uso depende de la precisión que se desee. Es habitual utilizar la aproximación cuando $np \geq 5$ y $nq \geq 5$.

Ejemplo › Un jugador de baloncesto, en concursos de triples, encesta el 70 % de sus lanzamientos. Si en un concurso debe efectuar 20 lanzamientos desde la línea de tres puntos, la variable Y: "número de canastas conseguidas en los 20 tiros" tiene una distribución $\text{Bin}(n = 20, p = 0{,}7)$.

La probabilidad de que acierte al menos 17 canastas es:

$$P(Y \geq 17) = P(Y = 17) + P(Y = 18) + P(Y = 19) + P(Y = 20) = \\ = 0{,}0716 + 0{,}0278 + 0{,}0068 + 0{,}0008 = 0{,}107$$

Pero como $np = 14 > 5$ y $nq = 6 > 5$, puede utilizarse la aproximación normal

$$X \sim N(\mu = 20 \cdot 0{,}7; \sigma = \sqrt{20 \cdot 0{,}7 \cdot 0{,}3}) = N(\mu = 14, \sigma = 2{,}05)$$

$$P(X \geq 17) = P\left(Z \geq \frac{17 - 14}{2{,}05}\right) = P(Z \geq 1{,}46) = 1 - \Phi(1{,}46) = 1 - 0{,}9279 = 0{,}0721$$

La aproximación usada en el ejemplo no es una buena aproximación debido a que no se ha tenido en cuenta que la binomial es discreta y la normal continua, por lo que será preciso realizar una corrección en los cálculos.

Corrección por continuidad

Además del error observado en el ejemplo anterior, para calcular la probabilidad binomial de un valor concreto utilizando la aproximación normal, se debe aplicar una corrección en el proceso:

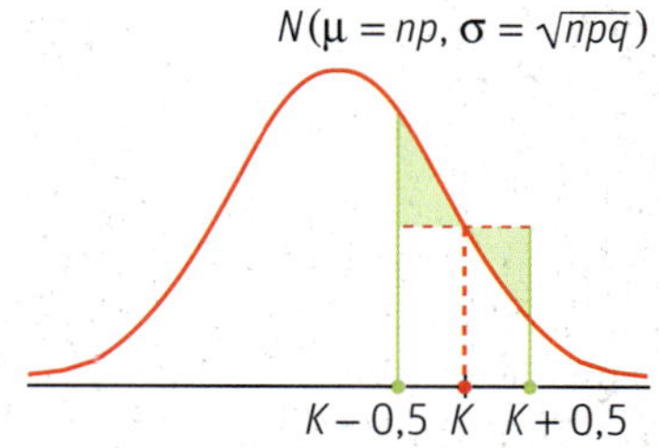

Si Y es una variable aleatoria con distribución Bin(n, p), que se aproxima por una normal $X \sim N\left(\mu = np,\ \sigma = \sqrt{npq}\right)$:

$$\boldsymbol{P(Y=k) \approx P(k-0,5 \le X \le k+0,5)}$$

En el resto de situaciones, aplicando la corrección por continuidad:

$\boldsymbol{P(X \le k) \approx P(X' \le k+0,5)}$ $\boldsymbol{P(X < k) \approx P(X' \le k-0,5)}$

$\boldsymbol{P(X \ge k) \approx P(X' \ge k-0,5)}$ $\boldsymbol{P(X > k) \approx P(X' \ge k+0,5)}$

MAT-TIC GeoGebra

Entra en sm**Savia**digital.com para entender la aproximación de la binomial a la normal.

Ejemplo ▸ En el caso del jugador de baloncesto, introduciendo la corrección por continuidad:

$$P(Y \ge 17) \approx P(X \ge 16,5) = P(Z \ge 1,22) = 1 - \Phi(1,22) = 1 - 0,8888 = 0,1112$$

Mejor aproximación a la binomial que la obtenida sin utilizar la corrección.

EJERCICIOS RESUELTOS

14. En un dado trucado, la probabilidad de obtener seis es solo 0,1. Luis cree que con ese dado sacará al menos 12 seises en 100 lanzamientos. Calcula la probabilidad de que Luis esté en lo cierto.

Se considera la variable Y: "número de seises obtenidos en 100 lanzamientos", $Y \sim \text{Bin}(n = 100, p = 0,1)$. Hay que calcular $P(Y \ge 12)$. Como $np = 10$ y $nq = 90$, se puede aproximar la distribución binomial de Y por $X \sim N\left(\mu = 100 \cdot 0,1; \sigma = \sqrt{100 \cdot 0,1 \cdot 0,9}\right) = N(\mu = 10, \sigma = 3)$ y los cálculos son mucho más simples:

$$P(Y \ge 12) \approx P(X \ge 11,5) = P\left(Z \ge \frac{11,5-10}{3}\right) = P(Z \ge 0,5) = 1 - \Phi(0,5) = 1 - 0,6915 = 0,3085$$

15. En las últimas elecciones generales la participación alcanzó el 67 %. Si de la población con derecho a voto se elige una muestra de 200 personas, calcula la probabilidad de que hayan votado:

a) Exactamente 120

b) Más de 120, pero no más de 150

c) Más del 75 % de los individuos de la muestra.

Sea Y: "número de votantes". Su distribución es $\text{Bin}(n = 200, p = 0,67)$ y se aproxima el cálculo de sus probabilidades por una normal $X \sim N(\mu = 134, \sigma = 6,65)$.

a) $P(Y = 120) \approx P(119,5 \le X \le 120,5) = P\left(\frac{119,5-134}{6,65} \le Z \le \frac{120,5-134}{6,65}\right) = P(-2,18 \le Z \le -2,03)$
$= P(2,03 \le Z \le 2,18) = \Phi(2,18) - \Phi(2,03) = 0,9854 - 0,9788 = 0,0066$

b) $P(120 < Y \le 150) = P(120,5 \le X \le 150,5) = P\left(\frac{120,5-134}{6,65} \le Z \le \frac{150,5-134}{6,65}\right) =$
$= P(-2,03 \le Z \le 2,48) = P(Z \le 2,48) - P(Z \le -2,03) =$
$= \Phi(2,48) - (1 - \Phi(2,03)) = 0,9934 - 1 + 0,9788 = 0,9722$

c) $P(Y > 150) \approx P(X \ge 150,5) = P\left(Z \ge \frac{150,5-134}{6,65}\right) = P(Z \ge 2,48) = 1 - \Phi(2,48) = 1 - 0,9934 = 0,0066$

EJERCICIOS PROPUESTOS

16. El 40 % de las personas empadronadas en una ciudad vive en urbanizaciones alejadas del centro. De una muestra de 1500 personas, ¿cuál es la probabilidad de que menos de 550 vivan en dichas urbanizaciones?

17. En una población, el 45 % de las personas adultas se declara consumidora de café. Si de la ciudad elegimos una muestra de 250 personas adultas, calcula la probabilidad de que más de la mitad tomen café.

18. El primer examen de una oposición es un test que consta de una batería de 100 preguntas, cada una de las cuales tiene 5 posibles respuestas de las que solo una es la correcta. Si una persona responde al azar, calcula la probabilidad de que acierte al menos 25 preguntas.

19. sm**Savia**digital.com PRACTICA Plantea y resuelve problemas.

5 Aplicaciones de la distribución normal

En ocasiones, para estudiar ciertas características de una población, se busca un modelo teórico que se ajuste lo mejor posible a los datos y, mediante aquel, establecer conclusiones referidas al conjunto de la población acerca de la característica estudiada.

La distribución normal se ajustará bien a un conjunto de datos de una característica continua de una población cuyo histograma sea aproximadamente simétrico en torno a un valor central.

Puntuación en el test	N.º de alumnos
[92, 94)	1
[94, 96)	3
[96, 98)	6
[98, 100)	10
[100, 102)	7
[102, 104)	3
[104, 106)	2

Ejemplo ▸ En la tabla al margen se muestran las puntuaciones obtenidas en un test psicológico por los 32 alumnos de un grupo de bachillerato. Como se trata de una variable cuantitativa continua, se puede intentar ajustar una distribución normal a los datos de la tabla. Para ello:

1º. Se representa el histograma de las frecuencias absolutas o relativas de la distribución de los datos y se comprueba visualmente si tiene una forma simétrica parecida a la de una distribución normal.

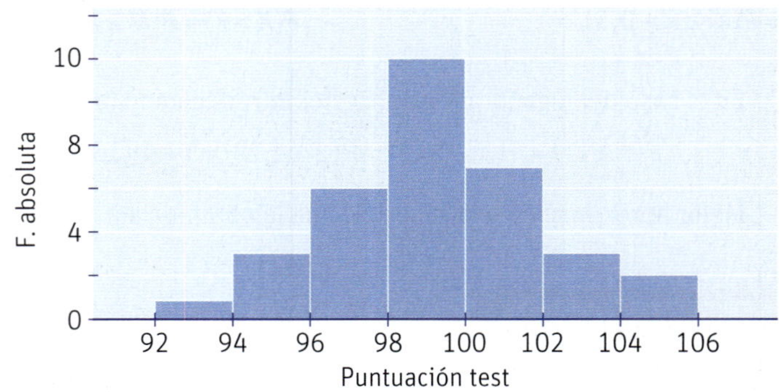

2º. Se calculan la media y la desviación típica.

$$\bar{x} = 99{,}25 \quad s = 2{,}82$$

3º. A la distribución de frecuencias se le ajusta una distribución normal de parámetros, $\mu = \bar{x}$ y $\sigma = s$, es decir si X es la variable "puntuación obtenida en el test", $X \sim N(\mu = 99{,}25;\ \sigma = 2{,}82)$.

4º. Para comprobar si el ajuste es adecuado, se comparan las frecuencias empíricas, las que vienen en la tabla, con las frecuencias teóricas obtenidas mediante la distribución normal ajustada.

Probabilidades teóricas de cada intervalo (clase)	$32 \cdot P(L_i \le X < L_{i+1})$	Frecuencias teóricas
$P(92 \le X < 94) = P(-2{,}57 \le Z < -1{,}86) = 0{,}0263$	0,8416	1
$P(94 \le X < 96) = P(-1{,}86 \le Z < -1{,}15) = 0{,}0937$	2,9984	3
$P(96 \le X < 98) = P(-1{,}15 \le Z < -0{,}44) = 0{,}2049$	6,5568	7
$P(98 \le X < 100) = P(-0{,}44 \le Z < 0{,}27) = 0{,}2764$	8,8448	9
$P(100 \le X < 102) = P(0{,}27 \le Z < 0{,}98) = 0{,}2301$	7,3632	7
$P(102 \le X < 104) = P(0{,}98 \le Z < 1{,}68) = 0{,}1170$	3,744	4
$P(104 \le X < 106) = P(1{,}68 \le Z < 2{,}39) = 0{,}0381$	1,2192	1

Puede observarse que en este caso la aproximación de las frecuencias teóricas a las observadas es bastante buena.

Para **ajustar una variable aleatoria con distribución normal** $N(\mu, \sigma)$ a un conjunto de datos se realizan los siguientes pasos:

1.º Se comprueba visualmente si el histograma puede aproximarse por una campana de Gauss.

2.º Se calcula la media, $\bar{x}$, y la desviación típica, s, de la distribución de los datos.

3.º El ajuste se lleva a cabo mediante la variable $X \sim N(\mu = \bar{x},\ \sigma = s)$.

4.º Se comparan las frecuencias observadas con las frecuencias teóricas obtenidas.

EJERCICIO RESUELTO

20. **La tabla muestra los datos recogidos en una encuesta sobre el precio de las viviendas unifamiliares en una zona residencial de una ciudad.**

Precio (× 10 000 €)	f_i
[24, 27)	5
[27, 30)	13
[30, 33)	14
[33, 36)	21
[36, 39)	18
[39, 42)	13
[42, 45)	10
[45, 48)	6

a) Ajusta, de forma razonada, una distribución normal al conjunto de datos.

b) Valora la bondad del ajuste realizado.

c) En esta zona residencial, ¿cuál es el porcentaje estimado de casas cuyo precio está entre 250 mil y 350 mil euros.

a) Se representan los datos mediante un histograma de frecuencias relativas y su correspondiente polígono de frecuencias.

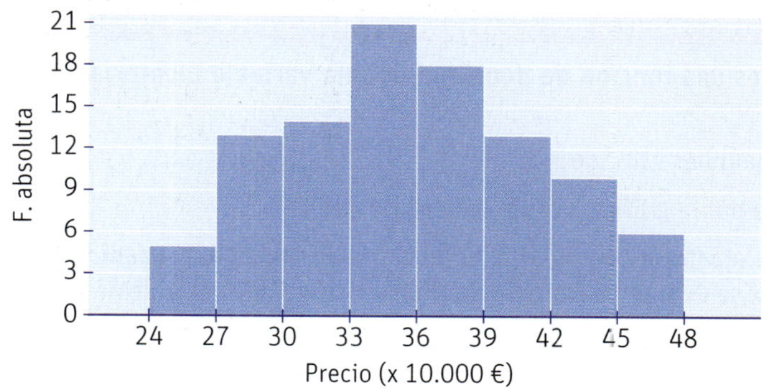

Puede observarse que el histograma es prácticamente simétrico y que puede aproximarse a una campana de Gauss.

Se calculan la media y la desviación típica de los datos empíricos:

$$\bar{x} = 35,79 \qquad s = 5,6$$

La distribución de frecuencias de la variable X: "precio de venta de las casas" se aproxima mediante una normal $N(\mu = 35,79; \sigma = 5,6)$.

Probabilidades teóricas	$100 \cdot P(L_i \le X < L_{i+1})$	Frecuencias teóricas
$P(24 \le X < 27) = P(-2,11 \le Z < -1,57) = 0,0408$	4,08	4
$P(27 \le X < 30) = P(-1,57 \le Z < -1,03) = 0,0933$	9,33	9
$P(30 \le X < 33) = P(-1,03 \le Z < -0,50) = 0,1570$	15,70	16
$P(33 \le X < 36) = P(-0,50 \le Z < 0,04) = 0,2075$	20,75	21
$P(36 \le X < 39) = P(0,04 \le Z < 0,57) = 0,1997$	19,97	20
$P(39 \le X < 42) = P(0,57 \le Z < 1,11) = 0,1508$	15,08	15
$P(42 \le X < 45) = P(1,11 \le Z < 1,64) = 0,0830$	8,30	8
$P(45 \le X < 48) = P(1,64 \le Z < 2,18) = 0,0359$	3,59	4
	96,8	97

b) La aproximación es buena. Se observa que las probabilidades teóricas no suman 1 y, por tanto las frecuencias teóricas no suman 100 debido a que las colas de la distribución tienen restos de probabilidad no recogidos en el proceso.

c) Se calcula la probabilidad de que el valor de la variable X: "precio de venta de las casas" pertenezca al intervalo [25, 35]

$$P(25 \le X \le 35) = P\left(\frac{25 - 35,79}{5,6} \le Z \le \frac{35 - 35,79}{5,6}\right) = P(-1,93 \le Z \le -0,14) =$$

$$= P(0,14 \le Z \le 1,93) = \Phi(1,93) - \Phi(0,14) = 0,9732 - 0,5557 = 0,4175$$

Cerca del 42 % de las viviendas de esta zona tienen un precio entre 250 y 350 mil euros.

EJERCICIO PROPUESTO

21. **La tabla recoge las hipotecas concedidas por una entidad en cientos de miles de euros durante el 2012.**

Euros	[1; 1,2)	[1,2; 1,4)	[1,4; 1,6	[1,6; 1,8)	[1,8; 2)
f_i	810	3514	8374	5403	1519

a) Halla la media y la desviación de los datos.

b) Ajusta una distribución normal a este conjunto de datos.

c) Valora la bondad del ajuste.

d) ¿Cuál es la probabilidad de que una hipoteca haya sido superior a los 150 000 €?

Resumen

Variables aleatorias continua

Una variable aleatoria, X, es continua si puede tomar, al menos teóricamente, todos los valores comprendidos en un intervalo de la recta real.

Funciones de densidad y de distribución de una variable aleatoria continua

Una función $f(x)$, es una **función de densidad de una variable aleatoria continua, *X***, si verifica:

- $f(x) \geq 0$ para cualquier valor de x
- El área limitada por la gráfica y el eje de abscisas es 1.

Dada una variable aleatoria continua, X, la función que indica la probabilidad acumulada hasta el valor $X = x$ se denomina **función de distribución** de la variable X.

$$F(x) = P(X \leq x)$$

$P(a \leq X \leq b)$

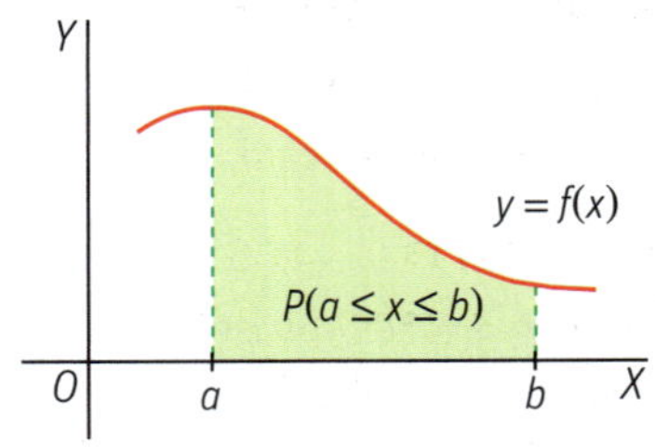

Distribución normal $N(\mu, \sigma)$

μ: media

σ^2: varianza

σ: desviación típica

Función de densidad

$$f(x) = \frac{1}{\sigma\sqrt{2\pi}} e^{-\frac{1}{2}\left(\frac{x-\mu}{\sigma}\right)^2} \qquad -\infty < x < +\infty$$

Tipificación: $Z = \dfrac{X - \mu}{\sigma}$

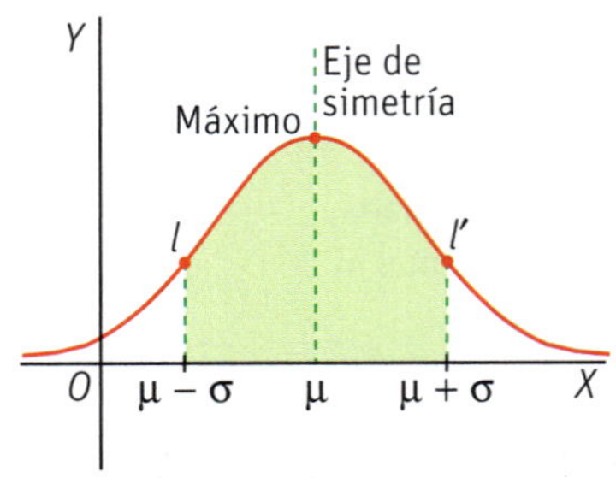

Cálculo de probabilidades

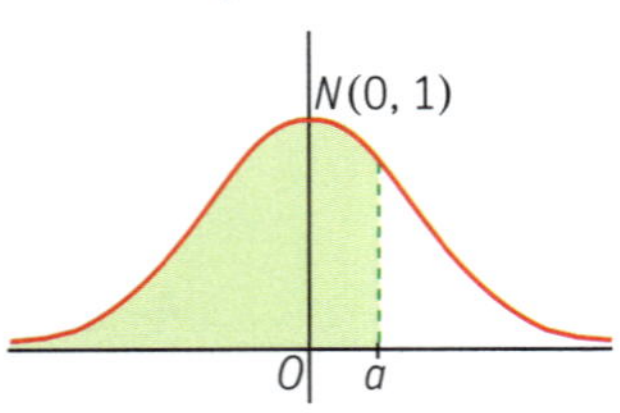

$P(Z \leq a) = \Phi(a)$

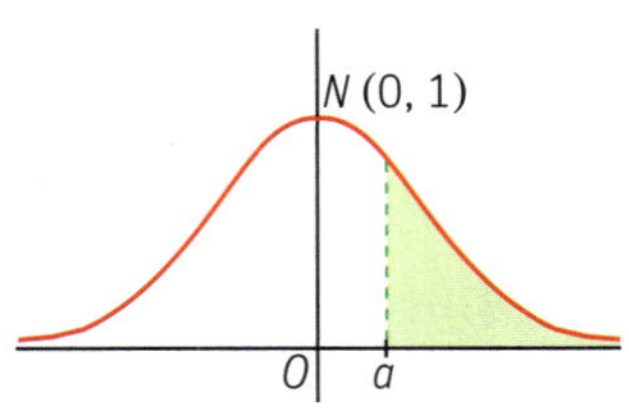

$P(Z \geq a) = 1 - P(Z \leq a)$

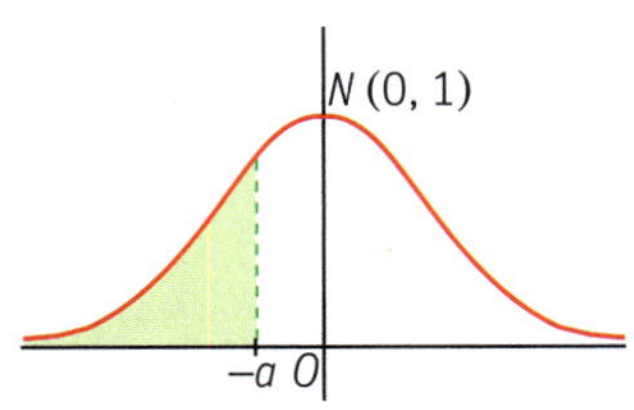

$a < 0$ $P(Z \leq a) = 1 - P(Z \leq a)$

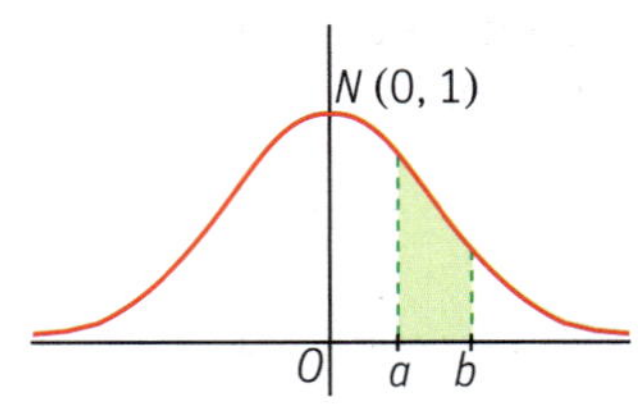

$P(a \leq Z \leq b) = P(Z \leq b) - P(Z \leq a)$

Aproximación de una binomial por una normal

$Y \sim \text{Bin}(n, p)$ se puede aproximar a una $\boldsymbol{N\left(\mu = np, \sigma = \sqrt{npq}\right)}$ cuando n es suficientemente grande y p no muy próximo a 0.

Es habitual utilizar la aproximación cuando $np \geq 5$ y $nq \geq 5$.

Para poder calcular probabilidades puntuales de una distribución utilizando la aproximación normal, es necesario aplicar un factor de corrección:

$$P(Y = k) \approx P(k - 0{,}5 \leq X \leq k + 0{,}5)$$

$P(Y \leq k) \approx P(X \leq k + 0{,}5)$ $\qquad$ $P(Y < k) \approx P(X \leq k - 0{,}5)$ $\qquad$ $P(Y \geq k) \approx P(X \geq k - 0{,}5)$ $\qquad$ $P(Y > k) \approx P(X \geq k + 0{,}5)$

Ajuste de una normal a un conjunto de datos

Para **ajustar una variable aleatoria con distribución normal** $N(\mu, \sigma)$ a un conjunto de datos se realizan los siguientes pasos:

1.º Se comprueba si el histograma es simétrico y se puede aproximar por una campana de Gauss.

2.º Se calcula la media, $\overline{x}$, y la desviación típica, s, de la distribución de los datos.

3.º El ajuste se lleva a cabo mediante la variable X: $N(\mu = \overline{x}, \sigma = s)$.

4.º Se comparan las frecuencias observadas con las frecuencias teóricas obtenidas.

Estudio de una variable continua

Determinación de una función de densidad utilizando sus propiedades

22. Sea X una variable aleatoria con función de densidad:

$$f(x)=\begin{cases} cx & \text{si } 0 \le x \le 4 \\ 0 & \text{en el resto} \end{cases}$$

a) Calcula el valor de c.

b) Dibuja la gráfica de $f(x)$.

c) Halla las probabilidades siguientes:

$P(X \le 1)$ y $P(3 \le X \le 4)$

a) Para que f sea función de densidad, $f(x) \ge 0$ y el área bajo la curva tiene que ser 1.

Por un lado, $c \ge 0$, puesto que x es positiva en el intervalo [0, 4]

Por otro lado, la gráfica forma un triángulo con el eje de abscisas, de base 4 y altura $4c$:

$$\text{Área: } \frac{4 \cdot 4c}{2} = \frac{16c}{2} = 1 \text{ u}^2 \Rightarrow c = \frac{1}{8}$$

b) $f(x)=\begin{cases} \dfrac{x}{8} & 0 \le x \le 4 \\ 0 & \text{en el resto} \end{cases}$

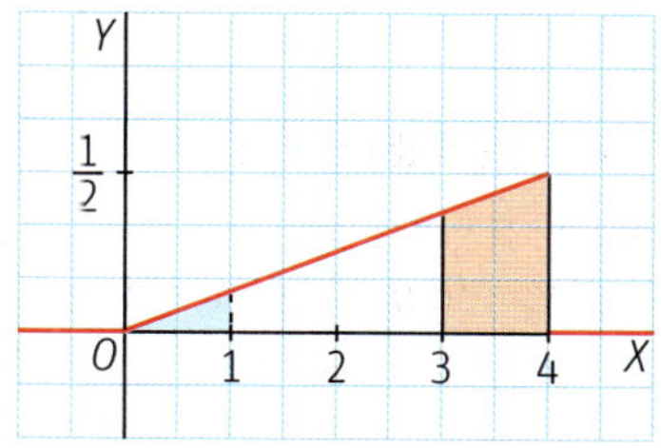

c) $P(X \le 1)$ es el área del triángulo de base 1 y altura $\frac{1}{8}$: $P(X \le 1) = \dfrac{1 \cdot \frac{1}{8}}{2} = \dfrac{1}{16} = 0{,}0625$

$P(3 \le X \le 4)$ es el área sombreada en naranja en la gráfica, que se corresponde con la de un trapecio de altura 1 y bases, $\frac{3}{8}$ y $\frac{1}{2}$.

$$P(3 \le X \le 4) = \frac{\left(\frac{3}{8} + \frac{1}{2}\right) \cdot 1}{2} = \frac{7}{16} = 0{,}4375$$

Cálculo de probabilidades de una variable aleatoria continua

23. Sea X una variable aleatoria continua con función de densidad

$$f(x)=\begin{cases} \dfrac{x+2}{4} & \text{si } -2 \le x < 0 \\ \dfrac{2-x}{4} & \text{si } 0 \le x \le 2 \\ 0 & \text{en el resto} \end{cases}$$

Dibuja su gráfica y calcula las siguientes probabilidades

a) $P(X < 0)$

b) $P(-1 < X \le 1)$

c) $P(X > 1)$

$f(x)$ es función de densidad puesto que, como se ve en la figura, $f(x) \ge 0$ y el área encerrada bajo la curva y el eje de abscisas es la de un triángulo de base 4 y altura $\frac{1}{2}$:

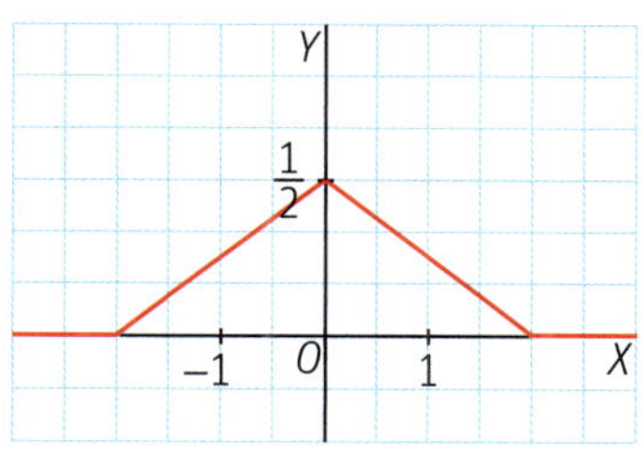

$$\text{Área: } \frac{4 \cdot \frac{1}{2}}{2} = 1 \text{ u}^2$$

a) $P(X < 0)$ se corresponde con la mitad del área total, por tanto, $P(X < 0) = \frac{1}{2}$.

b) El área se puede calcular sumando el área del rectángulo y el área del triángulo:

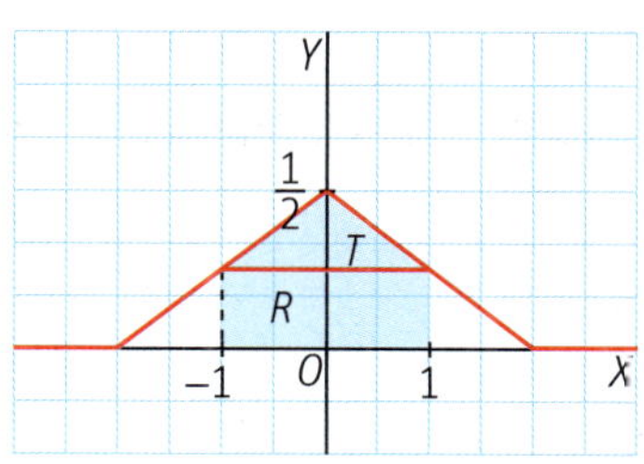

$$P(-1 < X \le 1) = 2 \cdot \frac{1}{4} + \frac{2 \cdot \frac{1}{4}}{2} = \frac{1}{2} + \frac{1}{4} = \frac{3}{4} = 0{,}75$$

c) La probabilidad es el área del triángulo sombreado en la figura:

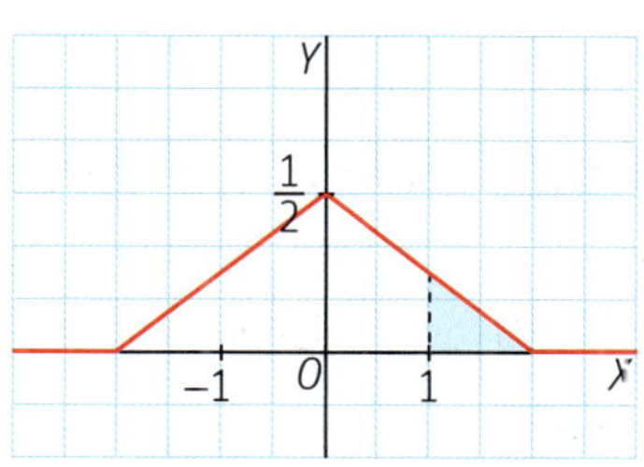

$$P(X > 1) = \frac{1 \cdot \frac{1}{4}}{2} = \frac{1}{8} = 0{,}125$$

Tipificación y uso de la tabla de la normal

24. Sea X una variable aleatoria con distribución normal de media 2 y desviación típica 3. Calcula las probabilidades siguientes:

a) $P(|X| \le 1)$

b) $P(0 \le 2X+1 < 5)$

c) $P(X \ge 3 | X \ge 1)$

a) $P(|X| \le 1) = P(-1 \le X \le 1) = P\left(\frac{-1-2}{3} \le Z \le \frac{1-2}{3}\right) = P(-1 \le Z \le -0{,}33) = P(0{,}33 \le Z \le 1) =$

$= \Phi(1) - \Phi(0{,}33) = 0{,}8413 - 0{,}6293 = 0{,}2120$

b) $P(0 \le 2X+1 \le 5) = P(-1 \le 2X \le 4) = P(-0{,}5 \le X \le 2) = P\left(\frac{-0{,}5-2}{3} \le Z \le \frac{2-2}{3}\right) =$

$= P(-0{,}83 \le Z \le 0) = P(0 \le Z \le 0{,}83) = \Phi(0{,}83) - \Phi(0) =$

$= 0{,}7967 - 0{,}5 = 0{,}2967$

c) $$P(X \ge 3 | X \ge 1) = \frac{P((X\ge 3)\cap(X\ge 1))}{P(X\ge 1)} = \frac{P(X\ge 3)}{P(X \ge 1)} = \frac{P\left(Z \ge \frac{3-2}{3}\right)}{P\left(Z \ge \frac{1-2}{3}\right)} = \frac{P(Z \ge 0{,}33)}{P(Z \ge -0{,}33)} =$$

$$= \frac{1-\Phi(0{,}33)}{\Phi(0{,}33)} = \frac{1-0{,}6293}{0{,}6293} = 0{,}5891$$

Resolución de problemas aplicando la distribución normal

25. En una población, la estatura de las mujeres sigue una distribución normal de media 168 cm y desviación típica 5 cm. La estatura de los hombres sigue una distribución normal de media 174 cm y desviación típica 7 cm. De la población se seleccionan un hombre y una mujer de forma independiente.

a) Calcula la probabilidad de:
   i) Que la mujer mida más de 170 cm.
   ii) Que el hombre mida menos de 175 cm.
   iii) Que la mujer sea más alta que el hombre.

b) ¿Cuánto debe medir como mínimo una mujer para encontrarse dentro del 20 % de mayor altura?

Sean las variables X: "estatura de las mujeres" e Y: "estatura de los hombres"

$X \sim N(\mu = 168, \sigma = 5)$ $\qquad$ $Y \sim N(\mu = 174, \sigma = 7)$

a) i) $P(X > 170) = P\left(Z > \frac{170-168}{5}\right) = P(Z > 0{,}4) = 1 - \Phi(0{,}4) = 1 - 0{,}6554 = 0{,}3446$

ii) $P(Y < 175) = P\left(Z < \frac{175-174}{7}\right) = P(Z < 0{,}14) = \Phi(0{,}14) = 0{,}5557$

iii) Se trata de calcular $P(X - Y > 0)$. La distribución $X - Y$ es normal de media y varianza:

$\mu = \mu_X - \mu_Y = -6\text{cm}$ $\qquad$ $\sigma^2 = \sigma_X^2 + \sigma_Y^2 = 74$

Con lo que resulta:

$$P(X-Y>0) = P\left(Z > \frac{0-(-6)}{\sqrt{74}}\right) = P(Z > 0{,}70) = 1 - \Phi(0{,}70) = 1 - 07580 = 0{,}2420$$

b) Hay que calcular la estatura por debajo de la cual quedan el 80 % de las mujeres:

$$0{,}8 = P(X \le k) = P\left(Z \le \frac{k-168}{5}\right) \Rightarrow 0{,}84 = \frac{k-168}{5} \Rightarrow k = 172{,}2 \text{ cm}$$

El 20 % de las mujeres más altas mide más que 172,2 cm.

Cálculo de probabilidades de binomiales utilizando la distribución normal

26. Un examen consta de 50 preguntas tipo test en el que cada pregunta se proponen cinco respuestas, de las cuales solo una es correcta. Si un estudiante elige las respuestas al azar, calcula la probabilidad de que acierte exactamente 10 preguntas:

a) Usando la distribución binomial.

b) Utilizando la aproximación de De Moivre.

Sea la variable Y: "número de preguntas acertadas de las 50", como cada pregunta tiene cinco posibles respuestas, si se elige al azar la probabilidad de acierto es $p = 0{,}2$. Por lo tanto se trata de una variable binomial, $Y \sim \text{Bin}(n = 50, p = 0{,}2)$.

a) Calculando la probabilidad por medio de la distribución binomial:

$$P(Y = 10) = \binom{50}{10} 0{,}2^{10} \cdot 0{,}8^{40} = 0{,}1398$$

b) Como $np = 50 \cdot 0{,}2 = 10$ y $nq = 50 \cdot 0{,}8 = 40$ puede usarse la aproximación normal. Sea la variable $X \sim N\left(\mu = 50 \cdot 0{,}2; \sigma = \sqrt{50 \cdot 0{,}2 \cdot 0{,}8}\right) = N(\mu = 10, \sigma = 2{,}83)$,

$$P(Y = 10) \approx P(9{,}5 \le X \le 10{,}5) = P\left(\frac{9{,}5-10}{2{,}83} \le Z \le \frac{10{,}5-10}{2{,}83}\right) = P(-0{,}18 \le Z \le 0{,}18) =$$

$$= 2\Phi(0{,}18) - 1 = 2 \cdot 0{,}5714 - 1 = 0{,}1428$$

Que es una buena aproximación al resultado del apartado a).

Cálculo de la desviación de una distribución normal

27. **El retraso con el que los trenes llegan a una estación tiene una distribución normal de media 4 minutos. Además el 85 % de los trenes llega con un retraso inferior a 6 minutos. Calcula:**

a) La desviación típica de la distribución.

b) La probabilidad de que llegue un tren antes de la hora prevista.

La variable X: "retraso del tren en minutos" es una normal de media 4 min y desviación típica desconocida.

a) Se sabe que $P(X<6)=0,85$, entonces $0,85=P\left(Z<\frac{6-4}{\sigma}\right)$. Se busca en la tabla de la normal $N(0,\,1)$ k tal que $P(Z<k)=0,85$.

$$k=1,04 \Rightarrow \frac{2}{\sigma}=1,04 \Rightarrow \sigma=\frac{2}{1,04}=1,92$$

b) $P(X<0)=P\left(Z<\frac{0-4}{1,94}\right)=P(Z<-2,06)=1-P(Z<2,06)=1-0,9803=0,0197$

Estimación de probabilidades usando conjuntamente la distribución normal y la binomial

28. **La cantidad de aceite que contiene una garrafa de 5 L de capacidda sigue una distribución normal de media $\mu=5$ L y desviación típica $\sigma=0,05$ L. Una garrafa es aceptable solo si tiene entre 4,9 y 5,1 L. Si se eligen al azar 80 de esas garrafas, calcula la probabilidad de que más de 73 sean aceptadas.**

Sea $X \sim N(\mu=5,\ \sigma=0,05)$, la probabilidad de que una garrafa sea aceptable es:

$$P(4,9\le X\le 5,1)=\left(\frac{4,9-5}{0,05}\le Z\le \frac{5,1-5}{0,05}\right)=P(-2\le Z\le 2)=2\Phi(2)-1=2\cdot 0,9772-1=0,9544$$

Sea la variable Y: "número de botellas aceptables de las 80", $Y\sim \text{Bin}(n=80,\ p=0,9544)$. Se puede aproximar por una normal $W\sim N(\mu=76,35,\ \sigma=1,87)$

$$P(Y>73)\approx P(W\ge 72,5)=P\left(Z\ge\frac{72,5-76,35}{1,87}\right)=P(Z\ge -2,06)=\Phi(2,06)=0,9803$$

Ajuste de datos a una distribución normal

29. **La tabla recoge las respuestas, con valores de 0 a 10, que se han obtenido en una encuesta para medir el impacto de una campaña publicitaria sobre el grado de conocimiento de una nueva bebida.**

X	f_i
[0, 2)	5
[2, 4)	93
[4, 6)	193
[6, 8)	103
[8, 10)	6

a) Ajusta una distribución normal a estos datos.

b) Valora el ajuste realizado.

c) Calcula la probabilidad de que una persona elegida al azar tenga un nivel de conocimiento del producto superior a 7.

a) Se representan los datos mediante un histograma de frecuencias relativas y su correspondiente polígono de frecuencias

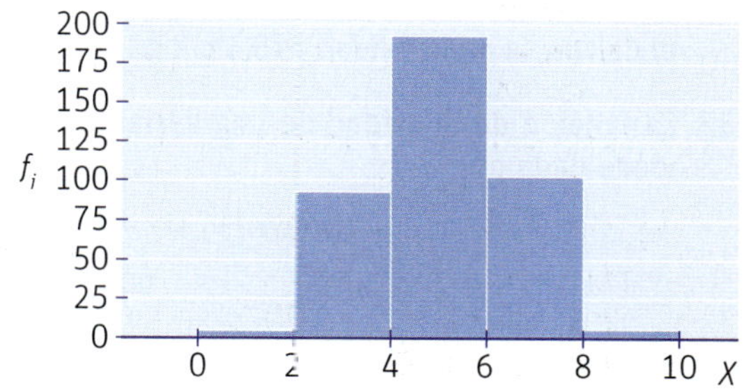

El polígono de frecuencias se aproxima a una campana de Gauss y por tanto parece razonable aproximar una normal al conjunto de datos.

La media y la desviación típica de los datos empíricos son:

$$\bar{x}=5,06 \quad s=1,55$$

La distribución de frecuencias de la variable X: "puntuación encuesta" se aproxima mediante una normal $N(\mu=5,06,\ \sigma=1,55)$.

Probabilidades teóricas	$400\cdot P(L_i\le X<L_{i+1})$	Frecuencias teóricas
$P(0\le X<2)=P(-3,26\le Z<-1,97)=0,0238$	9,52	10
$P(2\le X<4)=P(-1,97\le Z<-0,68)=0,2239$	89,56	90
$P(4\le X<6)=P(-0,68\le Z<0,61)=0,4808$	192,32	192
$P(6\le X<8)=P(0,61\le Z<-1,90)=0,2422$	96,88	97
$P(8\le X<10)=P(1,90\le Z<-3,19)=0,0280$	11,2	11

b) Se comparan las frecuencias teóricas obtenidas con las de los datos y puede concluirse que es una buena aproximación.

c) $P(X>7)=P\left(Z>\frac{7-5,06}{1,55}\right)=P(Z>1,25)=1-\Phi(1.25)=1-0,8944=0,1056$

ACTIVIDADES

Ejercicios

Variables aleatorias continuas

30. Considera la siguiente función:

$$f(x)=\begin{cases}\dfrac{x}{32} & \text{si } 0\le x\le 8\\ 0 & \text{en el resto}\end{cases}$$

a) Represéntala gráficamente.

b) Comprueba que puede ser la función de densidad de una variable aleatoria continua.

c) Calcula la probabilidad $P(2<X<9)$.

31. Sea X una variable aleatoria continua con función de densidad:

$$f(x)=\begin{cases}\dfrac{2}{k} & \text{si } -1\le x\le 5\\ 0 & \text{en el resto}\end{cases}$$

a) Halla el valor de k.

b) Representa gráficamente la función de densidad.

c) Calcula $P(X>1)$ y $P(-0{,}5<X\le 2)$.

32. Considera una variable aleatoria continua X con función de densidad:

$$f(x)=\begin{cases}kx+\dfrac{1}{4} & \text{si } 0\le x\le 2\\ 0 & \text{en el resto}\end{cases}$$

a) Calcula el valor de la constante k ($k>0$).

b) Dibuja la gráfica de la función de densidad.

c) Calcula la probabilidad $P(0{,}5<X\le 1{,}5)$.

33. La función de densidad de una variable aleatoria continua X viene dada por:

$$f(x)=\begin{cases}k(x+1) & \text{si } -1\le x\le 5\\ 0 & \text{en el resto}\end{cases}$$

a) Calcula el valor de la constante k.

b) Dibuja la gráfica de la función de densidad.

c) Calcula la probabilidad $P(0{,}5<X\le 3)$.

Variables aleatorias con distribución normal

34. Considera una variable aleatoria $Z\sim N(0,1)$. Calcula las probabilidades siguientes utilizando las tablas.

a) $P(0{,}24\le Z<1{,}73)$

b) $P(Z<-1{,}12)$

c) $P(Z>2{,}12)$

d) $P(Z\ge -0{,}38)$

e) $P(-1{,}88<Z\le -0{,}67)$

f) $P(-1{,}64\le Z\le 1{,}14)$

g) $P(|Z|\ge 0{,}7)$

h) $P(|Z-1|\le 0{,}83)$

35. Sea una variable aleatoria que sigue una distribución $N(0, 1)$, halla el valor de k en cada caso.

a) $P(Z\le k)=0{,}9147$

b) $P(Z\ge k)=0{,}0329$

c) $P(Z>k)=0{,}6331$

d) $P(Z<k)=0{,}4013$

e) $P(-k<Z<k)=0{,}7498$

f) $P(k<Z<1{,}3)=0{,}5475$

g) $P(1{,}8<3Z<k)=0{,}0624$

h) $P(-k<Z-1<0{,}37)=0{,}189$

36. Sea X una variable aleatoria con distribución normal de media 5 y desviación típica 2. Calcula las probabilidades siguientes.

a) $P(X<3)$

b) $P(X<2)$

c) $P(-2\le X-4<2)$

d) $P(|2X|\le 1)$

e) $P(1\le X<9)$

f) $P(X\le 2|X\ge 1)$

Aproximación de una binomial por una normal

37. Una cierta vacuna produce una reacción adversa en el 10 % de los casos. Calcula la probabilidad de que, en una campaña de vacunación realizada a 1000 personas:

a) Se produzcan al menos 90 casos de reacción adversa.

b) No se produzcan más de 100 casos de reacción adversa.

38. Se lanza 500 veces una moneda equilibrada. Halla:

a) El número esperado de caras.

b) La probabilidad de que el número de caras esté comprendido entre 100 y 200.

c) La probabilidad de obtener más de 300 caras.

Ajuste a una distribución normal

39. Una empresa debe producir tubos de acero de 200 mm de diámetro. El proceso de producción está sometido a control de calidad y en una inspección se midió el diámetro de 107 tubos elegidos al azar. Los datos se muestran en la tabla de la derecha.

Ajusta una distribución normal y comprueba la bondad del ajuste.

Diámetro	Tubos
[179, 185)	2
[185, 191)	8
[191, 197)	24
[197, 203)	39
[203, 209)	21
[209, 215)	10
[215, 221)	3
	107

Síntesis

40. Se han pesado en una balanza 200 paquetes de azúcar de una máquina envasadora, obteniéndose el siguiente histograma de frecuencias:

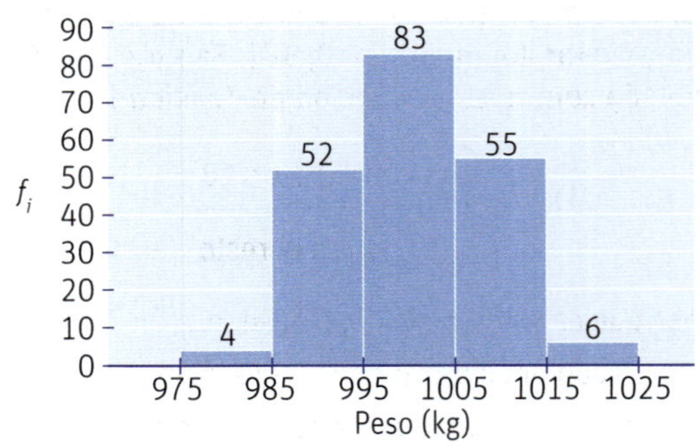

a) Ajusta una distribución normal a la distribución de frecuencias y comprueba la bondad del ajuste.

b) Con la distribución ajustada, calcula la probabilidad de que un paquete elegido al azar pese menos de 990 g.

c) Si se seleccionan 50 paquetes, ¿cuántos pesarán entre 1000 g y 1010 g?

41. Una variable aleatoria, X, sigue una distribución normal de media μ y desviación típica σ. Si $P(|X-\mu|\leq 1)=0{,}383$, halla la desviación típica de X.

42. El retraso con el que llegan los autobuses de una línea que cubre el trayecto entre dos ciudades sigue una distribución normal de media 5 minutos. Si se sabe que el 30 % de los autobuses llega con un retraso superior a 7 minutos:

a) Calcula la desviación típica de la distribución.

b) Determina el porcentaje de autobuses que llega antes de la hora fijada.

c) Halla la probabilidad de que el retraso supere los 8 minutos.

d) ¿Cuál es el retraso de un autobús que llega antes que el 80 % de los autobuses?

Cuestiones

43. Observa las gráficas de las siguientes funciones de densidad.

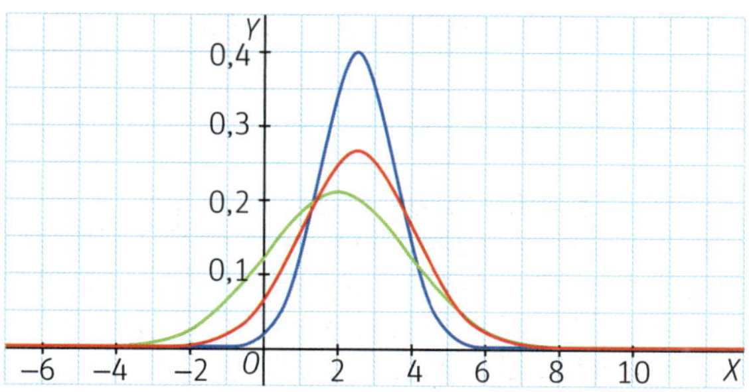

Asigna a cada gráfica la media y desviación típica que les corresponde.

a) $\mu=2{,}5$ y $\sigma=1{,}5$ b) $\mu=2{,}5$ y $\sigma=1$ c) $\mu=2$ y $\sigma=0{,}5$

44. Sea una variable aleatoria X con distribución normal $N(\mu, \sigma)$. Calcula el porcentaje de valores de la variable que distan de la media:

a) Menos de 1,5 desviaciones típicas

b) Más de 0,5 y menos de 2 desviaciones típicas

Problemas

45. La calificación, X, de un examen es una variable aleatoria que toma cualquier valor del intervalo [0, 10]. Se sabe que X tiene una distribución continua con función de densidad

$$f(x)=\begin{cases}\dfrac{x+1}{60} & \text{si } 0\leq x\leq 10\\ 0 & \text{en el resto}\end{cases}$$

a) Comprueba que es una función de densidad.

b) ¿Cuál es la probabilidad de aprobar este examen?

c) Calcula la probabilidad de obtener nota superior a 7.

46. El tiempo empleado por Juan para ir todos los días al instituto sigue una distribución normal de media 20 minutos y desviación típica 4 minutos.

a) En un día elegido al azar, ¿cuál es la probabilidad de que tarde menos de 25 minutos?

b) ¿Cuál es porcentaje de días que tarda entre 15 y 25 minutos?

47. La venta diaria, sin contar fines de semana, de teléfonos móviles en un centro comercial sigue una distribución normal de media 15 y desviación típica 4. En un día elegido al azar, calcula la probabilidad de que se vendan:

a) Más de 21 teléfonos

b) Menos de 7

c) Al menos 17

d) Entre 11 y 19 teléfonos

48. Un test específico para determinar el estado de salud de los trabajadores de una empresa tiene una distribución normal de media 100 y desviación típica 8. Si un trabajador supera los 125 puntos debe ser objeto de una segunda revisión en profundidad.

¿Cuál es el porcentaje de trabajadores que necesitará una segunda revisión?

49. En una fábrica de botellas se sabe que la capacidad de las mismas sigue una distribución normal de media 2 L y desviación típica 0,015 L.

Si se desechan todas las botellas que tengan una capacidad inferior a 1,98 L o superior a 2,02 L, halla el porcentaje de botellas que es rechazado.

50. El consumo medio de gasolina de un determinado modelo de vehículo es de 6,5 L por cada 100 km. Se sabe que el consumo de gasolina de este modelo tiene una distribución normal con desviación típica 2 L.

a) ¿Cuál es la probabilidad de que un vehículo de este modelo, elegido al azar, consuma más de 7 L/100 km?

b) ¿Cuál es porcentaje de vehículos de este modelo que consume entre 5 y 6 L/100 km?

c) Si se seleccionan 200 vehículos ¿cuántos consumirán menos de 6 L/100 km?

51. La medida del diámetro interior de las arandelas que produce una máquina sigue una distribución normal de media 10 mm y desviación típica 0,1 mm. Las referencias especifican que solo son admisibles las arandelas con un diámetro interior entre 9,85 y 10,2 mm.

Calcula el porcentaje de arandelas producidas que cumplen las especificaciones.

52. El gasto trimestral, en euros, en material de oficina de los empleados de una empresa sigue una distribución normal $N(\mu=550, \sigma=60)$

a) Determina el porcentaje de empleados que gasta entre 500 € y 625 €.

b) Si se eligen al azar 60 empleados ¿Cuántos de ellos se espera que superen los 650 € de gasto?

53. El voltaje de la corriente eléctrica que llega a un domicilio tiene una distribución normal de media 220 voltios y desviación típica 1,5 voltios. Calcula la probabilidad de que una medida del voltaje tomada al azar:

a) Sea menor que 221 voltios.

b) Esté comprendida entre 215 y 222 voltios.

c) Supere el límite establecido en 230 voltios para que salte el diferencial.

54. La duración de las llamadas de teléfono en una oficina comercial sigue una distribución normal de media 40 s y varianza 100 s^2. Calcula el porcentaje de llamadas:

a) Que supera el minuto.

b) Cuya duración está comprendida entre 30 y 45 s.

55. En el balance final del último año en una entidad financiera, la morosidad (créditos concedidos y no pagados) ha ascendido al 25 %. Si de dicha entidad se eligen al azar 50 clientes a los que se les ha concedido un crédito, calcula probabilidad de que entre los 50:

a) Haya al menos 20 morosos.

b) Los morosos sean exactamente 12.

56. Un tribunal debe calificar a los 700 aspirantes a las 25 plazas convocadas para cubrir vacantes en un organismo oficial. Si las calificaciones son de 0 a 10 y su distribución es normal de media $\mu = 5{,}7$ puntos y desviación típica $\sigma = 1{,}5$ puntos, contesta:

a) ¿Cuántos opositores han obtenido puntuación superior o igual 5 puntos?

b) ¿Cuál es la nota de corte para ser seleccionado?

57. La estatura media de los bebés nacidos en una maternidad en el último año sigue una distribución normal de media de 45 cm. El 20 % de los recién nacidos ha medido más de 50 cm.

a) Calcula la desviación típica.

b) Calcula la probabilidad de que un bebé elegido al azar mida menos de 40 cm.

c) Si en la maternidad nacieron 100 bebés en el último mes, ¿cuántos se espera que hayan sobrepasado los 55 cm?

58. El 70 % de los habitantes de una localidad se oponen a que en su municipio se construya un cementerio nuclear. Se elige al azar una muestra de los habitantes.

a) Si la muestra es de 50 personas, calcula la esperanza y la desviación típica de la variable X: "número de personas de las 50 que se oponen a la construcción del cementerio nuclear".

b) Si la muestra es de 8 personas, ¿cuál es la probabilidad de que al menos 5 se opongan al proyecto?

c) Si la muestra es de 80 personas, calcula la probabilidad de que más de 60 se opongan al proyecto.

59. Las puntuaciones de un test, que mide la capacidad de cálculo de las personas adultas, siguen una distribución normal de media 6 y varianza 4. El test se pasa a una muestra aleatoria de 1000 personas.

a) ¿Cuántas personas obtendrán una puntuación superior a 8,5?

b) Si para superar el test es preciso obtener más de 5 puntos ¿cuál se espera que sea el porcentaje de personas que no lo superará?

60. El peso, en gramos, de los recién nacidos en la maternidad de un hospital sigue una distribución normal de media 3000 g. Si el 95 % de los bebés tiene un peso comprendido entre 2600 g y 3400 g ¿Cuál es el valor de σ?

61. La producción de trigo por hectárea de terreno en una comarca sigue una distribución $N(\mu, \sigma)$. Los datos históricos indican que solo en el 10 % de los años la producción supera los 4000 kg/ha, mientras que en el 60 % de los años queda por debajo de los 3200 kg/ha.

a) Calcula la media y la desviación típica de la distribución.

b) Calcula la probabilidad de que la producción alcance los 3500 kg/ha en un año elegido al azar.

62. Según los datos del organismo correspondiente, el 80 % de los incendios que se producen en la época de calor son provocados. Si este verano se han producido 150 incendios en una determinada región, calcula la probabilidad de que:

a) Más de 100 hayan sido provocados.

b) Como mucho 30 hayan sido accidentales.

c) El número de incendios provocados supere el 80 % del total de incendios.

63. La estatura, en cm, de las alumnas de un centro escolar sigue una distribución $N(\mu = 165, \sigma = 10)$ y la estatura de los chicos es $N(\mu = 175, \sigma = 12)$. Se eligen al azar un chico y una chica, calcula la probabilidad de que:

a) La chica supere los 170 cm de altura.

b) El chico mida más de 170 cm.

c) Los dos superen los 170 cm.

d) Al menos uno de ellos supere los 170 cm.

e) La chica sea más alta que el chico.

64. En el control de calidad de artículos manufacturados, se estima que el 12 % de los artículos tiene algún defecto. Si se examinan 60 artículos al azar, calcula la probabilidad de que no se obtendrá más de un artículo defectuoso:

a) Mediante una distribución binomial.

b) Mediante la aproximación normal.

c) Comenta la diferencia obtenida en los apartados anteriores.

65. El encargado de una plantación de chopos asegura que, en este momento, el diámetro de los árboles sigue una distribución normal de media 20 cm y que el 90 % de ellos tiene un diámetro inferior a 25 cm.

a) Calcula la desviación típica de la distribución.

b) Calcula la probabilidad de que un árbol tenga más de 22 cm de diámetro.

66. En cierto hospital se realizan al mes 50 intervenciones quirúrgicas de alto riesgo. La cuarta parte de las mismas, por término medio, presenta complicaciones y, en ese caso, es preciso disponer de plasma adicional cuya vida útil es de un mes.

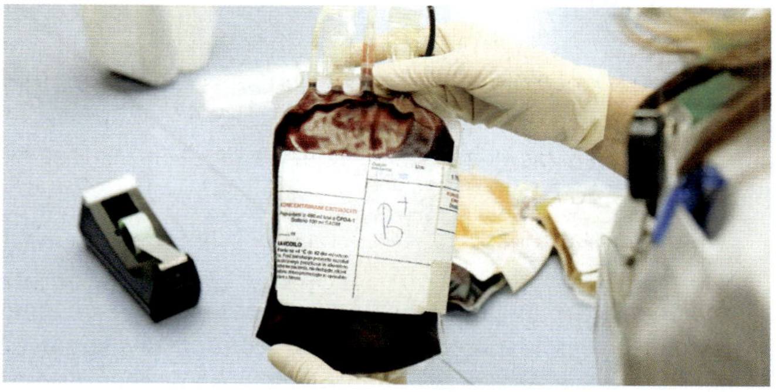

Calcula la reserva de bolsas de plasma que es preciso tener para cubrir el 90 % de las complicaciones que se pudieran presentar.

67. En un centro educativo, a pesar de los controles rigurosos, un 12 % de los ordenadores resulta infectado por algún tipo de virus informático.

a) Si en un aula hay 10 ordenadores, calcula la probabilidad de que más de un ordenador tenga virus.

b) Si se quiere que la probabilidad de que haya, como máximo, dos ordenadores infectados sea al menos 0,7 ¿cuál tiene que ser el número máximo de ordenadores en el aula?

c) Si en todo el centro el número de ordenadores es 150, ¿cuál es la probabilidad de que por lo menos el 10 % de ellos tenga virus?

68. El cociente de inteligencia es una variable aleatoria con distribución $N(\mu = 100, \sigma = 16)$.

a) Calcula la probabilidad de que un individuo elegido al azar tenga un cociente superior a 115.

b) Si se escoge una muestra de 85 individuos, ¿cuántos se espera que tengan un cociente inferior a 95?

c) Si se sabe que una persona tiene un cociente superior a 100, calcula la probabilidad de que su cociente sea mayor de 120.

69. La anchura de las hojas de una especie de árbol sigue una distribución normal de media $\mu = 4$ cm. Además, se ha observado experimentalmente que la anchura del 90 % de las hojas es inferior a 5 cm.

a) Halla la desviación típica de la distribución.

b) Calcula la probabilidad de que la anchura de una hoja elegida al azar sea mayor de 6 cm.

c) ¿Cuál es la máxima anchura de las hojas que se encuentran entre el 30 % con menor anchura?

70. En la segunda vuelta de las elecciones presidenciales, el candidato *A* obtuvo el 52 % de los votos emitidos. El resto votó a otro candidato o lo hizo en blanco. Si de la población que ha participado en la votación se eligen al azar 2000 personas, calcula la probabilidad de que entre estos:

a) Más del 60 % haya votado al candidato *A*.

b) Menos de la mitad haya votado al candidato *A*.

c) Más del 60 % haya votado al candidato *A* si se sabe que por lo menos la mitad le votó.

71. Las calificaciones medias obtenidas por los estudiantes para acceder a una facultad siguen una distribución normal de media 6,5 y desviación típica 1,5. Si la nota de corte se estableció en 8,2.

a) ¿Cuál es el porcentaje de estudiantes que no pudo acceder a la facultad ese año?

b) Suponiendo que se presentaron 300 solicitudes, ¿Cuántos estudiantes con nota superior a 7,5 se quedaron sin plaza?

72. El nivel de colesterol total en sangre sigue una distribución normal de media 180 mg/dL y varianza 225 mg^2/dL^2. Si los valores del nivel de colesterol mayores de 200 mg/dL son perjudiciales para la salud debe iniciarse un tratamiento.

a) Elegidas al azar 200 personas, ¿cuál es el número esperado de personas que necesitarán tratamiento?

b) Elegida una persona al azar, ¿cuál es la probabilidad de que su nivel de colesterol sea inferior a 170 mg/dL, si se sabe que no precisa tratamiento?

c) Si la varianza se mantiene en su actual valor, calcula qué valor medio debe tener el nivel de colesterol para que solo el 5 % de la población deba seguir tratamiento médico.

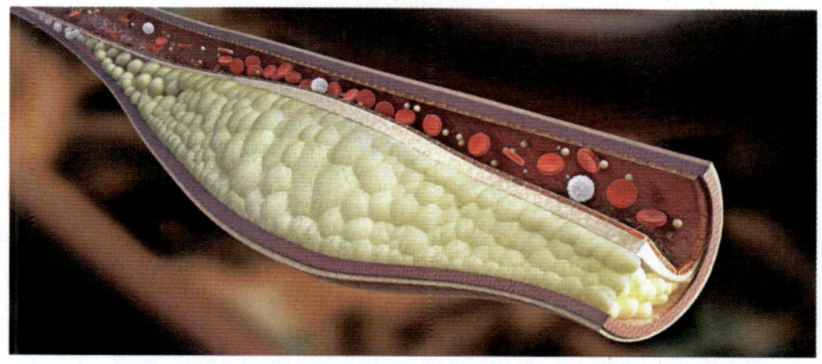

73. Las horas de vuelo útiles (en miles) de una determinada clase de aviones comerciales siguen una distribución normal, con media 200 y desviación típica 20.

a) Elegido un avión al azar, ¿cuál es la probabilidad de que su vida útil supere las 250 000 horas de vuelo?

b) Calcula un intervalo alrededor de 200 de tal manera que el 50 % de los aviones de esta clase tenga un número de horas de vuelo incluido en el intervalo.

c) ¿Cuántas horas de vuelo tendrá un avión que supere en horas de vuelo al 90 % de la flota?

74. Una empresa fabrica minas de grafito para portaminas cuya longitud sigue una distribución $N(\mu = 30, \sigma = 0,5)$ en mm. Otra empresa produce los envases para las minas con una longitud, en mm, que sigue una distribución $N(\mu = 32, \sigma = 0,4)$. Calcula el porcentaje de minas que no caben en el envase.

75. Una empresa dedica dos máquinas a producir largueros para cama de dos metros de largo. La máquina *A* produce la tercera parte de los largueros con una longitud que sigue una distribución normal $N(\mu = 200, \sigma = 1)$ en centímetros. La máquina *B* produce el resto de largueros cuya longitud sigue una distribución $N(\mu = 199, \sigma = 2)$ también en centímetros. De la producción total elegimos al azar un larguero, calcula la probabilidad de que:

a) Su longitud sea menor que 202 cm.

b) El larguero haya sido producido por la segunda máquina, si su la longitud es de 202 cm.

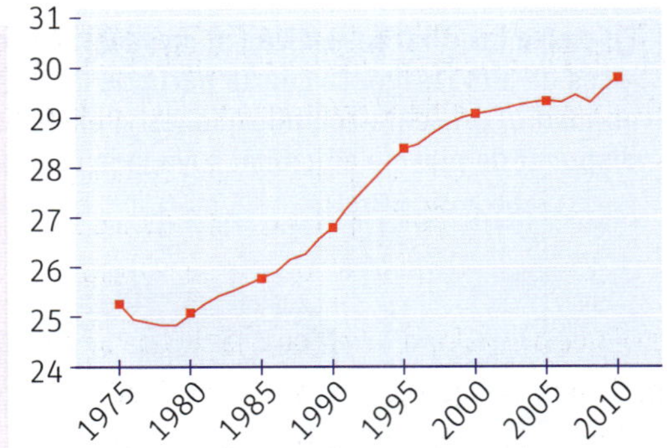

»» Probabilidad de que una mujer joven tenga hijos

Esteban ha leído, no sin cierta sorpresa, un estudio que afirma que en los países desarrollados las mujeres (y los hombres) tienen sus hijos cada vez más tarde. Es "raro" que las mujeres tengan hijos antes de los 30 años.

Está extrañado porque nunca se había parado a pensar que su madre, ya que él tiene 17 años y su madre 42, le había tenido con 25 años y a su hermana mayor con 23. Él a esa edad piensa estar todavía en la Universidad y de tener hijos... bueno, de eso, de momento mejor ni hablar.

Edad madre	Nacimientos (año actual)	Nacimientos (hace 17 años)
[15, 20)	35	20
[20, 25)	93	90
[25, 30)	174	232
[30, 35)	241	184
[35, 40)	122	45
[40, 45)	27	7
[45, 50)	2	0

Como le ha llamado la atención la diferencia de edades a la hora de tener hijos entre su madre y las madres actuales ha decidido investigar un poco para comprobar la veracidad del estudio y de paso poner a prueba lo que él cree son unos extensos conocimientos de estadística y probabilidad.

Ha recogido información del INE con el número de nacimientos (en miles) del primer hijo según la edad de la madre y ha dividido los datos en intervalos (clases) de 5 años, recogiendo el número de nacimientos en cada intervalo para el año en curso y el año en que nació. Y ha elaborado una tabla como la que se muestra.

Haz los cálculos que haría Esteban y comprueba si el estudio es cierto o no. Para ello tendrás que calcular la media de cada distribución.

¿Cuál era la probabilidad de que una mujer elegida al azar en España fuera madre ante de los 30 años hace 17 años? ¿Y cómo es esta probabilidad en la actualidad?

Para calcular las probabilidades pedidas con esta información, podrías ajustar los datos de las distribuciones de cada año a una distribución normal. ¿Sería adecuado? En caso afirmativo, ¿cuáles serían la media y desviación típica?

»» La fabricación de prendas de vestir y la distribución normal

Una empresa textil va a producir los pantalones de los uniformes de los 3000 empleados de unos grandes almacenes.

La empresa tiene el problema de decidir cuántos pantalones de cada talla debe producir. ¿Qué crees que necesita saber? ¿Cuáles son los datos que debe pedir a los responsables de los grandes almacenes?

Las medidas corporales suelen ajustarse de manera precisa mediante una distribución normal. Por ello, puedes suponer que la talla de los pantalones que se deben fabricar se puede ajustar por una distribución normal. Infórmate y asigna una talla media y una desviación típica.

Si las tallas van de la 32 a la 50, por ejemplo, ¿cuántos pantalones de cada talla debe fabricar la empresa?

Recuerda que los datos clave son la media, la desviación típica o varianza de la normal y el número de prendas que hay que fabricar.

Advertencia importante: La talla es una variable discreta: 32, 34, 36, etc... ¿Cómo se hace para ajustar una normal?

AUTOEVALUACIÓN

Comprueba qué has aprendido

1. Sea X una variable aleatoria con función de densidad

$$f(x)=\begin{cases} x & \text{si} \quad 0\le x<1 \\ k-x & \text{si} \quad 1\le x\le 2 \\ 0 & \text{en el resto} \end{cases}$$

a) Calcula el valor de k y dibuja la gráfica de $f(x)$.

b) Comprueba que es función de densidad.

c) Calcula la probabilidad $P(0{,}5<X\le 1{,}5)$.

2. El peso en kg de los bebés nacidos en una maternidad sigue una distribución $N(\mu=3,\ \sigma=0{,}2)$. ¿Cuál será el peso que tiene un bebé si es superior al peso del 90 % de los bebés?

3. En una gran urbanización, el consumo de energía eléctrica cada dos meses, en kW/h sigue una distribución normal de $N(\mu=60,\ \sigma=8)$. De la urbanización se elige un hogar al azar.

a) ¿Cuántos kW/h tendría que consumir para pertenecer al 5% que más consume?

b) ¿Qué proporción de hogares de la urbanización consume menos de 50 kW/h?

c) Si se sabe que el hogar supera la media de consumo, ¿cuál es la probabilidad de que lo supere en un 20 %?

4. Si $X\sim N(\mu,\ \sigma)$ y $Z\sim N(0,\ 1)$, calcula μ y σ sabiendo que $P(X\ge 8)=P(Z\ge 0{,}5)$ y que $P(X\ge 12)=P(Z\ge 1{,}5)$.

5. Un tirador olímpico de tiro con arco hace diana con el 70 % de sus flechas. Si en un concurso realiza 30 disparos:

a) ¿Cuál es el número esperado de dianas?

b) ¿Cuál es la probabilidad de que haga más de 25 dianas?

c) ¿Cuál es la probabilidad de que haga exactamente 21 dianas?

6. Expresa en términos de probabilidad el área sombreada de la figura, sabiendo que la distribución de probabilidad es normal y que su varianza es 4.

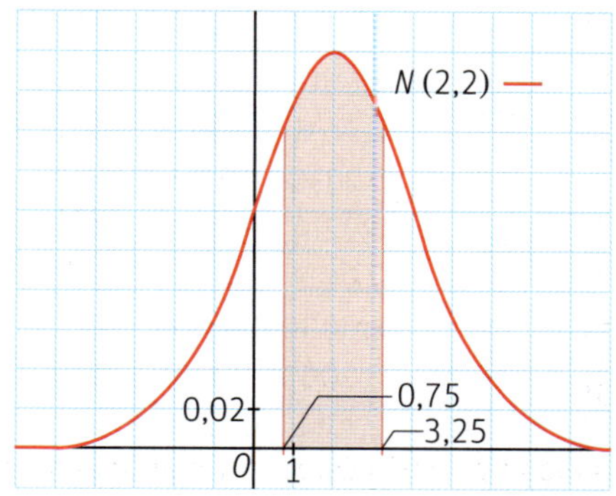

smSaviadigital.com VALORA LO APRENDIDO > Comprueba tus respuestas.

Relaciona y contesta

Elige la única respuesta correcta en cada caso

1. Si $f(x)=\begin{cases} x+c & 0\le x<1 \\ 0 & \text{en el resto} \end{cases}$, el valor de c para que f sea una función de densidad de una variable aleatoria es:

A. $c=0$ B. $c=1$ C. $c=-\frac{1}{2}$ D. $c=\frac{1}{2}$

2. La distribución normal con media $\mu=10$ y varianza $\sigma^2=8$ aproxima a la distribución binomial de parámetros:

A. $n=30,\ p=0{,}2$

B. $n=40,\ q=0{,}8$

C. $n=100,\ p=0{,}4$

D. $n=50,\ q=0{,}8$

3. Si X tiene una distribución $N(\mu,\ \sigma)$, en el intervalo $(-\sigma,\ \sigma)$ se encuentra el:

A. El 90 % de los valores de X.

B. El 65 % de los valores de X.

C. El 68 % de los valores de X.

D. Depende de los valores de σ.

Señala, en cada caso, las respuestas correctas

4. Los valores $x_1=3$ y $x_2=19$ de una variable aleatoria X con distribución normal se corresponden, respectivamente, con los valores tipificados $z_1=-1$ y $z_2=3$. Entonces X tiene una distribución normal con:

A. $\mu=7$ y $\sigma^2=16$

B. $\mu=6$ y $\sigma^2=4$

C. $\mu=7$ y $\sigma=4$

D. $\mu=6$ y $\sigma=16$

5. El porcentaje de observaciones que queda fuera del intervalo (0, 24) si una variable aleatoria tiene una distribución $X\sim N(\mu=12,\ \sigma=3)$ es:

A. 25 %

B. 75 %

C. 0 %

D. 50 %

Elige la relación correcta entre las dos afirmaciones dadas

6. Sea $X\sim \text{Bin}(n,p)$ e $Y\sim N(\mu,\ \sigma)$ con $\mu=np$ y $\sigma^2=np(1-p)$. Se consideran las siguientes afirmaciones:

1. La distribución de la variable Y aproxima a la de X.
2. En la distribución de X, n es grande y p no es muy pequeño.

A. $1\Leftrightarrow 2$

B. $1\Rightarrow 2$ pero $2\not\Rightarrow 1$

C. $2\Rightarrow 1$ pero $1\not\Rightarrow 2$

D. 1 y 2 son independientes una de otra.

Señala el dato innecesario para contestar

7. Para calcular la probabilidad $P(-\sigma<X<2\sigma)$ con $X\sim N(\mu=0,\ \sigma)$ es necesario conocer:

A. Solo μ

B. Solo σ

C. Tanto μ como σ

D. No hace falta conocer ningún dato.

DISTRIBUCIÓN BINOMIAL

$$P(X=k)=\binom{n}{k}p^k(1-p)^{n-k} \qquad k=0,1,2,\ldots,n$$

n	k \ p	0,01	0,05	0,10	0,15	0,20	0,25	0,30	0,33	0,35	0,40	0,45	0,49	0,50
2	0	0,9801	0,9025	0,8100	0,7225	0,6400	0,5625	0,4900	0,4444	0,4225	0,3600	0,3025	0,2601	0,2500
	1	0,0198	0,0950	0,1800	0,2550	0,3200	0,3750	0,4200	0,4444	0,4550	0,4800	0,4950	0,4998	0,5000
	2	0,0001	0,0025	0,0100	0,0225	0,0400	0,0625	0,0900	0,1111	0,1225	0,1600	0,2025	0,2401	0,2500
3	0	0,9703	0,8574	0,7290	0,6141	0,5120	0,4219	0,3430	0,2963	0,2746	0,2160	0,1664	0,1327	0,1250
	1	0,0294	0,1354	0,2430	0,3251	0,3840	0,4219	0,4410	0,4444	0,4436	0,4320	0,4084	0,3823	0,3750
	2	0,0003	0,0071	0,0270	0,0574	0,0960	0,1406	0,1890	0,2222	0,2389	0,2880	0,3341	0,3674	0,3750
	3	0,0000	0,0001	0,0010	0,0034	0,0080	0,0156	0,0270	0,0370	0,0429	0,0640	0,0911	0,1176	0,1250
4	0	0,9606	0,8145	0,6561	0,5220	0,4096	0,3164	0,2401	0,1975	0,1785	0,1296	0,0915	0,0677	0,0625
	1	0,0388	0,1715	0,2916	0,3685	0,4096	0,4219	0,4116	0,3951	0,3845	0,3456	0,2995	0,2600	0,2500
	2	0,0006	0,0135	0,0486	0,0975	0,1536	0,2109	0,2646	0,2963	0,3105	0,3456	0,3675	0,3747	0,3750
	3	0,0000	0,0005	0,0036	0,0115	0,0256	0,0469	0,0756	0,0988	0,1115	0,1536	0,2005	0,2400	0,2500
	4	0,0000	0,0000	0,0001	0,0005	0,0016	0,0039	0,0081	0,0123	0,0150	0,0256	0,0410	0,0576	0,0625
5	0	0,9510	0,7738	0,5905	0,4437	0,3277	0,2373	0,1681	0,1317	0,1160	0,0778	0,0503	0,0345	0,0313
	1	0,0480	0,2036	0,3281	0,3915	0,4096	0,3955	0,3602	0,3292	0,3124	0,2592	0,2059	0,1657	0,1563
	2	0,0010	0,0214	0,0729	0,1382	0,2048	0,2637	0,3087	0,3292	0,3364	0,3456	0,3369	0,3185	0,3125
	3	0,0000	0,0011	0,0081	0,0244	0,0512	0,0879	0,1323	0,1646	0,1811	0,2304	0,2757	0,3060	0,3125
	4	0,0000	0,0000	0,0005	0,0022	0,0064	0,0146	0,0284	0,0412	0,0488	0,0768	0,1128	0,1470	0,1563
	5	0,0000	0,0000	0,0000	0,0001	0,0003	0,0010	0,0024	0,0041	0,0053	0,0102	0,0185	0,0282	0,0313
6	0	0,9415	0,7351	0,5314	0,3771	0,2621	0,1780	0,1176	0,0878	0,0754	0,0467	0,0277	0,0176	0,0156
	1	0,0571	0,2321	0,3543	0,3993	0,3932	0,3560	0,3025	0,2634	0,2437	0,1866	0,1359	0,1014	0,0938
	2	0,0014	0,0305	0,0984	0,1762	0,2458	0,2966	0,3241	0,3292	0,3280	0,3110	0,2780	0,2436	0,2344
	3	0,0000	0,0021	0,0146	0,0415	0,0819	0,1318	0,1852	0,2195	0,2355	0,2765	0,3032	0,3121	0,3125
	4	0,0000	0,0001	0,0012	0,0055	0,0154	0,0330	0,0595	0,0823	0,0951	0,1382	0,1861	0,2249	0,2344
	5	0,0000	0,0000	0,0001	0,0004	0,0015	0,0044	0,0102	0,0165	0,0205	0,0369	0,0609	0,0864	0,0938
	6	0,0000	0,0000	0,0000	0,0000	0,0001	0,0002	0,0007	0,0014	0,0018	0,0041	0,0083	0,0138	0,0156
7	0	0,9321	0,6983	0,4783	0,3206	0,2097	0,1335	0,0824	0,0585	0,0490	0,0280	0,0152	0,0090	0,0078
	1	0,0659	0,2573	0,3720	0,3960	0,3670	0,3115	0,2471	0,2048	0,1848	0,1306	0,0872	0,0604	0,0547
	2	0,0020	0,0406	0,1240	0,2097	0,2753	0,3115	0,3177	0,3073	0,2985	0,2613	0,2140	0,1740	0,1641
	3	0,0000	0,0036	0,0230	0,0617	0,1147	0,1730	0,2269	0,2561	0,2679	0,2903	0,2918	0,2786	0,2734
	4	0,0000	0,0002	0,0026	0,0109	0,0287	0,0577	0,0972	0,1280	0,1442	0,1935	0,2388	0,2676	0,2734
	5	0,0000	0,0000	0,0002	0,0012	0,0043	0,0115	0,0250	0,0384	0,0466	0,0774	0,1172	0,1543	0,1641
	6	0,0000	0,0000	0,0000	0,0001	0,0004	0,0013	0,0036	0,0064	0,0084	0,0172	0,0320	0,0494	0,0547
	7	0,0000	0,0000	0,0000	0,0000	0,0000	0,0001	0,0002	0,0005	0,0006	0,0016	0,0037	0,0068	0,0078
8	0	0,9227	0,6634	0,4305	0,2725	0,1678	0,1001	0,0576	0,0390	0,0319	0,0168	0,0084	0,0046	0,0039
	1	0,0746	0,2793	0,3826	0,3847	0,3355	0,2670	0,1977	0,1561	0,1373	0,0896	0,0548	0,0352	0,0313
	2	0,0026	0,0515	0,1488	0,2376	0,2936	0,3115	0,2965	0,2731	0,2587	0,2090	0,1569	0,1183	0,1094
	3	0,0001	0,0054	0,0331	0,0839	0,1468	0,2076	0,2541	0,2731	0,2786	0,2787	0,2568	0,2273	0,2188
	4	0,0000	0,0004	0,0046	0,0185	0,0459	0,0865	0,1361	0,1707	0,1875	0,2322	0,2627	0,2730	0,2734
	5	0,0000	0,0000	0,0004	0,0026	0,0092	0,0231	0,0467	0,0683	0,0808	0,1239	0,1719	0,2098	0,2188
	6	0,0000	0,0000	0,0000	0,0002	0,0011	0,0038	0,0100	0,0171	0,0217	0,0413	0,0703	0,1008	0,1094
	7	0,0000	0,0000	0,0000	0,0000	0,0001	0,0004	0,0012	0,0024	0,0033	0,0079	0,0164	0,0277	0,0313
	8	0,0000	0,0000	0,0000	0,0000	0,0000	0,0000	0,0001	0,0002	0,0002	0,0007	0,0017	0,0033	0,0039
9	0	0,9135	0,6302	0,3874	0,2316	0,1342	0,0751	0,0404	0,0260	0,0207	0,0101	0,0046	0,0023	0,0020
	1	0,0830	0,2985	0,3874	0,3679	0,3020	0,2253	0,1556	0,1171	0,1004	0,0605	0,0339	0,0202	0,0176
	2	0,0034	0,0629	0,1722	0,2597	0,3020	0,3003	0,2668	0,2341	0,2162	0,1612	0,1110	0,0776	0,0703
	3	0,0001	0,0077	0,0446	0,1069	0,1762	0,2336	0,2668	0,2731	0,2716	0,2508	0,2119	0,1739	0,1641
	4	0,0000	0,0006	0,0074	0,0283	0,0661	0,1168	0,1715	0,2048	0,2194	0,2508	0,2600	0,2506	0,2461
	5	0,0000	0,0000	0,0008	0,0050	0,0165	0,0389	0,0735	0,1024	0,1181	0,1672	0,2128	0,2408	0,2461
	6	0,0000	0,0000	0,0001	0,0006	0,0028	0,0087	0,0210	0,0341	0,0424	0,0743	0,1160	0,1542	0,1641
	7	0,0000	0,0000	0,0000	0,0000	0,0003	0,0012	0,0039	0,0073	0,0098	0,0212	0,0407	0,0635	0,0703
	8	0,0000	0,0000	0,0000	0,0000	0,0000	0,0001	0,0004	0,0009	0,0013	0,0035	0,0083	0,0153	0,0176
	9	0,0000	0,0000	0,0000	0,0000	0,0000	0,0000	0,0000	0,0001	0,0001	0,0003	0,0008	0,0016	0,0020

DISTRIBUCIÓN NORMAL $N(0, 1)$

$$\varphi(z) = \frac{1}{\sqrt{2\pi}} e^{-\frac{z^2}{2}} \qquad -\infty < z < +\infty$$

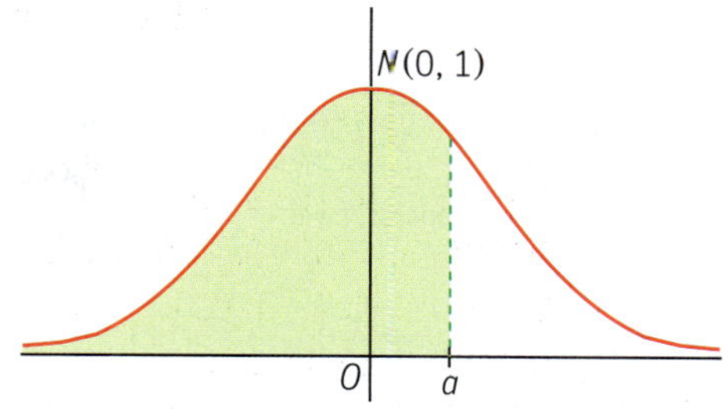

$\Phi(z) = P(Z \leq z)$

x	0,00	0,01	0,02	0,03	0,04	0,05	0,06	0,07	0,08	0,09
0,0	0,5000	0,5040	0,5080	0,5120	0,5160	0,5199	0,5239	0,5279	0,5319	0,5359
0,1	0,5398	0,5438	0,5478	0,5517	0,5557	0,5596	0,5636	0,5675	0,5714	0,5753
0,2	0,5793	0,5832	0,5871	0,5910	0,5948	0,5987	0,6026	0,6064	0,6103	0,6141
0,3	0,6179	0,6217	0,6255	0,6293	0,6331	0,6368	0,6406	0,6443	0,6480	0,6517
0,4	0,6554	0,6591	0,6628	0,6664	0,6700	0,6736	0,6772	0,6808	0,6844	0,6879
0,5	0,6915	0,6950	0,6985	0,7019	0,7054	0,7088	0,7123	0,7157	0,7190	0,7224
0,6	0,7257	0,7291	0,7324	0,7357	0,7389	0,7422	0,7454	0,7486	0,7517	0,7549
0,7	0,7580	0,7611	0,7642	0,7673	0,7704	0,7734	0,7764	0,7794	0,7823	0,7852
0,8	0,7881	0,7910	0,7939	0,7967	0,7995	0,8023	0,8051	0,8078	0,8106	0,8133
0,9	0,8159	0,8186	0,8212	0,8238	0,8264	0,8289	0,8315	0,8340	0,8365	0,8389
1,0	0,8413	0,8438	0,8461	0,8485	0,8508	0,8531	0,8554	0,8577	0,8599	0,8621
1,1	0,8643	0,8665	0,8686	0,8708	0,8729	0,8749	0,8770	0,8790	0,8810	0,8830
1,2	0,8849	0,8869	0,8888	0,8907	0,8925	0,8944	0,8962	0,8980	0,8997	0,9015
1,3	0,9032	0,9049	0,9066	0,9082	0,9099	0,9115	0,9131	0,9147	0,9162	0,9177
1,4	0,9192	0,9207	0,9222	0,9236	0,9251	0,9265	0,9279	0,9292	0,9306	0,9319
1,5	0,9332	0,9345	0,9357	0,9370	0,9382	0,9394	0,9406	0,9418	0,9429	0,9441
1,6	0,9452	0,9463	0,9474	0,9484	0,9495	0,9505	0,9515	0,9525	0,9535	0,9545
1,7	0,9554	0,9564	0,9573	0,9582	0,9591	0,9599	0,9608	0,9616	0,9625	0,9633
1,8	0,9641	0,9649	0,9656	0,9664	0,9671	0,9678	0,9686	0,9693	0,9699	0,9706
1,9	0,9713	0,9719	0,9726	0,9732	0,9738	0,9744	0,9750	0,9756	0,9761	0,9767
2,0	0,9772	0,9778	0,9783	0,9788	0,9793	0,9798	0,9803	0,9808	0,9812	0,9817
2,1	0,9821	0,9826	0,9830	0,9834	0,9838	0,9842	0,9846	0,9850	0,9854	0,9857
2,2	0,9861	0,9864	0,9868	0,9871	0,9875	0,9878	0,9881	0,9884	0,9887	0,9890
2,3	0,9893	0,9896	0,9898	0,9901	0,9904	0,9906	0,9909	0,9911	0,9913	0,9916
2,4	0,9918	0,9920	0,9922	0,9925	0,9927	0,9929	0,9931	0,9932	0,9934	0,9936
2,5	0,9938	0,9940	0,9941	0,9943	0,9945	0,9946	0,9948	0,9949	0,9951	0,9952
2,6	0,9953	0,9955	0,9956	0,9957	0,9959	0,9960	0,9961	0,9962	0,9963	0,9964
2,7	0,9965	0,9966	0,9967	0,9968	0,9969	0,9970	0,9971	0,9972	0,9973	0,9974
2,8	0,9974	0,9975	0,9976	0,9977	0,9977	0,9978	0,9979	0,9979	0,9980	0,9981
2,9	0,9981	0,9982	0,9982	0,9983	0,9984	0,9984	0,9985	0,9985	0,9986	0,9986
3,0	0,9987	0,9987	0,9987	0,9988	0,9988	0,9989	0,9989	0,9989	0,9990	0,9990
3,1	0,9990	0,9991	0,9991	0,9991	0,9992	0,9992	0,9992	0,9992	0,9993	0,9993
3,2	0,9993	0,9993	0,9994	0,9994	0,9994	0,9994	0,9994	0,9995	0,9995	0,9995
3,3	0,9995	0,9995	0,9995	0,9996	0,9996	0,9996	0,9996	0,9996	0,9996	0,9997
3,4	0,9997	0,9997	0,9997	0,9997	0,9997	0,9997	0,9997	0,9997	0,9997	0,9998
3,5	0,9998	0,9998	0,9998	0,9998	0,9998	0,9998	0,9998	0,9998	0,9998	0,9998
3,6	0,9998	0,9998	0,9999	0,9999	0,9999	0,9999	0,9999	0,9999	0,9999	0,9999
3,7	0,9999	0,9999	0,9999	0,9999	0,9999	0,9999	0,9999	0,9999	0,9999	0,9999
3,8	0,9999	0,9999	0,9999	0,9999	0,9999	0,9999	0,9999	0,9999	0,9999	0,9999
3,9	1,0000	1,0000	1,0000	1,0000	1,0000	1,0000	1,0000	1,0000	1,0000	1,0000
4,0	1,0000	1,0000	1,0000	1,0000	1,0000	1,0000	1,0000	1,0000	1,0000	1,0000

SOLUCIONES

Unidad 1

3. a) 0,92 b) $1,8\overset{\frown}{3}$ c) $1,\overset{\frown}{6}$ d) $\frac{410}{9}$ e) $\frac{2032}{45}$

4. Racionales: a, b, e y f. Irracionales: c y d

5. $x=\frac{5}{2}$ y $x=\frac{13}{2}$

6. 4545 usan la bicicleta.

8.

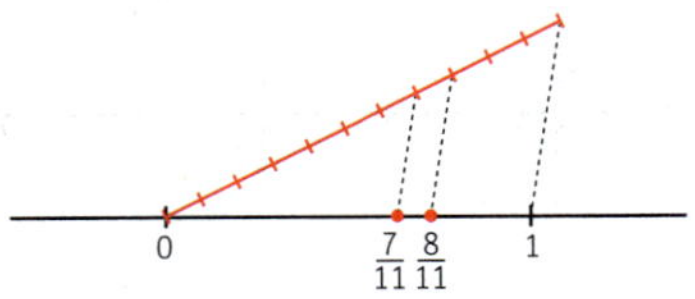

9.

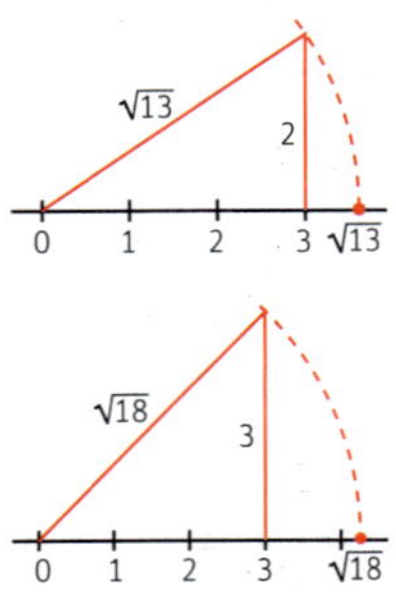

10. $\sqrt{10}$ y $\sqrt{11}$

12. a) Defecto: 1,71; 1,714; 1,7142
Exceso: 1,72; 1,715; 1,7143
Redondeo: 1,71; 1,714; 1,7143
b) Defecto: 1,55; 1,553; 1,5537
Exceso: 1,56; 1,554; 1,5538
Redondeo: 1,55; 1,554; 1,5538
c) Defecto: 1,61; 1,618; 1,6180
Exceso: 1,62; 1,619; 1,6181
Redondeo: 1,62; 1,618; 1,6180

13. 0,006

14. $E_r=0{,}000013$; cota: 0,0013 %

17. $-1{,}707<2a+3b-5<-1{,}702$

18.

	Defecto		Exceso	
$\sqrt{3}\sqrt{2}$	2,059	2,0597	2,060	2,0598
$1+2\sqrt{3}$	4,464	4,4641	4,465	4,4642
Suma	6,523	6,5238	6,524	6,5239
Resta	−2,405	−2,4044	−2,404	−2,4043
Prod.	9,195	9,1950	9,196	9,1951
Cocien.	0,461	0,4614	0,462	0,4615

19. a) $\sqrt{3}$ b) 3345 €

20. a) $\frac{1}{2^{10}\cdot 3^{85}}$ b) $\frac{3^2}{2^8}$

21. a) Verdadera b) Verdadera

22. a) $-\frac{43}{8}$ b) $\frac{7}{125}$ c) 0 d) $a^{-\frac{59}{15}}$

25. a) $6\sqrt{6}$ b) $\frac{4}{5}\sqrt[3]{5}$ c) $2\sqrt[15]{2^4\cdot 7^6}$ d) $\frac{\sqrt[4]{3}}{2}$ e) $\frac{\sqrt{6}}{2}$ f) $\frac{\sqrt[12]{2^7}}{2}$

26. a) $\sqrt[3]{2^2}$ b) 2^{20} c) $\sqrt[16]{2^3}$

27. a) $2^4\cdot 3^2\cdot 5^3\sqrt{3\cdot 5}$
b) $ab^4c^2\sqrt[3]{a^2c}$
c) $\frac{2\cdot 3^2}{5^4}\sqrt[5]{2\cdot 3^2}$

28. a) $-4\sqrt[3]{3}+3\sqrt{2}$ b) $\frac{47}{10}\sqrt{2}$ c) $61\sqrt{2}$ d) $a(2a-3)\sqrt{5}$

29. a) $16\sqrt{5}$ b) $\frac{\sqrt[30]{2^7}}{4}$ c) $30\sqrt{3}$

30. a) $\sqrt{3}$ b) $\frac{\sqrt[5]{3}}{5}$ c) $\frac{2-4\sqrt{3}}{-11}$ d) $5\sqrt{3}+\sqrt{2}$

33. a) $A\cup B=(-1,5]$ $A\cap B=[0,4)$
b) $A\cup B=(-\infty,+\infty)$ $A\cap B=(2,3]$

34. a) $E(4, 6)$ b) No se puede. c) No se puede. d) $E(0, a)$

35. a) $E(0, 5)$ b) $E(-2, 4)$

36. a) $(0, 4)$ b) $(-\infty,-4]\cup[-2,+\infty)$ c) $[-3,1]$

38. a) $8\cdot 10^{-8}$ b) $2\cdot 10^{-10}$ c) $3{,}8\cdot 10^{-219}$ d) $3{,}344\cdot 10^{23}$

39. a) 7528,2 b) 344,13

40. a) 4 b) 3 c) 8

41. 18 323 m^2

Unidad 2

6. a) $\frac{1}{3}$ b) $\frac{1}{2}$ c) −2 d) $\frac{1}{3}$ e) $-\frac{3}{8}$ f) 6 g) 2 h) −1 i) −2

7. a) 343 b) $\sqrt[3]{7}$ c) $\frac{1}{343}$ d) $\sqrt[4]{7}$

8. $\log 2+2\log x+3\log y-2\log z$

9. a) 1,079 b) 1,176 c) −2,158

10. a) 2,771 b) −0,540 c) 5,360

14. 219 082,50 € 200 000 €

15. 43,75 % 12 mujeres más 39 mujeres más

17. a) $a_1=13\,125$ $a_3=14\,470{,}31$
$a_2=13\,781{,}25$ $a_4=15\,193{,}83$
b) $a_n=13\,125\cdot 1{,}05^{n-1}$
c) $S_{10}=165\,084{,}84$

18. a) $r=-\frac{1}{2}$ $a_7=\frac{1}{32}$ $S_{10}=\frac{341}{256}$
b) $r=1+r$ $a_7=20\,(1+r)^6$
c) $S_{10}=\frac{20(1+r)^{10}-20}{r}$

19. a) $r=1{,}025$ $a_n=120\cdot 1{,}025^{n-1}$
b) $S_{10}=1344{,}41$
c) 14 términos $S_{14}=1982{,}27$

23. a) 540 € b) 675 € c) 810 €

24. 2750 €

25. 5 años

26. $r=1{,}5$ %

29. $C_i=5000$ €

30. $C_f=2692{,}84$ €

33. $C_f=33\,098{,}23$ €

34. 6,69 años, es decir, durante 7 años

36. Más ventajosa la modalidad *B*

37. 17 156,54 € 10 701,54 €

38. a) 4,0742 % b) 4,0604 % c) 4,04 %

39. IDH = 0,860

40. Base 1980: 1980: 100; 1990: 130,99;
2000: 156,61; 2010: 236,17
Base 2000: 1980: 63,85; 1990: 83,64;
2000: 100; 2010: 150,80

Unidad 3

4. a) Grado 4 Coeficientes: −2,0,0,0,32
$P(3)=-130$ $P(-5)=-1218$
b) Grado 3 Coeficientes: 2, 0, 1, 30
$Q(3)=87$ $Q(-5)=-225$
c) Grado 2
Coeficientes: $\frac{1}{3}$, −5, $\frac{1}{6}$
$R(3)=-\frac{71}{6}$ $R(-5)=\frac{67}{2}$
d) Grado 3 Coeficientes: −2, −1, 3, 0
$S(3)=-54$ $S(-5)=210$

5. a) $4x^3+5x^2+3x-4$ b) $\frac{33}{2}x^3+3x^2+30x-20$

6. $\frac{1}{2}$ y −3

7. a) $B(x)=-\frac{3}{20}x^2+4x+30$
b) $B(x)=-\frac{1}{5}x^2+5x+40$

12. a) $-6x^3+13x^2-21x+10$
b) $3x^5-3x^4+4x^3+2x^2+8$
c) $12x^5+16x^4-51x^3-2x^2+21x$

13. $a^3-3a^2b+3ab^2-b^3$

14. a) $-6x^2+11x+12$
b) $-36x^3+15x^2-28x-3$
c) $12x^4-4x^3-41x^2+4x+25$

15. $(a-2b)(2x-3y)$

17. a) $-4x^2$; monomio c) $-3y^2$; monomio

b) $3x^3z$; monomio d) $\dfrac{4a^3}{b^3c^2d}$; no monomio

18. a) Cociente: $3x^3-6x^2+10x-21$. Resto: 46

b) Cociente: $\dfrac{x^3}{2}+1$. Resto: x^2-x+8

21. a) Cociente: $2x^3-5x^2+7x-12$. Resto: 15

b) Cociente: $2x^4+6x^3+17x^2+51x+155$
Resto: 464

c) Cociente: $2x^3-4x^2+5x-2$. Resto: 16

d) Cociente: $5x^4-15x^3+40x^2-120x+365$
Resto: -1100

e) Cociente: $a+2b$. Resto: $3b^2$

22. a) Cociente: $x^4-\dfrac{x^3}{4}+\dfrac{x^2}{16}-\dfrac{x}{64}-\dfrac{255}{256}$

Resto: $\dfrac{2303}{1024}$

b) Cociente: $4x^2+\dfrac{16}{3}x+8$. Resto: $\dfrac{49}{4}$

26. 7,642

27. $m=2$

28. $k=9$

29. $k=-4$

32. a) $(x-1)^2(x+1)(x-3)$; 1, −1, 3

b) $x(3x+2)^2$; 0, $-\dfrac{2}{3}$

c) $x^2(x-2)(x+2)(x^2+4)$; 0, 2, −2

d) $(x-2)(x+1)(x-3)$; 2, −1, 3

e) $(x+1)(2x+1)(3x+1)$; −1, $-\dfrac{1}{2}$, $-\dfrac{1}{3}$

f) $(x-1)(x+2)(2x+3)$; 1, −2, $-\dfrac{3}{2}$

g) $(x-1)(x-2)(x^2+1)$; 1, 2

h) $x^4(x-3)(x+3)$; 0, 3, −3

33. a) m.c.d. = $(x-1)(x+1)$
m.c.m. = $(x-1)^2(x+1)^2(x+3)(x-3)$

b) m.c.d. = x m.c.m. = $x(x-1)^2$

37. $B(x)=\dfrac{\cancel{(x+1)}(x^3+2)}{\cancel{(x+1)}(x^2+5x-3)}=A(x)$

38. a) $x-1$; para $x=2$ su valor numérico es 1.

b) $\dfrac{x+3}{x-2}$; para $x=2$ no tiene valor numérico.

39. a) $\dfrac{ab+a-ab^2}{b^2}$ c) x^2y-xy^2

b) $\dfrac{10x+12}{x^2-4}$ d) $\dfrac{1}{x+a}$

40. a) $\dfrac{3x+2}{2x+1}$ b) $\dfrac{2x^2+2x+1}{x^2+x+1}$

41. $\dfrac{1400x^2-15\cdot10^6-20000x}{x^2-10^4}$

44. $S(x)=2000-4x^2$; $V(x)=4x^3-180x^2+2000x$

45. $I(x,y,z)=\dfrac{x+2y+2z}{5}$; $I(65, 80, 92)=81{,}8$ %

46. a) $B(x)=5x-2200$ $B(650)=1050$

b) $B(x)=3{,}56x-2200$ $B(650)=114$

Unidad 4

3. a) $x_1=-3$ $x_2=\dfrac{1}{2}$

b) $x_1=-2$ $x_2=-7$

c) $x_1=\dfrac{2}{5}$ $x_2=-\dfrac{1}{6}$

4. a) $x_1=0$ $x_2=-6$

b) $x_1=\dfrac{5}{4}$ $x_2=-\dfrac{5}{4}$

c) $x_1=0$ $x_2=\dfrac{7}{5}$

5. a) Ninguna solución c) 2 soluciones
b) 1 solución d) 1 solución

6. Respuesta abierta, por ejemplo: $x^2+3x-28=0$

9. a) $x_1=2$ $x_2=-2$ $x_3=4$ $x_4=-4$
b) $x_1=2$ $x_2=-2$
c) Ninguna solución

10. a) $x_1=1$ $x_2=4$

b) $x_1=1$ $x_2=-2$ $x_3=\dfrac{1}{3}$ $x_4=-\dfrac{3}{2}$

c) $x_1=2$ $x_2=-7$ $x_3=5$

d) $x_1=1$ $x_2=-2$ $x_3=\dfrac{1}{2}$ $x_4=-\dfrac{3}{4}$

12. a) $x_1=-1$ $x_2=-2$ c) $x_1=2$ $x_2=-\dfrac{4}{3}$

b) $x_1=8$ $x_2=\dfrac{32}{7}$ d) $x_1=-1$ $x_2=\dfrac{7}{5}$

13. a) $x=-1$ c) Ninguna solución
b) $x=0$ d) $x_1=-6$ $x_2=0$ $x_3=4$

17. a) $x=7$ d) $x=2$

b) $x=\dfrac{3}{2}$ e) $x=5$

c) $x=\dfrac{247}{9}$ f) $x_1=3$ $x_2=-3$

18. a) $x_1=1$ $x_2=9$ c) $x=4$
b) $x=1$ d) $x=7$

23. a) $x=\dfrac{1}{2}$ b) $x=2{,}2059$ c) Ninguna solución

24. $x=5$

25. $x=6$

29. a) $x=1$ b) $x=5$ c) $x=0$, $x=\dfrac{1}{2}$ d) $x=9$

30. a) $x=1$ c) $x_1=1$ $x_2=2$
b) $x=2$ d) No tiene.

33. a) Sistema no lineal; incógnitas: x, y
1.ª ecuación: coeficientes: 2, 1
término independiente: 3
2.ª ecuación: coeficientes: 1, 3
término independiente: 4
3.ª ecuación: coeficientes: 2, 5
término independiente: 6
b) Sistema lineal; incógnitas: x, y, z
1.ª ecuación: coeficientes: 1, 1, 0
término independiente: 1
2.ª ecuación: coeficientes: 0, 1, 1
término independiente: 2
3.ª ecuación: coeficientes: 1, 0, 2
término independiente: 0

34. a) No es solución del sistema.
b) Sí es solución del sistema.

40. a) $x=2$, $y=1$ c) Infinitas soluciones

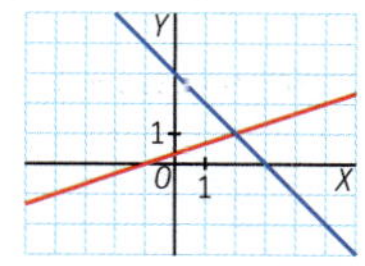

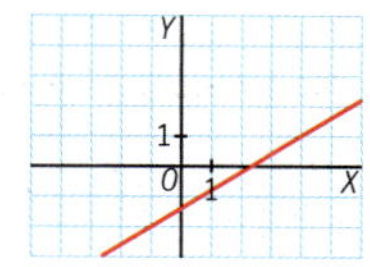

b) $x=0$, $y=2$ d) $x=6$, $y=2$

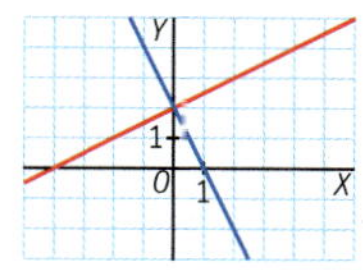

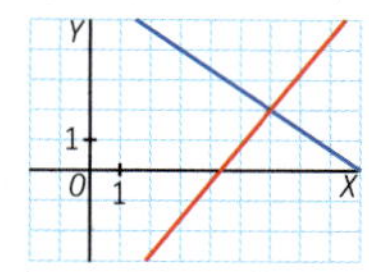

41. a) $x_1=5$, $y_1=-2$ $x_2=\dfrac{17}{6}$, $y_2=\dfrac{7}{3}$

b) $x_1=4$, $y_1=0$ $x_2=-4$, $y_2=0$

c) $x_1=1$, $y_1=3$ $x_2=\dfrac{13}{3}$, $y_2=-\dfrac{1}{3}$

d) $x_1=2$, $y_1=3$ $x_2=-2$, $y_2=-3$
$x_3=3$, $y_3=2$ $x_4=-3$, $y_4=-2$

45. a) S.C.D.; $x=-2$, $y=3$, $z=1$

b) S.C.D.; $x=4$, $y=1$, $z=-2$

c) S.C.D.; $x=\dfrac{25}{36}$, $y=\dfrac{1}{36}$, $z=\dfrac{3}{2}$

d) S.C.D.; $x=2$, $y=-3$, $z=0$

e) S.I.; ninguna solución

f) S.C.I.; $x=t+2$, $y=3t-1$, $z=t$

g) S.C.D.; $x=1$, $y=-1$, $z=1$

h) S.C.D.; $x=\dfrac{1}{2}$, $y=0$, $z=\dfrac{1}{2}$

46. $x=\dfrac{1}{2}$, $y=\dfrac{1}{3}$, $z=\dfrac{1}{5}$

47. 12, 15 y 17 años

49. a) El equilibrio se alcanza con $p=50$ €.
b) 250 unidades

50. a) 0,75 % b) −0,1 % c) 0 %

Unidad 5

4. a) $\dfrac{27}{10}<\dfrac{68}{25}<\dfrac{11}{4}<\dfrac{14}{5}$

b) $0{,}12=\dfrac{3}{25}<\dfrac{11}{90}=0{,}1\widehat{2}$

5. a) Sí pertenece a la solución.
b) No pertenece a la solución.

6. a) $[-10,+\infty)$

b) No tiene solución.

c) $(-\infty,2)$

d) $[1,+\infty)$

8. a) $\mathbb{R}$

b) $(-\infty,-2)\cup(2,+\infty)$

c) No tiene solución.

d) $(-\infty,-2]\cup[0,+\infty)$

e) $(-3,0)$

f) No tiene solución.

9. a) $(-\infty, -3) \cup (0, +\infty)$

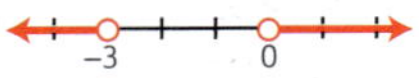

b) $\left[-\frac{1}{2}, 2\right]$

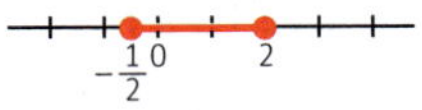

c) $\left(-\infty, -\frac{8}{3}\right] \cup [2, +\infty)$

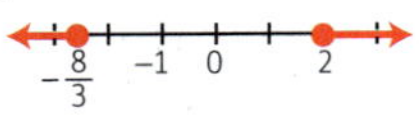

10. a) $[-1, 3] \cup [5, +\infty)$

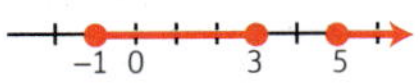

b) $(-\infty, 1)$

c) $[-4, -1] \cup [1, 4]$

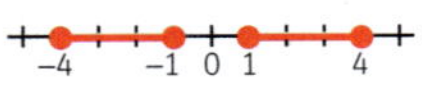

11. a) $(-\infty, -1)$

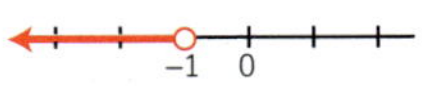

b) $(-\infty, -2) \cup [-1, 1) \cup [2, +\infty)$

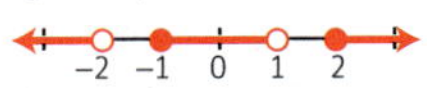

c) $\mathbb{R} - \{1\}$

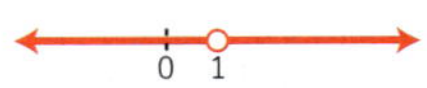

18. a) $[-1, 1)$

b) No tiene solución.

c) $[-14, 0)$

d) $\left(-\frac{1}{3}, \frac{11}{3}\right)$

19. a) $(-\infty, -3) \cup [3, \infty)$

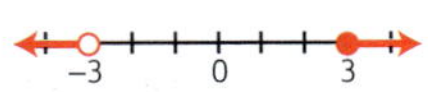

b) $\left(-\frac{1}{2}, 1\right]$

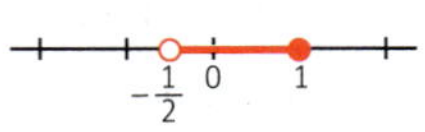

21. a)

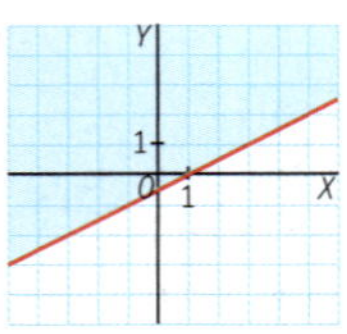

b)

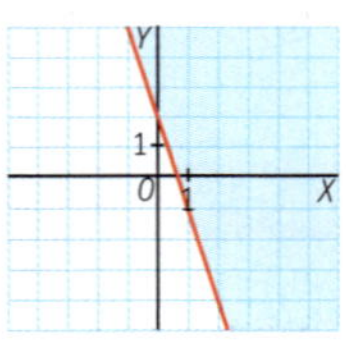

c)

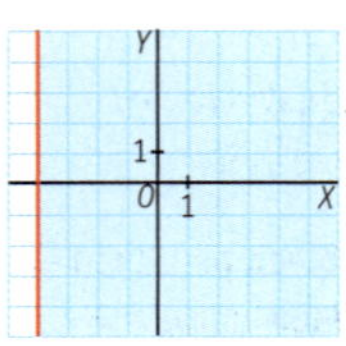

d)

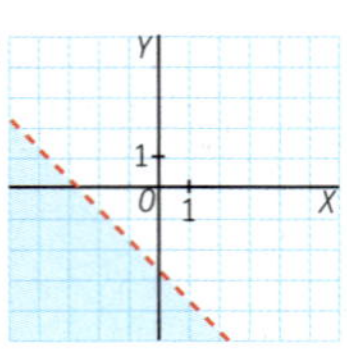

22. a) $x < 3$

b) $y < x - 1$

23. a) $\begin{cases} x < 0 \\ y > 0 \end{cases}$

b) $\begin{cases} y > 0 \\ y > x \end{cases}$

24. a)

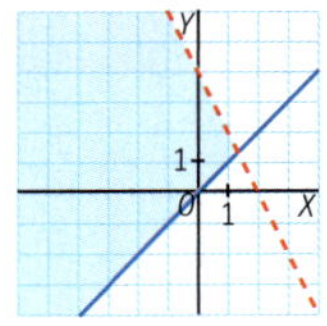

c)

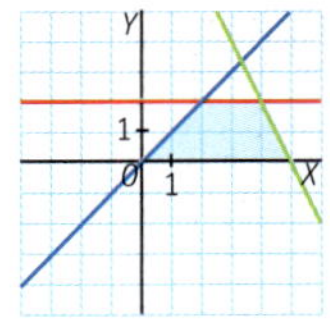

b)

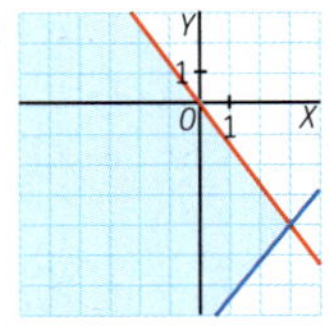

27. Entre 45 225 y 46 230 habitantes

28.

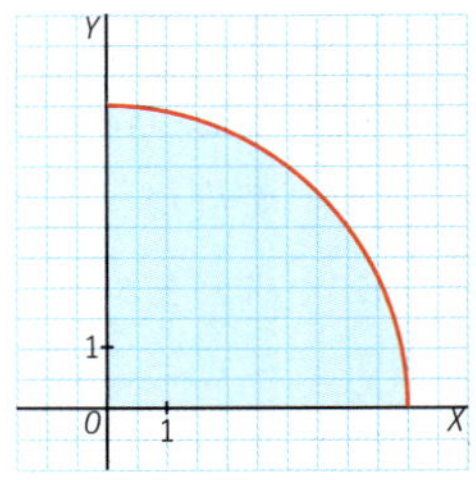

29. $\begin{cases} 8x + 3y \le 126 \\ x + 3y \le 42 \\ x \ge y \\ x \ge 0 \\ y \ge 0 \end{cases}$

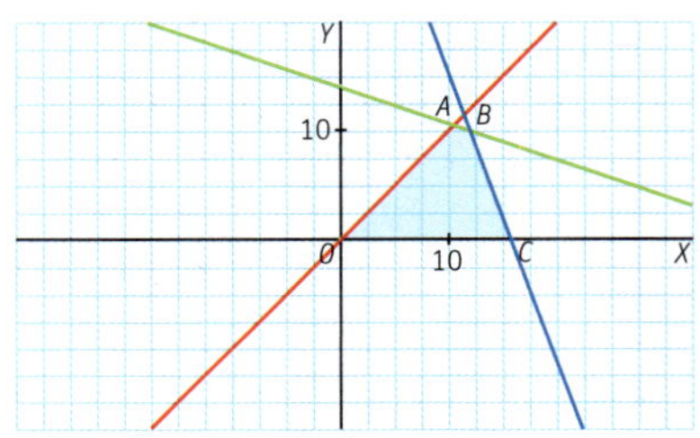

30. $\begin{cases} x^2 + y^2 < 36 \\ x < 2y \end{cases}$

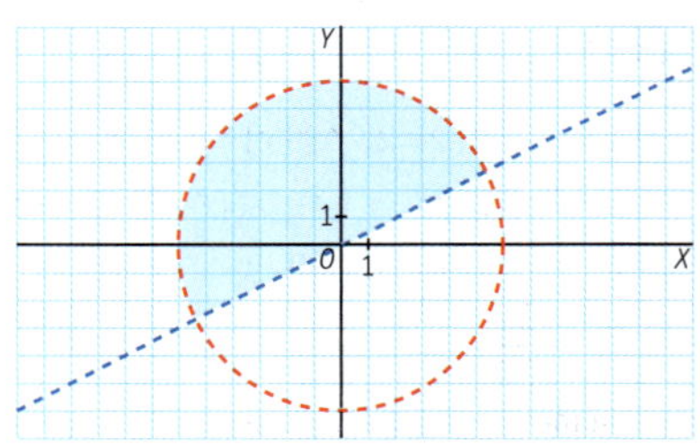

31. $\begin{cases} y < -x^2 + 3x + 18 \\ y > 11 \end{cases}$

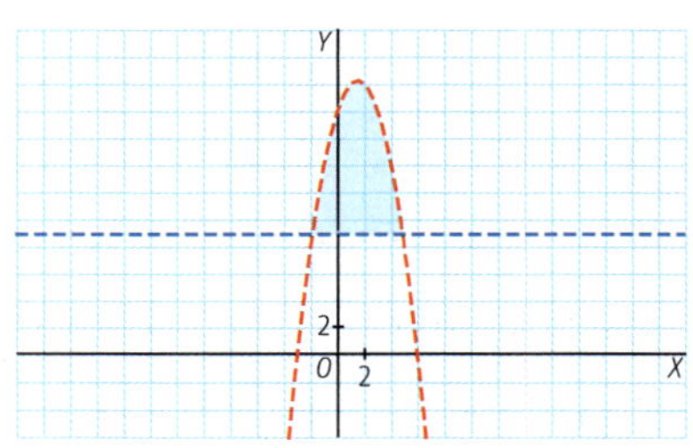

Unidad 6

2. a) $D(f) = \mathbb{R}$

b) $D(g) = \mathbb{R} - \{-3, 1\}$

c) $D(h) = [-2, +\infty)$

3.

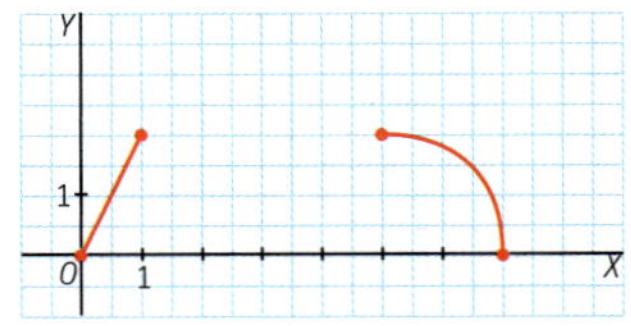

4. a) $D(f) = \mathbb{R}$ $\quad R(f) = [-3, +\infty)$

b) $D(g) = \mathbb{R}$ $\quad R(g) = [1, 3]$

6. $C(t) = \begin{cases} 2 & \text{si } t \le 60 \text{ min} \\ 2 + 0{,}5\left[\text{ent}\left(\frac{t}{30}\right) - 1\right] & \text{si } t > 60 \text{ min} \end{cases}$

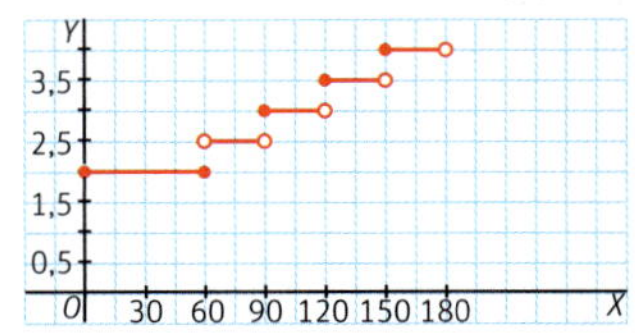

7. a) $f(-2) = -2$; $f(-1) = 1$; $f(0) = 0$; $f(1) = 1$; $f(2) = 2$

b) $f(-2) = -\frac{3}{2}$; $f(-1) = -1$; $f(0) = -1$; $f(1)$ no está definida; $f(2) = 3$

8. $f(x) = \begin{cases} -2x - 5 & \text{si } x < -5 \\ 5 & \text{si } x > -5 \end{cases}$

9. a) $f(x) = \begin{cases} x & \text{si } x < 0 \\ 2x & \text{si } x \ge 0 \end{cases}$

b) $f(x) = \begin{cases} 3 & \text{si } x \le -1 \\ -2x + 3 & \text{si } -1 < x \le 2 \\ x + 1 & \text{si } x > 2 \end{cases}$

11. a)

$D(f + g) = \mathbb{R} - \{-3, 3\}$

b) $(f - h)(x) = \frac{x - 1}{x + 3} - \sqrt{x - 1}$

$D(f - h) = [1, +\infty)$

c) $[(f + h) \cdot g](x) = \left(\frac{x - 1}{x + 3} + \sqrt{x - 1}\right) \cdot \frac{2}{x^2 - 9}$

$D[(f + h) \cdot g] = [1, 3) \cup (3, +\infty)$

d) $\left(\frac{1}{f}\right)(x) = \frac{x + 3}{x - 1}$

$D\left(\frac{1}{f}\right) = \mathbb{R} - \{-3, 1\}$

e) $\left(\frac{g}{h}\right)(x) = \frac{2}{(x^2 - 9)\sqrt{x - 1}}$

$D\left(\frac{g}{h}\right) = (1, 3) \cup (3, +\infty)$

f) $\left(\frac{h}{f}\right)(x) = \frac{(x + 3)\sqrt{x - 1}}{x - 1}$

$D\left(\frac{h}{f}\right) = (1, +\infty)$

12. a) $(f\circ g)(x)=2x^2+4hx-3x+2h^2-3h+5$

$(g\circ f)(x)=2x^2-3x+h-5$

b) $(f\circ g)(0)=0\Rightarrow h=-1$ o $h=\frac{5}{2}$

13. a) $(f\circ g)(x)=\frac{x-5}{x-2}$; $D(f\circ g)=\mathbb{R}-\{2\}$

b) $(g\circ f)(x)=-\frac{3x+9}{x+2}$; $D(g\circ f)=\mathbb{R}-\{-2\}$

c) $(h\circ g)(x)=\sqrt{x-7}$; $D(h\circ g)=[7,+\infty)$

d) $(g\circ h)(x)=\sqrt{x-3}-4$; $D(g\circ h)=[3,+\infty)$

e) $(k\circ h)(x)=x^2-3$; $D(k\circ h)=\mathbb{R}$

f) $(f\circ k)(x)=\frac{x^2}{x^2+3}$; $D(f\circ k)=\mathbb{R}$

14. La gráfica corresponde a $\frac{f}{g}$. Respuesta D

15. $f^{-1}(x)=\frac{3x-1}{2}$

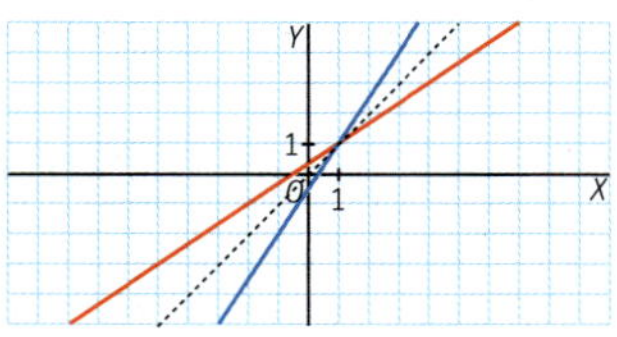

16. $f^{-1}(10)\simeq 1,5$

17. $f^{-1}(x)=\frac{x^2+3}{2}$ con $D(f^{-1})=[0,+\infty)$

$f^{-1}(3)=6$

19. a)

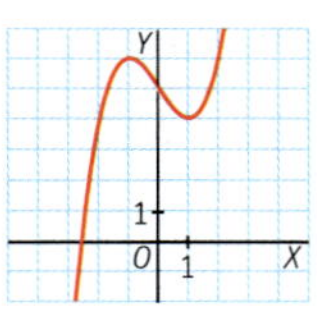

d)

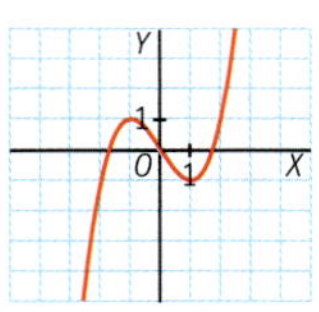

b)

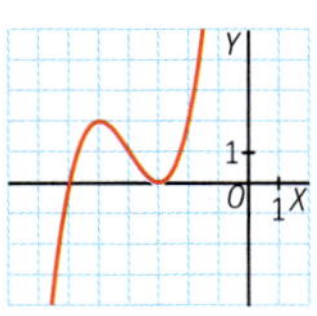

e)

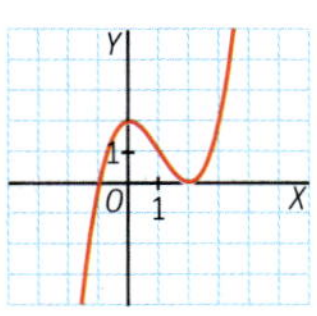

c)

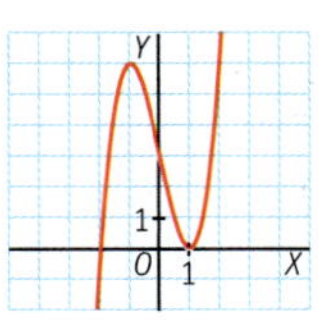

f)

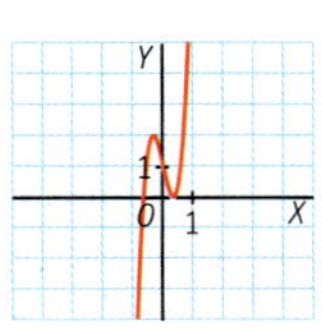

21.

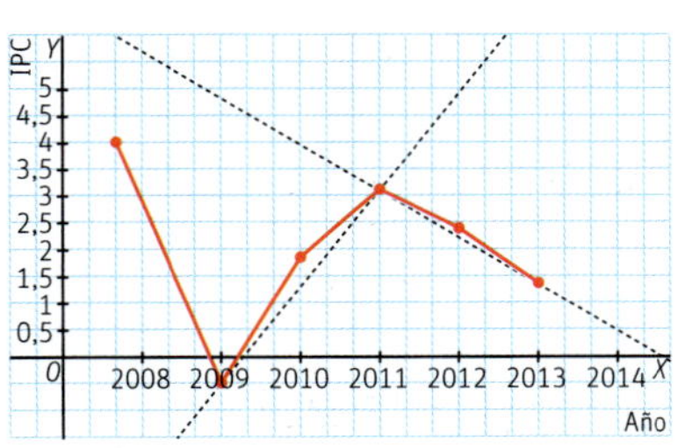

La función se aproxima a una recta en el intervalo $[2011, 2013]$.

22.

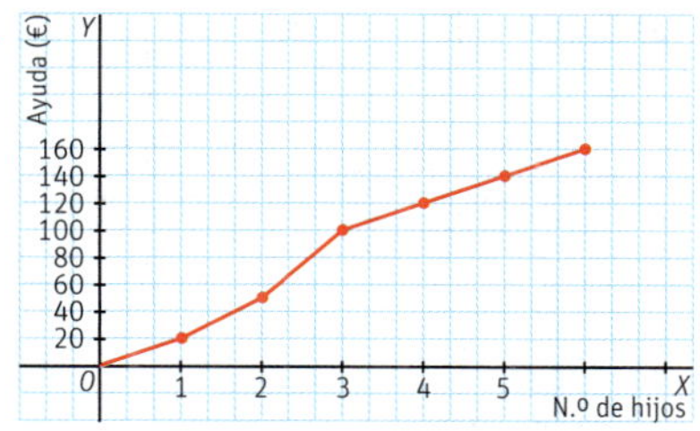

La función se aproxima a una recta en el intervalo $[3,6]$.

24. En 2010 había aproximadamente 20 millones de internautas.
En 2020 habrá aproximadamente unos 44 millones de internautas.

26. R. de interpolación: $y=14\,200x+28\,334\,600$, donde x es el año e y el número de habitantes.

a) La población en 2010 será de 207 400 habitantes.

b) La población en 2015 será de 278 400 habitantes.

27. Recta de interpolación: $y=-10x+66$, donde x son los meses a partir de enero ($x=1$).

a) La factura de febrero ($x=2$) será de 46 €. La factura de mayo ($x=5$) será de 33 €.

b) No, los datos están muy alejados y el contexto en diciembre no es igual que en marzo.

29. a) $y=-x^2+6x-5$, donde x es el número del mes e y se expresa en miles de €

b) Para $x=6$, $y=-5$, es decir, pérdidas de 5000 €.

c) El beneficio máximo está en el vértice de la parábola. Se conseguirá en el mes 3.

30. $y=-\frac{1}{2}x^2+\frac{1}{2}x+8$, donde x es el número del mes e y se expresa en millones de €.
Para el siguiente mes se esperan unas ventas de 2 millones de €.

32. a) Interpolación lineal: $y=-40x+2540$, donde x es el número del mes e y se expresa en número de personas.

b) Interpolación cuadrática:

$y=-\frac{78}{5}x^2+\frac{749}{10}x+\frac{1707}{10}$, donde x es el número del mes e y se expresa en miles de €.

c) Interpolación cuadrática;

$y=\frac{3}{200}x^2-\frac{1}{10}x+\frac{17}{8}$, donde x es el lado en metros, e y es el coste en €

Unidad 7

3. a) 1 b) 2 c) 1

4. a) No existe. b) $\lim_{x\to 2} f(x)=5$

6. a) $\lim_{x\to a}(2f-3g)=-6$

b) $\lim_{x\to a}((3f)^2)=81$

c) $\lim_{x\to a}(f\cdot g)=0$

d) $\lim_{x\to a}(f+g)=-3$

e) $\lim_{x\to a}\left(\frac{g}{f}\right)=0$

f) $\lim_{x\to a}((f)^g)=1$

g) $\lim_{x\to a}((f+g)^f)=-\frac{1}{27}$

h) $\lim_{x\to a}((g)^{1-f})=0$

i) $\lim_{x\to a}((f-4g)^{2f})=\frac{1}{729}$

j) No se puede calcular.

7. a) Falsa

b) Cierta

c) Cierta

8. a) $\lim_{x\to+\infty}\left(\frac{6x-5}{1-2x}\right)=-3$

b) $\lim_{x\to1}\left(\frac{-4x+4}{x-1}\right)=-4$

c) $\lim_{x\to-1}\left(\frac{x^2+2x+1}{x+1}\right)=0$

9. a) $\lim_{x\to3}\left(\frac{x^2+4x+3}{x-3}\right)$ no existe. Los valores oscilan en torno a $x=3$.

b) $\lim_{x\to+\infty}\left(\frac{x^2-x+1}{x+3}\right)=+\infty$

c) $\lim_{x\to-\infty}\left(\frac{3x^2+x-1}{2x^2+1}\right)=\frac{3}{2}$

10. a) $\lim_{x\to0}\left(\frac{2x^3-3x^2}{x^2+x}\right)=0$

b) $\lim_{x\to\infty}\left(\frac{x^2+x}{x^2-1}\right)=1$

c) $\lim_{x\to3}\left(\frac{x^2-5x+6}{x^2-7x+12}\right)=-1$

d) No existe.

11. a) $\lim_{x\to+\infty}\left(\frac{x^2+x-90}{x^3-3}\right)=0$

b) No existe.

c) $\lim_{x\to1}\left(\frac{\sqrt{x}-1}{x-1}\right)=\frac{1}{2}$

14. a) En $x=2$: inevitable de salto finito
En $x=6$: discontinuidad evitable

b) En $x=1$: inevitable de salto finito
En $x=4$: inevitable de salto infinito

15.

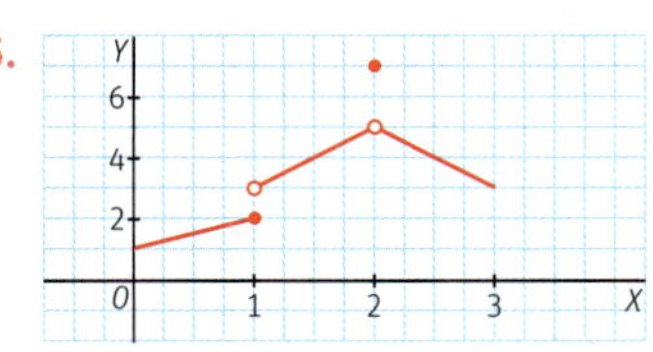

En $x=1$: inevitable de salto finito
En $x=2$: discontinuidad evitable

16. a) La función está definida para todo $\mathbb{R}$.

b) La función es continua en todo $\mathbb{R}$.

17. Cualquiera del tipo $f(x)=\frac{P(x)}{(x-1)(x-7)}$

18. a) Función continua en todo $\mathbb{R}$

b) Discontinua en $x=1$

c) Discontinua en $x=-4$ y $x=3$

d) Discontinua en $x=1$ y $x=2$

19. No

20. a) Función continua en $\mathbb{R}-\{3,4\}$

b) Función continua en $\mathbb{R}-\{0\}$

21. $a=0$

23. **a)** Asíntota vertical: $x=1$

$\lim\limits_{x\to 1^+}(f)=+\infty \qquad \lim\limits_{x\to 1^-}(f)=-\infty$

Asíntota oblicua: $y=x+1$

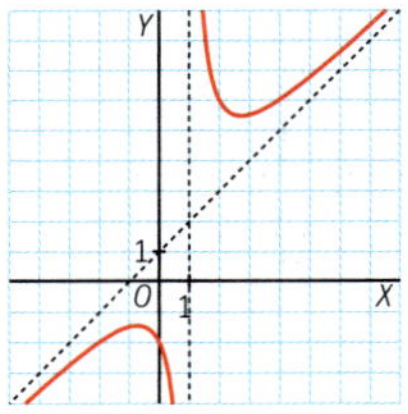

b) Asíntotas verticales: $x=0$

$\lim\limits_{x\to 0^+}(g)=-\infty \qquad \lim\limits_{x\to 0^-}(g)=+\infty$

$x=-5$

$\lim\limits_{x\to -5^+}(g)=-\infty \qquad \lim\limits_{x\to -5^-}(g)=+\infty$

Asíntota horizontal: $y=3$

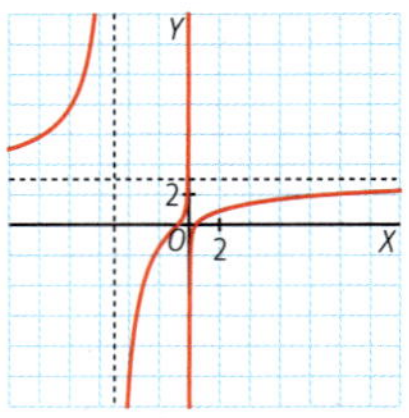

24. Asíntota oblicua: $y=x$. No tiene asíntotas horizontales ni verticales.

25.

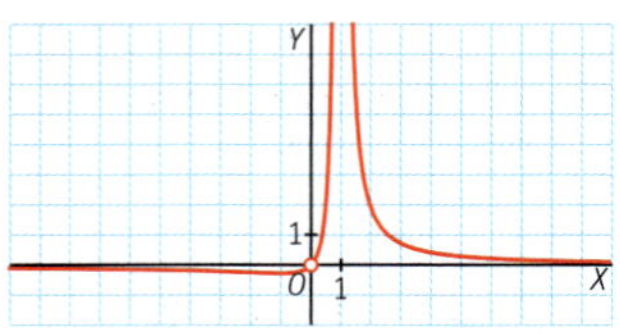

26. No, son incompatibles.

28. **a)** La población crece indefinidamente con un comportamiento exponencial.
b) La población tiende a desaparecer con un comportamiento exponencial.
c) La población crece indefinidamente con un comportamiento lineal.

29.

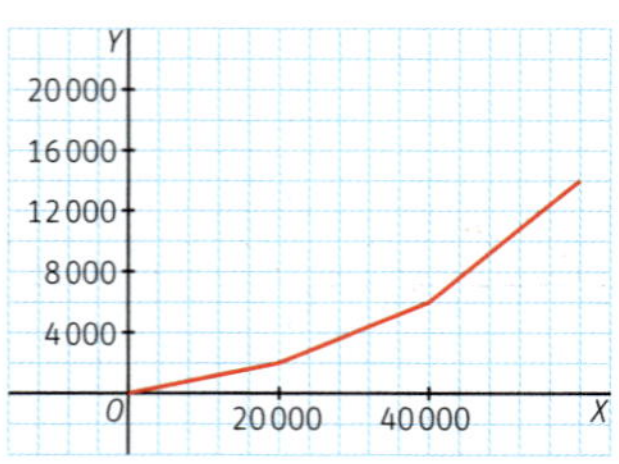

Unidad 8

3. **a)** 101 **c)** 3 **e)** 2,01
b) 11 **d)** 2,01 **f)** 2,001
Se acercará a 2,00001.
TVI $f(1)=2$

4. **a)** Desde el inicio: 2,73 y 5,71
En los últimos cuatro meses: 0 y 5
En el último mes: −10 y 10
b) Es más rentable el fondo de la gráfica inferior.

7. **a)** −4 **c)** 5
b) 144 **d)** 3

8. **a)** $y=3x-3$ **c)** $y=12x-16$
b) $y=15x-32$ **d)** $y=5x+2$

9.

h	$\dfrac{f(a+h)-f(a)}{h}$
1	7
0,5	4,75
0,1	3,31
0,01	3,0301
0,001	3,003001

$f'(1)=3$

11. **a)** $f'(x)=2x-2$

b) $f'(x)=-\dfrac{1}{x^2}$

c) $f'(x)=\dfrac{1}{2\sqrt{x}}$

12. $f'(x)=2x \qquad g'(x)=2x$

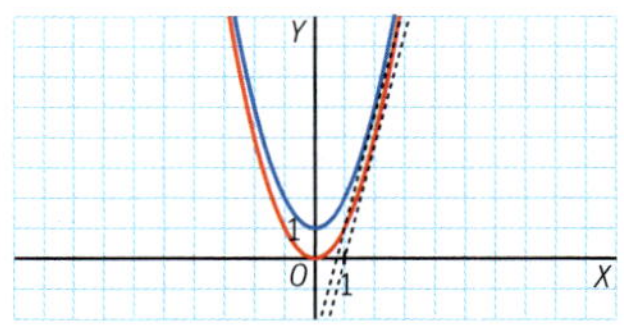

Las tangentes a las dos curvas en los puntos de la misma abscisa son paralelas entre sí.

13. **a)** $f'(x)=-\dfrac{1}{(x-1)^2}$

b) No hay ningún punto con tangente horizontal, porque la derivada nunca se anula.
No hay ningún punto con tangente de pendiente positiva, porque la derivada siempre es negativa.

14. $P(2,-1)$

15. $f'(x)=3x^2 \qquad f'''(x)=6$
$f''(x)=6x \qquad f^{iv}(x)=0$

16. **a)** $f'(-2)=1{,}25$ **b)** $f'(4)=\dfrac{4}{3}$

20. **a)** $f'(x)=3x^2$ **c)** $f'(x)=\dfrac{3}{4\sqrt[4]{x}}$

b) $f'(x)=-\dfrac{2}{x^3}$ **d)** $f'(x)=-\dfrac{3}{2\sqrt{x^5}}$

21. $m=\dfrac{1}{12}$

22. $m=1$

23. Paralelas

24. Para ningún valor de x la pendiente es negativa.

26. **a)** $f'(x)=2x$ **d)** $f'(x)=\dfrac{-3\operatorname{sen}x\sqrt{\cos x}}{2}$

b) $f'(x)=\dfrac{1}{4\sqrt[4]{x^3}}$ **e)** $f'(x)=\operatorname{tg}x+x(1+\operatorname{tg}^2x)$

c) $f'(x)=\dfrac{1}{2\sqrt{x}}$ **f)** $f'(x)=\dfrac{2x}{x^2-1}$

27. **a)** $f'(x)=\cos x+\dfrac{\operatorname{sen}x}{\cos^2 x}$

b) $f'(x)=\dfrac{-4x}{(x^2-1)^2}$

c) $f'(x)=\dfrac{2x-x^2}{e^x}$

31. **a)** Crece en $(3,+\infty)$, decrece en $(-\infty,3)$.

b) Crece en $(-\infty,1)\cup(3,+\infty)$.
Decrece en $(1,3)$.

c) Crece en $(1,+\infty)$, decrece en $(-\infty,1)$.

d) Crece en $(1,+\infty)$, decrece en $(-\infty,1)$.

32. $b=6;\ c=9$

33. **a)** Máximo en $(5,7)$, mínimo en $\left(\dfrac{1}{6},-\dfrac{1}{12}\right)$

b) Máximo en $(0,2)$ y $(3,2)$
Mínimo en $\left(\dfrac{3}{2},-\dfrac{1}{4}\right)$

c) Máximo en $(1,1)$, mínimo en $\left(5,\dfrac{1}{5}\right)$

d) Máximo en $(9,3)$, mínimo en $(4,2)$

34 $a=9$

36. 5000 €

37. La máxima superficie, 20 000 m², se obtiene vallando dos lados de 100 m y uno de 200 m.

38. 17 cm de largo por 11,35 cm de ancho

39. **a)** $B(x)=100x-x^2$

b) El beneficio máximo se alcanza fabricando 50 televisores, y es de 2500 €.

Unidad 9

2. **a)** $\left(\dfrac{5}{6},0\right)$, $(0,-5)$. La función es positiva cuando $x>\dfrac{5}{6}$ y negativa cuando $x<\dfrac{5}{6}$.

b) $(1,0)$, $(-4,0)$, $(0,-4)$. La función es positiva en $(-\infty,-4)\cup(1,+\infty)$ y negativa en $(-4,1)$.

c) $(3,0)$, $(-2,0)$, $(0,-6)$. La función es positiva en $(-2,-1)\cup(3,+\infty)$ y negativa en $(-\infty,-2)\cup(-1,3)$.

d) $(0,0)$, $(3,0)$. La función es positiva en todo su dominio.

3. **a)** Función impar
b) Función par
c) Función par
d) No tiene simetría.

5. **a)**

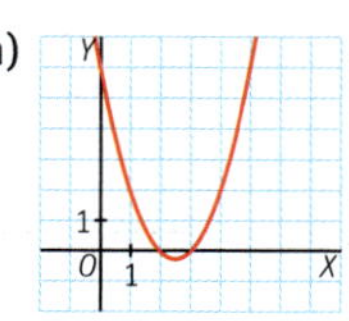

c)

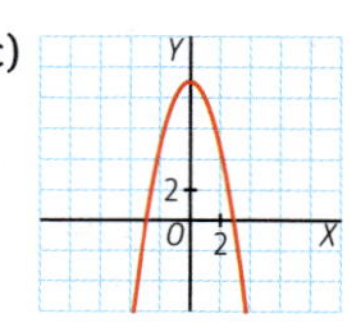

b)

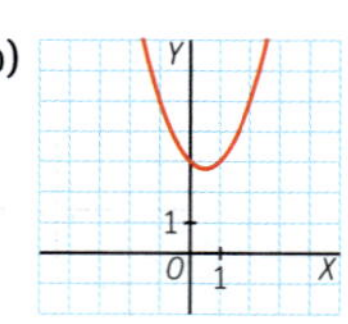

d)

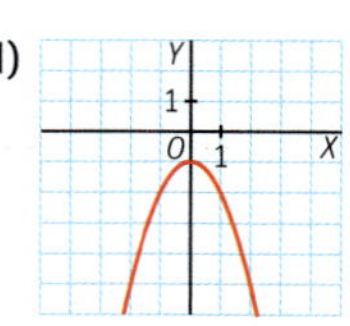

6. a) $(1,0)$, $(-1,0)$
$(2,0)$, $(0,2)$

La función es positiva en $(-1,1)\cup(2,+\infty)$, y negativa en $(-\infty,-1)\cup(1,2)$.

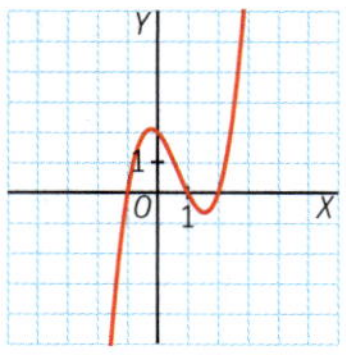

b) $(1,0)$, $(-2,0)$
$(4,0)$, $(0,8)$

La función es positiva en $(1,2)\cup(4,+\infty)$, y negativa en $(-\infty,1)\cup(2,4)$.

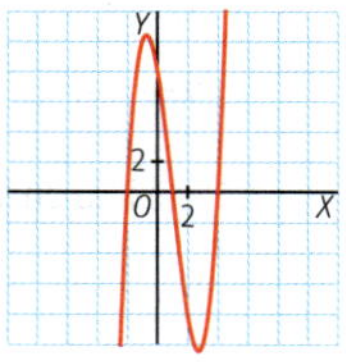

c) $(1,0)$, $(3,0)$
$(0,-9)$

La función es negativa en todo su dominio.

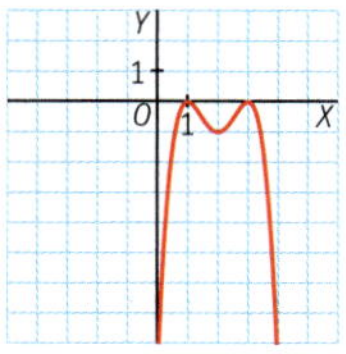

d) $(2,0)$, $(-2,0)$, $(-1,0)$; $(0,-4)$
La función es positiva en $(-2,-1)\cup(2,+\infty)$, y negativa en $(-\infty,-2)\cup(-1,2)$.

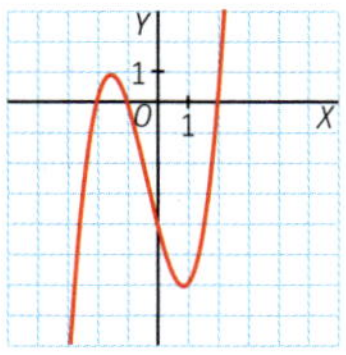

e) $(0,0)$, $(2,0)$, $(1,0)$. La función es positiva en $(-\infty,0)\cup(1,2)$, y negativa en $(0,1)\cup(2,+\infty)$.

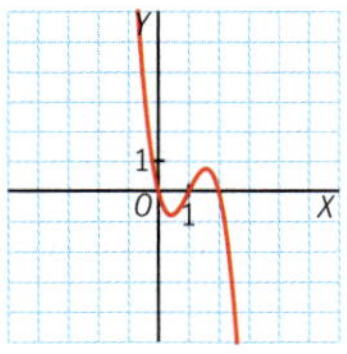

f) $(0,0)$, $(3,0)$, $(5,0)$. La función es positiva en $(0,3)\cup(5,+\infty)$, y negativa en $(-\infty,0)\cup(3,5)$.

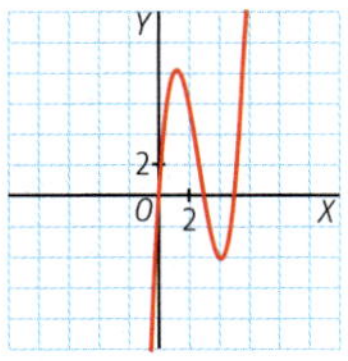

7. a)

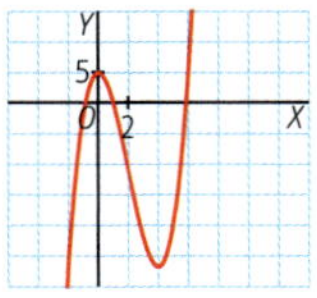

d)

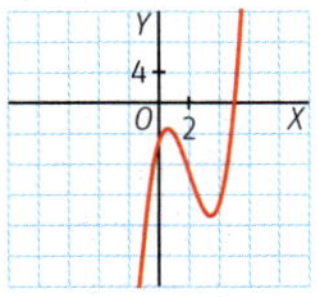

b)

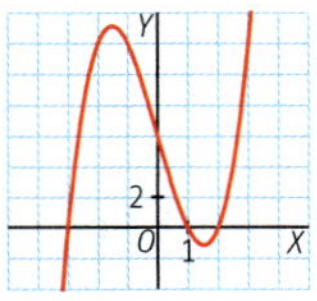

e)

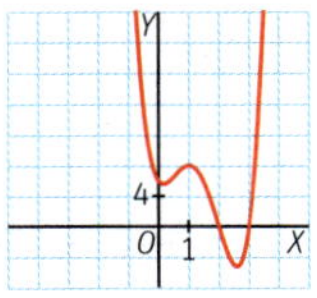

c)

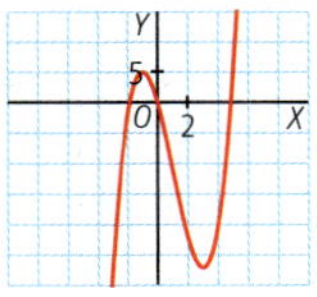

f)

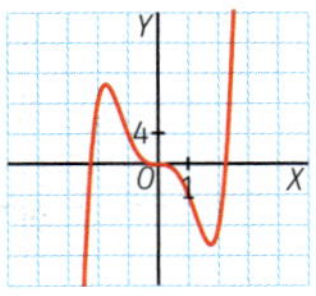

8. a) Grado 3, coeficiente positivo
b) Grado 4, coeficiente positivo
c) Grado 5, coeficiente positivo

9. Respuesta abierta: cualquier función del tipo $f(x)=(x^2+a)(x^2+b)$ con a y b positivos.

10. Respuesta abierta: cualquier función del tipo $f(x)=ax^3+bx^2+cx+d$, en la que se cumpla $4b^2-12ac<0$.

11. Respuesta abierta: cualquier función del tipo $f(x)=ax^3+bx^2+cx+d$, en la que se cumpla $4b^2-12ac>0$.

13. a)

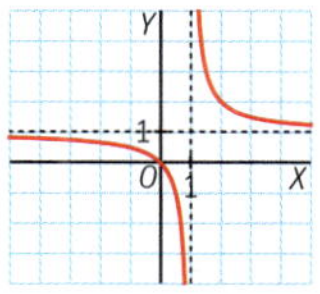

f)

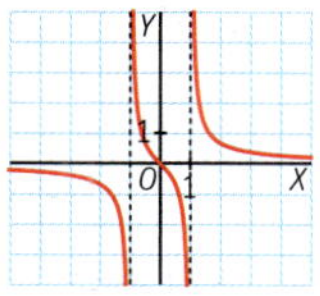

b)

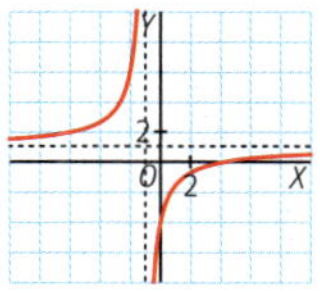

g)

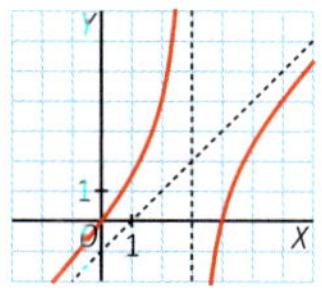

c)

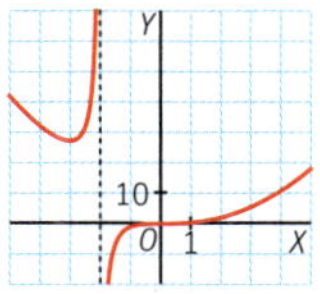

h)

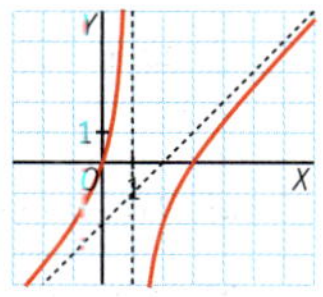

d)

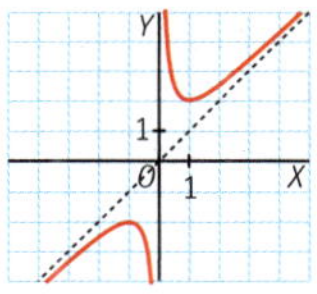

i)

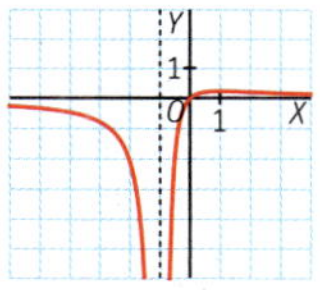

e)

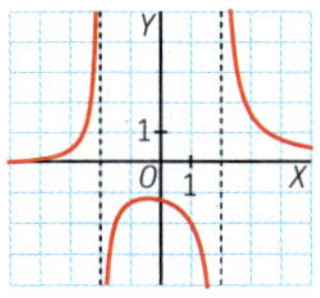

14. a)

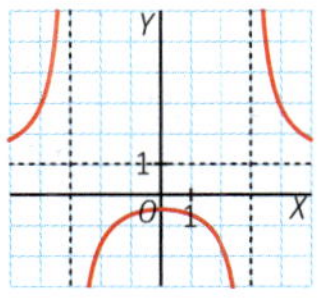

b)

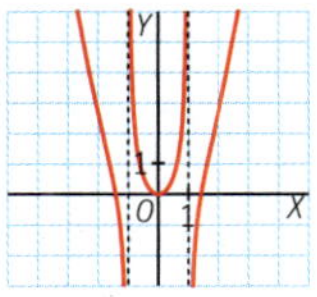

c)

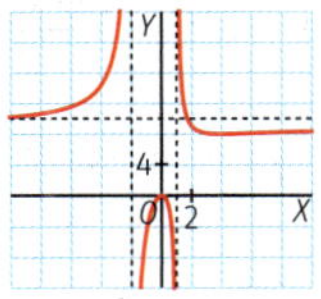

15.

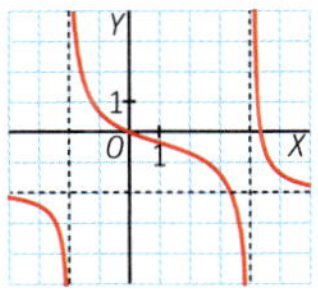

La función se anula en dos puntos.

17. a)

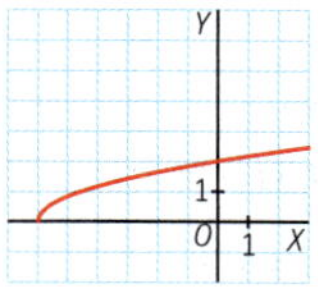

c)

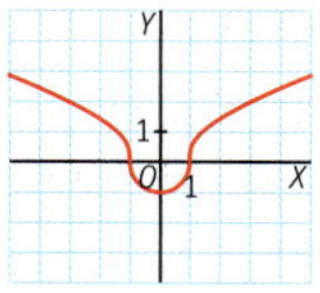

b)

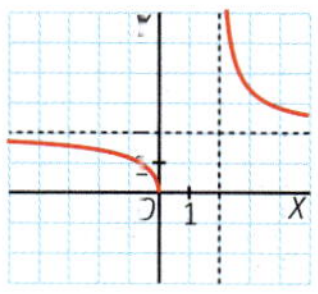

d)

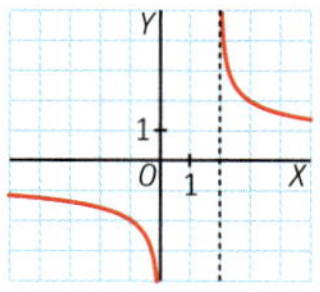

18. a)

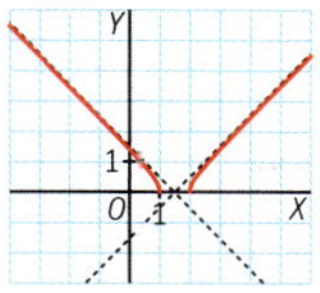

b)

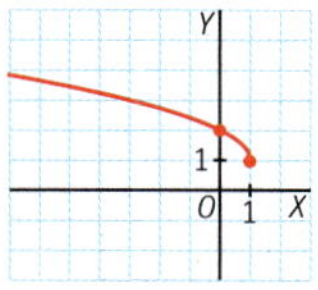

21. a) $f(x)=\begin{cases} 2 & \text{si } x\le -2 \\ -2x-2 & \text{si } -2<x\le 0 \\ -2 & \text{si } x>0 \end{cases}$

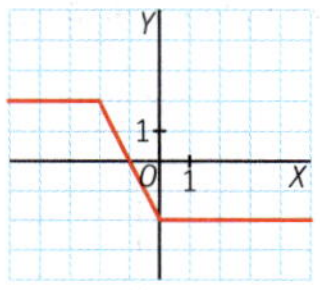

b) $f(x)=\begin{cases} x^2-2 & \text{si } x<-\sqrt{2} \\ 2-x^2 & \text{si } -\sqrt{2}\le x\le \sqrt{2} \\ x^2-2 & \text{si } x>\sqrt{2} \end{cases}$

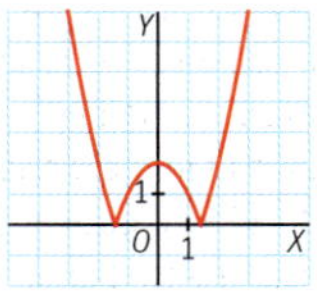

22. a)

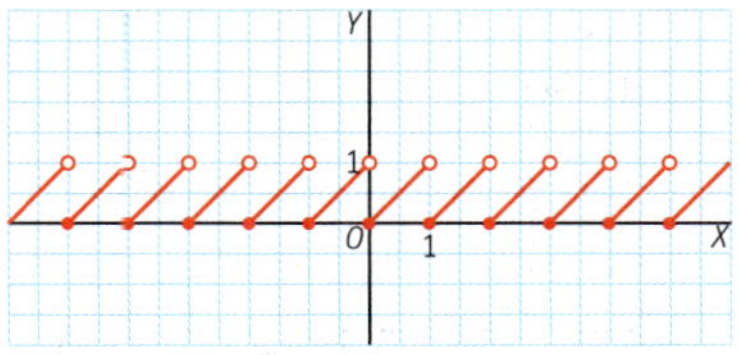

b)

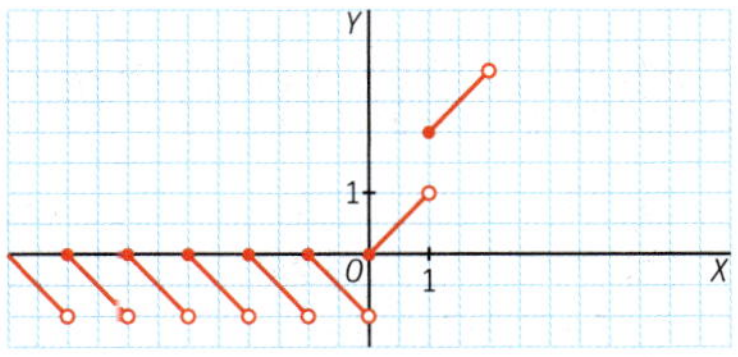

24. a) $D(f)=(-\infty,-1]\cup[1,+\infty)$

b) $D(f)=\mathbb{R}-\{-2\}$

c) $D(g)=(-\infty,-1)\cup(1,+\infty)$

d) $D(g)=(-1,1)$

25. a)

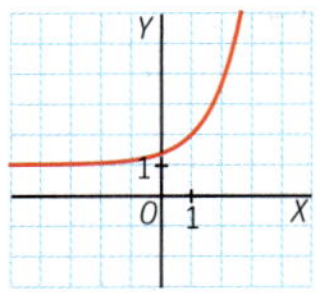

c)

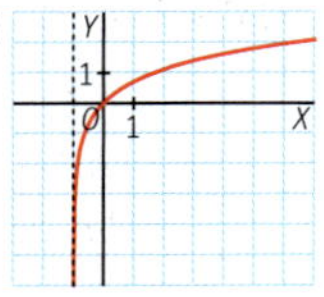

b)

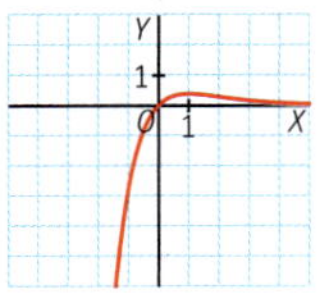

d)

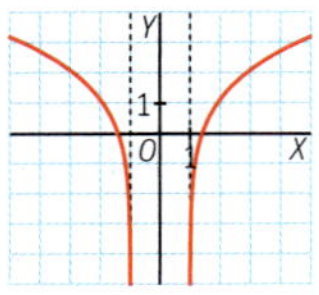

26. a) $x = 30°$ b) $x = 60°$ c) $x = 45°$ d) $x = 0°$

27. a) $f'(x) = \dfrac{9x^2-2}{\sqrt{1-(3x^2-2x+1)^2}}$

b) $f'(x) = \dfrac{-1-\cos x}{\sqrt{1-(x+\text{sen}\,x)^2}}$

c) $f'(x) = \dfrac{-e^x}{\sqrt{1-e^{2x}}}$

d) $f'(x) = \dfrac{1}{2\sqrt{x}(1+x)}$

30. a) Opción *A*: $f(x) = 420 + \dfrac{14}{100}x$

Opción *B*: $g(x) = \dfrac{26}{100}x$

b) Para ventas inferiores a 3500 €, la opción *A*. Para ventas superiores a 3500 €, la *B*.

Unidad 10

1. Cuantitativa discreta: a y c
Cualitativa: b, e y g
Cuantitativa continua: d, f y h

2.

Percepción	h_i	%
Muy buena	0,00040	0,04
Buena	0,00644	0,64
Regular	0,08337	8,34
Mala	0,37938	37,94
Muy mala	0,52880	52,88
NS/NC	0,00161	0,16
Total	1	100

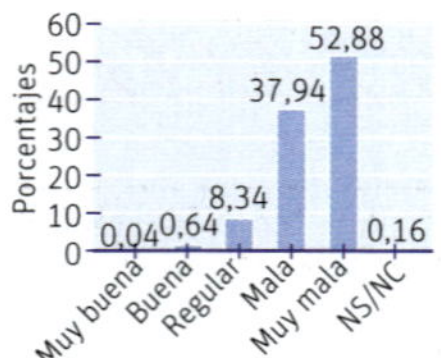

Percepción situación económica en España. Enero 2013.

Percepción situación económica en España. Enero 2013.

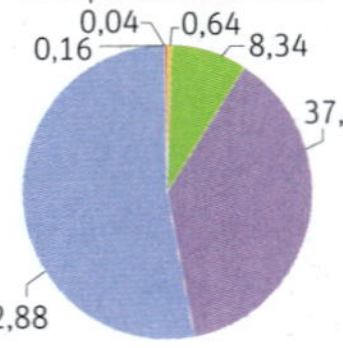

3.

X	f_i	F_i
0	2	2
1	7	9
2	6	15
3	5	20
4	3	23
5	3	26
6	2	28
7	1	29
8	1	30
	30	

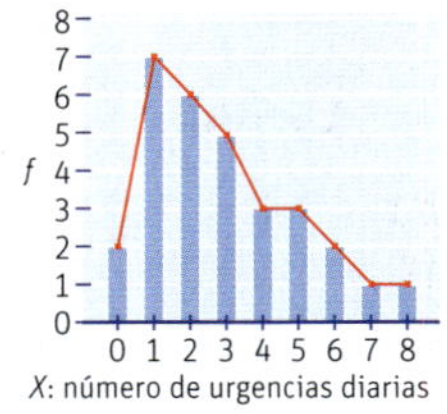

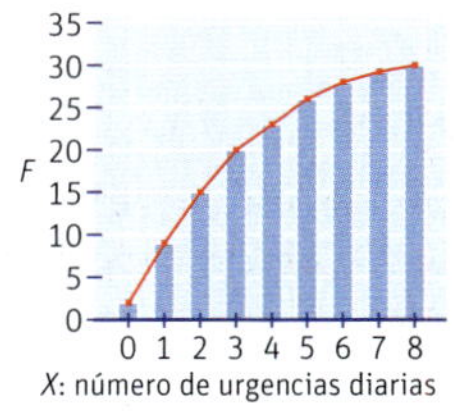

5. a)

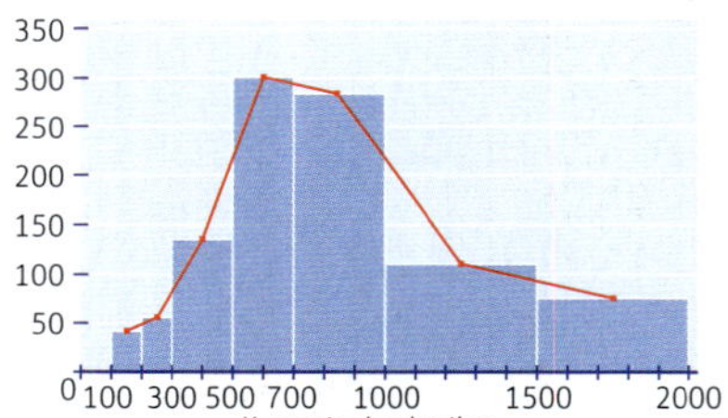

b)

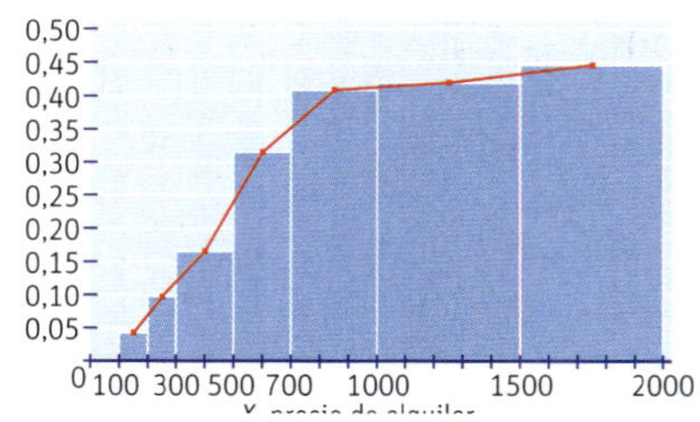

6. a) Frecuencias relativas y acumuladas:

x	h_i	F_i	H_i
[0, 50)	0,08	6	0,08
[50, 100)	0,25	24	0,33
[100, 150)	0,21	39	0,53
[150, 200)	0,23	56	0,77
[200, 250)	0,14	66	0,90
[250, 300]	0,10	73	1,00
	1		

b) Histogramas de frecuencias relativas y acumuladas

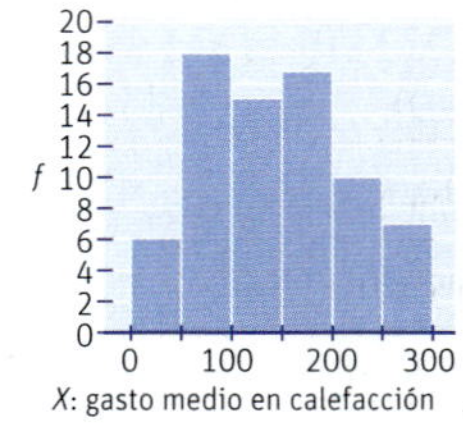

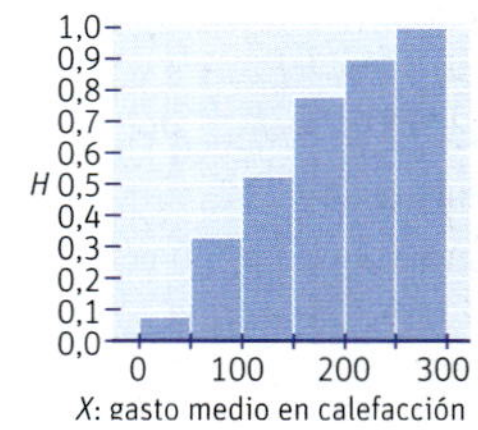

10. a) $\overline{x} = 58,25$

b) $M_o = [75, 100]$
$M_e = 59,375$

c) $Q_1 = 37,5$
$Q_2 = M_e = 59,375$
$Q_3 = 81,25$
$P_5 = 11,66$
$P_{90} = 96,25$

11. a)

x	h_i	F_i	H_i
$[0,5)$	0,03	3	0,03
$[5,10)$	0,02	5	0,04
$[10,15)$	0,03	8	0,07
$[15,25)$	0,03	12	0,10
$[25,50)$	0,30	48	0,40
$[50,75)$	0,27	80	0,67
$[75,100]$	0,33	120	1
	1		

b) Alturas de los rectángulos del histograma, tomando 5 años como unidad.

x	f_i	Altura
$[0,5)$	3	3
$[5,10)$	2	2
$[10,15)$	3	3
$[15,25)$	4	2
$[25,50)$	36	7,2
$[50,75)$	32	6,4
$[75,100]$	40	8
	120	

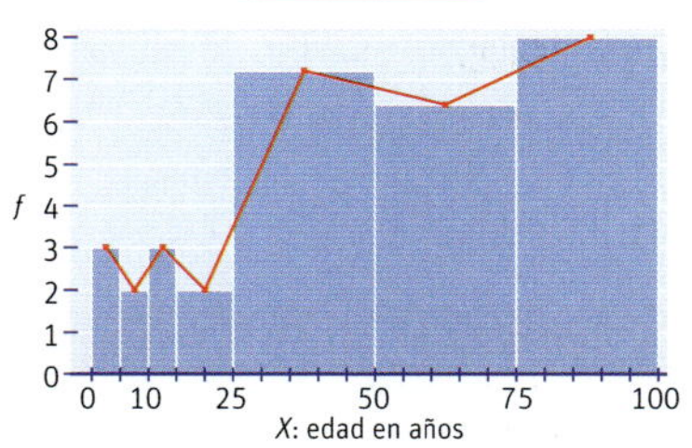

c) $\bar{x}=58,25$ $M_o=[75,100]$

$$M_e=50+\frac{(60-48)\cdot 25}{32}=59,38$$

$$D_1=15+\frac{(12-8)\cdot 10}{4}=25$$

$$D_9=75+\frac{(108-80)\cdot 25}{40}=92,5$$

13. a)

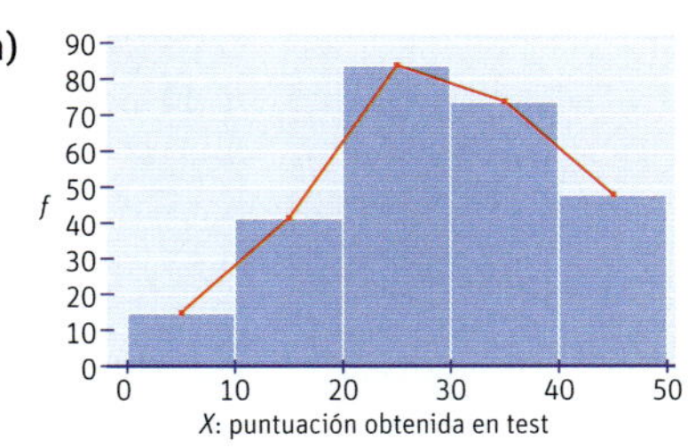

b) $\bar{x}=28,73$ $M_o=[20,30)$

$$M_e=20+\frac{(130-56)\cdot 10}{84}=28,81$$

c) $D=9,479$ $s=11,246$ $CV=0,3914$

Unidad 11

1. a)

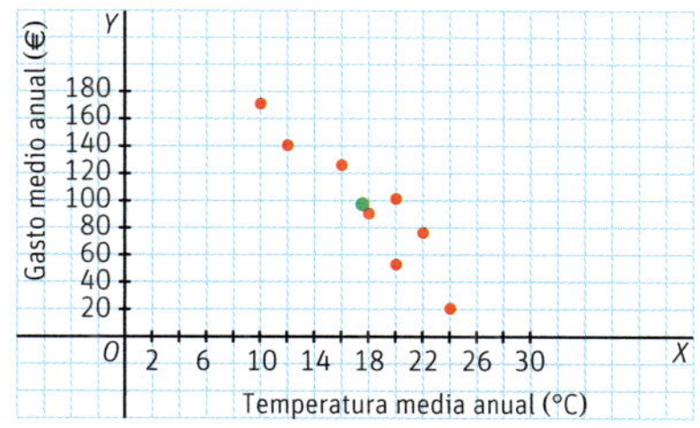

b) Si aumenta la temperatura, disminuye el gasto.

c) $\bar{X}=17,75$ °C $\bar{Y}=96,5$ €

d) $CV(X)=0,2547$ $CV(Y)=0,47$

El gasto en calefacción tiene mayor variabilidad.

2. a)

	Corredor	No corredor	Totales X
Hombre	53	54	107
Mujer	62	81	143
Totales Y	115	135	250

b) 54 %
c) 24,8 %
d) 60 %
e) 49,5 %
f) Respuesta abierta. Sugerido diagrama de barras con doble barra, una para mujeres y otra para hombres.

3. a) $\bar{Y}=6,14$ $\bar{X}=6,01$
$s_Y^2=4,1544$ $s_X^2=6,0235$

b)

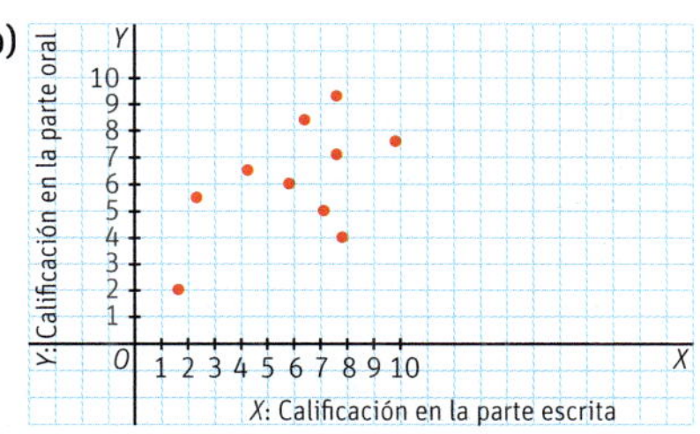

c) La relación entre las variables es directa.

4. a)

X	f_x
$[16,35]$	370
$[36, 55]$	340
$[56,75]$	290
	1000

Y	f_y
$[0,175]$	80
$[176,225]$	182
$[226,275]$	449
$[276,325]$	227
$[326,500]$	62
	1000

b) $\bar{X}=43,59$ años $\bar{Y}=249,33$ años
$s_x^2=254,59$ $s_y^2=4771,73$

6. a) Distribuciones marginales:

X	f_x
Hombres	626
Mujeres	537
	1163

Y	f_y
$[15\ 24)$	217
$[25\ 34)$	319
$[35\ 44)$	305
$[45,54)$	322
	1163

b) $h_{1|h}=0,18$
$h_{2|h}=0,28$
$h_{3|h}=0,26$
$h_{4|h}=0,27$
$h_{1|m}=0,20$
$h_{2|m}=0,26$
$h_{3|m}=0,26$
$h_{4|m}=0,28$

c) $\bar{Y}|\text{hombres}=35,83$

$s^2_{Y|\text{hombres}}=113,98$

d) Son variables dependientes

8. a)

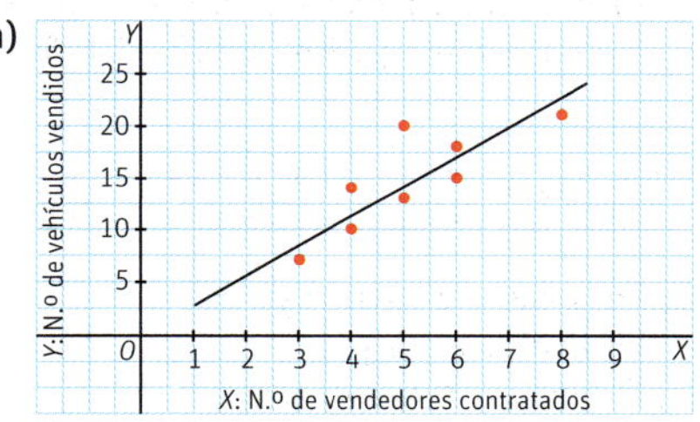

b) $y=1,615+2,563x$

c) ECM $=6,851$

d) Aproximadamente 22 coches

e) Residuo $=-1,12$; puede considerarse una buena estimación.

9. a)

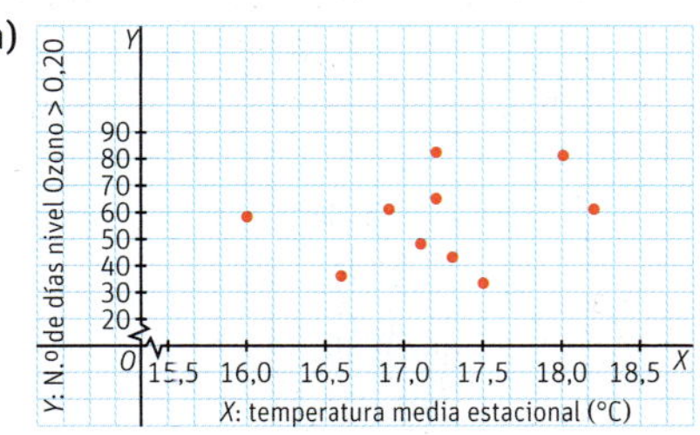

b) Entre 48 y 49 días
ECM $=241,01$
$R^2=0,07$
La relación lineal es muy débil, las predicciones basadas en esta recta no son fiables.

11. $R^2=0,9535$ $r=0,9765$

13. a) $y=-1+1,25x$
b) $R^2=0,5702$ $r=0,7551$
El ajuste de la recta de regresión a la nube de puntos es razonablemente aceptable.
c) 57,02 %
d) Entre 2 y 3 personas

14. $y=0,8x-2,8$ Nota estimada: 5,2

15. a)

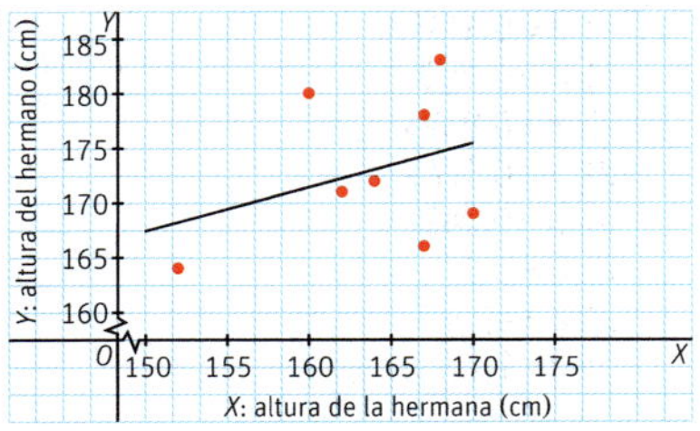

b) $y = 107{,}13 + 0{,}4015x$

c) $R^2 = 0{,}1159$
$r = 0{,}3404$
El ajuste de la recta de regresión a la nube de puntos es débil.

d) 11,59 % e) 173 cm f) 169 cm

Unidad 12

3. $E = \{(0,0);(0,1);(0,2);(0,3);(0,4);(0,5);(0,6);$
$(1,1);(1,2);(1,3);(1,4);(1,5);(1,6);(2,2);(2,3)$
$(2,4);(2,5);(2,6);(3,3);(3,4);(3,5);(3,6);$
$(4,4);(4,5);(4,6);(5,5);(5,6);(6,6)\}$

$A = \{(0,0);(1,1);(2,2);(3,3);(4,4);(5,5);$
$(6,6)\}$

$\overline{A} = \{(0,1);(0,2);(0,3);(0,4);(0,5);$
$(0,6);(1,2);(1,3);(1,4);(1,5);(1,6);$
$(2,3);(2,4);(2,5);(2,6);(3,4);(3,5);$
$(3,6);(4,5);(4,6);(5,6)\}$

$B = \{(0,2);(0,4);(0,6);(1,1);(1,3);$
$(1,5);(2,2);(2,4);(2,6);(3,3);($
$(4,4);(4,6);(5,5);(6,6)\}$

$\overline{B} = \{(0,0);(0,1);(0,3);(0,5);(1,2);(1,4);(1,6);$
$(2,3);(2,5);(3,4);(3,6);(4,5);(5,6)\}$

$C = \{(2,2);(2,3);(2,5);(3,3);(3,5);(5,5)\}$

$\overline{C} = \{(0,0);(0,1);(0,2);(0,3);(0,4);(0,5);(0,6);$
$(1,1);(1,2);(1,3);(1,4);(1,5);(1,6);(2,4);$
$(2,6);(3,4);(3,6);(4,4);(4,5);(4,6);(5,6);$
$(6,6)\}$

4. $E = \{10749{,}20; 10875{,}90; 10619{,}90; 10900{,}70;$
$10805{,}20; 10461{,}60; 10396{,}90; 10431{,}80;$
$10145{,}00; 9903{,}90; 10081{,}90; 10049{,}50;$
$10391{,}30; 10363{,}60; 10371{,}00; 10477{,}70;$
$10481{,}80; 10394{,}20; 10279{,}20; 10279{,}50\}$

$A = \{10749{,}20; 10875{,}90; 10619{,}90; 10900{,}70;$
$10805{,}20; 10461{,}60; 10396{,}90; 10431{,}80;$
$10391{,}30; 10363{,}60; 10371{,}00; 10477{,}70;$
$10481{,}80; 10394{,}20; 10279{,}20; 10279{,}50\}$

$\overline{A} = \{10145{,}00; 9903{,}90; 10081{,}90; 10049{,}50\}$

$B = \{10619{,}90; 10461{,}60; 10396{,}90; 10431{,}80;$
$10145{,}00; 10391{,}30; 10363{,}60; 10371{,}00;$
$10477{,}70; 10481{,}80; 10394{,}20; 10279{,}20;$
$10279{,}50\}$

$\overline{B} = \{10749{,}20; 10875{,}90; 10900{,}70;$
$10805{,}20; 9903{,}90; 10081{,}90; 10049{,}50\}$

6. a) El primer número es la puntuación en el dado blanco, y el segundo, en el verde:
$E = \{(1,1);(1,2);(1,3);(1,4);(1,5);(1,6);$
$(3,1);(3,2);(2,1);(2,2);(2,3);(2,4);(2,5);$
$(2,6);(3,3);(3,4);(3,5);(3,6);(4,1);(4,2);$
$(4,3);(4,4);(4,5);(4,6);(5,1);(5,2);(5,3);$
$(5,4);(5,5);(5,6);(6,1);(6,2);(6,3);$
$(6,4);(6,5);(6,6)\}$

b)
$\overline{A} = \{(1,1);(1,2);(1,3);(1,4);(1,6);(2,1);(2,2);$
$(2,3);(2,5);(2,6);(3,1);(3,2);(3,4);(3,5);(3,6);$
$(4,1);(4,3);(4,4);(4,5);(4,6);(5,2);(5,3);(5,4);$
$(5,5);(5,6);(6,1);(6,2);(6,3);(6,4);(6,5);(6,6)\}$

$A \cup C = \{(1,2);(1,4);(1,5);(1,6);(2,2);(2,4);$
$(2,6);(3,2);(3,3);(3,4);(3,6);(4,2);(4,4);$
$(4,6);(5,1);(5,2);(5,4);(5,6);(6,2);(6,4);(6,6)\}$

$\overline{A} \cap B = \{(1,1);(2,2);(4,4);(5,5);(6,6)\}$

$(B \cup C) \cap A = \{(3,3);(4,2);(2,4)\}$

$(A \cap B) - C = \{(3,3)\}$

7. $A \cup B$: Cursar estudios de grado, o hacer un grado superior, o ambos.

$\overline{A} \cap (B \cup C)$: Cualquier opción excepto cursar estudios de grado.

$A \cap \overline{C}$: Cursar estudios de grado y no trabajar.

$A \cup (B \cap C)$: Hacer un ciclo formativo trabajando o cursar estudios de grado siendo posible hacer las tres cosas.

8.

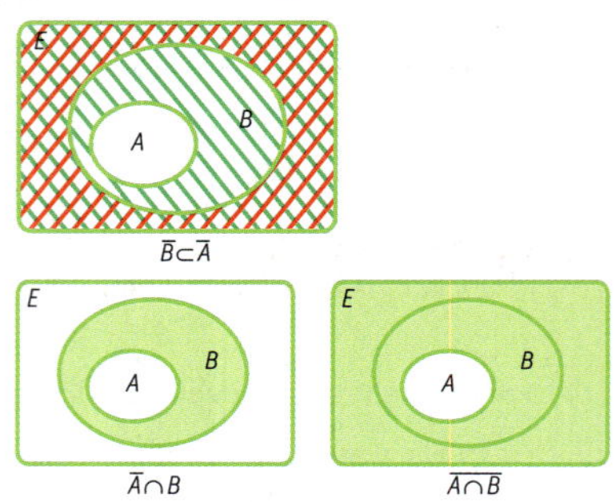

11.

n	f(A)	h(A)
10	3	0,3
25	11	0,44
50	26	0,52
100	55	0,55
250	128	0,512
500	252	0,504
750	373	0,497333...
1000	502	0,502

$p(A) \to 0{,}5$

12. $p(\text{ganar}) = 0{,}5$ $\quad p(\text{empatar o perder}) = 0{,}5$

13. $p(w_1) = 0{,}1$

16. a) $p(\text{roja}) = \dfrac{1}{3}$

b) $p(\text{no verde}) = \dfrac{2}{3}$

c) $p(\text{blanca o verde}) = \dfrac{7}{9}$

17. $p(\text{no aprobar ni mates ni lengua}) = 0{,}1$

21. $x = -3,\ x = 0,\ x = 2$

22. a) $p(\text{tres caras}) = \dfrac{1}{8}$

b) $p(\text{al menos dos caras}) = \dfrac{1}{2}$

23. Se pueden formar 60 palabras.

a) $p(\text{acabe en u}) = \dfrac{12}{60} = \dfrac{1}{5}$

b) $p(\text{empiece y acabe en u}) = \dfrac{3}{60} = \dfrac{1}{20}$

25. Se pueden colocar de 210 formas diferentes.

a) $p(\text{los tres de física juntos}) = \dfrac{30}{210} = \dfrac{1}{7}$

b) $p(\text{los dos de mates juntos}) = \dfrac{60}{210} = \dfrac{2}{7}$

26. Se pueden formar 2 494 800 palabras.

29. a) $p(\text{dos rojas sin reemplazo}) = \dfrac{2}{15}$

b) $p(\text{dos rojas con reemplazo}) = \dfrac{4}{25}$

30. $p(\text{cafe y postre}) = 0{,}18$

32. a) $p(\text{puntual}) = 0{,}908$

b) $p(\text{tarde}) = 0{,}092$

33. $p(\text{hombre}) = 0{,}4278$

35. $p(A_1 \mid \text{enfermo}) = 0{,}4167$

36. $p(\text{atraco} \mid \text{alarma}) = 0{,}8687$

Unidad 13

3. a)

X	P(X = x)
2	$\frac{1}{36}$
3	$\frac{2}{36}$
4	$\frac{3}{36}$
5	$\frac{4}{36}$
6	$\frac{5}{36}$
7	$\frac{6}{36}$

X	P(X = x)
8	$\frac{5}{36}$
9	$\frac{4}{36}$
10	$\frac{3}{36}$
11	$\frac{2}{36}$
12	$\frac{1}{36}$

b)

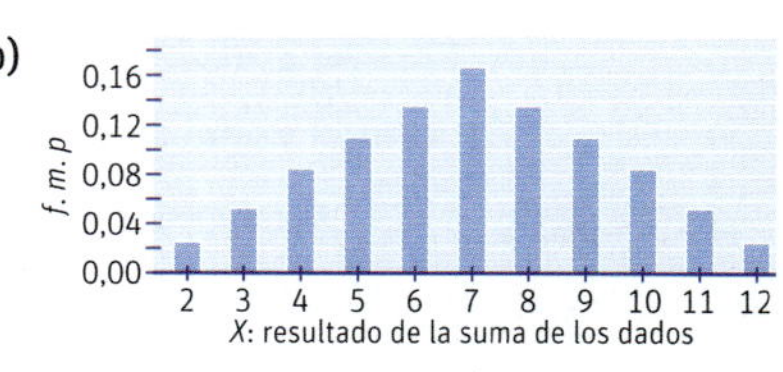

c) $P(5 < X \leq 7) = \dfrac{11}{36}$

4. $m = 0{,}25$

7. a)

X	0	1	2
$P(X=x)$	$\frac{4}{9}$	$\frac{4}{9}$	$\frac{1}{9}$

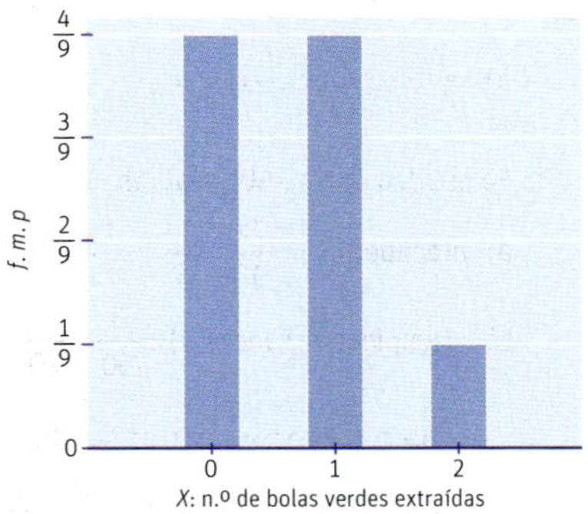

b) $E[X]=\frac{2}{3}$

$\text{Var}(X)=\frac{4}{9}$

$\sigma=\frac{2}{3}$

c) $CV=1$

8. $X=$ "ganancia del jugador"

$E[X]=0$

$\sigma=\sqrt{\frac{23}{12}}\cdot c$

10. 264

11. $16x^8-160x^6y+600x^4y^2-1000x^2y^3+625y^4$

12. $m=6$

13. 112

15. $E[X]=0{,}65$

$\sigma=0{,}4770$

16. $E[X]=0{,}04$

$\text{Var}(X)=0{,}0384$

18. a) $E[Y]=1{,}75$

$\text{Var}(Y)=1{,}3125$

b) $P(Y=3)=0{,}1730$

c) $P(Y\le 2)=0{,}7564$

19. a) $P(X\ge 1)=0{,}26491$

b) $\text{Var}(Y)=\ 9{,}5$

22. a) $\text{Bin}(n=3, p=0{,}458)$

b)

X_i	Frec. observadas	Prob. ajustada	Frec. ajustadas
0	6	0,15922	6,37
1	17	0,40363	16,15
2	13	0,34108	13,64
3	4	0,09607	3,84
	40	1	40

c)

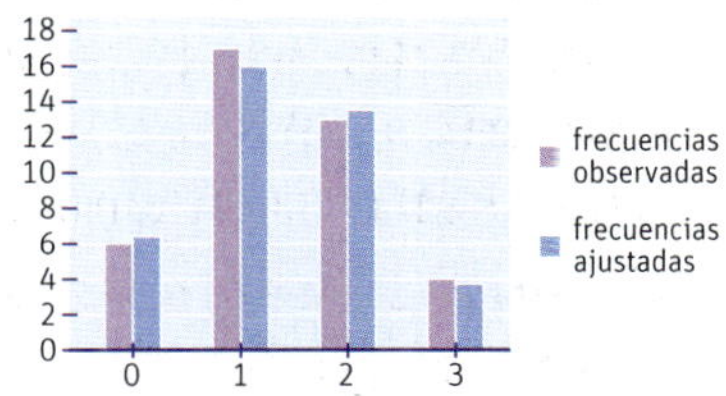

23. a) $\text{Bin}(n=2, p=0{,}45)$

b)

X_i	Frec. observadas	Prob ajustada	Frec. ajustadas
0	75	0,3025	90,75
1	180	0,4950	148,5
2	45	0,2025	60,75
	300	1	300

El ajuste no es bueno.

c)

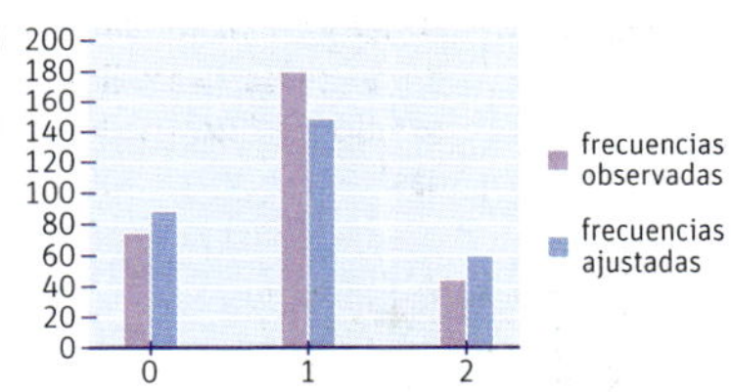

Unidad 14

4. a)

b) Es una función de densidad porque $f(x)\ge 0$ y el área bajo la gráfica de la función es 1.

c)

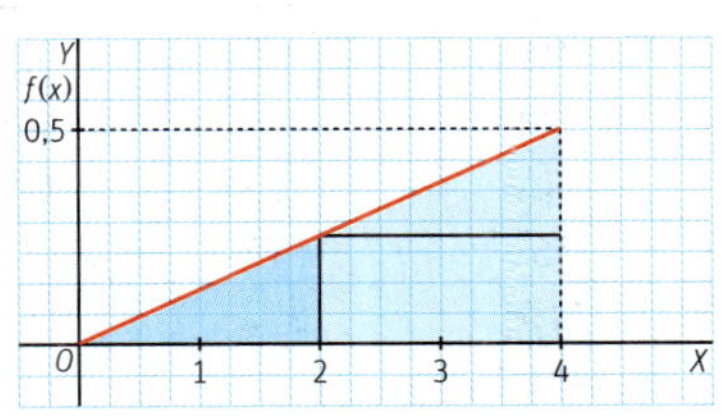

$P(X<2)=\frac{1}{4}$

$P(2<X<4)=\frac{3}{4}$

5. a) $p=0{,}8133$
b) $p=0{,}0409$
c) $p=0{,}9429$
d) $p=0{,}6171$
e) $p=0{,}3425$
f) $a=0{,}51$
g) $a=-2{,}43$
h) $a=2{,}14$

9. a) $P(X>90)=0{,}0062$
b) $P(70<X<85)=0{,}8882$
c) Ninguna
d) Entre 6 y 7 pilas

10. Se descartarán entre 115 y 116 tornillos.

11. Nota de corte = 8,86

12. a) $P(3{,}1<X<3{,}3)=0{,}0736$
b) $P(X<2)=0{,}2119$

16. $P(Y<550)\approx P(X<549{,}5)=0{,}0039$

17. $P(Y>125)\approx P(X>125{,}5)=0{,}0495$

18. $P(Y\ge 25)\approx P(X\ge 24{,}5)=0{,}1292$

21. a) $\bar{x}=1{,}5337$ $s=0{,}1898$
b) $N(\mu=1{,}5337, \sigma=0{,}1898)$
c) Es un buen ajuste:

X	Frec. observada	Frec. ajustada
[1; 1,2)	0,041	0,038
[1,2; 1,4)	0,179	0,203
[1,4; 1,6)	0,427	0,395
[1,6; 1,8)	0,275	0,282
[1,8; 2]	0,077	0,074

d) $P(X>1{,}5)=0{,}5714$

El libro **Matemáticas aplicadas a las Ciencias Sociales I para 1.º de Bachillerato** forma parte del Proyecto Editorial de Educación Secundaria de SM. En su realización ha participado el siguiente equipo:

Autoría
Fernando Alcaide, Luis Sanz, Joaquín Hernández, María Moreno, Esteban Serrano, Fernando Barbero (entradas), Manuel de León (comienzos de bloque)

- Proyecto MAT-TIC con Geogebra: Antonio Pérez, José Luis Álvarez, José Manuel Arranz, Rafael Losada, José Antonio Mora, Manuel Sada

Edición
Rafaela Arévalo, Arturo García, Juan Alberto Torresano, Natividad Juarros

Asesoría pedagógica
José Ramón Vizmanos, Vicente Rivière

Corrección científica
Juan Jesús Donaire

Corrección
Javier López

Ilustración
Juan Antonio Rocafort, Bartolomé Seguí, RUGOMA CARTOGRAFÍA

Fotografía
Sonsoles Prada, Javier Calbet, Fidel Puerta, Almudena Esteban, Sergio Cuesta, María Pía Hidalgo / ARCHIVO SM; Monty Rakusen / DIGITAL VISION; Don Farrall / PHOTODISC; PHOTOALTO / QUICK IMAGE STOCK, S.L.; Jaggat / Dreamstime; CONTACTO; EFE; PRISMA; PHOTOALTO; PHOTOLINK; THINKSTOCK; CORDON PRESS; COMSTOCK IMAGES; 123RF; SHUTTERSTOCK; ESO (Observatorio Europeo Austral); iStock; GETTY IMAGES; AGE FOTOSTOCK; ALBUM.

Edición gráfica
Sergio Cuesta

Diseño de cubierta e interiores
Estudio SM

Responsable del proyecto
Arturo García

Coordinación de contenidos digitales
Mara Mañas

Coordinación editorial de Matemáticas
Josefina Arévalo

Dirección de Arte del proyecto
Mario Dequel

Dirección editorial
Aída Moya

Todas las actividades contenidas en este libro han de ser realizadas en un cuaderno aparte, nunca en el propio libro.
Los espacios incluidos son meramente indicativos y su finalidad es puramente didáctica.

Gestión de las direcciones electrónicas
Debido a la naturaleza dinámica de internet, Ediciones SM no puede responsabilizarse de los cambios o las modificaciones en las direcciones y los contenidos de los sitios web a los que remite en este libro.

Con el objeto de garantizar la adecuación de las direcciones electrónicas de esta publicación, SM emplea un sistema de gestión que redirecciona las URL que con fines educativos aparecen en la misma hacia diversas páginas web; entre otras de uso frecuente: http://es.wikipedia.org, www.youtube.es. SM declina cualquier responsabilidad por los contenidos o la información que pudieran albergar, sin perjuicio de adoptar de forma inmediata las medidas necesarias para evitar el acceso desde las URL de esta publicación a dichas páginas web en cuanto tenga constancia de que pudieran alojar contenidos ilícitos o inapropiados. Para garantizar este sistema de control es recomendable que el profesorado compruebe con antelación las direcciones relacionadas y que comunique a la editorial cualquier incidencia a través del correo electrónico ediciones@grupo-sm.com.

ISBN: 978-84-675-7657-3
Depósito legal: M-05.083-2015
Impreso en la UE / *Printed in EU*

Este libro está impreso en papel procedente de bosques gestionados de manera sostenible.